Spezielle pathologische Anatomie

Ein Lehr- und Nachschlagewerk

Begründet von Wilhelm Doerr und Erwin Uehlinger

Band 22/I

Herausgegeben von
Professor Dr. Dres. h.c. Wilhelm Doerr, Heidelberg
Professor Dr. Gerhard Seifert, Hamburg

Pathologische Anatomie des Herzens und seiner Hüllen

Orthische Prämissen · Angeborene Herzfehler

Von

B. Chuaqui · W. Doerr · O. Farrú · W. Fuhrmann
H. Heine · W. Hort · G. Mall

*Mit 217 zum Teil farbigen Abbildungen
in 288 Einzeldarstellungen*

Springer-Verlag
Berlin Heidelberg New York London Paris
Tokyo Hong Kong Barcelona Budapest

Professor Dr. Dres. h.c. W. Doerr
Pathologisches Institut der Universität
D-6900 Heidelberg 1, Im Neuenheimer Feld 220/221

Professor Dr. G. Seifert
Institut für Pathologie der Universität
D-2000 Hamburg 20, Martinistraße 52

Springer-Verlag Berlin Heidelberg New York

ISBN 978-3-642-51157-8   ISBN 978-3-642-51156-1 (eBook)
DOI 10.1007/978-3-642-51156-1

Die Deutsche Bibliothek – CIP-Einheitsaufnahme
Spezielle pathologische Anatomie : ein Lehr- und Nachschlagewerk / begr. von Wilhelm Doerr und Erwin Uehlinger. Hrsg. von Wilhelm Doerr ; Gerhard Seifert. – Berlin ; Heidelberg ; New York ; London ; Paris ; Tokyo ; Hong Kong ; Barcelona ; Budapest : Springer.
Teilw. mit der Angabe: Begr. von Erwin Uehlinger und Wilhelm Doerr.
NE: Uehlinger, Erwin [Begr.]; Doerr, Wilhelm [Hrsg.]
Bd. 22. Pathologische Anatomie des Herzens und seiner Hüllen. 1. Orthische Prämissen, angeborene Herzfehler. – 1993
Pathologische Anatomie des Herzens und seiner Hüllen. – Berlin ; Heidelberg ; New York ; London ; Paris ; Tokyo ; Hong Kong ; Barcelona ; Budapest : Springer. (Spezielle pathologische Anatomie ; Bd. 22)
1. Orthische Prämissen, angeborene Herzfehler / von B. Chuaqui ... – 1993
NE: Chuaqui, Benedicto

Dieses Werk ist urheberrechtlich geschützt. Die dadurch begründeten Rechte, insbesondere die der Übersetzung, des Nachdrucks, des Vortrags, der Entnahme von Abbildungen und Tabellen, der Funksendung, der Mikroverfilmung oder der Vervielfältigung auf anderen Wegen und der Speicherung in Datenverarbeitungsanlagen, bleiben, auch bei nur auszugsweiser Verwertung, vorbehalten. Eine Vervielfältigung dieses Werkes oder von Teilen dieses Werkes ist auch im Einzelfall nur in den Grenzen der gesetzlichen Bestimmungen des Urheberrechtsgesetzes der Bundesrepublik Deutschland vom 9. September 1965 in der jeweils geltenden Fassung zulässig. Sie ist grundsätzlich vergütungspflichtig. Zuwiderhandlungen unterliegen den Strafbestimmungen des Urheberrechtsgesetzes.

© Springer-Verlag Berlin Heidelberg 1993
Softcover reprint of the hardcover 1st edition 1993

Die Wiedergabe von Gebrauchsnamen, Handelsnamen, Warenbezeichnungen usw. in diesem Werk berechtigt auch ohne besondere Kennzeichnung nicht zu der Annahme, daß solche Namen im Sinne der Warenzeichen- und Markenschutz-Gesetzgebung als frei zu betrachten wären und daher von jedermann benutzt werden dürften.
Produkthaftung: Für Angaben über Dosierungsanweisungen und Applikationsformen kann vom Verlag keine Gewähr übernommen werden. Derartige Angaben müssen vom jeweiligen Anwender im Einzelfall anhand anderer Literaturstellen auf ihre Richtigkeit überprüft werden.

Reproduktion der Abbildungen: Gustav Dreher GmbH, W-7000 Stuttgart
Satz: Fotosatz-Service Köhler, W-8700 Würzburg
25/3130 – 5 4 3 2 1 0 – Gedruckt auf säurefreiem Papier

Mitarbeiterverzeichnis

CHUAQUI, B., Prof. Dr.　　　　　Departamento de Anatomia Patologica
　　　　　　　　　　　　　　　Pontificia Universidad Catolica de Chile
　　　　　　　　　　　　　　　Casilla 114 – D
　　　　　　　　　　　　　　　Santiago (Chile)

DOERR, W., Prof. Dr. Dres. h.c.　Pathologisches Institut der Universität
　　　　　　　　　　　　　　　Im Neuenheimer Feld 220–221
　　　　　　　　　　　　　　　W-6900 Heidelberg 1
　　　　　　　　　　　　　　　Bundesrepublik Deutschland

FARRÚ, O., Prof. Dr.　　　　　　Hospital Roberto del Rio
　　　　　　　　　　　　　　　Zanartu 1085
　　　　　　　　　　　　　　　Santiago (Chile)

FUHRMANN, W., Prof. Dr.　　　　Institut für Humangenetik
　　　　　　　　　　　　　　　der Justus-Liebig-Universität
　　　　　　　　　　　　　　　Schlangenzahl 14
　　　　　　　　　　　　　　　W-6300 Giessen
　　　　　　　　　　　　　　　Bundesrepublik Deutschland

HEINE, H., Prof. Dr.　　　　　　Anatomisches Institut
　　　　　　　　　　　　　　　der Universität Witten/Herdecke
　　　　　　　　　　　　　　　Dortmunder Landstraße 30
　　　　　　　　　　　　　　　W-5804 Herdecke
　　　　　　　　　　　　　　　Bundesrepublik Deutschland

HORT, W., Prof. Dr.　　　　　　Pathologisches Institut
　　　　　　　　　　　　　　　der Heinrich-Heine-Universität
　　　　　　　　　　　　　　　Moorenstraße 5
　　　　　　　　　　　　　　　4000 Düsseldorf 1
　　　　　　　　　　　　　　　Bundesrepublik Deutschland

MALL, G., Prof. Dr.　　　　　　Städtische Kliniken Darmstadt
　　　　　　　　　　　　　　　Pathologisches Institut
　　　　　　　　　　　　　　　Grafenstraße 9
　　　　　　　　　　　　　　　W-6100 Darmstadt
　　　　　　　　　　　　　　　Bundesrepublik Deutschland

Vorwort der Herausgeber

Als im Sommer 1955 die erste Generalsitzung der damaligen Herausgeber dieses Werkes (W D und E Ue) in Zürich mit den bis dahin gewonnenen Mitarbeitern am Gesamtunternehmen in Szene ging, waren wir von dem Gedanken getragen, daß es im Grundsatz darum gehen sollte, die außerordentlichen Erfahrungen der gerade in Europa (seit MORGAGNI 1776) gepflegten speziellen pathologischen Anatomie in Einzellieferungen zu präsentieren. Natürlich sollte mit der Pathologie des Herzens begonnen werden, denn ohne Blutumlauf kein Leben und ohne dieses keine Pathologie. Es zeigte sich aber bald, daß sich *dieser* Plan nicht würde realisieren lassen. Denn die damals in Gang gekommene Ultrastrukturforschung am Herzmuskel – gleichsam als gestaltgewordener Stoffwechsel – einerseits, die Erfassung der morphogenetischen Bedingungen für den kompliziert gebauten Motor zum anderen, schufen einen derart komplexen Sachverhalt gerade im Hinblick auf die Lehre von den angeborenen Herzfehlern, daß wir anderen Kapiteln hatten den Vortritt lassen müssen. So war es uns ganz lieb, daß die großen Werke des Springer-Verlags (Hb. innere Med. 4. Aufl. 1960; Hb. Allgem. Pathologie III/Tl. 4, 1970) „an uns vorbeizogen", konnten wir aus der dortigen Materialsammlung doch nur lernen. Jetzt endlich scheint der Augenblick gekommen, da wir es wagen dürfen, hervorzutreten. Das Wesentliche soll in drei Bänden gebracht werden (1. Angeborene Herzfehler; 2. Pathologie der Herzwände und -klappen; 3. Das Herz „als Ganzes"). Ein 4. Band betreffend die morphologische Pathologie der Blut- und Lymphgefäße soll folgen. Was *unser* Buch von den aktuellen Erscheinungen etwa des klinischen Bereiches unterscheidet, ist die bewußte Bindung an die problemgeschichtliche Betrachtung. Die Wunderwelt gerade der konnatalen Vitien gehört ganz und gar der Morphologie, sei es im klassischen Sinne, sei es mit Hilfe der modernen bildgebenden Verfahren. Es ist selbstverständlich, daß jeder Pathologe, der sich eines so komplexen Feldes bestimmt-charakterisierbarer Störungen geistig bemächtigen will, die Literatur von wenigstens 100 Jahren vorausgegangener Forschung intus haben muß. Wir nennen die „*Eckpfeiler*" d.h. die wirklichen Begründer unserer Vorstellungen von den angeborenen Herzkrankheiten:

Carl v. ROKITANSKY	Sir Arthur KEITH
1804–1878	1866–1944
Gotthold HERXHEIMER	Johann G. MÖNCKEBERG
1872–1935	1877–1925

Und wir fügen hinzu die „feindlichen Brüder" aus der Wiener Schule:

Alexander SPITZER   Eduard PERNKOPF
1868–1942   1888–1955
(aus dem Institut Tandler)   (aus dem Institut Hochstetter)

Alle diese Fäden wurden aufgenommen, fortgesponnen und im Lichte der Sammlung von Maude ABBOTT (1869–1940) geprüft. Um dieses Werk einigermaßen zu vollenden, mußten Fachleute verschiedener Richtung zusammenfinden: Der Anatom HEINE vermittelte das Verständnis für die vergleichende Morphologie, der Pathologe CHUAQUI die Systematik der Formstörungen und deren Entstehung, seine Ehefrau Odette FARRÚ die klinischen Äquivalente, unsere engeren Fachgenossen G. MALL die Ultrastruktur des muskulären Triebwerks und W. HORT – in dieser Form erstmals dargestellt – die Strukturdynamik des in voller Aktion begriffenen Muskelschlauchs. Herr College FUHRMANN erläuterte die Humangenetik der wichtigeren Herzmißbildungen. Der eine von uns (WD) hat den Gedanken skizziert: Ohne daß das Herz des Menschen Jahr für Jahr 42 Millionen mal schlägt, wäre das „Gehirntier Mensch" nicht entstanden. Herz, Hirn und Hand haben das Genus homo so gestaltet, daß man mit einiger Verwunderung an den biblischen Text 1. Mose 1 Vers 27 denken muß *und* darf!

Wir danken Herrn Dr. Dr. h.c. mult. Heinz GÖTZE und seinem Sohn Herrn Prof. Dr. Dietrich GÖTZE, daß die uns mit unendlicher Geduld haben arbeiten lassen. Wir danken der Planungsabteilung und der Herstellungsabteilung des Springer-Verlags, Herrn Dr. THIEKÖTTER, Frau St. BENKO und Frau D. OELSCHLÄGER, die jederzeit auf unsere Wünsche eingegangen sind. Wir danken besonders für die vortreffliche Ausstattung des handlichen Buches.

Heidelberg und Hamburg, Ostern 1993   Wilhelm DOERR
Gerhard SEIFERT

Inhaltsverzeichnis

Einführung 1
Von W. Doerr

Literatur 2

Vorbemerkungen 3
Von W. Doerr · Mit 3 Abbildungen und 1 Tabelle

Literatur 7

1. Kapitel
Vergleichende Anatomie der Organe des Stoffverkehrs

A. Grundsätzliches – Theoretische Biologie 9
Von H. Heine

Literatur 12

B. Allgemeine Stammesgeschichte des Blutkreislaufs 15
Von H. Heine · Mit 1 Abbildung

Literatur 18

C. Vergleichende Anatomie des Wirbeltierherzens
Stammesgeschichte des Cor humanum (nebst einem Glossarium) 19
Von H. Heine · Mit 23 Abbildungen

    I. Phylogenese 19
    II. Prinzipien der Herzentwicklung 21
    III. Stammesgeschichte des menschlichen Herzens 27
        1. Beziehungen zwischen Stammes- und Entwicklungsgeschichte
           des Herzens 27

2. Stammesgeschichte der Herzseptierung	30
3. Stammesgeschichte des Sinus venosus und der Vorhofseptierung	31
4. Lungenatmung und Herzseptierung	33
5. Stammesgeschichte der Kammerseptierung	40
6. Stammesgeschichte des Bulbus- und Truncusseptum	45
7. Stammesgeschichte des Reizleitungssystems (RLS)	48
a) Der Sinusknoten	52
b) Interatriale Reizleitungsbündel	52
c) Ventrikuläres Reizleitungssystem	52
8. Stammesgeschichte des Koronargefäßsystems	54
a) Stammesgeschichte der Koronararterien	54
b) Stammesgeschichte der Koronarvenen	60
c) Venae minimae Thebesii und Lymphgefäße des Herzens	62
Schlußbemerkung	63
Glossarium	65
Literatur	67

D. Anthropomorphe Charakterisierung „Vincula der menschlichen Herzgestaltung" 73

Von W. Doerr · Mit 5 Abbildungen

Literatur 80

2. Kapitel

Die normale Herzentwicklung beim Menschen

Von B. Chuaqui · Mit 14 Abbildungen und 2 Tabellen

A. Einleitung	81
B. Die formale Herzentwicklung beim Menschen	81
I. Allgemeines	81
II. Die präkardiale Phase	82
III. Die Phase der Kardiogenese	83
1. Die Herzschleifenbildung	85
2. Einbeziehung des Sinus venosus in den rechten Vorhof	86
3. Die vektorielle Ohrkanaldrehung	89
4. Vorhofseptation	91
5. Die Truncusseptation	92
6. Die vektorielle Bulbusdrehung	92
7. Die Ventrikelseptation	97
8. Die Entwicklung des Aortensystems und der Koronararterien	99
9. Die Entwicklung des Cavasystems	99
10. Die Entwicklung der Pulmonalvenen	103

C. Zur kausalen Kardiogenese 103
    I. Allgemeines 103
    II. Zur Herzinduktion 104
    III. Zur Entstehung der Herzasymmetrie 105
        1. Das Differentialwachstum 106
        2. Der programmierte Zelltod 107
    IV. Der Blutstrom als Gestaltungsfaktor der Herzsepten 107
Literatur 108

3. Kapitel

Prinzipien der normalen Anatomie des Herzens

Von W. Doerr · Mit 28 Abbildungen und 4 Tabellen

Bemerkungen zur Sektionstechnik 117
Literatur 155

4. Kapitel

Ultrastruktur des Myokard

Von G. Mall · Mit 17 Abbildungen

Unter Mitarbeit von G. Wiest, J. Kappes, K. Amann und J. Siemens

A. Ultrastruktur der Herzmuskelzellen 161
B. Organellen der Herzmuskelzellen 164
    I. Sarkolemm 164
    II. Caveolae 165
    III. T-System 165
    IV. Interzelluläre Verbindungen 167
        1. Nexus 167
        2. Desmosomen 169
        3. Fascia adhaerens 169
    V. Sarkoplasmatisches Retikulum (SR) 170
        1. Junktionales sarkoplasmatisches Retikulum 170
        2. Freies sarkoplasmatisches Retikulum 170
        3. Funktion des sarkoplasmatischen Retikulum 171
        4. Quantitative strukturelle Parameter zum sarkoplasmatischen Retikulum 171
    VI. Myofibrillen 171
        1. Myofilamente 172
        2. Myosin ATPase-Aktivität 175
        3. Z-Streifen 175
    VII. Zytoskelett 175
    VIII. Mitochondrien 176
    IX. Lysosomen und Lipofuszingranula 179

X. Peroxisomen	182
XI. Atriale Granula	182
C. Myokardiales Interstitium	182
I. Nicht-vaskuläres Interstitium	183
II. Arterien und Kapillaren	187
1. Kapillaren	187
2. Arterien	190
Literatur	191

5. Kapitel

Strukturdynamik des Myokard

Von W. Hort · Mit 20 Abbildungen

A. Einführung	201
B. Strukturdynamik des Herzmuskelzellverbandes	201
I. Muskelfaserverbände	201
II. Verlaufsrichtung der Muskelfasern	204
III. Sarkomerenlänge und Kammerfüllung	206
IV. Gefüge des Muskelzellverbandes bei unterschiedlicher Ventrikelfüllung	210
C. Strukturdynamik des Bindegewebes im Myokard	217
D. Kurze Bemerkung über die Strukturdynamik der Herznerven	226
E. Strukturdynamik der Herzmuskelzellen	226
I. Sarkolemm	226
II. Herzmuskelkerne	227
III. Mitochondrien	229
IV. Kontraktiler Apparat	229
V. Zytoskelett	231
VI. Diastolische Saugwirkung	231
Literatur	232

6. Kapitel

Die Mißbildungen des Herzens und der großen Gefäße

Von B. Chuaqui und O. Farrú
Mit 98 Abbildungen und 29 Tabellen

A. Allgemeiner Teil	237
I. Teratogenetische Determinationsperioden	237
1. Cor biloculare	237
2. Dextrokardie	239
3. Ventrikelinversion	239
4. Doppeleingang in den linken Ventrikel	239
5. Sinuatriale Defekte	239

        6. Ostium primum-Defekt 239
        7. Ostium secundum-Defekt 239
        8. Defekte der Hauptendokardkissen 240
        9. Arterielle Heterotopien 240
            a) Doppelausgang aus dem rechten Ventrikel 240
            b) Beurensche und gekreuzte Transposition 240
            c) Taussig-Bing-Anomalie 240
            d) Fallotsche Tetrade und Eisenmenger-Komplex 240
        10. Defekte des Septum ventriculare 241
        11. Verschlußdefekte des Foramen interventriculare 241
        12. Defekte des Septum bulbi 241
        13. Defekte des Septum trunci 241
        14. Taschenklappenstenosen 241
        15. Ventrikelhypoplasien 242
        16. Stenosen der AV-Klappen 242
        17. Anomale Verbindungen der Pulmonalvenen 242
        18. Aortenringe 242
        19. Anomalien des Systems der Cava inferior 242
   II. Häufigkeit 243
        1. Häufigkeit bei klinisch-pathologischen Studien 243
        2. Häufigkeit bei Sektionsstatistiken 243
        3. Anteil an den gesamten Mißbildungen 244
        4. Assoziierte extrakardiale Anomalien 245
        5. Häufigkeitsverteilung 245
        6. Geschlechtsverteilung 247
        7. Sonstige Häufigkeitsunterschiede 248
  III. Ätiologie 248
        1. Genetische Faktoren 249
            a) Syndrome bei Chromosomenaberrationen 249
            b) Mutationssyndrome 250
            c) Syndrome unbekannter Genese 252
        2. Exogene Faktoren 253
            a) Viren 255
            b) Ionisierende Strahlen 255
            c) Pharmaka 255
            d) Gebäralter 256
            e) Sonstige Faktoren 256
        3. Multifaktorielle Ätiologie 256
   IV. Pathogenese 258
        1. Teratologische Reihen 258
        2. Hemmungsmißbildungen 258
        3. Abnorme Septation 259
        4. Zur Bedeutung der hämodynamischen Faktoren 259
        5. Störungen im Zellbereich 260
    V. Druckstoßveränderungen (sog. „jet lesions") 260
   VI. Zum klinischen Bild 262
  VII. Zur Diagnostik 263

VIII. Zur Behandlung	267
IX. Zur Prognose	268
B. Spezieller Teil	269
I. Mißbildungen des ganzen Herzens und Perikarddefekte	269
1. Akardie	269
2. Multiplicitas cordis	269
3. Die primitive Lävokardie	270
4. Lageanomalien des Herzens	270
a) Ectopia cordis (Ektokardie)	272
b) Symmetrieanomalien	273
5. Perikarddefekte	284
II. Mißbildungen der großen zuführenden Venen	285
1. Persistenz der Vena cava superior sinistra	285
2. Anomalien des Sinus coronarius	286
a) Fehlender Sinus coronarius	286
b) Arretierungsanomalien	287
c) Anomalien bei regelrecht gelegenem Sinus coronarius	287
3. Mißbildungen der Vena cava inferior	287
a) Medianwärtige Arretierung	287
b) Einmündung in den linken Vorhof	288
c) Verdoppelung	289
d) Seitenverkehrte Ausbildung	289
e) Agenesie des Segmentum hepaticum	289
f) Konnatale Obstruktionen	289
4. Zur Klinik der Fehldränage der Körpervenen	290
5. Das Cor triatriatum dextrum	290
6. Das Rete Chiari	290
7. Mißbildungen der Lungenvenen	291
a) Fehlverbindungen der Lungenvenen	291
b) Das Cor triatriatum sinistrum	300
c) Stenosen und Atresien der Lungenvenen	303
8. Die Lävoatrial-Kardinalvene	303
III. Mißbildungen der Vorhöfe	305
1. Idiopathische Vorhofdilatation	305
a) Diffuse Dilatation des rechten Vorhofs	305
b) Zirkumskripte Dilatation des linken Vorhofs	306
2. Juxtapositio auriculorum cordis	306
3. Frühzeitiger Verschluß des Foramen ovale	307
4. Aneurysma der Fossa ovalis	308
5. Defekte der Vorhofscheidewand	308
a) Totaler Defekt	308
b) Partielle Defekte	310
6. Das Lutembacher-Syndrom	315
IV. Mißbildungen der Herzkammern	316
1. Einzelkammer (Cor univentriculare, Cor triloculare biatriatum)	316
2. Reitende Segelklappen	321

3. Canalis atrioventricularis 322
   4. Akzessorische Ostien und sonstige Spaltbildungen
      der Segelklappen 327
   5. Atresien der Atrioventrikularklappen 327
      a) Trikuspidalatresie 328
      b) Mitralatresie 332
   6. Konnatale Stenosen der Atrioventrikularostien 333
      a) Konnatale Trikuspidalstenose 334
      b) Konnatale Mitralstenose 334
   7. Konnatale Insuffizienzen der Atrioventrikularklappen . . . 338
      a) Konnatale Trikuspidalinsuffizienz 338
      b) Ebsteinsche Anomalie 339
      c) Konnatale Mitralinsuffizienz 343
   8. Die Ventrikelhypoplasien 344
   9. Uhlsche Anomalie 349
  10. Architekturanomalien der Herzkammern 350
      a) Divertikel 350
      b) Abnorme Muskelmassen 351
      c) Ventrikelinversion 352
      d) Das sog. Kreuzherz 353
  11. Aneurysma der Pars membranacea 353
  12. Konnatale Ventrikuloatrialkommunikation 355
  13. Partielle Ventrikelseptumdefekte 356
      a) Spontanverschluß 357
      b) Lokale Komplikationen 358
      c) Morphologische Einteilungen 360
      d) Hauptmerkmale und Häufigkeitsverteilung der
         isolierten Ventrikelseptumdefekte 367
      e) Multiple Defekte 370
      f) Krankheitsbild, Prognose und Behandlung 370
V. Mißbildungen des arteriellen Herzendes 373
   1. Atresien der arteriellen Ostien 373
      a) Pulmonalostiumatresie 373
      b) Aortenostiumatresie 375
   2. Die Stenosen am arteriellen Herzende 375
      a) Pulmonalstenose 376
      b) Aortenstenose 379
   3. Konnatale Insuffizienz der Taschenklappen 383
      a) Pulmonalklappeninsuffizienz 383
      b) Aortenklappeninsuffizienz 385
   4. Anomalien der Klappenzahl 386
      a) Bikuspidale Pulmonalklappe 386
      b) Bikuspidale Aortenklappe 386
      c) Überzählige Taschenklappen 387
   5. Konnatale Aneurysmen der Sinus Valsalvae 387
   6. Aortolinksventrikulärer Tunnel 388
   7. Truncus arteriosus persistens 390

Inhaltsverzeichnis

    8. Pseudotruncus arteriosus 395
    9. Aortopulmonaler Defekt 395
 10. Fehlstellungen der großen Gefäße 397
     a) Zur Transpositionslehre 397
     b) Prototypen der Transpositionsreihe 405
     c) Doppelausgang aus dem rechten Ventrikel 417
     d) Korrigierte Transposition 420

VI. Mißbildungen des herznahen Arteriensystems 423
  1. Anomalien der Pulmonalarterien 423
     a) Supravalvuläre Pulmonalstenose 423
     b) Agenesie bzw. Ektopie eines Hauptastes
        der Lungenarterie 424
     c) Fehlverbindung einer Lungenarterie 426
     d) Verlaufsanomalien der Hauptäste 427
     e) Idiopathische Dilatation des Truncus pulmonalis ... 427
  2. Anomalien der Aorta 429
     a) Supravalvuläre Stenosen 429
     b) Coarctatio aortae und Arcushypoplasie 430
     c) Pseudocoarctatio aortae 437
     d) Stenosen der Aortenbogenäste 438
     e) Konnatale Stenose der Aorta abdominalis 438
     f) Interruption des Arcus aortae 439
  3. Persistenz des Ductus arteriosus 441
     a) Zum normalen Wandbau und Verschlußvorgang 441
     b) Protrahierter bzw. frühzeitiger Verschluß 443
     c) Der Ductus arteriosus persistens 443
  4. Aberrierende Organisationstypen des herznahen
    Arteriensystems 448
     a) Gefäßringe 448
     b) Rechter Aortenbogen 453
     c) Zervikaler Aortenbogen 453
     d) Akzessorischer Kanal des Aortenbogens 454
     e) Ursprungsanomalien des Truncus brachiocephalicus
        und der Carotis sinistra 454
  5. Anomalien der Koronararterien 454
     a) Einzelkranzgefäß 454
     b) Überzähliges Kranzgefäß 455
     c) Verzweigungsabarten 455
     d) Hoch- bzw. tiefsitzende Ostia coronaria 455
     e) Anomaler Ursprung aus dem Aortensystem 455
     f) Fehlursprung aus der Pulmonalarterie 456
     g) Konnatale Koronararterienfistel 459
     h) Konnatale Aneurysmen der Koronararterien 460
     i) Konnatale obstruktive Anomalien 461

Literatur 461

7. Kapitel

Humangenetische Aspekte der angeborenen Fehlbildungen des Herzens und der großen Gefäße

Von W. FUHRMANN · Mit 5 Abbildungen und 8 Tabellen

A. Vorbemerkung	519
B. Definition und Abgrenzung	520
I. Häufigkeit angeborener Angiokardiopathien	520
II. Ursachen	522
1. Exogene Faktoren	522
2. Viruserkrankungen	523
3. Medikamente und andere Noxen	523
4. Angeborene Angiokardiopathien bei Chromosomenanomalien	525
5. Angeborene Herzfehler im Rahmen von Syndromen und monogen bedingten Krankheiten	527
6. Mechanistische Grundvorstellungen zur Entstehung von angeborenen Herz- und Gefäßfehlbildungen	527
7. Isolierte angeborene Herz- und Gefäßfehlbildungen	529
8. Zwillingsstudien	537
9. Erbbedingte kongenitale Angiokardiopathien beim Tier	538
10. Eine genetische Deutung der Entstehung (isolierter) Angiokardiopathien	538
III. Praktische Konsequenzen	541
1. Genetische Beratung	541
2. Prävention	542
Literatur	543

8. Kapitel

Heterochronie des Herzens als pathogenetische Prämisse 549

Von W. DOERR · Mit 3 Abbildungen

Literatur 553

Sachverzeichnis 555

Einführung

W. DOERR

In einer Zeit, in der der „anatomische Gedanke" im Rahmen der wissenschaftlichen Heilkunde eine andere methodologische Gewichtung gefunden hat (DOERR 1984a), bedarf die Herausgabe einer umfassenden Pathomorphologie des Herzens einer Standortbestimmung besonderer Präzision. Die Bearbeiter des vorliegenden Werkes sind aufgrund ihrer jahrzehntelangen Beschäftigung mit dem Gegenstand davon überzeugt, daß sich die Prinzipien der Pathogenese „großer Herz- und Gefäßkrankheiten" ausschließlich begreifen lassen durch die wechselseitige Verknüpfung der sinnenhaften (visuellen) und der kinästhetischen Erfahrung (DOERR 1984b, c).

Länger als 2000 Jahre galt die „Aristotelische Regel", im menschlichen Körper erzeuge das Herz Wärme, das Gehirn Kälte. Danach war jedem gebildeten Laien klar, daß die Herzaktion mit einem bestimmten „Organgefühl" verknüpft sein müsse. Das Herz sei die „Akropolis" des Körpers (ROTHSCHUH 1963). Im „Herzen" stecke der Mensch, „nicht im Kopf" (SCHOPENHAUER). Herzkrankheiten seien „Zeitkrankheiten", d.h. durch den Komplex *aller* Bedingungen des menschlichen Lebens verursacht oder gestaltet (PIERACH 1966). Das Herz habe seine Geheimnisse, von denen der Verstand nichts wisse (GOETHE 1786). *Cura cor lapit* (SCHIPPERGES 1989)*.

Genau an diesem Punkte setzen die Bemühungen der Pathologen (ISNER 1987) ein: "The Cardiologist and the Pathologist", "the interaction of both and the limitations of each". Und STEMBRIDGE (1982) erklärte schon vorher: "Do not forget the human body is not a mechanism but an entire organism – no specialties can legitimately exist apart from whole". Der methodische Indeterminismus, der die Kooperation „Cardiologist :/: Pathologist" charakterisiert, wird heute von seiten der Klinik nicht immer gesehen. Nur Paul CHRISTIAN (1989) hat den vielschichtigen Komplex aller hierher gehörigen Fragen kritisch erörtert, ja aufgelöst und dem um die theoretische Pathologie ernstlich Bemühten einen Stimulus in Richtung einer optimistischen Grundhaltung versetzt (1989).

Wir können also zu Niels STENSEN (Nikolaus STENO 1738–1686) zurückkehren, der bekanntlich betont hatte: Der Anatom sei der Zeigestab in der Hand Gottes!

Das Gefäßsystem entsteht auch beim Menschen bereits in den ersten Tagen der Embryonalentwicklung, und zwar an mehreren Stellen gleichzeitig. Die Herzanlage schlägt, bevor ein Kreislauf existiert. Die primitiven Uferzellen stampfen „am Orte", sie rücken hin und her. Vom 14. Tage des Embryonallebens an tritt eine gerichtete Bewegung auf. Jetzt ist mit der Ausbildung eines gestaltlich determinierten Rinnsals zu rechnen. Welche Kräfte sind am Werk? Der Kreislauf dient dem Stoffwechsel. Organanlagen mit dem stärksten Stoffumsatz (Hirn,

---

* Kummer (Sorge) mache (versteinere) das Herz hart!

Herz, Leber) haben die besten (kapillären) Gefäße. Die primitiven Kiemenbogenschlagadern treten am 20., die Lungenstammvene tritt am 30. Tag auf. Erst mit dem 70. Tag greifen allgemeine Mesenchymreifung, Fibrillenbildung und -stabilisierung um sich. Von jetzt an spielen auch hämodynamische Faktoren mit. Die morphogenetische Leistung physikalischer Kräfte sollte, auch im Zeitalter der chemisch-orientierten Krankheitsforschung, nicht gering geachtet werden. Daß in der Fernwirkung dieser Gegebenheiten ein Motor – das Herz – entstanden ist, grenzt an's Wunderbare. Es schlägt (beim Menschen) Jahr für Jahr 42 Millionen mal. Seine Belastung als Pumpe und als Triebwerk wurde durch den Gang der Stammesgeschichte gleichsam erzwungen, und zwar sobald ein herzeigener Nutritionsapparat zur Verfügung stand. Hier, an diesem Punkte der Gestaltwerdung, liegt ein *Vinculum*, eine Fessel, also eine Konstruktionsschwäche. Sie begleitet das menschliche Leben wie ein *somatisches Fatum*. Dieses zu charakterisieren, aber auch die übrigen Besonderheiten der kardialen Organdisposition herauszuarbeiten, soll den eigentlichen Inhalt dieses Bandes darstellen.

Literatur

Christian P (1989) Anthropologische Medizin. Springer, Berlin Heidelberg New York Tokyo

Doerr W (1984a) Der anatomische Gedanke und die moderne Medizin. Heidelberger Jahrbücher 28:113–125

Doerr W (1984b) Prinzipien der Pathogenese großer Herz- und Gefäßkrankheiten. Sitzungsberichte Physikalisch-medizinische Sozietät Erlangen NF, Bd.1, Heft 1. Palm und Enke, Erlangen

Doerr W (1984c) Gestalt theory and morbid anatomy. Virchows Ach (Pathol Anat) 403:103–115

Goethe JW (1786) Herz. cf. Paul Fischer: Goethe-Wortschatz. E. Rohmkopf, Leipzig 1929, S 340–341

Isner JM (1987) The cardiologist and the pathologist. The interaction of both and the limitations of each. Hum Pathol 18:441

Pierach A (1966) Der Mensch von heute und sein Herz. Sommerrundbrief 1966 der Ostpreußischen Arztfamilie (Eigendruck, nicht im Handel)

Rothschuh KE (1963) Meilensteine in der Erforschung von Herz und Kreislauf. In: Bargmann W, Doerr W (Hrsg) Das Herz des Menschen, Bd. I. Thieme, Stuttgart, S 1–20

Schipperges H (1989) Die Welt des Herzens. Sinnbild, Organ, Mitte des Menschen. Josef Knecht, Frankfurt/Main

Stembridge VA (1982) Preservation of the species – Pathologist. American Soc. Clinical Pathologist. Am J Clin Pathol 78:797

Stensen N (1664) Observationes anatomicae de musculis et glandulis specimen. Kopenhagen

Schopenhauer A (1946) Vom Unterschied der Lebensalter. In: Schopenhauer, Sämtliche Werke, 2. Aufl. Parerger und Paralipomena, Wiesbaden: Brockhaus, S 529

Vorbemerkungen

W. DOERR

Hier geht es um *orthische Prämissen*, die man kennen muß, um den Schauplatz der pathischen Ereignisse und deren Folgen zu übersehen. Das Herz besteht von den ersten Tagen seiner Aktion an aus mehreren hinter- und zwei nebeneinandergelegenen Teilen: den *Metameren* und den *Antimeren*. Innerhalb weniger Wochen entstehen Scheidewände, welche nach und nach eine vollständige Trennung der linken und rechten Antimeren realisieren. Die im einzelnen komplizierten Vorgänge bedürfen jetzt, d.h. an dieser Stelle der Ausführungen, keiner detaillierten Erörterung. Es sei aber betont, daß die an gedanklicher Klarheit unübertroffene Schilderung der *Ursachen und Mechanismen der Zweiteilung des Wirbeltierherzens* auf Alexander SPITZER zurückgeht (1919, 1921). Großer und kleiner Kreislauf arbeiten parallel *und* hintereinander. Sie werden in *einem* Arbeitsgang bedient. Durch die Umschlingung von Aorta und Pulmonalis (Abb. 1) wird garantiert, daß es zu einem quantitativen Austausch des Körper- und Lungenarterienblutes kommt. Die Förderung des Herzinhaltes erfolgt durch die venoarterielle Kontraktion. Bei Kaltblütern existiert kein echter Herzrhythmus. Bei Warmblütern läuft die Kontraktionswelle mit definierten Beschleunigungen und Verlangsamungen ab. Erst jetzt tritt ein System von vorwiegend der Verlaufsrichtung des Blutes parallel-orientierten Muskelfasern auf, deren Gesamtheit dem entspricht, was BENNINGHOFF *Konturfasern* genannt hatte (1933). Hieraus entsteht das Reizleitungssystem (*Système de commande du coeur*). Es stellt die kürzeste geometrische Verbindung dar zwischen dem venösen Zustrom und dem arteriellen Auslaß (Abb. 2a–d, HOLL 1911).

Zwei Besonderheiten mögen unsere „Prämissen" komplettieren: *Das ist einmal* die imponierende holoptisch-anatomische Situation des menschlichen Herzens in der Mitte des Brustraums (Abb. 3). Es liegt dem Präparat ein von W. KOCH gefertigter Totalschnitt, frontal durch den Brustkorb eines 21 Jahre alt gewordenen Mannes, zugrunde. Die entscheidenden Punkte der elektrophysiologischen Aktivitäten (Gegend der Reizleitungszentren I und II) sind markiert.

Man kann sich gut vorstellen, daß die elektrische Erregung den kürzesten Weg nimmt, d.h. dem muskulären Vorhofseptum folgt, dann aber in die weitere Umgebung ausstrahlt. Ärztlich sind die nächst nachbarlichen Verbindungen des Herzens und seiner Hülle mit Lungen, Mediastinalorganen, Zwerchfell und Bauchraum essentiell.

Zum anderen ist es eindrucksvoll, das Wirkungsfeld des Herzens, also das sehr ausgedehnte *Erfolgsorgan für das Herz als Motor* zu bedenken (Tabelle 1). Die Gesamtheit der durch Korrosionsanatomie darstellbaren Gefäße der Herzwände fördert 5–7% des Herzminutenvolumens in Ruhe (SCHÜTZ 1958). Im Falle der

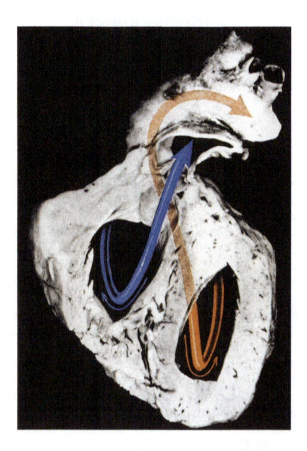

Abb. 1. Frontalschnitt durch das in situ fixierte Herz eines 11jährigen Jungen; kein Herzfehler. Darstellung einer Ebene aus dem ventralen Drittel des Herzens. Überkreuzung von Aorta und Pulmonalis. Herausarbeitung der sog. arteriellen Torsion. Kreuzung der Körperblutbahn und Lungenblutbahn als essentielle Voraussetzung der Austauschschaltung. Diese Elementarkonstruktion des menschlichen Herzens ist die Conditio sine qua non für die gleichzeitig bestehende Parallel- *und* Hintereinanderschaltung der Blutströme

Tabelle 1. „Erfolgsorgane" für das Herz als Motor. Maß und Zahl der menschlichen Blutgefäße (Zusammenstellung der wichtigsten Daten)

Aorta Gewicht im Alter von 20 Jahren	etwa 80 g
Aorta Gewicht im Alter von 80 Jahren	etwa 300 g
Gew. aller präparierbaren Arterien	300 g
Länge aller Gefäße (Ao-AA-Cap-Vv)	ca. 50 000 km
Gewicht aller Endothelien	4–5 kg
Innere Oberfläche aller Endothelien	1000 m^2
Fassungsvermögen aller Arterien	758 cm^3

In den Baucheingeweiden ständig 35% d. ganzen Körperblutes;
11,6% cm^3 arterielles Blutvolumen stehen je kg Körpergewicht zur Verfügung;
1 ml Blut steht in jedem Augenblick in Kontakt mit 5000 cm^2 der Endothelfläche!

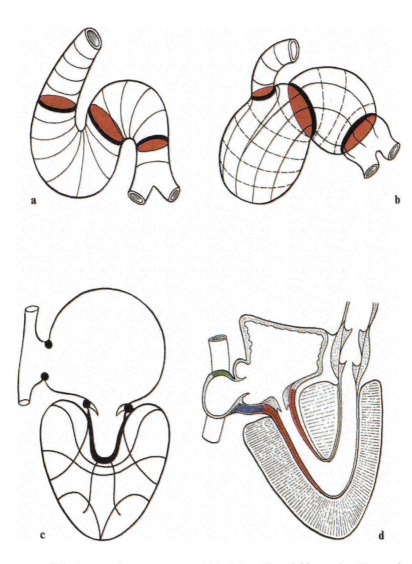

Abb. 2a–d. Skizzierung der stammesgeschichtlichen Entwicklung des Konturfasersystems. Teilabb. **a, b** zeigen, daß bei primitiven Wirbeltieren zirkuläre Ringbinden an den intermetameralen Engen liegen. Diese werden im Sinne der Teilabb. **c**, die dem Reptilienstadium entspricht, zu schräglongitudinalen Fasern umgewandelt, welche in Gestalt endloser, in sich gleichsam zurücklaufender Systeme angeordnet sind. Teilabb. **d** stellt die Situation bei höheren Wirbeltieren und beim Menschen dar. Es sind nur Residuen geblieben, die jeweils die alte topische Bindung erkennen lassen. Teilabb. **d** macht deutlich, daß die atrioventrikulären Verbindungen die kürzeste Wegstrecke zwischen venösem Zutritt und arteriellem Auslaß nehmen. Darstellung nach Koch (1922), Benninghoff (1933) und Doerr (1969)

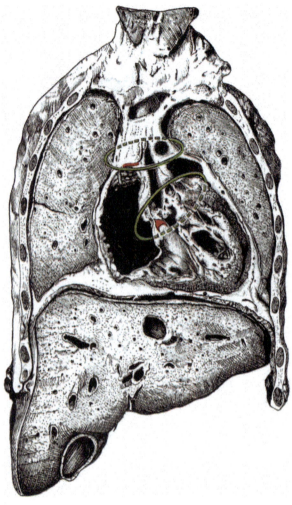

Abb. 3. Holoptischer Schnitt, Brusteingeweide, 21jähriger Mann. Darstellung der topischen Beziehungen zwischen Sinus- und AV-Knoten. (Nach KOCH 1924)

Belastung steigt der Wert um 40–120% bei Menschen mit intakten Koronargefäßen, um 5–80% bei Koronarkranken (LÜTHY et al. 1970). Auf 100 g Herzmuskelgewebe kommen 60–120 ml – im Mittel 84 ml – pro Minute (GROSSE-BROCKHOFF 1969). Die Gewichte der peripheren – also extrakardialen – Blutgefäße sind beachtlich. Die Länge aller Gefäße übertrifft die Größe des Äquatorialumfanges unseres Planeten. Die menschlichen Herzkranzgefäße unserer Korrosionspräparate wiegen 25 g; ihre innere Oberfläche beträgt nur 2,2 m². Nimmt man aber die Kapillaren hinzu, beträgt sie etwa 25 m². Der Nutzeffekt der Herzarbeit beträgt 20000 mkg mit ca. 100 Kal. in 24 h bei mäßiger körperlicher Anstrengung (LIEBAU 1955).

Literatur

Benninghoff A (1933) Das Reizleitungssystem. In: Bolk L, Göppert E, Kallius E, Lubosch W (Hrsg) Handbuch der vergleichenden Anatomie der Wirbeltiere, Bd. 6. Urban & Schwarzenberg, Berlin Wien, S 543–555

Doerr W (1969) Normale und pathologische Anatomie des reizbildenden und erregungsleitenden Gewebes. Verh Dtsch Ges Kreislaufforsch 35:1–36

Grosse-Brockhoff F (1969) Besonderheiten der Koronardurchblutung. In: Grosse-Brockhoff F (Hrsg) Pathologische Physiologie, 2. Aufl. Springer, Berlin Heidelberg New York, S 215

Holl M (1911) Makroskopische Darstellung des atrioventrikulären Verbindungsbündels am menschlichen und tierischen Herzen. Denkschrift der mathematisch-naturwissenschaftlichen Klasse der Kaiserl. Akademie der Wissenschaften Bd. 87, Wien 1911 (aus der Kaiserl.-Königl. Hof- und Staatsdruckerei in Kommission bei Alfred Hölder)

Koch W (1922) Der funktionelle Bau des menschlichen Herzens, Urban & Schwarzenberg, München

Koch W (1924) Thoraxschnitte von Erkrankungen der Brustorgane. J Springer, Berlin

Liebau G (1955) Die Strömungsprinzipien des Herzens. Zs Kreislaufforsch 44:677–684

Lüthy E, Wirtz P, Rutishauser W, Krayenbühl HP, Scheu H (1970) Herz. In: Siegenthaler W (Hrsg) Klinische Pathophysiologie. Thieme, Stuttgart, S 448

Schütz E (1958) Physiologie des Herzens. In: Trendelenburg W, Schütz F (Hrsg) Lehrbuch der Physiologie. Springer, Berlin Göttingen Heidelberg

Spitzer A (1919, 1921) Über die Ursachen und Mechanismen der Zweiteilung des Wirbeltierherzens. Wilhelm Roux' Arch Entwickl-Mech Org 45:686 (1919); 47:510 (1921)

1. Kapitel
Vergleichende Anatomie der Organe des Stoffverkehrs*

A. Grundsätzliches – Theoretische Biologie

H. Heine

Morphologie, wissenschaftlich betrieben, steht unter dem von C. F. von Weizsäcker (1985) diskutierten Paradoxon, daß man nur das sehen könne, was man wisse. Empirische Forschung beginnt demnach mit vorstrukturierten Fragestellungen, die durch induktive Bestätigung aus der Erfahrung und im Vergleich mit den denkmöglichen theoretischen Antworten Konzepte ergeben, die bei Widerspruchsfreiheit zu wertvollen Theorien führen können oder, ohne in einem überprüfbaren Sinn richtig sein zu müssen, als heuristische Prinzipien wissenschaftliche Kreativität anregen. Zwei derartige heuristische Ideen beeinflussen die Naturwissenschaften und Medizin seit Platon: das Verhältnis von Stoff und Form sowie das Wesen der natürlichen Ordnung. Beide Ideen stehen in einem inneren Zusammenhang. Von der geisteswissenschaftlichen Entwicklung der jeweils gewonnenen Konzepte hängt es schließlich ab, welchen Verlauf unsere Erkenntnis nimmt.

Wie die exakten Naturwissenschaften ist auch die Morphologie eine erklärende Wissenschaft, die auf eigene Weise versucht, das Bleibende im Wechsel der Erscheinungen zu erfassen, d. h. sie fragt nach dem Sinn der Form. Während aber Morphologen erklärend vorgehen durch Sinnzuweisung, reduzieren die exakten Naturwissenschaften auf Systeme unter Sinnverlust, weil sie in einem großen Streben nach Harmonie bzw. Symmetriebedürfnis alle Naturgesetze in einer vereinheitlichenden Weltformel aufgehen sehen wollen.

Die kausalanalytisch reduktiv orientierte Systemstruktur der Naturgesetze ist am „Was und Wie" orientiert und legt unabhängig vom Material (Stoff) Wirkungswege und -richtung fest. Anders in der Morphologie: Sie sucht über das „Was und Wie" hinaus Antwort auf die Frage „Warum so und nicht anders" zu bekommen. Dies entspricht einem spezifischen reduktiven Element in der Morphologie. Aber wie ist dann Sinnverlust zu vermeiden? Offensichtlich durch Bruch der zeitlichen Symmetrie, d. h. anders als in den exakten Naturwissenschaften durch Nichtumkehrbarkeit der Zeit, wodurch in der Morphologie eine finale Betrachtungsweise festgelegt wird. Dabei weist bereits der Bruch zeitlicher Symmetrie auf den Gedanken der Evolution. Damit ist ein zentrales Problem der Morphologie verbunden, wie sich organisierte Strukturen auf Vorfahren zurück-

---

* Herrn Professor Dr. med. Dr. mult. h. c. Wilhelm Doerr, in großer Dankbarkeit und Verehrung gewidmet!

führen lassen, d. h. wie der Zusammenhang von Ontogenese und Phylogenese zu erfassen sei. Dabei darf der Morphologe nicht, wie z. B. der Physiker abstrahierend vorgehen, sondern er muß zuordnen. Denn der Sinn der Lebensprozesse ist die Aufrechterhaltung organismischer Identität. Reduktion in der Morphologie besteht daher nicht im Weglassen, sondern im Zuordnen (BISCHOF 1989). Dies zeigt sich u.a. in der Auffassung, daß die Ontogenese von Organen und Organstrukturen in der Phylogenese ihrer Träger wurzelt. Denn nur so erklärt sich z. B. die Lagekonstanz des Reizleitungssystems im Säugetierherzen oder die arttypische Ausgestaltung der großen Gefäßstämme. Nicht die Suche nach formaler Harmonie in der Symmetrie der Naturgesetze ist das Ziel, wie dies etwa in den Eigenschen Hyperzyklen versucht wird, sondern das Erfassen des gesamten Stammbaumes.

Der biologische Reduktionismus ist somit an Finalursachen und damit an Zweckmäßigkeit und Zielstrebigkeit als Prinzipien morphologischer Forschung orientiert. Diese dürfen jedoch nicht vitalistisch gesehen werden, als seien sie immaterieller, entelechialer Natur, wie dies die aristotelische Naturphilosophie und in neuerer Zeit der Driessche Vitalismus versucht hat. Dem Verständnis biologischer Zweckmäßigkeit hat Darwins "survival of the fittest" den Weg gewiesen: Zweckmäßigkeit beruht auf Selektion. Die von Wiener begründete Tradition der Biokybernetik hat uns, ganz auf dem Boden naturwissenschaftlichen Denkens, andererseits gezeigt, daß Zielstrebigkeit Homöostase bedeutet, d.h. Stabilisierung von Systemzuständen um Sollwerte. Allerdings gerät der Morphologe in der gleichzeitigen Anwendung beider Begriffe in Schwierigkeiten, da sie zueinander in einem Ausschließungsverhältnis stehen. Dies läßt sich jedoch überwinden.

Organismen unterliegen einem biologischen Fließgleichgewicht, d.h. sie enthalten sowohl konservative, über eine lange Zeitdauer hinweg stabile, der Selektion unterliegende Ordnungsverhältnisse als auch geordnete, rasch vergängliche Muster, die kybernetisch geregelt nur innerhalb einer gewissen Bandbreite existieren, damit aber der Homöostase und nicht der Selektion unterliegen (dissipative bzw. synergetische Ordnungsphänomene vgl. S. 20). Als Beispiel können die Wirbelbildungen des Blutes beim diastolischen Schluß der Aortenklappen gelten. Die Regelgröße, durch die die Wirbel in ihrem Muster temporär erhalten bleiben, ist die Strömungsgeschwindigkeit. Diese steht mit dem Weg, den die Strömung nimmt in Beziehung, wodurch ein bestimmtes Bewegungsmuster des Blutes entsteht, das die Rolle der Stellgröße einnimmt. Als Störgröße ist der Blutdruck anzusehen, bei dessen Absinken keine geregelte Wirbelbildung zustande kommt und sich die Klappen nicht regelhaft schließen. Bei dem nun eintretenden Reflux in die linke Kammer reagiert das Myokard als Regler und erhöht reflektorisch den Blutdruck.

Ein Regelungsprozeß kann jedoch nur bei ständigen geringfügigen Fluktationen der Regelgröße sinnvoll sein. Diese „Ordnung durch Fluktuation" (PRIGOGINE 1985) kennzeichnet ein „dissipatives bzw. synergetisches System", ein System, das bei geeigneter Energiezufuhr seine Ordnung fernab von einem thermischen Gleichgewicht erreicht (HAKEN 1983). Diese Zielstrebigkeit Ordnung zu erhalten konstituiert jedoch noch keine Zweckmäßigkeit. Zwar unterliegen dissipative Prozesse der Homöostase aber sie sind immun gegen jede Art von

Selektion. Ihr Ordnungsmuster verschwindet sofort bei Ausfall nur eines der „Ordnungsparameter" und kehrt bei dessen Restitution augenblicklich zurück. Man sollte mit BISCHOF (1989) dissipative Muster als „Gestalten" den jeden Organismus der Selektion aussetzenden konservativen „Strukturen" gegenüber stellen, wie es z. B. die DNS, Blutgefäße, Sehnen, Knochen und Nervenbahnen sind. Im Unterschied zu dissipativen Gestalten sind konservative Strukturen aufgrund der Nichtumkehrbarkeit der Zeit irreversibel vernichtbar. Auf Strukturen kann daher prinzipiell das Selektionsprinzip angewendet werden, zumal Strukturen nicht die essentielle Forderung an Regelgrößen erfüllen, fluktuieren zu müssen. Daher können uns weder allein „Gestalten" noch „Strukturen" einen Organismus verständlich machen. Um die Formbildung zu verwirklichen, müssen daher dissipative und konservative Prozesse verknüpft werden.

Jede dissipative Gestalt, wie z. B. die Strömungsverhältnisse in einem mehrzelligen Organismus, können sich, wie es die Stammes- und Entwicklungsgeschichte der Organe des Stoffverkehrs zeigt, bei Bestehen über ausreichend lange Zeiträume, ein Gefäßsystem mit entsprechendem Antrieb schaffen. Solange dieser Prozeß läuft, vermag dann auch das Gefäßsystem an der homöostatischen Potenz der dissipativen Gestalt teilzuhaben (z. B. Varianten von Gefäßprovinzen). Im Gegenzug wird das Gefäßsystem als konservative Struktur auf die dissipativen Prozesse im Sinne einer Zwangsordnung kanalisierend einwirken. Dadurch gerät die dissipative Gestalt immer mehr in den Sog zeitlicher Irreversibilität und gewinnt dabei das, was ihr sonst versagt bliebe, – individuelle Identität, die der Selektion unterworfen ist.

Wenn auch auf diese Weise dissipative und konservative Prozesse miteinander verbunden werden, so geschieht dies auf individueller Ebene doch immer im Wettstreit der beiden Prinzipien. Die Gefahr kurzzeitigen oder langfristigen Überwiegens eines der Prinzipien führt zu entsprechend krankhaften Prozessen, wodurch ein Weg aufscheint, wie sich eine allgemeine Pathologie begründen ließe (vgl. DOERR 1970).

Die Morphologie in ihrem bezug auf die Evolution muß über das Individuelle hinaus zu einer Synthese beider Prinzipien kommen. Dies gelingt, wenn die konservative Struktur im Plural auftritt, weil dann die auf der dissipativen Seite durch Homöostase bestimmten Größen als Mittelungen über größere Populationen auftreten und nicht mehr auf den einzelnen Organismus bezogen sind. Dabei ist der Genotyp einer Art als Regelgröße einzusetzen, wobei dieser sowohl einer Fluktuationsfähigkeit als auch der Selektion unterliegt. Durch diese „Reproduktion mit endlicher Kopiergenauigkeit" wird überhaupt erst der wechselseitige Bezug von Ontogenese und Phylogenese sinnvoll. Denn der Genotyp einer Art basiert zwar auf Strukturen, die dem irreversiblen Abbau unterliegen (z. B. die DNS), verhält sich aber selbst wie eine Gestalt, die den Abbau homöostatisch kompensieren kann. Der Genotyp wird damit potentiell unsterblich. Mutationen halten ihn am Fluktuieren, wodurch Reiz und Verhalten im negativen Feedback seine eigene Fortdauer gewährleisten (BISCHOF 1989).

Eine stammesgeschichtliche Betrachtung muß daher immer auch Embryonalanpassungen berücksichtigen, die genetisch fixiert evolutive Transformation und morphologische Vielfalt bedingen (REMANE 1962; STARCK 1975; MAYR 1984). Ein Beispiel dafür ist die Lagekonstanz des Reizleitungssystems im Säugetierherzen an den phylogenetisch alten Herzabschnittsgrenzen. Ontogenetisch hat das Gewebe der Endokardkissen und -leisten an diesen Grenzen, vor allem aber die in deren Grundsubstanz als dissipative Gestalten auftretenden Proteoglykane und Glykosaminoglykane, einen differenzierenden Einfluß auf die angrenzenden Myoblasten im Sinne einer Entwicklung zu Reizleitungszellen (HEINE 1976).

Von hier aus ergeben sich Konsequenzen in methodologischer Hinsicht. Naturwissenschaft ist seit Galilei Experimentalwissenschaft, die auf materieller und logischer Reduktion gründet. Dabei sind Randbedingungen keine Sinnträger, man kann und muß sie im Sinne störungsfreier Messung manipulieren. In dieser „paradigmatischen" Forschung kann man, da ein Naturgesetz überall präsent ist, an beliebiger Stelle, in einem beliebigen Areal seine Untersuchungen durchführen (BISCHOF 1989). In der Morphologie sind dagegen Kenntnisse von Randbedingungen, z. B. die natürliche Umgebung eines Organismus für seine Entwicklung, äußerst sinnhaft. Die Idee, daß die punktuelle Vertiefung und die horizontsprengende Allerkenntnis äquivalent seien, begleitet die europäische Wissenschaft seit Platon, liegt in der Überzeugung von Giordano Bruno, Paracelsus sowie der idealisierenden Morphologie Goethes gründend auf Schellings Naturphilosophie. Wenn auch Bruno „im Minimum das Maximum" enthalten sieht, Paracelsus in einer einzigen Blume die ganze Schöpfung erkennt und Goethe aus der Ähnlichkeit aller Gestalten auf ein geheimes Gesetz schließt, so ist es doch morphologischer Reduktion verwehrt, das Spätere im Früheren aufgehen zu lassen (BISCHOF 1989). Eine einzige Blume ist nicht genug, denn in der Synthese dissipativer und konservativer Prozesse hat jede Form ihre eigene Weise, sich mit ihrer Umgebung auseinanderzusetzen. Jede Form läßt die andere besser verstehen, ohne sie ersetzen zu können. Dies wird am stammes- und entwicklungsgeschichtlichen Umbau vom venös durchströmten Herzen der Fische über das gemischt durchströmte der Amphibien hin zu den völlig septierten Herzen der Säuger und Vögel besonders deutlich. Nur aus der zuordnenden und damit vergleichenden Beobachtung ist zu erschließen, was aus ererbter Gewohnheit und was unter dem Zwang gegebener Verhältnisse geschieht. Es ist daher keine Trivalität, daß in der Morphologie alle Empirie bei der Beobachtung beginnt. Ist die Art eine Realität, so ist die weitergehende Klassifizierung in Familien, Ordnungen, Klassen und Stämme an durch morphologische Reduktion gewonnene Typen gebunden. Deren geistige Wirklichkeit besteht in der Möglichkeit der Zuordnung als entscheidende Voraussetzung zur Aufklärung stammes- und entwicklungsgeschichtlicher Beziehungen. Nur darauf ist der Begriff Evolution anwendbar. (Das Grundgerüst der hier geäußerten Gedanken verdanke ich einem Aufsatz von BISCHOF (1989) zur Evolutionsbiologie).

Literatur

Bischof N (1989) Ordnung und Organisation als heuristische Prinzipien des reduktiven Denkens. In: Meier H (Hrsg) Die Herausforderung der Evolutionsbiologie, 2. Aufl. Piper, München, S 54–78

Doerr W (1976) Allgemeine Pathologie der Organe des Kreislaufes. In: Altmann HW et al. (Hrsg) Handbuch der Allgemeinen Pathologie, Bd. III/4. Springer, Berlin Göttingen Heidelberg, S 205–755

Haken H (1983) Synergetik. Eine Einführung. Nichtgleichgewicht – Phasenübergänge und Selbstorganisation in Physik, Chemie und Biologie. Springer, Berlin Heidelberg New York
Heine H (1976) Stammes- und Entwicklungsgeschichte des Herzens lungenatmender Wirbeltiere. Abh Senckenb Naturforsch Ges 535:1–152
Mayr E (1984) Die Entwicklung der biologischen Gedankenwelt. Springer, Berlin Heidelberg New York Tokyo
Prigogine I (1985) Vom Sein zum Werden. Zeit und Komplexität in den Naturwissenschaften. Piper, München
Remane A (1962) Gilt das biogenetische Grundgesetz noch heute? Umschau in Wiss u. Technik 62:571–574
Starck D (1978) Vergleichende Anatomie der Wirbeltiere auf evolutionsbiologischer Grundlage, Bd. 1. Springer, Berlin Heidelberg New York
Weizsäcker CF von (1985) Aufbau der Physik. Hanser, München

B. Allgemeine Stammesgeschichte des Blutkreislaufs

H. Heine

Jede primitive, undifferenzierte Zelle kann, wenn sie entsprechend stimuliert wird (z. B. Herabsetzung der Sauerstoffzufuhr), hämatopoietisch aktiv werden. Diese Zellen werden im Wirbeltierorganismus durch die Mesenchymzellen (ursprüngliche Fibroblasten) repräsentiert, wie sie sich zeitlebens im gesamten Organismus als retikuloendotheliales System finden.

Das Mesenchym tritt beim Menschen (und den Primaten), als Ausnahme unter den Wirbeltieren, in der 2. Entwicklungswoche überstürzt zunächst im extraembryonalen Bereich auf (Abb. 1). Es stammt nicht vom Primitivstreifen sondern geht auf den Trophoblasten zurück. Das extraembryonale Mesenchym überzieht den Dottersack und bildet den Haftstiel sowie das Chorion. Die extraembryonal im Mesenchym entstehenden netzförmig untereinander verbundenen Blutinseln sind als Embryonalanpassung an die Sonderbedingungen des Stoffaustausches bei intrauteriner Entwicklung zu sehen, die eine frühzeitige Verbindung von Gefäßen zwischen Embryo und Anhangsorganen benötigen (Starck 1975).

Auffällig an dieser ersten „megaloblastischen" Periode der Blutbildung ist, wie für menschliche Embryonen nachgewiesen wurde, daß auch Entodermzellen des Dottersackes haematopoietisch aktiv sein können. Wie Hoyes (1969) zeigte, können in der 2.–3. Woche Zellen aus dem epithelialen Verband des Entoderms ausscheren, um sich unter dem Einfluß des umgebenden Mesenchyms zu Megaloblasten umzuwandeln. Daneben lassen sich im Dottersackentoderm Zellen beobachten, in deren Zytoplasma membranumschlossene Demarkationskanäle auftreten, wie sie bei Abschnürung von Thrombozyten von Megakaryozyten in der fetalen Leber und postnatal im Knochenmark beobachtet werden. Diese Thrombozyten gelangen bereits voll entwickelt über das extraembryonale Mesenchym in die embryonalen Blutgefäße. Granulozyten und Lymphozyten werden in dieser Phase nicht gebildet, jedoch Makrophagen, die kernlose Erythrozyten phagozytieren. Damit wird das frühembryonale Blutbild auf unreifem Niveau gehalten. Sie verschwinden in der 3. Woche (Hoyes 1969).

Der Primitivstreifen als Quelle des intraembryonalen Mesenchyms erscheint beim Menschen erst Ende der 2. Woche. Anfang der 3. Woche verbinden sich das intra- und extraembryonale Mesenchym. Es beginnt sich ein primitiver Kreislauf zu entwickeln. Dessen Ausbildung fällt mit einer kritischen Schichtdicke des Keimes zusammen (ca. 0,1 mm), die es nicht mehr erlaubt, den Ernährungsbedarf allein durch Diffusion zu decken. Im Bereich intensiver Stoffwechselfelder entstehen zunächst aus den Mesenchymzellen endothelumschlossene Blutinseln, die durch Aussprossen mit den Ausläufern anderer blutbildender Mesenchymnester in Verbindung treten.

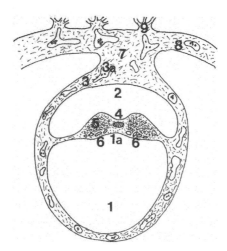

Abb. 1. Schematische Darstellung eines Querschnitts durch einen 16 Tage alten menschlichen Embryo (Präsomitenstadium). *1* Dottersack, *1a* Darmrinne, *2* Amnionhöhle, *3* extraembryonales Mesenchym mit Blutgefäßen (*3a*), *4* Neuralrinne mit unterlagernder Chorda dorsalis, *5* intraembryonales Mesenchym, *6* paariger Blutzellstrang, *7* Haftstiel, *8* Chorion, *9* Chorionzotten

Führend in der Bildung geordneter Gefäßanlagen ist bei allen Wirbeltieren auf dem Stadium der Neuralrohrbildung (Präsomitenstadium) ein im ventralen Körperbereich zwischen Darmboden und dem präsumptiven Seitenplattenmesenchym auftretender paariger Blutstreifen (Abb. 1). Mit Entwicklung der Somiten (Mensch, 16 Tage) wandern die Blutstreifen an der ventromedialen Kante der Seitenplatten rostral, wobei sie im kranialen Bereich zur Herzanlage verschmelzen (Abb. 1). An Amphibienkeimen hat sich experimentell zeigen lassen, daß diese Blutanlage nach Exstirpation zur Selbstdifferenzierung befähigt ist (Übersicht bei STARCK 1975).

Anfangs der 3. Woche treten zusätzlich im gesamten Mesenchym Kapillarnetze auf, die im Bereich von Zonen erhöhten Wachstums und Verbrauchs verdichtet sind und durch Kapillarsprossen untereinander in Verbindung stehen (STAUBESAND 1969; HEINE 1981). Auf diesem Stadium besteht noch kein eigentlicher Blutkreislauf, da die endothelialen Gefäßsprossen teils blind enden oder in das Spaltlückensystem der Grundsubstanz des Mesenchyms übergehen. Stammesgeschichtlich ist dieser primitive weitgehend offene Gefäßstatus noch bei den rezenten ursprünglichsten Chordatieren, den Acrania (Schädellose) in den Meeren des indopazifischen Raumes zu beobachten (der bekannteste Vertreter ist das Lanzettfischchen Branchiostoma (= Amphioxus lanceolatus)) (Übersicht bei STARCK 1982).

Stammes- und entwicklungsgeschichtlich geht daher dem geschlossenen Kreislauf der Wirbeltiere ein offener voraus. Die Acrania bilden Übergangsformen. Unter den Vorwirbeltieren ist ein offener Kreislauf am extremsten bei den Manteltieren (Tunicata; z.B. Seescheiden des Nordseebodens) als Anpassung an eine sessile Lebensweise entwickelt. Unter den Wirbellosen findet man geschlossene Kreisläufe bei den Tintenfischen (Cephalopoda), den Nemertini (Schnurwürmer; Atlantik, Mittelmeer, pazifischer Raum) und den Annelida (Ringelwürmer, zu ihnen gehört der Regenwurm). Ein offener Kreislauf findet sich stets bei den Arthropoda (Gliederfüßler; ganz allgemein die Insekten). Bei den Mollusken (z. B. Schnecken, Muscheln, Tintenfische) finden sich alle Übergänge von offenen zu geschlossenen Kreisläufen (HERTER u. ULRICH 1965).

Bei den Acrania, Annelida und Nemertini wird das Blut durch peristaltische Kontraktionen bestimmter Gefäßabschnitte umgetrieben, wobei Ventileinrichtungen angelegt sind, die einen Rückstrom verhindern. Bei den Acrania sind vor allem die ventral der Kiemen liegenden beiderseitigen Längsgefäße und erweiterte Abschnitte der Kiemenarterien kontraktil. Im Tierreich ist ganz allgemein die Fähigkeit zu peristaltischer Kontraktion von Blutgefäßen verbreitet, die sich auch bei Wirbeltieren erhalten hat. So sind für die Gefäße des Pfortader- und Umbilikalkreislaufes bei Vogel- und Sängerembryonen peristaltische Kontraktionen beschrieben worden. Bei adulten Wirbeltieren wird dieses Phänomen nur noch an den Flughautvenen der Fledermäuse beobachtet. Herzen, wie sie nur bei Wirbeltieren, Tunicaten, Mollusken und Arthropoden auftreten, sind spezialisierte Gefäßabschnitte, deren Kontraktilität sich von der ursprünglichen Gefäßperistaltik ableitet. Bei den meisten Wirbeltieren ist das Herz der einzige Motor des Kreislaufes, allerdings treten bei den sehr ursprünglichen Rundmäulern (Cyclostomata; Schleimfische der Nordsee; Neunaugen des Süßwassers) noch paarige Kaudalherzen in der Schwanzspitze und ein Portalherz im Pfortaderkreislauf auf. Bei Fischen, Amphibien, Reptilien und einigen Vogelarten sind „Lymphherzen" bekannt (Übersicht bei HERTER u. ULRICH 1965).

Dem stammes- und entwicklungsgeschichtlich auftretenden mesenchymalen Spaltlückensystem mit Fortsetzung in endothelausgekleidete Kapillarsprossen entsprechen bei höheren Wirbeltieren einschließlich Mensch noch der Beginn der Lymphgefäße. Nach einer Theorie von CASELY-SMITH et al. (1975) ist den Lymphkapillaren ein prälymphatisches System in Form von zeitabhängigen kanalartigen Bindegewebsspalten (0,1 mm bis mehrerer Millimeter Länge) vorgeschaltet. Für die erste Entwicklung von Gefäßen ist daher die Beschaffenheit der von den Mesenchymzellen gebildeten Bindegewebes bzw. Grundsubstanz von großer Bedeutung. Bis in die 3. Woche dominiert die Hyaluronsäure, das am stärksten negativ geladene hochpolymere Molekül im Organismus. Hyaluronsäure ist gleichzeitig das phylogenetisch älteste Glykosaminoglykan im Extrazellulärraum (Übersicht bei HEINE 1991). Sie enthält selbst kein Protein, hat aber eine ausgesprochene Bindungsfähigkeit für die stammesgeschichtlich jüngeren Proteoglykane. Hyaluronsäure wirkt wasserbindend, ionenaustauschend, mitogen und differenzierungshemmend auf embryonale Zellen. Sie kontrolliert das Gewebswachstum und Zellmigration und aktiviert Granulozyten sowie Makrophagen. In der Gewebekultur induziert Hyaluronsäure Gefäßneubildungen (KNECHT 1989). Wie an frühembryonalen Hühnerkeimen (16 h Bebrütung) und menschlichen Embryonen (4. Woche) gezeigt wurde, treten neben Hyaluronsäure sehr früh sulfatierte Proteoglykane/Glykosaminoglykane vom Typ des Heparansulfates bzw. Heparins auf (HEINE 1976, 1991). Heparansulfat ist stets zelloberflächenassoziiert, Heparin findet sich im Extrazellulärraum. Beide beeinflussen Zellwachstum und -vermehrung. Heparin fördert die Kontraktilität und Ausrichtung von Mesenchymzellen, aktiviert Plasminogenaktivatoren, moduliert zirkulierende Wachstumsfaktoren und regt die Freisetzung von Angiogenesfaktoren aus Endothel- und Mesenchymzellen an (HEINE 1991, dort Lit.). Wachstumsfaktoren für die Endothel- und Mesenchymzellen enthalten Heparin, das an ein lektinartiges Protein gebunden ist (Übersicht bei GABIUS 1988).

In der Stammes- und Entwicklungsgeschichte der Blutgefäße und des Herzens sind deutlich die beiden teleologischen Prinzipien Zielstrebigkeit und Zweckmäßigkeit zu erkennen, die ihrer entelechialen Mystik beraubt, sich als Träger der Homöostase und Selektion darstellen, worauf auf S. 10 genauer eingegangen wird.

Literatur

Casely-Smith JR, O'Donoghue PJ, Crocker KWJ (1975) The quantitative relationships between fenestrae in jejunal capillaries and connective tissue channels: proof of "tunnel-capillaries". Microvasc Res 9:78
Gabius H-J et al (1988) Lektine. Spektrum der Wissenschaft 11:50–61
Herter K, Ulrich K (1965) Vergleichende Physiologie der Tiere I. Sammlung Göschen Bd 972/972a. de Gryter, Berlin
Heine H (1976) Stammes- und Entwicklungsgeschichte des Herzens lungenatmender Wirbeltiere. Abh Senckenberg Naturforsch Ges 535:1–152
Heine H (1981) Herz und Kreislauf. Kindlers Enzyklopädie. Der Mensch, Bd. 3. Kindler, München, S 225–319
Heine H (1991) Lehrbuch der biologischen Medizin. Hippokrates, Stuttgart
Hoyes AD (1969) The human foetal yolk sac. An ultrastructural study of four specimens. Z Zellforsch 99:469–490
Knecht M (1989) Biochemie der Grundsubstanz und Krebsgeschehen. In: Heine H (Hrsg) Matrixforschung in der Präventinmedizin. Fischer, Stuttgart, S 11–30
Starck D (1975) Embryologie. Ein Lehrbuch auf allgemein biologischer Grundlage. Thieme, Stuttgart
Starck D (1982) Vergleichende Anatomie der Wirbeltiere, Bd. 3. Springer, Heidelberg New York 1982
Staubesand J (1969) Funktionelle Morphologie der Arterien, Venen und arteriovenösen Anastomosen. In: Ratschow A (Hrsg) Angiologie, Pathologie, Klinik und Therapie der peripheren Durchblutungsstörungen. Thieme, Stuttgart

C. Vergleichende Anatomie des Wirbeltierherzens

Stammesgeschichte des Cor humanum (nebst einem Glossarium)

H. Heine

I. Phylogenese als Folge von Ontogenesen

Die Stammesgeschichte von Weichteilen ist paläontologisch kaum zu verfolgen, da nur selten verwertbare Spuren zurückbleiben (z. B. in der Kohle des Geiseltals bei Halle). Vielmehr muß hier von der vergleichenden Anatomie „lebender Fossilien" und der Ontogenese auf die Phylogenese geschlossen werden.

Denn evolutive Transformation und morphologische Vielfalt können, wie dies offenbar zuerst K. E. von Baer (1828) aufgefallen war, als Abwandlungen entwicklungsgeschichtlicher Prozesse beschrieben werden (Snell 1863, 1981; Gegenbaur 1898; Veit 1920; Doerr 1938; Remane 1952; Siewing 1969; Starck 1975, 1979; Heine 1976; Mayr 1989). Die Ontogenese kann daher nicht nur, wie es die „biologische Grundregel" von Haeckel (1866) ausdrückt, als kurz zusammengedrängte Wiederholung der Phylogenese gesehen werden; sie ist zugleich der Beginn neuer stammesgeschichtlicher Änderungen. Diese greifen intraorganismisch an präadaptierten, funktionell abhängigen Organgefügen an, bevor sie äußerlich an der Kontaktfläche zwischen Organismus und Umwelt wirksam werden. Von präadaptierten Strukturen zu sprechen hat jedoch nur dann einen Sinn, wenn man weiß, was aus ihnen hervorgegangen ist, d. h., wenn man die „Leserichtung" für die stammesgeschichtliche Reihung kennt. Dann zeigt sich, daß die Stammesgeschichte der selbstregulierenden, sich selbst reproduzierenden, energetisch offenen Organismen einen zielstrebigen (teleonomen) Prozeß ständig besserer Adaptation darstellt (Heine 1983).

Der Ablauf der Stammesgeschichte von Organen muß daher im Zeitkontinuum über Folgen präadaptiver, aufeinander bezogener, kleiner struktureller Änderungen während der Ontogenese gesehen werden, die schließlich genetisch fixiert werden. Dies setzt eine ständige Fähigkeit des genetischen Materials zu Veränderungen voraus. Phylogenetische Abwandlungen aufgrund von Abänderungen im Verlauf von Ontogenesen sind „kanalisiert", sie folgen bestimmten Modi („Embryonalanpassungen"). Die wichtigsten sind: Beschleunigungen (Akzelerationen) oder Verlangsamungen (Retardationen) in der Ontogenese einzelner Entwicklungsphasen oder in der Ontogenese nur einzelner Organe oder Strukturen (Heterochronien). Es kann ein Endstadium, das der Ahnenform fehlte in der Ontogenese zugefügt werden (Addition von Endstadien) oder die Entwicklung weicht vor Erreichen des Endstadiums ab (Deviation). Auch ein Ausfall von Stadien der Ahnenform am Anfang, im Verlauf oder am Ende der Ontogenese ist möglich (Abbreviation), genauso wie das Phänomen des Funktionswechsels (Starck 1979). Die Sinnhaftigkeit zwischen Organfunktion und genetischer

Disposition liegt dabei in einer offensichtlichen Fähigkeit der Gene zur „Reifung". Ein Beispiel dafür sind jene Gene, die die Antikörpersynthese der B-Lymphozyten steuern. Sie sind als solche weder in den Keimzellen noch anfangs als solche in den embryonalen Zellen vorhanden. An Stelle kompletter aktiver Antikörpergene beherbergen diese Zellen nur ein Rüstzeug davon. Während sich die B-Lymphozyten entwickeln, kommt es zu einer „Genreifung", so daß die reifen Abkömmlinge der B-Zellreihen über die komplette Genstruktur verfügen, deren Mannigfaltigkeit durch ständige Rekombinationsfähigkeit der DNS in der Auseinandersetzung mit den extrazellulären Bedingungen erweitert werden kann (LEDER 1982). Eine ontogenetisch fortschreitende „Genreifung" kann auch die „biogenetische Grundregel" HAECKELS verständlich machen, wonach in der Ontogenese aufeinanderfolgende, wesentliche stammesgeschichtliche Schritte rekapituliert werden (HEINE 1983).

Organismen sind durch den Bau der Kernsäuren geordnet, d.h. organisiert. Sie stehen damit im Widerspruch zum zweiten Hauptsatz der Thermodynamik, dem der Entropie, wonach stets ein Übergang von größerer zu kleinerer Ordnung erfolgt. Dies gilt allerdings nur für abgeschlossene (Newtonsche) Systeme. Organismen als genetisch offene Systeme, die mit ihrer Umgebung Energie und Materie austauschen, zeigen, daß ihre Moleküle nicht zufällig nach statistischen Gesetzen agieren, sondern in einer geordneten, selbstorganisierenden Weise, die häufig sinnvoll, d.h. zielgerichtet erscheint. Diese Ordnung wird fern von einem thermischen Gleichgewicht durch Zufuhr und Verbrauch geeigneter Energie (Nahrungsmittel) aufrechterhalten („determiniertes Chaos"). Durch Änderung der äußeren Bedingungen kann ein derartiger Zustand zunehmend instabil werden und können sich Störungen zunehmend vergrößern. Von einem bestimmten Zeitpunkt an gewinnt das System dann ganz neuartige Aktivitäten. Der neue Zustand kann wiederum einen neuen Typ von Instabilität entwickeln usw. Auf diese Weise kommt es zu einer ganzen Hierarchie von Instabilitäten, auf die sich die Begriffe von Wachstum und Entwicklung anwenden lassen („Synergetik", HAKEN 1981). Das heißt, der alte Zustand verschwindet nicht, er wird in gewisser Weise durch Übernahme einer neuen Funktion beibehalten (z.B. Herzabschnittsgrenzen – Reizleitungssystem; primäres Kiefergelenk – Gehörknöchelchen). Es sind daher Instabilitäten, die sichtbare Gestalt in einem raumzeitlich begrenzten Ordnungszustand schaffen. Die auffällige Beziehung zwischen hoher Atmungskapazität der Lungen bei völliger Septierung des Herzens und damit erfolgter kompletter Parallel- und Austauschschaltung des arteriellen und venösen Blutstromes, wie es unter den Wirbeltieren lediglich die homoiothermen Amnioten (Vögel und Säuger) zeigen, weist darauf hin, daß phylogenetischen Änderungen als Wandlungen eines konstruktiven Systems durch Koadaptationen (RENSCH 1972; Synorganisationen, REMANE 1952) ein hoher selektiver Vorteil zukommt. Dadurch bleibt auf jeder phylogenetischen Stufe eine gewisse harmonische Konstruktion des ganzen Organismus erhalten. Diese Entwicklungsstabilität hat WADDINGTON (1957) auf eine „Pufferung" des Genotyps zurückgeführt, d.h. auf die Pleiotropie der Gene, wonach jedes Gen als Modifikator für viele andere Genloci dient. Dabei können Gengruppen als sog. Homöoboxgene die Anlage ganzer Organe steuern (morphogenetische Felder) (DE ROBERTIS et al. 1990). Die Vielfalt der resultierenden Wechselwirkungen einschließlich alternativer Entwicklungsbahnen geben biologischen Systemen große Plastizität wie auch Stabilität.

Dies zeigt sich auch darin, daß genetische Abänderungen nicht unmittelbar auf Änderungen funktioneller Abläufe von Organen oder Organsystemen bezogen werden können; d. h. der Phänotyp spiegelt nicht direkt die Wirkung einzelner Gene wieder. Während z. B. eine Mutation durchaus kausal erklärbar sein kann (z. B. Strahlung) und ebenso die Funktion eines Organes, sind beide im Organismus nicht direkt aufeinander beziehbar, sondern akausal durch eine bestimme Sinnhaftigkeit verknüpft. Diese „Synchronizität" (JUNG u. PAULI 1951) stellt ein Prinzip akausaler Zusammenhänge durch Sinnhaftigkeit dar. Sinnhaftigkeit bedeutet, daß der zentrale Charakterzug des Lebendigen auf jeder evolutiven Stufe in seiner Gegenwart liegt.

Dies ist besonders bei phylogenetischen Betrachtungen von Herz und Kreislauf zu beachten, da diese ontogenetisch das erste Organsystem im Wirbeltierorganismus darstellen, das voll in Funktion tritt. Beim Menschen beginnt Ende der 3. Woche die Herzanlage zu pulsieren.

II. Prinzipien der Herzentwicklung

Die Grundzüge der Herzentwicklung stimmen bei allen Vertebraten überein. Einschließlich der Säuger treten die das Endokard des Herzschlauches bildenden Zellen („Herzzellen") stets an der gleichen Stelle, in der gleichen Weise und mit der gleichen Potenz auf (HEINE 1976).

Beim Menschen entwickelt sich die Herzanlage um den 17. Entwicklungstag. Wie bei allen Wirbeltieren treten die mesenschymalen Herzzellen unter dem Entoderm des Kopfdarmes auf (Abb. 1–3).

Das intraembryonale Mesenchym (in seiner geformten Gestalt als Mesoderm bezeichnet) entwickelt sich bei menschlichen Embryonen mit Auftreten des Primitivstreifens (ab dem 15. Entwicklungstag) (Übersicht bei STREETER 1951; STARCK 1975; HAMILTON et al. 1978). Dem geht beim Menschen und den Primaten, in Anpassung an den notwendigen frühzeitigen Aufbau von Gefäßverbindungen zwischen Embryo und sich entwickelnder Plazenta die Entwicklung extraembryonalen Mesenchyms (aus dem Trophoblasten; ca. 9. Entwicklungstag) voraus (STARCK 1975). In der 3. Woche verbinden sich extra- und intraembryonales Mesenchym. Es gibt bisher keine Hinweise, daß das extraembryonale Mesenchym an der Herzbildung beteiligt wäre.

Das Problem der Herkunft der Herzzellen wurde, nachdem TANDLER (1913) konstatiert hatte, ihre Herkunft sei unbekannt, von HEINE (1976) erneut aufgegriffen. Dabei zeigte sich, daß alle modernen Darstellungen in der Entwicklung des Mesoderms einseitig sind. Als Mesoderm wird das die Somiten, Somitenstiel und Seitenplatten bildenden Mesenchym bezeichnet. Dieses stellt aber lediglich jenes Mesoderm dar, das aus der dorsalen Urmundlippe entsteht. Diese wird bei der Bildung des Urmundes (Blastoporus) primär dotterarmer, holoblastischer Eier (z. B. Lungenfische (Dipnoi)) und mesolezithaler, holoblastischer Eier (z. B. Salamander (Triturus, Amphibia)) sichtbar. Im Vorgang der Gastrulation stülpt sich dann im Bereich der dorsalen Urmundlippe ektodermales Material nach innen und bildet das Entoderm des Urdarmes sowie das zwischen

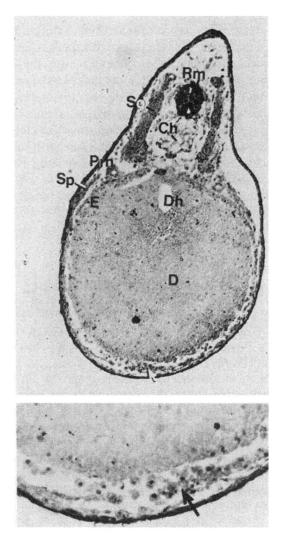

Abb. 1. *Rana temporaria* (Anura, Amphibia). Frühes Schwanzknospenstadium. Querschnitt durch den vorderen Rumpfbereich. Ventral zwischen beiden Seitenplatten (*Sp*) finden sich unter dem Entoderm (*E*) der mit Dotter (*D*) gefüllten Darmanlage, die Gefäß- bzw. Herzzellen (Blutzellstrang, *Pfeil*). *Ch* Chorda, *Dh* Dotterhöhle, *Prn* Pronephros, *Rm* Rückenmarksanlage, *So* Somit. Hämatoxylin-Eosin, 8 µm, × 40. Ausschnittsvergrößerung × 120

Ektoderm und Entoderm gelegene Mesenchym. Die ventrale Urmundlippe findet in den Lehrbüchern der Embryologie keine Beachtung.

Dem Urmund dotterarmer- und mesolezithaler Eier entspricht der Primitivstreifen der Sauropsiden (Reptilien, Vögel) und der Säugetiere. Der Urmund dieser Wirbeltiere ist aufgrund des Dotterreichtums (bzw. sekundären Dotterarmut (Säuger)) ihrer Eier in kraniokaudaler Richtung gestreckt. Die dorsale

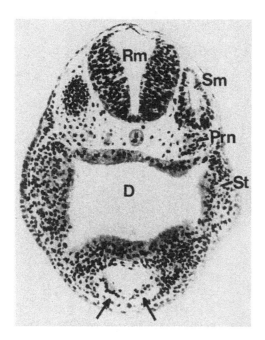

Abb. 2. *Triturus vulgaris* (Urodela, Amphibia). Schwanzknospenstadium. Querschnitt in Höhe der Herzanlage. Die ventralen Gefäßzellen haben sich zu paarigen Endokardschläuchen aneinander gelegt (*Pfeile*). D Darm, Sm Somit, St Seitenplatte; sonst wie Abb. 1. H.-E., 8 μm, × 40

Urmundlippe entspricht dabei dem Primitivknoten (Hensenscher-Knoten) die ventrale Urmundlippe dem Ende des Primitivstreifens (Abb. 4). Diese Verhältnisse bleiben bei sekundärem Dotterverlust, wie im Falle der Säugetiere, erhalten. Die intraembryonale Mesenchymbildung ist daher auch beim Menschen von primär dotterarmen, holoblastischen Eiern abzuleiten (Übersicht bei HEINE 1976).

Bei der Urwirbelbildung fällt zwischen den ventralen Kanten der Seitenplatten der Somiten ein sog. Blutzellstrang auf (Übersicht bei STARCK 1975), der nach den Untersuchungen von MOLLIER (1906), GREIL (1903) und HEINE (1976) von der ventrolateralen Urmundlippe stammt. Von diesem Strang lösen sich fortwährend Zellen ab, die als blut- und gefäßbildende Zellen sich zwischen den ventralen Kanten der Seitenplatten median unter dem Urdarm orientieren (Abb. 1, S. 16). Der Blutzellstrang fehlt im Bereich des unsegmentierten Kopfmesenchyms. Dessen angiogenetisches Zellmaterial wandert durch Sprossung, orientiert am Darmboden, in den kranialen Bereich ein und induziert hier durch Endokardbildung die Herzentwicklung (HEINE 1976). Dieses Herzfeld liegt vor der Neuralplatte und vor der Rachenmembran und tritt beim Menschen im Präsomitenstadium auf (STARCK 1975). Mit dem freien Auswachsen des Kopfendes und Abhebung des Vorderdarmes kommt die Herzanlage ventral unter den Darm und hinter die Rachenmembran zu liegen (STARCK 1975). DE HAAN (1967) hat mikrokinematographisch an Hühnerembryonen (Stadium 6, HAMBURGER u. HAMILTON 1951) gezeigt, daß die Bewegung der Herzzellen an zur gleichen Zeit auftretende,

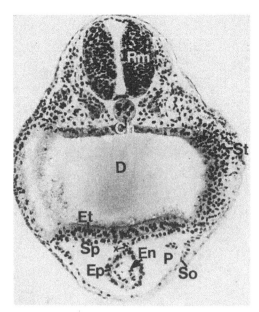

Abb. 3. *Triturus vulgaris.* Spätes Schwanzknospenstadium. Querschnitt in Höhe der Herzanlage. Die paarigen Endokardschläuche haben sich zum Endokard (*En, Pfeil*) der Herzanlage vereinigt. *Ch* Chorda, *D* Darm, *Et* Entoderm, *Ep* Epikard, *P* Perikardhöhle, *Rm* Rückenmarksanlage, *Sp* Splanchnopleura, *So* Somatopleura, *St* Seitenplatte, *x* Mesocardium dorsale. H.-E., 8 µm, ×40

morphologisch spezialisierte Entodermzellen gebunden ist. Dabei dürfte es sich um sog. stadienspezifische embryonale Antigene handeln, die als Ganglioside in den Zuckeroberflächenfilm (Glykocalyx) der Zellen eingebaut sind und informationsvermittelnd zwischen Zelloberflächen wirken (Übersichten bei SCHACHTER u. ROSEMAN 1981; HEINE 1991). Die Entwicklungs- und Orientierungsabhängigkeit der Herzzellen vom Boden des Urdarmes wurde experimentell bereits von BALINSKY (1938), BACON (1945), NIEUWKOOP (1946) und MANGOLD (1957) erkannt. COPENHAVER (1955) hatte darauf hingewiesen, daß bei allen Experimenten, die für eine Selbstdifferenzierung sprächen, nicht ausgeschlossen werden könne, daß Urdarmmaterial mit explantiert worden wäre (Übersicht bei HEINE 1976).

Auch bei Sauropsiden und Säugern hat das kaudale Ende des Primitivstreifens die Potenz, angiogenetisches Mesenchym zu entwickeln (RÜCKERT 1906; HAHN 1908; HEINE 1976). Aus den Herzzellen entwickelt sich jedoch lediglich das Endokard. Der myoepikardiale Mantel entsteht aus der Splanchnopleura der Seitenplatten, das Perikard aus den entsprechenden Abschnitten der Somatopleura (Abb. 2, 3).

Die Herzzellen schließen sich beim Menschen bis zum 21. Tag zu paarigen Endothelröhren zusammen, die am 22. Entwicklungstag zu einem einheitlichen, die Herzanlage auskleidenden Endokardschlauch transformieren. Die zu dieser Zeit zwischen Endokard und Epikard befindliche Herzgallerte wird beim

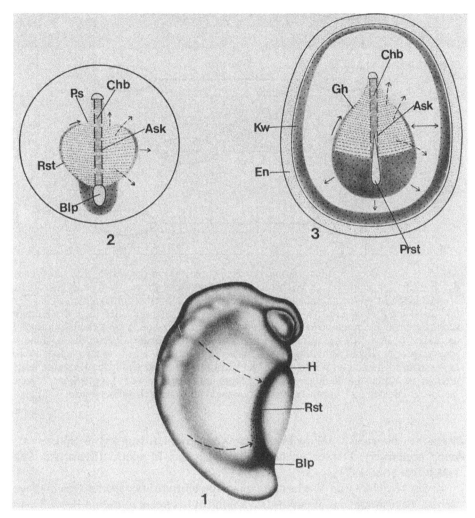

Abb. 4. Amphibienlarve (Schwanzknospenstadium, Ansicht von rechts, halbschematisch). *1.* Ausdehnung des ventralen Mesoblasten (*Rst* Blutzellstrang bzw. Randstreifen; dunkel *punktiert*) am Ventralrand des axialen (dorsalen) Mesoblasten. Dorsoventrales Wachstum des axialen Mesoblasten durch die beiden *gestrichelten Pfeile* angedeutet. Der ventrale Mesoblast wird gleichzeitig mit dem axialen Mesoblast nach vorn apponiert und bildet hier das Endokard der Herzanlage (*H*). *Blp* Blastoporus. *2.* Schematische Darstellung eines mesolezithalen Holoblastierkeimes (*Triturus*) zu Beginn des Auftretens der Ursegmente. Ansicht von dorsal, Ektoderm entfernt (nach GREIL 1903). Der äußere Kreis deutet den Umfang der Dotterzellmasse an. Ventrolateral um den Blastoporus (*Blp*) der ventrale Mesoblast (dunkel, schwarz *punktiert*), der nach vorne als schmaler, ventrolateraler Randstreifen (*Rst*) das axiale Mesoderm (*gestrichelte Linien*) begleitet. Die vorderen Enden des ventralen Mesoblasten bilden das Endokard (*En*), der axiale Mesoblast des Peri- und Epikard (*Ps*). *Ask* Angiosklerotom, *Chb* Chordablastem. Die ausgezogenen und *gestrichelten Pfeile* geben die Wachstumsrichtungen des ventralen- und axialen (dorsalen) Mesoblasten an. *3.* In derselben Darstellungweise eine Vogelkeimscheibe mit zentralen (dorsalen) und ventralen sowie peripheren Keimbezirken (nach GREIL 1903). Abkömmlinge des axialen Mesoblasten hell und *gestrichelt*, das ventralen Mesoblasten dunkel und punktiert. Im peripheren (marginalen) Keimbezirk (Keimwall *Kw*) das übrige peristomal entstandene Mesoderm und der Entodermring (*E*). Sonst wie *2*

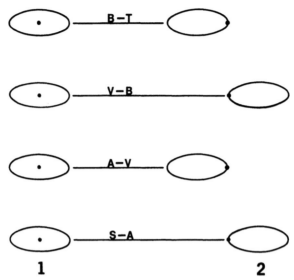

Abb. 5. Schema der Asymmetrisierung des Herzschlauches in der Phylo- und Ontogenese des Herzens lungenatmender Wirbeltiere. Der eigentliche primär U-förmig gekrümmte Herzschlauch ist gestreckt gedacht, mit Projektion der Herzabschnittsgrenzen Sinus-Vorhof (*S-A*) bis Bulbus-Truncus (*B-T*) in eine Ebene. *1* Entspricht der Lage der Herzabschnittsgrenzen bei rezenten Wirbeltieren mit Lungen, die keine V. cava caudalis ausgebildet haben (z. B. die Polypteriformes, Chondrostei und Holostei), *2* zeigt die asymmetrische Lage der Herzabschnittsgrenzen, nach Entwicklung einer V. cava caudalis bei lungenatmenden höheren Wirbeltieren. Die Richtung der Abweichung der Herzabschnittsgrenzen ist durch die Verlagerung der Ellipsenmittelpunkte von 1 gegenüber 2 angedeutet. *A-V* Atrio-Ventrikulargrenze, *V-B* Ventrikel-Bulbusgrenze

Menschen bis zum 23. Entwicklungstag vom Endokard und vom Epikard aus zellig organisiert. Daraus entsteht schließlich das Myokard (STREETER 1951; HAMILTON et al. 1978).

Zwischen Herz und Vorderdarmanlage besteht vorübergehend eine bindegewebige Verbindung: das Mesokard. Während es in seinem mittleren Bereich beim Menschen bis etwa zum 22. Entwicklungstag (16 Somiten) zurückgebildet wird, bleibt es am Herzeingang (Sinus vonosus) und am Herzausgang (Truncus arteriosus) erhalten und leitet in das umgebende Bindegewebe über. Am Herzeingang dient es dem embryonalen Lungenvenenstamm als Leitschiene, am Herzausgang der Unterteilung des Truncus arteriosus in die paarigen ventralen Aortenstämme (Septum interaorticum) (HEINE 1976). Zwischen diesen beiden Fixpunkten ist die Herzanlage im Perikard frei beweglich. Ein ventrales Mesokard wird bei Säugetieren offenbar nicht angelegt. Bei Reptilien kann es als Herzspitzenband zeitlebens erhalten bleiben (Abb. 21).

Für die Septierung und weitere Ausgestaltung des Herzens ist von entscheidender Bedeutung, was bisher in der Stammes- und Entwicklungsgeschichte des Wirbeltierherzens zu wenig berücksichtigt wurde, daß der Herzschlauch nicht gestreckt, sondern U-förmig gekrümmt angelegt wird (s. unten). Bei den Säugetieren weist der Scheitel der Herzschleife von Anfang an nach rechts, wodurch bereits eine asymmetrische Entwicklung der Herzabschnitte angedeutet

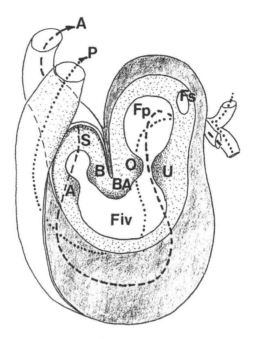

Abb. 6. Seitenansicht einer Herzlage (Mensch, ca. 5. Woche) nach Entfernung der linken Vorhof-Kammerwand. Myokardialer Anteil des Vorhof- und Kammerseptums dunkel, Endokard punktiert. Bulboaurikularsporn (*BA*) Ohrkanalendokardkissen (*O, U*) und proximale Bulbuswülste (*A, B*) dichter punktiert. Der im hinteren Abschnitt der Vorhofseptumsanlage eingetragene Bezirk deutet die künftige Dehiszenz des Foramen ovale primum (*Fp*) an. Aorta (*A*) und Pulmonalis (*P*) sind bereits getrennt und werden von den entsprechenden Blutströmen durchflossen (*gestrichelte Pfeile*). *F iv* Foramen interventriculare, *S* Septum bulbi. (Nach GOERTTLER 1963, verändert)

wird. Am Herzschlauch lassen sich beim Menschen schon am 22. Entwicklungstag folgende Herzabschnitte erkennen: Der Sinus venosus (mit den einmündenden Ductus Cuvieri (Kardinalvenen), den Vv. omphalomesentericae (s. vitellinae) und Vv. umbilicales); das einheitliche Atrium; der Ventrikel (mit dem Atrium über den Atrioventrikularkanal (Ohrkanal) verbunden) und der Bulbus cordis, der sich in den Truncus aortiosus fortsetzt. Die Herzabschnittsgrenzen stellen äußerlich muskulöse Ringe dar, innen sind sie durch Massierungen von Endokardmaterial („Endokardkissen") gekennzeichnet (Abb. 5, 6; ORTS LLORCA u. GIL 1967).

III. Stammesgeschichte des menschlichen Herzens

1. Beziehungen zwischen Stammes- und Entwicklungsgeschichte des Herzens

Als Ausgangsform für die Stammesgeschichte des Säugetierherzens haben sich die Polypteriformes („Flösselhechte") erwiesen (HEINE 1976), die als lebende Fossilien in Afrika, vor allem im Stromgebiet des Nils vorkommen.

Die Flösselhechte sind basale Strahlenflosser (Actinopterygii), die über die mesozoischen Palaeoniscoidea den paläozoischen Knochenfischen nahestehen, aus denen sich die modernen Fische (Teleostei) und jene Fleischflosser (Sarcopterygii) entwickelt haben, aus denen die landlebenden Wirbeltiere hervorgegangen sind (ROMER 1966; STARCK 1979). Weitere rezente altertümliche, für die Stammesgeschichte des Herzens bedeutsame Knochenfische, sind die seit dem Mesozoicum bekannten Holostei (Lepisosteus (Knochenhecht), Amia (Schlammfisch)) und unter den Sarcopterygii die Lungenfische (Dipnoi). (Die zu den Sarcopterygii zählenden Crossopterygii, haben seit der Kreidezeit mit der im Bereich der Komoren auftretenden Latimeria überlebt. Das Herz von Latimeria chalumnae zeigt im Vergleich zu dem von Polypterus hohe Übereinstimmung (vgl. MILLOT et al. 1978).)

Bereits die so ursprünglich gebauten Herzen der Flösselhechte weisen an den Herzabschnittsgrenzen Endokardkissen auf, die bei landlebenden Wirbeltieren nur noch in der frühen Embryonalzeit auftreten (Abb. 7a, b).

Am Herzen der Flösselhechte ist deutlich nachvollziehbar, daß der U-förmige Herzschlauch phylogenetisch von Anfang an um den Bulboaurikular-Sporn (BENNINGHOFF 1933) als Achse gekrümmt war, wie sich dies ontogenetisch allgemein am Wirbeltierherzen beobachten läßt. Der Bulboaurikularsporn liegt in der gemeinsamen geweblichen Verlängerung der Vorderwand des Atrium commune mit der Rückwand des proximalen Bulbusabschnittes (Abb. 6, 7a, b). Das Endokardkissen des Sporns steht bei den Polypteridae und Holostei mit dem Endokardkissenmaterial im Bulbus (bei Säugetierembryonen mit dem proximalen Bulbuswulst B) und Endokardkissenmaterial im Ohrkanal (bei Säugetieren mit dem Ohrkanalendokardkissen O) in Verbindung (Abb. 6). Diese Beziehungen sind die stammes- und entwicklungsgeschichtliche Voraussetzung für eine spätere Septierung des Herzens höherer Landwirbeltiere.

Wie es die Polypteridae noch beispielhaft zeigen, ist dieser primär gekrümmte Herzschlauch auch nicht rein venös durchströmt gewesen, sondern gemischt. Die Polypteridae und Holostei besitzen neben Kiemen auch Lungen, deren Venen in

Abb. 7a, b. Rekonstruktion des Herzens eines larvalen *Polypterus palmas* (bei 100facher Vergrößerung): **a** Ansicht von kaudal. Symmetrischer Zusammenfluß des linken und rechten Sinushornes (*l./r. Sh*) mit dem Lebervenenstamm (*Vhrc*) zum Sinus venosus. Im Boden des Mündungsbereiches Endokardansammlungen (*E*). *V* Ventrikel. **b** Innenansicht des gleichen Modells nach Entfernung des Bulbus-Truncus und der Vorhofvorderwand. Einblick in den Vorhof und Sinus von kranial. Die Mündung (*a*) des Lebervenenstammes (*Vhrc*) wird seitlich (*b, c*) und im Bodenbereich (*h*, weiße *Kreise*) durch Endokardmaterial (hell, schwarz *gepunktet*; „Sinusendokardkissen") eingescheidet. Die Mündung des rechten (*d*) und linken Sinushornes (*e*) werden einerseits durch die Endokardwülste (*b, c*) andererseits durch myokardiale Falten (*f, g*) der Sinus-Vorhof-Grenze flankiert. Die Endokardwülste (*b, c*) und die Sinus-Vorhof-Klappen (*f, g*) vereinigen sich in Höhe der Buchstaben *d* und *e* zu gemeinsamen Ansatzzügeln. Zwischen *f* und *g* direkt unter *h* reicht das Sinusendokardkissen über die Sinus-Vorhof-Grenze an das Endokardmaterial um das Ostium atrioventriculare (*i*; hell schwarz *punktiert*). *K* Endokardkissen im Verwachsungsbereich der Vorhofsvorderwand (*n*) und Bulbusrückwand (*l*) (Bulboaurikularsporn), *m* Anschnitt des Ventrikels, *o* Übergang des Sinus-Vorhof-Daches in das dorsale Mediastinum, *q* Stamm der Vena jugularis inferior dextra, *g* Stamm der V. jugularis inferior sinistra

Beziehungen zwischen Stammes- und Entwicklungsgeschichte des Herzens

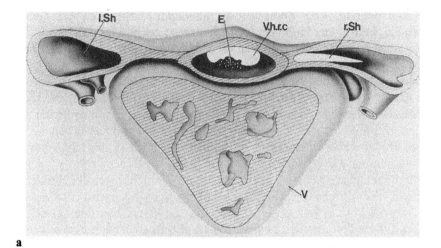

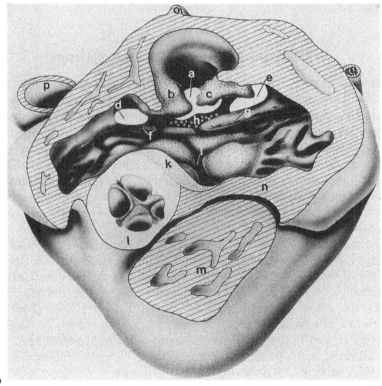

einem oder mehrere, in den Sinus venosus mündende revehente Lebervenenstämme münden. Eine untere Hohlvene ist noch nicht angelegt. Das gleiche gilt für die Schwimmblasenvenen jener Teleostei, die eine Schwimmblase entwickelt haben. Aufgrund vergleichend anatomischer Befunde gilt es als gesichert, daß sich die Schwimmblase stammesgeschichtlich aus der Lunge entwickelt hat (RAUTHER 1937; ROMER 1966; HEINE 1976). Bei den Lungenfischen (Dipnoi) ist dagegen bereits ein Lebersegment der V. cava caudalis entwickelt, das in den nach rechts verlagerten Sinus venosus einmündet. Bei Polypterus palmas öffnet sich ein einziger großer Lebervenenstamm median in den noch symmetrisch vor dem Atrium commune gelegenen Sinus venosus (Abb. 7a, b).

Es ist daher falsch, wenn bei phylogenetischen Betrachtungen des Herzens von einem rein venös durchströmten „Fischherzen" ausgegangen wird (BENNINGHOFF 1933; MARINELLI u. STRENGER 1951; GOERTTLER 1963). Unter den Wirbeltieren tritt dies nur bei den rezenten phylogenetisch abseits stehenden Elasmobranchii (Haie und Rochen) und Holocephali (Seekatzen) sowie den hoch spezialisierten Teleostei auf.

2. Stammesgeschichte der Herzseptierung

Bereits bei den Polypteridae tritt eine Organasymmetrie auf, die zusätzlich zu den Endokardwülsten des Herzens eine wesentliche Voraussetzung für eine spätere Herzseptierung darstellt: Die Leber liegt rechts, der Magenabschnitt des Darmes links und die rechte Lunge ist erheblich größer als die linke (HEINE 1974). Mit Entwicklung eines Leber-Sinus venosus-Abschnittes der rechts gelegenen V. cava caudalis beginnt phylogenetisch eine Rechtsverlagerung des Sinus venosus und damit eine asymmetrische Verlagerung aller folgenden Herzabschnittsgrenzen. Die atrioventrikulare Grenze wird nach links, die ventrikulobulbare Grenze wieder nach rechts und die Bulbus-Truncus-Grenze wieder nach links verschoben (HEINE 1976).

Die mit der II. Phase der Herzentwicklung des Menschen (TANDLER 1913; Stadium XIV nach STREETER 1951, 2,5 mm Scheitel-Steiß-Länge/SSL) einsetzende Septierung braucht daher nicht als Gegendrehung zu einer im Uhrzeigersinn verlaufenden Drehung des Bulbus cordis gesehen zu werden (SPITZER 1919, 1921; GOERTTLER 1963). Sie hängt von der Entwicklung des Leberabschnittes der V. cava caudalis ab, der phylo- und ontogenetisch an ein nur bei landlebenden Wirbeltieren und Lungenfischen auftretendes „drittes Mesenterium", das Ligamentum hepato-cavo-pulmonale gebunden ist (Abb. 8, Nebenmesenterium, cava fold) (HOCHSTETTER 1908; BROMAN 1904; TÖNDURY 1959; HEINE 1976).

Das Lebersegment der unteren Hohlvene entwickelt sich dort aus revehenten Lebervenen, wo sich das Nebenmesensenterium von der Anlage der rechten Lunge herkommend auf den Mesenchymüberzug der Leber fortsetzt. Diese Stelle ist bei Sauropsiden und Säugern durch den Lobus caudatus der Leber markiert (HEINE 1973). Das Ligament begrenzt nach rechts den Recessus pneumatoentericus dexter („Sußdorfscher Raum", Abb. 8), der bei allen Säugetieren mit einem zusätzlichen Herzlappen der rechten Lunge (z. B. Huftiere) erhalten bleibt (HEINE et al. 1973).

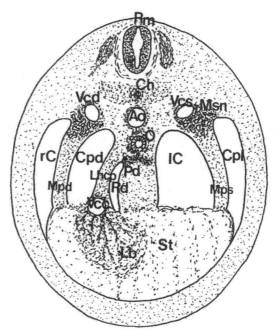

Abb. 8. Schematische Darstellung der Beziehungen zwischen Vena cava caudalis (*Vcc*), Leberanlage (*Lb*) und rechter Lungenanlage (*Pd*) durch das Ligamentum hepato-cavopulmonale (*Lhcp*) (Mensch; Ende der 4. Entwicklungswoche). *Ao* Aorta, *Ch* Chorda dorsalis, *Cpd/s* Cavum (Recessus) pleuroperitonealis dextrum/sinistrum, *Mpd/s* Membrana pleuroperitonealis dextra/sinistra, *Msn* Mesonephros, *Ö* Ösophagus, *Pd* rechte Lungenanlage, *Rd* Recessus pneumatoentericus dexter, *r/lC* rechtes/linkes Cölom, *St* Zwerchfellanlage (Septum transversum)

3. Stammesgeschichte des Sinus venosus und der Vorhofseptierung

Die mit der Entwicklung einer unteren Hohlvene im Verlauf der Phylogenese erfolgte Rechtsverlagerung des Sinus venosus ist weniger auf eine Verschiebung als auf eine Verlängerung seiner linken Seite im Verlauf der Stammesgeschichte zurückzuführen. Bei den Polypterideae liegt der Sinus venosus noch symmetrisch vor dem Atrium commune. Die Mündung des Lebervenenstammes in den Sinus venosus wird links und rechts von je einer dicken endokardialen Klappe flankiert (Lebervenenklappen), die am Boden des Sinus venosus in einem Endokardwulst (Sinusendokardkissen) zusammenfließen (Abb. 7a, b). Dieser erstreckt sich bis zur Sinus-Vorhof-Grenze und reicht damit dicht an die Endokardkissenbildungen der Vorhof-Kammer-Grenze heran. Gleichzeitig stellen die Klappen die mediale Begrenzung der symmetrisch links und rechts neben dem Lebervenenstamm einmündenden etwa gleichstarken Sinushörner (Ductus Cuvieri) dar. Deren seitlicher Mündungsbereich wird ebenfalls von je einer myokardialen Sinus-Vorhof-Klappe (Sinusklappen) abgeschirmt (Abb. 7a, b). Rechte und linke Sinusklappe vereinigen sich bei den Polypterideae mit der jeweiligen Lebervenen-

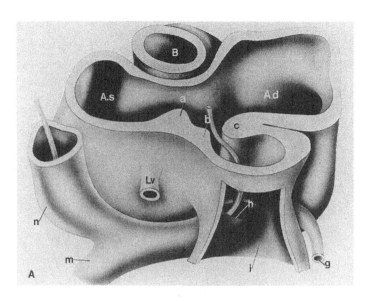

Abb. 9. *A* Rekonstruktion des Herzens eines menschlichen Embryos von 6,2 mm SSL (ca. 4. Entwicklungswoche; bei 100facher Vergrößerung), Dorsalansicht. Der obere Teil des Modells ist entfernt. *a* Primordium septum primi, *b* Anlage der Valvula venosa sinistra, *c* Anlage der Valvula venosa dextra, *g* Vena umbilicalis dextra, *h* Septum sinus venosi, *i* Vena vitellina dextra, *m* Vena vitellina sinistra, *n* linkes Sinushorn. *A. s/d* linker und rechter Abschnitt des Atrium commune, *B* Bulbus cordis, *Lv* Lungenvenenstamm. Die Sonde veranschaulicht die Verlängerung des linken Sinushornes nach rechts. Das spaltförmige Ostium sinuatriale liegt in einer frontalen Ebene. Rechts wird es von der Anlage der Valvula venosa dextra, links von der Anlage der Valvula venosa sinistra begrenzt. Der Sinus venosus wird von dem ebenfalls in einer frontalen Ebene liegenden Septum sinus venosi unterteilt: in einen frontalen Raum in den das linke Sinushorn mündet und in einen dorsalen direkt hinter dem Ostium sinu-atriale gelegenen, hier mündet das rechte Sinushorn. (Nach Los 1960)

klappe in einem gemeinsamen Ansatzzügel am Dach der Sinus-Vorhof-Grenze (Abb. 7).

Mit Entwicklung der V. cava caudalis und der damit verbundenen Umlagerung des Sinus venosus nach rechts mit schließlicher Aufnahme in den rechten Vorhof bei Reptilien und Säugern, wird das linke Sinushorn um den Obliterationsbereich der ehemaligen Mündung des revehenten Lebervenenstammes bzw. Lebervenenstämme verlängert. (Über eine Beteiligung mediastinalmesokardialen Gewebes s. S. 35). Die Lebervenen münden nun direkt in den einheitlichen Leberabschnitt der V. cava caudalis und das linke Sinushorn öffnet sich wie bei allen landlebenden Wirbeltieren direkt unterhalb der V. cava caudalis in den Sinus venosus. Diese Umbauvorgänge sind beim Menschen an Embryonen von 6,2 mm SSL abgeschlossen (4. Entwicklungswoche; Stadium XVI nach Streeter 1951) (Abb. 9, Los 1960).

Bei Umgestaltung des ehemaligen Mündungsbereiches des Sinus venosus werden die Lebervenenklappen und das zugehörige Sinusendokardkissen zu einem Sporn zusammengeschoben, mit dem die ehemalige linke Sinusklappe zu einer neuen, einheitlichen verwächst. Dieser Komplex scheint stammesgeschichtlich der Ausgangspunkt zur Entwicklung des Vorhofseptums bei Landwirbeltieren zu sein. Die Anlage des Septum primum wäre daher auf die ursprüngliche linke Sinusklappe zurückzuführen, die des Septum secundum und die die Mündung der unteren Hohlvene links flankierende Sinusklappe sowie die Valvula Thebesii an der Mündung des Sinus coronarius auf die bei Obliteration des Lebervenenmündungsbezirkes verschmolzenen Lebervenenklappen. Die ursprüngliche rechte Sinusklappe bleibt danach erhalten (HEINE 1976). Durch Aufgehen der Lebervenenklappen in der Septumanlage kommt es zur Vereinigung der alten rechten und phylogenetisch neugestalteten linken Sinusklappe nach kranial in einem Zügel, der bereits bei den Lungenfischen die Sinus-Vorhof-Grenze kreuzt. Bei Sauropsiden entspricht ihm der sog. Spannmuskel der Sinusklappen (ein ähnlicher Muskel bei den urtümlichen Cyclostomata (z. B. Neunaugen) entspricht nicht dem Spannmuskel, HEINE 1976). Bei Säugetieren ist der Zügel dem Septum spurium His zu homologisieren, das in der Verlängerung des Ansatzes der linken und rechten Sinusklappe (Crista terminalis medialis und lateralis) das Dach des Sinus venosus gegen den linken und rechten Vorhof begrenzt und rechts an der Einmündung der oberen Hohlvene liegt (Abb. 18; RÖSE 1890; BENNINGHOFF 1933).

Dieser Zügel schwingt im menschlichen Herzen an der Grenze zum Herzohr als Fasciculus terminalis (Fasciculus sinuauricularis inferior; anterior internodal tract) zum Sinusboden, wo er in die Spina intermedia His einstrahlt (PAES DE CARVALHO et al. 1959; SCHIEBLER u. DOERR 1963; NETTER u. VAN MIEROP 1969; HEINE 1976). Aus phylogenetischer Sicht markiert die Spina jenen Bereich, in dem die Lebervenenklappen der Polypterideae am Boden des Sinus venosus in den kräftigen Endokardwulst des Sinusendokardkissens zusammenlaufen und Kontakt mit Endokardmassierungen an der Vorhof-Kammer-Grenze bekommen. Bei Säugetierembryonen entspricht letzterer Bezirk dem Ohrkanalendokardkissen O (Abb. 6, 12). Unter der Mündung der unteren Hohlvene kommt es von den Dipnoi an ebenfalls zur Vereinigung der rechten und linken Sinusklappe im sog. Sinusseptum (Todarosche Sehne), das gleichzeitig das Dach der Mündung des verlängerten linken Sinushorns (Sinus coronarius) bildet. Das Sinusseptum strahlt ebenfalls in die Spina intermedia ein (Abb. 12, 18). Auf diese baut sich am Vorhofseptum zwischen der Mündung der oberen und unteren Hohlvene das Tuberculum intervenosum (Torus Loweri) auf, das die Fovea ovalis nach vorn oben begrenzt. Die Kontur des mit dem Septum primum postnatal verwachsenem Septum secundum bildet in Säugetierherzen dessen hintere Begrenzung und das Sinusseptum die untere Umrandung. Auf diese Weise entsteht der muskulöse Limbus foveae ovalis (Abb. 18). Alle diese phylogenetisch alten Bahnen an der Sinus-Vorhof-Grenze erfahren mit Höherentwicklung des Herzens einen Funktionswandel, sie werden Bestandteil des Reizleitungssystems.

4. Lungenatmung und Herzseptierung

Die Beziehung von Lungenvenen zu den sinusnahen Abschnitten revehenter Lebervenen werden bei Verlagerung des Sinus venosus nach rechts nicht aufgegeben. Bei den Dipnoi, Amphibien und ontogenetisch bei den Amnioten mündet stets ein Lungenvenenstamm in unmittelbarer Beziehung zur Anlage des

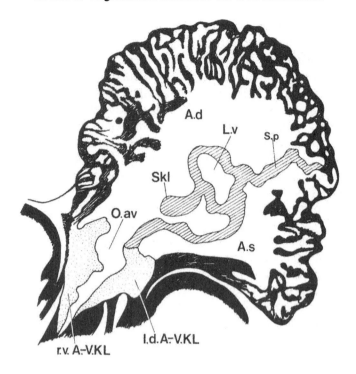

Abb. 10. Querschnitt durch den Vorhof von *Pleurodeles waltlii* (Urodela). Deutlich sind hier die engen Beziehungen zwischen Septum primum (*S.p*), Lungenvenenstamm (*L.v*) und linker Sinusklappe (*Skl*) zu erkennen. *A. d/s* Atrium dextrum/sinistrum, *l.d./r.v.A.-V.KL*, linke dorsale und rechte ventrale Atrioventrikularklappe, *O. av* Ostium atrioventriculare. (Nach KÖRNER 1937)

Septum primum in die linke Vorhofanlage. Bei späteren Entwicklungsstadien dieser Tiere findet man einen Lungenvenenstamm, der über eine mediastinale Bindegewebsbrücke (Rest des dorsalen Mesokard) dorsomedial in das Septum primum eintritt, dieses eine kurze Strecke durchsetzt, um dann links von der Septumanlage in den linken Vorhof zu münden (Abb. 10, 11; KÖRNER 1937; HEINE 1976). Der Lungenvenenstamm hat somit in seinem Mündungsbereich phylogenetisch enge Beziehungen zum Sinus venosus und nicht zur Vorhofanlage. Eine Ansicht, die bereits HOCHSTETTER (1906) und FEDOROW (1908, 1910) vertreten haben. Die gegenteilige Ansicht, daß der Lungenvenenstamm von vornherein in den linken Atriumabschnitt einmünde, geht auf SCHORNSTEIN (1932) zurück und wurde von BARTHEL (1960) und GOERTLER (1963) übernommen. Diese Autoren haben dies jedoch lediglich an Säuger- und Hühnerembryonen untersucht. Ontogenetisch sind hier die oben geschilderten stammesgeschichtlichen Verhältnisse nicht ohne weiteres zu erkennen. Auch dies zeigt, wie wichtig die Erfassung von Embryonalanpassungen als synergistische Entwicklungseffekte im Verlauf der Stammesgeschichte sind.

Auch bei den Sauropsiden- und Säugetierembryonen erreicht ein Lungenvenenstamm über die genannte mediastinale Gewebsbrücke unmittelbar links von

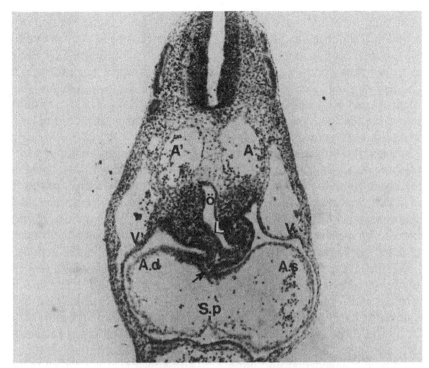
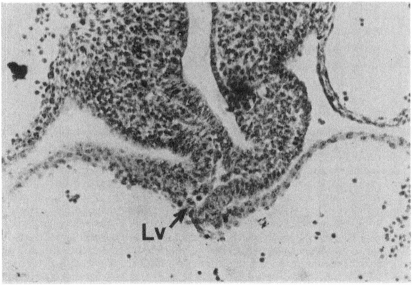

Abb. 11 a, b. Anlage des Lungenvenenstammes bei einem 7 Tage alten Mäuseembryo. Der Gefäßstamm (*Lv*) entsteht im kaudalen Abschnitt des Mesocardium dorsale an der Sinus-Vorhof-Grenze (*Pfeil*). Dieser Bereich entspricht der Area interposita His. *AA'* doppelte Anlage der Aorta dorsalis, *Ad/s* rechter/linker Vorhofabschnitt. *L* Trachearinne und Lungenanlage, *Ö* Ösophagus, *S.p* kranialer Abschnitt der Anlage des Septum primum. **a** ×50. **b** Ausschnittsvergr. ×200

der Anlage des Septum primum den linken Vorhof. Dieser mesenchymale Bezirk wurde von His als Area interposita bezeichnet (OTTERBACH 1938). Durch Ausweitung des Mündungsstückes des Pulmonalvenenstammes werden zunächst die beiden Hauptäste der Vene, später auch Verzweigungen zweiter Ordnung in das Vorhofdach aufgenommen, so daß beim Menschen im Regelfall 4 Lungenvenen in den linken Vorhof einmünden. Das Gewebe zwischen ihnen entstammt also nicht der ursprünglichen Vorhofwand, sondern dem Mediastinum am Übergang in den unteren Rest des dorsalen Mesokard. Von HEINE (1976) wurde darauf hingewiesen, daß stammesgeschichtlich an der Verlängerung des linken Sinushorns nach rechts ebenfalls mediastinales Gewebe beteiligt ist.

Von einer phylogenetischen Beziehung zwischen Lungenatmung und Herzseptierung kann daher erst von den Amphibien an gesprochen werden. Als „überzogen" muß die Ansicht SPITZERs (1919) gewertet werden, wonach rechter und linker Vorhof auf phylogenetisch frühen Stufen hintereinandergeschaltet gewesen wären und erst die aufprallende Wirkung des Blutes auf den Mündungssporn des Lungenvenenstammes im Atrium commune zu einem Nebeneinander und damit zur Septenbildung zwischen beiden Vorhofabschnitten geführt habe.

Der Blutstrom wird durch die Aufnahme des Sinus venosus in den rechten Vorhofabschnitt vielmehr so abgelenkt, daß es an der Vorhof-Kammer-Grenze, die relativ nach links ausweicht, zu einer Massierung des Endokard in Form des dorsalen (O)- und ventralen (U)-Ohrkanalendokardkissens kommt (Abb. 6, 12a, b). Die Vorhof-Kammer-Öffnung wird dadurch hantelförmig eingeengt, wodurch eine linke und rechte Teilöffnung entstehen. Diese Situation ist bei den Dipnoi bereits angedeutet und unter den Amphibien bereits deutlich erkennbar (HEINE 1976).

Das dorsale Endokardkissen ist bereits bei den Dipnoi stärker entwickelt als das Endokardmaterial am ventralen Umfang der atrioventrikularen Öffnung und reicht bis in den Boden des Sinus venosus, wo es an seinem rechten Abhang mit

Abb. 12. a Rekonstruktion des Herzens eines menschlichen Embryo aus der 4. Entwicklungswoche. Einblick in das Herz von unten nach Abtragung des Herzspitzenbereiches. Deutlich sind die Endokardleisten im Bulbus zu sehen, die die proximalen (*A*, *B*)- mit den distalen Bulbuswülsten (*1*, *3*) verbinden. Diese Ansicht läßt auch die entwicklungsgeschichtlichen Beziehungen erkennen, die zwischen Anlage der Crista supraventricularis (*Cr*), den proximalen Bulbuswülsten (*A*, *B*) den Ohrkanalendokardkissen (*O*, *U*), der proximalen Knickungsfalte (spätere Trabecula septomarginalis *Tr*), der Anlage des Septum interventriculare (*S. iv*), dem Foramen interventriculare (*F*) und der (auf diesem Stadium hantelförmigen) Vorhof-Kammer-Öffnung bestehen. **b** Schema eines durchsichtig gedachten Herzens auf gleichem Entwicklungsstadium. Ansicht von ventral und rechts. Unterteilung des Atrioventrikularostium (*rechts* im Bild) durch die Endokardkissen *O* und *U* (*vorne* bzw. *hinten* im Bild), von denen die kurze Konkavitätsleiste *O-B* und die lange Konvexitätsleiste *U-A* ihren Ausgang nehmen (*punktierte Strecken*). Vom Ostium ventriculobulbare (*links* im Bild) reicht eine wendelartige (über 90° geschwungen) Scheidewand zum Ostium bulbotruncale. Diese ist aus der Vereinigung der korrespondierenden Leisten A-1 und B-3 entstanden. Von der Bulbus-Truncus-Grenze aus setzt sich die bulbotruncale Scheidewand als Septumtrunci (Septum aorticopulmonale; Drehung ca. 50°) nach distal fort und findet schließlich Anschluß an den aorticopulmonalen Teilungssporn. (Nach PERNKOPF u. WIRTINGER 1933; nach GOERTTLER 1963)

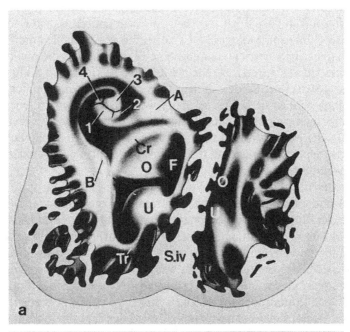
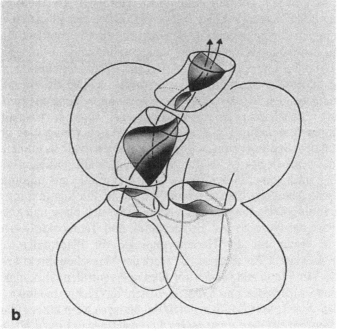

dem Sinusseptum verwächst (Spina intermedia His; Abb. 13). Embryonal gilt dies auch für die Amnioten. Bei diesen überbrückt das auswachsende Septum primum mit seinem freien Rand den Spalt zwischen dorsalem und ventralem Endokardkissen. Wie entwicklungsphysiologische Experimente zeigen, stellen die Endokardkissen im Ostium atrioventriculare autonome Bildungen dar, die phylogenetisch verankert sind, denn sie treten bereits bei den Polypteridae auf. Aufgrund ihrer histologischen Struktur und dem hohen Gehalt an Glykosaminoglykanen und Proteoglykanen können sie sich jedoch den jeweiligen hämodynamischen Verhältnissen der einzelnen stammes- und entwicklungsgeschichtlichen Phasen anpassen (HEINE 1976). Bei Lungenfischen und Amphibia ist deutlich erkennbar, daß der freie Rand des Septum primum auf das dorsale und ventrale Ohrkanalendokardkissen hin orientiert ist.

In der weiteren Entwicklung der Vorhofseptierung gehen Sauropsiden (Reptilien, Vögel) und plazentale Säugetiere getrennte Wege (HEINE 1976). Da das sauerstoffreiche Blut bei den Embryonen der genannten Vertebratenklassen über die Mündung der V. cava caudalis in den rechten Vorhofabschnitt gelangt, aber zur Versorgung des Organismus nach links fließen muß, muß bei Verwachsen des freien Randes des Septum primum mit den in der Mitte verschmelzenden Ohrkanalendokardkissen und damit erfolgendem Verschluß des Foramen primum eine neue Shuntmöglichkeit nach links geschaffen werden. Bei den Sauropsiden, Monotremata und Marsupialia wird das Septum primum perforiert. Dies findet sich bereits bei den Amphibien (HOCHSTETTER 1896; RÖSE 1890; BENNINGHOFF 1933; KÖRNER 1937; HEINE 1976). Bei den Placentalia wird das Septum primum in seinem dorsokranialen Ursprung am Vorhofdach zurückgebildet, während sich rechts davon das Septum secundum und die linke Sinusklappe entwickelt (Abb. 9, 13). Der Raum zwischen Septum secundum und linker Sinusklappe bildet das Spatium interseptovalvulare. Die das Foramen ovale secundum umgebenden Strukturen (linke Sinusklappe, Septum secundum und Sinusseptum) verwachsen postnatal in verschieden starkem Ausmaß mit dem Septum primum zum definitiven Vorhofseptum. Durch Verwachsen des Septum secundum mit dem Septum primum wird das Foramen ovale secundum postnatal verschlossen. Dieser Bezirk ist als durchscheinende bindegewebige Fovea ovalis kenntlich. Sie wird vom Limbus foveae ovalis (Vieussennii) umrahmt, dessen phylogenetische Ableitung bereits geschildert wurde. Ein Spatium interseptovalvulare als ursprüngliches Herzmerkmal bleibt unter den plazentalen Säugetieren bei den Igelartigen (Insectivora; Erinaceoidea und Tenrecoidea) erhalten, die überhaupt in bezug auf die Herzmorphologie für Placentalia sehr basale Verhältnisse aufweisen. An diese ist das Herz des Menschen direkt anschließbar (HEINE 1976). Mit Verschmelzen des dorsalen und ventralen Ohrkanalendokardkissens bei den Sauropsiden und Säugern entsteht das rechte und linke Atrioventrikularostium. Aus diesem Endokardmaterial bildet sich ein kurzer, das myokardiale Vorhofseptum mit dem etwas rechts davon gelegenen First des Kammerseptums schräg verbindender Anteil, das Septum atrioventriculare (HOCHSTETTER 1898). Es wird bei allen Säugetieren angelegt und myokardial infiltriert. Eine Ausnahme machen nur die Herzen primitiver Placentalia, wie die Igel- und Tenrekartigen, bei denen diese Vorhofkammerseptumverbindung bindegewebig bleibt (HEINE 1976). Dies hat Konsequenzen für die Darstellung der Phylogenese

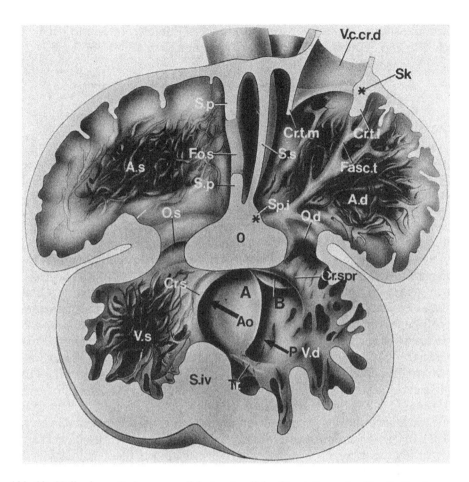

Abb. 13. Halbschematische, generalisierte räumliche Darstellung der für die Septierung des Säugetierherzens entscheidenden Strukturen und ihre Lage zueinander. Graphische Rekonstruktion nach Untersuchungen an menschlichen Keimlingen (ca. 4 Wochen, unter Verwendung einer Abbildung von BERSCH 1973). Dorsale Herzabschnitte entfernt. *A, B* proximale Bulbuswülste, *A.d/s* Atrium dextrum/sinistrum, *Ao* Eingang in den Aortenkanal (*Pfeil*) *Cr.s.* Crista saliens, *Cr. spr.* Crista supraventricularis, *Cr.t.l./m* Crista terminalis lateralis/medialis, *Fasc.t* Fasciculus terminalis, *F.o.s.* Foramen ovale secumdum, *O* ventrales Ohrkanalendokardkissen, *O.d./s.* Ostium atrioventriculare dextrum/sinistrum, *P* Eingang in den Pulmonalkanal (*Pfeil*), *S.iv* Anlage des Septum interventriculare, *S.p.* Septum primum, *S.s* Septum secundum, *Sk* Anlage des Sinusknotens im Bereich der Vereinigungsstelle von Crista terminalis lateralis und medialis (*Stern*, entspricht dem Septum spurium His), *Sp.i* Spina intermedia His mit Anlagebezirk des Aschoff-Tawara-Knotens (*Stern*), *Tr* Trabecula septomarginalis, *Cr.s, Cr.spr, Tr* bilden die ehemaligen ventrikulobulbare Grenze (proximale Knickungsfalte)

des Reizleitungssystems. Das Septum atrioventriculare darf nicht mit dem Septum membranaceum verwechselt werden, das das Foramen interventriculare verschließt. Das Septum atrioventriculare grenzt an dessen hinteren Rand.

5. Stammesgeschichte der Kammerseptierung

Während sich im Vorhof das Septum primum unabhängig vom Ventrikelseptum entwickelt, ist die Entwicklung des Septum interventriculare, um den Austausch des arteriellen und venösen Blutstromes zu erreichen, an die Entwicklung der wendelartigen Septierung im Bulbus und Truncus cordis gebunden. Dies ist phylogenetisch in der Weise realisiert worden, daß Einstrom- und Ausstromöffnung des Kammerabschnittes hintereinander zu liegen kommen und die Bulbus-Truncus-Septierung eine Wendel von ca. 180° bildet. In der Phylogenese des Säugetierherzens wird dabei ein merkwürdiger Umweg genommen, der offenbar vom Übergang der Vertebraten zum Landleben geprägt ist. Ein Hintereinanderliegen der ventrikulären Ein- und Ausstromöffnung findet sich nämlich bereits bei den Polypterideae und Dipnoi (Abb. 14). Jedoch schwenkt mit dem Übergang zum Landleben bei den Amphibien die arterielle Öffnung (Kammer-Bulbus-Öffnung) neben die venöse Einstromöffnung (Atrioventrikularöffnung; Abb. 14). Bei den Reptilien wandert dann das arterielle Ostium wieder auf die Mediane zu, die allerdings erst bei Vögeln und Säugern wieder erreicht wird (Abb. 14). Entsprechend kompliziert sind die Septierungsvorgänge in Bulbus und Truncus. Phylo- und ontogenetisch geht dieser Positionswechsel der Ostien mit einer Aufgabe des Bulbus cordis als selbständigem Herzabschnitt einher. Dabei wird der Bulbus cordis besonders durch starkes Wachstum rechtsseitiger Ventrikelanteile in den rechten Kammerabschnitt aufgenommen (GOERTTLER 1963). In der Säugerontogenese (das gleiche gilt für Vögel) werden diese Prozesse wiederholt. Bei menschlichen Embryonen liegen auf dem Stadium I der Herzentwicklung (Stadium XIII nach STREETER 1951; 2,5 mm SSL) Ein- und Ausstromöffnung der Kammer noch nebeneinander. Auf dem Stadium II (Stadium XVI nach STREETER 1951) erfolgt die Drehung beider Ostien um 90° in eine Lage hintereinander (HEINE 1976). Man muß dabei beachten, daß es sich um Wachstumsprozesse an einem funktionsfähigen Organ handelt und nicht um Schwenkungen an einem formstabilen Körper.

Bei den Amphibien wird das Nebeneinanderrücken des venösen und arteriellen Ostium dadurch bedingt, daß der Bulbus an der rechts gelegenen Kammer-Bulbus-Grenze in einer proximalen Knickungsfalte quer nach links zieht, um in einer distalen Knickungsfalte an der Bulbus-Truncus-Grenze in den median gestellten Truncus arteriosus überzugehen. Bei den Dipnoi ist zwar ebenfalls eine rechts gelegene proximale und links gelegene distale Knickungsfalte des Bulbus vorhanden, jedoch liegt die Kammer-Bulbus-Öffnung vor der Kammereinstromöffnung. Der Bulbus cordis bei Dipnoi hat jedoch zwischen Kammer-Bulbus-Öffnung und proximaler Knickungsfalte ein „Ansatzstück", das bei den Polypterideae ebenfalls zu beobachten ist, aber in der Medianen liegt. Allen landlebenden Vertebraten fehlt dieses Stück, d.h. es wird bis zur proximalen Knickungsfalte in die Kammer aufgenommen. Die proximale Knickungsfalte markiert dann außen die Kammer-Bulbus-Öffnung, die auf diese Weise rechts neben die Vorhof-

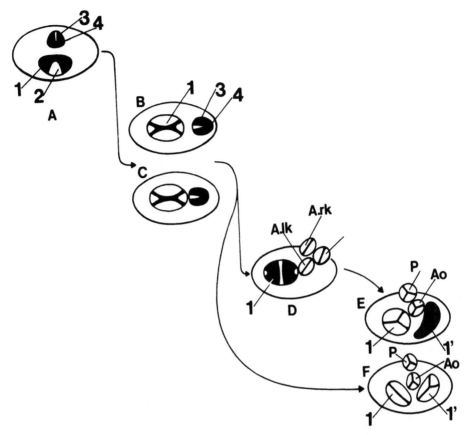

Abb. 14. Phylogenese der Lage der Ostien des Kammerein- und Ausstromes des Herzens lungenatmender Wirbeltiere. *A* Übergang zum Kiemen-Lungen-Herz (z. B. Dipnoi); Ostium venosum (*1*) und Ostium arteriosum (*4*) liegen in der Medianen hintereinander. Möglichkeit der Parallelschaltung des arteriellen und venösen Blutstromes. *B, C* Urodela und Anura (Amphibia). Schwenkung des Ostium arteriosum (*4*) um 90 Grad nach rechts. *B* Mischung des arteriellen und venösen Blutstromes bereits im Vorhof. *C* Bei den Anura laufen die beiden Blutströme bis in die Kammer parallel, im Bulbus cordis jedoch hintereinander. Von den Amphibien führen getrennte Entwicklungsrichtungen einmal über die Reptilien (*D*) zu den Vögeln (*E*) zum anderen zu den Säugetieren (*F*). In beiden Entwicklungsrichtungen erfolgt eine Rückdrehung der nun unterteilten Ausstrombahn in die Mediane unter völliger Parallel- und Austauschschaltung des arteriellen und venösen Blutstromes. *1* Ostium venosum, in *E* und *F* in die linke und rechte A-V-Öffnung (*1* bzw. *1'*) unterteilt. *2* Atrioventrikularwulst bei Dipnoern (dorsales Endokardkissen), *3* Spiralfalte, *4* Ostium arteriosum, *A.kl/rk* linkskammerige (rechts gewendete), ventrale Aorta und rechtskammerige (links gewendete), ventrale Aorta der Reptilien, *Ao* Aorta und *P* Pulmonalis bei Vögeln und Säugetieren. (Nach HEINE 1973, verändert)

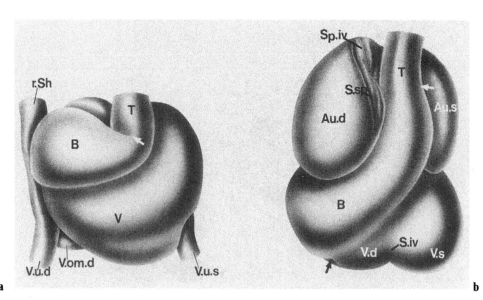

Abb. 15. a Modell des Herzens eines menschlichen Embryos von 2,5 mm Länge. (Nach TANDLER 1913) Ansicht von vorne rechts. Kammerein- und Ausstromöffnung liegen nebeneinander („Amphibienstadium"). **b** Modell des Herzens eines menschlichen Embryos von 4,7 mm SSL. (Nach TANDLER 1913, verändert). *Au.d/s* Atrium dextrum/sinistrum, *B* Bulbus cordis, *r.Sh* rechtes Sinushorn, *S.sp* Septum spurium His (äußere Kontur), *Sp.iv* äußere Kontur des Spatium interseptovalvulare, *T* Truncus, *S.iv* äußere Markierung der Anlage des Septum interventriculare, *V.d/s* Anlage der rechten und linken Kammer, *V.om.d* Vena omphalomesenterica (vitellina) dextra. *V.u.d/s* Vena umbilicalis dextra/sinistra. Die *weißen Pfeile* markieren die distale Knickungsfurche (Bulbus-Truncus-Grenze), der *schwarze Pfeil* in **b** die proximale (Kammer-Bulbus-Grenze)

Kammer-Öffnung zu liegen kommt (Abb. 15a, b). Dieser Zustand bleibt zeitlebens bei den Amphibien erhalten und wird von Sauropsiden- und Säugerembryonen durchlaufen. Stammes- und entwicklungsgeschichtlich ist deutlich erkennbar, daß dieser Prozeß des Nebeneinanderschwenkens beider Ostien und ihre Zurückdrehung notwendig für die Entwicklung des wendelförmigen Bulbus-Truncus-Septum ist, wodurch eine Austauschschaltung des arteriellen und venösen Blutstromes erst möglich wird. Bleiben diese Drehungen in der Entwicklung aus, kommt es zur totalen Transposition von Aorta und Pulmonalis. BENNINGHOFF (1933) wies bereits darauf hin, daß die Gestalt des Amphibienherzens eine Form zeigt, wie sie bei Sauropsiden und Säugetieren in der Embryonalzeit auftritt. Bei menschlichen Embryonen ist diese Situation auf dem Stadium I sehr gut zu beobachten (Abb. 15).

Die proximale und distale Knickungsfalte mit ihren Endokardkissenbildungen (proximale Bulbuswülste A, B und distale 1–4) stehen bei Dipnoi, Amphibien und embryonal bei Amnioten mit Endokardmassierungen im Bulbus in Verbindung, die wendelförmig angeordnet, die Voraussetzung zur Entwicklung eines Bulbusseptums darstellen (Abb. 12, 13). Andererseits findet die proximale

Knickungsfalte Anschluß an radiär gestellte Myokardleisten des Ventrikelraumes, die embryonal auch im Säugetier- und Vogelherzen auftreten (Abb. 16a, b). Sie sind phylogenetisch die Vorläufer des Ventrikelseptums. Bereits bei den Amphibien fällt auf, daß zwischen diesen Myokardleisten Konzentrationsvorgänge ablaufen. Die Firste dieser Leisten wurden von BENNINGHOFF (1933) als Konturfasern bezeichnet. Bei den Amphibien vereinigen sie sich zu einer Muskellamelle, die von GREIL (1903) als Bulboaurikularlamelle bezeichnet wurde. Dies soll besagen, daß diese Muskellamelle den Bulbus mit dem Ohrkanal im Bereich der Kammer verbindet. Die Bulboaurikularlamelle ist daher der stammesgeschichtliche Vorläufer der Septumanlage im Ventrikel der Sauropsiden und Säuger (BENNINGHOFF 1933). Die Lamelle verbindet die Ohrkanalendokardkissen (bei Säugetieren das dorsale Kissen (U)) mit der proximalen Knickungsfalte und den endokardialen Scheidewandbildungen im Bulbus und Truncus, sie darf nicht mit dem Bulboaurikularsporn (bei Reptilien auch Bulbuslamelle genannt) verwechselt werden (Übersicht bei HEINE 1976).

Bei den Reptilien wird die proximale Knickungsfalte als Muskelleiste stark weiter entwickelt, ebenso der ihr gegenüberliegende Bulboaurikularsporn (Abb. 16). Damit verbunden ist eine weitere Schwenkung des arteriellen Ostium auf die Mediane zu („Rückdrehung"). Gleichzeitig wird der Bulbus durch das Wachstum der rechten Kammerseite noch weiter in den Ventrikel aufgenommen. Phylogenetisch wird dieser Abschnitt, in den man durch das von der Muskelleiste und Bulboaurikularsporn gebildete Tor („Bulbustor") gelangt, bei Säugetieren und Vögeln zur Ausstrombahn der rechten Kammer. Die die proximale Knickungsfalte repräsentierende Muskelleiste bleibt bei Säugern und Vögeln in Form der Trabecula septomarginalis (Moderatorband, Leonardo da Vincischer Balken, TANDLER 1913) als ventrikulärer Bestandteil erhalten und tritt zum rechten Schenkel des Reizleitungssystems in Beziehung. Der gegenüberliegende Bulboaurikularsporn wird bei den Säugern durch muskuläre Verstärkung über Konturfasern des Ventrikelraumes zur Crista supraventricularis umgestaltet (Dachmuskelwulst) (Abb. 13; BENNINGHOFF 1933). Mit seinem septalen Ende begrenzt die Crista supraventricularis den hinteren Umfang des Foramen interventriculare und bekommt dadurch Anschluß an das Septum atrioventriculare. Die Muskelleiste und der Dachmuskelwulst stehen phylo- und ontogenetisch mit den proximalen Bulbuswülsten A und B in Verbindung, wodurch die Verbindung des Bulbus-Truncus-Septum mit dem Kammerseptum vorgezeichnet ist (Abb. 6, 13).

Phylogenetisch wird die Muskelleiste kammerwärts durch fächerförmig zusammengeschobene „Konturfasern" verlängert. Auf diese Weise entsteht ein niedriges muskulöses Kammerseptum (BENNINGHOFF 1933). Bei den Mammalia und Aves ist diese induzierende Wirkung der proximalen Knickungsfalte embryonal nicht mehr erkennbar, von Anfang an dominiert eine muskulöse Septumanlage, was als Embryonalanpassung zu deuten ist.

Da das Kammerseptum teilweise durch Absinken des Myokard zu beiden Seiten, teils aktiv von unten nach oben wächst, kommunizieren zunächst linker und rechter Ventrikelabschnitt über dessen freiem First. Bei menschlichen Embryonen wird diese Öffnung, das Foramen interventriculare, auf dem Stadium XIX (nach STREETER 1951; 16–18 mm SSL) verschlossen (ASAMI 1969, 1970). Der First des Ventrikelseptum ist allerdings so breit, daß das Foramen interventricula-

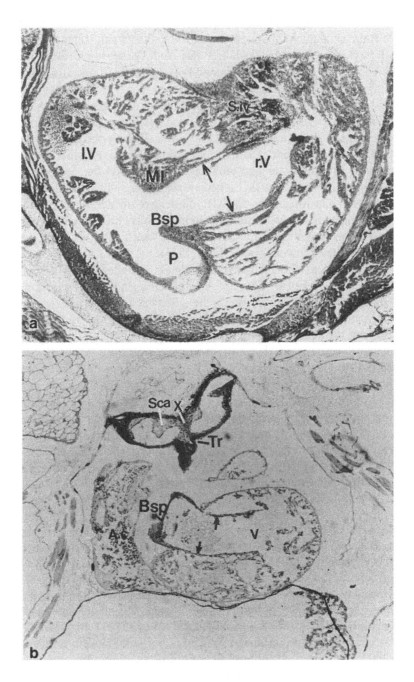

Abb. 16. a Bulbuslamellen (*schwarze Pfeile*) und Muskelleiste (*Ml*) bei Lacerta sicula (Querschnitt; 15 Tage altes Entwicklungsstadium). **b** Bulbuslamellen im Ventrikelausstrombereich (*schwarze Pfeile*) einer Kaulquappe von Xenopus laevis (Anura). Im oberen Bildabschnitt ist der distale Abschnitt des Truncus (*Tr*) quer getroffen. Man beachte die bis zum Epikard durchgehenden Intertrabekularspalten des Myokard (die späteren Thebesischen Venen) und das völlige Fehlen von Koronargefäßen auf diesen Entwicklungsstadien im Epikard. *Bsp* Bulboaurikularsporn, *l./r.V* linker/rechter Ventrikelabschnitt, *Sca* Septum caroticoaorticum, *Siv* Auftreten eines niedrigen Septum interventriculare, *x* Septum interaorticum. 10 μm, Azan, ×40

re eigentlich eine kurze rohrartige Verbindung zwischen linker und rechter Kammer darstellt (Abb. 13). Von rechts gelangt man entlang der ventralen Zirkumferenz des Trikuspidalostium in diesen interventrikulären Kanal („bulboauricular channel" ODGERS 1938; „Canalis interventricularis" PERNKOPF u. WIRTINGER 1933). Schließlich wird die rechte Seite des Kanals durch Endokardwucherungen von allen, das Foramen interventriculare umgebenden Strukturen (Septum bulbi, Ohrkanalendokardkissen, Bulboaurikularsporn und endokardialer First des Kammerseptum) bindegewebig verschlossen (TANDLER 1913; ODGERS 1938; GOERTTLER 1963; HEINE 1976). Dieses Septum membranaceum ist am menschlichen Herzen als ca. pfenniggroßer, durchscheinender Bezirk zwischen der Basis der rechten und mittleren aortalen Taschenklappe erkennbar und ergänzt das Septum atrioventriculare nach ventral (Abb. 18). Der links vom Septum membranaceum gelegene Abschnitt des Canalis interventricularis stellt einen Teil der linken Zirkumferenz des Kammer-Bulbus-Ostium dar („Crista saliens"; DOERR 1959, s. S. 53) und wird in die links-kammerige Ausstrombahn übernommen (Abb. 13), wodurch der Aortenursprung („Aortenostium") über dem Septumfirst reitet („reitende Aorta") (MALL 1912; KEITH 1924; GOERTTLER 1961; GRANT 1962; DOERR u. SCHIEBLER 1963; HEINE 1976). Das bedeutet, daß schon unter normalen Bedingungen das Aortenostium direkt oberhalb des Kammerseptum gelegen ist und sich mit seiner rechten Zirkumferenz durch teilweise Zwischenschaltung des Septum membranaceum am rechten Rand des Septumfirstes abstützt (BANKL 1971).

6. Stammesgeschichte des Bulbus- und Truncusseptum

Die bei Säugerembryonen beobachtbare ontogenetische Schwenkung des Bulbus aus einer sagittalen in eine quere frontale und zurück in eine sagittale Lage vor die Kammereinstromöffnung ist an eine Umwachsung des Bulbus durch rechtsseitige Kammerbezirke gekoppelt. Dabei wird aufgrund der damit verbundenen hämodynamischen Veränderungen das Endokardmaterial im Bulbus und Truncus so massiert und im Wachstum angeregt, daß sich bei homoiothermen Wirbeltieren (Säuger und Vögel) im Bulbus eine in sich um über 90° gedrehte Wendel entwickelt („vektorielle" Bulbusdrehung, DOERR 1955; Abb. 12). Diese verbindet sich mit dem Kammer- und Truncusseptum (Septum aorticopulmonale), wodurch arterieller und venöser Blutstrom überkreuzt werden und Aorten- und Pulmonalostium hintereinander zu liegen kommen (Stadium XIV–XVII nach STREETER 1951) (BANKL 1971). Vorbedingung für eine doppelte Blutstromführung mit wendelartiger Umschlingung ist dabei die hantelförmige Einengung der Kammereinstromöffnung durch das dorsale (U) und ventrale (O) Endokardkissen. Diese Umformung ist wiederum an die stammes- und entwicklungsgeschichtliche Rechtsverlagerung des Sinus venosus gekoppelt (HEINE 976).

Endokardmassierungen an der Kammer-Bulbus- und der Bulbus-Truncus-Grenze sowie die sie verbindenden Endokardleisten sind bereits bei den Polypterideae angelegt. Bei ihnen und den Holostei (sowie den Haien- und Rochen), werden die Endokardleisten in übereinanderliegende Klappenreihen zerlegt. Stammes- und entwicklungsgeschichtlich treten bereits bei den larvalen Polypterideae an der Kammer-Bulbus- und Bulbus-Truncus-Grenze 4 Endokardkissen auf sowie sie verbindende Endokardleisten an der Bulbusinnenwand. Bei den Säugern und Vögeln bleiben derartige Klappenbildungen als Taschenklappen an der Aorten- und Pulmonalbasis erhalten. Stammesgeschichtlich haben sich mit der Nebeneinanderverlagerung des Kammerein- und Ausstromostium von den Amphibien an proximal der Bulbuswulst A und B, distal der Bulbuswulst 1 und 3 sowie die sie wendelförmig verbindenden, um jeweils 90° gegeneinander versetzten Endokardleisten A-1 und B-3 besonders weiterentwickelt (Abb. 12, 17). Bereits bei den Lungenfischen (Dipnoi) verbindet sich der proximale Bulbuswulst A über eine kräftige Endokardleiste, die sog. Spiralfalte, mit dem Bulbuswulst 1 (ROBERTSON 1913, 1914; HEINE 1976). Der Falte gegenüber liegt die Nebenleiste B-3. Bei den Amphibien ist die Spiralfalte zu einer mächtigen Spiralklappe im Bulbus weiterentwickelt. Die Nebenleiste ist lediglich rudimentär. Bei Reptilien und Säugern entsteht das Bulbusseptum durch Verschmelzen der beiden Bulbusendokardleisten A-1 und B-3 (Abb. 17). Der Prozeß beginnt bei menschlichen Embryonen in der 4. Entwicklungswoche (4 mm SSL) und ist in der 7. Woche (20 mm SSL) mt Verschluß des Foramen interventriculare beendet (Stadium XIV–XIX nach STREETER 1951).

In der Septierung des Truncus arteriosus sind die Entwicklungsverhältnisse bei den Säugetieren am ehesten mit den Verhältnissen bei den Dipnoi vergleichbar. (Amphibien und Sauropsiden weisen hier stark spezialisierte Verhältnisse auf; Einzelheiten bei HEINE 1976.)

Zwischen den Bulbuswülsten 1 und 3 finden sich wie bei menschlichen Embryonen die kleineren Wülste 2 und 4 (Abb. 17). Sie bleiben auf die Bulbus-Truncus-Grenze beschränkt und beteiligen sich bei Säugetieren in der Anlage der Semilunarklappen. Durch Verschmelzen der Wülste 1 und 3 entsteht in Verlängerung des Bulbusseptum phylo- und ontogenetisch der größte Teil des Septum trunci. Dadurch wird der proximale Truncus in ein aortales und pulmonales Fach unterteilt, das durch extratrunkales Gewebe (kranialer Rest des Mesocardium dorsale) vervollständigt wird. Das Septum ist in sich um ca. 50° gedreht (Abb. 12). Damit wird der Aortenstamm komplett von der Pulmonalis getrennt (HEINE 1976).

Der Vergleich der Morphologie des Herzens ursprünglicher rezenter Arten mit der Ontogenese des Säugetierherzens zeigt, daß die Stammesgeschichte des menschlichen Herzens, wie der Säugetiere allgemein eher von Ahnenformen rezenter Amphibien abzuleiten ist. Ein zwischengeschaltetes Reptilienstadium kompliziert das Verständnis der Phylogenese des Herzens ungemein, wie es die phylogenetische Theorie der Herzentwicklung von SPITZER (1919, 1921) zeigt.

Abb. 17. Querschnitt durch einen ca. 4 Tage alten Embryo einer Maus. An der Bulbus-Truncus-Grenze (*B-T*) finden sich die Bulbuswülste *1*, *2*, *3* und *4*. Der *weiße Pfeil* in der Ausschnittsvergrößerung zeigt auf die Vorhof-Bulbus Verwachsungsstelle. Der *schwarze Pfeil* in der Übersichtsaufnahme weist auf die Verbindung zwischen Perikard-, Pleura- und Bauchhöhle (Ductus pericardiaco-pleuro-peritonealis). *Links* findet sich auf gleicher Höhe die Einmündung (*O*) der linken kranialen Kardialvene (*V*) in das linke Sinushorn. *A* Aorta, *A.d/s* Atrium dextrum/sinistrum, *Ch* Chorda, *L* Lungenanlage, *Ö* Ösophagus, *Prn* Pronephros, *Rm* Rückenmark, *S.p.* Anlage des Septum primum am Dach des Vorhofabschnittes. ×40, Ausschnitt ×120

Stammesgeschichte des Bulbus- und Truncusseptum

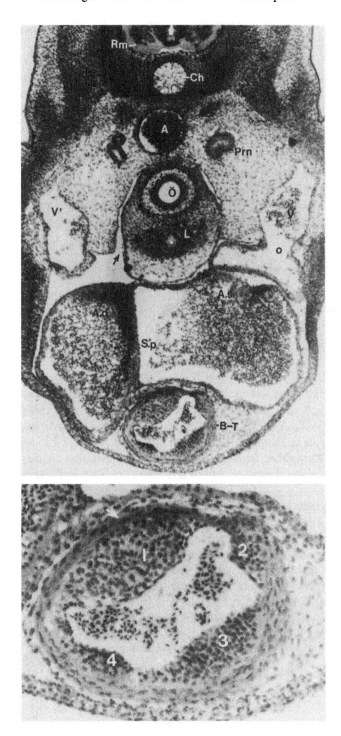

Stets ist bei diesen Überlegungen zu bedenken, daß die Entwicklung an einem funktionstüchtigen Organ abläuft, wodurch Synergismen genetisch verankerter Prozesse und hämodynamische Einflüsse zum Tragen kommen. Vertreter hämodynamischer Entwicklungstheorien der Septenbildung tragen zum Verständnis bei, wenn sie die Modellierfähigkeit der Endokardkissen und -leisten durch den Blutstrom hervorheben (SPITZER 1919, 1921; BREMER 1928; ROMANHYI 1954; BARTHEL 1960; GOERTTLER 1963), aber auch jene, die die Septierung an Endokardmaterial knüpfen, das an genetisch determinierten Stellen angelegt wird (PERNKOPF u. WIRTINGER 1933). Dadurch, daß im adulten menschlichen Herzen die beschriebenen stammesgeschichtlich alten Strukturen noch in großem Umfang auftreten, ist es im Vergleich zu anderen Säugetierherzen (z. B. Huftiere und Carnivora), bei denen das Herzinnere weitgehend ausnivelliert wird, als ursprünglich zu betrachten (HEINE 1972, 1976).

7. Stammesgeschichte des Reizleitungssystems (RLS)

Eine stammesgeschichtliche Betrachtung muß auch hier Embryonalanpassungen berücksichtigen. So hat das Gewebe der Endokardkissen und -leisten, vor allem die in ihrer Grundsubstanz vermehrt auftretenden Glykosaminoglykane und Proteoglykane, einen differenzierenden Einfluß auf die angrenzenden Myoblasten im Sinne einer Entwicklung zu Reizleitungszellen (vgl. MUIR 1954; CAESAR et al. 1958; RHODIN et al. 1961; THORNWELL 1972).

Es herrscht heute Übereinstimmung darüber, daß die Anlage des RLS im Säugetierherzen nur phylogenetisch erklärbar sei (GASKELL 1884; KEITH et al. 1907, 1909, 1910; ASCHOFF 1910; MALL 1912; KOCH 1913, 1922; BENNINGHOFF 1933; SCHIEBLER u. DOERR 1963; HEINE 1976; STARCK 1982). BENNINGHOFF (1933) hat dies klar formuliert: Danach ist der Sitz der Automation an die phylogenetisch alten bzw. frühembryonalen sphinkterartigen, muskulösen Herzabschnitte gebunden.

Wenn auch diese Ansicht zunächst die eigentümliche Lagekonstanz des Sinus- und Atrioventrikular (AV)-Knotens sowie deren Verbindung untereinander im Säugetierherzen nicht erklären kann, so wurde in ihr jedoch von Anfang an berücksichtigt, daß die Ontogenese von Organen und Organstrukturen in der Phylogenese ihrer Träger wurzelt (HEINE 1976). Die stammesgeschichtlichen Beziehungen des RLS sind unter den Säugetieren am ehesten in den sehr ursprünglich strukturierten Herzen der Igelartigen (Erinaceoidea) und der Borstenigel Madagaskars (Tenrecoidea) zu finden, daran ist unmittelbar auch das Herz des Menschen anzuschließen (HEINE 1970, 1976).

a) Der Sinusknoten

Phylo- und ontogenetisch läßt sich zeigen, worauf bereits bei der Stammesgeschichte des Vorhofseptum hingewiesen wurde, daß sich der Sinusknoten dort entwickelt, wo bei primitiven rezenten Wirbeltieren der gemeinsame Ansatzzügel der linken und rechten Sinusklappe, den muskulösen Ring der Sinus-Vorhof-Grenze kreuzt: An der rechten Zirkumferenz der oberen Hohlvene (Abb. 18, 19). In ursprünglichen Säugerherzen sowie embryonalen Säuger- und Vogelherzen

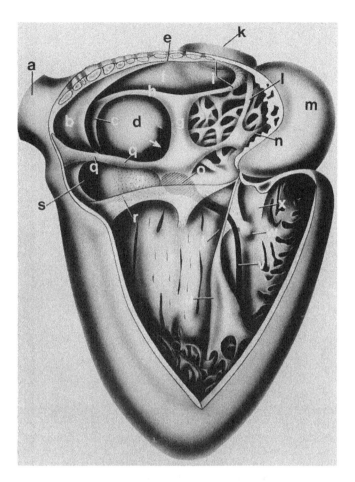

Abb. 18. Eröffneter rechter Vorhof und Ventrikel eines Herzens von *Erinaceus europaeus* (20fach vergrößert). Beispiel eines ursprünglich strukturierten Säugetierherzens zur Darstellung jener phylogenetisch alten Strukturen, die zum Reizleitungssystem in Beziehung treten. *a* Vena cava caudalis, *b*, *c* Valvula venosa dextra/sinistra, *d* Septum atriorum, *e* Crista terminalis lateralis, *f* Dach des Sinus venosus, *g* Tuberculum intervenosum Loweri, *h* Crista terminalis medialis, *i* Sinusknoten, *k* Vena cava cranialis dextra, *l* Fasciculus terminalis (in Verlängerung des Septum spurium His), *m* Auricula dextra, *n* Ramus fasciculi terminalis, *o* Aschoff-Tawara-Knoten, *p* Septum atrioventriculare, *q-q* Septum sinus venosi, *r* Zahnscher Knoten (unter der hochgeklappten Cuspis septalis der Tricuspidalis), *S* Mündung des Sinus coronarius, *t* Schnittrand des parietalen Segels der Tricuspidalis, *u* Musculus papillaris anterior, *v* rechter Stamm des Hisschen Bündels, dessen Verlauf im Zwickel zwischen parietaler und septaler Klappe unter dem hellen, schwarz punktierten Septum membranaceum angedeutet ist, *w* Musculus papillaris subarteriosus (Lancisi), *x* Crista supraventricularis. (Nach Heine 1972)

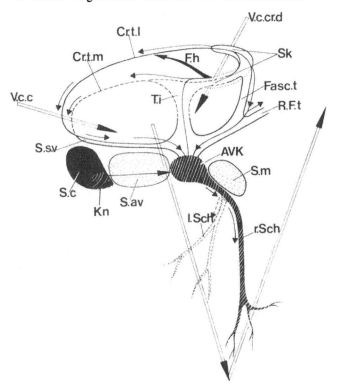

Abb. 19. Schematische Darstellung des Reizleitungssystems im Säugetierherzen. Im Hintergrund liegende Strukturen *gestrichelt*. Die doppelkonturierten *Pfeile* geben die Richtung des Blutstromes, die *schwarz* ausgezogenen die Richtung der Reizleitung an. *AVK* Aschoff-Tawara-Knoten, *Cr.t.l/m* Crista terminalis lateralis/medialis, *F.h* Fasciculus horizontalis (Reizleitungsbahnen zum linken Vorhof und Herzohr), *T.i.* Tuberculum intervenosum, *Fasc.t.* Fasciculus terminalis, *R.F.t.* Ramus fasciculi terminalis, *l./r.Sch* linker/rechter Schenkel des Hisschen Bündels, *S.av* Septum atrioventriculare, *Kn* Zahnscher Knoten, *S.m* Septum membranaceum, *S.c* Mündung des Sinuscoronarius, *Sk* Sinusknoten, *S.s.v* Spetum sinus venosi, *V.c.c* Vena cava caudalis, *V.c.cr.d* Vena cava cranialis dextra

entspricht diesem Zügel das Septum spurium His (Abb. 18). Die Ansatzspur der linken und rechten Sinusklappe (Crista terminalis medialis und lateralis auch als Thorelsches und Wenckebachsches Reizleitungsbündel bezeichnet, SCHIEBLER u. DOERR 1963) begrenzen das Dach des Sinus venosus gegen den rechten und linken Vorhof und treffen sich unter der Mündung der unteren Hohlvene in einem unteren Ansatzzügel, dem Sinusseptum. Dieses steht rechts am Abhang des Firstes der verschmolzenen Ohrkanalkissen mit der Spina intermedia His, phylo- und ontogenetisch ein Bestandteil des dorsalen Endokardkissens, in Verbindung (Abb. 13, 18). In der Spina intermedia wurzelt auch das phylogenetisch alte Tuberculum intervenosum (Torus Loweri; middle internodal tract) und die Verlängerung des Septum spurium, der Fasciculus terminalis (anterior internodal tract) (Abb. 19).

Sie ist der gemeinsame Treffpunkt dieser phylogenetisch alten Strukturen am Vorhofboden. Die Spina liegt im adulten Säugetierherzen an der Vorhof-Kammer-Grenze, dort, wo aus den verschmolzenen Vorhofendokardkissen das Trigonum dextrum des Herzskeletts entstanden ist und zwar an dessen rechtem Abhang (Abb. 13). Die Spina intermedia ist der phylo- und ontogenetische Vorläufer des Atrioventrikularknotens (AV-Knoten) (HEINE 1972, 1976). TANDLER (1913) und durch sehr genaue Untersuchungen KOCH (1922) haben darauf hingewiesen, daß man den AV-Knoten in Verlängerung des Sinusseptum auf das Trigonum fibrosum dextrum finden könne (Kochsches-Dreieck) (Abb. 18). Der Spina intermedia entspricht phylogenetisch das dorsale Endokardkissenmaterial, das aus dem Ohrkanal kommend, die Vorhof-Kammer-Grenze überspringt. Analog zum Septum spurium, das an der Sinus-Vorhof-Grenze die Entwicklung des Sinusknotens induziert, konserviert die Spina intermedia einen Abschnitt des muskulösen Vorhof-Kammer-Ringes. Während dieser bindegewebig umgebildet zum Bestandteil des Herzskeletts wird, konserviert die Spina intermedia einen kleinen Muskelbezirk, der sich unter Einfluß der Endokardkissenzellen zum AV-Knoten entwickelt (HEINE 1976). Aus phylogenetischer Sicht sind daher alle beschriebenen Strukturen an der Sinus-Vorhof-Grenze zur Reizleitung befähigt, was sich auch ultrastrukturell und elektrophysiologisch hat bestätigen lassen (PAES DE CARVALHO et al. 1961; NETTER u. VAN MIEROP 1969; ANDERSON 1972; BOYSEN-MÖLLER u. JENSEN 1972).

Betrachtet man nochmals phylo- und ontogenetisch die Endokardkissenbildungen an der Sinus-Vorhof- und Vorhof-Kammer-Grenze, so ist am Boden des Sinus venosus an jenes starke Endokardkissen (Sinusendokardkissen) zu erinnern, in das bei den Polypterideae die linke und rechte Lebervenenklappe an der unteren Zirkumferenz des median in den Sinus venosus mündenden Lebervenenstammes einstrahlen (Abb. 7). An dieses Sinuskissen reicht eine Äquivalent des dorsalen Endokardkissens der Vorhof-Kammer-Grenze heran. Wie beschrieben beteiligen sich diese Strukturen an der Bildung des Septum atrioventriculare. Das Sinusendokardkissen kreuzt ebenfalls die Sinus-Vorhof-Grenze. Diese Stelle wird bei Verlagerung des Sinus venosus nach rechts relativ nach links verschoben (d. h. sie bleibt ortskonstant). Hier entsteht der Anfangsteil des Septum atrioventriculare. Diese Stelle liegt im Säugetierherzen im Boden der Mündung des Sinus coronarius (Abb. 18). Es ist daher zu erwarten, daß hier ebenfalls Knotenmaterial auftritt. In der Tat ist bereits kurz nach Entdeckung des AV-Knotens durch ASCHOFF (1905) und TAWARA (1906) von ZAHN (1912, 1913) ein entsprechender Knoten im Vorhofboden in der Mündung des Sinus coronarius beschrieben worden. DOERR (1959, 1970, 1987) spricht von einem Sinusknoten des linken Sinushornes. CHUAQUI (1973) hat die Entwicklung dieses Knotens an menschlichen Embryonen verfolgt und findet das präsumptive Gebiet für die AV-Knotenanlage in der ventralen Fortsetzung des Bodens der Mündung des Sinus coronarius, das am Fuß des Septum primum bis in den Bereich des dorsalen Endokardkissens hineinreicht. Aus phylogenetischer Sicht ist daher der Zahnsche Knoten älter als der Aschoff-Tawara-Knoten. Bereits SCHIEBLER u. DOERR (1963) weisen auf einen Zusammenhang zwischen Zahnschem Knoten und dem Aschoff-Tawara-Knoten hin. Stammes- und entwicklungsgeschichtlich kommt diese Verbindung, mit Ausnahme der Erinaceoidea und Tenrecoidea unter den placentalen Säugern durch das muskulöse Septum atrioventriculare zustande (Abb. 18). Es ist daher ebenfalls als Reizleitungsbahn zu betrachten (HEINE 1976).

b) Interatriale Reizleitungsbündel

Das Dach des Sinus venosus grenzt links an das Vorhofseptum. Diese äußerlich links von der Mündungsstelle der unteren Hohlvene zur Einmündung verlaufende Furche bildet innen die Crista terminalis medialis (Abb. 18). Als Thorelsches-Bündel wird es zum RLS gerechnet (SCHIEBLER u. DOERR 1963), was auch elektrophysiologisch bestätigt werden konnte (PAES DE CARVALHO 1961; NETTER u. VAN MIEROP 1969). Auch vor und hinter der Mündung der oberen Hohlvene werden Reizleitungsbündel nach links beschrieben (Übersicht bei SCHIEBLER u. DOERR 1963). Die einen verlaufen hinter der Einmündung der Lungenvenen (Fasciculus interauricularis, TANDLER 1913) von rechts nach links, die anderen direkt zwischen den Herzohren (Bachmannsches-Bündel). Der Fasciculus interauricularis ist allgemein bei Säugern und Vögeln zu beobachten (HEINE 1976) und zeigt nach eigenen Beobachtungen eine bemerkenswerte Übereinstimmung mit der entlang des Sinus obliquus pericardii verlaufenden Perikardumschlagfalte. Das Bachmannsche-Bündel scheint ein Neuerwerb bei höheren plazentalen Säugern zu sein, denn bei den basalen Erinaceoidea und Tenrecoidea ist es nicht zu finden (auch den Vögeln fehlt es) (HEINE 1976). Möglicherweise ist das Bachmannsche-Bündel lediglich eine Weiterentwicklung des Fasciculus interauricularis, präparatorisch sind nach eigenen Befunden beide Bahnen kaum auseinanderzuhalten. Die Übereinstimmung des Verlaufes des Fasciculus interauricularis mit der kranialen Perikardumschlagfalte am Dach des linken Vorhofes kennzeichnet gleichzeitig das Ausmaß der phylo- und ontogenetischen Aufnahme des ursprünglichen Lungenvenenstammes und seiner Verzweigungen in das Dach des linken Vorhofes. Stammes- und entwicklungsgeschichtlich ist dies die ehemalige Area interposita His (s. S. 36). Theoretisch wäre daher auch ein interatriales Bündel entlang der Perikardumschlaglinie vor der Einmündung der Lungenvenen zu erwarten (bisher jedoch unbekannt).

Da überall an den Herzabschnittsgrenzen Endokardkissenmaterial auftritt und damit die phylo- und ontogenetische Voraussetzung zur Bildung von Reizleitungsfasern gegeben ist, können zu den geschilderten Bahnen auch Nebenverbindungen auftreten. Von klinischer Relevanz ist dabei das Problem atrioventrikulärer Nebenverbindungen, die zu gegenläufigen Doppelerregungen bzw. Erregungsauslösung von Vorhof- und Kammer führen können (Wolff-Parkinson-White-Syndrom). Nebenverbindungen sind sowohl bei Vögeln (DAVIES 1930) wie auch bei allen Säugetierarten, deren Herzen daraufhin untersucht wurden, gefunden worden (DOERR u. SCHIEBLER 1963; ANDERSON 1972).

c) Ventrikuläres Reizleitungssystem

α) *RLS der rechten Kammer*. Der „konservierende" Effekt von Endokardkissen- und Endokardleistenmaterial auf unterlagerndes Myokard zeigt sich auch in der Entwicklung der ventrikulären RLS Anteile. Vom AV-Knoten (= Aschoff-Tawara-Knoten) aus wird phylo- und ontogenetisch der First der Kammerseptumanlage, der selbst eine kräftige Endokardauflage enthält, als Hissches-Bündel in das RLS eingeschaltet. Die Anlage des Septum interventriculare ist phylogenetisch auf Konturfasern im Ventrikelraum zurückzuführen (s. S. 43) BENNINGHOFF 1933; HEINE 1976). Auch jene frühen Konturfasern, die phylo- und ontogenetisch das Kammerlumen umgrenzen und lediglich mit dem Ventrikelseptum in Verbindung stehen, werden phylo- und ontogenetisch zu Reizleitungsfasern (Purkinje-Fasern, falsche Sehnenfäden) umgebildet. Besonders deutlich sind die RLS Fasern bei ursprünglichen rezenten plazentalen Säugetieren (Erinaceoidea, Tenrecoidea) und im Herzen des Menschen zu beobachten. Auch dies kann als Hinweis auf die Urspünglichkeit des menschlichen Herzens unter plazentalen Säugetieren gelten (HEINE 1976).

Vor dem Foramen interventriculare teilt sich das Hissche Bündel in den linken und rechten kammerwärtigen Schenkel des RLS (Abb. 18, 19). Der rechte Schenkel ist phylo- und ontogenetisch auf die Kammer-Bulbus-Grenze (proximale Knickungsfalte, Muskelleiste) zurückzuführen. Embryonal bildet diese im Säugetierherzen eine Muskelbrücke, über welche der Bulbuswulst A Anschluß an die Septumanlage findet (Abb. 13). Durch das Endokardmaterial wird die Knickungsfalte vor dem von der Kammer auf den Bulbus übergreifenden Trabekulierungsprozeß geschützt und die so herausmodellierte Struktur zur Reizleitung benutzt. Bei Säugetieren und Vögeln markiert diese Struktur als Trabecula septomarginalis (TANDLER 1913) die Grenze zwischen Ein- und Ausstrombahn der rechten Kammer („Bulbusostium"). Die Trabekel stellt den rechten Schenkel des ventrikulären RLS dar. Entsprechend dem hohen phylogenetischen Alter dieser Struktur ist ihr Verlauf sehr konstant. Mehr oder minder deutlich isoliert von der Wand des Kammerseptum erscheint die Trabecula septomarginalis am Fuße des Lancisischen Muskels (Musculus papillaris medialis s. subarteriosus) und zieht zum Fuß des M. papillaris anterior und bekommt von hier aus Anschluß an die Reizleitungsfasern der rechten Kammer (TANDLER 1913; BENNINGHOFF 1933; HEINE 1972).

β) RLS der linken Kammer. Phylo- und ontogenetisch wird bei Unterteilung des Ventrikelraumes das Foramen interventriculare in den Aortenursprung aufgenommen. Wie Abb. 13 zu entnehmen ist, entspricht dessen linke ventrale Zirkumferenz einem linken Abschnitt der ehemaligen Kammer-Bulbus-Öffnung. Diese Struktur wird phylo- und ontogenetisch als Crista saliens (DOERR 1959) in den Aortenursprung aufgenommen. DOERR (1959) und GOERTTLER (1963) haben auf deren wichtige Rolle in der normalen und pathologischen Funktion der linken Kammer hingewiesen. Die Crista saliens ist Bestandteil des suprapapillären Raumes, der, worauf bereits HENLE (1868), KREHL (1893) und ALBRECHT (1903) hingewiesen haben, entscheidend an der Blutaustreibung aus der linken Kammer beteiligt ist. Die Crista saliens steht über abscherende Muskelzüge mit den Papillarmuskeln in Verbindung. Diese haben immer Beziehungen zu Reizleitungsfasern des linken Schenkels der RLS. Dieser erscheint wie der rechte subendokardial hinter dem Septum membranaceum auf der linken Septumfläche. Nach kurzem subendokardialen Verlauf kann der Stamm frei werden und fächerartig teils frei das Kammerlumen durchqueren, teils mit Reizleitungsfasern zwischen den ventrikulären Myokardtrabekeln verlaufen, oder aber der Stamm teilt sich subendokardial, und es werden nur die Reizleitungsfasern frei (vgl. BARGMANN

1963). Dieser Aufteilungsmodus findet sich üblicherweise bei Insectivora, Primaten und Mensch. Er scheint ursprüngliche Verhältnisse zu repräsentieren. Die Crista saliens tritt jedoch nie mit dem Stamm des linken Schenkels des RLS in Verbindung, sie ist daher auch nicht der Trabecula septomarginalis der rechten Kammer vergleichbar, wie dies von BENNINGHOFF (1933) postuliert und von BERSCH (1973) versucht wurde nachzuweisen. TAWARA (1906), MÖNCKEBERG (1908/1921) ASCHOFF (1910), TANDLER (1913) und KOCH (1922) haben gezeigt, daß links vom Kammerseptum ein Muskelbalken zum Musculus papillaris anterior verlaufen kann, der Fasern des linken Schenkels des RLS enthält. Jedoch besteht kein Grund zur Annahme einer linken Trabecula septomarginalis.

Die Verhältnisse sind eher so, daß die Trabecula septomarginalis über den M. papillaris anterior Reizleitungsfasern in die rechte Kammer bringt unter Bevorzugung des alten Ostium bulbi. Systolisch wird dieses Tor durch Tiefertreten der Crista supraventricularis und Kontraktion des Papillarmuskels sphinkterartig eingeengt, wodurch es zur Druckerhöhung mit Beschleunigung des Blutes in die A. pulmonalis kommt.

Die Crista saliens sammelt dagegen die Erregungen aus der linken Kammer durch einstrahlende Reizleitungsfasern. Dadurch wird die systolische Engerstellung des suprapapillären Raumes („Triebwerk" KREHL 1908) der linken Kammer koordiniert. Die daraus resultierende Druckerhöhung führt ebenfalls zu einer Beschleunigung des Blutstromes in die Aorta.

Crista saliens und Trabecula septomarginalis weisen daher eine Funktionsanalogie auf, die auf gegensinnige Beeinflussung durch Reizleitungsfasern beruht.

8. Stammesgeschichte des Koronargefäßsystems

a) Stammesgeschichte der Koronararterien

Theorien zur Entstehung der Koronararterien waren von vornherein von der Vorstellung „belastet", „daß sich die einzelnen Arterienäste beim Menschen ohne Schwierigkeit auf die alten Ringsysteme zurückführen lassen" (GOERTTLER 1963). Diese Ansicht geht auf vergleichende Untersuchungen von SPALTEHOLZ (1907, 1908, 1924) und BENNINGHOFF (1933) sowie entwicklungsgeschichtliche Befunde von PERNKOPF u. WIRTINGER (1933) zurück.

Daß die Theorie der phylogenetischen Bindungen der Koronararterien an die Herzabschnittsgrenzen nicht zutreffen kann, sondern eine Embryonalanpassung des Säugetierherzens darstellt, zeigen vergleichende Untersuchungen an rezenten Wirbeltierstämmen mit ursprünglicher Herzmorphologie (FOXON 1955; HEINE 1976). Säuger mit primitiver Herzmorphologie (unter den plazentalen Säugetieren die Igel- und Tenrekartigen (Insectivora) sowie die Beuteltiere (Marsupialia) und eierlegenden Säugetiere (Monotremata)), zeigen, daß sich das Koronararteriensystem aus einem nicht an die Herzschnittsgrenzen gebundenen, strauchartig aufgezweigten, intramyokardial verlaufenden rechten Koronararterienstamm entwickelt hat (Abb. 22). Der linke Koronararterienstamm stellt offenbar eine Neuerwerbung des Säugetierherzens dar (HEINE 1971, 1976). Am Herzen des einheimischen Igels (Erinaceus europaeus) ist dies noch deutlich zu erkennen. Die A. coronaria dextra ist strauchartig aufgezweigt, eine linke Korronararterie kann fehlen (HEINE 1970, 1971). Erst mit Höherentwicklung des Säugetierherzens, kenntlich an der Verdichtung des Myokard mit Ausnivellierung der Vorhof- und Kammerwände (z. B. Ruminantia, Carnivora), treten die Koronararterien aus dem Myokard in das Epikard und die druckgeschützten Herzfurchen ein (HEINE 1971, 1976). Dabei übernimmt zunehmend das System der A. coronaria sinistra die Versorgung des Myokard.

Stammesgeschichtlich hat sich somit das Koronararteriensystem von einem primitiven Rechts- zu einem leistungsfähigen Linkskoronartyp entwickelt, wobei am Herzen des Menschen noch der Rechtskoronartyp überwiegt, ein Linkskoronartyp ist in ca. 6% der Fälle zu beobachten. Dazwischen liegt ein sog. „ausgeglichener Typ" (SCHOENMACKERS 1963; DI DIO 1975; HEINE 1976).

Das Überwiegen der rechten Koronararterie z. B. am menschlichen Herzen ist funktionell widersinnig, da die rechte Ventrikelwand nur 1/3 der Stärke der linken aufweist. Dieser ist daher latent von einer Sauerstoffschuld bedroht. Dazu kommt, daß die Koronararterien funktionelle Endarterien sind (BARGMANN 1963). Diese Faktoren stellen eine bedeutsame Voraussetzung für die Infarktanfälligkeit des menschlichen Herzens dar. Man bekommt bei Betrachtung der Anfälligkeit des Herz-Kreislauf-Systems des Menschen ohnehin den Eindruck, als sei der Mensch zu hoher psychisch-physischer Repräsentanz gelangt, bevor sich sein Herz und Gefäßsystem hätten ausreichend entwickeln können (DOERR 1974).

Für die Eigentümlichkeit der ursprünglichen rechtsasymmetrischen Koronararterienversorgung müssen daher andere als myokardiale Faktoren gesucht werden. FOXON (1955) und HEINE (1976) haben gezeigt, daß die Koronararterien bei den rezenten Polypterideae, Dipnoi, Holostei und Elasmobranchii aus zwei Quellen gespeist werden (Abb. 20a–f): Einmal über Hypobranchialarterien, die zumeist aus der zweiten oder vierten efferenten Kiemenbogenarterie entspringen (im Folgenden als Hypobranchialtyp bezeichnet) oder aus je einer Arterie, die aus der dorsalen Aorta kommend in die Brustflosse eintreten. Dieser „Subclaviatyp" (worin keine Homologie zu den Subclaviaarterien der Tetrapoden gesehen werden darf) kann auch wie bei den Polypterideae, zusammen mit dem Hypobranchialtyp auftreten (BUDGETT 1901; HEINE 1976).

Dieser „gemischte Typ" scheint phylogentisch der Ausgangspunkt der Entwicklung des Koronargefäßsystems gewesen zu sein, wobei der Hauptanteil auf den Hypobranchialtyp mit rechtsseitigen Hypobranchialarterien entfällt (HEINE 1976). Um zum Ventrikelabschnitt des Herzens zu gelangen, müssen diese Gefäße die Truncus-Bulbus- und die Bulbus-Ventrikel-Grenze überspringen. Beispielhaft zeigen die Dipnoi, wie der an die Kiemenbogenarterien gekoppelte Hypobranchialtyp in eine für Tetrapoden günstige Ausgangsposition gebracht wurde. Bereits ROBERTSON (1913) hat darauf aufmerksam gemacht, daß bei den Dipnoi die Kiemenbogenarterien voll durchgängig wären und nicht mehr in ein Kapillarnetz aufspalteten, das von einer zuführenden Kiemenbogenarterie gespeist würde, aus der eine abführende Kiemenbogenarterie hervorginge. FOXON (1955) sieht darin die Möglichkeit, daß die von den abführenden Kiemenbogenarterien entspringenden Hypobranchialarterien nach ventral gelangen können, ohne daß dadurch funktionelle Änderungen notwendig würden. Bei dem Lungenfisch Neoceratodus forsteri entspringt eine rechte zum Ventrikel ziehende Koronararterie ventral an der rechten 4. Kiemenbogenarterie (FOXON 1955). Der weitere

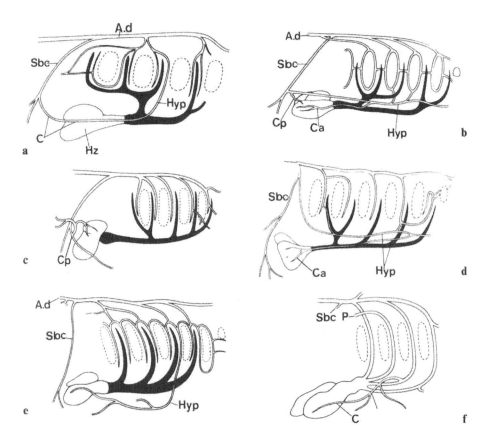

Abb. 20a–f. Schemata der Branchialzirkulation bei Fischen. Ansicht von rechts. **a** *Polypterus palmas* (Polyteriformes). Hypobranchial- und Subclaviatyp. **b** *Raja clavata* (Elasmobranchii), wie a. **c** *Scaphyrhynchus sp.* (Elasmobranchii), Subclaviatyp. **d** *Lepisosteus sp.* (Holostei), Hypobranchialtyp. **e** *Neoceratodus forsteri* (Dipnoi), Hypobranchialtyp. **f** Scaphyrhynchus sp., Subclaviatyp, *C* Koronararterie. *A.d.* Aortadorsalis, *Hz* Herz, *Hyp* Hypobranchialarterie, *Ca Cp* vordere/hintere Koronararterien, Hypobranchialarterie, *Sbc* Subclavia, *P* Pulmonalis (**b–f** aus Foxon 1955)

Ablauf der Phylogenese ist nach Foxon (1955) dadurch gekennzeichnet, daß die Koronarursprünge herzwärts entlang dem Truncus arteriosus bis an den Bulbus cordis rücken. Einzelne Stadien lassen sich sehr gut bei den Reptilien beobachten (vgl. Spalteholz 1908). Darauf wird bei Beschreibung der Phylogenese der A. coronaria sinistra zurückgekommen. Körner (1937) hat gezeigt, daß auch bei den Amphibien Koronararterien auftreten, die noch aus dem Truncus entspringen.

Eine Beteiligung des Subclaviatyps an der Stammesgeschichte der Koronararterien ist weniger gut überschaubar. Nach eigenen Beobachtungen an einem Herzen eines larvalen Polypterus palmas und eines adulten Polypterus delhezi entspringen aus der rechten „Arteria subclavia" kleinere Gefäße an das Sinus-Vorhof Gebiet, das sie über das Mediastinum erreichen (Area interposita, s. S. 36). Auch bei den Holostei erreichen Äste überwiegend aus der rechten

A. subclavia den Sinus-Vorhof-Bereich (Abb. 20). Über Beziehungen des Subclaviatyps zu Leberarterien bei den Holostei (Leptiostiens, Amia) berichtete DANFORTH (1916).

Beim Menschen findet sich entlang der ehemaligen rechten Sinus-Vorhof-Grenze (Sulcus terminalis lateralis) eine lange, dünne Arterie, der Ramus sulcus terminalis aus der A. coronaria dextra. Die Arterie erreicht an der rechten Zirkumferenz der oberen Hohlvene den Sinusknoten (Sinusknotenarterie; BARGMANN 1963; HEINE 1970). Unterhalb der Mündung der unteren Hohlvene gibt die rechte Koronararterie beim Menschen regelmäßig einen Ast ab (Haassche-Arterie), der als R. posterior superior septi ventriculorum an der Basis des Kochschen-Dreiecks verläuft und an der Versorgung des phylogenetisch alten Zahnschen-Knotens wie des jüngeren Aschoff-Tawara-Knotens beteiligt ist. DOERR (1982, 1987) ist der Ansicht, daß die Haassche-Arterie phylogenetisch einer 3. Kranzschlagader entspräche. Meiner Meinung nach trifft dies auch auf die Sinusknotenarterie zu. Beide Koronararterien könnten phylogenetisch auf den Subclaviatyp der Polypterideae und Dipnoi zurückgeführt werden.

Auffälligerweise entspringt bei den Reptilien der stärkste, zumeist nur in Einzahl vorhandene Koronararterienstamm in unterschiedlicher Höhe aus der rechten Wand der linkskammerigen Aorta. Er teilt sich in Höhe der Pulmonalis- und Aortenwurzeln in einen zur rechten Kammer ziehenden Ramus praetruncalis und in einen zur linken Kammer ziehenden Ramus posttruncalis (Abb. 21). Letzterer kann auch selbständig aus der linkskammrigen Aortenwurzel entspringen (SPALTEHOLZ 1908). Auf einen analogen Vorgang scheint die stammesgeschichtliche Entwicklung der linken Koronararterie rückführbar zu sein. Auch hier ist mit Embryonalanpassungen zu rechnen. Nach HACKENSELLNER (1956) kommt ganz allgemein den Sinus Valsalvae die Fähigkeit zur Bildung von Koronargefäßanlagen zu.

Die Koronarverhältnisse der Säugetiere lassen sich daher von einem hypothetischen Rechtskoronartyp ableiten, wogegen die linke Kranzarterie als Neuerwerb aufzufassen ist (HEINE 1976).

Der Aufteilungsmodus der primitiven rechten Koronararterie der Igel- und Tenrekartigen in einen kräftigen Ast für die rechte und einen für die linke Kammer, erinnert stark an die analoge Aufteilung des rechten Koronararterienstammes bei Reptilien in einen R. prae- und posttruncalis (Abb. 21). Letzterem ist der erste auf die linke Kammer ziehende Ast der primitiven rechten Kranzarterie vergleichbar. Dieser entspricht der Konusarterie beim Menschen (HEINE 1976; vgl. BARGMANN 1963). Äste dieser Arterie verzweigen sich bei den Insectivora im Myokard des linken Ventrikels in Höhe der Vorhof-Kammer-Grenze und einer oder mehrere werden in den Sulcus interventricularis anterior abgegeben (Abb. 22a–c). Stammesgeschichtlich haben sich nach HEINE (1971) diese Gefäße schließlich von der Konusarterie gelöst und zum R. circumflexus sinister und R. interventricularis anterior der linken Koronararterie weiterentwickelt. Der kurze Stamm der A. coronaria sinistra muß danach als Neuerwerb bei Säugetieren betrachtet werden. Dafür spricht, daß nicht nur beim Menschen, sondern auch bei den hoch entwickelten Herzen z.B. der Carnivora der R. interventricularis anterior und der R. circumflexus sinister getrennt aus dem linken Sinus Valsalvae entspringen können (HEINE 1976).

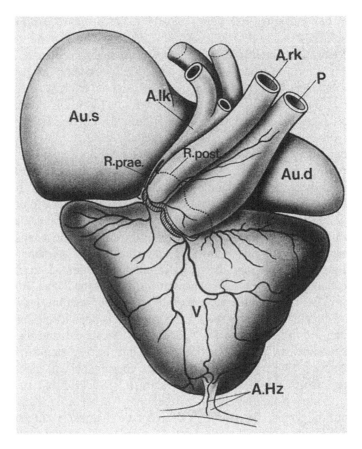

Abb. 21. Koronararterien von *Chelydra serpentina* (Chelonia, Reptilia). Der einzige Koronararterienstamm entspringt aus der rechten Wand der linkskammerigen (rechten) ventralen Aorta (*A.lk*). *A.rk* rechtskammerige (linke, ventrale Aorta, *A.Hz* Arterie des Herzspitzenbandes, *Au.s/d* Auricula sinistra/dextra, *P* Pulmonalis, *R.prae/post* Ramus prae- und posttruncalis des Koronararterienstammes. (Nach SPALTEHOLZ 1908)

Mit der Höherentwicklung des Säugetierherzens bei den Placentalia treten die größeren Koronararterienstämme aus dem Myokard an die Herzoberfläche und gleichzeitig in die druckgeschützten Herzfurchen ein. Dabei entwickelt sich zunächst der typische Rechtskoronartyp, gekoppelt an eine noch ursprüngliche Herzmorphologie. Der Rechtstyp ist durch den Verlauf des R. interventricularis posterior aus dem R. circumflexus dexter der A. coronaria dextra gekennzeichnet. Beim ausgeglichenen Typ (ca. 25% beim Menschen) verläuft zusätzlich ein R. interventricularis posterior der linken Kranzarterie im Sulcus interventricularis posterior. Dieser Typ stellt jedoch, wie dies am Herzen des Menschen kenntlich ist, noch keine Weiterentwicklung der Herzmorphologie dar (HEINE 1976). Erst mit dem Linkskoronartyp (z.B. Huftiere, Carnivora) und Verlauf eines R. interventricularis posterior der linken Kranzarterie im Sulcus interventricularis posterior ist eine Höherentwicklung des Herzens verbunden: Weitgehende

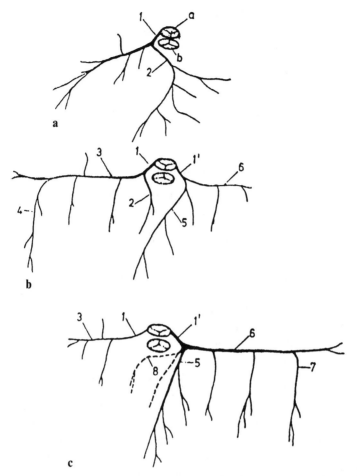

Abb. 22a–c. Schematische Darstellung der Phylogenese der Koronargefäßtypen. **a** Strauchartiger intrakardial gelegener Rechtskoronartyp primitiver Säugetierherzen, bei denen eine linke Koronararterie fehlen kann (z. B. Igel (*Erinaceus europaeus*), Insectivora). **b** Rechtskoronartyp höher entwickelter Säugetierherzen (z. B. Mensch). **c** Linkskoronartyp der am höchsten entwickelten Säugetierherzen (z. B. viele Carnivora). *a* Truncus aortae mit Taschenklappen, *b* Truncus pulmonalis; *1* Stamm der A. coronaria dextra; *1'* Stamm der A. coronaria sinistra; *2* Conusarterie; *3* R. circumflexus dexter; *4* R. interventricularis posterior der A. coronaria dextra; *5* R. interventricularis anterior; *6* R. circumflexus sinister; *7* R. interventricularis posterior der A. coronaria sinistra; *8* R. septi interventricularis (Septumäste *gestrichelt*)

Rückbildung der Strukturen im ehemaligen Sinus venosus (Sinusklappen, Spatium interseptovalvulare) und Glättung der Kammerinnenwände, d.h. Verdichtung des myokardialen Trabekelwerkes (allerdings ist dies bei den 6% Linkskoronartyp menschlicher Herzen noch nicht zu beobachten) (HEINE 1976). Ontogenetisch entwickeln sich die Koronararterien beim Menschen rasch (Anfang der 7. Woche, Abschluß der Entwicklung in der 8. Woche; SINGER et al. 1973) und sind sofort an die Herzabschnittsgrenzen gebunden. Die Theorie der phylogentischen Bindung der Koronararterien an die Herzabschnittsgrenzen stellt somit eine Theorie der Ontogenese der Koronararterien dar, womit lediglich Embryonalanpassungen bei höheren plazentalen Säugetieren erfaßt werden.

Das Herz der Polypterideae, Dipnoi und Amphibien zeigt noch in starkem Maß Intertrabekularspalten des Myokard, die von den Innenräumen bis an das Epikard reichen können, d.h. das Myokard dieser Herzen wird im wesentlichen noch über die Herzhohlräume versorgt, Koronararterien spielen noch keine entscheidende Rolle. Dieser Zustand wird in der Ontogenese aller höheren landlebenden Wirbeltiere wiederholt (HEINE 1976).

b) Stammesgeschichte der Koronarvenen

Auch hier gilt das für die Entwicklung der Koronararterien Gesagte, daß Embryonalanpassungen die phylogenetischen Beziehungen verdecken können. Die Koronarvenen entwickeln sich bei Säugetieren entsprechend Untersuchungen an Embryonen von Mensch (SINGER et al. 1973) und Ratte (VOBORIL u. SCHIEBLER 1969) vor den Koronararterien. Die Koronarvenenstämme treten beim Menschen am 35. Tag auf. Diese kurze Zeitspanne im Erscheinen der Koronarvenen als Endothelsprosse des Sinus venosus und der Sinushörner macht es unmöglich, aus dem Ontogeneseablauf auf die Phylogenese schließen zu können. Dies kann praktisch nur durch den Vergleich geschehen.

Aufgrund vergleichend anatomischer Untersuchungen ließ sich zeigen, daß die Koronarvenen bei allen Säugetieren (Placentalia, Marsupialia, Monotremata) und Vögeln auf ein gleiches Muster zurückgeführt werden können, wodurch auf stammesgeschichtliche Beziehungen geschlossen werden kann (HEINE 1976). Es läßt sich ein Grundmuster von vier Venenstämmen darstellen (Abb. 23 a, b): Die V. cordis magna im Sulcus interventricularis anterior, die V. cordis media im Sulcus interventricularis posterior. Die V. cordis marginalis dextra am rechten Herzrand und die bei den basalen Placentalia (Insectivora) immer vorhandene vierte große Koronarvenenstamm, die Vena cordis ventriculi dextri. Bei den höheren Placentalia, einschließlich Mensch ist eine vergleichbare V. cordis ventriculi dextri nicht mehr vorhanden. Ihr entspricht vielleicht die vom Haussäugetierherzen her bekannte V. collateralis dextra proximalis, welche in den Endabschnitt der V. c. media einmündet (HABERMEHL 1959, 1963). Bei den höher entwickelten Säugetierherzen findet sich dagegen ein über die Dorsalfläche des linken Ventrikels ziehende V. cordis ventriculi sinistri (s. V. c. post. ventriculi sin.), die ebenfalls in die V. cordis media einmünden kann. Dies gilt auch für das Herz des Menschen (vgl. BARGMANN 1963). Während die V. cordis magna allgemein bei Säugetieren stets in den Sinus coronarius mündet, variiert dies bei den anderen Koronarvenen. Die V. cordis media kann allein oder mit der V. cordis ventriculi dextri einen Stamm bilden, der unter der Mündung der unteren Hohlvene in den Sinus venosus mündet. Die V. cordis ventriculi dextri kann hier auch getrennt münden. Nicht richtig ist die pauschale Angabe, daß die V. cordis marginalis dextri nach Art einer V. cordis parva stets direkt nach Überqueren des Sulcus coronarius in den rechten Vorhof einmünde (FRICK 1956, 1960; BARGMANN 1963).

Bei Säugetieren, die wie der Mensch noch den ursprünglichen Rechtskoronartyp zeigen, haben zwei der obligaten Koronarvenen – die V. cordis media und V. cordis ventriculi dextri – direkte Beziehung zum stammesgeschichtlich alten

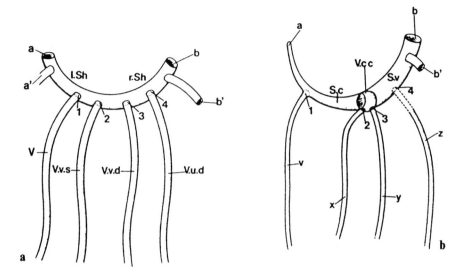

Abb. 23a, b. Phylogenese der Mündungsstellen der Koronarvenenstämme. **a** Schematische Darstellung der Mündungsverhältnisse (*1, 2, 3, 4*) der Umbilical- (*V*; *V.u.d*) und Dottersackvenen (*V.v.s/d*) in das linke und rechte Sinushorn (*l/r.Sh*). *a,a'* linke-, *b,b'* rechte kraniale und kaudale Kardinalvenen. **b** Die großen Koronarvenenstämme an Säugetierherzen mit Merkmalen ursprünglicher Morphologie (Monotremata, Marsupialia, Insectivora, Chiroptera, Primaten). *S.c* Sinus coronarius, *S.v* Sinus venosus, *V.c.c* Vena cava caudalis, *v* Vena cordis magna, *xV.* cordis media, *yV.* cordis (distalis) ventriculi dextri, *zV.* cordis marginalis dextra. Die Vene des rechten Herzrandes erreicht bei vielen Säugetierarten nicht den Mündungspunkt (*4*)

Sinus venosus. Die V. cordis magna zeigt dagegen Beziehungen zum ehemaligen linken, die V. cordis marginalis dextri zum rechten Sinushorn (Abb. 23 a, b). Wenn sie bei höher entwickelten Placentaliaherzen den Anschluß an das rechte Sinushorn verliert, wird ihr Drainagegebiet zunehmend von einer phylogenetisch jungen V. cordis ventriculi sinistri ersetzt.

Es sei kurz erwähnt, daß u.a. auch die beim Menschen bisweilen auftretende V. obliqua Marshalli die zwischen linkem Herzohr und Vorhof zum Sinus coronarius zieht keine Koronarvene darstellt, sondern den in derartigen Fällen nicht völlig obliterierten proximalen Abschnitt einer stammes- und entwicklungsgeschichtlich bei Säugetieren angelegten linken oberen Hohlvene (Kardinalvenensystem) (TANDLER 1913; BARGMANN 1963; STARCK 1982, dort Lit.).

Von HEINE u. DALITH (1973) konnte aufgrund vergleichend anatomischer und entwicklungsgeschichtlicher Untersuchungen an den großen Arterienstämmen von Säugern und Vögeln gezeigt werden, daß stammesgeschichtlich alte Gefäßstrecken, die zunächst noch angelegt, aber im Verlauf der Ontogenese zurückgebildet werden, an ihren ehemaligen Ursprungs- bzw. Mündungsstellen eine Texturänderung in der Wand des definitiven Gefäßstammes verursachen („phylogenetische Gefäßstempel"). Die Stärke der Texturänderung ist daher vom Zeitpunkt der Rückbildung des Gefäßabschnittes abhängig, z.B. wird der Botallo-Gang als Abschnitt der linken 6. Kiemenbogenarterie erst unter der Geburt verschlossen, kann aber an seiner Einmündungsstelle in die Aorta offen bleiben.

Analog hierzu kann angenommen werden, daß die Mündungsöffnungen der linken und rechten Dottersackvene (V. vitellina s. omphalomesenterica dextra/sinistra) in den Mündungsbereich des linken und rechten Sinushorns in den Sinus venosus nicht aufgegeben werden, sondern ontogenetisch einen Funktionswandel erfahren und von hieraus die V. cordis media und V. cordis ventriculi dextri aussprossen (HEINE 1976).

Eine ähnliche Ableitung läßt sich auch für den Ursprung der V. cordis media und V. cordis marginalis dextra führen. Phylo- und ontogenetisch findet sich bei den Wirbeltieren ein altes Venenpaar, das beiderseits aus dem ventrokaudalen Körperbereich kommt. Es sind dies die Abdominalvenen der Fische und Amphibien (Anamnier) (HOCHSTETTER 1906; VON GELDEREN 1933), die ursprünglich, wie es noch die Haie zeigen, lateral der Dottersackvenen in das rechte und linke Sinushorn münden. Bereits bei den Amphibien werden diese Mündungsverhältnisse verlassen. Sie werden offenbar nicht aufgegeben, sie erfahren einen Funktionswechsel, denn die Vv. abdominales der Anamnier stellen phylogenetisch die Vorläufer der Vv. umbilicales der Amnioten dar. Die Umbilikalvenen verlieren im Verlauf der Ontogenese ihre Einmündung in die distalen Sinushörner und schließen sich den Blutwegen der Leber an (HOCHSTETTER 1906). Diese Mündungsstellen erfahren einen nochmaligen Funktionswechsel, von der linken sproßt die V. cordis magna, von der rechten die V. cordis marginalis dextra aus (Abb. 23 a, b; HEINE 1976).

c) Venae minimae Thebesii und Lymphgefäße des Herzens

Ontogenetisch läßt sich bei den Amnioten ein erstaunlicher Anpassungsprozeß zwischen der stammesgeschichtlich alten Versorgung des Myokard über ein myokardiales Spaltlückensystem und dem „modernen" Koronargefäßkreislauf erkennen.

THEBESIUS (1708) hatte direkte Verbindungen zwischen Koronarvenen und den Herzhöhlen beschrieben (Thebesische Venen). Zwei Jahre zuvor waren von Vieussiens Kommunikationen zwischen Koronararterien an den Ventrikelräumen erkannt worden.

SINGER et al. (1973) haben für menschliche Embryonen nachgewiesen, daß das embryonale Spaltlückensystem (Sinusoide, Thebesische Venen) des Myokard Anschluß an die sich entwickelnden Koronararterien und -venen finden. Mit zunehmendem Myokardwachstum sollen diese dann komprimiert werden und teilweise obliterieren. An Herzen von Rattenembryonen wurden gleiche Befunde erhoben (SCHIEBLER 1961; OSTADAL u. SCHIEBLER 1971; BLATT 1973; LUNKENHEIMER u. MERKER 1973; TILLMANNS et al. 1982, dort Lit.).

Innerhalb der plazentalen Säugetiere ist das Ausmaß des Thebesischen Venensystems offenbar mit der Entwicklungshöhe der Herzen korreliert (HEINE et al. 1973). Danach scheint eine Abhängigkeit in der Weise gegeben zu sein, daß die am ursprünglichsten gestalteten Herzen (Erinaceoidea, Tenrecoidea) dieses ursprüngliche Spaltlückensystem auch am ausgedehntesten beibehalten. Bei den am höchsten entwickelten Herzen (z. B. Carnivora, Ruminantia) ist es dagegen am weitesten zurückgebildet. Gegenüber den ursprünglicheren Herzen treten dann vermehrt arterioarterielle und venovenöse Kollateralen und Anastomosen auf

(BARGMANN 1963; NASSER 1970; AHMED et al. 1972). Über arteriovenöse Anastomosen herrscht Unklarheit.

In all diesen Beziehungen nimmt offenbar das Herz des Menschen eine Zwischenstellung ein. Venovenöse und arterioarterielle Anastomosen sind sicher, arteriovenöse Anastomosen wahrscheinlich nachgewiesen worden (PRINZMETAL et al. 1947; BAROLDI et al. 1956; JAMES 1961; BARGMANN 1963; SCHOENMAKERS 1963; NASSER 1970; AHMED et al. 1972; TILLMANNS et al. 1982). Seit langem ist bekannt, daß bei einer langsam fortschreitenden Stenosierung des linken und rechten Koronarostium keine Funktionsbeeinträchtigung des Herzens eintreten muß. In diesen Fällen erfolgt die Versorgung komplett über Thebesische Venen (CRAINICIAN 1921; HEINE 1976), die offenbar nicht nur Anschluß an die Herzhöhlen, sondern auch an Arteriolen, Venolen und Kapillaren haben (WEARN 1928; WEARN et al. 1933; HEINE et al. 1973). Demgegenüber spielen arteriovenöse Anastomosen wohl nur eine untergeordnete Rolle. Kurzschlüsse zwischen den myokardialen Zweigen der Koronararterien und -venen werden, besonders am Herz des Menschen, anscheinend durch Thebesische Venen bewirkt (HEINE 1976).

Die Thebesischen Venen sind als solche nicht immer erkannt worden. ALBRECHT (1903) beschreibt das Myokard des menschlichen Herzens als Lymphgefäßschwamm. Die beigefügten histologischen Abbildungen lassen diese Gefäße aber eher als Thebesische Venen deuten. Diese zeigen ihre Herkunft aus dem stammes- und entwicklungsgeschichtlichen intertrabekulären Spaltsystem stets dadurch, daß sie trotz ihres weiten Lumen (20–40 µm) mit ihrem Endothel lediglich getrennt durch eine Basalmembran den Herzmuskelzellen aufliegen (LUNKENHEIMER u. MERKER 1973; HEINE 1976). Nach ALBRECHT (1903) vertreten bis heute alle Autoren, die über die Gefäßversorgung des Herzens gearbeitet haben, die Ansicht, daß die Lymphgefäße des Herzens innerhalb der drei Herzwandschichten Geflechte bilden, die untereinander in Verbindung stehen (Literatur bei TANDLER 1913; FRICK 1956; BARGMANN 1963; TILLMANNS et al. 1982). Echte Lymphgefäße finden sich offenbar nur im Epikard, wo sie mit Koronarvenen anastomosieren und im Endokard, wo sie Verbindung zu den Thebesischen Venen haben (UNGER 1935; VAJDA et al. 1972; HEINE et al. 1973; HEINE 1976).

Die Fehldeutung Thebesischer Venen als myokardiale Lymphgefäße weist überhaupt auf die große Unsicherheit in der Beurteilung und Nomenklatur dieses phylogenetisch alten Spaltlückensystems hin. Es ist auch zu berücksichtigen, daß die Thebesischen Venen ganz allgemein im Säugetierherz in großer Zahl vorkommen. Der Hinweis, daß sie in hochentwickelten Wirbeltierherzen stärker zurückgebildet wären, besagt lediglich, daß nicht mehr jede Myokardzelle mit der Wand einer oder mehrerer Thebesischen Venen in Kontakt steht. UNGER (1935) spricht daher auch von einer „ungeheuer großen Zahl" Thebesischer Venen im Herz des Menschen.

Schlußbemerkung

Eine stammesgeschichtliche Betrachtung des menschlichen Herzens, wie allgemein des Wirbeltierherzens zeigt, daß Präadaptationen verbunden mit Funktionswechseln, Addition von Endstadien (biogenetische Grundregel HAECKEL 1866) und Akzelerationen die wichtigsten Evolutionsmechanismen des Herzens darstellen.

Daraus ergeben sich phylo- und ontogenetisch konstruktive Wandlungen und Synorganisationen (Koadaptationen), wie es z. B. die Entwicklung des Leberabschnittes der unteren Hohlvene mit Rechtsverlagerung des Sinus venosus und anschließender Asymmetrisierung des Herzschlauches zeigt. Dies ist wiederum die Voraussetzung der Parallel- und Austauschschaltung des arteriellen und venösen Blutstromes, bei gleichzeitiger Entwicklung der Septen und Einbeziehung der Mündung der Lungenvenen in den linken Vorhof.

Fehlbildungen des menschlichen Herzens zeigen sehr klar die einzelnen Stadien des Zusammenspiels zwischen Phylogenese, Ontogenese und Hämodynamik, wobei es ontogenetisch zu einer Zerlegung der phylogenetisch addierten Endstadien mit jeweiliger Arretierung auf allen Entwicklungsstufen kommen kann (DOERR 1938, 1939, 1970; GOERTTLER 1963). Besonders eindrucksvoll ist dies am RLS zu erkennen, das die phylogenetisch alte Herzkontur wiederspiegelt: Es ist bei allen kongenitalen Herzmißbildungen involviert (DOERR u. SCHIEBLER 1963; KUROSAWA u. BECKER 1987).

Glossarium

In dieser Übersicht sind lediglich jene Wirbeltiere systematisch erfaßt, die im Text genannt werden (unter Verwendung einer Übersicht über das System der Chordaten in ROMER 1959).

VERTEBRATA
(Wirbeltiere)

KLASSE CHONDRICHTHYES
(Knorpelfische)

Unterklasse Elasmobranchii (Haie und verwandte Formen)
 Ordnung Selachii (Typische Haie, z. B. Scaphyrhynchus)
 Ordnung Batoidea (u.a. Rochen, z. B. Raja clavata)

Unterklasse Holocephali (Unterscheiden sich von den Haien u.a. durch den Besitz einer festen Verbindung des Oberkiefers mit dem Neurocranium)
 Ordnung Chimaerae (Seekatzen)

KLASSE OSTEICHTHYES
(Höhere Knochenfische)

Unterklasse Actinopterygii (Strahlflosser)
  Überordnung Chondrostei (Primitive Strahlflosser, mit drei rezenten Typen: Polypterus (Flösselhecht; Afrika); die Störe (Eurasien) und der Löffelstör (Mississippi))
  Überordnung Holostei (Lepisosteus (Knochenhecht) und Amia (Schlammfisch). Süßwasserbewohner Nordamerikas)
  Überordnung Teleostei (Endgruppe der Strahlflosser; dominante Fische der Gegenwart)

Unterklasse Choanichthyes (Sarcopterygii; mit innerer Nasenöffnung und fleischigen Flossen)
  Ordnung Crossopterygii (Stammform der Landwirbeltiere. Eine spezialisierte Form: Latimeria im Indischen Ozean)
  Ordnung Dipnoi (Lungenfische; Neoceratodus, Lepidosiren, Protopterus; tropische Gebiete Australiens, Afrikas und Südamerikas)

KLASSE AMPHIBIA
(Primitive Tetrapoden, Embryonalhüllen noch nicht ausgebildet)

Ordnung Anura (= Salientia; Frösche und Kröten; z. B. einheimischer Grasfrosch, Rana temporaria. Krallenfrosch, Xenopus laevis (Afrika))

Ordnung Urodela (Die Salamander und Molche; u.a. der einheimische Teichmolch Triturus vulgaris)

Knorpelfische, Knochenfische und Amphibien werden als Anamnier (Fehlen der Embryonalhüllen) den Reptilien, Vögeln und Säugetiere als Amnioten (mit Embryonalhüllen; Amnion und Chorion) gegenübergestellt

KLASSE REPTILIEN

Ordnung Chelonia (Testudinata; Schildkröten; z.B. Chelydra serpentina, Schnappschildkröte Nordamerikas)

Ordnung Squamata (Eidechsen und Schlangen; Lacerta sicula, italienische Ruineneidechse)

KLASSE AVES
(Die Vögel bilden zusammen mit den Säugetieren die sogenannten Warmblüter, die „Homoiothermen" gegenüber den anderen Wirbeltierklassen als Wechselwarme „Poikilotherme")

Überordnung Neognathae (Alle rezenten Vögel bis auf die straußenähnlichen). Reptilien und Vögel werden wegen ihrer dotterreichen großen Eier und der damit an eine Keimscheibe gebundenen Embryonalentwicklung auch als *Sauropsiden* zusammengefaßt.

KLASSE MAMMALIA
(Tiere mit Haarkleid; die Jungen werden gesäugt; evoluierter Typus des Gehirns usw.)

Unterklasse Monotremata (Eierlegende Säugetiere; Schnabeltier und Schnabeligel Australiens)

Unterklasse Theria (Säugetiere, die lebende Junge zur Welt bringen)
Zwischenklasse (Metatheria, Ordnung Marsupialia (Beuteltiere, u.a. Känguruhs und weitere australische Formen; amerikanisches Opossum)
Zwischenklasse Eutheria (Höheren Säugetiere, mit einer leistungsfähigen Placenta)

Ordnung Insectivora (Einheimische Insektenfresser wie Maulwurf, Spitzmaus und Igel (Erinnaceoidea; Erinaceus europaeus; madegassische Igel (Tenrecoidea))

Ordnung Primates (Ein kräftiger, früher Sproß aus dem Stamm der primitiven plazentalen Säugetiere)

Unterordnung Anthropoidea (Affen einschließlich Menschenaffen und Mensch)
Zwischenordnung Catarhini (Altweltaffen einschließlich Menschenaffen und Mensch; Nasenöffnung abwärts gerichtet)
Familie Hominidae (Mensch)

Ordnung Carnivora (Raubtiere)

Ordnung Perissodactyla (Unpaarzehige Huftiere (Ungulata) z.B. Pferde, Esel, Zebras)

Ordnung Artiodactyla (Paarzehige Huftiere)
Unterordnung Ruminantia (Wiederkäuer mit einem mehrkammerigen Magen)

Ordnung Rodentia (Nagetiere; Ratten, Mäuse, Hamster u.a. mit Ausnahme der Hasenartigen)

Ordnung Lagomorpha (Hasen, Kaninchen, Pfeifhasen. Die Lagomorphen haben sich trotz der Nagezähne früh von dem zu den eigentlichen Nagetieren führenden Entwicklungszweig getrennt)

Literatur

Ahmed SH, El Rakhawy MT, Abdalla A, Harrison RG (1972) A new conception of coronary preponderance. Acta Anat 83:87–94

Albrecht E (1903) Der Herzmuskel und seine Bedeutung für Physiologie, Pathologie und Klinik des Herzens. Springer, Berlin

Anderson RH (1972) Histologic and histochemical evidence concerning the presence of morphologically distinct cellular zones within the rabbit atrioventricular node. Anat Rec 173:7–24

Anderson RH (1972) The disposition and innervation of atrioventricular ring specialized tissue in rats and rabbits. J Anat (Lond) 113:197–211

Asami J (1969) Beitrag zur Entwicklung des Kammersystems im menschlichen Herzen mit besonderer Berücksichtigung der sog. Bulbusdrehung. Z Anat Entwickl-Gesch 128: 1–17

Asami J (1970) Beitrag zur Entwicklungsgeschichte des Vorhofseptums im menschlichen Herzen, eine lupenpräparatorisch-photographische Darstellung. Z Anat Entwickl-Gesch 139:55–70

Aschoff L (1905) Bericht über die Untersuchungen des Herrn Dr. TAWARA, die „Brückenfasern" betreffend, und Demonstration der zugehörigen Präparate. Münch Med Wschr 52:1904–1909

Aschoff L (1910) Nervengeflechte des Reizleitungssystems des Herzens. Dtsch Med Wochenschr 36:104–116

Bacon RL (1945) Self-differentation and induction in the heart of Amblystoma. J Exp Zool 98:87–125

Baer KE v (1828) Über Entwicklungsgeschichte der Tiere. Königsberg

Balinsky BI (1938) On the determination of entodermal organs in amphibia. Compt Rend Acad Sci U.R.S.S. 20:215–217

Bankl H (1971) Mißbildungen des arteriellen Herzens. Urban & Schwarzenberg, München Berlin Wien

Bargmann W (1963) Bau des Herzens. In: Bargmann W, Doerr W (Hrsg) Das Herz des Menschen, Bd 1. Thieme, Stuttgart, S 88–161

Baroldi G, Mantero O, Scomozoni G (1956) The collaterals of the coronary arteries in normal and pathologic heart. Circulat Res 4:223–231

Barthel H (1960) Mißbildungen des menschlichen Herzens. Entwicklungsgeschichte und Pathologie. Thieme, Stuttgart

Benninghoff A (1930) Blutgefäße und Herz. In: Möllendorf W (Hrsg) Handbuch der mikroskopischen Anatomie des Menschen, Bd. 6/1. Springer, Berlin, S 161–232

Benninghoff A (1933) Das Herz. In: Bolk L, Göppert E, Kallius E, Lubosch W (Hrsg) Handbuch der vergleichenden Anatomie der Wirbeltiere, Bd. 6. Urban & Schwarzenberg, Wien, S 467–566

Bersch W (1973) Über das Moderatorband der linken Herzkammer. Basic Res Cardiol 68:225–230

Blatt H-J (1973) Über die Entwicklung der Koronararterien bei der Ratte. Licht- und elektronenmikroskopische Untersuchungen. Z Anat Entwickl-Gesch 142:53–64

Boysen-Möller F, Jensen J (1972) Rabbit heart nodal tissue, sinuatrial ring bundle and atrioventricular connexions identified as a neuromuscular system. J Anat (Lond) 112:367–382

Bremer JL (1928) The influence of the blood stream on the development of the heart. Anat Rec 42:6

Broman I (1904) Die Entwicklungsgeschichte der Bursa omentalis und ähnlicher Rezeßbildungen bei den Wirbeltieren. Bergmann, Wiesbaden

Budgett JS (1901) On some points in the anatomy of Polypterus. Tr Zool Soc London 15:323–338

Caesar R, Edwards GA, Ruska H (1958) Electron microscopy of the impulse conducting system of the sheep-heart. Z Zellforsch 48:698–671

Chuaqui J (1973) Zur Histogenese des A-V-Knotens beim Menschen. Basic Res Cardiol 68:266–276

Copenhaver WM (1955) Heart, Blood Vessels, Blood and Entodermal Derivatives. In: Willier R et al. (ed) Analysis of development. Saunders, Philadelphia London, pp 440–461

Crainicianu A (1921) Anatomische Studien über die Koronararterien und experimentelle Untersuchungen über ihre Durchgängigkeit. Virchows Arch Pathol Anat 238:1–75

Danforth CH (1916) The relation of the coronary and hepatic arteries in the common ganoids. Am J Anat 19:391–400

Davies F (1930) The conducting system of the bird's heart. J Anat (Lond) 64:129–142

Di Dio LJ (1975) Coronary arterial predominance or balance on the surface of the human cardiac ventricles. Anat Anz 137:147–158

Doerr W (1938) Zwei weitere Fälle von Herzmißbildungen. Ein Beitrag zu Spitzers phylogenetischer Theorie. Virchows Arch Pathol Anat 303:663–685

Doerr W (1939) Zur Transposition der Herzschlagadern. Ein kritischer Beitrag zur Lehre der Transpositionen. Virchows Arch Pathol Anat 303:168–205

Doerr W (1955) Die formale Entstehung der wichtigsten Mißbildungen des arteriellen Herzens. Beitr Pathol Anat 115:1–32

Doerr W (1957) Die Morphologie des Reizleitungssystems, ihre Orthologie und Pathologie. In: Spang K (Hrsg) Rhythmusstörungen des Herzens. Thieme, Stuttgart

Doerr W (1959) Über die Ringleistenstenose des Aortenconus. Virchows Arch Pathol Anat 332:101–121

Doerr W (1970) Allgemeine Pathologie der Organe des Kreislaufes. In: Altmann HW et al. (Hrsg) Handbuch der allgemeinen Pathologie, Bd. III/4. Springer, Berlin Göttingen Heidelberg

Doerr W (1974) Herz und Gefäße. In: Doerr W (Hrsg) Organpathologie, Bd. 1. Thieme, Stuttgart, S 1–134

Doerr W (1982) Große Herzkrankheiten als Fernwirkung sogenannter Reifungskrisen. – Phylogenetische Vincula des Menschenherzens. In: Kommerell B et al. (Hrsg) Fortschritte der inneren Medizin. Springer, Berlin Heidelberg New York, S 239–310

Doerr W (1987) Über den Koch'schen Punkt. Bemerkungen zur Sektionstechnik des Herzens. Der Pathologe 8:319–324

Doerr W, Schiebler ThH (1963) Pathologische Anatomie des Reizleitungssystems. In: Doerr W, Bargmann W (Hrsg) Das Herz des Menschen, Bd. 2. Thieme, Stuttgart, S 795–864

Fedorow V (1908) Über die Entwicklung der Lungenvenen. Anat Anz 32:544–558

Fedorow V (1910) Über die Entwicklung der Lungenvenen. Anat Anz 32:529–608

Foxon GEH (1955) Problems of the double circulation in vertebrates. Biol Rev 30:196–228

Frick H (1956) Morphologie des Herzens. In: Kükenthal W, Krumbach T (Hrsg) Handbuch der Zoologie, Bd. 8. De Gruyter, Berlin, S 1–48

Frick H (1960) Das Herz der Primaten. In: Hofer H, Schultz AS, Starck D (Hrsg) Handbuch der Primatenkunde, Bd. 3. Karger, Basel New York, S 163–272

Gaskell W (1884) Observations on the innervation of the heart, with special reference to the heart of the tortoise. J Physiol (Lond) 4:43–127

Gegenbaur C (1898, 1901) Vergleichende Anatomie der Wirbeltiere, 2 Bde. Engelmann, Leipzig

Gelderen Ch von (1933) Venensystem mit einem Anhang über Dottersack- und Placentarkreislauf. In: Bolk L, Göppert E, Kallius E, Lubosch W (Hrsg) Handbuch der vergleichenden Anatomie der Wirbeltiere, Bd. 6. Urban & Schwarzenberg, Wien, S 685–744

Goerttler Kl (1963) Entwicklungsgeschichte des Herzens. In: Bargmann W, Doerr W (Hrsg) Das Herz des Menschen, Bd. 1. Thieme, Stuttgart, S 21–87

Grant RT (1926) Development of the cardiac coronary vessels in the rabbit. Heart 13:261–271

Grant RT (1962) The morphogenesis of transposition of the great arteries. Circulation 26:819–840

Greil A (1903) Beiträge zur vergleichenden Anatomie und Entwicklungsgeschichte des Herzens und des Truncus arteriosus der Wirbeltiere. Morphol Jahrb 31:1–149

Haan RL de (1967) Development of form in the embryonic heart. Circulation 35:821–833

Hackensellner HA (1956) Akzessorische Kranzgefäßanlagen der Arteria pulmonalis unter 63 menschlichen Embryonenserien mit einer größten Länge von 12 bis 36 mm. Z Mikrosk Anat Forsch 62:153–164

Habermehl KH (1959) Die Blutgefäßversorgung des Katzenherzens. Zentralbl Vet Med 6:655–680

Habermehl KH (1963) Hohlraumsystem und Eigengefäße eines Herzens vom Puma, Felis congolor L., dargestellt mit Hilfe des Plastoid-Korrosions-Verfahrens. Morphol Jahrb 104:394–404

Haeckel E (1866) Generelle Morphologie der Organismen I. II. Reimer, Berlin

Hahn H (1908) Experimentelle Studien über die Entstehung des Blutes und der ersten Gefäße beim Hühnchen. Anat Anz 33:153–170

Haken H (1981) Synergetik: Nichtgleichgewichte, Phasenübergänge und Selbstorganisation. Naturwissenschaften 68:293–299

Hamburger V, Hamilton HL (1951) A series of normal stages in the development of the chick embryo. J Morph 88:49–92

Hamilton WJ, Boyd JD, Mossman HW (1978) Human embryology, 4th edn. Mac Millan Press, London

Heine H (1970) Zur Morphologie des Insectivorenherzens (eine vergleichend-topographische und vergleichend-anatomische Studie). Morph Jb 115:52–569

Heine H (1971) Zur Phylogenese der Koronararterien. Die A. coronaria sinistra. Z Säugetierk 36:96–102

Heine H (1972) Zur Stammes- und Entwicklungsgeschichte des Reizleitungssystems (RLS) im Säugetierherzen. Z Anat Entwickl-Gesch 137:86–105

Heine H (1976) Stammes- und Entwicklungsgeschichte des Herzens lungenatmender Wirbeltiere. Abhandlungen der Senckenbergischen Naturforschenden Gesellschaft, Bd. 535. Waldemar Kramer, Frankfurt am Main

Heine H (1983) Gehirnentfaltung, sekundäres Kiefergelenk und Gesichtsentwicklung der Säugetiere: Ein synergetisches und synchronistisches Ereignis. Morphol Jahrb 129:699–706

Heine H (1991) Lehrbuch der biologischen Medizin. Hippokrates, Stuttgart

Heine H, Dalith F (1973) Stammes- und entwicklungsgeschichtliche Ursachen lokalisierter Wandveränderungen im Bereich des Aortenbogens und der brachiocephalen Gefäßstämme des Menschen und Huhnes. Z Anat Entwickl-Gesch 140:231–244

Heine H, Tschirkov F, Manz D (1973) Über Beziehungen zwischen Herzmorphologie, Koronargefäßtyp und Herzanfälligkeit bei Säugetieren. Klin Wochenschr 51:191–197

Henle R (1868) Handbuch der systematischen Anatomie des Menschen. Braunschweig (zit. n. Albrecht 1903)

Hochstetter F (1898) Über die Pars membranacea septi. Wien Klin Wochenschr 10:247–248

Hochstetter F (1906) Die Entwicklung des Herzens. In: Hertwig O (Hrsg) Handbuch der vergleichenden und experimentellen Entwicklung der Wirbeltiere. Bd. 3/2. Fischer, Jena, S 21–57

James ThN (1961) Anatomy of the coronary arteries. Hoeber, New York

Jung CG, Pauli W (1951) Naturerklärung und Psyche. Rascher, Zürich

Keith A (1909) The Hunterian lectures on malformations of the heart. Lancet II:359, 433

Keith A (1924) Schornstein lecture on the fate of the bulbus cordis in the human heart. Lancet II:1267–1273

Keith A, Flack M (1907) The form and the nature of the muscular connections between the primary divisions of the vertebrate heart. J Anat Physiol 41:172–189

Keith A, Mackenzie J (1910) Recent researches on the anatomy of the heart. Lancet I:101–103

Koch W (1913) Zur Entwicklung und Topographie der spezifischen Muskelsysteme im Säugetierherzen. Med Klin 9:77

Koch W (1922) Der funktionelle Bau des menschlichen Herzens. Urban & Schwarzenberg, München

Körner F (1937) Das Herz der Schwanzlurche. Jena Z Med Naturw 71:37–174

Krehl (1893) Beiträge zur Kenntnis der Füllung und Entleerung des Herzens. Abh Sächs Ges Wiss Math-Phys Klasse, Bd. 17 (zit. nach Albrecht 1903)

Kurosawa H, Becker AE (1987) Atrioventricular conduction in congenital heart disease. Springer, Tokyo Berlin New York London Paris

Leder Ph (1982) Die Vielfalt der Antikörper, Heft 5. Spektrum der Wissenschaft, Weinheim, S 100–112

Los JA (1960) Die Entwicklung des Septum sinus venosi cordis. Die Herzentwicklung des Menschen von einer vergessenen Struktur aus untersucht. Z Anat Entwickl-Gesch 122:173–196

Lunkenheimer PP, Merker HJ (1973) Morphologische Studien zur funktionellen Anatomie der „Sinusoide" im Myokard. Z Anat Entwickl-Gesch 142:65–90

Mall FP (1912) On the development of the heart. J Morph 125:329–366

Mangold O (1957) Zur Analyse der Induktionsleitung des Entoderms der Neurula von Urodela (Herz, Kiemen, Geschlechtszellen, Mundöffnung). Naturwissenschaften 44:289

Marinelli W, Strenger A (1954) Vergleichende Anatomie und Morphologie der Wirbeltiere. Lieferung. 1 Cyclostomata. Deuticke, Wien

Mayr E (1989) Die Darwinsche Revolution und die Widerstände gegen die Seletionstheorie. In: Meier H (Hrsg) Die Herausforderung der Evolutionsbiologie, 2. Aufl. Piper, München, S 221–250

Millot J, Anthony J, Robineau D (1978) Anatomie de Latimeria chalumnae. Éditions du Centre National de la Recherche Scientific Paris, pp 63–128

Mollier S (1906) Die erste Anlage des Herzens bei den Wirbeltieren. In: Hertwig O (Hrsg) Handbuch der vergleichenden und experimentellen Entwicklungslehre der Wirbeltiere, Bd. 1. Fischer, Jena, S 1020–1164

Mönckeberg JG (1908) Untersuchungen über das Atrioventricularbündel im menschlichen Herzen. Fischer, Jena

Mönckeberg JG (1921) Das spezifische Muskelsystem im menschlichen Herzen. Ein Beitrag zu seiner Entwicklungsgeschichte, Anatomie, Physiologie und Pathologie. Ergebn Pathol 19:328–370

Muir AR (1954) The development of the ventricular part of the conducting tissue in the heart of the sheep. J Anat (Lond) 88:381–391

Masser MG (1970) The coronary system. In: Rusher RF (ed) Cardiovascular dynamics. Saunders, Philadelphia London Toronto, pp 261–292

Netter FH, Mierop LHS van (1969) Embryology. In: Yorkman FF (ed) The ciba collection of medical illustrations, vol. 5, Heart, Section 3. Ciba Pharmaceutical Company, New York

Nieuwkoop PD (1946) Experimental investigation on the origin and determination of the germ cells, and on the development of the lateral plates and germ ridges in urodels. Arch Nederland Zool 8:1–205

Odgers PN (1938) The development of the atrioventricular valves in man. J Anat (Lond) 73:643–657

Orts-Llorca F, Gil DR (1967) A causal analysis of the heart curvatures in the chicken embryo. Wilhelm Roux Arch Entwickl-Mech Org 158:52–63

Ostadal B, Schiebler ThH (1972) Die terminale Strombahn in Fischherzen. Z Anat Entwickl-Gesch 134:101–110

Otterbach K (1938) Beiträge zur Kenntnis des Lungenkreislaufes. II. Die Genese des Myokardüberzuges des Mündungsteiles der Vena pulmonalis. Morphol Jahrb 81:264–296

Paes de Carvalho A (1961) Cellular electrophysiology of the atrial specialized tissues. In: Paes de Carvalho A, De Mello, Hoffmann HH (Hrsg) The specialized tissues of the heart. Elsevier, Amsterdam

Pernkopf E, Wirtinger W (1933) Die Transposition der Herzostien, ein Versuch der Erklärung dieser Erscheinung. Die Phoronomie der Herzentwicklung als morphogenetische Grundlage der Erklärung. I. Teil. Die Phoronomie der Herzentwicklung. Z Anat Enwickl-Gesch 100:563–711

Prinzmetal M, Simkin B, Bergman HC, Krüger HE (1947) Studies on the coronary circulation II. Am Heart J 33:420–442

Rauther H (1937) Schwimmblase und Lunge. In: Bolk L, Göppert E, Kallius E, Lubosch W (Hrsg) Handbuch der vergleichenden Anatomie, Bd. 3. Urban & Schwarzenberg, Wien, S 883–908

Remane A (1952) Die Geschichte der Tiere. In: Heberer G (Hrsg) Die Evolution der Organismen, 2. Aufl. Thieme, Stuttgart, S 340–422

Rensch B (1972) Neuere Probleme der Abstammungslehre. Die transspezifische Evolution, 3. Aufl. Enke, Stuttgart

Rhodin JAG, Del Missier P, Reid LC (1961) The structure of the spezialized impulseconducting system of the steer heart. Circulation 24:349–367

Robertis EM de et al. (1990) Homöobox – Gene und der Wirbeltier-Bauplan. Spektrum der Wissenschaft, Heft 9, S 84–91

Robertson JI (1913) The development of heart and vascular system of Lepidossirenparadoxus. Quart J Micr Sci 59:53–132

Romanhyi G (1954) Über die Rolle heamodynamischer Faktoren im normalen und pathologischen Entwicklungsvorgang des Herzens. Acta Morph Acad Sci Hung 2: 297–305
Romer AS (1959) Vergleichende Anatomie der Wirbeltiere. Parey, Hamburg Berlin
Romer AS (1966) The early evolution of fishes. – Quart Rev Biol 21:33–69
Röse C (1890) Beiträge zur vergleichenden Anatomie des Herzens der Wirbeltiere. Morphol Jahrb 16:27–96
Rückert J (1906) Die Entstehung des Blutes und der außerembryonalen Gefäße in den meroblastischen Eiern. In: Hertwig O (Hrsg) Handbuch der vergleichenden und experimentellen Entwicklungslehre der Wirbeltiere, Bd. 1/1, 2. Hälfte. Fischer, Jena, S 1090–1125; 1164–1278
Schachter H, Roseman S (1981) Mammalian Glycosyltransferases. In: Lennarz WJ (ed) The biochemistry. Pergamon, New York, pp 85–160
Schiebler ThW (1961) Histochemische Untersuchungen am Reizleitungssystem tierischer Herzen. Naturwissenschaften 48:502–503
Schiebler ThH, Doerr W (1963) Orthologie des Reizleitungssystems. In: Bargmann W, Doerr W (Hrsg) Das Herz des Menschen, Bd. 1. Thieme, Stuttgart, S 165–227
Schoenmackers J (1963) Koronararterien-Herzinfarkt. In: Bargmann W, Doerr W (Hrsg) Das Herz des Menschen, Bd. 2. Thieme, Stuttgart, S 735–792
Schornstein Th (1932) Beiträge zur Kenntnis der Klappen- und Septenentwicklung im venösen Abschnitt des Säugetierherzens. Morphol Jahrb 70–217–271
Siewing R (1969) Lehrbuch der vergleichenden Entwicklungsgeschichte der Tiere. Parey, Hamburg Berlin
Singer H, Bayer W, Reither M, Hinüber G von (1973) Koronargefäßanomalien und persistierende Myokardsinusoide bei Pulmonalatresie mit intaktem Ventrikelseptum. Basic Res Cardiol 68:153–176
Snell K (1981) Die Schöpfung des Menschen. Leipzig 1863; Vorlesungen über die Abstammung des Menschen. Leipzig 1887. Hrsg. F. A. Kipp.-Verlag, Freies Geistesleben, Stuttgart
Spalteholz CW (1907) Die Koronararterien des Herzens. Verh Anat Ges 21:141–153
Spalteholz CW (1908) Zur vergleichenden Anatomie der A. coronariae cordis. Verh Anat Ges 22:1169–1180
Spalteholz CW (1924) Die Arterien der Herzwand. S. Hirzel, Leipzig
Spitzer A (1919) Über die Ursachen und den Mechanismus der Zweiteilung des Wirbeltierherzens. I. Teil. Arch Entwickl-Mech d Org 45:686–725
Spitzer A (1921) Über die Ursachen und den Mechanismus der Zweiteilung des Wirbeltierherzens. II. Teil Arch Entwickl-Mech Org 47:511–579
Starck D (1975) Embryologie. Ein Lehrbuch auf allgemein biologischer Grundlage, 3. Aufl. Thieme, Stuttgart
Starck D (1979–1982) Vergleichende Anatomie der Wirbeltiere, 3. Bde. Springer, Berlin Heidelberg New York
Streeter GL (1951) Developmental horizons in human embryos. Description of age group XI to XXIII (1942–1948). Embryology Reprint, vol. 2. Carnegie, Washington
Tandler J (1913) Anatomie des Herzens. In: Bardeleben K von (Hrsg) Handbuch der Anatomie des Menschen, Bd. 3/1. Fischer, Jena
Tawara S (1906) Das Reizleitungssystem des Säugetierherzens. Eine anatomisch-histologische Studie über das Atrioventrikularbündel und die Purkinjeschen Fäden. Fischer, Jena
Tillmanns H, Kübler W, Zebe H (eds) (1982) Microcirculation of the Heart. Springer, Berlin Heidelberg New York
Thornell L-C (1972) Myofilament-polyribosome complexes in the conducting system of hearts from cow, rabbit, and cat. J Ultrastructure Res 41:579–596
Töndury G (1959) Angewandte und topographische Anatomie, 2. Aufl. Thieme, Stuttgart
Unger K (1935) Die Venae cordis minimae und die Foramina venarum minimarum (Thebesii) des menschlichen Herzens. Z Kreislaufforsch 27:867–877
Vajda J, Tomcsik M, Doorenmaalen WJ (1972) Connections between the venous system of heart and the epicardiac lymphatic network. Acta Anat (Basel) 83:262–274

Veit O (1920/1921) Studien zur Theorie der vergleichenden Anatomie. (Die Rolle der Ontogenie in der Phylogenie). Roux Arch Entwickl Mech Org 47:76–94

Voboril Z, Schiebler ThH (1969) Über die Entwicklung der Gefäßversorgung des Rattenherzens. Z Anat Entwickl-Gesch 129:24–40

Waddington CH (1957) The strategy of the genes. Allen and Unwin, London

Wearn IT (1928) The role of the thebesian vessels in the circulation of the heart. J Exp Med 47:293–310

Wearn IT, Mettier SR, Klumpp TG, Zsiesche LJ (1933) The nature of the vascular communications between the coronary arteries and the chambers of the heart. Am Heart J 9:143–170

Zahn A (1912) Experimentelle Untersuchungen über Reizbildung im Atrioventrikularknoten und Sinus coronarius. Zbt Physiol 26:495–499

Zahn A (1913) Experimentelle Untersuchungen über Reizbildung und Reizleitung im Atrioventrikularknoten. Pflügers Arch Ges Physiol 151:247–278

D. Anthropomorphe Charakterisierung „Vincula der menschlichen Herzgestaltung"

W. DOERR

Nach der souveränen Darstellung sowohl der Theoretischen Grundlage der Gestaltwerdung der Organe des Kreislaufs, besonders aber der Entflechtung der sinnverwirrenden Fülle der Herzformen der Wirbeltiere schlechthin durch H. HEINE, liegt mir im Folgenden daran, diejenigen anthropomorphen Merkmale anzusprechen, die für die pathologische Anatomie und deren Konditionen essentiell sind. Ich verdanke *diese* Art der Krankheitsforschung meinem akademischen Lehrer Alexander SCHMINCKE (1877–1953). Er hatte mir schon 1937 nahegelegt, mich mit den ebenso faszinierenden wie eigenwilligen Arbeiten von A. SPITZER, eines Schülers von J. TANDLER, auseinanderzusetzen.

In seiner Abhandlung „Über den Bauplan des normalen und mißbildeten Herzens" (1923) sublimierte er seine früheren Befunde betreffend Ursachen und Mechanismen der Zweiteilung des Wirbeltierherzens durch den Gedanken, daß Herzbildung und -mißbildung als Funktion primärer Blutstromformen verständlich gemacht werden könnten. Diese Vorstellungen waren nicht neu (BENEKE 1920), auch hatten die Pathologen seit THOMA (1894) die Auffassung vertreten, der „Circulus hominis sanguinis deductus ex empiria" (THIERFELDER) verliefe auch im Inneren des Herzens in *getrennten* Stromfäden. Eben hieraus könnten pathologische Veränderungen, – also Befunde –, und nicht nur solche verständlich gemacht werden.

SPITZER hielt es aber im wesentlichen mit der Idee, daß der „Generationswechsel der Vertebraten und seine phylogenetische Bedeutung" (1933) den Schlüssel für Morphogenese *und* Pathogenese des menschlichen Herzens darstelle. Das Beispiel der technischen Materialbewegung und -bewältigung ließ bei enger Bündelung der Indizien eine naturhistorische Betrachtung zu. Ausbildung der äußeren Atmung, Stärke der arteriellen Torsion, also der „Umeinanderwicklung" von Aorta und Pulmonalis, und Vollständigkeit der Ausbildung der Scheidewände des Wirbeltierherzens stünden in einem „inneren" Zusammenhang. An diesem Punkte entzündete sich eine Debatte, denn PERNKOPF u. WIRTINGER (1933), Schüler von HOCHSTETTER, konnten zeigen, daß SPITZER Verstöße gegen die Kriterien des Homologiebegriffes* unterlaufen waren. Infolgedessen wandte man sich überwiegend der ontogenetischen Betrachtung zu. Dieses Vorgehen, so sehr es berechtigt ist, will man die formale Genese rezenter Entwicklungsstörungen erhellen, verstellt den Blick für höhere Zusammenhänge. Nur Adolf PORTMANN hat auf derlei Situationen aufmerksam gemacht: Wenn nämlich einer Arbeitsweise die bewährten Methoden der sonst erprobten Exaktheit nicht zur Verfügung stünden, – wie etwa dem morphologischen Vergleich und der systematischen Ordnung pathischer Phänomene im Fortgang erdgeschichtlicher Reihen –, so dürfe uns das doch nicht von der Einsicht abbringen, daß in solchen Zusammenhängen bestimmte Befundkonstellationen ein Glied der Wirklichkeit seien (PORTMANN 1970).

Von GALEN bis heute haben sich viele Biologen das Recht genommen, Wissenslücken durch Deutungen zu überbrücken, ohne den hypothetischen

---

* „Homologiebegriff und pathologische Anatomie" von W. DOERR (1979; l.c. S. 24 u. 25).

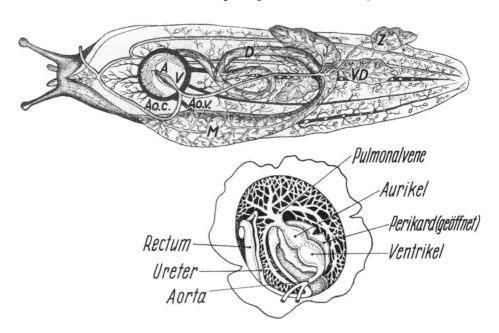

Abb. 1. Limax-Schnecke als Beispiel nomothetischer Differenzierung aus der Matrix einer sog. Accessoria. Interessante Entwicklung eines „Herzens", nämlich bestimmter Kontraktionswülste mit „Vorhof- und Kammeranlage". (Aus DOERR 1970, S. 293)

Charakter ihrer Aussagen hervorzuheben, geschweige denn Beweise zu erbringen. Solche vorausgreifende Schlüsse – Spekulationen – können immer wieder einmal in genialer Weise Erkenntnisse vorwegnehmen. Oft täuschen sie aber eine Erkenntnis vor und hemmen dadurch den echten Fortschritt. „Die Tatsache, daß Teilvorgänge vom Ganzen her bestimmt werden, zeigt eine Determinationsform, deren innere Struktur nicht erkennbar ist, auch dann nicht, wenn man sie als Ganzheitskausalität bezeichnet" (BENNINGHOFF 1949).

Auf der Tagung der Deutschen Gesellschaft für Physiologie (Göttingen 1934) fand eine erregende Debatte zwischen Ph. BRÖMSER und H. REIN über die zentrale Frage – Abstimmung zwischen physiologischen Konstanten des Gefäßsystems und der Herztätigkeit – statt. Am Ende stand die Gleichung: Das Produkt der Systolendauer und Pulswellengeschwindigkeit steht bei *allen* Tierklassen zur Länge der Arterien in gleichem Verhältnis! Hier steckt genaugenommen die ganze Pathologie: Denn welches Glied dieser Relation verändert wird, *immer* muß eine Störung resultieren, die im Fortgang der Zeit pathologisch-anatomisch definiert werden kann.

Es gehört zu den eindrucksvollsten Tatsachen, daß Avertebraten, z.B. Mollusken, nämlich bestimmte *Schnecken*, diskontinuierlich angeordnete Ansammlungen kontraktiler Gewebe, herzartige Kontraktionswülste, besitzen, die phänomenologisch embryonalen Wirbeltierherzformen vergleichbar erscheinen (Abb. 1). Die herzäquivalenten Blutsäcke der Pedunculaten, etwa der *Muschel* Lithotrya, sind von Bündeln quergestreifter Muskulatur umgriffen (Abb. 2). Sie entleeren die Blutsäcke durch nahezu rhythmische Kontraktionen. Hier wird ein

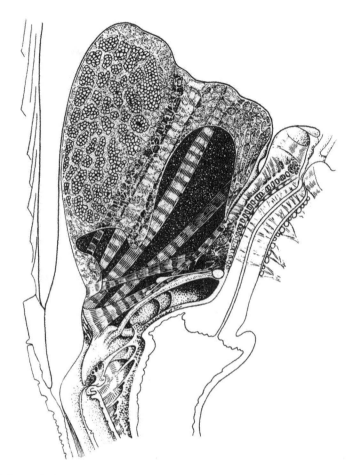

Abb. 2. Schematische Darstellung eines „Blutkreislaufes" bei einer Muschel (Lithotrya). Großer von „Muskelbändern" umgriffener Blutsack. Keilförmig-trapezoides Gebilde als Motor des offenen Circulatorium. Bemerkenswert: Die Muskulatur wird durch „quergestreifte Bänder" repräsentiert. Die Darstellung der Abb. 1 und 2 soll verdeutlichen, daß und wie Materialproblem und Raumproblem über die Grenzen der „Klassen und Ordnungen" hinweg einheitlich angegangen werden

interessantes Prinzip offenbar: Materialproblem und Raumproblem werden in der ganzen Tierreihe substantiell und formativ gleichartig angegangen.

Das gilt auch für *Insekten*: Ihr Herz besteht aus einem dorsal gelegenen Schlauch, an dem sich zwei Abschnitte unterscheiden lassen: Der hintere abdominale und kontraktile, das ist das blindverschlossene Herz *und* der vordere, in Thorax und Kopf befindliche Abschnitt. Dieser entspricht der Aorta (G. F. MEYER 1958). Ihre Wand besteht aus 3 Schichten: Intima, Media und Adventitia. Ein Endothel fehlt; die Intima entspricht einem Endocardium; die Media führt Muskulatur, die Adventitia besteht aus bindegewebsähnlichem Material, das man z. Z. nicht näher definieren kann.

Wir haben bis jetzt zwei Prinzipien angesprochen, die das Herz-Gefäß-System in der ganzen Tierreihe charakterisieren, ein mathematisches (Systolendauer,

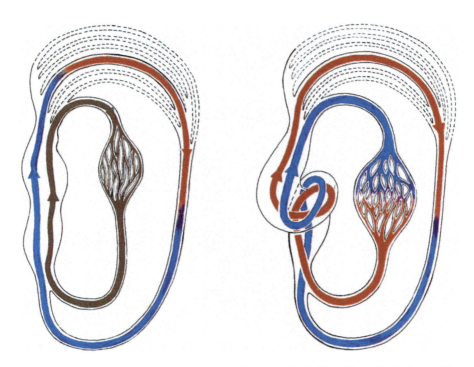

Abb. 3. Phylogenetisches Prinzip der Stromführung der beiden Hauptblutbahnen. Situation des Wirbeltierkreislaufs etwa z. Z. des *Devon*. *Links* Ausgangsituation: Die Stromfäden laufen parallel, ein nennenswerter Blutaustausch ist nicht gegeben. *Rechts* Hinentwicklung zu einem „Lungenherz", d.h. zu einem solchen, bei dem (1.) die beiden Kreisläufe parallel und (2.) hintereinander geschaltet sind. Allein hierdurch wurde ein quantitativer Austausch des sauerstoffreichen Blutes („*rot*") mit dem „verbrauchten" karbonisiertem Blut („*blau*") zustandegebracht. Im *linken Teilbild* fehlt ein „roter" Stromfaden, weil es bei dieser „Ausgangsform" nur Mischblutverhältnisse hatte geben können

Pulswellengeschwindigkeit, Länge der arteriellen Gefäße) und ein morphologischphänomenologisches (Materialproblem und Raumproblem). Hierzu tritt eine *dritte Besonderheit*: Indem das primitive Wirbeltierherz von einem gekrümmten rohrartigen Gebilde zu einer gestauchten Schleife umgewandelt wird, fangen die Blutstromfäden an, einander zu umschlingen (Abb. 3). Die Folge hiervon ist die torquierte Führung der beiden Kreisläufe, die Einleitung der Hinentwicklung nämlich zu einer Austauschschaltung der Lungenblutbahn mit der Körperblutbahn.

Dieser scheinbar so einfache Vorgang ist in Wahrheit kompliziert, von verschiedenen Bedingungen abhängig *und* störanfällig (CONTE et al. 1990).

Erdgeschichtlich fallen diese Vorgänge in das *Devon*, als die Eroberung der Festlandmassen durch Amphibien und Reptilien in Szene ging. Blutumlaufgeschwindigkeit und Utilisation der Blutgase mußten größer werden. Die für die Entwicklung zum Menschen wichtigen Übergangsformen zwischen Reptilien und Säugern, die *Theriodontier*, lebten in der Kreidezeit. Von jetzt an durfte eine einigermaßen zuverlässige Zweiteilung des Herzens vorhanden gewesen sein.

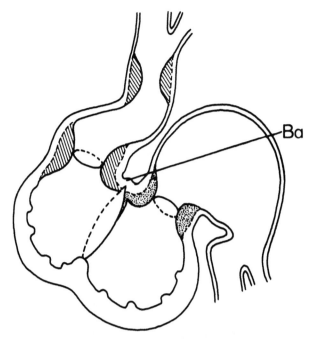

Abb. 4. Gliederung der Kammeranlage in eine Pro- und Metaampulle. Die durch einen schräggestellten Kreisring (in Bildmitte) getrennten Vorläufer der Kammern stellen die Matrix dar für die sehr viel später deutlich werdende Gliederung in einen Ein- und Ausströmungsteil. Die Proampulle bildet das Paläomyokard, die Metaampulle das Neomyokard. Zwischen Zustrom und Auslaß liegt eine „Kerbe", der Bulboaurikularsporn (*Ba*). Er ist wichtig für die nachmalige Formation jenes Teiles des Herzskelettes, aus dem die Pars membranacea der Kammerscheidewand entsteht. *Ba* markiert den „geometrischen" Mittelpunkt der Ineinanderschiebung der Kammern. Darstellung in Anlehnung an PERNKOPF u. WIRTINGER (1933)

Nunmehr arbeiteten die Herzen rhythmisch, es war also zur Anlage der spezifischen Muskulatur gekommen. Das Devon ist das Zeitalter der *Kohlebildung*. Es muß damals ein divergenter evolutionärer Trend bestanden haben. Vögel erschienen als veredelte Reptilien. Der Archäopteryx, der älteste bekannte Vogel, ist eine intermediäre Form zwischen Reptilien und Vögeln. Übergänge zwischen Vögeln und Säugern scheint es nie gegeben zu haben.

Was in der Erdgeschichte in Devon und Kreidezeit vollzogen wurde, fand eine „Rekapitulation" in der 4.–7. Woche der rezenten menschlichen Embryonalentwicklung. Ich meine das so: Die Anlage der Kammern des menschlichen Herzens ließ eine Gliederung aufscheinen, die aus *zwei Metameren* (Abb. 4) bestand: Beide Kompartimente wurden eigenartig in- und gegeneinander „verschoben", so daß aus der Gesamt-Kammeranlage ein kompliziertes Gebilde entstand (Abb. 5). Die rechte Kammer ist das originäre Element, das Paläomyokard, die linke Kammer ein eigenartig verlagertes Gebilde, das Neomyokard. Die Einströmungsbahnen der Kammern – rechts total, links teilweise – gehen auf die proximale Metamere, die Ausflußbahnen – links total, rechts teilweise – gehen auf die distale Metamere zurück. Am fertigen menschlichen Herzen sind also stammesgeschichtlich alte und

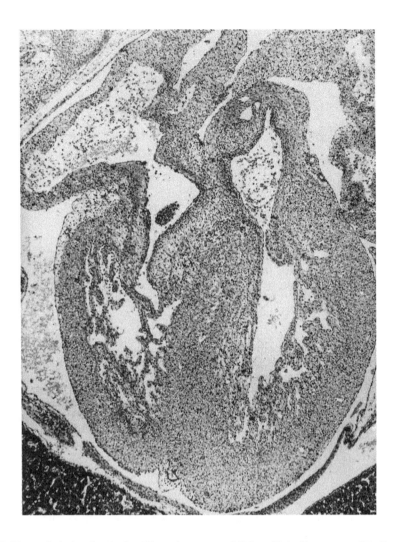

Abb. 5. Frontalschnitt durch das Herz eines menschlichen Keimlings, etwa 34. Tag der Entwicklung. Eigenartige Ineinanderschachtelung der Pro- und Metaampulle. Letztere schwenkt von rechts (im Bilde *links*) nach vorn und links (im Bilde *rechts*), wodurch eine konstruktive Eigentümlichkeit des Herzens der höheren Wirbeltiere und des Menschen angebahnt wird, die für die Bedingungen sog. Pathoklise eine Bedeutung hat (s. S. 549)

jüngere Baukörper zu einer funktionellen Einheit zusammengefügt, woraus bestimmte Konsequenzen für eine sog. Pathoklise abgeleitet werden können.

Wenn ich recht sehe, geht der Begriff der Pathoklise auf die Neuropathologie zurück. Ich werde die Problemgeschichte auf S. 549 genauer darstellen. Tatsache ist jedenfalls, daß stammesgeschichtlich unterschiedlich alte Abschnitte z. B. des Gehirns (Priscostriatum; Neostriatum) eine verschiedene Pathibilität besitzen.

Mit dem Komplex dessen, was man Heterochronie nennen kann, hängt die Pathogenese dreier Krankheitsgruppen zusammen, nämlich

1. das Rechts-links-Problem sog. Schädigungsmuster am fertigen Herzen,
2. die bevorzugte Topologie der Herzinfarkte und
3. das Auftreten sog. Nebenverbindungen des atrioventrikulären Reizleitungssystems.

Sir Arthur KEITH, jener glänzende Anatom, Anthropologe und vergleichende Histologe, dem die Erforschung des spezifischen Herzmuskels Entscheidendes verdankt, hat als Erster erkannt, daß der Atrioventrikularknoten (Aschoff-Tawara-Knoten) ein primitiver Muskel sei, der eigenartigerweise an einer „phylogenetisch jungen Stelle" des Herzens etabliert liege. Man müsse fragen, wie derlei möglich sei. KEITH sah also, was L. ASCHOFF, der Entdecker des Tawara-Knotens gar nicht ahnte, daß die spezifische Muskulatur den Prototyp des speditiven Priscomyokard darstellt. Eben diese anatomische Situation stellt den Prototyp dessen dar, was man unter Heterochronie verstehen sollte.

Die spezifische Herzmuskulatur (die Elemente also des RLS) kommt nur im alten Herzbereich vor, also vorwiegend in der rechten Kammer. Die rechte Karonarie ist die phylogenetisch ältere; sie versorgt alle entscheidenden Punkte, die Reizbildungszentren und das Hissche Bündel. Atrioventrikuläre Nebenverbindungen sind nur im Priscomyokard denkbar, also an der Hinterwand der Vorhofkammergrenze oder dem dorsalen Septumbereich. Der rechte Schenkel des Systems ist einheitlich gebaut, er ist der historische. Der linke ist der später erworbene, arboreszierte, instabile, störanfällige. Die Pacemakerzelle ist das geschichtliche Beispiel der automatisch arbeitenden Herzmuskelzelle in der ganzen Tierreihe. Trotz der unterschiedlichen Geschichte der Gestaltwerdung von rechter und linker definierter Herzkammer ist die Anzahl der Muskelfasern in der rechten und linken Kammerwand gleich. Nur die Anordnung ist verschieden (S. 210; HORT 1981). Der Übergang von biophysikalischen Prozessen in den mentalen Bereich des untersuchenden Pathologen bleibt ein biologisches Paradoxon, das nur deskriptiv darstellbar, aber „nicht eigentlich" verstehbar ist (BAUMGARTEN 1992). Dem „gelernten" Pathologen muß man an diesem Punkte die Tatsache in das Gedächtnis rufen, daß Morphogenese und Pathogenese nicht dasselbe sind. Denn ob ein pathisches Phänomen, das es an einem Herzpräparat zu prüfen gilt, an *der* Stelle, an der es beobachtet worden, tatsächlich entstanden ist, weiß man zunächst gar nicht. Denn Erkenntnisgrund und Realgrund sind nicht dasselbe. Hier berühren einander die organismische und die zellulare Betrachtungsweise. An den Berührungspunkten zweier verschiedener wissenschaftlicher Arbeitsrichtungen entstehen immer einige Schwierigkeiten. Sollen diese überwunden werden, müssen sich Tatsachenforschung und Wesensforschung „gestaltkreisartig" zu einem Erkenntnisprozeß zusammenschließen (DOERR 1979, 1984). Der Anatom BLECHSCHMIDT hat vor Jahren in der ihm eigenen lapidaren Form die Problemlage so beschrieben: „Die physikalischen Eigenschaften des Organismus sind der Sinn seiner Form" (sic!).

Literatur

Baumgarten G (1992) Gehirn und Bewußtsein. Schweiz Med Wochenschr 122:4–10
Beneke R (1920) Über Herzbildung und Herzmißbildung als Funktion primärer Blutstromformen. Beitr Path Anat 67:1–28
Benninghoff A (1949) Über funktionelle Systeme. Studium generale 2:9–13
Conte G, Giannessi F, Cornali M (1990) Hemodynamics and the development of certain malformations of the great arteries. Sitzungsberichte Heidelberger Akademie der Wissenschaften, mathematisch-naturwissenschaftliche Klasse. Springer, Berlin Heidelberg New York Tokyo
Doerr W (1979) Homologiebegriff und pathologische Anatomie. Virchows Arch (A) 383:5–29
Doerr W (1984) Der anatomische Gedanke und die moderne Medizin. Heidelberger Jahrbücher 28:113–125
Hort W (1981) Funktionelle Morphologie. In: Krayenbühl HB, Kübler WG (Hrsg) Kardiologie in Klinik und Praxis, Bd 1. Thieme, Stuttgart New York, S 2–9
Meyer GF (1958) Der feinere Bau der Aorta im Thorax der Honigbiene. Z Zellforsch 48:635–638
Pernkopf E, Wirtinger W (1933) Die Transposition der Herzostien – Ein Versuch der Erklärung dieser Erscheinung. Die Phoronomie der Herzentwicklung als morphogenetische Grundlage der Erklärung. Z Anat 100:563–711
Portmann A (1970) Entläßt die Natur den Menschen? Piper, München
Spitzer A (1923) Über den Bauplan des normalen und mißbildeten Herzens. Virchows Arch 243:81
Thoma R (1894) Lehrbuch der allgemeinen pathologischen Anatomie mit Berücksichtigung der allgemeinen Pathologie. Enke, Stuttgart

2. Kapitel
Die normale Herzentwicklung beim Menschen

B. Chuaqui

A. Einleitung

Während der über hundert Jahre, die seit der klassischen Publikation C. v. Rokitanskys „Die Defekte der Scheidewände des Herzens" (1875) vergangen sind, war die Erforschung der normalen Ontogenese des menschlichen Herzens ein *gemeinsames* Anliegen der Anatomen und Pathologen. Das Ziel der Bemühungen der Patho-Anatomen war die Erforschung der gestörten, also der nicht-normalen Herzentwicklung. Trotz der ausgezeichneten Arbeiten von His (1880, 1882, 1885) und Born (1888, 1889), welche die Morphogenese „zentraler Strukturabläufe" klarstellen konnten, ja nach den Veröffentlichungen von F. P. Mall (1912) und J. Tandler (1913), beispielhaft an Sorgfalt und Umsicht, blieben noch immer Ursachen und Mechanismen wichtiger Vorgänge der Teratogenese des Herzens unverständlich. Wir denken besonders an das Phänomen der Transposition der großen Herzschlagadern. Auch die neueren Arbeiten, durchgeführt mit besonderen Untersuchungsmethoden, haben den komplexen Sachverhalt der phänomenologischen Verschränkung von Transposition, Herzasymmetrie und Situs inversus nicht definitiv geklärt. Dies mag auch damit zusammenhängen, daß die Ergebnisse von Tierversuchen nur sehr bedingt auf die Vorgänge der gestörten Herzentwicklung des Menschen übertragen werden können.

B. Die formale Herzentwicklung beim Menschen

I. Allgemeines

Nach Streeter (1942, 1945, 1948, 1951) und O'Rahilly (1973) läßt sich die Embryogenese, für die eine Zeitspanne von 56–60 Tagen angenommen wird (O'Rahilly 1973), in 23 Entwicklungsstadien einteilen, von denen Streeter (1942, 1945, 1948, 1951) die letzten dreizehn ausführlich beschrieben hat. Die jeweils mit römischen Zahlen angegebenen Entwicklungsstadien bezeichnete er als „Horizonte", einem der Geologie entnommenen Terminus. Die ersten neun, deren Hauptmerkmale Streeter nur knapp angab, sind von O'Rahilly (1973) eingehend charakterisiert worden. Dabei spricht er nicht mehr von Horizonten, sondern von (nun mit arabischen Zahlen anzugebenden) [Carnegie-] Entwicklungsstadien. Die Beschreibung des X. Horizontes findet sich bei Heuser u. Corner (1957).

Die Herzanlage ist beim Menschen als die „kardiogene Platte" erst im 9. Entwicklungsstadium erkennbar (DAVIS 1927; O'RAHILLY 1971, 1973; ORTS LLORCA et al. 1960; DE VRIES u. SAUNDERS 1962), in dem die ersten Somiten auftreten. Die früheren Entwicklungsstadien dürfen also als die präkardiale Phase bezeichnet werden.

II. Die präkardiale Phase

Aus der ausführlichen Studie von O'RAHILLY (1973) lassen sich die Hauptmerkmale der Präsomitenstadien tabellarisch darstellen (Tabelle 1). Mehrere Autoren haben mit verschiedenen Untersuchungsverfahren das präsumptive kardiale Mesoderm bei Hühnerembryonen abgegrenzt (DEHANN 1963a-c; ORTS LLORCA u. JIMENEZ COLLADO 1968, 1969; ROSENQUIST u. DEHAAN 1966; STALSBERG u. DEHAAN 1969a, b). DEHAAN (1970a) führt die erste Phase der Herzentwicklung beim Menschen auf das 8. Entwicklungsstadium zurück, in dem das präsumptive Herzmesoderm an den lateralen Mesodermplatten angelegt sei. Das präsumptive Herzmesoderm ist bei Hühnerembryonen im Stadium 5 (nach HAMBURGER u. HAMILTON 1951) erkennbar (DEHAAN 1963a-c; ROSENQUIST u. DEHAAN 1966; STALSBERG u. DEHAAN 1969; über eine vergleichende Analyse der Herzentwicklung bei Hühnern und Säugetieren s. DEHAAN 1963a, 1965). Nach ROSENQUIST (1970) lassen sich die präsumptiven Herzzellen noch früher vom mittleren Abschnitt des Primitivstreifens aus bis zum lateralen Mesoderm autoradiographisch verfolgen.

Tabelle 1. Hauptmerkmale der menschlichen Entwicklungsstadien in der präkardialen Phase. (Nach O'RAHILLY 1973)

E-St	Alter (in Tagen)	Hauptmerkmale
1	1	Befruchtung: einzelliges Ei
2	1½–3	Zweizelliges Ei bis Morula mit 16 Blastomeren
3	4–5	Freie Blastozyste. Undifferenzierter Trophoblast
4	5–6	Synzytio- und Zytotrophoblast. Beginn der Entodermdifferenzierung
5 (a–c)	7–12	Zweiblättrige Keimscheibe. Amnionhöhle. Trophoblastlakunen (5b), Primärzotten (5c). Exomesoderm. Dottersack (5b)
6 (a, b)	13–15	Primitivstreifen-Anlage (= Hensenscher Knoten). Dreiblättrige Keimscheibe. Prächordalplatte (6b). Sekundärzotten. Kloakenmembran. Sekundärer Dottersack
7	15–17	Primitivstreifen u. Hensenscher Knoten. Chordafortsatz. Tertiärzotten. Angiogenese u. Hämatopoese im Dottersack. Allantoisdivertikel
8	17–19	Primitivgrube und -rinne. Chordakanal. Canalis entericus. Neuralrinne

III. Die Phase der Kardiogenese

Die Herzentwicklung erstreckt sich beim Menschen vom 9. Entwicklungsstadium (bei 1,5–2,5 mm langen Embryonen mit einem Ovulationsalter von ca. 20 Tagen) bis zum 23. Entwicklungsstadium (Embryonen von 27–31 mm Scheitel-Steiß-Länge und 56–60 Tagen). Das Herz wächst dabei von 0,6 mm bis 3 mm (GRANT 1962a) und folgt nach MEDAWAR (1940) der Gompertzschen Gleichung.

Die wichtigsten Daten der Literatur über die normale Herzentwicklung beim Menschen sind von SISSMAN (1970) und O'RAHILLY (1971) zusammengestellt worden. DE VRIES u. SAUNDERS (1962) haben die Herzentwicklung vom 9. bis zum 15. Entwicklungsstadium an Serienschnitten und ASAMI (1969, 1972) vom 15. bis zum 20. Entwicklungsstadium lupenpräparatorisch ausführlich untersucht. CHUAQUI u. BERSCH (1972) haben die gesamte Herzentwicklung mit Berücksichtigung der teratogenetischen Determinationsperioden analysiert. Aus dieser Publikation sind die in der Tabelle 2 dargestellten Daten entnommen worden. Solche analytischen Betrachtungen lassen jedoch die einheitlichen Prozesse und deren Bedeutung in der Kardiogenese nicht erkennen. Die dargestellten Einzelereignisse finden also nicht unabhängig voneinander statt, sondern sie integrieren bestimmte Umgestaltungsvorgänge, die sich teils nacheinander, teils gleichzeitig vollziehen. Die Herzentwicklung läßt sich formal durch folgende Prozesse beschreiben:

a) Herzschleifenbildung und Ausdifferenzierung der Herzsegmente,
b) Einbeziehung des Sinus venosus in den rechten Vorhof,
c) Vektorielle Ohrkanaldrehung,
d) Vorhofseptation,
e) Truncusseptation,
f) Vektorielle Bulbusdrehung,
g) Ventrikelseptation,
h) Entwicklung des Aortensystems,
i) Entwicklung des Cavasystems,
j) Entwicklung der Pulmonalvenen.

Diese Vorgänge führen Schritt für Schritt zur Realisation des Spitzerschen Postulats der Entwicklung der Pulmonalzirkulation und deren Trennung vom großen Kreislauf (1923, 1927; näheres zu SPITZERs Theorie im 3. Kapitel dieses Buches). Diese Vorgänge scheinen also im Ganzen die Organisation eines nach einem Ziel gerichteten Systems darzustellen. Zur Kenntnis der komplexen Reorganisationsprozesse, die von einer Herzschleife mit nacheinander geschalteten Segmenten zur Parallelstellung der rechten und linken Strombahn des fertigen Herzens führen, haben PERNKOPF u. WIRTINGER (1933) (s. auch WIRTINGER 1937) einen wichtigen Beitrag geleistet. Am arteriellen Herzende und am Ohrkanal vollziehen sich prinzipiell ähnliche Umgestaltungsvorgänge, von denen der eine von DOERR (1952, 1955a, b, 1960, 1970) als vektorielle Bulbusdrehung, der andere von GOERTTLER (1958, 1963a, b, 1968) als vektorielle Ohrkanaldrehung abgegrenzt worden sind. Infolge dieser Umgestaltungen entstehen aus den hintereinander geschalteten Ampullen die eigentlichen Ventrikel des fertigen Herzens, wobei die Ampullen bestimmte Anteile austauschen. Dies bedeutet also, daß weder die Proampulle dem linken, noch die Metampulle dem rechten Ventrikel gleich ist. Die

Tabelle 2. Zeitlicher Ablauf der wichtigsten Einzelereignisse der Herzentwicklung beim Menschen. (Nach CHUAQUI u. BERSCH 1972, Entwicklungsstadien nach O'RAHILLY 1973)

Entwicklungsstadium	9	10	11	12	13	14	15	16	17	18	19	20	21	22	23
Ursegmentzahl	1–3	4–12	13–20	21–29	ca. 30										
Kardiogene Platte	*														
HR-Verschmelzung		*													
Herzschleife			——————												
OK-Wanderung				————————————————											
Anschluß OK-MA								*							
MA-Erweiterung				————————————————											
O. sinuatriale															
HEK					——————————										
S. primum						———————————————									
O. secundum							*								
S. secundum								————————————————————							
S. ventriculare						—————————————————————									
Bulbuswanderung						————————									
Bulbusrücktorsion							———————								
Truncustorsion							——————								
Septum trunci								————————							
Septum bulbi								————————							
FIV-Verschluß									*						
OAV-Erweiterung								———————————							
Kranzgefäße									———————						
Pulmonalvenen							————								
Aortensystem									———————						
Venensystem															
1. Phase					————————————————										
2. Phase								————————————————							
1. Stadium					—————										
Übergangsstadium						———————									
2. Stadium								———————							
Definitivstatium										—————					

S.S.-Länge (mm)	1,5–2,5	2–3,5	2,5–4,5	3–5	4–6	5–7	7–9	8–11	11–14	13–17	16–18	18–22	22–24	23–28	27–31
Ovulationsalter (in Tagen)	19–21	22–23	23–26	26–30	28–32	31–35	35–38	37–42	42–44	44–48	48–51	51–53	53–54	54–56	56–60

HR Herzrohr, *OK* Ohrkanal, *MA* Metampulle, *HEK* Hauptendokardkissen, *S* Septum, *O* Ostium, *FIV* Foramen interventriculare, *OAV* Ostia atrioventricularia.

Ventrikelseptation läßt sich als das Mittel betrachten, wodurch die Reorganisation der Ampullen samt dem Bulbus fixiert wird. Es besteht aber immer noch das Problem, am fertigen Herzen die Grenzen der alten Segmente genau zu erkennen. BERSCH (1973) hat zum Problem der Abgrenzung beider Anteile des linken Ventrikels einen wichtigen Beitrag geliefert, indem er an menschlichen embryonalen Herzen die Nahtlinie zwischen der Gegen- und Hauptleiste und ihre Topographie in Bezug auf das Hissche Bündel und Schenkel feststellen konnte (s. darüber auch CHUAQUI u. BERSCH 1972, 1973). Eine ebenfalls ungelöste Frage ist es, am fertigen Herzen anatomische Anhaltspunkte für den Verlauf der Verschmelzungslinie zwischen den Bulbusleisten und für die Lage, in die die Bulbuswülste gelangen, genauer zu bestimmen.

1. Die Herzschleifenbildung

Die kardiogene Platte tritt als eine hufeisenförmige, ungleichmäßig verdickte Zellschicht des prächordalen und parachordalen Splanchmesoderms auf. Sie ist dorsal von der sich bildenden Perikardhöhle und ventral vom Entoderm des Dottersacks begrenzt. Aus dieser Platte entwickelt sich später der Myoepikardmantel. Zwischen ihr und dem darunter liegenden Entoderm befindet sich das angiogenetische Material, aus dessen peripheren Zellen der ebenfalls hufeisenförmig angeordnete Endothelplexus entsteht, indem sich die zentral gelegenen Zellen ablösen und zu primitiven Blutzellen entwickeln. Der Endothelplexus wird von der Herzgallerte umgeben. Infolge der Ausdehnung der Hirnbläschen kommt im nächsten Stadium das früher prächordal etabliert gewesene Gebiet der kardiogenen Zone kaudal von der Buccopharyngealmembran zu liegen; wegen der Abfaltung des Keimschildes nähern sich die parachordalen Mesodermflügel einander. Im 10. Entwicklungsstadium beginnt die Verschmelzung dieser letzten Abschnitte (DE VRIES u. SAUNDERS 1962; ORTS LLORCA et al. 1960), differenzieren sich die Herzsegmente (DAVIS 1927; DE VRIES u. SAUNDERS 1962; HEUSER u. CORNER 1957) und bildet sich die zunächst „sanfte" Herzschleife aus (CORNER 1929; DAVIS 1927; DE VRIES u. SAUNDERS 1962; TANDLER 1913). Entlang des dorsalen Bezirkes der Herzschleife bildet sich das Mesocardium dorsale, dessen Ansatzlinie an den Vorhöfen noch im 15. Entwicklungsstadium deutlich erkennbar ist (CHUAQUI 1973). Beim Menschen kommt es in aller Regel nicht zur Bildung eines Mesocardium ventrale. ORTS LLORCA et al. (1960) haben darauf aufmerksam gemacht, daß beim Menschen im Gegensatz zu anderen Säugetieren die parachordalen kardiogenen Zonen zur Herzschleife miteinander verschmelzen, ohne daß dabei ein eigentlicher Herzschlauch entsteht. Die Anastomosen, die zum unpaarigen Herzen führen und vom kranialen bis zum kaudalen Gebiet hin erfolgen, treten schon in der Phase des Endothelplexus auf. Im 11. Entwicklungsstadium vollzieht sich die Kippung des Ohrkanals um 180° um eine frontale Achse (DOERR 1955b; STREETER 1942). Im 12. Entwicklungsstadium liegt der Ohrkanal links in der Herzschleife. Inzwischen bildet sich das Ostium sinuatriale aus (12. Entwicklungsstadium, STREETER 1942, 1945), welches im nächsten Entwicklungsstadium in die endgültige Lage rechts gelangt (LOS 1960, 1968). Infolge der Rechtsverschiebung des ganzen Sinus venosus entwickelt sich die Plica sinuatrialis sinistra. Die Herzanlage stellt im 13. Entwicklungsstadium eine frontale Schleife dar, die aus sechs hintereinander geschalteten Segmenten besteht: Sinus venosus, Vorhof, Proampulle, Metampulle, Bulbus und Truncus (DE VRIES u. SAUNDERS 1962; LOS 1960, 1968; TANDLER 1913; VAN MIEROP et al. 1963). Der Vorhof führt durch den Ohrkanal in die Proampulle, zwischen dieser und der Metampulle befindet sich der interampulläre Ring, von dessen oberem Umfang der Bulboaurikularsporn und dessen unterem Abschnitt das Septum ventriculare entstehen.

2. Einbeziehung des Sinus venosus in den rechten Vorhof

Sie vollzieht sich vom 13. Entwicklungsstadium (Zeitpunkt der Entstehung des Septum sinus venosi) bis zum 16. Entwicklungsstadium (Zeitpunkt der Verwachsung des Septum sinus mit der Valvula venosa dextra). In der Phase der Schleifenbildung ist der Sinus venosus von dem Zusammenfluß beider Sinushörner, der Venae vitellinae und der Venae umbilicales gebildet. Wegen der Rechtsverlagerung dieses venösen Sackes bildet sich links eine Falte, die Plica sinuatrialis sinistra. Rechts ist auch eine Plica sinuatrialis dextra angedeutet. Beide Falten bilden die sinuatriale Grenze in Form eines zunächst weiten Ostium: das Ostium sinuatriale. Im 13. Entwicklungsstadium bildet sich ein nach dorsokranial gerichtetes Septum, das Septum sinus, das die gemeinsame Einmündungsstelle beider Sinushörner und der Vena vitellina sinistra oben von der Vena vitellina dextra unten unvollständig trennt (Abb. 1 a, b). Dieses Septum besteht nach LOS (1960) aus einer vom Endothel ausgekleideten Mesenchymmasse, die mit dem mediastinalen Mesenchym zusammenhängt. Im nächsten Entwicklungsstadium vertieft sich die Plica sinuatrialis dextra (die Plica venosa nach LOS), die die Valvula venosa dextra bildet. Die zweischichtige Anordnung dieser Plikatur ist im 15. Entwicklungsstadium noch erkennbar (CHUAQUI 1973). An der Plica sinuatrialis sinistra entsteht die Crista prima (LOS 1960), aus der sich links das Septum primum, rechts die Valvula venosa sinistra entwickeln. Das Ostium sinuatriale wird besonders durch die tiefe Einfaltung der Plica venosa verengt. Infolge der Herzversenkung nähert sich diesem Ostium der Ohrkanal und richtet sich das Septum sinus auf. In diesem Entwicklungsstadium ist die dorsale Vorhofwand im Bezirk des Mesocardium dorsale von Mesenchymgewebe gebildet, das sich einmal mit dem Mesocardium dorsale, zum anderen mit dem darunter liegenden Septum sinus fortsetzt. Dieses Septum grenzt an der dorsalen Vorhofwand das linke Sinushorn ab und dringt bis an das hintere Endokardkissen vor (Embryonen von 6,2 mm S.S.-Länge, etwa 14. Entwicklungsstadium, LOS 1960) (Abb. 2a, b). Allem Anschein nach entsprechen die Area interposita (HIS 1885) der mit dem Mesocardium zusammenhängenden Mesenchymmasse und die Spina vestibuli (HIS 1885) der Fortsetzung des Septum sinus bis zum Endokardkissen. Im 14. Entwicklungsstadium kommt eine Ausweitung des Ostium sinuatriale zustande, indem die Valvulae venosae ventral auseinanderweichen. Nach dorsal verschmelzen sie miteinander zum Septum spurium. So verwischen sich die sinuatrialen Grenzen immer mehr, zumal gleichzeitig eine neue Umgestaltung stattfindet: der Endabschnitt des Septum sinus wächst an die Valvula venosa dextra heran, bis es mit dieser Struktur verwächst und sie in einen dorsalen Abschnitt (die Valvula Eustachii) und ein kürzeres ventrales Segment (die Valvula Thebesii) aufteilt. Dieser Endabschnitt bildet den ventralen Boden des Einmündungsgebietes der

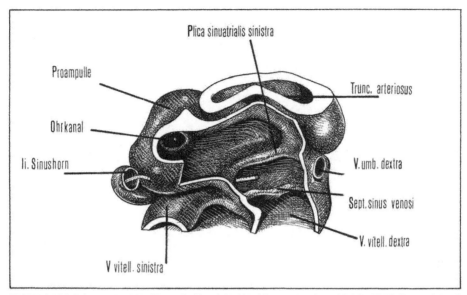
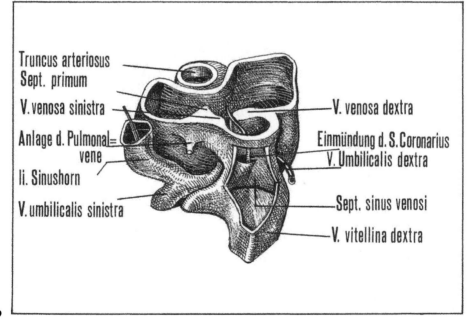

Abb. 1. a Dorsale Ansicht des Herzens im 13. Entwicklungsstadium nach Entfernung der dorsalen Wand des Vorhofs und Sinus venosus. **b** Gleiche Ansicht im 14. Entwicklungsstadium (Nach Los 1960, verändert)

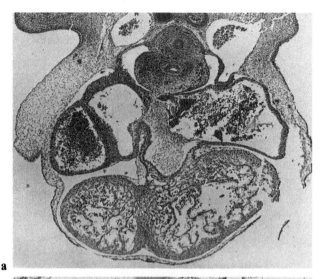

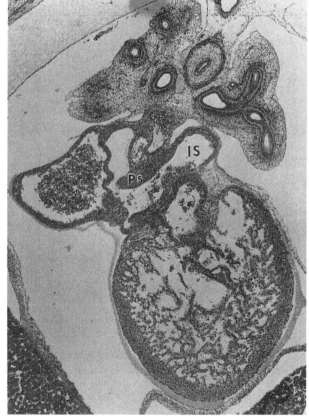

Cava inferior und zeigt sich als eine mesenchymfreie Muskelduplikatur. Im Mittelabschnitt des Septum sinus, d. h. dort, wo es sich mit dem Endokardkissengewebe fortsetzt, ist dagegen ein Mesenchymgerüst bis im 18. Entwicklungsstadium darstellbar (Los 1960). Dieser Befund macht es wahrscheinlich, daß der *Tendo Todaro* des fertigen Herzens aus dem Mesenchymgerüst des Septum sinus entstanden ist (s. LICATA 1954). Das Septum sinus und die Vorderwand des linken Sinushornes (sog. Querstück nach TANDLER 1913) setzen sich nach vorn zwischen das Endokardkissengewebe und die Ansatzlinie des Septum primum mit einem prismatischen Sporn fort, der der Spina intermedia (HIS 1885) entspricht (s. ASAMI 1972).

Die von STEDING et al. (1990) gegebene Beschreibung der Entwicklung des Septum sinus weicht in einigen Punkten von Los' Ergebnissen ab, nämlich:

1. von Anfang an bestehe ein Zusammenhang des Septum sinus mit der Valvula venosa dextra, so daß von einer Verwachsung nicht die Rede sein könne;
2. der untere Abschnitt der endgültigen Valvula Eustachii stamme vom Gewebe des Septum sinus;
3. ebenfalls von vornherein liege das Septum sinus etwa in der Frontalebene (eine Ohrkanaldrehung konnte von STEDING et al. (1990) nicht bestätigt werden).

3. Die vektorielle Ohrkanaldrehung

Dieser Vorgang führt dazu, daß der rechte Umfang des Ostium atrioventriculare, das in der Herzschleife stromabwärts allein mit der Proampulle in Verbindung steht, Anschluß auch an die Metampulle gewinnt, während der linke Umfang des Ohrkanals in Verbindung mit der Proampulle bleibt (Abb. 3a–c). Der Prozeß fängt im 12. Entwicklungsstadium an, in dem der Ohrkanal beginnt, medial- und dorsalwärts zu wandern und sich um 90° um seine eigene Vertikalachse im Uhrzeigersinn (bei Betrachtung von der Herzspitze aus) zu drehen (GOERTTLER 1958). In diesem Vorgang spielt auch die Erweiterung der Metampulle (vom 13. bis zum 17. Entwicklungsstadium nach ASAMI 1969; DE VRIES u. SAUNDERS 1962; STREETER 1945, 1948) eine wichtige Rolle. Die sich dorsalwärts erweiternde Metampulle konvergiert, nämlich zum rechten Umfang des Ohrkanals (Abb. 4). Nach GOERTTLER (1958, 1963a) bildet sich bei diesem Vorgang der rechte Anteil der Proampulle zurück, nach PERNKOPF u. WIRTINGER (1933) wird er als künftige Einstrombahn der rechten Kammer in die Metampulle einbezogen, indem der dorsale Anteil des Septum ventriculare von der Ebene des interampullären Ringes abweicht und sich zum Ohrkanal erstreckt (Abb. 5a–c). In diesem

---

Abb. 2. a Frontaler Herzschnitt bei einem menschlichen Embryo im 15. Entwicklungsstadium. Atrioventrikuläre Übergangsmuskulatur umgibt die Ansatzbasis des hinteren Endokardkissens, dem eine dichtere Bindegewebsmasse aufliegt, welche sich mit dem Mesocardium dorsale fortsetzt (H-E, ×40). **b** Frontaler Herzschnitt bei einem menschlichem Embryo im 18. Entwicklungsstadium. Das linke Sinushorn setzt sich mit seinem Querstück bis zum rechten Vorhof fort. An seiner oberen Wand ist die Muskelduplikatur des Sinusseptum erkennbar, dessen spornartiges Endstück der Valvula venosa dextra zugewandt ist. Nach *rechts* im Bild die Valvula venosa sinistra und das Septum primum. *lS* linkes Sinushorn, *Ps* Plikatur des Sinusseptum. (H-E, ×32,5)

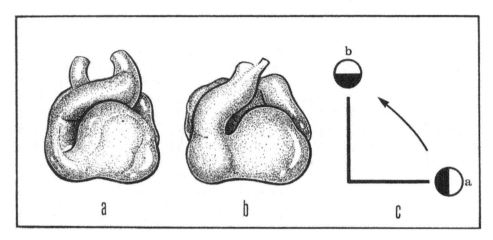

Abb. 3a–c. Schematische Darstellung der vektoriellen Ohrkanaldrehung: **a** Stadium der Herzschleife, **b** nach der Konvergenzbewegung des Ohrkanals und der Erweiterung der Metampulle, **c** kraniale Ansicht in den Ohrkanal; *rechts* seine Position in der Herzschleife, *oben* nach seiner Wanderung und Drehung

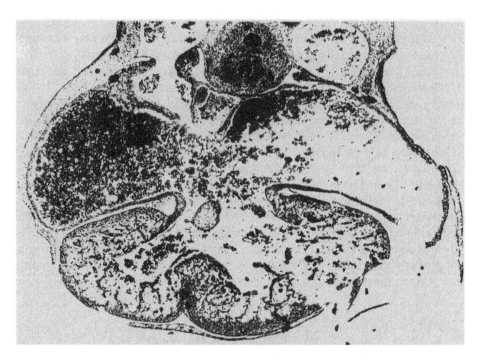

Abb. 4. Frontalschnitt durch das Herz (15. Entwicklungsstadium). In der *Mitte* der Ohrkanal und das angeschnittene hintere Endokardkissen. *Unten*, zwischen der Metampulle *links* und der Proampulle *rechts* (im Bild) die Anlage des Septum ventriculare. Vom Vorhofdach hängen von *links* nach *rechts* (im Bild) die Valvulae venosae und das Septum primum herab, dessen unterer Rand das weite Ostium primum (subseptale) abgrenzt. H-E, ×40. (Aus Chuaqui u. Bersch 1972)

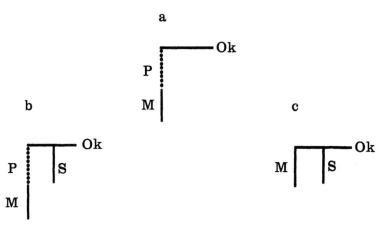

Abb. 5a–c. Topologische Beziehungen des rechten Umfanges des Ohrkanals (*Ok*) zu der Proampulle (*P*) und Metampulle (*M*). **a** in der Herzschleife, **b** Reorganisationsprozeß mit Einbeziehung eines Anteils der Proampulle in die Metampulle nach PERNKOPF u. WIRTINGER (1933); **c** Anschlußvorgang nach GOERTTLER 1958

Zusammenhang stimmt PERNKOPFs und WIRTINGERs Auffassung mit den theoretischen Ausführungen SPITZERs (1923) und den in diesem Beitrag vertretenen Vorstellungen überein. Nach Abschluß der Ohrkanaldrehung und der Verschmelzung der Hauptendokardkissen miteinander (s. unten) läßt sich eine ausgeprägte Erweiterung der Ostia atrioventricularia bis zum 20. Entwicklungsstadium nachweisen (ASAMI 1969).

4. Vorhofseptation

Die Vorhofseptation wird durch zwei sich nacheinander entwickelnde Septen verwirklicht: das Septum primum und das Septum secundum. Das 17. Entwicklungsstadium, in dem sich das Ostium primum (Foramen subseptale) verschließt und kurz darauf die Hauptendokardkissen miteinander verschmelzen (ASAMI 1972), stellt das Übergangsstadium zwischen dem Entwicklungsabschluß des Septum primum und der Entstehung des Septum secundum dar. Die Hauptendokardkissen treten im 13. Entwicklungsstadium auf (ANDERSON et al. 1974; PATTEN 1960) und verschmelzen miteinander nach PATTEN (1960) sowie DE VRIES u. SAUNDERS (1962) im 16. Entwicklungsstadium, nach ASAMI (1972) erst im 17. Entwicklungsstadium (näheres über die Vorhofsepta bei LOS 1978).

Nach ODGERS (1938/1939) sind alle Atrioventrikularsegel im 18. Entwicklungsstadium (bei Keimen von 14,5–15,5 mm SSL) aus den Endokardkissen ausgebildet (s. hierzu VAN MIEROP et al. 1962, über die Ausdifferenzierung des Spannapparates – in der Fötalzeit! – s. ODGERS 1938/1939). Nach neueren Untersuchungen (VAN GILS 1981; WENINK u. GITTENBERGER-DE GROOT 1982a, 1985; WENINK et al. 1984) bilden sich die Klappensegel nicht aus den Endokardkissen, sondern aus dem in den Sulcus atrioventricularis vordringenden Bindegewebe des Herzskeletts. Die Endokardkissen seien zum größten Teil nur vorübergehende Gebilde. Ihre Hauptrolle bestehe darin, zunächst an der Trennung des Ohrkanals in zwei Ostia beteiligt zu sein und später als eine Gewebeunterlage zur Modellierung der Klappensegel zu dienen.

Das Ostium secundum tritt nach ASAMI (1972) bei den meisten Embryonen schon im 15. Entwicklungsstadium, nach PATTEN (1960) erst im 16. Entwicklungsstadium und nach PUERTA FONOLLÁ u. RIBES BLANQUER (1973) bereits im 14. Entwicklungsstadium auf. In der Literatur werden folgende Zeitpunkte für das Auftreten des Septum secundum angegeben: 16. Entwicklungsstadium bei PATTEN (1960), 16.–17. Entwicklungsstadium bei ASAMI (1972), 18. Entwicklungsstadium (nicht konstant!) bei VERNALL (1962), 19.–20. Entwicklungsstadium (bei Keimen von 17,5–19 mm SSL) bei ODGERS (1934/35), 20. Entwicklungsstadium bei COOPER u. O'RAHILLY (1971). Das eigentliche Bornsche Septum secundum bildet sich im Spatium interseptovalvulare, d.h. zwischen dem Septum primum links und der Valvula venosa sinistra rechts, und zwar als eine dorsokraniale, sichelförmige dünne Scheidewand, deren caudaler Ausläufer mit der Valvula venosa sinistra, dem Septum sinus und der Spina intermedia zum dorsokaudalen Abschnitt des Limbus fossae ovalis verschmilzt. Der ventrokraniale Umfang des Limbus Vieussenii wird von einer Einfaltung der vorderen Vorhofwand (das falsche Septum nach CHRISTIE 1963, s. auch ASAMI 1972) gebildet.

5. Die Truncusseptation

Oben am Bulbus, an dessen Grenze mit dem Truncusgebiet, bilden sich vier Endokardwülste, nämlich I, II, III und IV (PERNKOPF u. WIRTINGER 1933). Die Bulbuswülste I und III treten im 14. Entwicklungsstadium (DE VRIES u. SAUNDERS 1962), die Bulbuswülste II und IV im 15. Entwicklungsstadium (DE VRIES u. SAUNDERS 1962; ASAMI 1969) auf. Während der Entwicklung des Septum trunci (Gegenstromseptum, SPITZER 1923) werden Bulbuswülste I und III halbiert. Das Septum truncale wird durch Bindegewebe gebildet, welches nach LOS (1966, 1978) von dem verdickten, den Aortensack umgebenden Mesenchym und nach SEIDL u. STEDING (1981) aus paarigen Septa entsteht. Seine Entwicklung vollzieht sich vom 15. bis zum 17. Entwicklungsstadium (DE VRIES u. SAUNDERS 1962; LOS 1968; STREETER 1948), nach NEILL (1956) aber vom 14. bis zum 18. Entwicklungsstadium und nach O'RAHILLY (1971) vom 14. bis zum 19. Entwicklungsstadium. CHUAQUI u. BERSCH (1972) finden ein ausgebildetes Septum trunci im 18. Entwicklungsstadium.

6. Die vektorielle Bulbusdrehung

Am arteriellen Herzende wird das aortale Gebiet des Bulbus mit in die Proampulle einbezogen (ASAMI 1969; DE LA CRUZ et al. 1967, 1971; DE VRIES u. SAUNDERS 1962; GOERTTLER 1958, 1963a, b; GRANT 1962b; KEITH 1909, 1924; KRAMER 1942; LOS 1966, 1968; F.P. MALL 1912; ODGERS 1937/38; PATTEN 1960; PERNKOPF u. WIRTINGER 1933; TANDLER 1913; VAN MIEROP et al. 1963; WIRTINGER 1937). Dieser Vorgang, der vor dem Abschluß der Ventrikelseptation abläuft (ASAMI 1969; CHUAQUI u. BERSCH 1972, 1973; DOERR 1952, 1955a, b; GOERTTLER 1958, 1963a, 1968), wurde von DOERR als vektorielle Bulbusdrehung formal erklärt und konnte von ASAMI (1969) lupenpräparatorisch am menschlichen em-

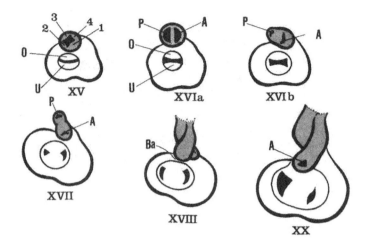

Abb. 6. Schematisch dargestellte Phasen der Bulbustruncustorsion an menschlichen embryonalen Herzen. Ansicht von oben (Vorhöfe abgetragen). Oben ventral, unten dorsal. Römische Zahlen: Streeter-Horizonten. *1, 2, 3* u. *4:* distale Bulbuswülste. *P* Pulmonal-, *A* Aortenostium. Vom XV. bis zum XVIII. Entwicklungsstadium ist eine Drehung des Ostium bulbotruncale bzw. der arteriellen Ostien erkennbar. Im XVIII. Entwicklungsstadium ist der Bulboaurikularsporn (*Ba*) noch sichtbar. XX. Entwicklungsstadium: Endposition des Aortenostium nach Rückbildung des Bulboaurikularspornes. *O* vorderes, *U* unteres Hauptendokardkissen. (Aus CHUAQUI u. BERSCH 1973, nach ASAMI 1969)

bryonalen Herzen verifiziert werden (Abb. 6). Dieser komplexe Bewegungsablauf läßt sich als Resultante dreier Komponenten verstehen:

α) einer Linksverschiebung des Bulbus in toto, welche mit einer nahezu gleichzeitig ablaufenden Erweiterung der Metampulle (ASAMI 1969; DE VRIES u. SAUNDERS 1962) vom 13. bis zum 18. Entwicklungsstadium und mit einer Bulbusschrumpfung und Truncusverlängerung (14.–18. Entwicklungsstadium nach ASAMI 1969; 16.–19. Entwicklungsstadium nach GOOR et al. 1972) einhergeht (s. Abb. 3),

β) einer Torsion des Bulbus im Bereich des Ostium bulbometampullare um 45° im Uhrzeigersinne (in Stromrichtung gesehen). Diese Bulbusrücktorsion (PERNKOPF u. WIRTINGER 1933) konnte von ASAMI (1969) an der Lageänderung der proximalen Bulbuswülste in der Entwicklungsspanne vom 15. bis zum 16. Entwicklungsstadium festgestellt werden (Abb. 7a, b);

γ) einer Drehung des Ostium bulbotruncale um 150° im Gegenuhrzeigersinne (in Stromrichtung gesehen, um 90–110° nach GOOR et al. 1972) vom 15. bis zum 20. Entwicklungsstadium (ASAMI 1969) (Abb. 6, 7).

Vor Beginn der Bulbustruncusdrehung liegt das Ostium aortale rechts ventral, das Ostium pulmonale links dorsal; nach Abschluß dieser Bewegung finden sich diese Ostien fast in entgegengesetzten Lagen. Vor Beginn der Bulbustruncusdrehung verlaufen andererseits die Bulbusleisten A-I und B-III in einer stark gewundenen Spirale (Abb. 8a–c); im Truncus findet sich dagegen ein gestrecktes Septum. Wegen der Bulbustruncustorsion werden die Bulbusleisten in dieselbe

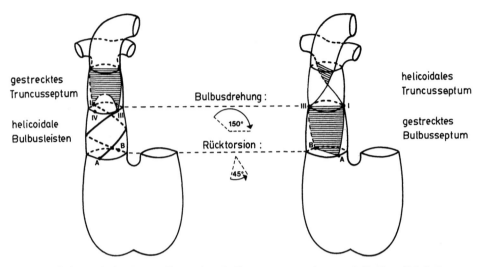

Abb. 7. Schematische Darstellung der Bulbustruncustorsion und Bulbusrückdrehung. (Nach DOERR 1955b, Ausmaß dieser Drehungen und Lage der Bulbuswülste nach ASAMI 1969)

Ebene gebracht, das Truncusseptum wird hingegen gedreht (Umschlingung der großen Gefäße am fertigen Herzen!).

Durch die Bulbuswanderung gewinnt die Proampulle ein Ausstromgebiet, durch die Bulbustruncustorsion führt dieses Ausstromgebiet in die Aorta. Bleibt erstere aus, so entspringen Aorta und Pulmonalis aus dem Bulbus (sog. Doppelausgang aus der rechten Kammer), bleibt letztere (bei abgelaufener Bulbuswanderung) aus, so liegt eine arterielle Transposition vor.

Das Ostium bulbometampullare liegt an der Herzschleife rechts ventral und ist links dorsal von einem sich entlang der Bulboaurikularfalte (TANDLER 1913) erstreckenden Muskelbogen, dem primitiven, muskulären Bulboaurikularsporn (GREIL 1902; PERNKOPF u. WIRTINGER 1933) begrenzt. Dieser Muskelsporn trennt also das Ostium bulbometampullare von dem weiter links und dorsal gelegenen Hauptendokardkissen O (Abb. 9a, b). Später wird er jedoch wegen der Linksverlagerung des Bulbus komprimiert und wird sich in Form des sekundären, bindegewebigen Bulboaurikularspornes zurückbilden (PERNKOPF u. WIRTINGER 1933). Sein linker Flügel entspricht am fertigen Herzen der Zona mitroaortalis, wodurch die bindegewebige Kontinuität zwischen Aortenklappe und Mitralis bedingt ist.

Nach der Verschmelzung der Bulbuswülste A und B miteinander bildet sich die zunächst bindegewebige, später muskuläre Gegenleiste B–0 (PERNKOPF u. WIRTINGER 1933). Diese Leiste (Bulboventrikularsporn nach dem Verfasser) erstreckt sich von der Hinterfläche des Bulbusseptum zum Hauptendokardkissen O und zieht also nach Abschluß der vektoriellen Bulbusdrehung unter den rechten Umfang des Aortenostium. Er wird später an dem Verschluß des Foramen interventriculare beteiligt sein und am fertigen Herzen die subaortale, über dem Hisschen Bündel gelegene Muskulatur bilden (s. BERSCH 1971, 1973; CHUAQUI u. BERSCH 1972, 1973).

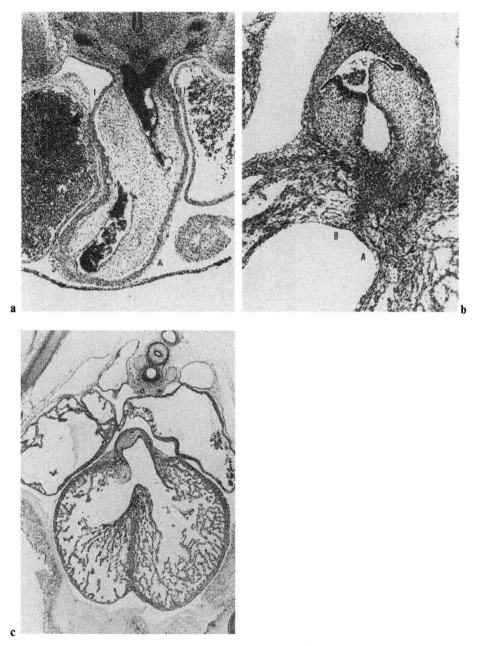

Abb. 8. a Menschlicher Embryo im 15. Entwicklungsstadium. In der Mitte, von den Vorhöfen umgeben, der langgestreckte Bulbus, an dem die stark gewundene Bulbusleiste $A-I$ angeschnitten ist. *Links unten* am Ostium bulbometampullare ist der Bulbus erkennbar, *rechts oben* der Bulbuswulst *III*. In diesem Stadium ist die Anlage des Bulbusseptum eine Gallertstruktur. (H-E, ×100). **b** 18. Entwicklungsstadium. Der Bulbus weist eine ausgeprägte Schrumpfung und nun gestreckte, zum Septum bulbi miteinander verschmolzene Bulbusleisten auf. Weitgehende muskuläre Umwandlung des Bulbusseptum. **c** Unter dem reitenden Aortenostium, am oberen Rand des Foramen ventriculare ist der Querschnitt der Gegenleiste erkennbar. (H-E, ×27). (Aus CHUAQUI u. BERSCH 1972)

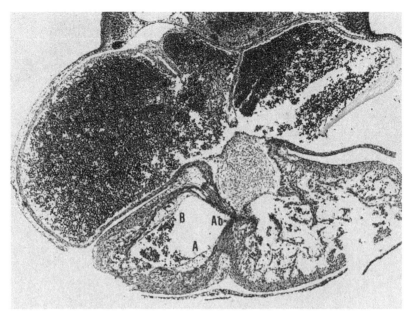

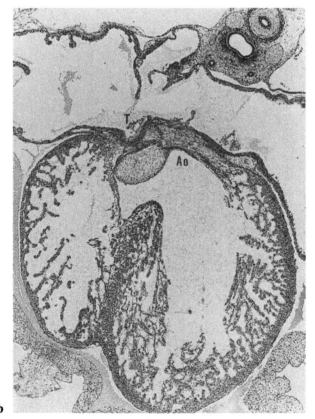

Die am menschlichen embryonalen Herzen lupenpräparatorisch (ASAMI 1969) und anhand von Serienschnitten (CHUAQUI u. BERSCH 1972; GOOR et al. 1972) verifizierte Auffassung der vektoriellen Bulbusdrehung (DOERR 1955a) hat am embryonalen Hühnerherzen auch ein Korrelat (DOR u. CORONE 1981, 1985). Einige Autoren haben die Bulbustorsion nicht bestätigen können (s. PEXIEDER 1978; PEXIEDER u. CHRISTEN 1981; STEDING u. SEIDL 1980, 1981; vgl. hierzu ASAMI 1969; DOR u. CORONE 1985; LOS 1978). Die Bulbuswanderung (von PEXIEDER bestätigt) entspricht formal dem von STEDING u. SEIDL (1980) dargestellten anisodiametrischen Bulbuswachstum (näheres zur DOERRs Konzeption s. CHUAQUI 1979).

7. Die Ventrikelseptation

Sie verwirklicht sich durch die Entwicklung des Septum ventriculare, des Septum bulbi und der Gegenleiste. Die Anlage des Septum ventriculare findet sich im 14. Entwicklungsstadium (DE VRIES u. SAUNDERS 1962). Nach GOOR et al. (1970) tritt sie schon im 13. Entwicklungsstadium auf. Das Septum läßt später zwei Anteile, das Septum trabeculare und am First das Septum glabrum erkennen (GOOR et al. 1970). Letzteres entspricht der Hauptleiste PERNKOPFs und WIRTINGERS. Im 17. Entwicklungsstadium ist das Septum ventriculare durch zwei Ausläufer, einen ventralen und einen dorsalen, jeweils mit den Hauptendokardkissen verschmolzen (ASAMI 1969).

Das Septum bulbi, dessen Anlage im 14. Entwicklungsstadium erkennbar ist (ASAMI 1969), wird von den Bulbusleisten gebildet. Die Verschmelzung dieser Leisten miteinander vollzieht sich nach ASAMI (1969) vom 17. bis zum 19. Entwicklungsstadium. Dabei erfährt der Bulbuswulst B eine fortschreitende Verlagerung nach medial. Infolgedessen bildet sich der Muskelbogen der künftigen Crista supraventricularis (näheres hierzu s. bei ANDERSON et al. 1974; GOOR et al. 1970; GRANT et al. 1961; GREIL 1902). Die endgültige Lage, in die der Bulbuswulst B gelangt, ist nach PERNKOPF u. WIRTINGER (1933) in der Nachbarschaft des Lancisischen Papillarmuskels anzunehmen.

Das Foramen interampullare (PERNKOPF u. WIRTINGER 1933) ist unten durch die Anlage des Septum ventriculare, oben durch den primitiven Bulboaurikularsporn begrenzt. Nach Abschluß der vektoriellen Ohrkanal- und Bulbusdrehung liegt das Foramen interventriculare vor, welches unten durch die Hauptleiste, dorsokranial durch die Bindegewebsplatte der Endokardkissen und ventrokranial durch die Gegenleiste begrenzt ist. Dieses Foramen verschließt sich zwischen dem 18. und 20. Entwicklungsstadium (ASAMI 1969; CHUAQUI u. BERSCH 1972; GOOR et

Abb. 9. a Frontalschnitt des Herzens (15. Entwicklungsstadium). Zwischen dem Aortengebiet *Ao* im Bulbus und dem vorderen Hauptendokardkissen erstreckt sich der muskuläre Bulboaurikularsporn. Im Bulbusgebiet sind die Bulbuswülste *A* und *B* erkennbar (H-E, ×48). **b** Frontalschnitt des Herzens. (18. Entwicklungsstadium). Das Aortengebiet *Ao* wird von dem darüber liegenden Bindegewebe des vorderen Hauptendokardkissens direkt begrenzt. Unmittelbar unter der Trikuspidalnische (*T*) sind noch horizontal verlaufende Muskelfasern des Bulboaurikularspornes zu erkennen (H-E, ×48). Aus CHUAQUI u. BERSCH 1973)

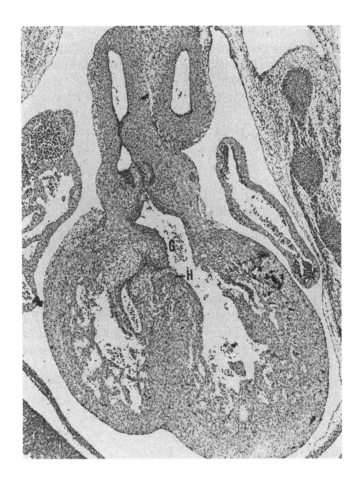

Abb. 10. Frontalschnitt des Herzens (18. Entwicklungsstadium). In der Mitte ist die Nahtlinie zwischen der unter der Aortenklappe gelegenen, quergeschnittenen Gegenleiste *G* und dem First des Septum ventriculare (Hauptleiste) sichtbar. Unmittelbar darunter verläuft das Hissche Bündel (*H*) (H-E, ×48). (Aus CHUAQUI u. BERSCH 1973), cf. Abb. 5, S. 78: *dort* pro-met-ampulläre „Verschränkung", *hier* Darstellung der „Nahtlinien".

al. 1970; 17.–19. Entwicklungsstadium nach ORTS LLORCA et al. 1981). Dazu tragen die Endokardkissen, die Gegenleiste und durch konzentrisches Wachstum die Hauptleiste bei. Der dorsale Verschlußbezirk bleibt als Pars membranacea erhalten. Ventralwärts wird der Verschluß durch Muskulatur der Gegen- und Hauptleiste bedingt. Die Nahtlinie zwischen diesen Leisten soll sich von der Pars membranacea bis zur Hinterfläche der Crista supraventricularis unmittelbar über His-Bündel und Schenkeln erstrecken. An der septalen Fläche der linken Kammer findet sich oft als Grenzstruktur ein Muskelbälkchen, das die Pars glabra oben (Aortenkonus) von der Pars trabecularis unten trennt (BERSCH 1971, 1973) (Abb. 10).

Nach WENINK (1981 a, b) sowie WENINK u. GITTENBERGER-DE GROOT (1982 a, b) bildet sich das Ventrikelseptum aus 3 Anlagen: dem Einstromseptum (etwa dem dorsalen Anteil des Septum ventriculare entsprechend), dem Bulbventrikularseptum (etwa dem ventralen Anteil des Septum ventriculare entsprechend) und dem Ausstromseptum (dem Septum bulbare entsprechend). Das Bulboventrikularseptum entwickle sich aus der Bulboaurikularfalte und vereinige sich dorsalwärts mit dem Einstromseptum, das eine primitive Scheidewandeinrichtung darstellen soll.

8. Die Entwicklung des Aortensystems und der Koronararterien

Das herznahe Aortensystem entwickelt sich in 2 Phasen: vom 10. bis zum 17. Entwicklungsstadium erfolgt die präbranchiale, vom 17. bis zum 20. Entwicklungsstadium die postbranchiale Phase (CONGDON 1922). Die 1. Phase zeichnet sich durch das Auftreten der Kiemenbögenarterien und die Verschmelzung der Aortae dorsales aus. In der 2. Phase findet eine Umgestaltung dieses symmetrischen Systems statt: im 17. Entwicklungsstadium verschwinden der dorsale Abschnitt der rechten IV. Kiemenbögenarterien und beiderseits das Segment zwischen den III. und IV. Kiemenbögenarterien. Ein Stadium später bildet sich die rechte dorsale Aorta distal zu dem VI. Bogen zurück (Abb. 11 a, b; 12 a, b). Das ganze System verschiebt sich nach links (HACKENSELLNER 1954 a, b) und die Ursprungsstelle der Arteria subclavia sinistra wandert bis an eine Stelle proximal zum Ductus Botalli (19.–20. Entwicklungsstadium, BARRY 1951) (Abb. 13). Das Auftreten einer V. Kiemenbogenarterie beim Menschen ist nach CONGDON (1922) fraglich. Der Anschluß der Pulmonaläste an die VI. Kiemenbögenarterien findet nach NEIL (1956) im 14. Entwicklungsstadium statt.

Nach HACKENSELLNER (1955, 1956) treten die ersten Ausbuchtungen der Kranzgefäße an 13 mm langen Keimen (etwa im 17. Entwicklungsstadium) auf, und zwar kurz nach Abschluß der Truncusseptation. Nach PATTEN (1968) sind diese Sprösse im 18. Entwicklungsstadium nachweisbar. Das Auftreten der Ostia coronaria erst nach Abschluß der Truncusseptation ist von BOGERS et al. (1988) bestätigt worden. Nach diesen Autoren bilden sich die Koronararterien aus zwei zunächst getrennten Anlagen: der der proximalen Segmente dieser Gefäße und der der Koronarostien selbst.

9. Die Entwicklung des Cavasystems

Zwischen den Ergebnissen der ausführlichen Untersuchungen von MCCLURE u. BUTTLER (1925) einerseits und GRÜNWALD (1938) andererseits bestehen keine wesentlichen Unterschiede mit der Ausnahme, daß nach den zuerst genannten Autoren normalerweise Anastomosen zwischen dem Suprakardinalsystem (dem künftigen Azygossystem) und dem Subkardinalsystem, das an der Ausbildung der Cava inferior beteiligt ist, zur Entwicklung kommen. Nach GRÜNWALDs Einteilung lassen sich 4 Entwicklungsstadien unterscheiden: in dem Primärstadium (Keime von 4–13 mm SSL) liegt prinzipiell ein Kardinalsystem vor, ergänzt unten durch die Venae sacrocardinales und Venae caudales, oben durch die Venae supracardinales und in der Mitte durch die lakunäre Anlage der Venae subcardinales. Im Übergangsstadium (Keime von 13–14 mm SSL) bestehen gleichzeitig zwei Venensysteme: das Kardinal- und Subkardinalsystem. Im Sekundärstadium (Keime von 13,5–20 mm SSL) bilden sich die Kardinalvenen zurück. In dem definitiven Stadium tritt die endgültige Asymmetrie der Subkardinalvenen auf.

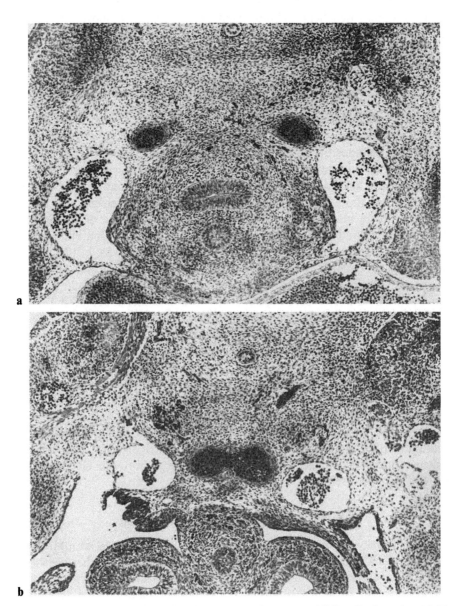

Abb. 11a, b. Querschnitt durch die Axialorgane eines menschlichen Embryo im 15. Entwicklungsstadium. **a** Symmetrisch angelegte, weite dorsale Aortae (IV. Kiemenbögenarterien). *Oben* im Bild die Chorda dorsalis. (H-E, ×70). **b** Verschmelzung der Aortae dorsales miteinander. (H-E, ×70)

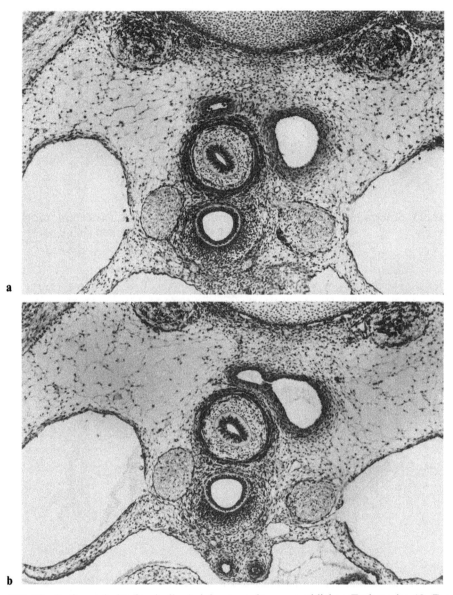

Abb. 12a, b. Querschnitt durch die Axialorgane eines menschlichen Embryo im 18. Entwicklungsstadium. **a** Weitgehende Rückbildung und Linksverschiebung der rechten dorsalen Aorta. **b** Verschmelzungszone beider Aortae. Unten im Bild die quergetroffenen Äste der Pulmonalis. (H-E, ×70)

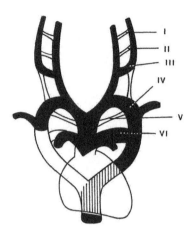

Abb. 13. Schema zur Entwicklung des proximalen Aortensystems. Die Ziffern bezeichnen die Aortenbögen. (Nach BARTHEL 1960, verändert)

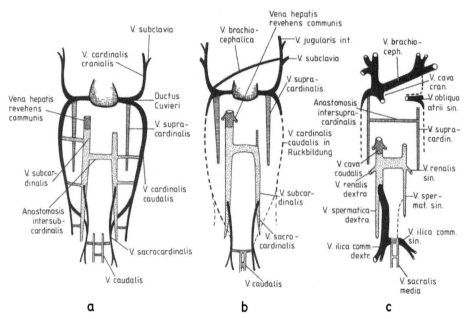

Abb. 14a–c. Schema zur Entwicklung des Körpervenensystems. **a** Übergangsstadium, **b** Sekundärstadium, **c** Definitivstadium (s. Text). (Nach STARCK 1955, verändert)

Nach Abschluß der letzten Phase besteht die Cava inferior aus 3 Segmenten unterschiedlicher Herkunft: dem Segmentum hepaticum (über der Abgangsstelle der Vena suprarenalis dextra), der Pars subcardinalis (von der Abgangsstelle der Vena suprarenalis dextra bis zur Abgangsstelle der Vena spermatica dextra einschließlich) und der Pars sacrocardinalis (Abb. 14a–c). Der Stamm der Vena iliaca communis sinistra entspricht der Anastomose zwischen den Venae sacrocardinales und den Venae caudales.

Die Vena portae entsteht aus den Venae omphalomesentericae, die am Hilus hepatis die in Form eines das Duodenum ringförmig umfassenden Plexus angeordneten Venae hepaticae advehentes bilden. An diesem Plexus lassen sich 3 Queranastomosen unterscheiden: 2 ventrale und eine mittlere dorsale. Der schlingenförmige Verlauf der Vena portae ist darauf zurückzuführen, daß sich links das Segment zwischen den hilusnahen ventralen und den mittleren dorsalen, rechts aber das Segment zwischen den mittleren und den hilusfernen Queranastomosen zurückbildet. Gleichzeitig tritt eine Anastomose der Vena umbilicalis sinistra mit den Venae hepaticae advehentes links auf und es bilden sich die ganze Vena umbilicalis dextra und die sinistra distal zur Anastomose zurück. Diese Anastomose führt in der Leber zum Ductus venosus Arantii. Der Ductus und die Vena umbilicalis sinistra werden nach der Geburt zum Ligamentum venosum bzw. Ligamentum teres hepatis.

10. Die Entwicklung der Pulmonalvenen

Die Anlage der Pulmonalvenen entsteht an der dorsalen Wand des Vorhofs und ist im 13. Entwicklungsstadium erkennbar (AUËR 1948; NEILL 1956; VAN PRAAGH u. CORSINI 1969), nach LOS (1968) und LOS u. DANKMEIJER (1956) tritt sie erst bei 6 mm langen Keimen (13.–14. Entwicklungsstadium) auf. Nach NEILL (1956) entwickeln sich die ersten Verbindungen mit dem Pulmonalplexus im 14. Entwicklungsstadium. Im nächsten Stadium bestehen weite Verbindungen mit dem Pulmonalplexus, während sich die Anastomosen mit dem Splanchvenensystem weitgehend zurückgebildet haben (s. AUËR 1948; NEILL 1956). Vom 15. Entwicklungsstadium an findet der Dichotomieprozeß des Pulmonalvenenstammes statt. Im 17. Entwicklungsstadium zeigt sich der Pulmonalvenenstamm als ein enges Verbindungsstück zwischen den Pulmonalvenenästen und dem linken Vorhof (LOS 1960, 1968). Eine Erweiterung des Pulmonalvenenstammes über der Plica pulmonalis sinistra bis zur zweiten Dichotomie führt zur Bildung des Spatium pulmonale (LOS 1960, 1968). Gleichzeitig zur Rückbildung des linken Sinushornes (zum Ligamentum Marshalli) wird die Einmündungsstelle des Spatium pulmonale erweitert und danach mit in den linken Vorhof einbezogen.

Nach den an Hühnerembryonen durchgeführten Untersuchungen von DOR et al. (1987) entsteht die Vena pulmonalis communis nicht, wie bisher angenommen, als getrennte Anlage aus dem Vorhofdach, sondern aus dem Sinus venosus.

C. Zur kausalen Kardiogenese

I. Allgemeines

Der Formwandel des menschlichen embryonalen Herzens ist seit langem auf eine topographisch unterschiedliche Wachstumsaktivität (sog. Differentialwachstum) vor allem des Myokard bezogen worden (DAVIS 1927). KEITH hatte schon 1909 die endgültige Position der großen Gefäße am arteriellen Herzende durch die Rückbildung eines Abschnittes des Bulbus cordis erklärt. Erst 1942 entwarf

BREMER ein simplifiziertes Modell der durch Wachstumsunterschiede hervorgerufenen Bulbusbewegungen. 1955 hat DOERR (1955a) darauf hingewiesen, daß nähere Ursachen der vektoriellen Bulbusdrehung in Wachstumsunterschieden des Myokardmantels zu suchen sind. Später haben die meisten derjenigen Autoren, die zur Frage nach der Genese der arteriellen Transposition Stellung genommen haben, dem Differentialwachstum eine wichtige Rolle beigemessen.

Bei der experimentellen Forschung hat man später außer der Induktion und der Selektivadhäsion (HOLTFRETER 1939; s. auch MOSCONA 1963) in der Organogenese weitere Grunderscheinungen im Zellbereich und in dem Zusammenwirken von Zellschichten abgegrenzt. Hierzu gehören die Gleitbewegungen (TRINKHAUS 1965), die Kontaktinhibition (ABERCROMBIE 1967), die Kontaktführung auf einer Unterlage (DEHAAN 1963a, 1964; WEISS 1955; umfassende Darstellungen bei DEHAAN 1958; DEHAAN u. EBERT 1964; TRINKHAUS 1965). Nach DEHAAN (1970a) lassen sich in der Kardiogenese 3 Grunderscheinungen unterscheiden, und zwar: Zellproliferation, Zelldifferenzierung und Formentstehung durch Zellbewegungen und -adhäsion (s. auch DEHAAN 1967a, 1970b; über Steuerungsmechanismen s. auch DEHAAN 1967b). PEXIEDER (1981a) unterscheidet folgende Elementarphänomene in der Kardiogenese: Änderungen der Zellform, Kontaktmodulation, Zellbewegungen, Zellproliferation, Zelltod und Auf- und Abbau der Interzellularmatrix. Nach SAXÉN (1970) sind die erwähnten Elementarphänomene der Organogenese in der unten angegebenen Zeitfolge miteinander geknüpft:

a) Zellproliferation bis zur Erreichung einer minimalen, für die Verwirklichung des nächsten Entwicklungsschrittes kritischen Zellmasse (evtl. durch Zellaggregation auch erreichbar).
b) Induktive Determination.
c) Zellaggregation.
d) Gestaltungsbewegungen (Entstehung der Grundform).
e) Zelldifferenzierung (anscheinend chemisch bedingt: Chemodifferenzierung).
f) Lokalisiertes Zellwachstum.
g) Lokale Zellproliferation (durch f. und g. Entstehung der Organasymmetrien).
h) Programmierter Zelltod (Organmodellierung).

Diese Ergebnisse der experimentellen Forschung bieten zwar neue Perspektive zum besseren Verständnis der normalen und gestörten Herzentwicklung (s. PEXIEDER 1981b), sie bilden jedoch zur Zeit keine solide Basis für eine einheitliche Darstellung der kausalen Kardiogenese beim Menschen.

II. Zur Herzinduktion

Der Einfluß des vorderen Entoderm auf die Herzentwicklung ist bei Amphibien ausführlich untersucht worden (BACON 1945; EKMAN 1921, 1924, 1925, 1927, 1929; FULLILOVE 1970; JACOBSON 1960, 1961; JACOBSON u. DUNCAN 1968; MANGOLD 1957; STÖHR 1924a, b, 1925, 1926). EKMAN betrachtet das Herz zwar als ein zur Selbstdifferenzierung fähiges und harmonisches System, er war jedoch anscheinend der erste, der in der Herzentwicklung ein vom Entoderm ausgehendes Induktionsphänomen sah (1925). Bei Amphibien gilt heute das vordere Entoderm als Herzinduktor (FULLILOVE 1970; JACOBSON u. DUNCAN 1968; MANGOLD 1957;

SMITH u. AMSTRONG 1990). Nach JACOBSON und DUNCAN (1968) lassen sich dabei drei Faktoren, nämlich ein spezifischer Herzinduktor, ein unspezifischer Stimulationsfaktor und ein Inhibitionsfaktor gewinnen. Nach FULLILOVE (1970) übt der spezifische Induktionsfaktor seine Wirkung bis zum Kopf-Schwanz-Stadium aus.

Der Einfluß des vorderen Entoderm auf die Entwicklung des Hühnerherzens gilt für einige Autoren als Induktionsphänomen (ORTS LLORCA 1963a; ORTS LLORCA u. JIMENEZ COLLADO 1969), für DEHAAN (1964, 1965) als ein Phänomen der Kontaktführung, in der das Entoderm als eine Richtungsunterlage dienen soll. STALSBERG (1969a) ist einer ähnlichen Auffassung.

Das Entoderm der Darmpforte und der Leberbucht zeigt sich in späteren Stadien als notwendig für die Entwicklung des Sinus venosus und des Vorhofs (ORTS LLORCA 1963b). Die einseitige Entfernung des vorderen Entoderm führt zur Entwicklung einer nach der anderen Seite gerichteten Herzschleife (ORTS LLORCA 1964).

III. Zur Entstehung der Herzasymmetrie

Die Wachstumspotenzen der rechten und linken Herzanlagen ist an den künstlich erzeugten Cardia bifida bei Amphibien (s. EKMAN 1925; FALES 1946) und Hühnerembryonen (s. VAN PRAAGH u. DEHAAN 1967) untersucht worden. Die getrennten Herzanlagen entwickeln sich dabei zu zueinander symmetrischen Herzschleifen, die linke weist jedoch eine höhere Wachstumsaktivität an den kaudalen, die rechte aber an den kranialen Segmenten auf. Nach STALSBERG (1970) ist das rechte bzw. linke präkardiale Mesoderm mit unterschiedlichen Zellprozentsätzen an der Bildung der Herzschleife beteiligt (s. hierzu auch ROSENQUIST u. DEHAAN 1966; WILENS 1955).

Nach STALSBERG u. DEHAAN (1969) weist die rechte kardiogene Zone bei den meisten Hühnerembryonen einen fortgeschritteneren Entwicklungszustand als die linke auf. In den Frühentwicklungsstadien des embryonalen Hühnerherzens tritt vorübergehend eine rechte Dominanz auf (GROHMANN 1961). Nach LINDNER (1960) bilden sich die ersten Myofibrillen in den rechten Herzanteilen, die ersten Kontraktionen treten nach PATTEN u. KRAMER (1933) und PATTEN (1949) ebenfalls in den rechten Herzanteilen ein. Diese Ergebnisse, die mit DOERRS Auffassung über die Heterochronie der Herzentwicklung mit einem Paläo- und Neomyokard bzw. der rechten und linken Anteile übereinstimmen (DOERR 1984), werden von DEHAAN (1968) und STALSBERG (1969a, b, 1970) durch die asynchronische Bildung von Aggregationszentren erklärt, die eine Prädifferenzierungsphase darstellen sollen (STALSBERG 1970). Die Ausbildung der Herzschleife führt STALSBERG (1970) auf eine asymmetrische Verteilung dieser Zentren zurück. Neulich haben MANASEK et al. (1978; s. auch ITASAKI et al. 1989) die Hypothese aufgestellt, daß die räumliche Anordnung der Myofibrillen ein Regulationsfaktor der Herzschleifenbildung sei.

Wenn die von benachbarten Geweben isolierte Herzanlage gezüchtet wird, so entwickelt sie sich zu einem atypisch, d.h. unvollständig gekrümmten Herzschlauch (bei Amphibien s. COPENHAVER 1955 und STÖHR 1925, bei Hühnerembryonen ORTS LLORCA 1970 und ORTS LLORCA u. RUANO GIL 1967). Die einseitige Exstirpation des vorderen Entoderm führt andererseits zur Entstehung einer nach der anderen Seite gerichteten Herzschleife (ORTS LLORCA 1964). Durch Umdrehung eines Stückes Darmdach in der Amphibienneurula läßt sich ein Situs inversus erzeugen (hierzu s. die ausführliche Arbeit von SPEMANN u. FALKENBERG 1919). Diese Versuche weisen eindeutig darauf hin, daß die Faktoren, die die Herzasymmetrie determinieren, wenigstens nicht allein am isolierten Organ zu suchen sind. Bei der Tierexperimentation liegen einige äußere Faktoren im vorderen Entoderm. Die mechanistische Konzeption von PATTEN (1922) und VAN MIEROP et al. (1963), nach der die Entstehung der Herzschleife durch Raumbeschränkungen der Perikardhöhle bedingt ist, läßt sich nur schwerlich aufrecht erhalten, denn danach ist eine Herzinversion statistisch mit gleicher Häufigkeit wie im Normalfall zu erwarten. Nach STALSBERG (1970) besteht eigentlich eine Konstellation innerer und äußerer, voneinander unabhängiger Kausalfaktoren, und zwar derart, daß die Störung eines Einzelfaktors nicht unbedingt zu einer atypischen Herzasymmetrie führen soll. Von einem allgemeinen Gesichtspunkt aus ist die Herzasymmetrie eher im Bauplan des Gesamtorganismus determiniert.

1. Das Differentialwachstum

Die Wachstumsaktivität des embryonalen Hühnerherzens ist durch die Bestimmung der Mitosenrate (u. a. GOERTTLER 1956a; GROHMANN 1961; KUSE 1962), des stathmokinetischen Index (STALSBERG 1969a) und autoradiographisch anhand von H3-Thymidin (SISSMAN 1966; PASCHOUD u. PEXIEDER 1981) untersucht worden. Die Ergebnisse dieser Studien stimmen damit überein, daß regionale Unterschiede in der derart beurteilten Wachstumsaktivität am selben Entwicklungsstadium und zwischen verschiedenen Entwicklungsstadien bestehen. So fanden sich nach GOERTTLER (1956a) die mitosenreichsten Bezirke im Myokard der ampullären Konvexität, mittlere Werte an den lateralen Vorhofanteilen und die niedrigsten im Bulbusbereich. Das Myokard wies einen höheren mitotischen Index als das benachbarte Endokard auf. Am Truncus und den Vorhöfen waren die Werte für das Mesenchym am höchsten. Die Mitosenrate am Septummyokard stieg nach GROHMANN (1961) im Laufe der Entwicklung an, als die Werte für das Kammer- und Vorhofmyokard sanken. SISSMAN (1966) konnte die erwähnten Ergebnisse nur teilweise bestätigen, dabei fanden sich höhere Werte für das Endokard als für das Kammermyokard (über methodologische Fragen s. dort). Die von STALSBERG erhobenen Befunde ließen sich als in kraniokaudaler Richtung des sich entwickelnden Herzens verlaufende Mitosenwellen ausdrücken. Am embryonalen Hühnermyokard kommen Teilungsfiguren in mit Myofibrillen versehenen Zellen vor (MANASEK 1968). Eine ausführliche Computeranalyse der regionalen Wachstumsunterschiede am embryonalen Hühnerherzen findet sich bei PASCHOUD u. PEXIEDER (1981). Besteht ein regional unterschiedliches Wachstum des embryonalen Herzens, so sind folgerichtig Krümmungen, Verschiebungen und Drehungen von Herzanteilen zueinander je nach Lage und Richtung des Differentialwachstums anzunehmen. Das Zustandekommen des Differentialwachstums am embryonalen Herzen steht zur Zeit außer Zweifel. Das aktuelle Problem liegt darin, diesen Sachverhalt quantitativ zu belegen, was anscheinend bisher nicht möglich gewesen war, denn es fehlen morphometrische Angaben über den Formwandel des Herzens in Korrelation mit den zytologischen Parametern (s. PASCHOUD u. PEXIEDER 1981).

2. Der programmierte Zelltod

Der Zelltod als ein programmierter Prozeß der normalen Organogenese ist vor allem an der Ausmodellierung bestimmter Strukturen beteiligt (HINSCHLIFFE 1981; über die mikroskopischen Aspekte dieses Prozesses s. CLARK 1990). Herde solcher abgestorbenen Zellen finden sich nach PEXIEDER (1981 c) am embryonalen Hühnerherzen, bei der Ratte und beim Menschen in den Endokardkissen, in den Bulbuswülsten und -leisten, in den Taschenklappen und in der Wand der Aorta und Pulmonalis. Am embryonalen Hühnerherzen ist der programmierte Zelltod nach OJEDA u. HURLE (1981) an der Verschmelzung der paarigen Herzanlage beteiligt. Beim Menschen scheint der Prozeß zur Ausmodellierung der Taschenklappen und der endgültigen Ausflußbahn der rechten Kammer beizutragen (OKAMOTO et al. 1981; weiteres hierzu s. bei PEXIEDER 1978).

IV. Der Blutstrom als Gestaltungsfaktor der Herzsepten

Aus den mehreren Untersuchungen über die Bedeutung des Blutstromes in der Formgestaltung des embryonalen Herzens (BARTHEL 1960; BENEKE 1920, 1928; BREMER 1929, 1931/32; GOERTTLER 1955, 1956 b; JAFFEE 1962, 1963, 1965; RYCHTER 1962; RYCHTER u. LEMEZ 1957, 1958; ROMHÁNYI 1952) läßt sich folgendes schließen: a) Den zu einem gegebenen Zeitpunkt der Herzentwicklung vorliegenden Formverhältnissen des Herzens sind die Art, Richtung und Zahl der Blutströme, diesen die Anordnung bestimmter Herzsepten untergeordnet; b) die laminären Blutströme üben eine formbildende Wirkung auf die inkompressible, verschiebbare Gallertschicht des embryonalen Herzens aus. Die Herzform zwingt also den Blutstrom zu einem bestimmten Verlauf, von dem die Anordnung der Gallertsepten abhängig ist (GOERTTLER 1956 b). An den Herzkrümmungen verschiebt sich das gelatinöse Retikulum derart, daß dort Endokardpolster entstehen und das Herzlumen einen hantelförmigen Querschnitt annimmt (s. auch STEDING u. SEIDL 1980), was die Entstehung zweier laminärer Blutströme bedingt (s. BARTHEL 1960).

BARTHEL (1960) hat die mechanischen von hydrodynamischen Wirkungsmechanismen klar unterschieden und deren gegenseitige Beziehungen erklärt. Danach ist die Ausbildung der Endokardpolster ein Torsionseffekt des Herzschlauches. Entlang dem Septenraum wandeln sich die hydro- bzw. hämodynamischen Kräfte in Zugspannungen um, die die Einfaltung der Gallertschicht ins Herzlumen als Anlagen der Endokardsepten verursachen. Nachher soll ein aktiver Wachstumsvorgang des Bindegewebes stattfinden, der zur Organisation der gallertigen Einfaltungen zu den endgültigen Septen führen soll.

Die Muskelsepten sind anscheinend prinzipiell keine blutstromabhängige Einrichtungen. Einige davon, nämlich die Valvula venosa dextra, das Septum sinus und das Septum secundum, entstehen als Einfaltungen der Herzwand und zeigen sich als Muskelduplikaturen (s. LOS 1978), andere, wie die Valvula venosa sinistra und das Septum ventriculare, sind von vornherein einfache massive

Muskeleinrichtungen, deren Entstehungsart immer noch unklar ist (s. hierzu GOERTTLER 1963a). Das Septum trunci entsteht als und bleibt ein Bindegewebsseptum. Das Septum bulbi nimmt hierzu eine Sonderstellung insofern ein, als dessen Anlage, die Bulbusleisten, eine gallertige, also in ihrer Anordnung stromabhängige Struktur ist, in die später Muskelgewebe einwächst (CHUAQUI u. BERSCH 1972).

Literatur

Abercrombie M (1967) Contact inhibition: the phenomenon and its biological implications. Nat Cancer Inst Monogr 26:249–277

Anderson RH, Wilkinson JL, Arnold R, Lubikiewicz K (1974) Morphogenesis of bulboventricular malformations. I: consideration of embryogenesis in the normal heart. Br Heart J 36:242–255

Asami I (1969) Beitrag zur Entwicklung des Kammerseptums im menschlichen Herzen mit besonderer Berücksichtigung der sog. Bulbusdrehung. Z Anat Entwl-Gesch 128:1–17

Asami I (1972) Beitrag zur Entwicklungsgeschichte des Vorhofseptum im menschlichen Herzen. Eine lupenphotographische Darstellung. Z Anat Entwl-Gesch 139:55–70

Auër J (1948) The development of the human pulmonary vein and its major variations. Anat Rec 101:581–594

Bacon RL (1945) Self-differentiation and induction in the heart of amblyostoma. J Exp Zool 98:87–121

Barry A (1951) The aortic-arch derivatives in the human adult. Anat Rec 111:221–238

Barthel H (1960) Missbildungen des menschlichen Herzens. Thieme, Stuttgart

Beneke R (1920) Über Herzbildung und Herzmißbildung als Funktionen primärer Blutstromformen. Ein Beitrag zur Entwicklungsmechanik. Beitr Allg Pathol pathol Anat 67:1–27

Beneke R (1928) Der Wasserstoß als gewebeformende Kraft im Organismus. Beitr Allg Pathol pathol Anat 79:166–208

Bersch W (1971) On the importance of the bulboauricular flange for the formal genesis of congenital heart defects with special regard to the ventricular septum defects. Virchows Arch [A] 354:252–267

Bersch W (1973) Über das Moderatorband der linken Kammer. Basic Res Cardiol 68:225–238

Bogers AJJC, Gittenberger-De Groot AC, Dubbeldam JA, Huymans HA (1988) The inadequacy of existing theories on development of the proximal coronary arteries and their conexiones with the arterial trunk. J Cardiol 20:117–123

Born G (1988) Über die Bildung der Klappen, Ostien und Scheidewände im Säugertierherzen. Bardelebens Anat Anz 3:606–612

Born G (1889) Beitrag zur Entwicklungsgeschichte des Säugertierherzens. Arch Mikr Anat 33:284–378

Bremer JL (1929) The influence of the blood stream on the development of the heart (abstract). Anat Rec 42:6

Bremer JL (1931/32) The presence and influence of two spiral streams in the heart of the chick embryo. Am J Anat 49:409–440

Bremer JL (1942) Transposition of the aorta and pulmonary artery. Arch Pathol 34:1016–1030

Christie GA (1963) The development of the limbus fossae ovalis in the human heart – A new septum. J Anat (Lond) 97:45–54

Chuaqui B (1973) Zur Histogenese des A-V-Knotens beim Menschen. Basic Res Cardiol 68:266–276

Chuaqui B (1979) Doerr's theory of morphogenesis of arterial transposition in light of recent research. Br Heart J 41:481–485

Chuaqui B, Bersch W (1972) The periods of determination of cardiac malformations. Virchows Arch [A] 356:95–110

Chuaqui B, Bersch W (1973) The formal genesis of the transposition of the great arteries. Virchows Arch [A] 358:11–34
Clark PGH (1990) Development cell death: morphological diversity and multiple mechanisms. Anat Embryol 181:195–213
Congdon ED (1922) Transformation of the aortic-arch system during the development of the human embryo. Contr Embryol Carneg Inst 14:47–110
Cooper MH, O'Rahilly (1971) The human heart at the seventh postovulatory week. Acta Anat 79:280–299
Copenhaver WM (1955) Heart, blood vessels, blood, and entodermal derivaties. In: Willier BH, Weiss PA, Hamburger V (eds) Analysis of development. Saunderns, Philadelphia London, p 440
Corner GW (1929) A well preserved human embryo of 10 somites. Contr Embryol Carneg Inst 20:83–100
Davis CL (1927) Development of the human heart from its first appearance to the stage found in embryos of 20 paired somites. Contr Embryol Carneg Inst 19:245–284
Dehaan RL (1958) Cell migration and morphogenetic movements. In: McElroy WD, Glass B (eds) A symposium on the chemical basis of development. The Johns Hopkins Press, Baltimore, p 339
Dehaan RL (1963a) Organization of the cardiogenic plate in the early chick embryo. Acta Embryol Morphol Exp 6:26–38
Dehaan RL (1963b) Migration patterns of the precardiac mesoderm in the early chick embryo. Exp Cell Res 29:544–560
Dehaan RL (1963c) Regional organization of pre-pacemaker cells in the cardiac primordia of the early chick embryo. J Embryol Exp Morphol 11:65–76
Dehaan RL (1964) Cell interactions and oriented movements during development. J Exp Zool 157:127–138
Dehaan RL (1965) Morphogenesis of the vertebrate heart. In: Dehaan RL, Ursprung H (eds) Organogenesis. Holt, New York, p 377
Dehaan RL (1967a) Development of form in the embryonic heart. An experimental approach. Circulation 35:821–833
Dehaan RL (1967b) Regulation of spontaneous activity and growth of embryonic chick heart in tissue culture. Devel Biol 16:216–249
Dehaan RL (1968) Emergence of form and function in the embryonic heart. Devel Biol (Suppl) 2:208–250
Dehaan RL (1970a) The cellular basis of the morphogenesis in the embryonic heart. UCLA Forum Med Sci 10:7–15
Dehaan RL (1970b) Embryology of the heart. In: Hurst JW, Logue RB (eds) The heart, 2nd edn. McGraw-Hill, New York St Louis San Francisco London Sydney Toronto Mexico Panama, p 7
Dehaan RL, Ebert J (1964) Morphogenesis. Ann Rev Physiol 26:15–46
De La Cruz MV, Espino-Vela J, Attie F, Muñoz L (1967) An embryological theory for the ventricular inversions and their classification. Am Heart J 73:777–793
De La Cruz MV, Muñoz-Castellanos L, Nadal-Ginard B (1971) Extrinsic factors in the genesis of congenital heart disease. Br Heart J 33:203–213
Doerr W (1952) Über ein formales Prinzip der Koppelung von Entwicklungsstörungen der venösen und arteriellen Kammerostien. Z Kreislaufforsch 41:269–284
Doerr W (1955a) Die formale Entstehung der wichtigsten Mißbildungen des arteriellen Herzendes. Beitr Pathol Anat 115:1–32
Doerr W (1955b) Die Mißbildungen des Herzens und der großen Gefäße. In: Kaufmann E, Staemmler M (Hrsg) Lehrbuch der speziellen pathologischen Anatomie, Bd I/1, de Gruyter, Berlin, S 381
Doerr W (1960) Pathologische Anatomie der angeborenen Herzfehler. In: Mohr L, Staehlin S, Bergmann G v, Frey-Bern W, Schwieck H (Hrsg) Handbuch der inneren Medizin, 4. Aufl, Bd IX/3. Springer, Berlin Göttingen Heidelberg, S 1
Doerr W (1970) Allgemeine Pathologie der Organe des Kreislaufs. In: Meessen H, Roulet F (red) Handbuch der allgemeinen Pathologie, Bd III/4. Springer, Berlin Heidelberg New York, S 205

Doerr W (1984) Prinzipien der Pathogenese großer Herz- und Gefäßkrankheiten. Sitzungsberichte der Physikalisch-Medizinischen Sozietät zu Erlangen, Bd 1. Palm & Enke, Erlangen, S 1–33

Dor X, Corone P (1981) Embryologie normale et genèse des cardiopathies congénitales. Encyclopédie médico-chirurgicale 11001 C10 1–12, 11001 C20 1–16, 11001 C30 1–6 (Paris)

Dor X, Corone P (1985) Migration and torsions of the conotruncus in the chick embryo heart: observational intervention. Heart Vessels 1:195–211

Dor X, Corone P, Johnson E (1987) Origine de la veine pulmonaire commune, cloisonnement du sinus veineux primitiv, situs des oreillettes et théorie du «bonhomme sinusal». Arch Mal Coeur 80:483–498

Ekman G (1921) Experimentelle Beiträge zur Entwicklung des Bombinatorherzens. Oversikt av Finska Vetenskaps-Societetens Förhandlingar Bd 63:1–37

Ekman G (1924) Über Explantation von Herzanlagen der Amphibien (Vorläufige Mitteilung) Ann Soc Zool Fennicae Venamo 2:169–184

Ekman G (1925) Experimentelle Beiträge zur Herzentwicklung der Amphibien. Roux' Arch Entwickl-Mech 106:320–352

Ekman G (1927) Einige experimentelle Beiträge zur frühesten Herzentwicklung bei Rana fusca. Ann Acad Scientiarum Fennicae Ser A 27:1–26

Ekman G (1929) Experimentelle Untersuchung über die früheste Herzentwicklung bei Rana fusca. Arch Entwickl-Mech 116:327–347

Fales DE (1946) A study of double hearts produced experimentally in embryos of Amblyostoma punctatum. J Exp Zool 101:281–298

Fullilove SL (1970) Heart induction: distribution of active factors in Newt endoderm. J Exp Zool 175:323–326

Gils FAW van (1981) The fibrous skeleton in the human heart: embryological and pathogenetic considerations. Virchows Arch [A] 393:61–73

Goerttler Kl (1955) Über Blutstromwirkung als Gestaltungsfaktor für die Entwicklung des Herzens. Beitr Pathol Anat 115:33–56

Goerttler Kl (1956a) Die Stoffwechseltopographie des embryonalen Hühnerherzens und ihre Bedeutung für die Entstehung angeborener Herzfehler. Verh Dtsch Ges Pathol 40:181–185

Goerttler Kl (1956b) Hämodynamische Untersuchungen über die Entstehung der Mißbildungen des arteriellen Herzendes. Virchows Arch Pathol Anat 328:391–420

Goerttler Kl (1958) Normale und pathologische Entwicklung des menschlichen Herzens. Zwanglose Abhandlungen auf dem Gebiet der normalen und pathologischen Anatomie, H 4. Thieme, Stuttgart

Goerttler Kl (1963a) Entwicklungsgeschichte des Herzens. In: Bargmann W, Doerr W (Hrsg) Das Herz des Menschen, Bd I. Thieme, Stuttgart, S 21

Goerttler Kl (1963b) Die Mißbildungen des Herzens und der großen Gefäße. In: Bargmann W, Doerr W (Hrsg) Das Herz des Menschen, Bd I. Thieme, Stuttgart, S 422

Goerttler Kl (1968) Die Mißbildungen des Herzens und der großen Gefäße. In: Kaufmann E, Staemmler M (Hrsg) Lehrbuch der speziellen pathologischen Anatomie, Erg-Bd I/2. W de Gruyter, Berlin, S 303

Good DA, Edwards JE, Lillehei CW (1970) The development of the interventricular septum of the human heart; correlative morphogenetic study. Chest 453–467

Goor DA, Dische R, Lillehei CW (1972) The conotruncus. I. Its normal inversion and conus absorption. Circulation 46:375–385

Grant RP (1962a) The embryology of the ventricular flow pathways in man. Circulation 25:756–779

Grant RP (1962b) Morphogenesis of transposition of the great vessels. Circulation 26:819–840

Grant RP, Downey FM, MacMahon H (1961) The arquitecture of the right ventricular outflow tract in the normal human heart and in presence of ventricular septal defects. Circulation 24:223–235

Greil A (1902) Beiträge zur vergleichenden Anatomie und Entwicklungsgeschichte des Herzens und des Truncus arteriosus der Wirbeltiere. Gegenbaurs Morphol Jahrb Z Anat Entwickl-Gesch 31:123–310

Grohmann D (1961) Mitotische Wachstumsintensität des embryonalen und fetalen Hühnchenherzens und ihre Bedeutung für die Entstehung von Herzmißbildungen. Z Zellforsch 55:104-122

Grünwald P (1938) Die Entwicklung der Vena cava caudalis beim Menschen. Z Mikrosk Anat Forsch 43:275-331

Hackensellner HA (1954a) Zeitpunkt und Grad der Linksschwenkung des thorakalen Aortensystems. Roux' Arch Entwickl-Mech 146:650-660

Hackensellner HA (1954b) Zeitpunkt und Grad der Linksneigung des thorakalen Aortensystems. Roux' Arch Entwickl-Mech 147:288-295

Hackensellner HA (1955) Über akzessorische, von der Arteria pulmonalis abgehende Herzgefäße und ihre Bedeutung für das Verständnis der formalen Genese des Ursprungs einer oder beider Coronararterien von der Lungenschlagader. Frankfurt Z Pathol 66:463-470

Hackensellner HA (1956) Akzessorische Koronargefäßanlagen der Arteria pulmonalis unter 63 menschlichen Embryonenserien mit einer größten Länge von 12 bis 36 mm. Z Mikrosk Anat Forsch 62:153-164

Hamburger V, Hamilton HL (1951) A series of normal stages in the development of the chick embryo. J Morphol 88:49-92

Heuser CL, Corner CW (1957) Developmental horizons in human embryos. Description of age group X, 4 to 12 somites. Contr Embryol Carneg Inst 36:29-39

Hinschliffe JR (1981) Cell death in embryogenesis. In: Bowen ID, Lockshin RA (eds) Cell death in biology and pathology. Chapman & Hall, London New York, p 35

His W (1880) Anatomie menschlicher Embryonen. I. Embryonen des ersten Monats. Vogel, Leipzig, S 1-184

His W (1882) II. Gestalt und Größenentwicklung bis zum Schluß des zweiten Monats. Vogel, Leipzig, S 1-104

His W (1885) III. Zur Geschichte der Organe. Vogel, Leipzig, S 1-260

Holtfreter J (1939) Gewebeaffinität, ein Mittel der embryonalen Formbildung. Arch Exp Zellforsch 23:169-209

Itasaki N, Nakamura H, Yasuda M (1989) Changes in the arrangement of actin bundles during heart looping in the chick embryo. Anat Embryol 180:413-420

Jacobson AG (1960) Influences of ectoderm and endoderm on heart differentiation in the Newt. Devel Biol 2:138-154

Jacobson AG (1961) Heart determination in the Newt. J Exp Zool 146:139-152

Jacobson AG, Duncan JT (1968) Heart induction in salamanders. J Exp Zool 167:79-103

Jaffee OC (1962) Hemodynamics and cardiogenesis. I. The effects of altered vascular patterns on the cardiac development. J Morphol 110:217-226

Jaffee OC (1963) Bloodstreams and the formation of the interatrial septum in the anuran heart. Anat Rec 147:355-357

Jaffee OC (1965) Hemodynamics factors in the development of the chick embryo heart. Anat Rec 151:69-76

Keith A (1909) The Hunterian lectures on malformations of the heart. Lecture I. Lancet 2:359-363. Lecture II. Lancet 2:433-435. Lecture III. Lancet 2:519-523

Keith A (1924) Schornstein Lecture on the fate of the Bulbus cordis in the human heart. Lancet 2:1267-1273

Kramer TC (1942) The partitioning of the truncus and conus and the formation of the membranous portion of the interventricular septum in the human heart. Am J Anat 71:343-370

Kuse R (1962) Vergleichende Untersuchungen der mitotischen Wachstumsaktivität der Thorax- und Oberbauchorgane beim embryonalen und fetalen Hühnchen. Z Zellforsch 56:728-747

Licata LH (1954) The human embryonic heart in the ninth week. Am J Anat 94:73-125

Lindner E (1960) Myofibrils in the early development of the chick embryo hearts as observed with the electron microscope (abstract). Anat Rec 136:234-235

Los JA (1960) Die Entwicklung des Septum sinus venosi cordis. Die Herzentwicklung des Menschen, von einer vergessenen Struktur aus untersucht. Z Anat Entwickl-Gesch 122:173-196

Los JA (1966) Le cloisonnement du tronc artériel chez l'embryon humain. Assoc Anat (Nancy) 50:682–686

Los JA (1968) Embryology. In: Watson H (ed) Pediatric cardiology. Mosby, St Louis, p 1

Los JA (1978) Cardiac septation and development of the aorta, pulmonary trunk, and pulmonary veins: previous work in the light of recent observations. In: Rosenquist GC, Bergsma D (eds) Morphogenesis and malformation of the cardiovascular system. Birth defects: Original article series, vol 14. Alan Riss, New York, p 109

Los JA, Dankmeijer J (1956) The development of the pulmonary veins in the human embryo. Assoc Anat (Nancy) 42:961–966

Mall FP (1912) On the development of the human heart. Am J Anat 13:249–298

Manasek FJ (1968) Embryonic development of the heart. I. A light and electron microscopic study of myocardial development in the early chick embryo. J Morphol 329–366

Manasek FJ, Kulikowski RR, Fitzpatrick L (1978) Cytodifferentiation: a causal antecedent of looping? In: Rosenquist GC, Bergsma D (eds) Morphogenesis and malformation of the cardiovascular system. Birth defects: Original article series, vol 14. Alan Riss, New York, p 161

Mangold O (1957) Zur Analyse der Induktionsleistung des Entoderms der Neurula von Urodelen (Herz, Kiemen, Geschlechtszellen, Mundöffnung). Naturwissenschaften 44:289–290

McClure FWC, Buttler EG (1925) The development of the vena cava inferior in man. Am J Anat 35:331–383

Medawar PB (1940) The growth, growth energy, and ageing of the chicken's heart. Proc R Soc Lond Ser B 129:332–355

Moscona A (1963) Rotation-mediated histogenetic aggregation of dissociated cells. Exp Cell Res 22:455–475

Neill CA (1956) Development of the pulmonary veins. With reference to the embryology of anomalies of the pulmonary venous return. Pediatrics 18:880–887

Mierop LHS van, Alley RD, Kausel HW, Stranahan A (1962) The anatomy and embryology of the endocardial cushion defects. J Thorac Cardiovasc Surg 43:71–83

Mierop LHS van, Alley RD, Kausel HW, Stranahan A (1963) Pathogenesis of transposition complexes. I. Embryology of the ventricles and the great arteries. Am J Cardiol 12:216–225

Odgers PNB (1934/35) The formation of the venous valves, the foramen secundum and the septum secundum in the human heart. J Anat (Lond) 69:412–422

Odgers PNB (1937/38) The development of the pars membranacea septi in the human heart. J Anat (Lond) 72:247–259

Odgers PNB (1938/39) The development of the atrio-ventricular valves in man. J Anat (Lond) 73:653–657

Ojeda JL, Hurle JM (1981) Establishment of the tubular heart. Role of cell death. In: Pexieder T (ed) Mechanisms of cardiac morphogenesis and teratogenesis. Perspectives in cardiovascular research, vol 5. Raven Press, New York, p 101

Okamoto N, Akimoto N, Satow Y, Hidaka N, Miyabara S (1981) Role of cell death in conal ridges of developing human heart. In: Pexieder T (ed) Mechanisms of cardiac morphogenesis and teratogenesis. Perspectives in cardiovascular research, vol 5. Raven Press, New york, p 127

O'Rahilly R (1971) The timing and sequence of events in human cardiogenesis. Acta Anat (Basel) 79:70–75

O'Rahilly R (1973) Developmental stages in human embryos. Carnegie Inst Washington, Pub 631:1–167

Orts Llorca F (1963a) Influence of the endoderm on heart differentiation during early stages of development of the chicken embryo. Roux' Arch Entwickl-Mech 154:533–551

Orts Llorca F (1963b) Influence de l'entoblaste dans la morphogenèse et la différentiation tardive du coeur de poulet. Acta Anat 52:202–214

Orts Llorca F (1964) Influence of the ectoderm on the heart differentiation and placement in the chicken embryo. Roux' Arch Entwickl-Mech 155:162–180

Orts Llorca F (1970) Curvature of the heart: its first appearance and determination. Acta Anat 77:454–468

Orts Llorca F, Ruano Gil D (1967) A causal analysis of the heart curvatures in the chicken embryo. Roux' Arch Entwickl-Mech 158:52–63

Orts Llorca F, Jimenez Collado J, Ruano Gil D (1960) La fase plexiforme del desarrollo cardíaco en el hombre. Ebriones de 21±1 día. An Desarrollo 8:79–98

Orts Llorca F, Jimenez Collado J (1968) A radioautographic analysis of the prospective cardiac area in the chick blastoderm my means of labeled grafts. Roux' Arch Entwickl-Mech 160:298–312

Orts Llorca F, Jimenez Collado J (1969) The development of heterologous grafts, labeled with thymidine-H3 in the cardiac area of the chick blastoderm. Devel Biol 19:213–227

Orts Llorca F, Puerta Fonollá J, Sobrado Perez J (1981) Morphogenesis of the ventricular flow pathways in man (Bulbus cordis and Truncus arteriosus). In: Pexieder T (ed) Mechanisms of cardiac morphogenesis and teratogenesis. Perspectives in cardiovascular research, vol 5. Raven Press, New York, p 17

Paschoud N, Pexieder T (1981) Patterns of proliferation during the organogenetic phase of heart development. In: Pexieder T (ed) Mechanisms of cardiac morphogenesis and teratogenesis. Perspectives in cardiovascular research, vol 5. Raven Press, New York, p 73

Patten BM (1922) The formation of the cardiac loop in the chick. Am J Anat 30:373–397

Patten BM (1949) Initiation and early changes in the character of the heart beating vertebrate embryos. Physiol Rev 29:31–47

Patten BM (1960) Persistent interatrial foramen primum. Am J Anat 107:271–280

Patten BM (1968) The development of the heart. In: Gould SE (ed) Pathology of the heart and blood vessels, 3rd edn. Thomas, Springfield, Ill, p 20

Patten BM, Kramer TC (1933) The initiation of contraction in the embryonic chick heart. Am J Anat 53:349–375

Pernkopf E, Wirtinger W (1933) Die Transposition der Herzostien. Ein Versuch der Erklärung dieser Erscheinung. Die Phoronomie der Herzentwicklung als morphologische Grundlage der Erklärung. Z Anat Entwickl-Gesch 100:563–711

Pexieder T (1978) Development of the outflow tract of the embryonic heart. In: Rosenquist GC, Bergsma D (eds) Birth defects: Original article series, vol 14. Riss, New York, p 29

Pexieder T (1981 a) Cellular abnormalities leading to congenital heart disease. In: Godman MJ (ed) Paediatric cardiology, vol 4. Churchill Livingston, Edinborough London Melbourne New York, p 24

Pexieder T (1981 b) (ed) Mechanisms of cardiac morphogenesis and teratogenesis. Perspectives in cardiovascular research, vol 5. Raven Press, New York

Pexieder T (1981 c) Introduction. In: Pexieder T (ed) Mechanisms of cardiac morphogenesis and teratogenesis. Perspectives in cardiovascular research, vol 5. Raven Press, New York, p 93

Pexieder T, Christen Y (1981) Quantitative analysis of shape development in the chick embryo heart. In: Pexieder T (ed) Mechanisms of cardiac morphogenesis and teratogenesis. Perspectives in cardiovascular research, vol 5. Raven Press, New York, p 49

Praagh R van, Corsini I (1969) Cor triatriatum: pathologic anatomy and consideration of morphogenesis based on 13 post mortem cases and a study of normal development of the pulmonary vein and atrial septum in 83 human embryos. Am Heart J 78:379–405

Praagh R van, Dehaan RL (1967) Morphogenesis of the heart: mechanism of curvature. Annual Report Director Department Embryology, Carnegie Inst Washington Yearbook 65:536–537

Puerta Fonollá AJ, Ribes Blanquer R (1973) Primer esbozo del foramen primum en el embrión humano (embrión Pu, horizonte XIV). Rev Esp Cardiol 26:255–260

Rokitansky C v (1875) Die Defecte der Scheidewände des Herzens. Braunmüller, Wien

Romhányi G (1952) Über die Rolle hämodynamischer Faktoren im normalen und pathologischen Entwicklungsvorgang des Herzens. Acta Morphol (Budapest) 2:297–312

Rosenquist GC (1970) Location and movements of cardiogenic cells in the chick embryo: the heart forming portion of the primitive streak. Devel Biol 22:461–475

Rosenquist GC, Dehaan RL (1966) Migration of the cardiac cells in the chick embryo: radioautographic study. Contr Embryol Carneg Inst 38:111–121

Rychter Z (1962) Experimental morphology of the aortic arches and the heart loop in chick embryos. Adv Morphol 2:333–371

Rychter Z, Lemez L (1957) Experimentelle Untersuchung über die Entstehung sowie die Lage und Grösse von Kammerseptumdefekten am Herzen von Hühnerembryonen. Anat Anz Erg Heft zu 104:97–102

Rychter Z, Lemez L (1958) Experimenteller Beitrag zur Entstehung der Transposition von Aorta in die rechte Herzkammer der Hühnerembryonen. Anat Anz Erg Heft zu 105:310–315

Saxén L (1970) Defective regulatory mechanisms in teratogenesis. Int J Gynecol Obstect 8:798–804

Seidl W, Steding G (1981) Contribution to the development of the heart. Part III: the aortic arch complex. Normal development and morphogenesis of congential malformation. Thorac Cardiovasc Surg 29:359–368

Sissmann NJ (1966) Cell multiplication rates during development of the primitive cardiac tube in the chick embryo. Nature 210:504–507

Sissman NJ (1970) Developmental landmarks in cardiac morphogenesis: comparative chronology. Am J Cardiol 25:141–148

Smith SC, Amstrong JB (1990) Heart induction in wild-type and cardiac mutant Axolots (Amblyostoma mexicanum). J Exp Zool 254:48–54

Spemann H, Falkenberg H (1919) Über asymmetrische Entwicklung und Situs inversus viscerum bei Zwillingen und Doppelbildungen. Roux' Arch Entwickl-Mech 45:371–422

Spitzer A (1923) Über den Bauplan des missgebildeten Herzens. Virchows Arch Pathol Anat 243:81–272

Spitzer A (1927) Zur Kritik der phylogenetischen Theorie der normalen und missgebildeten Herzarchitektur. Z Anat Entwickl-Gesch 84:30–130

Stalsberg H (1969a) Regional mitotic activity in the precardiac mesoderm and differentiating heart tube in the chick embryo. Devel Biol 20:18–45

Stalsberg H (1969b) The origin of heart asymmetry: right and left contribution to the early chick embryo. Devel Biol 19:109–127

Stalsberg H (1970) Mechanism of dextral looping of the embryonic heart. Am J Cardiol 25:265–271

Stalsberg H, Dehaan RL (1969) The precardiac areas and the formation of the tubular heart in the chick embryo. Devel Biol 19:128–159

Starck D (1955) Embryologie. Thieme, Stuttgart

Steding G, Jinwen X, Seidl W, Männer J, Xia H (1990) Developmental aspects of the sinus valves and the sinus venosus septum of the right atrium in human embryos. Anat Embryol 181:469–475

Steding G, Seidl W (1980) Contribution to the development of the heart. Part I: normal development. Thorac Cardiovasc Surg 28:386–410

Steding G, Seidl W (1981) Contribution to the development of the heart. Part II: morphogenesis of congential heart disease. Thorac Cardiovasc Surg 29:1–16

Stöhr Ph jr (1924a) Experimentelle Studien an embryonalen Amphibienherzen. I. Über Explantation embryonaler Amphibienherzen. Arch Mikrosk Anat Entwickl-Mech 102:426–451

Stöhr Ph jr (1924b) Experimentelle Studien an embryonalen Amphibienherzen. II. Über Transplantation embryonaler Amphibienherzen. Arch Mikrosk Anat Entwickl-Mech 103:555–592

Stöhr Ph jr (1925) Experimentelle Studien an embryonalen Amphibienherzen. III. Über die Entstehung der Herzform. Arch Mikrosk Anat Entwickl-Mech 106:409–455

Stöhr P jr (1926) Zwei neue experimentelle Resultate zur Herzentwicklung bei Amphibien. Verh Dtsch Anat Ges 35:151–154

Streeter GL (1942) Developmental horizons in human embryos. Description of age group xi, 13 to 20 somites, and age group xii, 21 to 29 somites. Contr Embryol Carneg Inst 30:211–245

Streeter GL (1945) Developmental horizons in human embryos. Description of age group xiii, embryos about 4 or 5 millimeters long, and age group xiv, period of indentation of the lens vesicle. Contr Embryol Carneg Inst 31:27–63

Streeter GL (1948) Developmental horizons in human embryos. Description of age groups xv, xvi, xvii, and xviii, being the third issue of a survey of the Carnegie Collection. Contr Embryol Carneg Inst 32:133–203

Streeter GL (1951) Developmental horizons in human embryos. Description of age groups xix, xx, xxi, xxii, and xxiii, being the fifth issue of a survey of the Carnegie Collection. Contr Embryol Carneg Inst 34:165–196

Tandler J (1913) Anatomie des Herzens. Fischer, Jena

Trinkhaus JP (1965) Mechanisms of morphogenetic movements. In: Dehaan RL, Ursprung H (eds) Organogenesis. Holt, New York, p 55

Vernall DG (1962) The human embryonic heart in the seventh week. Am J Anat 111:17–24

Vries PA de, Saunders JM (1962) Development of the ventricles and spiral outflow tract in the human heart. Contr Embryol Carneg Inst 37:87–114

Weiss P (1955) Special vertebrate organogenesis. In: Willier BH, Weiss P, Hamburger V (eds) Analysis of development. Saunders, Philadelphia London, p 346

Wenink ACG (1981a) Embryology of the ventricular septum. Separate origin of its components. Virchows Arch [A] 390:71–79

Wenink ACG (1981b) Development of the ventricular septum. In: Wenink ACG, Oppenheimer-Dekker A, Moulaert AJ (eds) The ventricular septum of the heart. Leiden Univ Press, The Hague Boston London, p 23

Wenink ACG, Gittenberger-De Groot AC (1982a) Left and right ventricular trabecular patterns. Consequence of ventricular septation and valve development. Br Heart J 48:462–468

Wenink ACG, Gittenberger-De Groot AC (1982b) Cloisonnement ventriculaire. Terminologie proposée. Coeur 13:467–478

Wenink ACG, Gittenberger-De Groot AC (1985) The role of atrioventricular endocardial cushions in the septation of the heart. Int J Cardiol 8:25–44

Wenink ACG, Gittenberger-De Groot AC, Oppenheimer-Dekker A, Gils FAW van, Bartelings MM, Draulans-Noë HAY, Moene R (1984) Septation and valve formation: similar processes dictated by segmentation. In: Nora JJ, Takao A (eds) Congenital heart disease. Causes and processes. Futura, Mount Kisko, New York, p 513

Wilens S (1955) The migration of heart mesoderm and associated areas in Amblyostoma punctatum. J Exp Zool 129:579–605

Wirtinger W (1937) Die Analyse der Wachstumsbewegungen und der Septierung des Herzschlauches. Anat Anz 84:33–79

3. Kapitel
Prinzipien der normalen Anatomie des Herzens

W. DOERR

Für den Pathologen ist die *autoptische Untersuchung des Herzens* der ihm zur Klärung von Krankheit und Tod überantworteten Fälle *unverzichtbar*. Die Technik der Untersuchung des Leichenherzens gehört zum kleinen Einmaleins natürlich auch des Gerichtsarztes. Die Technik der autoptischen Untersuchung wird verschieden gehandhabt, je nachdem wie die Fragestellung lautet, d.h. welcher Befund den Umständen nach erwartet werden darf. Es ist nur natürlich, daß in jedem Pathologischen Institut bestimmte Verfahrensweisen bevorzugt und besondere „Handgriffe" geübt werden. *Uns* hat sich die Methode von R. RÖSSLE am meisten bewährt. RÖSSLE war als Schüler von A. HELLER (Kiel) und O.v. BOLLINGER (München) in der Technik von ZENKER (durch HELLER) und VIRCHOW (durch BOLLINGER) ausgebildet. Er hat die Summe seiner Erfahrungen in unübertrefflicher Klarheit dargestellt und an literarischen Hinweisen nicht gespart (1927).

Wer sich grundsätzlich unterrichten will, sollte die Abhandlung von RÖSSLE studieren. Wer diese „intus" hat, braucht keine literarischen Umwege zu machen. *Historisch* – aber auch künstlerisch – interessant ist das anatomische Werk von Leonardo da VINCI (1452–1519). Er hat nicht nur bestimmte Partialeinrichtungen, Herzklappen und Muskelzüge, zeichnerisch festgehalten, sondern experimentell begründete Vorstellungen von der Weiterbewegung des Blutes durch die klappenbewehrten Herzostien zu begründen versucht. Dabei ist ihm unter vielem anderen das Moderatorband von T.W. KING (1837) aufgefallen (Abb. 1).

Im übrigen verweise ich auf die kardiologisch wichtigen Sektionstechniken von Wilhelm MÜLLER (1883), M. LETULLE (1903), McPHEE u. BOTTLES (1985) und vor allem auf die sorgfältige Darstellung von W.H. DONNELY u. H. HAWKINS (1987).

Wer sich anschickt, das Herz eines Menschen zu obduzieren, sollte sich an die *Topographie* des Organs erinnern: Das Herz ruht auf dem Zwerchfell sozusagen ganz und gar mit der Wand der rechten Kammer. Der rechte Kontur des Herzens wird vom rechten Vorhof und von der rechten Kammer gebildet. Die äußerste rechtsseitige Begrenzung des normalen Herzens reicht 3,5–4,5 cm nach rechts von der Mediane. Die kraniale Begrenzung ist hinter dem oberen Rand der dritten Rippe zu vermuten. Die linke Herzgrenze wird durch den linken Ventrikel konturiert. Sie erreicht im 5. Interkostalraum die linke Mamillarlinie und findet sich etwa 8–11 cm links vor der Medianlinie. Die Pulmonalklappe liegt im zweiten linken Interkostalraum, die Aortenklappe etwa in gleicher Höhe, aber hinter dem Sternum. Die am Lebenden durch sorgfältige Perkussion zu erfassende größte Breite des Herzens mißt etwa 15 cm. Die modernen bildgebenden Verfahren liefern sehr viel zuverlässigere, individuelle Werte.

Bemerkungen zur Sektionstechnik

Nach Eröffnung der Brusthöhle durch schonende Abtragung von Sternum und angrenzenden, jeweils nur wenige Zentimeter langen Anteilen der Rippen hat

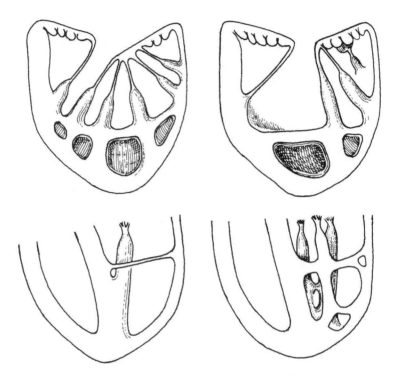

Abb. 1. Moderatorband. Darstellung der Differenzierung der an der Bildung der Trabecula septomarginalis beteiligten Papillarmuskeln nach KING (1837)

die erste Inspektion des Herzbeutels zu erfolgen. Die Lokalisation und etwaige Blähung der Lungenvorderränder ist wichtig. Letztere überdecken den Herzbeutel im allgemeinen nur unvollkommen. Auf Pleuraverwachsungen und etwaige Verlagerung des Mediastinum ist zu achten. Die Eröffnung des Herzbeutels erfolgt durch einen T-förmigen Scherenschnitt derart, daß der Querbalken des T in Nähe des Zwerchfelles, also am kaudalen Raum des Herzbeutels, liegt, der senkrechte Balken kranial orientiert wird. Nach Eröffnung des Herzbeutels erfolgt die Prüfung seines Inhaltes, der Beschaffenheit seiner Wände, von Art und Lokalisation etwaiger Verwachsungen. Alte Synechien können vaskularisiert sein. Das etwaige Vorliegen eines Herzspitzenbandes wird bedacht. In der Regel führt ein nicht veränderter Herzbeutel etwa 40 ml einer klaren, zart gelblich getönten Flüssigkeit.

Etwaige *Unregelmäßigkeiten der Lage* des Herzens müssen möglichst schon jetzt erkannt und spätere differenzierende Arbeiten bedacht, wenn nicht eingeleitet werden. Man sollte unterscheiden „*Dextropositio cordis*" (Verlagerung des ganzen Herzens nach rechts, verursacht durch pathologischen Zug oder Druck aus der Nachbarschaft), „*Dextrokardie im engeren Sinne*" (seitenverkehrte spiegelbildliche Umkehr von Außen- und Innenarchitektur des Herzens; die Herzlängsachse zeigt dann von links hinten oben nach rechts vorn und unten; es liegt also ein Situs inversus des ganzen Herzens vor) und „*Dextroversio cordis*" (Pendelung der Herzachse um ihr kraniales Ende nach rechts). Die hierhergehörigen Fragen besitzen wissenschaftliches Interesse (SPITZER 1929), aber auch eine praktisch-diagnostische Bedeutung (HOLLDACK 1946; DOERR 1947a; HEINTZEN 1959). Die Lageveränderungen des Herzens sollten gerade schon während der ersten Minuten der Obduktion erkannt und geprüft werden. Hier treffen sich Gegebenheiten der genetischen Konstitution (TORGERSEN 1949), aber auch die Folgen einer wodurch auch immer erworbenen Organdisposition. In *den* Fällen, in denen auf Vorliegen einer *Luftembolie* oder die Embolisation eines *Fremdkörpers* (sog. Geschoßembolie etc.) Verdacht besteht, sollte schon jetzt das Herz vorsichtig geöffnet werden (FALK und PFEIFER 1964).

Bei Verdacht auf eine Gasembolie muß der nach dorsal geschlossen belassene Herzbeutel mit Wasser gefüllt werden, – eine Hilfsperson leistet nützliche Dienste durch Anspannen der perikardialen Schnittränder –, *und* das unter den Wasserspiegel gedrückte Herz wird bei Verdacht auf eine Gasembolie aus dem großen Kreislauf im Bereich des Conus pulmonalis, bei Verdacht auf eine Embolie aus dem kleinen Kreislauf (z. B. nach Anlage eines Pneumothorax) im Bereich des linken Herzvorhofs durch einfachen Schnitt eröffnet. Selbstverständlich könnten Blutentnahmen aus Gründen einer chemischen Untersuchung schon in diesem Stadium der Obduktion nützlich sein.

Der erfahrene Obduzent wird vor Herausnahme des Herzens mit und ohne Mediastinalorgane den Sinus transversus pericardii prüfen, d.h. den aorticopulmonalen Gefäßstamm von dorsal mit zwei Fingern umgreifen.

Das ist deshalb wichtig, weil in der Nähe, also nach dorsokranial, eine Lymphknotengruppe in der Bifurcatio tracheae liegt, die nicht selten in den Herzbeutel einbricht und pathologisches Material (entzündlichen Detritus, anthrakosilikotisches Pigment) absetzt.

Ich nehme *jetzt* die Lungen aus der Leiche, zuerst die linke, *beide* über die rechtsseitige Thoraxschnittkante. Erst dann befreie ich Halsorgane und Cephaladgefäße und präpariere von kranial nach kaudal mit festen, quer auf die Wirbelsäule gerichteten Schnitten ein holoptisches Organpaket (Halsorgane, Mediastinum, Herz mit eröffnetem Herzbeutel, Aorta bis zum Zwerchfell). Der Vorteil dieser Methode besteht darin, daß man Herz und große Halsschlagadern (bis über die Karotidengabel hinaus) im ganzen prüfen, also mit *einem* Blick übersehen kann.

Seit Gösta HULTQUIST (1942) gehört die Darstellung des Gefäßbandes sozusagen *aus* dem Herzen, hinauf über die Aorta bis zur Kardotidenspindel zu den verpflichtenden Aufgaben des Obduzenten. – Mutatis mutandis sollte natürlich bei der Ablösung der Lungen von ihrer Organwurzel auf die Inhalte von Aa. pulmonales und Hauptbronchien geachtet werden (Blutpfröpfe, Schleimkondensate etc.). c.f. „Sektionstechnisches" von C. FROBOESE (1969).

Es kann zweckmäßig sein, *vor* Herauslösung der Mund-, Rachen-, Schlund- und Mediastinalorgane, jedoch *nachdem* auch die rechte Lunge aus dem Leichnam herausgelöst worden ist, durch vorsichtige, dem Verlauf der Wirbelsäule parallel orientierte Schnitte zwischen Ösophagus und Wirbelkörpern, also im lockeren Bindezellgewebe des hinteren Mediastinum, nach dem Ductus thoracicus Ausschau zu halten. Er liegt ziemlich genau zwischen Aorta und Vena azygos und stellt das berüchtigte „Propagationsinstrument" generalisierender Allgemeinerkrankungen (früher Tuberkulose, heute Karzinosen) dar. Hat man ihn gefunden, was umso leichter gelingt, je stärker er befallen und verändert ist, so sollte man ihn mit einem Faden anschlingen, um ihn am Ende aller Bemühungen mit Sicherheit wieder zu finden („Köster'scher Handgriff", DOERR 1947b).

Das Herz ist ein muskulöses Hohlorgan von der Form eines abgeplatteten *Kegels* (RAUBER-KOPSCH 1914). «Le coeur du cadavre ... prend la forme d'un cone aplati d'avant en arrière». Nachdem es aber in situ fixiert worden sein sollte «on peut alors lui considérer la forme d'une pyramide triangulaire» (TESTUT 1929). Die ventrale Fläche nennt man facies sternocostalis, die dorsale facies diaphragmatica, die rechtsseitige Begrenzung Margo acutus, den linken Herzrand Margo obtusus (RAUBER-KOPSCH 1914, 1955, 1987). Die Herzbasis entspricht einer durch den Sulcus coronarius gelegten Ebene (BARGMANN 1963); sie entspricht etwa dem, was man „Ventilebene" (Graf SPEE) genannt hatte (BENNINGHOFF 1948).

Wir schneiden das Herz in Blutstromrichtung auf. Es wird mitsamt Hals- und Mediastinalorganen auf den Präpariertisch so gelegt, daß die Herzspitze vom Obduzenten wegzeigt. Der Sekant hält mit der Pinzette der linken Hand das Präparat fest und geht mit der geknöpften Darmschere, geführt durch die rechte Hand, in die obere Hohlvene ein. Die lange Branche bleibt außen, muß sie doch die größere Wegstrecke durchmessen. Selbstverständlich werden die physikalischen Eigenschaften des Objektes – Form, Farbe, Konsistenz, Feuchtigkeit, Blutgehalt der Muskulatur, Glätte oder Narbenbildung des Epikard – beachtet. Ist die Herzspitze (der rechten Kammer) erreicht, wird das Gesamtpräparat in der Ebene des Präpariertisches um 180° gedreht. Die Herzspitze zeigt jetzt auf den Obduzenten zu. Die lange Branche der Schere wird, angelegt an die rechte Seite der Kammerscheidewände, durch den Conus pulmonalis in die Lungenschlagader so eingeführt, daß beim Schneiden der Vorderwand des rechten Ventrikels eine leichte Supination der Hand genau dann erfolgt, wenn das Niveau der Pulmonalklappen durchschnitten werden soll. Man zielt mit der Schere auf eine beerenförmige Verdickung des subepikardialen Fettgewebes, das Orth'sche Fett-Träubchen. Hat man dieses getroffen, sind die pulmonalen Semilunares voll erhalten, also unversehrt zur Darstellung gebracht.

Natürlich wird der Inhalt von rechtem Vorhof und rechter Kammer geprüft (weiße und rote Gerinnsel, Speckhaut und Cruor). In 20% aller Fälle (in Heidelberg) ist das Foramen ovale offen.

Tempo 3 der Herzobduktion wird durch eine neuerliche Drehung des Präparates, wieder um 180°, eingeleitet. Es wird Zugang zum linken Vorhof von einer der durchschnittenen Lungenvenen aus gesucht. Man schneidet genau auf der linken Kammergrenze (Margo obtusus) durch die Vorhofkammerregion herzspitzenwärts. Der linke Ventrikel wird vielfach leer angetroffen, offenbar hatte die Totenstarre der kräftigen linken Kammerwand den Inhalt aortenwärts abgeschoben.

Tempo 4 ist der letzte Akt der groben orientierenden Untersuchung. Das Präparat wird wieder in Tischebene gedreht. Die Herzspitze zeigt auf den Sekanten zu, die Halsorgane zeigen nach der Gegenseite. Man schneidet jetzt mit der langen Scherenbranche voran (a) entweder einer Empfehlung ASCHOFFS folgend durch das vordere Mitralsegel in die Aorta hinein, oder (b) man legt die Schere auf die linke Seite der Kammerscheidewand und schneidet – etwas mühsam – durch die kräftigere vordere linke Kammerwand durch das Aortenostium hinauf und ohne Halt in die Halsschlagadern, erst links dann rechts, und zwar durch deren ganze Länge! Das Präparat – linker Ventrikel, aufsteigende Aorta, Karotides – ist imponierend; es zeigt prima facie die Benekesche Trias (DOERR

1963). − Selbstverständlich werden Herzklappen und Koronargefäße sorgfältig untersucht. Einzelheiten der Befunde werden in den speziellen Kapiteln dieses Buches erörtert (s. Teilbände 22/II und 22/III).

Über das *„Leichenherz und das Leichenblut"* (ASCHOFF 1917) und besonders über *„Totenstarre"* des menschlichen Herzens sowie „postmortale Formveränderungen" (VOLKHARDT 1916; GERLACH 1923) gibt es viele Untersuchungen. Die Totenstarre des Herzmuskels tritt schneller ein als die des Skelettmuskels. Der Stillstand des Herzens erfolgt stets in Diastole. Die Totenstarre tritt ein nach 10 min bis etwa einer Stunde. Man sollte sich hüten, eine konzentrische Hypertrophie der linken Kammer mit der Folge einer betonten Totenstarre zu verwechseln.

Im allgemeinen gilt die Regel, daß nur muskelgesund gewesene Herzen eine nennenswerte Totenstarre aufbringen können. Einmal durch Totenstarre entleerte Herzventrikel bleiben im allgemeinen leer. Schlaffe und mit Blut gefüllte Ventrikel sind stets darauf verdächtig, daß eine Schädigung des Myokard vorausgegangen war. Damit eine Trennung von weißen und roten Gerinnseln stattfinden kann, muß das Blut post mortem eine Zeitlang flüssig geblieben sein; es muß eine Entmischung stattgehabt haben. Speckhautgerinnsel finden sich vorwiegend im Bereich der im Körper des Verstorbenen am höchsten erhabenen Stellen (also im Conus pulmonalis), rote Gerinnsel (Cruor) in der rechten Kammer, in den Vorhöfen und den Venae cavatae. Reichlich Speckhaut findet man bei allen Zuständen sogenannter Hyperinose (Hyperglobulinämie, bei Tod durch genuine Pneumonie mit Lösung eiweißreicher Exsudate u.v.a.).

Bei diesem Stand der Herzsektion ist es hohe Zeit, einige ergänzende Befunde zu erheben. Die *Herzohren* sollten sorgfältig aufgeschnitten, ihr Inhalt geprüft werden. Über ihre funktionelle Bedeutung herrscht keine Klarheit. BARGMANN (1963) hielt die Herzohren für Lückenbüßer. Denn − bei geschlossenem und intaktem Herzbeutel − würde während der systolischen Kammerkontraktion ein „Leerraum" entstehen, wenn nicht die Herzohren die „Geschlossenheit der Herzform innerhalb des Herzbeutels" garantieren würden. Es ist natürlich richtig, daß bei systolischer Verformung des Herzens die Hauptbewegungen in der Längsrichtung, also in der Längsachse des Organs, erfolgen (BENNINGHOFF 1948). Auf die hämodynamische Bedeutung der Herzohren für die funktionelle Belastung der Atrioventrikularostien hat LUGO (1948) aufmerksam gemacht. DIENEROWITZ (1956) konnte zeigen, daß die Herzohren mehr und anderes sein müssen als „Blutsäcke" mit Polstereffekt. Sie nehmen an allen pathischen Veränderungen der Herzwände teil und verfügen vielleicht auch über eine natriuretische, also hormonelle Leistung!

Die Darstellung der sog. *deskriptiven Anatomie* des Herzens kann nur eine aphoristische (in diesem Buche) sein. Es sei ausdrücklich auf die noch immer unerreicht sorgfältigen Abhandlungen von TANDLER (1913), Walter KOCH (1922), BARGMANN (1963), RAUBER-KOPSCH (1914, 1955, 1987) hingewiesen. Es sollen im folgenden nur diejenigen „Haltepunkte" der perpetuierten Debatte der Pathologen angesprochen werden, die jeden, der bestimmte pathische Störungen aufzuklären hat, angehen. Ich mußte also Maß halten. Wird das Herz „im Ganzen", also als geschlossener Muskelkörper, nachdem Epikard und Fettgewebe vorsichtig abgetragen worden sind, prüfend betrachtet, lohnen sich folgende Aspekte:

Die Abb. 2a−f zeigt eine frontale Schnittreihe durch das in situ fixiert gewesene Herz einer jungen Frau. Die Positionen b, c und f zeigen die „kraftvolle"

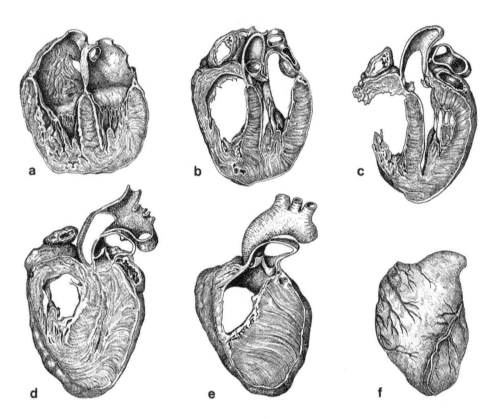

Abb. 2a–f. Frontale Schnittreihe, Charakterisierung der „Fiederung" der Herzmuskulatur (aus DOERR 1963, S. 806–807). Die vergleichende Betrachtung der Anschnitte will zeigen, wie die kräftigen Muskelzüge „verschränkt", d. h. gegeneinander versetzt, ineinander verwoben („durchwirkt") sind, gleichsam ohne Anfang und ohne Ende

muskuläre Struktur. Man ahnt gleichsam, daß bestimmte Gesetzmäßigkeiten zugrunde liegen. Wird ein anderes (2.) Herz nach Ablösung von den großen (Cephalad) Gefäßen abgetrennt, sodann auf der Kranialseite der Vorhöfe freipräpariert, ist man erstaunt über Reichlichkeit und Dichte der muskulären Querverbindungen (Abb. 3). Nimmt man ein 3. Herz und präpariert dieses von der Spitze aus, also im kaudalen Bereich, wird ein „Vortex", ein Muskelwirbel, sichtbar (Abb. 4). Er läßt ahnen, daß an eben dieser Stelle, – einer „Nahtstelle" – eine Inhomogenität der Strukturen in Szene gehen und einen Apex cordis bifidus bilden kann (Abb. 5). Die Prüfung der Anatomie des Herzens erhält dann einen besonderen Reiz, wenn man die Architektur der jeweiligen inneren Oberfläche von Vorhöfen und Kammern betrachtet. Der *rechte Vorhof* präsentiert ein eigenes Relief: Ein Wandteil mit glatter Oberfläche liegt im Sinus venarum cavarum. Ein Wandteil mit parallel orientierten, zierlichen, leistenförmigen Erhabenheiten (Muskelbälkchen, Musculi pectinati) tapeziert das ganze rechte Herzohr. Die Grenze zwischen beiden Abschnitten wird durch die Crista terminalis markiert. Die Mm. pectinati entspringen im Regelfall senkrecht von der Crista. Zwischen den Mündungen der oberen und unteren Hohlvene, also ventrolateral, liegt eine

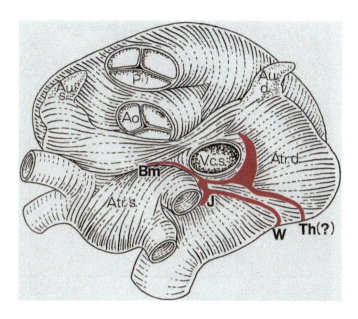

Abb. 3. Darstellung der muskulären Querverbindungen zwischen den Vorhöfen. Vermittlung der Organisation der Muskelfaserzüge im Bereich des „Daches" des menschlichen Herzens. *Ansicht von kranial. Au.d.* Auricula dextra; *Au.s.* Auricula sinistra; *Atr.s.* Atrium sinistrum; *Atr. d.* Atrium dextrum; *Ao* Aorta; *Pu* A. pulmonalis; *V.c.s.* Vena cava superior. *Rot getönte Fasern* Sinusknoten und von diesem ausgehend: *Bm* Bachmannsches Bündel; *J* Jamessches Bündel; *Th* fragliches Thorelsches Bündel; *W* Wencketachsches Bündel

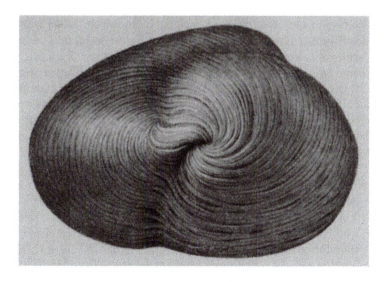

Abb. 4. Ansicht des Herzens von kaudal. Sog. Vortex (aus TANDLER 1913). Spiralisierte Muskulatur, Umkehr der Fasern nach innen zu, d.h. in Richtung auf die Trabeculae carneae und Papillarmuskeln der linken Herzkammer

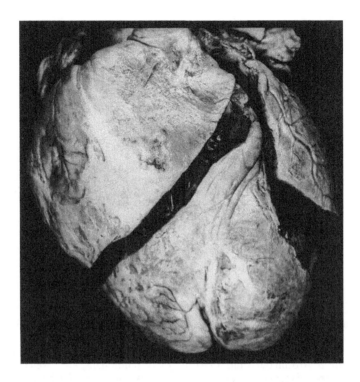

Abb. 5. Apex cordis bifidus, Zeichen der unvollkommenen Vortexbildung, Nahtlinie zwischen Pro- und Metaampulle, zufällige Beobachtung

flache Erhabenheit (ein Wulst) der Wand, das sog. Tuberculum intervenosum (der Torus Loweri). Die Mündung der unteren Hohlvene wird am vorderen Umfang durch die Valvula venae cavae inferioris Eustachii umgriffen. Sie leitet im fetalen Kreislauf das Blut aus der Hohlvene zum offenen Foramen ovale. Die Mündung des Sinus venosus coronarius liegt unterhalb der Mündung der Cava inferior, nicht weit vom Limbus foraminis ovalis. Hier entspringt eine Klappe, die Valvula Thebesii. Die nach medial orientierte Verlängerung beider Klappen umgrenzt ein dreieckiges Feld, das von ANDERSON et al. (1982) als *Kochsches Dreieck* bezeichnet wurde (Abb. 6, 7). Tatsächlich wurde es von KOCH schon 1912, und zwar als Hilfe für den Obduzenten bei der Darstellung des Aschoff-Tawara-Knotens, beschrieben (DOERR 1987). Man kann es leicht sichtbar machen, wenn man mit der Pinzette an der Valvula Eustachii, und zwar nach rechts außen und unten, zieht. Dadurch wird eine subendokardiale Falte deutlich, der Tendo Todaro (TANDLER 1913; LATARJET 1929). Er zeigt hin auf die Lage des Aschoff-Tawara-(Atrioventrikular)Knotens. Während die Variabilität des Foramen ovale, häufig kombiniert mit kulissenförmiger Verschiebung der Vorhofsepten gegeneinander (cf. S. 125), dem Obduzenten geläufig ist, scheint eine *sichelförmige Falte auf der linken Seite der Vorhofscheidewand* weit weniger bekannt. TANDLER hatte sie (l.c. S. 59) abgebildet. SCHMINCKE et al. (1950) hatten sie planmäßig untersucht. Es handelt sich um eine flache Tasche, die ohne und mit einem offenen Foramen ovale kombiniert sein kann. Diese von uns seit 40 Jahren als *Schminckesche Lefze*

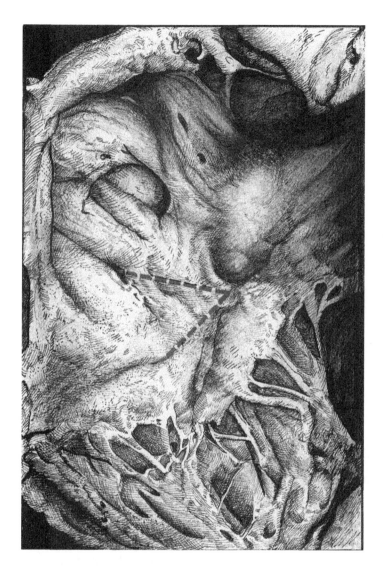

Abb. 6. Sogenanntes Kochsches Dreieck. Der Befund hat den Sinn, eine topographische Gliederung der mediobasalen Vorhofswand rechts zu erläutern. Die Spitze des Dreiecks zeigt auf die Lage des Atrioventrikularknotens

bezeichnete Besonderheit des Reliefs des Septum atriorum nach links *kann* das Angehen einer Thrombose (nach Lungenabszessen) erleichtern. Sie kann als Zeichen einer nicht ideal durchgeführten Scheidewandausreifung gelten und stellt das Residuum einer Valvula foraminis ovalis dar.

Die Schwierigkeit, sich ein zuverlässiges Bild von der inneren Topologie des menschlichen Herzens zu machen, rührt daher, daß sehr verschiedene Baukörper, aber auch Blutbahnen, hintereinander liegen. So verlangt die diagnostische Interpretation sehr moderner Echokardiogramme eine hohe Sachkenntnis von

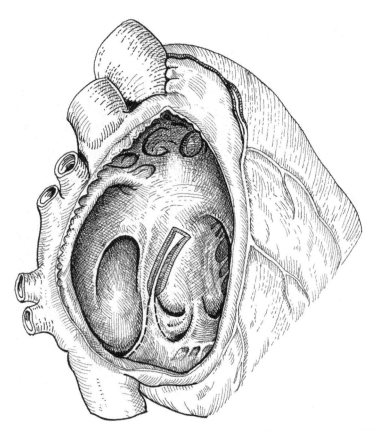

Abb. 7. Darstellung des Tendo Todaro als „Pilot" zur Auffindung des Aschoff-Tawara-Knotens. Die Todarosche Sehne wird dadurch (in natura) sichtbar gemacht, daß der Obduzent am tiefsten Punkt der Markierung (*links unten*) mit der Pinzette einen mäßig starken Zug ausübt

Bau und Funktion, von Anordnung und Bewegungsablauf der Stromgebiete, Klappenostien, Pfeilermuskeln, also eine „belebte Anatomie".

Derlei kann genaugenommen nur der beherrschen, der täglich Herzpräparate in Händen hält und durchmustert. Ein historisches Beispiel für diese Art der Betrachtung geht auf Jean CRUVEILHIER (1791–1874) zurück, der das Herz, betrachtet in der Frontalebene (also anteroposterior), mit drei Blutsäcken verglichen hatte, die ineinander „verschachtelt" wären (Abb. 8). Ein sehr modernes Gegenstück ist der prachtvolle Atlas der Herzkrankheiten von Johann Heinrich HOLZER. Er präsentiert den gelungenen Versuch der konkordanten Darstellung pathoanatomischer Präparate mit den Dokumenten der modernen bildgebenden Verfahren. Als der große Internist Franz VOLHARD (1872–1950) noch in Halle (Saale) amtierte, schuf er gemeinsam mit dem Anatomen EISLER eine Sammlung sog. *Wachsherzen*. Es handelte sich um „echte Fälle", also um die Herzen verstorbener Patienten, die von VOLHARD ärztlich betreut worden waren. Diese wurden durch ein kaum bekannt gewordenes Verfahren in natürlicher Form konserviert. Das Heidelberger Institut besitzt 11 Kostbarkeiten dieser Vollhardschen Sammlung, die geeignet sind, durch kunstvoll angebrachte Fenster den Blick in das „Innere" dieser Herzen (normale Herzen; Herzen bei Bluthochdruck und bei Klappenfehlern) freizugeben (Abb. 9). *Einmal* im

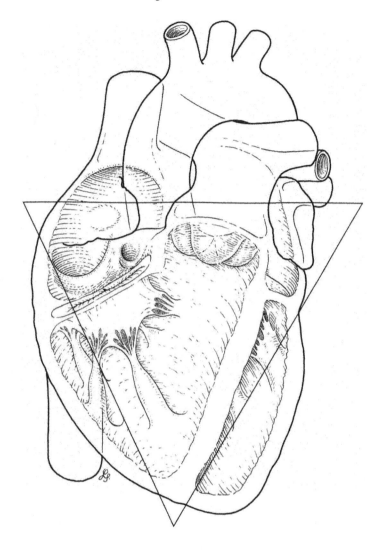

Abb. 8. Schematische Rekonstruktion der „Herzsilhouette" von Jean CRUVEILHIER durch Fritz HEINRICH (†) nach den Angaben von W. DOERR. Der Herzkontur en face gleiche einem Dreieck, so lange der Mensch gesund ist. Unter krankhaften Bedingungen komme es zu links- oder rechts-akzentuierten Difformitäten

Semester hat der Verfasser dieser Beiträge die „Wachsherzen" den Studierenden ausgehändigt, damit diese sich unter Leitung von sachkundigen Kustoden seinen sehr persönlichen Eindruck verschaffen konnten.

Am besten bedient man sich eines „gläsernen Herzens" (Abb. 10a, b), um sich einmal von dieser, dann aber der Gegenseite einen Eindruck von dem „inneren Arrangement" der Hauptstrukturen zu verschaffen. Die Atrioventrikulargrenzen jederseits sind durch Cuspidalklappen markiert. Das Ostium dextrum ist *in der Norm* für drei, das Ostium sinistrum für zwei Finger des Obduzenten durchgängig.

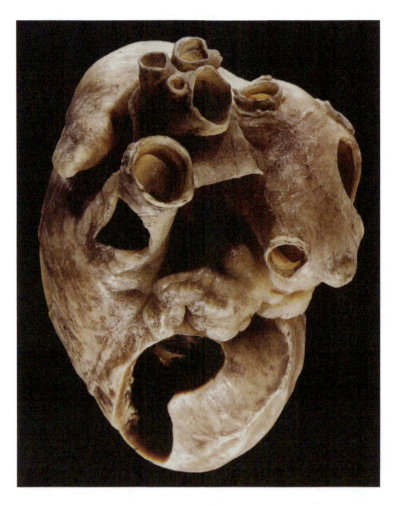

Abb. 9. „Volhardsches Wachsherz". Darstellung des hypertrophischen Herzens eines Mannes im mittleren Lebensalter durch die Methode von Paul EISLER (1862–1935). Versuch der Darstellung der charakteristischen Herzform bei tonogener Dilatation der linken Kammer. Fensterung zum Zwecke der Demonstration der charakteristischen Umgestaltung. Lehrpräparat aus dem Nachlaß von Professor Franz VOLHARD

Die Cuspidalklappen inserieren am *Herzskelett* (Abb. 11, 12). Es besteht aus Faserringen und Zwickeln, die Trigona bestehen aus kollagenem Bindegewebe, das histologisch an Faserknorpel erinnert (BARGMANN 1963). Hier entstehen mit Vorliebe degenerative Veränderungen (Hyalin, Amyloid, vor allem aber und hinsichtlich der Ausdehnung überraschend Kalkschollen, die bei besonderer Ausdehnung echten Krankheitswert besitzen). Zum Herzskelett gehört natürlich auch die Pars membranacea septi ventriculorum. Sie variiert nach Form und Größe; sie reicht teilweise bis in die basale Vorhofregion, sie schützt und geleitet das Hissche Bündel; ihre dünnste Stelle liegt dort, wo septales und ventrales

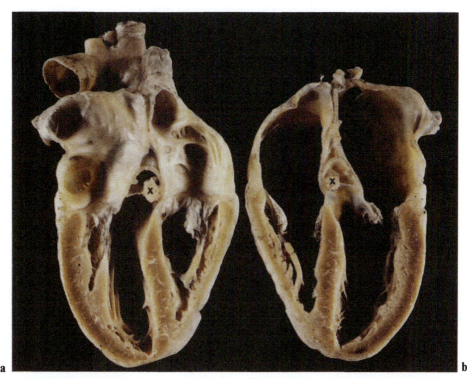

Abb. 10a, b. „Gläsernes Herz" aus der Sammlung VOLHARD. Besondere Aufhellung der Strukturen zum Zwecke besserer „Transluzidität". Zustand nach frontaler Zerlegung des „wächsernen" Präparates im Ganzen. **a** Ansicht von dorsal (also von hinten nach vorn). Die links abgebildete Kammer entspricht tatsächlich dem linken Ventrikel. Elongation der Ausflußbahn, Vergrößerung des infrapapillären Raumes. Im Bereiche x eine Kalkspange der Aortenklappen; Zustand nach klinisch beobachtetem Aortenfehler (vorwiegend Stenose). **b** Ansicht von ventral; der linke Ventrikel ist elongiert, der rechte „kümmerlich" attachiert

Tricuspidalsegel zusammenstoßen. *Alle* Herzklappen – Cuspidal- und Semilunarklappen – verfügen über jeweils drei Ränder:

Ansatzrand,
Schließungsrand,
freier Rand.

Am Ansatzrand ist die Klappe an der Herzwand bzw. der Wand der Basis von Aorta oder Pulmonalis angewachsen. Am Schließungsrand nehmen die korrespondierenden Klappen miteinander Kontakt, wenn das zugehörige Ostium verschlossen werden soll. Der freie Rand bedeutet das effektive „frei in den Blutstrom auslaufende Ende" des Klappengewebes (Abb. 13 a–c).

An den Klappen finden sich Besonderheiten, die man beachten muß, um keine Fehlschlüsse zu ziehen.

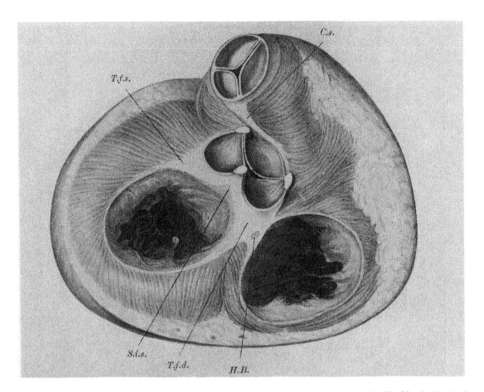

Abb. 11. Sogenanntes Herzskelett nach TANDLER; Ansicht von kranial; die Vorhöfe sind abgetragen. *C.s.* Konussehne; *H.B.* Hissches Bündel; *S.i.s.* Spatium intervalvulare sinistrum; *T.f.d.* Trigonum fibrosum dextrum; *T.f.s.* Trigonum fibrosum sinistrum. – Die Darstellung ist idealisiert, denn die Ventilebene liegt nicht derart „äquatorial", daß man bei technisch perfekten Mikrotomschnitten die Zirkumferenzen beider AV-Ostien in *vollem* Umfang darstellen könnte

1. LAMBL hat 1856 fädige Exkreszenzen an den Semilunarklappen der Aorta entdeckt. Sie sind papillär gestaltet und flottieren im Wasser. Sie sind feingegliedert, bei Säuglingen niemals, bei Menschen jenseits des 60. Lebensjahres immer, teils einzeln, teils in Büscheln bis zu 20 Stücken anzutreffen. Sie tragen vielfach Fibrinkappen. Die Lamblschen Exkreszenzen sind erworbene Stigmen stattgehabter entzündlicher Läsionen; sie bleiben klinisch unbemerkt. Bei alten Menschen findet man die „Lambls" auch an der Mitralklappe. – Einzelheiten bei DOERR (1970).
2. Neben den zwischen Schließungsrand und freiem Rand der Semilunarklappen gelegenen „haftpunktartigen" Verdickungen der *Noduli Arantii* können immer wieder weißliche stecknadelspitzgroße Verdickungen nachgewiesen werden. Sie haben nichts mit einer Entzündung zu tun. Sie heißen *Noduli Albini*. Sie kommen als gallertige Überschußbildungen an den „Schwimmhäuten" der Segelklappen bei Neugeborenen vor.
3. Die gar nicht selten an den Cuspidalklappen Neugeborener nachweisbaren sog. *Klappenhämatome* sind nichts anderes als Endothelkanäle von zystöser Beschaffenheit.

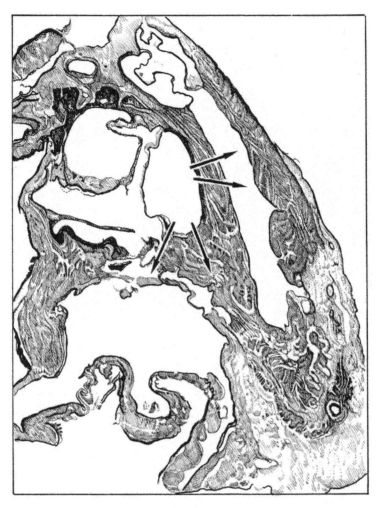

Abb. 12. Sogenanntes Herzskelett nach DOERR. Holoptischer Schnitt parallel zur Kammerbasis; Ansicht von kranial; Darstellung besonders der Aortenwurzel = sog. Kardiaorta. Es kommt darauf an, die nächst nachbarlichen Beziehungen der großen Gefäße zur Umgebung prüfend zu sehen. Die *Pfeile* vermitteln einen Begriff davon, wohin etwaige Perforationen, z. B. aus dem rechten vorderen Sinus valsalvae, zielen

An den Herzklappen kann man generell unterscheiden eine „rauhe" Zone, eine „basale" und eine (helle) „glatte" Zone. Unsere angelsächsischen Kollegen sprechen von „rough zone", „basal zone" und „clear zone" (SILVER et al. 1971). Die rauhe Zone ist die der mechanischen Belastung durch den Klappenschluß, die basale liegt am Ansatzrand, die glatte Zone zwischen Ansatz- und Schließungsrand. Die rauhe Zone liegt also ziemlich genau zwischen Schließungs- und freiem Rand. Bei den Semilunarklappen entspricht dieser Klappenabschnitt dem, was die alten Pathologen „Luxusrand" nannten (E. KAUFMANN 1931).

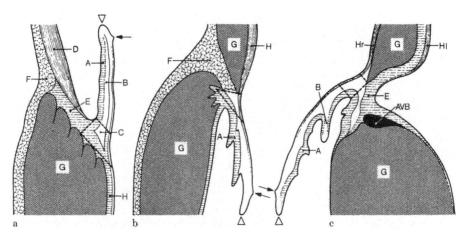

Abb. 13a–c. Schematische Darstellung des valvulären Endokard (aus DOERR 1970). **a** Semilunarklappe, **b** Mitralklappe, **c** Trikuspidalklappe. *A* Fibrosa, *B* Spongiosa, *C* Spongiosa des valvulären Ansatzringes, *D* Aortenwand, *E* Annulus fibrosus, *F* Perikard, *G* Myokard, *H* infravalvuläres parietales Endokard und Wandendokard der stromaufwärts gelegenen Herzwände, *AVB* atrioventrikuläres Bündel. – Die *Pfeile* zeigen auf die Schließungsränder. Die freien Ränder sind durch *Dreieckspitzen* markiert. – Der Darstellung liegt die Abhandlung von GROSS u. KUGEL (1931) zugrunde; leicht verändert

Bei hochbetagten Menschen findet sich im Gebiet des Luxusrandes häufig eine Rarefikation des Gewebes, nämlich eine Reihe von mehreren sondenstarken nebeneinander gelegenen Löchern. Man spricht von „atrophischer Fensterung"; es handelt sich also um einen Prozeß der senilen Involution, eine klinische Bedeutung ist nicht bekannt. Das Thema ist unerschöpflich (CHIECHI et al. 1956; GLASS 1961).

Bei der Beurteilung der anatomischen Integrität der Herzklappen sollte besonders darauf geachtet werden, ob die *Flächenreserve*, die normalerweise jedenfalls an den Cuspidalklappen bis 80% betragen kann und für den Klappenschluß Bedeutung hat, erhalten ist. Steife Klappen, bei denen Kollageneiweiß gegenüber dem Gesamteiweiß zugenommen hat, haben praktisch keine Reserve. Erweiterungen des Herzskelettes, also des Annulus fibrosus, zeitigen daher auch bei scheinbar unversehrter Klappe eine Insuffizienz. Schon MAGNUS-ALSLEBEN (1907a) hat auf diese Situation, kenntlich am Aufscheinen „weißer Flecke" auf der Kammerseite der Mitralklappe, hingewiesen. Derlei Befunde hatten angeregt, über die Entstehung „relativer Klappeninsuffizienzen" zu arbeiten (MAGNUS-ALSLEBEN 1907b).

Eine der interessantesten Feststellungen BENNINGHOFFS war, daß Segelklappen, Sehnenfäden, Papillarmuskeln einerseits, das Reizleitungssystem andererseits aus *einer* Matrix, den Konturfasern, der Herzanlage hervorgehen (1923, 1933) und die Hauptbewegungen der Kammern in Längsrichtung, d.h. senkrecht zur Ventilebene, erfolgen (1948). Der Tonus des *parietalen Endokard* wird den wechselnden Dehnungsverhältnissen der muskulären Herzwand angepaßt (BARGMANN 1963). Man muß sich klar machen, daß das parietale Endokard in den vier Herzhöhlen, ja ebendort auch in den einzelnen Regionen, verschieden dick ist

(REMMELE u. HAAG 1967). Unter dem subendothelialen Bindegewebe liegt eine elastisch-muskulöse Schicht, deren Kapillarnetz mit dem des Herzmuskel kommuniziert. Die ebendort in unterschiedlicher Reichlichkeit angesiedelte glatte Muskulatur gilt als „Spanner" des Endokard. Sein Tonus wird den wechselnden Dehnungszuständen der muskulären Kammerwände angepaßt. Die Gefäßversorgung des Endokard ist problematisch. Es gilt als Regel, daß die normalen Herzklappen gefäßfrei sind, auch von Kapillaren; findet sich bei Lupenbetrachtung ein Pannus am Ansatzrand einer Segelklappe, darf man mit Sicherheit annehmen, daß ein entzündlicher Prozeß vorausgegangen oder ein Klappenprolaps (verödet d.h.) abgeheilt war.

Um die *Herzaktion* zu verstehen, müssen einige allgemeine Bemerkungen eingestreut werden. Die aktuelle Interpretation der Strukturdynamik wird von W. HORT (S. 201 dieses Bandes) abgehandelt. Sobald das „Vorhofsblut" das jeweilige Atrioventrikularostium überwunden hat, tritt es – links wie rechts – in zwei hintereinander angeordnete, historisch präformierte Abschnitte, den Einströmungs- und Ausströmungsteil, ein. Am rechten Herzen liegt die Grenze zwischen Einströmungs- und Ausströmungsteil im Bereich des embryonal vorhanden gewesenen Ostium ventriculo-bulbare. Dieses wird später durch die Ebene markiert, die man durch Crista supraventricularis und Trabecula septomarginalis legen kann (Abb. 14). Am linken Herzen gelingt die klare Trennung nur dann, wenn eine Crista saliens vorhanden ist (Abb. 15). Gelegentlich bleibt sie als „forme fruste" erhalten gleich einer Wegmarke („Bändchen"). Die Kontraktion des muskulären Herzens verläuft nach einem „zeitlichen Plan" (PUFF 1960a, b). Eugen KIRCH hat in vielen mühsamen Untersuchungen gezeigt, daß die skizzierten Binnenräume der Kammern ein gewisses Eigenleben führen können.

KIRCH ging zunächst aus von „normalen Herzen". Ein Herz sei aus der Sicht des Pathologen dann als normal zu bezeichnen, wenn drei Bedingungen erfüllt wären:
1. Das Individuum (dessen Herz geprüft werden soll) muß aus voller Gesundheit gestorben sein.
2. Es dürfen keine Anhaltspunkte für eine früher vorangegangene konsumierende Allgemeinkrankheit bestehen.
3. Wesentliche Vergrößerungen des Herzens sollten nicht vorhanden sein.

Der Einströmungsteil links reicht vom Niveau des Mitralostium bis zum Ventrikelspitzenraum; der Ausströmungsteil links reicht vom Ventrikelspitzenraum bis zum Aortenostium. Der „Ventrikelspitzenraum" entspricht dem, was ich infrapapillären Raum genannt hatte. Er kommt als solcher nur in der linken Kammer vor, hat aber eine bemerkenswerte diagnostische Bedeutung z.B. für das „Altersherz", aber auch die linksventrikuläre tonogene Dilation bei Aorteninsuffizienz.

Einen infrapapillären Raum des rechten Herzens definieren wir nicht, denn die Grenze zwischen Ein- und Ausströmungsteil ist dort ohnehin genau erkennbar.

KIRCH hat die „*lineare Herzmessung*" definiert. Er hat Gesetzmäßigkeiten gesucht und gefunden, die geeignet sind, zu klären, warum bei bestimmter Winkelabweichung der Ebenen der beiden Herzostien links (Mitralis und Aorta) und rechts (Trikuspidalis und Pulmonalostium) die Herzleistung unökonomisch wurde, d.h. eine muskuläre Herzinsuffizienz vor der Zeit eintreten mußte (Abb. 16). KIRCH nannte die Verhältniszahlen der Einfluß- zur Ausflußbahnlänge den *Strombahnindex* der linken oder rechten Kammer (1920); er soll bis zum

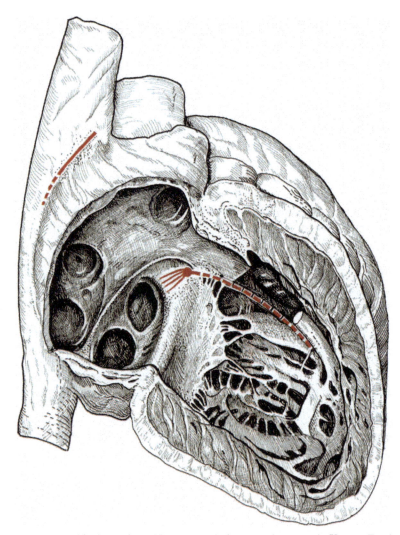

Abb. 14. Topographie des rechten Herzens nach den Angaben von A. KEITH. Zur besseren Orientierung sind Elemente des Reizleitungssystemes eingetragen. Die Pars mimetica des rechten Schenkels ist freigelegt; sie zielt auf die Trabecula septomarginalis. Der Winkel zwischen dem Mündungstrichter der oberen Hohlvene und dem rechten Herzohr wurde als peri-epikardialer „Schlammfang", ähnlich einem Douglasschen Raum, bezeichnet

3. Lebensjahrzehnt 0,82, später nur 0,73 *links*, 0,67 später 0,60 *rechts* betragen (1927).

Wer sich in die Gedankengänge KIRCHs einarbeitet, gewinnt zuverlässige Daten betreffend gesetzmäßige Verschiebungen der inneren Größenverhältnisse des normalen und pathologisch veränderten Herzens (1921). Die Ergebnisse dieser Arbeiten hatten es KIRCH ermöglicht, Ursachen und Formen von Dilatation und Hypertrophie des Herzens zu definieren, vor allem aber den Pathologen

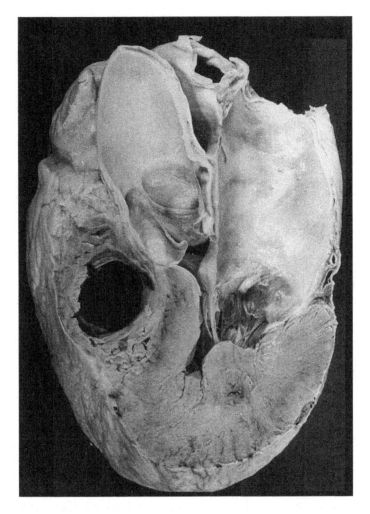

Abb. 15. Darstellung der «Région mitro aortique», d. h. jenes Raumes, der zwischen dem Aortentrichter und dem vorderen Mitralsegel (dem sog. Aortensegel der Mitralis) liegt. Muskelstarkes, aber normales Herz, Totenstarre, keine muskuläre Aortenstenose. In der Schnittebene durch die rechte Kammer liegt ziemlich genau die Grenze zwischen Einströmungsteil (*hinter* der Bildebene) und Ausströmungsteil (*vor* der Bildebene). Der Muskelring wird kranial gebildet durch die Crista supraventricularis, kaudal durch die Trabecula septomarginalis

klarzumachen, woran man die tonogene Dilatation (besonders der linken Kammer) sicher erkennen könnte (1938).

Die Einstellung der Ostienebenen des linken Ventrikels (Aorta und Mitralis) wurde durch MÜNZENMAIER an über 200 Leichenherzen stratigraphisch bestimmt und dabei festgestellt, daß sich die Fläche der Pars membranacea mit steigendem Alter – bis etwa zum 45. Lebensjahr – vergrößert. Gleichzeitig „überreitet" das Aortenostium den First des Septum interventriculare durch eine „bajonetteförmi-

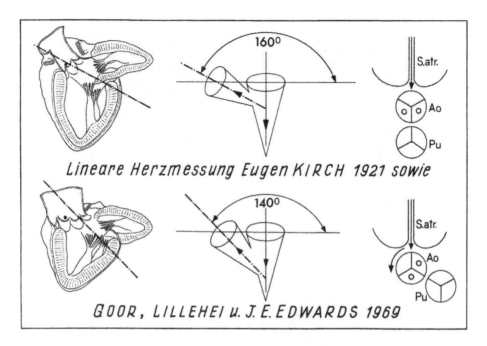

Abb. 16. „Lineare Herzmessung" im Sinne von Eugen KIRCH. Versuch der Bestimmung der inneren Winkelabweichungen zwischen den Ebenen der Mitralöffnung und des Aortenostium. Grundsätzliche Bestätigung durch GOOR et al. (1969). Je größer der Winkel zwischen den Ebenen, umso schlechter die Prognose, d.h. die Blutförderung in der Zeiteinheit

ge" Knickung. Bei Hypertonikern ist die Pars membranacea noch größer als erwartet; sie zeigt eine Ausbuchtung nach rechts! W. LEONHARDT (1987) gibt an, daß die Pars membranacea durch das septale Trikuspidalsegel unterteilt werde, und zwar in einen etwas größeren Vorhof- und einen kleineren Kammerteil. Wenn man eine Stecknadel von links nach rechts quer durch die Kammerscheidewand derart hindurchtreibt, daß der Nadelkopf links gerade im Kammerbereich liegt, zeigt die Nadelspitze in den rechten Vorhof (Abb. 17). Das bedeutet also, daß die Atrioventrikularebenen links und rechts in verschiedenen Höhen liegen. Mit anderen Worten: Das septale Segel der Trikuspidalklappe ist gleichsam in den Kammerraum abgerutscht, es wird sozusagen erst später frei.

Besonders wichtig für die Herzaktion sind die *Papillarmuskel*. Es gibt obligate und fakultative. Letztere entspringen unmittelbar aus den Kammerwänden und haben keinen definierten Standort. Im linken Ventrikel gibt es zwei große, vielfach mehrteilige Papillarmuskelgruppen, also für das dorsale und das ventrale (aortale) Segel je eine. Die fakultativen Papillarmuskeln sind nur mit *einer* Segelklappe verbunden. Die rechte Kammer kann 3 Pfeilermuskelgruppen haben. Sehr charakteristisch ist der große vordere Lancisische Muskel, der von der Trabecula septomarginalis entspringen kann. Papillarmuskel gehören in das Priskomyokard, niemals in das Neomyokard. Zu jeder Segelklappe gehören drei Ordnungen von *Sehnenfäden*. Sie halten die Klappen dadurch zurück, weil sie von den

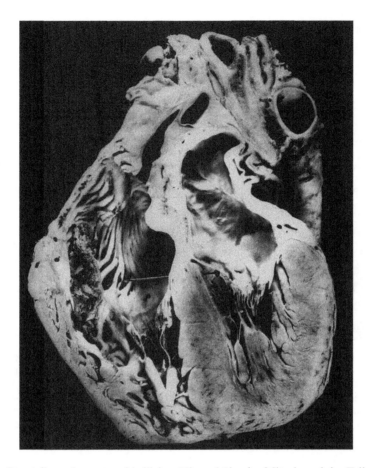

Abb. 17. Darstellung der unterschiedlichen Niveauhöhe der Mitral- und der Trikuspidalebene durch Einlage einer Stecknadel. Der Nadelkopf liegt links unter dem Aortensegel der Mitralis! Die Nadel wird rechts im Bereich des Vorhofes frei! Mit anderen Worten: Das septale Segel der Valvula tricuspidalis reicht weiter in den Kammerraum als das korrespondierende Mitralsegel! Die Ebene des Ostium atrioventriculare sinistrum liegt oberhalb (also kranial) von der Ebene des Ostium atrioventriculare dextrum. Beispiel der inneren Asymmetrie des Herzens!

Papillarmuskeln entspringen, die sich während der Ventrikelsystole kontrahieren. Die Variabilität von Anzahl, Größe, genauer Aufstellung der Pfeilermuskel und ihrer Verankerung an den Sehnenfäden ist außerordentlich (W. H. SCHULTZE 1935).

Ein Teil der Sehnenfäden besitzt Muskelfasern, gelegentlich Purkinje-Fäden. KRAUS et al. (1991) haben die mutmaßlichen Beziehungen zwischen anatomischen Varianten der Sehnenfäden, – die in 67% aller Fälle Muskelbündel führen –, und elektrokardiographischen Befunden geprüft. In etwa 1% aller Sektionsfälle findet man *Chordae musculares* (Abb. 18a, b). BECKER (1967) und sein Schüler HARDT (1967, 1968) haben die Bedeutung eines total-muskulären Sehnenfadens für Betriebsstörungen der Mitralklappe dargestellt.

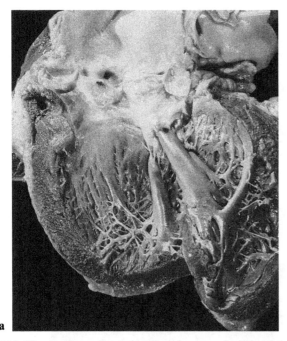
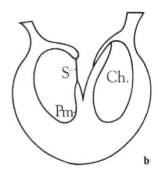

Abb. 18a, b. Darstellung der Chorda muscularis im Bereich der Mitralklappe nach den Arbeiten von V. BECKER und seinem Kreis. **a** Der große vordere Papillarmuskel der linken Kammer reicht im ganzen bis an die stromabwärtige Seite des vorderen Mitralsegels heran! **b** Schematische Verdeutlichung; *Ch* muskuläre Chorda, *S* ordinäre Sehnenfaden, *Pm* Papillarmuskel. – Der muskuläre Sehnenfaden verhindert den regelrechten Klappenschluß; er zieht sein valvuläres Insertionsfeld während der Systole kammerwärts. Die Folge muß eine Mitralinsuffizienz sein!

Vergleichend-anatomisch interessant sind die alten Beobachtungen von ACKERKNECHT (1918). Danach scheint es so, daß das Herz des Pferdes und seiner Verwandten als das am höchsten differenzierte Säugerherz gelten kann. Das Herz der Karnivoren und des Menschen sei primitiver und weniger differenziert, jedenfalls was die Ausgestaltung der Papillarmuskeln angeht. Vogelherzen haben (fast) keine Papillarmuskel, obwohl die Herzfrequenz erstaunlich ist.

Auf S. 125 hatten wir des *Kochschen Dreiecks* als Wegweiser zum Atrioventrikularknoten des Reizleitungssystems (ASCHOFF 1905; TAWARA 1906) gedacht. Das Lebenswerk des Aschoff-Schülers Walter KOCH bestand u.a. darin, Orthologie und Pathologie der spezifischen Muskulatur zu klären. Dabei hat er nicht an Hinweisen darauf gespart, wie man die Hauptpunkte des Systems mit Sicherheit antreffen könnte (DOERR 1987). Es ging ihm lange Zeit um die Darstellung des „*Ultimum moriens*" (KOCH 1907, 1922; PICK 1924). Schließlich erklärte er den „staunenden Zuschauern" intra autopsiam, wie man mit *einem* Griff das Hissche Bündel mit Sicherheit darstellen könnte. Er bezeichnete den ventralen Endpunkt der Insertionslinie des vorderen Mitralsegels an der Kammerscheidewand als *den* Punkt, an dem man senkrecht zur Ebene des Septum einschneiden müsse (Abb. 19), um mit Sicherheit das Crus commune His zu finden (Abb. 20).

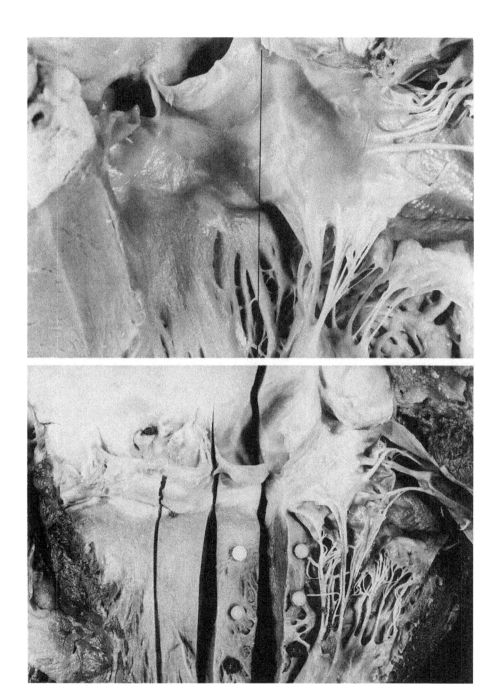

Abb. 19. Markierung des „Kochschen Punktes". Schnitt senkrecht zur Ebene der Kammerscheidewand am vorderen Insertionsrand des Aortensegels der Mitralklappe

Abb. 20. Treffer bei korrekter Schnittführung gemäß Abb. 19 = Querschnitt durch das Hissche Bündel. Im Bilde *oben* Anschnitt einer Semilunarklappe der Aorta. Beachte auch hier die asymmetrische Etablierung des av-Niveaus links und rechts!

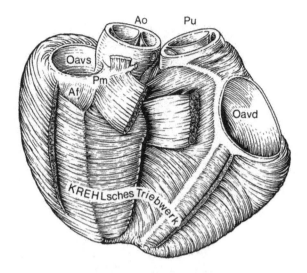

Abb. 21. Präparation des muskulären Herzens nach MacCallum u. F. P. Mall. Ansicht von dorsal. *Af* Anschnitt durch den Annulus fibrosus, *Pm* Anschnitt durch die Pars membranaceae, *Oavs* Ostium atrioventriculare sinistrum, *Oavd* Ostium atrioventriculare dextrum. Auf die Ergebnisse dieser Präparation gründete sich die historische Vorstellung von einem „endlosen" Hin- und Hergang der im ganzen spiralisierten Muskelfasern

Die Krönung des Versuchs, die Prinzipien der normalen Anatomie zu kennzeichnen, stellen die Rückschlüsse dar, aus der Form auf die Funktion zu schließen. W. Hort hat auf S. 226 dieses Bandes die *Strukturdynamik* in einer bisher nicht erreichten Vollständigkeit dargestellt. Rein morphologisch soll an dieser Stelle – gleichsam im Sinne der Vorbereitung auf Horts Beitrag – angemerkt werden: Franklin P. Mall hat schon 1911 einen ungefähren Begriff von der Kompliziertheit des Muskelgefüges gegeben (Abb. 21). J. G. Mönckeberg hat die Geschichte der Erforschung des Baues der Herzmuskulatur, noch heute mit Gewinn (und Vergnügen) lesbar, feinsinnig und kritisch abgehandelt (1925). Danach kann man kurz und bündig sagen, diejenigen Muskelfasern, die etwas mit der Forderung des Blutes zu tun haben, „entspringen und endigen am Herzskelett". Das Herz sei sowohl Saug- als Druckpumpe. Daß die Amplituden der Faserdehnungen und Kontraktionen außerordentlich sind, wußte man seit Krehls grundsätzlichen Arbeiten (1891). Eine elementare Frage, die sich dem Betrachter der Krehl-Bilddokumente (Abb. 22) stellt, ist die, wie es sein kann, daß sich die Träger der mechanischen Leistung im allgemeinen ohne Schwierigkeiten gegeneinander verschieben können.

Es ist klar, daß das Bindegewebe – Perimysium internum – eine entscheidende Rolle spielt. Es handelt sich vorwiegend um lockeres Mesenchym. Im Bielschowsky-Präparat sieht man ein Gitterfasergerüst. Es steht mit den allgegenwärtigen und besonders aus dem Subendocardium eingetretenen Kollagenfasern in innigem Zusammenhang (Neuber 1912; Bargmann 1963). Der Verbund des rechtsventrikulären Myokard ist lockerer als jener der linken Kammer. Die Herzkammern verkürzen sich im Ablauf der Systole um etwa 10 %. Die einzelnen Abschnitte des muskulären Herzens kontrahieren sich und erschlaffen nach einem „Raumzeitplan" (Trost 1978). Das Wechselspiel der dilatierenden und kontrahie-

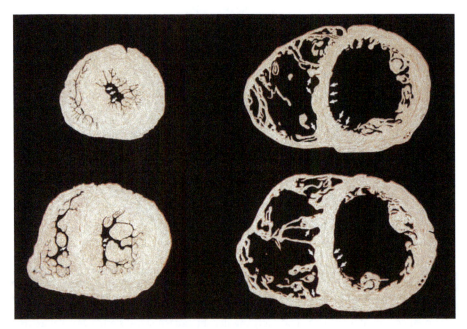

Abb. 22. Klassische Darstellung der Amplitude der Muskelfaserbewegung von der Systole (*links*) zur Diastole (*rechts*) durch Ludolf KREHL. Einzelheiten bei DOERR (1970). Die *Pfeile* markieren diejenigen Stellen, in deren Bereich die an der Bewegung des Triebwerkes wenig oder gar nicht beteiligten Fasern der spezifischen Muskulatur etabliert waren. Der Hin- und Hergang der Muskelfasern während der Kammeraktionen wäre nicht möglich, wenn nicht mesenchymale Gleit- und Verschiebeschichten eingebaut wären

renden Kräfte bestimmt in jeder Phase der Herzaktion die Kammerweite, ähnlich dem Spiel zwischen Beugern und Streckern der Skelettmuskulatur bzw. dem „Preload" (venösen Angebot) und dem „Afterload" (peripherem Widerstand), *aber nur dann*, wenn das Bindegewebe in seinem Physikochemismus in Ordnung ist. Stimmt dieser nicht, resultieren bestimmte Foramen sog. Kardiomyopathien (DOERR u. MALL 1979).

Das Mündungsfeld der Vena cava inferior stellt den „Ruhepunkt", den Fußpunkt des rechten vorderen Papillarmuskels (vielfach *auf* der Trabecula septomarginalis, sog. Lancisischer Muskel) den „Kontrapunkt", d.h. die Stelle der stärksten motorischen Bewegung, dar. Damit hänge es zusammen, daß man ebendort bei älteren Menschen eine perikardiale Schwiele (einen „Sehnenfleck") finden könne. TROST meint, daß dies der Ort sei, auf den der Zug des Moderatorbandes einwirke.

Ich habe mich jahrzehntelang bemüht, die Herzen gesunder und kranker Menschen in allen Ebenen zu schneiden (Abb. 23, 24). Der Gedanke war, die innere Topographie der muskulären Strukturen verständlicher zu machen: Wie kann es sein, daß das Reizleitungssystem, das an den Kontraktionen nur unwesentlichen Anteil hat, gleichsam abgeschirmt bleibt, also den Hin- und Hergang des Triebwerkes nicht beeinträchtigt. Ich fand das verzweigte System der Eberth-Belajeffschen Scheiden, also echte Verschiebeschichten (gleich Sehnenscheiden; DOERR 1970). Die Bindegewebszeichnung des Herzens ist ein „Funktionsprinzip" des Muskels, denn auf Längs- und Querschnitten kann man V-förmige Räume zwischen den Muskelbündeln deutlich machen (HEINE 1989). Gerade in diesem Zusammenhang – normale Morphologie als orthische Prämisse einer unter Umständen pathischen Funktion (!) – ist die Entdeckung von Kurt GOERTTLER (1950) erregend, daß Herzmuskel und Musculus vocalis stellenweise einen stark übereinstimmenden Bau besitzen. Der „alte Kehlkopfsphinkter" stammt nämlich aus dem viszeralen Blatt des

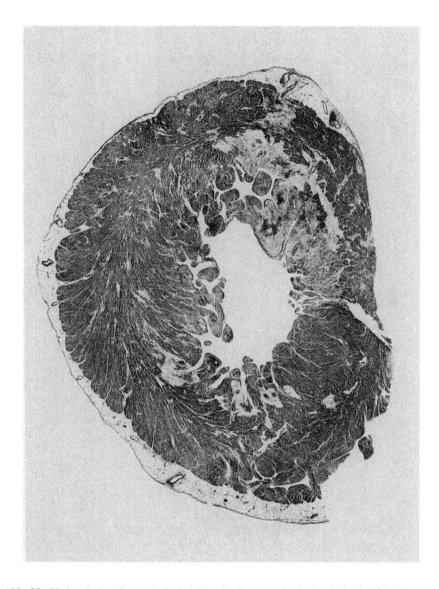

Abb. 23. Holoptischer Querschnitt in Nähe der Kammerbasis durch das kräftige Herz eines älteren Mannes; Tetranderpräparat; Paraffin, Masson-Goldner, Schnittdicke etwa 10 µ, Photogramm, Vergrößerung 2 1/2:1. *Beachte:* V-förmige Einlagerung des Perimysium internum; dadurch erscheinen die Muskelfaserzüge „geordnet"

Mesoderm, aus welchem sich auch die Herzmuskulatur herleitet! Anders ausgedrückt: Die inneren Wandschichten der Larynxanlage stammen aus dem größeren Feld der Myokardanlage (sic!).

Was die Organisation der *Blutversorgung* menschlicher Herzen anbetrifft, sei an folgendes erinnert: SCHOENMACKERS (1969) fand den *Normalversorgungstyp* (= Indifferenztypus) in 68 (bis 70)% aller Fälle. Beim Normalversorgungstyp

144 W. DOERR: Prinzipien der normalen Anatomie des Herzens

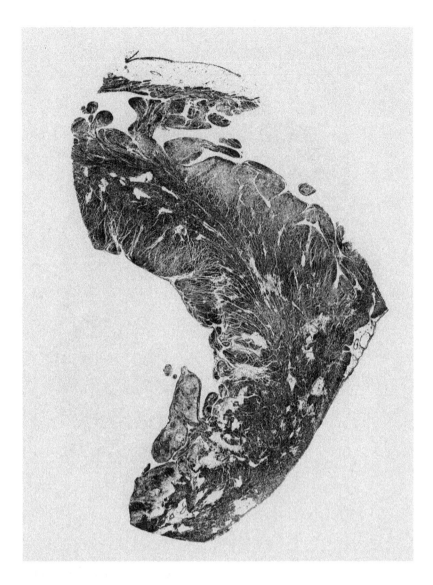

Abb. 24. Holoptischer Längsschnitt, apikobasal, durch die Wand der linken Herzkammer eines muskelstarken älteren Mannes; Tetranderpräparat, Paraffin, Masson-Goldner, Schnittdicke etwa 10 μ, Photogramm, Vergrößerung 2 1/2:1. Auch hier eine eigenartige Fiederung des Perimysium internum

versieht die *linke Arteria coronaria* die linke Kammerwand und den vorderen Teil der Kammerscheidewand, die rechte die rechtsseitige Kammerwand und den hinteren Teil der Kammerscheidewand. Der hintere absteigende Ast der Kranzarterie wird von der Coronaria dextra geliefert. Die *Coronaria dextra* ist auch für die Versorgung der spezifischen Muskulatur zuständig (Abb. 25). Was der Obduzent unbedingt beachten muß, ist die Versorgung des Atrioventrikularknotens durch den Ramus superior septi ventriculorum, einer kleinen, distinkt ausgebildeten

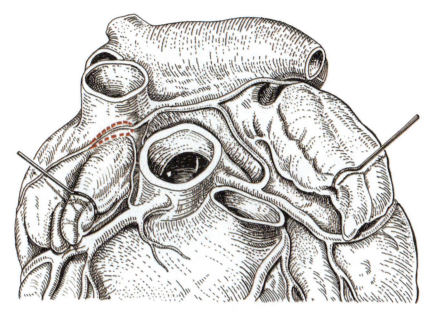

Abb. 25. Vorhofdach mit grundsätzlicher Vaskularisation. Der Sinusknoten wird im allgemeinen von der A. coronaria dextra versorgt. Aber auch die linke Koronarie steht zur Verfügung, gegebenenfalls durch zwei arterielle Kränze: Circulus ateriosus sinuauricularis

Arterie, die aus dem Scheitel der Arteria coronaria dextra hervorgeht (HAAS 1911). Die „Haassche Arterie" ist genauso wichtig wie das Kochsche Dreieck und der Kochsche Punkt (Abb. 26). Der *Linksversorgungstyp* wird in 23 (20–25)% aller Fälle gefunden. Hier wird der hintere absteigende Ast durch die Arteria coronaria sinistra gespeist. Der ohnehin und normalerweise aus der linken Coronaria entspringende vordere absteigende Ast greift auf die Herzspitze und von hier nach dorsal über. Der Linksversorgungstyp gilt als ungünstig, obwohl die Ausläufer der linken Kranzschlagadern über die Hinterwand des rechten Herzens bis in die Nähe der rechten Kammerkante vordringen, ist die rechte Kammer gleichwohl gefährdet. Auch die *Anastomosenfelder* seien weniger entwickelt! Der *Rechtsversorgungstypus* gilt als sehr viel günstiger. SCHOENMACKERS notierte ihn in 9 (5–9)%. Hier greift die Coronaria dextra über die dorsale Mittellinie hinaus, versorgt die Hinterwand der linken Kammer und nähert sich dem linksseitigen Margo obtusus. Der Ramus descendens posterior greift über die Herzspitze von dorsal her kommend auf die spitzennahe Vorderwand über.

Die *Anastomosenfelder* liegen in der Kammerscheidewand, der Herzspitze sowie der linken Hinter- und Seitenwand. Jenseits sog. Versorgungstypen gilt als sicher, daß der Atrioventrikularknoten in 84% bei Männern und in 93% bei Frauen durch die Arteria coronaria dextra versorgt wird. Der Verschluß des letzten Drittels der Kranzschlagader gilt als tödlich, weil er eine Ischämie des Aschoff-Tawara-Knotens zur Folge hat*.

---

* Über die Einzelheiten der Blutversorgung aller Abschnitte der spezifischen Muskulatur wird in Bd. 22/II dieser Reihe berichtet werden. Wir bleiben hic et nunc bei den essentials.

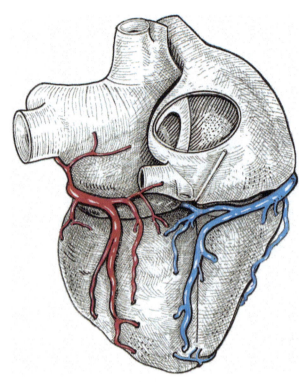

Abb. 26. Darstellung der Koronararterien in der Ansicht von dorsal: Die linke Koronararterie *rot*, die rechte *blau* markiert. Achtung: Von der A. coronaria dextra entspricht der Ramus septi superior, d. h. die Haassche Arterie, die den Atrioventrikularknoten versorgt

Die Messung der *Koronardurchblutung* zeigt zwei Maxima und zwei Minima. Die Maxima fallen in den Anfang der Diastole und den Anfang der Systole. Die Minima fallen in die Zeit der Höhe der Kammersystole und die der Vorhofkontraktion. Die eigentliche Triebkraft wird durch den Windkessel der Aorta aufgebracht. Diastolische Herzen sind blutreich, systolische blutarm. Die Besonderheiten des Systems der Koronararterien bestehen darin, daß sie ein Organ versorgen, das sich den Nutritionsstrom durch Eigenkontraktionen stranguliert. Der Gewebedruck in den Kammerwänden ist außen, in der Mitte und innen verschieden. Die Kranzschlagadern haben eigene Elastizitätsverhältnisse. Da sich die Herzwandabschnitte nicht gleichmäßig kontrahieren, erfolgt die Durchblutung der koronaren Gefäßstrecke, jedenfalls in der linken Kammerwand, intermittierend. In der Ventrikeldiastole werden die Koronararterienwände gestreckt. Das Hin und Her von Streckung und Stauchung hat einen gestaltenden Einfluß auf die lockeren Gewebeschichten der koronariellen Intima. Längsspannungen der Koronararterienwände sind dafür verantwortlich, daß glattmuskuläre, longitudinal orientierte Fibrillenbündel, vor allem in den Papillarmuskelschlagadern, auftreten (WOLFF 1930; PUFF 1960c). Die physikalischen Eigenschaften der Koronararterien sind die eines elastoplastischen Systems. Die Koronararterienstämme sind begleitet durch Chemo- und Pressorezeptorenfelder

(KNOCHE u. SCHMITT 1963). Neuerdings wurden die seit 1737 bekannten „Muskelbrücken", unter denen die Hauptstämme, vorwiegend der Ramus descendens der Arteria coronaria sinistra, hindurchtreten, wieder entdeckt (RISSE u. WERLER 1981, 1988). Die Brücken bestehen aus bis 2 cm (und mehr) breiten Bändern aus Myokard und verrichten unter Umständen eine eigene pathologische Leistung, angeblich Koronarspasmen oder Stenosen durch gesteigerten Tonus der dann bis 4 mm starken Brückenmuskulatur. Die sog. koronare Muskelbrücke findet sich in etwa 26% aller Fälle (in rechtsmedizinischen Instituten!).

Die Organisation der *terminalen Strombahn* der Koronargefäße bietet einige Besonderheiten: Wenn man die Oberfläche der Herzmuskelfasern zur Oberfläche der Kapillaren in Relation bringt, erkennt man ohne Schwierigkeit, daß ein wesentlicher Unterschied zwischen linker und rechter Kammerwand besteht (Abb. 27). Geht man von dem Gedanken aus, daß eine Stoffabgabe aus den Blutkapillaren und eine Stoffaufnahme über die Oberfläche der Muskelfasern auch für die Entstehung einer Ernährungsstörung wichtig ist, so liegen die Verhältnisse, was die Sauerstoffversorgung anbetrifft, rechts günstiger als links. Die Situation ist rechts jedoch schlechter, wenn man die mögliche Anflutung toxischer Substanzen in Rechnung stellt. Untersucht man die Verhältnisse im schematisierten Schnittbild, erkennt man ohne weiteres (Abb. 28), daß die Sauerstoffdiffusion rechts mit Leichtigkeit, links nur mit Mühe die Querschnitte der Muskelfasern überstreicht. Natürlich sind ideale Verhältnisse angenommen, was Verlaufsrichtung der Muskelfasern, Ebene der Schnittführung und Anordnung der Kapillaren anbetrifft. Die Daten sind aber echt (ARNDT 1956; DOERR 1951; GROTE 1961). In dieser Organisation der myokardialen Synergide mit der terminalen Strombahn ist *eine* der Voraussetzungen dafür zu erblicken, daß im linken Herzen häufiger und stärker die „Leistungen" des Sauerstoffmangels, im rechten die der arzneitoxischen Belastung nachgewiesen werden können (DOERR 1970; DOERR u. ROSSNER 1977) (Tabelle 1).

Das *Venenbild* des Herzens (SCHOENMACKERS 1950) wird durch zwei Verteilungstypen repräsentiert: Es gibt Herzen, bei denen alle Venen unmittelbar in den Venensinus einmünden und solche, bei denen – neben der Zuordnung zum Sinus venosus cordis – die Venen getrennt sowohl in den rechten Vorhof als die Kammern eintreten. Hierbei handelt es sich um mehr gelegentliche Beobachtungen. Mit einiger Sicherheit aber sollte man unterscheiden: Die *Vena cordis magna* steigt von der Herzspitze auf und verläuft von links her in den Sinus. Die *Vena cordis parva* verläuft parallel zur rechten Koronararterie. Die *Vena cordis media* zieht in Begleitung des absteigenden Astes der Arteria coronaria dextra, also im Sulcus longitudinalis posterior, zum Sinus, den sie zwischen großer und kleiner Herzvene erreicht. Die Vena cordis media nimmt das Blut aus der Wand des dorsalen rechten und linken Ventrikels auf. Eine historisch interessante Blutader ist die *Vena obliquia atrii sinistri* (die Marshallsche Vene); sie stammt aus dem linken Sinushorn. Die *Venae cordis minimae* werden in die Foramina venarum Thebesii, vorwiegend in den rechten Vorhof, abgeleitet. Man findet sie am leichtesten auf der rechten Seite des Septum atriorum.

Eine strenge anatomische Zuordnung bestimmter Abflußwege zu einem definierten arteriellen Versorgungsgebiet ist kaum möglich (PUFF 1963). Welche Abflußwege jeweils benutzt werden, wird allein durch die Dynamik des Myokard

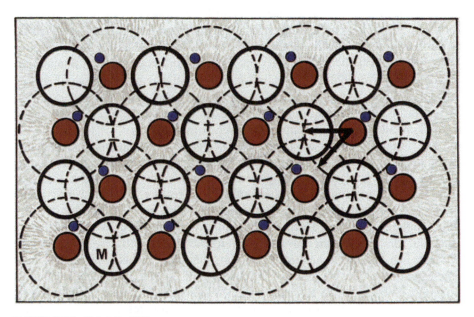

RECHTE KAMMER

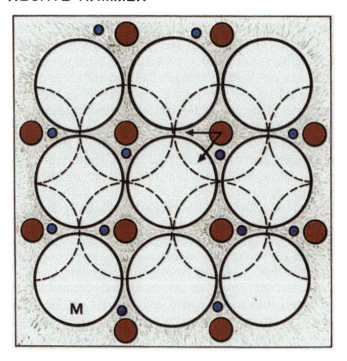

LINKE KAMMER

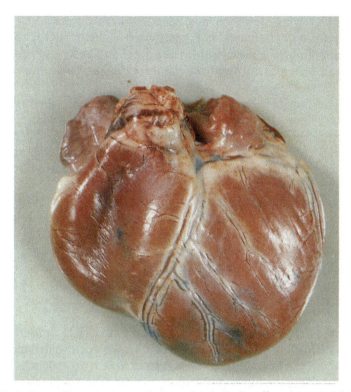

Abb. 28. Vitale Darstellung der Lymphbahnen durch Farbstoffemulsion; Injektion in die Herzbasis beim schlagenden Organ; die Ausbreitung erfolgt in Halbminutenschnelle; dichte Vaskularisation des Lymphsystems

Tabelle 1. Vergleichende Gegenüberstellung der Maße und Gewichte von linker und rechter Herzkammer. Entscheidend ist der Quotient aus Kapillaroberfläche zur Muskeloberfläche!

	linke Kammer	rechte Kammer
Gewicht	150 g	50 g
Länge der Muskelfasern	350 km	240 km
Oberfläche der Muskelfasern	25 m^2	12 m^2
Oberfläche der Kapillaren	8,6 m^2	6 m^2
$\dfrac{\text{Kapillaroberfläche}}{\text{Muskelfaseroberfläche}}$	$\approx \dfrac{1}{2,9}$	$= \dfrac{1}{2}$

Abb. 27. Seitendifferenter Bau der Herzkammerwände, Schema des Rechts-links-Problems des Herzens. Nebeneinanderstellung je eines idealisierten Schnittbildes durch das mittlere Drittel der Apex-Basis-Höhe der jeweiligen Außenwand der Herzkammern. Schnittebene senkrecht zur Verlaufsrichtung der Muskelfasern. *M* Muskelfasern, *rot* Kapillaren; die unterbrochene Linie markiert die Zirkumferenz der Sauerstoffdiffusionsstrecken. Die *blauen* Scheiben entsprechen den Querschnitten der Lymphbahnen. *Cave:* Die Muskelfasern der linken Kammer stehen dicht bei dicht, die der rechten „auf Luke"; die *graugetönten* Felder entsprechen dem Interstitium

bestimmt. Das Herzvenensystem stellt einen funktionell passiven Apparat dar. Das Venenblut wird systolisch aus dem Myokard ausmassiert. Die inneren Muskelschichten kontrahieren sich zuerst, die subepikardialen folgen zeitlich später. Die intramuralen Venen werden also durch äußere Kräfte – das Myokard – gemolken. Sie haben einen Wandbau, der ihrer Funktion als „Pumpenschlauch" entspricht (PUFF 1964).

Was die *Lymphbahnen* des Herzens angeht, ist man überrascht von der Reichlichkeit ihrer Arborisation. Wenn man am schlagenden Herzen eines Versuchstieres eine Injektion mit feinster Nadel am sog. Quellpunkt, d.h. subepikardial an dem Feld der Vorderwand appliziert, das einigermaßen „stillsteht", erlebt man in Minutenschnelle eine imposante Arborisation tuschemarkierter Lymphbahnen. Man kann dies auch im Inneren der Myokardschichten sichtbar machen. Einige Belegpräparate finden sich bei DOERR (1970, S. 297, 298). Wichtig erscheint folgendes: Wenn man den in der Gabel der Arteria pulmonalis gelegenen Lymphknoten (artifiziell) verödet, entwickelt sich (beim Hund) nach Wochen eine chronische Lymphstauung der Kammerscheidewand, und zwar auf deren linken Seite. Der Befund erinnert an ein „inneres Panzerherz" (Fibroelastosis endomyocardica). Die Annahme ist naheliegend, daß chronische Lymphbahninfekte am Herzen für die Pathogenese der Endomyokardfibrosen wichtig sind (Abb. 28).

Über die *Nervenversorgung* des Herzens hatte H. H. JANSEN ausführlich berichtet (1963). Ich selbst habe an der dorsalen Atrioventrikulargrenze des menschlichen Herzens jeweils bis 1000 Ganglienzellen, besonders in weiterer und näherer Umgebung des Sinus coronarius gefunden. Die sympathischen (adrenergischen) Fasern stammen aus dem Nucleus intermediolateralis des 2.– 4. Thorakalsegmentes des Rückenmarkes. Am Herzen selbst kann man leicht unterscheiden den Plexus cardiacus superficialis, intramuralis, profundus und coronarii. Alle hängen mit den Grenzstrangganglien (Cervicale superius, medium und inferius, aber auch mit dem Ganglion stellatum) zusammen. Die Verbindung mit den parasympathischen (cholinergischen) Ästen aus dem Vagusgebiet (Nervus laryngeus superior) ist eine innige. Letztere bringen das intestinale Polypeptid (VIP). Die Vorgänge bei der Neurotransmission sind noch nicht ganz verstanden. An den adrenergischen Nerven zeigen die Transmitterbläschen eine Größe von 400–700 Å, die Bläschen an den cholinergischen Endigungen sind größer. Definierte nervale Endorgane habe ich nie gesehen. Der Pathophysiologe arbeitet mit dem Begriff „Synapse auf Distanz". Baro-, Chemo- und Pressorezeptoren bilden das „Instrumentarium".

Schon Walter KOCH hatte (1922) darauf aufmerksam gemacht, daß die Myokardfasern besonders des rechten Vorhofes eine eigenartige „Protoplasmatik" – helles vakuoläres Sarkoplasma – hätten. Heute weiß man, daß ebendort endokrine Sekretgranula gebildet werden („Cardiodilatin"). Zusammenstellung bei LEONHARDT (1987).

Die *Energetik* ist ein Mittel, den Mechanismus einer Maschine aufzuklären. So will natürlich auch die Energetik des Herzmuskels verstanden werden. Sie hat zu zeigen, auf welche Weise und in welchem Umfang die dem Organ zugeführten chemischen Energiemengen in mechanische und andere Energieformen übergeführt werden, *und* in welcher Weise dies geschieht: Nämlich daß diese Energieumwandlungen mit einer bestimmten Geschwindigkeit, in einer ganz bestimmten Form des Zu- und Abnehmens, in einer bestimmten Quantität und Qualität erfolgen. Was dem Herzen zufließt, ist ein gleichmäßiger Strom potentieller chemischer Energie. Was das Herz dagegen abgibt, ist eine hoch-spezifische, nach Quantität und Qualität, Zeit und Richtung, Intensität und Form bestimmte Leistung. Zwischen diesem Anfang und Ende des Geschehens die Verbindung herzustellen, ist Aufgabe einer pathophysiologisch definierten Energetik des Herzmuskels (V. VON WEIZSÄCKER 1917). Herzen, welche dauernd in der Nähe der Akkomodationsgrenze arbeiten müssen, ändern ihre quantitativen Verhältnisse; sie werden größer und schwerer; sie hypertrophieren! Eine Dilatation des Herzens, sei sie myo- oder tonogen, wird stets so wirken wie eine vermehrte Belastung oder Überlastung und deshalb eine Hypertrophie zur Folge haben, selbst wenn die in den Herzhöhlen meßbaren Druckwerte die gleichen sind wie in der Norm. „Man kann die theoretische Folgerung ableiten, daß jede Dilatation per se zur Hypertrophie führen muß, und es scheint, daß die Erfahrung dem nicht widerspricht" (V. VON WEIZSÄCKER 1920)!

Die geistige Klammer zwischen Energetik des Herzmuskels (a) als Folge bestimmter chemischer Prämissen („Ernährung i.w.S.") und (b) als Folge bestimmt-charakterisierbarer Belastungen hatte die Schule von M. B. SCHMIDT gebracht: Mäuse entwickelten bei einer über Generationen durchgeführten eisenfreien Ernährung eine Herzhypertrophie, die wieder verschwand, sobald die Eisenkarenz aufgegeben wurde. Eugen KIRCH hatte erstmals das Sportherz definiert. Es ist tonogen dilatiert, seine Wandung verdickt, aber im ganzen gesund. Die Herzhypertrophie durch Dauerleistungssport ist rückbildungsfähig. Bei der tonogenen Dilatation überwiegt die „Verlängerung", bei der myogenen die „Verbreiterung" der Kammern (1929). Bei Naturtieren, die in Gefangenschaft gehalten werden, geht das Herzgewicht in kurzer Zeit erheblich zurück (KÜLBS 1909). Derlei erscheint uns heute fast als „Binsenweisheit", stellt aber Kern und Frucht unzähliger experimenteller Arbeiten dar. Es hat sich in jahrzehntelangen Bemühungen herausgestellt, daß eine zuverlässige Übereinstimmung zwischen muskulären Wanddickenmaßen und Herzgewichten besteht (BUSCH 1955).

Die Skizzierung der normalen Anatomie des Menschenherzens wäre nicht vollständig, wenn nicht einige Bemerkungen über *Maße und Gewichte*, auch unter dem Aspekt der vergleichenden Anatomie, angeschlossen würden. Wir hatten bei Paul ERNST gelernt, daß das *normale Herzgewicht* des Erwachsenen 4‰, des Neugeborenen und Säuglings etwa 5‰ des Körpergewichtes betrage.

Die Wägung hat an den herausgenommenen Leichenherzen nach Öffnung der Höhlen und Leerspülung zu erfolgen. Die Herzen sollten je 2 cm oberhalb der Zutritte und Abgänge der großen Gefäße abgetrennt werden.

Unter dem *„Herzverhältnis"* versteht man die Relation zwischen Herzgewicht und Körpergewicht. Es schwankt – vergleichend betrachtet – innerhalb der zoologischen Art erheblich. Fische, die keine Schwimmblase haben (Selachier), besitzen die höchsten Herzgewichte. Ein Blick in die Tierreihe sub specie Herzverhältnis ist auch für den Humanpathologen lohnend. Ich bringe einige Daten nach HESSE (1921):

Tabelle 2

Blindschleiche	1,61‰	Jagdfasan	4,19‰	Nebelkrähe	8,80‰
Zahneidechse	2,20‰	Rebhuhn	6,89‰	Rauchschwalbe	13,41‰
Ringelnatter	2,91‰	Auerhahn	9,09‰	Rotkehlchen	10,65‰
Kreuzotter	2,63‰	Lachmöwe	9,27‰	Hausmaus	6,90‰
Wildschwein	3,93‰	Hermelin	9,39‰	Mensch	5,07‰
Wolf	9,48‰	Militärpferd	10,08‰		

Auf A. J. LINZBACH und seine Schule geht der Begriff des „*kritischen Herzgewichtes*" beim Menschen zurück (LINZBACH 1947, 1948). Er besagt etwa so viel, daß jenseits des erhöhten Gewichtes von etwa 500 g die Sauerstoffversorgung der Muskelfasern problematisch wird, weil die ideale Zuordnung Blutkapillare:/:Muskelfaser für die Versorgung der allzu voluminös gewordenen Einzelfaser nicht mehr ausreicht, *wenn nicht* Hilfe kommt. Sie wird tatsächlich dadurch gebracht, daß *jetzt* zu einer longitudinalen Faserspaltung und Zuordnung je einer neu, sozusagen adaptativ gebildeten Kapillare kommt. Diese zahllose Male durchgerechneten und im Grundsatz bestätigten Vorgänge haben den Wert eines Naturgesetzes. Ich sehe hierin den größten Fortschritt der pathologischen Anatomie des Herzens nach dem letzten Kriege; er konnte nur auf dem Boden der geistigen Situation des Arbeitskreises von R. RÖSSLE („Maß und Zahl in der Pathologie") entstehen.

Die *Volumina* der Herzhöhlen werden seit 1914 so angegeben: Bei dem Erwachsenen insgesamt 258–360 ml! Die differenzierte Messung ergibt folgende Werte:

Tabelle 3

	Für den erwachsenen Menschen	Für den neugeborenen Menschen
Rechter Vorhof	110–185 ml	7–10 ml
Linker Vorhof	100–130 ml	4–15 ml
Rechte Kammer	160–230 ml	8–10 ml
Linke Kammer	143–212 ml	6–9 ml

(Nach RAUBER-KOPSCH 1914, 1955).

Die *Massenverhältnisse* des fetalen Herzens wurden besonders bearbeitet (MERKEL u. WITT 1955). Die Frage, ob nicht verschiedene Funktionsbereiche des Myokard unterschiedliche Gewichte besitzen, habe ich durch Bestimmung des *spezifischen Gewichtes* prüfen lassen (SCHMITT et al. 1976). Tatsächlich besitzt das Gewebe des Reizleitungssystems ein höheres spezifisches Gewicht, als das des muskulären Triebwerkes.

Die umfassendste Übersicht der Gewichte der Anteile des Herzmuskels findet sich bei BARGMANN (1963; Tabelle 4). Bei BARGMANN sind noch weitere Daten zusammengetragen. Kl. KAYSER hat aufgrund der Analyse des Heidelberger Sektionsgutes von 1900–1979 festgestellt, daß das *durchschnittliche Herzgewicht* bei Männern 350 g beträgt, und zwar bezogen auf ein Körpergewicht von 64 kg, eine Körperlänge von 176 cm und ein Lebensalter von 53 Jahren. Bei Frauen

Tabelle 4. Bargmannsche Generaltabelle betreffend die Weite der Herzostien einerseits (*oben*), betreffend die Gewichtsbezüge Herzgewicht: Körpergewicht: Gewichte anderer Organe (*unten*). (Aus BARGMANN 1963)

Autoren	Alter	Männliches Geschlecht		Weibliches Geschlecht	
		Umfang des Ostium ven. dextr.	Umfang des Ostium ven. sin.	Umfang des Ostium ven. dextr.	Umfang des Ostium ven. sin.
BIZOT		122,4	107,5	106,4	91,8
REID		134,7	116,9	124,3	106,7
RANKING		119,1	99,9	115,1	87,5
MERBACH		111,3	97,1	106,3	92,5
PEACOCK		123,0	100,0	117,7	102,1
WULFF	18–65	129,5	118,2	124,9	107,6
PERLS	–40	125,7	107,0	116,0	98,0
PERLS	40–50	128,2	111,0	112,8	96,4
PERLS	50–x	126,0	106,5	120,0	99,0
CREUTZFELDT	20–40	123,5	109,1	111,0	96,2
CREUTZFELDT	40–50	126,6	111,6	118,8	110,2
CREUTZFELDT	50–x	131,7	115,4	122,4	103,2
KIRCH	0	41,7	35,0	32,0	26,0
	1–5	54,7	51,7	49,5	49,5
	6–10	65,0	67,0	73,0	69,0
	11–15	84,7	77,7	76,0	70,0
	16–20	110,2	95,0	–	–
	21–30	105,4	90,3	102,7	80,7
	31–40	116,8	99,4	102,0	90,5
	41–50	111,9	108,5	–	–
	51–60	108,0	98,3	–	–
	61–70	122,0	100,0	–	–
	71–80	118,0	108,0	114,0	107,0
	81–90	132,0	124,0	120,0	115

	Länge	Körpergewicht	Herzgewicht	Ventrikelmuskel	Linke Kammer	Rechte Kammer	Kammerscheidewand	Biceps	Leber	Nieren	Zwerchfell
	cm	kg	g	g	g	g	g	g	g	g	g
Maß und Gewicht	170,8	61,9	332,2	220,17	96,57	53,2	70,4	141,6	1772	317,9	242,6
Zahl der Fälle	89	73	102	90	30	30	30	40	102	98	48

beträgt das durchschnittliche Herzgewicht 295 g bezogen auf ein Körpergewicht von 58 kg, eine Körperlänge von 164 cm und ein Lebensalter von 53 Jahren. Die relativen Herzgewichte scheinen eine Tendenz zur Abnahme zu haben, was mit der zunehmenden Immobilität des modernen Menschen zusammenhängen könnte. Das primär „kleine Herz", das klinisch einst aufgefallen war (MEYER 1920) – klein ohne plausible Ursache, also als Ausdruck einer konstitutionellen Besonderheit – scheint in der aktuellen Debatte der Morphologen derzeit keine Rolle zu spielen. Es hat nichts mit dem „Altersherz" (FRANKE et al. 1978) zu tun, auf das in Bd. 22/II dieser Reihe zu kommen sein wird.

Die Bemerkungen über die Anatomie des Herzens, die nichts anderes als eine Hilfe für den im Alltag arbeitenden Pathologen sein wollen, mögen dadurch zum Abschluß gebracht werden, daß etwas über die Untersuchung des Herzens im Anschluß an die Autopsie bemerkt wird. Es ist klar, daß jeder erfahrene Obduzent seine eigenen Praktiken hat, die sich ihm hundertfach bewährt haben. Gleichwohl mag es gestattet sein zu sagen, daß man eine größere Sicherheit in der diagnostischen Würdigung eines Falles gewinnt, wenn man bestimmte *Teststellen* untersucht. Als solche haben sich bewährt:

1. *Sinusknotenregion*. Schnittführung parallel zur Achse der oberen Hohlvene, d.h. senkrecht zum Circulus arteriosus sinuauricularis.
2. *Dorsale Atrioventrikulargrenze rechts*. Schnittführung senkrecht zur Ventilebene durch die Mitte der Hinterwand von rechtem Vorhof und rechter Herzkammer.
3. *Wand des Conus arteriosus pulmonalis*. Entnahme parallel zum typischen Sektionsschnitt.
4. *Dorsale Atrioventrikulargrenze links*. Schnittrichtung auch hier senkrecht zur Ventilebene durch die Mitte der Hinterwand vom linken Vorhof und linker Herzkammer.
5. *Vorderseitenwand* links durch die Längsachse des linken vorderen Papillarmuskels.
6. *Kochscher Punkt*.
7. *Mittleres Drittel der Kammerscheidewand*, Schnittführung parallel zum Schnitt nach Position 6, aber wenige mm ventral von diesem.
8. *Vorderes Drittel der Kammerscheidewand*. Sie darf niemals flach, also oberflächenparallel angeschnitten, sondern sollte nur durch Schnitte von der Herzbasis zur Herzspitze dargestellt werden, anders man die Arborisation des linken Schenkels des Reizleitungssystems nicht auffinden kann.
9. *Ursprungstrichter der Arteria coronaria sinistra*.
10. *Ursprungstrichter der Arteria coronaria dextra*.
11. *Vortexregion der Kammerwände*.
12. *Schnitt nach Wahl*, d.h. in Anpassung an die Besonderheiten des jeweiligen Falles. Sucht man den Aschoff-Tawara-Knoten, empfehle ich dringend, die Haassche Arterie (Abb. 26) darzustellen und sich entlang derselben durch vorsichtige kleine, senkrecht zur Kammerscheidewandhauptrichtung geführte Schnitte vorzuarbeiten. Ich erinnere an C. STERNBERG (1910), der auf die „offenen Grenzen" des AV-Knotens und dessen Gefäßreichtum hingewiesen hatte.

Diese Untersuchungspunkte dürfen im allgemeinen genügen, um eine Qualitätsdiagnose betreffend Alterationen des Herzmuskels zu ermöglichen. Sog. Herzblockstudien bedürfen komplizierterer Maßnahmen (SCHNEIDER 1981).

Literatur

Ackerknecht E (1918) Die Papillarmuskeln des Herzens. Untersuchungen der Karnivorenherzen. Arch Anat Physiol 1918:63–136

Anderson RH, Becker AE, Allwork SP (1982) Anatomie des Herzens. Deutsche Übersetzung von Gertrud Gollmann. Thieme, Stuttgart

Arndt H (1956) Gefäßausbildung und Grenzschichtdicke am Froschherzen. Inaug Diss med Fak Kiel

Aschoff L (1905) Bericht über die Untersuchungen des Herrn Dr. Tawara, die „Brückenfasern" betreffend und Demonstration der zugehörigen mikroskopischen Präparate. Münch Med Wochenschr 52:1904

Aschoff L (1917) Über das Leichenherz und das Leichenblut. Beitr Pathol Anat 63:1–21

Bargmann W (1963) Bau des Herzens. In: Bargmann W, Doerr W (Hrsg) Das Herz des Menschen, Bd. I. Thieme, Stuttgart, S 88–164

Becker V (1967) Formvarianten der Sehnenfäden als pathogenetischer Faktor in der linken Herzkammer. Verh Dtsch Ges Pathol 61:214

Beneke R (1922) Die Atherosklerose der Carotis communis und ihre Bedeutung für das Verständnis der Blutsäulenformen. Frankf Z Pathol 28:407

Benninghoff A (1923) Über die Beziehungen des Reizleitungssystems und der Papillarmuskeln zu den Konturfasern des Herzschlauchs. Anat Anz 57 (Erg Heft):185

Benninghoff A (1933) Das Herz. In: Bolk L, Göppert E, Kallius E, Lubosch W (Hrsg) Handbuch der vergleichenden Anatomie der Wirbeltiere, Bd. 6, Urban & Schwarzenberg, Berlin Wien, S 467

Benninghoff A (1948) Anatomische Beiträge zur Frage der Verschiebung der Ventilebene des Herzens. Ärztl Forsch 2:27

Blechschmidt E (1943) Die ortsgemäße Entwicklung des Herzens. Z Anat Entwickl-Gesch 110:682–693

Busch W (1955) Neue Ergebnisse der Messung und Wägung der Herzkammern bei den verschiedenen Hypertrophieformen mit besonderer Berücksichtigung der Histologie. Arch Kreislaufforsch 22:267–288

Chiechi MA, Lees WM, Thompson R (1956) Functional anatomy of the normal mitral valve. T J Thorac Surg 32:378–398

Cruveilhier J (1834) Anatomie descriptive. Bechet jeune, Paris, Tome 3ème, p 1–35

Dienerowitz HJ (1956) Zur pathologischen Anatomie der Herzohren. Zentralbl Pathol 95:23

Doerr W (1947a) Einführung in die pathologische Anatomie, III. Gutenberg, Heidelberg, S 22

Doerr W (1947b) Über den Situs inversus im Gebiete des Herzens. Dtsch Med Wochenschr 72:570–573

Doerr W (1951) Über die Ursachen bestimmter Formen sog. kardialer Rechtsinsuffizienz. Z Kreislaufforsch 40:92–99

Doerr W (1963) Pathologie der herznahen großen Gefäße. In: Bargmann W, Doerr W (Hrsg) Das Herz des Menschen, Bd. II. Thieme, Stuttgart, S 894

Doerr W (1970) Allgemeine Pathologie der Organe des Kreislaufs. In: Meessen H, Roulet F (red von) Handbuch der Allgemeinen Pathologie, Bd. III/4. Springer, Berlin Göttingen New York, S 205

Doerr W (1981) Sekundenherztod. Beitr z Gerichtl Med 39:1–25

Doerr W (1982) Große Herzkrankheiten als Fernwirkung sog. Reifungskrisen – Phylogenetische Vincula des Menschenherzens. In: Kommerell B, Hahn P, Kübler W, Weber E (Hrsg) Fortschritte in der inneren Medizin. Springer, Berlin Heidelberg New York, S 23–39

Doerr W (1983a) Heterochronia and general pathology illustrated by the example of the human heart. Virchows Arch (A) 401:137
Doerr W (1983b) Evolutionstheorie und pathologische Anatomie. Verh Dtsch Ges Pathol 67:663–684
Doerr W (1987) Über den Kochschen Punkt. Bemerkungen zur Sektionstechnik des Herzens. Pathologe 8:319–324
Doerr W (1991) Grundgesetze der Pathogenese. Nova acta Leopoldina NF 65, Nr. 277, 247–263
Doerr W, Mall G (1979) Cardiomyopathie. Pathologe 1:7–24
Doerr W, Rossner JA (1977) Toxische Arzneiwirkungen am Herzmuskel. Sitzungsberichte Heidelberger Akademie der Wissenschaften, mathematisch-naturwissenschaftliche Klasse. Springer, Berlin Heidelberg New York
Donnelly WH, Hawkins H (1987) Optimal examination of the normally formed perinatal heart. Hum Pathol 18:55–60
Falk H, Pfeifer K (1964) Praktische Sektionsdiagnostik mit Schnellmethoden. Thieme, Leipzig, S 61
Franke H, Gall L, Chowanetz W (1978) Gibt es ein sog. Altersherz? Ärztl Praxis 30: 2562–2564, 2616–2624
Froboese C (1969) Sektionstechnisches. In: Doerr-Seifert-Uehlinger: Spezielle pathologische Anatomie, Bd. 4. Springer, Berlin Heidelberg New York, S 451
Gerbis H (1955) Funktionen und Koordinationen des menschlichen Herzens in der Schau des August Weinert'schen Verwringungsgesetzes. Ärztl Forsch 9:I/503–I/515
Gerlach W (1923) Postmortale Form- und Lageveränderungen mit besonderer Berücksichtigung der Totenstarre. Ergebnisse der Pathologie, Bd. 20, Abt. II, I. Teil. Bergmann, München, S 259–305
Glass K (1961) Modellstudien über die Strömungsverhältnisse an den Seminlunarklappen des Herzens. Z Kreislaufforsch 50:457–463
Goerttler K (1950) Die Anordnung, Histologie und Histogenese der quergestreiften Muskulatur im menschlichen Stimmband. Z Anat Entwickl-Gesch 115:352–401
Goor D, Lillehei CW, Edwards JE (1969) The "sigmoid septum" variation in the contour of the left ventricular outlet. Am J Roentgenol 107:336
Gross L, Kugel MA (1931) Topographic anatomy and histology of the valves in the human heart. Am J Pathol 7:445
Grote J (1961) Die Sauerstoffdiffusion im menschlichen Herzmuskel. Inaug Diss Med Fak Kiel
Haas G (1911) Über die Gefäßversorgung des Reizleitungssystems des Herzens. Anatomische Hefte 43:629
Hardt H (1967) Die Chorda muscularis persistens in der linken Herzkammer. Inaug Diss Med Fak Heidelberg
Hardt H (1968) Muskuläre Sehnenfäden in der linken Herzkammer. Virchows Arch Abt. A 344:346
Heine H (1989) Gibt es ein Strukturprinzip des Myokards? Gegenbaurs Morphol Jahrb 135:463–474
Heintzen P (1959) Die Diagnostik der Herzlageanomalien im Kindesalter. Monatsschr Kinderhkd 107:406–413
Hesse R (1921) Das Herzgewicht der Wirbeltiere. Zoolog Jahrb, Abt Allgem Zool Physiol Tiere 38 (1):243–364
Holldack Kl (1946) Über Dextrokardie. Dtsch Med Wochenschr 71:228–229
Holzner JH, Mathes P (1982) Atlas der Herzerkrankungen. Pharmazeutische Verlagsgesellschaft, München
Hultquist G (1942) Über Thrombose und Embolie der Arteria carotis und hierbei vorkommende Gehirnveränderungen. Fischer, Jena
Jansen HH (1963) Innervation des Herzens. In: Bargmann W, Doerr W (Hrsg) Das Herz des Menschen, Bd. I. Thieme, Stuttgart, S 228–259
Kaufmann E (1931) Lehrbuch der speziellen pathologischen Anatomie, 9. und 10. Aufl. de Gruyter, Berlin, 585, 592
Kayser Kl (1985) Entwicklung der Herzgewichte im Sektionsgut 1900–1979. In: Mall G, Otto HF (Hrsg) Herzhypertrophie. Springer, Berlin Heidelberg New York, S 71–81

King TW (1837) An essay on the safety-valve function in the right ventricle of the human heart and on the gradations of this function in the circulation of warm-blooded animals. Guy's Hosp Rep 2:104–141

Kirch E (1920) Über gesetzmäßige Verschiebungen der inneren Größenverhältnisse des normalen und pathologisch veränderten menschlichen Herzens. Z Angew Anat Konstitutionslehre 6:235–384

Kirch E (1927) Pathologie des Herzens. Ergebnisse der Pathologie, Bd XXII, Abt I. Bergmann, München, S 1–206

Kirch E (1929) Die Beeinflussung des Herzens durch starke körperliche Anstrengungen und durch Sport. Sitzungsbericht der phys. med. Sozietät Erlangen, Bd 61 Max Mencke, Erlangen, S 1–20

Kirch E (1938) Dilatation und Hypertrophie des Herzens. Aktuelle Kreislauffragen 14: 47–66

Knoche H, Schmitt G (1963) Über Chemo- und Pressorezeptorenfelder am Coronarkreislauf. Z Zellforsch 61:524–560

Koch W (1907) Über das Ultimum moriens des menschlichen Herzens. Ein Beitrag zur Frage des Sinusgebietes. Beitr Pathol Anat 42:203

Koch W (1912) Zur Anatomie und Physiologie der intrakardialen motorischen Centren des Herzens. Med Klinik 8 (I):108

Koch W (1922) Der funktionelle Bau des menschlichen Herzens. Urban & Schwarzenberg, München

Kraus Th, Weikl A, Becker V (1991) Anatomische Varianten im peripheren Reizleitungssystem des Herzens. Gibt es elektrokardiographische Korrelate? Z Kardiol 80:512–515

Krehl L (1891) Beiträge zur Kenntnis der Füllung und Entleerung des Herzens. Abh. Mathemat. physikal. Classe Kgl. Sächs. Ak. Wissenschaften, Bd. XVII, Hirzel, Leipzig, S 341–361

Külbs (Kiel 1909) Über Herzgewichte bei Tieren. Verh d Kongresses f Inn Med 26:197–199

Latarjet (1929) in L. Testut (1929)

Leonhardt W (1987) Leonhardt H, Tillmann B, Töndury G, Zilles K (Hrsg) Rauber-Kopsch: Anatomie des Menschen, Bd III. Thieme, Stuttgart New York, S 30–73

Letulle M (1903) La pratique des autopsies. Naud, Paris

Linzbach J (1947) Mikrometrische und histologische Analyse hypertropher menschlicher Herzen. Virchows Arch 314:534

Linzbach J (1948) Die Faserkonstanz des menschlichen Herzens und das kritische Herzgewicht. Verh Dtsch Ges Pathol 32:143

Lugo G (1948) Le auricole. Anali di Biologia normale e patologica, No 3. Mariotti, Pisa

McPhee StJ, Bottles K (1985) Autopsy: Moribund art or vital science. Am J Med 78:107

Magnus-Alsleben E (1907a) Zum Mechanismus der Mitralklappe. Arch Exp Pathol Pharmakol 57:57–63

Magnus-Alsleben E (1907b) Versuche über relative Herzklappeninsuffizienzen. Arch Exp Pharmakol 57:48–56

Mall FP (1911) On the muscular architecture of the ventricles of the human heart. Am J Anat 11:211–266

Marcus H (1932/33) Die primäre Ursache der Sysmmetrie im Körper. Anat Anz 75:51–55

Meyer E (1920) Zur Kenntnis des kleinen Herzens. Dtsch Med Wochenschr 29

Merkel H, Witt H (1955) Die Massenverhältnisse des foetalen Herzens. Beitr Pathol Anat 115:178–184

Mönckeberg JG (1925) Der funktionelle Bau des Säugetierherzens. In: Handbuch der normalen und pathologischen Physiologie, Bd 7. Erste Hälfte, Erster Teil. Julius Springer, Berlin, S 85–113

Müller W (1883) Die Massenverhältnisse des menschlichen Herzens. Leopold Voss, Hamburg Leizpig

Münzenmaier R (1967) Vergleichende Untersuchungen an der Basis der linken Herzkammer und an der herznahen Aorta. Inaug Diss med Fak Heidelberg

Neuber E (1912) Die Gitterfasern des Herzens. Beitr Pathol Anat 54:350–368

Peter K (1935/36) Die finale Betrachtung der Entwicklungsbedingungen. Anat Anz 81:318–333

Pick EP (1924) Über das Primum und Ultimum moriens im Herzen. Klin Wochenschr 3:662–667
Puff A (1960a) Der funktionelle Bau der Herzkammern. In: Bargmann W, Doerr W (Hrsg) Zwanglose Abhandlungen aus dem Gebiet der normalen und pathologischen Anatomie, Heft 8. Thieme, Stuttgart
Puff A (1960b) Die Morphologie des Bewegungsablaufes der Herzkammern. Anat Anz 108:342–350
Puff A (1960c) Die funktionelle Bedeutung des elastisch-muskulären Systems in den Kranzarterien. Morphol Jahrb 100:546–558
Puff A (1963) Funktionelle Besonderheiten im Wandbau der Herzvenen. Verh Anat Ges 59:282–284/Ergänzungsheft Anat Anz 113 (1964)
Puff A (1977) Anatomische und physiologische Grundlagen. In: Reindell H, Rosskamm H (Hrsg) Herzkrankheiten. Springer, Berlin Heidelberg New York, S 1–29
Rauber A, Kopsch Fr (1914) Lehrbuch der Anatomie des Menschen, 10. Aufl, Abt 3: Muskeln, Gefäße. Thieme, Leipzig
Rauber A, Kopsch Fr (1955) Lehrbuch und Atlas der Anatomie des Menschen, 19. Aufl, Bd I. Thieme, Stuttgart
Rauber A, Kopsch Fr (1987) Anatomie des Menschen. In: Leonhardt H (Hrsg) Lehrbuch und Atlas, Bd III. Thieme, Stuttgart New York
Reiner L, Mazzoleni A, Rodriguez FL, Freudenthal RR (1959) The weight of the human heart. A M A Arch Pathol 68:58–73
Remmele W, Haag A (1967) Zur Kenntnis der normalen Histologie des Wandendokard. Z Zellforsch 81:240
Riße M, Werler G (1981) Quantitative morphologische Untersuchungen koronarer Muskelbrücken. Z Rechtsmed 86:261–267
Riße M, Werler G (1988) Koronare Muskelbrücke. Dtsch Med Wochenschr 113:316–317
Rössle R (1927) Technik der Obduktion mit Einschluß der Meßmethoden an Leichenorganen. In: Abderhalden E (Hrsg) Handbuch der biologischen Arbeitsmethoden, Abt VIII, Teil 1/II. Urban & Schwarzenberg, Berlin Wien, S 1093–1246
Rössle R, Roulet F (1932) Maß und Zahl in der Pathologie. Springer, Berlin Wien
Schipperges H (1989) Die Welt des Herzens. Knecht, Frankfurt
Schmincke A, Nover A, Quetz G (1950) Über Anomalien der Ausgestaltung des Septum atriorum des menschlichen Herzens. Virchows Arch 317:578–587
Schmitt WGH, Hofmann W, Andermann BL (1976) Das spezifische Gewicht des Erregungsbildungs-Erregungsleitungs-Systems im Vergleich zum Arbeitsmyokard als Hinweis auf Unterschiede in Struktur und Zusammensetzung. Virchows Arch A 370:267–272
Schneider J (1981) Der plötzliche Herztod als Folge einer Reizleitungsstörung, I. Teil. Schweiz Med Wochenschr 111:366
Schoenmackers J (1950) Das Venenbild des Herzens. Z Kreislaufforsch 39:68–77
Schoenmackers J (1969) Die Blutversorgung des Herzmuskels und ihre Störungen. In: Kaufmann E, Staemmler M (Hrsg) Lehrbuch der speziellen pathologischen Anatomie, Ergänzungsband I, 1. Hälfte. de Gruyter, Berlin, S 59
Schultze WH (1935) Über die Formverschiedenheiten der Papillarmuskeln des linken Herzens. Verh Dtsch Pathol Ges 28:245–245
Silver MD, Lam JHC, Ragnathan N, Wigle ED (1971) Morphology of human tricuspid valve. Circulation 43:333–348
Spitzer A (1929) Über Dextroversio, Transposition und Inversion des Herzens und die gegenseitige Larvierung der beiden letzteren Anomalien. Nebst Bemerkungen über das Wesen des Situs inversus. Virchows Arch 271:226–303
Spitzer A (1933) Der Generationswechsel der Vertebraten und seine phylogenetische Bedeutung. Ergeb Anat Entwickl-Gesch 30:1–340
Sternberg C (1910) Beiträge zur Pathologie des Atrioventrikularbündels. Verh Dtsch Pathol Ges 14:102
Tandler J (1913) Anatomie des Herzens. G. Fischer, Jena
(zugleich 1. Abteilung, gemeinsam mit P. Bartels, Anatomie des Gefäßsystems, In: v. Bardelebens Handbuch der Anatomie des Menschen, Bd III, 1. Abt.)

Tawara S (1906) Das Reizleitungssystem des Säugetierherzens. Fischer, Jena
Testut L (1929) Traité d'Anatomie humaire. Éd A. Latarget, 8ème Edition. Tome II, p 4. Doin & Co, Paris
Thierfelder MU (1928) Circulus hominis sanguinis de ductus ex empiria. Bandung (Djawa Indonesia): Privatdruck Holländisch-Indien; ohne Jahreszahl (als Sonderabdruck vorliegend; wahrscheinlich erschienen 1928)
Todaro (1929) zit 1. nach Tandler 1913; 2. nach Latarjet in L. Testut: Traité d'Anatomie humaine, tome 2ème. Doinet Cie, Paris, Fig 59, p 84
Torgersen J (1945) Genic factors in visceral asymmetry and in the development and pathologic changes of lunges, heart and abdominal organs. Arch Pathol 47:566–593
Trost U (1978) Analyse eines räumlichen Modells vom Herzmuskel. Inaug Diss med Fak, Freie Universität Berlin
Vogt C, Vogt O (1919) Zur Kenntnis der pathologischen Veränderungen des Striatum und des Globus pallidus und zur Pathophysiologie der dabei auftretenden Krankheitserscheinungen. Sitzungsberichte Heidelberger Akademie der Wissenschaften, mathematisch-naturwissenschaftliche Klasse, Abt B, Jahrgang 1919, 14. Abhandlung. Winter, Heidelberg
Volkhardt Th (1916) Über den Eintritt der Totenstarre am menschlichen Herzen. Beitr Pathol Anat 62:473–502
Weizsäcker V von (1917) Über die Energetik der Muskeln und insbesondere des Herzmuskels sowie ihre Beziehung zur Pathologie des Herzens. Sitzungsberichte Heidelberger Akademie der Wissenschaften, mathematisch-naturwissenschaftliche Klasse B, 2. Abhandlung. Winter, Heidelberg
Weizsäcker V von (1920) Die Entstehung der Herzhypertrophie. Erg Inn Med 19:377
Wolff K (1930) Die Längs- und Spiralanordnung der Muskulatur in der Media der Papillarmuskelschlagadern. Virchows Arch 276:259–278

4. Kapitel
Ultrastruktur des Myokard

G. Mall

Unter Mitarbeit von G. Wiest, J. Kappes, K. Amann u. J. Siemens

A. Ultrastruktur der Herzmuskelzellen

Der Herzmuskel besteht aus quergestreiften Muskelzellen von fast zylindrischer Gestalt, die mit angrenzenden Muskelfasern ein komplexes dreidimensionales Netzwerk bilden. Jede Faser besteht aus einzelnen Herzmuskelzellen, die überwiegend End-zu-End, teilweise auch Seit-zu-Seit miteinander verknüpft sind. Die Verbindungszonen werden als Disci intercalares (Sommer 1982) bezeichnet. Die Länge einer ventrikulären Muskelzelle beträgt etwa 80 µm, die Breite wurde mit 10–25 µm angegeben (Muir 1965; Truex 1972; Hirakow u. Gothon 1975). Nach Gerdes et al. (1987), die Untersuchungen an isolierten Myozyten durchgeführt haben, beträgt die mittlere Querschnittsfläche 200 µm^2, die Länge 60 µm. Diese quantitativen Angaben zu den Muskelzellen hängen vom Kontraktionszustand ab (Mall u. Mattfeldt 1990).

Demgegenüber haben Vorhofzellen einen kleineren Durchmesser. Nach Fawcett u. McNutt (1969) beträgt die Breite der Ventrikelzellen durchschnittlich 10–12 µm, während die Breite im Vorhof bei 5–6 µm liegt. Untersuchungen am Rattenherzen haben gezeigt, daß postnatal sowohl ein Breiten- als auch ein Längenwachstum erfolgt (Bishop u. Drummond 1979). Neuere Untersuchungen an hämodynamisch unbelasteten embryonalen Rattenherzen, die über ca. 14 Wochen beobachtet und mit gleichaltrigen embryonalen bzw. neonatalen Ratten verglichen wurden, ergaben, daß bei fehlender hämodynamischer Belastung die Muskelzellen zwar eine gleichmäßige Differenzierung und Proliferation aufweisen, daß jedoch nur eine partielle Anisotropie der Zellen und der Myofibrillen besteht (Bishop et al. 1990). Dieser Befund unterstreicht die Bedeutung mechanischer Faktoren für die Differenzierung der Myokardzellen.

Der Zellkern von Myozyten ist meist oval oder fusiform gestaltet und in Längsrichtung orientiert. Die überwiegende Mehrzahl der Kerne liegt im Zentrum der Myozyten, gelegentlich werden jedoch auch subsarkolemmale Kerne beobachtet. Diploide Myozyten werden mit zunehmendem Alter häufiger (Bishop u. Drummond 1979). Das Kernchromatin liegt normalerweise in kleinen Aggregaten vor. Die Kernmembran besteht aus einer Doppelmembran, die von Poren durchbrochen wird und sich im sarkoplasmatischen Retikulum fortsetzt. Die dem Zytoplasma zugewandte Seite des Kerns steht mit Ribosomen in Verbindung. In unmittelbarer Umgebung des Kerns liegt an den Kernpolen jeweils ein Golgi-Komplex, desweiteren Mitochondrien, Glykogen, Lysosomen und – altersabhängig – Lipofuszingranula.

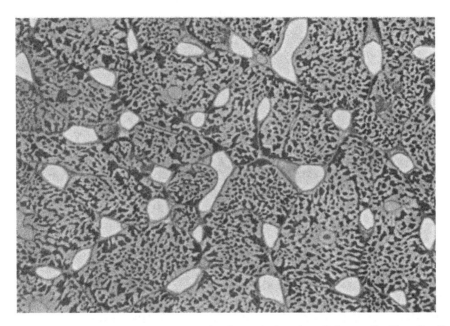

Abb. 1. Lichtmikroskopische Aufnahme des Querschnitts eines linksventrikulären Papillarmuskels. Die Kapillarprofile sind leicht zu erkennen, während die Grenzen der Muskelzellen nach Perfusionsfixation aufgrund des geringen Abstands nur teilweise sichtbar werden. Die dunklen Areale der Myozyten entsprechen den Mitochondrien, die hellen Areale den Myofibrillen. Semidünnschnitt, Färbung mit Toluidinblau in Vergr. ×1250. Aufnahme nach MATTFELDT et al. (1986)

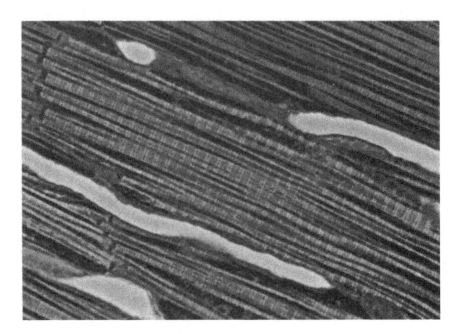

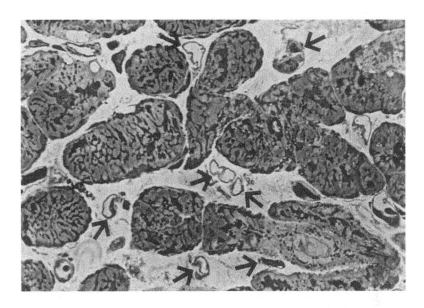

Abb. 3. Lichtmikroskopische Aufnahme einer Herzmuskelbiopsie der linksventrikulären Kammerwand. Zustand des Myokard nach Immersionsfixation. Die Myozyten sind von einander getrennt, die Zellgrenzen sind deutlich erkennbar, der nichtvaskuläre interstitielle Raum ist auf Kosten der Kapillarlumina (*Pfeile*) vergrößert. Durch den fehlenden Perfusionsdruck nach Entnahme der Biopsie kollabieren die Kapillaren. Semidünnschnitt, Färbung mit basischem Fuchsin und Methylenblau, Endvergr. × 790

Die Mitochondrien sind entweder perinukleär oder interfibrillär, d.h. zwischen den Myofibrillen, lokalisiert (Abb. 1). Die Myofibrillen selbst zeigen eine zum Skelettmuskel gleichartige Feinstruktur mit Querstreifen, die durch die Aufteilung in A-Bande und I-Bande zustande kommt. Die Länge der kleinsten Einheit der Myofibrillen, des Sarkomer, hängt vom Kontraktionszustand ab (Hoyle 1983; Canale et al. 1983) (Abb. 2). Wird Myokardgewebe durch Immersionsfixation für histologische Untersuchungen vorbereitet, sind die Myofibrillen meist extrem kontrahiert, die mittlere Sarkomerlänge beträgt 1,3–1,4 µm (Abb. 3). Werden die Herzen von Versuchstieren in vivo durch Perfusion über den arteriellen Gefäßbaum fixiert, beträgt die Sarkomerlänge im Mittel 2,0–2,3 µm (Abb. 4). Die normale Sarkomerlänge beträgt in der Regel bei Vertebraten in der Diastole 2,2 µm, obwohl auch hier Unterschiede beschrieben wurden. So wurde bei Singvögeln (Finken) eine Länge von 1,3 µm (Bossen et al. 1978), bei Nagern von 2,2–2,3 µm (Simpson et al. 1973; Page u. Fozzard 1973) beobachtet.

Abb. 2. Lichtmikroskopische Aufnahme eines Längsschnitts eines linksventrikulären Papillarmuskels. Auch hier erkennt man den engen Kontakt zwischen Kapillaren und Myozyten nach Perfusionsfixation. Außerdem werden die Querstreifung des Muskels und die Glanzstreifen sichtbar. Semidünnschnitt, Färbung mit Toluidinblau. Endvergr. × 2000.
(Nach Mattfeldt et al. 1986)

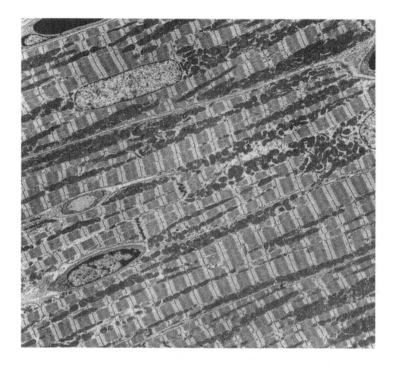

Abb. 4. Elektronenmikroskopische Übersicht eines Längsschnitts aus dem linksventrikulären Myokard eines perfusionsfixierten Affen. Der größte Teil des Myokard besteht aus Myofibrillen und Mitochondrien, während Kapillaren und interstitielle Zellen nur einen kleinen Anteil ausmachen. Die Sarkolemmata gegenüberliegender Myozyten sind nur etwa 1500 Å voneinander entfernt. Die Abbildung zeigt auch den spindeligen Kern einer interstitiellen Zelle und den ovalen Kern einer Herzmuskelzelle. Außerdem zwei Kapillaranschnitte. Mehrere Glanzstreifen. Elektronenmikroskopische Vergr. × 2680

B. Organellen der Herzmuskelzellen

I. Sarkolemm

Das Sarkolemm, auch Plasmalemm oder Myolemm genannt, hat einen Durchmesser von 90 Å und ist trilaminär geschichtet, wie es auch von anderen Zelltypen bekannt ist (ROBERTSON 1957, 1958). Im immersionsfixierten Herzmuskel zeigt das Sarkolemm einen wellenförmigen Verlauf, die sog. Cardiac villi. Die Vertiefungen werden durch die Fixation des Sarkolemm an die Z-Bande der Myofibrillen verursacht; eine dilatierte Muskelzelle zeigt hingegen eine glatte Oberfläche (HAGOPIAN u. NUMEZ 1972). Dieser Befund weist darauf hin, daß das Sarkolemm über Intermediärfilamente mit den Z-Streifen verknüpft ist (LAZARIDES et al. 1982).

Dem Sarkolemm aufgelagert ist die Lamina basalis (Glycocalix), die 500 Å dick ist und aus einer inneren, 200 Å dicken Komponente und einer äußeren, 300 Å dicken Komponente besteht (FRANK et al. 1977). Sie besteht aus Kollagentyp IV, Laminin, Fibronektin und Heparansulfat-haltigen Proteoglykanen

(KEFALIDES et al. 1979; TIMPL et al. 1979). Es wird vermutet, daß die Basallamina eine Rolle in der Regulation des Kalziumeinstroms in die Muskelzellen spielt (LANGER et al. 1976, 1982).

II. Caveolae

Als Caveolae werden gruppenförmige Einstülpungen des Sarkolemm bezeichnet, die einen Durchmesser von 500–800 Å aufweisen. Sie sind über ein enges Halsstück mit dem extrazellulären Raum verbunden. Die numerische Dichte beträgt etwa 4–6 Hälse pro μm^2 Sarkolemm (GABELLA 1978; LEVIN u. PAGE 1980). Analoge Strukturen wurden an der Oberfläche der glatten Muskelzellen und der Skelettmuskelzellen sowie bei Endothelzellen beobachtet (GABELLA 1973; DULHUNTY u. FRANZINI-ARMSTRONG 1975; BRUNS u. PALADE 1978; SIMIONESCU et al. 1978). LEVIN u. PAGE (1980) berechneten, daß die Caveolae die Zelloberfläum ¼ vergrößern, so daß ihre Funktion darin bestehen dürfte, ein hohes Oberflächen-Volumen-Verhältnis der Myozyten zu realisieren.

III. T-System

Das T-System ist ein Kanalsystem, welches aus tubulären Einstülpungen (T-Tubuli) des Sarkolemm besteht. Die Gesamtoberfläche des Sarkolemm wird dadurch um ⅓ vergrößert (PAGE 1978). Durch spezielle Marker wurde eine Verbindung des Lumens der T-Tubuli mit dem extrazellulären Raum nachgewiesen (GIRARDIER u. POLLET 1964; FORSSMANN u. GIRARDIER 1966, 1970; FORBES u. SPERELAKIS 1971, 1973; LEESON 1978, 1980, 1981). Nach außen münden sie immer auf Höhe der Z-Streifen (in den sog. Z-Furchen, RAYNS et al. 1967). Die Tubuli verlaufen überwiegend in transversaler Richtung („T") und sind in Höhe der Z-Streifen lokalisiert (Abb. 5). Es kommen jedoch auch axiale Arme der T-Tubuli vor, so daß insgesamt ein dreidimensionales tubuläres Netzwerk gebildet wird (SOMMER u. JOHNSON 1968, 1979; FORBES u. SPERELAKIS 1980, 1982, 1983). Der Durchmesser der Tubuli hängt von der Ionenkonzentration im extrazellulären Raum ab (LEGATO et al. 1968). Entscheidend sind jedoch die Fixationsbedingungen: in perfusionsfixierten Herzen ist der Durchmesser sehr viel kleiner (FAWCETT u. MCNUTT 1969; HIRAKOW u. KRAUSE 1980).

Die Lumina der axialen und transversalen Systeme enthalten normalerweise Bestandteile sowohl der Basallamina als auch der Caveolae (FORBES u. SPERELAKIS 1983). Dies unterscheidet die kardialen T-Tubuli von denen des Skelettmuskels, die einen kleineren Durchmesser haben und weder eine Basallamina noch Caveolae erkennen lassen (PEACHEY u. FRANZINI-ARMSTRONG (1983).

Sowohl das Auftreten als auch die Längendichte der T-Tubuli scheinen mit der Größe der Muskelzellen zusammenzuhängen. In kleinsten Muskelfasern, vor allem bei nicht zu den Säugetieren gehörenden Wirbeltieren, werden keine T-Tubuli gefunden (SPERELAKIS et al. 1974; LEESON 1978, 1980, 1981; MARTINEZ-PALOMO u. ALANIS 1980; MCDONNELL u. OBERPRILLER 1983; BREISCH et al. 1983). Andererseits besitzen auch Purkinje-Zellen großer Säugetiere, die einen Durchmesser von bis zu 50 µm aufweisen, kein T-System. Dies könnte dadurch bedingt sein, daß solche Zellen nur wenig Myofibrillen enthalten (SOMMER u. JOHNSON

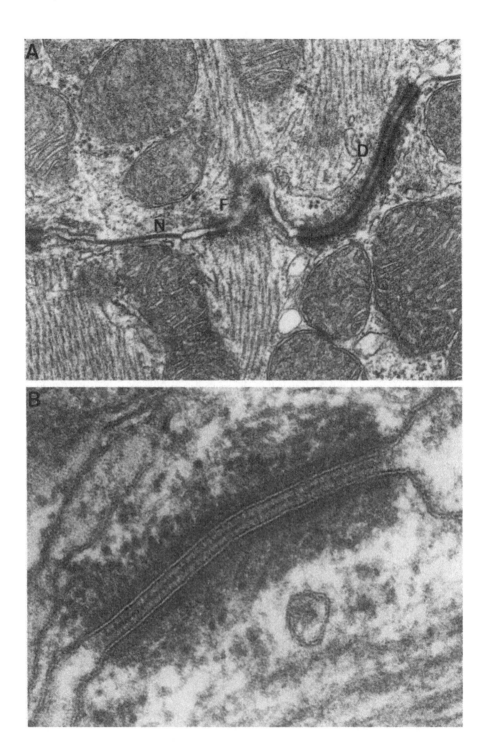

Abb. 5. A Intercalarer Discus zwischen Muskelzellen im Ventrikel des Meerschweinchens. Besteht aus 3 Komponenten: dem Nexus (*N*), dem Desmosom (*D*) und der Fascia adherens (*F*). Myofibrillen inserieren ausschließlich in der Fascia adherens. Vergr. ×42000.
B Desmosom zwischen Herzmuskelzellen des Meerschweinchens bei hoher Vergrößerung. Die zytoplasmatische Seite der zwei Sarkolemmata wird von einem dichten fibrillären Material bedeckt. Das extrazelluläre Material ist in der Mitte des Spaltraums kondensiert. Vergr. ×190000. (Nach CANALE 1986)

1968, 1969; THORNELL u. ERIKSON 1981). PAGE u. MCCALLISTER (1973a) haben zeigen können, daß hypertrophische Myozyten des Rattenmyokard eine überproportionale Zunahme an T-Tubuli aufweisen, die die Oberflächen-Volumen-Relation der Myozyten konstant halten. Der letztgenannte Befund unterstreicht die Funktion der T-Tubuli, die sarkolemmale Oberfläche der Myozyten zu vergrößern. Die Tubuli scheinen sowohl für die Ausbreitung des Aktionspotentials als auch für die Ionentransportsysteme im Sarkolemm eine große Rolle zu spielen (SOMMER u. JOHNSON 1979).

IV. Interzelluläre Verbindungen

Früher wurde aufgrund lichtmikroskopischer Untersuchungen angenommen, der Herzmuskel von Wirbeltieren sei ein Synzytium (HEIDENHAIN 1901; GODLEWSKI 1902). Mit Einführung elektronenmikroskopischer Techniken konnte dann gezeigt werden, daß der Herzmuskel aus einzelnen Zellen besteht, die End-zu-End an den Glanzstreifen (Disci intercalares) miteinander verknüpft sind (SJÖSTRAND et al. 1958; POCHE u. LINDER 1958) (Abb. 6). Drei anatomische Typen von Muskelzellverbindungen wurden beschrieben:

1. Nexus („gap-junction")
2. Desmosom (Macula adhaerens)
3. Fascia adhaerens.

1. Nexus

Die Nexus sind meist entlang der longitudinalen Anteile der Disci intercalares, d.h. parallel zu den Myofibrillen, angeordnet. Ihr Auftreten ist aber nicht ausschließlich an die Glanzstreifenregion geknüpft. Die Nexus besetzen etwa 10% der Fläche der Disci intercalares (DEWEY 1969; SPIRA 1971; PAGE u. MCCALLISTER 1973a). Dies entspricht etwa 1% der Gesamtoberfläche des Sarkolemm (PAGE u. SHIBATA 1981). Die Größe der einzelnen „gap-junction" ist außerordentlich variabel. Die Nexus sind strukturell charakterisiert durch aneinanderliegende Membranen benachbarter Zellen. Filamente sind in diesen Verbindungen nicht zu erkennen. Der nur 20 Å breite Spalt zwischen den benachbarten Zellen enthält oft ein extrazelluläres Flechtwerk, welches die Untereinheiten der „gap-junctions" miteinander verknüpft (REVEL u. KARNOVSKY 1967). Die doppelschichtige Zellmembran der Nexus wird durch Ko-Nexus genannte Proteinkonfigurate durchbrochen, so daß axiale Kanälchen, bestehend aus einem hydrophilen Material, gebildet werden, die die benachbarten Zellen verbinden. Dadurch wird ein Austausch chemischer oder elektrischer Signale ermöglicht. Der niedrige elektrische Widerstand der Nexus dürfte eine zentrale Rolle für die Erregungsausbreitung in der Arbeitsmuskulatur spielen. Es konnte gezeigt werden, daß Nexus verschiedener Organe für kleine, positiv geladene Ionen und für Moleküle bis zu einem Molekulargewicht von 1000 durchlässig sind. Zucker und negativ geladene Polypeptide können die „gap-junctions" überwinden, während Nukleinsäuren (z.B. mesenchymale RNA) und größere Proteine dazu nicht in der Lage sind (BENNET u. GOODENOUGH 1978). Die „gap-junctions" zwischen den Herzmuskelzellen können durch äußere Einflüsse gelöst werden. Dieses Phänomen, das als

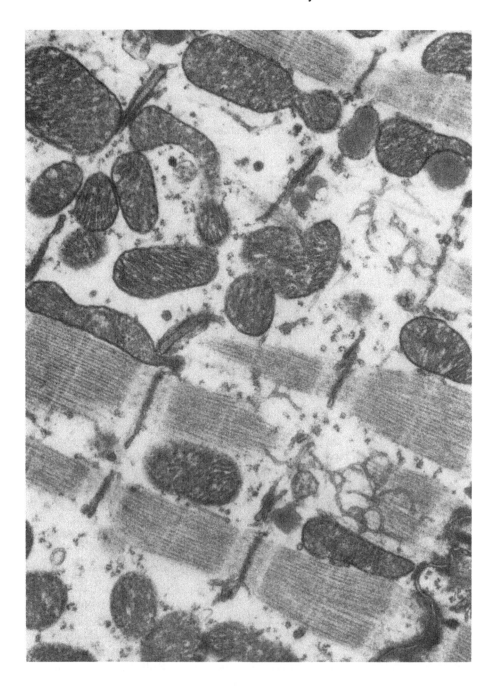

Abb. 6. Längsschnitt eines linksventrikulären Papillarmuskels der Ratte nach hochdosierter Kortikoidbehandlung. Durch das leichte sarkoplasmatische Ödem erkennt man die auf Höhe der Z-Streifen lokalisierten transversalen Tubuli und das Netzwerk des sarkoplasmatischen Retikulum, welches die Myofibrillen umgibt. Die Mitochondrien sind geringgradig geschwollen. Vergr. ×22000. (Aus MALL et al. 1980a)

„healing over" bekannt ist, erfordert die Anwesenheit vom Kalziumionen (DEMELLO et al. 1969; DEMELLO 1982a, b).

Aufgrund früherer Untersuchungen wurde vermutet, daß Amphibien, Reptilien und Frösche keine Nexus besäßen. Neuere Studien zeigten jedoch, daß auch diese Tiere kleine Nexus aufweisen. Wahrscheinlich besteht ein Zusammenhang zwischen Myozyten- und Nexusgröße (SOMMER u. JOHNSON 1979). Nexus sind auch zwischen den Membranen ein- und derselben Zelle im normalen Myokard beschrieben worden (MYKLEBUST u. JENSEN 1978); sie sollen besonders häufig in pathologisch veränderten Myozyten bei chronischen Herzerkrankungen vorkommen (BUJA et al. 1974).

Biochemisch und morphologisch bestehen Unterschiede zwischen den Nexus verschiedener Gewebe. Die „gap-junctions" isolierter Herzmuskelzellen sind breiter (190 Å) als die isolierter Leberzellen (GOODENOUGH u. REVEL 1970; MCNUTT u. WEINSTEIN 1970; GOODENOUGH u. STOECKENIUS 1972; GOODENOUGH et al. 1978). Die „gap-junctions" der Herzmuskelzellen bestehen aus intramembranösen Komponenten mit einem Molekulargewicht von ca. 29 500 Dalton. Eine zweite Komponente in der Doppellipidschicht der zytoplasmatischen Oberfläche der Membran hat ein Molekulargewicht von 15 000–18 000 Dalton (MANJUNATH et al. 1984).

2. Desmosomen

Desmosomen sind runde, spezialisierte Einrichtungen des Sarkolemms mit einem Durchmesser von 300–3000 Å, die sowohl am longitudinalen als auch am transversalen Teil der Disci intercalares nachweisbar sind. Sie sind als Kontaktpunkte der Zellen zu betrachten und haben die Aufgabe der interzellulären Adhäsion. Sie sind aufgebaut aus parallel orientierten Membranen benachbarter Zellen, die einen Abstand von 200–300 Å aufweisen. Der extrazelluläre Spalt enthält extrazelluläres Material, welches in der Mitte zwischen beiden Membranen zu einer elektronendichten, osmiophilen Linie verdichtet ist (KAWAMURA u. JAMES 1971; SOMMER u. JOHNSON 1979; FERRANS u. THIEDEMANN 1983). Auf der zytoplasmatischen Seite des Sarkolemm liegen 100–150 Å breite elektronendichte Plaques, in die intermediäre Filamente inserieren (FRANKE et al. 1982; KARTENBECK et al. 1983). Die Plaques bestehen vorwiegend aus Desmoplakin I und Desmoplakin II (MUELLER u. FRANKE 1983). Desmosomen der Herzmuskelzelle höherer Vertebraten zeigen einen ähnlichen Aufbau wie epitheliale Zellen (FRANKE et al. 1982; COWIN et al. 1984). In der Skelettmuskulatur oder in glatter Muskulatur sind bisher keine Desmosomen nachgewiesen worden (COWIN et al. 1984).

3. Fascia adherens

Der größte Teil des transversalen Anteils der Disci intercalares besteht aus der Fascia adhaerens. Diese Verbindung kann bereits lichtmikroskopisch an histologischen Schnitten erkannt werden. Sie bestehen aus zwei parallel gelagerten sarkolemmalen Membranen zweier Zellen, die durch einen 200 Å breiten extrazellulären Raum voneinander getrennt sind. Auf der zytoplasmatischen

Oberfläche des Sarkolemms ist eine fadenförmige Struktur zu erkennen, die in ihrem Aussehen dem Z-Streifen ähnlich ist und manchmal in sie übergeht (SIMPSON et al. 1973; MCNUTT 1975). Aktinfilamente der Sarkomeren sind in diese faserige Struktur eingebettet. Da die genannten faserigen Strukturen benachbarter Zellen meistens an Stellen auftauchen, wo man einen Z-Streifen erwarten würde, scheinen die Myofibrillen praktisch ohne Unterbrechung von einer in die nächste Zelle überzugehen. Man kann die Fascia adhaerens deshalb auch als zweigeteilte Z-Bande auffassen, welche die durch die Myofibrillen entwickelte Kraft von Zelle zu Zelle überträgt (KAWAMURA u. JAMES 1971; FORBES u. SPERELAKIS 1980; FERRANS u. THIEDEMANN 1983).

V. Sarkoplasmatisches Retikulum (SR)

Das sarkoplasmatische Retikulum der Herzmuskelzellen liegt intrazellulär und besteht aus einem Netzwerk von Tubuli, die mit dem Sarkolemm nicht verbunden sind (s. Abb. 5). Das SR ist das myozelluläre Äquivalent zu dem glatten endoplasmatischen Retikulum anderer Zelltypen. Seine Hauptaufgabe besteht in der Regulation der intrazellulären Kalziumkonzentration und damit in der Regulation von Kontraktion und Relaxation (MARTINOSI 1984). Das SR des Herzmuskels bildet ein Netz verzweigter und anastomosierender Tubuli, welches die Myofibrillen umgibt. Man unterscheidet das junktionale SR vom freien SR (SOMMER u. WAUGH 1979; FORBES u. SPERELAKIS 1983).

1. Junktionales sarkoplasmatisches Retikulum

Das junktionale SR stellt die Analogie zu den terminalen Zisternen des Skelettmuskels dar (PORTER u. PALADE 1957). In den Herzmuskelzellen besteht entweder eine Verbindung mit dem Oberflächensarkolemm („peripheral coupling") oder mit den T-Tubuli („internal coupling"). Ultrastrukturell-morphometrische Daten ergaben, daß eine lineare Korrelation zwischen der Anzahl der „internal couplings" und der Dauer des Aktionspotentials besteht (TIDBALL et al. 1988). In Purkinje-Fasern, die kein T-System besitzen, treten selbstverständlich nur „peripheral couplings" auf (THORNELL u. ERIKSON 1981; SOMMER 1982). An der Stelle der couplings mündet das freie SR in einen flachen Sacculus. In der Herzmuskulatur der meisten Säugetierarten ist das junktionale SR mit dem T-System in Form einer Triade vereinigt. Dies bedeutet, daß zwei junktionale sarkoplasmatische Reticula auf den gegenüberliegenden Seiten eines T-Tubulus ansetzen (KELLY 1969; SOMMER u. JOHNSON 1979). Gelegentlich werden auch Dyaden gesehen, die dann aus einem T-Tubulus und junktionalem SR bestehen, welches den T-Tubulus einscheidet (FORBES u. SPERELAKIS 1983).

2. Freies sarkoplasmatisches Retikulum

Dieses umfaßt definitionsgemäß das gesamte SR mit Ausnahme des junktionalen SR. Das Netzwerk umgibt nicht nur die Myofibrillen, sondern auch die Mitochondrien (SCALES 1981, 1983). Der Durchmesser der Tubuli beträgt 200–

300 Å. In der Zentralregion einer Sarkomere, d.h. in der Mitte des A-Bandes, die durch das M-Band markiert ist, bildet das SR das sog. M-Netz (VAN WINKLER 1977). Longitudinal-orientierte Tubuli zweigen hier ab und verbinden das M-Netz mit anderen Bestandteilen des SR (FORBES u. SPERELAKIS 1980, 1983; SCALES 1983). In Höhe der Sarkomer-Enden, der Z-Streifen, befinden sich die Z-Tubuli (FORBES u. SPERELAKIS 1984). Diese sind auf Höhe der Z-Streifen eng an die Myofibrillen angelagert. Es soll ein Kontakt zwischen dem Z-Netz und den Myofibrillen bestehen (FORBES u. SPERELAKIS 1980).

Korpuskuläres SR besteht aus runden oder ovalen, 700 Å durchmessenden Bläschen, die Ausbuchtungen des freien SR darstellen. FORBES u. SPERELAKIS (1983) nahmen an, daß korpuskuläres SR eine spezialisierte Form des SR darstellt, welches „extended SR" genannt wird. Diese SR-Komponente gleicht morphologisch junktionalem SR, steht aber weder mit den T-Tubuli noch mit dem Sarkolemm in Kontakt (SAETERSDAL u. MYKLEBUST 1975). „Extended junctional SR" wurde auch in den Vorhofzellen des menschlichen Herzens gefunden (THIEDEMANN u. FERRANS 1976, 1977).

3. Funktion des sarkoplasmatischen Retikulum

Es ist wahrscheinlich, daß das SR eine wichtige Rolle bei Kontraktion und Relaxation der Herzmuskelzellen spielt (WINEGRAD 1982; FABIATO 1983; LANGER 1984). Die Kalzium-Ionen-abhängige ATPase des SR ist ein Transportenzym, welches das von den Myofibrillen freigesetzte Kalzium während der Muskelrelaxation von Cytosol wieder in das Lumen des SR zurücktransportiert. Es existieren zwei Isoformen dieses Enzyms, von denen die eine in der Skelettmuskulatur nachgewiesen, die andere sowohl in Myokardzellen wie auch in glatten Muskelzellen gefunden wurde.

4. Quantitative strukturelle Parameter zum sarkoplasmatischen Retikulum

Die Volumendichte des SR liegt in der Größenordnung von 1–2 Vol% (PAGE u. MCCALLISTER 1973 b; MCCALLISTER et al. 1978; eigene Beobachtungen) und gleicht der Volumendichte des T-Systems (MALL et al. 1978). Die Oberflächendichte des SR ist in der Ventrikelmuskulatur sehr viel niedriger als in den Vorhöfen (BOSSEN u. SOMMER 1984).

VI. Myofibrillen

Die Myofibrillen sind die kontraktilen Proteine der Herzmuskelzelle, die den größten Teil des Muskelzellvolumens einnehmen. Untersucht man in der Diastole fixiertes Myokardgewebe, liegt der Volumenanteil der Myofibrillen, bezogen auf die Myokardzellen, bei 60–70%, bezogen auf das Myokard einschließlich des vaskulären und nicht-vaskulären Interstitium bei 53–63%. Der Myofibrillenanteil wird morphometrisch entweder an Ultradünnschnitten elektronenmikroskopisch oder an Semidünnschnitten lichtmikroskopisch bestimmt. Die in der

Literatur angegebenen Werte weisen eine erhebliche Schwankungsbreite auf, die einmal in Speziesuntersuchungen, zum anderen in unterschiedlichen Fixationsverfahren begründet sind (PAGE u. MCCALLISTER 1973; ANVERSA et al. 1980; MALL et al. 1980, 1982, 1986). In Endomyokardbiopsien, die eine fixationsbedingte starke Kontraktion der Myofibrillen aufweisen, liegt der intrazelluläre Volumenanteil zwischen 52 und 58 Vol% (FLEISCHER et al. 1980; SCHWARZ et al. 1980; MALL et al. 1982a; KUNKEL et al. 1982; SCHMIEDL et al. 1990). Obwohl biochemische und immunologische Unterschiede zwischen den kontraktilen Proteinen der Skelettmuskulatur und des Herzmuskels nachgewiesen wurden, ist das Erscheinungsbild der Ultrastruktur identisch.

1. Myofilamente

Myofibrillen sind aus den Myofilamenten aufgebaut und zeigen in Longitudinalschnitten eine Querstreifung, d.h. ein gebändertes Aussehen. Die Bänderung kommt durch helle und dunkle Zonen zustande. Die helle I-Zone (isotrope Zone) wird durch den Z-Streifen zweigeteilt. Im Zentrum der dunklen Zone, der A-Bande (anisotrope Bande), wird ebenfalls ein feiner elektronendichter Streifen sichtbar, der als M-Bande bezeichnet wird. Die Myofilamente der I-Bande bestehen aus Aktinfilamenten, welche in den Z-Streifen inserieren. In den A-Banden erkennt man die dickeren Myosinfilamente, in die je nach Kontraktionszustand die Enden der Aktinfilamente mehr oder weniger weit hineingeschoben sind. Die zentrale Zone der A-Bande, in der nur Myosin, jedoch kein Aktin vorhanden ist, wird als Pseudo-H-Zone bezeichnet. Der Kontraktionsvorgang wird, wie im Skelettmuskel (HUXLEY u. NIEDERGERKE 1954; HUXLEY u. HANSON 1954; HUXLEY 1969), dadurch realisiert, daß zwischen Myosin und Aktin Querbrücken ausgebildet werden und die Myofilamente sich ineinanderschieben. Daraus folgt, daß die A-Bande eine konstante Länge aufweist, während die I-Bande und die Pseudo-H-Zone vom Kontraktionszustand abhängen. In Querschnitten durch die A-Bande sieht man entweder nur Myosinfilamente (Pseudo-H-Zone) oder Aktin- und Myosinfilamente gemeinsam. Jedes Myosinfilament ist von 6 Aktinfilamenten umgeben, und jedes Aktinfilament wird von drei im Sinne eines gleichseitigen Dreiecks angeordneten Myosinfilamenten umgeben (Abb. 7). Als Funktionseinheit der Myofibrillen wird die zwischen zwei Z-Streifen liegende Einheit aufgefaßt, die als Sarkomer bezeichnet wird (Abb. 8). Konzentrationen von Kationen, Anionen und der Wassergehalt sind in den A- und I-Banden unterschiedlich (von GLINICKI 1988). Die Sarkomerlänge ist – wie bereits oben dargestellt – in Abhängigkeit vom Kontraktionszustand sehr variabel. In diastolisch perfusionsfixierten Nagerherzen beträgt die Sarkomerlänge 2,0–2,3 µm,

---

Abb. 7. A Querschnitt eines Rattenmyozyten. In der Region der Überlappung im A-Band wird jedes dicke Filament von sechs regulär angeordneten dicken Filamenten umgeben. Vice versa sind diese von sechs dünnen Filamenten umgeben. Vergr. ×90000. **B** Querschnitt aus dem Ventrikel eines Schafes. In der Region des M-Bandes ist jedes dicke Filament überbrückend mit seinem Nachbarn verknüpft. Außerdem erkennt man Invaginationen des Sarkolemm einschließlich zweier Caveolae. Vergr. ×88000. (Nach CANALE 1986)

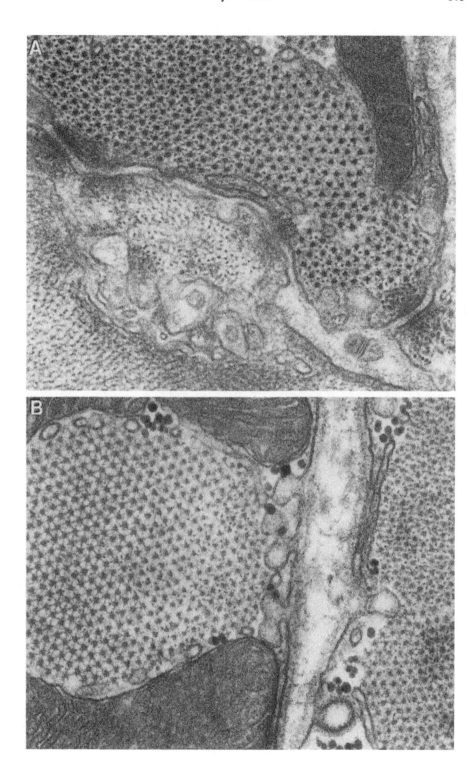

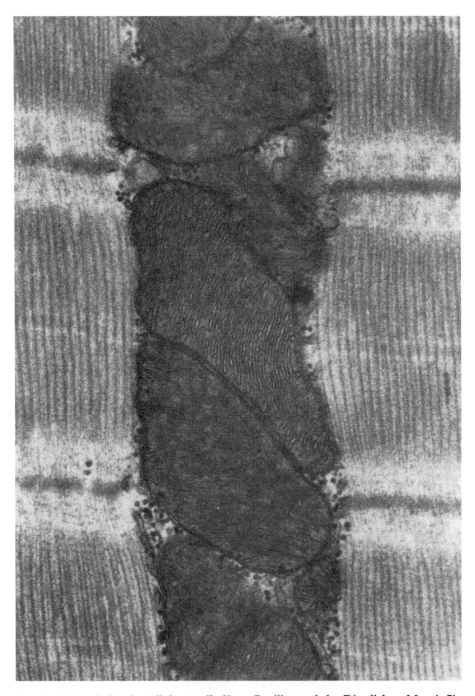

Abb. 8. Längsschnitt eines linksventrikulären Papillarmuskels. Die dicken Myosinfilamente können leicht von den dünnen Aktinfilamenten unterschieden werden. In den Mitochondrien erkennt man dichtgepackte Christae mitochondriales. Vergr. × 50 000. (Aus MALL et al. 1980b)

in immersionsfixierten Endomyokardbiopsien des Menschen und in immersionsfixierten Rattenherzen 1,3–1,4 µm (NUSSHAAG 1990). Die Länge der Aktinfilamente liegt in der Größenordnung 1 µm, der Durchmesser beträgt 60 bis 80 Å (ROBINSON u. WINEGRAD 1979). Die Myosinfilamente sind 1,5–1,6 µm lang, ihr Durchmesser beträgt 120–150 Å.

2. Myosin ATPase-Aktivität

Herz- und Skelettmuskel entwickeln ihre mechanische Energie auf dem Boden einer Hydrolyse von ATP. Das Aktin-aktivierte Myosin-ATPase-System erlaubt die Transformation von chemischer in mechanische Energie (ADELSTEIN 1983; WINEGART 1982). Der Zusammenhang zwischen der lastfreien Verkürzungsgeschwindigkeit der Herz- und Skelettmuskulatur und seiner durch Kalziumionen aktivierten Myosin-ATPase-Aktivität ist bekannt. Neuere Studien haben gezeigt, daß Herzmuskelzellen mehrere Typen des Myosin enthalten können (SAMUEL et al. 1983). HOH et al. (1977) fanden im Rattenventrikel drei verschiedene Isoenzyme des Myosin, die sich strukturell in ihren schweren Ketten, funktionell in der Kalzium-aktivierten und der Aktin-aktivierten Myosin-ATPase-Aktivität unterscheiden. Man hat sie entsprechend ihrer elektronenphoretischen Mobilität mit V1, V2 und V3 bezeichnet, wobei V1 für eine hohe, V2 für eine mittlere und V3 für eine niedrige Kontraktilität (gleich lastfreie Verkürzungsgeschwindigkeit) stehen. V1 und V3 sind Homodimere, die aus den Myosinmonomeren αα bzw. ββ bestehen, V2 ist Heterodimer mit den Monomeren α und β (HOH et al. 1979). Der relative Anteil der Myosin-Isoenzyme in den Ventrikelzellen ist variabel, bei größeren Säugetieren überwiegt V3, bei kleineren Tieren V1. Bei Menschen wurde fast ausschließlich V3 nachgewiesen. Es gibt jedoch Hinweise darauf, daß bei Menschen ein Polymorphismus der leichten Ketten des Myosin existiert und daß möglicherweise auch Isoformen des Troponin existieren.

3. Z-Streifen

Der Z-Streifen, der bei niedriger Vergrößerung als amorphe oder elektronendichte Struktur erscheint, besteht aus Teilen von Filamenten und elektronendichten Partikeln. Seine Breite beträgt 1000 Å. Er markiert die äußeren Begrenzungen einer Sarkomere, in der die Aktinfilamente benachbarter Sarkomeren einstrahlen. Die Z-Streifen benachbarter Myofibrillen liegen meist auf gleicher Höhe und sind durch Intermediärfilamente miteinander verknüpft (FERRANS u. ROBERTS 1973; BEHRENDT 1977). Die Breite der Z-Streifen ist variabel, besonders im hypertrophierten Herzen. Dabei kommt es zu ganz unregelmäßigen Ablagerungen von Z-Streifensubstanz (MARON et al. 1975; BISHOP u. COLE 1969).

VII. Zytoskelett

Intermediärfilamente kommen in der Peripherie jeder Myofibrille vor, auf Höhe der Z-Streifen sind die Myofibrillen durch die Intermediärfilamente besonders eng verbunden (GRANGER u. LAZARIDES 1978; LAZARIDES 1980;

LAZARIDES et al. 1982; THORNELL et al. 1984). Verbindungen bestehen auch zu den Disci intercalares, dem Sarkolemm, dem Zellkern und den Mitochondrien (LAZARIDES et al. 1982; TOKUYASU et al. 1983; DANTO u. FISCHMAN 1984). Intermediärfilamente zwischen Z-Streifen und Sarkolem sind wahrscheinlich für die Z-Furchen (cardiac villi) verantwortlich, die auf der Oberfläche kontrahierter Muskelzellen zu sehen sind (PARDO et al. 1983). Immunhistologisch wurden die Intermediärfilamente im Herzmuskel als Desmin, Vinculin und Plektin charakterisiert (GRANGER u. LAZARIDES 1978; LAZARIDES 1980; SCHAPER et al. 1991). Die Intermediärfilamente sind in hypertrophen Myokardzellen vermehrt (FERRANS u. ROBERTS 1973; SCHAPER et al. 1991), nach Behandlung mit steroidalen Anabolika (BEHRENDT 1977) ist ihre Zahl erhöht. Besonders eindrucksvoll sind die dichten Akkumulationen von Intermediärfilamenten bei einer seltenen Form einer familiären Kardiomyopathie (PORTE et al. 1980).

Als zweiter Bestandteil des Zytoskeletts sind Mikrotubuli zu nennen, die im perinukleären Raum vorkommen und die einzelne Myofibrillen umhüllen (GOLDSTEIN et al. 1977). Ihr Durchmesser beträgt etwa 250 Å. Sie sind meist longitudinal orientiert und stehen demnach senkrecht zu den Intermediärfilamenten, die die Z-Streifen benachbarter Myofibrillen miteinander verbinden. Es besteht auch ein Kontakt mit Mitochondrien, dem SR und den T-Tubuli (GOLDSTEIN et al. 1977; FORBES u. SPERALAKIS 1983). Im hypertrophischen Rattenherzen wurde eine erhebliche Vermehrung der Mikrotubuli beobachtet (WATKINS et al. 1987).

Als dritte Komponente des Zytoskeletts wurden im Herzmuskel Leptofibrillen beschrieben, die aus Bündeln feiner Filamente mit einem Durchmesser von 50 Å bestehen und eine Querstreifung mit einer Periodik von 1500 Å zeigen. Die Bänderung wird durch elektronendichte Partikel hervorgerufen, die denen in den Z-Streifen ähnlich sind. Die Leptofibrillen verlaufen transversal über die Muskelzelle hinweg und bilden Kontakte mit den Z-Streifen. Besonders häufig werden Leptofibrillen in den Zellen des Reizleitungssystems beobachtet (CAESAR et al. 1958; BOGUSCH 1975; WALKER et al. 1975). Sie sind aber auch im Arbeitsmyokard zahlreicher Spezies nachweisbar (THOENES u. RUSKA 1960; JOHNSON u. SOMMER 1967; MYKLEBUST u. JENSEN 1978). Es wird angenommen, daß sie die Myofibrillenbündel, die unter hoher Dehnungsbelastung stehen, mechanisch miteinander verknüpfen.

VIII. Mitochondrien

Die Muskelzellen enthalten reichlich Mitochondrien, die 15–37% des Volumens einer Muskelzelle einnehmen (PAGE et al. 1971). Die in der Literatur angegebenen Volumenanteile sind abhängig von der untersuchten Spezies und vom Fixationsverfahren. Mit der Größe der Tiere nimmt der Volumenanteil der Mitochondrien ab, Mäusemyozyten enthalten beispielsweise relativ mehr Mitochondrien als Rattenmyozyten oder Hundemyozyten. Eigene Untersuchungen ergaben, daß eine Perfusionsfixation des Rattenherzens mit Glutaraldehyd in Phosphatpuffer zu einem Volumenanteil von 25–27% führt, eine Perfusionsfixation mit Glutaraldehyd in Collidinpuffer zu einem Volumenanteil von 33% (MALL et al. 1980b, 1986). Die Mitochondrien haben die Aufgabe, das für die Kontraktion der Myofibrillen nötige ATP zu synthetisieren. Es ist nicht überraschend, daß die ATP verbrauchenden Strukturen des Herzmuskels, die Myofibrillen und die ATP-produzierenden Organellen, die Mitochondrien, mehr als 90% des Volumens einer Herzmuskelzelle einnehmen (MALL et al. 1980). Die Mitochondrien sind entweder zwischen den Myofibrillen (interfibrillär), subsarkolemmal oder perinukleär lokalisiert (SHIMADA et al. 1984). Die subsarkolemmalen Mitochondrien oxidieren Substrat schneller und nehmen Kalziumionen schneller auf (WEINSTEIN et al. 1986). In Longitudinalschnitten von Herzmuskelzellen sind die Mitochondrien pleomorph, die Längsachse ist meist parallel zu den Myofibrillen orientiert. Die Länge der Schnittprofile beträgt 2–8 µm, der Durchmesser 1–3 µm. Wegen der variablen Form und Größe der Mitochondrien gibt es kein stereologisches Verfahren, um die Mitochondriengröße aus den zweidimensionalen Ultradünnschnitten zu ermitteln. Theoretisch ist nicht auszuschließen, daß es sich bei den Herzmuskelmitochondrien um Aggregate komplexer Netzwerke handelt. Rasterelektronenmikroskopische Untersuchungen haben jedoch ergeben, daß es sich bei den Herzmuskelmitochondrien um relativ einfache partikuläre Objekte handelt, wie dies auch durch das Erscheinungsbild der Schnittprofile im transmissionselektronenmikroskopischen Bild nahegelegt wird (DALEN 1985). Wie die Mitochondrien anderer Gewebe besitzen auch die des Herzmuskels eine innere und eine äußere Membran. Die innere Membran zeigt multiple lamellenartige Einfaltungen, die Cristae mitochondriales. Innerhalb der inneren Membran liegt die Mitochondrienmatrix mit kleinen elektronendichten Granula (letztere mit einem Durchmesser von 300–400 Å (LANGER et al. 1982)). Die Mitochondrienmatrix ist elektronendichter als das Sarkoplasma, der Grad der Schwärzung hängt jedoch stark von den verwandten Kontrastierungsverfahren ab. Die Muskelmitochondrien zeigen einen besonders hohen Anteil an Cristae mitochondriales. Da die Atmungskettenenzyme auf den Cristae lokalisiert sind, ist dies wegen des hohen ATP-Verbrauchs einer Herzmuskelzelle nicht verwunderlich. Morphometrische Untersuchungen haben gezeigt, daß in einem Kubikzentimeter Herzmuskelzellen etwa 15 qm innere Mitochondrienmembranen enthalten sind (SMITH u. PAGE 1976; MALL et al. 1986, 1988). Es ist bemerkenswert, daß die Cristaedichte in Herzmuskelmitochondrien (außer bei Schwellung) außerordentlich konstant ist. Zwar hängt die Größe der Mitochondrien von äußeren Einflüssen wie Herzhypertrophie, Hypothyreose, Alkoholintoxikation, Hypoxie und Alter ab, die Oberfläche der inneren Membranen ist jedoch mit etwa 50 qm/cm^3 Herzmuskelmitochondrien auch bei variabler Mitochondriengröße äußerst konstant (MALL et al. 1980, 1982, 1986, 1988).

Schon bei geringen Störungen der intrazellulären Homöostase beobachtet man im Herzmuskel eine Mitochondrienschwellung. VODOVAR u. DESNOYER wiesen schon 1978 darauf hin, daß man an immersionsfixierten Herzmuskelproben bei ultrastrukturellen Untersuchungen Fixationsartefakte von echten pathologischen Veränderungen nicht sicher unterscheiden kann. Dieser Punkt ist besonders wichtig für die qualitative Beurteilung immersionsfixierter Endomyokardbiopsien. Systematische Untersuchungen von SCHMIEDL et al. (1990) haben ergeben, daß die Oberflächen-Volumen-Relation der Mitochondrien ein verläßliches inverses (umgekehrt proportionales) Maß der Mitochondrienschwellung ist und wahrscheinlich mit dem ATP-Gehalt einer Zelle korreliert. Schwellen die Mitochondrien bei Ischämie oder Hypoxie, so rundet sich ihre Form ab und die

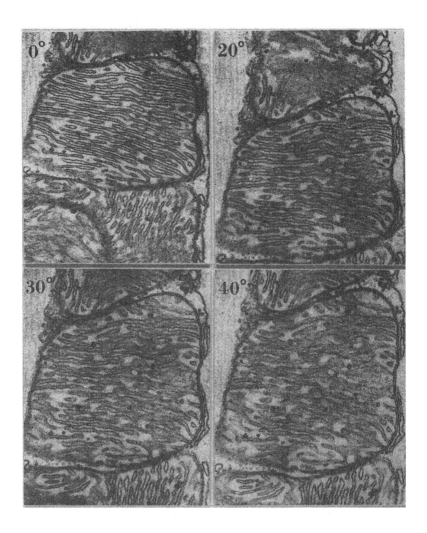

Abb. 9. Elektronenmikroskopische Darstellung eines Mitochondrium, welches mit einem Goniometer im Strahlengang des Mikroskops gekippt wurde. Bei einer Kippung von 0° zeigt das abgebildete Mitochondrium (zufällig) optimal dargestellte Membranen, die offensichtlich parallel zum abbildenden Elektronenstrahl orientiert sind. Schräggestellte Membranen werden ab einem Winkel von 30° zwischen Membran und Elektronenstrahl unsichtbar. Bei einer Kippung von 40° sind die Cristae mitochondriales undeutlich abgebildet. Vergr. ×60000

Matrix wird hell. Dadurch steigt der Kontrast zwischen den Cristae-Membranen und der Umgebung, was zum artefiziellen Eindruck einer „Cristolyse" führen kann. Schon BÜCHNER u. ONISHI (1970) haben die Cristolyse als wesentlichen Befund bei Hypoxie dargestellt. In einer eigenen systematischen Untersuchung (MALL et al. 1977) haben wir jedoch nachgewiesen, daß schräggeschnittene Cristae-Membranen aufgrund der elektronendichten Matrix im Transmissionselektronenmikroskop nicht abgebildet werden (Membranen, die stärker als 30°

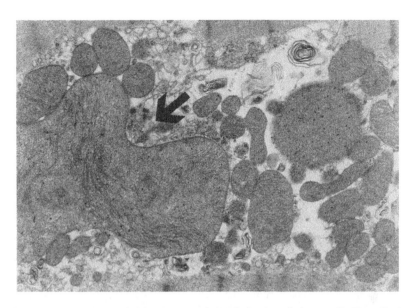

Abb. 10. Mitochondrien variabler Form und Größe in einer linksventrikulären Endomyokardbiopsie (Patient mit Aortenstenose). Der *Pfeil* markiert ein Riesenmitochondrium. Vergr. ×10000.

zum Elektronenstrahl geneigt sind, werden nicht abgebildet). Im Falle einer hypoxischen Mitochondrienschwellung werden diese primär unsichtbaren Schrägschnitte nun als „verschmierte" Cristae-Strukturen sichtbar, da die Elektronendurchlässigkeit der Matrix zugenommen hat (Abb. 9). Eigene nicht veröffentliche Studien an geschwollenen Mitochondrien haben gezeigt, daß die gesamte Oberfläche der Cristae-Membranen trotz des subjektiven Eindrucks einer Cristolyse im geschwollenen Zustand nicht verändert sein muß.

Neben der ATP-Produktion spielen die Mitochondrien auch als Kalziumspeicher eine Rolle (LANGER et al. 1982). Pathologische Mitochondrienveränderungen, z. B. unter Anoxie, sind wahrscheinlich eine entscheidende Determinante einer irreversiblen Zellschädigung (JENNINGS u. GANOTE 1976; SCHAPER et al. 1977; SJOSTRAND et al. 1986). Bei chronischen Herzerkrankungen, z. B. bei dilatativer Kardiomyopathie oder bei Aortenklappenfehlern, findet man ein einheitliches Schädigungsmuster der Mitochondrien: Die Form- und Größenvariabilität nimmt zu, der Gehalt an inneren Membranen nimmt ab (Abb. 10, 11). Es sind nur wenige Erkrankungen bekannt, die mit spezifischen Mitochondrienveränderungen im Sinne einer mitochondrialen Kardiomyopathie assoziert sind wie beispielsweise das Kearns-Sayre-Syndrom (SCHWARZKOPF et al. 1987).

IX. Lysosomen und Lipofuszingranula

Lysosomen und Lipofuszingranula kommen in der Kernpolregion vor und haben einen Durchmesser bis 2 µm. Sie enthalten eine elektronendichte Matrix und sind von einer Membran umgeben (Abb. 12). Der Lipofuszingehalt der

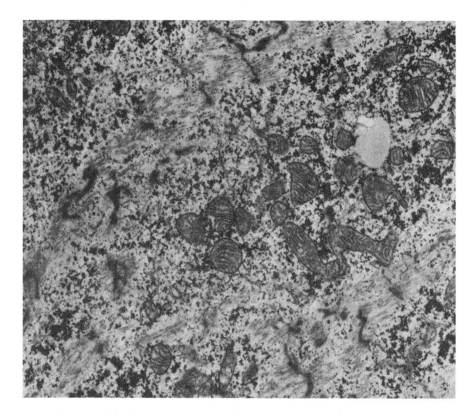

Abb. 11. Pathologische Ultrastruktur der linksventrikulären Endomyokardbiopsie eines Patienten mit dilatativer Kardiomyopathie. Die Myofibrillen sind rarefiziert, das Z-Streifenmaterial ist irregulär angeordnet, die Mitochondrien sind klein. Vergr. ×15300. (Aus MALL et al. 1982b)

Herzmuskelzellen nimmt mit zunehmendem Alter bis auf etwa 10% des intrazellulären Volumens zu (FAWCETT u. MCNUTT 1969; WHEAT 1965). Autophagische Vakuolen kommen vorwiegend in den interfibrillären Räumen zwischen den Mitochondrien vor. Ihre Zahl nimmt bei Mangelernährung zu und korreliert mit der Proteindegradation der Muskelzellen (DE WAAL et al. 1986). Autophage Vakuolen können Mitochondrien, SR, T-Tubuli, Glykogen, Ribosomen oder sarkoplasmatische Matrix enthalten. Kontraktile Proteine wurden in autophagischen Vakuolen bisher nicht beobachtet, was darauf hinweist, daß die Degradation der Myofilamente nicht über Lysosomen erfolgt. Pharmaka wie Propranolol erhöhen den Gehalt an autophagen Vakuolen im Herzmuskel (BAHRO u. PFEIFFER 1987). Die Ausbildung einer Herzhypertrophie ist mit einer Verminderung der Zahl autophager Vakuolen assoziiert. Die Hypertrophie wird also nicht nur über eine vermehrte Proteinsynthese, sondern auch durch eine Hemmung des physiologischen Proteinabbaus (Verlängerung der biologischen Halbwertszeit der Proteine) realisiert.

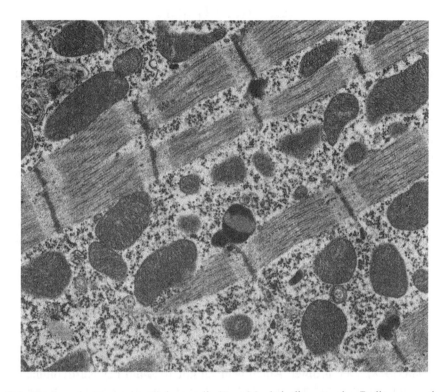

Abb. 12. Ausschnitt aus einer linksventrikulären Muskelzelle unter den Bedingungen eines experimentellen Diabetes mellitus (Ratte). Neben normalen Mitochondrien und Myofibrillen erkennt man eine Akkumulation von Beta-Glykogen-Granula. Im Zentrum der Abbildung ein kleines Lipofuszin-Granulum. Vergr. × 20100. (Nach MALL et al. 1987b)

X. Peroxisomen

FAHIMI und Mitarbeiter haben mittels ultrahistochemischer Methoden die Existenz von Peroxisomen im Rattenmyokard nachgewiesen. Es handelt sich um Zellorganellen, die von einer Membran umgeben sind und eine elektronendichte Matrix, vergleichbar der der Mitochondrien, enthalten. Die in den Mitochondrien nachweisbare Katalase, ein Enzym, das Äthylalkohol zu Azetaldehyd oxidiert, hat Veranlassung zu der Frage gegeben, ob Herzmuskelperoxisomen bei der Pathogenese der alkoholischen Kardiomyopathie eine Rolle spielen. Eine chronische Alkoholfütterung bei Ratten führte zu einer Erhöhung der Zahl der Peroxisomen (FAHIMI et al. 1979). Interessant ist in diesem Zusammenhang, daß eine chronische Alkoholfütterung allein nicht ausreicht, um eine manifeste alkoholische Kardiomyopathie hervorzurufen (MALL et al. 1980).

XI. Atriale Granula

Die atrialen Granula kommen in beiden Vorhöfen vor und sind besonders in den Herzohren konzentriert (FORSSMANN et al. 1984). Die Anzahl der Granula ist korreliert mit dem Salzgehalt des Extrazellulärraums und dem Blutvolumen (LANG et al. 1985). Die Granula enthalten das Prohormon des atrialen natriuretischen Peptids (ANP). Alle Granula enthalten die vollständige Prohormonsequenz (SKEPPER et al. 1988). Der mittlere dreidimensionale Durchmesser der Vorhofgranula beträgt 2800 Å (HERBST et al. 1989). Die Vorhofgranula dürften die Speicherhormone des Prohormons darstellen, synthetisiert werden sie im Golgi-Apparat (THERON et al. 1978). Bei niedrigen Wirbeltieren und bei Embryonen kommen die spezifischen Granula auch in der Ventrikelmuskulatur vor (BENCOSME u. BERGER 1972). Bei chronischen Herzerkrankungen des Menschen wurden sie vereinzelt auch im Ventrikelmyokard beobachtet. Die Bedeutung des Herzens als endokrines Organ, das in der Regulation des Wasserhaushaltes eine Rolle spielt, wurde erst in jüngster Zeit erkannt (LANG et al. 1985).

C. Myokardiales Interstitium

Der interstitielle Raum des Herzmuskels umfaßt an perfusionsfixierten Myokardproben 12–15% des Myokardvolumens (ANVERSA et al. 1980; MALL et al. 1986, 1988). Den größten Anteil nehmen mit 10% am Myokardvolumen die Kapillaren ein, während das nichtvaskuläre Interstitium nur 3–5% des Gesamtvolumens ausmacht (Abb. 13). Die Volumenrelationen hängen jedoch entscheidend von der Art der Fixation ab. Bei Perfusionsfixation mit adäquaten Drücken sind die elastischen Kapillaren prall gefüllt, während sie nach Immersionsfixation kollabiert sind und nur noch 1–2% des Myokardvolumens einnehmen. Nach Immersionsfixation ist der nicht-vaskuläre interstitielle Raum artefiziell auf etwa 12% vergrößert, was durch Flüssigkeitsverschiebungen zwischen vasalem und extravasalem Raum zustande kommt. Der in normalen histologischen Präparaten erkennbare Raum zwischen den Myozyten einerseits und Myozyten und Kapillaren andererseits ist also im wesentlichen auf einen Artefakt zurückzuführen. Am perfusionsfixierten Herzmuskel kann man die Zellgrenzen der Myozyten so nicht eindeutig identifizieren. Der Abstand zwischen dem Sarkolemm zweier benachbarter Myozyten beträgt nur 1000–1500 Å (Abb. 14). Der Abstand zwischen innerer Oberfläche der Kapillaren und dem Sarkolemm der Herzmuskelzellen ist in der Regel nicht größer als 1 µm.

I. Nicht-vaskuläres Interstitium

Dieser in vivo nur 3–5% des Myokardvolumens einnehmende Raum enthält etwa 1/3 extrazelluläre Matrixbestandteile und 2/3 zelluläre Bestandteile. In der extrazellulären Matrix finden sich fibrilläre Kollagene, die zu etwa 80% aus Kollagentyp I und zu 20% aus Kollagentyp III bestehen (Abb. 15). Desweiteren kommt das Basalmembrankollagen (Typ IV) vor. Weiter wurden im interstitiellen Raum Proteoglykane nachgewiesen. Die Zellen des Interstitiums bestehen aus

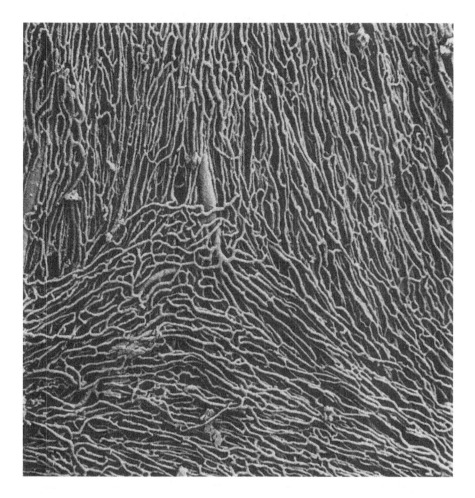

Abb. 13. Rasterelektronenmikroskopische Aufnahme eines Korrosionspräparates des kapillären Netzwerks im linken Ventrikel der Ratte. Vergr. × 60. (Aus CANALE 1986)

Fibrozyten, Fibroblasten, undifferenzierten mesenchymalen Zellen, Makrophagen und Mastzellen (FERRANS u. THIEDEMANN 1983). Außerdem sind in der Umgebung der Kapillaren regelmäßig kleine Nervenstämmchen nachzuweisen. In situ-Hybridisierungsstudien mittels cDNA für Messenger-RNA der Kollagene I, III und IV konnten zeigen, daß alle Kollagentypen in Fibroblasten gebildet werden und daß Kollagentyp IV zusätzlich auch in Myozyten gebildet wird (EGHBALL u. PHARM 1990). Trotz des kleinen Volumenanteils interstitieller Zellen liegt die Zahl der nichtendothelialen interstitiellen Zellen in der Größenordnung der Zahl der Myozyten (ANVERSA et al. 1980; DÄMMRICH u. PFEIFFER 1983; MALL et al. 1986). Während das Einzelvolumen der Myozyten ca. 20000 µm^3 beträgt, sind die nicht-vaskulären interstitiellen Zellen nur etwa 200–400 µm^3 groß (ANVERSA et al. 1980; MALL et al. 1988).

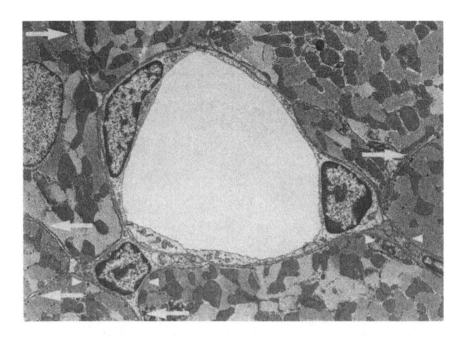

Abb. 14. Quergeschnittene Kapillare in einem linksventrikulären Papillarmuskel der Ratte. Außerordentlich schmale Endothelbarriere. Die *Pfeilspitzen* markieren Anschnitte von Perizyten. Die *Pfeile* unterstreichen den engen Abstand des Sarkolemm zweier benachbarter Muskelzellen. Vergr. ×17000. (Nach MATTFELDT et al. 1986)

Für die strukturelle Integrität des Herzmuskels ist das kollagene Netzwerk, das die Myozyten untereinander und die Myozyten mit den Kapillaren verbindet, von großer Bedeutung. CAULFIELD u. BORG (1979) differenzierten epimysiale, perimysiale und endomysiale Anteile entsprechend der Architektur der Muskelfaserbündel. Das Epimysium ist die bindegewebige Hülle, die den gesamten Muskel (z. B. im Papillarmuskel) umgibt und enthält breite Kollagenfasern mit Elastin. Jede Kollagenfaser besteht aus zahlreichen Fibrillen mit einem Durchmesser von 300–700 Å (ROBINSON et al. 1983). Die Ausrichtung der epimysialen Fasern verändert sich bei Dehnung des Muskels (ROBINSON 1983; ROBINSON et al. 1983). Im Dehnungszustand zeigen die Fasern eine höhergradige Parallelität zur Longitudinalachse des Muskels, was vor einer Überdehnung schützen soll. Das Perimysium umgibt Gruppen von Myozyten und verknüpft das Epimysium mit dem Endomysium. Die spiraligen perimysialen Kollagenfasern durchqueren das Myokard entweder parallel oder schräg zur Längsachse der Muskelzellen, im Falle der Papillarmuskeln sind sie in die Cordae tendineae als Ankerpunkt eingebettet (ROBINSON et al. 1988). Untersuchungen von FACTOR et al. (1988) über die Auswirkungen des passiven intraventrikulären Drucks auf die perimysialen Fasern zeigten, daß sie die Herzmuskelzellen vor Überdehnung schützen können. Die endomysialen Fasern verbinden die einzelnen Myozyten untereinander. Die einzelnen Kollagenbündel sind nur etwa 1500 Å breit.

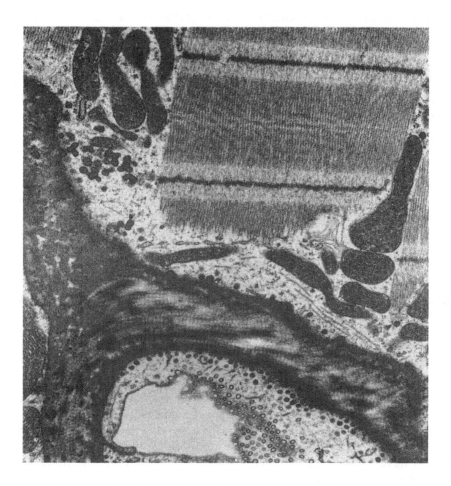

Abb. 15. Elektronenmikroskopische Darstellung des kollagenen Netzwerks des Myokard. Zwischen der Kapillare und den Myozyten sind dichte Kollagenbündel zu erkennen. Das vorliegende Präparat zeigt den Herzmuskel einer chronisch urämischen Ratte (14 Monate Urämie), in dem das Kollagengeflecht des Endomysium internum vermehrt ist. Im normalen Herzen erkennt man weniger deutlich die Kollagenbündel. Vergr. × 16 900

Verbindungen zu dem kapillären Netzwerk kommen vor (CAULFIELD u. BORG 1979). An den Myozyten setzen sich Fasergeflechte auf die Höhe der Z-Streifen an (CAULFIELD u. BORG 1979; ROBINSON et al. 1983). Das Endomysium besteht aus Kollagentyp I und Kollagentyp III (ROBINSON et al. 1987).

Die Bedeutung des nicht-vaskulären Interstitium für die Integrität des Herzmuskels und seiner Funktion hat erst in letzter Zeit Beachtung gefunden (DOERING et al. 1988). Werden die Kollagenfasern des Perimysium und Endomysium vermehrt bzw. verdickt, so entsteht eine interstitielle Myokardfibrose, die von der reparativen Fibrose, d. h. dem narbigen Ersatz nekrotischer Myozyten, unterschieden werden muß (DOERING et al. 1988). Eine interstitielle Myokardfibrose ist mit arteriellem Hypertonus (THIEDEMANN et al. 1983; JALIL et al. 1988, 1989), mit chronischer Urämie (MALL et al. 1988, 1990) und mit einer über lange

Zeit bestehenden diabetischen Stoffwechsellage (BAANDRUP et al. 1981; FACTOR et al. 1980; MALL et al. 1990) assoziiert. Studien der jüngsten Zeit haben erwiesen, daß die „hypertensive" intestitielle Myokardfibrose nicht oder nur z. T. durch den Blutdruck vermittelt wird, sondern daß Hormone wie Aldosteron die Hauptrolle zu spielen scheinen, die die Kollagensynthese der Fibroblasten aktivieren (BRILLA et al. 1990). Die interstitielle Myokardfibrose hat wahrscheinlich einen Einfluß auf die Steifigkeit des Myokard: sowohl bei arteriellem Hypertonus als auch bei chronischer Urämie und experimentellem Diabetes mellitus wurde eine Compliancestörung beschrieben (REGAN et al. 1974; THIEDEMANN et al. 1983; MALL et al. 1988). Gegen die Bedeutung einer interstitiellen Myokardfibrose für die Herzfunktion wurde eingewandt, daß auch nach Ausbildung der Fibrose der Anteil des Kollagens am gesamten Myokard noch sehr niedrig ist. Dem ist entgegenzuhalten, daß Kollagenfasern, vor allem Fasern des Typ I, eine außerordentlich geringe Elastizität und eine hohe Reißfestigkeit aufweisen (DOERING et al. 1988; MALL et al. 1989). Würde etwa der Anteil des Kollagens von 1% auf 5% des Myokardvolumens (d.h. das 5fache) erhöht und betrüge der Anteil zur Dehnbarkeit des Herzens unter Normalbedingungen 10%, läßt sich leicht nachweisen, daß die Compliance unter den genannten Bedingungen um 40% erhöht wäre.

KRAYENBÜHL et al. (1989) untersuchten die Frage der Reversibilität einer interstitiellen Myokardfibrose an Patienten mit Aortenklappenfehlern. Nach hämodynamischer Entlastung durch Aortenklappenersatz bildeten sich der Hypertrophiegrad bei den Patienten mit Aortenstenosen schnell zurück, während die absolute Masse des Kollagens 2 Jahre nach dem chirurgischen Eingriff noch unverändert war. Vier Jahre nach Klappenersatz hatte sich jedoch auch die Fibrose zurückgebildet. Diese Befunde belegen, daß nicht nur die Myozyten, sondern auch das kardiale Interstitium – direkt oder indirekt – einer Kontrolle durch hämodynamische Faktoren unterliegen, und daß die interstitielle Myokardfibrose reversibel ist.

Die Differenzierung der interstitiellen Zellen ist im transmissionselektronenmikroskopischen Bild nicht in jedem Fall eindeutig möglich (HAMMERSEN 1978). Insbesondere die Unterscheidung der Perizyten der Kapillaren, die nach eigenen Beobachtungen den größten Teil nicht-endothelialer interstitieller Zellen ausmachen, und der Fibroblasten und Fibrozyten kann im Einzelfall schwierig sein. Bisher ist nicht geklärt, ob eine Transformation von Fibrozyten in Perizyten und umgekehrt möglich ist. Eigene Untersuchungen an spontan hypertensiven Ratten (AMANN et al. 1992) und an chronisch urämischen Ratten haben gezeigt, daß eine Aktivierung nicht-endothelialer interstitieller Zellen eine Vergrößerung des Zytoplasmavolumens der Perizyten einschließt (MALL et al. 1988).

II. Arterien und Kapillaren

1. Kapillaren

Das Myokard, insbesondere die Ventrikel, gehören zu den am besten kapillarisierten Geweben. Die Kapillarversorgung wird im allgemeinen als Kapillardichte, d.h. als Kapillaren pro qmm Querschnittsfläche angegeben.

Während des physiologischen Wachstums eines Tieres nimmt die Kapillardichte kontinuierlich ab. Außerdem gibt es Speziesunterschiede, die hauptsächlich durch das Körper- und Herzgewicht bestimmt sind. Außerdem wurde bei den meisten Spezies ein transmuraler Gradient nachgewiesen. Bei Menschen beträgt die Kapillardichte im Subepikard 2400 Kapillaren pro qmm, im Subendokard nur 2000 Kapillaren pro qmm (RAKUSAN 1971; STROKER et al. 1982).

Da es sich bei den Kapillaren um ein dreidimensionales tubuläres Netzwerk handelt (Abb. 16), das nicht absolut parallel zu den Herzmuskelfasern orientiert ist, wurde als dreidimensionaler Parameter der Kapillarisierung die Längendichte der Kapillaren, angegeben in mm/mm^3 Myokardgewebe, eingeführt (MATTFELDT u. MALL 1984). Die Längendichte ist im normalen Rattenherzen 5–10% größer als die zweidimensionale Kapillardichte. Systematische Untersuchungen haben gezeigt, daß weder die zweidimensionale Kapillardichte noch die dreidimensionale Längendichte der Kapillaren vom Kontraktionszustand des Myokard unabhängig sind. Bei akuter experimenteller Hypoxie kommt es beispielsweise zu einer Überdehnung der Myozyten mit einer Verschmälerung der Durchmesser, was zu einem Zusammenrücken der Kapillaren und höheren Kapillardichten führt, die nicht als Kapillarproliferation fehlgedeutet werden dürfen (VETTERLEIN et al. 1988). Ursprünglich wurde vermutet, daß die dreidimensionale Längendichte vom Kontraktionszustand unabhängig sei (MATTFELDT et al. 1986). Die Kapillaren würden dann im kontrahierten Herzmuskel schräger verlaufen als im dilatierten. Neuere Untersuchungen (MALL u. MATTFELDT 1990) haben die Annahme bestätigt, daß die Kapillaren im kontrahierten Zustand tatsächlich schräger verlaufen, es konnte jedoch gleichzeitig anhand von Regressionsanalysen zwischen der Sarkomerlänge und der räumlichen Verteilung der Kapillaren nachgewiesen werden, daß die Faltung des Kapillarnetzes nicht in dem Maße zunimmt wie es theoretisch zu erwarten wäre. Daraus ergibt sich die zwingende Schlußfolgerung, daß die Kapillaren des Herzens elastische Tubuli sind, die während der Diastole länger werden (MALL u. MATTFELDT 1990). Eigene Untersuchungen zur mittleren Barrierendicke des Endothels bei unterschiedlichem Kontraktionszustand bestätigen diesen Befund: in kontrahiertem Zustand ist die Endothelbarriere dicker als in dilatiertem Zustand.

Herzkapillaren sind verhältnismäßig klein, der mittlere Kapillardurchmesser wird mit 6 µm angegeben (FORSSMANN 1976; GEER et al. 1979; HOSSLER 1986). Große Beachtung hat die interkapilläre Distanz als wichtige Determinante der Sauerstoffversorgung des Myokard erhalten. Sie liegt in der Größenordnung von 17 µm (BOURDEAU-MARTINI et al. 1974; HENQUELL et al. 1977). Die Kapillarversorgung des Herzens hängt jedoch nicht nur von der Länge der Kapillaren pro Volumeneinheit bzw. von der interkapillären Distanz ab, sondern auch von der Zahl der Verzweigungen, d.h. der Zahl der Kapillaräste. Im Rattenherzen beträgt die mittlere Kapillarlänge zwischen zwei Verzweigungen etwa 100 µm, die im Subendokard etwas größer ist als im Subepikard.

Eine wichtige Determinante der Kapillarisierung des Myokard ist die Größe der Myozyten. Schon die alten lichtmikroskopischen Untersuchungen von WEARN (1928) und HORT (1955) haben eine konstante Kapillar-Faser-Relation beschrieben, die im Falle einer Vergrößerung der Querschnittsfläche der Myozyten, also bei Herzhypertrophie, eine Abnahme der Kapillardichte bewirkt.

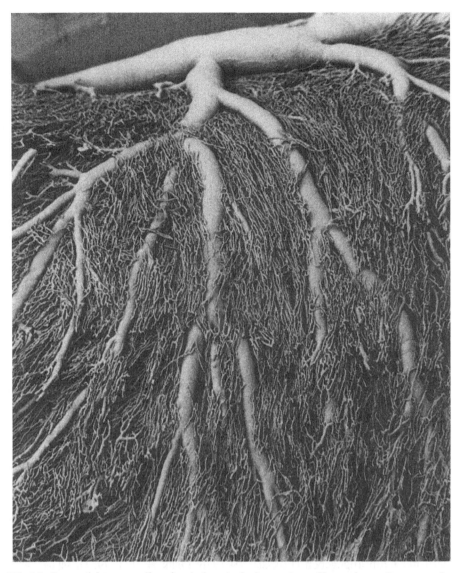

Abb. 16. Rasterelektronenmikroskopische Aufnahme eines Korrosionspräparates der Koronararterienverzweigungen im Rattenventrikel. Große Arterien durchziehen das Epikard und geben kleinere Äste in die tieferen Schichten des Myokard ab. Vergr. ×25. (Präparat in CANALE 1986)

Zahlreiche experimentelle Untersuchungen haben jedoch die Meinung widerlegt, die Kapillar-Faser-Relation sei gleichsam eine Naturkonstante. Bei Trainingshypertrophie (MATTFELDT et al. 1986) und bei Thyroxin-induzierter Hypertrophie (MATTFELDT et al. 1989; CHILIAN et al. 1985) bleibt die Kapillardichte trotz Myozytenhypertrophie gleich, was indirekt auf eine Kapillarproliferation schließen läßt. Auch im nicht hypertrophen Herzen wurde eine Kapillarproliferation beobachtet: TORNLING (1979), ZIADA et al. (1984) und MALL et al. (1987a) konnten eine Neubildung kapillärer Segmente nach Applikation vasodilatierender Substanzen im Herzmuskel nachweisen. Neuere eigene Untersuchungen an gesunden Unfallopfern im Alter zwischen 15 und 35 Jahren lassen keine Abhängigkeit der Längendichte der Kapillaren vom Herzgewicht erkennen (SIEMENS et al. 1991). Die genannten Befunde belegen, daß die Kapillarversorgung nicht nur durch die Myozytengröße, sondern auch durch andere Faktoren, beispielsweise die Myokarddurchblutung, bestimmt wird (HUDLICKA 1982).

Systematische Studien zum physiologischen Kapillarwachstum bei Ratten ergaben ein kompliziertes Wachstumsmuster. Die Längendichte der Kapillaren nimmt mit zunehmender Herzgröße ab, was mit der Annahme vereinbar scheint, die Kapillaren würden durch die sich vergrößernden Myozyten auseinandergedrängt. Dieses ist jedoch bei physiologischem Wachstum nur teilweise der Fall, da die tatsächlich beobachteten Längendichten der Kapillaren größer sind als es die Zunahme der Querschnittsflächen der Myozyten erwarten ließe. In Wirklichkeit wird die Vergrößerung der Myozyten teilweise durch eine kontinuierliche Neubildung von Kapillarsegmenten in Parallelschaltung teilweise kompensiert (MATTFELDT u. MALL 1987; MALL et al. 1990). Eine Neubildung von Kapillarsegmenten in Parallelschaltung wurde auch bei Thyroxin-induzierter Hypertrophie und bei Trainingshypertrophie, nicht jedoch bei Druckhypertrophie durch renovaskulären Hochdruck beobachtet (MALL et al. 1990).

Ultrastrukturell werden in verschiedenen Geweben 3 Typen von Kapillaren beobachtet, die sich in ihrem Wandaufbau unterscheiden: diskontinuierliche Kapillaren, fenestrierte Kapillaren und kontinuierliche Kapillaren (BENNETT et al. 1959). Im Arbeitsmyokard kommen ausschließlich kontinuierliche Kapillaren vor. Die innere Oberfläche der Kapillaren wird durch flache Endothelzellen gebildet, deren Kerne in Querschnitten eine sichelförmige, konkave Gestalt aufweisen. Die mittlere Dicke der Endothelbarriere beträgt im Rattenherzen etwa 2000 Å (MALL et al. 1988). Im Zytoplasma der Endothelzellen findet man zahlreiche Vesikel (bis zu 18% des zytoplasmatischen Volumens), die eine wichtige transendotheliale Transportfunktion haben. Auf der äußeren Seite sind die Endothelzellen von einer ca. 500 Å dicken Basalmembran bedeckt. Mit der Basalmembran sind die Perizyten verankert. Die Endothelzellen sind teilweise durch „gap-junctions" miteinander verknüpft.

Die Perizyten sind, wie bereits erwähnt, in die Basallamina eingelagerte, gefäßassoziierte Zellen, die eine GMP-abhängige Proteinase enthalten, die auch in glatten Muskelzellen der größeren Gefäße enthalten ist (JOYCE et al. 1984). Untersuchungen an Ratten (TILTON et al. 1979) konnten jedoch durch Zugabe vasoaktiver Substanzen am Kapillarnetz des Myokard keine Kontraktionen auslösen.

Das gesamte Gefäßsystem des Herzens steht in engem Kontakt mit vegetativen Nervenfasern, wobei sich einzelne Axone bis in die Kapillarwände erstrecken. Hierbei handelt es sich sowohl um myelinisierte als auch um nicht-myelinisierte Axone.

2. Arterien

Aus den Koronararterien gehen in fortlaufender, dichotomer Verästelung die kleineren Arterien hervor, die letztendlich das Kapillarnetz speisen. Die Arterienäste sind im rechten Ventrikel überwiegend subepikardial gelegen, im linken Ventrikel erreichen sie auch subendokardiale Regionen (JAMES 1977). Die kleinen intramyokardialen Arterien stellen das wesentliche anatomische Korrelat des Widerstands des Koronarsystems dar. Die Arterien wurden als arkadenförmig gestaltete Gefäßbäume beschrieben (SCHMIDT-SCHÖNBEIN 1977; CHEN 1983). Bis heute gibt es keine einheitliche Klassifikation der unterschiedlichen Gefäßtypen wie Arterie, Arteriole, Metarteriole etc. RHODIN (1967) definierte anhand ultrastruktureller Untersuchungen der Skelettmuskulatur von Kaninchen 3 Gruppen kleinerer und kleinster arterieller Gefäße: zum einen die Arteriolen mit einem Gefäßdurchmesser von 50–100 µm und einer ca. 5 µm breiten Media, die aus mehreren Schichten zirkulär zur Längsachse angeordneter glatter Muskelfasern bestehen, zum zweiten die terminalen Arteriolen mit einem Durchmesser kleiner als 50 µm, deren Media schließlich nur noch aus einer einzigen Lage glatter Muskelzellen besteht mit einer Breite von 0,5–1 µm, zum dritten präkapilläre Sphinkter mit einem Durchmesser bis zu 10 µm und einer einschichtigen Media, die die eigentlichen Widerstandsgefäße darstellen (Abb. 17). Miteinander verzahnte Endothelzellen begrenzen die Gefäßlumina der Arterien und sind einer 1000 Å breiten Basalmembran aufgelagert. Nach Untersuchungen von SIMIONESCU u. SIMIONESCU (1984) sind kleine Arterien mit einem Durchmesser zwischen

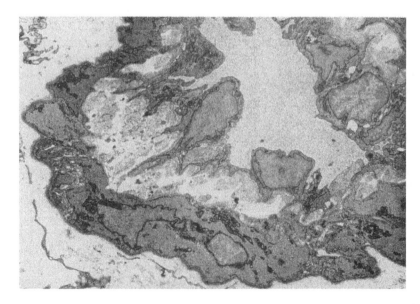

Abb. 17. Artefiziell kontrahierte kleine Arterie in einer linksventrikulären Endomyokardbiopsie. Man erkennt die Muskelzellen der Media und die durch die Kontraktion etwas aufgerichteten Endothelzellkerne. Das amorphe Material zwischen Endothel und Muskelzellen entspricht der Basalmembran. Kein pathologischer Befund. Abbildungsmaßstab ×4200

30 und 300 µm als Arteriolen zu bezeichnen. WEISS u. CONWAY (1985) bezeichneten Gefäße mit einem Durchmesser zwischen 19 und 50 µm als Arteriolen. Die Adventitia besteht aus einem lockeren Kollagengeflecht mit einzelnen Fibroblasten.

Da die Gefäßdurchmesser im histologischen Schnitt von variablen Faktoren wie etwa dem Perfusionsdruck bei der Fixation abhängen, verwenden wir als Kriterium für eine Arterie nicht den Gefäßdurchmesser, sondern die mindestens einschichtige und zirkumferentiell vollständige Media, die aus zirkulär angeordneten glatten Muskelzellen besteht (WIEST et al. 1990, 1992).

Die Gesamtlänge intramyokardialer Arterien beträgt im Vergleich zur Kapillarlänge etwa 1:800 bis 1:1000 (WIEST et al. 1990a, b; 1992). Die Arterienlänge in einem Rattenherzen mit einem linksventrikulären Gewicht von 1000 g beträgt etwa 4 m, die Kapillarlänge ca. 3,5 km. Wie die Kapillaren zeigen auch die Arterien während des physiologischen Wachstums eine deutlich stärkere Längenzunahme als die Myozyten, das Längenverhältnis von Arterien und Kapillaren bleibt konstant (arteriokapilläre Balance). Während das „überproportionale" Längenwachstum der Kapillaren durch eine Neubildung von Kapillarsegmenten in Parallelschaltung realisiert wird, ist das Wachstumsmuster für die Arterien nicht bekannt. Es ist jedoch anzunehmen, daß das arterielle Wachstum nicht durch eine vermehrte Schlängelung der Gefäße, sondern durch eine Neubildung kleinster Arterienäste realisiert wird (WIEST et al. 1992).

Literatur

Adelstein RS (1983) Regulation of contractile proteins by phosphorylation. J Clin Invest 72:1863–1866
Amann K, Greber D, Gharehbaghi H, Wiest G, Ganten U, Lange B, Mattfeldt T, Mall G (1992) Effects of nifedipine and moxonidine on cardiac structures in spontaneously hypertensive rats (SHR-SP) – stereological studies on myocytes, capillaries, arteries and cardiac interstitium. Am J Hypertension 5:76–83
Anversa P, Olivetti G, Melissari M, Loud AV (1980) Stereological measurement of cellular and subcellular hypertrophy and hyperplasia in the papillary muscle of adult rat. J Mol Cell Cardiol 12:781–795
Baandrup U, Ledet T, Rasch R (1981) Experimental diabetic cardiopathy preventable by insulin treatment. Lab Invest 45:169–173
Bahro M, Pfeifer U (1987) Short-term stimulation by propanolol and verapamil of cardiac cellular autophagy. J Mol Cell Cardiol 19:1169–1178
Behrendt H (1977) Effect of anabolic steroids on rat heart muscle cells. Cell Tissue Res 180:303–315
Bencosme SA, Berger JM (1972) Specific granules in human and nonhuman vertebrate cardiocytes. In: Bajusz E, Rona G (eds) Recent advances in studies on cardiac structure and metabolism, vol 1. University Park Press, Baltimore, pp 327–399
Bennett HS, Goodenough DA (1978) Gap junctions, electrotonic coupling, and intercellular communication. Neuroscience Res Prog Bull 16:520–535
Bennett HS, Luft JH, Hampton JC (1959) Morphological classification of vertebrate blood capillaries. Am J Physiol 196:381–390
Bishop SP, Cole CR (1969) Ultrastructural changes in the canine myocardium with right ventricular hypertrophy and congestive heart failure. Lab Invest 20:219–229
Bishop SP, Drummond JL (1979) Surface morphology and cell size measurement of isolated rat cardiac myocytes. J Mol Cell Cardiol 11:423–433

Bishop SP, Anderson PG, Tucker DC (1990) Morphological development of the rat heart growing in oculo in the absence of hemodynamic work load. Circ Res 66(1):84–102

Bogusch G (1975) Electron microscopic investigation on leptometric fibrils and leptometric complexes in the hen and pigeon heart. J Mol Cell Cardiol 7:733–745

Bossen EH, Sommer JR (1984) Comparative stereology of the lizard and frog myocardium. Tissue Cell 16:173–178

Bossen EH, Sommer JR, Waugh RA (1978) Comparative stereology of the mouse and finch left ventricle. Tissue Cell 10:773–784

Bourdeau-Martini J, Odoroff CL, Honig CR (1974) Dual effect of oxygen on magnitude and uniformity of coronary intercapillary distance. Am J Physiol 226:800–810

Breisch EA, White F, Jones HM, Laurs RM (1983) Ultrastructural morphometry of the myocardium of Thunnus alalunga. Cell Tissue Res 233:427–438

Brilla CG, Janicki JS, Weber KT (1990) Cardioprotective effects of lisinopril in rats with genetic hypertension. Heart Failure July/Aug:129–137

Bruns RR, Palade GE (1968) Studies on blood capillaries. I. General organization of blood capillaries in muscle. J Cell Biol 37:244–276

Büchner F, Onishi S (1970) Herzhypertrophie und Herzinsuffizienz in der Sicht der Elektronenmikroskopie. Urban & Schwarzenberg, München Berlin Wien

Buja LM, Ferrans VJ, Maron BJ (1974) Intracytoplasmic junctions in cardiac muscle cells. Am J Pathol 74:613–647

Caesar R, Edwards GA, Ruska H (1958) Electron microscopy of the impulse conducting system of the sheep heart. Z Zellforsch Mikrosk Anat 48:698–719

Canale ED, Campbell GR, Veharo Y, Fujiwara T, Smolich JJ (1983) Sheep cardiac Purkinje fibers: Configurational changes during cardiac cycle. Cell Tissue Res 232:97–110

Canale ED, Campbell GR, Smolich JJ, Campell JH (1986) Cardiac muscle. Springer, Berlin Heidelberg New York Tokyo, p 24

Caulfield JB, Borg TK (1979) The collagen network of the heart. Lab Invest 40:364–372

Chen JJH (1983) A mathematical representation for vessel network II. Theor Biol 104:647–659

Chilian WM, Wangler RD, Peters KG, Tomanek RJ, Marcus ML (1985) Thyroxine-induced ventricular hypertrophy in the rat. Microvasc Res 30:185–194

Cowin P, Mattey D, Garrod D (1984) Distribution of desmosomal components in the tissues of vertebrates, studied by fluoreszent antibody staining. J Cell Science 66:119–132

Dämmrich J, Pfeiffer U (1983) Cardiac hypertrophy in rats after supravalvular aortic constriction. Virchows Arch (A) 43:265–307

Dalen H (1989) An ultrastructural study of the hypertrophied human papillary muscle cell with special emphasis on specific staining patterns., mitochondrial projections and associations between mitochondria and SR. Virchows Arch (A) 414:187–198

Danto SI, Fischman DA (1984) Immuncytochemical analysis of intermediate filaments in embryonic heart cells with monoclonal antibodies to desmin. J Cell Biol 98:2179–2191

Dewey MM (1969) The structure and function of the intercallated disc in vertebrate cardiac muscle. Experimentia (Suppl) 15:10–28

Doering CW, Jalil JE, Janicki JS, Pick R, Aghili S, Abrahams C, Weber KT (1988) Collagen network remodeling and diastolic stiffness of the rat left ventricle with pressure overload hypertrophy. Cardiovasc Res 22:686–695

Dulhunty AF, Franzini-Armstrong C (1975) The relative contributions of the folds and caveolae to the surface membran of frog sceletal muscle fibers at different sarcomere lengths. J Physiol (Lond) 250:513–539

Eghbali M, Pharm D (1990) Collagen gene expression and molecular basis of fibrosis in the myocardium. Heart Failure July/Aug:125–128

Eisenberg R, Gilai A (1979) Structural changes in single muscle fibers after stimulation at low frequency. J Gen Physiol 74:1–16

Fabiato A (1983) Calcium-induced release of calcium from the cardiac sarcoplamatic reticulum. Am J Physiol 245:C1–C14

Factor SM, Minase T, Sonnenblick EH (1980) Clinical and morphological features of human hypertensive-diabetic cardiomyopathy. Am Heart J 99:446–458

Factor SM, Flomenbaum M, Zhao MJ, Eng C, Robinson TF (1988) The effect of acutley increased ventricular cavity pressure on intrinsic myocardial connective tissue. J Am Coll Cardiol 12:1582–1589

Fahimi HD, Kino M, Hicks L, Thorp KA, Abelman WH (1979) Increased myocardial catalase release in rats fed ethanol. Am J Pathol 96:373–390

Fawcett DW, McNutt NS (1969) The ultrastructure of the cat myocardium. I. Ventricular papillary muscle. J Cell Biol 42:1–45

Ferrans VJ, Roberts WC (1973) Intermyofibrillar and nuclear-myofibrillar connections in human and canine myocardium. An ultrastructural study. J Mol Cell Cardiol 5: 247–257

Ferrans VJ, Thiedemann KU (1983) Ultrastructure of the normal heart. In: Silver MD (ed) Cardiovascular pathology, vol 1. Churchill Livingstone, New York, pp 31–86

Fleischer M, Wippo W, Themann H, Achatzky RS (1980) Morphometric analysis of human myocardial left ventricles with mitral insufficiency. Virchows Archiv (A) 389:205–210

Forbes MS, Sperelakis N (1971) Ultrastructure of lizard ventricular muscle. J Ultrastruct Res 34:439–451

Forbes MS, Sperelakis N (1973) A labyrinthine structure formed from a transverse tubule of mouse ventricular myocardium. J Cell Biol 56:865–869

Forbes MS, Sperelakis N (1980) Structures located at the level of Z bands in mouse ventricular myocardial cells. Tissue Cell 12:467–489

Forbes MS, Sperelakis N (1982) Association between mitochondria and gap junctions in mammalian myocardial cells. Tissue Cell 14:25–37

Forbes MS, Sperelakis N (1983) The membrane systems and cytoskeletal elements of mammalian myocardial cells. In: Dowben RM, Shay JW (eds) Cell and muscle motility, vol 3. Plenium Publishing, New York London, pp 89–155

Forbes MS, Sperelakis N (1984) Ultrastructure of mammalian cardiac muscle. In: Sperelakis N (ed) Physiology and pathophysiology of the heart. Martinus Nijhoff, Boston/The Hague, pp 3–42

Forssmann WG, Giradier L (1966) Untersuchungen des Rattenherzmuskels mit besonderer Berücksichtigung des sarkoplasmatischen Retikulums. Z Zellforsch Mikroskop Anat 72:249–275

Forssmann WG, Giradier L (1970) A study of the T system in rat heart. J Cell Biol 44:1–19

Forssmann WG (1976) Die normale Gefäßwand und ihre Transportphänomene. Med Welt 27(35):1606–1610

Forssmann WG, Birr C, Carlquist M, Christmann M, Finke R, Henschen A, Hock D, Kirchheim, Kreye V, Lottspeich F, Metz J, Mutt V, Reinecke M (1984) The auricular myocardiocytes of the heart constitute an endocrine organ: Characterisation of a porcine cardiac peptide hormone, Cardiodilatin-126. Cell Tissue Res 238:425–430

Frank JS, Langer GA, Nudd LM, Seraydarian K (1977) The myocardial cell surface, its histochemistry, and the effect of sialic acid calcium removal on its structure and cellular ionic exchange. Circ Res 41:702–714

Franke WW, Moll R, Schiller DL, Schmid E, Katrenbeck J, Mueller H (1982) Desmoplakins of epithelial and myocardial desmosomes are immunologically and biochemically related. Differentiation 23:115–127

Gabella G (1973) Fine structure of smooth muscle. Phil Trans R Soc Ser B (Lond) 265: 7–16

Gabella G (1978) Inpocketings of the cell membrane (caveolae) in the rat myocardium. J Ultrastruct Res 65:135–147

Geer JC, Sandford PB, James TN (1979) Pathology of small intramural coronary arteries. Pathol Ann 14:125–154

Gerdes AM, Moore JA, Hains JM (1987) Regional changes in myocyte size and number in propanolol-treated hyperthyreoid rats. Lab Invest 57:708–713

Giradier L, Pollet M (1964) Demonstration de la continuitè entre l'espace interstitiel et la lumière de canaux intercellulaires dans le myocard de rat. Helvet Physiolo Pharmacolog Acta 22:C72–C73

Godlewsky E (1902) Die Entwicklung des Skelett- und Herzmuskelgewebes der Säugetiere. Arch Mikrosk Anat 60:111–156

Goldstein MA, Schroeter JP, Sass RL (1977) Optical diffraction of the Z lattice in canine cardiac muscle. J Cell Biol 75:818–836

Goodenough DA, Revel JP (1970) A fine structural analysis of intercellular junctions in the mouse liver. J Cell Biol 45:272–290

Goodenough DA, Stoeckenius W (1972) The isolation of mouse hepatocyte gap junctions. Preliminary chemical characterization and X-ray diffraction. J Cell Biol 54:646–656

Goodenough DA, Paul DL, Culbert KE (1978) Correlative gap junction ultrastructure. Birth Defects 14(2):83–97

Granger BL, Lazarides E (1978) The existence of an insoluble Z disc scaffold in chicken skeletal muscle. Cell 15:1253–1268

Hagopian M, Nunez EA (1972) Sarcolemmal scalloping at short sarcomer length with incidental observations on the T tubules. J Cell Biol 53:252–258

Hammersen F (1971) Anatomie der terminalen Strombahn – Muster, Feinbau, Funktion. Urban & Schwarzenberg, München Berlin Wien

Heidenhain M (1901) Über die Struktur des menschlichen Herzmuskels. Anat Anz 20: 33–42

Henquell L, Odoroff CL, Honig CR (1977) Intercapillary distance and capillary reserve in hypertrophied rat hearts beating in situ. Circ Res 41:400–408

Herbst WM, Mall G, Weers J, Mattfeldt T, Forssmann WG (1989) Combined quantitative morphological and biochemical study on atrial granules (AG). In: Forssmann WG (ed) Functional morphology of the endocrine heart. Steinkopff, Darmstadt

Hirakow R, Gotoh T (1975) A quantitative ultrastructural study on developing rat heart. In: Lieberman M, Sano T (eds) Developmental and physiological correlates of cardiac muscle. Raven Press, New York, pp 37–49

Hirakow R, Krause WJ (1980) Postnatal differentation of ventricular myocardial cells of the opossum (Didelphis virginiana) and T-tubule formation. Cell Tissue Res 210: 95–100

Hoh JFY, McGrath PA, Hale PT (1977) Electrophoretic analysis of multiple forms of rat cardiac myosin: Effects of hypophysectomie and thyroxine replacement. J Mol Cell Cardiol 10:1053–1076

Hoh JFY, Yeoh G, Thomas M, Higginbottom L (1979) Structural differences in the heavy chains of rat ventricular myosin isoenzymes. FEBS Lett 97:330–334

Hort W (1955) Quantitative Untersuchungen über die Kapillarisierung des Herzmuskels im Erwachsenen- und Greisenalter bei Hypertrophie und Hyperplasie. Virchows Arch 327:560

Hossler FE, Douglas JE, Douglas LE (1986) Anatomy and morphometry of myocardial capillaries studied with vascular corrosion casting and scanning electron microscopy: A method for rat heart. Scan Electr Microsc 4:1496–1474

Hoyle G (1983) Muscles and their neural control. Wiley & Sons, New York

Hudlicka O (1982) Growth of capillaries in skeletal and cardiac muscle. Circ Res 50(4):451–461

Huxley HE (1969) The mechanism of muscular contraction. Science 164:1356–1360

Huxley HE, Hanson J (1954) Changes in the cross-striations of muscle during contraction and stretch and their structural interpretation. Nature 173:973–976

Huxley AF, Niedergerke R (1954) Interference microscopy of living muscle fibres. Nature 173:971–973

Jalil JE, Doering CW, Janicki JS, Pick R, Clark WA, Abrahams C, Weber KT (1988) Structural vs contractile protein remodeling and myocardial stiffness in hypertrophied rat left ventricle. J Mol Cell Cardiol 20:1179–1187

Jalil JE, Doering CW, Janicki JS, Pick R, Shroff SG, Weber KT (1989) Fibrillar collagen and myocardial stiffness in the intact hypertrophied rat left ventricle. Circ Res 64: 1041–1050

James TN (1977) Small arteries of the heart. Circulation 56:1–4

Jennings RB, Ganote CE (1976) Mitochondrial structure and function in acute myocardial ischemic injury. Circ Res (Suppl 1) 38:80–91

Johnson EA, Sommer JR (1967) A strand of cardiac muscle: Its ultrastructure and the electrophysiological implications of its geometry. J Cell Biol 33:103–129

Joyce NC, Camilli P de, Boyles J (1984) Pericytes like vascular smooth muscle cells are immunocytochemically positive for cyclic GMP-dependent protein kinase. Microvasc Res 28:206–219

Kartenbeck J, Franke WW, Moser JG, Stoffels U (1983) Specific attachement of desmin to desmosomal plaques in cardiac myocytes. EMBO J 2:735–742

Kawamura K, James TN (1971) Comparative ultrastructure of cellular junctions in working myocardium and the conducting system under normal and pathologic conditions. J Mol Cell Cardiol 3:31–60

Kefalides NA, Alpert R, Clark CC (1979) Biochemistry and metabolism of basement membranes. Int Rev Cytol 61:167–228

Kelly DE (1969) The fine structure of skeletal muscle triad junctions. J Ultrastruct Res 29:37–49

Krayenbühl HP, Hess OM, Monrad ES, Schneider J, Mall G, Turina M (1989) Left ventricular myocardial structure in aortic valve disease before, intermediate and late after aortic valve replacement. Circulation 79:744–755

Kunkel B, Schneider M, Kober WD, Hopf R, Kaltenbach M (1982) Die Morphologie der Myokardbiopsie und ihre klinische Bedeutung. Z Kardiol 71:787–892

Lang RE, Tholken H, Ganten D, Luft FC, Ruskoaho H, Unger TH (1985) Atrial natriuretic factor – a circulating hormone stimulated by volume loading. Nature 314:264–266

Langer GA (1984) Calcium at the sarcolemma. J Mol Cell Cardiol 16:147–153

Langer GA, Frank JS, Nudd LM, Seraydarian K (1976) Siliac acid: effect of removal on calcium exchangeability of cultured heart cells. Science 193:1013–1015

Langer GA, Frank JS, Philipson KD (1982) Ultrastructure and calcium exchange of the sarcolemma, sarcoplasmic reticulum and mitochondria of the myocardium. Pharmacol Ther 16:331–376

Lazarides E (1980) Intermediate filaments as mechanical integrators of cellular space. Nature 283:249–255

Lazarides E, Granger BL, Gard DL, O'Connor CM, Breckler J, Price M, Danto SI (1982) Desmin and Vimentin containing-filaments and their role in the assembly of the Z disc in muscle cells. Cold Spring Harbor Symposium on Quantitative Biology 46:351–378

Leeson TS (1978) The transverse tubular (T) system of rat cardiac muscle fibers as demonstrated by tannic acid mordanting. Can J Zool 56:1906–1916

Leeson TS (1980) T-tubules, couplings and myofibrillar arrangements in rat atrial myocardium. Acta Anat 108:374–388

Leeson TS (1981) The fine structure of snake myocardium. Acta Anat 109:252–269

Legato MJ, Spiro D, Langer GA (1968) Ultrastructural alterations produced in mammalian myocardium by variation in perfusate ionic composition. J Cell Biol 37:1–12

Levin KR, Page E (1980) Quantitative studies on plasmalemmal folds and caveolae of rabbit ventricular myocardial cells. Circ Res 46:244–255

Manjunath CK, Goings GE, Page E (1984) Cytoplasmic surface and intramembrane components of rat heart gap junctional proteins. Am J Physiol 246:H865–H875

Mall G, Mattfeldt T (1990) Capillary growth patterns in cardiac hypertrophy and normal growth – a stereological study on papillary muscles. In: Jacob R, Seipel L, Zucker IH (eds) Cardiac dilatation. 51–67

Mall G, Kayser K, Rossner JA (1977) The loss of membrane images from oblique sectioning of biological membranes and the availability of morphometric princip demonstrated by the examination of heart muscle mitochondria. Mikroskopie (Wien) 33:246–254

Mall G, Reinhard H, Kayser K, Rossner JA (1978) An effective morphometric principles method for electron microscopic study on papillary muscles. Virchows Arch (A) 379:219–228

Mall G, Reinhard H, Stopp D, Rossner JA (1980a) Morphometric observations on the rat heart after high-dose treatment with cortisol. Virchows Arch (A) 385:169–180

Mall G, Mattfeldt T, Volk B (1980b) Ultrastructural morphometric study on the rat heart after chronic ethanol feeding. Virchows Arch (A) 389:59–77

Mall G, Mattfeldt T, Rieger P, Volk B, Frolov VA (1982a) Morphometric analysis of the rabbit myocardium after chronic ethanol feeding - early capillary changes. Basic Res Cardiol 77:57–67

Mall G, Schwarz F, Derks H (1982b) Clinicopathologic correlations in congestive cardiomyopathy – a study on endomyocardial biopsies. Virchows Arch (A) 398:67–82

Mall G, Mattfeldt T, Möbius HJ, Leonhard R (1986) Stereological study on the rat heart in chronic alimentary thiamine deficiency – absence of myocardial changes despite starvation. J Mol Cell Cardiol 18:193–201

Mall G, Schikora I, Mattfeldt T, Bodle R (1987a) Dipyridamole induced neoformation of capillaries in the rat heart. Quantitative stereological study on papillary muscle. Lab Invest 57:86–93

Mall G, Klingel K, Baust H, Hasslacher C, Mann J, Mattfeldt T (1987b) Synergistic effects of diabetes mellitus and renovascular hypertension on rat heart-stereological investigations on papillary muscle. Virchows Arch (A) 411:531–542

Mall G, Rambausek M, Neumeister A, Kollmar S, Vetterlein F, Ritz E (1988) Myocardial interstitial fibrosis in experimental uremia-implications for cardiac compliance. Kidney Int 33:804–811

Mall G, Rambausek M, Gretz N, Ikker U, Zimmer G, Klingel K, Schneider J, Jansen HH, Ritz E (1989) Interstitielle Myokardfibrose bei chronischer Urämie – Ursache der diastolischen Funktionsstörung bei Dialyse-Patienten? Pathologe 10:200–205

Mall G, Zimmer G, Baden S, Mattfeldt T (1990) Capillary neoformation in the rat heart – stereological studies on papillary muscles in hypertrophy and physiologic growth. Basic Res Cardiol 85:531–540

Mall G, Huther W, Schneider J, Lundin P, Ritz E (1990) Diffuse intermyocardiocytic fibrosis in uraemic patients. Nephrol Dial Transplant 5:39–44

Manjunath CK, Goings GE, Page E (1984) Cytoplasmic surface and intramembrane components of rat heart gap junctional proteins. Am J Physiol 246:H865–H875

Maron BJ, Ferrans VJ, Roberts WC (1975) Ultrastructural features of degenerated cardiac muscle cells in patients with cardiac hypertrophy. Am J Pathol 79:387–434

Martinez-Palomo A, Alanis J (1980) The amphibian and reptilian hearts: Impulse propagation and ultrastructure. In: Bourne GH (ed) Hearts-like organs, vol. 1. Academic Press, New York, pp 171–124

Martinosi AN (1984) Mechanism of calcium release from sarcoplasmic reticulum of skeletal muscle. Physiol Rev 64:1240–1320

Mattfeldt T, Mall G (1984) Estimation of length and surface of anisotropic capillaries. J Microsc 135:181–190

Mattfeldt T, Mall G (1987) Growth of capillaries and myocardial cells in the normal rat heart. J Mol Cell Cardiol 19:1237–1246

Mattfeldt T, Krämer KL, Zeitz R, Mall G (1986) Stereology of myocardial hypertrophy induced by physical exercise. Virchows Arch (A) 409:473–485

Mattfeldt T, Drautz M, Mall G (1989) Experimentelle Herzhypertrophie durch Thyroxingabe. Pathologe 10(4):206–211

McCallister LP, Daiello DC, Tyers GFO (1978) Morphometric observations of the effects of normothermic ischemic arrest on dog myocardial ultrastructure. J Mol Cell Cardiol 10:67–80

McDonnell TJ, Oberpriller JO (1983) The ultrastructure of the atrium in the adult newt Notophthalmus viridescens (Amphibia, Salamandriae). J Morphol 175:235–251

McNutt NS (1975) Ultrastructure of the myocardial sarcolemma. Circ Res 37:1–13

McNutt NS, Weinstein RS (1970) The ultrastructure of the nexus: A correlated thin-section and freeze-cleave study. J Cell Biol 47:666–688

Mello WC de, Motta E, Chapeau M (1969) A studie of healing over of myocardial cells of toads. Circ Res 24:475–487

Mello WC de (1982a) Cell-to-cell communicatin in heart and other tissues. Prog Biophys Mol Biol 39:147–182

Mello WC de (1982b) Intercellular communication in cardiac muscle. Circ Res 51:1–9

Mueller H, Franke WW (1983) Biochemical and immunological characterization of desmoplakins I and II, the mayor polypeptides of the desmosomal plaques. J Mol Biol 163:647–671

Muir AR (1965) Further observations on the cellular structure of cardiac muscle. J Anat 99:27–46
Myklebust R, Jensen H (1978) Leptomere fibrils and T-tubule desmosomes in the Z-band region of the mouse heart papillary muscle. Cell Tissue Res 188:205–215
Nusshaag A (1990) Morphometrische Untersuchungen am Herzmuskel des Menschen bei Hypertrophie und Hypertrophieregression. Med Inaug Diss, Universität Heidelberg
Page E (1978) Quantitative ultrastructural analysis in cardiac membrane physiology. Am J Physiol 235:C147–C158
Page E, Fozzard HA (1973) Capacitive, resistive and syncytial properties of heart muscle – Ultrastructural and physiological considerations. In: Bourne GH (ed) The structure and function of muscle. Structure, 2nd edn, vol II. Academic Press, New York, pp 91–158
Page E, McCallister LP (1973a) Studies on the intercalated disc of rat ventricular myocardial cells. J Ultrastruct Res 43:388–411
Page E, McCallister LP (1973b) Quantitative electron microscopic description of heart muscle cells: Application to normal, hypertrophied and thyroxin-stimulated hearts. Am J Cardiol 31:172–181
Page E, Shibata Y (1981) Permeable junctions between cardiac cells. Ann Rev Physiol 43:431–441
Page E, McCallister LP, Power B (1971) Stereological measurements of cardiac ultrastructures implicated in excitation – contraction coupling sarcotubulus and T-system. Proc Natl Acad Sci USA 68:1465–1466
Pardo JV, D'Angelo Siciliano J, Craig SW (1983) Vinculin is a component of an extensive network of myofibril-sarcolemma attachment regions in cardiac muscle fibers. J Cell Biol 97:1081–1088
Peachey LD, Franzini-Armstrong C (1983) Structure and function of membrane systems of skeletal muscle cells. In: Peachey LD (ed) Handbook of physiology, sect 10: Sceletal muscle. American Physiological Society, Bethesda, Maryland, pp 23–71
Poche R, Linder E (1955) Untersuchungen zur Frage des Glanzstreifens des Herzmuskelgewebes beim Warmblüter und beim Kaltblüter. Z Zellforsch 43:104–120
Porte A, Stoeckel M-E, Sacrez A, Batzenschlager A (1980) Unusual familial cardiomyopathy with storage of intermediate filaments in the cardiac muscular cells. Virchows Arch (A) 386:43–58
Porter KR, Palade GE (1957) Studies on the endoplasmic reticulum. III. Its form and distribution in striated muscle cells. J Biophys Biochem Cytol 3:269–300
Rayns DG, Simpson FO, Bertaud WS (1968) Surface features of striated muscle. I. Guinea-pig cardiac muscle. J Cell Sci 3:467–474
Rakusan K (1971) Quantitative morphology of capillaries of the heart. Methods Arch Exp Pathol 5:272–286
Regan TJ, Ettinger PO, Khan MI, Jesrani MU, Lyons M, Oldewurtel HA, Weber M (1974) Altered myocardial function and metabolism in chronic diabetes mellitus without ischemia in dogs. Circulation Res 35:222–237
Revel JP, Karnovsky MJ (1967) Hexagonal array of subunits in intercellular junctions of the mouse heart and liver. J Cell Biol 33:C7–C12
Rhodin JAG (1967) The ultrastructure of mammalian arterioles and precapillary shincters. J Ultrastruct Res 18:181–223
Roberts JT, Wearn JT (1941) Quantitative changes in capillary-muscle relationship in human hearts during normal growth and hypertrophy. Am Heart J 21:617–633
Robertson JD (1957) New observations on the ultrastructure of membranes of frog peripheral nerve fibers. J Biophys Biochem Cytol 3:1043–1048
Robertson JD (1958) The cell membrane concept. J Physiol (Lond) 140:58P–59P
Robinson TF (1983) The physiological relationship between connective tissue and contractile filaments in heart muscle. Einstein Q 1:121–127
Robinson TF, Winegrad S (1979) The measurement and dynamic implication of thin filament lengths in heart muscle. J Physiol (Lond) 286:607–619
Robinson TF, Cohen-Gould L, Factor SM (1983) The sceletal frame work of mammalian heart muscle: Arrangement of inter- and pericellular connective tissue structures. Lab Invest 49:482–498

Robinson TF, Factor SM, Capasso JM, Wittenberg BA, Blumfenfeld OO, Seifter S (1987) Morphology, composition and function of struts between cardial myocytes of rat and hamster. Cell Tissue Res 249:247–255

Robinson TF, Geraci MA, Sonnenblick EH, Factor SM (1988) Coiled perimysial fibers of papillary muscle in rat heart: morphology, distribution and changes in configuration. Circ Res 63:577–592

Saetersdal TS, Myklebust R (1975) Ultrastructure of the pigeon papillary muscle with special reference to the sarcoplasmic reticulum. J Mol Cell Cardiol 7:543–551

Samuel JL, Rappaport L, Mercadier J-J, Lompre A-M, Sartore S, Triban C, Schiaffino S, Schwartz K (1983) Distribution of myosin isozymes within single cardiac cells. An immunohistochemical study. Circ Res 52:200–209

Scales DJ (1981) Aspects of the mammalian sarcotubular system revealed by freeze fracture electron microscopy. J Mol Cell Cardiol 13:373–380

Scales DJ (1983) III. Three-dimensional electron microscopy of mammalian cardiac sarcoplasmic reticulum at 80 kV. J Ultrastruct Res 83:1–9

Schaper J, Hehrlein F, Schlepper M, Thiedemann KU (1977) Ultrastructural alterations during ischemia and reperfusion in human hearts during cardiac surgery. J Mol Cell Cardiol 9:175–189

Schaper J, Froede TA, Hein ST, Buck A, Hashizume H, Speiser B, Friedl A, Bleese N (1991) Impairment of the myocardial ultrastructure and changes of the cytoskeleton in dilated cardiomyopathy. Circulation 83(2):504–514

Schmiedl A, Schnabel PhA, Mall G, Gebhard MM, Hummemann DH, Richter J, Bretschneider HJ (1990) The surface to volume ratio of mitochondria, a suitable parameter for evaluating mitochondrial swelling. Virchows Archiv (A) 416:305–315

Schmidt-Schönbein GW, Zweifach BW, Kovalcheck S (1977) The application of stereological principles to morphometry of the microcirculation in different tissues. Microvasc Res 14:303–317

Schwarz F, Kittstein D, Winkler B, Schaper J (1980) Quantitative ultrastructure of the myocardium in chronic aortic valve diasease. Basic Res Cardiol 75:109–117

Schwarzkopff B, Deckert M, Frenzel H (1987) Strukturanomalien der Mitochondrien des Herzmuskels beim Kearns-Sayre-Syndrom. Z Kardiol 18 (Abstract)

Shimada T, Horita K, Murakami M, Ogura R (1984) Morphological studies of different mitochondrial populations in monkey myocardial cells. Cell Tissue Res 238:577–582

Siemens I, Simon T, Hamberger U, Greber D, Wiest G, Ostertag-Körner D, Mall G, Pedal I (1991) Morphometric investigation of coronary arteries and capillaries of myocardium. Evidence for early sex and age related changes. Proc 7th Int. Dresden Lipid Symposium Fischer, Jena, pp 305–307

Simionescu M, Simionescu N (1984) Ultrastructure of the microvascular wall. In: Eugene M, Renken C, Charles M (eds) Handbook of Physiology: The cardiovascular system, vol 4 (Microcirculation Pt 1), American Physiological Society, Bethesda, Maryland

Simionescu N, Simionescu M, Palade GE (1978) Structural basis of permeability in sequential segments of the microvasculature of the diaphragm. II. Pathways by microperoxydase across the endothelium. Microvasc Res 15:17–36

Simpson FO, Rayns DG, Ledingham JM (1973) The ultrastructure of ventricular and atrial myocardium. In: Challice CE, Viragh S (eds) Ultrastructure of the mammalian heart. Academic Press, New York, pp 1–41

Sjöstrand FS, Anderson CE, Dewey MM (1958) Ultrastructure of the intercalated disc of frog, mouse and guinea-pig cardiac muscle. J Ultrastruct Res 1:271–287

Sjöstrand F, Allen BS, Buckberg GD, Okamoto F, Young H, Bugyi H, Beyersdorf RJ, Barnard RJ, Leaf J (1986) Studies of controlled reperfusion after ischemia IV. Electron microscopic studies: Importance of embedding techniques in quantitative evaluation of cardiac mitochondrial structure during regional ischemia and reperfusion. J Thorac Cardiovas Surg 92:513–524

Skepper JN, Woodward JM, Navaratnam V (1988) Immunocytochemical localization of natriuretic peptide sequences in the human right auricle. J Moll Cell Cardiol 20:343–351

Smith HE, Page E (1976) Morphometry of rat heart mitochondrial subcompartements and membranes: Application to myocardial cell atrophy after hypophysectomy. J Ultrastruct Res 55:31–41

Sommer JR (1982) Ultrastructural considerations concerning cardiac muscle. J Mol Cell Cardiol 15 (Suppl 3):77–83

Sommer JR, Johnson EA (1968) Cardiac muscle. A comparative study of Purkinje fibers and ventricular fibers. J Cell Biol 36:497–526

Sommer JR, Johnson EA (1969) Cardiac muscle. A comparative ultrastructural study with special reference to frog and chicken hearts. Z Zellforsch Mikrosk Anat 98:437–468

Sommer JR, Johnson EA (1979) Ultrastructure of cardiac muscle. In: Berne RM, Sperelakis N, Geiger SR (eds) Handbook of physiology, sect 2. The cardiovascular system, vol 1, chap 5. American Physiological Society, Bethesda, Maryland, pp 113–186

Sommer JR, Waugh RA (1979) The ultrastructure of mammalian cardiac muscle cell – with special emphasis on the tubular membrane systems. Am J Pathol 82:191–232

Sperelakis N, Forbes MS, Rubio R (1974) The tubular systems of myocardial cells: Ultrastructure and possible function. In: Dhalla NS (ed) Myocardial biology. Recent advances in studies on cardiac structure and metabolism, vol 4. University Park Press, Baltimore, pp 163–194

Spira ME (1971) The nexus in the intercalated disc of the canine heart: quantitative data for an estimation of its resistance. J Ultrastruct Res 34:409–425

Stoker ME, Gerdes AM, May JM (1982) Regional differences in capillary density and myocyte size in the normal human heart. Anat Rec 202:187–191

Theron JJ, Biagio R, Meyer AC, Boekkooi S (1978) Ultrastructural observations on the maturation and secretion of granules in atrial myocardium. J Mol Cell Cardiol 10:567–572

Thiedemann KU, Ferrans VJ (1976) Ultrastructure of sarcoplasmic reticulum in atrial myocardium of patients with mitral valvular disease. Am J Pathol 83:1–38

Thiedemann KU, Ferrans VJ (1977) Left atrial ultrastructure in mitral valvular disease. Am J Pathol 89:575–604

Thiedemann KU, Holubarsch C, Medugorac I, Jacob R (1983) Connective tissue content and myocardial stiffness in pressure overload hypertrophy. A combined study of morphologic, morphometric, biochemical, and mechanical parameters. Basic Res Cardiol 78:140–155

Thoenes W, Ruska H (1960) Über „Leptomere Myofibrillen" in der Herzmuskelzelle. Z Zellforsch Mikrosk Anat 51:560–570

Thornell L-E, Eriksson A (1981) Filament system in the Purkinje fibers of the heart. Am J Physiol 241:H291–H305

Thornell L-E, Johanssen B, Eriksson A, Lehto V-P, Virtanen I (1984) Intermediate filament and associated proteins in the human heart: An immunofluorescence of normal and pathological hearts. Eur Heart J (Suppl) 5:F231/F241

Tidball JG, Smith R, Shattock MJ, Bers DM (1988) Differences in action potentials configuration inventricular trabeculae correlate with differences in density of transverse tubule-sarcoplasmic reticulum couplings. J Mol Cell Cardiol 20:539–546

Tilton RG, Kilo C, Williamson JR, Murch DW (1979) Differences in pericyte contractile function in rat cardiac and sceletal muscle microvasculatures. Microvasc Res 18:336–352

Timpl R, Rhode H, Robey PG, Rennard SI, Foidart J-M, Martin GR (1979) Laminin – a glycoprotein from basement membranes. J Biol Chem 254:9933–9937

Tokuyasu KT, Dutton AH, Singer SJ (1983) Immunoelectron microscopic studies of desmin (skeletal) localization and filament organization in chicken cardiac muscle. J Cell Biol 96:1736–1742

Tornling G, Unge G, Skoog L, Ljungqvist A, Carlsson S, Adolfsson J (1978) Proliferative activity of myocardial capillary well cells in dipyridamole-treated rats. Cardiovasc Res 12:692

Truex RC (1972) Myocardial cell diameters in primate hearts. Am J Anat 135:269–280

Vetterlein F (1989) Hypoxia-induced acute changes in capillary and fiber density and capillary red cell distribution in the rat heart. Circ Res 64:742–752

Vodovar N, Desnoyers F (1975) Influence du mode de fixation sur la morphologie ultrastructurale des cellules normales et alterées du myocarde. J Microscopie Biol Cell 24:239–248

Waal EJ de, Vreeling-Sindelarova H, Schellens JPM, James J (1986) Starvation-induced microautophagic vacuoles in rat myocardial cells. Cell Biol Int Rep 10(7):527–533

Walker SM, Schrodt GR, Currier GT (1975) Evidence for a structural relationship between successive parallel tubules in the SR network and supernumerary striations of Z line material in Purkinje fibers of the chicken, sheep, dog and Rhesus monkey heart. J Morphol 147:459–474

Watkins SC, Samuel JL, Marotte F, Bertier-Savalle B, Rappaport L (1987) Microtubules and desmin filaments during onset of heart hypertrophy in rat: Double immunelectron microscope study. Circ Res 60(3):327–336

Wearn JT (1928) The extent of the capillary bed of the heart. J Exp Med 47:273–292

Weinstein ES, Benson DW, Fry DE (1986) Subpopulations of human heart mitochondria. J Surg Res 40:495–498

Weiss HR, Cornway RS (1985) Morphometric study of the total and perfused arteriolar and capillary network of the rabbit left ventricle. Cardiovasc Res 19(6):343–345

Wheat MW (1965) Ultrastructure autoradiography and lysosome studies in myocardium. J Mount Sinai Hosp 32:107–121

Winkle van (1977) The fenestrated collar of mammalian cardiac sarcoplasmic reticulum: a freeze fracture study. Am J Anat 149:277–282

Wiest G (1990a) Die Längenzunahme der arteriellen Gefäße im Rattenherz während des physiologischen Wachstums. Med Inaug Diss, Universität Heidelberg

Wiest G, Gharehbaghi H, Greber D, Mattfeldt T, Mall G (1990b) Längenzunahme der arteriellen Gefäße im Rattenherzen bei physiologischem Wachstum und bei Hypertrophie. Verh Dtsch Ges Pathol 74:608

Wiest G, Gharehbaghi H, Amann K, Simon T, Mattfeldt T, Mall G (1992) Physiological growth of arteries in the rat heart, parallels the growth of capillaries, but not of myocytes. J Mol Cell Cardiol (in press)

Winegrad S (1982) Calcium release from cardiac sarcoplasmic reticulum. Ann Rev Physiol 44:451–462

Ziada AMAR, Hudlicka O, Tyler KR, Wright AJA (1984) The effect of long-term vasodilatation on capillary growth and performance in rabbit heart and skeletal muscle. Cardiovasc Res 18:724

Zglinicki T v (1988) Monovalent ions are spatially bound within the sarcomere. Gen Physiol Biophys 7:495–503

5. Kapitel
Strukturdynamik des Myokard

W. Hort

A. Einführung

Kein Organ im menschlichen und tierischen Organismus ändert so häufig seine Größe wie das Herz. In der Systole zieht es sich zusammen und wird allseitig kleiner, in der Diastole wird es wieder größer. Der Vergrößerung sind jedoch Grenzen gesetzt. Innerhalb des intakten Herzbeutels kann z. B. nur *ein* Ventrikel eine maximale Erweiterung erfahren.

Welcher Bauplan liegt dem Myokard zugrunde, der eine allseitige Verkleinerung der Herzhöhlen bei der systolischen Kontraktion und eine allseitige Vergrößerung während der diastolischen Füllung verständlich macht? Wenn man z. B. die zirkulär und parallel zur Herzbasis verlaufenden Muskelzüge ins Auge faßt, sollte eigentlich erwartet werden, daß das Herz bei seiner Kontraktion zwar enger, aber auch länger wird. Treten während des Herzzyklus Veränderungen im Gefüge des Myokard auf? Wie verhält sich dabei das Bindegewebsgerüst des Herzens und wie ist es strukturiert? Arbeitet der kontraktile Apparat des Herzmuskels in den verschiedenen Schichten des Myokard unter gleichen Ausgangsbedingungen? Kommt es zu Formveränderungen der Zellmembran bei starker Kontraktion und bei Verlängerungen der Herzmuskelzelle? Ändert sich dabei auch die Form der Zellorganellen, vor allem der Mitochondrien?

Derartige Fragen haben bei den Morphologen bisher nur wenig Beachtung gefunden. In den folgenden Abschnitten sollen unsere derzeitigen Kenntnisse über die Strukturdynamik des Herzens im makroskopischen, lichtmikroskopischen und ultrastrukturellen Bereich dargestellt werden.

B. Strukturdynamik des Herzmuskelzellverbandes

I. Muskelfaserverbände

Der Bauplan des Myokard hat schon manche alten Ärzte in seinen Bann gezogen. Bereits 1669 demonstrierte Richard LOWER eindrucksvoll den Verlauf der Muskelfasern in verschiedenen Tiefen der Kammerwand. Aus seiner Tafel II (s. Abb. 1) geht schon hervor, daß die äußeren Faserschichten einen schrägen Verlauf nehmen und beide Ventrikel umhüllen, daß sie mit dem Bindegewebe der Ostien im Zusammenhang stehen, im Bereich der Herzspitze Wirbel bilden und dann schräg- und in entgegengesetzter Richtung zu den subendokardialen Lagen – in den Innenschichten weiterziehen. Auch kommt in LOWERs Darstellung schon

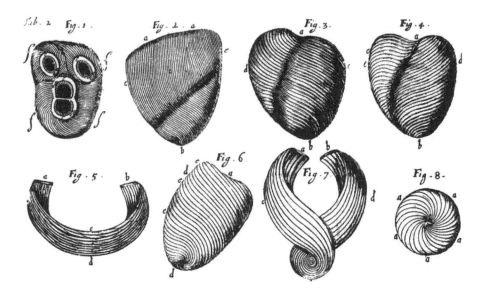

Abb. 1. Darstellung verschiedener Muskelfaserschichten des Herzens (Aus R. LOWER 1669, Tafel II). *Obere Reihe:* Gemeinsame oberflächliche Muskelfaserzüge. *Untere Reihe*, Fig. 6: Separate Muskelfaserzüge einer Kammerwand. Fig. 7: Schräg verlaufende äußere und innere Muskelfaserzüge. Fig. 8: Faserwirbel im Bereich der Herzspitze

der Wechsel von der schrägen Verlaufsrichtung der Muskelfasern in den äußeren und inneren Schichten des Myokard zu einem ringförmigen Verlauf parallel zur Kammerbasis in der Mitte der Kammerwand zum Ausdruck. Diese Faserzüge umhüllen zirkulär den linken Ventrikel.

Kaspar Friedrich WOLF (1780, 1792) hat die makroskopische Präparierkunst auf die Spitze getrieben und eine Unzahl verschiedener schmaler, miteinander verflochtener Muskelbündel dargestellt (Abb. 2). Diese kunstvollen Tafeln hat LODER (1803) einem größeren Publikum erschlossen.

Viele Untersucher haben sich bemüht, präparatorisch bestimmte Muskelfaserbündel oder Muskelbänder im Myokard darzustellen. Meist folgten sie dabei der dogmatischen Vorstellung, daß wie in der Skelettmuskulatur alle Herzmuskelfaserbündel sehnig beginnen und sehnig enden müßten. Dabei ist aber zu bedenken, daß der Skelettmuskel Sehnen braucht, um seine Wirkungen auf das Knochengerüst zu übertragen. Hohlorgane aus glatter Muskulatur (Magen-Darm-Kanal, Gefäße, Ureter, Uterus) können dagegen ohne das Vorhandensein von sehnenartigen Strukturen die von ihnen umschlossenen Lichtungen verkleinern. Zudem arbeiten auch die Herzen niederer Wirbeltiere ohne dazwischengeschaltetes Bindegewebe an der Herzbasis (BENNINGHOFF 1931).

McCALLUM (1900) folgerte aus seinen überwiegend an mazerierten Schweineembryonen durchgeführten Präparationen, daß das Myokard aus breiten, schneckenartig angeordneten Muskelbändern bestehe, die sehnenartig am atrioventrikulären Ring eines Ventrikels beginnen und an den Papillarmuskeln des anderen Ventrikels enden. McCALLUMS Lehrer MALL (1911) kam für das Herz vom erwachsenen Menschen zu ganz ähnlichen Ergebnissen und beschrieb

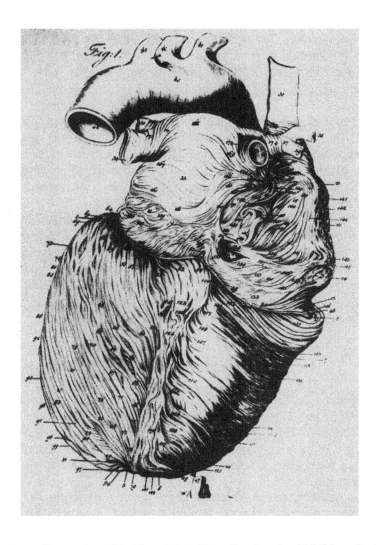

Abb. 2. Darstellung sehr zahlreicher Muskelfaserzüge in oberflächlichen Partien der Herzmuskulatur in einer Tafel von K. F. WOLF, Blick von dorsal (s. LODER 1803)

bulbospirale und sinospirale Muskelbänder. DRECHSLER (1928) konnte aber an Herzen von erwachsenen Menschen und verschiedenen Säugetierarten keine S-förmig eingerollten Muskelbänder darstellen. Nach ROBB u. ROBB (1942) sollen Muskelbänder im Myokard durch bindegewebige Septen gegeneinander abgegrenzt sein. Derartige wohldefinierte Septen gibt es jedoch im Myokard nicht, wie auch LEV u. SIMKINS (1956), HORT (1957a) sowie TORRENT GUASP (1973) betonen.

TORRENT GUASP (1973) hat eine sehr große Zahl von Säugetierherzen, wie schon andere Untersucher vor ihm, nach vorherigem Kochen in essigsäurehaltigem Wasser präpariert und dazu überwiegend seine Finger benutzt. Zu dieser Technik ist aber zu bemerken, daß durch das Abkochen das Herz in seiner Form deutlich verändert und sein Bindegewebe durch den Essigsäurezusatz zumindest teilweise entfernt wird. TORRENT GUASP (1973) beschreibt, daß in der basalen Hälfte des Myokard die meisten Muskelbündel vom Epikard zum Endokard hin verlaufen und dabei dachziegelartig übereinandergeschichtet seien. Er konnte auch achterartige Figuren präparieren, die jedoch keine anatomischen Einheiten darstellten.

Streng genommen lassen sich im Myokard gar keine definierten Muskelbündel abgrenzen. Dies beruht auf den vielfältigen Verbindungen der Muskelfasern untereinander. Was schließlich als Muskelbündel dargestellt wird, hängt von der Dicke des Muskelstückes ab, das mit der Pinzette gegriffen wird, von der Zugrichtung beim Präparieren und vom Geschick des Untersuchers (TORRENT GUASP (1973).

Muskelbündel lassen sich, wie die meisten Untersucher betonen (WEBER 1831; KREHL 1891; FENEIS 1943/44) im Myokard meist nur über kurze Strecken verfolgen. Sie gehen durch schmale oder breite Verbindungszüge vielfach ineinander über, und man kann deshalb von *einer* Stelle innerhalb des Myokard präparatorisch zu ganz verschiedenen Stellen gelangen, je nachdem, welchen Anastomosen man folgt (s. HORT 1957 b). GRANT (1965) hat mit Recht betont, daß jedes Schema nur *eine* Seite eines Problems darstelle.

II. Verlaufsrichtung der Muskelfasern

Im Gegensatz zu den in ihrem Verlauf nicht zuverlässig reproduzierbaren Muskelfaserbündeln läßt sich die Verlaufsrichtung der Herzmuskelfasern mit Sicherheit erkennen und leicht reproduzieren. Schon bei makroskopischer Betrachtung erkennt man sie sowohl am unfixierten als auch am fixierten Herzen, und auch an oberflächenparallelen histologischen Schnitten läßt sie sich ohne Schwierigkeiten ausmachen.

Die Herzmuskelfasern sind im Myokard nicht willkürlich und statistisch verteilt, sondern nach einem bestimmten Bauplan straff orientiert angeordnet. Sie verlaufen in den Kammerwänden recht genau parallel zur äußeren Oberfläche und innerhalb der einzelnen Schichten auch parallel zueinander. Die verschiedenen Verlaufsrichtungen gehen vom äußeren schrägen ganz allmählich und fließend in den mittleren ringförmigen und den inneren schrägen Verlauf über. Es gibt nirgends vorgebildete trennende Grenzen, z. B. in Form von faszienartig angeordneten Bindegewebszügen.

An Serienschnitten haben wir (HORT 1957a) die Verlaufsrichtung der Herzmuskelfasern in der rechten Kammerwand von Meerschweinchenherzen untersucht. In diesen Schnitten, die parallel zur Oberfläche die gesamte Dicke der rechten Kammerwand bis zum Übergang in das Trabekelwerk umfaßten, fand sich ein ganz allmählicher Übergang der Verlaufsrichtung der Muskelfasern von einem Schnitt zum andern. Etwas raschere Übergänge mit einem steileren Verlauf der Kurven (s. Abb. 3) stellten sich in den subepikardialen Faserlagen dar. Die Verlaufsrichtung läßt sich z. B. als Winkel zwischen einer Linie parallel zur Herzbasis und jener Geraden messen, die dem vorherrschenden Verlauf der Muskelfasern im histologischen Präparat entspricht.

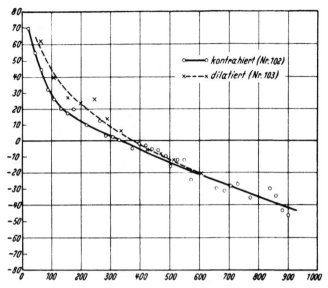

Abb. 3. Graphische Darstellung des Muskelfaserverlaufes in der Mitte des freien Anteils der rechten Kammerwand vom Meerschweinchenherzen. Auf der Abszisse ist die Entfernung vom Epikard in willkürlichen Einheiten angegeben, und auf der Ordinate sind die Neigungswinkel gegen eine parallel zur Kammerbasis verlaufende Linie eingetragen. (Aus HORT 1957a)

Ganz ähnliche Befunde wie für die rechte Kammerwand vom Meerschweinchen ergaben sich später für die linke Kammerwand von Hunde- und Meerschweinchenherzen (HORT 1960a). Diese Untersuchungen wurden inzwischen vielfach bestätigt. STREETER u. BASSETT (1966) fanden in der linken Kammerwand vom Schweineherzen die stärksten Veränderungen im Faserverlauf in den äußeren Schichten.

Die annähernd zirkulär angeordneten Fasern überwiegen in den Kammerwänden. Dies ging schon aus den Untersuchungen von HORT (1957a, 1960a) hervor. STREETER et al. (1969) fanden in der linken Kammerwand vom Hund ein Verhältnis der zirkumferentiellen Fasern (mit einem Winkel von $0°-22,5°$) zu den longitudinal orientierten ($67,5°-90°$) von 10:1 und PEARLMAN et al. (1982) beschrieben für das menschliche Herz in der linken Kammerwand etwa 55% zirkumferentiell verlaufende Muskelfasern.

Bei der Herzhypertrophie kann es zu leichten Veränderungen im Faserverlauf kommen. TEZUKA (1975) fand in den inneren Schichten der linken Kammerwand des menschlichen Herzens mit exzentrischer Hypertrophie einen geringeren Neigungswinkel als in der Norm, also eine Annäherung an den zirkulären Verlauf. CAREW u. COVELL (1979) beobachteten bei der Druckhypertrophie der linken Kammerwand nach experimenteller Aortenstenose beim Hund vermehrt schräge Fasern subepikardial und in den inneren Schichten. PEARLMAN et al. (1982) vermißten aber an hypertrophierten menschlichen Herzen deutliche Änderungen in der Muskelfaserorientierung im Vergleich zu Kontrollherzen. Eine ausgeprägte Hypertrophie im Trabekelwerk haben MORADY et al. (1973) bei Hunden mit pulmonaler Hypertonie beschrieben.

Ganz vereinzelt treten bei systematischer Untersuchung „Ausreißer" im Muskelfaserverlauf auf. STREETER u. BASSETT (1966) haben in der linken Kammerwand des Schweineherzens an einem einzigen Punkt der Muskelfaserverlaufskurve eine deutliche Abweichung beobachtet. GRANT (1969) wies auf Abweichungen vom generell parallelen Verlauf der Muskelfasern in der rechten Kammerwand im Bereich der Ausflußbahn hin. Zudem kann man gelegentlich beobachten, daß im Myokard einige Herzmuskelfasern dem Gefäßverlauf folgen. Um die Gefäße herum herrschen stellenweise wohl besondere Verhältnisse und TROST (1978) beschrieb, daß die Angioarchitektur des Herzens wesentlich von den Gesetzmäßigkeiten eines von ihm entworfenen Rastermodells des Herzens geprägt sei. Diese gelegentlichen kleinen Abweichungen im Faserverlauf ändern jedoch nichts an dem generellen Konzept der parallelen Anordnung der Muskelfasern in den einzelnen Muskelschichten mit ganz allmählichem Übergang der Verlaufsrichtung von einer Lage in die andere.

Auch im Trabekelwerk und in den Papillarmuskeln verlaufen die Herzmuskelfasern parallel zueinander. Hier ist der parallele Verlauf am ausgeprägtesten und die Verlaufsrichtung der Muskelfasern entspricht der Längsrichtung der Trabekel und der Papillarmuskeln.

Während der Systole und Diastole kommt es zu keinen wesentlichen Änderungen in der Verlaufsrichtung der Muskelfasern. HORT (1957a, 1960a) hat in der rechten und linken Kammerwand verschieden weiter Herzen von Meerschweinchen und Hunden von der Totenstarre bis zu extremer Füllung keine signifikanten Änderungen im Faserverlauf beobachtet und STREETER et al. (1969) kamen beim Hund zum gleichen Ergebnis. Bei einigen totenstarren Hundeherzen verliefen im Beobachtungsgut von HORT (1960a) die Muskelfasern in der inneren Kompakta der linken Kammerwand allerdings etwas steiler als in den dilatierten. Derartige Abweichungen lassen sich im Trabekelwerk der linken Kammerwand recht deutlich erkennen und mit einer Aufrichtung der Trabekel bei starker Entleerung und einer Neigung bei starker Füllung des linken Ventrikels erklären.

Trabekel und Papillarmuskeln tragen entscheidend zu einer weitgehenden Entleerung der Ventrikel bei. Darauf haben bereits BURCH et al. (1952) hingewiesen. Ein Hohlmuskel mit einer ausschließlich zirkulär angeordneten Muskulatur könnte selbst bei maximaler Kontraktion seine Lichtung nur mit Hilfe einer zusätzlichen Innenauskleidung (z. B. der Schleimhaut des Magen-Darmkanals) vollständig verschließen. Bei embryonalen Herzen kommt den flüssigkeitsgefüllten Endokardpolstern (BARRY 1948; PATTEN et al. 1948) jene Rolle der Innenauskleidung zu, die am ausgewachsenen Herzen die Trabekel und Papillarmuskeln übernehmen. Vergleichend-anatomisch ist interessant, daß dem regelmäßig strukturierten Trabekelwerk bei Säugern ziemlich anarchisch angeordnete Trabekel bei den Telosteern gegenüberstehen (SANCHEZ-QUINTANA u. HURLE 1987).

III. Sarkomerenlänge und Kammerfüllung

In dem Frank-Starlingschen Gesetz wurde stillschweigend vorausgesetzt, daß die Herzmuskelzellen sich bei zunehmender Kammerfüllung kontinuierlich dehnen und damit die Grundlage für eine kräftigere Kontraktion schaffen. In ausgedehnten systematischen Untersuchungen haben wir diese Frage geprüft. Zunächst prüften wir (HORT 1957) an der rechten Kammerwand von Meerschweinchenherzen bei unterschiedlicher Kammerfüllung – von extremer Kontraktion in der Totenstarre bis zu maximaler Erweiterung der Kammerlichtung – die Abstände der lichtmikroskopisch gut erkennbaren Z-Streifen (als Maß für die Sarkomerenlänge). Sehr zahlreiche Gruppen von Z-Streifen wurden phasenkontrastmikroskopisch mit Hilfe eines Zeichenapparates aufgezeichnet und ausgewertet. Dabei zeigte es sich, daß die Dehnung der Muskelfasern proportional der Wurzel aus der Oberfläche des freien Anteils der rechten Kammerwand war, oder einfacher ausgedrückt: Die Muskelfasern und ihre Sarkomeren verlängerten und verkürzten sich in demselben Maße wie die Kammerwände bei der Füllung länger und bei der Entleerung kürzer wurden.

Die rechte Kammerwand hatten wir zunächst als Untersuchungsobjekt gewählt, weil wegen ihrer geringeren Stärke keine wesentlichen Abweichungen im Kontraktions- oder Dilatationszustand der Muskelfasern in den einzelnen Schichten zu erwarten waren. Diese Voraussetzung gilt für die dicke linke Kammerwand nicht. Deshalb untersuchten wir bei unterschiedlicher Füllung in verschiedenen Schichten der Kammerwand (äußere, mittlere und innere Kompakta) die Abstände der Z-Streifen. Um zu brauchbaren Mittelwerten zu gelangen, ist die Messung sehr zahlreicher Z-Abstände notwendig. Eine zeichnerische Vermessung wäre hier kaum zu realisieren gewesen. Deshalb nutzten wir die Tatsache aus, daß die Querstreifung den Muskelzellen die Eigenschaft eines Beugungsgitters verleiht. Die beim Lichtdurchtritt entstehenden Beugungsbilder wurden mit Hilfe eines umgebauten Mikroskops (GRADMANN u. HORT 1959) abgelesen. Mit diesen interferometrischen Messungen erhielten wir Mittelwerte von 7 Mill. Sarkomeren, die eine solide Grundlage für unsere Fragestellung abgaben (Abb. 4a–c). Es fand sich (HORT 1960a), daß die Veränderungen der Sarkomerenlängen ausgezeichnet mit den Längenänderungen übereinstimmten, die makroskopisch für die verschiedenen Schichten in der linken Kammerwand ermittelt worden waren. In der Totenstarre waren in der inneren Kompakta die Muskelfasern wesentlich stärker kontrahiert als unter dem Epikard, bei starker Kammerfüllung waren sie aber stärker dilatiert. Lediglich im Bereich der diastolischen Kammerfüllung ergaben sich für die Muskelfasern in allen Wandschichten gleiche Dehnungen mit einer mittleren Sarkomerenlänge von 2,0 μm (Abb. 5). Die Ergebnisse stimmten bei den Herzen von Hunden und Meerschweinchen gut überein, ebenso bei einem totenstarren menschlichen Herzen.

In den Trabekeln und Papillarmuskeln waren die Längenänderungen in den Herzmuskelzellen geringer als in den inneren Schichten der linken Kammerwand Sie entsprachen in guter Annäherung denjenigen in den schrägen äußeren Muskelfaserlagen. Diese Befunde werden aus dem annähernd längsgerichteten Verlauf der Papillarmuskeln und Trabekeln verständlich. Sie haben bei der Kammerfüllung einen geringeren Längenzuwachs nötig als die zirkulären Muskelfaserzüge inmitten der Kompakta.

Aus den Untersuchungen an der linken Kammerwand folgt, daß nur bei annähernd diastolischer Ventrikelfüllung alle Herzmuskelfasern die systolische Kontraktion unter denselben Ausgangsbedingungen beginnen, weil sie die gleiche Sarkomerenlänge haben. Während der Kontraktion ist das Ausmaß der Verkür-

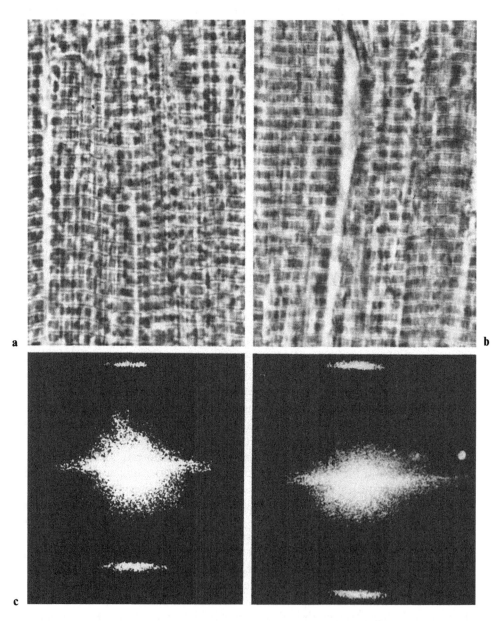

Abb. 4a–c. Muskelfasern aus der stark dilatierten linken Kammerwand eines Hundeherzens. **a** Sehr stark gedehnte Muskelfasern aus der inneren Kompakta. **b** Etwas schwächer gedehnte Muskelfasern aus der äußeren Kompakta. (Gefrierschnitte, 10 µm dick, ungefärbt, Phasenkontrast. × 1500). **c** Die zu beiden Schnittpräparaten gehörenden Beugungsspektren, an denen man deutlich den Unterschied in den Sarkomerenlängen ablesen kann. (Aus HORT 1960a)

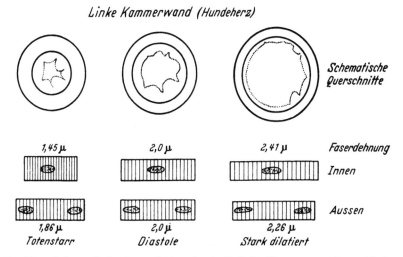

Abb. 5. *Oben:* Schematische Querschnitte durch die linke Kammerwand verschieden stark gefüllter Hundeherzen. *Darunter:* Dazugehörige Muskelfasern mit ihren Dehnungszuständen in den inneren und äußeren Schichten der Kompakta. Die eingezeichneten Meßwerte geben die durchschnittlichen Sarkomerenlängen in µm an. (Aus HORT 1960c)

zung der Muskelfasern in verschiedenen Schichten der Kompakta unterschiedlich. Je tiefer eine Muskelfaser in der Kompakta liegt, umso stärker muß sie sich bei der Kontraktion verkürzen und umso stärker wird sie während der Diastole gedehnt, entsprechend den unterschiedlichen Umfangsveränderungen, die im makroskopischen Bereich ein in verschiedener Tiefe der Kompakta gelegener Kreisring bei unterschiedlicher Kammerfüllung erfährt. Die Befunde sind in Abb. 5 zusammenfassend skizziert.

Inzwischen liegen von anderen Untersuchungen in größerer Zahl Messungen der Sarkomerenlängen unter verschiedenen Bedingungen vor. Sie wurden an elektronenmikroskopischen Abbildungen durchgeführt. An diesen ist die Ausmessung zwar sehr einfach, aber die Zahl der durchgeführten Messungen bleibt in der Regel eng begrenzt. Die lichtmikroskopische Untersuchung hat demgegenüber den großen Vorteil, daß an den viel größeren Präparaten sehr viel mehr Messungen durchgeführt werden können.

SONNENBLICK et al. (1964) haben das Frank-Starlingsche Gesetz auf die Sarkomerenabmessungen bezogen und formuliert, daß die Kontraktionskraft eine Funktion der Sarkomerlänge vor Beginn der Kontraktion sei. Für die Systole gaben sie eine Verkürzung der Sarkomeren um 15–20% von 2,1 µm auf 1,7 µm an. Später bestätigten SONNENBLICK et al. (1967) unseren Befund (HORT 1960a), daß die Sarkomerenlänge direkt mit der Ventrikelzirkumferenz variiert.

Am frisch entnommenen Hundeherzen haben SONNENBLICK et al. (1966) bei einem Füllungsdruck von 12 mm Hg Sarkomerenlängen von 2,2 µm gemessen und betont, daß normalerweise die linke Kammerwand im Bereich des aufsteigenden Schenkels der Längen-Spannungskurve arbeite und daß die enddiastolische Sarkomerenlänge bei 2,20 µm oder darunter liege. Dieser Wert ist nach unseren Untersuchungen wohl etwas zu hoch und dürfte sich dadurch erklären, daß

SPOTNITZ et al. (1966) an Herzen ohne Herzbeutel gearbeitet haben, und bei diesen sind wegen des Wegfalls der engen Herzbeutelbarriere die diastolischen Volumina vergrößert. STREETER et al. (1970) ermittelten am Hund enddiastolische Sarkomerenlängen von 2,07 µm und endsystolische von 1,84 µm. GRIMM et al. (1980) haben am linken Ventrikel des mit $CdCl_2$ stillgestellten Rattenherzens bei unterschiedlicher Kammerfüllung subepikardial kürzere Muskelfächer als in Kammerwandmitte gemessen. Mit quantitativen Bildanalysen hat ROSS (1987) an der isolierten Herzmuskelzelle in den meisten Regionen uniforme Querstreifungsabstände ermittelt. Manchmal beobachtete er jedoch im Bereich der Zellkerne kürzere oder länger Sarkomeren. Er dachte daran, daß in dieser Region Unterbrechungen des inneren Zytoskeletts vorliegen können, das vermutlich die Querstreifung aufrechterhält.

Bei der akuten Dilatation haben wir (HORT u. HORT 1967) an Meerschweinchenherzen in situ mit erhaltenem Herzbeutel bei experimenteller Lungenembolie oder Asphyxie durchschnittliche Sarkomerenlängen von 2,2–2,24 µm gemessen. Diese Werte liegen noch im Bereich des Gipfels der Längen-Spannungskurve. Daraus schlossen wir, daß selbst bei akuter Dilatation die Herzen in situ nicht im Bereich des absteigenden Schenkels der Längen-Spannungskurve arbeiten (HORT 1967). Die akute Herzinsuffizienz kann also nicht einfach auf eine Überdehnung der Muskelfasern zurückgeführt werden.

Für chronisch dilatierte Herzen hatten LINZBACH u. LINZBACH (1951) schon gezeigt, daß sie – trotz ihrer oft ganz massiven Dilatation, die häufig das Ausmaß einer akuten Dilatation weit übersteigt – in der Totenstarre genauso eng kontrahierte Sarkomeren besitzen wie normale Vergleichsherzen. Daraus folgerten sie, daß exzentrisch hypertrophierte, chronisch dilatierte Herzen nicht mit überdehnten Muskelfasern arbeiten. Inzwischen ist dieser Befund von RACKLEY et al. (1970) an operativ entnommenen Herzmuskelstückchen von Patienten mit normaler Hämodynamik und mit Linksherzinsuffizienz bestätigt worden. Sie maßen Sarkomerenlängen von 1,89–2,28 µm und schlossen, daß die Sarkomerenmorphologie in allen Herzen dieselbe sei, unabhängig vom enddiastolischen Volumen und der Muskelmasse des linken Ventrikels. ROSS et al. (1971) haben an enddiastolisch fixierten Hundeherzen mit großem arteriovenösen Shunt Sarkomerenlängen von $2,19 \pm 0,2$ µm gemessen, die nicht signifikant verschieden von Meßwerten bei akuter Dilatation waren. Schließlich haben MORADY et al. (1973) bei Hunden mit pulmonaler Hypertonie nach Perfusionsfixierung ähnliche Sarkomerenlängen wie bei Kontrolltieren ermittelt.

IV. Gefüge des Muskelzellverbandes bei unterschiedlicher Ventrikelfüllung

Schon in der Einleitung wurde die Frage aufgeworfen, ob der Bauplan des Myokard den Schlüssel für das Verständnis einer allseitigen Vergrößerung oder Verkleinerung des Herzens enthält. Die bisher geschilderten Befunde haben gezeigt, daß dem Myokard eine straffe und gesetzmäßige Anordnung seiner Muskelfasern zugrundeliegt. Sie sind in jeder einzelnen Schicht parallel zur Oberfläche und auch parallel zueinander angeordnet. In dieses Gefüge sind die

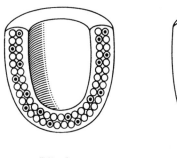
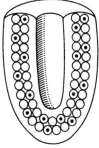

Dilatiert **Kontrahiert**

Abb. 6. Schematischer Längsschnitt durch die linke Kammerwand des Herzens. Stark vergrößert dargestellt sind Querschnitte durch Muskelfasern aus der Mitte der Kammerwand. Wenn sie ihre Form und Lage zueinander beibehielten, müßte die Kammerwand bei der Kontraktion länger werden

Muskelfasern so eingebunden, daß sie, wie schon PETTIGREW (1860) erkannte, den kürzesten Weg auf der Oberfläche nehmen. STREETER (1980) hat darauf hingewiesen, daß man – angelehnt an die Erdvermessungskunst – hier von geodäsischen Wegen sprechen kann, die den kürzesten Weg auf einer beliebigen Oberfläche angeben. Darüber hinaus hat er mathematisch das Myokardgefüge – ausgehend von einer geodäsischen Anordnung der Muskelfasern – berechnet. Auch hat er (STREETER et al. 1970) das Myokard verglichen mit einem Satz vieler ineinandergestellter Schalen mit jeweils gleicher Faserrichtung. Stellenweise seien diese Schalen miteinander verbunden, wobei die Abstände zwischen den Anastomosen groß seien im Vergleich zum Durchmesser der Herzmuskelzellen.

Der hohe Ordnungsgrad der Muskelfaseranordnung in der Kompakta (dem „Triebwerk" KREHLs) bewirkt eine Konzentration und Bündelung der Spannungsentwicklung: Sie erfolgt in Längsrichtung der Muskelfasern.

Die Verkürzung und Verlängerung der Kammerwände wird zu einem Teil verständlich durch die Kenntnis der Muskelfaserverläufe und der Muskelfaserverkürzung oder Verlängerung während des Herzzyklus oder darüber hinaus unter den Bedingungen extremer Kammerfüllung und -entleerung. Den makroskopisch sichtbaren Längenänderungen liegen im mikroskopischen Bereich gleichgroße Längenänderungen jener Muskelfasern zugrunde, die in ihrer Verlaufsrichtung mit den an gleicher Stelle angelegten makroskopischen Meßlinien übereinstimmen. So erklärt z. B. das Ausmaß der Sarkomerenverlängerung in den zirkulären Muskelfaserzügen inmitten der Kompakta vollständig die Größenänderungen, die ein an gleicher Stelle in die Kompakta eingefügter Kreisring erfährt. Wenn wir diese zirkulär angeordneten Muskelfasern bei ihrer Kontraktion ins Auge fassen, könnten wir zwar verstehen, daß die Kammerlichtung enger wird, aber wir müßten eigentlich erwarten, daß in der Kompakta auch eine Verlängerung der Kammerwand eintritt, weil die Muskelfasern bei ihrer Kontraktion auch dicker werden (Abb. 6). Dies widerspricht aber aller Erfahrung. Dieses räumliche Problem könnte auch durch eine Deformierung der Herzmuskelzellen oder Veränderungen im Gefüge des Myokard gelöst werden.

In der etwas älteren Literatur gab es schon einige Gedanken zu dieser Fragestellung. FENEIS (1943/44) vermutete, daß während der Systole die inneren und die äußeren schräg und z. T. fast längs verlaufenden Muskelfasern die in der Mitte der Kompakta gelegenen Muskelzüge zusammenpressen und dadurch eine Verlängerung der Herzkammern verhindern würden. BENNINGHOFF (1948) stimmte dieser Auffassung im wesentlichen zu, betonte aber, daß es noch nicht geklärt sei, ob systolisch die ringförmig verlaufenden Muskelzüge einfach durch die Längsmuskulatur zusammengedrückt oder aber teleskopartig ineinandergeschoben würden. von HAYEK (1939) folgerte aus seinen Untersuchungen über die Fiederung des Herzmuskels, daß sich während der Kontraktion des Herzens in der Kammerwand Muskellamellen aufrichten würden mit einem steileren Verlauf in der Diastole, ähnlich wie es von GOERTTLER (1932) für den menschlichen Dünndarm beschrieben wurde. FENEIS (1943/44) lehnte diese Vorstellung ab und stellte ihr die Auffassung gegenüber, daß es während der Systole und Diastole zu keiner Materialverschiebung komme und daß sich die Teilchen innerhalb der Herzwand ausschließlich in Richtung des Radius bewegten, ohne ihren Sektor zu verlassen. In seiner Anschauung wurde er bestätigt durch die Beobachtung, daß eine in ein schlagendes Katzenherz eingestochene Nadel keine Ausschläge erkennen ließ, die für von HAYEKs Deutung gesprochen hätten. Eigene Untersuchungen (HORT 1960) führten zu ganz ähnlichen Resultaten. In die dilatierten noch erregbaren linken Kammerwände von stark gefüllten Hundeherzen eingestochene, z. T. nur 75 µm dicke, leicht biegsame Drähte ließen selbst nach Ausbildung der Totenstarre im Röntgenbild keine signifikanten Verlagerungen oder Krümmungen erkennen. Am lebenden Hundeherzen haben FEIGL u. FRY (1964) an einer in das Myokard eingestochenen Nadel mit einer pfeilartigen Spitze nur geringe Winkelabweichungen während der Systole und Diastole beobachtet, am ausgeprägtesten noch in der isovolumetrischen Phase zu Beginn der Systole. Sie folgerten daraus, daß während der Herzaktion keine wesentlichen Verschiebungen von Muskelfaserlagen gegeneinander stattfänden.

An gröbere Verschiebungen hatten auch G. WEITZ (1951) und W. WEITZ (1952) gedacht. G. WEITZ (1951) bestimmte an Längsschnitten von einer eng kontrahierten und einer stark dilatierten linken Kammerwand vom Kaninchen die Anzahl der Muskelfaserlagen zwischen dem Endokard und Epikard. Dabei fand er, daß in der erweiterten Kammer eine Verminderung der Schichtzahl bis fast auf die Hälfte eingetreten war. Er glaubte ebenso wie W. WEITZ (1952), daß Muskelbänder, wie sie MCCALLUM (1990) beschrieben hatte, gegeneinander verschoben werden und z. B. während der Dilatation der rechten Herzkammer eine Verlagerung in die linke Kammerwand erfahren können. W. WEITZ (1952) betonte aber, daß man diese Vorstellung noch nicht als endgültige Erklärung ansehen könnte. Weitergehende Messungen, z. B. der Faserdehnung oder der makroskopischen Dimensionen der Ventrikel, hat G. WEITZ (1951) nicht durchgeführt.

Derart umfangreiche Verschiebungen, wie sie hier postuliert wurden, sind aber wegen der vielfältigen Anastomosen auszuschließen und auch wegen der Koronararterienäste, die vom Epikard in das Myokard einstrahlen und die bei solchen massiven Verschiebungen zerreißen müßten.

Bei unseren eigenen Untersuchungen an der rechten Kammerwand des Meerschweinchenherzens (HORT 1957) bestimmten wir außer den makroskopischen Abmessungen, dem Faserverlauf und der Faserdehnung auch die Schicht-

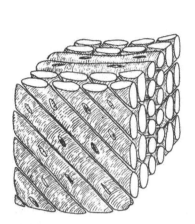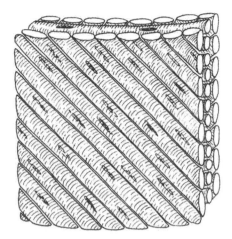

Abb. 7. Schematische Darstellung des Gefüges und der Sarkomerenlängen in der Mitte der rechten Kammerwand. Dasselbe Teilstück ist links kontrahiert und rechts stark dilatiert dargestellt. *Vorn:* Äußere schräge Muskulatur. *Mitte:* Zirkuläre Muskulatur. *Hinten:* Innere schräge Muskulatur. Die Anastomosen sind nicht mitgezeichnet. (Aus HORT 1957b)

zahl in den Kammerwänden, d. h. die Anzahl der aus einer einzigen Zellage bestehenden, parallel zur epikardialen Oberfläche angeordneten Schichten. Es fand sich, daß mit zunehmender Kammerfüllung und Dehnung der Muskelfasern die Schichtzahl in den Kammerwänden abnahm, während in den einzelnen Schichten die Zahl der Muskelfasern zunahm. Eine Änderung der Querschnittsform wurde bei unterschiedlichen Dehnungs- und Kontraktionszuständen vermißt. Theoretisch wären bei einer Verformung der Muskelfasern (z. B. mit rundem Querschnitt in der Systole und abgeflachtem, plattgedrücktem Querschnitt in der Diastole) auch Formvergrößerungen der Kammerwände ohne Änderungen der Schichtzahl denkbar gewesen.

Aus unseren Beobachtungen zogen wir den Schluß, daß bei der Kammerfüllung die gedehnten Muskelfasern „auf Lücke" gehen: Hintereinander liegende Fasern treten nebeneinander und liegen dann in einer Ebene parallel zur äußeren Oberfläche. Bei der Kammerentleerung kommt es dann zum entgegengesetzten Vorgang. Man kann ihn sich plastisch vor Augen führen, wenn man die Innenflächen beider Hände aufeinander legt, beim Spreizen die Finger der einen Hand zwischen die der anderen Hand gleiten läßt und sie dann wieder in die Ausgangsstellung zurückführt. Dieser Umlagerungsmechanismus erreicht sein Maximum bei stärkster Kammerfüllung während der akuten Dilatation. Hierbei kann die Schichtzahl bis etwa auf die Hälfte abnehmen und die Zahl der Muskelfasern in jeder Schicht entsprechend zunehmen (Abb. 7). Während der physiologischen Herztätigkeit wird von diesem Umlagerungsmechanismus natürlich nur ein Bruchteil ausgenutzt.

Für die linke Kammerwand haben wir bei unterschiedlicher Ventrikelfüllung gleichartige Veränderungen im Gefüge der Kammerwand aufzeigen können mit entsprechenden Veränderungen in der Schichtzahl und der Muskelfaseranzahl in den einzelnen Schichten (HORT 1960a). Wegen des stärkeren Bewegungsumfangs der inneren Wandschichten müssen die Gefügeverschiebungen in den inneren Schichten der linken Kammerwand ausgeprägter als in den äußeren sein.

SPOTNITZ et al. (1974) haben an Herzen von Ratten mit hohen Körpergewichten an Längsschnitten aus der dilatierten linken Kammerwand gefunden, daß auf einer Linie senkrecht zum Epikard ein Abfall der Schichtzahl auf 64% verglichen mit englumigen Kammern vorlag. Entsprechend waren die Mittelpunkte der Muskelfasern einander nähergerückt, und die Zahl der Muskelfasern hatte auf Schnitten senkrecht zum Faserverlauf mit zunehmender Kammerfüllung abgenommen. Diese Befunde stimmen gut mit unseren eigenen überein (HORT 1957a, 1960a). SPOTNITZ et al. (1974) folgerten aus ihren Befunden ebenfalls, daß es bei unterschiedlicher Kammerfüllung zu einer internen Umordnung kommen müsse. Sie kamen jedoch zu einer anderen Deutung als wir. Sie stellten die von FENEIS (1943/44) und von uns (HORT 1957a, 1960a) beschriebenen Spaltlinien in den Mittelpunkt ihrer Überlegungen und gingen von der schon von FENEIS (1943/44) und HORT (1957a, 1960a) gemachten Beobachtung aus, daß diese Spaltlinien in kontrahierten Kammerwänden flacher (bis horizontal), bei dünnen Kammerwänden aber etwas steiler aufgerichtet verlaufen (Abb. 8). Diese Aufrichtung der Muskelfaserverbände führe zu einer Verminderung der Wanddicke und zu einem Anstieg der Ventrikelhöhe (Abb. 9). SPOTNITZ et al. (1974) kamen damit zu einer ganz ähnlichen Deutung wie VON HAYEK (1939), dessen Untersuchungen sie aber wohl nicht kannten. MEIER et al. (1982) folgerten aus den Beobachtungen an implantierten Markern in der rechten Kammerwand vom Hund, daß es bei der Verkürzung der Ventrikelachse zu einer Kompression von Muskelspiralen mit Abflachung des Neigungswinkels käme.

Die erwähnten Spalträume, die auch der sog. Fiederung des Myokard zugrundeliegen, entsprechen anastomosenarmen Zonen im Myokard (s. HORT 1957a). FENEIS (1943/44) bezeichnete diese Spalträume als Gleitebenen oder Verschiebeflächen. Sie grenzen schmale Muskelverbände unvollständig gegeneinander ab, die auch als Lamellen bezeichnet wurden (HENLE 1876; VON HAYEK 1939). Diese anastomosenarmen Flächen sind propellerartig gestaltet. Je nach Schnittrichtung manifestieren sie sich als feder-, bogen- oder streifenförmige Figuren. Sie liegen der Fiederung zugrunde (FENEIS 1943/44). Die Spalträume durchsetzen in der Regel nur Teile der Wand und sie können auch von Anastomosen überquert werden. Sie haben eine begrenzte Ausdehnung. Auf Serienschnitten senkrecht zur Oberfläche der rechten Kammerwand (HORT 1957a) konnten wir die Spalträume gewöhnlich über eine Strecke von 100 µm verfolgen, gelegentlich bis zu 250 µm (Abb. 10). Eine Darstellung der Spalträume hat offenbar RODBARD (1956) durch die Injektion flüssiger Plastikmasse in das Myokard durchgeführt. Er beschreibt bandenartig angeordnet Faszikel, die annähernd keilförmig gestaltet und von bindegewebigen Kapseln umgeben seien.

Es gibt eine Reihe von Argumenten gegen die Deutung von SPOTNITZ et al. (1974) sowie von VON HAYEK (1939) über die Gefügeveränderungen im Myokard. Schon FENEIS (1943/44) betonte, daß die dabei postulierten umfangreichen Aufrichtungsprozesse in den Kammerwänden offenbar nicht eintreten (s. oben). Bei einem derartigen Mechanismus würde man am ehesten langgestreckte, über weitere Strecken durchgehende Spalträume erwarten, die wir aber nicht finden konnten (HORT 1957a). Zudem würde ein solcher Mechanismus nicht erklären,

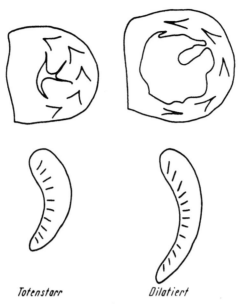

Abb. 8. Schematische Darstellung der Fiederung in totenstarren und dilatierten Meerschweinchenherzen. *Oben:* Querschnitte durch die linke Kammerwand und das Septum (Blick von der Basis her). *Unten:* Längsschnitte senkrecht zum Epikard von der Basis bis zur Spitze. (Aus HORT 1960a)

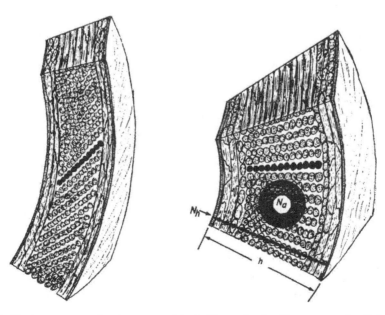

Abb. 9. Umlagerungsmechanismus von Muskelfasern in der Kammerwand mit Aufrichtung von Muskelfaserverbänden bei starker Kammerfüllung (s. die schwarz hervorgehobenen Muskelfasern). (Aus SPOTNITZ et al. 1974)

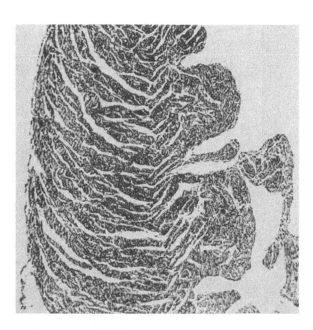

Abb. 10. Anastomosenarme Zonen in der Mitte der rechten Kammerwand von Meerschweinchenherzen. Paraffineinbettung, Schnittdicke 7 1/2 µm. (Aus HORT 1957a)

warum es in den einzelnen Schichten bei zunehmender Kammerfüllung zu einer vermehrten Anzahl von Muskelfasern kommt. Bei einer diastolischen Verdünnung der Muskelfasern wären bei einem solchen Modell auch interzelluläre Lücken zu erwarten, die jedoch nicht vorkommen. Ein etwas schräg in einer Kammerwand gelegener Spaltraum muß aus rein geometrischen Gründen bei zunehmender Ausdehnung der Kammerwand steiler gestellt werden, allein als Folge der Wandvergrößerung.

Der Mechanismus des „auf Lücke Tretens" wäre nicht vorstellbar, wenn jede Muskelfaser nach allen Seiten fest wie ein Schiffsmast verankert wäre. Die Anastomosen sind jedoch, wie auch aus den Rekonstruktionen von ROHLEDER (1944) hervorgeht, nicht nach allen Seiten hin gleichmäßig entwickelt. Ob sich das „auf Lücke treten" in der Größenordnung einzelner Muskelfasern (wie wir folgerten) oder im Bereich winziger Muskelfaserverbände oder als Kombination beider Möglichkeiten abspielt, sollte in weiteren Untersuchungen abgeklärt werden. Eigene Beobachtungen an noch erregbaren Rattenherzen deckten sich mit den Schlüssen, die wir aus der Untersuchung der sehr zahlreichen in Formalin fixierten Präparate gezogen hatten: Bei auflichtmikroskopischer Beobachtung der vom Epikard befreiten und oberflächlich angefärbten rechten Kammerwand war zu sehen, daß die angefärbten Muskelfasern bei zunehmender Kammerfüllung an vielen Stellen auseinanderrückten (HORT 1960c). Ideal für einen weiteren Einblick wären Beobachtungen am schlagenden Herzen in situ.

In den anastomosenarmen Zonen sehen wir Strukturen, die die Umlagerungen im Gefüge des Myokard erleichtern (HORT 1960a). Rasch auftretende Veränderungen im Gefüge des Myokard dürften zum Auftreten von Scherkräften führen. Zu ihrem Verständnis ist eine genauerer Kenntnis des Bindegewebes im Herzen nötig.

C. Strukturdynamik des Bindegewebes im Myokard

Das Bindegewebe im Herzmuskel hat relativ wenig Beachtung gefunden. HOLMGREN (1907) bildete zarte Fasernetze an der Oberfläche von Skelett- und Herzmuskelfasern ab, denen er jedoch eine nutritive Funktion zuschrieb und die er in seine Lehre von den Trophospongien einzwängte. Offenbar handelte es sich hierbei um Gitterfasern (argyrophile, oder retikuläre Fasern). Diese zarten Fasern werden heute als Typ III in die Gruppe der kollagenen Fasern eingereiht. Sie sind für die elastischen Eigenschaften des Gewebes von Bedeutung, während die breiten kollagenen Fasern vom Typ I der Zugfestigkeit dienen.

Die retikulären Fasern sind im Myokard zuerst von NEUBER (1912) gründlicher untersucht worden. Er beschrieb, daß sie um jede einzelne Muskelfaser herum zarte Faserwerke bilden, die mit stärker geschlängelten, längsverlaufenden Fasern verbunden sein können. BENNINGHOFF (1930) hat schon vermutet, daß diesen zarten Fasern eine Bedeutung für den Einbau der Blutgefäße im Myokard zukomme. NAGEL (1934) konnte dann zeigen, daß im Skelettmuskel die Kapillaren tatsächlich mit Hilfe der Gitterfasern an den Muskelfasern befestigt sind.

Die eigenen Untersuchungen über das intramyokardiale Bindegewebe wurden an den linken Kammerwänden verschieden stark gefüllter Hundeherzen durchgeführt (HORT 1960 b). Dabei fand sich folgendes: Breite kollagene Fasern (offenbar Typ I-Kollagen) sind innerhalb der Kompakta überwiegend weitmaschig angeordnet. Sie bilden ein räumlich angeordnetes Netzwerk, dessen Teile untereinander sowie mit dem Epikard und Endokard in Verbindung stehen. Sie stellen Teile des kollagenen Fasergerüstes im Herzen dar, das sich an der äußeren und inneren Oberfläche zu Faserplatten verdichtet. Sie bilden offenbar einen zusätzlichen Schutz gegen Überdehnung (s. Abb. 11). Die in größeren Abständen und

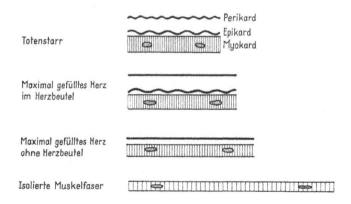

Abb. 11. Schematische Darstellung der Muskelfaserdehnung und der Wellung der kollagenen Fasern bei verschiedenen Füllungszuständen des Herzens. Gezeichnet ist stets dasselbe Teilstück. (Aus HORT 1970b)

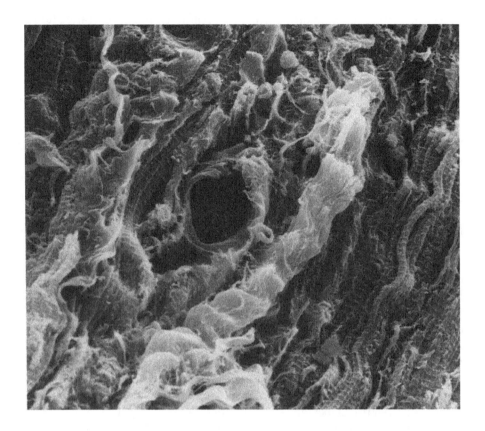

Abb. 12. Breite gewellte kollagene Faser parallel zu den Muskelfasern neben einer zentral gelegenen Kapillare verlaufend. Rasterelektronenmikroskopische Aufnahme, ×923, 57jähriger Mann mit dilatativer Kardiomyopathie

überwiegend einzeln gelegenen kollagenen Fasern verlaufen meist annähernd parallel zu den Muskelfasern (Abb. 12), seltener schräg. Die in Richtung der Muskelfasern angeordneten kollagenen Fasern sind in totenstarren Herzen gewellt, in dilatierten gestreckt (Abb. 13a, b). Die schräg verlaufenden kollagenen Fasern liegen wohl in anastomosenarmen Zonen, aber nicht als kontinuierliche faszienartige Hüllen, sondern in weiten Abständen. Sie passen sich unterschiedlichen Kammerfüllungen durch Änderung ihrer Verlaufsrichtung an (Abb. 14a, b). In dilatierten Herzen bilden sie spitzere Winkel als in totenstarren (Abb. 15).

Die retikulären Fasern umspinnen in gut gelungenen Gitterfaserfärbungen jede einzelne Muskelfaser und Kapillare als ein dichtes, sehr zartes Maschenwerk. Die dünnen Fasern stehen untereinander vielfach in Verbindung. Neben einfachen dichotomen kommen auch sternförmige Verzweigungen vor. Die meisten Gitterfasern sind annähernd quer zur Längsachse der Muskelfasern und Kapillaren gelegen. Um die Muskelfasern herum sind sie meist etwa so dicht wie die Z-Streifen angeordnet, manchmal noch etwas dichter. Die sehr zarten retikulären Fasern stehen auch mit etwas dickeren in Verbindung. Ebenso sind die Gitterfasernetze der Muskelfasern miteinander, aber auch mit denen der Kapillaren

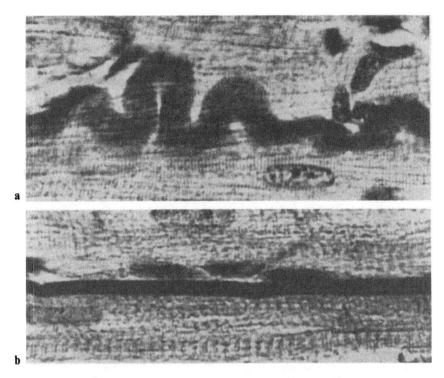

Abb. 13a, b. Parallel zu den Muskelfasern verlaufende kollagene Fasern aus der Kompakta der linken Kammerwand von Hundeherzen. **a** Totenstarres Herz. **b** Stark dilatiertes Herz. Paraffinschnitte. v. Gieson-Färbung. ×1280 (Aus HORT 1960b)

verbunden (s. auch KÖRNER 1936). Das Gitterfasernetz um Muskelfasern und Kapillaren paßt sich verschiedenen Dehnungs- und Kontraktionszuständen an: Bei der Dehnung sind die Maschen ähnlich wie in einem Scherengitter weitergestellt (Abb. 16a–c, 17). Ähnliche Befunde erhob NAGEL (1935) an unterschiedlich stark gedehnten Skelettmuskelfasern.

Das Bindegewebsgerüst des Herzens bildet nicht nur einen zusätzlichen Schutz gegen Überdehnung, es bestimmt auch in erster Linie den Verlauf der Ruhe-Dehnungskurve des Herzens. Dies konnten wir mit einer ganz einfachen Versuchsanordnung (HORT 1960b) zeigen. Die Ruhe-Dehnungskurven wurden zunächst an noch lebensfrischen Hundeherzen aufgezeichnet. Dann blieben die Herzen in der Regel gut eine Woche in mehrmals gewechselter physiologischer Kochsalz-, Ringer- oder Tyrodelösung liegen, bis die Totenstarre vollständig gelöst war, Inzwischen waren die Herzen stark autolytisch verändert und es hatten sich auch schon Fäulniserscheinungen eingestellt. Histologisch fand sich eine deutliche Fragmentierung der Muskelfasern. Im Gegensatz dazu waren die kollagenen Fasern erhalten und es stellten sich auch noch unzerrissene retikuläre Fasern dar. An diesen stark autolytisch veränderten Herzen ergaben sich bei gleichen Füllungsdrucken nur etwas größere Volumina als im lebensfrischen Zustand. Zu ähnlichen Ergebnissen kamen O'BRIEN u. MOORE (1966) bei der

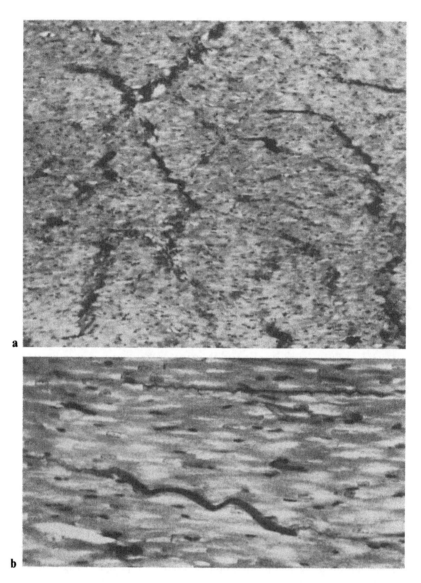

Abb. 14. a Schräg verlaufende kollagene Fasern aus der Mitte der linken Kammerwand eines totenstarren Hundeherzens. Querschnitt parallel zur Herzbasis. Ausschnitt aus der Kompakta. Paraffineinbettung. v. Gieson-Färbung. ×120. **b** Schräg verlaufende kollagene Fasern auf einem parallel zur Herzbasis angelegten Querschnitt durch die Kompakta der linken Kammerwand eines stark dilatierten Hundeherzens. Paraffinschnitt. v. Gieson-Färbung, ×270. (Aus HORT 1960b)

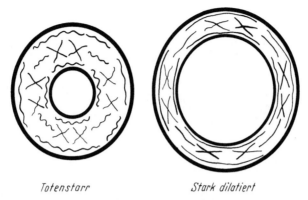

Abb. 15. Schematische Darstellung des kollagenen Fasergerüstes im Myokard auf Querschnitten durch die linke Kammerwand des Hundeherzens. (Aus HORT 1960c)

Untersuchung der Ruhe-Dehnungskurve von Kaninchenherzen. Nach der Einwirkung von Kollagenase war bei niederen Füllungsdrucken das Volumen deutlich vermehrt, nicht aber nach der Einwirkung von Trypsin oder Elastase. Diese Befunde unterstreichen die Bedeutung des kollagenen Faserwerkes für die Dehnbarkeit des Herzens.

CAULFIELD u. BORG (1979) führten umfangreiche rasterelektronenmikroskopische Untersuchungen am Bindegewebe des Herzens durch. Sie beschrieben im Myokard 3 Komponenten des kollagenen Netzwerkes: 1. Verbindungen von einer Muskelfaser zur anderen. Sie inserieren nahezu senkrecht an den Basalmembranen in Nachbarschaft des Z-Streifens. Diese zarten retikulären Verstrebungen haben bei Nagern eine Dicke von 120–150 nm. Sie verzweigen sich vor der Insertion in 2–3 Fasern. 2. Verbindungen von Herzmuskelzellen und Kapillaren. Diese zarten Fasern inserieren in den Basalmembranen der Kapillaren tangential und nahezu senkrecht und sind bei Nagern ebenso wie die Verbindungsfasern zwischen den Herzmuskelzellen 120–150 nm dick. Vor der Insertion teilen sie sich auch in 2–3 schmale Fasern. In Präparaten von Papillarmuskeln waren die zarten Fasern zwischen Kapillaren und Muskelfasern diastolisch gering gewellt, systolisch dagegen gestreckt, während die Verbindungsfasern zwischen den Herzmuskelzellen sich gegensätzlich verhielten. 3. Komplexe Verbände zarter Fasern bilden Umhüllungen kleiner Gruppen von 3 oder mehr Muskelfasern. Diese Komplexe werden untereinander durch breite kollagene Fasern verbunden. Am besten sind sie im Triebwerk kontrahierter Herzen erkennbar.

Die zarten kollagen Faserverbindungen zwischen benachbarten Herzmuskelfasern werden als eine mechanische Koppelung aufgefaßt und CAULFIELD u. BORG (1979) vermuteten, daß sie in bestimmten Regionen des Myokard eine annähernd gleiche diastolische Sarkomerenlänge sicherstellen. Die Verbindungen zwischen Muskelfasern und Kapillaren verhindern offenbar, daß sich die Kapillaren von den Muskelfasern wegbewegen.

Für die akute Dilatation postulierten CAULFIELD u. BORG (1979) Verschiebungen der kleinen, von zarten Bindegewebshüllen umgebenen Muskelgruppen gegeneinander, die offenbar wegen der feinen und sehr langen Verbindungsfasern

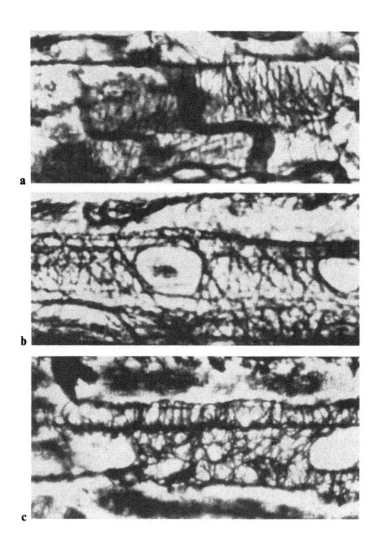

Abb. 16a–c. Gitterfasernetze um Muskelfasern der linken Kammerwand von Hundeherzen. **a** Engmaschige Gitterfasernetze mit spitzwinkligen Überkreuzungen in einem totenstarren Herzen. **b** Gitterfasernetze um stark gedehnte Muskelfasern. Die Maschen sind hier extrem weit gestellt. Die beiden Lücken rühren von Tangentialschnitten her. Paraffinschnitte, 4 µm dick, versilbert nach Gomori. ×1280. **c** Gitterfasergespinst um eine Kapillare in der linken Kammerwand eines totenstarren Hundeherzens. Die retikulären Fasern hängen mit der Gitterfaserhülle der benachbarten Muskelfaser zusammen, von der man am linken Rand eine angedeutete Querstreifung erkennt. Paraffinschnitt, versilbert nach Gomori, ×1280. (Aus HORT 1960b)

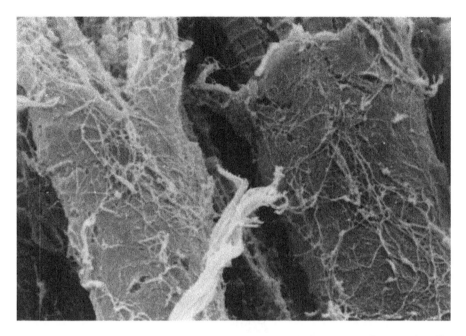

Abb. 17. Zwei benachbarte Herzmuskelfasern mit einem dichten zarten Faserwerk (offenbar retikuläre Fasern = Kollagen-Typ III) an der Oberfläche. Die Muskelzellen sind leicht gedehnt. Die Sarkomerenlänge beträgt knapp 1,9 µm, gemessen an den freiliegenden Myofibrillen *rechts oben*. In der *linken unteren Bildhälfte* eine schräg verlaufende, breitere kollagene Faser. Rasterelektronenmikroskopische Aufnahme, × 2200, 21jähriger Mann mit dilatativer Kardiomyopathie

möglich seien. Eine gleitende Verschiebung benachbarter Muskelfasern gegeneinander halten sie aber für ausgeschlossen.

FACTOR u. ROBINSON (1988) haben im Myokard vom Säugetierherzen ebenfalls ein komplexes bindegewebiges Netzwerk beschrieben, das individuelle Muskelfasern und Faszikel umgibt. Bei der Ratte fanden sie mit Silberimprägnation reichlich entfaltetes zartes Bindegewebe, das auch benachbarte Herzmuskelzellen miteinander verbindet. Beim Froschherzen waren zwar auch die einzelnen Herzmuskelzellen von zartem Bindegewebe umgeben, aber kollagene Verbindungsfasern zwischen den Herzmuskelzellen wurden vermißt. Froschherzen kontrahieren sich weniger kräftig als Rattenherzen. Werden diese Herzen isoliert und noch schlagend in Flüssigkeit eingebracht, so treiben sie die eingesaugte Flüssigkeit wieder aus und die Rattenherzen bewegen sich in entgegengesetzter Richtung fort. Die Froschherzen pumpen zwar auch, aber deutliche Bewegungen in der Flüssigkeit werden vermißt. Ähnliche Beobachtungen machten FACTOR u. ROBINSON (1988) bei Tintenfischen und Kraken, die eine zentrale, von einem Bindegewebsmantel umhüllte Pumpkammer besitzen, in die Wasser eingesaugt und wieder ausgetrieben wird. Dadurch werden dem Tintenfisch kraftvolle Bewegungen ermöglicht. Bei ihm sind die Muskelzellen in der Pumpkammer von komplexen Bindegewebszügen umhüllt, die auch die Muskelfasern miteinander verbinden. Bei den Kraken (Octopus) dagegen, die sich im wesentlichen auf dem

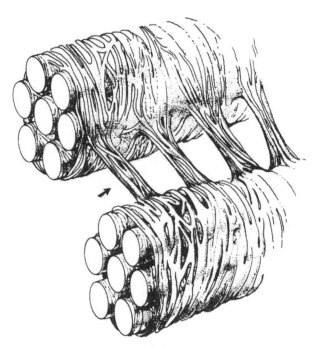

Abb. 18. Kleine Muskelfaserbündel aus dem Myokard mit verbindenden lateralen Bindegewebszügen. (Aus WEBER et al. 1990)

Boden der See bewegen, fehlen die entsprechenden bindegewebigen Vernetzungen der Muskelzellen untereinander.

ROBINSON et al. (1983) unterschieden bei ihren Untersuchungen am Bindegewebe des Herzens analog zum Skelettmuskel Epi-, Peri- und Endomysium. An der endokardialen Oberfläche des Papillarmuskels („Epimysium") fanden sie bei der Ratte breite kollagene Fasern, die in der Systole geschlängelt und bei gedehnten Muskelfasern gestreckt verliefen. Sie sehen darin zu Recht einen Schutz vor Überdehnung in jene Bereiche hinein, die jenseits der maximalen Kraftentfaltung der Herzmuskelzellen liegen. Dieselbe Beobachtung haben wir früher (HORT 1964) am Epikard gemacht und darauf hingewiesen, daß der Herzbeutel für das Herz die engste Barriere darstellt. Wird er entfernt, kann das Herz noch stärker gefüllt werden, weil die kollagenen Fasern im Epikard sozusagen länger (und stärker geschlängelt) sind als im Herzbeutel (vgl. Abb. 11). Das Perimysium verbindet auch nach ROBINSON et al. (1983) Epi- und Endomysium miteinander und umgibt Gruppen von Herzmuskelfasern (Abb. 18). Die sehr breiten kollagenen Fasern verlaufen gedreht wie in einem Seil und sind in eine amorphe Matrix eingehüllt. Im Endomysium umgibt ein zartes Faserwerk die Herzmuskelzellen und verbindet sie miteinander. Die bindegewebigen Verstrebungen zwischen den Muskelzellen schließen Dutzende bis Hunderte von kollagenen Fibrillen mit Durchmessern zwischen 30–70 nm ein, die von Matrix umhüllt in einer Faser zusammengefaßt sind.

WEBER (1989) und WEBER et al. (1990) bauen in ihren Darstellungen weitgehend auf den Untersuchungen von CAULFIELD u. BORG (1979) sowie von ROBINSON et al. (1983) auf. Experimentell fand sich, daß im Myokard der Ratte das Typ I-Kollagen mit 85% deutlich überwiegt, während das Typ III-Kollagen mit seinen zarten Fasern, die eine Dehnbarkeit erlauben und die strukturelle Integrität bewirken, nur einen Anteil von 11% vom Gesamtkollagengehalt ausmachen (s. WEBER et al. 1989). Auch WEBER (1989) meint, daß ein „auf Lücke Treten" einzelner Muskelfasern während des Herzzyklus durch das kollagene Fasernetz verhindert werde. Er postuliert, daß derartige gleitende Verschiebungen von Muskelzellen gegen Muskelzellen oder von kleinen Muskelzellverbänden gegeneinander wohl erst dann möglich würden, wenn die kollagenen Verbindungsfasern zerreißen oder nach Aktivierung der latenten Kollagenase oder nach Kollagenaseproduktion beseitigt worden sind. Er beschreibt auch Faserzerreißungen im Myokard von Primaten mit Druckhypertrophie und in menschlichen Herzen mit dilatativer Kardiomyopathie. Hierbei ist aber zu bedenken, daß in histologischen Schnittpräparaten nur sehr schwer Faserzerreißungen eindeutig zu beweisen sind. Ferner ist zu berücksichtigen, daß sich eine Herzhypertrophie und auch eine dilatative Kardiomyopathie in der Regel langsam entwickeln. Eine allmähliche Anpassung des Bindegewebsgerüstes erschiene hier einleuchtender als eine grob mechanische Zerreißung von kollagenen Fasern.

Bei der Herzhypertrophie kann es zu Veränderungen im Bindegewebsgehalt des Myokard kommen. CAULFIELD u. BORG (1979) beschrieben an hypertrophierten Herzen einen vermehrten Gehalt an kollagenen Fasern mit einer Verdickung der Verbindungen zwischen den Herzmuskelzellen von 150–180 nm in der Norm auf 250–300 nm. PEARLMAN et al. (1982) beobachteten in hypertrophierten linken Kammerwänden von menschlichen Herzen signifikant vermehrt kollagenes Bindegewebe, am deutlichsten bei insuffizienten Herzen. SALZMANN et al. (1986) beschrieben im Experiment, daß eine Bindegewebsvermehrung offenbar abhängig ist von der Art der Belastung. Bei der Katze beobachteten sie bei Hypertonie vermehrte und verdickte kollagene Fasern im Myokard, während sie bei einer experimentellen Volumenhypertrophie keine deutlichen Veränderungen feststellen konnten. Bei der Druckhypertrophie erfolgt die Vermehrung des kollagenen Bindegewebes offenbar langsamer als die der Muskulatur (WEBER 1989). Bei der experimentellen Druckhypertrophie der Ratte nahm das kollagene Bindegewebe von 3–5% bei Kontrolltieren auf 8–12% zu. Dabei wird das mechanische Verhalten des Myokard offenbar nicht nur durch die Menge des kollagenen Bindegewebes, sondern auch durch seine Struktur und Anordnung bestimmt. In frühen Hypertrophiestadien beherrscht eine reaktive Fibrose das Bild, später kann sich mit dem Auftreten kleiner Nekroseherde eine reparative „Replacement"-Fibrose hinzugesellen (WEBER 1989). Bei den Anpassungen des Bindegewebsgerüstes im Myokard kommt den Fibroblasten die Schlüsselrolle zu. Für das Kollagen Typ I und II ist die mRNA nur in den Nicht-Muskelzellen (meist Fibroblasten), für das Kollagen Typ IV dagegen zusätzlich auch noch in Muskelzellen lokalisiert (EGHBALI et al. 1989).

Das Bindegewebsgerüst des Herzens wird während des Herzzyklus verformt. Bei starker Entleerung der Ventrikel sind dabei Verschiebungen und Spannungsentwicklungen zu erwarten, die zu Beginn der Diastole zu einer aktiven

Ansaugung des Blutes beitragen können. Von den Bestandteilen des Bindegewebes schreiben wir bei diesem Prozeß den Gitterfasern die Hauptrolle zu (HORT 1960b). Aber auch bei starker Dehnung des Muskelgefüges dürften Energien gespeichert werden, die die Rückkehr der Zellverbände in ihre Ruhelage befördern. Ähnliche Überlegungen haben FACTOR u. ROBINSON (1988) angestellt und BARGMANN (1956) hat schon vor längerer Zeit darauf hingewiesen, daß die retikulären Fasern den von ihnen umschlossenen Elementen eine federnde Stabilität verleihen und daß wohl die reversible Dehnbarkeit der Grundhäutchen von Muskelfasern und Kapillaren auf den Eigenschaften der Gitterfasern beruhe.

PUFF u. LANGER (1965) maßen den elastischen Fasern eine wesentliche Bedeutung im Myokard bei und beschrieben eine helikale Anordnung elastischer Fasern um Herzmuskelzellen herum, die eine Verkürzung gedehnter Zellen begünstigen dürften. Auch ROBINSON et al. (1983) haben spiralig angeordnete elastische Fasern um Herzmuskelzellen herum beschrieben, aber auch deren Spärlichkeit betont.

D. Kurze Bemerkung über die Strukturdynamik der Herznerven

Die Nervenfasern im Myokard verhalten sich bei der Bewegung des Herzens offenbar ganz ähnlich wie die Bindegewebsfasern. HIRSCH (1963) hat beschrieben, daß im intramyokardialen Nervenplexus gewundene Myofibrillen gelegen sind, deren akkordeonartige Anordnung die Kontraktion und Erschlaffung des Herzmuskels ohne Spannung der Nervenfasern und -fibrillen erlaubt.

E. Strukturdynamik der Herzmuskelzellen

I. Sarkolemm

Die Zytoplasmamembran stellt ein komplexes und kompliziertes Gefüge dar, das zum großen Teil aus einem doppelschichtigen Lipidfilm besteht, in dem verschiedene Proteinkomplexe schwimmen. An der inneren Oberfläche bestehen Verbindungen mit dem Zytoskelett. Das Grundgerüst der Membran kann sich aus ganz verschiedenen Lipidverbindungen aufbauen, und auch die eingelagerten Proteine können ganz unterschiedlich sein, so daß ein buntes Mosaik entsteht. Eine der Aufgaben der Plasmamembranen besteht in der Erhaltung der mechanischen Festigkeit der Zelle.

Das Sarkolemm der Herzmuskelzelle verläuft in gedehnten Herzmuskelzellen gestreckt und flach (falls es nicht durch ein Mitochondrium vorgewölbt wird). Bei der Kontraktion wölbt es sich zwischen 2 Z-Membranen umso stärker vor, je kräftiger die Kontraktion ist, bis es bei Überkontraktionen zu halskrausenartigen Wellungen kommt. Mit diesen Phänomenen haben wir uns systematisch anhand der Untersuchung einer Biopsie aus einem menschlichen Herzen und von je 5 Herzen von Meerschweinchen und Ratten mit unterschiedlich stark gefüllten Ventrikeln beschäftigt. Die Ergebnisse stimmten bei Mensch und Tier gut überein, ebenso in der rechten und linken Kammerwand (HORT 1970a). Oberhalb einer Sarkomerenlänge von 1,83 µm waren die Zellmembranen stets gestreckt und die Membranlänge entsprach in den elektronenmikroskopisch untersuchten Schnitten gut der Sarkomerenlänge (d. h. dem Abstand zwischen 2 Z-Streifen). Unterhalb dieses Grenzwertes übertraf die Membranlänge – bei starken Schwankungsbreiten – zunehmend die Sarkomerenlänge. Die Membran verhielt sich hier offenbar ziemlich starr, behielt ihre Flächengröße weitgehend bei und war in Durchschnitt umso stärker gewellt, je mehr das darunterliegende Sarkomer kontrahiert war (Abb. 19a–c). Die Einsenkungen der arkadenartigen Wellungen lagen fast immer im Bereich der Z-Streifen. Dies dürfte durch Verbindungen der Z-Streifen mit der Zellmembran durch dazwischengeschaltete Anteile des Zytoskeletts bedingt sein. Die annähernd konstante Flächengröße des Sarkolemms unterhalb eines Grenzwertes spricht dafür, daß unter unseren Versuchsbedingungen die Moleküle im Sarkolemm einander nicht mehr stärker genähert werden konnten. Mit zunehmender Dehnung einer Herzmuskelzelle kommt es auf Querschnitten zu einer Verkleinerung des Zellumfanges (wegen der Verschmälerung der Zelle), aber auch zu einer Zunahme der Flächengröße. Morphologisch ist jener Punkt nicht genau festzulegen, an dem die Dehnung der Zellmembran beginnt, weil die „Ruhelänge" des Sarkolemm unbekannt ist. Der Punkt muß oberhalb von 1,83 µm liegen, weil unterhalb davon in unserer Beobachtungsreihe die Oberflächengröße des Sarkolemm annähernd konstant blieb. Vermutlich liegt zwischen der Ruhelänge der Membran und dem Beginn der Wellung ein Bereich, in dem durch zentripetale Krafteinwirkung eine Kompression der Membran erfolgt, ähnlich wie sich experimentell auch ein monomolekularer Lipidfilm verkleinern läßt. Die Dehnung beginnt, wenn die „Ruhelänge" durch zentrifugale Krafteinwirkung überschritten wird. Es ist reizvoll zu spekulieren, daß die „Ruhelänge" (besser: die Flächengröße des Sarkolemm in Ruhe) in dem Bereich zwischen der systolischen und der diastolischen Faserlänge angesiedelt sei. Dies könnte etwa dem Bereich von 1,9 µm entsprechen.

Sowohl bei einer Kompression als auch bei einer Dehnung der Membran dürfte infolge der Verformung ein wenig Energie gespeichert werden, die bei ihrer Freisetzung dazu beitragen könnte, die Muskelfaser der Ruhelänge anzunähern. Bei zunehmender Dehnung des Sarkolemm dürfte die Permeabilität ansteigen. Ob dadurch in der Diastole oder bei noch stärkerer Dehnung der Einstrom bestimmter Moleküle in das Zytoplasma erleichtert wird, ist bisher unbekannt.

II. Herzmuskelkerne

INADA hat bereits 1905 beschrieben, daß die Herzmuskelkerne in ihrer Länge den Herzmuskelzellen folgen. Beim Kaninchen bestimmte er systolisch Kerngrößen von $10,3 \times 5,5$ µm und diastolisch von $15,4 \times 2,7$ µm. BLOOM u. CANCILLA (1969) haben an Rattenherzen eine starke Wellung der Kernmembran in kontrahierten Muskelfasern gemessen. Sie deuteten ihre Befunde als eine systolische Längskompression der Kerne mit Faltung der Membranen senkrecht zur Längsachse. Sie vermuteten eine Ankopplung der Kerne an Sarkomerensegmente. In der eigenen Untersuchungsreihe (HORT 1970a) verliefen die Kernmembranen in gedehnten Muskelfasern meist glatt und bei der Kontraktion umso

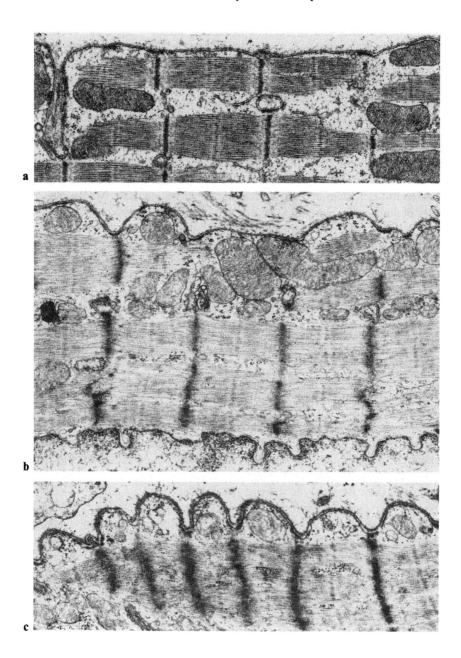

Abb. 19a–c. Herzmuskelfasern mit unterschiedlichen Sarkomerlängen. **a** Etwa diastolische Faserlänge. Das Sarkolemm verläuft fast gerade. **b** Kontrahierte Muskelfaser mit gewelltem Sarkolemm. Am *unteren Bildrand* ist der Zellkern angeschnitten. Seine Membran ist deutlich gezähnelt. **c** Überkontrahierte Muskelfaser. Die Wellung des Sarkolemm nimmt mit zunehmender Verkleinerung des Sarkomer zu. Alle Abbildungen sind × 16400. (Aus Hort 1970a)

stärker gewellt, je mehr die Muskelfasern verkürzt waren. Die Streuung war jedoch recht groß. Eine Beziehung der Membranrunzelung zur Lage der Z-Streifen vermochten wir nicht zu erkennen.

III. Mitochondrien

Deutliche Formwandlungen der Mitochondrien waren schon BENDA (1902) bekannt, der diesen Zellorganellen ihren Namen gab, und eindrucksvolle Formvariationen beobachteten LEWIS u. LEWIS bereits 1915 in der Gewebekultur. Systematische Untersuchungen über Formveränderungen der Mitochondrien in Herzmuskelzellen hat in unserem Arbeitskreis HOMMERICH (1986) durchgeführt. Sie untersuchte Herzmuskelzellen von Wistarratten von extremer Kontraktion (Sarkomerenlängen 1,3 µm) bis hin zu extremer Dilatation (Sarkomerenlängen 2,5 µm). In den kontrahierten Muskelfasern hatten die Mitochondrien eine annähernd runde Form (mit mittleren Längs- und Querdurchmessern von 0,99 µm bzw. 0,86 µm) und in den dilatierten waren sie verschmälert und verlängert mit Abmessungen von 1,17 µm bzw. 0,77 µm. Die Verlängerung der Mitochondrien blieb hinter derjenigen der Sarkomeren zurück. Zu Runzelungen der oberflächlichen Mitochondrienmembranen kam es nicht, auch nicht zu Volumenveränderungen. Die Veränderungen der äußeren Mitochondrienoberflächen hielten sich in engen Grenzen und dadurch dürfte sich das Fehlen von Runzelungen oder Wellungen der äußeren Mitochondrienmembran erklären. Insgesamt treten die Formveränderungen der Mitochondrien hinter denen des Sarkolemm und der Kernmembranen deutlich zurück.

IV. Kontraktiler Apparat

Der kontraktile Apparat hat im Skelettmuskel und im Herzen seinen höchsten Ordnungsgrad erreicht (s. HORT u. HORT 1981). Die Myofibrillen sind sehr reichlich entfaltet und parallel angeordnet. Im Herzen ist die Pumparbeit offenbar eine Voraussetzung dafür, daß die straffe Orientierung der Myofibrillen vollständig erreicht wird. BISHOP et al. (1990) haben fetale Kammerwände in die vordere Augenkammer der Ratte implantiert. Das Herzgewebe schlägt hier zwar, arbeitet aber nicht gegen einen Druckgradienten an. Ultrastrukturell sind die Myofibrillen hier nicht ganz so straff orientiert wie in situ.

Die Strukturdynamik in den Herzmuskelzellen ist besonders augenfällig im kontraktilen Apparat mit den gleitenden Verschiebungen der Aktin- und Myosinfilamente gegeneinander. Die Aktinfilamente sind 1,0 µm und die Myosinfilamente rund 1,6 µm lang. Die Spannkraftentwicklung hängt ab vom Ausmaß der Überlappung der Aktin- und Myosinfilamente. Bei einer Sarkomerenlänge von 2,0 µm, die nach unseren Untersuchungen (HORT 1960c) in guter Annäherung der diastolischen Faserlänge entspricht, ist sie maximal. An der isolierten Skelettmuskelfaser haben HUXLEY u. PEACHEY (1961) gezeigt, daß jenseits einer Sarkomerenlänge von 3,5 µm keine Spannkraft mehr entwickelt wird, weil in diesem Bereich keine Überlagerung der Filamente mehr stattfindet (Abb. 20). Der bindegewebige Apparat des Herzens verhindert jedoch, daß Herzmuskelfasern in einem derartigen Maße überdehnt werden. Selbst bei der experimentellen akuten Rechtsdilata-

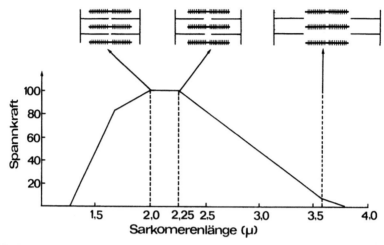

Abb. 20. Längen-Spannungsdiagramm einer isolierten Skelettmuskelfaser nach GORDON et al. (1966). *Oben* sind schematisch Sarkomeren mit dünnen Aktinfilamenten und dicken, querbrückenhaltigen Myosinfilamenten eingezeichnet. (Aus HORT u. HORT 1981)

tion lagen in der rechten Kammerwand des Meerschweinchens die mittleren Sarkomerenlängen nur zwischen 2,20 und 2,24 µm (HORT u. HORT 1967). Sogar unter diesen extremen Bedingungen arbeitet also das Herz offenbar noch nicht im Bereich des absteigenden Schenkels der Starling-Kurve (HORT 1967). Das Maximum der Längen-Spannungsentwicklung liegt für die isolierte Skelettmuskelfaser nach GORDON et al. (1966) zwischen 2,0 µm und 2,25 µm (Abb. 20). Dieses Plateau stimmt in seiner Ausdehnung recht gut mit jenem zentralen Abschnitt des Myosinfilamentes überein, der frei von Querbrücken ist. Da die kleinsten kontraktilen Einheiten – die Sarkomeren – beim Herz- und Skelettmuskel äußerst ähnlich strukturiert sind, ist anzunehmen, daß sie auch in ihren physiologischen Eigenschaften weitgehend übereinstimmen. An der isolierten Herzmuskelfaser lassen sich wegen der zahlreichen Anastomosen keine exakten Längen-Spannungskurven ermitteln, aber die Messungen an isolierten Papillarmuskeln (SONNENBLICK et al. 1964) sprechen für annähernd gleiche Gipfel der Längen-Spannungskurven beim Herz- und Skelettmuskel.

Es fragt sich nun, ob das Volumen der Myofibrillen bei Kontraktion und Dehnung der Muskelfasern Änderungen erfährt. Zwei Extreme wären denkbar: Ein konstantes Volumen mit zunehmender Verschmälerung der Myofibrillen bei der Dehnung oder ein konstanter Querdurchmesser mit zunehmendem Myofibrillenvolumen bei der Dehnung. Für den Skelettmuskel hat HUXLEY (1953) eine Abnahme des Myofibrillendurchmessers und ein weitgehend konstantes Volumen bei der Dehnung beschrieben (s. auch MATSUBARA u. ELLIOT 1972). Die Messungen von HOMMERICH (1986) an Herzmuskelzellen von Ratten haben ebenfalls Hinweise auf eine Myofibrillenverschmälerung bei starker Dehnung ergeben, zugleich aber auch Anhaltspunkte für eine leichte Volumenzunahme. Bei einem Zusammenrücken der Myofibrillen bei der Dehnung mit Verschmälerung des Myofibrillendurchmessers wäre eine Erleichterung des Kontraktionsbeginns denkbar. Hier sind sicher noch weitere Untersuchungen mit optimaler Methodik nötig. Die Volumendichte der Myofibrillen nahm in unserem experimentellen Beobachtungsgut (s. HOMMERICH 1986) mit steigender Muskelfaserdehnung zu und die organellenfreien Intrazellularräume nahmen entsprechend ab. Diese Befunde sind auch von praktischer Bedeutung für die Ermittlung der Volumendichte von Zellorganellen im Herzmuskel. Dabei sollte auf den Dehnungszustand der Muskelfasern geachtet werden. Für die linke Kammerwand von Wistarratten lagen in unserem Beobachtungsgut (HOMMERICH 1986) bei Sarkomerenlängen zwischen 1,3–1,7 µm die Mittelwerte der Myofibrillenvolumendichten bei rund 45%, bei starker Muskelfaserdehnung mit Sarkomerenlängen zwischen 2,0 und 2,4 m aber bei rund 56%, entsprechend einer Differenz von rund einem Fünftel.

V. Zytoskelett

Die Herzmuskelfasern enthalten ein Zytoskelett aus intermediären Filamenten mit Durchmessern von 8–14 nm. Sie umgeben die Z-Streifen und verbinden sie miteinander sowie mit dem Sarkolemm, vielleicht auch mit der Kernmembran. Das Desmin stellt offenbar die Hauptkomponente der intermediären Filamente in den Herzmuskelzellen dar (PRICE 1984). Daneben kommt auch Vimentin vor. Der Herzmuskel von Säugern enthält etwa 5mal soviel Desmin wie die Skelettmuskulatur. Vielleicht hängt es damit zusammen, daß die Ruhespannung im Myokard wesentlich größer als im Skelettmuskel ist. Wegen seiner vielfachen Verbindungen mit Zellorganellen müßte das Zytoskelett bei Längenänderungen der Herzmuskelzellen Spannungen entwickeln. Darin dürfte eine weitere molekulare Basis der passiven elastischen Eigenschaften der Herzmuskelzelle gelegen sein. Ihr dürfte eine Bedeutung für die Ruhe-Sarkomerenlänge zukommen, und sie könnte vermutlich auch ein wenig zur aktiven Ansaugung des Blutes in der frühen Diastole beitragen.

VI. Diastolische Saugwirkung

Über eine aktive Diastole oder eine diastolische Saugwirkung ist viel diskutiert worden. Sie äußert sich darin, daß von nahezu leeren Säuger- und Reptilienherzen Flüssigkeit auch ohne positiven Füllungsdruck angesogen werden kann (s. BRECHER 1958). Es besteht eine positive Korrelation zwischen der Kraft der Kontraktion und der diastolischen Saugwirkung (BAUEREISEN et al. 1960). Früher wurde auch von aktiver Diastole gesprochen, und TORRENT GUASP hat noch 1973 die Auffassung vertreten, daß die Muskelfasern in den Innenschichten des Myokard offenbar einen zusammenhängenden Verband darstellen, der die Ventrikel aktiv dilatieren und dabei einen negativen Druck erzeugen könne. Dieser „diastolischen Komponente" stehe die subepikardiale „systolische Komponente" des Myokard gegenüber. Eine derartige Ansicht hat heute jedoch kaum noch Anhänger. Für die diastolische Saugwirkung werden vielmehr passive elastische Kräfte verantwortlich gemacht, die während der Systole gespeichert werden (BAUEREISEN et al. 1960). Sitz dieser passiven elastischen Kräfte können Strukturen in den Herzmuskelzellen und im Interstitium sein. In den Herzmuskelzellen bieten sich die Membransysteme, vor allem das Sarkolemm, aber auch das Zytoskelett an. Vielleicht vermögen auch Membranverformungen von Anastomosen während der Herztätigkeit ein wenig zu diesem Mechanismus beizutragen (HORT 1957a). FENEIS (1943/44) dachte ferner daran, daß die ringförmig verlaufenden Muskelfasern in der Kompakta systolisch durch die Kontraktion der umgebenden schrägen Muskelfasern zusammengepreßt werden können.

Im Interstitium kommen in allererster Linie die Bindegewebsfasern als Sitz passiver elastischer Kräfte infrage. FAHR (1906) sah in den elastischen Fasern die entscheidenden Strukturen für die öffnende Wirkung zu Beginn der Diastole. RUSHMER et al. (1953) führten an, daß während der Systole durch Spannungsentwicklung im Bindegewebe zwischen den Herzmuskelfasern Energie gespeichert wird, die zu Beginn der Diastole freigesetzt werden kann. CIGNOLINI (1954) vermutete, daß die Kopplung der Kapillaren an die Herzmuskelfasern zur Streckung der Herzmuskelzellen führen könne. Auch CAULFIELD u. BORG (1979) meinten, daß das netzartig angeordnete Bindegewebe im Myokard der Sitz einiger viskoelastischer Eigenschaften des Herzmuskels sein könne. HORT (1960a) schrieb den retikulären Fasern im Myokard eine Schlüsselrolle für die Entwicklung der diastolischen Saugwirkung zu.

Die diastolische Saugwirkung dürfte jedoch nicht der einzige Ausdruck der passiven elastischen Eigenschaften des Herzmuskels sein. Man wird sie in einem größeren Rahmen der generellen Möglichkeit des Myokard sehen müssen, Deformierungen rückgängig zu machen und das Gefüge des Herzmuskels nicht nur nach der systolischen Kontraktion, sondern auch nach der diastolischen Dehnung wieder der Ruhelage anzunähern.

Literatur

Bargmann W (1956) Histologie und mikroskopische Anatomie des Menschen, 2. Aufl. Thieme, Stuttgart
Barry A (1948) The functional significance of the cardiac jelly in the tubular heart of the chick embryo. Anat Rec 102:289–298
Bauereisen E, Peiper U, Weigand KH (1960) Die diastolische Saugwirkung der Herzkammern. Z Kreislaufforsch 49:195–200
Benninghoff A (1930) Blutgefäße und Herz. In: Möllendorff WV (Hrsg) Handbuch der mikroskopischen Anatomie des Menschen, Bd 6/1. Springer, Berlin, S 1–232
Benninghoff A (1931) Die Architektur des Herzmuskels. Morphol Jahrb 67:262–298
Benninghoff A (1948) Anatomische Beiträge zur Frage der Verschiebung der Ventilebene im Herzen. Ärztl Forsch 2:27–32
Benda C (1902) Die Mitochondria. Erg Anat Entwickl-Gesch 12:743–782
Bishop SP, Anderson PG, Tucker DC (1990) Morphological development of the rat heart growing in oculo in the absence of hemodynamic work load. Circ Res 66:84–102
Bloom S, Cancilla PA (1969) Conformational changes in myocardial nuclei of rats. Circ Res 24:189–196
Brecher GA (1958) Critical review of recent work on ventricular diastolic suction. Circ Res 6:554–566
Burch GE, Ray CT, Cronvich JA (1952) Certain mechanical peculiarities of the human cardiac pump in normal and diseased states. Circulation 5:504–514
Carew TE, Covell JW (1979) Fiber orientation in hypertrophied canine left ventricle. Am J Physiol 236:H487–H493
Caulfield JB, Borg TK (1979) The collagen network of the heart. Lab Invest 40:364–372
Cignolini P (1954) Contributio roentgenchimografico alla dottrina della attivita diastolica. Folia Cardiol (Milano) 13:27–42

Drechsel J (1928) Zur Architektur der Herzkammerwände. Z Anat Entwickl-Gesch 87: 29–44

Eghbali M, Blumenfeld OO, Seifer S, Buttrick PM, Leinwand LA, Robinson TF, Zern MA, Giambrone MA (1989) Localisation of types I, III and IV Collagen mRNAs in rat heart cells by in situ hybridisation. J Mol Cell Cardiol 21:103–113

Factor SM, Robinson TF (1988) Comparative connective tissue structure – Function relationships in biologic pumps. Lab Invest 58:150–156

Fahr T (1906) Das elastische Gewebe im gesunden und kranken Herzen und seine Bedeutung für die Diastole. Virchows Arch 185:29–43

Faller A (1944) Der Faserverlauf im Bindegewebe des Epicards. Morph Jahrb 89:280

Feigl EO, Fry DL (1964) Intramural myocardial shear during the cardiac cycle. Circ Res 14:536–540

Feneis H (1935) Über die Anordnung und Bedeutung des Bindegewebes für die Mechanik der Skelettmuskulatur. Morphol Jahrb 76:161

Feneis H (1943/44) Das Gefüge des Herzmuskels bei Systole und Diastole. Morphol Jahrb 89:371

Frank O (1895) Zur Dynamik des Herzmuskels. Z Biol 32:370–437

Goerttler K (1932) Der konstruktive Bau der menschlichen Darmwand. Morphol Jahrb 69:329–379

Gordon AM, Huxley AF, Julian FJ (1966) The variation in isometric tension with sarcomere length in vertebrate muscle fibres. J Physiol (Lond) 184:170–192

Gradmann U, Hort W (1959) Mikroskopische Bestimmung von Querstreifungsabständen in der Muskulatur durch Vermessen von Beugungsbildern. Z Wiss Mikr Techn 64: 174–178

Grant RP (1965) Notes on the musculatur architecture of the left ventricle. Circulation 32:301–308

Grimm AF, Lin H-L, Grimm BR (1980) Left ventricular free wall and intraventricular pressure-sarcomere length distributions. Am J Physiol 239:H101–H107

Hayek H v (1939) Zum funktionellen Bau der Herzmuskulatur. Verh Anat Ges 47:166–172

Henle J (1876) Handbuch der systematischen Anatomie des Menschen, Bd 3/1: Gefäßlehre. Vieweg, Braunschweig

Hirsch EF (1963) The innervation of the heart. Arch Pathol 75:378–401

Holmgren E (1907) Über die Trophospongien der quergestreiften Muskelfasern, nebst Bemerkungen über den allgemeinen Bau dieser Fasern. Arch Mikr Anat 71:165–247

Hommerich V (1986) Veränderungen der Mitochondrienform und der Volumendichte der Myofibrillen des Rattenherzens in Abhängigkeit vom Kontraktions- und Dehnungszustand. Inaug Diss, Med Fak, Düsseldorf

Hort W (1957a) Untersuchungen über die Muskelfaserdehnung und das Gefüge des Myokards in der rechten Herzkammerwand des Meerschweinchens. Virchows Arch 329:694–731

Hort W (1957b) Mikrometrische Untersuchungen an verschieden weiten Meerschweinchenherzen. Verh Dtsch Ges Kreislaufforsch 23:343–346

Hort W (1960a) Makroskopische und mikrometrische Untersuchungen am Myokard verschieden stark gefüllter linker Kammern. Virchows Arch 333:523–564

Hort W (1960b) Untersuchungen zur funktionellen Morphologie des Bindegewebsgerüstes und der Blutgefäße der linken Herzkammerwand. Virchows Arch 333:565–581

Hort W (1960c) Untersuchungen zur funktionellen Morphologie des Myokards. Klin Wochenschr 38:785–790

Hort W (1964) Morphologische und physiologische Untersuchungen am Herzbeutel. Med Welt 674–677:758–767

Hort W (1967) Funktionelle Morphologie der akuten Herzinsuffizienz. Verh Dtsch Ges Pathol 51:114–123

Hort W (1970a) Elektronenmikroskopische Untersuchungen über das Verhalten von Plasmamembranen bei Zellverkürzung und Zellverlängerung. Virchows Arch (B) Zellpathol 5:159–172

Hort W (1970b) Der Herzbeutel und seine Bedeutung für das Herz. Ergebnisse Inn Med NF 29:1–50

Hort W (1990) Cardiac dilatation – morphological aspects. In: Jacob R, Seipel L, Zucker IH (eds) Cardiac dilatation. Fischer, Stuttgart, pp 3–17
Hort W, Hort H (1967) Funktionell-morphologische Untersuchungen an akut dilatierten Meerschweinchenherzen. Z Kreislaufforsch 56:1076–1092
Hort W, Hort I (1981) Von der Amöbe zum schlagenden Herzen: Evolution und Feinstruktur des intrazellulären Bewegungsapparates. Klin Wochenschr 59:915–927
Huxley HE (1953) X-ray analysis and the problem of muscle. Proc R Soc London (Biol) 141:59–62
Huxley HE, Peachey L (1961) The maximum length for contraction in vertebrate striated muscle. J Physiol 156:150–165
Inada R (1905) Experimentelle Untersuchungen über die Form der Herzmuskelkerne. Dtsch Arch Klin Med 83:274–287
Knieriem HJ (1964) Über den Bindegewebsgehalt des Herzmuskels des Menschen. Arch Kreislaufforsch 44:231–259
Koch W (1922) Der funktionelle Bau des menschlichen Herzens. Urban & Schwarzenberg, Berlin
Körner F (1936) Über die Verknüpfung der Muskelfasern des Herzens durch gewisse Bindegewebsfasern des Perimysium internum. Z Mikr Anat Forsch 40:29–56
Krehl L (1891) Beiträge zur Kenntnis der Füllung und Entleerung des Herzens. Abh sächs Ges Wiss Math-Phys Kl 17:341
Lev M, Simkins CS (1956) Architecture of the human ventricular myocardium. Technic for study using a modification of the Mall-MacCallum method. Lab Invest 5:396–409
Lewis MR, Lewis WH (1915) Mitochondria (and other cytoplasmic structures) in tissue cultures. Am J Anat 17:339–401
Linzbach AJ (1960) Heart failure from the point of view of quantitative anatomy. Am J Cardiol 5:370–382
Linzbach AJ, Linzbach M (1951) Die Herzdilatation. Klin Wochenschr 29:621–630
Loder IC (1803) Anatomische Tafeln zur Beförderung der Kenntnis des menschlichen Körpers. Industrie-Comptoires, Weimar
Lower R (1669) Tractatus de corde, item de motu et colore sanguinis et chyli in eum transitu. Elze virium, Amsterdam
Mall FP (1911) On the muscular architecture of the ventricles of the human heart. Am J Anat 11:211–266
Matsubara I, Elliot GF (1972) X-ray diffraction studies on skinned single fibres of frog skeletal muscle. J Mol Biol 72:657–669
McCallum JB (1900) On the muscular architecture and growth of the ventricles of the heart. Johns Hopk Hosp Rep 9:307–335
Meier GD, Ziskin MC, Bove AA (1982) Helical fibers in myocardium of dogs change their pitch as they contract. Am J Physiol 243:H1–H12
Morady F, Laks MM, Parmley WW (1973) Comparison of sarcomere length from normal and hypertrophied inner and middle canine right ventricle. Am J Physiol 225:1257–1259
Nagel A (1934) Die mechanischen Eigenschaften der Kapillarwand und ihre Beziehungen zum Bindegewebslager. Z Zellforsch 21:376–387
Nagel A (1935) Die mechanischen Eigenschaften von Perimysium internum und Sarkolemm bei der quergestreiften Muskelfaser. Z Zellforsch 22:694–706
Neuber E (1912) Die Gitterfasern des Herzens. Beitr Pathol Anat 54:350–368
O'Brien LJ, Moore CM (1966) Connective tissue degradation and distensibility characteristics of the non-living heart. Experientia 22:845–847
Patten MB, Kramer TC, Barry A (1948) Valvular action in the embryonic chic heart by localized apposition of endocardial masses. Anat Rec 102:299–311
Pearlman ES, Weber KT, Janicki JS, Pietra GG, Fishman AP (1982) Muscle fiber orientation and connective tissue content in the hypertrophied human heart. Lab Invest 46:158–164
Pettigrew J (1860) On the arrangement of the muscular fibres of the ventricular portion of the heart of the mammal. Proc R Soc Lond 10:433–440

Price MG (1984) Molecular analysis of intermediate filament cytoskeleton – a putative load-bearing structure. Am J Physiol 246:H566–H572

Puff A, Langer H (1965) Das Problem der diastolischen Entfaltung der Herzkammer (Eine Untersuchung über das elastische Gewebe im Myocard). Morphol Jahrb 107:184–212

Rackley CE, Dalldorf FG, Hood WP jr, Wilcox BR (1970) Sarcomere length and left ventricular function in chronic heart disease. Am J Med Sci 259:90–96

Robb JS, Robb RC (1942) The normal heart. Anatomy and physiology of the structural units. Am Heart J 23:455–467

Robinson TF, Cohen-Gould L, Factor SM (1983) Skeletal framework of mammalian heart muscle. Arrangement of inter- and pericellular connective tissue structures. Lab Invest 49: 482–498

Rodbard S (1976) Orientation of the fascicles of the ventricular myocardium. Acta Cardiol 31:57–70

Rohleder A (1944) Die körperliche Gestalt der menschlichen Herzmuskelfasern. Diss, med Fak, Göttingen

Roos KP (1987) Sarcomere length uniformity determined from three-dimensional reconstructions of resting isolated heart cell striation patterns. Biophys J 52:317–327

Ross J jr, Sonnenblick EH, Taylor RR, Spotnitz HM, Covell JW (1971) Diastolic geometry and sarcomere lengths in the chronically dilated canine left ventricle. Circ Res 28:49–61

Rushmer RF, Crystal DK, Wagner C (1953) The functional anatomy of ventricular contraction. Circ Res 1:162–170

Salzmann J-L, Michel JB, Bruneval P, Nlom MO, Barres DR, Cammilleri JP (1986) Automated image analysis of myocardial collagen pattern in pressure and volume overload in rat cardiac hypertrophy. Anal Quant Cytol Hist 8:326–332

Sanchez-Qintana D, Hurle JM (1987) Ventricular myocardial architecture in marine fishes. Anat Res 217:263–273

Sonnenblick EH, Ross J jr, Covell JW, Spotnitz HM, Spiro D (1967) The ultrastructure of the heart in systole and diastole: Changes in sarcomere length. Circ Res 21:423–431

Sonnenblick EH, Spiro D, Spotnitz HM (1964) The ultrastructural basis of Starling's law of the heart. The role of the sarcomere in determining ventricular size and stroke volume. Am Heart J 68:336–346

Sonnenblick EH, Spotnitz HM, Spiro D (1964) Role of the sarcomere in ventricular function and the mechanism of heart failure. Circ Res (Suppl 2) 15:70–81

Spotnitz HM, Sonnenblick EH, Spiro D (1966) Relation of ultrastructure to function in the intact heart: Sarcomere structure relative to pressure volume curves of intact left ventricles of dog and cat. Circ Res 18:49–66

Spotnitz HM, Spotznitz WD, Cottrell TS, Spiro D, Sonnenblick EH (1974) Cellular basis for volume related wall thickness changes in the rat left ventricle. J Mol Cell Cardiol 6:317–331

Starling EH (1918) The Linacre Lecture on the law of the heart (Cambridge 1915). Green & Co, London Longmans

Streeter DD jr (1979) Gross morphology and fiber geometry of the heart. In: Handbook of Physiology, sec 2: The cardiovascular system, vol 1: The heart. Waverly, Baltimore, pp 61–112

Streeter DD jr, Bassett DL (1966) An engineering analysis of myocardial fiber orientation in pig's left ventricle in systole. Anat Rec 155:503–512

Streeter DD jr, Hanna WT (1973) Engineering mechanics for successive states in canine left ventricular myocardium. I. Cavity and wall geometry. Circ Res 33:639–655

Streeter DD jr, Spotnitz HM, Patel DJ, Ross J jr, Sonnenblick EH (1969) Fiber orientation in the canine left ventricle during diastole and systole. Circ Res 24:339–347

Streeter DD jr, Vaishnav RN, Patel DJ, Spotnitz HM, Ross J Jr, Sonnenblick EH (1970) Stress distribution in the canine left ventricle during diastole and systole. Biophys J 10:345–363

Tandler J (1913) Anatomie des Herzens. In: Handbuch der Anatomie des Menschen. Fischer, Jena

Tezuka F (1975) Muscle fiber orientation in normal and hypertrophied hearts. Tohoku J Exp Med 117:289–297

Torrent Guasp F (1973) The cardiac muscle. Juan March Foundation, Madrid
Trost U (1978) Analyse eines räumlichen Modells vom Herzmuskel. Diss, Freie Universität Berlin
Weber EH (1831) Handbuch der Anatomie des Menschen von Hillebrand F, 4. Aufl, Bd 3. Vieweg, Braunschweig
Weber KT (1989) Cardiac interstitium in health and disease: The fibrillar collagen network. JACC 13:1637–1652
Weber KT, Janicki JS, Pick R (1990) Disruption of collagen tethers: Anatomic basis of muscle fiber slippage in the myocardium. In: Jacob R, Seipel L, Zucker IH (eds) Cardiac dilatation. Fischer, Stuttgart, pp 18–35
Weitz G (1951) Über das unterschiedliche Verhalten der Lage der Herzmuskelfasern in kontrahiertem und dilatiertem Zustand. Med Klin 46:1031–1032
Weitz W (1952) Über Herzdilatation und Herzhypertrophie. Z Klin Med 149:240–254
Wolff KF s. Loder IC (1803)

6. Kapitel
Die Mißbildungen des Herzens und der großen Gefäße

Von B. Chuaqui u. O. Farrú

A. Allgemeiner Teil

I. Teratogenetische Determinationsperioden

Die Möglichkeit der Entstehung der Mißbildungen besteht nur bei Organen, die sich noch in Entwicklung befinden. Die Entwicklung des Herzens und der großen Gefäße vollzieht sich während der Embryogenese, so daß die betreffenden Mißbildungen zur Zeit der Geburt als angeborene Fehler vorliegen. Die Herzfehlbildungen gehören somit zu den konnatalen Kardiopathien, die auch die pränatal entstandenen Herzschäden nicht malformativer Natur umfassen. Solch einen Schaden stellt u.a. die Fibroelastosis endomyocardica connata dar, die als eine wahrscheinlich virusbedingte Hyperplasie des Wandendokard erscheint, bei der gelegentlich Strata unterschiedlichen Reifungsgrades der elastischen Lamellen und Kollagenfasern auffällig sind. In mehreren Statistiken zählt sie zu den Herzmißbildungen, heute gilt sie eher als eine idiopathische Kardiomyopathie.

Die teratogenetischen Determinationsperioden entsprechen den Zeitspannen, zu denen die betreffenden Mißbildungen formal entstehen können. Zur Abgrenzung solcher Perioden sind die normale Entwicklung des betreffenden Organs und die Auffassung von der formalen Genese der in Frage kommenden Fehlbildung in Betracht zu ziehen. Im folgenden werden die teratogenetischen Determinationsperioden der wichtigsten Mißbildungen der Kreislauforgane (Tabelle 1) unter diesen Gesichtspunkten kurz erörtert (s. Chuaqui u. Bersch 1972; Dankmeijer 1957, 1964; Doerr 1970; Goerttler 1958, 1963, 1966, 1971; O'Rahilly 1971).

1. Cor biloculare

Ein zweikammeriges Herz in Form eines *Cor biloculare symmetricum* entsteht wahrscheinlich während der Phase der Herzschleifenbildung (Goerttler 1963, 1968). Dabei läßt sich das Fehlen des Vorhof- und Kammerseptum als eine abhängige Mißbildung betrachten. Ein Cor biloculare kann auch in einer späteren Phase durch eine direkte Entwicklungshemmung der Herzscheidewände entstehen. Die Determinationsperiode dieses zweiten Typus soll sich mindestens vom 13. Entwicklungsstadium (Anlage des Septum primum) bis zum 14. Entwicklungsstadium (Anlage des Septum ventriculare) erstrecken. Bei dieser Form läßt sich wiederum das Fehlen des Septum secundum als eine sekundäre Entwicklungshemmung ansehen.

Tabelle 1. Determinationsperioden der Mißbildungen des Herzens und der großen Gefäße

Mißbildung	Entwicklungsstadien (nach O'RAHILLY 1973)													
	10	11	12	13	14	15	16	17	18	19	20	21	22	23
Cor biloculare	——	——												
Dextrokardie	——	——												
Ventrikelinversion	——	——												
Doppeleingang in den li. V		——	——	——										
Sinuatriale Defekte					——	——								
O I-Defekte						——	——	——						
O II-Defekte						——	——	——						
Defekte der HEK					——	——	——	——						
Doppelausgang aus dem re. V							——	——	——					
BEURENsche Transposition						——	——							
Gekreuzte Transposition						——	——							
TAUSSIG-BING-Anomalie						——	——	——						
FALLOTsche-Tetrade							——	——	——					
EISENMENGER-Komplex							——	——	——					
Defekte des Septum v.					——	——	——	——	——	——				
Defekte des Septum bulbi							——	——	——	——				
Defekte des Foramen iV								——	——	——				
Defekte des Septum trunci							——	——	——					
Taschenklappenstenosen							——	——	——	——	——			
Ventrikelhypoplasien									——	——	——	——	——	——
Stenosen der AV-Klappen									——	——	——	——	——	——
Anomale PV-Verbindungen									——	——	——	——	——	——
Aortenringe							——	——	——					
Anomalien der Cava inferior														
Entwicklungsstadien	10	11	12	13	14	15	16	17	18	19	20	21	22	23
Ovulationsalter (in Tagen)	22–23	23–26	26–30	28–32	31–35	35–38	37–42	42–44	44–48	48–51	51–53	53–54	54–56	56–60

li.V linker Ventrikel, *re.V* rechter Ventrikel, *O I* Ostium primum, *O II* Ostium secundum, *HEK* Hauptendokardkissen, *v* ventrikulare, *iV* interventriculare, *AV* Atrioventrikular, *PV* Pulmonalvenen.

2. Dextrokardie

Die Entstehung der spiegelbildlichen Dextrokardie läßt sich auf eine Inversion der Herzschleife während der Phase der Herzschleifenbildung zurückführen. Untersuchungen an Hühnerembryonen (STEDING u. SEIDL 1981) weisen jedoch darauf hin, daß die Inversion während dieser Phase in der späteren Entwicklung zu einer normalen Herzschleife kompensiert werden kann und vermutlich keine morphogenetische Beziehung zur anscheinend später entstandenen Dextrokardie hat.

3. Ventrikelinversion

Sie ist durch eine Inversion des bulbometampullären Anteiles der Herzschleife ohne Beteiligung der Vorhöfe bedingt. Für ihre Entstehungszeit darf die gleiche Zeitspanne wie die der Dextrokardie gelten. Bei einem menschlichen Embryo ließ sich eine Ventrikelinversion schon im 14. Entwicklungsstadium nachweisen (DEKKER 1962–1963; DEKKER et al. 1965). Es ist auch möglich, daß diese Mißbildung etwas später infolge einer überschüssigen Linksschwingung des bulbometampullären Anteiles entstehen könnte (GOERTTLER 1958, 1963).

4. Doppeleingang in den linken Ventrikel

Rein formal sind diese Verhältnisse der Ausdruck eines Arrestes des Reorganisationsprozesses, der von den primitiven Ampullen durch Einbeziehung eines Anteiles der Metampulle in die Proampulle zur Bildung der fertigen Einstrombahnen führt. Der Anschluß des Ohrkanals an die Metampulle findet im 16. Entwicklungsstadium statt (im Sinne der Einteilung von O'RAHILLY 1973).

5. Sinuatriale Defekte

Sie stellen die primitivsten Defekte der Vorhofscheidewand dar und sitzen entlang des Grenzbezirkes zwischen der Plica sinuatrialis sinistra und dem dorsokranialen Anteil des Septum atriorum. Solche Defekte lassen sich auf eine fehlerhaft entwickelte Plica sinuatrialis zurückführen, die normalerweise im 13. Entwicklungsstadium ausgebildet ist.

6. Ostium primum-Defekt

Die teratogenetische Determinationsperiode des persistierenden Ostium primum entspricht der Entwicklungsphase des Septum primum. Die Agenesie des Septum primum, das im 13. Entwicklungsstadium entsteht, tritt in Form des *Cor triloculare biventriculare* auf, bei dem das Fehlen des Septum secundum als eine abhängige Mißbildung zu deuten ist.

7. Ostium secundum-Defekt

Ein Defekt in der Gegend des Ostium secundum kann sowohl auf einem übermäßigen, zu einem zu weiten Ostium secundum führenden Dehiszenzprozeß am Septum primum, als auch auf einer Hypoplasie des Septum secundum beruhen. Als teratogenetische Determinationsperiode dieser Defekte darf also die gesamte Zeitspanne vom 15. Entwicklungsstadium (Entstehung des Ostium secundum) bis zum 23. Entwicklungsstadium (Ausbildung des Septum secundum) (ASAMI 1972) gelten.

8. Defekte der Hauptendokardkissen

Für die Störung des Verschmelzungsvorganges der Hauptendokardkissen miteinander kommt je nach dem Störungsgrad (Ostium atrioventriculare commune bis zu partiellen Klappensegelfissuren) der Zeitabschnitt vom 13. Entwicklungsstadium (Auftreten der Hauptendokardkissen) bis zum 17. Entwicklungsstadium (Ausbildung der Klappensegel) in Betracht.

9. Arterielle Heterotopien

Diese bilden eine teratologische Reihe, deren einzelne Komplexe sich durch einen Arrest unterschiedlichen Grades der vektoriellen Bulbusdrehung erklären lassen:

a) Doppelausgang aus dem rechten Ventrikel

Diese Verhältnisse sind im wesentlichen auf eine Arretierung der Bulbuswanderung zurückzuführen. Beide großen Gefäße entspringen aus einer rechten Kammer, die den gesamten Bulbus beibehalten hat. Die linke Kammer entbehrt dabei eines Ausstromgebietes. Das 15. Entwicklungsstadium gilt als der Zeitpunkt, zu dem der Reorganisationsprozeß des bulbären Anteiles zu den fertigen Ausflußbahnen beginnt.

b) Beurensche und gekreuzte Transposition

Das künftige Ostium aortae liegt im 15. Entwicklungsstadium rechts ventral, im 16. Entwicklungsstadium rechts lateral (ASAMI 1969). Das künftige Ostium pulmonale findet sich jeweils in entgegengesetzter Lage. Diese Entwicklungsstadien dürfen also als die Determinationspunkte für die Beurensche Anomalie (BEUREN 1960) und die klassische Transposition gelten.

c) Taussig-Bing-Anomalie

Im 17. Entwicklungsstadium liegt das Ostium aortae rechts dorsal, das Ostium pulmonale links ventral. Die Linksverschiebung des Bulbus ist dabei nicht vollendet. Die Zeitspanne vom 16. bis zum 17. Entwicklungsstadium darf also als die teratogenetische Determinationsperiode für die Taussig-Bing-Anomalie (TAUSSIG u. BING 1949) angenommen werden.

d) Fallotsche Tetrade und Eisenmenger-Komplex

Vom 17. Entwicklungsstadium an und bis zum 19. reitet die Aortenwurzel über dem First des Ventrikelseptum (CHUAQUI u. BERSCH 1972, 1973). Die Dextropositio aortae kann also durch einen Arrest der vektoriellen Bulbusdrehung in dem genannten Zeitabschnitt erklärt werden.

10. Defekte des Septum ventriculare

Die Anlage des Septum ventriculare tritt im 14. Entwicklungsstadium deutlich auf. Im 17. Entwicklungsstadium erreicht das sichelförmige Septum die Hauptendokardkissen. Bis zum 18. Entwicklungsstadium findet ein weiteres kraniales etwa konzentrisches Wachstum mit einer maßgebenden Verkleinerung des Foramen interventriculare statt. Die Zeitspanne vom 14. bis zum 18. Entwicklungsstadium kommt also als Determinationsperiode für die muskulären intertrabekulären Defekte (abgesehen von der Möglichkeit einer späteren Entstehungszeit etwa infolge sekundärer Dehiszenzen) in Betracht. Die gleiche Determinationsperiode gilt für die Wachstumshemmung in kranialer Richtung, die sich in einer Ausweitung des Foramen interventriculare (Defekttyp des sog. *Canalis atrioventricularis persistens*) ausdrückt.

11. Verschlußdefekte des Foramen interventriculare

Am Verschluß des Foramen sind 2 Vorgänge beteiligt: a) die Entwicklung des (muskulären) Bulboventrikularsporns (vom Septum bulbi dorsalwärts) und b) darin neugebildetes Bindegewebe (Pars membranacea). So lassen sich als Störungen dieser Vorgänge 2 Defekttypen unterscheiden: muskuläre infracristale Defekte (zwischen der Crista supraventricularis und der Pars membranacea, Defekttyp der Fallotschen Tetrade!) und membranöse infracristale Defekte (klassische Pars membranacea-Defekte, dabei Tendenz zum Spontanverschluß!). Der Verschlußvorgang des Foramen interventriculare erstreckt sich vom 18. bis zum 20. Entwicklungsstadium.

12. Defekte des Septum bulbi

Die supracristalen Defekte lassen sich auf eine Störung des Verschmelzungsvorganges der Bulbusleisten miteinander zurückführen. Dieser Prozeß vollzieht sich vom 17. bis zum 19. Entwicklungsstadium.

13. Defekte des Septum trunci

Die Determinationsperiode der Defekte dieses Septum entspricht dessen normaler Entwicklungsphase, die sich vom 15. bis zum 17. Entwicklungsstadium erstreckt. Am frühesten entstehen die totalen, am spätesten die partiellen, als aortopulmonale Fenster bekannten Defekte dieses Gegenstromseptum.

14. Taschenklappenstenosen

Als Determinationsperiode für die annulären Formen (Hypoplasien mit Taschenklappen *en miniature* bzw. Aplasien mit Klappenatresien) kommt die der Truncusseptation entsprechende Zeitspanne (15.–17. Entwicklungsstadium) in Betracht (BARTHEL 1960; GOERTTLER 1963). Die Entstehung der rein orifiziellen Formen (mit normalem Annulus) ist anscheinend erst nach Abschluß des genannten Teilungsvorganges und sogar auch in der fötalen Entwicklungsphase möglich.

15. Ventrikelhypoplasien

Die Entstehung einer Hypoplasie einer ganzen Kammer bzw. ipsilateraler Herzsegmente (gleichsam des linken bzw. rechten Herzens) ist kaum als das Resultat der Reorganisation alter schon hypoplastischer Segmente denkbar, sie ist eher auf eine Wachstumshemmung, die erst nach abgeschlossener bzw. weitgehend realisierter Reorganisation der ampullären Segmente einsetzt, zurückzuführen. Als frühester Terminationspunkt kommt das 17. Entwicklungsstadium in Betracht (Anschluß des Trikuspidalostium an die Metampulle, Transpositionsstellung überschritten, Truncusseptation vollendet). Als kritische Phase für die Entstehung einer solchen Hypoplasie zeigen sich die 3 weiteren Entwicklungsstadien, in denen ein besonders aktives Wachstum der Kammerausflußgebiete stattfindet (ASAMI 1969).

16. Stenosen der AV-Klappen

Nach der Verschmelzung der Hauptendokardkissen miteinander im 17. Entwicklungsstadium ist eine ausgeprägte Erweiterung der Ostia atrioventricularia nachweisbar. Dieses Stadium läßt sich als Anfangsterminationspunkt für die annulären Stenosen dieser Ostien betrachten, ein Zeitpunkt, der gerade mit dem für die Ventrikelhypoplasien angenommenen Anfangsterminationspunkt zusammenfällt. Inwiefern solche Stenosen davor determiniert sein könnten, muß dahingestellt bleiben. Die orifiziellen Stenosen können sogar in der Fötalzeit entstehen. Die muskuläre Chordapersistenz ist auf eine Störung der sich in der Fötalzeit vollziehenden dritten Phase der Klappenausbildung zurückzuführen (ODGERS 1938/39).

17. Anomale Verbindungen der Pulmonalvenen

Für die Transposition der Lungenvenen in den rechten Vorhof ist der Zeitraum vom 12. bis zum 13. Entwicklungsstadium anzunehmen, für die Persistenz der Verbindungen zwischen dem Pulmonal- und Cavasystem der Zeitabschnitt vom 13. bis zum 15. Entwicklungsstadium.

18. Aortenringe

Sie lassen sich auf Störungen der zweiten Entwicklungsphase des Aortensystems (Reorganisation des ursprünglich symmetrisch angelegten Systems) zurückführen, welche sich vom 17. bis zum 20. Entwicklungsstadium erstreckt. Ob die Unterbrechungen des Aortenbogens früher entstandene, zirkumskripte Agenesien darstellen oder aber auf später eintretende Rückbildungsvorgänge zurückzuführen sind, steht noch offen.

19. Anomalien des Systems der Cava inferior

Die Determinationsperiode dieser Mißbildungen darf in das Übergangsstadium (vom 16. bis zum 19. Entwicklungsstadium) gelegt werden.

II. Häufigkeit

Die wirkliche Häufigkeit der Mißbildungen überhaupt und insbesondere die der Mißbildungen der Kreislauforgane ist beim Menschen nicht genau bekannt. Die Zahlenangaben hängen dabei von verschiedenen Variabeln, darunter den Charakteristika des Untersuchungsgutes und der Art des Untersuchungsverfahrens, ab. Je einfacher das Untersuchungsverfahren ist, desto leichter läßt sich damit ein repräsentatives Kollektiv der Bevölkerung untersuchen, um so leichter werden dabei aber Mißbildungen übersehen: rein klinische Untersuchungen ergeben daher zu niedrige Häufigkeitswerte. Das Sektionsgut ist andererseits mehreren Auslesefaktoren, darunter den unterschiedlichen Mortalitätsraten der Erkrankungen, der Alterszusammensetzung, der von einem kardiologischen Fachzentrum bewirkten Anhäufung von Patienten mit Herzfehlern in einem bestimmten Bezirk, ausgesetzt und läßt sich daher besonders heute wegen der Verweigerung von Obduktionen nur schwerlich als ein repräsentatives Kollektiv der Bevölkerung betrachten (s. CHUAQUI et al. 1966; FONTANA u. EDWARDS 1962; MAINLAND 1953). Aus den Sektionsstatistiken ergeben sich meist zu hohe Häufigkeitswerte. Am wichtigsten sind hierzu die großen alle Altersgruppen erfassenden Sektionskasuistiken. Zur genauen Bestimmung der Häufigkeitswerte sollte im Prinzip ein repräsentatives Kollektiv der Bevölkerung lebenslänglich nachuntersucht werden, bis die Sektionsbefunde des ganzen Kollektivs vorliegen (FONTANA u. EDWARDS 1962), wobei die betreffenden Fehlgeburten und Totgeborenen auch berücksichtigt werden sollten. Diesem Prinzip sind zahlreiche kombinierte Studien gefolgt, bei denen ein repräsentatives Kollektiv einer bestimmten Bevölkerungsgruppe von Geburt an für mehrere Jahre klinisch mit eventueller Anwendung der modernen Diagnosemethoden nachuntersucht worden ist. Dabei liegen in unterschiedlichen Prozentsätzen Sektionsbefunde der gestorbenen Patienten vor. Anhand dieser klinisch-pathologischen Studien und der großen Sektionskasuistiken darf man heute einen Häufigkeitswert von rund 1% für die Mißbildungen des Herzens und der großen Gefäße bei Lebendgeborenen annehmen (s. auch KEITH 1978a).

1. Häufigkeit bei klinisch-pathologischen Studien

Die Häufigkeitswerte liegen dabei mit wenigen Ausnahmen (PHILIPPI et al. 1986; s. auch KEITH 1978a) unter 1% (Tabelle 2). Bei der Studie von HOFFMAN u. CHRISTIANSON (1978) beträgt der Häufigkeitswert 1,04%, wenn die Fälle mit einer Verdachtsdiagnose berücksichtigt werden.

2. Häufigkeit bei Sektionsstatistiken

Die meisten solcher Kasuistiken ergeben Zahlenangaben über 1%. In der Tabelle 3 läßt sich der Einfluß der Alterszusammensetzung des Sektionsgutes deutlich erkennen: bei den nur Kinder erfassenden Kasuistiken sind die Häufigkeitswerte etwa 5mal so hoch wie sonst (s. CHUAQUI et al. 1966; FONTANA u. EDWARDS 1962; GOERTTLER 1963). Die Zahlenangaben bei Totgeborenen weichen voneinander stark ab: 24,3% (MCINTOSH et al. 1954), 8,1% (HOFFMAN u.

Tabelle 2. Häufigkeit der Herz-Gefäßmißbildungen bei klinisch-pathologischen Studien

Verfasser	% HGM	Untersuchte Lebendgeborene	Nachuntersuchungs- dauer/Jahre
MacMahon et al. (1953)	0,32	194 216	3–11
Mustacchi et al. (1963)	0,59	47 137	10–12
Bound u. Logan (1977)	0,59	57 979	bis 15
Carlgren (1959)	0,64	58 105	7–16
Kenna et al. (1975)	0,66	163 692	3–12
Neel (1958)	0,69	64 569	bis 6
Mitchell et al. (1971)	0,81	56 109	3 (durchschn.)
Hoffman u. Christianson (1978)	0,88	19 044	über 5

HGM Herz-Gefäßmißbildungen.

Tabelle 3. Häufigkeit der Herz-Gefäßmißbildungen bei Sektionsstatistiken

Kasuistiken	Sektionsgut umfaßt	% HGM	Sektionszahl
18 Kasuistiken aus den Ver. Staaten und 8 aus Kanada (s. Fontana u. Edwards 1962)	alle Altersgruppen	1,0	156 226
9 Kasuistiken aus deutsch- sprachigem Raum (s. Bankl 1970)	alle Altersgruppen	1,2	282 777
nach Doerr (1967)	alle Altersgruppen	1,4	22 732
nach Alcaide et al. (1965)	nur Kinder	4,7	3 036
nach Chuaqui et al. (1966)	nur Kinder	4,7	3 004
8 Kasuistiken aus den Ver. Staaten (s. Fontana u. Edwards 1962)	nur Kinder	5,1	15 035

HGM Herz-Gefäßmißbildungen.

Christianson 1978), 5% (Feldt et al. 1971), 0,7% (Carlgren 1959), 0,1% (MacMahon et al. 1953). Man darf allerdings höhere Häufigkeitswerte bei Fehlgeburten und Totgeborenen als bei Lebendgeborenen annehmen, denn Mißbildungen sollen, im ganzen betrachtet, in über 50% der Fehlgeburten und in etwa 20–30% der Totgeborenen vorkommen (Nelson u. Forfar 1969; Stevenson 1961). Reinhold-Richter et al. (1987) finden eine Häufigkeitswert von 26,5%. Das Untersuchungsgut, das durch den Auslesefaktor eines kardiologischen Zentrums deutlich beeinflußt ist (s. oben), setzt sich aus Kindern und Totgeborenen zusammen.

3. Anteil an den gesamten Mißbildungen

Nach Campbell (1965, 1968a) machen die Mißbildungen des Herzens und der großen Gefäße etwa ¼ aller Mißbildungen aus. Die Zahlenangaben, die von der Alterszusammensetzung des Untersuchungsgutes stark beeinflußt sind, schwanken zwischen 10 und 50% (s. Goerttler 1963). Chuaqui et al. (1966) und

GOERTTLER (1968) nehmen dafür einen Wert von rund 30% an. Außer bestimmten anerkannten Mißbildungssyndromen sind die Ösophagotrachealfistel, Omphalozele, Persistenz des Canalis pleuroperitonealis, Analatresie und intrahepatische Gallengangdysplasie mit Herzmißbildungen besonders häufig vergesellschaftet (s. ROWE et al. 1981).

4. Assoziierte extrakardiale Anomalien

Fragt man sich umgekehrt nach dem Anteil an extrakardialen Anomalien bei den Fällen mit Mißbildungen des Herzens oder der großen Gefäßen, so findet sich ebenfalls eine große Schwankungsbreite der Zahlenangaben, die auch von dem betreffenden Lebensalter abhängig sind (Schwankungsbreite von 17–46%, s. FUHRMANN 1975). Nach CAMPBELL (1965, 1968a) finden sich assoziierte Anomalien in 10–20% der Fälle. In einer zielgerichteten Untersuchung stellten JULLIAN u. FARRÚ (1986) assoziierte Anomalien in 31% der Patienten fest (in 22,7% der Fälle klassische Mißbildungssyndrome). Weitere Zahlenangaben: 30% (FELDT et al. 1971), 23,6% (ROWE et al. 1981), 20% (KENNA et al. 1975). Im Sektionsgut: 24–45% (s. NOONAN 1978), 23% (BANKL 1970), 17% (CHUAQUI et al. 1966), 12,8% (REINHOLD-RICHTER et al. 1987). Dabei handelt es sich am häufigsten um Anomalien des Zentralnervensystems, des Skeletts, der Nieren (sogar häufiger als in der Bevölkerung, KENNA et al. 1975) und des Magen-Darm-Traktes.

5. Häufigkeitsverteilung

Die verschiedenen klinischen Studien von großen Kasuistiken stimmen damit überein, daß 8 Mißbildungen 80–90% aller angeborener Herzfehler ausmachen, und zwar, in runden Zahlen, die Ventrikelseptumdefekte 30%, die Fallotsche Tetrade, der Ductus arteriosus persistens, die Pulmonalstenose und die Vorhofseptumdefekte jeweils 10%, die arterielle Transposition, die Aortenstenose und die Coarctatio aortae jeweils 5%. In der Tabelle 4 sind die Prozentzahlen aus einer großen Kasuistik (über 15000 bis 15 Jahre alt gewordene Kinder mit Herzfehlern) angegeben (KEITH 1978a; s. auch ROWE et al. 1981). Aufgrund des klinischen Bildes, der Behandlung und Prognose zählen dabei die Ostium primum-Defekte (fast regelmäßig mit Fissuren des septalen Mitral- oder Trikuspidalsegels) nicht zu den Verschmelzungsstörungen der Endokardkissen (Canalis atrioventricularis) sondern zu den Vorhofscheidewandlücken. Wie bekannt, lassen sich klinisch beim Neugeborenen nicht alle Mißbildungen erfassen, ein bedeutender Teil hauptsächlich der weniger schweren wird erst im Laufe des 1. Lebensjahres diagnostisiert (ROWE et al. 1981). Die klinischen Statistiken beim Neugeborenen liefern daher höhere Häufigkeitswerte als sonst für die schweren Mißbildungen. Hierzu gehören die arterielle Transposition, die schweren Formen des Canalis atrioventricularis, die Hypoplasiesyndrome des rechten bzw. linken Ventrikels, die Komplexe der Einzelkammer und der Dextroversio cordis und der Truncus arteriosus persistens. Der Ductus arteriosus apertus, der beim Frühgeborenen besonders häufig vorkommt und sich später in einem Teil der Fälle spontan schließt, weist dabei charakteristischerweise auch hohe Häufigkeitswerte auf. Aufgrund der unterschiedlichen Mortalitätsraten ändert sich später nicht nur der Häufigkeits-

Tabelle 4. Häufigkeitsverteilung der angeborenen Herzfehler (bei 15 104 Fällen unter 15 Jahren, nach KEITH 1978a)

Herzfehler	relative Häufigkeit (%)
Ventrikelseptumdefekt	28,3
Vorhofseptumdefekt	10,3
Pulmonalstenose	9,9
Ductus arteriosus persistens	9,8
Fallotsche Tetrade	9,7
Aortenstenose	7,1
Coarctatio aortae	5,1
Arterielle Transposition	4,9
Dextrokardie	1,65
Einzelkammer	1,5
Mitral- und Aortenatresie (einschl. Hypoplasiesyndrom des linken Herzens)	1,5
Partielle Fehleinmündung der Lungenvenen	1,38
Totale Fehleinmündung der Lungenvenen	1,35
Gefäßringe	1,21
Trikuspidalatresie	1,20
Endokardfibroelastose	0,94
Pulmonalatresie mit normaler Aortenwurzel	0,71
Truncus arteriosus persistens	0,7
Aorteninsuffizienz	0,6
Doppelausgang aus dem rechten Ventrikel	0,48
Ebsteinsche Anomalie	0,32
Koronararterienanomalien	0,31
Mitralstenose	0,20
Unterbrechung des Aortenbogens	0,175
Primäre Pulmonalhypertonie	0,171
Aortopulmonales Fenster	0,171
Einzelvorhof	0,17
Herzgeschwülste	0,086
Cor triatriatum	0,06
Ectopia cordis	0,013

wert für die gesamten angeborenen Herzfehler (bei Schulkindern zwischen 0,15 und 0,2%, s. MUSTACCHI et al. 1963), sondern auch das Verteilungsmuster, welches beim Erwachsenen hauptsächlich durch die Bikuspidalaortenklappe, Aortenstenose, Coarctatio aortae, Pulmonalstenose, Ostium secundum-Defekte, den Ductus arteriosus und die Ventrikelseptumdefekte vertreten ist (PERLOFF 1979).

In den Sektionsstatistiken mit einem Überwiegen von Neugeborenen und Kindern sind ebenfalls die schweren Mißbildungen häufiger als sonst vertreten. Dank der chirurgischen Korrektur sind heute im Sektionsgut vor allem die Coarctatio aortae und der Ductus arteriosus persistens kaum noch zu sehen. Ein Teil der chirurgisch behandelten Fälle wird auch später wegen der Verweigerung von Obduktionen pathoanatomisch nicht erfaßt. Ähnliches gilt für die Ventrikelseptumdefekte aufgrund des Spontanverschlusses.

Im Obduktionsgut von FONTANA u. EDWARDS (1962, 357 Fälle mit angeborenen Herzfehlern) und in dem der Verfasser (233 Fälle) fanden sich assoziierte kardiovaskuläre Anomalien in etwa einem Achtel der Fälle (ähnliches Verhältnis bei CAMPBELL 1965). Die häufigsten Assoziationen waren Ventrikelseptumdefekt plus Vorhofseptumdefekt, Coarctatio aortae plus Ductus arteriosus persistens, Ventrikelseptumdefekt plus Ductus arteriosus persistens und Ventrikelseptumdefekt plus Coarctatio aortae.

6. Geschlechtsverteilung

Hierzu stehen noch wichtige Fragen offen. In den meisten klinischen Studien werden zwar Mißbildungen des Herzens und der großen Gefäße beim männlichen Geschlecht etwas häufiger als beim weiblichen festgestellt (s. FONTANA u. EDWARDS 1962; FUHRMANN 1975; ROWE et al. 1981). Die Zahlenangaben für betroffene Jungen schwanken dabei meist zwischen 51 und 55% (CARLGREN 1959; LAURSEN 1980; MACMAHON et al. 1953; ROWE et al. 1981). Zur Beurteilung dieses Unterschiedes ist jedoch die betreffende Prozentzahl mit der jeweiligen Geburtenzahl der Jungen zu vergleichen. MCKEOWN u. RECORD (1960) fanden dabei keine statistisch signifikante Differenz. Andere Studien sprechen auch für eine gleichmäßige Geschlechtsverteilung der gesamten angeborenen Herzfehler (CARTER 1976; KENNA et al. 1975; PHILIPPI et al. 1986). Andererseits wird in den Sektionsstatistiken meist eine noch höhere prozentuale Differenz festgestellt, und zwar mit einer Schwankungsbreite von 52–64% [s. FONTANA u. EDWARDS 1962; 57% bei BANKL (1977) in 1000 Sektionsfällen mit angeborenen Herzfehlern]. Die Abweichung zwischen den klinisch bzw. pathoanatomisch festgestellten Prozentzahlen lasse sich darauf zurückführen, daß angeblich insgesamt mehr Männer als Frauen einmal wegen einer höheren Mortalitätsrate, zum anderen aus soziokulturellen Gründen obduziert werden. Einige Mißbildungen sind jedoch geschlechtsmäßig deutlich unterschiedlich verteilt. Dazu gehören der Ductus arteriosus persistens, in der Tat die einzige häufige Mißbildung des Herzens und der großen Gefäße, welche beim männlichen Geschlecht seltener als beim weiblichen vorkommt, und die arterielle Transposition, die ohne Zweifel beim männlichen überwiegt. CAMPBELL (1965) hat die beim Neugeborenen festgestellten Prozentzahlen (den Studien von CARLGREN 1959 und MACMAHON et al. 1953 entnommen) mit den für Kinder und junge Erwachsene geltenden Prozentsätzen verglichen (Tabelle 5) und dabei festgestellt, daß für einige Mißbildungen eine ungleichmäßige Geschlechtsvertei-

Tabelle 5. Geschlechtsverteilung der häufigsten Herz-Gefäßmißbildungen. (Nach CAMPBELL 1965)

Mißbildung	% bei männlichen Neugeborenen	% bei Kindern und jungen Erwachsenen männlichen Geschlechts
Ductus arteriosus	40	27
Vorhofseptumdefekt	50	34
Coarctatio aortae	50	62
Pulmonalstenose	55	50
Aortenstenose	55	70
Ventrikelseptumdefekt	59	30
Fallotsche Tetrade	61	59
Arterielle Transposition	73	

lung erst mit der Zeit zum Ausdruck komme oder ausgeprägt werde. Ob dieser Sachverhalt aufgrund unterschiedlicher Mortalitätsraten zu erklären sei, steht noch offen (s. CAMPBELL 1965; ROWE et al. 1981).

7. Sonstige Häufigkeitsunterschiede

Einige Autoren haben gerade bei den am häufigsten vorkommenden Mißbildungen, nämlich Scheidewanddefekten, der Pulmonal- bzw. Aortenstenose, Fallotschen Tetrade, Coarctatio aortae und dem Ductus arteriosus persistens (s. ELLISON 1981) auf Häufigkeitsschwankungen je nach Jahreszeiten aufmerksam gemacht (s. auch ROWE et al. 1981). Solche Schwankungen sind meist nur angedeutet, obgleich sich bei BOUND u. LOGAN (1977) eine statistisch signifikante Differenz für den Ductus arteriosus und die Coarctatio aortae feststellen ließ. Sie sind jedoch bisher nicht näher untersucht worden. Außer der Annahme epidemischer Virusinfekte, vor allem der Rubeolen, liegt dafür keine befriedigende Erklärung vor. Manches spricht andererseits dafür, daß gewisse angeborene Herzfehler (Mißbildungskomplexe mit Ventrikelseptumdefekten, Atresien der Pulmonalis und Trikuspidalis) in den Gebieten mit hohen Bevölkerungsdichten, also in den Großstädten, häufiger als auf den Landgebieten vorkämen. Für andere Mißbildungen (Hypoplasie des linken Herzens, Verschmelzungsstörungen der Endokardkissen, arterielle Transposition) soll das Gegenteil gelten (s. ELLISON 1981). Ob Häufigkeitsschwankungen je nach Jahreszeiten bzw. Bevölkerungsdichten miteinander korreliert seien, steht noch offen. Häufigkeitsunterschiede je nach Rassen sind für die angeborenen Herzfehler insgesamt auch nicht allgemein anerkannt. Insbesondere bedarf einer Bestätigung die Annahme, daß die angeborenen Herzfehler, im ganzen betrachtet, häufiger bei der weißen als bei der schwarzen Bevölkerung vorkämen (s. ROWE et al. 1981). Häufigkeitsunterschiede gelten anscheinend für einige Mißbildungen (Aortenstenose und Coarctatio aortae relativ selten in Asien und bei den Indianern Nordamerikas, dagegen besonders häufig die Vorhofscheidewanddefekte, s. ANDERSON 1977, die arterielle Transposition war häufiger bei der schwarzen als bei der weißen Bevölkerungsgruppe bei MITCHELL et al. 1971).

III. Ätiologie

Allem Anschein nach ist nur eine Minderzahl der Mißbildungen des Herzens und der großen Gefäße durch rein genetische bzw. exogene Faktoren bedingt. Ätiologisch werden heute die meisten davon, die eigentlich der Mehrzahl der am Herzen und den großen Gefäßen isoliert vorkommenden Mißbildungen entsprechen, im Rahmen der multifaktoriellen Konzeption interpretiert. Danach wären sie auf die Einwirkung exogener Faktoren auf dem Boden einer genetischen Prädisposition zurückzuführen. Die teratogene Wirkung exogener Faktoren drückt sich in der Entstehung an der betreffenden Spezies sonst spontan, also erbbedingt auftretender Mißbildungen aus, eine Erscheinung, die als *Phänokopie* bekannt ist. Daraus folgt zweierlei von Bedeutung: die Mißbildungen tragen im Prinzip keinen spezifischen Charakter, eine eventuelle ätiologische Diagnose aufgrund rein morphologischer Merkmale der Mißbildungen erfolgt auf einer empirischen Basis. Zum anderen brauchen die beim Menschen in Betracht kommenden Teratogene beim Tierversuch nicht die gleichen Mißbildungen wie beim Menschen zu erzeugen; die dabei evtl. erzeugten Mißbildungen hängen mit der genetischen Prädisposition der betreffenden Spezies zusammen (s. NORA 1971).

Die genetisch bzw. exogen bedingten Mißbildungen des Herzens und der großen Gefäße kommen beim Menschen meist im Rahmen von Mißbildungssyndromen vor, bei denen mehrere Organsysteme betroffen sind. Das sind insgesamt etwa 70 Syndrome (dabei die nur mit Stoffwechselstörungen, darunter die Thesaurismosen nicht berücksichtigt), davon entsprechen ungefähr 30 denen mit Chromosomenaberrationen, weitere 30 denen mit Mutationen (punktuelle Chromosomendefekte, LENZ 1983) und 7 denjenigen, die exogen verursacht sind (BECKER u. ANDERSON 1981; BERGSMA 1979; MCKUSICK 1964; NORA u. NORA 1978; SMITH 1972). Der Anteil der sozusagen unifaktoriell bedingten Mißbildungen des Herzens und der großen Gefäße an den gesamten Mißbildungen dieser Organe ist unterschiedlich geschätzt worden. Die meisten Autoren nehmen 5% für die bei Chromosomenaberrationen, 3% für die bei Mutationssyndromen und 2% für die rein exogen bedingten an (s. DOYLE u. RUTKOWSKI 1970; MORGAN 1978; NORA u. NORA 1978), so daß in 90% eine multifaktorielle Genese in Betracht zu ziehen ist. Nach anderen Autoren beträgt die zuletzt genannte Gruppe nur 75–85% (PEXIEDER 1981a; ROWE et al. 1981). Bei mehreren Syndromen gilt eine Erbbedingtheit nur als wahrscheinlich, bei anderen ist die Genese unbekannt.

1. Genetische Faktoren

Sie können zwar Störungen der verschiedenen Entwicklungsschritte der Organogenese (Zellproliferation, Induktion, Zellaggregation, lokales Wachstum und lokale Zellproliferation, lokaler Zelltod, s. SAXÉN 1970) hervorrufen (POSWILLO 1976), der intime Mechanismus, wodurch sie zu Mißbildungen des Herzens und der großen Gefäße führen, ist aber nicht genau bekannt. Bei den genetischen Faktoren lassen sich die Chromosomenaberrationen und die punktuellen Gendefekte (Mutationen *sensu stricto*, LENZ 1983) unterscheiden. Zu den ersteren gehören die rein quantitativen Veränderungen, darunter die Trisomien, Gonosomenmonosomien und Triploidien, und die groben qualitativen, meist als Deletionen bzw. Translokationen erfaßbaren Veränderungen.

a) Syndrome bei Chromosomenaberrationen

Bei diesen Syndromen läßt sich der polyorganische Befall darauf zurückführen, daß dabei das Genom an multiplen Genen, also polygen verändert ist. Unklar bleibt jedoch der Mechanismus, den die rein quantitativen Störungen des chromosomalen Gleichgewichts, darunter die Trisomien mit sich bringen. Die wichtigsten solcher Syndrome in Hinsicht auf das Vorkommen von Mißbildungen am Herzen oder den großen Gefäßen sind in der Tabelle 6 angegeben. Gelegentlich kommen beim Mongolismus eine Pulmonalstenose oder eine Arteria lusoria vor. Weniger häufige Mißbildungen bei der 18-Trisomie (Edwards-Syndrom) sind Vorhofscheidewanddefekte, arterielle Transposition, Fallotsche Tetrade,

Tabelle 6. Herz-Gefäßmißbildungen bei Chromosomenaberrationensyndromen. (Nach NORA 1983 und NORA u. NORA 1978)

Syndrom	% HGM	Häufigste angeborene Herzfehler		
		1	2	3
Trisomie 18	99	VSD	Ductus	Pulmonalstenose
Trisomie 13	90	VSD	Ductus	Dextroversio cordis
Trisomie 22	67	ASD	VSD	Ductus
+14q-	über 50	VSD	Coarctatio aortae	Doppelausgang aus der rechten Kammer
Trisomie 21	50	VSD, AVK	ASD	Fallotsche Tetrade
18q-	50	VSD		
13q-	50	VSD		
Gruppe C-Anomalien	25–50	VSD	Ductus	
partielle Trisomie 22 (Katzenauge)	40	komplexe tot. FLV	VSD	ASD
4p-	40	ASD	VSD	Ductus
X0 (TURNER)	35	Coarctatio aortae	Aortenstenose	ASD
5p- ('Cri-du-chat')	25	VSD	Ductus	ASD
XXXXY	14	Ductus	ASD	

VSD Ventrikelseptumdefekt, *ASD* Vorhofseptumdefekt, *AVK* Atrioventrikularkanal, *FLV* Fehleinmündung der Pulmonalvenen.

Coarctatio aortae, Arteria lusoria und Koronararterienanomalien (s. DOYLE u. RUTKOWSKI 1970). Bei der 13-Trisomie (Patau-Syndrom) sind auch Lungenvenenanomalien, Aortenhypoplasie, Atresie der Atrioventrikularklappen und bikuspidale Aortenklappe beschrieben worden (SMITH 1972). Beim Deletionssyndrom 5p- finden sich gelegentlich komplexe Herzmißbildungen (ALTROGGE et al. 1971, dabei auch Zusammenstellung zum Deletionssyndrom 4p-, über die Deletionssyndrome des Chromosomen 18 s. DEGROUCHY 1969). Beim Turner-Syndrom soll eine Coarctatio aortae in etwa 70% der Patienten mit angeborenen Herzfehlern vorliegen (SMITH 1972), dabei weitere Mißbildungen: Pulmonalstenose, Ventrikelseptumdefekte, Ductus arteriosus persistens.

Weitere Syndrome, bei denen gelegentlich Mißbildungen des Herzens oder der großen Gefäße vorkommen, sind: Deletionssyndrom 9p-, 11q- bzw. 21q-, partielle Trisomie 10p, 11q bzw. 16p, Klinefelter-Syndrom, XYY-, XXY-, XXX-, XXXY- bzw. Penta X-Syndrom und das Triploidiesyndrom (s. BECKER u. ANDERSON 1981; BERGSMA 1979; SMITH 1972).

b) Mutationssyndrome

Die Wirkung dominanter bzw. rezessiver Gene auf den Phänotyp läßt sich heute biochemisch besser verstehen. Dominante Gene steuern in der Regel die

Tabelle 7. Herz-Gefäßmißbildungen bei autosomal dominanten Mutationssyndromen. (In Anlehnung an NORA u. NORA 1978)

Syndrom	Herzfehler	Penetranzrisiko (für den Herzfehler)
APERT	VSD, Fallotsche Tetrade, Coarctatio aortae	10%
CROUZON	Coarctatio aortae, Ductus	niedrig
EHLERS-DANLOS	AV-Klappeninsuffizienz, Aneurysma dissecans	ca. 50%
FORNEY	Mitralinsuffizienz	niedrig
HOLT-ORAM	ASD, VSD	ca. 50%
Leopard	Pulmonalstenose, EKG-Störungen	ca. 50%
MARFAN	Mitral- bzw. Aorteninsuffizienz, Aneurysmen	60–80%
Mitrales Klick-Geräusch	Mitralinsuffizienz, Rhythmusstörungen	100% in einigen Familien
Neurofibromatose (von RECKLINGHAUSEN)	Pulmonalstenose, Coarctatio aortae, Phäochromozytom mit Hypertonus	5–10%
NOONAN	Pulmonalstenose, ASD, obstruktive Herzhypertrophie	50%
Osteogenesis imperfecta	Aorteninsuffizienz	5–10%
Supravalvuläre Aortenstenose (mit bzw. ohne Kobold-Gesicht)	Supravalvuläre Aorten- und Pulmonalstenose, Stenosen der Lungenarterien	100%
TREACHER COLLINS	VSD, Ductus, ASD	ca. 10%
Tuberöse Hirnsklerose (BOURNEVILLE)	Myokardrhabdomyome	mäßig
WAARDENBURG	VSD	sehr niedrig

Synthese struktureller Proteine, die am Aufbau von Fasern und Zellbestandteilen beteiligt sind. Mutationen dieser Gene verursachen daher selbst bei Heterozygotie Veränderungen der Gewebebeschaffenheit oder der Organform. Die wichtigsten derer, bei denen Mißbildungen des Herzens oder der großen Gefäße charakteristischerweise bzw. gelegentlich vorkommen, sind in der Tabelle 7 angeführt. Die Synthese von Enzymproteinen wird dagegen von rezessiven Genen gesteuert. Da in der Regel die Hälfte der normalerweise synthetisierten Menge eines Enzyms für den Ablauf der betreffenden Reaktion ausreicht, so erklärt sich bei Heterozygotie der normale Phänotyp bei Mutationen solcher Gene. Bei einigen davon kommen jedoch echte Mißbildungen des Herzens und der großen Gefäße vor (Tabelle 8). Von denen mit X-gekoppelten Mutationen sind 2 Syndrome (beide mit dominantem Erbgang und geringer Penetranz) zu nennen: die fokale Dermalhypoplasie (gelegentlich angeborene Herzfehler und Telangiektasien) und die Incontinentia pigmenti (Ductus arteriosus persistens und pulmonaler Hochdruck). Bei vielen monogenen Erbleiden lassen sich jedoch wenigstens zur Zeit die verschiedenartigen erbbedingten Krankheitserscheinungen etwa im

Tabelle 8. Herz-Gefäßmißbildungen bei autosomal rezessiven Mutationssyndromen. (In Anlehnung an NORA u. NORA 1978)

Syndrom	Herzfehler	Penetranzrisiko (für den Herzfehler)
CARPENTER	Ductus, VSD, Pulmonalstenose, art. Transposition	ca. 20%
Chondrodysplasia punctata	VSD, Ductus	niedrig
Cutis laxa	Periphäre Stenosen der Lungenarterien	mäßig
ELLIS-van CREVELD	ASD, Einzelvorhof, andere Herzvitien	50%
FANCONI-Panzytopänie	ASD, Ductus	niedrig
IVEMARK	Asplenie meist mit komplexen Herzvitien	100%
BARDET-BIEDL (LAURENCE-MOON)	VSD, andere Herzvitien	mäßig
MECKEL-GRUBER	Verschiedenartige, darunter komplexe Herzvitien	über 25%
Pseudoxanthoma elasticum	Mitralinsuffizienz, Koronarinsuffizienz, generalisierte Angiopathie, Hypertonus	100%
SECKEL	VSD, Ductus	niedrig
SMITH-LEMLI-OPITZ	VSD, Ductus, andere Herzvitien	ca. 15%
Thrombozytopenie und Radiusagenesie	ASD, Fallotsche Tetrade, Dextrokardie	30%
WEILL-MARCHESANI	Pulmonalstenose, VSD, Ductus (?)	ca. 15%
ZELLWEGER	Ductus, VSD, ASD	niedrig

Gegensatz zu den Thesaurismosen auf keine einheitliche primäre Genwirkung zurückführen. Man spricht dabei von einem *pleiotropen Effekt*. Die *Pleiotropie* (oder *Polyphänie*) beruht wahrscheinlich nicht auf multiplen voneinander unabhängigen Genwirkungen, sondern eher auf einem Grunddefekt einer chemischen Substanz, die für die normale Entwicklung mehrerer Organe notwendig sein soll (s. LENZ 1983). Klassische Pleiotropiesyndrome sind z.B. das Kartagener-, das Bardet-Biedl- bzw. das Fanconi-Syndrom der Panmyelopathie. Nach einigen Autoren können bestimmten isoliert vorkommenden Herzmißbildungen, darunter Vorhofseptumdefekten, supravalvulären Aortenstenosen, Verschmelzungsstörungen der Endokardkissen (auch hypertrophischen Kardiomyopathien, dem Prolaps der Mitralklappe) monogene potentiell pleiotrope Erbleiden zugrundeliegen (s. DENNIS 1981).

c) Syndrome unbekannter Genese

Die wichtigsten davon in Hinsicht auf das Vorkommen von Mißbildungen des Herzens und der großen Gefäße sind in der Tabelle 9 angegeben.

Tabelle 9. Herz-Gefäßmißbildungen bei Syndromen unbekannter Genese. (In Anlehnung an NORA u. NORA 1978)

Syndrom	Herzfehler	Risiko (Vorkommen von Herzfehlern)
Arthrogryposis multiplex congenita	Ductus, VSD, Coarctatio aortae, Aortenstenose	10–25%
Asymmetrisches Schreigesicht	Fallotsche Tetrade, VSD	25%
Vorhofmyxom (familiäres Vorkommen)	Myxom	niedrig
Trigonozephaliesyndrom (OPITZ)	Ductus, andere Herzvitien (?)	100%
de LANGE	VSD, Fallotsche Tetrade, Ductus, Doppelausgang aus der rechten Kammer	20%
di GEORGE	VSD, Unterbrechung des Aortenbogens, Truncus arteriosus	85–95%
GOLDENHAR	Fallotsche Tetrade. VSD, ASD	ca. 50%
Intrahepatische Gallengangsdysplasie	Periphäre Stenosen der Lungenarterien, Ductus, VSD	ca. 50%
KARTAGNER [a]	Dextrokardie	100% (beim Vollbild)
KLIPPEL-FEIL	VSD, totale Fehleinmündung der Lungenvenen, art. Transposition, Fallotsche Tetrade, ASD, Ductus	25–40%
FALEK	Komplexe Anomalien	100%
Mitrales Klick-Geräusch	Mitralinsuffizienz	100%
POLAND	Coarctatio aortae, VSD	10%
MAJEWSKI bzw. SALDINO-NOONAN	art. Transposition, andere Truncusanomalien	ca. 50%
RUBINSTEIN-TAYBI	Ductus, ASD, VSD	25%
SILVER	Fallotsche Tetrade, VSD	10–20%
STURGE-WEBER	Coarctatio aortae, Hämangioma	niedrig hoch
WILLIAMS	Supravalvuläre Aorten- und Pulmonalstenose, periphäre Stenosen der Lungenarterien	über 90%

[a] Autosomal rezessiv nach LENZ (1983).

2. Exogene Faktoren

Die teratogene Wirkung peristaltischer Faktoren ist beim Menschen durch 5 anerkannte Syndrome belegt, nämlich die Rubeolenembryopathie (s. ROSENBERG et al. 1981; TÖNDURY 1962), die Thalidomidembryopathie (s. LENZ u. KNAPP 1962; THURNER 1970), die Coumarin (Warfarin)-Embryopathie (s. BECKER et al. 1975; WARKANY 1975a, b), das fötale Alkoholsyndrom (s. JONES u. SMITH 1973;

Tabelle 10. Wichtigste auf die Kreislauforgane teratogen wirkende Faktoren beim Menschen. (Nach NORA 1983)

Teratogen	Häufigste Herzfehler	Häufigkeit (%)
Alkohol	VSD, Ductus, ASD	25–30
Pharmaka		
Amphetamine	VSD, Ductus, ASD, arterielle Transposition	5 (?)
Antikonvulsiva		
Hydantoin	Pulmonalstenose, Aortenstenose, Coarctatio aortae, Ductus	2–3
Trimethadion	Arterielle Transposition, Fallotsche Tetrade, Hypoplasie des linken Herzens	15–30
Chemotherapie	Pulmonalstenose, Aortenstenose, VSD, ASD	5 (?)
Lithium	EBSTEINsche Anomalie, Trikuspidalatresie, ASD	10
Geschlechtshormone	VSD, arterielle Transposition, Fallotsche Tetrade	2–4
Thalidomid	Fallotsche Tetrade, ASD, VSD, Truncus ateriosus	5–10
Infektionen		
Rubeolen	Periphäre Stenosen der Lungenarterien, Ductus, VSD, ASD	35
Mütterliche Erkrankungen		
Diabetes	Arterielle Transposition, VSD, Coarctatio aortae	3–5
	Kardiomegalie und Kardiomyopathie	30–50
Lupus	Herzblock	(?)
Phenylketonurie	Fallotsche Tetrade, VSD, ASD	25–50

JONES et al. 1973; LEMOINE et al. 1968, Literaturzusammenstellung bei ABEL 1981) und das fötale Trimethadionsyndrom (s. BERGSMA 1979), bei denen Mißbildungen des Herzens oder der großen Gefäße relativ häufig vorkommen (NORA 1983; NORA u. NORA 1978; s. Tabelle 10). Weniger häufig treten solche Mißbildungen beim Hydantoin- bzw. Aminopterinsyndrom auf (BERGSMA 1979); s. auch DOYLE u. RUTKOWSKI 1970). Dazu kommen noch 2 Stoffwechselstörungen der Mutter in Betracht, nämlich *Diabetes mellitus* und *Phenylketonurie*, die bei den Kindern zu einem gehäuften Vorkommen an angeborenen Herzfehlern führen sollen (s. NORA 1983; NORA u. NORA 1978). Ähnliches gilt nach den genannten Autoren für Geschlechtshormone. NORA et al. (1974) und NORA (1971) haben auf eine teratogene Wirkung vom Lithium besonders in bezug auf die Ebstein-Anomalie bzw. vom Amphetamin aufmerksam gemacht.

Die exogenen Faktoren können bei jeder Entwicklungsphase der Organogenese eingreifen (POSWILLO 1976). Beim Menschen greifen sie vor allem in komplexe biochemische Reaktionen und der Makromoleküle ein, deren Synthese genetisch gesteuert ist. So darf man die Phänokopie durch exogen bedingte Störungen auf den sonst genetisch determinierten Wegen erklären. Der teratogene Effekt hängt jedoch von der Intensität (bzw. Dosis) und Wirkungsdauer des peristatischen Faktors und von der Entwicklungsphase des betreffenden Organs ab (GOERTTLER 1966).

a) Viren

Obgleich theoretisch zahlreiche Viren in die DNS oder die Messenger-RNS der embryonalen Zellen eingreifen können, steht eine teratogene Wirkung mit Befall des Herzens oder der großen Gefäße nur für das Rubeolenvirus fest. Nach DUDGEON (1976) gilt eine solche Wirkung auch für die Viren der Varicella-Zostergruppe. Das Rubeolenvirus ist allerdings für etwa die Hälfte der gesamten exogen bedingten Mißbildungen des Herzens und der großen Gefäße angeschuldigt worden (NORA 1983; NORA u. NORA 1978). Bei der Rubeolenembryopathie sind die Art und Häufigkeit der Organveränderungen je nach dem Zeitpunkt der Infektion unterschiedlich, die innerhalb der ersten 12 Schwangerschaftswochen besonders gefährlich ist (s. MICHAELS u. MELLIN 1960; ROSENBERG et al. 1981). Überzeugende Befunde für eine teratogene Wirkung auf das Herz und die großen Gefäße liegen für andere belebte Faktoren nicht vor (DOYLE u. RUTKOWSKI 1970; DUDGEON 1976; ELLISON 1981; NORA 1983; NORA u. NORA 1978; ROWE et al. 1981).

b) Ionisierende Strahlen

Dabei kommt außer der in der Trefferhypothese vertretenen direkten Wirkung besonders ein über die Radiolyse des Wassers ausgeübter indirekter Effekt durch freie Radikale auf verschiedenartige Makromoleküle in Betracht. Die teratogene Strahlenwirkung tritt meist erst bei Dosen auf, die weit über denen der medizinischen Röntgenuntersuchungen liegen, wie das bei den Atomexplosionen in Hiroshima und Nagasaki der Fall gewesen ist (PLUMMER 1952, YAMAZAKI et al. 1954). Auch therapeutisch verwendete Strahlendosen können besonders für das Zentralnervensystem teratogen wirken (DEKABAN 1968). Eine teratogene Wirkung für die Kreislauforgane besteht dabei anscheinend nicht.

c) Pharmaka

Die Wirkungsweise mehrerer Substanzen ist nicht genau geklärt. Hierzu gehören das Trypanblau – ein Teratogen in der Tierexperimentation (WEGENER 1961), der nach BECK (1976) eine Hemmung der Heterolysosomen und Pinozytose bedingen soll – und beim Menschen die Anticoagulantia, bei denen eine Herabsetzung des Vitamin K-Spiegels und hypoxidotische, durch Blutungen bedingte Schäden in Betracht kommen (BERGSMA 1979). Ebensowenig ist der biochemische Mechanismus bekannt, der beim *Diabetes mellitus* und der *Phenylketonurie* zu Mißbildungen führen soll; nach TOURIAN u. SIDBURY (1978) hängt der teratogene Effekt bei der *Phenylketonurie* mit dem Phenylalanin-Blutspiegel bei der Mutter zusammen. Zur Erklärung der teratogenen Wirkung der Pharmaka ist allerdings nicht nur der direkte, sondern auch ein indirekter Effekt durch deren Metabolite heranzuziehen, hierzu dürften also Artunterschiede in Hinsicht auf die

Pharmakodynamik und -kinetik bestehen (BERRY u. BARLOW 1976). Ein wichtiger Mechanismus in der menschlichen Teratologie ist der betrügerische Austausch, der beim Lithium als Magnesiumantagonist, in den Purin- und Pyrimidinantagonisten (alkylierende Substanzen: Radiomimetika wie Busulfan, s. DOYLE u. RUTKOWSKI 1970), die über diesen Mechanismus direkt in die DNS eingreifen können, und in den Folsäureantagonisten [Thalidomid (N-Phthalylglutaminsäure-Imid), Methotrexat und Aminopterin] vertreten ist. Dem Folsäureantagonismus kommt die Herabsetzung des Folatsspiegels wahrscheinlich beim chronischen Alkoholabusus und den Antiepileptika nahe (SMITTHELS 1976).

d) Gebäralter

Eine Häufung von Trisomien bestimmter Autosomen (13, 18, 21) bzw. der Gonosomen (XXY- und XXX-Zustand) mit zunehmendem Gebäralter ist heute allgemein bekannt. Die Geburten mongoloider Kinder sollen beim Gebäralter über 44 Jahre etwa 70mal so häufig wie unter 25 Jahre sein, wobei die Häufigkeit bis zum 30. Lebensjahr nicht wesentlich steigt. Ungefähr 1% der Kinder von Müttern über 40 Jahre soll eine Trisomie 21 aufweisen (näheres s. LENZ 1983).

e) Sonstige Faktoren

Bei zahlreichen Faktoren besteht nur der Verdacht auf eine teratogene Wirkung. Bestritten ist hierzu die Rolle der Hypoxie. Nach ALZAMORA et al. (1953) und PEÑALOZA et al. (1964) bewirkt eine chronische Hypoxie ein gehäuftes Auftreten des Ductus arteriosus persistens bei Bewohnern in Gebirgsgegenden. Nach ROWE et al. (1981) bedürfen diese Ergebnisse einer Bestätigung. Der Nikotinabusus während der Schwangerschaft führt zur Geburt untergewichtiger Kinder, ein gehäuftes Auftreten von Mißbildungen besteht dabei anscheinend nicht (s. BERRY 1981).

3. Multifaktorielle Ätiologie

In der klassischen Vererbungslehre wird, wie bekannt, bei der Annahme eines vorliegenden monogenen Erbganges die Diskrepanz zwischen theoretischen und empirischen Häufigkeitswerten der betreffenden Anomalie bei den Kindern eines betroffenen Ehepartners mit dem Begriff einer variablen Penetranz überbrückt. Dieser Begriff erweist sich dabei aber als eine *ad hoc*-Hypothese, mit der die Diskrepanz zwischen Erwartung und Beobachtung eigentlich nicht erklärt, sondern umschrieben wird (LENZ 1983). Die multifaktorielle Konzeption, der die Vorstellung des Zusammenwirkens einer polygenen Einheit, die die genetische Prädisposition bestimmt, mit den Umweltfaktoren zugrunde liegt (näheres bei NORA 1968, 1971, 1983), stellt hingegen eine Erklärung für das vom monogenen Erbgang abweichende Vererbungsverhalten dar (LENZ 1983). Beim rezessiven Erbgang gilt der theoretische Wert von 25% für das Vorkommen der betreffenden Anomalie unter den Kindern beim Vorliegen des entsprechenden Gendefekts in beiden Eltern, beim dominanten Erbgang dagegen 50% beim Vorliegen des Gendefekts nur bei einem Ehepartner. Für isoliert vorkommende Herzmißbil-

Tabelle 11. Angenommenes Rekurrenzrisiko für die häufigsten Herz-Gefäßmißbildungen: *A* bei den Geschwistern eines betroffenen Kindes, *B* bei den Kindern eines betroffenen Ehepartners. (Nach NORA 1983)

Herzfehler	*A* (%)	*B* (%)
Ventrikelseptumdefekt	3	4
Ductus arteriosus	3	4
Vorhofseptumdefekt	2,5	2,5
Fallotsche Tetrade	2,5	4
Pulmonalstenose	2	3,5
Coarctatio aortae	2	2
Aortenstenose	2	4
Arterielle Transposition	2	
Atrioventrikularkanal	2	
Endokardfibroelastose	4	
Trikuspidalatresie	1	
Ebsteinsche Anomalie	1	
Truncus arteriosus	1	
Pulmonalatresie	1	
Hypoplasie des linken Herzens	2	

dungen sind die Häufigkeitswerte bei Kindern eines betroffenen Ehepartners meist viel niedriger, das gleiche gilt für das Vorkommen von Herzmißbildungen bei einem Zwillingspartner, wenn der andere betroffen ist (über Zwillingsuntersuchungen s. LENZ 1983; NORA 1971; ROWE et al. 1981). Die Häufigkeit des Wiederauftretens der Anomalie unter den Kindern hängt dabei von der Anzahl der schon betroffenen Geschwister ab, je größer die Anzahl ist, um so höher ist das Risiko einer Rekurrenz, es kommt dabei also eine familiäre Anhäufung vor, ein Verhalten, das dem monogenen Erbgang fremd ist. Dieser Sachverhalt ist für die genetische Beratung von besonderer Bedeutung. Eines der wichtigsten Ergebnisse der multifaktoriellen Konzeption ist in der Beziehung der Häufigkeit einer Anomalie in der Bevölkerung zu der bei erstgradigen Verwandten eines Probanden ausgedrückt: letztere entspricht der Quadratwurzel des Häufigkeitswerts in der Bevölkerung (EDWARDS 1960). Wird z. B. für die Ventrikelseptumdefekte eine Häufigkeit von 0,0025 in der Bevölkerung (25% der gesamten, in 1% in der Bevölkerung vorkommenden Mißbildungen des Herzens und der großen Gefäße) angenommen, so beträgt der erwartete Häufigkeitswert bei den Geschwistern eines Kindes mit einem solchen Defekt 0,05, also 5%. In dieser Form lassen sich für die einzelnen Mißbildungen die theoretischen Rekurrenzwerte bei erstgradigen Verwandten errechnen. Es gelten heute empirische Rekurrenzwerte für mehrere angeborene Herzfehler bei den Geschwistern eines betroffenen Kindes (NORA 1971, 1983; NORA u. NORA 1978) sowie bei den Kindern eines betroffenen Ehepartners (NORA et al. 1969) (Tabelle 11). Die empirisch festgestellten Zahlenangaben stimmen mit den theoretischen Werten annähernd genau überein. Für die Mißbildungen des Herzens und der großen Gefäße schwanken die theoretischen Werte meist zwischen 1 und 5%. Dabei braucht die beim Probanden vorliegende Herzmißbildung nicht die gleiche Herzmißbildung zu sein, die bei dessen erstgradigen Verwandten auftritt, obgleich beim Vorhof- bzw. Ventrikelseptumdefekt eine hohe Konkordanz besteht. Sind andererseits zwei Verwandte ersten Grades schon betroffen, so ist der Rekurrenzwert etwa 3mal so hoch, beim Ventrikelseptumdefekt also ungefähr 15%. Das Rekurrenzrisiko steigt auf über 50% für den Fall von drei schon betroffenen Verwandten ersten Grades.

IV. Pathogenese

Im folgenden sollen nur die Hauptvorstellungen zur allgemeinen Pathogenese im Rahmen der Herzmißbildungslehre kurz besprochen werden. Während die klassische Forschung die Erklärung für die gestörte Entwicklung im Organbereich gesucht hat, zeichnen sich die modernen Arbeiten durch den Versuch aus, den Organanomalien Störungen im Zellbereich zugrunde zu legen. Diese Forschungsrichtung ist noch auf eine rein experimentelle Basis beschränkt.

1. Teratologische Reihen

Dieser von SCHWALBE (1906) eingeführte und von SPITZER (1923a) anscheinend erstmals auf die Herzmißbildungslehre angewandte Begriff ist von DOERR (1952, 1955, 1960a) mit besonderem Erfolg näher begründet worden (s. auch BERSCH u. DOERR 1976; CHUAQUI 1979). Unter teratologischer Reihe versteht man eine Gruppe von Mißbildungen, die als Varianten derselben Grundform aufgefaßt werden können. Die Glieder einer solchen Reihe sind also rein formal, das ist ihrer sichtbaren Form, ihrer Konfiguration nach miteinander verknüpft. Der heuristische Wert dieses Konzeptes besteht darin, daß den so verknüpften Gliedern auch eine morphogenetische Beziehung zugrunde liegen kann. Die betreffenden Mißbildungen lassen sich dann durch Störungen unterschiedlichen Ausmaßes desselben Prozesses erklären. An einem Extrem der Reihe liegt die leichteste, meist am spätesten entstandene, an dem anderen die schwerste, am frühesten entstandene Mißbildung. Die meisten teratologischen Reihen zeichnen sich dadurch aus, daß zwischen je zwei aufeinanderfolgenden Gliedern eine Übergangsmißbildung denkbar ist. Das sind dichte Reihen, die sich in einem quasi-kontinuierlichen Spektrum von Anomalien manifestieren (CHUAQUI 1979). Solche Reihen deuten auf einen zugrunde liegenden kontinuierlichen Prozeß hin. Hierzu gehört die zahlreiche Gruppe der Heterotopien der großen Herzgefäße, Fehlstellungen, die sich im wesentlichen durch einen Arrest unterschiedlichen Grades der Doerrschen vektoriellen Bulbusdrehung erklären lassen. Dabei versagt der Versuch einer Systematisierung in fixe, scharf voneinander getrennte Formen, solche Reihen sind eher durch die Charakterisierung einiger als Prototypen zu betrachtender Formen zu bezeichnen.

2. Hemmungsmißbildungen

In der Herzmißbildungslehre liegt die besondere Bedeutung dieses Begriffes in seiner Beziehung zu einem normalen Entwicklungsvorgang, dessen Arrest zu Hemmungsmißbildungen führen soll, in denen etwa fixierte Stadien der Organogenese zu sehen wären. Die Aussagekraft dieser Vorstellung ist in großem

Maße dadurch eingeschränkt, daß an embryonalen Organen reine Arretierungen ohne weiteres kaum denkbar sind. Die Auswirkungen des Entwicklungsarrestes am betroffenen Organ und besonders dessen Anpassungsvermögen spiegeln sich in zusätzlichen Umgestaltungen sogar derart wider, daß eine Unterscheidung zwischen Primär- und Sekundäranomalie unmöglich sein kann (s. GOERTTLER 1963). Der Formwandel des embryonalen Herzens ist seit langem auf topographisch unterschiedliche Wachstumsaktivitäten besonders des Myokard, das sog. Differentialwachstum, zurückgeführt worden, welche experimentell beim Tier bestätigt sind (GOERTTLER 1956a; GROHMANN 1961). Die Bulbuswanderung und -drehung sollen der Ausdruck des Differentialwachstums sein (DOERR 1955; s. auch CHUAQUI u. BERSCH 1973). Beide Bewegungen können experimentell mit verschiedenen Verfahren arretiert werden, dabei lassen sich systematisch die erwarteten Fehlstellungen der großen Gefäße erzeugen (DOR u. CORONE 1981a, 1985a).

3. Abnorme Septation

Prinzipiell 3 Argumente sprechen gegen die Auffassung einer selbstständigen aberrierenden Septation als Ursache der Fehlstellungen der großen Gefäße (PERNKOPF u. WIRTINGER 1933, 1935; WIRTINGER 1937; neulich auch von STEDING u. SEIDL 1990 vertreten), nämlich: weitgehend fehlende Septen in einigen Herzen mit arteriellen Heterotopien (DOERR 1955); die an menschlichen Embryonen sowie an embryonalen Hühnerherzen festgestellte Tatsache, daß die Septation im Ventrikel- und Bulbusbereich zum Abschluß kommt, erst nachdem die vektorielle Bulbusdrehung weitgehend vollzogen ist (ANDERSON et al. 1974b, c; ASAMI 1969; CHUAQUI u. BERSCH 1972; DOR u. CORONE 1981a, b; 1985a; GOOR u. LILLEHEI 1975) und schließlich zahlreiche experimentelle Untersuchungen, in denen die Septenbildung und -anordnung als stromabhängig erscheinen (s. BARTHEL 1960; GOERTTLER 1955, 1956b). Der Blutstrom als Gestaltungsfaktor spielt in den zunächst aus inkompressiblem, verschiebbarem Material bestehenden Gallertsepten, nicht aber in den primär muskulären Septen wahrscheinlich eine Rolle. Der Blutstrom ist allerdings den Formverhältnissen des Herzens untergeordnet. Nach STEDING u. SEIDL (1980, 1981) ist die Entstehung und Anordnung der Gallertsepten direkt auf die Formverhältnisse der Herzlichtung vor allem an den Ostien zu beziehen. Als pathogenetisches Prinzip nehmen diese Autoren Deformierungen der Herzanlage an. Warum aber nur bestimmte, zu den bekannten Mißbildungsformen führende Deformierungen der Herzanlage vorkämen, sollte näher geklärt werden. Die Hypothese einer eigenständigen abnormen Ventrikelseptation ist neulich von GITTERBERGER-DE GROOT und WENINK (1981a) zur Erklärung der reitenden Trikuspidalis herangezogen worden.

4. Zur Bedeutung der hämodynamischen Faktoren

Hämodynamische Faktoren spielen in der Entstehung bestimmter, sog. stromabhängiger Mißbildungen eine wichtige Rolle. Hierzu gehören u.a. der Entwicklungsgrad der rechtskammerigen Ausstrombahn bei der Trikuspidalatresie je nach Größe eines Ventrikelseptumdefektes (WEINBERG 1980) und die Aortenisthmushypoplasie bei der Aortenklappenatresie (RUDOLPH u. HEYMAN

1972). Als stromabhängig ist nach CONTE et al. (1990) ein breites Anomalienspektrum der großen Gefäße, darunter auch die arterielle Transposition aufzufassen. So einleuchtend eine Minderdurchströmung für die Deutung einer Hypoplasie auch sein mag, so erweist sie sich als keine eigenständige Störung, sondern als Folge zugrunde liegender Formveränderungen, nämlich eines kleinen, sog. restriktiven Ventrikelseptumdefektes bzw. der Aortenklappenatresie. Die Strömungsverhältnisse sind also den Formverhältnissen untergeordnet und gehören daher in der Kausalordnung zu verschiedenen Kategorien, die sich daher nicht ausschließen und evtl. ergänzen.

5. Störungen im Zellbereich

Die Forschungsrichtung der modernen allgemeinen Teratologie, die Organogenese auf elementare Zellphänomene und die Mißbildungen auf deren Störungen zu beziehen (s. SAXÉN 1970), ist heute auf dem Gebiet der Kardioteratologie in zahlreichen experimentellen Untersuchungen vertreten. Schon vor zwanzig Jahren hat DE HAAN (1967, 1970) den Verschluß des Foramen interventriculare aufgrund der Selektivadhäsion, Kontaktführung bzw. -inhibition analysiert und die Ventrikelseptumdefekte auf deren Störung zurückgeführt. PEXIEDER (1981c) unterscheidet folgende elementare Zellphänomene in der Kardiogenese: Formänderungen der Zellen, Kontaktmodulation, Zellbewegungen, Zellproliferation, Zelltod und Auf- und Abbau (Turnover) der Interzellularmatrix. Änderungen der Zellform und Modulation des Zellkontaktes seien die Hauptmechanismen der Herzschleifenbildung und Zellbewegungen die der Entstehung des aortopulmonalen Septum, ein Proliferationszentrum des rechten Ventrikels sei für die Bulbuswanderung verantwortlich, der Zelltod spiele an der Modellierung des Aortenkonus eine entscheidende Rolle, die Matrixfibrillen sollen als ein Führungsgerüst für den Zellkontakt während der Zellwanderung dienen. Experimentell wird versucht, durch Störungen der einzelnen Zellphänomene pathogenetisch typische Mißbildungen zu erzeugen.

V. Druckstoßveränderungen (sog. „jet lesions")

Umschriebene, hämomechanisch, durch den Aufprall des Blutstromes bedingte Verdickungen des Endokard oder der Arterienintima treten in bestimmten Lokalisationen bei mehreren Herzfehlern auf (s. DOERR 1970; EDWARDS u. BURCHELL 1958a; PERRIN et al. 1964). Der Blutstoß entsteht wegen eines hohen Druckabfalles, der je nach dem vorliegenden Vitium laminäre Blutströme oder aber Wirbelbildungen hervorruft. Die fibröse Verdickungen, die Sitz von endokarditischen Prozesses sein können, treten in Form von Leisten, Wülsten, Falten, Platten, zuweilen von hyalinen, porzellanartigen Tapeten auf. Das Zahnsche Insuffizienz-Zeichen (ZAHN 1895) entspricht einer taschenähnlichen Endokardfalte, deren Konkavität gegen die Stromrichtung gerichtet ist. Bei frischen Läsionen können Blutplättchen und Fibrinansammlungen, bei älteren Kollagenfasern und gelegentlich elastische Fasern nachgewiesen werden. Im folgenden werden die häufigsten angeborenen Herzfehler, bei denen die erwähnten Läsionen vorzukommen pflegen, und deren Lokalisationen angegeben.

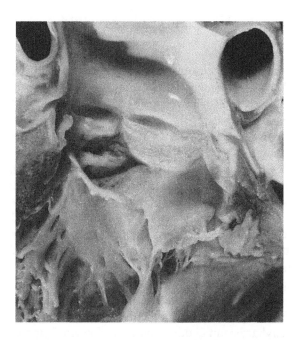

Abb. 1. Ansicht von links in den Conus aorticus. Unmittelbar unterhalb eines subaortalen Defektes eine taschenähnliche fibröse Endokardfalte

Aortenstenose: Intima der Aorta ascendens.

Subaortale Stenose: Rechte Innenfläche der aufsteigenden Aorta und Kammerfläche der Taschenklappen.

Aorteninsuffizienz: Aortenkonus und Facies ventricularis des septalen Mitralsegels.

Mitralinsuffizienz: Hinterwand des linken Vorhofs unmittelbar oberhalb des parietalen Mitralsegels.

Valvuläre und subvalvuläre Pulmonalstenose: Hauptstamm der Pulmonalis und Kammerfläche der Taschenklappen (auch bei der Fallotschen Tetrade).

Pulmonalinsuffizienz: Conus pulmonalis.

Ventrikelseptumdefekte: Bei Links-rechts-Shunt: Seitenwand der rechten Kammer (an der dem Defekt gegenüberliegenden Fläche), dabei auch fibröse Verdickung und Verzerrung des septalen Trikuspidalsegels. In einigen Fällen (vermutlich bei Rechts-links-Shunt) ein dem Zahnschen Zeichen ähnliches Gebilde an der linken Seite des Septum unmittelbar unterhalb des Defektes (Abb. 1).

Vorhofseptumdefekte: Trikuspidal- und Pulmonalklappe (s. OKADA et al. 1969). Ductus arteriosus persistens: Pulmonalarterie (an der dem Ostium ductupulmonale gegenüber liegenden Stelle).

Coarctatio aortae: Aortenwand (vor allem am poststenotischen Abschnitt, häufig in Form ateromatöser Plaques).

VI. Zum klinischen Bild

Die angeborenen Herzfehler sind klinisch, obgleich sie Endzustände von Entwicklungsstörungen darstellen, als keine statischen Erkrankungen zu betrachten, die klinischen Bilder unterliegen eher einem dynamischen Wandel, der an postnatal einsetzende Umstellungen, vor allem der Kreislauforgane, auf die gestörte Herzfunktion gebunden ist (RUDOLPH 1970). Es können Wochen, Monate und sogar Jahre vergehen, bevor sich eine Herzmißbildung in ihrem *typischen* Bild manifestiert hat. Nicht selten tritt nämlich in Fällen mit dem klinischen Bild eines großen Ventrikelseptumdefekts erst nach Jahren eine infundibuläre Pulmonalstenose und damit eine Fallotsche Tetrade in Erscheinung. Die funktionellen Störungen und strukturellen Veränderungen, die der Herzfehler mit sich bringt, können bald stationär bleiben, bald progressiv sein, bald sogar verschwinden, wenn das Herzvitium eine Art Selbstheilung erfährt. So kann der Ductus arteriosus bei einem Frühgeborenen monatelang persistieren und sich nachher spontan schließen.

In der Symptomatik stehen Herzinsuffizienz, Zyanose und ihre Äquivalente und Herzgeräusche im Vordergrund. Kardinalsymptome der Herzinsuffizienz sind Atemnot, Stauungserscheinungen (Lebervergrößerung, Ödeme und Knisterrasseln) und Tachykardie mit Galopprhythmus. Feinere Symptome im Säuglingsalter sind Blässe, Schwitzen und Unterbrechungen beim Trinken, Anamnestische Angaben über das Lebensalter, in dem die Zyanose erstmals auftrat, sind von besonderer Bedeutung: die häufigste Ursache einer schon Stunden nach der Geburt eingetretenen Zyanose ist die arterielle Transposition. Eine Zyanose, die erst im 2. bis 3. Lebenstrimenon eintritt, deutet vor allem auf eine Fallotsche Tetrade hin. Einer erst nach Jahren entstandenen Zyanose liegt des öfteren eine Eisenmenger-Reaktion oder eine Fallotsche Trilogie mit schwerer Pulmonalstenose zugrunde. Eine Zyanose, die spontan verschwindet, spricht gegen einen kardialen Ursprung. Mit der Zyanose können weitere Symptome vergesellschaftet sein: Trommelschlegelfinger, Kopfweh und Fieber (beim Zerebralabszeß!) und anoxämische Zustände. Dies sind paroxysmal auftretende Zustände starker Zyanose gelegentlich mit Krampfanfällen und Bewußtseinsverlust. Sie beruhen auf durch Ausschüttung von Katecholaminen ausgelösten Spasmen eines hypertrophischen Pulmonalkonus. Sie kommen bei der Fallotschen Tetrade häufiger als bei anderen angeborenen Herzfehlern vor. Das Hocken ist beim älteren Kind den anoxämischen Zuständen des Kleinkindes äquivalent. Voraussetzung für eine richtige Auswertung von Herzgeräuschen ist deren Einordnung in den Herzzyklus und Bestimmung von deren Intensität, Dauer und Klang (wenn nötig phonokardiographisch). Laute Herzgeräusche können zu benignen Anomalien, wie z.B. der *Maladie de Roger*, einem kleinen Ventrikelseptumdefekt, gehören, und umgekehrt können schwere Mißbildungen wie eine arterielle Transposition und Formen der Ventrikelhypoplasie keine Herzgeräusche aufweisen. Gerade bei der arteriellen Transposition und den Hypoplasiesyndromen sind die Herzgeräusche nicht durch die Hauptmißbildung, sondern durch die assoziierten Anomalien bedingt wie es oft der Fall ist. Schwindel, Synkopen und Angina pectoris kommen gelegentlich vor. Die zwei ersten sind durch eine zerebrale Minderdurchblutung bedingt, die vor allem bei Belastung zum Ausdruck kommt. Die häufigsten Ursachen kardiovaskulären Ursprungs sind hierzu eine schwere Aortenstenose bzw. Pulmonalhypertonie und transitorische Rhythmusstörungen. Rhythmusstörungen hoher Frequenz kommen bei der paroxysmalen Tachykardie und niedriger Frequenz beim konnatalen AV-Block (sei er isoliert oder aber mit anderen Herzfehlern vergesellschaftet) vor. Ein schlechtes Gedeihen läßt sich besonders in Fällen mit einem großen Links-rechts-Shunt und einer Herzinsuffizienz feststellen. Zu Mißbildungssyndromen gehört oft eine kardiovaskuläre Anomalie. So ist die Verdachtsdiagnose eines Atrioventrikularkanals bei der Trisomie 21, die einer Aortenanomalie beim Marfan-Syndrom, die einer Coarctatio aortae bzw. einer Pulmonalstenose beim Turner-Syndrom, die einer supravalvulären Aortenstenose beim Williams-Syndrom und die eines Vorhofseptumdefekts beim Holt-Oram-Syndrom zu stellen.

VII. Zur Diagnostik

Die Diagnosestellung ergibt sich aus der Erwägung der bei verschiedenen Untersuchungsverfahren gewonnenen Information, und zwar im wesentlichen der anamnestischen Angaben und der klinischen, elektrokardiographischen bzw. röntgenologischen Befunde. Dazu stehen heute zahlreiche weitere Diagnosemethoden nicht invasiver Natur (prinzipiell das Echokardiogramm) bzw. invasiver Natur (vor allem Herzsondierung und Angiokardiographie) zur Verfügung. Das Befragen bei der Anamnese soll gründlich geführt werden, denn es kann eine wertvolle Information nicht nur über den kleinen Patienten selbst, auch über dessen familiäres Milieu liefern. Die klinische Untersuchung ist sorgfältig durchzuführen. Bei der Palpation der Herzgegend soll zunächst der Spitzenstoß lokalisiert werden: normalerweise ist er beim Kleinkind im 4. ICR links an der Mamillarlinie zu finden, seine Verschiebung auf die vordere Axilarlinie deutet auf eine rechtskammerige Hypertrophie hin, eine Verschiebung nach unten und außen spricht für eine linksventrikuläre Hypertrophie. „Schwirren" dürfen nicht übersehen werden: die häufigsten davon finden sich an der Gegend der Herzspitze (bei der Mitralinsuffizienz), im 2. ICR links (bei der Pulmonalstenose), im 3. und 4. ICR links (bei Ventrikelseptumdefekten), in der Suprasternalgrube und im 2. ICR rechts (bei der Aortenstenose). Beim pulmonalen Hypertonus kann der 2. Ton (Pulmonalklappenschluß) fühlbar sein, gelegentlich kann ein Galopprhythmus getastet werden. Eine besondere Bedeutung kommt der Palpation der Arteria brachialis bzw. femoralis zu: nicht fühlbare Pulse der Arteria humeralis dextra ist ein Zeichen für eine Arteria lusoria bei einer Coarctatio aortae, nicht fühlbare Pulse der Arteria femoralis bei Hochdruck an den oberen Gliedmaßen und Hypotonie an den unteren Extremitäten (Blutdruckwerte sind dabei gleichzeitig zu messen!) sind pathognomonisch für Coarctatio aortae. Die bei der Auskultation erhobenen Befunde lassen oft eine präzise Diagnose stellen und ein Urteil über die hämodynamischen Rückwirkungen der vorliegenden Mißbildung fällen. Man kann nämlich auskultatorisch einen Ventrikelseptumdefekt nicht nur diagnostizieren, sondern auch dessen Größe und das Ausmaß des Shunts schätzen. Eine sorgfältige Auskultation führt in der Tat in über Dreivierteln der Fälle zur richtigen Diagnose. Wichtig ist dabei die Unterscheidung von akzidentellen Herzgeräuschen. Sie haben keine klinische Bedeutung, sie führen jedoch nicht selten den Allgemeinarzt zu einer Fehldiagnose und geben damit Anlaß zu weiteren unnötigen Untersuchungen. Ihre Entstehungsmechanismen sind nicht genau geklärt. Akzidentelle Herzgeräusche kommen am häufigsten bei 2- bis 10jährigen, sonst asymptomatischen Kindern vor. Das EKG und die Röntgenuntersuchung sind dabei normal. Relativ selten finden sie sich bei Kindern unter 2 Jahren. In der Regel handelt es sich um systolische, sanfte Geräusche mit einer Intensität bis Grad 3 (max. Grad 6). Am häufigsten kommt das Still-Geräusch der Herzspitzengegend vor. Etwas seltener findet sich das pulmonale bzw. aortale Austreibungsgeräusch. Zu den akzidentellen Geräuschen gehört auch das venöse, zervikale Gefäßgeräusch, sog. Nonnensausen. Das EKG gibt u. a. über die Lage der elektrischen Herzachse, über Rhythmusstörungen und Vorhofvergrößerungen Aufschluß. Es läßt sich dabei auch beurteilen, ob eine Herzkammer einer systolischen bzw. diastolischen Belastung ausgesetzt ist. Die Röntgenuntersuchung gestattet außer der Erkennung der Herzgröße und -form die Beurteilung von Lageanomalien des Herzens (und damit die des Herzsitus) und des Aortenbogens, von Gefäßanomalien (wie beim Scimitar-Syndrom und den Gefäßringen) und von den Durchblutungsverhältnissen der Lungenbahn. In einigen Fällen deuten die Röntgenbefunde auf eine bestimmte Mißbildung hin (die als Epsilon-Zeichen bekannte Ösophagusimpression der Coarctatio aortae, die „Schneemann-Figur" der Herzsilhouette bei der totalen Fehleinmündung der Lungenvenen). Wenn der Patient zyanotisch ist und die Röntgenaufnahme eine vermehrte Lungendurchblutung aufweist, so handelt es sich wahrscheinlich um einen Vorhof- bzw. Ventrikelseptumdefekt oder einen Ductus arteriosus persistens. Sind die Lungendurchblutungsverhältnisse normal, so kommt vor allem eine obstruktive Anomalie in Betracht: eine Aortenstenose oder aber eine Coarctatio aortae bei linkskammeriger EKG-Belastung oder aber eine Pulmonalstenose bei rechtskammeriger EKG-Belastung. Handelt es sich dagegen um einen zyanotischen Patienten mit Pulmonalhyperämie, so sind unter den dabei am häufigsten vorkommenden Mißbildungen eine arterielle Transposition, eine totale Fehleinmündung der Pulmonalvenen, ein Truncus arteriosus persistens bzw. eine Einzelkammer in Betracht zu ziehen (s. Tabelle 12). Bei einem zyanotischen Patienten mit verminderter Lungendurchblutung deutet der im EKG dominierende Ventrikel auf die möglichen vorliegenden Mißbildungen hin (Tabelle 12). In der Erwägung der bei den angegebenen Hauptverfahren der kardiologischen Diagnostik erhobenen Befunde ist von großer Bedeutung, eine praktische, für diagnostische Zwecke geeignete Einteilung der angeborenen Herzfehler im Auge zu haben, und zwar wie die, die von WOOD 1956 vorgeschlagen worden ist. Sie ist in etwas veränderter Form in der Tabelle 12 dargestellt. WOODS Einteilung ruht eigentlich auf den Antworten auf fünf grundsätzliche Fragen (PERLOFF 1978), nämlich:

1. Ist der Patient zyanotisch oder nicht?
2. Ist die Lungendurchblutung vermehrt oder nicht?
3. Sitzt die Mißbildung am linken oder aber am rechten Herzen?
4. Welcher ist der domierende Ventrikel?
5. Besteht ein pulmonaler Hochdruck?

Tabelle 12. Einteilung der angeborenen Herzfehler

Azyanotische Herzfehler	▸ Mit Links-rechts-Shunt	Atrialer Shunt (ASD, partielle Fehleinmündung der Pulmonalvenen [FPV]) Ventrikulärer Shunt (VSD) Aorten-Rechtsherz-Shunt (AV-Fisteln, rupturiertes Sinus Valalvae-Aneurysma, Koronararterien-Fehleinmündung) Arterieller Shunt (Ductus, aortopulmonales Fenster, Truncus arteriosus mit niedrigem Widerstand der Lungenblutbahn)
	▸ Ohne Shunts	Herzfehler am linken Herzen (Aortenstenose bzw. -insuffizienz, Mitralstenose bzw. -insuffizienz, Coarctatio aortae, Cor triatriatum, Stenose der Lungenvenen, Endokardfibroelastose) Herzfehler am rechten Herzen (Pulmonalstenose bzw. -insuffizienz, idiopath. Dilatation des rechten Vorhofs, Ebsteinsche Anomalie, idiopath. pulm. Hypertonie)
Zyanotische Herzfehler	Mit erhöhter Lungendurchblutung	(Art. Transposition, Doppelausgang aus der rechten Kammer, Truncus arteriosus, totale FPV, Einzelkammer, Einzelvorhof, Trikuspidalatresie ohne Pulmonalstenose und mit großem VSD, ASD mit reitender Cava inferior) Linkskammerige Dominanz (Trikuspidalatresie, Ebsteinsche Anomalie mit atrialem Rechts-links-Shunt, Pulmonalatresie mit dichtem Septum, Einzelkammer mit Pulmonalstenose, AV-Lungenfisteln, Fehleinmündung der Cava inferior in den linken Vorhof)
	▸ Mit verminderter Lungendurchblutung	▸ Normal- bzw. Niederdruck der Lungenblutbahn (Fallotsche Tetrade bzw. Trilogie, art. Transposition mit Pulmonalstenose, Truncus arteriosus mit Hypoplasie der Lungenarterienäste) ▸ Hochdruck der Lungenblutbahn (VSD, ASD, Ductus, art. Transposition, totale FPV, Einzelkammer, Hypoplasie des linken Herzens
	Rechtskammerige Dominanz	
	▸ Keine Ventrikeldominanz	(AV-Lungenfisteln, Fehleinmündung der Cava inferior in den linken Vorhof)

Dies führt zum folgenden Schema:

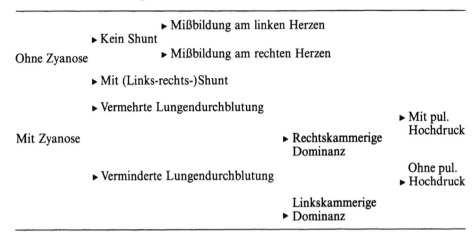

Mit den 4 Hauptverfahren der kardiologischen Diagnostik läßt sich zwar in der großen Mehrzahl der Fälle die Hauptmißbildung richtig diagnostizieren, dabei werden jedoch in der Größenordnung von 20% der Fälle assoziierte Herzanomalien übersehen. Diese Nebenmißbildungen wie z. B. eine diskrete, subaortale Stenose bei einem VSD (s. FISHER et al. 1982) sind aber vor der chirurgischen Behandlung der Hauptmißbildung zu entdecken, damit sie beim gleichen Eingriff korrigiert werden. Prinzipiell aus diesem Grunde beschränkt sich heute die Routineuntersuchung an den kardiologischen Zentren auf die genannten Verfahren nicht, zumal die beträchtlichen technischen Fortschritte des letzten Jahrzehntes die Anwendung nicht invasiver bzw. invasiver Methoden in großem Maße erleichtert haben (s. FRIEDMAN u. HIGGINS 1983).

Die Einführung der Echokardiographie hat die klinische und chirurgische Behandlung stark beeinflußt. Anhand der bidimensionalen Echokardiographie lassen sich heute die Herzanteile und die anatomischen Verhältnisse selbst bei komplexen Mißbildungen räumlich genau darstellen, und zwar auch beim Neugeborenen und sogar beim Fötus. Mit der Anwendung des Doppler-Effektes ist es heute möglich, die Gradienten an den Herzklappen, das Herzminutenvolumen und das Ausmaß der Shunts zu quantifizieren. Zum gleichen Zweck stehen heute die Radioisotopenmethoden zur Verfügung. Die Echokardiographie hat die Herzsondierung z.T. verdrängt bzw. deren Dauer allerdings gekürzt, denn anhand der echokardiographischen Befunde läßt sich die Herzsondierung ganz selektiv vornehmen.

Die Herzsondierung hat eine erweiterte Anwendung gefunden, sie wird heute nicht nur zu diagnostischen, sondern auch zu therapeutischen Zwecken vorgenommen. Bei der Angiokardiographie liegen heute ausgezeichnete Ergebnisse anhand einer neuen nicht invasiven Methode, nämlich der digitalen Substraktionsangiographie vor. Die Herzsondierung erweist sich als ein harmloses, schnell durchführbares und aufschlußreiches Verfahren. Die wichtigsten technischen Fortschritte sind dabei: 1. die perkutanen Venen- bzw. Arterienpunktionsmethoden (ohne Gefäßbloßlegung) selbst beim Neugeborenen, 2. neue, sanftere, flexiblere Kathether (mit geringerem Risiko einer Gefäßverletzung mit nachfolgender Thrombose), 3. neue, nicht ionisierte Kontrastmittel mit niedrigerer Osmolarität als die früheren, 4. weitere selektive Punktionsstellen (dank der neuen Kathetersorten), so: a) venöse Angiographie in Lungenkapillaren (z. B. zur Beurteilung der Beschaffenheit der Lungenarterien bei der Pulmonalklappenatresie), b) Koronararterienangiographie beim Kinde, c) Angiographie mit Ballonkatheter zur Einspritzung des Kontrastmittels an die gewünschte Stelle (Coarctatio aortae, Ductus arteriosus, stenosierte Blalock-Anastomose, usw.), 5. Möglichkeit unterschiedlicher angiographischer Projektionen (zur Klärung anatomischer Verhältnisse), 6. Bildverstärker mit Videoregister zur unmittelbaren Prüfung der angiographischen Darstellung (Verkürzung der Untersuchungsdauer und der Bestrahlungszeit für Patienten und Ärzte), 7. Benutzung der Herzsondierung zu therapeutischen Maßnahmen: Rashkind-Septostomie, Ausweitung einer kritischen Pulmonalstenose bzw. Coarctatio aortae und kritischer Stenosen der Pulmonaläste (mit Ballonkatheter), 8. Computeranlage zur Datenverarbeitung.

Die technischen Fortschritte der Elektrophysiologie gestatten heute, die Mechanismen der Rhythmusstörungen näher zu untersuchen und danach solche Störungen zu behandeln.

Die Kernspintomographie und die digitale Substraktionsangiographie können in absehbarer Zukunft die nicht invasiven Methoden der Wahl sein.

VIII. Zur Behandlung

Die meisten Patienten mit angeborenen Herzfehlern sind letzten Endes chirurgisch, mit einer Palliativoperation oder aber einer Totalkorrektur, zu behandeln. Dank der großen Fortschritte der letzten Jahrzehnte besteht heute die Möglichkeit einer chirurgischen Behandlung für Mißbildungen wie die arterielle Transposition und dem Hypoplasiekomplex des linken Ventrikels, die früher inoperabel waren. Das Herztransplantat bietet eine neue Möglichkeit für die konventionell unoperierbaren Mißbildungen. Wie vielleicht in keinem anderen Gebiet der Medizin sollen Kliniker und Chirurgen eng zusammenarbeiten.

Mit der ärztlichen Therapie sind in der Zwischenzeit bis zur Operation die Verbesserung des allgemeinen Zustandes, die Behandlung der Herzinsuffizienz und anoxämischer Zustände und die der Störungen des Elektrolytengleichgewichtes zu erzielen. Zahlreiche neue Pharmaka stehen heute zur Verfügung für eine wirksamere Behandlung der Herzinsuffizienz und Rhythmusstörungen. In den Fällen, bei denen keine chrirugische Behandlung möglich ist, besteht die Therapie im wesentlichen in Unterstützungsmaßnahmen.

Die chirurgische Behandlung, sei sie eine Palliativoperation oder eine Totalkorrektur, hat je nach dem vorliegenden Herzfehler präzise Indikationen in Hinsicht auf die Art und den Zeitpunkt des chirurgischen Eingriffes. Die chirurgische Behandlung ist in der großen Mehrzahl der Fälle erfolgreich, und derart behandelte Patienten können oft ein normales Leben führen und nicht selten Sport mit hohen Leistungen treiben. Bei ihnen kommt die Lebenserwartung jener der übrigen Bevölkerung nahe. Dies gilt für den Ductus arteriosus persistens, die isolierten Defekte der Herzscheidewände, die Coarctatio aortae und andere mehr. In anderen Fällen, bei denen eine komplexe bzw. schwere Mißbildung vorliegt oder aber das Operationsrisiko zu hoch ist, ist eine Palliativoperation vorzunehmen. Damit erreichen diese Patienten bessere Lebensbedingungen. Die Paliativoperation kann bei komplexen Mißbildungen endgültig sein oder bei einem zu hohen Operationsrisiko nur vorübergehend bestehen bleiben, und zwar bis die kleinen Patienten das Alter erreicht haben, in dem eine Totalkorrektur vorgenommen werden kann. Dies gilt z. B. bei Neugeborenen mit einer arteriellen Transposition.

In einer dritten Gruppe von Patienten besteht schließlich keine Indikation zur chirurgischen Behandlung. Dies sind Patienten mit Herzfehlern leichten Grades, die wie eine leichte Pulmonalstenose oder ein kleiner Defekt der Vorhof- bzw. Kammerscheidewand die normale Lebensaktivität kaum beeinträchtigen, oder aber Patienten, bei denen die Operation schlechthin kontraindiziert ist wie bei denen mit einem Eisenmenger-Syndrom.

IX. Zur Prognose

Vor dem großen Aufschwung der Herzchirurgie in den letzten zwei Jahrzehnten starb etwa $1/3$ der Neugeborenen mit konnatalen Herzvitien im 1. Lebensmonat, ungefähr $1/6$ in der 1. Lebenswoche und ein großer Prozentsatz von ihnen schon in den ersten 48 Lebensstunden, die immer noch als die kritische Periode gelten. Die Mortalitätsrate im 1. Lebensjahr betrug rd. 80% (GOLDRING et al. 1971). Nach dem 1. Lebensjahr fand wie heute noch ein steiler Abstieg der Mortalitätsrate statt. Dieser Sachverhalt hat vor allem im letzten Jahrzehnt die Bemühung der kardiologischen Arbeitsgruppen veranlaßt, möglichst früh die angeborenen Herzfehler zu diagnostizieren und zu behandeln. In Hinsicht auf die Mortalitätsrate gelten heute fast genau umgekehrte Zahlenverhältnisse: Bei 85% der kleinen Patienten unter 1 Jahr läßt sich das Leben retten. Dank der immer wirksameren medikamentösen und chirurgischen Behandlung erreichen viele Patienten das Erwachsenenalter, sie verschwinden damit in der heutigen Medizin den Augen des Kinderkardiologen. Diese Patienten stellen eine neue Krankengruppe dar, bei der verschiedenartige Störungen als Spätfolgen bzw. Komplikationen der Herzchirurgie und psychologische Probleme zu sehen sind.

B. Spezieller Teil

I. Mißbildungen des ganzen Herzens und Perikarddefekte

1. Akardie

Fehlen des Herzens kommt regelmäßig bei den Akardien vor. Die wenigen Beschreibungen von Herzvorkommen sind zweifelhaft und entbehren meist einer histologischen Bestätigung (FRUTIGER 1969). Außer dem Herzen fehlen dabei ständig Leber, Milz, Anus, Vagina und Sternum (s. FRUTIGERs Zusammenstellung von über 200 Fällen). Die Anordnung der Eihäute entspricht immer der Monochorie. Eine diamniote Monochorie liegt im Verhältnis von etwa 2:1 zur monoamnioten Monochorie vor (JAMES 1977). Bei eineiigen Zwillingen läßt sich die diamniote Monochorie durch eine Verdopplung des Organisators mit vollständiger Trennung der Embryonenanlagen erklären. Die entsprechenden teratogenetischen Determinationsperioden liegen danach im Blastulastadium, und zwar im Zeitabschnitt vom 3.–8. Entwicklungstag für die diamniote Monochorie bzw. vom 9.–16. Entwicklungstag für die monoamniote Monochorie (AVERBACK u. WIGLESWORTH 1978). Die Pathogenese der Akardien ist nicht geklärt. Die Akardie darf nämlich als eine echte Agenesie (Hypothese der primären Akardie) oder aber als eine trophisch bedingte Rückbildung der Herzanlage (Hypothese der sekundären Akardie) gedeutet werden. Die meisten Autoren sprechen sich heute für die zweite Hypothese aus (s. FRUTIGER 1969; GOERTTLER 1963, 1968, über weitere Hypothesen s. AVERBACK u. WIGLESWORTH 1978). In der Tat steht der Blutkreislauf des Akardius mit dem des normal entwickelten Partners durch Gefäßanastomosen in der Plazenta stets in Verbindung, wie es bei monochorischen Mehrlingen immer der Fall ist, bei den Akardien sollen aber die Anastomosen zwischen Arterien bzw. Venen eine besondere Rolle spielen (JAMES 1977). Akardien kommen in etwa 1% der monochorischen Zwillingen und ungefähr im Verhältnis von 1:30000 Geburten vor. Die Geschlechtsverteilung entspricht etwa der Norm (47,4% männlichen und 52,6% weiblichen Geschlechts nach JAMES 1977).

2. Multiplicitas cordis

Eine genuine Multiplicitas cordis, d.h. mehrzählige Herzen bei einem Individuum, ist beim Menschen unbekannt (über Multiplicitas cordis beim Tier s. HERXHEIMER 1909). Die bisher beim Menschen als Multiplicitas cordis bezeichneten Fälle entsprechen eigentlich Herzen zusammenhängender Doppelbildungen, von denen beim Menschen die Thorakopagen am häufigsten sind. FRITZSCHE u. MÖBIUS (1958) haben solche Herzen je nach dem Verschmelzungsgrad in 3 Formen eingeteilt, und zwar: getrennte Herzen (Verschmelzungsgrad I), die teilweise durch Gewebsbrücken aus Herzmuskulatur oder durch einen überzähligen Aortenbogen verbunden sind; Doppelherzen (Verschmelzungsgrad II), die stets eine reduzierte Zahl von Herzhöhlen mit schweren Mißbildungen einschließlich der großen Gefäße aufweisen, und einherzige Formen (Verschmelzungsgrad III), die im Aufbau dem normalen Herzen näher stehen. Transitionsformen kommen vor. Die Formen mit einem Verschmelzungsgrad I treten am häufigsten, die mit einem Verschmelzungsgrad III am seltensten auf. Die zwei von den Verfassern obduzierten Fälle von Thorakopagen zeigten jeweils Doppelherzen mit Verschmelzungsgrad II.

Die sog. überzähligen Herzkammern entsprechen eigentlich Divertikeln (sogar Doppelausbuchtungen, s. BARNARD u. BRINK 1956) oder aber durch abnorme Muskelmassen teilweise gekammerten Ventrikeln (COMMANDER et al. 1944; GALE et al. 1969; PAREDES et al. 1971).

Die experimentell erzeugten *Cardia bifida* (s. FALES 1946; SPEMANN u. FALKENBERG 1919; VAN PRAAGH u. DEHAAN 1967) und die spontan auftretende Multiplicitas cordis der Tiere setzen anscheinend ein Stadium der Herzentwicklung voraus, in dem zwei voneinander völlig getrennte Herzschläuche bestehen, was beim Menschen nicht der Fall zu sein scheint (ALLAN 1963; ORTS LLORCA et al. 1960; GOERTTLER 1968).

3. Die primitive Lävokardie

Als primitive Lävokardie (Canalis atrioventricularis sinister) hat GOERTTLER (1958, 1963, 1968) einen Anomalienkomplex des ganzen Herzens abgegrenzt, der grundsätzlich einem Arrest der Herzentwicklung im Stadium der Herzschleife entspricht. Diese typische Hemmungsmißbildung zeichnet sich durch ein schleifenförmiges Herz mit einer primitiven Anordnung der Herzsegmente aus (Abb. 2a–c). Ein Einzelvorhof oder aber die 2 Vorhöfe, meist mit einer Juxtapositio auriculorum cordis, stehen am linken Schenkel durch ein Ostium atrioventriculare commune mit einer gemeinsamen proampullären Einstromkammer in Verbindung, die über einen interampullären Defekt in den aufsteigenden rechten Schenkel führt. Dieser besteht unten aus dem bulbometampullären Segment, oben aus den großen, in Transpositionsstellung entspringenden Gefäßen. Die Aorta entspringt nämlich rechts lateral, die Pulmonalis links medial. Es bestehen dabei verschiedene Varianten, und zwar in Hinsicht auf die räumliche Anordnung der Herzschleife, nämlich von frontal bis schräg von hinten links nach vorn rechts, auf den Entwicklungszustand des Septum atriorum, das vollständig fehlen oder einen Primumdefekt aufweisen kann, auf den Entwicklungszustand des Septum interampullare und auf die Stellung der großen Gefäße: Aorta lateral und Pulmonalis medial bis Aorta annähernd ventral und Pulmonalis dorsal. Gelegentlich liegt ein Truncus arteriosus persistens vor. Nicht selten besteht eine Fehlverbindung der Lungenvenen. In der angloamerikanischen Literatur wird diese Mißbildung als eine Form des univentrikulären Herzens aufgefaßt (zur Klinik s. unter Einzelkammer). Die relative Häufung dieser Mißbildung soll in der Größenordnung von 1% liegen. Im Untersuchungsgut der Verfasser finden sich jedoch 7 Fälle (2,4%!).

4. Lageanomalien des Herzens

Die Lageanomalien des Herzens lassen sich im Prinzip nicht am isolierten Organ, sondern erst im Zusammenhang mit dem Bauplan des Organismus erkennen. Sie stellen pathogenetisch keine einheitliche Gruppe dar, der Ectopia

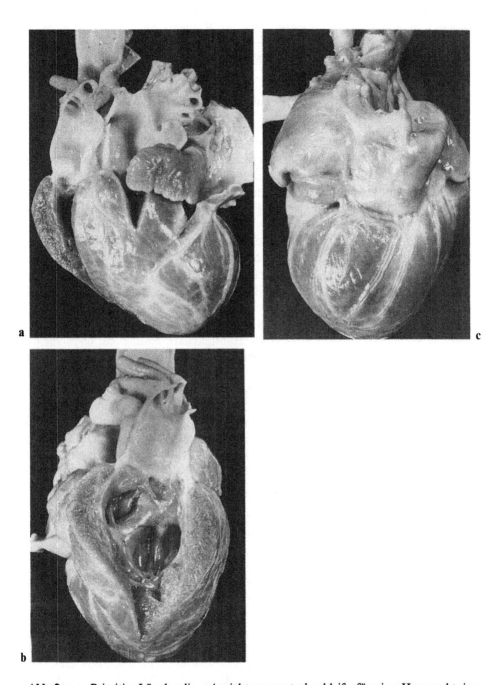

Abb. 2a–c. Primitive Lävokardie. **a** Ansicht von ventral: schleifenförmiges Herz, rechts im Bild die Vorhöfe (der linke vorn, der rechte hinten) mit Juxtapositio auriculorum cordis. Aus dem arteriellen Herzende (*links* im Bild) entspringen die Aorta lateralwärts, die Pulmonalis medialwärts. **b** Ansicht von rechts in das bulbometampulläre Segment und in die Aorta. **c** Ansicht von links: der Sulcus interauricularis und der Margo obtusus des proampullären Segments liegen in derselben Ebene

cordis liegt eine Störung des Descensus cordis verbunden mit der der Parietes thoracis zugrunde, die restlichen sind im Rahmen der Symmetrielehre zu verstehen. Letztere dürfen als Symmetrieanomalien bezeichnet werden. Das klinische Bild ist dabei prinzipiell durch die oft vorhandenen Begleitmißbildungen bedingt.

a) Ectopia cordis (Ektokardie)

Darunter wird die partielle bzw. totale Verlagerung des Herzens außerhalb des Brustraumes verstanden. Das verlagerte Herz kann frei (Ectopia cordis nuda) oder aber von Weichteilen bedeckt (Ectopia cordis tecta) liegen. Ein Perikarddefekt ist dabei oft vorhanden. Man unterscheidet 4 Formen: α cervicalis (suprathoracica), evtl. mit einem Defekt des Manubrium sterni, β) thoracalis (cum sterni fissura), γ) abdominalis (subthoracica), bei der das Herz durch einen Zwerchfelldefekt in den Bauchraum (Ectopia cordis abdominalis tecta) oder durch eine Gastroschisis frei vor die ventrale Bauchwand (Ectopia cordis abdominalis nuda) verlagert sein kann, und δ) thoracoabdominalis (sternoepigastrica) (Abb. 3). Beim voll ausgeprägten Syndrom dieser letzten Form liegen die folgenden Anomalien vor: Gastroschisis, Brustbeindefekt, Defekt des diaphragmatischen Perikard, ventraler Zwerchfelldefekt und weitere Herzmißbildungen (CANTRELL et al. 1958). Die häufigste Form ist die thoracalis. Nach BYRONS u. ARBORS Zusammenstellung von 133 Fällen (1948) gilt die folgende Häufigkeitsverteilung: ca. 60% für die thorakale, ca. 20% für die abdominale, ca. 7% für die thorakoabdominale und ca. 3% für die zervikale Form (zur thorakoabdominalen Form mit komplettem bzw. inkomplettem Syndrom s. TOYAMA 1972). Die weiteren oft vorhandenen Mißbildungen des Herzens oder der großen Gefäße sind Scheidewanddefekte, Anomalien der Pulmonalvenen, Persistenz der Vena cava superior sinistra, Herzdivertikel, Cor biloculare, Cor triloculare, Trikuspidalatresie, Fallotsche Tetrade, Ductus arteriosus persistens, Pulmonalstenose, Truncus arteriosus persistens, arterielle Transposition, Ebsteinsche Anomalie u.a.m. (BALZING et al. 1970; BLATT u. ZELDES 1942; MILLHOUSE u. JOOS 1959; TOYAMA 1972). Die Ectopia cordis ist eine sehr seltene Anomalie. In der klinischen Kasuistik von KEITH (1978a) findet sie sich unter 15000 Patienten in 0,013%, das sind 2 Fälle, in BANKLs Sektionsgut (1970) beträgt die Häufigkeit 0,3%. Es besteht keine Geschlechtsbevorzugung (BERGSMA 1979). Die Prognose ist relativ günstiger für die bedeckte abdominale Form.

Die Ectocardia cervicalis ist im wesentlichen der Ausdruck eines frühzeitigen Arrests des Descensus cordis. Bei den anderen Formen der Ektokardie ist eine Störung der Ausbildung der Parietes thoracis maßgebend. Ein Zusammenhang zwischen den zwei genannten Vorgängen scheint bei der Ectopia cordis cervicalis cum sterni fissura und bei der thorakalen Form mit hochgelegenen Herzen vorzuliegen. Nach einer schnellen Phase des Descensus cordis vom Halsbereich bis in den Brustraum findet die Verschmelzung der Sternalleisten etwa im 18. Entwicklungsstadium (bei 15 mm langen Keimen, CLARA 1967) statt. Gleichzeitig damit schreitet die Herzwanderung infolge des durch die weitere Entwicklung der Lungen bewirkten Descensus des Septum transversum fort. Man darf also das genannte Stadium als kritische Transitionsphase zwischen der zervikalen und den restlichen, mit einem Brustbeindefekt einhergehenden Formen der

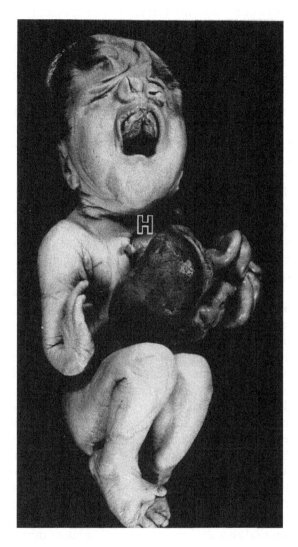

Abb. 3. Ectopia cordis thoracoabdominalis (*H* Herz). Zebozephalie

Ektokardie betrachten. Während es sich bei der ersteren Form prinzipiell um eine Hemmungsmißbildung handelt, spielen bei den letzteren Zerstörungsvorgänge des embryonalen Mesenchyms wahrscheinlich eine wichtige Rolle. Darauf deuten die von BARROW (1972) experimentell erzeugten Ektokardie und Gastroschisis bei β-Aminopropionitril behandelten Ratten hin (näheres über die teratogene Wirkung des Lathyrus odoratus s. bei DOERR 1960b, DOERR et al. 1960).

b) Symmetrieanomalien

α) *Formale Betrachtung.* Die Symmetrieanomalien lassen sich anhand des Symmetriebegriffes formal charakterisieren. Darunter versteht man die Wiederholung gleichartiger oder ähnlicher Elemente in einer bestimmten Ordnung. Der Ordnungstyp läßt sich anhand der sog. Deckoperationen kennzeichnen, wodurch die einzelnen Elemente zur Deckung gebracht werden. Damit wird deren Gleichwertigkeit nachgewiesen. Je nach Art der Deckoperation – Translation, Drehung oder Spiegelung – werden Translations-, Dreh- bzw. Spiegelsymmetrie unterschieden (CZIHAK et al. 1981; LUDWIG 1949). Wegen der Bilateralsymmetrie des menschlichen Organismus und des normalerweise lateralisierten und asymmetrischen Baus des Herzens sind jeweils zwei zueinander symmetrische Konfigurationen möglich: zu der Lävokardie (Normokardie) die Dextrokardie, zu der Dextroversio die Lävoversio cordis. Rein formal lassen sich diese Konfigurationen folgendermaßen aufzeigen: Lävokardie beschreibt die Lage und Anordnung des normalen Herzens, Dextrokardie beschreibt die Spiegelung der normalen Konfiguration an der Sagittalebene, Dextroversio cordis wird als Kopplung dreier Deckoperationen gedeutet, nämlich einer Parallelverschiebung des Herzens nach rechts (Translation), einer Drehung um die Längsachse des Herzens (vom Apex aus gesehen im Gegenuhrzeigersinne) und einer Drehung um die dorsoventral durch das Herzpediculum gelegene Achse (Pendelung, DOERR 1947); GOERTTLER 1963; Abb. 4). Lävoversio cordis: wird gedeutet durch Translation nach links, Rotation um die Längsachse im Uhrzeigersinne (vom Apex aus betrachtet) und Pendelung nach links in bezug auf die Dextrokardie. Die genannten Deckoperationen sind dabei kommutativ.

Es ist PERNKOPFs Verdienst (1926, 1937), von der Situsasymmetrie die Formasymmetrie eines Organs unterschieden zu haben. Während sich die Situsasymmetrie, zu der die Lageanomalien des Herzens gehören, erst in bezug auf den Bauplan des Organismus beurteilen lassen, ist die Formasymmetrie am isolierten Organ erkennbar. Die Bezugspunkte zur Beurteilung der ersteren liegen im Körper außerhalb des betreffenden Organs, die der letzteren im Organ selbst. Ein typisches Beispiel für eine anomale Formasymmetrie des Herzens ist die isolierte Ventrikelinversion, bei der die Kammern eine zur Medianebene des Herzens spiegelbildliche Konfiguration aufweisen (VAN PRAAGH u. VAN PRAAGH 1966). Auch an der Leber kommt eine inverse Formasymmetrie vor (2. Fall HOCHSTETTERS zit. nach RISEL 1909; 5. Fall ROKITANSKYs 1875). Die abnormen Situsasymmetrien sind also als Anomalien des Gesamtorganismus, die anomalen Formasymmetrien dagegen als Organanomalien zu betrachten. Situsasymmetrie und Formasymmetrie gehören also nicht zur gleichen Kategorie. Die von VAN PRAAGH et al. (1964b) vorgeschlagene Terminologie, die in der angloamerikanischen Literatur weit verbreitet ist, läßt eigentlich nur die Formasymmetrien des Herzens kennzeichnen (s. auch WILKINSON u. ACERETE 1977), zur Angabe der Herzlage bedient man sich zusätzlich der Buchstaben *R* (*rechts*), *M* (*medial*) und *L* (*links*) (s. STANGER et al. 1977). Dabei werden folgende Elemente berücksichtigt: Situs atriorum (solitus bzw. inversus), Anordnung der Ventrikel (embryologisch die Richtung der Einbiegung am interampullären Ring), und zwar: d-Kammerschleife (normale Anordnung, Einbiegung nach rechts) bzw. l-Kammerschleife (Einbiegung nach links wie bei der isolierten Ventrikelinversion und der Dextrokardie), Stellung der großen Gefäße (regelrecht wie bei der Normokardie), inverse (bei der Dextrokardie), d-Transposition (arterielle Transposition mit rechts gelegenen Aorta bzw. links gelegenen Pulmonalis, also z.B. die klassische

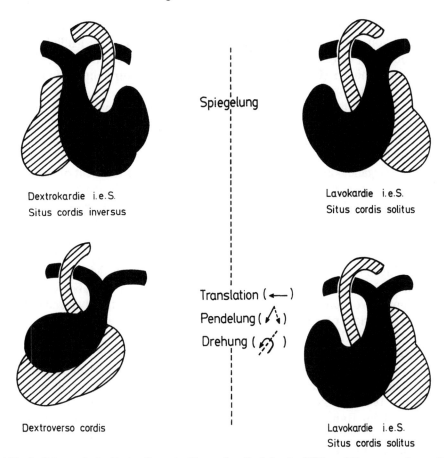

Abb. 4. Schematische Darstellung der Dextrokardie (*oben* im Bild) und Dextroversio cordis (*unten*) anhand von Deckoperationen. Entsprechendes gilt für die Laevoversio cordis ausgehend von der Dextrokardie. (Nach GOERTTLER 1963, verändert)

Transposition bei der Normokardie), l-Transposition (Transpositionsstellung mit Aorta links bzw. Pulmonalis rechts, z.B. klassische Transposition bei der Dextrokardie). Eine Dextroversio cordis mit korrigierter Transposition (Ventrikelinversion plus arterielle Transposition) wird in dieser Nomenklatur folgendermaßen ausgedrückt: Situs atriorum solitus, l-Kammerschleife (R), l-Transposition.

Bei den Situsanomalien der Interlateralformen weisen die Organe die Tendenz zu einer medialen Position im Körper (für das Herz als Mesokardie, für die abdominalen Viscera als Heterotaxie) und einer bilateral symmetrischen Form auf.

β) *Dextrokardie.* Die Abgrenzung der Situsasymmetrie gegen die Formasymmetrie bringt eine beträchtliche Vereinfachung der oft verwirrenden Nomenklatur der Lageanomalien des Herzens mit sich. Danach erübrigt sich, weitere Formen der Dextrokardie je nach Kopplung mit anomalen Formasymmetrien bzw. einer arteriellen Transposition (s. CARDELL 1956; SHAHER 1963, 1964) zu unterscheiden. Eine Ventrikelinversion oder eine arterielle Transposition stellen dabei von der Situsanomalie formalgenetisch unabhängige Mißbildung dar (CHUAQUI 1969; DOERR 1947), so häufig diese letzteren bei der Dextrokardie auch vorkommen mögen (EDWARDS 1968, zur isolierten Ventrikelinversion bei der Dextrokardie s. ESPINO-VELA et al. 1970).

Die Vorstellung, daß jeder paarige Herzabschnitt unabhängig von den restlichen eine Inversion erfahren könne (PERNKOPF 1926; SPITZER 1929), stellt natürlich die Frage, an welchen Herzsegmenten doch bei einer derartigen metameral isolierten Inversion der Herzsitus zu erkennen sei. Die Lage der restlichen Organe läßt sich für die Bestimmung des Herzsitus nicht ohne weiteres in Betracht ziehen, da dabei ein Situs inversus partialis vorliegen kann (s. GEIPEL 1903; LOCHTE 1894, 1898; RISEL 1909). Die genannte Vorstellung entspricht jedoch den teratologischen Realisationsmöglichkeiten des embryonalen Herzens nicht, insbesondere ist eine Vorhofinversion ohne die des Sinus venosus undenkbar, denn die Einbeziehung des Sinus venosus normalerweise in den rechten Anschnitt des primitiven Atrium bestimmt gerade das architektonische Muster des fertigen rechten Vorhofs (s. CHUAQUI 1969; DOR et al. 1987). Liegt aber eine solche Inversion der Vorhöfe und des Sinus venosus bei einer rechts entwickelten Leber und Cava inferior vor, so kann das Segmentum hepaticum der Vena cava caudalis nicht zur Entwicklung kommen. Es sind dann einmal die Fortsetzung der Pars sacrocardinalis bzw. subcardinalis Venae cavae caudalis mit dem System der Suprakardinalvenen über eine in die linke obere Hohlvene einmündende Vena azygos, zum anderen die Persistenz der Venae hepaticae revehentes obligatorisch (s. CLARA 1967; GRÜNWALD 1938). Derartige Verhältnisse kommen wohl vor, jedoch erst im Rahmen des nach IVEMARK (1955) benannten teratologischen Syndroms der Organsymmetrie (s. unter Interlateralformen). Eine isolierte Vorhofinversion ist also theoretisch abzulehnen, im Gegensatz zur isolierten Ventrikelinversion ist sie nicht belegt worden (s. CHUAQUI 1969; LEV 1954; VAN PRAAGH et al. 1964b). Die meisten Fälle, bei denen man geglaubt hat, auf eine isolierte Vorhofinversion schließen zu dürfen, entsprechen einer Dextroversio cordis plus Kammerinversion („larvierte" Dextroversio cordis nach KORTH u. SCHMIDT 1953, „mixed dextrocardia" nach LEV u. ROWLATT 1961). Es handelt sich dabei nämlich um ein rechtsverlagertes Herz mit Situs solitus atriorum und Ventrikelinversion, welches aber für eine Dextrokardie mit regelrecht ausgebildeten Kammern und Situs atriorum inversus gehalten worden ist. Die von VAN PRAAGH et al. (1964b) postulierte Konkordanz des Situs atriorum mit dem Situs corporis läßt sich also durch embryologische und teratologische Gründe unterstützen. Die Lage der Vorhöfe erweist sich daher als das sicherste Kriterium, um den Situs cordis (et corporis) zu bestimmen (s. auch CAMPBELL u. DEUCHAR 1966; LEACHMANN u. SLOVIS 1964; SHAHER et al. 1967a). Allein bei Interlateralformen bleibt er oft unbestimmt (Situs ambiguus).

Eng verknüpft mit dem Problem einer isolierten Vorhofinversion ist die Frage nach einer isolierten Dextrokardie. Darunter ist eine (spiegelbildliche) Dextrokardie situ solito ceterorum viscerum zu verstehen (ROESLER 1930). Die Möglichkeit einer isolierten Dextrokardie setzt eigentlich die einer isolierten Vorhofinversion voraus, denn die Ventrikel bilden sich dabei, wie bekannt, formal unabhängig von der Lage der Vorhöfe aus. In der Tat erweisen sich die für eine isolierte

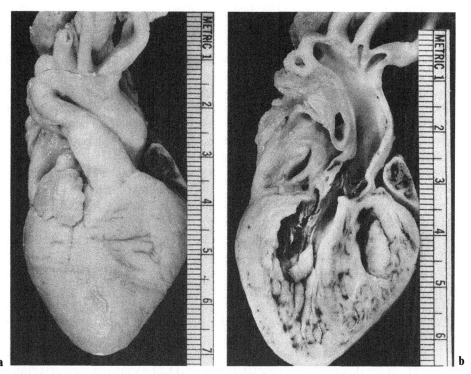

Abb. 5a, b. Typische (spiegelbildliche) Dextrokardie bei einem Fall mit Situs inversus totalis. **a** Ansicht von ventral. **b** Frontalschnitt durch das Herz. Keine weiteren Herzgefäßmißbildungen

Dextrokardie gehaltenen Fälle als eine Dextroversio cordis mit Ventrikelinversion oder aber als Dextrokardien beim Situs inversus partialis (ARCILLA u. GASUL 1961; BURCHELL u. PUGH 1952; PTASHKIN et al. 1967; SANDERS u. POORMAN 1968; näheres zur Diskussion einschließlich der Zusammenstellung von SCHMIDT u. KORTH 1954a, s. bei CHUAQUI 1969). Die Dextrokardie gehört also zum Bild des Situs inversus.

Der Situs inversus totalis darf rein formal zwar als ein bloßes Spiegelbild der Norm (SPITZER 1929) und die zugehörige Dextrokardie (Abb. 5a, b) als eine Normokardie (GOERTTLER 1963) betrachtet werden, phänomenologisch stellt er jedoch eine Anomalie des Gesamtorganismus dar (CHUAQUI 1969; GRANT 1958; PERNKOPF 1926, 1937; RISEL 1909; TORGERSEN 1949, 1950). Die Anomalie läßt sich experimentell reproduzieren (s. CAMPBELL 1963, 1965; CAMPBELL u. DEUCHAR 1967; LUDWIG 1949; SCHWALBE u. KERMAUNER 1909; SPEMANN u. FALKENBERG 1919; WEGENER 1961, VON WOELLWARTH 1950). In der Tat kommen beim Situs inversus multiple Organanomalien häufiger als beim Situs solitus vor (GOERTTLER 1963). Begleitmißbildungen sind sogar in über $^3/_4$ der Fälle mitgeteilt worden (BERGSMA 1979). Nach TORGERSEN (1949) tritt der Situs inversus in der Bevölkerung im Verhältnis von rund 1:10000 auf. Das männliche Geschlecht ist nach einigen Autoren etwas häufiger als das weibliche betroffen (s. BERGSMA 1979), nach anderen Autoren (HYNES et al. 1973) besteht keine Geschlechtsbevorzugung. Bei Patienten mit angeborenen Herzfehlern fanden CAMPBELL u. DEUCHAR (1966) einen Situs inversus in 0,8% der Fälle, was auch auf den anomalen Charakter der spiegelbildlichen Situsinversion hindeutet. Weitere Herzgefäßmißbildungen kommen andererseits in 5% der Fälle mit einer Dextrokardie (SCHAD et al. 1965), also rund 5mal so häufig wie bei der Normokardie, vor. Pathogenetisch ist der Situs inversus nicht restlos geklärt. Anscheinend spielen dabei genetische Faktoren mit einem rezessiven Erbgang eine wichtige Rolle (COCKAYNE 1938). Dafür spricht der hohe Prozentsatz von Verwandtenehen bei den Eltern von betroffenen Individuen (etwa 5%, CAMPBELL 1965). Zwillingsuntersuchungen deuten jedoch darauf hin, daß auch äußere Momente eine Rolle spielen (CAMPBELL 1963, 1965; CAMPBELL u. DEUCHAR 1966, 1967; TORGERSEN 1949, 1950). Die ursächlichen Faktoren des Situs inversus wären also im Rahmen der multifaktoriellen Konzeption zu deuten.

Die experimentellen Untersuchungen sprechen dafür, daß der Situs inversus früh determiniert ist (s. auch STARCK 1955; WILLIS 1962). Die Inversion der großen zuführenden Venen und die der Atria dürfen als das Hauptsymptom des Situs inversus gelten (CHUAQUI 1969). Experimentell kommt eine Schlüsselstellung in der Genese des Situs inversus dem Entoderm zu, und zwar als einem Induktor der Herzentwicklung (FULLILOVE 1970, ORTS-LLORCA 1970) oder aber als einer Führungsunterlage (DEHAAN 1964, 1965). Diese Ergebnisse sprechen gegen die Hypothese von STEDING u. SEIDL (1981), daß die Dextrokardie relativ spät entstehe.

Die Dextrokardie wird in der Regel zufällig klinisch oder röntgenologisch entdeckt, da bei den meisten Patienten (90–95%) keine weiteren Herzgefäßmißbildungen vorliegen. Gelegentlich findet sie sich als ein Element der Trias des Kartagener-Syndroms (KARTAGENER 1933; s. auch TAIANA et al. 1955), also mit Bronchiektasien und Sinusitis vergesellschaftet. Palpatorisch und perkussorisch lassen sich der Apex cordis auf der rechten, die Leber auf der linken Seite erkennen. Die Herztöne und eventuellen Herzgeräusche lassen sich besser ebenfalls rechts am Brustbein auskultieren. Beim EKG werden negative P-Zacke, QRS-Komplex und T-Welle in D1 festgestellt. Die betreffenden Komplexe in aVR und aVL zeigen sich invers zur Norm konfiguriert. Die in der rechten Brustwandableitungen registrierten EKG-Kurven gleichen denen der sonst linken präkordialen Ableitungen. Im Röntgenbild zeigt sich die Herzsilhouette als das Spiegelbild der Norm. Das Vorliegen einer Herzvergrößerung und die Verhältnisse des Lungenkreislaufs hängen von den weiteren evtl. vorhandenen Herzgefäßmißbildungen ab, worüber das Echokardiogramm (Schallkopf rechts vom Sternum!) Aufschluß gibt. Wenn nötig sind Herzkatheter und Angiokardiographie durchzuführen. Die Behandlung und Prognose sind durch die evtl. assoziierten Anomalien bestimmt. Sind diese nicht vorhanden, so entspricht die Prognose der eines gesunden Menschen.

γ) *Dextroversio cordis.* Diese Mißbildung läßt sich zwar rein formal von der Normokardie durch Translation, Pendelung und Drehung ableiten, sie stellt aber eine ganz primitive Anomalie dar, die sich im Gegensatz zur Dextropositio cordis durch die Einwirkung mechanischer Faktoren (Zug, Druck, usw.) nicht erklären läßt. Die Anomalie wird als eine Hemmungsmißbildung während der frühen

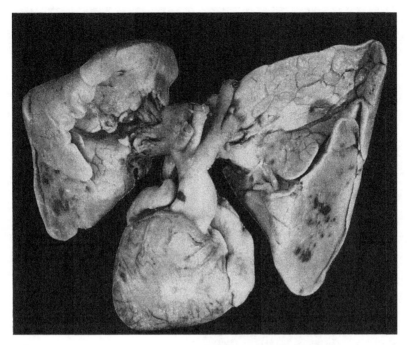

Abb. 6. Dextroversio cordis (mit Truncus arteriosus persistens, rechtem Aortenbogen und Einzelkammer)

Entwicklungsstadien interpretiert, in denen die bulbometampulläre Schleife immer noch nach rechts gerichtet ist. Die Bulbuswanderung nach links hat dabei also noch nicht begonnen. Übergangsformen zur Mesokardie sind nicht selten. In 90–98% der Fälle kommen weitere Herzgefäßmißbildungen darunter schwere Anomalien wie Cor biloculare, Cor triloculare, Truncus arteriosus persistens (Abb. 6), gekreuzte Transposition, korrigierte Transposition (Abb. 7a–c), Pulmonalstenose bzw. -atresie, Scheidewanddefekte und in 25% der Fälle ein Situs inversus partialis vor (ANSELMI et al. 1972; AYRES u. STEINBERG 1963; SCHAD et al. 1965). Bei den Dextrokardien *sensu lato* (genuine Dextrokardie samt Dextroversio cordis) findet sich eine Dextroversio cordis in etwa zwei Dritteln der Fälle (HAROUTUNIAN u. NEILL 1961).

Die Dextroversio cordis wird klinisch meist bei der näheren Untersuchung einer Begleitmißbildung entdeckt. Bei der Palpation und Perkussion lassen sich die Rechtsverlagerung des Apex cordis und die ebenfalls rechts liegende Leber feststellen. Die Herztöne und eventuellen Herzgeräusche sind dementsprechend rechts vom Sternum lauter. Das EKG weist eine positive P-Zacke in D1, eine q-Zacke und eine r-Zacke auf. Die Verhältnisse des QRS-Komplexes und der T-Welle sind von den Begleitmißbildungen stark beeinflußt. Das Röntgenbild zeigt den Apex cordis und die Leber rechts. Größe und Form der Herzsilhouette sowie der Zustand der Lungenblutbahn hängen von den Begleitmißbildungen ab. Das gleiche gilt für die Behandlung und Prognose. Letztere ist meist schlecht, da es sich dabei oft um schwere Mißbildungen handelt.

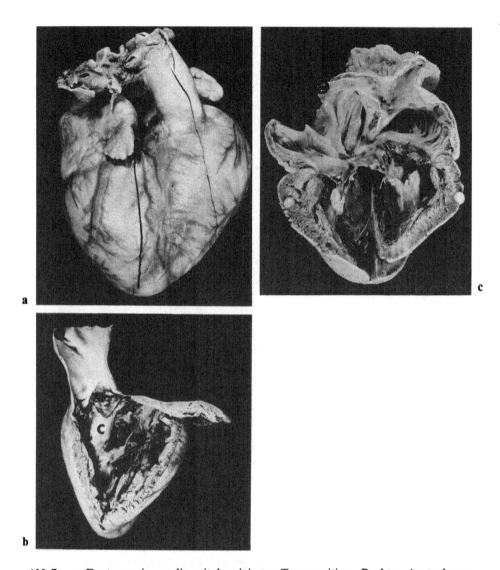

Abb. 7a–c. Dextroversio cordis mit korrigierter Transposition. Rechter Aortenbogen.
a Ansicht von ventral. **b** Ansicht in die links gelegene Kammer (*c* Crista supraventricularis).
c Ansicht in die rechts gelegene Kammer (mit linksventrikulärer Architektur). Normaler Bau des rechten Vorhofs. (Aus CHUAQUI 1969)

δ) *Laevoversio cordis*. Diese Anomalie entspricht dem Spiegelbild der Dextroversio cordis. Sie darf in ähnlicher Weise wie die Dextroversio cordis jedoch vom Situs inversus ausgehend interpretiert werden. Von der Laevoversio cordis wird ebenfalls die mechanisch bedingte Laevopositio cordis unterschieden. Etwa ⅓ der Lävokardien im weiteren Sinne (genuine Lävokardie samt Laevoversio cordis) entspricht Herzen mit Situs cordis inversus, also Lävoversiones. In einer umfassenden Zusammenstellung finden LIBERTHSON et al. (1973) keinen Fall einer echten isolierten Lävokardie (z. Diskussion s. CHUAQUI 1969 und SCHMIDT u. KORTH 1954b). Bei den Lävokardien mit Situs inversus partialis und bei den Lävoversiones kommen weitere Herzgefäßmißbildungen in mehr als 90% der Fälle vor (SCHAD et al. 1965).

Diese Lageanomalie wird meist, wie die Dextroversio cordis, bei der näheren Untersuchung einer der symptomatischen Begleitmißbildungen entdeckt. Betastung und Beklopfen gestatten, die Lage der Herzspitze und die der Leber, nämlich links, zu bestimmen. Ebenfalls links parasternal sind die Herztöne und eventuellen Herzgeräusche lauter. Die EKG-Kurve ist invers zu der der Dextroversio cordis konfiguriert. Röntgenologisch läßt sich die scheinbar normale Lage des Herzens, jedoch bei einem Situs inversus abdominalis bestätigen. Die Anwendung sonstiger Untersuchungsverfahren soll sich nach dem Bedarf, die Begleitmißbildungen näher zu bestimmen, richten. Davon hängen auch Behandlung und Prognose ab.

ε) *Interlateralformen.* Die typische Interlateralform des Herzens ist das symmetrisch medial gelegene Cor biloculare mit einem Ostium atrioventriculare commune, Truncus arteriosus persistens, fehlendem Sinus coronarius und einer Persistenz beider oberen Hohlvenen und der Venae hepaticae revehentes. Diese ideale Form ist jedoch selten. Statt des Truncus arteriosus (s. POPJAK 1942) finden sich meist beide großen Gefäße, und zwar in der Regel in Transpositionsstellung (GOERTTLER 1963). In zwei Dritteln der Fälle liegt dabei eine Pulmonalstenose bzw. -atresie vor (FONTANA u. EDWARDS 1962). Am Kammerabschnitt läßt sich häufig ein bulbometampullärer Ausgangsanteil erkennen. Am Vorhofabschnitt können Rudimente der Septa vorhanden sein. So ergeben sich mehrere Übergangsformen je nach dem Grad der Entwicklungshemmung. Das Cor biloculare liegt nicht unbedingt in der Sagittalebene (Mesokardie), bei der Mesokardie braucht es sich umgekehrt nicht um ein zweikammeriges Herz zu handeln. LEV et al. (1971b) unterscheiden von der Mesokardie, bei der u. a. eine Ventrikelinversion („mixed mesocardia") vorkommen kann, die Mesoversio („pivotal mesocardia") als eine inkomplette Form der Dextroversio cordis (näheres über assoziierte Mißbildungen s. bei TEMPLE u. BLOOR 1981). Die Häufigkeit des Cor biloculare liegt bei Sektionsstatistiken in der Größenordnung von 1–2% (FONTANA u. EDWARDS 1962).

Die Mesokardie tritt oft, jedoch nicht ausschließlich als Teilerscheinung der teratologischen Syndrome der Bilateralsymmetrie auf. Dabei unterscheidet man 2 Syndrome, nämlich das Ivemark-Syndrom (Aspleniesyndrom) (Abb. 8a, b) und das Polyspleniesyndrom (s. MOLLER et al. 1967). Diese Syndrome bestehen jeweils in einem breiten Spektrum von Anomalien, haben mehrere Charaktere gemeinsam, unterscheiden sich jedoch in bestimmten Merkmalen (s. Tabelle 13). Im Vordergrund steht die Tendenz zur Bilateralsymmetrie der Form und Lage der Organe. Unpaarige Organe neigen dabei zur Lage in der Sagittalebene (Mesokardie, Heterotaxie der abdominalen Viszera). Diese Tendenz wird beim Ivemark-Syndrom durch die Verdopplung des sonst rechtsseitigen, beim Polyspleniesyndrom durch die Duplikation des sonst linksseitigen Organmusters realisiert, was sich in einem Dextroisomerismus bzw. Lävoisomerismus äußert (s. LABABIDI et al. 1972). Je einer der Leberlappen weist beim Ivemark-Syndrom das Muster des sonst rechten Lappens auf. Die Vorhöfe sind beim Aspleniesyndrom oft nach dem

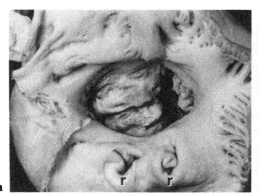
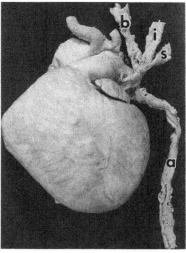

Abb. 8a, b. Herz eines Falles mit Ivemark-Syndrom. Cor biloculare. **a** Ansicht von oben in das Atrium commune und Ostium atrioventriculare commune. Keine Spur der Septa atriorum. An der dorsalen Vorhofwand sind die medial gelegenen Einmündungsstellen der Venae hepaticae revehentes (*r*) zu sehen. **b** Inversion des Sinus venosus: rechts oben ist die Vena cava cranialis sinistra (in Form einer rechten oberen Hohlvene) erkennbar, in die der Truncus brachiocephalicus venosus dexter (*b*) und die Vena azygos (*a*) einmünden. *i* Vena jugularis, *s* Vena subclavia

Muster des rechten, beim Polyspleniesyndrom nach dem des linken Vorhofs ausgestaltet (STANGER et al. 1977). Die rechtsseitige Dominanz des Ivemark-Syndroms ist mit der fehlenden Entwicklung linksseitiger Organe verbunden, und zwar der Agenesie der Milz und häufig der des Sinus coronarius bei Persistenz der Cava superior sinistra mit spiegelsymmetrischem Sinusknoten (s. STANGER et al. 1977; VAN MIEROP u. WIGLESWORTH 1962; VAN MIEROP et al. 1964). Manifestationen der linksseitigen Dominanz des Polyspleniesyndroms sind die Multiplicitas lienis selbst, die relativ häufige Agenesie der Gallenblase, die Fehl- bzw. Gegendrehung des Darmes und die besonders häufige Agenesie des Segmentum hepaticum der unteren Hohlvene. In beiden Syndromen liegt oft ein Situs cordis ambiguus vor, die weiteren Herzgefäßmißbildungen sind für sich allein uncharakteristisch, zahlenmäßig bestehen jedoch Unterschiede in dem Vorkommen dieser Mißbildungen in je einem Syndrom (Tabelle 13, s. auch BERMAN et al. 1982; IVEMARK 1955; ROSE et al. 1975; RUTTENBERG et al. 1964). Sehr selten finden sich Fälle dieser Syndrome ohne kardiovaskuläre Anomalien (PEOPLES et al. 1983; ROSE et al. 1975). Die Syndrome kommen selten vor (Zusammenstellungen des Ivemark-Syndroms bei FÉAUX DE LACROIX et al. 1971; HURTADO et al. 1971; des Polyspleniesyndroms bei PEOPLES et al. 1983). Die Angaben über die Häufigkeit des Ivemark-Syndroms bei Sektionsstatistiken schwanken zwischen 0,06% und 0,38% (ROTHMALER et al. 1968). Nach ROSE et al. (1975) tritt dieses Syndrom im Verhältnis von 1:40000 bei Lebendgeborenen auf. Das Polyspleniesyndrom ist noch seltener. Ätiologisch sind diese Syndrome nicht geklärt. Die meisten Fälle

Tabelle 13. Morphologische Hauptmerkmale der teratologischen Syndrome der Bilateralsymmetrie

Gemeinsame Hauptmerkmale	Unterscheidungsmerkmale	
	Ivemark-Syndrom	Polyspleniesyndrom
Tendenz zur bilateralen Form- und Situssymmetrie	Dextroisomerismus (Beiderseits das sonst rechtsseitige Organmuster)	Lävoisomerismus (Beiderseits das sonst linksseitige Organmuster)
Oft Mesokardie, Situs ambiguus cordis, Heterotaxie abdominaler Viszera	Beiderseits dreilappiger Lungenflügel je einer mit eparterialem Bronchus	Beiderseits zweilappiger Lungenflügel je einer mit hyparterialem Bronchus
Milzanomalien	Asplenie	Polysplenie
Meist schwere Herz-Gefäßmißbildungen:	Häufiger:	Häufiger:
Anomalien der Hohlvenen	Agenesie des Sinus coronarii, Cava superior sinistra persistens	Agenesie Partis hep. Venae cavae inf., Vv. hep. rev. persistentes
Anomalien der Lungenvenen	Totale Fehleinmündung der Pulmonalvenen	Partielle Fehleinmündung der Pulmonalvenen
Cor biloculare, Einzelvorhof bzw. -kammer, AV-Kanal	Truncus arteriosus persistens Arterielle Transposition	Doppelausgang aus der rechten Kammer
	Pulmonalstenose bzw. -atresie	Aortenstenose, Coarctatio aortae
	Männliches Geschlecht bevorzugt (ca. 2:1)	Weibliches Geschlecht bevorzugt (ca. 2:1)

kommen sporadisch vor, gelegentlich besteht eine familiäre Anhäufung. Heute nimmt man eine multifaktorielle Ätiologie an (s. ROSE et al. 1975). Aufgrund der mannigfachen, inkonstanten Anomalien dieser Syndrome läßt sich eine einheitliche teratogenetische Determinationsperiode nur schwerlich bestimmen. Geht man mit IVEMARK (1955), der als erster die Entwicklung der Milz genau untersucht hat, von den Truncusanomalien und der Milzagenesie aus, so ergibt sich für das Aspleniesyndrom der sich vom 15. bis zum 17. Entwicklungsstadium erstreckende Zeitabschnitt. TOWERS u. MIDDLETON (1956) legen aufgrund der Venenanomalien den Anfangsterminationspunkt an den 24.–27. Entwicklungstag (11.–12. Entwicklungsstadium). Betrachtet man jedoch die Syndrome vom Standpunkt der Symmetrieanomalien aus, so ist ein noch früherer Anfangsterminationspunkt anzunehmen, und zwar das Stadium, in dem die ersten Asymmetrien erkennbar sind. Hierzu kommt vor allem die Bildung der Herzschleife (10.–11. Entwicklungsstadium) in Betracht. Der Beginn der Magendrehung und die erste Asymmetrie der Lungen setzen etwas später ein (s. STARCK 1955). So kommt man zu einer besonders langen teratogenetischen Periode, die etwa die erste Hälfte der Kardiogenese umfaßt.

Zur klinischen Diagnosestellung dieser Syndrome ist vor allem der Zustand der Milzentwicklung näher zu bestimmen. Dazu stehen die Untersuchung des Blutausstriches (Feststellung von Howell-Jolly- bzw. Heinz-Körperchen in den Erytrozyten beim Ivemark-Syndrom, gelegentlich auch beim Polyspleniesyndrom), die szintigraphische Darstellung der Milz und die angiographische Darstellung der Arteria lienalis zur Verfügung. Der Herzkatheter läßt die Verhältnisse u. a. der großen zuführenden Venen, vor allem der unteren Hohlvene, klären. Etwa gleich häufig in je einem Syndrom ist das Herz nicht gerade in der Sagittalebene, sondern etwas nach links bzw. rechts als eine Lävokardie bzw. Dextrokardie *sensu lato* gelegen. Aufgrund der oft schweren Herzgefäßmißbildungen ist die Prognose im allgemeinen schlecht, etwas weniger ungünstiger beim Polyspleniesyndrom. In der Kasuistik von ROSE et al. (1965) waren ca. 80% der Patienten mit Ivemark-Syndrom, dagegen etwa 60% der mit Polyspleniesyndrom im 1. Lebensjahr gestorben (s. auch PEOPLES et al. 1983).

5. Perikarddefekte

Eine Einteilung der Perikarddefekte (Zusammenstellung bei HIPONA u. CRUMMY 1964; COQUILLAUD et al. 1972; weitere Lit. bei EL-MARAGHI 1983, SHABETAI 1981) ist in der Tabelle 14 angegeben. Bei den kompletten unilateralen Defekten liegen Lungenflügel und Herz in einer gemeinsamen Serosahöhle, bei den partiellen Lateraldefekten handelt es sich um die Persistenz des Foramen pleuropericardiacum. Die Defekte des diaphragmatischen Abschnitts finden sich prinzipiell bei bestimmten Formen der Ectopia cordis. Bei der totalen Agenesie können Rudimente der Serosa nachweisbar sein. Die Lateraldefekte werden klassisch als Folge einer frühzeitigen Rückbildung der linken, am Rand der betreffenden Pleuroperikardmembran verlaufenden Vena cardinalis communis interpretiert, die Membran selbst soll in der Rückbildung begriffen sein (COQUILLAUD et al. 1972; NASSER 1970). Der Verschmelzungsvorgang zwischen dem freien Rand der Membran und dem mediastinalen Mesenchym findet beim Menschen bei 10 mm langen Embryonen (etwa 16. Entwicklungsstadium) statt, wobei sich zunächst das Foramen dextrum schließt (HAMILTON et al. 1962). Der Prozeß ist bei

Tabelle 14. Konnatale Perikarddefekte. (Nach COQUILLAUD et al. 1972)

Defekttyp	%
Totale Agenesie	ca. 9
Komplette unilaterale Defekte	ca. 36
Links	36
Rechts	0 (!)
Partielle unilaterale Defekte	ca. 39
Links	33
Rechts	6
Partielle Defekte des diaphragmatischen Abschnitts	ca. 16

12–13 mm langen Embryonen (etwa 17. Entwicklungsstadium) abgeschlossen (SALZER 1959a). Nach SALZER (1959b) ist der Verschmelzungsvorgang genetisch, nicht mechanisch bedingt, eine Auffassung, an die sich MOENE et al. (1973) anschließen. Nach diesen Autoren besteht eigentlich keine befriedigende Erklärung dafür, daß der Obliterationsprozeß zunächst auf der linken Seite erfolgt. Die Perikarddefekte sind beim männlichen Geschlecht dreimal so häufig wie beim weiblichen (COQUILLAUD et al. 1972; EL-MARAGHI 1983). Etwa in der Hälfte der Fälle (COQUILLAUD et al. 1972; 30% der Fälle nach EL-MARAGHI 1983) kommen weitere Mißbildungen vor, von denen jeweils rund $1/3$ Herzgefäßmißbildungen, Anomalien anderer Organe bzw. beidem zusammen entsprechen. Unter den ersteren finden sich Ectopia cordis, Einzelkammer, Fallotsche Tetrade, Vorhofscheidewanddefekte, Mitralstenose, Mitral- bzw. Trikuspidalinsuffizienz, Anomalien der Koronararterien und der Lungenvenen, Coarctatio aortae und Ductus persistens (COQUILLAUD et al. 1972). Unter den Anomalien anderer Organe stehen die der Lungen (Bronchialzysten, Nebenlungen, Lungenlappenanomalien, Bronchiektasien) und der Parietes thoracis im Vordergrund. Fälle mit Perikarddefekten können asymptomatisch sein. Derartige Defekte sollen jedoch die Fortleitung von Entzündungen besonders von den Lungen her begünstigen. Als Komplikationen gelten die Herniation von Herzanteilen und vor allem die Einklemmung des linken Herzohres (näheres zur Klinik bei EL-MARAGHI 1983 und SHABETAI 1981).

II. Mißbildungen der großen zuführenden Venen

1. Persistenz der Vena cava superior sinistra

Die Persistenz der Cava superior sinistra kommt bei fehlender Cava superior dextra und Situs solitus selten vor, und zwar nach LENOX et al. (1980) in 0,1% der katheterisierten Patienten und etwa in gleichem Prozentsatz bei mißgebildeten Herzen. Bei diesen Fällen, die 10% aller Fälle mit persistierender Cava superior sinistra ausmachen sollen (ROSE et al. 1971), liegen oft weitere Herzgefäßmißbildungen vor. Ebenfalls selten bleibt an Stelle der Cava superior dextra ein fibröser Strang erhalten (s. auch KARNEGIS et al. 1964). Die Häufigkeit der persistierenden Cava superior sinistra in der Bevölkerung ist auf 0,3–0,5% geschätzt worden (SANDERS 1946; STEINBERG et al. 1953). Bei Patienten mit Herzgefäßmißbildungen soll die Anomalie etwa 10mal so häufig sein (CAMPBELL u. DEUCHAR 1954; FRASER et al. 1961). Im Untersuchungsgut der Verfasser findet sie sich in 5,8% der Fälle mit kardiovaskulären Anomalien. Bei den Syndromen der Bilateralsymmetrie ist die Mißbildung wesentlich häufiger (LENOX et al. 1980). Nach WINTER (1954, 174 zusammengestellte und 30 eigene Fälle) läßt sich die Persistenz der Cava superior sinistra je nach dem Entwicklungszustand der Cava superior dextra und des Sinus coronarius in 4 Gruppen einteilen (Tabelle 15). Bei den zusammengestellten Fällen ließen sich folgende Mißbildungen feststellen: Vorhofscheidewanddefekte (73%), Einmündung der Vena hemiazygos in die persistierende Cava (67%), Anomalien des Sinus coronarius (47%), Anomalien der Lungenvenen (41%), arterielle Transposition (20%), Ventrikelseptumdefekte (14%), Ductus persistens (14%), doppelseitige Vena cava inferior (12%) und Truncus arteriosus persistens (8%). Die Vena brachiocephalica sinistra war in 61% der Fälle vorhanden. Dieses

Tabelle 15. Einteilung der Fälle mit persistierender Vena cava superior sinistra. (Nach WINTER 1954, 174 Fälle)

Gruppe	Relative Häufigkeit	Weitere HGM in:[a]
Doppelseitige Cava superior, normaler Sinus coronarius	65%	16%
Doppelseitige Cava superior, Anomalien des Sinus coronarius	14%	64%
Persistierende Cava superior sinistra, fehlende dextra, normaler Sinus coronarius	13%	8%
Persistierende Cava superior sinistra, fehlende dextra, Anomalien des Sinus coronarius	4%	85%

[a] Prozentsätze auf die jeweiligen Gruppen bezogen. *HGM* Herz-Gefäßmißbildungen.

venöse Querstück kommt relativ spät zur Entwicklung, nämlich bei 16,5 mm langen Embryonen, also etwa im 18.–19. Entwicklungsstadium (s. WINTER 1954; über weitere kardiovaskuläre Anomalien bei persistierender Cava superior sinistra s. FRASER et al. 1961).

Zur Klinik. Eine persistierende Cava superior sinistra bedeutet für sich allein keine funktionelle Störung. Der Anatom TESTUT (1922) betrachtet sie als eine Varietät der Norm. Sie kann jedoch das Versagen der transvenösen Implantation einer Schrittmacherelektrode bedingen (GARCIA et al. 1972; KUKRAL 1971; LASSER u. DOCTOR 1972; ROSE et al. 1971) und die Herzsondierung und den geplanten chirurgischen Eingriff erschweren. Sie darf vor der Feststellung des Vorliegens einer Cava superior dextra nicht unterbunden werden (LENOX et al. 1980). Wenn sie großkalibrig ist, soll sie beim extrakorporalen Kreislauf kanüliert werden (BLONDEAU et al. 1969). Die Diagnose läßt sich im Röntgenbild wegen der Breitenzunahme des Gefäßbandes vermuten. Bei jeder Herzsondierung ist nach einer peristierenden Cava superior sinistra zu suchen, indem eine kleine Menge des Kontrastmittels an der Verbindungsstelle zwischen Vena jugularis sinistra und Vena brachiocephalica sinistra injiziert wird.

2. Anomalien des Sinus coronarius

Hierzu lassen sich drei Anomaliengruppen unterscheiden: a) fehlende Entwicklung, b) Arretierungen der Rechtsverschiebung und c) Anomalien bei regelrecht gelegenem Sinus coronarius.

a) Fehlender Sinus coronarius

Dabei ist die Cava superior sinistra spiegelsymmetrisch zu der dextra, sie mündet direkt in den linken Vorhof ein. Es bestehen zwei ebenfalls spiegelsymmetrische Sinusknoten. Das EKG weist den sog. Zahnschen Rhythmus auf. Die Vena hemiazygos mündet dabei oft in die persistierende Cava ein. Bei den 21 von WINTER (1954) zusammengestellen Fällen waren weitere Herzgefäßmißbildungen vorhanden. RAGHIB et al. (1965c) haben hierzu den folgenden Symptomkomplex beschrieben: Einmündung der persistierenden Cava sinistra in den linken Vorhof, Defekt der Vorscheidewand und Agnesie des Sinus coronarius. Die beschriebenen Fälle gehörten zum Aspleniesyndrom.

b) Arretierungsanomalien

Diese sind durch den Arrest des von GOERTTLER (1968) als venöse Gegendrehung bezeichneten Reorganisationsprozeß am venösen Herzeingang charakterisiert. Man zählt hierzu: α) die Unterentwicklung des Septum sinus, die sich in einer unvollständigen Trennung der Einmündungsostien der Vena cava caudalis und des Sinus coronarius äußert (2 Fälle bei WINTER 1954) und β) die Einmündung des Sinus coronarius in den linken Vorhof. Dabei liegt das Ostium sinus coronarii am linken Vorhof. Es handelt sich um eine sehr seltene Mißbildung (s. MAC MAHON 1963).

c) Anomalien bei regelrecht gelegenem Sinus coronarius.

Hierzu gehören: α) die Atresie des Ostium sinus coronarii. Dabei erfolgt der Blutzufluß in den linken Vorhof durch die Venae Thebesii oder aber durch eine anomale Kommunikation zwischen dem Sinus coronarius und dem linken Vorhof (s. EDWARDS 1968; MACMAHON 1963; MANTINI et al. 1966). Die Anomalie kommt isoliert oder aber vergesellschaftet mit anderen Herzgefäßmißbildungen vor. Eine Persistenz der Cava superior sinistra ist dabei nicht obligatorisch (FALCONE u. ROBERTS 1972), β) die Hypoplasie des Sinus coronarius, eine sehr seltene Anomalie (EDWARDS 1968; MANTINI et al. 1966), γ) die Dilatation des Sinus coronarius, die am häufigsten durch eine persistierende Cava superior sinistra, seltener durch eine Venenfehlverbindung bedingt ist. Sie darf mit dem Cor triatriatum dextrum nicht verwechselt werden (s. unten).

Besonders vom klinischen Standpunkt aus gesehen ist die von MANTINI et al. (1966) und EDWARDS (1968) vorgeschlagene Einteilung der Anomalien des Sinus coronarius von Bedeutung (s. Tabelle 16).

3. Mißbildungen der Vena cava inferior

Dabei lassen sich sechs Anomalien abgrenzen: a) die medianwärtige Arretierung des Einmündungsgebietes, b) die Einmündung in den linken Vorhof, c) die Verdoppelung, d) die seitenverkehrte Ausbildung, e) die Agenesie des Segmentum hepaticum und f) die konnatalen Obstruktionen (eine umfassende Darstellung der fünf ersten bei PORTA et al. 1968).

a) Medianwärtige Arretierung

Sie ist erstmal von GOERTTLER (1958) beschrieben worden (s. auch GOERTTLER 1963, 1968). Das Einmündungsostium der Cava inferior reitet dabei über einem sinuatrialen Defekt. Die Anomalie, die selten vorkommt, ist funktionell mit einer Fehldränage des Körperblutes in den linken Vorhof verbunden (GALLAHER et al. 1963; KIM et al. 1971). Die Mißbildung läßt sich mit GOERTTLER als ein Arrest der

Tabelle 16. Einteilung der Anomalien des Sinus coronarius. (Nach MANTINI et al. 1966 und EDWARDS 1968)

A. Dilatation des Sinus coronarius

    I. Ohne Links-rechts-Shunt in den Sinus coronarius

        1. Persistierende Cava superior sinistra

        2. Fehlverbindung der Vena omphalomesenterica sinistra mit dem Sinus coronarius

        3. Fehlverbindung der Cava inferior (über die Vena hemiazygos) mit der Cava superior sinistra

    II. Mit Links-rechts-Shunt in den Sinus coronarius

        1. Shunt bei niedrigem Druck
           a) Kommunikation zwischen Sinus coronarius und linkem Vorhof
           b) Fehlverbindung der Lungenvenen mit dem Sinus coronarius

        2. Shunt bei hohem Druck
           a) Fistel zwischen Koronararterie und Sinus coronarius

B. Fehlender Sinus coronarius

    I. Sinuatrialer Defekt

    II. Großer unterer Defekt der Vorhofscheidewand

        1. Canalis atrioventricularis

        2. Aspleniesyndrom mit weiteren Herz-Gefäßmißbildungen

C. Atresie des Ostium Sinus coronarii

    I. Persistenz der Cava superior sinistra

    II. Große Kommunikation zwischen Sinus coronarius und linkem Vorhof

    III. Multiple Kommunikationen zwischen Sinus coronarius und linkem Vorhof (über die Venae Thebesii)

D. Hypoplasie des Sinus coronarius

Rechtsverschiebung des Ostium venae cavae interpretieren, auf den der sinuatriale Defekt zurückgeführt werden kann.

b) Einmündung in den linken Vorhof

Diese ist ebenfalls eine seltene Anomalie. Vereinzelte Fälle finden sich bei GAUTAM (1968), KIM et al. (1971), MEADOWS et al. (1961), SANCHEZ u. HUMAN (1986). Als sekundäre Anomalie kommt ein Defekt an der Fossa ovalis oder am sinuatrialen Gebiet vor (GAUTAM 1968) (sehr selten kommt eine Fehlverbindung der Cava superior mit dem linken Vorhof ohne einen atrialen Defekt vor, s. EZEKOWITZ et al. 1978).

Hypothetisch wird die Mißbildung auf eine aberrierende Ausbildung des Segmentum hepaticum im Zusammenhang mit einer persistierenden Vena omphalomesenterica sinistra (s. hierüber LEPERE et al. 1965) und einer Rückbildung der dextra zurückgeführt.

c) Verdoppelung

Streng genommen handelt es sich dabei um eine partielle Duplikation der Vena cava caudalis, und zwar nur unterhalb der Venae renales. Die Anomalie darf auf eine Persistenz des unter der Anastomosis intersubcardinalis liegenden, bilateral symmetrischen Systems der Venae subcardinales zurückgeführt werden. Oberhalb der Venae renales ist die Cava inferior regelrecht gebildet. Von den verdoppelten Segmenten ist oft das rechte unterentwickelt (BECKER 1962). MILLOY et al. (1962) finden die Anomalie 11mal unter 500 anatomischen Untersuchungen (2,2%) (Über die Assoziation mit Extrophia vesicalis s. MUECKE et al. 1972).

d) Seitenverkehrte Ausbildung

Dabei entspricht die linksseitige Vena cava inferior dem linken persistierenden Anteil des Subkardinalsystems bei einer vollständigen Rückbildung des rechten Anteils. Oberhalb der Venae renales verläuft die Cava inferior wieder normal. MILLOY et al. (1962) haben diese Anomalie nur einmal unter 500 anatomisch untersuchten Fällen (0,2%) gefunden.

e) Agenesie des Segmentum hepaticum

Dieses Segment besteht aus zwei Anteilen, und zwar einmal dem Verbindungsstück zwischen der Vena subcardinalis dextra und der Vena hepatis revehens communis (dem persistierenden Stamm der Vena vitellina dextra), zum anderen dem Endstück der Vena hepatis revehens communis. Die Agenesie betrifft eigentlich das erwähnte Verbindungsstück, so daß die Vena hepatis revehens (bzw. die Venae revehentes) direkt in Verbindung mit dem Vorhofanteil des Herzens bleibt. Oberhalb der Venae renales setzt sich die Cava inferior mit dem Suprakardinalsystem (Vena azygos bzw. hemiazygos) fort. Ob diese Verbindung aus normalerweise im Embryo vorhandenen Anastomosen zwischen Sub- und Suprakardinalsystem oder aber aus neugebildeten Anastomosen entsteht, ist nicht geklärt. Die Anomalie hat für sich selber keine funktionelle Störung zur Folge, isoliert kommt sie jedoch selten, nach SANDERS (1946) unter 0,3% der Individuen vor. ANDERSON et al. (1961) finden die Anomalie in 0,6% der Patienten mit weiteren Herzgefäßmißbildungen, MUELHEIMS u. MUDD (1962) in 1,3% angiographisch untersuchter Patienten. Die Anomalie tritt besonders häufig bei den Syndromen der Bilateralsymmetrie, vor allem beim Polyspleniesyndrom auf.

f) Konnatale Obstruktionen

Sie sind durch Strikturen bedingt, die hauptsächlich an 3 Stellen vorkommen: α) am Ostium selbst (Obstruktion durch die Valvula Eustachii, s. KILMAN et al. 1971; PIWNICA et al. 1968; ROSSAL u. CADWELL 1957), β) an der Verbindungsstelle der Anastomose der Vena subcardinalis dextra mit der Vena hepatis revehens communis (s. KILMAN et al. 1971) und γ) an dem der Vena subcardinalis entsprechenden Anteil der Cava (Striktur unterhalb der Venae renales, s. RUNCIE 1968). Die Strikturen an den zwei zuerst genannten Stellen können zum Chiari-Syndrom führen (KILMAN et al. 1971). Weitere Strikturen gehören eigentlich zu den Anomalien des Lebervenensystems (s. REHDER 1971).

4. Zur Klinik der Fehldränage der Körpervenen

Bei der partiellen Fehldränage, die durch ein Überreiten der Cava oder des Sinus coronarius bedingt ist, besteht ein kleiner Rechts-links-Shunt, der eine leicht verminderte Sauerstoffsättigung auf Vorhofebene hervorruft. Das klinische Bild ist von der Zyanose und ihren Folgen beherrscht. Der Spontanverlauf ist meist günstig, mit dem Rechts-links-Shunt ist jedoch das Risiko von peripheren, vor allem zerebralen Embolien verbunden. Die Diagnose wird durch die Herzsondierung bestätigt. Die Behandlung ist chirurgisch: Plastik der Vorhofscheidewand (SANCHEZ u. HUMAN 1986), je nach Bedarf Herstellung von Venenanastomosen (TAYBI et al. 1965). Die komplette Fehldränage führt zu einem ähnlichen klinischen Bild, bei dem jedoch die Symptomatologie ausgeprägter ist. Die Diagnose ist angiokardiographisch zu bestätigen. Die chirurgische Behandlung – Verschiebung des heterotropen Venenostium und Verschluß des Septum atriorum – hat guten Erfolg. Die Dränage der Vena azygos in die Cava superior stellt einen Sonderfall dar, sie ist funktionell bedeutungslos, erschwert aber in beträchtlichem Maße die von einer unteren Vene aus vorgenommene Herzsondierung, da bei diesen anatomischen Verhältnissen die Herzsonde in die Herzhöhlen nicht vorgeschoben werden kann. Die Diagnose wird anhand einer Angiographie mit Injektion in die Cava inferior gestellt.

5. Das Cor triatriatum dextrum

Diese Anomalie ist auf eine fehlerhafte Einbeziehung des Sinus coronarius in den rechten Vorhof zurückzuführen, sie tritt in Form einer Ausweitung des ganzen Sinusgebietes auf, an dessen atrialer Grenze eine überdimensionale Valvula venosa dextra vorliegt (GOERTTLER 1963, 1968). Die Anomalie kommt selten vor, der erstmal beschriebene Fall stammt von CHIARI (1897). Sie ist meist mit weiteren Herzgefäßmißbildungen (Hypoplasie der rechten Kammer, Vorhofscheidewanddefekten) assoziiert (s. HANSING et al. 1972).

Zur Klinik. Die abnorme segelförmige Membran kann einmal den Blutzufluß in den rechten Ventrikel behindern (BECKER u. ANDERSON 1981; DOUCETTE u. KNOBLICH 1963; HANSING et al. 1972), zum anderen einen Rechts-links-Shunt auf Vorhofebene bewirken. Die Obstruktion des Blutzuflusses aus der Cava (RUNCIE 1968) ruft Varizen an den unteren Extremitäten und Dilatation der abdominalen Hautvenen hervor (ROSSAL u. CALDWELL 1957). Die Diagnose wird durch Angiokardiographie mit Injektion in die Cava inferior gestellt. Die chirurgische Behandlung besteht in der Ausscheidung des überschüssigen Gewebes.

6. Das Rete Chiari

Diese meist netzförmigen Gebilde sind auf eine unvollständige Rückbildung der Valvula venosa dextra zurückzuführen. Die Anomalie stellt nach GOERTTLER (1968) eine *Forme frustre* des Cor triatriatum dextrum dar. Das Retikulum kann die ganze Valvula Eustachii ersetzen und sich nach vorn bis zum Limbus fossae ovalis und nach unten bis zur Trikuspidalis erstrecken (CHIARI 1897). Das Maschenwerk kann Sitz von Thrombenbildungen sein (CHIARI 1897). Die

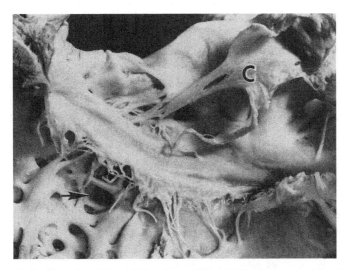

Abb. 9. Ansicht in die rechten Herzhöhlen: Rete Chiari (*C*) in Form von Membran-, Netz- und Strangbildungen. Unterhalb des Trikuspidalringes ein intertrabekulärer Ventrikelseptumdefekt (*Pfeil*)

Retebildungen Chiari weisen verschiedene Formvarianten auf, die von fenestrierten Membranen bis zu vereinzelten Fäden reichen (Abb. 9, s. GRESHAM 1957; HELLERSTEIN u. ORBISON 1951; POWELL u. MULLANEY 1960; YATER 1929). Die Häufigkeitsangaben schwanken zwischen 1,5% (GRESHAM 1957) und 9,1% (YATER 1929) der gesamten Sektionen.

7. Mißbildungen der Lungenvenen

Darunter lassen sich 3 Gruppen von Anomalien unterscheiden: a) Fehlverbindungen, b) das Cor triatriatum sinistrum und c) Stenosen bzw. Atresien der Pulmonalvenen. Sie können kombiniert miteinander vorkommen.

a) Fehlverbindungen der Lungenvenen

Verschiedene Autoren (BECU et al. 1955b; BLAKE et al. 1965; EDWARDS 1953a, 1968; GOERTTLER 1963, 1968; SWAN et al. 1957) haben auf den begrifflichen Unterschied zwischen Fehldränage und Fehlverbindung aufmerksam gemacht: die Fehldränage bezeichnet die funktionelle Störung, die Fehlverbindung die abnorme Anordnung. Sinngemäß dürfte unter Fehleinmündung beides verstanden werden. Eine Fehldränage braucht mit einer Fehlverbindung nicht verbunden zu sein und umgekehrt. Ersterer Situation begegnet man in Fällen großer Ostium secundum-Defekte oder aber oberer sinuatrialer Defekte neben der Einmündungsstelle der rechten Lungenvenen, deren Blutabfluß zumindest z.T. als laminärer Strom in den rechten Vorhof gelangt. Die umgekehrten Verhältnisse haben BECU et al. (1955b) bei einem 5 Monate alten Mädchen autoptisch belegt: Im Mediastinum bestand ein venöser Sack, woran die Venen beider oberen

Lungenlappen und auch die des mittleren Anschluß fanden (Fehlverbindung), die Venen der unteren Lungenlappen mündeten in eine akzessorische Vorkammer (Cor triatriatum sinistrum) ein, die Blutdränage der zuerst genannten Lungenvenen erfolgte über interlobäre Anastomosen in die der unteren Lungenlappen, so daß eine regelrechte Dränage vorlag. Der Ausdruck *Transposition* für die Fehlverbindungen der Lungenvenen (s. GUNTHEROTH et al. 1958) dürfte nur für diejenigen Formen gebraucht werden, bei denen die Pulmonalvenen selbst jenseits des Septum atriorum in den rechten Vorhof einmünden, in den restlichen Formen stellen die Fehlverbindungen anomal persistierende Anastomosen zwischen dem Lungen- und Körpervenensystem dar (s. BUTLER 1952a; NEILL 1956). Bei den Fehlverbindungen der Lungenvenen hat man hauptsächlich 2 Gruppen unterschieden: die komplette (totale) Form (alle Lungenvenen münden in den rechten Vorhof oder aber in eine Körpervene ein) und die partielle Form (Beteiligung einiger oder aber aller Lungenvenen nur eines Lungenflügels). MORROW et al. (1962) sprechen von totaler unilateraler, GIKONYO et al. (1986) von kompletter unilateraler Fehlverbindung, wenn die gesamten Pulmonalvenen nur eines Lungenflügels beteiligt sind. Bei der partiellen Form unterscheidet EDWARDS (1968) mit SHONE et al. (1963a) eine subtotale Form, bei der nur einige Lungenvenen jedoch beider Lungenflügel Fehlverbindungen aufweisen (s. auch BLAKE et al. 1965; ELLIS et al. 1958). BECKER u. ANDERSON (1981) haben vorgeschlagen, von bilateralen bzw. unilateralen Formen und dabei je nach Beteiligung aller oder aber nur einiger Lungenvenen von kompletten (oder totalen) bzw. inkompletten (oder partiellen) Formen zu sprechen.

α) *Komplette Fehlverbindung*. Bei dieser Form liegt so gut wie immer eine interatriale Kommunikation entweder durch ein Foramen ovale apertum oder aber einen Vorhofseptumdefekt meist des Ostium primum-Typus vor. Fälle mit dichtem Vorhofseptum jedoch einem Ductus persistens sind äußerst selten (s. HASTREITER et al. 1962a). Bestehen dabei keine weiteren Herzgefäßmißbildungen außer einem Ductus persistens (GUNTHEROTH et al. 1958; JENSEN u. BLOUNT 1971), so spricht man von isolierter (oder unkomplizierter) Form (BURROUGHS u. EDWARDS 1960; DARLING et al. 1957; EDWARDS 1968; HERTEL u. BAGHIRZADE 1971). KEITH et al. (1954) finden einen Ductus persistens rund in $1/4$ der Fälle. Die unkomplizierte Form soll etwa doppelt so häufig wie die komplizierte sein (DARLING et al. 1957; s. auch weiter unten). Als Anpassungserscheinungen des Herzens treten in der Regel eine meist ausgeprägte Dilatation des rechten Vorhofs, eine rechtskammerige Hypertrophie und eine Hypoplasie des linken Ventrikels auf. Die Hypertrophie der rechten Kammer kann in Fällen mit gedrosseltem Lungenvenenabfluß und großem Rechts-links-Shunt ausbleiben (HASTREITER et al. 1962a; JOHNSON et al. 1958).

Die relative Häufigkeit der unkomplizierten Form beträgt 1,5% nach DUSHANE (1956), 1,6% nach FONTANA u. EDWARDS (1962), 2% nach DARLING et al. (1957), 2,5% nach BANKL (1970), 3% im Untersuchungsgut der Verfasser, 3,9% nach SHERMAN u. BAUERSFELD (1960) und 4,5% nach SMITH et al. (1961).

Die von DARLING et al. (1957) vorgeschlagene Einteilung der kompletten Form je nach der Stelle der Fehlverbindung hat bei den meisten Autoren Anklang gefunden. Die Häufigkeitsverteilung der verschiedenen Unterformen ist bei 3

Tabelle 17. Einteilung der Fehlverbindungen der Lungenvenen bei der kompletten Form

Gruppen	Kasuistiken					
	Darling et al. (1957, 80 Fälle) %		Guntheroth et al. (1958, 159 Fälle) %		Jensen u. Blount (1971, 343 Fälle) %	
Suprakardial	55		57		52	
Cava superior sinistra		44		48		38
Cava superior dextra		11		9		14
Kardial	31		32		30	
Rechter Vorhof		16		18		14
Sinus coronarius		15		14		16
Infrakardial	13		9		12	
Multipel	1		2		7	

Kasuistiken in der Tabelle 17 angegeben. Dabei umfaßt Jensens und Blounts Kasuistik die von Burroughs u. Edwards (1960), Carter et al. (1969) und Cooley et al. (1966). Bei Darling et al. (1957) handelt es sich nur um unkomplizierte, bei Guntheroth et al. (1958) und Jensen u. Blount (1971) auch um komplizierte Fälle. Nach Smith et al. (1961) wird die komplette Form in eine supradiaphragmatische bzw. infradiaphragmatische Unterform eingeteilt. Die wesentlich seltenere infradiaphragmatische beträgt 9–20% aller kompletten Fehlverbindungen (Hertel u. Bahirzade 1971; Higashino et al. 1974; 25% bei Franco-Vasquez u. Ramos-Corrales (1974) jedoch nur unter 24 Fällen). Als infrakardiale Verbindungsstellen gelten die Vena portae, der Ductus venosus Arantii, die Vena cava inferior (infra- bzw. supradiaphragmatisch!) und seltener die Venae hepaticae, die Vena gastrica sinistra und die Pankreas- und Mesenterialvenen. Die Fehlverbindung erfolgt dabei in 60% der Fälle mit der Vena portae, in 19% mit dem Ductus venosus und in 11% mit der Cava inferior (s. Goerttler u. Fritsch 1963; über Fehlverbindung mit der Vena portae s. auch Joffe et al. 1971; Lantos 1969).

Die Fehleinmündung der Lungenvenen in den rechten Vorhof (Abb. 10) stellt gegenüber den restlichen Formen pathogenetisch einen Sonderfall dar, denn dabei ist die Fehlverbindung durch die Pulmonalvenen selbst realisiert, die Anomalie beruht eigentlich auf einer heterotopen Ausbildung des Sinus pulmonalis. Dieser Typ entspricht *sensu stricto* der kardialen Form (s. auch Lucas 1983). Bei den restlichen Formen (Abb. 11) ist dagegen die Fehlverbindung durch einen abnormen Venenstamm bedingt, der in einem von der Konfluenz der Lungenvenen gebildeten Venensack seinen Ursprung nimmt. Der Venenstamm wird auf anomal persistierende Anastomosen zurückgeführt. Länge und Verlauf des Venenstammes hängen von der Einmündungsstelle ab. Bei der Fehlverbindung mit dem proximalen Segment der Vena brachiocephalica sinistra (Abb. 12a, b) beschreibt der vom Hilus des linken Lungenflügels ausgehende Venenstamm einen charakteristisch senkrecht aufsteigenden Verlauf, gelegentlich zieht er zwischen den linken Ast der Pulmonalis und den linken Hauptbronchus (Carter et al. 1969; Hastreiter et al. 1962a; Kaufman et al. 1962). Edwards u. Helmholtz (1956)

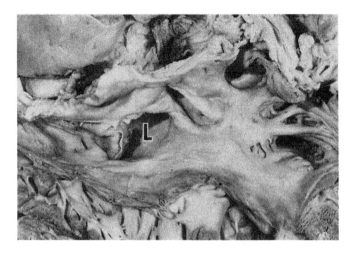

Abb. 10. Komplette Fehlverbindung der Pulmonalvenen mit dem rechten Vorhof. Ansicht von lateral in das Atrium dextrum. Hinter der Fossa ovalis ist die weite Einmündungsstelle der Lungenvenen (*L*) in Form eines Sinus pulmonalis sichtbar

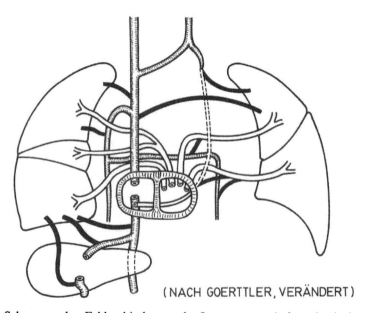

(NACH GOERTTLER, VERÄNDERT)

Abb. 11. Schema zu den Fehlverbindungen der Lungenvenen (*schwarz*) mit den Körpervenen (die Fehlverbindungen mit dem rechten Vorhof sind nicht dargestellt)

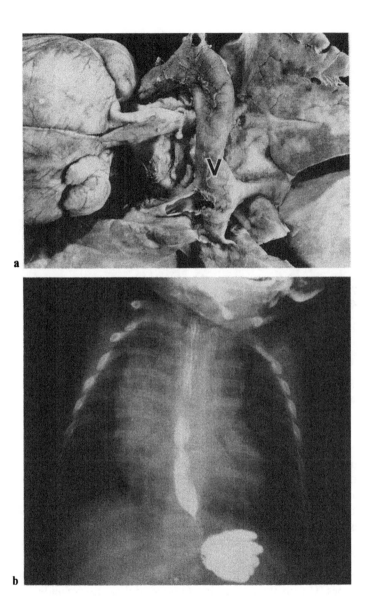

Abb. 12a. Komplette Fehlverbindung der Lungenvenen mit der Vena brachiocephalica sinistra. Das Herz ist nach rechts oben (*links oben* im Bild) gekippt, um die Vereinigung der Lungenvenen zu einem venösen Sack sichtbar zu machen. Aus diesem Sack entspringt die Vertikalvene (*V*). **b** „Schneemann-Figur" bei einem Fall mit totaler Fehlverbindung der Lungenvenen mit dem Truncus brachiocephaliscus sinister. Der „Kopf" ist durch die stark dilatierten Venenstämme bedingt.

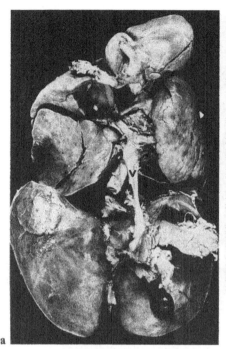 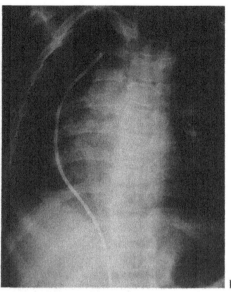

Abb. 13a. Komplette Fehlverbindung der Lungenvenen in der Pfortader. *V* Abnormer Venenstamm. **b** „Scimitar-Syndrom": der bogenförmige Schatten entspricht dem abnormen, nach unten verlaufenden Venenstamm

haben ihn *Ventrikalvene* genannt. Bei der infradiaphragmatischen Form (Abb. 13a, b) tritt der anomale Venenstamm am häufigsten zusammen mit dem Ösophagus in die Bauchhöhle ein, ausnahmsweise findet sich eine akzessorische Durchtrittsstelle zwischen Speiseröhre und Cava inferior (BUTLER 1952b).

Ein besonderes Problem der Fehleinmündungen der Lungenvenen betrifft die eventuelle funktionell oder aber anatomisch bedingte Obstruktion des venösen Lungenabflusses. Mit HERTEL u. BAGHIRZADE (1971) lassen sich 5 Gruppen obstruktiver Faktoren nennen: 1. Durchmesser und Länge des ableitenden Venenstammes (Hagen-Poiseuillesches Gesetz), dabei unterscheiden BURROUGHS u. EDWARDS (1960): a) kurze Wegstrecke (bei den kardialen Formen), b) mittellange Wegstrecke (bei den Fehlverbindungen mit der Vena brachiocephalica sinistra) und c) lange Wegstrecke (bei den infradiaphragmatischen Formen); 2. Kompression des Venenstammes: a) zwischen linkem Hauptbronchus und linkem Ast der Pulmonalis (HASTREITER et al. 1962a; KAUFMAN et al. 1962), und b) an der Durchtrittsstelle an dem Zwerchfell (LUCAS et al. 1961b); 3. Stenosen des Venenstammes bzw. der Vena pulmonalis communis, vor allem an der Einmündungsstelle (BUTLER 1952b; CARTER et al. 1969; HASTREITER et al. 1962a); 4. hoher Strömungswiderstand der Leberkapillaren bei der Fehleinmündung in die Pfortader (SHADRAVAN et al. 1971); 5. postnatale Obliteration des Ductus Arantii bei der Fehleinmündung in dieses Gefäß (MOLZ 1966; SHANER 1961). Größe der interatrialen Kommunikation, Grad der venösen Obstruktion und Begleitmißbildungen sind für die Prognose ausschlaggebend (s. unten).

Die Prozentzahlen über den Anteil der komplizierten Fälle weichen stark voneinander ab, sie liegen allerdings unter 50%: 15% bei JENSEN u. BLOUNT (1971), 23% bei CARTER et al. (1969), 30% bei DELISLE et al. (1976), 35% bei BURROUGHS u. EDWARDS (1960), 36% bei BRODY (1942), 37% bei DARLING et al. (1957) und 47% bei GOERTTLER (1958) und SNELLEN et al. (1968). Durchschnittlich darf man also rund mit einem Drittel komplizierter Fälle rechnen. Verschiedenartige Begleitmißbildungen sind beschrieben worden: Cor biloculare, Cor triloculare biatriatum, Truncus arteriosus persistens, Canalis atrioventricularis, Ostium primum-Defekte, Doppelausgang aus dem rechten Ventrikel, arterielle (gekreuzte bzw. korrigierte) Transposition, Fallotsche Tetrade, Ventrikelseptumdefekte, Atresien bzw. Stenosen der Taschenklappen, Mitralstenose, Hypoplasie des Aortenbogens, Juxtapositio auriculorum cordis (s. BURROUGHS u. EDWARDS 1960; JENSEN u. BLOUNT 1971; SNELLEN et al. 1971), Unterbrechung des Aortenbogens (BARRAT-BOYES et al. 1972), Hypoplasie des rechten Herzens (GULLER et al. 1972), verkalkte Mitralstenose (WOLFE u. EBERT 1970), Mitralatresie (SHONE u. EDWARDS 1964), Ebsteinsche-Anomalie (BANKL 1970). Bei GOERTTLERS Zusammenstellung (1958) bestand eine Korrelation zwischen Häufigkeit der Begleitmißbildungen und Sitz der anomalen Verbindungsstelle: Am häufigsten ließen sie sich bei den Fehlverbindungen mit dem rechten Vorhof, dem Stromgebiet der Cava inferior und mit der Cava superior dextra feststellen, seltener waren sie bei den Fehlverbindungen mit dem Stromgebiet einer persistierenden Cava superior sinistra und sehr selten bei denen mit dem Sinus coronarius. Das gleiche galt für die partiellen Formen.

Die komplette Form kommt beim männlichen Geschlecht häufiger als beim weiblichen vor, und zwar im Verhältnis von 2:1 bis 3:1 (BURROUGHS u. EDWARDS 1960; GOERTTLER u. FRITSCH 1963; JENSEN u. BLOUNT 1971; LUCAS et al. 1961 b).

Zur Klinik. Der mit einer kompletten Fehldränage der Lungenvenen verbundene Blutkurzschluß ist ein massiver Shunt, der einen beträchtlichen Anstieg des Minutenvolumens der rechten Kammer herbeiführt; das Ausmaß des Minutenvolumens des linken Ventrikels hängt von der Größe der interatrialen Kommunikation ab. Der Shunt erfolgt zwar bei niedrigem Druck, trotzdem tritt in kurzer Zeit ein pulmonaler Hochdruck ein, zu dessen Entstehung folgende Faktoren beitragen: das besonders große Stromvolumen des Lungengefäßbettes, die evtl. Drosselung des Lungenblutabflusses und schließlich eine relativ kleine Fläche der Vorhofscheidewandlücke. Klinisch sind zwei Bilder, nämlich das des Säuglings und das des Kleinkindes zu unterscheiden. Beim ersteren wird der massive Shunt schon in den ersten Lebensmonaten schlecht toleriert, es bestehen Gedeihstillstand, Luftweginfekte, Herzinsuffizienz; die Zyanose ist dabei auffälligerweise nur leicht, die kleinen Patienten sind eher blaß als zyanotisch, die Haut weist einen grauen Farbton auf. Die Auskultation ist nicht besonders aufschlußreich. Das EKG zeigt eine Volumenbelastung der rechten Herzhöhlen. Röntgenologisch sind eine bedeutende Herzvergrößerung und vermehrte Lungendurchblutung feststellbar. Bei Drosselung des Lungenblutabflusses fehlt die Herzvergrößerung. Die klassische „Schneemann-Figur" findet sich nur ausnahmsweise beim Säugling.

Das bidimensionale Echokardiogramm gestattet, die Volumenbelastung der rechten Herzhöhlen, die interatriale Kommunikation, die fehlenden Lungenvenen am linken Vorhof und gelegentlich den abnormen Venenstamm am rechten Atrium darzustellen (Sahn et al. 1979). Diese Untersuchungsmethode ist nicht besonders nützlich bei den infrakardialen Formen (Mortera et al. 1977). Beim Kleinkind sieht man selten die komplette Fehldränage. Wenn dies der Fall ist, so manifestiert sie sich wie ein ASD mit großem Shunt. Röntgenologisch ist die „Schneemann-Figur" für die suprakardiale Form typisch. Die Diagnose wird durch Herzsondierung und Angiokardiographie bestätigt. Der Spontanverlauf ist ungünstig, die schwerste Form ist die infrakardiale, bei der die Überlebenszeit den 1. Lebensmonat nicht überschreitet. Die Patienten sterben dabei an Hypoxämie mit starker Lebervergrößerung jedoch ohne Herzvergrößerung. Bei den restlichen Formen ist die Überlebenszeit nicht so kurz, selten ist sie jedoch länger als ein Jahr. Zwei Drittel der Patienten sterben in den ersten sechs Lebensmonaten und ca. 90% im 1. Lebensjahr (Turley et al. 1980). Diese Umstände zwingen zu einem frühen chirurgischen Eingriff als einer Notbehandlung, vor allem bei der infrakardialen Form (Bullaboy et al. 1984; Clarke et al. 1977). Das chirurgische Mortalitätsrisiko beträgt 25%. Die supra- bzw. infrakardialen Formen ohne venöse Obstruktion und mit geringgradigem bzw. fehlendem pulmonalem Hochdruck gelten als relativ günstig (Van Praagh et al. 1972). Die chirurgische Korrektur besteht in der Anastomose des Venenstammes und Verschluß der interatrialen Kommunikation. Es besteht jedoch das Risiko einer sekundären Stenose am anastomosierten Venenstamm (Thibert u. Casasoprana 1975).

β) *Partielle Fehlverbindung.* Häufigkeitsangaben über diese Form sind relativ spärlich. Bei anatomischen Leichenuntersuchungen finden sich Werte zwischen 0,4 und 0,7% der Fälle (Brody 1942; Healey 1952; Healey u. Gibson 1950; Hughes u. Rumore 1944). In der gleichen Größenordnung liegen sie bei klinischen Kasuistiken (0,5% nach Gasul et al. 1966) und in der Sektionsstatistik Bankls (0,6%, 1977) und im Untersuchungsgut der Verfasser (0,7%). Bei Keith (1978a) beträgt die Häufigkeit 1,4% bei Patienten mit kardiovaskulären Anomalien. Fälle mit einem dichten Vorhofseptum kommen relativ häufig vor (Aldridge u. Wigle 1965; Alpert et al. 1977; Frye et al. 1968; Hickie et al. 1956; Jennings u. Serwer 1986; Morrow et al. 1962; Snellen et al. 1968). Diese Verhältnisse finden sich vor allem bei den Fehlverbindungen der rechten Lungenvenen mit der Cava inferior (s. Brais u. Texeira 1984). Bei den Fällen mit einem Vorhofscheidewanddefekt handelt es sich oft um einen sinuatrialen Defekt (Brais u. Texeira 1984).

Die Venen des rechten Lungenflügels sind häufiger als die des linken beteiligt, und zwar im Verhältnis von 2:1 (Darling et al. 1957; Saalouke et al. 1977), 6:1 (Hickie et al. 1956) und 10:1 (Bachet u. Cabrol 1974; Snellen et al. 1968). Die Einteilung von Darling et al. (1957) läßt sich zwar auch auf die partielle Form anwenden, die große Mehrzahl der Fälle kann jedoch mit Edwards (1968) in eine einfachere Einteilung eingeordnet werden, da in der Regel die Fehlverbindung aller oder aber nur einiger Pulmonalvenen eines Lungenflügels mit ipsilateralen Körpervenen, bei denen des rechten Lungenflügels evtl. mit dem rechten Vorhof erfolgen (Abb. 14). Kontralaterale sowie auch subtotale Fehlverbindungen sind selten (s. Bankl 1977; Edwards 1968; Snellen et al. 1968). So darf man folgende

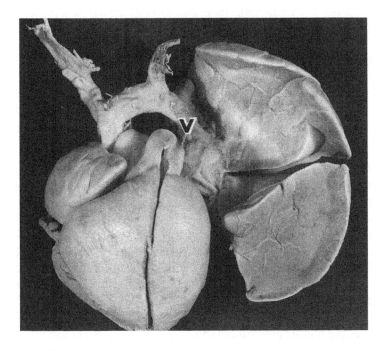

Abb. 14. Partielle Fehlverbindung der linken Lungenvenen mit der Vena brachiocephalica sinistra (*V* abnormer Venenstamm)

Hauptgruppen unterscheiden: 1. Fehlverbindungen der linken Lungenvenen, nämlich mit: a) der Vena brachiocephalica sinistra, b) einer persistierenden Cava superior sinistra bzw. c) dem Sinus coronarius; 2. Fehlverbindungen der rechten Lungenvenen, nämlich mit: a) der Cava superior, b) der Vena azygos, c) dem rechten Vorhof bzw. d) der Cava inferior. Die Gruppe 1a ist eine der häufigsten, der anomale Venenstamm verläuft dabei meistens vor dem Hilus des linken Lungenflügels vorbei. Gruppen 1b und 1c sind relativ selten (s. SNELLEN et al. 1968). Fälle der Gruppe 2a bzw. 2c sind ebenfalls häufig, bei denen der Gruppe 2a liegt die Verbindungsstelle des öfteren unterhalb der Einmündung der Vena azygos (ein Sonderfall bei KUAITY et al. 1970 mit atretischer Cava superior und retrograder Blutdränage in eine persistierende Cava superior sinistra). Fälle der Gruppe 2b kommen selten vor (s. JENNINGS u. SERWER 1986; STECKEN u. BEYER 1963). Häufig ist dagegen die Fehlverbindung mit der Cava inferior (s. BRAIS u. TEXEIRA 1984; DOTTER et al. 1949; HALASZ et al. 1956; KIELY et al. 1967; MCKUSICK u. COOLEY 1955). Dabei treten nicht selten Pulmonal- und Bronchialanomalien auf. Hierzu gehört nämlich das *Scimitar*-Syndrom. Es besteht in einer unilateralen, kompletten oder aber inkompletten Fehlverbindung der rechten Lungenvenen mit der Cava inferior. Das anomale Gefäß ruft im Röntgenbild einen langgezogenen Schatten hervor, woher die Namengebung stammt (NEILL et al. 1960). Liegen keine weiteren Anomalien am rechten Hemithorax vor, so spricht man von der isolierten Form (s. TRELL et al. 1971). In der Mehrzahl der Fälle bestehen jedoch solche Anomalien (komplexe Form nach TRELL et al. 1971). Diese sind: Hypoplasie der Pulmonalarterie, Aortenkollateralen zum rechten Lungenflügel, Lungenhypoplasie bzw. Rechtsverschiebung des Mediastinum (näheres über die Pulmonalanomalien s. bei CARBOL et al. 1969; MALARA et al. 1970; THILENIUS et al. 1983). Neulich haben GIKONYO et al. (1986) 141 Fälle aus dem englischen Schrifttum zusammengestellt (über extrakardiale Anomalien s. dort).

Begleitmißbildungen des Herzens oder der großen Gefäße liegen wie bei der kompletten Form in der Minderzahl der Fälle (in 22% nach SNELLEN et al. 1968; in 32% der Fälle nach GOERTTLER 1958) vor. Anscheinend besteht keine Geschlechtsbevorzugung (BANKL 1977; LUCAS 1983).

Zur Klinik. Die hämodynamischen Störungen der partiellen Fehldränage sind denen des ASD ähnlich. Das klinische Bild und die Prognose hängen jedoch von der Zahl der abnorm dränierten Lungenvenen und dem evtl. Vorliegen (in 15% der Fälle) eines ASD ab. Liegt kein ASD vor und ist das anomal dränierte Lungengebiet klein, so entspricht das klinische Bild dem eines kleinen ASD. Ist die Vorhofscheidewandlücke weit oder das abnorm dränierte Lungengebiet groß, so gleicht das klinische Bild dem eines ASD mit großen Shunt. Beim bidimensionalen Echokardiogramm lassen sich eine rechtsventrikuläre Volumenbelastung mit paradoxer Septumbewegung, das eventuelle Vorliegen eines ASD und die fehleinmündenden Lungenvenen darstellen. Die Diagnose ist jedoch durch Herzsondierung und Angiokardiographie zu bestätigen. Bei einem großen Linksrechts-Shunt (Qp:Qs ≥ 1,5) ist die chirurgische Behandlung indiziert: Plastik der fehleinmündenden Lungenvenen und Verschluß des ASD.

Bei Neugeborenen und Säuglingen geht das Scimitar-Syndrom wegen der Anastomosen zwischen den Gefäßen aortalen Ursprungs und den Lungenvenen immer mit einem schweren pulmonalen Hochdruck einher (DUPUIS et al. 1991). Beim Kleinkind sind dagegen die Druckwerte im Lungenkreislauf normal, der Shunt ist nicht von Bedeutung, so daß das klinische Bild und die EKG- und Echokardiogrammbefunde denen eines kleinen ASD entsprechen. Das Röntgenbild ist typisch. Die Diagnose wird durch Herzsondierung und Angiokardiographie bestätigt. Die chirurgische Behandlung ist nur dann indiziert, wenn der Shunt groß und die Anomalie schlecht toleriert ist. Die Korrektur besteht in der Anlegung einer prothetischen Anastomose durch den rechten Vorhof zwischen dem abnormen Venenstamm und dem linken Vorhof. Die Operation ist mit einem Risiko von 25% von Thrombosen der Prothese belastet, eine Komplikation, die sehr schlecht, und zwar mit schweren Hämoptysen, toleriert wird, was zu einer Pneumonektomie zwingt (DUPUIS et al. 1991).

b) Das Cor triatriatum sinistrum

Die Anomalie ist durch eine zwischen die Einmündungsstelle der Lungenvenen und den linken Vorhof eingeschaltete Vorkammer charakterisiert. Die akzessorische Vorkammer darf auf eine fehlende Einbeziehung des Spatium pulmonale in den linken Vorhof zurückgeführt werden. Ein diaphragmaähnliches, 1–3 mm dickes, fibromuskuläres, dichtes bzw. perforiertes Septum trennt die akzessorische Vorkammer vom linken Atrium. Die Trennwand liegt in der Regel oberhalb der Fossa ovalis und kann ein einzelnes Foramen oder aber mehrere Löcher aufweisen. Die Überlebenszeit sowie das klinische Bild hängen, abgesehen

Tabelle 18. Einteilung des Cor triatriatum sinistrum

Hauptformen	Relative Häufigkeit [a]	
A. Direkte Kommunikation der Vorkammer mit dem linken Vorhof (durchlöcherte Trennwand)		
1. Ohne weitere Kommunikationen der Vorkammer (mit dem rechten Vorhof). Klassische Form	90%	
a) Ohne Vorhofscheidewanddefekt		73%
b) Mit Vorhofscheidewanddefekt		17%
2. Mit weiteren Kommunikationen der Vorkammer (mit dem rechten Vorhof)	3%	
a) Scheidewanddefekt (am Septum zwischen Vorkammer und rechtem Vorhof: direkte Kommunikation)		
b) Venenfehlverbindung (zwischen Vorkammer und einer Körpervene: indirekte Kommunikation)		
B. Keine direkte Kommunikation der Vorkammer mit dem linken Vorhof (dichte Trennwand und Vorhofscheidewanddefekt bzw. Foramen ovale apertum)	7%	
1. Scheidewanddefekt (am Septum zwischen Vorkammer und rechtem Vorhof)		
2. Venenfehlverbindung (zwischen Vorkammer und einer Körpervene)		

[a] nach DELEBARRE (1974).

von evtl. vorhandenen Begleitmißbildungen, prinzipiell mit der Öffnungsweite an der Trennwand zusammen. Fälle, die erst im Erwachsenenalter entdeckt werden, sind nicht selten (BARILLON et al. 1968; BELLER et al. 1967; DELEBARRE 1974; MCGUIRE et al. 1965; näheres über die Lebenserwartung und Pathophysiologie s. bei DELEBARRE 1974; DONATELLI et al. 1969a; PERRY u. SCOTT 1967). Zusammenstellungen finden sich bei AHN et al. (1968), DELEBARRE (1974), DONATELLI et al. (1969a), NIWAYAMA (1960), VAN PRAAGH u. CORSINI (1969). Die relative Häufigkeit wird auf 0,4% geschätzt (JEGIER et al. 1963). Bei FONTANA u. EDWARDS (1962) findet sich ein Fall der isolierten Form (0,3%) und einer mit Fehlverbindungen der Lungenvenen. Außer dieser letzten Anomalie sind folgende Begleitmißbildungen beschrieben worden: Persistenz der Cava superior sinistra, Einmündung des Sinus coronarius in den linken Vorhof, Scheidewanddefekte, Fallotsche Tetrade, arterielle Transposition, Mitralanomalien, Coarctatio aortae, Ductus persistens (DELEBARRE 1974). Es besteht anscheinend eine leichte Bevorzugung des männlichen Geschlechts (BANKL 1977; DELEBARRE 1974).

Zur Einteilung des Cor triatriatum sinistrum sind drei Kriterien in Betracht gezogen worden: das Vorliegen einer Kommunikation der akzessorischen Vorkammer mit dem linken Vorhof, das Vorhandensein eines interatrialen Defektes und das Vorkommen von Fehlverbindungen der Lungenvenen (s. Tabelle 18). In über 90% der Fälle liegt eine unterschiedlich weite, wenige mm bis 1 cm im Durchmesser haltende, exzentrisch oder aber zentral gelegene Öffnung der

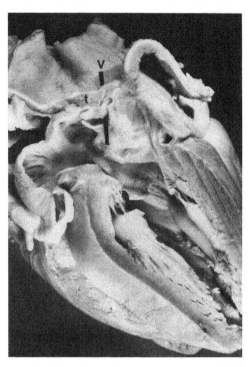

Abb. 15. Cor triatriatum sinistrum, klassische Form. Linke Herzhöhlen angeschnitten. Die akzessorische Vorkammer (*V*) ist durch eine fibromuskuläre Scheidewand (*t*) vom linken Vorhof getrennt. Akzessorische Vorkammer und linker Vorhof stehen durch eine kleine Kommunikation (*schwarze Papierstreifen*) in Verbindung

Trennwand vor. Hierzu gehört die klassische Form (Abb. 15), bei der keine weiteren Kommunikationen der Vorkammer, insbesondere keine Fehlverbindungen der Lungenvenen vorhanden sind. Beim sog. *Cor triatriatum subtotale* enden nur einige Lungenvenen an der akzessorischen Vorkammer, bei den restlichen liegt entweder eine regelrechte Einmündung in den linken Vorhof oder eine Fehlverbindung mit einer Körpervene vor (LUCAS 1983). Eine besondere Gruppe bilden dabei die Fälle, in denen die akzessorische Vorkammer nicht an den linken, sondern an den rechten Vorhof angeschlossen ist. Diese Fälle stellen eigentlich die Kombination zweier *Haupt*mißbildungen dar, und zwar die fehlerhafte Einbeziehung des Sinus pulmonalis und seine heterotope Ausbildung am rechten Vorhof (über weitere Klassifikationskriterien s. THILENIUS et al. 1976).

Zur Klinik. Bei den Formen mit einer Kommunikation der akzessorischen Vorkammer mit dem rechten Vorhof sind die pathophysiologischen und klinischen Verhältnisse denen der kompletten Fehldränage der Lungenvenen ähnlich. Bei den restlichen Formen entsteht ein Hochdruck in der akzessorischen Vorkammer und den Lungenvenen und damit das Bild einer venösen Pulmonalobstruktion (MARÍN-GARCÍA et al. 1975). Klinisch treten meist schon in den ersten Lebensjahren Atemnot und wiederholte Luftweginfekte auf, asymptomatische

Fälle kommen jedoch vor. Auskultatorisch bestehen Zeichen eines pulmonalen Hypertonus und uncharakteristische Herzgeräusche. Beim EKG finden sich Zeichen einer Belastung der rechten Herzhöhlen. Das Röntgenbild zeigt eine fein diffuse netzförmige Lungengefäßbettzeichnung, Kerleysche Linien, Prominenz des Truncus pulmonalis und Vergrößerung der rechten Kammer und des linken Vorhofs. Am bidimensionalen Echokardiogramm sind die Trennwand, der eventuelle ASD und dessen Sitz und die etwaigen Fehlverbindungen der Lungenvenen darstellbar. Die Herzsondierung und die Angiokardiographie führen zur exakten Diagnose. Die chirurgische Behandlung hat besonders guten Erfolg: Exstirpation der Trennwand und Verschluß des ASD.

c) Stenosen und Atresien der Lungenvenen

Nach EDWARDS (1960a, 1968) kommen hierzu 3 Gruppen in Betracht: α) Obstruktionen der Vena pulmonalis communis (Spatium pulmonale), β) Obstruktionen einzelner sonst regelrecht gebildeter Lungenvenen und γ) Obstruktionen bei Fehlverbindungen der Lungenvenen. Zur ersten Gruppe gehören nach dem genannten Autor das Cor triatriatum sinistrum (s. auch EDWARDS et al. 1951) und die Atresie der Vena pulmonalis communis (s. auch HAWKER et al. 1972b; LUCAS 1983). Die angeborene Stenose regelrecht einmündender Lungenvenen kann durch eine tubuläre Hypoplasie oder aber durch Membranbildungen an einer, mehreren oder allen Lungenvenen bedingt sein (BEERMAN et al. 1983; BINI et al. 1984; EMSLIE-SMITH et al. 1955; SHONE et al. 1962). Die Anomalie kommt selten vor. Ähnliche Veränderungen finden sich bei Stenosen an Fehlverbindungen der Lungenvenen (s. BINET et al. 1972; SAALOUKE et al. 1977). Sehr selten kommt eine unilaterale Atresie der Lungenvenen und eine stenosierende Intimahyperplasie der kontralateralen Pulmonalvenen vor (SHRIVASTAVA et al. 1986, über die Pathogenese erworbener Stenosen s. dort).

Zur Klinik. Im klinischen Bild stehen die Zeichen eines passiven pulmonalen Hypertonus und dessen Rückwirkungen im Vordergrund. Es treten Luftweginfekte, Zyanose, uncharakteristische Herzgeräusche und schließlich Herzinsuffizienz ein. Am EKG bestehen Zeichen einer Vergrößerung der rechten Herzhöhlen. Röntgenologisch finden sich ferner eine Prominenz des Truncus pulmonalis und die typisch netzförmige Lungengefäßbettzeichnung. Die Herzsondierung und die Angiokardiographie führen zur präzisen Diagnose. Die Behandlung der Herzinsuffizienz hat kaum Erfolg, ebensowenig die chirurgische Behandlung. Die Prognose ist ungünstig mit einer Lebenserwartung von 4 Jahren im Durchschnitt (5 Monate bis 10 Jahre). Bei der Atresie der Vena pulmonalis communis treten Atemnot und Blausucht schon am 1. Lebenstag ein, die Anomalie führt zum Tode im 1. Lebensmonat und läßt sich nur schwerlich diagnostizieren (HAWKER et al. 1972b). Kein Fall mit erfolgreicher chirurgischer Korrektur ist uns bekannt.

8. Die Lävoatrial-Kardinalvene

Bei einem Fall mit einer Mitralatresie, regelrechter Einmündung der Lungenvenen und dichtem Atrialseptum haben EDWARDS u. DUSHANE (1950) erstmals eine anomale Verbindung des linken Vorhofs mit der Vena brachiocephalica

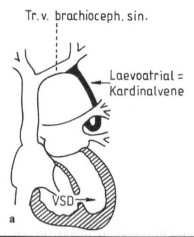

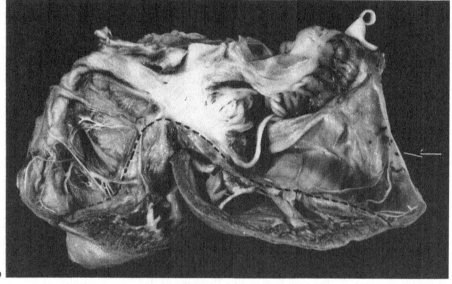

Abb. 16a. Schematisch dargestellte Lävoatrial-Kardinalvene. (Nach BANKL 1977, verändert). **b** Idiopathische Dilatation des rechten Vorhofs. *Rechts* im Bild ist die papierdünne Vorhofwand erkennbar (*Pfeil*). *Punktiert*: Atrioventrikulargrenze. In der Mitte eine narbige Zone nach partieller Resektion. Zwei Monate altes, an Rhythmusstörungen gestorbenes Mädchen

sinistra beschrieben, die als eine aus dem Kardinalvenensystem entstandene Adaptationskollaterale interpretiert wurde. Das 2,5 mm breite Gefäß entsprang am Dach des linken Vorhofs medial zur Einmündungsstelle der oberen linken Lungenvene, von dort verlief es zunächst vertikal nach oben zwischen linkem Hauptbronchus und linkem Ast der Pulmonalis und dann schräg bis zur Vena brachiocephalica sinistra (Abb. 16a) (s. auch WAGENVOORT et al. 1964). Der Befund wirft eine interessante Deutungsfrage nach der Herkunft dieser Fehlverbindung auf, insbesondere nach der des vorhofnahen Segments. Da die Lävoatrial-

Kardinalvene im Gebiet des Sinus pulmonalis ihren Ursprung nahm, läßt sich eine Beziehung des vorhofnahen Segments zur Anlage der Pulmonalvenen nicht ausschließen. Dieses Segment könnte also dem herznahen Anteil einer überzähligen Lungenvene oder aber einem direkten Verbindungsstück des Kardinalvenensystems mit dem linken Vorhof entsprechen. Im ersteren Fall ließe sich die Anomalie als eine partielle Fehlverbindung einer Lungenvene betrachten, und zwar mit der Besonderheit, daß dabei nicht das lungennahe Segment, wie üblich, sondern das herznahe Segment beteiligt sei. Diese Annahme findet in zwei weiteren Fällen (LUCAS et al. 1962a bzw. ELIOT et al. 1963a), die nach EDWARDS (1968) als weitere Exemplare dieser Anomalie gelten, eine Unterstützung, denn dabei entsprang das anomale Gefäß aus dem vorhofnahen Segment der oberen linken Lungenvene. Bei dem von ELIOT et al. (1963a) mitgeteilten Fall fand die Fehlverbindung Anschluß nicht an die Vena brachiocephalica sinistra, sondern an den Sinus coronarius.

III. Mißbildungen der Vorhöfe

1. Idiopathische Vorhofdilatation

Bei der idiopathischen Vorhofdilatation unterscheidet man eine diffuse und eine zirkumskripte Form. Erstere kommt isoliert und anscheinend allein am rechten Vorhof vor, sie gilt heute als eine nosologische Entität. Die zirkumskripte Form ist pathogenetisch wahrscheinlich uneinheitlich, man zählt hierzu nämlich aneurysmatische Aussackungen und Divertikel, letztere sind offenbar mit der diffusen Form pathogenetisch nicht verwandt. Die zirkumskripte Form des rechten Vorhofs ist allerdings äußerst selten (Fallbericht über ein Aneurysm bei MORROW u. BEHRENDT (1968), beim 1. Fall bei SHELDON et al. (1969) handelt es sich wahrscheinlich um ein Divertikel). Die zirkumskripte Form des linken Vorhofs ist nicht selten mit Perikarddefekten assoziiert. Beide Formen können mit Rhythmusstörungen einhergehen und zur Thrombenbildung führen.

a) Diffuse Dilatation des rechten Vorhofs (Abb. 16b).

Nach ESHAGHPOUR et al. (1969) hat BAILEY 1955 (zit. nach ESHAGHPOUR et al. 1969) erstmals auf diese Anomalie aufmerksam gemacht. Nach den meisten Autoren stammen jedoch die ersten Fälle von PASTOR u. FORTE (1961). Bis 1972 sollen etwa 15 Fälle mitgeteilt worden sein (Zusammenstellung von 12 Fällen bei TENCKHOFF et al. 1969; dazu noch einzelne Fallberichte bei BURCH et al. 1972; ESHAGHPOUR et al. 1969; HAGER u. WINK 1969). 1981 stellte MARÍN-GARCÍA 28 Fälle aus der Weltliteratur zusammen (2 weitere Fälle bei FARRÚ u. RODRIGUEZ 1974 bzw. FARRÚ et al. 1986). Der Vorhofwandbau ist am bioptischen Material untersucht worden, nur bei einem Fall, einem 16jährigen Jungen, liegen Sektionsbefunde vor (TENCKHOFF et al. 1969). Die bisher erhobenen Befunde sind uncharakteristisch: normaler Vorhofwandbau (BAILEY 1955, zit. nach ESHAGHPOUR et al. 1969), hypertrophische Muskelfasern des Herzohres (PASTOR u. FORTE 1961), unregelmäßige Verdickung und Verteilung der Muskelfasern mit leichter lymphozytärer Infiltration (SAIGUSA et al. 1962), weitgehendes Fehlen der

Vorhofmuskulatur (FARRÚ u. RODRIGUEZ 1974; FARRÚ et al. 1986; TENCKHOFF et al. 1969). Die elektronenoptische Untersuchung der restlichen Fasern hat ebenfalls keine aufschlußreichen Befunde ergeben (FARRÚ et al. 1986). TENCKHOFF et al. (1969) sehen in dieser Anomalie Beziehungen zum Uhl-Syndrom und Oslers *Pergamentherzen*. Nach den meisten Autoren ist sie als eine konnatale Anomalie zu betrachten, einige Fälle sprechen jedoch für die Möglichkeit einer postnatal entstandene Erkrankung (BEDER et al. 1982; BURCH et al. 1972; über Beziehungen zur Schwangerschaft s. KEATS u. MARTT 1964).

Die Anomalie wird meist zufällig bei einer Routineuntersuchung oder aber bei einer näheren Untersuchung von Rhythmusstörungen entdeckt. Sie wird in der Regel gut toleriert, die Rhythmusstörungen können jedoch zum plötzlichen Tod führen. Entscheidend für die Diagnosestellung sind die Röntgenuntersuchung, insbesondere die Angiokardiographie. Die Behandlung ist prinzipiell chirurgisch, sie besteht in der partiellen Extirpation des rechten Vorhofs, die sich insbesondere in Hinsicht auf die Vorbeugung des plötzlichen Todes wegen Rhythmusstörungen als erfolgreiche Behandlung bewährt hat (s. SHELDON et al. 1969; FARRÚ et al. 1986).

b) Zirkumskripte Dilatation des linken Vorhofs

Nach WILLIAMS (1963) läßt sich eine extraperikardiale bzw. intraperikardiale Form unterscheiden. Bei der ersteren handelt es sich sehr wahrscheinlich um Vorhofdivertikel, nämlich um ein durch einen Perikarddefekt prolabiertes Herzohr. Bei der intraperikardialen Form mit intaktem Perikard kommen auch aneurysmatische Aussackungen ohne Beteiligung des Herzohres vor (s. AMATO et al. 1975; HEBERT et al. 1965). Die zirkumskripte Dilatation des linken Vorhofs ist allerdings selten (Zusammenstellungen bei GODWIN et al. 1968; HOUGEN et al. 1974; PARKER u. CONNEL 1965; SALONIKIDES et al. 1970; SHAHER et al. 1972a; WILLIAMS 1963). An den aneurysmatischen Aussackungen findet sich eine papierdünne, fibrös umgewandelte, gelegentlich thrombosierte Vorhofwand. In anderen Fällen ist dabei nur das Herzohr beteiligt (s. PARMLEY 1962; bei WANG et al. 1972 ein Fall mit dilatiertem und verkalktem Herzohr). Beim von PARKER et al. (1967) mitgeteilten Fall entsprang das Herzohr aus dem Aneurysm. Rhythmusstörungen können bei der extra- bzw. intraperikardialen Form eintreten (s. DIMOND et al. 1960; SHAHER et al. 1972a).

2. Juxtapositio auriculorum cordis

Dabei liegen beide Herzohren nebeneinander entweder links (Juxtapositio auriculorum cordis sinistra) oder rechts (Juxtapositio auriculorum cordis dextra) von den großen Gefäßen. Die Anomalie kommt relativ selten, die Juxtapositio auriculorum cordis dextra sehr selten vor, und zwar durchschnittlich im Verhältnis von 1:6 zur linken Form (CHARUZI et al. 1973; von 1:5 nach WAGNER et al. 1970; 1:11 nach DIXON 1954; 1:13 nach MELHUISH u. VAN PRAAGH 1968). Umfassende Darstellungen finden sich bei MELHUISH u. VAN PRAAGH (1968, insgesamt 41 Fälle) und CHARUZI et al. (1973, insgesamt 86 Fälle). Fast regelmäßig liegt dabei eine arterielle Transposition (BREDT 1935, 1936; über Fälle ohne Transpositionskomplexe s. BECKER u. BECKER 1970, EDWARDS 1968; FRAGOYANNIS u. NICKERSON 1960; WAGNER et al. 1970). Transpositionskomplexe kommen nämlich nach

MELHUISH u. VAN PRAAGH (1968) in 92% der Fälle vor. Die klassische arterielle Transposition ist dabei je nach den Autoren in zwei Dritteln bis in über 90% der Fälle vorhanden (MELHUISH u. VAN PRAAGH 1968 bzw. PARK et al. 1976). Bei der rechten Form ist die arterielle Transposition anscheinend nicht so häufig (MATHEW et al. 1975). Nach MELHUISH u. VAN PRAAGH (1968) kommen bei der Juxtapositio auriculorum cordis, verglichen zu einer Kontrollgruppe, weitere Herzgefäßmißbildungen, darunter Dextrokardie, Pulmonalstenose, Trikuspidalatresie, Scheidewanddefekte, Hypoplasie des rechten Ventrikels, gehäuft vor. Dabei läßt sich eine leichte Bevorzugung des weiblichen Geschlechts, im Verhältnis von 1:0,7, feststellen.

Die formale Genese der Juxtapositio auriculorum cordis ist nicht restlos geklärt. Die meisten Fälle sprechen zwar dafür, daß die Anomalie mit bestimmten Herzgefäßmißbildungen zusammenhängt, einige wenige Fälle wie diejenigen, bei denen die Anomalie nur mit einem sonst üblichen Scheidewanddefekt assoziiert war (s. BECKER u. BECKER 1970; EDWARDS 1968), weisen jedoch darauf hin, daß die Juxtapositio auriculorum cordis auch als eine eigenständige Anomalie auftreten kann. Diese letzte Möglichkeit darf wegen der ungenügenden Kenntnisse über die Morphogenese der Herzohren nicht näher erklärt bleiben. Von dem zuerst genannten Standpunkt aus gesehen kommen 2 Entwicklungsstörungen als Voraussetzungen für die Entstehung einer Juxtapositio auriculorum cordis in Betracht: ein Arrest der Ohrkanaldrehung und eine Störung der vektoriellen Bulbusdrehung. Bei einem hochgradigen Arrest des ersten Prozesses finden sich an der Vorhofgegend die Verhältnisse, die normalerweise am embryonalen Herzen im 11. Entwicklungsstadium vorübergehend bestehen (MELHUISH u. VAN PRAAGH 1968): der linke Vorhof und sein Herzohr liegen vorn auf der linken Seite der Herzschleife, der rechte Vorhof und sein Herzohr dagegen hinten. Die großen Gefäße werden also nicht wie sonst von hinten, sondern von links von den Herzohren umgeben. Bei dieser pathogenetischen Form hängt also die Juxtapositio auriculorum cordis mit der Lage der Vorhöfe zusammen. Dieser Form begegnet man bei Fällen einer primitiven Lävokardie (s. dort). Für die mit einem Canalis atrioventricularis dexter verbundenen Juxtapositio auriculorum cordis dextra bei nicht invertierter Herzschleife nimmt GOERTTLER (1958, 1963) eine nach rechts überschießende Ohrkanaldrehung an. Eine weitere pathogenetische Form der Juxtapositio auriculorum cordis hängt anscheinend mit einer Störung der vektoriellen Bulbusdrehung zusammen. KREINSEN u. BERSCH (1973) nehmen als Erklärung für diesen Zusammenhang eine Verdrängung und Linksverschiebung des rechten Herzohres durch das bulbotrunkale Segment an.

3. Frühzeitiger Verschluß des Foramen ovale

Ein frühzeitiger Verschluß des Foramen ovale unterbricht den Bluteinstrom in den linken Vorhof aus dem physiologischen Cavakanal. Die linken Herzhöhlen sind dabei hypoplastisch, die rechten vergrößert (LEVINE u. REEVE 1963; WILSON et al. 1953). Nicht selten kommt dabei eine Endokardfibroelastose des linken Ventrikels und ein florides Hypoplasiesyndrom des linken Herzens vor. Nach JOHNSON (1952) sind die letzteren Anomalien hypoxisch bedingt.

LEV et al. (1963) unterscheiden 2 makroskopische Formen: die eine mit normalen anatomischen Verhältnissen der Fossa ovalis, die andere mit einem abnorm ausgebildeten Limbus. Oft findet sich dabei ein Aneurysma der Fossa ovalis. Die angenommenen Verschlußmechanismen sind eine ausgedehnte bindegewebige Verwachsung beider Vorhofsepten miteinander, eine fehlende Ausbildung des Ostium secundum und ein überschießendes Wachstum des Septum secundum (JOHNSON 1952; WILSON et al. 1953).

Die Anomalie kommt selten vor (Zusammenstellungen bei BRODY 1953; GRESHAM 1956; LEV et al. 1963; WILSON et al. 1953). In den meisten Fällen mit einer Aortenatresie liegt ein Scheidewanddefekt vor. Bei den Fällen mit Aortenatresie und dichten Scheidewänden gelangt der Blutstrom aus dem linken Ventrikel in die Koronararterien über dilatierte Blutsinusoide und arteriovenöse Fisteln (PETERSON et al. 1969; RAGHIB et al. 1965b). Die Mehrzahl der Fälle ist weiblichen Geschlechts (LEV et al. 1963). Die Patienten sterben meist an den ersten Lebenstagen unter dem Bild einer schweren Zyanose mit Atemnot und Herzinsuffizienz (s. LEV et al. 1963).

4. Aneurysma der Fossa ovalis

Das Aneurysma der Fossa ovalis tritt als eine meist kuppelförmige, seltener zylindrische, gelegentlich fenestrierte Vorwölbung auf, die in der Mehrzahl der Fälle durch eine Druckerhöhung in einem der Vorhöfe bedingt ist. Das Aneurysma kann also nach links oder nach rechts je nach *dem* Vorhof, worin der Hochdruck herrscht, gerichtet sein. Ein solches sekundäres Aneurysma („extrinsic type" nach TOPAZ et al. 1985) kann auch bei erworbenen Herzfehlern entstehen (LEV 1953a). Bei konnatalen Herzfehlern findet es sich vor allem bei Pulmonalstenosen bzw. -atresien und bei Aortenstenosen bzw. -atresien (näheres bei TOPAZ et al. 1985). In der Minderzahl handelt es sich um ein primäres Aneurysma („intrinsic type" nach TOPAZ et al. 1985), das mit einem frühzeitigen Verschluß des Foramen ovale verbunden ist. Das Aneurysma kann als ein raumfordendes Gebilde wirken und Obstruktionen an der Mitralis, Trikuspidalis oder Einmündungsstelle der Cava inferior bedingen. Es begünstigt außerdem die Entstehung von Thromben, die Quellen von Zerebralembolien sein können (GROSGOGEAT et al. 1973). Das Aneurysma kann echokardiographisch und angiokardiographisch diagnostiziert werden (CASTA et al. 1983). Aneurysmen unbekannter Genese kommen gelegentlich bei Erwachsenen vor (s. SILVER u. DORSEY 1978).

5. Defekte der Vorhofscheidewand

a) Totaler Defekt

Die fehlende Entwicklung der Septa atriorum manifestiert sich anatomisch als ein Atrium commune, das zu einem Cor biloculare oder aber einem Cor triloculare biventriculosum gehören kann. Funktionell besteht ein Einzelvorhof bei partiellen Defekten von 2 cm^2 oder mehr (DEXTER 1958). Nicht selten ist am Vorhofdach und an der Hinterfläche des Vorhofs eine halbmondförmige Innenfalte erkennbar, die wahrscheinlich der Plica sinuatrialis sinistra entspricht, in der Sagittalebene ist

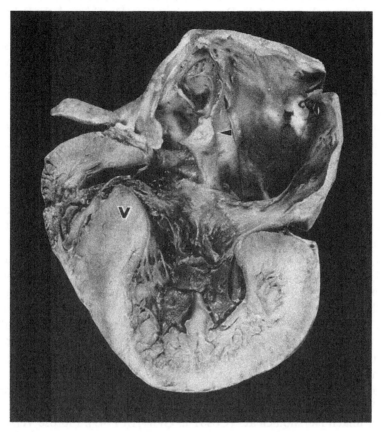

Abb. 17. Atrium commune und Canalis atrioventricularis persistens. Frontalschnitt (*Pfeilkopf* Rudiment des Vorhofseptum, *V* Ventrikelseptum)

manchmal eine Muskeltrabekel als ein Rudiment des Vorhofseptum zu sehen (Abb. 17). Häufig besteht ein Ostium atrioventriculare commune, selten sind Fälle mit zwei Ostia atrioventricularia, deren Segelklappen Fissuren meist der Mitralis (RASTELLI et al. 1968; WEYN et al. 1965) oder regelrechter Verhältnisse zeigen können (LEVY et al. 1974; WATKINS u. GROSS 1955). In $^3/_4$ der Fälle kommen weitere Herzgefäßmißbildungen vor (BANKL 1970). Zahlenangaben über die relative Häufigkeit des Atrium commune liegen meist unter 1% (s. BANKL 1977), ausnahmsweise beträgt sie 1,8% im Untersuchungsgut der Verfasser (das Cor biloculare ausgenommen). Nach SOMMERVILLE et al. (1972) findet sich ein Atrium commune in 3% der Fälle mit Verschmelzungsstörungen der Endokardkissen.

Zur Klinik. Klinisch stehen die Zeichen eines massiven Links-rechts-Shunts auf Vorhofebene mit extremer Linksstellung der elektrischen Herzachse im Vordergrund. Da auf Vorhofebene auch ein Rechts-links-Shunt entsteht, liegt eine leicht verminderte Sauerstoffsättigung im peripheren Blut vor. Die röntgenologischen und weiteren elektrokardiographischen Befunde sind denen eines ASD mit großem Shunt ähnlich. Echokardiographisch lassen sich die fehlende Vorhofscheidewand und die oft vorhandene Mitralfissur feststellen. Bei der hämodynamischen Untersuchung wird die Diagnose bestätigt. Die chirurgische Behandlung ist indiziert. Sie besteht in der Anlegung einer prothetischen Vorhofscheidewand und der Plastik der Mitralis. Der chirurgische Eingriff ist dem gleichen Risiko wie der der partiellen Form des Atrioventrikularkanals ausgesetzt und mit einer Mortalität von rund 15% verbunden. Als weitere Komplikationen der chirurgischen Behandlung sind Rhythmusstörungen und eine Residualinsuffizienz der Mitralis zu nennen. Manchmal tritt trotz der Behandlung ein pulmonaler Hochdruck ein. Ohne eine chirurgische Behandlung ist die Prognose noch schlechter wegen einer refraktären Herzinsuffizienz und wiederholter Luftweginfekte.

b) Partielle Defekte

Die Mehrzahl der partiellen Defekte kommt in Kombination mit anderen Herzgefäßmißbildungen, bei einigen davon wie der Trikuspidalatresie und der Fehleinmündung der Lungenvenen in den rechten Vorhof fast regelmäßig vor. So gut wie jede Kombination ist bekannt. Der Anteil der isolierten partiellen Defekte beträgt nach ABBOTT (1936) 18%, nach GOERTTLER (1968) 15%, nach MACKRELL u. IBANEZ (1958) 14%, im Untersuchungsgut der Verfasser 19%. Bevorzugt ist das weibliche Geschlecht im Verhältnis von rund 2:1 (BESTERMAN 1961; CRAIG u. SELZER 1968; FONTANA u. EDWARDS 1962; HIMBERT et al. 1964; WEYN et al. 1965; ZAVER u. NADAS 1965). Funktionell bedeutungslos sollen Defekte unter 5 bzw. 7,5 mm im Durchmesser sein (MACKRELL u. IBANEZ 1958 bzw. GROSS 1962). Typische Anpassungsveränderungen des Herzens sind eine Dilatation der rechten Herzhöhlen und eine rechtskammerige Hypertrophie. Bei dem Syndrom der weiten Vorhoflücke ist die Pulmonalis dilatiert. Eventuell tritt auch eine Vergrößerung der linken Herzhöhlen auf (COSBY u. GRIFFITH 1949). Fibröse Veränderungen der Trikuspidalis und Pulmonalklappe sind auf das Ausmaß des Links-rechts-Shunts bezogen worden (OKADA et al. 1969).

Mit GOERTTLER (1958, 1963) und LOS (1968) lassen sich die partiellen Atrialdefekte nach embryologischen Gesichtspunkten einteilen und in 3 Hauptformen eingliedern (Abb. 18): Secundumdefekte, Primumdefekte und Sinuatrialdefekte. Die Sinuatrialdefekte umfassen wiederum 3 Typen, und zwar den Cava superior-, Cava inferior- und Sinus coronarius-Typ. Secundumdefekte sitzen in der zentralen, Primumdefekte in der kaudalen und Sinuatrialdefekte in der dorsalen Zone. Aus klinischen, prognostischen und therapeutischen Gründen werden als Vorhofseptumdefekte außer den Secundum- und Sinuatrialdefekten nur diejenigen Primumdefekte betrachtet, die der partiellen (inkompletten) Form des Canalis atrioventricularis entsprechen. Die restlichen Formen des Atrioventrikularkanals, nämlich die transitionelle und die totale (komplette) Form, zählen nicht zu den Vorhofseptumdefekten (CAMPBELL u. MISSEN 1957; WEYN et al. 1965). Unter diesen Voraussetzungen lassen sich folgende Zahlenangaben über die relative Häufigkeit der partiellen Vorhofseptumdefekte zueinander angeben: 60–70% für die Secundumdefekte, 10–20% für die Primumdefekte und 5–15% für die Sinuatrialdefekte (vgl. CAMPBELL 1970; BEDFORD 1960; FONTANA u. EDWARDS 1962; SARGENT u. HARNED 1983). Im Untersuchungsgut der Verfasser gelten die folgenden Häufigkeitswerte: 68%, 19% bzw. 13%.

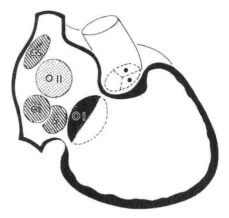

Abb. 18. Schema zur Einteilung der partiellen Vorhofseptumdefekte. *Punktiert (O II)*: Secundumdefekte, *kreuzschraffiert (O I)*: Primumdefekte, *schrägschraffiert:* Sinuatrialdefekte (*CS* Cava superior-Typ, *CI* Cava inferior-Typ, *S* Sinus coronarius-Typ. (Nach GOERTTLER 1963, verändert)

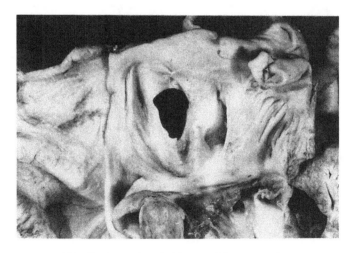

Abb. 19. Secundumdefekt. Ansicht von rechts

α) *Secundumdefekte.* Anatomisch liegt ein solcher Defekt vor, wenn der dem Septum primum entsprechende Anteil der Vorhofscheidewand die im Limbus Vieussenii umrissene Fläche nicht vollständig deckt. Diese Insuffizienz kann also durch eine fehlerhafte Entwicklung des Septum primum, nämlich ein zu weites Ostium secundum bzw. eine zusätzliche Dehiszenz am Septum primum, oder aber durch eine Hypoplasie des Septum secundum, die zu einem zu weiten Limbus führt, bedingt sein (Abb. 19). HUDSON (1955) nimmt auch die Möglichkeit eines verlagert entstandenen Ostium secundum an. Der genannte Anteil des Septum primum kann gänzlich fehlen. Da der Umriß des Limbus hufeisenförmig nach hinten gerichtet ist, kann die Abgrenzung eines großen Secundumdefektes gegen einen Sinuatrialdefekt Schwierigkeiten bereiten. Die meisten Defekte betragen

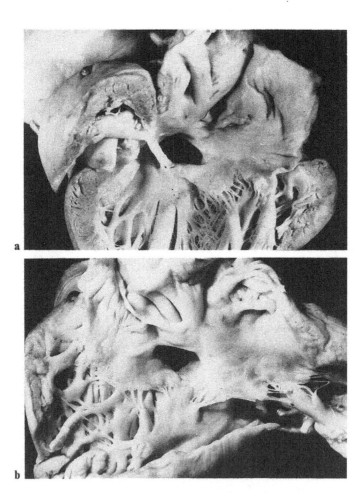

Abb. 20 a, b. Primumdefekt. **a** Ansicht von links, Fissur des septalen Mitralsegels; **b** Ansicht von rechts, Fissur des septalen Trikuspidalsegels (gleicher Fall)

mehrere, bei Erwachsenen 2–7 cm im Durchmesser (COSBY u. GRIFFITH 1949). Nach GOERTTLER treten hämodynamische Störungen erst bei Lückenbildungen über 8 mm bei Kindern und 15 mm bei Erwachsenen in Erscheinung.

β) *Primumdefekte.* Sie sitzen im ventrokaudalen Anteil des Septum atriorum oberhalb des Trigonum fibrosum dextrum, kranialwärts sind sie vom frei endenden, bogenförmig konturierten Rand des Vorhofseptum begrenzt (Abb. 20a, b). Die Lückenbildung läßt sich auf eine Wachstumshemmung des Septum primum zurückführen. Wie von HUDSON (1955) bemerkt, ist in der Gegend des persistierenden Ostium primum (Foramen subseptale) auch eine mangelhafte Entwicklung des Septum secundum anzunehmen. Fast regelmäßig ist zwar ein persistierendes Ostium primum mit Verschmelzungsstörungen der Endokardkissen assoziiert (s. ANDERSON u. COLES 1961); gut dokumentierte Fälle eines isolierten Ostium primum persistens (BEDFORD 1960; BLOUNT et al. 1956;

FERBERS 1970; GOOR et al. 1968), d. h. ohne jegliche Fissur des septalen Mitral- oder Trikuspidalsegels, weisen jedoch darauf hin, daß die Persistenz des Ostium primum formal als eine eigenständige Mißbildung aufgefaßt werden kann (auch beim 7. Fall ROKITANSKYS 1875 ist keine Fissur des septalen Mitralsegels erkennbar). Die Kombination eines Primumdefektes mit einer Spaltbildung irgendeines Septalsegels (am häufigsten der Mitralis) wird je nach den Autoren Endokardkissendefekt Grad I (CAMPBELL u. MISSEN 1957), inkomplette Form bzw. partielle Form des Canalis atrioventricularis persistens (GIRAUD et al. 1957 bzw. ROGERS u. EDWARDS 1948; WAKAI u. EDWARDS 1956, 1958) genannt (eine etwas modifizierte Nomenklatur bei TITUS 1969). Selten kommt ein Primumdefekt bei der Mitral- bzw. Trikuspidalatresie vor (WILLIAMS et al. 1974).

γ) *Sinuatrialdefekte* (Defekte des venösen Herzeinganges, GOERTTLER 1963). Sie sitzen entlang dem hinteren Bogen des Vorhofseptum, nämlich im Grenzbereich zwischen Sinus- und Atrialstrukturen. Diese Lückenbildungen lassen sich mit GOERTTLER (1963, 1968) und LOS (1968) auf eine fehlerhafte Einbeziehung des Sinus venosus in den rechten Vorhof bzw. eine Fehlentwicklung der Plica sinuatrialis sinistra zurückführen. Folgende Typen werden unterschieden:

Cava superior-Defekt (Sinus venosus-Defekt nach Ross 1956; hochsitzender Marginaldefekt nach WATKINS u. GROSS 1955). Der Defekt sitzt am Einmündungsgebiet der Cava superior, so daß er dorsokranial vom Vorhofdach selbst und dem reitenden Ostium der Cava superior begrenzt ist (Abb. 21). Solche Defekte betragen meist 2–3 cm im Durchmesser. Sehr häufig liegt eine Fehlverbindung der rechten Lungenvenen vor (s. HUDSON 1955).

Cava inferior-Defekt. Es handelt sich um einen an der Einmündungsstelle der Cava inferior sitzenden, schon von ROKITANSKY 1875 beschriebenen Marginaldefekt. Die Cava kann auch eine reitende Stellung (medianwärtige Arretierung der unteren Hohlvene nach GOERTTLER 1958) aufweisen. Nach GOERTTLER (1963) kommen oft bei diesem Defekttyp Rete Chiari, mitunter Pulmonalobstruktionen und Trikuspidalanomalien vor. Bei einem von EDWARDS (1968) mitgeteilten Fall ohne reitende Cava lag eine Fehleinmündung der rechten Lungenvenen in das rechte Atrium vor.

Sinus coronarius-Defekt. Viel seltener kommen Defekte an der Einmündungsstelle des Sinus coronarius vor (Fallberichte bei EDWARDS 1968; EDWARDS et al. 1965; SELLERS et al. 1966). Ein solcher Defekt gehört auch zu dem von RAGHIB et al. (1965a) beschriebenen Syndrom (s. unter Anomalien des Sinus coronarius, S. 286).

δ) *Zur Klinik.* Da normalerweise im linken Vorhof ein etwas höherer Blutdruck als im rechten herrscht, ist ein Vorhofseptumdefekt mit einem Links-rechts-Shunt niedrigen Druckes verbunden. Es kommt dabei zu einer vermehrten Lungendurchblutung meist ohne Erhöhung des pulmonalen Blutdruckes. Dies führt zu einer Volumenbelastung der rechten Herzhöhlen. Der Defekt ist beim Kleinkind in der Regel asymptomatisch und wird oft in einer Routineuntersuchung entdeckt. Gelegentlich lassen sich ein leicht gestörtes Gedeihen, geringgradige Ermüdbarkeit und Atemnot bei Belastung feststellen. Beim Säug-

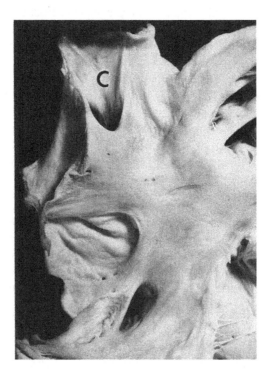

Abb. 21. Sinuatrialdefekt des Cava superior-Typ (*C* reitende Cava superior)

ling verursacht der Defekt selten, nämlich in etwa 8% der Fälle, stärkere Beschwerden wie eine ausgesprochene Gedeihstörung, häufige Infekte der Luftwege und Herzinsuffizienz. Auskultatorisch ist im 2. ICC links ein meist mittellautes (3/6) Austreibungsgeräusch mit einer breiten und fixierten Spaltung des zweiten Herztons nachweisbar. Ist das Lungenstromvolumen doppelt so groß wie das im großen Kreislauf oder noch größer, so entsteht ein diastolisches rollendes Geräusch in der Trikuspidalgegend (REES et al. 1972). Beim EKG lassen sich eine Rechtsstellung der elektrischen Achse von QRS (+90 bis +180) und Zeichen einer Volumenbelastung der rechten Kammer mit inkomplettem Block des rechten Schenkels (*rsR'*) feststellen. Eine Linksstellung der elektrischen Achse deutet auf einen Primumdefekt hin. Das Röntgenbild zeigt eine vermehrte Lungendurchblutung und Vergrößerung der rechten Herzhöhlen mit Prominenz und Pulsation der Pulmonalis. Echakardiographisch sind die Volumenbelastung der rechten Kammer mit paradoxer Bewegung des Septum und die interatriale Kommunikation darstellbar. Bei der Herzsondierung läßt sich das Ausmaß des Blutkurzschlusses bestimmen.

Partielle Vorhofseptumdefekte werden in der Regel gut toleriert, sie stellen die häufigste Herzmißbildung des Erwachsenen dar (KELLY u. LYONS 1958). Fälle über 75 Jahre sind jedoch selten (COSBY u. GRIFFITH 1949; KELLY u. LYONS 1958; RODSTEIN et al. 1961). Bei großen Kasuistiken ist jedoch ein fortschreitender Anstieg des Stromwiderstandes in der Lungenblutbahn festgestellt worden (BESTERMAN 1961; CRAIG u. SELZER 1968; HIMBERT et al. 1964; WEYN et al. 1965;

ZAVER u. NADAS 1965). Der pulmonale Hochdruck zusammen mit Bronchitiden, Rhythmusstörungen und Lungenembolien führt zur Herzinsuffizienz und einer Verringerung der Lebenserwartung. Das Herzversagen ist bei Patienten unter 20 Jahren selten (weniger als in 5% der Fälle), zwischen 20 und 40 Jahren ungewöhnlich (weniger als in 20%), über 40 Jahre häufig (über 50%) und über 60 Jahre sehr häufig (HIMBERT et al. 1964; über Herzinsuffizienz bei Kindern s. DISENHOUSE et al. 1954; HASTREITER et al. 1962b; PHILLIPS et al. 1975). Die Lebenserwartung wird durchschnittlich auf das Alter von 50 Jahren geschätzt (HIMBERT et al. 1964). Ab dem Alter von 40 Jahren – kritisches Alter – haben HIMBERT et al. (1964) einen ausgesprochenen Anstieg der Mortalitätsrate nachgewiesen (s. auch CAMPBELL 1970; CRAIG u. SELZER 1968; MARKMAN et al. 1965). Die etwas ungünstigere Prognose der Primum- und Sinuatrialdefekte hängt wahrscheinlich mit den dabei oft vorkommenden Begleitmißbildungen zusammen (über die Prognose der Primumdefekte s. SOMMERVILLE 1965). Eine bakterielle Endokarditis tritt bei Vorhofseptumdefekten äußerst selten auf (GELFMAN u. LEVINE 1942; GRIFFITHS 1961; über Paraxoembolien s. SANCETTA u. ZIMMERMANN 1950).

Secundumdefekte können sich spontan schließen (EL-SAID et al. 1971; MODY 1973). Der Spontanverschluß soll in einem Viertel bis einem Drittel der Fälle unter 2 Jahren stattfinden (COCKERHAM et al. 1983). Die angenommenen Mechanismen sind ein Differentialwachstum des Septum secundum, die Organisation einer Thrombenbildung und eine bindegewebige Proliferation des Endokard (s. AWAN et al. 1982). In anderen Fällen geht die Entwicklung dahin, daß sie sich mit der Zeit vergrößern.

Die chirurgische Behandlung ist bei einem Wert von $Qp:Qs \geq 1,5$ indiziert. Bei extrakorporalem Kreislauf wird der Defekt entweder zugenäht oder mit einer Prothese geschlossen. Das günstigste Alter für den chirurgischen Eingriff liegt zwischen 4 und 6 Jahren, die chirurgische Mortalität ist niedriger als 1%. Die Langzeitergebnisse sind sehr gut.

6. Das Lutembacher-Syndrom

1916 hat LUTEMBACHER bei einem Sektionsfall einer 61jährigen Frau auf die Kombination eines Vorhofseptumdefektes mit einer Mitralstenose aufmerksam gemacht. Es handelte sich um einen 3,5 × 4 cm messenden Secundumdefekt und eine extreme, für die Kuppe des kleinen Fingers durchgängige Mitralstenose anscheinend des Trichtertyps. Keine rheumatische Vorgeschichte ließ sich erheben. LUTEMBACHER sah die Mitralstenose bei diesem Fall als einen angeborenen Herzfehler und den Atrialdefekt auch als eine konnatale, jedoch stromabhängige Anomalie an. Die Natur des Vitium und sein Zusammenhang mit dem Secundumdefekt sind aber bisher unklar, und damit ist die Frage offen geblieben, was heute eigentlich unter Lutembacher-Syndrom zu verstehen ist. Vom klinischen Standpunkt aus gesehen bewirken alle 4 Kombinationen je nach der konnatalen bzw. erworbenen Natur der einzelnen Herzfehler die gleichen hämodynamischen Störungen, wobei es sich ferner um einen Secundumdefekt nicht zu handeln braucht: bei SOULIÉ et al. (1964) finden sich zwei zum Lutembacher-Syndrom gezählte Fälle, von denen einer einen Primumdefekt, der andere einen Sinuatrialdefekt hatte. Die meisten Autoren sind heute der Ansicht, daß dieses Syndrom in einem konnatalen Secundumdefekt und einer erworbenen, meist rheumatischen Mitralstenose besteht (s. GRIESSER 1956). Dafür sprechen folgende Gründe: a) Ein Secundumdefekt mit den von LUTEMBACHER beschriebenen Merkmalen läßt sich lediglich durch eine Vorhofdilatation und dadurch bewirkte Insuffizienz der Valvula foraminis ovalis (s. MARSHALL u. WARDEN 1964) nicht erklären (SAMBHI u. ZIMMERMANN 1958), b) die Mehrzahl der Fälle sind Erwachsene weiblichen Geschlechts wie es bei den Secundumdefekten und der rheumatischen Mitralstenose der Fall ist (ANGELINO et al. 1961; ESPINO-VELA 1959; STEINBRUNN et al. 1970; SOULIÉ et al. 1964), c) Bei der konnatalen Mitralstenose (die Hypoplasie des linken Herzens ausgenommen) findet sich die Kombination mit einem Secundumdefekt sehr selten (FERENCZ et al. 1954; nach VAN DER HORST u. HASTREITER 1967 nur einmal unter 165 Fällen), d) Bei der rheumatischen Mitralstenose kommt ein Secundumdefekt ebenfalls selten vor. Wäre die interatriale Kommunikation die Folge des Klappenfehlers, so sollte sie dabei häufiger auftreten (ANGELINO et al. 1961; CRAIG u. SELZER 1968; ESPINO-VELA 1959), e) Unter den Vorhofseptumdefekten bei Erwachsenen tritt eine erworbene Mitralstenose hingegen viel häufiger auf (s. STEINBRUNN et al. 1970). Diese Verhältnisse mögen auf keine akzidentelle Koexistenz beider Herzfehler hindeuten, pathogenetisch bleibt jedoch deren Zusammenhang immer noch unklar. Das Lutembacher-Syndrom kommt allerdings selten vor. Bis 1959 sollen nach ESPINO-VELA nicht mehr als 100 Fälle pathoanatomisch bestätigt worden sein. Über die Kombination eines Secundumdefektes mit einer Mitralinsuffizienz (meist rheumatischer Natur) s. HIMBERT et al. (1967).

IV. Mißbildungen der Herzkammern

1. Einzelkammer (Cor univentriculare, Cor triloculare biatriatum)

Die fertigen Ventrikel stammen, wie von PERNKOPF u. WIRTINGER (1933) dargestellt und seither wiederholt bestätigt (ANDERSON et al. 1976; CHUAQUI u. BERSCH 1972; GOOR u. LILLEHEI 1975; WENINK 1981 a, b; WENINK u. GITTENBERGER-DE GROOT 1982a), jeweils aus bestimmten Anteilen des proampullären und des bulbometampullären Segments. Der linke Ventrikel entwickelt sich zum größten Teil aus der Proampulle, gewinnt aber die Ausflußbahn aus dem bulbometampullären Segment. Der rechte Ventrikel bildet sich dagegen zum größten Teil aus der Metampulle und dem Bulbus, gewinnt aber das Einstromgebiet aus der Proampulle, an die ursprünglich der ganze Ohrkanal Anschluß hat (Abb. 22). Die Ampullen bilden sich zwar aus dem Kammerabschnitt der Herzschleife, die Metampulle ist jedoch relativ klein und mit dem Bulbus eng zusammengeschlossen (die meisten angloamerikanischen Autoren bezeichnen das bulbometampulläre Segment einfach als *Bulbus*). Der größte Teil des ursprünglichen Kammerabschnitts ist in der Proampulle vertreten (letztere in der angloamerikanischen Literatur *primitiver Ventrikel* genannt).

Die primitiven Verhältnisse des proampullären Segments bleiben bei der häufigsten Form der Einzelkammer, dem sog. *Ventriculus unicus mit rudimentärer Ausflußkammer*, erhalten. Der *Ventriculus unicus* besteht im wesentlichen in der

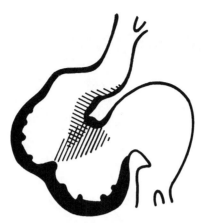

Abb. 22. Ausgetauschte Anteile der Ampullen bei deren Organisation zu fertigen Ventrikeln: der *schräg schraffierte* Bezirk liegt dorsal an der Proampulle, der etwa *waagerecht schraffierte* Bezirk liegt an der Metampulle und am Bulbus (näheres s. Text)

Persistenz eines singulären an den ganzen Vorhofabschnitt angeschlossenen Ventrikelsegments (s. Abb. 2). Diese Anordnung weist auf den primitiven Charakter der Anomalie hin (GOERTTLER 1963; HARLEY 1958; LEV et al. 1969), und zwar im Sinne einer fehlenden Reorganisation der ursprünglich nacheinander geschalteten atrialen und proampullären Abschnitte. Die persistierende Proampulle birgt in sich die embryonalen Anteile der Einstromgebiete beider Ventrikel und ist daher keiner der fertigen Kammern gleichzusetzen (GITTENBERGER-DE GROOT u. WENINK 1981b). Der von DE LA CRUZ u. MILLER (1968) eingeführte Ausdruck des Doppeleinganges in den linken Ventrikel (s. auch BANKL u. WIMMER 1971) geht eigentlich von der vereinfachten Vorstellung aus, daß sich der linke Ventrikel allein aus der Proampulle entwickle (s. auch VAN PRAAGH et al. 1979). Gelegentlich liegt statt zweier Ostia atrioventricularia ein Ostium atrioventriculare commune (primitive Lävokardie) vor. Auf den persistierenden proampullären Abschnitt folgt über einen Ventrikelseptumdefekt, eigentlich das Foramen interampullare, die Ausflußkammer bulbometampullärer Herkunft (*outlet chamber*). Das bulbometampulläre Segment kann dabei verschiedene Entwicklungsformen aufweisen, woraus sich mehrere Varianten ergeben. Meist ist ein Teil davon bei völlig arretierter Bulbusdrehung in den proampullären Abschnitt einbezogen: die Aorta entspringt dabei lateral aus der Ausflußkammer, die Pulmonalis, nicht selten stenosiert, medial aus der an die Vorhöfe angeschlossenen Kammer (Abb. 23). Selten ist die vektorielle Bulbusdrehung ungestört fortgeschritten, eine Variante, die als Holmes-Herz (Ventriculus unicus mit regelrechter Stellung der großen Gefäße, s. ANDERSON et al. 1983c, 1985; WENGER et al. 1966), bekannt ist. Ebenfalls selten bleibt die Bulbuswanderung völlig aus, was dazu führt, daß beide großen Gefäße aus dem bulbometampullären Segment entspringen (*Cor bulboventriculare* nach GOOR u. EDWARDS 1972; s. auch GOOR u. LILLEHEI 1975). Schließlich kann der größte Teil des bulbometampullären Segments in die Proampulle einbezogen sein, der restliche Teil davon zeigt sich dann als eine rudimentäre Kammer ohne arterielle Ausstrombahn (*trabecular pouch*, näheres hierzu bei ANDERSON et al. 1979a, d; 1984; ANSELMI et al. 1968; über die Verteilung

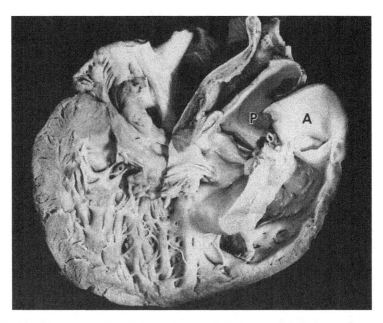

Abb. 23. Einzelkammer (*Ventriculus unicus*) mit invers ausgebildeter bulboampullärer Schleife. *Rechts* im Bild das bulboampulläre Segment, Aorta lateral (*A*), Pulmonalis medial (*P*)

der Koronararterien s. KEETON et al. 1979b). Je nach der Lage des Ausstromabschnitts, die mit der räumlichen Anordnung der Kammerschleife zusammenhängt (s. Abb. 23), lassen sich weitere Varianten unterscheiden (s. LEV et al. 1969).

Eine besondere Form des einkammerigen Herzens zeichnet sich durch ein weitgehendes bis vollständiges Fehlen des Ventrikelseptum bei einer reorganisierten Kammerschleife aus. Nicht selten markiert dabei ein Muskelrist an der dorsalen Kammerwand die Grenze zwischen den zwei Einstromgebieten, die jeweils an eine Atrioventrikularklappe angeschlossen sind und in eine arterielle Ausstrombahn führen (Abb. 24). Diese Form, die eigentlich als ein totaler Ventrikelseptumdefekt aufgefaßt werden kann, entspricht dem *Ventriculus communis* (*common ventricle*) nach LEV et al. (1969). Nach BHARATI u. LEV (1979a) dürfen der Ventriculus unicus und der Ventriculus communis unter dem Oberbegriff des *Cor univentriculare* (des *primitiven Ventrikels* im Sinne von ANDERSON 1975) zusammengebracht werden. Andere Autoren gebrauchen die zwei zuerst genannten Ausdrücke gleichbedeutend (BANKL 1970; EDWARDS 1968; ELLIOT et al. 1963b, 1964). Der von VAN PRAAGH et al. (1964a) vorgeschlagenen Einteilung des univentrikulären Herzens liegt die Annahme zugrunde, einmal daß sich das bulbometampulläre Segment zur rechten, die Proampulle zur linken Kammer entwickle (s. auch DE LA CRUZ u. MILLER 1968; SANTOLI 1971), zum anderen daß beim einkammerigen Herzen aufgrund des Myokardinnenreliefs die zur Entwicklung gekommenen Kammerabschnitte erkennbar seien. So ergeben sich danach 4 Formen: univentrikuläres Herz linkskammerigen Typs (fehlender *Sinus ventriculi dextri*, Typ A), univentrikuläres Herz rechtskammerigen Typs (fehlender *Sinus*

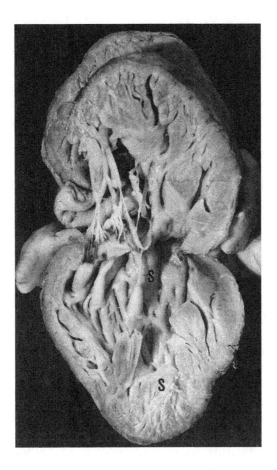

Abb. 24. Frontal aufgeschnittener *Ventriculus communis*, an dessen Apex und hinterer oberer Wand der Rist eines rudimentären Septums (*S*) erkennbar ist. Die Spannapparate der Segelklappen liegen jeweils auf beiden Seiten des Septumrudiments

ventriculi sinistri, Typ B), *Ventriculus communis* (totaler Defekt des Ventrikelseptum, Typ C), univentrikuläres Herz undifferenzierten Typs (Typ D). Da nach ANDERSON und Mitarbeitern und auch nach VAN PRAAGH et al. (1979) das einkammerige Herz dadurch charakterisiert ist, daß an den Vorhofabschnitt ein einziges Ventrikelsegment angeschlossen ist, zählt für die genannten Autoren der Ventriculus communis nicht zum Cor univentriculare, dagegen dürfen danach Fälle der Mitral- bzw. trikuspidalatresie als Formen des univentrikulären Herzens gelten (ANDERSON et al. 1981, 1983c, 1984; BECKER u. ANDERSON 1981; WILKINSON et al. 1979).

Zahlenangaben über die Häufigkeit der Einzelkammer schwanken bei den meisten Autoren zwischen 2 und 4% (ABBOTT 1936; BANKL 1970; ELLIOT et al. 1964; FONTANA u. EDWARDS 1962). Die meisten Fälle kommen als Ventriculus unicus, und zwar als Typ A nach VAN PRAAGH et al. (1964a) vor. Der Ventriculus communis macht weniger als 10% der Fälle aus (PÈREZ-MARTÍNEZ et al. 1973; VAN PRAAGH et al. 1964a). Das Holmessche Herz findet sich meist in 10–15% der

Fälle (ELLIOT et al. 1964; VAN PRAAGH et al. 1964a; Fallberichte bei ELLIOT et al. 1963b; QUERO 1970; Zusammenstellung bei MARÍN-GARCÍA et al. 1974). In der Minderzahl handelt es sich um eine primitive Lävokardie (11% bei ELLIOT et al. 1964; 33% bei VAN PRAAGH et al. 1964a). Rund in 50% der Fälle liegt eine Pulmonalstenose vor (ELLIOT et al. 1964; FONTANA u. EDWARDS 1962; VAN PRAAGH et al. 1964a). Übereinstimmend wird ein Überwiegen beim männlichen Geschlecht festgestellt, und zwar im Verhältnis von 1,5–4:1 (BANKL 1970; ELLIOT et al. 1964; FONTANA u. EDWARDS 1962; LEV et al. 1969; VAN PRAAGH et al. 1964a). In Hinsicht auf die Pathogenese des Ventriculus unicus nehmen die meisten Autoren einen Arrest der Ohrkanaldrehung an (BHARATI u. LEV 1979b; CHUAQUI u. BERSCH 1972; GOERTTLER 1958; VAN MIEROP 1979). In der Tat läßt sich bei Fällen einer primitiven Lävokardie eine abnorme Anordnung der Vorhöfe feststellen, bei der der linke vorn, der rechte hinten, also der sonst hintere Sulcus interatrialis links liegen (s. Abb. 2). Dieser Befund spricht eindeutig für eine Arretierung sowohl der Drehung als auch der Wanderung des Ohrkanals. Nach DE LA CRUZ (1979), GITTENBERGER-DE GROOT u. WENINK (1981a, b) und WENINK u. GITTENBERGER-DE GROOT (1982b) ist der Ventriculus unicus primär auf eine fehlende Entwicklung des hinteren Anteiles des Ventrikelseptum (*inlet septum*) zurückzuführen (s. auch RYCHTER et al. 1979). Experimentelle Versuche bei Hühnerembryonen sprechen für eine Wanderungsarretierung des hinteren Spornes des interampullären Rings (DOR u. CORONE 1979, 1985b). Der Ventriculus communis wird übereinstimmend auf eine später entstandene Wachstumshemmung bzw. Reabsorption des Ventrikelseptum zurückgeführt.

Zur Klinik. Das Krankheitsbild ist aufgrund der verschiedenen morphologischen Varianten zwar nicht einheitlich, es besteht dabei jedoch immer, wenn auch in unterschiedlichem Ausmaß, eine verminderte O_2-Sättigung im peripheren arteriellen Blut. Hierzu tragen 4 Störungen bei:

1. Die Blutbeimischung auf Kammerebene. Sie kann wegen der Entstehung von laminären, regelrecht gerichteten Blutströmen erst geringgradig sein. In diesem Fall ist die Lungendurchblutung vermehrt, das Krankheitsbild ist dann dem eines Ventrikelseptumdefekts mit großem Shunt und pulmonalem Hochdruck ähnlich.
2. Die oft vorhandene Behinderung des Bluteinstromes in die Lungenbahn. Dies bringt mit sich eine Verminderung der Lungendurchblutung und der O_2-Sättigung. Das Krankheitsbild ähnelt dann dem einer Fallotschen Tetrade.
3. Die Fehleinstellung der großen Gefäße. Meist liegt eine Transpositionsstellung vor, so daß trotz des erhöhten Minutenvolumens an der Lungenbahn eine bedeutende Zyanose besteht. Das Krankheitsbild gleicht dann dem einer arteriellen Transposition.
4. Die Lungengefäßerkrankung, die bei den mit erhöhtem Lungenstromvolumen einhergehenden Formen vorkommt. Das Krankheitsbild entspricht dann dem des Eisenmenger-Komplexes.

Bestimmte EKG-Veränderungen, wie ein extremer Linkstyp und Zeichen einer isolierten bzw. überwiegenden linksventrikulären Belastung, lassen das Vorliegen eines einkammerigen Herzens vermuten. Die Diagnose ist allerdings anhand der

Echokardiographie, Herzsondierung und Angiokardiographie zu bestätigen. In der Mehrzahl der Fälle ist allein eine Palliativoperation angezeigt, und zwar ein Banding der Pulmonalis bei schlecht toleriertem Lungenhochdruck oder aber eine Arterienanastomose bei schwerer Pulmonalstenose. Die Palliativoperation hat einen ziemlich guten Erfolg. Die Indikation zur Totalkorrektur besteht nur bei Kindern unter 3 Jahren ohne pulmonalen Hypertonus und bei günstigen Formvarianten. Hierzu sind 2 Operationsarten möglich: die prothetische Septation mit Korrektur der Begleitmißbildungen und der chirurgische Eingriff nach Art der Fontan-Operation (Verschluß der Trikuspidalis und Verbindung des rechten Vorhofs mit der anschließend durchzutrennenden Pulmonalis, womit die Einzelkammer funktionell ein linker Ventrikel wird) (s. Abb. 29). Die Kurzzeit- sowie auch die Langzeitergebnisse der prothetischen Septation sind bisher immer noch nicht gut. Beim Verfahren nach Art der Fontan-Operation, die erst bei besonders niedrigen Druckwerten an der Pulmonalis und fehlendem Vorhofflimmern indiziert ist, sind die Ergebnisse etwas besser.

Die Prognose der Einzelkammer ist düster: Etwa die Hälfte der Patienten stirbt trotz einer chirurgischen Behandlung in den ersten sechs Lebensmonaten. Die Palliativoperation ist mit einer Mortalität von 30% belastet. Die kurzzeitige Überlebensaussicht für die Minderzahl der Patienten, die der Fontan-Operation unterzogen werden können, beträgt 85%.

2. Reitende Segelklappen

Dabei sind die Trikuspidalis, seltener die Mitralis, noch seltener beide (s. LIBERTHSON et al. 1971, WENINK u. GITTENBERGER-DE GROOT 1982b) über einen Ventrikelseptumdefekt derart verlagert, daß ein Teil des Klappenringes und des Spannapparates am kontralateralen Ventrikel sitzt. Des öfteren sind dabei Klappenring und Spannapparat verlagert, das Überreiten kann jedoch gelegentlich nur den Klappenring bzw. den Spannapparat betreffen (s. ANDERSON u. HO 1981; BECKER u. ANDERSON 1981). Wenn der größte Teil einer Segelklappe verlagert ist, so führen beide Ostia atrioventricularia in dieselbe Kammer: Es liegt dann ein Doppeleingang in einen Ventrikel vor. Da scheinbar gleiche Verhältnisse bei dem Ventriculus unicus bestehen, zählen einige Autoren solche Fälle zum einkammerigen Herzen, und zwar dann, wenn die Verlagerung mindestens 50% beträgt (ANDERSON et al. 1979d, 1984; BECKER u. ANDERSON 1981; KEETON et al. 1979a; MILO et al. 1979). In der Tat handelt es sich bei dem sog. univentrikulären Herzen rechtskammerigen Typs um eine ausgeprägte Verlagerung der Mitralis (COX et al. 1980; FRANCO-VASQUEZ et al. 1972; MUÑOZ-CASTELLANOS et al. 1969, 1973; QUERO-JIMENEZ et al. 1973b; TANDON et al. 1973). Bei den reitenden Segelklappen sind Bulbus und Ampullen zu fertigen Ventrikeln teilweise reorganisiert, ein Ventrikelseptum, wenn auch an bestimmten Bezirken mangelhaft entwickelt, liegt vor. Der Defekt sitzt bei der reitenden Trikuspidalis oben am hinteren Anteil des Ventrikelseptum, bei der reitenden Mitralis weiter vorn an der Trabecula septomarginalis (s. auch WENINK 1981c). Die Verhältnisse lassen die Möglichkeit der Koexistenz einer reitenden Trikuspidalis und Mitralis verstehen. Die verlagerte Triskuspidalis beruht nach einigen Autoren (LIBERTHSON et al. 1971; MUÑOZ-CASTELLANOS et al. 1973) auf einem Arrest der Ohrkanalwanderung, nach anderen Forschern (GITTENBERGER-DE GROOT u. WENINK 1981a, b) auf einer gestörten Entwicklung des hinteren Anteiles des Ventrikelseptum. Die angenommene Entwicklungsstörung besteht in einer Spaltung des Einstromseptum (*inlet septum*) mit der Folge, daß ein mangelhaftes, nach rechts abgelenktes Septum unter der Trikuspidalis zur Entwicklung kommt, während sich an der regelrechten Stelle nur ein Muskelrist, der sog. posteromediale Muskel (s. auch DEVLOO-BLANCQUAERT u. RITTER 1978) bildet. Nach einigen Autoren sind Verlagerung der Trikuspidalis und die der Mitralis pathogenetisch miteinander verwandt, und zwar in dem Sinne, daß die reitende Mitralis auf einer überschießenden Ohrkanalwanderung beruht (MUÑOZ-CASTELLANOS et al. 1973; QUERO-JIMENEZ et al. 1973b). Von diesem Standpunkt aus gesehen lassen sich jedoch die Fälle mit koexistierenden Verlagerungen beider Segelklappen nur schwerlich verstehen (s. WENINK u. GITTENBERGER-DE GROOT 1982b). Die zuletzt genannten Autoren nehmen als Erklärung für die reitende Mitralis primär die Entstehung einer besonderen Form von Ventrikelseptumdefekten, nämlich durch fehlende Anfügung des Bulbusseptum an den benachbarten bulboventrikulären Abschnitt an (s. auch OPPENHEIMER-DEKKER 1981a, b). Da sich nach der Auffassung dieser Autoren das vordere Mitralsegel aus dem linken Flügel des Bulboaurikularspornes ausbildet, soll sich die Segelbildung bei einem solchen Ventrikelseptumdefekt entlang dem ununterbrochenen Bulboaurikularsporn bis an die rechte Kammer erstrecken (s. auch WENINK 1981d; WENINK et al. 1984).

Zur Klinik. Reitende Segelklappen gehören meist zu komplexen Herzmißbildungen, die eigentlich die hämodynamischen Störungen und das Krankheitsbild bestimmen. Die Diagnose läßt sich vor allem anhand der 2D-Echakardiographie stellen. Herzsondierung und Angiokardiographie sind jedoch zur Diagnosestellung der Begleitmißbildungen erforderlich. Die spezifische chirurgische Behandlung besteht in dem Verschluß des Ventrikelseptumdefekts und je nach Bedarf der Durchtrennung der aberrierenden Sehnenfäden mit prothetischem Ersatz der betroffenen Segelklappe. Beim Überreiten der Trikuspidalis mit schwerer Hypoplasie des rechten Ventrikels kommt eine Korrektur nach Art der Fontan-Operation in Betracht. Die Prognose ist in der Regel ungünstig und hängt von den Begleitmißbildungen ab.

3. Canalis atrioventricularis

Die häufigste Form davon kommt als ein Ostium atrioventriculare commune vor (Abb. 25), das meist mit 5 Segeln, davon 2 medialen und 3 lateralen versehen ist. Das vordere Segel ist regelmäßig am größten, das hintere oft mangelhaft entwickelt. Zum Ostium atrioventriculare commune gehören ferner ein Primumdefekt und ein Ventrikelseptumdefekt, der die halbkreisförmige Vorhoflücke kaudalwärts und oft auch ventralwärts zu einem etwa kreis- bzw. sanduhrförmigen Scheidewanddefekt ergänzt. So liegt eine weite, in zwei zueinander senkrechten Ebenen, nämlich in der Horizontalebene am Atrioventrikularostium und in der Sagittalebene an den Herzscheidewänden etablierte Kommunikation zwischen den 4 Herzhöhlen vor. Gelegentlich besteht ein Atrium commune. Der Ventrikelseptumdefekt sitzt am atrioventrikulären Abschnitt, das ist der Bezirk,

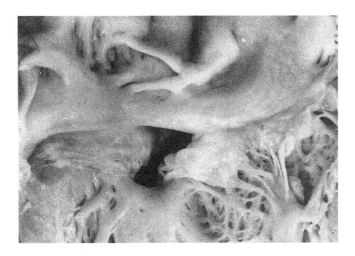

Abb. 25. *Ostium atrioventriculare commune* (komplette Form des *Canalis atrioventricularis*). Ansicht von links. Das vordere und hintere Segel gehen von der linken Kammer in den rechten Ventrikel über. Beide Segel teils direkt, teils durch kurze anomale Sehnenfäden am First des mangelhaft entwickelten Ventrikelseptum fixiert

der oben am hinteren Anteil des Ventrikelseptum zwischen dem Ansatzring der Mitralis und dem tiefer sitzenden Ring der Trikuspidalis liegt. Wegen des Defektes ist die Höhe des Ventrikelseptum am dorsalen Abschnitt verringert (GOOR et al. 1968). Die ventralwärtige Ausweitung des Ventrikelseptumdefekts verursacht eine Verschmälerung des Aortenkonus, dabei ist die Aortenklappe kranialwärts verschoben, was eine Verlängerung des Conus aorticus bedingt (s. BECKER u. ANDERSON 1982; PALLWORK 1982; PICCOLI et al. 1979a, b; WENINK 1981c). Die Pars membranacea ist in der Regel ventralwärts verlagert und mangelhaft entwickelt. Nach RASTELLI et al. (1966) und TITUS (1969) lassen sich aufgrund der anatomischen Verhältnisse des vorderen Segels 3 Varianten abgrenzen, und zwar der Typ A mit einem freien, ungespaltenen Vordersegel, der Typ B mit einem freien, gespaltenen Vordersegel und der Typ C mit einer durch Sehnenfäden am First oder aber an den Seitenflächen des Ventrikelseptum fixierten Vorderklappe. Der Typ C soll sich in 70% der Fälle finden. TENCKHOFF u. STAMM (1973) unterscheiden nur 2 Varianten, die eine mit freiem, die andere mit fixiertem Vordersegel. Diese Unterformen sollen im Verhältnis von 1:2 vorkommen. Die erstere Variante soll ferner mit extrakardialen und weiteren kardialen Anomalien, die letztere mit Down-Syndrom besonders häufig assoziiert sein (näheres über die Varianten des Ostium atrioventriculare commune s. bei BHARATI u. LEV 1973; BECKER u. ANDERSON 1981; PICCOLI et al. 1979a, b; UGARTE et al. 1976). Mit dem Ostium atrioventriculare commune können eine valvuläre Insuffizienz und eine subaortale Stenose verbunden sein. Die Klappeninsuffizienz kann dabei durch abnorme Chordae tendineae (BARNARD 1961; EDWARDS 1960b), durch Klappenspaltbildungen (EDWARDS u. BURCHELL 1958b) oder aber durch fehlendes Klappengewebe (RASTELLI et al. 1966; TITUS 1969) bedingt sein. Die subaortale Stenose ist dabei als die Schwanenhals-Einengung bekannt (Abb. 27).

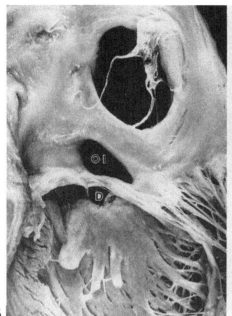 

Abb. 26. Transitionsform des *Canalis atrioventricularis*. Ansicht von links. Der Primumdefekt (*O I*) ist durch einen Strang Klappengewebes vom Ventrikelseptumdefekt (*D*) getrennt. Weitgehende Spaltbildung des septalen Mitralsegels. Großer Secundumdefekt (hochgradige Hypoplasie des *Septum primum*)

Abb. 27. Ansicht von links auf den eingeengten *Conus aorticus* (*C*) bei einer Transitionsform des *Canalis atrioventricularis* (subvalvuläre Schwanenhals-Aortenstenose)

Als Anpassungsveränderungen des Herzens treten eine Hypertrophie bald vorwiegend des linken, bald des rechten Ventrikels und oft eine Dilatation der Vorhöfe und der Pulmonalis auf.

Die beschriebene Mißbildung entspricht der kompletten Form des Atrioventrikularkanals nach WAKAI u. EDWARDS (1958). Es werden ferner die transitionelle und die partielle Form unterschieden. Bei der Transpositionsform liegen 2 Ostia atrioventricularia vor, die medialwärts nur von einem Strang Klappengewebes getrennt sind (Abb. 26). Der Trennstrang zieht dabei entweder als eine Brücke oberhalb des Ventrikelseptumdefekts oder sitzt dem First des Septum auf. Die beschriebenen Verhältnisse der Segelklappen lassen sich auch als das Vorliegen kompletter Fissuren an den Septalsegeln der Trikuspidalis und der Mitralis auffassen. Bei den partiellen Fissuren reichen die Spaltbildungen nicht an den Klappenring. Zur partiellen Form des Atrioventrikularkanals gehört ein Primumdefekt meist mit inkompletten Klappenspaltbildungen. Die Transitionsform verhält sich klinisch auch in Hinsicht auf die beschriebenen Klappeninsuffizienz und Aortenstenose wie die komplette Form, die partielle Form hingegen im wesentlichen wie ein Vorhofseptumdefekt.

Gleichbedeutende Bezeichnungen für die 3 beschriebenen Formen sind: inkomplette, intermediäre bzw. komplette Form (GIRAUD et al. 1957) und

Tabelle 19. Häufigkeitsverteilung der drei Formen des Canalis atrioventricularis

Kasuistik	Komplette Form		Transitionsform		Partielle Form	
	%	Anzahl	%	Anzahl	%	Anzahl
WAKAI u. EDWARDS (1958, 28 Fälle)	57	16	24	7	18	5
FONTANA u. EDWARDS (1962, 15 Fälle)	66	10	13	2	20	3
VAN MIEROP et al. (1962, 40 Fälle)	70	28	22	9	7	3
BANKL (1970, 53 Fälle)	59	31	20	11	20	11
Verfasser (20 Fälle)	50	10	30	6	20	4
Gesamtzahl: 156 Fälle	60	95	22	35	17	26

Endokardkissendefekte I., II. bzw. III. Grades (CAMPBELL u. MISSEN 1957). Die komplette Form findet sich rund in 60% der Fälle, die Transitionsform in etwas mehr als 20%, die partielle Form in etwas weniger als 20% (s. Tabelle 19). BECKER u. ANDERSON (1981, 1982) und PICCOLI et al. (1979 a, b) fassen die gesamten Fälle mit 2 Ostia atrioventricularia unter der Bezeichnung der partiellen Form zusammen (ein weiteres Klassifikationsprinzip findet sich bei VAN MIEROP et al. 1962). KIELY et al. (1958) fassen ein sog. *Ostium primum-Syndrom* auf, bei dem 4 Elemente, nämlich ein Primumdefekt, ein Ventrikelseptumdefekt des atrioventrikulären Abschnitts, eine Fissur des septalen Mitral- bzw. Trikuspidalsegels in jeder Kombination miteinander beteiligt sein können. Von den 16 denkbaren Kombinationen sind tatsächlich die meisten anatomisch belegt, unbelegt sind anscheinend die eines Primumdefekts mit einem Ventrikelseptumdefekt des atrioventrikulären Typs ohne eine Klappenspaltbildung und die einer Fissur beider Septalsegel ohne einen Scheidewanddefekt (über isolierte Fissur des septalen Trikuspidalsegels s. ABBOTT 1936 und GOERTTLER 1968; über isolierten Ventrikelseptumdefekt des Atrioventrikulartyps s. EDWARDS 1968 und NEUFELD et al. 1961e; über isolierten Primumdefekt s. unter *Vorhofscheidewanddefekte*, S. 308).

Der Atrioventrikularkanal gehört zu den häufigsten Herzmißbildungen besonders bei Beobachtungen, in denen bei jenen der der Verfasser Kinder überwiegen. Im Untersuchungsgut der Verfasser beträgt die relative Häufigkeit 7,6% (dabei die partielle Form mitgezählt).

Begleitmißbildungen des Herzens und der großen Gefäße kommen nach RASTELLI et al. (1966) in etwa einem Drittel der Fälle der kompletten Form vor (höhere Prozentzahlen bei SOMMERVILLE 1972). Im Untersuchungsgut der Verfasser finden sie sich in etwa zwei Dritteln der gesamten Fälle (dabei eine persistierende Cava superior sinistra wie bei SOMMERVILLE 1972 mitberücksichtigt). Die häufigsten Begleitmißbildungen sind nach den meisten Autoren der Secundumdefekt, der Ductus arteriosus apertus, die persistierende Cava superior sinistra. Außerdem gelten als Begleitmißbildungen zahlreiche Anomalien, darunter akzessorische Ostia der Mitralis (BINET et al. 1975; SOMMERVILLE 1972), Venenanomalien, Einzelkammer, Stenosen bzw. Atresien der aortalen Strombahn, Pulmonalstenosen (SCOTT et al. 1962), Fallotsche Tetrade (FONTANA u. EDWARDS 1962; TENCKHOFF u. STAMM 1973), arterielle Transposition, Ebsteinsche Anomalie (CARUSO et al. 1978), einziger Papillarmuskel der linken Kammer (TANDON et al. 1986a, b), Cor triatriatum sinistrum (THILENIUS et al. 1979). Das Down-Syndrom findet sich in einem Viertel bis einem Drittel der Fälle, beim Ostium atrioventriculare commune bis in 50% der Fälle (FONTANA u. EDWARDS 1962; TENCKHOFF u. STAMM 1973; über Assoziationen mit anderen Mißbildungssyndromen s. SOMMERVILLE 1972). Bei der partiellen Form ist das weibliche Geschlecht häufiger betroffen (im Verhältnis von 1,4:1 nach WEYN et al. 1965). Betrachtet man die 3 Formen im ganzen, so läßt sich nach den meisten Autoren keine Geschlechtsbevorzugung feststellen (nach SOMMERVILLE 1972 und SOULIE et al. 1971 überwiegen dabei die weiblichen Fälle).

Die gesamten Formen des Atrioventrikularkanals sind klassisch als Verschmelzungsstörungen der Endokardkissen aufgefaßt worden (*Endokardkissendefekte* nach WATKINS u. GROSS 1955; s. auch ANDERSON u. COLES 1961; CAMPBELL u. MISSEN 1957; VAN MIEROP et al. 1962). Neulich haben mehrere Autoren diese Mißbildungsgruppe durch den Defekt des atrioventrikulären Anteiles charakterisiert und dabei den Primumdefekt und die Klappenfehlbildungen als sekundäre Anomalien betrachtet (daher die vorgeschlagene Bezeichnung *Atrioventrikulardefekte*, s. BECKER u. ANDERSON 1981, 1982; PALLWORK 1982; PICCOLI 1979a, b; SOMMERVILLE 1972; WENINK 1981c, WENINK et al. 1984). Der Haupteinwand gegen die klassische Auffassung stützt sich im wesentlichen darauf, daß sich nach neueren Studien (VAN GILS 1981; WENINK u. GITTENBERGER-DE GROOT 1982c, 1985; WENINK et al. 1984) die fertigen Klappensegel nicht aus den Endokardkissen, sondern aus dem in den Sulcus atrioventricularis vordringenden Bindegewebe des Herzskeletts ausbilden. Die Endokardkissen sollen danach zum größten Teil vorübergehende Strukturen sein, ihre Hauptrolle bestehe darin, an der Trennung des Ohrkanals in 2 Ostia beteiligt zu sein und als eine Gewebsgrundlage zur Modellierung der fertigen Klappensegel zu dienen (näheres bei den oben zitierten Autoren). Inwiefern aber selbst im Rahmen eines solchen Sachverhaltes den beim Atrioventrikularkanal vorkommenden Fehlbildungen der Klappensegel primäre Endokardkissendefekte zugrundeliegen, muß dahingestellt bleiben.

Zur Klinik. Die transitionelle und die komplette Form haben ein ähnliches Krankheitsbild, das vor allem vom Ausmaß des Links-rechts-Shunts auf Vorhof- und Kammerebene und dem Schweregrad des pulmonalen Hypertonus abhängt. Im Vordergrund steht eine früh auftretende Herzinsuffizienz mit Zeichen einer pulmonalen Hypertonie oft bei einem Kind mit Down-Syndrom. Auskultatorisch finden sich am Erbschen Punkt systolische Geräusche und ein rollendes apikales Geräusch unterschiedlicher Lautstärke mit Betonung des 2. Pulmonaltons. Typische EKG-Befunde sind ein vorderer Linkshalbblock, Zeichen einer biatrialen und biventrikulären Belastung und ein gelegentlich verlängertes $P-R$. Das Röntgenbild zeigt Herzvergrößerung und Lungenmehrdurchblutung. Am bidimensionalen Doppler-Echokardiogramm lassen sich gut die morphologischen

Veränderungen, insbesondere die vorliegende Form des Canalis atrioventricularis und der Schweregrad der Klappeninsuffizienz darstellen. Herzsondierung und Angiokardiographie sind jedoch zur näheren Bestätigung der Befunde und zur Feststellung der eventuellen Reversibilität des pulmonalen Hypertonus im Hinblick auf einen chirurgischen Eingriff nötig. Die Art und der Zeitpunkt der chirurgischen Behandlung hängen eigentlich vom Erfolg der medikamentösen Therapie ab. Versagt diese schon im Säuglingsalter und bestehen überwiegend ein Links-rechts-Shunt und keine bedeutende Mitralinsuffizienz, so kommt die Palliativoperation, nämlich das Banding der Pulmonalis, in Betracht. Die Ergebnisse davon sind jedoch unbefriedigend, so daß heute versucht wird, die Totalkorrektur unabhängig vom Alter des Patienten vorzunehmen. Elektiv gilt heute die Totalkorrektur für ein Kind mit etwa 2 Jahren bei fehlender Lungengefäßerkrankung. Die Ergebnisse sind ausgezeichnet, die Operation ist mit einer Mortalität unter 10% verbunden. Bei den schon in den ersten Lebensjahren schlecht tolerierten Formen beträgt sie etwa 20%. Gelegentlich verlangt eine residuale Mitralinsuffizienz später einen Klappenersatz. Für den Spontanverlauf des Atrioventrikularkanals gilt eine schlechte Prognose, die Herzinsuffizienz führt in über 50% der Patienten schon im 1. Lebensjahr zum Tode, bei den restlichen entsteht bald ein reaktiver Lungenhochdruck, der die Lebenserwartung auf wenige Jahre beschränkt.

4. Akzessorische Ostien und sonstige Spaltbildungen der Segelklappen

Überzählige Lochbildungen kommen meist in der Mitralis vor. Das Septalsegel ist dabei am häufigsten betroffen. In seltenen Fällen handelt es sich um zwei gleich große Ostien, die von einem Gewebsstrang getrennt sind (s. EDWARDS u. BURCHELL 1958b). Vom Rand des akzessorischen Ostium gehen Sehnenfäden ab, die direkt oder aber über einen Papillarmuskel an der Kammerwand inserieren. Zusammenstellungen finden sich bei PACHALY u. SCHULTZ (1962, 26 Fälle), SCHRAFT u. LISA (1950) und WIGLE (1957). In der Mehrzahl der Fälle kommt die Anomalie isoliert vor, relativ häufig findet sie sich jedoch bei der kompletten bzw. transitionellen Form des Atrioventrikularkanals (in 2% der Fälle nach SOMMERVILLE 1972; s. auch WAKAI u. EDWARDS 1958). Zur formalen Genese der Anomalie wird klassisch eine Verschmelzung eines „Endokardkissentuberkels" mit dem lateralen Endokardpolster bzw. eine fehlende Verschmelzung beider Endokardhöcker miteinander mit Vereinigung mit deren Endabschnitten diskutiert (s. HUDSON 1965, 1970). Selten kommen Spaltbildungen des parietalen Mitralsegels vor (CREECH et al. 1962). Beschrieben ist die Kombination einer Fissur eines Mitralsegels mit einem Secundumdefekt (SALOMON et al. 1970). Akzessorische Ostien können eine Klappenstenose oder -insuffizienz bedingen (DISEGNI et al. 1986).

5. Atresien der Atrioventrikularklappen

Die Atresien der Segelklappen stellen eine Aplasie dar, in deren extremem Schweregrad die Klappenanlage allein durch eine kleine Nischenbildung am Vorhofboden vertreten ist. Seltener kommen weniger ausgeprägte Formen vor, bei denen in einer imperforierten Membran, gelegentlich stark verzerrte Klappenrudimente erkennbar sind.

Traditionell werden die Atresien der Segelklappen je nach der Stellung der großen Gefäße in 2 Hauptgruppen eingeteilt. In der Gruppe mit regelrechter Stellung lassen sich wiederum 2 Varianten abgrenzen, und zwar die eine mit dichtem Ventrikelseptum und einer Atresie des ipsilateralen Arterienostium, die andere mit einem Ventrikelseptumdefekt und einer allein hypoplastischen, bei großen Defekten sogar weiten Kammerausstrombahn. Dabei kommt also die Bedeutung hämodynamischer Faktoren für die Entwicklung der entsprechenden Ausstrombahn klar zum Ausdruck. In diesem Zusammenhang spricht man heute von restriktiven bzw. nicht restriktiven Ventrikelseptumdefekten (WEINBERG 1980). Prognostisch am schlechtesten ist die Form mit dichtem Ventrikelseptum und ipsilateraler Doppelatresie.

GOERTTLER hat 1958 (s. auch GOERTTLER 1963) darauf hingewiesen, daß die Atresien der Segelklappen zu Mißbildungskomplexen gehören können, die entwicklungsgeschichtlich mit dem Ventriculus unicus verwandt sind. Das sind der Canalis atrioventricularis dexter, auch *primitive Dextrokardie* genannt, in die eine Mitralatresie bei weitgehend einheitlicher Kammerausstrombahn proampullärer Herkunft hineingehört, und der Canalis atrioventricularis sinister, der die primitive Lävokardie (mit einem linksgelegenen Ostium atrioventriculare commune) und eine ähnliche Form mit einer grübchenförmigen atretischen Trikuspidalanlage umfaßt. Unabhängig von GOERTTLERS Beitrag wird heute die Eingliederung der Atresien der Atrioventrikularklappen vielfach diskutiert (s. ANDERSON et al. 1979a–d; BHARATI u. LEV 1979a, c; GITTENBERGER-DE GROOT u. WENINK 1981b; VAN PRAAGH et al. 1982; ein historischer Überblick bei RASHKIND 1982). Die Atresien der Segelklappen sind jedoch für sich allein für keine formalgenetisch einheitliche Mißbildungsgruppe bezeichnend, sie kommen einmal bei primitiven Mißbildungen vor, zum anderen finden sie sich bei Mißbildungskomplexen, in denen die primitiven Herzsegmente zu fertigen Ventrikeln reorganisiert sind. Diese Komplexe lassen sich in die Syndrome der Ventrikelhypoplasie eingliedern. Atretische Segelklappen können schließlich auch verlagert sein (s. Ho et al. 1982).

a) Trikuspidalatresie

Anatomisch kommt die Trikuspidalatresie als eine Nischenbildung am von Muskelgewebe gebildeten Vorhofboden, als eine imperforierte Bindegewebsmembran oder aber als rudimentäre Klappe vor. Dementsprechend werden heute eine muskuläre, eine membranöse bzw. eine velamentöse Form unterschieden (OTTENKAMP et al. 1984; RAO 1980; WEINBERG 1980). Die muskuläre Form macht etwa 80% der Fälle aus, die relative Häufigkeit der beiden anderen Formen beträgt jeweils rund 10%. Atretische Trikuspidalklappen mit einer Ebsteinschen Anomalie lassen sich in die velamentöse Form eingliedern (s. OTTENKAMP et al. 1984).

In den meisten Fällen der muskulären Form ist die grübchenförmige Klappenanlage nach links verlagert, sie weist anatomisch keine Beziehung zur rechten Kammer auf, der Nischengrund besteht aus Bindegewebe mit einem Endokardüberzug (GULLER et al. 1968; ROSENQUIST et al. 1970), eine rechtskammerige Einstrombahn fehlt, an der überdimensionierten linken Kammer finden

OTTENKAMP (1984) und OTTENKAMP et al. (1984) regelmäßig eine posteromediale Muskeltrabekel. Diese Fälle, die einer Form des Canalis atrioventricularis sinister nach GOERTTLER (1958, 1963) bzw. der klassischen Form der Trikuspidalatresie entsprechen, werden heute von mehreren Autoren, als eine Form des univentrikulären Herzens betrachtet (ANDERSON et al. 1979a–d, 1984; BECKER u. ANDERSON 1981; DICKINSON et al. 1979). Die membranös atretische Trikuspidalis weist in der Regel entweder eine Linksverlagerung wie die muskuläre Form oder eine reitende Stellung auf (ausführliche Darstellung bei OTTENKAMP 1984). Die velamentöse Form ist dagegen meist an eine hypoplastische, sonst regelrecht organisierte rechte Kammer angeschlossen.

Die Trikuspidalatresie ist charakteristischerweise mit einer extremen Dilatation des rechten Vorhofs und in der Regel mit einem Secundumdefekt verbunden (Abb. 28a–c). In 85% der Fälle liegt ein Ventrikelseptumdefekt vor (KEITH et al. 1967), sehr häufig findet sich ein Ductus apertus. Im Gegensatz zur Mitralatresie kommen dabei Fehlverbindungen der Lungenvenen selten vor (GULLER et al. 1972).

Die traditionelle Einteilung der Trikuspidalatresie in 2 Hauptgruppen, nämlich in die mit regelrechter Stellung der großen Gefäße bzw. in die mit arterieller Transposition (EDWARDS u. BURCHELL 1949) ist in den letzten Jahrzehnten durch 2 weitere Gruppen, und zwar die mit korrigierter Transposition bzw. die spärlich vertretene Gruppe mit einem Truncus arteriosus persistens ergänzt worden (OTTENKAMP 1984; RAO 1980; TANDON u. EDWARDS 1974; über Ventrikelinversion s. TANDON et al. 1974a; TAZELAAR et al. 1986). Die Häufigkeitsverteilung der drei zuerst genannten Gruppen ist in der Tabelle 20 angegeben. Eine Bevorzugung des männlichen Geschlechts ist bei den Formen mit arterieller Transposition allgemein anerkannt, eine Geschlechtsbevorzugung besteht bei den Fällen mit regelrechter Stellung der großen Gefäße anscheinend nicht (s. OTTENKAMP 1984). Extrakardiale Anomalien besonders des Magendarm- und Bewegungsapparates finden sich in etwa 20% der Fälle, darunter sind auch Katzenauge-, Down-, Asplenie- und Thalidomidsyndrom beschrieben worden (s. OTTENKAMP 1984).

Zur Klinik. Das Krankheitsbild ist ganz unterschiedlich je nachdem, ob die vorliegende Form mit verminderter oder aber vermehrter Lungendurchblutung verbunden ist. Pulmonale Minderdurchblutung besteht in zwei Dritteln der Fälle. Hierzu gehören eine schwere, früh eintretende Zyanose, Dyspnoe und gelegentlich hypoxämische Zustände. Am Erbschen Punkt hört man ein mittellautes systolisches uncharakteristisches Geräusch. Das Röntgenbild zeigt keine oder aber eine nur leichte Herzvergrößerung. Die EKG-Befunde sind charakteristisch: vorderer Linkshalbblock und Zeichen einer Belastung des rechten oder des linken Vorhofs oder beider Vorhöfe. Die mit vermehrter Lungendurchblutung verbundenen Formen gehen mit Herzinsuffizienz und leichter, jedoch nie fehlender Zyanose einher. Unterschiedliche Auskultationsbefunde können erhoben werden: überhaupt keine bis sogar laute Herzgeräusche am Erbschen Punkt. Das Röntgenbild zeigt eine bedeutende Herzvergrößerung. Die EKG-Veränderungen sind denen der vorangegangenen Gruppe gleich.

Die Diagnose ist echokardiographisch zu bestätigen. Vor allem die Herzsondierung und Angiokardiographie lassen die Diagnose der Begleitmißbildungen

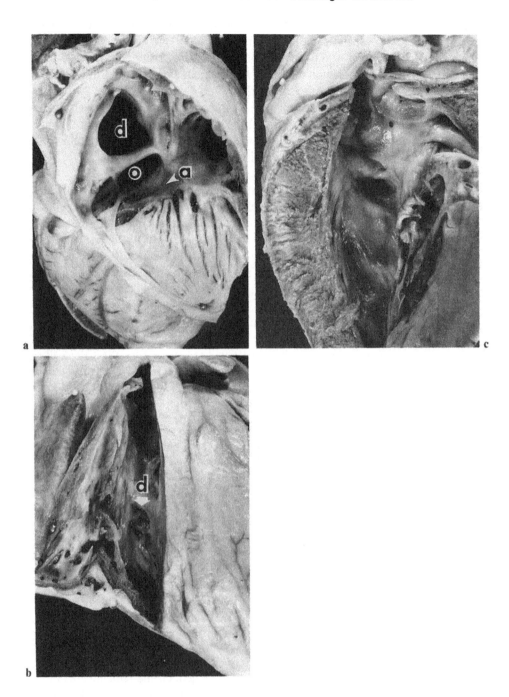

Abb. 28a–c. Trikuspidalatresie. Ansicht von hinten rechts auf den Vorhofboden (*a* leichte Nischenbildung) und auf das Vorhofseptum mit großem Secundumdefekt (*d*) und darunter einem Primumdefekt (*o*). **b** Ansicht von vorn auf die hypoplastische rechte Kammer. Am Ventrikelseptum ein spontan geschlossener Defekt (*d*). **c** Der Ventrikelseptumdefekt von links gesehen. Starke Hypertrophie des linken Ventrikels

Tabelle 20. Häufigkeitsverteilung der Hauptformen der Trikuspidalatresie bei 143 Fällen. (Nach VLAD 1978)

	Fallzahl	%
1. Ohne arterielle Transposition	99	69
a) Mit Pulmonalatresie	13	
b) Mit Pulmonalhypoplasie und kleinem VSD	73	
c) Mit weiter Pulmonalis und großem VSD	13	
2. Mit arterieller Transposition	40	27
a) Mit Pulmonalatresie	3	
b) Mit Pulmonalstenose	11	
c) Mit weiter Pulmonalis	26	
3. Mit korrigierter Transposition	4	3
a) Mit Pulmonalstenose	1	
b) Mit subaortaler Stenose	3	

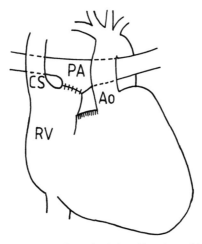

Abb. 29. Prinzip der Fontan-Operation: funktioneller Ausschluß der rechten Kammer durch Verbindung des rechten Vorhofs mit dem distalen Segment der Pulmonalis (Durchtrennung des Pulmonalstamms und Naht des proximalen Segments). *PA* Pulmonalarterie, *CS* Cava superior, *RV* rechter Vorhof, *Ao* Aorta

klären. Die chirurgische Behandlung besteht in der Mehrzahl der Fälle in einer Palliativoperation: Blalock-Anastomose bei verminderter Lungendurchblutung und Banding der Pulmonalis bei vermehrter Lungendurchblutung und unbehandelbarer Herzinsuffizienz. In der Minderzahl der Fälle läßt sich selektiv die Fontan-Operation durchführen (Abb. 29). Dies setzt jedoch ein strenges Selektionskriterium voraus: Kinder über 3–4 Jahre, Sinusrhythmus am EKG, Blutdruckwerte an der Pulmonalis unter 15 mm Hg, normaler Lungengefäßwiderstand, normale linksventrikuläre Funktion und schlußfähige Mitralis. Die Ergebnisse sind nicht schlecht, die chirurgische Mortalität liegt unter 10%, die Patienten weisen einen guten Verlauf über 10 Jahre auf. Die Prognose für

Patienten ohne chirurgische Behandlung ist schlecht: 40% Mortalität im 1. Lebensjahr und 50% zwischen dem 1. und 15. Lebensjahr. Der Spontanverschluß des Ventrikelseptumdefekts wirkt dabei prognostisch ungünstig (s. SAUER u. HALL 1981).

b) Mitralatresie

Dabei findet sich ein Klappenrudiment meist in Form einer kleinen Nische, in deren Grund dichtes Kollagengewebe histologisch nachweisbar ist. Gelegentlich zeigt sie sich als eine imperforierte Membran. Die erwähnten Formen kommen im Verhältnis von rund 6:1 vor (GITTENBERGER-DE GROOT u. WENINK 1984). Die atretische Klappenanlage ist ständig an eine meist stark hypoplastische linke Kammer angeschlossen. Nicht selten bedarf man histologischer Schnitte zum Nachweis des Ventrikelrudiments (Cor pseudotriloculare nach MÖNCKEBERG 1924; s. auch GITTENBERGER-DE GROOT u. WENINK 1984; LUMB u. DAWKINS 1960; WALKER u. KLINCK 1942). Das Vorkommen zur klassischen Trikuspidalatresie vergleichbarer Fälle der Mitralatresie ohne einen Anschluß an den ipsilateralen Ventrikel ist zweifelhaft (zur Diskussion s. GITTENBERGER-DE GROOT u. WENINK 1984). Selten kommen jedoch Fälle zusätzlich mit einer verlagerten Trikuspidalis vor, dabei kann sich die linke Kammer als der dominante Ventrikel zeigen.

Bei der Mitralatresie erfolgt der Umgehungsweg des Blutstromes am häufigsten über einen Secundumdefekt und einen Ductus apertus oder einen Ventrikelseptumdefekt, seltener ist der prämitrale Kurzschluß durch Fehleinmündungen der Lungenvenen oder durch eine Lävoatrial-Kardinalvene bewirkt. Bei den typischen Fällen sind die rechten Herzhöhlen vergrößert, der linke Ventrikel ist hypoplastisch. Die Kombination mit einer Pulmonalatresie (LAM et al. 1953) oder einer Pulmonalstenose kommt häufiger bei der Gruppe mit arterieller Transposition vor (übersichtliche Darstellungen bei BROCKMAN 1950; EDWARDS 1968; HUDSON 1965, 1970 und ELLIOT et al. 1965). Selten sind die Fälle mit korrigierter Transposition (RESTIVO et al. 1982). Häufig finden sich Anomalien des Aortenbogens. Die arterielle Transposition dient traditionell als Leitmißbildung zur Einteilung der Mitralatresie (Tabelle 21). Die Gruppe ohne arterielle Transposition ist häufiger vertreten (s. auch MORENO et al. 1976).

Die relative Häufigkeit der Mitralatresie scheint niedriger als die der Trikuspidalatresie zu sein. FONTANA u. EDWARDS (1962) stellten aus der Weltliteratur 119 und 47 Fälle der Trikuspidal- bzw. Mitralatresie zusammen, das bedeutet ein Verhältnis von 2,5:1 (im Untersuchungsgut der Verfasser ist der Häufigkeitsunterschied noch größer: 3,3% zu 0,7%). Die Mitralatresie soll zwischen 0,5% und 1,5% der gesamten Herzgefäßmißbildungen darstellen (ABBOTT 1936; EDWARDS 1968; GOERTTLER 1968). Höhere Prozentzahlen finden sich bei BANKL (1970) und FONTANA u. EDWARDS (1962), bei den Kasuistiken dieser Autoren ist die Mitralatresie sogar häufiger als die Trikuspidalatresie vertreten. FONTANA u. EDWARDS (1962) stellten für die gesamte Gruppe der Mitralatresie eine eindeutige Bevorzugung des männlichen Geschlechts im Verhältnis von 3:1, jedoch keine Geschlechtsbevorzugung für die Form ohne Aortenatresie fest (s. auch ELIOT et al. 1965).

Zur Klinik. Ein ganz anderes Krankheitsbild entsteht je nach eventuellem Vorliegen einer Pulmonalstenose. Ist dies der Fall, so ähnelt das Krankheitsbild

Tabelle 21. Häufigkeitsverteilung der Hauptgruppen der Mitralatresie bei 32 Fällen. (Nach ELIOT et al. 1965)

	Fallzahl	%
A. Ohne arterielle Transposition	24	75
1. Mit Aortenatresie	14	44
a) Ohne VSD (13 Fälle)		
b) Mit VSD (1 Fall)		
2. Mit Aortenhypoplasie	10	31
a) Ohne VSD (1 Fall)		
b) Mit VSD (9 Fälle)		
B. Mit arterieller Transposition	8	25
1. Mit Einzelkammer (7 Fälle)[a]		
2. Mit zwei Kammern (1 Fall, mit korrigierter Transposition)		

[a] In 6 Fällen Pulmonalstenose bzw. -atresie.

dem eines zyanotischen Herzfehlers mit Lungenminderdurchblutung, also dem einer Fallotschen Tetrade oder dem einer arteriellen Transposition mit Pulmonalstenose. Besteht keine Pulmonalstenose, so entspricht das Krankheitsbild dem eines Herzfehlers mit bidirektionalem Shunt und pulmonalem Hochdruck: es entstehen Herzinsuffizienz und mäßig starke Zyanose. Auskultationsbefunde sind: leises systolisches Geräusch am Erbschen Punkt und Betonung des 2. Herztons. Im EKG finden sich Zeichen einer Belastung der rechten Herzhöhlen. Das Röntgenbild zeigt Herzvergrößerung und betonte Lungengefäßzeichnung. Die Diagnose wird anhand des Echokardiogramms und der hämodynamischen Untersuchung gestellt. Die Prognose ist schlecht. Die Behandlung richtet sich vor allem nach der der Herzinsuffizienz. Die Palliativoperation besteht in der Ausweitung des Vorhofseptumdefekts und einer Arterienanastomose beim Vorliegen einer Pulmonalstenose oder aber Banding der Pulmonalis bei dem eines pulmonalen Hypertonus.

6. Konnatale Stenosen der Atrioventrikularostien

Den angeborenen Stenosen der Segelklappen liegen Veränderungen verschiedener Art zugrunde, die bald einer Hypoplasie, bald einer Dysplasie entsprechen. Nicht selten liegen Läsionen unbekannter Genese vor. Art und Sitz der Hauptveränderungen sind in der Tabelle 22 angeführt. Bei den valvulären Stenosen läßt sich eine orifizielle, den erworbenen Stenosen des Erwachsenenalters ähnliche Form von einer annulären Form unterscheiden, die mit einer Hypoplasie des betreffenden Ventrikelsegmentes und Klappenapparates verbunden ist. Ob es sich bei der orifiziellen Form um echte Entwicklungsstörungen oder aber um entzündlich pränatal veränderte Herzklappen handelt, ist nicht geklärt. Typisches Beispiel für die annuläre Form sind die Herzklappen *en miniature*. Beim annulären Typ können die Klappensegel auch dysplastisch verändert sein. Die von BHARATI u. LEV (1973) abgegrenzte, durch Knotenbildung charakterisierte

Tabelle 22. Anatomisches Substrat der konnatalen Stenosen der Segelklappen

Veränderter Klappenanteil	Art der Veränderung
Supraannuläre Region	Nebenring
Klappenring	Enger Klappenring
Klappensegel	Fehlende Kommissuren
	Überschüssiges Gewebe
Papillarmuskel	Einziger Papillarmuskel
	Große, obstruierende Papillarmuskeln

Dysplasie der Herzklappen entspricht wahrscheinlich Hamartien und darf dem sog. überschüssigen Klappengewebe anderer Autoren gleichgesetzt werden (DAVACHI et al. 1971; DEAL et al. 1963; näheres über die knotenförmige Dysplasie bei HYAMS u. MANION 1968).

a) Konnatale Trikuspidalstenose

Dabei sind, abgesehen von der supravalvulären Stenose einer linksseitigen Trikuspidalis bei der korrigierten Transposition (CHESLER et al. 1973), nur valvuläre Formen bekannt, bei denen sich ein annulärer, hypoplastischer von einem rein orifiziellen Typ unterscheiden läßt. Die annuläre Form ist allerdings häufiger (DIMICH et al. 1973) und findet sich im Rahmen des Hypoplasiekomplexes des rechten Ventrikels meist in Kombination mit einer Pulmonalstenose bzw. -atresie (KHOURY et al. 1969; MANGIARDI et al. 1963; PAUL u. LEV 1960; RIKER et al. 1963). Die isolierte Form, die jedoch mit einer rechtskammerigen Hypoplasie verbunden ist, kommt seltener vor (MEDD et al. 1961; RAGHIB et al. 1965a; SACKNER et al. 1961; Zusammenstellungen bei BECKER et al. 1971b und OKIN et al. 1969). Fallberichte über die orifizielle Form (Abb. 30) finden sich bei PAUL u. LEV (1960) und RIKER et al. (1963).

Zur Klinik. Bei der isolierten Form ähnelt das Krankheitsbild dem der rechtskammerigen Hypoplasie, es stehen dabei Zyanose und Herzversagen im Vordergrund. Auskultatorisch findet sich ein rollendes diastolisches Geräusch. Das EKG zeigt eine Belastung des rechten Vorhofs und des linken Ventrikels. Am Röntgenbild ist eine Herzvergrößerung bei hellen Lungenfeldern, also fehlender Lungenmehrdurchblutung feststellbar. Die Diagnose ist echokardiographisch und hämodynamisch zu bestätigen. Nach Behandlung der Herzinsuffizienz kommt eine Trikuspidalkommissurotomie in Betracht, die jedoch keinen befriedigenden Erfolg hat. Die Prognose ist eigentlich von den Begleitmißbildungen bestimmt.

b) Konnatale Mitralstenose

Sie kommt relativ selten vor (Zusammenstellungen bei COLLINS-NAKAI et al. 1977; FERENCZ et al. 1954; HUMBLET et al. 1971; KHALIL et al. 1975; MATA et al. 1960; RUCKMAN u. VAN PRAAGH 1978; VAN DER HORST u. HASTREITER 1967). Häufigkeitsangaben bei Sektionsstatistiken schwanken zwischen 0,6% und 1,2%

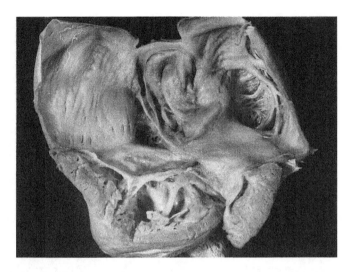

Abb. 30. Dysplastische Trikuspidalis mit einer mäßig starken orifiziellen Stenose und Insuffizienz (kurze Sehnenfäden). Das Klappengewebe teilweise mit der Kammerwand verlötet in Form einer Ebsteinschen Anomalie

(COLLINS-NAKAI et al. 1977). Zahlenangaben über die relative Häufigkeit der isolierten Mitralstenose im Vergleich zur kombinierten Form liegen zwischen 20% und 40%. Begleitmißbildungen sind vor allem obstruktive Anomalien des Aortentraktes (darunter Aortenstenose und Coarctatio aortae), Ductus persistens und Ventrikelseptumdefekte, weniger häufig Vorhofseptumdefekte, Fallotsche Tetrade, Pulmonal- bzw. Trikuspidalstenose u.a.m. (s. auch BARCIA u. TITUS 1962). Häufig liegt eine Endokardfibroelastose vor. Die Anomalie überwiegt, im ganzen betrachtet, beim männlichen Geschlecht im Verhältnis von 1,5–2,3:1. Eine rechtskammerige Hypertrophie ist die Regel, gelegentlich findet sich jedoch eine Hypertrophie des linken Ventrikels (DAOUD et al. 1963 b). Je nach Sitz der Einengung lassen sich eine supravalvuläre, eine valvuläre bzw. eine infravalvuläre Form unterscheiden. Die valvuläre Form macht rund 90% der Fälle aus. Die infravalvuläre Mitralstenose kommt äußerst selten vor, so daß die supravalvuläre Form fast die gesamten restlichen 10% der Fälle ausmacht (übersichtliche Darstellungen bei ANGELINI et al. 1970 und RUCKMAN u. VAN PRAAGH 1978).

α) *Supravalvuläre Mitralstenose.* Sie zeichnet sich durch einen abnormen, meist 1–2 mm dicken Nebenring aus, dessen Ansatzstelle wenige Millimeter oberhalb des Mitralannulus liegt und dessen freier Rand gegen die Vorhofhöhle zu gerichtet ist (Abb. 31). Die Vorhofhöhle kann in der Ebene des Nebenringes bis zu einem Ostium von 1 cm im Durchmesser eingeengt sein (JOHNSON u. DODD 1957). Gelegentlich tritt die Anomalie in Form zweier in derselben Ebene liegender Halbringe auf. Der Nebenring besteht aus Kollagenfasern, elastischen Lamellen und spärlichen Fasern glatter Muskulatur (CASSANO 1964). Die supravalvuläre Mitralstenose ist nach CHESLER et al. (1973) stets mit weiteren Herzgefäßmißbildungen, am meisten mit Anomalien der Mitralis assoziiert (ANABTAWI u. ELLISON 1965; BECKER et al. 1972; BENREY et al. 1976; HOHN et al. 1968; JOHNSON u. DODD

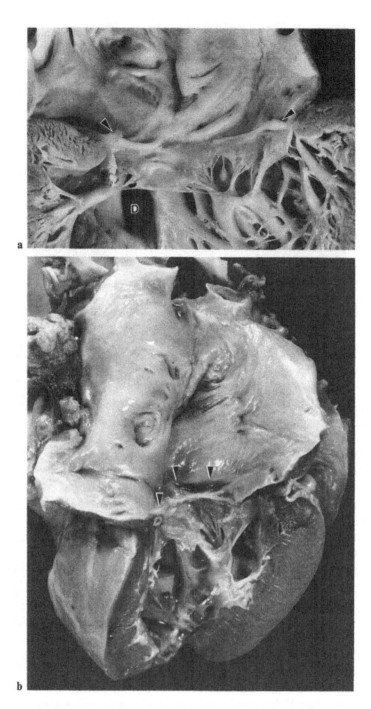

Abb. 31. a Nebenring (*Pfeilköpfe*) an der dysplastischen Mitralis mit kurzen, z.T. aberrierenden Sehnenfäden und hochsitzenden Papillarmuskeln (weitere Herzmißbildungen bei diesem Fall: Ventrikelseptumdefekt (*D*) und arterielle Transposition). **b** Shone-Komplex: supravalvuläre Mitralstenose (Nebenring: *Pfeilköpfe*) und einziger Papillarmuskel sichtbar (die Aortenkoarktation im Alter von einem Monat, die subaortale Stenose kurz vor dem Tode operiert. $1^{1}/_{2}$ Jahre alter Knabe)

1957; MANUBENS et al. 1960; ROGERS et al. 1955). Nach ROGERS et al. (1955) ist die Anomalie als eine Druckstoßveränderung zu deuten. Der von CHESLER et al. (1973) mitgeteilte Fall mit einer korrigierten Transposition und einer supravalvulären Stenose der linksseitigen Trikuspidalis deutet darauf hin, daß die Entstehung des Nebenringes von einem spezifischen Klappenmuster unabhängig ist.

β) Valvuläre Mitralstenose. Die annuläre, hypoplastische Form ist oft mit obstruktiven Anomalien des Aortentraktes assoziiert. Nach den meisten Autoren zählt jedoch die Kombination mit einer Aortenatresie zur Hypoplasie des linken Ventrikels. Bei der orifiziellen Form ist allein das Mitralostium eingeengt, die Klappensegel sind fibrös verdickt, die Kommissuren fehlen, die Sehnenfäden sind ebenfalls verdickt und durch Bindegewebsmembranen teilweise miteinander verschmolzen. Diese Form kommt nach RUCKMAN u. VAN PRAAGH (1978) etwas häufiger als der hypoplastische Typ vor. Die durch Knotenbildungen bzw. überschüssiges Gewebe bedingten Mitralobstruktionen gehören hämodynamisch auch zur orifiziellen Form.

γ) Infravalvuläre Mitralstenose. Hierzu gehört vor allem die durch einen einzig vorhandenen Papillarmuskel charakterisierte Mißbildung der Mitralis (sog. *parachute mitral valve*). Die dabei verdickten, miteinander verwachsenen, sich vom Papillarmuskel gleichsam als die Seile eines Fallschirmes bis an die Klappensegel ausbreitenden Sehnenfäden bewirken nach den meisten Autoren ein Hindernis für den Blutdurchtritt in die linke Kammer. Der erste Fallbericht stammt von SWAN et al. (1949) (Zusammenstellung von 14 Fällen bei AZPITARTE et al. 1971 a). Begleitmißbildungen sind die Regel: supravalvuläre Mitralstenose, subaortale Stenose, zweiklappiges Aortenostium, Coarctatio aortae, Ventrikelseptumdefekte (ANABTAWI u. ELLISON 1965; EASTHOPE et al. 1969; GLANCY et al. 1971; PÉREZ TREVIÑO et al. 1970; SHONE et al. 1963 b; TERZAKI et al. 1968). Die Anomalie kann auch bei der korrigierten Transposition an der linksseitigen Klappe vorkommen (EL SAYED et al. 1962; SCHIEBLER et al. 1961). Der infravalvulären Mitralstenose lassen sich auch die selten vorkommenden durch voluminöse Papillarmuskeln bewirkten Obstruktionen zuordnen (DAVACHI et al. 1971).

δ) Zur Klinik. Das Krankheitsbild tritt oft schon in den ersten Lebensmonaten in Erscheinung, und zwar als eine schwere Herzinsuffizienz. Diagnostisch wichtig sind die Auskultationsbefunde: rollendes apikales Diastolikum mit präsystolischem Geräusch und Betonung des 1. und 2. Herztons. Im EKG finden sich Zeichen einer Belastung des linken Vorhofs und der rechten Kammer. Das Röntgenbild zeigt eine mäßig starke Herzvergrößerung, eine beträchtliche Dilatation des linken Vorhofs und Lungenblutstauung. Die genaue Diagnose wird echokardiographisch und hämodynamisch gestellt.

Die Behandlung richtet sich zunächst nach der der Herzinsuffizienz, die endgültige Behandlung ist jedoch operativ. Die Art des chirurgischen Eingriffs hängt jedoch von der anatomischen Form der Stenose ab. Selten wird eine Kommissurotomie wegen des hohen Risikos der Entstehung einer Klappeninsuffizienz durchgeführt. Der Klappenersatz ist beim Kleinkind wegen des engen Klappenringes und der kleinen Kammerhöhle schwer durchführbar. Die chirurgische Mortalität liegt bei 50%. Die Prognose ist allerdings getrübt, und zwar angesichts des unvermeidlichen neuen Klappenersatzes beim älter gewordenen Kind. Die chirurgische Behandlung der supravalvulären Form ist leicht und erfolgreich (Exstirpation des Narbenringes). Bei der Fallschirmstenose ist der Klappenersatz angezeigt.

Die Prognose der Mitralstenose ist im ganzen betrachtet schlecht, über 50% der Patienten sterben in den ersten sechs Lebensmonaten und über 85% erreicht das 2. Lebensjahr nicht (MATA et al. 1960). Zieht man jedoch die verschiedenen Formen heran, so lassen sich wichtige prognostische Unterschiede feststellen: nach RUCKMAN u. VAN PRAAGH (1978) beträgt die durchschnittliche Überlebenszeit bei der hypoplastischen Form 5 Tage, die bei der orifiziellen Stenose 6 Monate, die bei der supravalvulären Form $5^{1}/_{2}$ Jahre und die beim infravalvulären Typ 10 Jahre.

7. Konnatale Insuffizienzen der Atrioventrikularklappen

Die konnatalen Insuffizienzen der Segelklappen sind anatomisch noch vielfältiger als die angeborenen Stenosen. Dabei kann jeder Anteil einer Segelklappe betroffen sein (s. Tabelle 23).

a) Konnatale Trikuspidalinsuffizienz

Außer der Ebsteinschen Malformation sind die angeborenen Insuffizienzen der Segelklappen durch abnorme, meist kurze Sehnenfäden (BARRIT u. URICH 1956; KINCAID et al. 1962) oder durch fehlendes Klappengewebe (KANJUH et al. 1964) bedingt. Die extreme Form dieser letzten Anomalie ist das sog. *„unguarded tricuspid orifice"* (*Ostium atrioventriculare dextrum nudum*) (KANJUH et al. 1964; GUSSENHOVEN et al. 1986), das eine Agenesie der Klappensegel und des Spannapparates darstellt. BECKER et al. (1971a) fassen eine Gruppe dieser Anomalien unter dem Oberbegriff der *Trikuspidaldysplasie* zusammen, die gegen die Ebsteinsche Malformation abgegrenzt wird (s. auch AARON et al. 1976).

Tabelle 23. Anatomisches Substrat der konnatalen Insuffizienzen der Segelklappen

Veränderter Klappenanteil	Art der Veränderung
Klappenring	Zu weiter Klappenring
Klappensegel	Verlagerung des Ringansatzes Spalt- bzw. Lochbildungen Fehlendes Gewebe Sackbildung Prolaps
Sehnenfäden	Längeanomalien Abnorme Insertionen Chordae musculares
Papillarmuskel	Anomale Arkade Fehlender Papillarmuskel Hochsitzender Papillarmuskel

Zur Klinik. Das Krankheitsbild hängt vom Schweregrad der Klappeninsuffizienz ab. Beim Säugling stehen oft eine schwere Zyanose und eine refraktäre Herzinsuffizienz im Vordergrund. An der Trikuspidalgegend hört man ein holosystolisches Geräusch unterschiedlicher Lautstärke und gelegentlich ein rollendes Strömungsgeräusch. Im EKG finden sich Zeichen einer Belastung der rechten Herzhöhlen. Das Röntgenbild zeigt eine bedeutende Herzvergrößerung bei hellen Lungenfeldern. Die Diagnose soll anhand der Echokardiographie und hämodynamischen Untersuchung bestätigt werden. Beim älteren Kind wird dieser Klappenfehler in der Regel gut toleriert, die Symptomatologie entspricht dem klassischen Bild der Trikuspidalinsuffizienz. Im Säuglingsalter hat die Trikuspidalinsuffizienz meist einen tödlichen Verlauf, die Behandlung beschränkt sich auf die medikamentöse Therapie der Herzinsuffizienz. Der Klappenersatz, der einen unterschiedlichen Erfolg hat, kommt erst beim älteren Kind in Betracht.

b) Ebsteinsche Anomalie (Abb. 32)

Obgleich diese Mißbildung klassisch mit einer Trikuspidalinsuffizienz verbunden ist (PECHSTEIN 1957), ist in der letzten Zeit die Kombination mit einem atretischen Ostium mitgeteilt worden (GERLIS u. ANDERSON 1976; KUMAR et al. 1971; RAO et al. 1973; VAN PRAAGH et al. 1971). Fälle mit einem schlußfähigen bzw. stenosierten Ostium sind auch beschrieben worden (GENTON u. BLOUNT 1967; LEV et al. 1970).

Die Ebsteinsche Anomalie bietet morphologisch ein breites Variationsspektrum. Übereinstimmend wird als Charakteristikum die kaudalwärtige Verlagerung des Segelansatzes verbunden mit einer hochgradigen Dysplasie des Klappengewebes angesehen. Dabei ist eigentlich die ganze Trikuspidalis mißgebildet. LEV et al. (1970) nehmen in die Kategorie der Ebsteinschen Anomalie Fälle auf, bei denen die verlagerte Ansatzlinie (der effiziente Annulus nach den genannten Autoren) allein durch die Verlötung des kranialen Segelanteils mit der Kammerwand bedingt ist. Die Fälle bilden nach PECHSTEIN (1957) die 1. Gruppe dieser Anomalie (Abb. 33) und entsprechen nach BECKER et al. (1971a) nur einer Dysplasie 3. Grades. Die Ansatzverlagerung betrifft des öfteren das dorsal und septal gelegene Klappengewebe. Die weiteren dysplastischen Veränderungen zeigen sich in Form von Fenestrationen, fehlendem Klappengewebe, Längeanomalien und Aberrantinsertionen der Chordae tendineae, Klappenverdickungen, Verwachsungen des Klappengewebes mit der Kammerwand, unregelmäßig ausgestalteten Segeln gelegentlich mit eingewebten Muskelsträngen (Abb. 34). Diese Veränderungen machen oft eine scharfe Abgrenzung der einzelnen Segel gegeneinander unmöglich und sind am ventralen Klappenbezirk am stärksten. Das charakteristischerweise überdimensionierte, membranförmige, häufig gefensterte Segel hängt als ein großer Vorhang hinter dem Ostium infundibuli herab und stellt somit die ventrokraniale Grenzstruktur der Kammereinstrombahn dar. Der untere Segelrand, der durch Sehnenfäden oder direkt an die Kammer befestigt ist, bildet den oberen Umfang des Ostium zwischen Ein- und Ausstrombahn. Der unmittelbar über dem verlagerten Klappengewebe liegende Kammerbezirk ist besonders bei Erwachsenen abnorm dünnwandig und samt dem Annulus fibrosus und der benachbarten Vorhofwand stark dilatiert. Hämodynamisch und elektro-

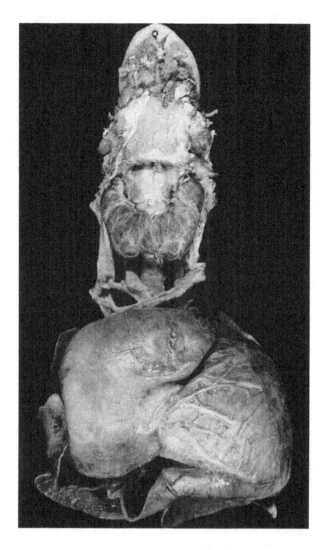

Abb. 32. Äußere Ansicht des Herzens mit einer Ebsteinschen Anomalie bei einem 1 Stunde alten Knaben. Aus der Sammlung von Prof. DOERR, mit freundlicher Erlaubnis (s. GOERTTLER 1963, S. 535)

Abb. 34. Hochgradige Form der Ebsteinschen Anomalie. Ausgeprägte Ansatzverlagerung des stark dysplastischen Dorsalsegels (*links* im Bild), fehlendes Klappengewebe am dorsalen und septalen Gebiet (fokale Agenesie); großes, gefenstertes Ventralsegel mit ausgedehnten Verlötungszonen an der Kammerwand

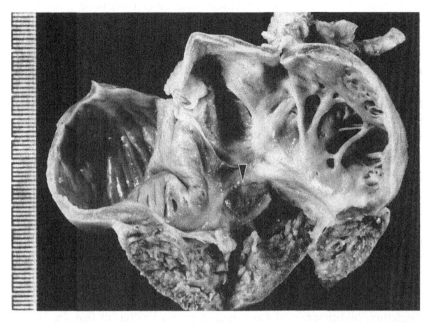

Abb. 33. Geringgradige Form der Ebsteinschen Anomalie. Ausgedehnte Verlötung am Septalsegel (*Pfeilkopf*), z.T. auch am Dorsalsegel (*links* im Bild) des infravelamentösen Raums

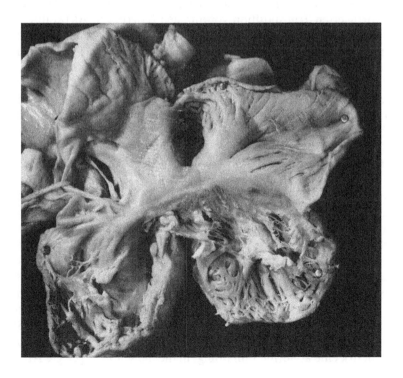

physiologisch verhält sich dieser in Ausdehnung unterschiedliche, gelegentlich die ganze Hinterwand einnehmende Bezirk als Vorhofmuskulatur (Atrialisation, PERLOFF 1970). An der atrialisierten Region bleibt jedoch das architekturelle Kammermuster erhalten (GOERTTLER 1958). Beim Originalfall EBSTEINS (1866) eines 19jährigen Mannes war das Septalsegel 15 mm herzspitzenwärts verlagert, es lag also eine Verlagerung 2. Grades nach BECKER et al. (1971) vor (über quantitative Kriterien zur Bestimmung der Klappenverlagerung s. auch GUSSENHOVEN et al. 1984). PECHSTEIN (1957) teilt 48 zusammengestellte Fälle in 4 Gruppen ein, und zwar:

1. Trikuspidalsegel mit orthotopischem Annulus bzw. geringgradiger Ansatzverlagerung (8 Fälle, hierzu gehört EBSTEINS Fall).
2. Ausgeprägte Verlagerung des Septal- und Dorsalsegels (23 Fälle).
3. Fehlendes Klappengewebe an der dorsomedialen Kammerwand (11 Fälle).
4. Dazu noch mangelhaft entwickeltes Ventralsegel (6 Fälle; näheres über die anatomischen Verhältnisse bei Ebsteinscher Anomalie s. bei ANDERSON u. LIE 1978; EDWARDS 1953b; GENTON u. BLOUNT 1967; GOERTTLER 1958, 1963, 1968).

Abgesehen von dem sehr häufig vorkommenden Secundumdefekt finden sich oft Begleitmißbildungen, und zwar in etwa einem Drittel bis fast der Hälfte der Fälle (KUMAR et al. 1971; LEV et al. 1970). Die häufigsten davon sind Pulmonalstenose, Ductus persistens und Ventrikelseptumdefekte, seltener Fallotsche Tetrade, arterielle Transposition, Mitralstenose, Trikuspidalatresie bzw. -stenose. Auch die Kombination mit dem Atrioventrikularkanal ist beschrieben (ZUBERBUHLER et al. 1984). Die Anomalie kann an der linksseitigen Segelklappe bei der korrigierten Transposition vorkommen (HIPONA u. ARTACHINTA 1965).

Die Ebsteinsche Malformation kommt selten vor (Zusammenstellungen bei BIALOSTOZKY et al. 1972; GENTON u. BLOUNT 1967; HIPONA u. ARTACHINTA 1965; VACCA et al. 1958; WATSON 1974). Es besteht keine Geschlechtsbevorzugung (bei 505 Fällen 51% männlichen, 49% weiblichen Geschlechts, WATSON 1974). Zahlenangaben über die relative Häufigkeit schwanken zwischen 0,6% und 3,6% (SOULIÉ et al. 1970c bzw. RAO et al. 1973). Die in Sektionsstatistiken erhobenen Werte liegen gewöhnlich um 1% (BANKL 1970; FONTANA u. EDWARDS 1962; GOERTTLER 1968; LEV et al. 1970). Nach DONEGAN et al. (1968) tritt die Malformation gelegentlich familiär gehäuft auf (nicht aber nach EMANUEL et al. 1976).

Die formale Genese der Ebsteinschen Anomalie ist unklar. Der Frühterminationspunkt liegt jedenfalls nach dem Zeitpunkt, zu dem der Teilungsvorgang des Ostium atrioventriculare commune in 2 Ostia beginnt (17. Entwicklungsstadium). Zur Erklärung der formalen Genese sind prinzipiell 3 Hypothesen aufgestellt worden: 1. eine Störung des normalen, zur Modellierung der Segel und des Spannapparates führenden Unterminierungsprozesses des Myokard (ADAMS u. HUDSON 1956; VAN MIEROP u. GESSNER 1972); 2. eine fehlerhafte Einbeziehung des rechten Bezirkes des Atrioventrikularostium in die Metampulle (DEKKER et al. 1965) und 3. eine lokale Myokardatrophie (GOERTTLER 1958, 1963, 1968). Nach GOERTTLERs einleuchtender Auffassung bildet sich an dem primär geschädigten Kammerbezirk eine abnorme Einfaltung, in die die schon angelegte Atrioventrikularenge einbezogen werden soll. Aus dem betreffenden herausmodellierten Gewebe entstehe das charakteristisch überdimensionierte Ventralsegel. Die abnorme Kammerabknickung soll darüber hinaus die Lage bestimmen, an die sich das restliche, noch verschiebliche Material aufzulagern tendiert und somit eine neue, kaudalwärts verlagerte Ventilebene bildet. Für diese Auffassung sprechen die Architekturanomalien der Crista supraventricularis und besonders die meist kurze Ausstrombahn der rechten Kammer bei der Ebsteinschen Anomalie (s. LEV et al. 1970). NORA et al. (1974) haben auf die Bedeutung des Lithium als ätiologischen Faktor der Ebsteinschen Malformation hingewiesen (s. auch NORA 1983).

Zur Klinik. Das Krankheitsbild kann schon im Säuglingsalter oder aber erst im Kindesalter in Erscheinung treten. Das des Säuglingsalters zeichnet sich durch schwere, auf die Sauerstofftherapie unansprechbare Blausucht und durch Herzinsuffizienz aus. Auskultatorisch bestehen ein in der Lautstärke unterschiedliches Geräusch der Trikuspidalinsuffizienz und ein Dreier- und Viererrhythmus wegen Spaltung des 1. und 2. Herztons (verspäteter Klappenschluß der Trikuspidalis und Pulmonalis). Das Röntgenbild zeigt eine Herzvergrößerung bei hellen Lungenfeldern. Im EKG können Rhythmusstörungen, ein Rechtstyp von QRS, Zeichen einer Belastung des rechten Vorhofs, ein Rechtsschenkelblock bei Niedervoltagen und fehlenden Zeichen einer rechtskammerigen Belastung feststellbar sein. Die Diagnose läßt sich immer echokardiographisch stellen. Herzsondierung und Angiokardiographie sind nicht nötig. Die Behandlung beschränkt sich eigentlich auf die der Herzinsuffizienz. Die Prognose ist sehr schlecht: 70% Mortalität wegen Hypoxämie, refraktärer Herzinsuffizienz oder Rhythmusstörungen.

Bei der klinisch erst im Kindesalter manifestierten Form wird die Anomalie unterschiedlich, im allgemeinen jedoch ziemlich gut toleriert. Asymptomatische *formes frustes* bestehen in etwa einem Viertel der Patienten, mäßig schwere Formen in 50% der Fälle, die restlichen Patienten weisen ein schweres, mit Zyanose und Herzinsuffizienz einhergehendes Bild auf. Die Auskultations-, EKG- und Röntgenbefunde sind denen der Säuglingsform ähnlich. Die echokardiographische Untersuchung genügt hier auch zur Diagnosestellung. Die gut tolerierte Form bedarf keiner, die mäßig schwere Form nur medikamentöser Therapie. Bei der schweren Form ist der Klappenersatz nach dem 10. Lebensjahr angezeigt, der jedoch einen unterschiedlichen Erfolg hat. Die durchschnittliche Überlebenszeit beträgt ca. 15 Jahre, die Säuglingsform ausgenommen, ca. 35 Jahre.

c) Konnatale Mitralinsuffizienz

Sie ist besonders in der isolierten Form sehr selten. Die zugrunde liegenden Anomalien sind meist Spalt- und Lückenbildungen der Klappensegel (PAULY-LAUBRY et al. 1976), rudimentäre Klappen, Aberrantinsertionen und Längeanomalien der Sehnenfäden, ganz selten ein überdimensionierter Klappenring (EDWARDS u. BURCHELL 1958b; MESSMER et al. 1970; SCHIEKEN et al. 1971; WARENBOURG et al. 1971). Relativ häufig finden sich Chordae musculares persistentes, die des öfteren am septalen Mitralsegel vorkommen. BECKER u. HARDT (1967) stellen diese Anomalie 12mal unter 1200 Sektionen bei Erwachsenen fest. Von den 12 Fällen hatten 2 Patienten klinisch eine bedeutende Mitralinsuffizienz gezeigt. 1967 haben LAYMAN u. EDWARDS bei 3 Säuglingen eine als *anomale Mitralarkade* bezeichnete Anomalie beschrieben. Sie besteht in einem Bindegewebsstrang, der sich von beiden Papillarmuskeln ausgehend entlang des freien Randes des Septalsegels erstreckt. Der Mechanismus, wodurch die Mitralarkade eine Klappeninsuffizienz bedingt, scheint nicht restlos geklärt zu sein. Selten kommt die Mißbildung in Kombination mit großen obstruierenden Papillarmuskeln vor (CASTENEDA et al. 1969; DAVACHI et al. 1971). Eine weitere Anomalie, die eine Mitralinsuffizienz bedingt, ist die Agenesie der Papillarmuskeln (AZPITARTE et al. 1971 b). Dabei inserieren kurze Sehnenfäden direkt an der Kammerwand. Selten kommt an der Mitralis eine der Ebsteinschen Anomalie ähnliche Dysplasie vor, die auch mit einer Klappeninsuffizienz einhergeht (RUSCHAUPT et al. 1976).

Zur Klinik. Die Symptome treten dabei früh, meist schon vor dem 6. Lebensmonat auf. Im Vordergrund steht eine schwere Herzinsuffizienz ohne Zyanose. Typischer Auskultationsbefund ist ein lautes, gegen die Axillarlinie zu fortgeleitetes, apikales holosystolisches Geräusch, gelegentlich stellt man auch ein rollendes Mitralströmungsgeräusch und eine Betonung des 2. Herztons fest. Im EKG finden sich Zeichen einer Belastung der linken Herzhöhlen, die gelegentlich mit Zeichen einer Belastung der rechten Herzhöhlen und Rhythmusstörungen assoziiert sind. Das Röntgenbild zeigt manchmal eine bedeutende Herzvergrößerung wegen Dilatation der linken Herzhöhlen, zum anderen Zeichen einer venösen Lungenstauung. Das 2D-Echokardiogramm läßt die Diagnose stellen und den Schweregrad des Herzfehlers genau bestimmen. Anhand der hämodynamischen Untersuchung lassen sich einerseits die Diagnose bestätigen, andererseits Auskunft über die Verhältnisse des Lungengefäßbettes gewinnen.

Die Behandlung besteht zunächst prinzipiell in der des Herzversagens, womit auch versucht wird, einen chirurgischen Eingriff auf einen möglichst späten Zeitpunkt zu verschieben. Die chirurgische Behandlung ist nur dann angezeigt, wenn die Herzinsuffizienz refraktär ist oder aber das Risiko der Entstehung eines irreversiblen Lungenhochdrucks besteht. Die chirurgische Behandlung soll möglichst konservativ sein und je nach der vorliegenden Klappenveränderung eine Valvuloplastik oder aber einen Klappenersatz berücksichtigen. Die Operation ist kurz- oder langzeitig mit einer Mortalität von ca. 25% belastet, erfolgreich ist sie nur in etwa 25% der Fälle, in ca. 50% der Fälle sind die chirurgischen Ergebnisse unbefriedigend.

8. Die Ventrikelhypoplasien

BREDTS Begriff der antimeralen Herzatrophie (1935, 1936) hat sich als ein wichtiger Beitrag zur Kenntnis einer Anomaliengruppe erwiesen, die sich durch die Hypoplasie ipsilateraler Herzsegmente charakterisieren läßt. Diese Komplexe sind heute als das Hypoplasiesyndrom des rechten bzw. linken Ventrikels (bzw. Herzens) bekannt. Da sich aber die fertigen Ventrikel nicht einfach durch die Zusammenfügung ipsilateraler Metamerenanteile ausbilden, sind solche Ventrikelhypoplasien als die Folge einer nach Abschluß des ampullären Reorganisa-

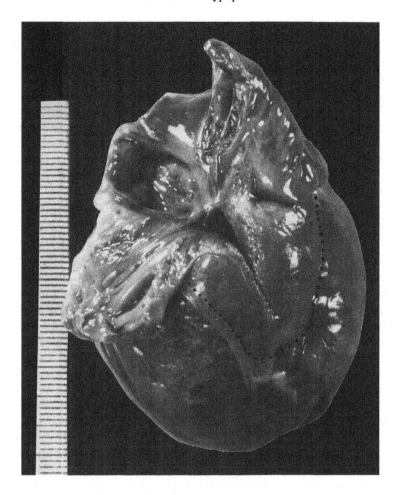

Abb. 35. Ausgeprägte Hypoplasie der rechten Kammer. Ansicht von rechts. *Punktiert:* Kontur des rechten Ventrikels

tionsprozesses einsetzenden Entwicklungsstörung aufzufassen (DOERR 1955, 1987). Zur Erklärung dieser Hypoplasiekomplexe kommen prinzipiell zwei pathogenetische Faktoren, einmal eine verminderte Blutströmung, zum anderen ein direkter, stromunabhängiger Myokardschaden in Betracht. Die Bedeutung des hämodynamischen Faktors kommt bei der Trikuspidalatresie zum Ausdruck, bei der der Entwicklungsgrad der Ausstrombahn vom Ausmaß des Blutkurzschlusses auf Ventrikelebene abzuhängen scheint (s. dort). Die Atresie der Segelklappe selbst ist jedoch auf einen primären Myokardschaden zurückzuführen, dabei kann im Prinzip nicht nur die Atrioventrikularregion, sondern auch der ganze Ventrikel befallen sein, also auch der Abschnitt, an dem sich sekundär eine verminderte Blutströmung auswirkt (Abb. 35). Rein morphologisch sind die hypoplasiogenen Effekte einer verminderten Blutströmung und die eines primären Myokardschadens gegeneinander kaum abzugrenzen. An einem primär geschädigten Ventrikel kann sich ferner eine hämodynamisch bedingte Hypertrophie entwickeln, solche Verhältnisse liegen z. B. bei der Kombination einer annulären Stenose einer Segelklappe mit einer Ventrikelhypoplasie und einer Atresie des arteriellen Ostium vor, auf dessen Obstruktion die häufig auffällige Wandverdickung der winzigen Herzkammer zurückgeführt wird (s. GOERTTLER 1963). Von der reinen Hypertrophie eines hypoplastischen Ventrikels müssen die Texturanomalien unterschieden werden, die nicht selten an der verdickten Kammerwand in Form irregulär, manchmal in Wirbelbildungen angeordneter Faserzüge zu finden sind. Nicht selten kommen dabei fibrotische, gelegentlich verkalkte Herde an den subendokardialen Myokardschichten vor. Solche Herde sind wahrscheinlich hypoxisch bedingt.

1952 hat LEV unter der Bezeichnung *hypoplastische Aortenkomplexe* folgende Anomalien zusammengebracht: a) die isolierte Aortenhypoplasie, b) die Aortenhypoplasie mit einem Ventrikelseptumdefekt, c) die Aortenhypoplasie mit einer Aortenklappenatresie oder -stenose. Die letzte Gruppe umfaßte auch Fälle mit einer Mitralatresie. NOONAN u. NADAS (1958) haben LEVs Konzept erweitert und als *Hypoplasiesyndrom des linken Herzens* eine umfassendere Gruppe abgegrenzt, zu der auch die Mitralatresie und die Mitralstenose unabhängig von evtl. koexistierenden Anomalien der Aorta oder der Aortenklappe gehören sollen. Dabei wurden also auch Fälle wie die einer isolierten annulären Mitralstenose umfaßt, bei der die Hypoplasie auf die Einstrombahn der linken Kammer beschränkt ist. Einige Autoren, unter ihnen BANKL (1970), HUNTER u. NICHOLS (1968), SAIED u. FOLGER (1972), STRONG et al. (1970), folgen NOONAN u. NADAS, andere wie GAISSMAIER u. APITZ (1972), SINHA et al. (1968) und die Verfasser, fassen unter dem genannten Hypoplasiesyndrom nur die Fälle mit einer Hypoplasie des ganzen linken Ventrikels, also mindestens mit koexistierenden Stenosen des venösen und des arteriellen Ostium zusammen (Abb. 36). Regelmäßig liegt eine Hypoplasie der Aorta ascendens vor. Ähnliche Bemerkungen gelten für den etwas später anerkannten Hypoplasiekomplex des rechten Ventrikels (bzw. Herzens, s. BECKER et al. 1971c; KHOURY et al. 1969; MEDD et al. 1961). Bei diesem Syndrom haben mehrere Autoren auf eine familiäre Anhäufung aufmerksam gemacht (OKIN et al. 1969; PÉREZ MARTÍNEZ et al. 1971; SACKNER et al. 1961; VAN DER HAUWAERT 1971).

Bei den Hypoplasiesyndromen hat man folgende 4 Grundformen unterschieden: a) Atresie des arteriellen Ostium mit Stenose des venösen Ostium, b) Doppelatresie, c) Doppelstenose, d) Atresie des venösen Ostium mit Stenose des arteriellen. Diese Formen entsprechen beim Hypoplasiesyndrom des linken Herzens dem I., II., III. bzw. IV. Typ nach SINHA et al. (1968). Faßt man die Kasuistiken von BANKL (1970, 40 Fälle), GAISSMAIER u. APITZ (1972, 37 Fälle), SINHA et al. (1968, 30 Fälle), und die der Verfasser (7 Fälle) zusammen, so läßt sich ein relativer Häufigkeitswert von rund 50% für Typ II, von etwas weniger als 30% für Typ I, von etwas weniger als 20% für Typ III und von rund 5% für Typ IV errechnen. Die entsprechenden Grundformen des Hypoplasiesyndroms des rechten Herzens kommen anhand BANKLs Kasuistik (1970, 20 Fälle) und der der Verfasser (13 Fälle) zahlenmäßig in der gleichen Reihenfolge jedoch nicht mit so starken Abweichungen (rund 40%, 25% 20% bzw. 15%) vor.

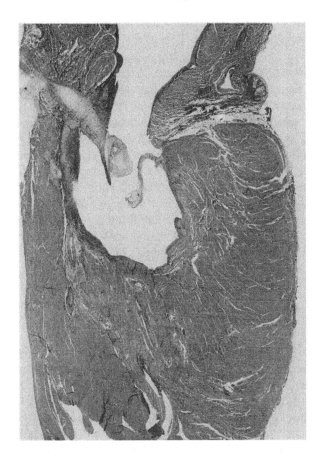

Abb. 36. Hypoplasie des linken Ventrikels. Frontaler Längsschnitt durch die linken Herzhöhlen. Verdickte Kammerwand, leichte Fibroelastose des Endokard, dysplastisch verändertes Septalsegel der Mitralis. Verhoeff-van Gieson, 2,5fach (Nachvergr. ca. 3,5)

Nach den meisten Autoren kommt das Hypoplasiesyndrom des linken Herzens häufiger als das des rechten Herzens vor (im Untersuchungsgut der Verfasser ist es umgekehrt der Fall). Bei BANKLs Sektionsstatistik von 1000 mißgebildeten Herzen (1977) beträgt die entsprechende relative Häufigkeit 8,4% bzw. 5,6%, NOONAN u. NADAS (1958) geben sogar 15% für die Häufigkeit des Linkshypoplasiesyndroms an. Dabei gelten jedoch die isolierte Hypoplasie des Aortenbogens, die isolierte Mitralstenose und die Mitralatresie ohne Beteiligung der Aortenklappe auch als Formen des Linkshypoplasiesyndroms. GAISSMAIER u. APITZ (1972) geben für das Vorkommen dieses Syndroms im engeren Sinne (s. oben) einen Häufigkeitswert von 2,8% an. Nach den meisten Autoren ist beim Linkshypoplasiesyndrom das männliche Geschlecht im Verhältnis von 2–3:1 bevorzugt (BANKL 1977; GAISSMAIER u. APITZ; SINHA et al. 1968), wobei die Androtropie beim Typ I betonter ist. Beim Rechtshypoplasiesyndrom besteht anscheinend keine Geschlechtsbevorzugung.

Zur Klinik. Beim Linkshypoplasiesyndrom tritt ein schweres Krankheitsbild meist plötzlich schon in den ersten Lebensstunden auf: hochgradige Atemnot, Kollaps, mäßig starke Zyanose mit einem grauen Farbton der Haut, schwache bis fehlende Pulse an den peripheren Arterien, schwere Herzinsuffizienz und metabolische Azidose. Künstliche Atmung ist meist erforderlich. Die Auskultationsbefunde sind uncharakteristisch, Herzgeräusche werden nicht selten vermißt, oft besteht ein Galopprhythmus. Im EKG finden sich Zeichen einer Belastung der rechten Herzhöhlen und Störungen der Kammererregungsrückbildung. Das Röntgenbild zeigt Herzvergrößerung und betonte Lungengefäßzeichnung. Echokardiographisch lassen sich die verschiedenen Komponenten des Komplexes darstellen. Beim Neugeborenen sind Herzsondierung und Angiokardiographie beim Linkshypoplasiesyndrom mit einem hohen Risiko belastet, weshalb sie zu vermeiden sind. Erst eine intensive Behandlung der Azidose und Herzinsuffizienz läßt Zeit gewinnen, um die echokardiographische Untersuchung durchzuführen und eine Palliativoperation zu planen. Der chirurgische Eingriff besteht entweder in der Ausweitung des Vorhofseptumdefekts mit Banding von beiden Hauptästen der Pulmonalis oder in einer modifizierten Fontan-Operation, die jedoch mit einer Mortalität von über 50% belastet ist. Die Prognose ist jedenfalls sehr schlecht. Selbst die Patienten mit weniger schweren Formen sterben in den ersten Lebensmonaten.

Beim Rechtshypoplasiesyndrom ist das Krankheitsbild sehr unterschiedlich je nach dem Schweregrad der einzelnen anatomischen Komponenten. Bei den schweren Formen treten die Symptome, extreme Zyanose und Herzinsuffizienz, schon beim Neugeborenen auf. Ebenfalls unterschiedlich sind die Auskultationsbefunde: überhaupt keine Herzgeräusche, ein Ductusgeräusch, ein Geräusch der Trikuspidalinsuffizienz, usw. Im EKG findet sich ein extremer Rechtstyp mit eindeutigen Zeichen einer Belastung des rechten Vorhofs. Je nach der vorliegenden anatomischen Variante können Zeichen einer rechtskammerigen Belastung bei einem in der Größe relativ gut entwickelten rechten Ventrikel oder aber die einer linkskammerigen Belastung bei einem stark hypoplastischen rechten Ventrikel feststellbar sein. Das Röntgenbild zeigt Herzvergrößerung bei hellen Lungenfeldern. Bei den weniger schweren Formen treten zwar die gleichen Symptome, jedoch später im Leben und gemildert ein. Die Diagnose läßt sich echokardiographisch stellen, selten ist bei Fällen ohne eine chirurgische Indikation die hämodynamische Untersuchung zur Klärung der Diagnose nötig. Der Spontanverlauf ist foudroyant und mit schwerer Hypoxämie, metabolischer Azidose und refraktärer Herzinsuffizienz verbunden. Nach Behandlung des Herzversagens und Zufuhr von E1-Prostaglandin zur Aufrechterhaltung eines offenen Ductus Botalli darf man mit einer Palliativoperation versuchen, die Überlebenszeit zu verlängern. Die Größe des rechten Ventrikels ist für die Art des chirurgischen Eingriffs maßgebend: Arterienanastomose und atriale Septostomie bei einer kleinen Kammer, Arterienanastomose und Pulmonalvalvulotomie bei einem relativ gut entwickelten Ventrikel. Die kurzfristige Mortalität beträgt jedoch ca. 70%.

9. Uhlsche Anomalie

1952 hat UHL bei einem 8 Monate alten Mädchen eine Anomalie beschrieben, die durch ein weitgehendes Fehlen des rechtskammerigen Myokard charakterisiert war. An der papierdünnen Kammerwand ließ sich Muskulatur nur an kleinen Bezirken der Herzbasis und am Conus pulmonalis nachweisen. Trabeculae carneae und Papillarmuskeln waren jedoch vorhanden. Es lagen keine sonstigen Anomalien insbesondere der Koronararterien vor. Histologisch war das Endokard fibroelastisch verdickt, zwischen Endokard und Epikard ließen sich keine narbigen Schwielen feststellen, nur am Apex der befallenen Kammer war fibröses Gewebe mit Hämosiderin- und Kalkablagerungen nachweisbar. OSLERS Pergamentherz (CASTELEMAN u. TOWNE 1952; SEGALL 1950) stellt sehr wahrscheinlich die gleiche Anomalie beim Erwachsenen dar. Nach VAN DER HAUWAERT (1971) stellt die Uhlsche Anomalie eine besondere Hypoplasieform der rechten Kammer dar. Vereinbar mit der Hypothese einer geweblichen Fehlbildung sind die Fälle ohne narbige Schwielen (CÔTÈ et al. 1973; FROMENT et al. 1968; KINARE et al. 1969; NEIMANN et al. 1965). In anderen Fällen lassen sich Narbenbildungen mit Kalkablagerungen nachweisen (CUMMING et al. 1965; FROMENT et al. 1968; MONTELLA et al. 1969; ZUBERBUHLER u. BLANK 1970). Diese Befunde sind mit der Hypothese eines degenerativen dystrophischen Prozesses vereinbar (zur Diskussion s. FROMENT et al. 1968). Da gelegentlich auch die Wand des rechten Vorhofs mit fokalen Muskeldefekten mitbefallen ist, sind TENCKHOFF et al. (1969) der Ansicht, die Uhlsche Anomalie sei mit der idiopathischen Dilatation des rechten Vorhofs verwandt. Selten sind beide Herzkammern betroffen (ALVAREZ u. ARANEGA 1972; LITTLE et al. 1979; WALLER et al. 1980). Die Uhlsche Anomalie kann beim Neugeborenen und Säugling oder erst im Erwachsenenalter nachweisbar sein (s. CÔTÈ et al. 1973; FROMENT et al. 1968 bzw. AUZÉPY et al. 1975; BAYER u. OSTERMEYER 1974; LÜDERS u. LÜDERS 1988; SUGIURA et al. 1970). Die Anomalie kommt sehr selten vor, bis 1973 sollen nur 30 Fälle mitgeteilt worden sein (OSTERMEYER 1974). Rund die Hälfte der Fälle entspricht Kindern und etwa $1/5$ der isolierten Form. Als Begleitmißbildungen sind Vorhofseptumdefekte, Anomalien des Arcus aortae, Ductus apertus, Pulmonalatresie, Trikuspidalanomalien, darunter auch Ebsteinsche Anomalie, und arterielle Transposition beschrieben (s. CÔTÈ et al. 1973; FROMENT et al. 1968; SALAZAR et al. 1986).

Zur Klinik. Die Anomalie manifestiert sich beim Säugling in Herzinsuffizienz und oft leichter Zyanose. Auskultatorisch stellt man leise Herztöne, keine Herzgeräusche, jedoch einen Galopprhythmus fest. Im EKG finden sich ein Rechtstyp, Zeichen einer Belastung des rechten Vorhofs und rechtspräkordial kleine Amplituden von QRS. Das Röntgenbild zeigt eine Herzvergrößerung wegen Dilatation der rechten Herzhöhlen bei normaler oder wenig betonter Lungengefäßzeichnung. Echokardiographisch und hämodynamisch läßt sich die starke Dilatation der rechten Herzhöhlen bei fehlenden Begleitmißbildungen in der isolierten Form und ein dünnwandiger, sich schwer entleerender rechter Ventrikel nachweisen. Der Spontanverlauf ist schlecht, die Anomalie führt in wenigen Jahren zum Tode. Die Überlebenszeit läßt sich mit einer intensiven Behandlung der Herzinsuffizienz etwas verlängern. Eine chirurgische Behandlung ist unmöglich.

10. Architekturanomalien der Herzkammern

a) Divertikel

Sie kommen selten, meist an der linken Kammer vor (Zusammenstellungen bei SKAPINKER 1951; Literaturübersicht bei ORSMOND et al. 1973). Man unterscheidet einen basalen Typ (CARTER et al. 1971a) und einen relativ häufiger vorkommenden apikalen Typ (CUMMING 1969; KAVANAGH-GRAY 1971). Sehr selten sitzt das Divertikel im mittleren Kammeranteil (PARONETTO u. STRAUSS 1963). Das apikale Divertikel der linken Kammer findet sich auch mit einer Fissura sterni und Defekten der abdominalen Wand, des Perikard und des Diaphrama assoziiert (CANTRELL et al. 1958; 25 zusammengestellte Fälle bei EDGETT et al. 1969). Nach BECK u. SCHRIRE (1969), BELL u. EHMKE (1971) und CHESLER et al. (1967) besteht bei den Afrikanern eine Rassenprädisposition zur Entstehung des apikalen Divertikels der linken Kammer. Bei Kammerausbuchtungen mit einer fibrösen Wand stellt sich die Frage nach der Unterscheidung eines echten konnatalen Divertikels von einem erworbenen Aneurysma (ein Fallbericht über ein kalzifiziertes Aneurysma bei einem 7jährigen Kind findet sich bei DIMICH et al. 1969). Nach TREISTMAN et al. (1973) dürfen in diesem Zusammenhang die Ausdrücke *Diverticulum* und *Aneurysma* synonym gebraucht werden. Einige Autoren sprechen von Kammeraneurysmen bei isolierten, den erworbenen Ventrikelaneurysmata ähnlichen Kammerausbuchtungen mit einer weiten Kommunikation mit der Kammerhöhle, dagegen von Kammerdivertikeln, wenn die Aussackung eine enge Kommunikation mit der Kammerhöhle aufweist und mit weiteren Herzmißbildungen oder mit thorakoabdominalen Anomalien assoziiert sind (s. HAMAOKA et al. 1987). Bei Fällen mit Anomalien der Koronararterien, besonders beim Ursprung eines Kranzgefäßes aus der Pulmonalarterie und einer fibrösen Aussackung der linken Kammer liegt die Vermutung eines erworbenen Aneurysma nahe (s. KAFKAS u. MILLER 1971; PARONETTO u. STRAUSS 1963). GERLIS et al. (1981) fassen die Kammerausbuchtungen unter der Bezeichnung *gekammerte Ventrikel* zusammen und berichten über neue Varianten, bei denen der linke Ventrikel durch eine Innentrennwand in zwei miteinander kommunizierende Kammerhöhlen unterteilt ist. Als Komplikationen gelten Thrombenbildungen und thrombotische Embolien (s. BELL u. EHMKE 1971; CHESLER et al. 1967).

Zur Klinik. Am häufigsten handelt es sich um ein im thorakoabdominalen Raum gelegenes, mit weiteren Anomalien assoziiertes Herzdivertikel. In der Oberbauchgegend ist eine harte, synchronisch mit dem Herzen schlagende Masse fühlbar, an der sich ein systolisches oder aber systodiastolisches Geräusch feststellen läßt. Das Herz ist in der Regel dextroponiert. Seltener handelt es sich um ein isoliertes Ventrikelaneurysma. Das EKG ist fast immer verändert: Erregungsrückbildungsstörungen, ventrikuläre Extrasystolie, tiefe q-Zacken linkspräkordial. Die Diagnose wird röntgenologisch gestellt, anhand einer Ventrikulographie, die allein bei den symptomatischen Fällen mit einer chirurgischen Indikation angezeigt ist, lassen sich die genauen anatomischen Verhältnisse der Kammeraussackung und die Begleitmißbildungen darstellen. Die Prognose hängt vor allem von der Art der Begleitmißbildungen ab. Die Spontanruptur kommt selten vor. Die asymptomatischen Fälle bedürfen keiner Behandlung. Bei

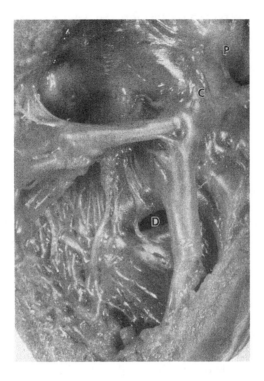

Abb. 37. Abnorme Muskelmassen der rechten Kammer. Zwei Muskelsäulen erstrecken sich von der Crista supraventricularis (*C*) zur freien Kammerwand. Muskulärer Ventrikelseptumdefekt (*P* Pulmonalis, *D* Ventrikelseptumdefekt)

einer dünnwandigen Ausbuchtung, einem engen Aussackungsstiel, einer fortschreitenden Größenzunahme der Aussackung, Rhythmusstörungen oder aber Herzinsuffizienz, ist die Resektion evtl. mit Korrektur der Begleitmißbildungen angezeigt.

b) Abnorme Muskelmassen

Die Anomalie kommt in dem rechten Ventrikel vor, und zwar in Form eines dicken Muskelstranges oder aber mehrerer Muskelsäulen, die sich als abnorme Trabekeln zweiter Ordnung von der septalen Kammerwand bis zur ventrolateralen Wand oder, etwa als ein anomales Moderatorband, bis zur Basis des vorderen Papillarmuskels erstrecken (Abb. 37) (s. FALICOV et al. 1972; FORSTER u. HUMPHRIES 1971; HARTMANN et al. 1962, 1964; LUCAS et al. 1962b; PERLOFF et al. 1965; Zusammenstellungen bei DONATELLI et al. 1969b; GALE et al. 1969). Gelegentlich bilden die abnormen Muskelmassen ein fast vollständiges Septum (RESTIVO et al. 1984). In über drei Vierteln der Fälle finden sich weitere Herzgefäßmißbildungen, vor allem Ventrikelseptumdefekte (über ein isoliertes Vorkommen s. LEACH et al. 1974 und WANDERMAN et al. 1975). Die Anomalie bewirkt häufig eine subinfundibuläre Pulmonalstenose, deren Kombination mit einem Ventrikelseptumdefekt klinisch das Bild einer Fallotschen Tetrade vortäuschen kann. Die Anomalie wird auf eine Störung des Modellierungsprozesses des inneren Schwammwerkes zurückgeführt. So zeigt sie sich mit den im linken Ventrikel vorkommenden abnormen Sehnen- bzw. Muskelsträngen verwandt, die nach ROBERTS (1969) Ursache von Herzgeräuschen, nach einem der Verfasser mit einer musikalischen Klangfarbe sein können. Die Strangbildungen des linken Ventrikels können nach einem der Verfasser einen frühzeitigen Verschluß der echokardiographisch vorderen Aortentaschenklappe bedingen.

Zur Klinik. Die abnormen Muskelmassen der rechten Kammer, klinisch auch als mittelrechtskammerige Stenose bekannt, können eine Obstruktion unterschiedlichen Schweregrades hervorrufen, sie entwickelt sich aber erst mit der Zeit, weshalb die Anomalie am meisten in einer Spätphase entdeckt wird. Häufig haben die Patienten keine oder nur wenige Beschwerden. Die Auskultationsbefunde sind denen einer Konusstenose ähnlich: lautes systolisches Austreibungsgeräusch am ganzen Sternalrand links mit *pct. max.* am Erbschen Punkt. Die pulmonale Komponente des 2. Herztons ist jedoch weder verspätet noch abgeschwächt wie es bei einer schweren Klappen- oder Konusstenose der Fall ist. Im EKG finden sich Zeichen einer rechtskammerigen Hypertrophie mit T(+) an den rechten Brustwandableitungen. Das Röntgenbild ist nicht aufschlußreich. Anhand des 2D-Echokardiogramms lassen sich die abnormen Muskelmassen darstellen. Die Herzsondierung und Angiokardiographie sind zur Bestätigung der Diagnose und Bestimmung des Schweregrades der Obstruktion nötig. Am häufigsten liegt auch ein Ventrikelseptumdefekt vor. Sitzt dieser stromaufwärts von der Obstruktion, so ähnelt das Krankheitsbild dem einer Fallotschen Tetrade, sitzt er dagegen nach dem Hindernis, so gleicht das Krankheitsbild dem eines Ventrikelseptumdefektes. Die Behandlung ist operativ und hat ausgezeichneten Erfolg: Resektion der abnormen Muskelmassen und evtl. Verschluß des Ventrikelseptumdefekts. Der Spontanverlauf ist nicht bekannt.

c) Ventrikelinversion

Die Anomalie zeichnet sich durch einen diskordanten Kammeraufbau aus: Beim Situs solitus mit Ventrikelinversion ist die linksseitige Kammer wie ein rechter Ventrikel, die rechtsseitge Kammer wie ein linker Ventrikel gestaltet. Umgekehrte Verhältnisse liegen beim Situs inversus mit Ventrikelinversion vor. Häufig ist jedoch die Inversion architektonisch unvollkommen, so daß die Herzkammern dabei nur in ihren wesentlichen anatomischen Merkmalen an die sonst kontralateralen Ventrikel der Norm erinnern. Insbesondere sind die Segelklappen nicht konstant typisch invers konfiguriert (HONEY 1962; WALMSLEY 1930/31). LOCHTES Konzept (1898), daß die Ventrikelinversion auf einer abnormen, linkswärtigen Drehung des bulbometampullären Segments beruhe, ist heute im wesentlichen allgemein angenommen (CHUAQUI 1969; DE LA CRUZ et al. 1967, 1971a; DEKKER et al. 1965; GRANT 1964; GOERTTLER 1963; LEWIS u. ABBOTT 1915; VAN MIEROP u. WIGLESWORTH 1963a, b). Ob es sich dabei um eine von vornherein invers angelegte bulbometampulläre Schleife etwa als einen lokalen Situs inversus (ROBERTSON 1913/14) oder aber eine erst in späteren Stadien entstandene Linksschwenkung handelt, ist nicht geklärt. Die Ventrikelinversion stellt formal betrachtet eine eigenständige Anomalie dar, sie ist nicht unbedingt mit weiteren Fehlbildungen, insbesondere einer arteriellen Transposition, gekoppelt, die isolierte Ventrikelinversion ist heute pathoanatomisch gut belegt (CALABRÒ et al. 1982; DUNKMAN et al. 1977; LABOUX et al. 1975; QUERO-JIMÉNEZ u. RAPOSO-SONNENFELD 1975; TANDON et al. 1975, 1986a; VAN PRAAGH u. VAN PRAAGH 1966, 1967; ZAKHEIM et al. 1976). Fallberichte über isolierte Ventrikelinversion beim Situs inversus finden sich bei ESPINO-VELA et al. (1970; Literaturübersicht bei SNIDER et al. 1984). In den meisten Fällen mit Situs solitus liegen eine arterielle Transposition, ein Ventrikelseptumdefekt oder ein Ductus persistens, beim Situs inversus schwere Begleitmißbildungen vor (über die Kombination mit Truncus arteriosus persistens s. NADAL-GINARD et al. 1972). Nach TODD et al. (1965) lassen sich für bestimmte Kammeranteile spezifische Anomalien abgrenzen, die also formal nicht eigenständig, sondern an den betreffenden Kammerbau eng gebunden sind. Es sind dies die sog. *inversen* Anomalien nach TODD et al. (1965). Außer den bekannten Fällen einer Ebsteinschen Malformation an der linksseitigen Trikuspidalis (BECKER et al. 1970a; BECU et al. 1955a; EDWARDS 1954; VAN MIEROP et al. 1961) gehören hierzu abnorme Muskelmassen, die sog. Fallschirmklappe und die Crista saliens mit subpulmonaler Stenose bei der korrigierten Transposition (s. VAN MIEROP et al. 1961).

Zur Klinik. Das Krankheitsbild ähnelt dem der arteriellen Transposition. Der Umstand, daß das Foramen ovale meist geschlossen ist, macht das Krankheitsbild noch schwerer. Auch die EKG- und Röntgenbefunde sind denen der arteriellen Transposition ähnlich. Die Befunde sind jedoch unterschiedlich je nach den vorliegenden Begleitmißbildungen. Echokardiographisch lassen sich die dorsalventral regelrecht gestellten Aorta und Pulmonalis und die Begleitmißbildungen darstellen. Herzsondierung und Angiokardiographie sind zur Diagnosebestätigung erforderlich. Der Spontanverlauf ist ungünstig. Bei dichtem Ventrikelseptum führt die Anomalie schnell zum Tode, es sei denn, daß eine Blalock-Hanlon-Septektomie durchgeführt wird. Die Rashkind-Septostomie ist meist wegen des geschlossenen Foramen ovale nicht möglich. Als Totalkorrektur gilt die Mustard- oder Senning-Operation wie bei der arteriellen Transposition, an der jedoch die genannte Operation einen viel besseren Erfolg hat. Palliativoperationen sind Banding der Pulmonalis bei Vorliegen eines grossen Ventrikelseptumdefekts oder Arterienanastomose bei dem einer Pulmonalstenose.

d) Das sog. Kreuzherz

ANDERSON et al. (1974a) haben als *Kreuzherz* (*criss-cross heart*) eine Ventrikelanomalie bezeichnet, bei der die Herzkammern gegen die Vorhöfe um die Längsachse des Herzens gedreht sind. Die Ventrikel liegen dabei übereinander und sind an den gehörigen Vorhof angeschlossen (s. auch BECKER u. ANDERSON 1981). Die meisten Fälle sind mit einer arteriellen Transposition assoziiert (s. FREEDOM et al. 1978).

11. Aneurysma der Pars membranacea

Die Anomalie tritt in Form einer meist nach rechts, seltener nach links gerichteter Aussackung auf, deren Länge und Durchmesser mehrere Zentimeter betragen können (Abb. 38) (MEESSEN 1957; SEELIGER 1968; STEPHAN u. HEINTZEN

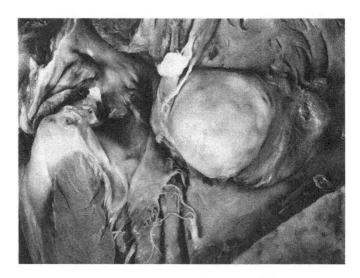

Abb. 38. Aneurysma der *Pars membranacea*. Ansicht von rechts unten. Auf der linken Seite der großen, kugelförmigen Aussackung ist das Septalsegel der Trikuspidalis erkennbar

1970). Mit der Wand des Aneurysma können die benachbarten Zipfel der Trikuspidalis, insbesondere das Septalsegel, verwachsen sein, was eine Unterscheidung von einem spontan geschlossenen Ventrikelseptumdefekt erschweren kann (CHESLER et al. 1968). Häufig zeigt sich das Aortenostium nach rechts verschoben, so daß die sonst vertikale Achse des Aneurysma gegen die Horizontale hin geneigt ist. Seltener erstreckt sich die Sackbildung kaudal- und ventralwärts derart, daß sie eine Obstruktion des Conus pulmonalis bewirkt (DAS et al. 1964; PERÄSALO et al. 1961). Die Anomalie kommt selten vor (Zusammenstellungen bei CAMPBELL et al. 1964; STEPHAN u. HEINTZEN 1970). Bis 1975 sollen etwa 200 Fälle mitgeteilt worden sein (WARENBOURG et al. 1975; bei VIDNE et al. 1976 finden sich weitere 29 Fälle). Als Assoziationsanomalien sind Aorteninsuffizienz, membranöse subaortale Stenose, Coarctatio aortae, arterielle Transposition und Down-Syndrom beschrieben worden (STEPHAN u. HEINTZEN 1970; VARGHESE et al. 1969). Nach ROSENQUIST et al. (1974a) ist beim Down-Syndrom das Septum membranaceum überdimensioniert, was zur Entstehung eines Aneurysma prädisponieren soll. Als Komplikationen gelten Thrombose, Ruptur, Endokarditiden (VARGHESE et al. 1969) und Rhythmusstörungen (CLARK u. WHITE 1952; FREEDOM et al. 1974; ROGERS et al. 1952).

Formalgenetisch läßt sich mit DOERR et al. (1965) und GOERTTLER (1968) das Aneurysma der Pars membranacea als die Folge einer mangelhaften Bulbusdrehung deuten. Dafür sprechen die Abknickung der Basisebene des Aneurysma gegen die des Ventrikelseptum und die Rechtsverschiebung des Aortenostium (s. auch SEELIGER 1968). Pathogenetisch verwandt damit zeigt sich das von GOOR et al. (1969) beschriebene Septum sigmoideum, bei dem auch eine mangelhafte Drehung nachweisbar ist. Nach MIDDELHOFF u. BECKER (1981) gehört das Septum sigmoideum zu den Altersveränderungen des Herzens. Wahrscheinlich sind gelegentlich andere pathogenetische Faktoren, nämlich Zug und Druck, vor allem auf dem Boden einer überdimensionierten Pars membranacea an der Entstehung eines Areurysma beteiligt (s. ROSENQUIST et al. 1974a; SEELIGER 1968). Differentialdiagnostisch kommen spontan geschlossene Ventrikelseptumdefekte mit Sackbildungen des mit der Kammerwand verwachsenen Septalsegels der Trikuspidalis in Betracht (s. TANDON u. EDWARDS 1973). Eventuell gelingt eine Unterscheidung erst histologisch: die Pars membranacea zeichnet sich unter anderem links durch eine kräftige subendotheliale Schicht elastischer Lamellen aus, an der Trikuspidalis kommen dagegen gut entwickelte elastische Lamellen in der atrialen Fläche vor, die bei einem durch Verwachsung der Segel mit der Kammerwand geschlossenen Ventrikelseptumdefekt nach rechts zu liegen kommen (näheres über die Anatomie der Pars membranacea s. bei SATO 1914 und SAVARY 1964, über die histologische Architektur der Herzklappen bei STAEMMLER 1955).

Zur Klinik. Bei Patienten sind außer bei den Fällen mit Komplikationen asymptomatisch. Bei der Auskultation kann am oberen Sternalrand links ein systolischer Spätclick und ein leises, kurzes protosystolisches Herzgeräusch feststellbar sein. Bei der Nachsorgeuntersuchung von Patienten mit zum Spontanverschluß verlaufenden Ventrikelseptumdefekten lassen sich zuweilen echokardiographische Bilder darstellen, die für Aneurysmen der Pars membranacea gehalten worden sind. Ob sie tatsächlich solchen Aneurysmen und nicht Aussackungen der Trikuspidalsegel entsprechen, bedarf einer anatomischen Bestätigung. Die Aneurysmen der Pars membranacea lassen sich anhand einer linken Ventrikulographie darstellen, diese Untersuchung ist aber selten nötig, da die meisten Patienten keiner Behandlung bedürfen. Die Resektion des Aneurysma ist nur bei Patienten mit Komplikationen angezeigt.

12. Konnatale Ventrikuloatrialkommunikation

Diese Scheidewanddefekte sitzen am Septum atrioventriculare (membranaceum), das normalerweise den rechten Vorhof vom Aortenkonus trennt. Die Anomalie kommt selten vor [Zusammenstellungen bei LONYAI u. SARKÖZY 1970 (175 Fälle), PAULY-LAUBRY (1971), weitere 14 Fälle] und RIEMENSCHNEIDER u. MOSS (1967, 122 Fälle). SOULIÈ et al. (1970a) unterscheiden einen supravalvulären Typ, bei dem die Kommunikation oberhalb des Annulus der Trikuspidalis liegt, und einen infravalvulären Typ, der stets mit einer Spaltbildung des Septalsegels der Trikuspidalis verbunden ist. Nach TAGUCHI et al. (1968) kommt auch ein kombinierter, supra- und infravalvulärer Typ vor. Streng anatomisch entspricht nur der supravalvuläre Typ einer Ventrikuloatrialkommunikation (über die anatomischen Varianten des Ansatzringes der Trikuspidalis als prädisponierender Faktor zur Entstehung einer Ventrikuloatrialkommunikation s. ROSENQUIST u. SWEENEY 1975).

Zur Klinik. Hämodynamisch zeichnet sich die Ventrikuloatrialkommunikation wegen des hohen Druckgradienten zwischen linker Kammer und rechtem Vorhof durch einen Kurzschluß großen Ausmaßes aus. Das Krankheitsbild gleicht dem eines Ventrikelseptumdefekts mit großem Shunt. Eine Verdachtsdiagnose läßt sich jedoch aufgrund einiger sonst uncharakteristischer Zeichen stellen: im EKG bestehen Zeichen einer Hypertrophie des rechten Vorhofs, eines inkompletten Rechtsschenkelblocks und einer mäßig starken Hypertrophie der rechten Kammer; das Röntgenbild zeigt eine für einen Ventrikelseptumdefekt ungewöhnliche Dilatation des rechten Vorhofs. Die Diagnose ist echokardiographisch, hämodynamisch und angiokardiographisch zu bestätigen. Die chirurgische Behandlung, nämlich Verschluß der Kommunikation, ist ebenso erfolgreich wie bei einem Ventrikelseptumdefekt. Die Prognose ist sonst dem eines Ventrikelseptumdefektes mit großem Shunt ähnlich: fortschreitendes Herzversagen und Verlauf zum Eisenmenger-Syndrom.

13. Partielle Ventrikelseptumdefekte

Die Ventrikelseptumdefekte stellen die häufigste Herzmißbildung dar, ein Ventrikelseptumdefekt findet sich rund in der Hälfte, isoliert etwa in einem Viertel der Kinder mit kardiovaskulären Anomalien (KEITH 1978 b). Beim Neugeborenen wird eine noch höhere Häufigkeit der isolierten Defekte angenommen (HOFFMAN 1971). In den Sektionsstatistiken sind die Zahlenangaben der isolierten Form niedriger, sie liegen meist zwischen 10% und 15% (13% im Untersuchungsgut der Verfasser), dabei machen die Ventrikelseptumdefekte $^1/_3$ bis $^2/_5$ der gesamten mißgebildeten Herzen aus (ABBOTT 1936; BANKL 1970; FONTANA u. EDWARDS 1962; bei DOERR 1967 findet sich jedoch ein Ventrikelseptumdefekt in rund $^2/_3$ der Fälle). Bei den Kombinationen mit weiteren kardiovaskulären Anomalien sind die Ventrikelseptumdefekte bei den anerkannten Komplexen (Fallotscher Tetrade, Eisenmenger-Komplex, Truncus arteriosus, usw.) häufiger als bei sonstigen Assoziationen vertreten (s. BANKL 1970; BECU et al. 1956; EDWARDS et al. 1965; FONTANA u. EDWARDS 1962; GIROD et al. 1966). Unter den assoziierten extrakardialen Anomalien sind die des Skeletts und der Nieren häufig. Nach MEHRIZI u. TAUSSIG (1961) liegen Nierenanomalien in einem Fünftel der Fälle mit Ventrikelseptumdefekten vor. In großen Serien von Patienten zeigt sich die Geschlechtsverteilung ausgeglichen (BLOOMFIELD 1964) oder mit einer leichten Bevorzugung des männlichen Geschlechts (CAMPBELL 1965; FONTANA u. EDWARDS 1962; SELZER 1949; SELZER u. LAQUEUR 1951), letzteres ist auch im Untersuchungsgut der Verfasser der Fall, bei BANKLs Kasuistik überwiegen die weiblichen Fälle.

Lückenbildungen der Kammerscheidewand treten meist als zirkulär oder oval konturierte Defekte auf, hochsitzende Defekte nehmen zuweilen am Conus pulmonalis eine trapezoide bis trianguläre Kontur an, zwischen den Trabeculae carneae kommen sie nicht selten als schlitzförmige Lücken vor. Die Größe des Defektes, die von 1 mm bis mehrere Zentimeter betragen kann, läßt sich mit dem Schweregrad der hämodynamischen Störungen, den Anpassungsveränderungen des Myokard und der Prognose korrelieren (nach ENGLE 1954 kommt der Größe des Defektes keine entscheidende Bedeutung zu). BECU et al. (1956) bedienen sich hierzu mit SELZER u. LAQUEUR (1951) des Verhältnisses vom Durchmesser des Defektes zum Durchmesser des Aortenostium, LEV et al. (1971 a) des Verhältnisses vom Durchmesser des Defektes zum Umfang des Aortenostium (übliche Schwankungsbreite 0,3–1 bzw. 0,1–0,5 mm). In absoluten Zahlen ausgedrückt, gelten Defekte bis 5 mm als klein, von 6–10 mm als mittelgroß und von über 10 mm als groß (BLOOMFIELD 1964; KEITH 1978 b; SELZER 1949). Nach anderen Autoren dürfen die kleinen Defekte bis 8 mm, die mittelgroßen bis 15 mm reichen. Nach KEITH (1978b) verteilen sich die isolierten Defekte der Größe gemäß wie folgt: 1–5 mm: 27%, 6–10 mm: 45%, 11–15 mm: 16%, 16–20 mm: 8% und über 20 mm: 4% (entsprechende Prozentzahlen im Untersuchungsgut der Verfasser: 24%, 44%, 20%, 8% bzw. 4%). Die kleinen und mittelgroßen Defekte machen also rund ⅔, die großen Defekte etwa ⅓ der gesamten isolierten Ventrikelseptumdefekte aus (s. auch GROSSE-BROCKHOFF u. LOOGEN 1968; HOFFMAN u. RUDOLPH 1965).

Die Anpassungsveränderungen des Herzens bestehen meist in einer Volumenhypertrophie je nach Größe des Defektes nur des linken Ventrikels oder der beiden Kammern, seltener ist die linksventrikuläre Hypertrophie mit einer rechtskammerigen Druckhypertrophie bei pulmonalem Hypertonus kombiniert. Wegen der relativ hohen Distensibilität der rechten Kammer ist diese Druckhypertrophie fast immer mit einer bedeutenden dilatativen Komponente verbunden, sie tritt also auch als eine exzentrische Hypertrophie auf. Eine rein konzentrische Druckhypertrophie des rechten Ventrikels ist selten, am Sektionstisch sieht man sie in den ersten Lebensjahren.

a) Spontanverschluß

Ventrikelseptumdefekte können sich selten mit der Zeit vergrößern (um 25–50% ihrer Größe, KEITH 1978b) häufig verkleinern (in etwa 30% der Fälle; KEITH 1978b; HOFFMAN u. RUDOLPH 1965) und relativ häufig spontan schließen (in 25–50% der Fälle; s. DICKINSON et al. 1981; HOFFMAN 1971; KEITH 1978b). Der Spontanverschluß läßt sich klinisch, statistisch und pathoanatomisch dokumentieren (s. KEITH 1978b; PÉNTEK 1969; RUSER 1971). Der große Häufigkeitsunterschied der Ventrikelseptumdefekte bei Neugeborenen und Erwachsenen läßt sich nur aufgrund der Mortalitätsrate nicht erklären (HOFFMAN 1968; TOKOYAMA et al. 1970). Nimmt man einen Häufigkeitswert von 2/1000 für die Ventrikelseptumdefekte beim Neugeborenen (dabei 1% für die gesamten Herzgefäßmißbildungen, 20% davon Ventrikelseptumdefekte) und eine Mortalitätsrate von 10% bis zum 10. Lebensjahr an, so ist eine Häufigkeit von 1,8/1000 für diese Defekte bei Schulkindern zu erwarten. Wirkliche Häufigkeitswerte liegen jedoch bei 1/1000 bei Schulkindern und 0,3/1000 beim Erwachsenen. Experimentelle Untersuchungen weisen darauf hin, daß Defekte unter 5 mm zum Spontanverschluß neigen (KEITH et al. 1971). Der Spontanverschluß tritt also meist bei kleinen Defekten und in der Mehrzahl der Fälle schon in den ersten Lebensjahren auf.

Der Spontanverschluß verwirklicht sich hauptsächlich durch zwei Mechanismen: Adhärenz meist des septalen Trikuspidalsegels an den Lückenrand (80–90% der Fälle nach HOFFMAN 1971) (Abb. 39a, b, 40) und konzentrische Fibrose (Abb. 41). Mechanisch-inflammatorische Momente scheinen dabei eine Rolle zu spielen, im zweiten Mechanismus trägt anscheinend auch die Myokardhypertrophie zur Lückeneinengung bei. Anatomisch gut dokumentierte Fälle finden sich bei ANDERSON et al. (1983a) und SIMMONS et al. (1966). Die Spontanheilung kommt nicht allein bei isolierten Defekten vor (s. Abb. 28). Der Spontanverschluß ist bei der arteriellen Transposition (PLAUTH et al. 1970), der Trikuspidalatresie (RAO u. SISSMAN 1971; ROBERTS et al. 1963; SAUER u. HALL 1981), dem

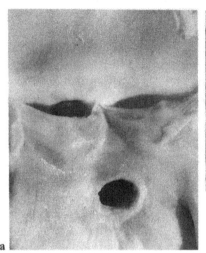
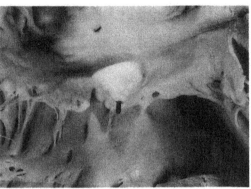

Abb. 39a, b. Kleiner hochsitzender spontan geschlossener Ventrikelseptumdefekt bei einem Kleinkind. **a** Ansicht von links. Der Defekt sitzt z.T. an der *Pars membranacea* (perimembranöser Defekt). *Rechts* im Bild die hintere, *links* die rechte Aortentaschenklappe. **b** Ansicht von rechts. Der Defekt ist weitgehend durch das Septalsegel der Trikuspidalis zugedeckt

Doppelausgang aus dem rechten Ventrikel (RAO u. SISSMAN 1971) und nach Drosselung der Pulmonalatresie (VEREL et al. 1971) beschrieben worden. Bei den 3 zuerst genannten Mißbildungen bedingt der Spontanverschluß eine Verschlechterung der Prognose.

b) Lokale Komplikationen

Das sind vor allem infektiöse Endokarditiden und Aorteninsuffizienz. Ventrikelseptumdefekte, Fallotsche Tetrade und Aortenklappenfehler gelten als die Herzmißbildungen, bei denen die Endokarditiden am häufigsten vorkommen. Zahlenangaben über die Häufigkeit der Endokarditis bei Ventrikelseptumdefekten sind jedoch stark unterschiedlich (Schwankungsbreite von 1–30% der Fälle nach MOSS u. SIASSI 1970). Beträchtliche Häufigkeitsunterschiede bestehen bei Sektionsstatistiken (durchschnittlich 25% der Fälle nach KEITH 1978b; s. auch FONTANA u. EDWARDS 1962 und SCHAD et al. 1965) und klinische Kasuistiken (1–2% nach GASUL et al. 1966). KEITH (1978a) schätzt das Risiko der Entstehung einer Endokarditis für ein 5jähriges Kind mit einem Ventrikelseptumdefekt und für eine Lebensspanne von 65 Jahren auf 2,7%. Die Komplikation kommt häufiger bei kleinen Defekten (5% Mortalität daran, BLOOMFIELD 1964) und meist erst im 3. und 4. Lebensjahrzehnt vor. Die endokarditischen Läsionen sitzen mit Vorliebe an dem hämomechanisch veränderten Endokard, also am Defektrand, am septalen Trikuspidalsegel und am Wandendokard des rechten Ventrikels, wo vor allem bei kleinen Defekten Durckstoßveränderungen entstehen, oder aber an einer prolabierten Aortentaschenklappe (s. LANGE u. MUNDT 1954; ROBERTS 1978; ROSENTHAL u. NADAS 1978).

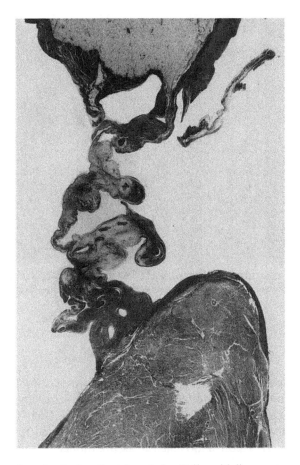

Abb. 40. Subaortaler, durch das Septalsegel der Trikuspidalis spontan vollständig geschlossener Ventrikelseptumdefekt bei einem Erwachsenen. Frontalschnitt. Verhoeff-van Gieson 1,3fach (Nachvergr. ca. 3,3)

In 5% der hochsitzenden Ventrikelseptumdefekte tritt eine Aorteninsuffizienz auf (NADAS et al. 1964; PLAUTH et al. 1965). Es handelt sich dabei um Defekte, deren oberer Rand nicht von Septummuskulatur, sondern vom Aortenannulus selbst gebildet ist (s. ELLIS et al. 1963 u. Abb. 45 dieses Beitrags). Pathoanatomisch liegt dieser Aorteninsuffizienz eine durch den Defekt prolabierte, aneurysmatisch dilatierte Aortentaschenklappe zugrunde (Abb. 42). Bei den supracristalen Defekten ist die rechte, bei den infracristalen ein Teil der rechten und der hinteren Taschenklappen befallen (s. KAWASHIMA et al. 1973). Des öfteren manifestiert sich diese Aorteninsuffizienz schon im 1. Lebensjahr (ANDERSEN u. LOMHOLT 1972; EDWARDS 1967; NADAS et al. 1964).

Unter den Komplikationen nehmen mehrere Autoren die Entwicklung einer Konusstenose der Pulmonalis an (GASUL et al. 1957a, b; KEITH et al. 1971; LUCAS et al. 1961a), womit das Bild einer Fallotschen Tetrade in Erscheinung tritt. Die Häufigkeit dieser Komplikation soll 7% betragen (näheres s. unter *Fallotsche Tetrade*, S. 407).

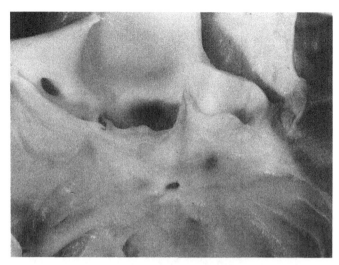

Abb. 41. Kleiner hochsitzender Ventrikelseptumdefekt unter der rechten Aortentaschenklappe. Die Lückenbildung ist fast vollkommen durch eine konzentrische Fibrose geschlossen

c) Morphologische Einteilungen

Die Ventrikelseptumdefekte lassen sich nach einem topographischen bzw. einem embryologischen Standpunkt einteilen. Die Schwierigkeit, am fertigen Herzen die embryologischen Komponenten des Ventrikelseptum gegeneinander abzugrenzen, gilt für mehrere Autoren als wichtiger Grund für die Anwendung von praktischen, eher konventionellen Klassifikationen.

α) *Topographische Klassifikationen.* Hierzu gehören die nach ROKITANSKY (1875), GOERTTLER (1963, 1968), SOTO et al. (1980) und BECU et al. (1956). In Anlehnung an ROKITANSKY unterscheidet GOERTTLER an der basisnahen Zone ein *Septum posterius* (ventralwärts bis zum hinteren Rand der Pars membranacea) und ein *Septum anterius* (ventralwärts bis zum vorderen Rand des Ventrikelseptum). Das Septum anterius umfaßt seinerseits ein dorsales Segment (bis zur Crista supraventricularis) und ein vor der Crista gelegenes ventrales Segment. An der basisentfernten Zonen werden 3 mittlere (dorsaler, medialer bzw. ventraler) und 3 apikale (dorsaler, medialer bzw. ventraler) Sektoren unterschieden (s. auch GOERTTLER 1960). Der basale Defekt des Septum posterius entspricht dem des Canalis atrioventricularis, der des dorsalen Segments des Septum anterius den am häufigsten vorkommenden, klassisch als Defekte der Pars membranacea bezeichneten Lückenbildungen, der Defekt des ventralen Segments des Septum anterius entspricht schließlich dem Konusdefekt (s. Tabelle 14). Die Defekte der basisentfernten Sektoren (Defekte in ungewöhnlicher Lokalisation, auch muskuläre bzw. intertrabekuläre Defekte genannt) werden auch zuweilen als apikale Defekte (i. w. S.) bzeichnet. ROKITANSKYs Klassifikationsprinzip ist von mehreren Autoren übernommen worden (DE LA CRUZ et al. 1959b; GALL u. COOLEY 1961;

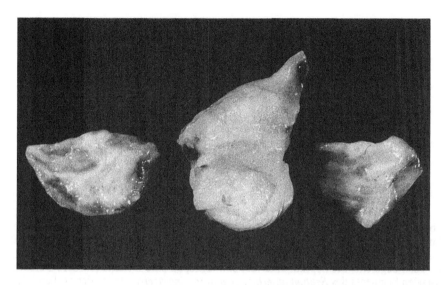

Abb. 42. Resezierte Aortenklappe bei einem Ventrikelseptumdefekt mit Aorteninsuffizienz und Prolaps der rechten Taschenklappe. *Mitten im Bild* die aneurysmatisch dilatierte rechte Taschenklappe, *links* die linke, *rechts* die hintere Taschenklappe

GOERTTLER 1960, 1963, 1968; LEV 1959; MÖNCKEBERG 1924; SPITZER 1923a) WARDEN et al. 1957).

SOTO et al. (1980) und BECKER u. ANDERSON (1981) unterscheiden an der fertigen Kammerscheidewand ein *Septum membranaceum* (Pars membranacea) und ein *Septum musculare*. Danach sprechen sie von *perimembranösen* Defekten – da bei den klassischen Defekten der Pars membranacea in der Regel die angrenzende Muskulatur auch mangelhaft entwickelt ist – und von *muskulären* Defekten. Das Septum musculare wird ferner in 3 Abschnitte unterteilt, und zwar in das Einstromseptum, das Ausstromseptum und das Trabekelseptum (sie entsprechen dem Septum posterius, anterius bzw. den basisentfernten Sektoren). So werden *hintere, infundibuläre* bzw. *trabekuläre* Defekte am Septum musculare unterschieden. *Hintere* bzw. *trabekuläre* Defekte seien Lückenbildungen an Grenzgebieten (zwischen Einstrom- und Trabekelseptum bzw. Trabekel- und Ausstromseptum). Lückenbildungen am eigentlichen Ausstromseptum (auch Infundibularseptum genannt) werden als infundibuläre subarterielle Defekte bezeichnet. Bei den perimembranösen Defekten werden schließlich je nach dem Sitz der fehlenden Nachbarmuskulatur perimembranöse hintere, perimembranöse trabekuläre bzw. perimembranöse infundibuläre Defekte unterschieden. Der Defekt des Canalis atrioventricularis entspricht nach BECKER u. ANDERSON (1981) einem perimembranösen hinteren Defekt. Mit BECU et al. (1956) darf man 3 Hauptgruppen von Defekten unterscheiden (Abb. 43): I. Defekte, die die Kammereinstrombahnen in Kommunikation bringen, und zwar unterteilt in: 1. Diejenigen, die neben den Segelklappen, also am Septum posterius sitzen (hierzu gehört der Defekt des Canalis atrioventricularis) und 2. diejenigen, die basisentfernt sitzen (s. Abb. 37). II. Defekte, die die Kammerausstromgebiete in

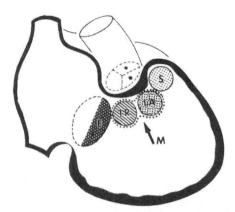

Abb. 43. Schema zur topographischen Einteilung der basisnahen Ventrikelseptumdefekte. Ansicht von rechts. *E* hochsitzender Defekt zwischen den Kammereinstrombahnen (Defekt des *Septum posterius*), *IR* bzw. *IA* infracristale retropapilläre Defekte (hintere Defekte des dorsalen Segments des Septum anterius) bzw. antepapilläre Defekte (vordere Defekte des dorsalen Segments des *Septum anterius*), *punktiert eingekreist:* Bezirk der großen infracristalen Defekte, *S* supracristale Defekte (Defekte des ventralen Segments des *Septum anterius*), *M* Achsenrichtung des Lancisischen Papillarmuskels. In Anlehnung an BECU et al. 1956 und GOERTTLER 1963)

Kommunikation bringen. Sie werden als *supracristale* Defekte bezeichnet, denn sie sitzen über der Crista supraventricularis (und unter der Pulmonalklappe) (s. Abb. 46). III. Defekte, die das Einstromgebiet der rechten Kammer mit der Ausflußbahn des linken Ventrikels in Kommunikation bringen, Das sind die *infracristalen* Defekte. Von rechts betrachtet, sitzen sie in der zwischen dem hinteren Rand der Pars membranacea und der hinteren Fläche der Crista supraventricularis liegenden Grube (Fossa subinfundibularis nach TESTUT 1922). Dieser Abschnitt, also das dorsale Segment des Septum anterius, welches hinter dem Ostium infundibuli liegt, wird jedoch von BECU et al. (1956) der Ausstrombahn der rechten Kammer zugeschrieben, daher unterscheiden diese Autoren nur 2 Hauptgruppen von Defekten. Die *infracristalen* Defekte umfassen ferner 2 Untergruppen: 1. Defekte, die hinter der Achsenverlängerung des Lancisischen Papillarmuskels sitzen, das sind also die *retropapillären* Defekte, bei denen die Pars membranacea und meist auch ein Teil der davor gelegenen Muskulatur betroffen sind (S. Abb. 39). Sie entsprechen den klassischen membranösen Defekten. 2. Defekte, die vor der Achsenverlängerung des Lancisischen Papillarmuskels sitzen. Das sind die *antepapillären* Defekte, bei denen meist auch das retropapilläre Segment betroffen ist (Abb. 45a, b). Die *supracristalen* und die infracristalen Defekte sitzen, von links gesehen, im Aortenkonus unter dem Klappenring, das sind also die hochsitzenden subaortalen Defekte. Während diese Defekte links innerhalb einer kurzen Strecke, und zwar zwischen der senkrechten Mittellinie der hinteren Aortentaschenklappe und der der linken Aortentaschenklappe sitzen, verteilen sie sich rechts entlang einem bogenförmigen Bezirk, der vom hinteren Rand der Pars membranacea bis zur Pulmonalklappe reicht (Abb. 44). In diesem Bezirk dienen bestimmte Anteile der rechten Kammer als Bezugspunkte, die sich radiär auf den Aortenkonus projizieren lassen (Abb. 44).

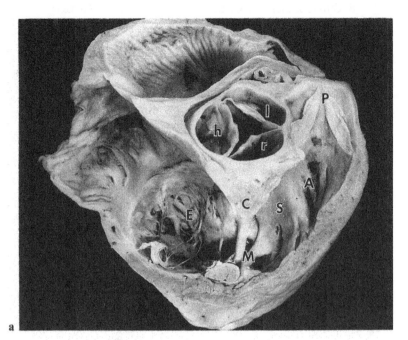

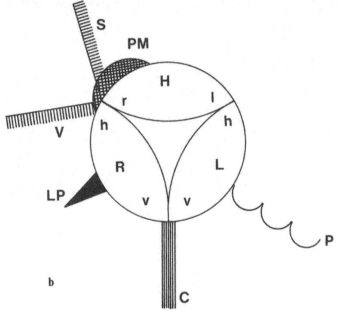

Abb. 44. a Abpräpariertes normales Herz zur Darstellung der Beziehungen des Aortenkonus zu den benachbarten Strukturen der rechten Kammer. Ansicht von rechts oben. Laterale Wand der rechten Herzhöhlen abgetragen. Der Aortenkonus liegt in der Konkavität der V-förmigen rechten Kammer, deren proximaler Schenkel der Einstrombahn (*E*) und deren distaler Schenkel der Ausstrombahn (*A*) entspricht. Grenzstruktur ist die *Crista supraventricularis* (*C*), die das *Ostium infundibuli* bildet. *S* Septalleiste der *Crista*, *M* Moderatorband (Endstück der Septalleiste als eine Muskeltrabekel zweiter Ordnung), *P* Pulmonalis, *d* rechte, *l* linke, *h* hintere Aortentaschenklappe. **b** Schema zu a. Ansicht von oben, unten im Bild ventral. *PM Pars membranacea, LP* Achsenrichtung des Lancisischen Papillarmuskels, *C Crista supraventricularis, P* Pulmonalklappe, *r, l* rechte bzw. linke Hälfte der hinteren (*H*) Aortentaschenklappe, *v, h* vordere bzw. hintere Hälfte der rechten (*R*) und linken (*L*) Aortentaschenklappe. *S, V* Septal- bzw. Ventralsegel der Trikuspidalis

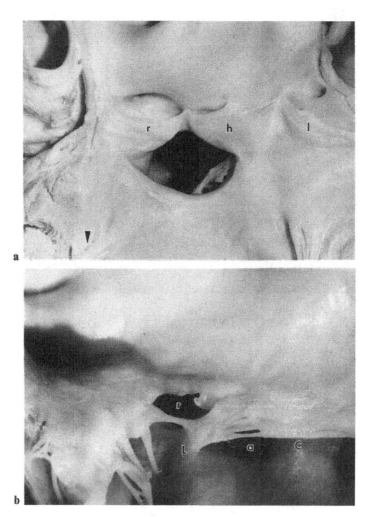

Abb. 45. a Großer subaortaler, unmittelbar unter dem Aortenannulus sitzender Defekt (ohne „Muskeldach"). Durch den Defekt ist die Spitze des Lancisischen Papillarmuskels sichtbar. *r, l, h* rechte, linke bzw. hintere Aortentaschenklappe. Sog. linkes Moderatorband (*Pfeilkopf*). **b** Großer subaortaler Defekt. Ansicht von rechts. Der Defekt sitzt hinter (*r*) und auch vor (*a*) dem Lancisischen Papillarmuskel (*L*) (infracristaler, antepapillärer (bulboventrikulärer) Defekt. *C Crista supraventricularis*

Der Lancisische Papillarmuskel ist nicht selten ganz rudimentär, was es unmöglich macht, seine Achsenrichtung genauer zu bestimmen. Die antepapillären Defekte sind aber in der Regel so groß, daß dieser Muskel bzw. die Ansatzstelle seiner Sehnenfäden am unteren Rand des Defektes sitzen.

β) Embryologische Einteilungen. Jeder embryologischen Klassifikation der Ventrikelseptumdefekte liegt natürlich eine bestimmte Auffassung über die normale Entwicklung des Ventrikelseptum zugrunde. Hierzu stellt sich vor allem

Abb. 46. Supracristaler (bulbärer) Ventrikelseptumdefekt. *C Crista supraventricularis*

die Frage nach der Herkunft der subaortalen Septalmuskulatur. Jahrzehntelang ist man KEITHs Ansicht gewesen, daß am normalen fertigen Herzen unter dem Aortenannulus keine Spur bulbärer Muskulatur vorliege. Diese Auffassung ist jedoch mit dem Sachverhalt nur schwerlich vereinbar, daß die supracristalen Defekte von rechts betrachtet am von den Bulbusleisten gebildeten Septum des Conus pulmonalis, von links gesehen aber an der subaortalen Muskulatur sitzen. Auch rätselhaft zeigte sich die Herkunft der Muskulatur der Fossa subinfundibularis, deren fehlende Entwicklung links ebenfalls als subaortaler Defekt erscheint. Die subaortale Septalmuskulatur zeigt sich an der linken Fläche der fertigen Kammerscheidewand als die Pars glabra, die unten von einem der Trabecula septomarginalis ähnlichen Muskelbälkchen (sog. *linkes Moderatorband*; s. BERSCH 1973; KEITH 1909c) begrenzt ist. Mit diesem Muskelbälkchen fängt kaudalwärts die Pars trabecularis an. Der oberste Anteil des Ramus anterior des linken Schenkels zieht an diesem Moderatorband, so daß die Pars glabra des *fertigen* Ventrikelseptum jeglicher Bündel des Reizleitungssystems entbehrt (BERSCH 1973; KREINSEN u. BERSCH 1972; LATHAM u. ANDERSON 1972). WENINK (1981a, b) und WENINK u. GITTENBERGER-DE GROOT (1982a, c) unterscheiden embryologisch 3 Komponenten des Ventrikelseptum: das *Einstromseptum* (dem Septum posterius samt den basisentfernten dorsalen und medialen Sektoren entsprechend), das *Bulboventrikularseptum* (den basisentfernten ventralen Sektoren entsprechend) und das *Ausstromseptum* (dem Septum anterius entsprechend). Nach diesen Autoren entwickelt sich das Bulboventrikularseptum aus der Bulboventrikularfalte und vereinigt sich dorsalwärts mit dem Einstromseptum, das auch eine primitive Scheidewandeinrichtung darstellen soll. Am fertigen Herzen erstreckt sich das Bulboventrikularseptum einschließlich bis zur Trabecula septomarginalis. Die subaortale Muskulatur, die Septalmuskulatur des Conus pulmonalis und anscheinend auch die der Fossa subinfundibularis seien alle bulbärer Herkunft (s. auch OPPENHEIMER-DEKKER 1981 b). Eine nähere Systematisierung der einzelnen isolierten Ventrikelseptumdefekte anhand dieser Auffassung liegt anscheinend nicht vor. Der Defekt des Eisenmenger-Komplexes und der der reitenden Mitralis seien Defekte durch Fehlanfügung des Bulboventrikular- und Ausstromseptum (s. OPPENHEIMER-DEKKER 1981a), der des Canalis atrioventricularis sowie auch der der reitenden Trikuspidalis sitzen danach am basalen Anteil des Einstromseptum (s. unter *reitende Segelklappen* bzw. *Canalis atrioventricularis*, S. 321, 322), Hauptmerkmal des Ventriculus unicus sei die fehlende Entwicklung des Einstromseptums (s. unter *Einzelkammer*, S. 316).

Nach GOOR et al. (1970a) wird das Ventrikelseptum durch 3 Anteile gebildet: das *Septum ventriculare*, das *Septum membranaceum* und das *Septum conoventriculare*, dem die subaortale Septalmuskulatur entstammen soll. Das Conoventrikularseptum entwickle sich aus dem sagittalen Anteil des primitiven Bulboaurikularsporns (Conoventrikularsporn nach GOOR et al. 1970a), der als eine obere Muskelleiste am Verschluß des Foramen ventriculare beteiligt sein soll. Am Septum ventriculare selbst werden 2 Abschnitte unterschieden: eine am First des Septum gelegene, also an das Foramen ventriculare angrenzende Pars glabra und eine ausgedehntere Pars trabecularis. Ob am fertigen Herzen das Grenzgebiet zwischen dieser embryonalen Pars glabra und der darüber liegenden, ebenfalls balkenfreien subaortalen Muskulatur des Conoventrikularseptum erkennbar ist, wird nicht angegeben. GOOR et al. (1970b; s. auch GOOR u. LILLEHEI 1975) unterscheiden folgende Haupttypen von Ventrikelseptumdefekten (mit verschiedenen Subtypen, darunter auch Defekten an Grenzzonen): 1. Konusdefekte (5 Subtypen), 2. Defekte des Septum membranaceum (3 Subtypen), 3. Defekte des Septum ventriculare glabrum (5 Subtypen) und 4. Defekte des Septum ventriculare trabeculare. GOOR und Mitarbeiter zählen jedoch die Fossa subinfundibularis, wie BECU et al. (1956), zum Conus pulmonalis; daraus erklärt sich die hohe relative Häufigkeit der Konusdefekte bei diesen Autoren (ca. 30%!). Zieht man jedoch diesen Konusdefekten die infracristalen (Subtyp I) und die des Grenzgebietes (Subtyp V) ab, so ergibt sich für die restlichen 3 Formen rund 10%, eine Prozentzahl, die dem allgemein anerkannten Häufigkeitswert nahekommt (s. unten). Der Defekt des Canalis atrioventricularis wird auf eine mangelhafte Entwicklung des Septum ventriculare glabrum zurückgeführt.

Die von BERSCH (1971) und CHUAQUI u. BERSCH (1972) gewonnene Auffassung über die Herkunft der subaortalen Septalmuskulatur weicht von der von GOOR et al. (1970a, b) nur insofern ab, als nach den zuerst genannten Autoren die am Verschluß des Foramen ventriculare beteiligte Muskelleiste nicht als ein Anteil des primitiven Bulboaurikularsporns, sondern als eine Neubildung (Bulboventrikularsporn nach BERSCH 1971 und CHUAQUI u. BERSCH 1972, wahrscheinlich der sog. Truncusleiste nach LOS 1970 entsprechend) interpretiert wird. Beide Gruppen von Autoren stimmen allerdings darin überein, daß sich der linke Flügel des primitiven Bulboaurikularsporns zurückbildet, womit die fibröse mitroaortale Kontinuität entstehen soll. Der Bulboventrikularsporn entwickelt sich danach aus

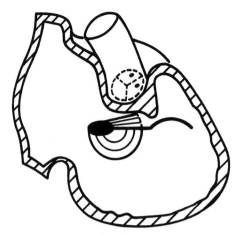

Abb. 47. Schematische Darstellung des Verschlusses des *Foramen ventriculare*. Ansicht von rechts. *Halbkreise:* konzentrisches Wachstum des *Septum ventriculare, schraffiert:* Bulboventrikularsporn, *schwarz: Pars membranacea*

der Hinterfläche der miteinander verschmolzenen Bulbusleisten und wächst von dort aus als ein Muskelkeil dorsalwärts bis zur Gegend der künftigen Pars membranacea. Das Foramen ventriculare soll sich durch ein konzentrisches Wachstum des glatten Anteils des Septum ventriculare, durch die Entwicklung des Bulboventricularsporns und die Bildung der Pars membranacea schließen, zu der auch die Hauptendokardkissen beitragen (Abb. 47). Dieser Auffassung nach stammt das aortopulmonale Muskelseptum des fertigen Herzens aus dem Bulbusseptum, die dahinter gelegene subaortale Muskulatur, rechts also die Muskulatur der Fossa subinfundibularis, aus dem Bulboventrikularsporn. Beide liegen oberhalb des Hisschen Bündels und dessen Schenkeln. Somit lassen sich folgende Haupttypen von Ventrikelseptumdefekten unterscheiden: 1. Bulbäre Defekte, 2. bulboventrikuläre Defekte, 3. Defekte der Pars membranacea, 4. Defekte des Septum ventriculare glabrum und 5. Defekte des Septum ventriculare trabeculare (Abb. 48). Der Defekt des Canalis atrioventricularis wird in Übereinstimmung mit Goor und Mitarbeitern auf eine mangelhafte Entwicklung des Septum ventriculare glabrum zurückgeführt. Die Wachstumshemmung dieses Septumabschnitts bewirkt eine abnorme Ausweitung des Foramen ventriculare. Aufgrund dieser Ausweitung und der Verschmelzungsstörung der Hauptendokardkissen läßt die mangelhafte bzw. fehlende Entwicklung der Pars membranacea erklären.

In der Tabelle 24 wird versucht, topographische und embryologische Einteilungen in Hinsicht auf die Nomenklatur der Hauptformen der isolierten Ventrikelseptumdefekte miteinander zu korrelieren.

d) Hauptmerkmale und Häufigkeitsverteilung der isolierten Ventrikelseptumdefekte

α) *Supracristale (bulbäre) Defekte*. Sie sind meist verhältnismäßig große Lückenbildungen, die auskultatorisch ein charakteristisches Bild hervorrufen

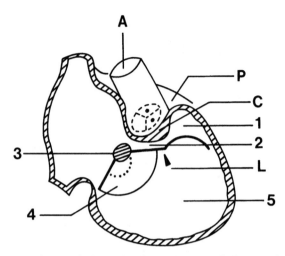

Abb. 48. Schema zur embryologischen Einteilung der Ventrikelseptumdefekte. *1* bulbäre Defekte, *2* bulboventrikuläre Defekte, *3* membranöse Defekte, *4* Defekte der *Pars glabra* des *Septum ventriculare*, *5* Defekte der *Pars trabecularis* des *Septum ventriculare*. *C* Crista supraventricularis, *L* Lancisische Papillarmuskel, *P* Pulmonalis

(FARRÚ et al. 1971). Zu diesem Typ gehört der Defekt der Taussig-Bing-Anomalie und der des typischen Truncus arteriosus persistens. Sie machen 5–10% aller isolierten Defekte aus (BECU et al. 1956).

β) Infracristale retropapilläre (sensu lato membranöse) Defekte. Das sind typisch die kleinen, der *Maladie de Roger* zugrunde liegenden Defekte, die von rechts gesehen weitgehend oder in ihrer ganzen Ausdehnung vom septalen Trikuspidalsegel gedeckt sind und sich besonders häufig spontan schließen. Die relative Häufigkeit beträgt rund 40% (BECU et al. 1956). Die rein membranösen Defekte sind selten.

γ) Infracristale antepapilläre (bulboventrikuläre) Defekte. Die meisten davon sind typisch große Lückenbildungen, bei denen auch retropapilläre Muskulatur und Muskelgewebe unter dem Aortenring fehlen. Diese Defekte entbehren also meist eines *Muskeldaches*, was nicht selten zum Prolaps einer Aortentaschenklappe führt. Zu diesem Typ gehört der Defekt des Eisenmenger-Komplexes und der der Fallotschen Tetrade. Die relative Häufigkeit beträgt ca. 35% [bei der Kasuistik der Verfasser ist wie bei der von KAHN et al. (1967) dieser Defekttyp häufiger als die retropapilläre Form vertreten].

Die drei beschriebenen Formen bilden die wichtige Gruppe der hochsitzenden subaortalen Defekte, die zusammen etwa 80% aller isolierten Ventrikelseptumdefekte ausmachen.

δ) Defekte zwischen den Kammereinstrombahnen (Defekte des Septum ventriculare). Geläufige Bezeichnung dafür ist einfach *muskuläre* Defekte. Oft sitzen sie zwischen den Muskelbalken (intertrabekuläre Defekte) in Form von schlitzförmigen Lückenbildungen, die leicht übersehen werden können. Ihre relative Häufig-

Tabelle 24. Korrelative Nomenklatur der isolierten Ventrikelseptumdefekte

Topographische Einteilungen		Embryologische Einteilungen		
ROKITANSKY-GOERTTLER	BECU u. Mitarbeiter	SOTO u. Mitarbeiter	GOOR u. Mitarbeiter	BERSCH-CHUAQUI
VSD des ventralen Segments des Septum anterius	Supracristale VSD	Infundibuläre subarterielle VSD	Konusdefekte (Subtypen 2, 3 u. 4)	Bulbäre VSD
VSD des dorsalen Segments des Septum anterius (Strecke 2–3)	Infracristale antepapilläre VSD	Perimembranöse infundibuläre (subaortale) VSD	Konusdefekte (Subtyp 1)	Bulboventrikuläre VSD
VSD des dorsalen Segments des Septum anterius (Strecke 3–4)	Infracristale retropapilläre VSD	Perimembranöse VSD (perim. vordere VSD)	Defekte der Pars membranacea	Defekte der Pars membranacea
VSD der basisentfernten Sektoren	Basisentfernte Defekte zwischen den Kammereinstrombahnen	Muskuläre VSD (hintere, trabekuläre bzw. infundibuläre VSD)	Defekte des Septum ventriculare trabeculare	Defekte des Septum ventriculare trabeculare
Defekte des Septum posterius[a]	Basisnahe Defekte zwischen den Kammereinstrombahnen[a]	Perimembranöse hintere VSD[a]	Defekte des Septum ventriculare glabrum[a]	Defekte des Septum ventriculare glabrum[a]

[a] Defekt des Canalis atrioventricularis.
(Nach ROKITANSKY 1875; GOERTTLER 1960, 1963, 1968; BECU et al. 1956; SOTO et al. 1980; BECKER u. ANDERSON 1981; BERSCH 1971; CHUAQUI u. BERSCH 1972; GOOR et al. 1970b).

keit liegt zwischen 10–20% (BECU et al. 1956; GALL u. COOLEY 1961; FRIEDMAN et al. 1965; KAHN et al. 1967). Eine nähere topographische Systematisierung dieser Defekte findet sich bei WENINK et al. (1979).

e) Multiple Defekte

Die meisten davon sind intertrabekuläre Defekte. Die extreme Form von solchen Lückenbildungen ist als *Schweizer-Käse-Septum* bekannt (DOERR 1967; GALL u. COOLEY 1961). Wird allein die intertrabekuläre Lokalisation berücksichtigt, so finden sich multiple Defekte in einem hohen Prozensatz der Fälle (15% nach SAAB et al. 1966). Viel seltener sind Lückenbildungen am Muskelseptum mit hochsitzenden Defekten kombiniert (s. KREINSEN u. BERSCH 1972). Bezogen auf die gesamten Fälle mit isolierten Defekten aller Lokalisationen liegen die Zahlenangaben für multiple Defekte meist um 4% (ARGÜERO et al. 1970; FRIEDMAN et al. 1965; KAHN et al. 1967; jedoch bei 11% nach RITTER et al. 1965).

f) Krankheitsbild, Prognose und Behandlung

Die Ventrikelseptumdefekte stellen den typischen Herzfehler mit einem Links-rechts-Shunt dar. Die Auswirkungen des Blutkurzschlusses hängen prinzipiell von der Größe des Defektes und dem Verhalten des Lungengefäßbettes gegen die Mehrdurchblutung ab. Klinisch und hämodynamisch lassen sich die Patienten in 4 Gruppen einteilen, und zwar in die der kleinen, der mittelgroßen, der großen Defekte und in die der großen Defekte mit Eisenmenger-Syndrom. Die drei ersten stellen je ca. 30%, die letzte rund 10% der Fälle dar. Das Krankheitsbild, die Prognose und Behandlung sind jeweils verschieden. Der Übergang von einer Gruppe in eine andere kommt häufig vor.

α) *Kleine Defekte.* Das Stromvolumen im Lungenkreislauf ist dabei nur leicht erhöht, es ist nämlich kleiner als zweimal das Stromvolumen im großen Kreislauf. Der Lungenblutdruck und -gefäßwiderstand sind normal. Die Patienten haben keine Beschwerden. Auskultatorisch stellt man im 3. und 4. ICR links ein lautes, nach außen weit fortgeleitetes holosystolisches Herzgeräusch, am Apex einen 3. Herzton und einen normalen 2. Herzton fest. Das EKG und Röntgenbild zeigen normale Verhältnisse oder aber eine leichte Vergrößerung der linken Herzhöhlen. Anhand des Doppler-Echokardiogramms lassen sich der Defekt, seine Größe und Lokalisation und die Verhältnisse der Herzhöhlen darstellen. Die Diagnose braucht hämodynamisch nicht bestätigt zu werden. Die Patienten bedürfen keiner chirurgischen Behandlung. Die Lebenserwartung ist der der gesunden Bevölkerung ähnlich (BLOOMFIELD 1964; CAMPBELL 1971). Die Prognose ist gut. Ein Spontanverschluß kommt in 50–80% der Fälle zustande (HOFFMAN 1971). In 60% der selbst heilenden kleinen Defekte findet der Spontanverschluß vor Ende des 3. Lebensjahres, in 90% vor Ende des 8. Lebensjahres statt. Das einzige Risiko, das eigentlich nach dem 2. Lebensjahr besteht, ist das einer infektiösen Endokarditis, der bei diesen Patienten vor jedem operativen Eingriff besonders an der Mund-Rachenhöhle und den Harnwegen mit antibiotischer Therapie vorzubeugen ist.

β) *Mittelgroße Defekte.* Dabei ist das Stromvolumen im Lungenkreislauf 2–3mal so groß wie das im großen Kreislauf. Der Lungenblutdruck und -gefäßwiderstand liegen im Bereich der Norm oder sind leicht erhöht. Die Patienten zeigen eine leichte Gedeihstörung, Dyspnoe bei körperlicher Belastung Neigung zum Luftweginfekt. Bei der Auskultation findet man im 3. und 4. ICR links ein lautes, nach außen weit fortgeleitetes holosystolisches Geräusch, das bei der Palpation ein Schwirren verursacht, einen normalen 2. Herzton und ein diastolisches, rollendes Mitralströmungsgeräusch. Im EKG finden sich Zeichen einer Belastung der linken Herzhöhlen. Das Röntgenbild zeigt mäßig starke Lungenmehrdurchblutung, mäßig starke Herzvergrößerung wegen Dilatation der linken Herzhöhlen bei vorspringender und pulsierender Pulmonalis. Der rechte Ventrikel kann leicht vergrößert sein. Die Diagnose läßt sich echokardiographisch bestätigen. Der Spontanverlauf ist günstig, etwa die Hälfte dieser Defekte erfährt von selbst eine bedeutende Verkleinerung, womit sie zu kleinen Defekten werden. Weniger häufig findet dabei ein Spontanverschluß statt. Periodische Kontrolluntersuchungen sind allerdings nötig. Die Patienten, bei denen die Defekte bis zum Alter von 4 Jahren unveränderlich geblieben sind, sollen nach einer Herzsondierung der chirurgischen Korrektur unterzogen werden.

γ) *Große Defekte.* Dabei ist das Stromvolumen im Lungenkreislauf 3mal das des Systemkreislaufs oder noch größer, die Blutdruckwerte in der Lungenschlagader sind annähernd gleich denen des großen Kreislaufs, der pulmonale Hypertonus ist aber immer noch reversibel (Abb. 49). Das Krankheitsbild tritt schon im Säuglingsalter in Erscheinung: Herzinsuffizienz, Gedeihstillstand und wiederholter Luftweginfekt. Auskultatorisch besteht außer dem für einen Ventrikelseptumdefekt charakteristischen Geräusch mit dem betreffenden Schwirren ein lautes rollendes Mitralgeräusch und ein akzentuierter 2. Pulmonalton. Im EKG finden sich Zeichen einer biatrialen und biventrikulären Belastung. Im Röntgenbild fallen eine bedeutende globale Herzvergrößerung, stark betonte Lungengefäßbettzeichnung und eine prominente und pulsierende Pulmonalis auf. Am 2D-Echokardiogramm lassen sich der Defekt, seine Größe und Lokalisation darstellen und seine Auswirkungen auf die Herzgröße, Ventrikelfunktion und pulmonalen Blutdruck beurteilen. Trotz der ärztlichen Behandlung der Herzinsuffizienz und der bronchopulmonalen Infekte beträgt die Mortalität im 1. Lebensjahr ca. 20% (KEITH et al. 1971). Mit geeigneter Behandlung läßt sich jedoch in der Mehrzahl der Patienten das Krankheitsbild stabilisieren. In ca. 50% der Fälle findet eine Verkleinerung des Defektes mit Verbesserung des Krankheitsbildes statt, womit diese Patienten in die Gruppe der mittelgroßen oder sogar in die der kleinen Defekte übergehen. In 5–10% der Fälle kommt vor Ende des 3. Lebensjahr ein Spontanverschluß vor (HOFFMAN 1971). *In Hinsicht auf die Behandlung eines Patienten mit einem großen Defekt soll folgendermaßen vorgegangen werden:* Zunächst wird eine konservative Therapie versucht. Hat diese keinen Erfolg, so wird der Patient einer hämodynamischen Untersuchung unterzogen. Bei einem einzigen hochsitzenden Defekt sind dann die Totalkorrektur, bei multiplen Defekten das Banding der Pulmonalis und erst ein Jahr später die Totalkorrektur indiziert. Ist die konservative Behandlung erfolgreich, so wird die

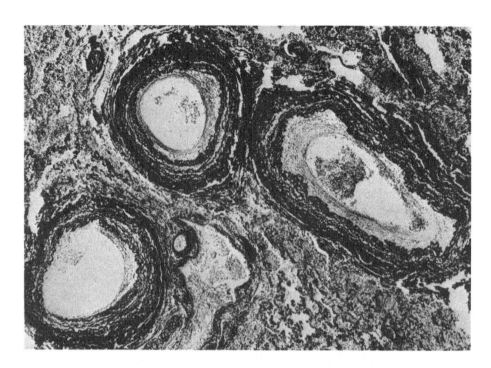

Abb. 49. Mittelgroße Äste der Lungenarterie mit Verdickung der Media und Intimahyperplasie (Arteriosklerose Grad III) bei einem großen Ventrikelseptumdefekt mit hochgradigem pulmonalem Hypertonus. Vergr. ca. ×40, van Gieson-Verhoeff. (aus BERSCH u. CHUAQUI 1972)

Herzsondierung erst nach Vollendung des 1. Lebensjahres durchgeführt. Ist der Defekt groß geblieben, so besteht die Indikation zur Totalkorrektur, hat er sich verkleinert, so wird wegen der Möglichkeit einer zusätzlichen Verkleinerung oder eines Spontanverschlusses bis zum Alter von 2–3 Jahren für die Durchführung der Herzsondierung gewartet. Falls sich der Defekt beim 4jährigen Kind immer noch als mittelgroß zeigt, wird die Totalkorrektur durchgeführt. Diese hat nach dem 1. Lebensjahr eine Mortalität unter 5%, in den ersten 6 Lebensmonaten ist sie etwa doppelt so hoch.

δ) Große Defekte mit Eisenmenger-Syndrom. Die Entstehung der obliterativen Lungengefäßerkrankung bei Patienten mit einem großen Ventrikelseptumdefekt kommt erst nach dem 2. Lebensjahr vor. Die Rückbildung der Beschwerden geht eigentlich mit Zeichen eines schweren pulmonalen Hypertonus einher, und zwar mit Zyanose, Betonung des 2. Pulmonaltons, Abschwächung oder sogar Verschwinden des Herzgeräusches, Auftreten eines Pulmonalclicks, Verkleinerung der Herzgröße, Erweiterung der Hauptäste der Pulmonalis bei peripherer Lungenminderdurchblutung und starker Belastung der rechten Kammer. Die Patienten sind inoperabel, die Lungengefäßerkrankung schreitet unabhängig von einem eventuellen Verschluß der interventrikulären Kommunikation fort, er kann sogar den tödlichen Verlauf beschleunigen. Die durchschnittliche Lebenserwartung beträgt 20 Jahre, die Patienten sterben an Herzinsuffizienz.

ε) *Verlauf zum Fallot-Syndrom.* Bei einigen Patienten mit großen Ventrikelseptumdefekten läßt sich klinisch die Entstehung einer Pulmonalkonusstenose feststellen: Der Links-rechts-Shunt wird kleiner, die Patienten fühlen sich besser, das Herzgeräusch wird lauter und findet sich nun im 2. und 3. ICR links, der 2. Herzton wird leiser, die Lungenmehrdurchblutung bildet sich zurück, das Herz nimmt an Größe ab, die rechtskammerige Belastung nimmt zu und ein gewisser Grad von Zyanose tritt auf. Die Behandlung ist operativ: Resektion von Konusmuskulatur und Verschluß des Defektes. Die Mortalität beträgt 5%.

Zusammenfassend: Die subjektive Besserung eines Patienten mit einem großen Defekt kann auf 1. der Verkleinerung oder dem Spontanverschluß des Defektes, 2. der Entstehung einer obliterativen Lungengefäßerkrankung (Eisenmenger-Syndrom) oder aber 3. der Entstehung einer Pulmonalkonusstenose (Fallot-Syndrom) beruhen. Der Arzt soll die jeweils vorliegenden Verhältnisse richtig diagnostizieren, um im ersten Fall nicht, in den beiden letzten hingegen schnell zu handeln.

ζ) *Supracristale Defekte.* Dabei weichen die Auskultationsbefunde von den üblichen ab: das Herzgeräusch findet sich im 2. ICR links, es ist besonders laut und lang als ein Kreszendogeräusch gegen den 2. Herzton zu, den es einhüllt; der 2. Herzton ist gespalten, die pulmonale Komponente ist abgeschwächt (näheres s. FARRÚ et al. 1971).

η) *Aorteninsuffizienz.* Diese Komplikation tritt viel häufiger bei supracristalen Defekten als bei den anderen subaortalen Defekten ein. Das Auftreten eines diastolischen Aortengeräusches gilt unabhängig von der Größe des Defektes als obligate Indikation zum chirurgischen Verschluß des Defektes, um die Progression des Klappenfehlers und den Klappenersatz zu vermeiden. Wenn nötig wird außerdem eine Aortenplastik durchgeführt.

V. Mißbildungen des arteriellen Herzendes

1. Atresien der arteriellen Ostien

Die Atresien der Pulmonal- und Aortenostien zeichnen sich durch ähnliche morphologische Charaktere aus. Regelmäßig liegt ein kleiner Annulus vor, die Taschenklappen sind bald durch eine glatte fibröse Membran, bald durch ein kuppelförmiges, gegen die Arterienlichtung zu vorgewölbtes Diaphragma vertreten, an dessen arterieller Fläche meist drei radiär angeordnete Leisten erkennbar sind (Abb. 50). Die Aorta ascendens ist regelmäßig, der Truncus pulmonalis meist hypoplastisch. Ein Ductus apertus ist die Regel.

a) Pulmonalostiumatresie

Hierzu werden 2 Formen unterschieden, und zwar der Typ I mit dichtem Ventrikelseptum und der Typ II mit einem Ventrikelseptumdefekt. Letztere Form stellt einen Pseudotruncus aortalis oder aber bei vorhandener Dextropositio aortae eine Fallotsche Tetrade dar. Der Häufigkeitswert des I. Typs beträgt etwa 25%

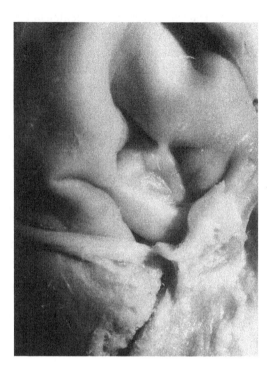

Abb. 50. Pulmonalostiumatresie. Ansicht von oben

der gesamten Fälle der Pulmonalostiumatresie (CAMPBELL 1972) und liegt unter 1 % der Herzgefäßmißbildungen (CAMPBELL 1968 a). In beiden Formen ist der Entwicklungszustand der rechten Kammer prognostisch maßgebend (BHARATI et al. 1977; FREEDOM 1983; ZUBERBUHLER u. ANDERSON 1979). Er hängt beim Typ I von dem der Trikuspidalis da, die oft auch mißgebildet ist (s. FREEDOM 1983). Zahlenangaben über den Anteil der Fälle mit sonst regelrecht entwickelter rechter Kammer schwanken beim Typ I zwischen 10 und 25 % (BARTEL 1971; COLE et al. 1968; DHANAVARAVIBUL et al. 1970; ELLIOT et al. 1963a; ROOK u. GOOTMAN 1971; SHAMS et al. 1971; STEEG et al. 1971). Bei den restlichen Fällen handelt es sich eigentlich um das Rechtshypoplasiesyndrom (s. auch BOWMAN et al. 1971). Regelmäßig besteht beim beschriebenen Typ eine interatriale Kommunikation (durch einen Sekundumdefekt oder aber ein Foramen ovale apertum), sehr selten ist der Ductus arteriosus geschlossen (Lit. hierzu s. bei MCARTHUR et al. 1971). Nach HAWORTH (1980) und HAWORTH u. MACARTNEY (1980), die die Lungengefäße beim Typ II untersucht haben, sind der Entwicklungszustand dieser Gefäße und der Wirkungsgrad der aortopulmonalen Arterienanastomosen an den Lungen prognostisch von besonderer Bedeutung.

Zur Klinik. Bei der Pulmonalostiumatresie mit dichtem Ventrikelseptum besteht eine Trikuspidalregurgitation, der rechte Vorhof entleert sich dabei ins linke Atrium über einen Vorhofseptumdefekt oder ein Foramen ovale, die Lungendurchblutung ist vermindert. Therapeutisch und prognostisch wichtig ist die Unterscheidung einer Gruppe mit schwerer rechtskammeriger Hypoplasie (ca.

80% der Fälle) von der mit keiner starken Hypoplasie des rechten Ventrikels (ca. 20%). Das Krankheitsbild tritt dabei beim Neugeborenen früh in Erscheinung, und zwar mit Zyanose und Herzinsuffizienz. Auskultatorisch besteht ein unterschiedlich lautes Geräusch der Trikuspidalregurgitation und oft ein systolisch-diastolisches Ductusgeräusch an der Subklavikulargrube. Das EKG weist bei den Fällen mit starker Hypoplasie der rechten Kammer Zeichen einer Belastung der linken Kammer und des rechten Vorhofs bei einem Rechtstyp der elektrischen Achse auf. In den restlichen Fällen bestehen Zeichen einer Belastung der rechten Herzhöhlen. Das Röntgenbild zeigt Herzvergrößerung, beträchtliche Zunahme des rechten Vorhofs und helle Lungenfelder. Die Diagnose läßt sich echokardiographisch bestätigen, so daß man heute die bei diesen Patienten mit einem hohen Risiko belastete hämodynamische Untersuchung vermeiden kann. Diese Patienten stellen eigentlich Notfälle dar, die dringlich behandelt werden sollen. Nach medikamentöser Behandlung der Herzinsuffizienz ist sofort die Palliativoperation vorzunehmen: Pulmonalvalvulotomie, Blalock-Anastomose und wenn nötig Atrioseptostomie. Trotz des chirurgischen Eingriffes ist die Prognose reserviert, sie hängt vom Entwicklungsgrad des rechten Ventrikels ab. Ist die Unterentwicklung nicht stark, so kann die rechte Kammer mit der Zeit bei den verbesserten Durchströmungsverhältnissen eine normale Größe erreichen. Die meisten Patienten müssen jedoch einer erneuten Operation unterzogen werden.

b) Aortenostiumatresie

Die Häufigkeit dieser Anomalie wird mit 1–2% aller Herzgefäßmißbildungen angegeben (ABBOTT 1936; CAMPBELL 1968a; KEITH 1978a). Die Mehrzahl der Fälle stellen Formen des Linkshypoplasiesyndroms dar (APITZ et al. 1971; LUNA et al. 1963; NEILL u. TUERK 1968; QUERO JIMÉNEZ et al. 1972; ROBERTS et al. 1976; weitere Lit. s. bei Linkshypoplasiesyndrom). Die Aortenostiumatresie mit einem Ventrikelseptumdefekt wird auch als Pseudotruncus pulmonalis bezeichnet, der in der Kasuistik von ROBERTS et al. (1976) 5% der 73 zusammengestellten Fälle ausmacht. NEILL u. TUERK (1968); HAWKINS u. DOTY (1984); ROBERTS et al. (1976) finden die Aortenostiumatresie in 25–35% der Fälle mit einer Mitralatresie, in 60–75% der Fälle mit einer Mitralhypoplasie assoziiert (die Kombination mit Mitralanomalien beträgt jedoch bei MAHOWALD et al. (1982) nur 38,5%). Das Krankheitsbild der Aortenostiumatresie gehört zu dem des Linkshypoplasiesyndroms (s. dort).

2. Die Stenosen am arteriellen Herzende

Je nach Sitz der Einengung unterscheidet man infravalvuläre, valvuläre bzw. supravalvuläre Stenosen (die letzten werden im folgenden Kapitel behandelt). Bei den valvulären Stenosen läßt sich gleich wie bei denen der Segelklappen eine annuläre (hypoplastische) gegen eine rein orifizielle Form abgrenzen. Zur formalgenetischen Erklärung der annulären Stenosen erweist sich die alte, in neuerer Zeit von DE LA CRUZ und DA ROCHA (1956) vertretene Hypothese einer Septumdeviation nicht stichhaltig. Wie von BREDT (1935, 1936) und DOERR (1955) bemerkt, vermag man aufgrund dieser Hypothese mehrere Gegebenheiten nicht zu erklären, darunter: die Erhaltung von Form und Proportion der *valvule en miniature*, den dabei meist normalen Ursprung der Koronararterien und den regelrecht vollzogenen Anschluß des Bulbusseptum an das Septum trunci. Mit BARTHEL (1960), BREDT (1935, 1936), DOERR (1955) und GOERTTLER (1963) darf man hingegen für die annulären Stenosen eine segmentäre Hypoplasie annehmen. Die Annahme einer ungleichen Aufteilung des kranialen Truncussegmentes ist jedoch als Erklärung für eine supravalvuläre Pulmonalstenose mit Fehlursprung des rechten Astes aus der Aorta plausibel (s. CUCCI et al. 1964). Die anatomische Form der meisten infravalvulären Stenosen ist an den entsprechenden Kammerbau gebunden.

a) Pulmonalstenose

Zahlenangaben über die Häufigkeit der Pulmonalstenose mit dichtem Ventrikelseptum liegen meist zwischen 8 und 10% (HEINTZEN 1968a; KEITH 1978a). Der Anteil derjenigen Pulmonalstenosen, bei denen ein Ventrikelseptumdefekt als Begleitmißbildung und nicht im Rahmen einer Fallotschen Tetrade vorkommt, scheint klein zu sein, er beträgt nach HARDY et al. (1969) 1–8,5% der Pulmonalstenosen. GERBODE et al. (1960) finden nur einen Fall unter 29 Pulmonalostiumstenosen, SLADE (1963) dagegen 7 Fälle unter 13 Pulmonalkonusstenosen). Eine interatriale Kommunikation über ein Foramen ovale liegt nach HEINTZEN (1968a) in 30–50%, nach SCHAD et al. (1965) in 75% der Fälle vor. Die Fallotsche Trilogie, in der die interatriale Kommunikation durch einen Vorhofseptumdefekt bedingt ist, kommt dagegen selten, nach HARDY et al. (1969) in 0,7–3% der Pulmonalstenosen vor.

Bei der Pulmonalstenose zeigt sich die Geschlechtsverteilung im allgemeinen ausgeglichen (CAMPBELL 1968a; HEINTZEN 1968a; LEVINE u. BLUMENTHAL 1965). Gelegentlich kommt sie familiär angehäuft vor (KLINGE u. LAURSEN 1975; MCCARRON u. PERLOFF 1974). Herzversagen und Endokarditiden gelten als die wichtigsten Komplikationen. Nach CAMPBELL (1969) treten bakterielle Endokarditiden etwa so häufig wie bei der Aortenstenose auf (in 1,8% von 267 Patienten, LEVINE u. BLUMENTHAL 1965). Die Häufigkeit der Endokarditis ist allerdings in Sektionsstatistiken höher (s. BANKL 1970; FONTANA u. EDWARDS 1962).

α) *Valvuläre Pulmonalstenose.* Diese Form macht etwa 90% der Pulmonalstenosen aus. Die rein annuläre Form findet sich meist im Rahmen des Rechtshypoplasiesyndroms. Die klassische Ostiumstenose tritt in Form eines kuppelförmigen Diaphragma mit einer zentral gelegenen Öffnung und drei radiär angeordneten Raphen auf (*rétrécissement en dôme*, Abb. 51). Nicht selten ist dabei eine hypoplastische Komponente am Annulus und eine Dilatation des Pulmonalstammes erkennbar. BECU et al. (1976) haben in der Mehrzahl der Fälle mit einer klassischen Ostiumstenose Veränderungen des Myokard (herdförmige Nekrosen, stellenweise Desorganisation der Muskelfasern), der Koronararterien und Aortenwand (Fragmentation der elastischen Lamellen) festgestellt, die sich als erworbene Veränderungen auffassen lassen. Seltener ist eine Ostiumstenose durch anscheinend miteinander verwachsene Taschenklappen (MEESSEN 1959), durch starre, dysplastisch verdickte Taschenklappen (GOERTTLER 1963; KORETZKY et al. 1969; MEESSEN 1959) oder aber durch hamartomatöse Knotenbildungen (HYAMS

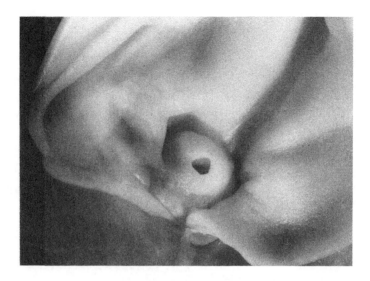

Abb. 51. Pulmonalostiumstenose (*rétrécissement en dôme*). Ansicht von oben

u. MANION 1968) (Abb. 52) bedingt. Neulich haben GIKONYO et al. (1987) die valvuläre Pulmonalstenose bei 31 Fällen makro- und mikroanatomisch ausführlich untersucht und dabei 6 Typen unterschieden: kuppelförmige Stenose (42%), unikuspidale, bikuspidale bzw. trikuspidale Stenose (insgesamt 32%), hypoplastische Form (6%) und dysplastische Stenose (19%). Diese findet sich gelegentlich beim Linkshypoplasiesyndrom (BHARATI et al. 1984).

Zur Klinik. Am häufigsten handelt es sich um azyanotische, gut entwickelte Patienten (oft mit Mondgesicht). Häufig besteht die anamnestische Angabe der Entdeckung eines Herzgeräusches bei Geburt. Klinisch und hämodynamisch läßt sich die Anomalie in 3 Schweregrade einteilen, und zwar: leichte Stenose (Druckwert im rechten Ventrikel unter 50 mm Hg), mittelschwere Stenose (50–80 mm Hg) und schwere Stenose (über 80 mm Hg). Bei den leichten und den meisten mittelschweren Stenosen sind die Patienten beschwerdefrei. Die schweren Stenosen manifestieren sich in Dyspnoe bei körperlicher Belastung und gelegentlich in einer gewissen Zyanose (Fallotsche Trilogie). Beim Neugeborenen oder beim Säugling tritt selten eine Herzinsuffizienz mit Zyanose auf. Auskultatorisch findet sich grundsätzlich ein Austreibungsgeräusch im 2. ICR links mit gespaltenem 2. Herzton und abgeschwächtem Pulmonalton. Bei den leichten und etwa der Hälfte der mittelschweren Stenosen besteht ein systolischer Klick, bei den schweren ein systolisches Schwirren im 2. ICR links. Die Auskultationsbefunde gestatten je nach Lautstärke, Dauer und nähere Merkmale der Herzgeräusche und des Pulmonaltons eine gute Korrelation mit dem Schweregrad der Stenose. Das gleiche gilt für die EKG-Befunde (keine Veränderungen überhaupt, Zeichen einer leichten Belastung der rechten Kammer bzw. Zeichen einer starken Belastung der rechten Herzhöhlen). Das Röntgenbild zeigt die poststenotische Dilatation des Pulmonalstammes und dessen linken Astes und Zeichen von normaler Lungendurchblutung oder aber die von Minderdurchblutung. Die 2D-Echokardiogra-

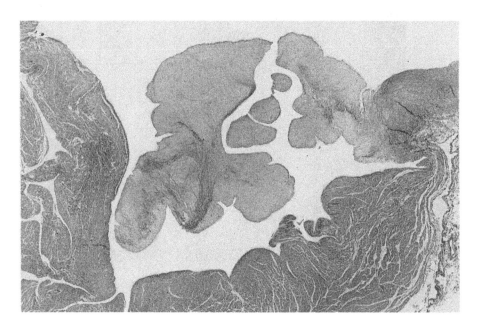

Abb. 52. Knotenförmige, hamartomatös dysplastische Pulmonaltaschenklappe. (Längsschnitt durch den Pulmonalconus). Van Gieson-Färbung (ca. 3fach, Nachvergr. etwa × 4)

phie läßt die Stenose darstellen und den transvalvulären Gradienten genau bestimmen. Die chirurgische Behandlung, nämlich Pulmonalvalvulotomie bei extrakorporalem Kreislauf, ist allein bei den schweren Stenosen indiziert. Die Kurz- bzw. Langzeitergebnisse sind gut (chirurgische Mortalität: ca. 2%). Die leichten Stenosen bleiben meist lebenslang unverändert, die mittelschweren neigen dagegen, sich in schwere Stenosen zu verwandeln (über Spontanverlauf s. CAMPBELL 1969; MODY 1975). Die bei den mittelschweren bzw. schweren Stenosen indizierte Ballonangioplastik hat einen guten Erfolg gehabt.

β) Infravalvuläre Pulmonalstenose. Hierzu gehören die subinfundibuläre, durch abnorme Muskelmassen bedingte Stenose (COATES et al. 1964; weitere Lit. s. unter *abnorme Muskelmassen*) und die Konusstenose. Isolierte Konusstenosen sind selten, sie stellen nach BLOUNT et al. (1959) 3%, nach LUCAS u. MOLLER (1970) 8%, nach HEINTZEN (1968a) 10% der Pulmonalstenosen dar. Mit MEESSEN (1959) lassen sich eine tubuläre Form (Stenose über lange Strecke nach GOERTTLER 1963) und eine zirkumskripte Form unterscheiden. Erstere ist meist mit einer Hypoplasie des Pulmonalkonus verbunden. Die zirkumskripte Form zeigt sich als ringförmige fibromuskuläre Verdickungen meist am Konuseingang. Bei der Einengung des Ostium infundibuli ist der Konus selbst ausgeweitet (sog. dritter Ventrikel). Nach KEITH (1924) stellt diese letzte Form eine Persistenz des primitiven Bulbus cordis dar. Nach ROWLAND et al. (1975) kann eine rechte Doppelkammer auch durch Hypertrophie des Moderatorbandes entstehen. Das Krankheitsbild der Konusstenose ist dem der Ostiumstenose ähnlich, das Austreibungsgeräusch hat jedoch das pct. max. im 3. und 4. ICR links, außerdem werden dabei ein systolischer Klick und eine Dilatation des Pulmonalstammes immer vermißt.

b) Aortenstenose

Ihre Häufigkeit beträgt zwischen 3 und 6% aller Herzgefäßmißbildungen (BEUREN 1968a; CHEITLIN 1978; KEITH 1978a). Zahlenangaben über den Anteil der 3 Hauptformen liegen zwischen 55 und 75% für die valvuläre, 10 und 30% für die infravalvuläre und um 10% für die supravalvuläre Stenose (BEUREN 1968a; CHEITLIN 1978; DEL FANTE et al. 1972; KEITH 1978a). Zahlenangaben über das Verhältnis der Konusstenose zur Ostiumstenose schwanken zwischen 25% und über 50% (BANKL 1970; BRAUNWALD et al. 1963; DEL FANTE et al. 1972; HOHN et al. 1965). Kombinierte Konus- und Ostiumstenose kommen nach DOERR et al. (1965) in 20–25%, nach BRAUNWALD et al. (1963) in 6% aller Aortenstenosen vor. Kardiovaskuläre Assoziationsanomalien liegen in 20% der Ostiumstenosen (BRAUNWALD u. FRIEDMAN 1968), dagegen in 70% der Konusstenosen (KREUZER 1971, s. auch FREEDOM et al. 1977b) vor. Zu den häufigsten Begleitmißbildungen der valvulären Stenosen gehören die Coarctatio aortae und der Ductus persistens (BRAUNWALD u. FRIEDMAN 1968; BRAUNWALD et al. 1963), seltener findet sich ein Ventrikelseptumdefekt oder eine Pulmonalstenose (NADAS et al. 1962; SHEMIN et al. 1979; SILBERSTEIN u. GOODSIT 1971). Bei der infravalvulären Stenose kommen am häufigsten Anomalien des Aortenisthmus, Aortenklappenstenose bzw. -insuffizienz und Ventrikelseptumdefekte vor (FREEDOM et al. 1977b; KREUZER 1971). Eine Androtropie ist allgemein anerkannt. Werden beide Stenoseformen im ganzen betrachtet, so ergibt sich ein Verhältnis von 4:1 (BRAUNWALD et al. 1963; HOHN et al. 1965). Die Bevorzugung des männlichen Geschlechts scheint jedoch bei der Ostiumstenose nicht so sehr ausgeprägt zu sein (1,6:1 nach TUUTERI u. LANDTMAN 1970; 2,5:1 nach DOWNING u. MARANHÃO 1970). Typische Anpassungsveränderung des Myokard ist bei fehlender Herzinsuffizienz eine konzentrische Herzhypertrophie. Nach DOERR et al. (1965) gilt eine Reduktion um $^{1}/_{3}$ des inneren Umfanges des Aortenostiums als kritisch. Der Schweregrad der Aortenklappenstenose kann jedoch progressiv sein (BANDY u. VOGEL 1971; COHEN et al. 1972; EL-SAID et al. 1972). Zu den wichtigsten Komplikationen gehören Herzversagen, Aortenregurgitation, bakterielle Endokarditiden, Angina pectoris und plötzlicher Tod (s. HOHN et al. 1965; NADAS 1963). Bakterielle Endokarditiden, die durch die turbulente Strömung begünstigt werden (s. GAHL 1984), finden sich nach HOHN et al. (1965) in 4% der Patienten, bei einigen Kasuistiken kommen sie bei der infravalvulären Stenose häufiger vor (FONTANA u. EDWARDS 1962; KATZ et al. 1977).

α) *Valvuläre Aortenstenose.* Die rein annuläre Form findet sich in der Regel beim Linkshypoplasiesyndrom. Bei der isolierten Aortenstenose handelt es sich meist um eine reine orifizielle Stenose (Ostiumstenose, Abb. 53). Kombinierte Formen kommen auch vor (BRAUNWALD et al. 1963). Die Ostiumstenose zeichnet sich durch ein stark reduziertes, meist exzentrisch gelegenes Ostium aus, das sich bald als eine zirkulär bis trianguär konturierte, bald als eine schlitz- bis keulenförmige Öffnung zeigt. An dem fibrös verdickten, nicht selten auch verkalkten Klappengewebe können eine, zwei oder drei Taschenklappen erkenn-

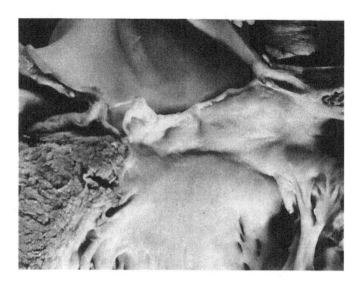

Abb. 53. Aortenostiumstenose

bar sein. Selten handelt es sich um myxoid dysplastische Klappen (s. DAVIS et al. 1965). Nach den meisten Autoren ist die bikuspidale (BRAUNWALD et al. 1963; FALCONE et al. 1971; ROBERTS 1970a, b), nach anderen (EDWARDS 1968; MOLLER et al. 1966) die unikuspidale Form am häufigsten. Nach ROBERTS (1970a, b) liegt etwa der Hälfte der gesamten isolierten Aortenstenosen eine bikuspidale Aortenklappe zugrunde. In wenigen Fällen der unikuspidalen, dagegen in der Hälfte der Fälle der bikuspidalen Form fand ROBERTS (1970c) die sog. falschen Kommissuren (Raphen). Bei der unikuspidalen, kuppelförmigen Stenose unterscheidet FALCONE et al. (1971) je nach Lage der Kommissur und Anzahl der Raphen 18 Varianten (s. auch ROBERTS 1970c). Die Kalzifikation, die in der Kasuistik von BRAUNWALD et al. (1963) in etwa 40% der Fälle vorlag, fand sich besonders häufig nach dem 2. Lebensjahrzehnt (näheres s. unter Bikuspidalaortenklappe, S. 386).

Zur Klinik. Häufig fehlen alle Beschwerden, selbst bei einer schweren Aortenstenose können die Patienten weitgehend beschwerdefrei sein. Es handelt sich typisch um azyanotische, gut entwickelte Patienten. Häufig läßt sich anamnestisch die Angabe der Entdeckung eines Herzgeräusches bei Geburt erheben. Die häufigste Beschwerde ist die Anstrengungsdyspnoe. Bei einer hochgradigen Stenose können stenokardische Beschwerden und Synkopen auftreten, was eine sofortige hämodynamische Untersuchung und einen möglichst baldigen chirurgischen Eingriff verlangt. Plötzlicher Tod und Herzinsuffizienz treten gelegentlich beim Neugeborenen mit einer kritischen Stenose ein. Auskultatorisch findet sich beiderseits an der Herzbasis, besonders aber im 2. ICR rechts ein rauhes, in die Halsgefäße fortgeleitetes systolisches Austreibungsgeräusch mit einem Schwirren im Jugulum und an der Supraklavikulargrube. Oft besteht vor allem am Apex ein systolischer Aortenklick. Der 2. Herzton ist in der Regel einheitlich, er kann jedoch gespalten, manchmal paradox gespalten sein. Im EKG finden sich unterschiedlich ausgeprägte Zeichen einer linksventrikulären Belastung. Störungen der Erregungsrückbildung gelten als Zeichen einer hochgradigen Stenose. Das Röntgenbild zeigt eine poststenotische Dilatation der Aorta ascendens und oft prominente Konturen der linken Kammer. In ca. 25% der schweren Stenosen sind jedoch das Röntgenbild und die EKG-Befunde unauffällig. Anhand der 2D-Echokardiographie läßt sich die kuppelförmig stenosierte und oft bikuspidale Aortenklappe darstellen und den transvalvulären Gradienten genau bestimmen, so daß gelegentlich eine hämodynamische Untersuchung zur Indikation eines chirurgischen Eingriffes vermieden werden kann. Die chirurgische Behandlung, nämlich Valvulotomie bei extrakorporalem Kreislauf, ist nur bei den schweren Formen (Druckgradient 70 mm Hg oder mehr) angezeigt. Die Operation hat einen guten Erfolg und eine Mortalität von ca. 8% und läßt in der Regel eine schwere in eine mittelschwere oder leichte Stenose verwandeln. Die Kommissurotomie ist jedoch als eine Palliativoperation zu betrachten, denn mit den Jahren treten Verkalkungen und wieder eine hochgradige Stenose auf. Im Erwachsenenalter ist ein Klappenersatz nötig. Die Prognose der Aortenostiumstenose ist nicht so gut wie die der Pulmonalostiumstenose (über Spontanverlauf s. CAMPBELL 1968 b) und zwar wegen der Komplikation einer bakteriellen Endokarditis und der Tendenz, leichte und mittelschwere Formen in hochgradige Stenosen überzuführen. Alle Patienten, operiert oder nicht, sollten lebenslang kontrolliert werden.

β) Infravalvuläre Aortenstenose. Sie stellt eigentlich eine uneinheitliche Gruppe von Mißbildungen dar, in der sich folgende Formen unterscheiden lassen: die fibröse (membranöse) diskrete (diaphragmatische) Konusstenose (Crista saliens), die fibromuskuläre (tubuläre) Konusstenose, die rein muskuläre, durch abnorme Muskelleisten bedingte subaortale Stenose und die velamentösen Formen, die wiederum die durch Aberrantinsertionen bzw. überschüssiges Segelklappengewebe bewirkten Aortenstenosen umfassen.

Diskrete Konusstenose. Sie ist die häufigste Form der infravalvulären Aortenstenosen, nach DEL FANTE et al. (1972) beträgt ihre Häufigkeit sogar 30% aller konnatalen Aortenstenosen (ausführliche Darstellungen bei CREMER et al. 1972; DOERR 1959; DOERR et al. 1965; KÖHTE 1966). Die Anomalie tritt in Form einer fibroelastischen, quer zur Blutstromrichtung und meist 5–15 mm unterhalb der Aortenklappe gelegenen Leistenbildung auf, die als eine Crista saliens auf die septale Konuswand beschränkt sein oder aber als ein auch auf das Aortensegel der Mitralis übergreifendes Diaphragma den ganzen Konusumfang (Ringleistenstenose, DOERR 1959) umfassen kann (Abb. 54). Die abnorme Leiste ist meist 3–4 mm dick und kann bis zu 1 cm in die Konuslichtung hineinragen (DOERR 1959). Gelegentlich finden sich bandförmige Ausläufer der Leistenbildung zu einer Aortentaschenklappe (FEIGL et al. 1984). Die Aorteninsuffizienz, die bei der diskreten subaortalen Stenose nicht selten vorkommt, ist auf den Zug solcher Ausläufer, auf Druck-Stoß-Veränderungen bzw. auf Narbenbildungen einer abgelaufenen Endokarditis interpretiert worden (s. FEIGL et al. 1984; MORROW et al. 1965).

Nach KEITH (1924) ist die Crista saliens formalgenetisch auf eine Rückbildungshemmung des Aortenkonus zurückzuführen, die Leistenbildung liegt demnach am Grenzgebiet zwischen First des Ventrikelseptum und persistieren-

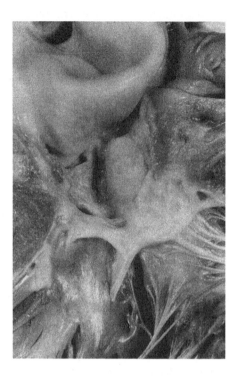

Abb. 54. Infravalvuläre diaphragmatische Aortenstenose (fibröse Ringleistenbildung)

dem Aortenkonus. Nach DOERR (1959) beruht sie auf einer fehlerhaften Verschmelzung der subaortalen Muskulatur mit dem First des Ventrikelseptum als Folge einer Störung der vektoriellen Bulbusdrehung. Ein Verschmelzungsvorgang der genannten Septumanteile miteinander mit der Entstehung einer Nahtlinie ist tatsächlich an menschlichen embryonalen Herzen nachgewiesen worden (BERSCH 1973, CHUAQUI u. BERSCH 1972, 1973). Nach DOERRs Auffassung stellt die Beteiligung des Septalsegels der Mitralis eine Nebenerscheinung dar, die vermutlich entzündlich-mechanisch durch Reibung der Crista saliens an der Segelfläche bedingt ist. VAN PRAAGH et al. (1970a) führen die Leistenbildung auf überschießendes Wachstum der Endokardkissen zurück. ROSENQUIST et al. (1979) ziehen die Hypothese einer Rückbildungshemmung des Bulboventrikularsporns in Betracht.

Zur Klinik. Symptomatologie, Röntgenbild und EKG-Befunde sind denen der Aortenostiumstenose ähnlich. In dieser Form fehlt jedoch der systolische Klick, in ca. 50% der Fälle besteht ein diastolisches Geräusch wegen der zugrunde liegenden, durch Druck-Stoß-Veränderungen bedingten Aortenklappeninsuffizienz. Eine Dilatation der aufsteigenden Aorta ist nicht häufig. Die 2D-Echokardiographie läßt die Ringleistenbildung darstellen und den Druckgradienten bestimmen, so daß meist eine hämodynamische Untersuchung vermieden werden kann. Die Behandlung ist bei Druckgradienten über 40 mm Hg operativ. Der chirurgische Eingriff ist also schon bei kleineren Druckgradienten als denen der Aortenostiumstenose indiziert, und zwar zum Zweck, die Druck-Stoß-

Veränderungen der Aortenklappe und das hohe Risiko einer bakteriellen Endokarditis zu vermeiden. Die Operation hat gute Langzeitergebnisse und eine Mortalität unter 5%.

Tubuläre subaortale Stenose. Bei dieser Form ist der Aortenkonus in einer langen Strecke durch fibromuskuläres Gewebe etwa gleichmäßig eingeengt (s. BECKER u. ANDERSON 1981; REIS et al. 1971). Es bestehen jedoch Übergangsformen zur diskreten subaortalen Stenose (ROSENQUIST et al. 1979; LEMOLE et al. 1976 berichten über einen Fall mit zwei stenosierenden Membranbildungen am Aortenkonus). NEWFELD et al. (1976) unterscheiden einen Tunneltyp und einen Kolliertyp, beide zusammen machten in der Kasuistik der genannten Autoren nur 15% der gesamten Fälle mit einer subaortalen Stenose der diskreten bzw. tubulären Form aus. Bei der ganzen Gruppe dieser Patienten ließ sich eine Bevorzugung des männlichen Geschlechts (2,5:1) feststellen, kardiovaskuläre Assoziationsanomalien fanden sich in über der Hälfte der Fälle. Pathogenetisch ist die tubuläre subaortale Stenose unklar, inwieweit sie mit der diskreten Form oder aber der idiopathischen asymmetrischen Septumhypertrophie, die gelegentlich, wie in 3 Fällen der Verfasser, klinisch und pathoanatomisch beim Säugling belegt werden kann (s. BECKER u. ANDERSON 1981), verwandt sei, ist nicht geklärt.

Die subaortale Muskelleistenstenose. Diese Form ist typisch mit einem Ventrikelseptumdefekt verbunden: Der oberhalb des Defektes gelegene Septumanteil ist nach links verschoben, sein unterer Rand über dem Defekt zeigt sich dabei als eine vorspringende, den Aortenkonus einengende Muskelleiste. Diese Verhältnisse finden sich bei dem von BECU et al. (1955c) beschriebenen Komplex (Ventrikelseptumdefekt, reitende Pulmonalis und subaortale Stenose, s. auch NEUFELD et al. 1961d) und relativ häufig bei der Unterbrechung des Aortenbogens (s. FREEDOM et al. 1977a) und der Isthmusstenose (ANDERSON et al. 1983b).

Velamentöse infravalvuläre Aortenstenose. Zu dieser Gruppe gehören die Schwanenhals-Einengung (s. unter Canalis atrioventricularis, S. 322) und die Stenosen, die durch sonstige Anomalinsertionen der Mitralsegel (s. SELLERS et al. 1964) bzw. überschüssiges Klappengewebe der Mitralis (s. MACLEAN et al. 1963; SELLERS et al. 1964; subpulmonale Obstruktion bei der korrigierten Transposition, LEVY et al. 1963b) bedingt sind. Überschüssiges Gewebe einer Segelklappe kann durch einen Ventrikelseptumdefekt kontralateral eine subarterielle Obstruktion bewirken (s. RIEMENSCHNEIDER et al. 1969).

3. Konnatale Insuffizienz der Taschenklappen

a) Pulmonalklappeninsuffizienz

Das wichtigste anatomische Substrat der angeborenen Pulmonalklappeninsuffizienz ist die Agenesie der Taschenklappen. Dabei liegt an deren sonstiger Ansatzstelle ein 1–2 mm dicker Gewebsstrang oder ein ganz rudimentäres, verruköses bis wulstartiges Klappengewebe vor (Abb. 55) (D'CRUZ et al. 1964; PÉREZ TREVIÑO u. WABI DOGRE 1972; SOULIÉ et al. 1970b). Die Anomalie kommt in ihrer

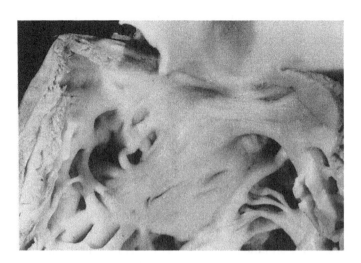

Abb. 55. Aplasie der Pulmonaltaschenklappen. Stark erweiterter *Truncus pulmonalis*

isolierten Form selten vor. In über 80% der 88 von PÉREZ TREVIÑO u. WABI DOGRE zusammengestellten Fälle fand sich ein Ventrikelseptumdefekt, in etwa 40% eine Pulmonalkonusstenose und rund in 30% eine annuläre Pulmonalklappenstenose und dabei oft auch eine Dextropositio aortae. Diese letzten Fälle dürfen also als eine Kombination mit einer Fallotschen Tetrade betrachtet werden (s. DUNNIGAN et al. 1981; MILLER et al. 1958). Ein rechter Aortenbogen kommt dabei etwa genau so häufig wie bei der Fallotschen Tetrade vor. Bei einem weiteren kürzlich abgegrenzten Komplex liegen ein Vorhofseptumdefekt und ein Ductus persistens vor (ALPERT u. MOORE 1985; SETHIA et al. 1986). Ein Fallbericht über die Assoziation mit einer rechtskammerigen Hypoplasie findet sich bei FRANCO VASQUEZ et al. (1969). Es besteht keine Geschlechtsbevorzugung, die meisten Fälle überleben das Säuglingsalter nicht (s. Zusammenstellung von PÉREZ TREVIÑO u. WABE DOGRE (1972), dabei ein Fall, der das 73. Lebensjahr erreichte). Gelegentlich findet sich ein Ductus apertus bei dichten Herzsepten (THANOPOULUS et al. 1986).

Weitere Mißbildungen, die eine Pulmonalklappeninsuffizienz bedingen können, sind Anomalien der Klappenzahl, und zwar Bikuspidalität (FORD et al. 1956) und Quadrikuspidalität (KISSIN 1936).

Zur Klinik. Das durch Klappenzahlanomalien bedingte Krankheitsbild ist völlig verschieden von dem der Agenesie der Pulmonaltaschenklappen. Im ersteren Fall handelt es sich um beschwerdefreie Patienten, die eigentlich keiner Behandlung bedürfen. Es besteht ein charakteristisches diastolisches Geräusch mit Pct. max. im 2. und 3. ICR links. Der 2. Ton ist gespalten mit abgeschwächtem Pulmonalton. Meist findet sich auch ein leises systolisches Pulmonalgeräusch am Erbschen Punkt. Die Klappenanomalie läßt sich echokardiographisch darstellen. Im letzteren Fall sind eigentlich 2 Krankheitsbilder zu unterscheiden, das eine entspricht der schlecht tolerierten Form des Säuglings, das andere der gut tolerierten Form des Kleinkindes. Erstere ist mit keiner bedeutenden Stenose des

Pulmonaltraktes verbunden, dabei treten früh im Leben Herzinsuffizienz, leichte Zyanose, wiederholter Lungeninfekt und asthmatoide Anfälle paroxysmaler Polypnoe auf, die zum Tode führen können. Auskultatorisch besteht ein charakteristisches, rauhes, weit fortgeleitetes systolisch-diastolisches Geräusch im 3. ICR links mit fehlendem Pulmonalton. Im EKG finden sich Zeichen einer mäßig starken Belastung der rechten Kammer. Das *Röntgenbild* ist charakteristisch: aneurysmatische Dilatation des Pulmonalstammes mit Beteiligung eines Hauptastes oder beider Äste, Herzvergrößerung und Lungenmehrdurchblutung. Die Diagnose ist echokardiographisch und hämodynamisch zu bestätigen. Die Prognose ist schlecht, etwa $^2/_3$ der Patienten sterben in den ersten Lebensmonaten. Die Behandlung beschränkt sich auf die Therapie der Herzinsuffizienz. Ist diese nicht ansprechbar, so kommt der chirurgische Verschluß des Ventrikelseptumdefektes in Betracht, die Operation ist jedoch mit einem hohen Risiko belastet. Die zweite oben erwähnte Form ist klinisch außer den charakteristischen Auskultationsbefunden und dem ebenfalls typischen Röntgenbild dem Krankheitsbild einer Fallotschen Tetrade ähnlich. Die elektive Behandlung ist operativ: Verschluß des Ventrikelseptumdefektes, Desobstruktion der Lungenblutbahn und Klappenersatz. Die chirurgische Mortalität ist höher als die bei der Fallotschen Tetrade und liegt über 20%. Bei der selten vorkommenden isolierten Agenesie der Pulmonaltaschenklappen sind die Patienten beschwerdefrei und bedürfen meist keiner Behandlung. Die Prognose ist gut.

b) Aortenklappeninsuffizienz

Im Zusammenhang mit kardiovaskulären Anomalien findet sich die Aortenregurgitation meist mit einem hochsitzenden Ventrikelseptumdefekt (s. VAN PRAAGH u. MCNAMARA 1968; auch unter *Ventrikelseptumdefekte*, S. 356), seltener mit einem Aneurysma eines Sinus Valsalvae verbunden (übersichtliche Darstellung bei CARTER et al. 1971a). Der konnatalen isolierten Aorteninsuffizient liegt eine Anomalie der Klappenzahl zugrunde (s. unten).

Zur Klinik. Die durch Klappenzahlanomalien bedingte Aorteninsuffizienz ist schleichend progressiv, sie wird meist bei leistungsfähigen Jungen entdeckt, wobei des öfteren eine anamnestische Angabe über das Vorliegen eines Herzgeräusches im Kindesalter vermißt wird. Typische Befunde bei der klinischen Untersuchung sind: Pulsus celer, systolisches Schwirren und rauhes Austreibungsgeräusch im 2. ICR links und an den Halsgefäßen, diastolisches, zur Herzspitze fortgeleitetes Strömungsgeräusch, dessen Lautstärke proportional zum Schweregrad der Aorteninsuffizienz ist. Im EKG finden sich Zeichen einer unterschiedlich starken Belastung der linken Kammer. Das Röntgenbild zeigt linksventrikuläre Vergrößerung und Dilatation der aufsteigenden Aorta und des Aortenknopfes. Die Klappenanomalie und der Schweregrad der Insuffizienz lassen sich anhand der 2D-Echokardiographie bestimmen. Die Prognose ist reserviert, und zwar wegen der Progression des Klappenfehlers und wegen des hohen Risikos einer Endokarditis. Ende des 2. Lebensjahrzehntes liegt meist schon eine hochgradige Insuffizienz vor. Bei den leichten und mittelschweren Formen besteht die Behandlung im wesentlichen darin, eine Endokarditis zu verhüten und die körperliche Betätigung einzuschränken. Bei den schweren Formen ist der Klappenersatz indiziert.

4. Anomalien der Klappenzahl

a) Bikuspidale Pulmonalklappe

Nach KOLETSKY (1941) kommt sie in Routinesektionen etwa dreimal weniger häufig als die Bikuspidalität des Aortenostium (0,052% zu 0,154%) und in einem Drittel der Fälle assoziiert mit einer Fallotschen Tetrade vor. In 62 von den 64 von DILG (1883) zusammengestellten Fällen lag ein Ventrikelseptumdefekt vor. Die isolierte Bikuspidalität des Pulmonalostium zeigt sich also als eine sehr seltene Anomalie (Zusammenstellung von 15 Fälle bei FORD et al. 1956, dabei Endokarditiden in 12%). Wie beim 2klappigen Aortenostium kommen eine symmetrische und eine asymmetrische Form vor.

b) Bikuspidale Aortenklappe

Die meisten Autoren nehmen für diese besonders oft vorkommende Anomalie eine Häufigkeit von rund 1% in den Routinesektionen an (s. KEITH 1978c), die Anomalie ist bei der Bestimmung der Häufigkeit der Herzgefäßmißbildungen nicht berücksichtigt). Sie kommt in einem symmetrischen Typ mit zwei gleich großen Taschenklappen oder aber in einem asymmetrischen Typ vor. In beiden Formen kann eine vertikale Raphe in einem Sinus Valsalvae vorliegen. Besonders schwierig und sogar unmöglich kann die Abgrenzung der asymmetrischen Form gegen das erworbene 2klappige Ostium (eigentlich ein *Ostium pseudobicuspidale*) sein, bei dem eine Raphe durch Retraktion miteinander verwachsener Klappen entsteht. Im letzteren Fall handelt es sich um eine lange, bis zur oberen Grenze des Sinus reichende Leiste, die aus Kollagengewebe besteht. Bei der konnatalen Form liegt dagegen im Sinusgrund eine kurze Raphe, die reichliche quer verlaufende, zur Aortenmedia gehörende elastische Lamellen enthält (Abb. 56) (s. EDWARDS 1968; FENOGLIO et al. 1977; ROBERTS 1970c). Das beschriebene Unterscheidungsmerkmal kann nach Vernarbungs- und Kalzifikationsprozesse verloren gehen. Nach der räumlichen Anordnung der Taschenklappen unterscheidet ROBERTS (1970c) den Typ 1 mit einer rechten bzw. linken Taschenklappe evtl. mit einer Raphe rechts und den Typ 2, bei dem die Taschenklappen vorn bzw. hinten, etwa mit einer Raphe vorn vorliegen. In der Kasuistik von ROBERTS (1970c), die 85 Fälle der konnatalen Form umfaßt, ließen sich eine Stenose (evtl. auch mit einer Insuffizienz) rund in $^3/_4$, eine reine Insuffizienz in einem Achtel und keine Zeichen einer funktionellen Störung ebenfalls in einem Achtel der Fälle feststellen. Endokarditiden fanden sich in 15%, Verkalkung in 76% der Fälle, 11mal war die Anomalie mit weiteren Herzgefäßmißbildungen, davon 5mal mit einer Aortenkoarktation assoziiert. Eine Bevorzugung des männlichen Geschlechts war offensichtlich (72%:28%). Im Spontanverlauf der Bikuspidalaortenklappe können verschiedenartige, als Komplikationen geltende Veränderungen entstehen. Dies sind Fibrose, Verkalkung, Endokarditis, Klappenstenose bzw. -insuffizienz. Eine Aortendissektion

Abb. 56. Querschnitt durch die Raphe bei einer konnatalen asymmetrischen Bikuspidalaortenklappe. Die Leiste besteht hauptsächlich aus elastischen Lamellen. Van Gieson-Verhoeff-Färbung (×25)

kommt bei Individuen mit konnataler Bikuspidalaortenklappe häufiger als erwartet vor (s. ROBERTS 1981). Die Stenose ist in der großen Mehrzahl der Fälle durch Verkalkung, relativ selten durch Fibrose mit Klappenversteifung bedingt. Endokarditiden spielen dagegen eine wichtige Rolle bei der Entstehung der Klappeninsuffizienz, sie finden sich tatsächlich wesentlich häufiger bei den Fällen mit diesem Vitium im Vergleich zu den Gruppen mit einer Stenose bzw. keinem funktionellen Klappenfehler (FENOGLIO et al. 1977; MILLS et al. 1978). Sehr selten tritt die Verkalkung vor dem 40. Lebensjahr auf.

c) Überzählige Taschenklappen

Unter 120 Fällen mit Anomalien der Taschenklappenzahl fand DILG (1883) ein 4klappiges Pulmonalostium in 20%, ein 4klappiges Aortenostium in 3,3%, ein 5klappiges Pulmonalostium in 1,6% und ein 5klappiges Aortenostium in 0,8% der Fälle. Die Quadrikuspidalität des Aortenostium aber auch die des Pulmonalostium kann eine Klappenregurgitation bedingen (s. PERETZ et al. 1969; ROBICSEK et al. 1969 bzw. KISSIN 1936).

5. Konnatale Aneurysmen der Sinus Valsalvae

Solche Aneurysmen kommen am häufigsten an dem rechten, seltener an dem hinteren Aortensinus vor. Aneurysmen des linken Sinus stellen Ausnahmen dar (s. ELIOT et al. 1963 b). Häufige Begleitmißbildungen sind Ventrikelseptumdefekt (in ca. 40% der Fälle, SAKAKIBARA u. KONNO 1962) und Aortenkoarktation. Je nach

Tabelle 25. Klassifikation und Verteilung der konnatalen Aneurysmen der Aortensinus. (Nach SAKAKIBARA u. KONNO 1962, 52 Fälle)

Typ	Lokalisation	Protrusion bzw. Ruptur	ohne VSD (%)	mit VSD (%)
1	Vorderes Drittel des rechten Aortensinus	Conus pulmonalis	10	33
2	Mittleres Drittel des rechten Aortensinus	Crista supraventricularis	4	2
3v	Hinteres Drittel des rechten Aortensinus	Sinus ventriculi dextri	6	2
3a	Hinteres Drittel des rechten Aortensinus	Atrium dextrum	21	0
4	Rechtes Drittel des hinteren Aortensinus	Atrium dextrum	21	2

Lokalisation der Aneurysmen unterscheiden SAKAKIBARA u. KONNO (1962) 4 Haupttypen, die wiederum je nach Sitz der Protrusion bzw. Ruptur in nähere Varianten unterteilt werden (s. Tabelle 25). Sehr selten bricht ein Aneurysma des rechten Aortensinus in den linken Ventrikel durch (MORGAN u. MAZUR 1963). Die wichtigste funktionelle Störung ist eine Aorteninsuffizienz. Eine Zusammenstellung von 220 Fällen findet sich bei SAKAKIBARA u. KONNO (1968). Über die sehr seltene Aneurysmen der Pulmonalsinus berichten PAGE u. WILLIAMS (1969).

Zur Klinik. Die nicht komplizierte Aneurysmata sind asymptomatisch, in ca. einem Drittel der Fälle sind sie jedoch mit einer Aorteninsuffizienz und noch häufiger mit einem subaortalen Ventrikelseptumdefekt vergesellschaftet. Die Diagnose wird meist wegen einer Ruptur gestellt, was des öfteren erst beim jungen Erwachsenen vorkommt. Die Ruptur kann schleichend oder aber plötzlich erfolgen. Es entsteht dabei ein stürmisches Krankheitsbild mit heftigem Brustschmerz, Dyspnoe und fortschreitendem Herzversagen. Bei der Untersuchung finden sich Zeichen einer Aorteninsuffizienz und die eines Links-rechts-Shunts, insbesondere ein rauhes, lautes, kontinuierliches Geräusch am ganzen Sternalrand links. Die Diagnose läßt sich echokardiographisch bzw. angiokardiographisch bestätigen. Nach Behandlung der Herzinsuffizienz ist sofort der chirurgische Eingriff vorzunehmen. Die Operation hat einen guten Erfolg. Der Spontanverlauf eines rupturierten Aneurysma ist schlecht, die Überlebenszeit beträgt dabei nur wenige Jahre. Wegen der Neigung zur Ruptur ist die operative Behandlung auch bei dem nicht rupturierten Aneurysma angezeigt.

6. Aortolinksventrikulärer Tunnel

1963 haben LEVY et al. eine eigenartige Anomalie beschrieben, die in einem die aufsteigende Aorta mit dem linken Ventrikel verbindenden Nebenkanal bestand. Weitere Fallberichte finden sich bei COOLEY et al. (1965) und ROBERTS u. MORROW (1965), Zusammenstellungen bei BIZOUATI u. LEVY (1975), BOVE u. SCHWARTZ

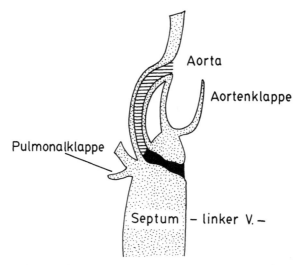

Abb. 57. Aorto-Linksventrikulärer Tunnel: *schraffiert* sein extraseptales, *schwarz* sein intraseptales Segment. (Nach BANKL 1977, verändert)

(1967) und NEFF (1970). Nach OKOROMA et al. (1976) sollen bis 1976 in der angloamerikanischen Literatur 20 Fälle mitgeteilt worden sein. Der etwa 3 cm lange und 1 cm im Durchmesser haltende Tunnel entspringt in der Regel oberhalb des rechten Aortensinus und mündet, durch das Ventrikelseptum ziehend, in die Ausstrombahn der linken Kammer ein (Abb. 57). Das extraseptale Segment weist eine ähnliche Struktur wie die der Aorta auf, das intraseptale Segment besteht dagegen aus Kollagengewebe. Aufgrund der Topographie der aortalen Verbindungsstelle oberhalb des Aortensinus, die also ein rupturiertes Sinusaneurysma ausschließt, und der histologischen Struktur des extraseptalen Segments wird die Anomalie als atypisches Gefäß betrachtet (s. NEFF 1970). Ein akzessorisches, hochentspringendes, in dem linken Ventrikel fistulös endendes Kranzgefäß kommt in Betracht. Nach GOOR u. LILLEHEI (1975) findet dabei das hypothetische Kranzgefäß über eine mesokardiale Zyste Anschluß an die linke Kammer. Die Anomalie kommt fast ausschließlich beim männlichen Geschlecht vor.

1973 haben BHARATI et al. über den ersten Fall eines aortorechtsventrikulären Tunnels berichtet (ein weiterer Fallbericht bei SAYLAM et al. 1974). Neulich haben YU et al. (1979/1980) den aortolinksatrialen Tunnel beschrieben.

Zur Klinik. Das Krankheitsbild tritt früh beim Säugling in Erscheinung, und zwar mit Atemstörungen und Herzinsuffizienz. Es bestehen ein Pulsus celer und ein systolisch-diastolisches Geräusch am Erbschen Punkt mit einer rauhen diastolischen Komponente. Im EKG finden sich Zeichen einer linkskammerigen Belastung. Das Röntgenbild zeigt eine linksventrikuläre Vergrößerung, Dilatation der aufsteigenden Aorta und Lungenmehrdurchblutung. Das Krankheitsbild ähnelt dem eines Ventrikelseptumdefektes mit Aorteninsuffizienz. Die Diagnose läßt sich anhand der 2D-Echokardiographie und Herzsondierung bestätigen. Die Behandlung ist operativ: Verschluß der Tunnelostia. Die Ergebnisse sind gut.

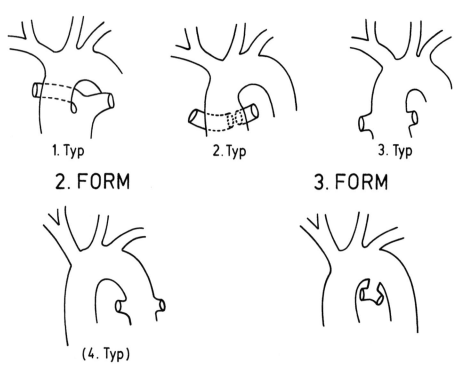

Abb. 58. Schematisch dargestellte Formen des *Truncus persistens*. 1. Form umfaßt die 3 ersten Typen nach COLLET u. EDWARDS (1949) (Vorliegen eines *Truncus pulmonalis* bzw. aus dem *Truncus persistens* entspringender Lungenarterienäste), 2. Form entspricht dem 4. Typ der genannten Autoren (Lungenblutversorgung durch Bronchialarterien), bei der 3. Form entspringen die Lungenarterienäste aus einem *Ductus persistens*

7. Truncus arteriosus persistens

Das Hauptmerkmal dieser Anomalie liegt in der Persistenz primitiver, beim Menschen normalerweise nur bis zum 15. Entwicklungsstadium vorhandener Verhältnisse am bulbotrunkalen Segment, und zwar unseptierter Truncus arteriosus und Ostium arteriosum indivisum. Beides ist in der Regel mit einer fehlerhaften Septation des Bulbus in Form eines bulbären Defektes verbunden. Derartige Verhältnisse finden sich in verschiedenen Varianten, die mit MANHOFF u. HOWE (1949) je nach Art der arteriellen Lungenversorgung in 3 Hauptformen eingeteilt werden (Abb. 58). Dies sind:

1. Form: Vorliegen von Pulmonalarterien mit Ursprung aus dem Truncus. Übereinstimmend wird diese Form als der Prototyp des Truncus arteriosus persistens betrachtet. Hierzu gehören die Typen 1, 2 und 3 nach COLLET u. EDWARDS (1949). Typ 1: Vorliegen eines Pulmonalstammes, der aus der linken Seite des Truncus entspringt und sich nach kurzer Wegstrecke in die gehörigen Äste verzweigt (Abb. 59, 60). Typ 2: Fehlender Pulmonalstamm, Äste der Lungenarterien entspringen beieinander aus der linken dorsalen Seite des

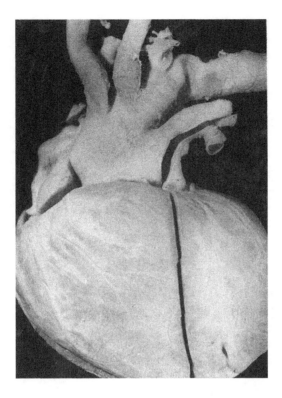

Abb. 59. *Truncus arteriosus persistens.* 1. Typ nach COLLET u. EDWARDS 1949

Truncus. Typ 3: Fehlender Pulmonalstamm, Äste der Lungenarterie gehen jeweils aus der dorsolateralen Fläche des Truncus ab. Mit COLLET u. EDWARDS (1949) darf man in diesen 3 Typen jeweils unterschiedliche Arretierungsgrade der Entwicklung des 6. Kiemenarterienbogens sehen, und zwar erweist sich demnach der 3. Typ als die primitivste Form, in der die lateral symmetrisch entspringenden Lungenarterienäste der ursprünglichen Anordnung des 6. Kiemenarterienbogens entspricht. Beim 2. Typ, der intermediären Form, ist eine Lateralisierung dieser Äste vorhanden, während beim 1. Typ das Vorliegen eines Pulmonalstammes auf die Entwicklung des Ursprungsabschnitts des Gegenstromseptum hinweist.

2. *Form:* Fehlende Pulmonalarterie (Stamm und Äste). Die Lungen werden dabei durch aus dem Anfangsabschnitt der absteigenden Aorta entspringende Arterien versorgt (Bronchialarterien nach einigen Autoren, COLLET u. EDWARDS 1949; Primitivlungenarterien nach THIENE et al. 1976). Diese Form, die dem Typ 4 nach COLLET u. EDWARDS entspricht, ist als eine echte Variante des Truncus bestritten und als eine Agenesie der Pulmonalarterie betrachtet worden. Der Unterschied dieser Form zu den allgemein anerkannten Typen liegt in der fehlenden Entwicklung der Lungenarterienäste und des Ductus arteriosus, also der Gefäße des 6. Kiemenbogens. Dies ist aber eine Anomalie, die nicht zum Wesen des Truncus arteriosus persistens gehört (s. auch BECKER u. ANDERSON 1981; CRUPI et al. 1977; THIENE et al. 1976; VAN MIEROP et al. 1978).

Abb. 60. *Truncus arteriosus persistens* (1. Typ nach COLLET u. EDWARDS 1949). Dreiklappiges, über einem bulbären Ventrikelseptumdefekt reitendes Ostium truncale. Bakterielle Endokarditis des Pulmonalstammes

3. Form: Fehlender Pulmonalstamm, konstant vorhandener Ductus arteriosus, Lungenblutversorgung durch von dem Ductus abgehende Pulmonalarterienäste (Abb. 61; s. auch HERXHEIMER 1909; MANHOFF u. ROWE 1949). COLLET u. EDWARDS (1949) sehen diese Form – im folgenden als Typ 5 bezeichnet – als keinen Truncus verus, sondern als eine Agenesie des Truncus pulmonalis an, und zwar als eine Resorption des hypothetisch angelegten Pulmonalstammes. Fehlende Rudimente eines Pulmonalostium bzw. -stammes sprechen hierbei aber gegen diese Auffassung.

Das Ostium trunci reitet fast immer über einem bulbären Ventrikelseptumdefekt, äußerst selten reitet die Einzelklappe direkt auf dem First des dichten Ventrikelseptum (s. CARR et al. 1979). In der Mehrzahl der Fälle ist der größte Teil der Einzelklappe an die rechte, in der Minderzahl an die linke Kammer angeschlossen, ein gleichmäßiges biventrikuläres Überreiten ist relativ häufig (BHARATI et al. 1974; BUTTO et al. 1986). Nicht selten ist die ganze Einzelklappe an den rechten Ventrikel angeschlossen (BHARATI et al. 1974). Nach THIENE et al. (1976) soll die Rechtsstellung der reitenden Einzelklappe hämodynamisch einen

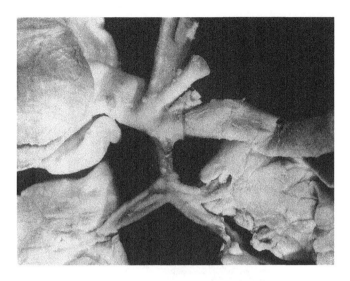

Abb. 61. Fehlender *Truncus pulmonalis*. Ursprung der Lungenarterienäste aus dem *Ductus persistens*

weiten Ductus persistens, dagegen eine Unterentwicklung des Aortenbogens bedingen. Nach VAN PRAAGH u. VAN PRAAGH (1965) weisen beim Truncus arteriosus die vom 4. bzw. 6. Kiemenbogen stammenden Gefäße einen umgekehrten Entwicklungsgrad auf. Bei den Verhältnissen eines Truncus arteriosus persistens sei einer dieser Arterienbögen überflüssig. In der Tat wird dabei ein Ductus arteriosus in 50–75% der Fälle vermißt (s. auch COLLET u. EDWARDS 1949). Theoretisch sollten am Ostium truncale 4 Taschenklappen vorliegen (*Truncus arteriosus persistens idealis*, Abb. 62; s. auch DOERR 1955). Die Quadrikuspidalität gilt heute aber im Gegensatz zur HUMPHREYS' Ansicht (1932) nicht mehr als eine Vorbedingung zur Abgrenzung des Truncus verus, nach BARTHELs experimentellen Untersuchungen (BARTHEL 1960) hängt die Klappenzahl vom Torsionsgrad des Ostium ab. Die Klappenzahl schwankt zwischen 1 und 6, am häufigsten liegt ein Ostium tricuspidale vor (LEV u. SAPHIR 1942). Bei 563 Fällen mit einem Truncus persistens [BECKER et al. (1971 b) 14 Fälle; BHARATI et al. (1974) 180 Fälle; BUTTO et al. (1986) 54 Fälle; CALDER et al. (1976) 100 Fälle; COLLET u. EDWARDS (1949) 60 Fälle; CRUPI et al. (1977) 66 Fälle; GERLIS et al. (1984) 23 Fälle; VAN PRAAGH u. VAN PRAAGH (1965) 56 Fälle und 10 Fälle der Verfasser] findet sich ein trikuspidales Ostium in ca. zwei Dritteln, ein quadrikuspidales Ostium in ca. einem Viertel, ein bikuspidales in ca. 10% und ein 1-, 5- bzw. 6klappiges Ostium je in weniger als 1% der Fälle. Die Taschenklappen weisen oft dysplastische Veränderungen nicht selten mit Knotenbildungen auf (BUTTO et al. 1986; CALDER et al. 1976; FLUGESTAD et al. 1988; GERLIS et al. 1984; PATEL et al. 1978). Anatomische Zeichen einer Klappeninsuffizienz werden in 2–30%, eine Stenose in 5–33% der Fälle festgestellt (BHARATI et al. 1974; CALDER et al. 1976; CRUPI et al. 1977).

Die Häufigkeit des persistierenden Truncus arteriosus ist wegen der hohen Mortalitätsrate je nach der untersuchten Altersgruppe sehr unterschiedlich

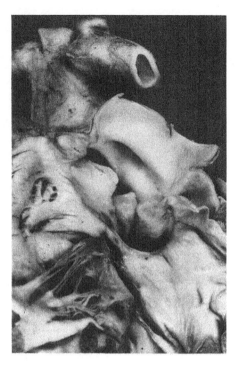

Abb. 62. *Truncus arteriosus persistens idealis:* Quadrikuspidalität des *Ostium truncale*

(s. APITZ 1968). Zahlenangaben liegen gewöhnlich zwischen 1–4% (CAMPBELL 1968a; KEITH 1978a). In den meisten Kasuistiken läßt sich eine leichte Bevorzugung des männlichen Geschlechts (s. APITZ 1968; FONTANA u. EDWARDS 1962) feststellen, in anderen zeigt sich die Geschlechtsverteilung ausgeglichen (BUTTO et al. 1986; VAN PRAAGH u. VAN PRAAGH 1965). Bei 280 Fällen, die die 4 Typen des persistierenden Truncus arteriosus nach COLLET u. EDWARDS umfassen [BANKL (1970) 11 Fälle; BHARATI et al. (1974) 180 Fälle; COLLET u. EDWARDS (1949) 80 Fälle und 9 Fälle der Verfasser] findet sich der Typ 1 in etwa der Hälfte, der Typ 2 in ca. einem Drittel, der Typ 3 in 10% und der Typ 4 in 5% der Fälle. Die hier als Typ 5 bezeichnete Form dürfte etwa so selten wie der Typ 3 vorkommen (12mal in 99 Fällen bei COLLET u. EDWARDS 1949).

Der Truncus arteriosus persistens kommt häufig mit weiteren Herzgefäßmißbildungen, insbesondere mit Anomalien der Kiemenarterienbögen, auch mit extrakardialen Anomalien (in 20–30% der Fälle; BHARATI et al. 1974; COLLET u. EDWARDS 1949; VAN PRAAGH u. VAN PRAAGH 1965) kombiniert vor. Nach VAN PRAAGH u. VAN PRAAGH (1965) liegt ein rechter Aortenbogen etwa so häufig wie bei der Fallotschen Tetrade, nämlich in einem Viertel der Fälle vor (in 12% nach COLLET u. EDWARDS 1949; in 36% nach BUTTO et al. 1986). Ebenfalls häufig kommt dabei die Unterbrechung des Aortenbogens (in 11% der Fälle nach BHARATI et al. 1974 und BUTTO et al. 1986) oder aber die Hypoplasie des Arcus aortae vor (s. hierzu TESTELLI 1972 und THIENE et al. 1975). Weitere Begleitmißbildungen sind Vorhofseptumdefekte, Anomalien der Koronararterien, der Pulmonalvenen bzw. der Trikuspidalis (s. BHARATI et al. 1974; BUTTO et al. 1986; COLLET u. EDWARDS 1949; VAN PRAAGH u. VAN PRAAGH 1965).

Zur Klinik. Das Krankheitsbild tritt schon in den ersten Lebenswochen, in über der Hälfte der Patienten bereits in der 1. Lebenswoche in Erscheinung, und zwar mit Dyspnoe oder Zyanose, Herzinsuffizienz, wiederholtem Luftwegeinfekt und später mit Gedeihstillstand. Die Blausucht ist nie stark und kommt in ca. zwei Dritteln der Fälle vor. Auskultatorisch besteht ein lautes, langes systolisches Geräusch am ganzen Sternalrand links mit Ausstrahlungen ins Jugulum und in den Rücken. In ca. einem Drittel der Patienten findet sich auch wegen der insuffizienten Truncusklappe ein diastolisches Geräusch im 2. und 3. ICR links. In der Hälfte der Fälle liegt ein systolischer Aortenklick vor. Peripher besteht ein Pulsus magnus. Das EKG trägt zur Diagnosestellung wenig bei. Das Röntgenbild zeigt eine bedeutende Herzvergrößerung und in 30% der Patienten einen rechten Aortenbogen. Die Mißbildung läßt sich mit der 2D-Echokardiographie darstellen. Die Diagnose ist hämodynamisch und angiokardiographisch zu bestätigen. Die Prognose ist getrübt: 70% der Patienten sterben in den ersten sechs Lebensmonaten und 80% erreichen das 1. Lebensjahr nicht. Die Prognose ist nicht so schlecht bei Vorliegen einer Stenose der Lungenbahn oder aber dem eines reaktiven Pulmonalhypertonus; diese beiden Verhältnisse gelten als Lungenschutzfaktoren. Sonst kann ein Eisenmenger-Syndrom eintreten. Nach Behandlung der Herzinsuffizienz kommt der chirurgische Eingriff in Betracht. Die Palliativoperation, die 40–50% Letalität hat, besteht in dem Einengen der Lungenarterienäste oder des Pulmonalstammes. Die Totalkorrektur, die mit 25–30% Mortalität belastet ist, kommt allein bei Kindern über 3 Jahre ohne eine bedeutenden Pulmonalhypertonus und wenn möglich bei den Truncusformen 1 und 2 in Betracht. Sie besteht in dem Verschluß des Ventrikelseptumdefektes und der Bildung am Truncus arteriosus einer Lungenblutbahn mit Anlegung einer Ventrikelröhre.

8. Pseudotruncus arteriosus

Der Pseudotruncus arteriosus stellt eigentlich einen Oberbegriff dar, worunter die Fälle, bei denen funktionell die gleichen Störungen wie beim Trunkus verus vorliegen, zusammengebracht werden. Hierunter fallen also einmal die Atresie des Aortenostium mit einem Ventrikelseptumdefekt (*Pseudotruncus pulmonalis*), zum anderen die Atresie des Pulmonalostium bei einem Ventrikelseptumdefekt (*Pseudotruncus aortalis*, ausführliche Darstellung bei BHARATI et al. 1974). Anatomisch ist zur Abgrenzung des Truncus spurius gegen den verus die Feststellung der Anlage der betreffenden Arterienbahn maßgebend, deren Rudimente, Ostium und das oft faden- bis strangförmige Arteriensegment, nicht selten erst nach sorgfältiger Untersuchung dargelegt werden können.

9. Aortopulmonaler Defekt

Der aortopulmonale Defekt (auch als aortopulmonales Fenster bekannt, Abb. 63) ist eine selten vorkommende Anomalie (72 zusammengestellte Fälle bei NEUFELD et al. 1962a; s. auch HECK 1968). Bei den meisten Fällen handelt es sich

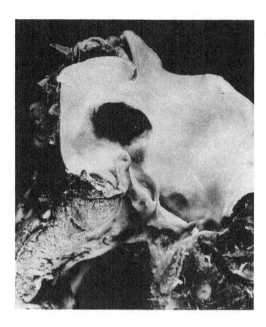

Abb. 63. Aortopulmonales Fenster (Defekt von der Pulmonalis aus betrachtet)

um partiellen Defekt des aortopulmonalen Gegenstromseptums (Septum truncale), der Defekt sitzt dementsprechend am distalen Abschnitt des Septum, also am proximalen Arteriengebiet, und zwar des öfteren 1,5 cm oberhalb der Ostia coronaria. Die bald schlitzförmig, bald oval bis triangulär konturierte Lochbildung kann 0,5 bis mehrere Zentimeter betragen. Seltener handelt es sich um einen distalen, an der Abgangstelle des rechten Lungenarterienastes sitzenden Defekt (s. hierzu BERRY et al. 1982; MORI et al. 1978; RICHARDSON et al. 1979). Sehr selten kommt ein totaler Defekt des Septum trunci bei regelrecht gebildeten arteriellen Ostien und dichtem Ventrikelseptum vor (Abb. 64) (s. BAIN u. PARKINSON 1943; HEILMANN 1971). Diese Form wird von einigen Autoren als eine Variante des Truncus arteriosus persistens betrachtet (VAN PRAAGH u. VAN PRAAGH 1965; Truncus arteriosus partialis nach COLLET u. EDWARDS 1949; ausführliche Diskussion bei HEILMANN 1971; über Transitionsformen zum Truncus verus s. ROSENQUIST et al. 1976). Als Begleitmißbildungen gelten ein Ductus apertus; Scheidewanddefekte und rechter Aortenbogen (s. BLIEDEN u. MOLLER 1974; NEUFELD et al. 1962a; bei ROSENQUIST et al. 1974b, ein Fallbericht über die Kombination mit Aortenatresie).

Zur Klinik. Der Defekt manifestiert sich klinisch schon in den ersten Lebensmonaten mit Herzinsuffizienz, Gedeihstillstand und gelegentlich leichter Zyanose. Auskultatorisch besteht ein unterschiedlich lautes, meist mäßig starkes systolisches Geräusch im 2. und 3. ICR links, der 2. Herzton ist akzentuiert. In den seltenen Fällen mit nur leichter Pulmonalhypertension liegt ein systolisch-diastolisches kontinuierliches Geräusch vor. Das Auskultationsbild kann also das des Ductus persistens vortäuschen. Die Befunde am EKG sind uncharakteristisch.

Abb. 64. Schematisch dargestellte Verhältnisse bei dem totalen Defekt des Truncusseptum. Aufgeschnitten: rechter Ventrikel und Pulmonalis, hinter der Pulmonalklappe ist die Aortenklappe erkennbar. (Nach HEILMANN 1971, verändert)

Das Röntgenbild zeigt eine bedeutende Herzvergrößerung mit Zeichen von Lungenmehrdurchblutung. In drei Vierteln der Patienten fällt dabei ein schmaler Mittelschatten des Gefäßbandes auf. In einem Sechstel der Fälle liegt ein rechter Aortenbogen vor. Anhand der 2D-Echokardiographie läßt sich der Defekt darstellen und damit das Vorliegen eines Ductus persistens ausschließen. Die Herzsondierung gestattet, die Druckverhältnisse im Lungenkreislauf zu messen. Der aortopulmonale Defekt ist schlecht toleriert. Er führt in den ersten Lebensmonaten zum Tode oder zur Entstehung eines Eisenmenger-Syndroms. Nach Behandlung der Herzinsuffizienz ist der chirurgische Eingriff vorzunehmen. Dabei wird endaortal bei extrakorporalem Kreislauf der Defekt geschlossen. Die kurzfristigen Ergebnisse sind gut, die Langzeitergebnisse sind bei fehlendem reaktivem Lungenhypertonus ebenfalls gut. Die chirurgische Mortalität beträgt ca. 10%.

10. Fehlstellungen der großen Gefäße

a) Zur Transpositionslehre

α) DOERRS *Auffassung*. Ausgehend von einer morphologisch-vergleichenden Betrachtung hat DOERR (1951) bei dem Eisenmenger-Komplex, der Fallotschen Tetrade, der Taussig-Bing-Anomalie und der gekreuzten arteriellen Transposition die Glieder einer teratologischen Reihe erkannt und 1952 das Prinzip der vektoriellen Bulbusdrehung konzipiert, aufgrund deren Arrestes sich die genannten Anomalien formal einheitlich interpretieren ließen. Die vektorielle Bulbusdrehung darf als eine Manifestation von Wachstumsunterschieden des embryonalen

Myokard betrachtet werden (DOERR 1955), sie stellt jedoch im wesentlichen die formale Erklärung dar, wodurch die Proampulle eine arterielle, normalerweise in die Aorta führende Ausflußbahn gewinnt. Dieser komplexe Prozeß läßt sich aufgrund dreier Komponenten beschreiben:

1. Bulbuswanderung, wodurch die Proampulle eine Ausflußbahn bulbärer Herkunft gewinnt,
2. Bulbusdrehung, wodurch das neue Ausstromgebiet an die Aortenbahn angeschlossen wird und
3. Rückdrehung des Ostium bulbometampullare. Der Prozeß geht mit einer links betonteren Bulbusschrumpfung einher (näheres s. unter *Entwicklungsgeschichte des Herzens* im 2. Kapitel dieses Bandes).

DOERRs formales Prinzip der vektoriellen Bulbusdrehung ist Schritt für Schritt lupenpräparatorisch (ASAMI 1969) und anhand von Serienschnitten (CHUAQUI u. BERSCH 1972, 1973), unabhängig von DOERRs Konzept (GOOR u. EDWARDS 1973, GOOR et al. 1972) verifiziert worden (über kritische Bemerkungen zu DOERRs Auffassung s. BERSCH u. DOERR 1976 und zweites Kapitel dieses Bandes). Der Kernpunkt der Doerrschen Konzeption erweist sich somit als eine bewiesene Tatsache: die Reorganisationsprozesse des bulbometampullären Segments, wodurch die arteriellen Ostien ihre endgültigen Lagen erreichen, sind schon vor dem Abschluß der Ventrikelseptation weitgehend vollendet. Da die vektorielle Bulbusdrehung einen kontinuierlichen Prozeß darstellt, treten die möglichen Arretierungsformen eigentlich als eine *dichte, quasi*-kontinuierliche Reihe von Positionsanomalien in Erscheinung, so daß zwischen je zwei Formen ein Bindeglied denkbar ist. Das *quasi*-kontinuierliche Anomalienspektrum läßt sich daher erst anhand exemplarischer Schnitte kennzeichnen, die anerkannten Prototypen entsprechen dürfen (CHUAQUI 1979). Zieht man den Arrest zweier Komponenten der vektoriellen Bulbusdrehung, nämlich den der Bulbuswanderung und den der Bulbusdrehung, in Betracht, so ergibt sich eigentlich eine bidimensionale *Reihe*, deren Glieder je nach dem Arretierungsgrad der genannten Komponenten in der Ebene verteilt sind (Abb. 65a, b). Die in der Ebene entfaltete Reihe läßt 2 wichtige Sachverhalte verdeutlichen: 1. die abnormen Zustände brauchen auf der Kurve des normalen Ablaufs nicht zu liegen, die meisten davon befinden sich in der Tat außerhalb des normalen Entwicklungsweges, sie entsprechen also in der Regel keinem normalerweise durchlaufenen Stadium; 2. die theoretisch endlich vielen Varianten eines bestimmten Prototyps sind in jeder Richtung der Ebene denkbar und damit ist die Verwandschaft zu den benachbarten Prototypen verständlich. Mit Hilfe einer Zeitkoordinate ließe sich die Reihe im *Raum* entfalten und somit ihre einzelnen Glieder in Bezug auf die entsprechenden teratogenetischen Perioden darstellen. Im Rahmen einer solch erweiterten Reihe lassen sich zahlreiche Transitionsformen verstehen, zu denen der sog. Doppelausgang aus dem rechten Ventrikel, die Beurensche Anomalie (BEUREN 1960), der Buchs-Goerttler-Komplex (BUCHS u. GOERTTLER 1966; WAGNER u. GRIESSE 1970) und im allgemeinen die sog. partiellen Transpositionen und reitenden Gefäße gehören. DOERRs Konzeption steht ferner mit experimentellen Untersuchungen an Gummischlauchmodellen (BARTHEL 1960; GOERTTLER 1955) und an Glasmodellen (GOERTTLER 1956b; ROMHÁNYI 1952), deren Ergebnisse gegen eine

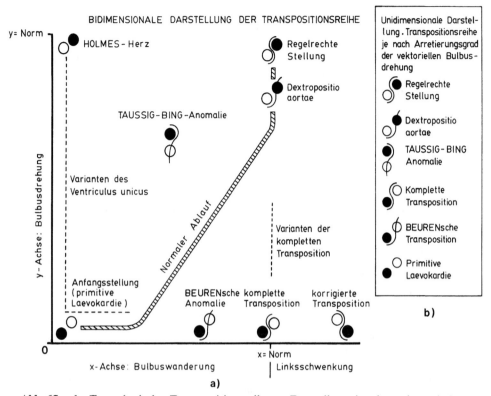

Abb. 65a, b. Teratologische Transpositionsreihe. **a** Darstellung in einem kartesischen Koordinatensystem. Zur Bestimmung des regelrechten Entwicklungsweges: normaler Ablauf der Bulbuswanderung vom 13. bis zum 18. Entwicklungsstadium, normaler Ablauf der Bulbusdrehung vom 15. bis zum 20. Entwicklungsstadium. **b** Klassische, eindimensionale Darstellung. *Schwarz* Aortenostium, *weiß* Pulmonalostium. Ansicht von oben, *unten* im Bild ventral

Wachstumsautonomie der Herzsepten sprechen, in vollem Einklang und hat auch in der Tierexperimentation ein wichtiges Korrelat (DOR u. CORONE 1981 b, 1985 b; GESSNER u. VAN MIEROP 1970, GOERTTLER 1956 b; JAFFEE 1965; RYCHTER u. LEMEZ 1958; SHANER 1949, 1951; VAN MIEROP u. GESSNER 1972). DOR u. CORONE (1981 b, 1985 b) ist es nämlich gelungen, je nach der gestörten Komponente und dem Zeitpunkt des Eingriffes die theoretisch erwarteten Anomalien zu erzeugen. Die Prototypen der teratologischen Transpositionsreihe lassen sich zwar als echte Hemmungsmißbildungen auffassen. Dislokationen beider Arterien zueinander (GITTENBERGER-DE GROOT et al. 1983; ROSENQUIST u. SWEENEY 1982) und Verschiebungen der Drehungsachse (GOERTTLER 1958, 1963, 1968) gelten außer dem Arrest als weitere Störungen, aufgrund deren sich bestimmte Varianten erklären lassen. Die Verschiebungen der Drehachse sind eigentlich in einer zweidimensionalen Darstellung aufgrund unterschiedlicher Arretierungsgrade der Bulbuswanderung ohne weiteres verständlich. Als Vorläufer von DOERRS Konzeption dürfen BREDT (1936, s. SCHMINKE u. DOERR 1939), BREMER (1928, 1942), KRAMER (1942), ROBERTSON (1913/1914), SHANER (1949, 1951) und SPITZER

(1923a, b, 1924, 1927, 1928, 1929, 1933, s. DOERR 1938b) angesehen werden (näheres s. bei CHUAQUI u. BERSCH 1973). Neulich sind PEXIEDER et al. (1992) anhand eines experimentellen Modells bei der Maus zu der Auffassung gekommen, daß der arteriellen Transposition eine abnorme Schleifenbildung zugrunde liege, und zwar eine Herzschleife in der Sagittalebene mit einem bilateral symmetrischen, undifferenzierten Ventrikelanteil. Die abnorme Bulbus-Truncus-Septation durch parallel verlaufende Leisten sei eine sekundäre Störung. Letzteres Ergebnis stimmt zwar mit DOERRs Konzept überein, die am meisten weitgehend regelrechten Verhältnisse der Ventrikel bei der arteriellen Transposition lassen sich jedoch nach der Auffassung von PEXIEDER et al. formalgenetisch nur schwerlich erklären.

β) Bemerkungen zu weiteren Auffassungen über die formale Genese der arteriellen Transposition. Ein kritische Analyse der klassischen Theorien von ROKITANSKY (1875), KEITH (1909a, b, c), SPITZER (1923a, s. auch HARRIS u. FARBER 1939) und PERNKOPF u. WIRTINGER (1933, 1935, s. auch WIRTINGER 1937) findet sich bei DOERR (1938a, 1943) und GOERTTLER (1963). Die Einwände gegen SPITZERs phylogenetische und PERNKOPFs und WIRTINGERs ontogenetische Theorie gelten auch für die Darstellung von LEV u. SAPHIR (1945), die Elemente beider Konzeptionen vertreten. Die in neuerer Zeit formulierten Theorien von GRANT (1962a, b) und VAN PRAAGH u. VAN PRAAGH (1966) sind eingehend besprochen worden (s. CHUAQUI u. BERSCH 1973). Im folgenden sollen einige dieser Auffassungen vor allem im Lichte neuerer Ergebnisse kurz erörtert werden.

ROKITANSKYS Theorie. Danach ist die Transposition auf ein falsch angelegtes, nämlich untorquiertes *Septum bulbotruncale* (damals im ganzen als *Septum trunci* bezeichnet) zurückzuführen. Nach MÖNCKBERG (1924) ist die genannte Entwicklungsstörung nur auf das echte Trunkusseptum beschränkt. Dieser Ansicht sind auch DE LA CRUZ u. DA ROCHA (1956), DE LA CRUZ et al. (1959a, 1962, 1967, 1971a, b, 1976), ANSELMI et al. (1963) und ESPINO-VELA et al. (1969, 1970). Das abnorme Septum soll nach VAN MIEROP u. WIGLESWORTH (1963b) durch ein vorzeitiges Auftreten der Bulbuswülste II und IV mit nachfolgender Verschmelzung miteinander (statt der der Bulbuswülste I und III) bedingt sein. Wie aber von mehreren Autoren festgestellt (CHUAQUI u. BERSCH 1972; GOOR u. EDWARDS 1973; GOOR u. LILLEHEI 1975; GOOR et al. 1972; LOS 1966), weisen das Truncusseptum normalerweise zunächst einen gestreckten, die Bulbusleisten dagegen einen spiraligen Verlauf auf. Die Torsion am Ostium bulbotruncale verursacht später umgekehrte Verhältnisse an den genannten Einrichtungen, so daß sie nun in etwa der gleichen Ebene befindlichen Bulbusleisten zu einem dichten Bulbusseptum miteinander verschmelzen (näheres über kritische Bemerkungen zur Auffassung von DE LA CRUZ und Mitarbeitern s. bei MACARTNEY et al. 1976).

Phylogenetische Theorie SPITZERS. SPITZERs Beitrag hierzu ist dreifach: Er hat nämlich den Begriff der teratologischen Reihe in die Transpositionslehre eingeführt, das formale Prinzip der *Detorsion* als pathogenetisches Verbindungsgesetz der Reihenglieder erstmals aufgestellt und die Bedeutung der hämodynamischen Kräfte in der Herzentwicklung erkannt. Seine Theorie zeigt sich auf 2 Prämissen streng logisch aufgebaut, das sind: 1. das teleologische Prinzip, nach dem die Entstehung der Neueinrichtungen des Herzschlauches nach dem Ziel erfolgt, den Lungen- von dem Körperkreislauf zu trennen; 2. das phylogenetische Postulat, nach dem die Trennung beider Blutbahnen beim Menschen erst nach der Wiederholung der beim Reptilienherzen vorhandenen Verhältnisse erzielt wird. Die Mittel, wodurch das Ziel erreicht wird, seien die hämodynamischen Kräfte. Das teleologische Postulat hat zwar Anlaß zu einer harten Kritik gegeben, es läßt sich jedoch im Prinzip in eine konditionalistische Formulierung umschreiben (NAGEL 1961). Die phylogenetische Prämisse führt aber zwangsläufig dazu, beim menschlichen embryonalen Herzen die Existenz vorübergehender Gebilde anzunehmen, die eigentlich kein faktisches Korrelat besitzen. Die langen, rein theoretischen Beweisführungen entbehren daher der Aussagekraft, die man von einer solchen naturwissenschaftlichen Theorie verlangen darf, und erweisen sich somit als rein spekulativ. Eine Herzanlage mit 3 Arterienstämmen im Sinne des Reptilienherzens ist zwar beim Menschen nicht einmal in einem rudimentären Zustand je nachgewiesen worden, in neuster Zeit haben jedoch DIAZ-GÓNGORA et al. (1982) ein *Cor tritruncale* mit einer Aorta und zwei Trunci pulmonales pathoanatomisch belegt. Der akzessorische Truncus entsprang aus dem linken Ventrikel und ist auf eine zusätzliche Septation des ursprünglichen Pulmonalstammes zurückgeführt worden.

Ontogenetische Theorie PERNKOPFS *und* WIRTINGERS. Die von diesen Autoren stammenden Darstellung der menschlichen Herzentwicklung gilt heute noch in ihrem deskriptiven Aspekt als ein unschätzbarer Beitrag zum Verständnis der formalen Kardiogenese (PERNKOPF u. WIRTINGER 1933). Dabei haben diese Forscher darauf aufmerksam gemacht, daß der an der Wand des embryonalen Herzens feststellbare Torsionsgrad (sog. *Bewegungsdrall*, auch *phorogener Drall* genannt) meist nicht dem Drehungsausmaß der leistenförmigen Septenanlagen (sog. *Formdrall*) entsprach. Die Abweichung, die übrigens durch die Einwirkung hämodynamischer Kräfte auf das inkompressible, verschiebbare Endokardmaterial erklärbar ist (s. BARTHEL 1960; GOERTTLER 1955b), haben die erwähnten Autoren jedoch als der Ausdruck einer Wachstumsautonomie der Septenbildungen interpretiert und daraus gefolgert, daß die arterielle Transposition durch ein abnormes autonomes Wachstum der Septenanlagen, und zwar durch die Ausbildung der anomalen Bulbusleisten A-III und B-I (statt A-I und B-III) bedingt sei (PERNKOPF u. WIRTINGER 1935). Die arterielle Transposition sei also danach als die Folge einer *Septatio aberrans transponans bulbi* aufzufassen (DOERR 1943). PERNKOPF u. WIRTINGER haben ferner die Ausbildung anomaler Bulbusleisten im Rahmen des Inversionsbegriffes betrachtet. Der wesentliche Unterschied zwischen DOERRS Konzeption und der PERNKOPFS und WIRTINGERS liegt also darin, daß während nach DOERRS Auffassung die Entstehung der anomalen Bulbusleisten ein Sekundärphänomen, nämlich die Folge eines Arrestes sozusagen des Bewegungsdralles ist, PERNKOPF u. WIRTINGER die arterielle Transposition auf ein primär gestörten Formdrall, und zwar auf eine aberrierende Bulbusseptation zurückführen. Die arterielle Transposition erscheint also der ontogenetischen Theorie nach unbedingt mit der Ausbildung bulbärer, wenngleich anomaler Septenleisten verbunden. Daß dies nicht zutreffen kann, beweisen, wie von DOERR dargelegt (1955), die Fälle, bei denen eine Transposition bei fehlender Entwicklung des Bulbusseptum vorliegt.

KEITHS *Theorie der Bulbusresorption.* Danach ist der regelrechte Ursprung der großen Gefäße durch die Atropie des subaortalen, die Transpositionsstellung durch die des subpulmonalen Bulbusabschnittes bedingt. KEITHS Konzept einer Bulbusrückbildung während der normalen Herzentwicklung ist der Bulbusschrumpfung der modernen Autoren entsprechend im wesentlichen bestätigt worden (s. u. a. ANDERSON et al. 1974b; ASAMI 1969; GOOR et al. 1972). Die Frage hierzu ist eigentlich die nach der Rolle, die dieser Vorgang in der vektoriellen Bulbusdrehung spielt. Die Bulbusschrumpfung führt normalerweise zur Rückbildung des Bulboaurikularspornes und dadurch zur Entstehung der fibrösen mitroaortalen Kontinuität, dies ist heute nicht bestritten (s. CHUAQUI 1979), ob sie eine Begleiterscheinung oder aber die Ursache der vektoriellen Bulbusdrehung sei, hat jedoch bisher aus den am normalen embryonalen Herzen erfaßbaren Verhältnissen nicht entschieden werden können. In Anlehnung an KEITH nehmen ANDERSON et al. (1974a, b) eine kausale Beziehung an. Der von BERSCH et al. (1975) beschriebene Fall mit einem persistierenden, 4 cm langen muskulären Aortenkonus bei regelrechter Stellung der großen Gefäße und fehlender mitroaortaler Kontinuität (Abb. 66) spricht eindeutig dafür, daß die Bulbusschrumpfung keine notwendige Bedingung für den normalen Ablauf der Bulbusdrehung ist. Verwandt mit KEITHS Theorie und der von PERNKOPF u. WIRTINGER zeigt sich die Konuswachstumshypothese von VAN PRAAGH und VAN PRAAGH (1966, 1967; s. auch VAN PRAAGH et al. 1967, 1971). Danach bewirkt die Entwicklung bulbärer Muskulatur allein unter der Pulmonalis (Ausbildung eines subpulmonalen Konus) die Normalposition, die allein unter der Aorta (Ausbildung eines subaortalen Konus) die Transpositionsstellung. Unter *Konus* wird dabei auch das Bulbusseptum verstanden, so daß die Normalposition durch ein regelrecht, die Transpositionsstellung durch ein invers ausgebildeten Bulbusseptum verursacht sein soll. Daher lauten die Einwände von GOOR u. EDWARDS (1973) gegen die Konuswachstumshypothese fast genau so wie DOERRS Einwände gegen die ontogeneti-

Abb. 66. Persistenz des primitiven Aortenkonus. Ansicht von links. Dicke Wandmuskulatur des langen Aortenkonus. Aortenklappe und Mitralis voneinander weit getrennt. Multiple Ventrikelseptumdefekte. (Aus BERSCH et al. 1975)

sche Theorie: Die am embryonalen Herzen feststellbaren Befunde weisen eindeutig darauf hin, daß die Transposition vor der Entstehung des Bulbusseptum determiniert und die Ausbildung der Bulbusmuskulatur eher eine Begleiterscheinung als die Ursache der endgültigen Lage der Gefäße ist.

GRANTS *Theorie*. Nach GRANTS Auffassung (1962a, b) liegt in der Konkavität der embryonalen Herzschleife eine Bindegewebsmasse vor, deren weitere Entwicklung die endgültige Lage der arteriellen Ostien bestimmt. Von dieser zusammenhängenden, später in das embryonale Myokard vordringenden Bindegewebsmasse stamme das Herzskelett und auch das Truncusseptum, ihr größter Anteil erstrecke sich normalerweise zwischen dem prospektiven Aortenostium und der künftigen Mitralis, so daß nach dem Wachstumsstillstand der Bindegewebsmasse das Aortenostium durch Bindegewebe mit der Mitralis zusammenhängen bleiben soll, während sich das Pulmonalostium durch das Myokardwachstum von der Trikuspidalis entfernen und um das fixierte Aortenostium drehen soll. Die arterielle Transposition sei auf eine abnorme Anordnung der genannten Bindegewebsmasse, nämlich auf deren Linksverlagerung zurückzuführen. Hierzu ist folgendes zu bemerken: 1. Zahlreiche an menschlichen embryonalen Herzen durchgeführte Untersuchungen sprechen gegen GRANTS Annahme, daß in den Umgestaltungsvorgängen des arteriellen Herzendes das Aortenostium an der Mitralgegend fixiert bleibe (s. ANDERSON et al. 1974a, b; ASAMI 1969; CHUAQUI u. BERSCH 1973; GOOR u. LILLEHEI 1975); 2. Transitionsformen von Fehlstellungen der großen Gefäße, insbesondere die verschiedenen Positionsvarianten, die die Arterienstämme bei fehlendem fibrösem Zusammenhang zwischen Aortenostium und Mitralis aufweisen können, sind aufgrund von GRANTS Auffassung nur schwerlich erklärbar; 3. Aus GRANTS Hypothese ergibt sich zwangsläufig der fehlende mitroaortale Bindegewebszusammenhang als das morphologische Hauptsymptom der Transposition, ein Kriterium, das sich als nicht stichhaltig erwiesen hat (näheres s. bei BERSCH u. DOERR 1976 und CHUAQUI u. BERSCH 1973).

γ) Zum morphologischen Hauptsymptom der arteriellen Transposition. Die Bestimmung dessen, was als das morphologische Hauptsymptom der arteriellen Transposition zu betrachten ist, hängt von der zugrunde liegenden Auffassung über die formale Genese dieser Anomalie ab (VAN MIEROP 1971). Hierzu kommen 3 Kriterien in Betracht, und zwar der fehlende mitroaortale Bindegewebszusammenhang, der Ursprung der großen Gefäße aus dem verkehrten Ventrikel und die fehlende Umschlingung der großen Arterienstämme. Nach GRANTS Hypothese (1962a, b) ist die fibröse mitroaortale Diskontinuität als morphologisches Äquivalent der Transposition anzusehen. Den Autoren, die zur näheren Abgrenzung der verschiedenen Formen von Fehlstellungen der großen Gefäße diesem Kriterium gefolgt sind, ist es jedoch nicht gelungen, ein kohärentes terminologisches System zu entwickeln (vgl. VAN PRAAGH u. VAN PRAAGH 1967; VAN PRAAGH 1971; VAN PRAAGH et al. 1971). In der Tat gibt es Fälle, bei denen trotz einer offensichtlichen Transposition ein Bindegewebszusammenhang über einen Ventrikelseptumdefekt zwischen der Mitralis und der Aortenklappe besteht (s. VAN PRAAGH et al. 1971) und auch umgekehrt Fälle, in denen bei regelrechter Stellung der großen Gefäße Muskelgewebe zwischen den genannten Klappen vorliegt (s. BERSCH et al. 1975); VAN PRAAGH u. VAN PRAAGH 1967; über die formale Erklärung von persistierendem Muskelgewebe zwischen der Aortenklappe und Mitralis s. oben unter KEITHS *Theorie*).

Später haben VAN PRAAGH et al. (1971) geglaubt, von der Konuswachstumshypothese ausgehend den Ursprung der großen Gefäße aus dem falschen Ventrikel als das Hauptsymptom der Transposition ansehen zu dürfen. Die Fälle mit einer alleinigen Persistenz von Muskelgewebe zwischen der Aortenklappe und Mitralis wurden nachher (VAN PRAAGH et al. 1975) als *anatomisch korrigierte Malposition* bezeichnet, ein Ausdruck, der jedoch von VAN PRAAGH (1976) und ANDERSON et al. (1975b) auch für die klassische korrigierte Transposition verwendet wird. Das genannte Kriterium zur Erkennung einer Transposition setzt allerdings das Vorliegen zweier ausgebildeter Ventrikel voraus, danach darf insbesondere bei einer Einzelkammer von einer arteriellen Transposition keine Rede sein (s. VAN PRAAGH et al. 1971). Hierzu vermag man eigentlich nicht zu verstehen, warum das Vorliegen einer Transposition, die übereinstimmend auf einer gestörten Entwicklung des bulbotrunkalen Segmentes beruht, von dem des Entwicklungsgrads des Ventrikelseptum als Referenzstruktur abhängig zu machen sei.

Nach DOERRS Konzept ist hingegen die fehlende Umschlingung, also die Parallelstellung der großen Arterienstämme als das morphologische Hauptsymptom der Transposition zu erachten, welches, wie theoretisch erwartet, beim *Cor biventriculare* resp. *univentriculare* festgestellt werden kann. Bei der Einzelkammer ist gerade die Transpositionsstellung die Regel. Dabei können die Arterienstämme in der dorsoventralen Richtung unterschiedliche Positionsvarianten zeigen (ELLIOT et al. 1963d, 1966; MARÍN-GARCÍA u. EDWARDS 1980), gelegentlich sind sie durch zusätzliche Veränderungen der großen Gefäße wie Dilatationen bzw. Hypoplasien oder durch Drehungen des ganzen Herzens bedingt.

δ) Zur Dextropositio aortae. Hierzu sind mit CHUAQUI (1971), GOOR et al. (1971) und VAN PRAAGH et al. (1970b) eigentlich 2 Begriffe zu bestimmen: das Überreiten der Aorta als ein Sekundärphänomen eines Ventrikelseptumdefektes und die Aortendextroposition als eine Lageanomalie dieses Gefäßes. Das Überreiten und die Rechtsverlagerung können evtl. zwar ihrer Form nach ähnlich erscheinen, ihrem Wesen nach sind sie jedoch ganz anders.

BANKL (1971a, b; 1972) und BECU et al. (1956) haben darauf hingewiesen, daß bei einem großen subaortalen, bis an den Aortenannulus reichenden Ventrikelseptumdefekt (ohne ein Muskeldach) die rechte Kammer Anschluß an den rechten Anteil des Aortenostium gewinnt und damit ein Überreiten dieses Ostium entsteht. Solche Verhältnisse lassen sich auch künstlich am normalen fertigen Herzen, nämlich durch Ausschneiden des betreffenden subaortalen Septumanteiles reproduzieren, da sich wegen der normalen nach links gerichteten Konvexität des genannten Septumabschnittes die rechte Kammerhöhle teilweise unter dem Aortenring befindet. Schon am normalen Herzen liegen also, wie von EISENMENGER erkannt (1898), die Bedingungen für diese Art von Überreiten vor. Im Gegensatz zu EISENMENGERS Ansicht heißt es aber nach der Auffassung von BANKL und BECU, daß das Aortenostium auf keinem anderen Weg zu einer reitenden Stellung kommen könne. Mit der Ablehnung der Aortendextroposition im Sinne einer Entwicklungsstörung wird im gleichen Sinne die Möglichkeit jeder Transitionsform zwischen der regelrecht gestellten und der völlig dextroponierten Aorta wie der der Taussig-Bing-Anomalie ausgeschlossen.

Die Existenz der Dextropositio aortae als einer primären Fehlstellung läßt sich durch folgende Befunde begründen: 1. Das Aortenostium weist bei der Fallotschen Tetrade ganz unterschiedliche Grade einer Rechtsverschiebung auf, die von einer fast normalen Position bis zur kompletten Dextropositio schwankt (BECKER et al. 1975; CHUAQUI 1971; ESPINO-VELA u. DE CASTRO ABREU 1955; GOOR et al. 1971; LEV 1953b; LEV u. ECKNER 1964; LEV et al. 1972; RAO u. EDWARDS 1974; VAN MIEROP u. WIGLESWORTH 1963a). Ähnliches gilt für den Eisenmenger-Komplex (BERSCH u. CHUAQUI 1972; SELZER u. LAQUEUR 1951). Dabei bestehen sogar Übergangsfälle zwischen der Fallotschen Tetrade und dem Doppelausgang aus dem rechten Ventrikel (BECKER et al. 1975; BRAUN et al. 1952; ENGLE et al. 1963; LINTERMANS et al. 1964; NEUFELD et al. 1961a; VENABLES u. CAMPBELL 1966). Als Unterscheidungsmerkmal gilt das Erhaltenbleiben der fibrösen mitroaortalen Kontinuität bei der Fallotschen Tetrade (RAO u. EDWARDS 1974), ein Zusammenhang, der, wenngleich in kleinerer Ausdehnung, auch beim Doppelausgang aus dem rechten Ventrikel vorliegen kann (LEV et al. 1972). 2. Bei der dextroponierten Aorta läßt sich eine mangelhafte Drehung des Aortenostium im Uhrzeigersinne (von kranial betrachtet) feststellen, das Ostium zeigt sich also im Vergleich zur Norm im Gegenuhrzeigersinne gedreht (GOOR et al. 1971; VAN PRAAGH et al. 1970b). Dementsprechend findet sich dabei die *région mitro-aortique* nicht wie normalerweise unter der rechten, sondern unter der linken Hälfte der hinteren

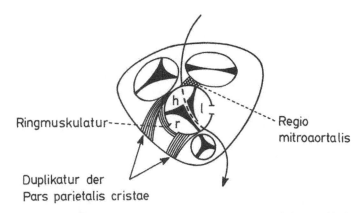

Abb. 67. Schematische Darstellung der *Dextropositio aortae* und der Architekturanomalien der rechten Kammer bei der Fallotschen Tetrade. Ansicht von oben (Vorhöfe nicht eingetragen). (Nach CHUAQUI 1971, verändert)

Aortentaschenklappe (Abb. 67). 3. Das dextroponierte Aortenostium inseriert rechts an der lateroventralen Wand der rechten Kammer (Abb. 68). An dieser Ansatzstelle finden sich abnorme Muskelzüge in Form einer Ringmuskulatur etwa wie bei der Taussig-Bing-Anomalie (CHUAQUI 1971; ROSENQUIST et al. 1973). 4. Bei der dextroponierten Aorta weist die Crista supraventricularis Architekturanomalien auf, und zwar bei der Fallotschen Tetrade eine komplette, beim Eisenmenger-Komplex eine inkomplette Duplikatur der Pars parietalis cristae (s. CHUAQUI 1971; GOOR et al. 1971; LEV 1953b; LEV u. ECKNER 1964; ROSENQUIST et al. 1973 bzw. BERSCH u. CHUAQUI 1972; GOOR et al. 1971; LEV 1953b; SAPHIR u. LEV 1941). Dieser Tatbestand, bei dem ein breites Variationsspektrum der Aortenstellung, eine abnorme Insertion mit einer mangelhaften Drehung des rechtsverlagerten Aortenostium und eine Duplikatur der Pars parietalis cristae nachweisbar sind, läßt sich gleichsam funktionell als keine sekundäre Erscheinung erklären und steht hingegen mit DOERRs Konzept eines Arrestes der vektoriellen Bulbusdrehung in vollem Einklang (s. CHUAQUI 1971).

b) Prototypen der Transpositionsreihe

α) *Der Eisenmenger-Komplex* (EISENMENGER 1897, 1898). Kennzeichen dieser Mißbildung sind ein subaortaler, meist großer Ventrikelseptumdefekt und eine Aortendextroposition (Abb. 69). Die Herzhypertrophie ist in der Regel am rechten Ventrikel mit einem stark dilatierten Pulmonalkonus betonter als an der linken Kammer. Der Dextropositionsgrad pflegt kleiner als der der Fallotschen Tetrade zu sein. Die Aortenrechtsverschiebung ist mit einer abnormen Muskeltrabekel verbunden, der die rechte und evtl. auch die linke Aortentaschenklappen aufsitzen. Diese mit der Crista supraventricularis zusammenhängende Muskelleiste zeigt sich als eine inkomplette Duplikatur der Pars parietalis cristae (s. CHUAQUI 1971; GOOR et al. 1971). Da der Eisenmenger-Komplex meist einfach zu den Ventrikelseptumdefekten gezählt wird, ist es besonders schwierig, seine Häufigkeit in Sektionsstatistiken zu bestimmen. Nach DOERR (1967) und den Verfassern findet er sich in ca. 15% unter den Ventrikelseptumdefekten.

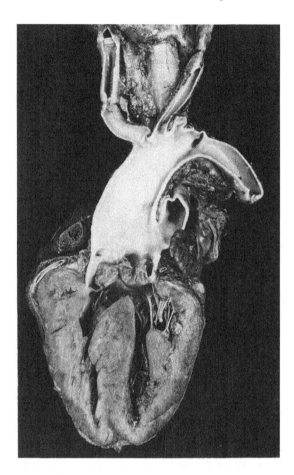

Abb. 68. Frontaler Herzschnitt bei der Dextropositio aortae. Die Aorta reitet über einem hochsitzenden Ventrikelseptumdefekt und ist zum Teil an der Wand der rechten Kammer inseriert (Aus der Sammlung von Prof. DOERR, mit freundlicher Erlaubnis)

Zur Klinik. Der Eisenmenger-Komplex entspricht klinisch dem Krankheitsbild eines großen hochsitzenden Ventrikelseptumdefektes mit Rechts-links-Shunt und Zeichen einer Lungengefäßerkrankung. Der Lungengefäßwiderstand zeigt sich dabei auf hohen Werten fixiert. Die Pathogenese dieser Reaktion ist nicht geklärt. Nach einigen Autoren handelt es sich um den Spontanverlauf eines nicht rechtzeitig operierten Ventrikelseptumdefekts mit großem Shunt, nach anderen Autoren ist das Krankheitsbild durch einen konnatalen Lungenhochdruck bestimmt. Die geographische Höhe gilt u.a. als begünstigender Faktor zur Entstehung dieses Syndroms. Dies kommt häufig in Südamerika bei Bewohnern in Hochgegenden (über 2000 m) vor. Das Krankheitsbild entspricht dem des Pulmonalhypertonus: Anstrengungsdyspnoe, stenokardische Beschwerden, Hämoptoen, Synkopen, mäßig starke Zyanose und Trommelschlegelfinger. Relativ häufig tritt ein plötzlicher Tod ein. Die rechtsventrikuläre Herzinsuffizienz gilt als ein Zeichen schlechter Prognose. Auskultatorisch findet sich im 2. und 3. ICR

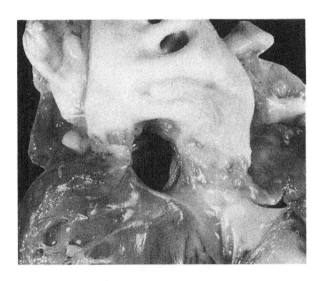

Abb. 69. Eisenmenger-Komplex. Ansicht von links. Großer bulboventrikulärer Defekt und ausgeprägte Aortendextroposition. Fehlendes Muskelgewebe unter dem Aortenring im Bezirk des Defektes

links ein leises Ausstreibungsgeräusch mit einem protosystolischen Klick und einheitlichem, stark akzentuiertem, meist tastbarem 2. Herzton im 2. ICR links. In einem Drittel der Fälle besteht auch ein leises diastolisches Geräusch der Pulmonalinsuffizienz. Im EKG sind die Rechtslage der elektrischen Achse und die Zeichen der Belastung der rechten Kammer, gelegentlich auch des rechten Vorhofs deutlich. Das Röntgenbild zeigt eine leichte Vergrößerung der rechten Herzhöhlen und Dilatation des Pulmonalstammes und dessen zentraler Äste bei hellen peripheren Lungenfeldern. Anhand der Doppler-Echokardiographie lassen sich der Defekt und das Aortenüberreiten darstellen und den Pulmonalhypertonus näher bestimmen, womit die Herzsondierung und die bei diesen Patienten mit einem besonders hohen Risiko belastete Angiokardiographie vermieden werden können. Der Spontanverlauf ist düster, die Lebensaussichten sind jedoch unterschiedlich. Selten sterben die Patienten im Kindesalter, meist erst im 2. oder 3. Lebensjahrzehnt. Als Komplikationen gelten bakterielle Endokarditiden, Zerebralabszeß und Lungeninfekt. Die Behandlung ist nur medikamentös. Die neuen Vasodilatatoren lassen längere Überlebenszeiten erhoffen. Der chirurgische Verschluß des Defektes ist kontraindiziert, denn dabei wird ein Druckventil der rechten Kammer geschlossen. In der Tat tritt damit eine tödliche Herzinsuffizienz ein.

β) Die Fallotsche Tetrade. FALLOTs Verdienst ist es, einmal die unterschiedlichen, der *Maladie bleue* zugrunde liegenden Herzmißbildungen anatomisch dargelegt, zum anderen den von ihm als *Tetralogie* bezeichneten Komplex (Abb. 70) abgegrenzt zu haben. Drei Komponenten davon, nämlich die Aortendextroposition, der Ventrikelseptumdefekt und die Pulmonalstenose, stellen Entwicklungsstörungen, die vierte, die vorwiegend rechtskammerige Herzhypertrophie, eine Anpassungsveränderung des Myokard an die Pulmonalobstruktion

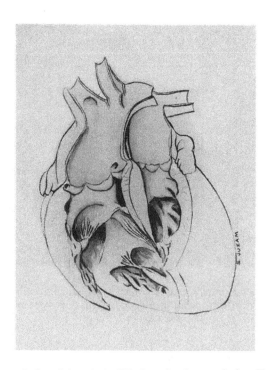

Abb. 70. Halbschematische zeichnerische Wiedergabe einer typischen Fallotschen Tetrade. Schnittführung von rechts. Starke Hypoplasie des *Conus pulmonalis* und hochgradige Aortendextroposition

dar. FALLOTs Kasuistik bestand aus 55 Fällen einer *Cyanose cardiaque* (FALLOT 1888), in ca. 75% lag dabei eine Tetralogie vor, das ist ein Prozentsatz, der dem heutigen angenommenen Verhältnis sehr nahe steht (DUFFAU 1972). FALLOT hat bei der Tetralogie die Hauptvarianten in Hinsicht auf die Form der obstruktiven Anomalie des Pulmonaltraktes, darunter die tubuläre Hypoplasie als die häufigste Form der Konusstenosen, die eventuelle Kombination mit einem Vorhofseptumdefekt (heute als *Pentalogie* bekannt), die wichtigsten Begleitmißbildungen (in 10% seiner Fälle) und das gelegentliche Vorkommen einer linksventrikulären Herzhypertrophie beschrieben. Er führte das kritische teratologische Moment auf die Entwicklungsstörung des Pulmonaltraktes zurück. Bei der Fallotschen Tetrade handelt es sich charakteristischerweise um einen subaortalen infracristalen (bulboventrikulären) meist großen Ventrikelseptumdefekt ohne eine muskuläre Begrenzung gegen den Aortenring zu (Abb. 71). Der Dextropositionsgrad der Aorta kann dabei sehr unterschiedlich sein (s. unter *Dextropositio aortae*, ebenfalls dort über die Architekturanomalien der rechten Kammer s. S. 404). Am häufigsten und zwar in ca. 60% der Fälle liegt eine kombinierte Klappen- und tubuläre Konusstenose der Pulmonalis vor. Eine reine Konusstenose bzw. Ostiumstenose findet sich in weniger als 15% bzw. 5% der Fälle, in etwa 25% der Fälle ist die Obstruktion durch eine Ostiumatresie vertreten. Ein rechter Aortenbogen, ein Ductus arteriosus persistens bzw. ein Sekundumdefekt kommt je in 25–30% der Fälle vor. Ausführliche Darstellungen finden sich bei LEV u.

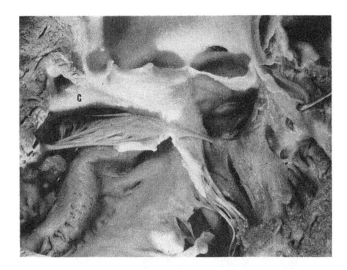

Abb. 71. Fallotsche Tetrade. Schnittführung von rechts. Stark dextroponierte Aorta, großer bulboventrikulärer Defekt. *c Trabecula posterior* der *Pars parietalis cristae*

Tabelle 26. Varianten der Fallotsche Tetrade und wichtigste Begleitmißbildungen. (Nach Rao et al. 1971)

	%
Ostium- und Konusstenose	59
reine Konusstenose	13
reine Ostiumstenose	3
Ostiumatresie	25
Bikuspidalpulmonalostium	40
Hypoplasie des Truncus pulomalis	84
Atresie des Truncus pulmonalis	3
Poststenotische Dilatation des Pulmonaltruncus	6
Rechter Aortenbogen	29
Fehlender Ductus arteriosus	25
Ductus arteriosus persistens	25
Sekundumdefekt	27
Foramen ovalen apertum	55

ECKNER (1964) und RAO et al. (1971, s. Tabelle 26; näheres über die Häufigkeit der Ostiumatresie s. bei GARCIA et al. 1969; über die der Pentalogie bei BEUREN 1968 b; über die des Corvisart-Syndroms (Tetralogie mit rechtem Aortenbogen) bei BEUREN 1968 b und FONTANA u. EDWARDS 1962; über die der Stenose des Ostium infundibuli (sog. *Cor triventriculare*) bei WATLER u. WYNTER 1961). Weitere Assoziationsanomalien sind: Persistenz der Cava superior sinistra (RAO et al. 1971), Ostium atrioventriculare commune (LEV u. ECKNER 1964; TANDON et al. 1974b), komplette Fehlverbindung der Lungenvenen (GERLIS et al. 1983; GUTIÉRREZ et al. 1983), Agenesie der Pulmonaltaschenklappen mit Fehlursprung der linken Lungenarterie (CALDER et al. 1980) bzw. fehlendem Ductus arteriosus (EMMANOUILIDES et al. 1976; MOLZ 1968) fehlender linker Pulmonalast (CUCCI et

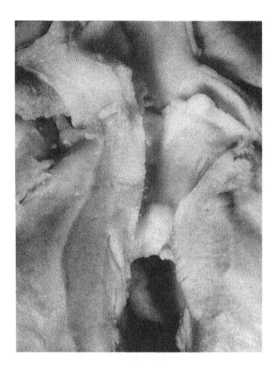

Abb. 72. Tubuläre Pulmonalkonusstenose bei einer Fallotschen Tetrade

al. 1964; EMANUEL u. PATTINSON 1956; GOLDSMITH et al. 1975), Fehlursprung der Arteria subclavia sinistra (VELASQUEZ et al. 1980), Anomalien der Herzklappen (FAGGIAN et al. 1983; LEV u. ECKNER 1964; RAO et al. 1971), Anomalien des Aortenbogens (FONTANA u. EDWARDS 1962; RAO et al. 1971), Anomalien der Koronararterien (BEUREN 1968b; MEYER et al. 1975), Lageanomalien des Herzens (HIROSE et al. 1970; TANDON et al. 1972).

Die wichtigste Komplikation ist die bakterielle Endokarditis, die RAO et al. (1971) in 6% der Fälle finden.

In Hinsicht auf die formale Genese der Fallotschen Tetrade ist aufgrund der Aortendextroposition ein Arrest der vektoriellen Bulbusdrehung anzunehmen, der Ventrikelseptumdefekt darf als Folge der reitenden Aorta über der bulboventrikulären Region angesehen werden. Der Pulmonalstenose liegt eine Entwicklungsstörung des Pulmonaltraktes zugrunde, die sich in der charakteristischen Konushypoplasie (Abb. 72) und der meist dysplastischen Pulmonalklappe äußert und wahrscheinlich einen weiteren Effekt des zur Arretierung der Bulbusdrehung führenden teratogenen Faktors darstellt. Nach WINN u. HUTCHINS (1973) lassen sich die anatomischen Verhältnisse der Fallotschen Tetrade hämodynamisch als Folgen einer vor Abschluß der Ventrikelseptation entstehenden Pulmonalstenose erklären. In den letzten Jahrzehnten haben mehrere Autoren (BECU et al. 1961; BONCHEK et al. 1973; GASUL et al. 1957a, b; HIGGINS u. MULDER 1972; KEITH et al. 1971; LUCAS et al. 1961a; MARON et al. 1973) auf die eventuelle Progression der Pulmonalstenose und auf die klinische Umwandlung eines scheinbar isolierten

Ventrikelseptumdefekts oder aber die einer azyanotischen Tetrade (mit leichter Pulmonalstenose) in eine zyanotische Tetralogie aufmerksam gemacht. Dies hat zu der Auffassung der erworbenen Konusstenose der Fallotschen Tetrade geführt. Nach dieser Vorstellung, die gleichsam die Antithese zu der oben genannten Auffassung von WINN u. HUTCHINS darstellt, soll die Stenose wegen einer Konushypertrophie und einer ventralwärtigen, hämomechanisch bedingten Verschiebung der Pars parietalis cristae entstehen. Dabei bleiben jedoch der meist offensichtlich hypoplastische, etwa gleichmäßig verengte, abnorm kurze Konus, die oft dysplastische, häufig bikuspidale Pulmonalklappe und die Varianten mit einer alleinigen Ostiumstenose bzw. -atresie unerklärt. Der Ansicht der Verfasser nach liegt der Fallotschen Tetrade immer eine Mißbildung des Pulmonaltraktes zugrunde, auf deren Boden sich später durch zusätzliche Veränderungen wie die oben genannte Konushypertrophie und Distorsionen der Crista eine Progression oder sogar die Entstehung der Stenose klinisch manifestieren können.

Die Fallotsche Tetrade gehört zu den häufigsten Herzgefäßmißbildungen, bei BANKLS Kasuistik (1970) nimmt sie sogar die erste Häufigkeitsstelle mit 16,7% ein, im Untersuchungsgut von FONTANA u. EDWARDS (1962) und in dem der Verfasser beträgt ihre Häufigkeit 7–8%. Zahlenangaben liegen gewöhnlich um 10% (CAMPBELL 1965; KEITH 1978a). In den meisten Statistiken läßt sich eine Bevorzugung des männlichen Geschlechts mit einem Verhältnis von ca. 3:2 feststellen.

Zur Klinik. Das typische Krankheitsbild des Säuglings besteht in Zyanose, Anstrengungsdyspnoe und zu Ende des 1. Lebensjahres in anoxämischen Zuständen, die im Laufalter ausgeprägter werden. Das Krankheitsbild weist jedoch eine große Variationsbreite mit fließenden Übergangsbildern zwischen den leichten und schweren Formen auf. In den ersteren sind die kleinen Patienten in ihrer körperlichen Leistungsfähigkeit kaum eingeschränkt, in den letzteren liegen dagegen starke Blausucht, ausgeprägte anoxämische Zustände, Trommelschlegelfinger und -zehen, Hocken, Gedeihrückstand und eine bedeutende Polyzythämie vor. Charakteristischerweise besteht bei der Fallotschen Tetrade keine Herzinsuffizienz. Gelegentlich tritt schon in den ersten Lebenswochen ein schweres Krankheitsbild auf, in dem eine starke Zyanose schon in Ruhe, spontan auftretende anoxämische Zustände mit Dyspnoe oder sogar Apnoe und krisenhafte Blässezustände mit Muskelhypotonie im Vordergrund stehen, die zu einem Hirnschaden oder zum Tode führen können. Diesem schweren Krankheitsbild liegt meist eine hochgradige Pulmonalstenose oder aber eine Pulmonalatresie zugrunde, was durch Herzsondierung zu bestätigen ist.

Auskultatorisch findet sich im 3. und 4. ICR links ein langes, mittellautes systolisches Geräusch, das im 2. ICR links das Merkmal eines Stenosegeräusches annimmt (kombinierte Auskultationsbefunde eines Ventrikelseptumdefektes und einer Pulmonalstenose). In der Regel ist die Stenose um so schwerer, je leiser das Geräusch ist. Der 2. Ton ist meist allein durch den Aortenklappenschluß bedingt und daher einheitlich mit einer hörbaren Pulmonalkomponente. Ein systolisch-diastolisches kontinuierliches Geräusch weist auf das Vorliegen einer Fallotschen Tetrade mit Pulmonalatresie und kompensierendem Ductus persistens oder stark entwickelten Kollateralen hin. Am EKG finden sich Zeichen einer Anpassungsbe-

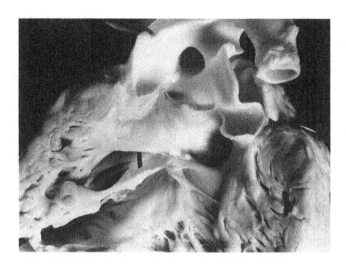

Abb. 73. Taussig-Bing-Anomalie. Ansicht von rechts. Reitende Pulmonalis über einem bulbären Defekt. Der *schwarze Papierstreifen* führt in das komplett dextroponiertes, hinter der *Crista* gelegenes Aortenostium

lastung der rechten Kammer mit $T+$ rechts präkordial. Das Röntgenbild zeigt eine relativ normal große Herzsilhouette mit geradlinigem Pulmonalbogen, abgerundetem und angehobenem Apex (*coeur en sabot*) und Zeichen von Lungenminderdurchblutung. In 25–30% der Fälle liegt ein rechter Aortenbogen vor. Anhand der 2D-Echokardiographie lassen sich die einzelnen Komponenten des Mißbildungskomplexes darstellen und dabei die Art der Pulmonalstenose bestimmen. Der Spontanverlauf der schweren Formen ist schlecht (mittleres Lebensalter: 12 Jahre nach CAMPBELL 1972). Bei ihnen ist die Blalock-Taussig-Anastomose (End-zu-Seit-Anastomose einer A. subclavia mit dem gleichseitigen Pulmonalast) als Palliativoperation indiziert (ca. 6% Mortalität). Die Totalkorrektur (Verschluß des Ventrikelseptumdefektes und Desobstruktion des Pulmonaltraktes) wird nachher erst bei Erreichung des 2. Lebensjahres durchgeführt. Die chirurgische Mortalität liegt unter 10%. Die Ergebnisse sind gut, die Patienten können danach ein fast normales Leben führen. Heute wird in einigen chirurgischen Zentren der Palliativoperation die Totalkorrektur auch für Patienten unter 1 Jahr vorgezogen. Die chirurgische Mortalität ist dann etwas höher als sonst, jedoch niedriger als die Gesamtmortalität beider Operationen.

γ) *Die Taussig-Bing-Anomalie.* Diese von TAUSSIG u. BING 1949 abgegrenzte Mißbildung ist durch eine komplette Rechtsverlagerung der Aorta, einen bulbären Ventrikelseptumdefekt und eine Laevopositio der Pulmonalis charakterisiert (Abb. 73). Das Aortenostium weist dabei keinen Zusammenhang mit dem linken Ventrikel auf und ist durch Muskelzüge umkreist und von dem Ostium pulmonale durch die Trabecula anterior der zersplitterten Pars parietalis cristae getrennt. Der meist große Ventrikelseptumdefekt kann unmittelbar unter dem Annulus pulmonalis, im mittleren Konusabschnitt oder aber an einer zersplitterten Pars septalis cristae sitzen. Aus der Untersuchung einer größeren Anzahl von

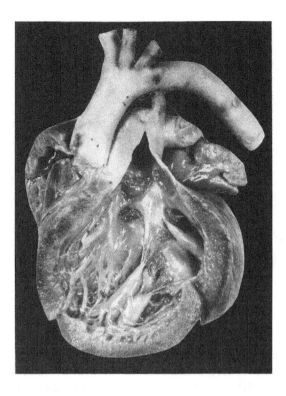

Abb. 74. Komplette arterielle Transposition. Ventrikelseptumdefekt und *Ductus persistens*

Fällen dieser allerdings selten vorkommenden Anomalie haben sich, wie erwartet, mehrere Varianten je nach den verschiedenen Positionen der Aorta in der dorsoventralen Richtung und dem Lävopositionsgrad der Pulmonalis ergeben (s. LEV et al. 1966). Fälle ohne eine reitende Pulmonalis kommen vor (hierzu s. GOOR u. EBERT 1975; VAN PRAAGH 1968). Bei einer lävoponierten Pulmonalis kann deren Annulus mit dem der Mitralis zusammenhängen. Aufgrund der Lage der Ostia coronaria haben LEV et al. (1966) eine anomale Drehung des Aortenostium im Gegenuhrzeigersinne (von oben betrachtet) nachgewiesen. Als Begleitmißbildungen sind Aortenkoarktation (evtl. mit Ductus apertus, WEDEMEYER et al. 1970), Pulmonalstenose (BRET u. TORNER-SOLER 1957), Anomalien der Aorten- bzw. Mitralklappe und Anomalien der Arteria subclavia sinistra beschrieben worden. Die Taussig-Bing-Anomalie, die heute als eine Form des sog. Doppelausgang aus dem rechten Ventrikel gilt, kommt selten vor (jedoch auch beim Kalb, HOFMANN 1969), LEV et al. (1966) finden sie 41mal unter 1848 mißgebildeten Herzen (2,2%). (Über das Krankheitsbild s. unter *Doppelausgang aus dem rechten Ventrikel*, S. 417).

δ) *Komplette (gekreuzte) Transposition.* Morphologisches Erkennungszeichen dieser Mißbildung ist DOERRs fehlende Umschlingung der großen Arterienstämme (Abb. 74), eigentlich ein subtiles, lange Zeit verborgen gebliebenes Leitsymptom zum Verständnis des Wesens dieser Anomalie (näheres hierzu s. unter

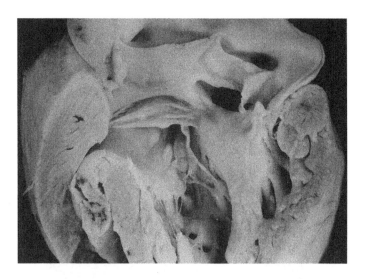

Abb. 75. Komplette arterielle Transposition mit einem bulbären Defekt. Ansicht von rechts

Hauptsymptom der Transposition, S. 403). Die Anomalie ist ohne eine Begleitmißbildung, die einen Blutkurzschluß zwischen großem und kleinem Kreislauf bewirken soll, mit dem extrauterinen Leben unvereinbar. Der Shunt kann auf arterieller, atrialer bzw. ventrikulärer Ebene vorliegen. Oft liegen Kommunikationen auf mehreren Ebenen vor. Der Art der Begleitmißbildungen kommt eine prognostische Bedeutung zu (s. LIEBMAN et al. 1969). Zahlenangaben über den Anteil der Fälle mit dichtem Ventrikelseptum schwanken zwischen einem und zwei Drittel der Fälle, sie liegen gewöhnlich um 50–60% (BANKL 1970; ELLIOT et al. 1963d; FONTANA u. EDWARDS 1962; GOERTTLER 1968; LIEBMAN et al. 1969). Die Ventrikelseptumdefekte sitzen in über der Hälfte der Fälle unmittelbar unter der Crista supraventricularis, in 15% über der Crista (Abb. 75) und in ca. 30% im Muskelseptum selbst (s. IDRISS et al. 1974). Die bulbären Defekte sollen also bei der Transposition etwa doppelt so häufig wie sonst sein (näheres hierzu s. bei QUERO JIMÉNEZ u. PÉREZ MARTÍNEZ 1974). Nach den meisten Kasuistiken liegt in der Mehrzahl der Fälle ein Ductus apertus vor. Die Persistenz des Ductus arteriosus bei dichtem Ventrikelseptum führt nach WALDMAN et al. (1977) in kurzer Zeit zu einer Lungengefäßerkrankung und soll daher als prognostisch ungünstig gelten. Die Pulmonalstenose findet sich meist in Kombination mit einem Ventrikelseptumdefekt. Beide Begleitmißbildungen liegen nach LANCELIN et al. (1975) in 12,5% der Fälle vor. Zahlenangaben über die Häufigkeit der Pulmonalstenose bei der arteriellen Transposition schwanken zwischen 4% (BANKL 1970) und 16% (RASHKIND 1971). Nur in etwa einem Viertel dieser Fälle soll es sich um eine Pulmonalstenose ohne einen Ventrikelseptumdefekt handeln (RASHKIND 1971). Umgekehrt findet sich eine Pulmonalstenose in 7–27% der Fälle mit einem Ventrikelseptumdefekt (MOENE et al. 1983; VAN GILS et al. 1978), dagegen nur in 3% der Fälle mit dichtem Ventrikelseptum (MOENE et al. 1983; SHAHER et al. 1967b). Die muskulären infravalvulären Stenosen sollen bei der arteriellen Transposition besonders häufig sein (s. CHIU et al. 1984; MOENE et al. 1983; VAN GILS et al. 1978). Auch häufig finden sich Anomalien der Segelklappen (AZIZ et al. 1979; MOENE u. OPPENHEIMER-DEKKER 1982; SMITH et al. 1986a, b). Seltenere Begleitmißbildungen sind Aortenkoarktation, Aortenstenose, rechter Aortenbogen, Fehlverbindungen der Lungenvenen (s. BANKL 1970; ELLIOT et al. 1963d), Hypoplasie des rechten Ventrikels (RIEMENSCHNEIDER et al. 1968), atrioventrikulärer Defekt (ELLIOT et al. 1963c), vorzeitiger Verschluß des Foramen ovale (BHATT u. JUE 1979). Die Verteilungsformen der Kranzarterien sind von ELLIOT et al. (1963c), GITTENBERGER-DE GROOT et al. (1983), ROWLATT (1962), SAUER et al. (1983) und VAN PRAAGH et al. (1967) beschrieben worden. ELLIOT et al. (1963d) unterscheiden zwei Hauptformen: 1. Ramus anterior descendens und Ramus circumflexus gehen von der linken Koronararterie ab (in 66% der Fälle), 2. Ramus circumflexus entspringt aus der rechten Kranzarterie (in 33% der Fälle). In etwa zwei Drittel der Fälle sitzen die betreffenden Ostia coronaria an dem der Pulmonalarterie nahen Sinus Valsalvae (näheres s. bei GITTENBERGER-DE GROOT et al. 1983 und SAUER et al. 1983). Sehr selten liegt nur eine Kranzarterie vor (VAN PRAAGH et al. 1967).

Die relative Häufigkeit der arteriellen Transposition wird mit 5–10% angegeben, höhere Prozentzahlen finden sich bei Neugeborenen und Kleinkindern (s. FONTANA u. EDWARDS 1962). Eine Bevorzugung des männlichen Geschlechts im Verhältnis von 2–3:1 wird allgemein anerkannt.

Zur Klinik. Dabei sind der Lungen- und Körperkreislauf funktionell nicht hintereinander wie beim Gesunden, sondern parallel geschaltet. Diese Verhältnisse sind eigentlich mit dem extrauterinen Leben unvereinbar, es sei denn, daß eine Kommunikation zwischen beiden Blutbahnen vorliegt. Sie kann auf Vorhof-, Kammer- oder Arterienebene gelegen sein, und zwar als ein Foramen ovale apertum, ein Defekt der Vorhof- oder Kammerscheidewand oder aber als ein Ductus arteriosus persistens. Die Kommunikation bedingt eine Blutbeimischung durch den Austausch eines gewissen Blutvolumens zwischen beiden Kreisläufen. Das effektive Herzminutenvolumen ist dabei durch die ausgetauschte Blutmenge bestimmt.

Die klinische Diagnose stützt sich auf folgende Befunde: 1. Bei Geburt übergewichtiges Kind meist männlichen Geschlechts, 2. Zyanose meist seit der Neugeborenenperiode, 3. Schmales Gefäßband, ovoide Herzsilhouette und Zeichen von Lungenmehrdurchblutung im Röntgenbild, 4. D-Echokardiographische Darstellung des Ursprungs der großen Gefäße aus dem verkehrten Ventrikel. Das Krankheitsbild ist je nach Art der Kommunikation und Begleitmißbildungen unterschiedlich. Danach lassen sich prinzipiell folgende Formen unterscheiden: 1. Einfache Formen (mit Foramen ovale apertum, Vorhofseptumdefekt oder aber kleinem Ductus persistens): Kennzeichen sind dabei eine starke, seit den ersten Lebenstagen vorliegende, der O_2-Therapie nicht ansprechbare Zyanose, fehlende Herzgeräusche oder aber ein leises uncharakteristisches Geräusch, schwere metabolische Azidose und sehr niedrige O_2-Sättigungswerte (20–30%). 2. Komplizierte Formen (mit Ventrikelseptumdefekt, weitem Ductus arteriosus bzw. Pulmonalstenose). Bei Vorliegen eines Ventrikelseptumdefektes wird die arterielle Transposition an den ersten Lebenstagen nicht so schlecht wie die einfachen

Formen toleriert, die Zyanose ist dabei nur mäßig stark, diese Form geht jedoch mit Herzinsuffizienz einher. Am Erbschen Punkt findet sich ein mittellautes systolisches Geräusch, am EKG bestehen Zeichen einer rechtskammerigen Belastung. Ein ähnliches Krankheitsbild weist die komplizierte Form mit einem weiten Ductus arteriosus auf, der periphere Puls ist dabei celer et altus, nur selten findet sich ein kontinuierliches Herzgeräusch. Die mit einer Pulmonalstenose komplizierte Form wird während der ersten Lebenswochen relativ gut toleriert, erst im 3. Lebensmonat treten anoxämische Zustände ein. Liegt eine hochgradige Stenose vor, so ist das Krankheitsbild dem der Fallotschen Tetrade ähnlich, im Röntgenbild ist aber eine Herzvergrößerung deutlich. Bei einer mittelschweren Stenose ist die Herzvergrößerung noch ausgeprägter, die Lungengefäßzeichnung ist normal. Bei den gesamten beschriebenen Formen ist die Diagnose durch Herzsondierung zu bestätigen. Der Spontanverlauf der arteriellen Transposition ist getrübt: 50% der Patienten sterben im 1. Lebensmonat, 90% erreichen das 1. Lebensjahr nicht. Dieser Verlauf hat sich jedoch dank der Palliativoperation beim Neugeborenen und der Totalkorrektur beim Säugling wesentlich geändert. Schon die Verdachtsdiagnose bei einem Neugeborenen gilt als dringliche Indikation zur Herzsondierung, die nicht nur zum diagnostischen, sondern auch zum therapeutischen Zweck (Ballon-Atrioseptostomie nach RASHKIND) durchgeführt wird. Erst gegen den 6. Lebensmonat wird die Totalkorrektur (Senning- oder aber Mustard-Operation) vorgenommen. Weitere Palliativoperationen beim Neugeborenen sind je nach Art der Begleitmißbildungen Banding der Pulmonalis (bei großem Ventrikelseptumdefekt), Arterienanostomose (bei Pulmonalstenose) und Unterbindung oder Durchtrennung eines großen Ductus arteriosus. Der Mustard-Operation, die mit häufigen Langzeitkomplikationen verbunden ist, wird heute das Senning-Verfahren (Umlenkung der Venendränage auf Vorhofebene mit Hilfe von Perikardprothesen) vorgezogen. Die chirurgische Mortalität beträgt 20%, die Langzeitletalität noch 10%. Langzeitkomplikationen (Rhythmusstörungen, Obstruktion der Lungen- oder aber der Hohlvenen) kommen in 30% der Fälle vor. In den letzten Jahren ist bei den einfachen Formen der arteriellen Transposition des Neugeborenen die Jatene-Operation (Umpflanzung der großen Gefäße nach Durchtrennung über den Taschenklappen und Einpflanzung der Koronargefäße in die Pulmonalwurzel) bisher mit gutem Erfolg eingeführt worden. Die Operationsletalität ist weniger als 15%. Langzeitergebnisse stehen aber noch aus.

ε) *Die Beurensche Transposition.* 1960 hat BEUREN gegen die Taussig-Bing-Anomalie eine besondere Form abgegrenzt, die sich von der klassischen gekreuzten Transposition dadurch unterscheidet, daß die Pulmonalis über einem retrocristalen, meist großen Ventrikelseptumdefekt reitet (Abb. 76). Unter dem rechten Umfang des Pulmonalringes liegt trotz des Überreitens eine dicke Muskelleiste vor. Die Ventrikel weisen auffällige Architekturanomalien auf, die hauptsächlich in einem fehlerhaften Anschluß der Pars septalis cristae an den vorderen Abschnitt des Ventrikelseptum bestehen. Diese Verhältnisse sprechen dafür, daß dabei nicht nur die Bulbusdrehung, sondern auch die Bulbuswanderung arretiert ist (Abb. 77a, b). Diese Fälle dürfen also als ein Bindeglied der primitiven Lävokardie zur klassischen Transposition betrachtet werden. In anderen Fällen kreuzen sich die Crista supraventricularis und der First des

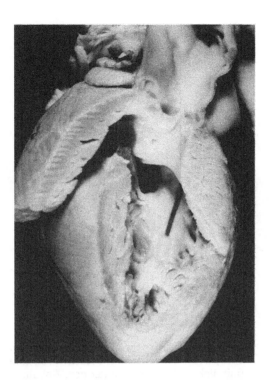

Abb. 76. Beurensche Transposition. Ansicht von rechts. Fehlender Anschluß des linken Abschnitts der *Crista* an das Ventrikelseptum (*Filmstreifen* im Zwischenraum). Hinter der *Crista* die reitende Pulmonalis (nicht sichtbar)

Ventrikelseptum miteinander, so daß die an den beiden Ventrikeln verankerte Crista über dem First des Ventrikelseptum reitet (Abb. 78a, b). Derartige Verhältnisse weisen auf eine partielle Bulbuslinksschwenkung hin, so daß diese Fälle als eine Transitionsform zur korrigierten Transposition erscheinen. Die Beurensche Transposition ist bis vor kurzem als eine Variante der Taussig-Bing-Anomalie betrachtet worden (SHAFFER et al. 1967), sie kommt selten vor, im Material der Verfasser finden sich nur 2 Fälle (das Krankheitsbild entspricht dem des Doppelausganges aus dem rechten Ventrikel).

c) Doppelausgang aus dem rechten Ventrikel

Diese 1957 von WITHAM eingeführte Bezeichnung galt zunächst als ein Oberbegriff für zwei eng miteinander verwandte Mißbildungen: eine der Taussig-Bing-Anomalie ähnliche Form jedoch mit einem retrocristalen, also subaortalen Defekt statt des bulbären, subpulmonalen Defektes (Typ I des Doppelausgangs nach NEUFELD et al. 1962b) und für die Taussig-Bing-Anomalie selbst (Typ II des Doppelausgangs nach NEUFELD et al. 1962b). Formalgenetisch lassen sich beide Formen durch einen geringgradigen Arrest der Bulbusdrehung und eine hochgradige Arretierung der Bulbuswanderung charakterisieren. Im Gegensatz zum Ventriculus unicus läßt dabei der Kammerabschnitt zwei weitgehend ausgebildete

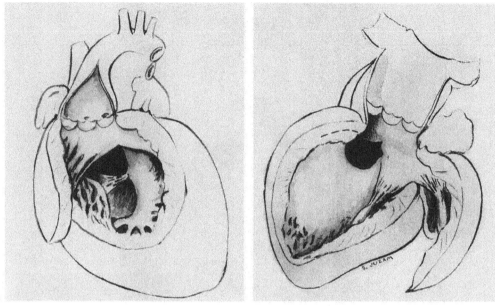

Abb. 77 a, b. Halbschematische zeichnerische Wiedergabe einer Beurenschen Transposition (gleicher Fall wie oben). **a** Ansicht von rechts. **b** Ansicht von links: reitende Pulmonalis (mit dicker Muskelleiste unter dem Annulus)

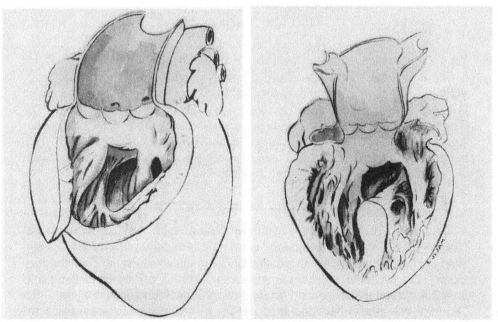

Abb. 78 a, b. Halbschematische zeichnerische Wiedergabe einer Beurenschen Transposition. **a** Ansicht von rechts: reitende Crista über dem First des Ventrikelseptum. **b** Ansicht von hinten (Frontalschnitt, ventrale Anteile): reitende Pulmonalis, reitende Crista, großer Ventrikelseptumdefekt

Ventrikel erkennen, wobei der rechte eine gut differenzierte Crista supraventricularis und, abweichend von der Norm, zusätzlich einen Aortenkonus besitzt, während der linke nur aus einem der sonst fertigen Einstrombahn ähnlichen Abschnitt besteht. NEUFELD et al. (1961a, b; 1962b) haben vor allem in Hinsicht auf das Krankheitsbild eine Form mit Pulmonalstenose (nach Art einer Fallotschen Tetrade, WITHAM 1957) und eine Form ohne Pulmonalstenose (nach Art des Eisenmenger-Komplexes, WITHAM 1957) unterschieden (s. auch MEHRIZI 1965). Die zuerst genannte Form ist häufiger. Später wurde die Bezeichnung des Doppelausganges aus dem rechten Ventrikel eigentlich ein Sammelname für verschiedenartige Fehlstellungen der großen Gefäße, denen formalgenetisch als einziges gemeinsames Merkmal eine hochgradige Arretierung der Bulbuswanderung zugrunde gelegt werden darf. Somit werden darunter nicht nur Fälle mit einem hochgradigen Arrest der Bulbusdrehung, also einer ventralen Aorta (VAN PRAAGH et al. 1976), sondern auch primitive Formen wie das *Cor bulboventriculare* nach GOOR u. EDWARDS (1972; s. auch GOOR u. LILLEHEI 1975) und Varianten des Cor univentriculare (s. BECKER u. ANDERSON 1981) zusammengebracht. Eine nähere Einteilung ergibt sich dabei je nach Sitz des Ventrikelseptumdefektes und relativer Position der Arterienstämme. Umfassende Darstellungen finden sich bei BIRCKS et al. (1971), GONVERS (1970), LEV et al. (1972), QUERO JIMÉNEZ et al. (1973a), SRIDAROMONT et al. (1976), STEWART (1976), ZAMORA et al. (1975). Das weibliche Geschlecht ist doppelt so häufig wie das männliche betroffen. Als Begleitmißbildungen sind Aortenstenose (BIRCKS et al. 1971), Mitralstenose (AINGER 1965), abnorme Kammermuskelmassen (MASON et al. 1969), fehlende Aortenklappe und Hypoplasie der Mitralis (TOEWS et al. 1975), Fehlursprung des rechten Pulmonalastes (MISRA u. COHEN 1971) und Ventrikelinversion (BRANDT et al. 1976; FRAGOYANNIS u. KARDALINOS 1962) beschrieben worden. MARINO et al. (1983) haben über einen Fall des Typs I (s. auch OTERO COTO et al. 1979) mit Spontanverschluß des Ventrikelseptumdefektes berichtet. Fälle mit dichtem Ventrikelseptum stellen Besonderheiten dar (s. AINGER 1965; DAVACHI et al. 1968; MACMAHON u. LIPA 1964; OPPENHEIMER-DEKKER u. GITTENBERGER-DE GROOT 1971; PAUL et al. 1970). Dabei darf man den Verschluß des Foramen ventriculare (primum) innerhalb der primitiven Grenzstrukturen (First des Ventrikelseptum unten, Bulboaurikularsporn oben) annehmen.

Zur Klinik. Das Krankheitsbild hängt dabei von der anatomischen Form ab. Es entspricht in ca. 50% der Fälle dem eines Ventrikelseptumdefektes mit großem Shunt und Pulmonalhypertonus, in ca. 20% der Fälle dem einer Fallotschen Tetrade, in den restlichen Fällen entweder dem einer arteriellen Transposition mit großem Ventrikelseptumdefekt oder dem eines zyanostischen Mißbildungskomplexes. Das Krankheitsbild ist grundsätzlich von zwei anatomischen Elementen bestimmt und zwar dem Sitz des Ventrikelseptumdefektes in bezug auf die großen Gefäße und dem eventuellen Vorliegen einer Pulmonalstenose. Besteht keine Pulmonalstenose und sitzt der Defekt subaortal, so sind die hämodynamischen Folgen denen eines Ventrikelseptumdefektes mit großem Shunt gleich. Sitzt dagegen der Defekt unter der Pulmonalis bei fehlender Stenose (Taussig-Bing-Anomalie), so entsprechen die hämodynamischen Verhältnisse denen einer arteriellen Transposition mit Ventrikelseptumdefekt und Pulmonalhypertonus.

Bei Vorliegen einer Pulmonalstenose entsteht ein Krankheitsbild, das je nach Sitz des Ventrikelseptumdefektes dem der Fallotschen Tetrade oder dem einer arteriellen Transposition mit Pulmonalstenose ähnelt. Elektrokardiographisch haben alle Formen einen Linkstyp der elektrischen Achse und Zeichen einer linksventrikulären Belastung gemeinsam. Anhand der 2D-Echokardiographie und vor allem der Herzsondierung läßt sich die Diagnose der anatomischen Form stellen. Bei den schlecht tolerierten Formen des kleinen Säuglings mit refraktärer Herzinsuffizienz (bei fehlender Pulmonalstenose) oder aber starker Blausucht (bei hochgradiger Pulmonalstenose) besteht die Behandlung in einer Palliativoperation, nämlich Banding der Pulmonalis im ersteren, Blalock-Anastomose im letzteren Fall. Beim älteren Kind hängt die Art der Totalkorrektur von der anatomischen Form ab: bei der häufigsten Variante mit subaortalem Defekt und regelrechter Stellung der Pulmonalis besteht sie in der Bildung eines Verbindungstunnels zwischen linker Kammer und Aorta über den Defekt. Sie hat einen guten Erfolg. Bei der Taussig-Bing-Anomalie wird eine Verbindung der linken Kammer mit der Pulmonalis hergestellt. Die sich daraus ergebenden Verhältnisse einer arteriellen Transposition werden durch Umkehrung der Venendränage auf Vorhofebene korrigiert (Senning-Operation). Das chirurgische Risiko ist hoch, die Prognose reserviert. Bei Vorliegen einer Pulmonalstenose sind die bisherigen Ergebnisse der Rekonstruktionsoperationen unbefriedigend.

d) Korrigierte Transposition

Mit ANSELMI et al. (1963), DE LA CRUZ et al. (1967, 1971a) und NADAL-GINARD et al. (1970) darf man diese Anomalie als eine Koppelung einer Ventrikelinversion mit einer kompletten Transposition und als keine besondere Form der letzteren auffassen (s. CHUAQUI 1969). Die Arterienstämme weisen dabei die charakteristische Parallelstellung auf (Abb. 79a–c). Eine pathogenetische Erklärung dafür, daß die Ventrikelinversion in der Regel mit einer kompletten Transposition gekoppelt vorkommt, liegt nicht vor, Ventrikelinversion und komplette Transposition sind jedoch formalgenetisch eigenständig (s. unter *Ventrikelinversion*, S. 352). Nach SCHAD et al. (1965) kommt die korrigierte Transposition in 2–3% aller mißgebildeten Herzen vor, in Sektionsstatistiken finden sich jedoch niedrigere Prozentzahlen, die um 1% liegen (BANKL 1970; FONTANA u. EDWARDS 1962). Nach den meisten Autoren ist dabei das männliche Geschlecht im gleichen Verhältnis wie bei der kompletten Transposition bevorzugt (GASUL et al. 1966; NADAS 1963; PAUL et al. 1968; SCHIEBLER et al. 1961). Die korrigierte Transposition kommt am häufigsten mit weiteren Herzgefäßmißbildungen kombiniert vor. Die häufigsten Begleitmißbildungen sind Ventrikelseptumdefekte (66–85% der Fälle; THIBERT et al. 1969 bzw. ALLWORK et al. 1976; dabei öfter als sonst ein bulbärer Defekt, s. hierzu BOGREN u. CARLSSON 1972; OKAMURA u. KONNO 1973), Pulmonalstenose meist der infravalvulären Formen (ca. 40% der Fälle; ALLWORK et al. 1976; ANDERSON et al. 1975a; THIBERT et al. 1969) und Trikuspidalanomalien (ca. 90% der Fälle; ALLWORK et al. 1976), die oft in Form der Ebsteinschen Anomalie vorkommen (ca. 75% der Fälle nach ALLWORK et al. 1976; näheres hierzu s. bei BERRY et al. 1964; JAFFE 1976a; SCHIEBLER et al. 1961; über korrigierte Transposition mit Trikuspidaltresie s. bei

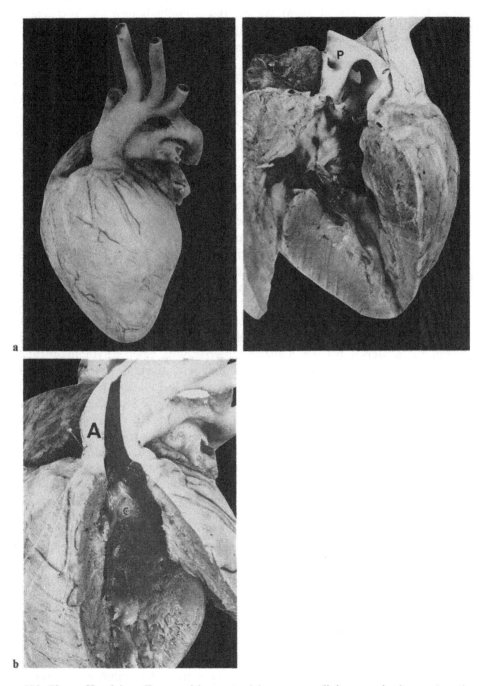

Abb. 79a–c. Korrigierte Transposition. **a** Ansicht von vorn (links ventral gelegene Aorta). **b** Ansicht in die linksseitige, architekturell rechte Kammer (*C* Crista supraventricularis), *A* Aorta. **c** Ansicht in die rechtsseitige, architekturell linke Kammer. *P* Pulmonalis

TANDON et al. 1974a). Ebenfalls häufig finden sich Anomalien der Mitralis (55%
der Fälle nach GERLIS et al. 1986). Weitere Begleitmißbildungen sind Vorhofseptumdefekte, Ductus persistens, Hypoplasie des Aortenbogens, Anomalien der
Aortenklappe, Aneurysma der Pars membranacea (s. ALLWORK et al. 1976;
ANDERSON et al. 1975b; BENCHIMOL et al. 1971; LIEBERSON et al. 1969; THIBERT et
al. 1969; bei GOLDSTEIN et al. 1968 ein Fallbericht über korrigierte Transposition
mit bikuspidaler Aorten- und Pulmonalklappe). Darstellungen der korrigierten
Transposition bei der Dextrokardie finden sich bei ESPINO-VELA et al. (1969) und
SCHIEBLER et al. (1961) (bei SOLOMON et al. 1976 ein Fallbericht über die
Kombination mit dem Kartagener-Syndrom). Rhythmusstörungen bestehen in
20–30% der Fälle (THIBERT et al. 1969).

Zur Klinik. Bei fehlenden Begleitmißbildungen ist sie funktionell ohne
wesentliche pathologische Bedeutung. Die isolierte Form kommt aber sehr selten,
etwa in 1% der gesamten Fälle mit dieser Anomalie vor. Sonst finden sich am
häufigsten ein Ventrikelseptumdefekt (in ca. 80% der Fälle), eine Pulmonalstenose (in ca. 50%), Anomalien der linksseitigen Segelklappe (in über 90%) und
Rhythmusstörungen (darunter AV-Block, Wolff-Parkinson-White-Syndrom).
Bei über 80% der Fälle mit einer Pulmonalstenose liegt auch ein Ventrikelseptumdefekt vor.

Die isolierte Form wird in den ersten Lebensjahrzehnten meist nicht diagnostiziert, die Patienten sind dabei beschwerdefrei. Gelegentlich wird die Anomalie bei
jungen Erwachsenen bei der näheren Untersuchung einer Rhythmusstörung
entdeckt. Auskultatorisch findet sich ein lauter 2. Herzton im 2. ICR links (Aorta
liegt ventral), das EKG zeigt Verlängerung von *PR*, Linkstyp der elektrischen
Achse und prominente *Q*-Zacken rechtspräkordial (inverse Septaldepolarisation)
und auch in *D*3 und *aVF*. Im Röntgenbild sind ein schmales Gefäßband und ein
geradliniger linker Herzrand auffällig, der oben von der Aorta, unten vom linken
Ventrikel gebildet ist. Die 2D-Echokardiographie führt zur Diagnose.

Bei den komplizierten Formen entspricht das Krankheitsbild dem der
Begleitmißbildung. Bei Vorliegen eines Ventrikelseptumdefektes und einer Pulmonalstenose ähnelt das Krankheitsbild dem einer Fallotschen Tetrade. Die
Insuffizienz der linksseitigen Segelklappe äußert sich meist erst nach dem
1. Lebensjahrzehnt, ihr Krankheitsbild ist dem einer Mitralinsuffizienz ähnlich.
Die Diagnose der Begleitmißbildungen ist anhand der D-Echokardiographie und
Herzsondierung zu bestätigen. Die Prognose der isolierten Form ist günstig, es ist
jedoch nicht restlos geklärt, wie lange ein architekturell rechter Ventrikel unter den
Druckverhältnissen des Körperkreislaufs regelrecht funktionieren könne. Die
Rhythmusstörungen, die sich in über 75% der Patienten entdecken lassen, sind in
der Regel progressiv und können der Implantation eines elektrischen Schrittmachers bedürfen. Die Prognose der komplizierten Formen hängt von der Art der
Begleitmißbildungen ab, deren operative Behandlung technisch schwieriger als
sonst ist. Dabei besteht vor allem beim operativen Verschluß eines großen
Ventrikelseptumdefektes das Risiko der Erzeugung eines kompletten AV-Blocks.
Die chirurgische Indikation ist daher strenger als sonst zu stellen.

VI. Mißbildungen des herznahen Arteriensystems

1. Anomalien der Pulmonalarterien

a) Supravalvuläre Pulmonalstenose

Diese Stenosen werden unterschiedlich benannt, BOURASSA u. CAMPEAU (1963) bezeichnen sie auch als postvalvuläre Pulmonalstenosen, SØDERGAARD (1954) und SON et al. (1966) sprechen von Coarctatio, EDWARDS (1968) von lolakisierten Stenosen der Lungenarterien. GYLLENWÄRD et al. (1957) unterscheiden nur 2 Hauptformen, nämlich die Truncusstenose und die distalen Stenosen, SON et al. (1966) dagegen 4 Formen, und zwar die Truncusstenose, die Bifurkationsstenose, die Stenosen der Hauptäste und die der intrapulmonalen Zweige. Nach FRANCH u. GAY (1963) sind folgende Formen zu unterscheiden: I: Zentralstenose. IA: Truncusstenose, IB: Stenose des linken Astes, IC: Stenose des rechten Astes. Die Truncusstenosen können membranös, annulär oder aber tubulär, die Ästeeinengungen annulär bis tubulär sein. II: Bifurkationsstenose: Stenose des distalen Truncussegments und der proximalen Segmente der Hauptäste. IIA: zirkumskripte, annuläre Stenosen. IIB: hypoplastische, tubuläre Stenosen. III: Periphere multiple Stenosen. IV: Kombinierte Formen (Häufigkeitsverteilung s. in Tabelle 27).

Begleitmißbildungen fanden sich in der Kasuistik von FRANCH u. GAY (1963) in rund 60% der Fälle (in 67% bei McCUE et al. 1965). Als die häufigsten Assoziationsanomalien gelten die Pulmonalostiumstenose (30%), die Fallotsche Tetrade und Vorhof- bzw. Ventrikelseptumdefekte (jeweils 15%), außerdem die Ductuspersistenz und Aortenstenose. Ätiologisch steht die Rubeoleninfektion im Vordergrund, die zu einer Stenose in den verschiedenen Abschnitten der Lungenarterienbahn führen kann (EMMANOUILIDES et al. 1964; ROWE 1963; TANG et al. 1971; VENABLES 1965). Histologisch zeigt sich prinzipiell die Intima verändert (s. ESTERLY u. OPPENHEIMER 1967).

Zur Klinik. Das Krankheitsbild ist eigentlich durch die Art der Begleitmißbildungen und den Schweregrad der Einengungen bestimmt. Bei den leichten Stenosen sind die Patienten beschwerdefrei, bei den hochgradigen Stenosen ist das Krankheitsbild dem der schweren Pulmonalostiumsstenose ähnlich: es liegen dabei Atemnot, Zyanose und Herzinsuffizienz vor. Das gleiche gilt für die EKG-

Tabelle 27. Häufigkeitsverteilung der postvalvulären Pulmonalstenosen. (Nach FRANCH u. GAY 1963, 101 Fälle)

Typ	mit Begleitmißbildungen	Isoliert	Anzahl
I A	5	3	8
I B	21	6	27
I C	2	0	2
II	15	8	23
III	6	10	16
IV	13	12	25
	62	39	101

Befunde. Auskultatorisch findet sich im 2. ICR beiderseits parasternal ein systolisches Austreibungsgeräusch mit Ausstrahlungen in den Rücken und in die Axillarhöhlen. Der 2. Herzton ist gespalten oder aber akzentuiert. Gelegentlich hört man über dem Rücken ein systolisch-diastolisches kontinuierliches Geräusch. Röntgenologisch zeichnen sich die Lungenhilusgefäße durch ihren verringerten Durchmesser gegen die peripheren erweiterten Lungengefäße ab, ein Bild, das zur Verdachtsdiagnose führt. Herzsondierung und Angiographie sind zur Bestätigung der Diagnose und Bestimmung des Schweregrades der Stenosen erforderlich. Die Anomalie ist prognostisch unterschiedlich, gelegentlich führt sie früh im Leben wegen Herzinsuffizienz oder Hämoptysen zum Tode. Oft läßt sich klinisch eine Progression des Schweregrades feststellen. Die chirurgische Behandlung ist allein bei den hochgradigen Stenosen des Pulmonalstammes oder der Abgangsabschnitte der Hauptäste indiziert. Sie besteht in der Resektion des eingeengten Abschnitts und Anlegung einer Perikardprothese. Die multiplen peripheren Stenosen lassen sich operativ nicht behandeln. Die Ballondilatation der stenosierten Arterien hat bisher gute Ergebnisse gezeigt.

b) Agenesie bzw. Ektopie eines Hauptastes der Lungenarterie

In der einschlägigen Literatur pflegt man, wie von MORGAN (1972) bemerkt, von *Agenesie* eines Hauptastes der Lungenarterie zu sprechen, wenn das Gefäß am *gehörigen* Ort fehlt, obgleich es sich dabei oft um eine Ektopie handelt.

Die Hauptäste der Lungenarterie entwickeln sich als Sproßbildungen aus den ventralen Segmenten der VI. Kiemenbogenarterien, wodurch diese Gefäße mit dem postbranchialen Pulmonalplexus in Verbindung gesetzt werden (POOL et al. 1962). Die Agenesie einer ganzen VI. Kiemenbogenarterie bringt die Agenesie des betreffenden Hauptastes und die der Anlage des Ductus arteriosus mit sich. Eine Agenesie, die auf das ventrale Segment beschränkt bleibt, führt zum Fehlursprung des entsprechenden Hauptastes aus dem Ductus arteriosus. Die Ektopie aus der Aorta ascendens setzt außer der Agenesie des dorsalen Segments eine Septationsstörung des Truncus arteriosus voraus (s. unten).

Betrachtet man die Agenesie und die Ektopie eines Hauptastes im ganzen, so stellen sich wichtige Gesetzmäßigkeiten heraus: 1. Die Anomalien scheinen rechts ebenso häufig wie links vorzukommen (s. POOL et al. 1962). 2. Links sind die Anomalien in 50–60% der Fälle mit einer Fallotschen Tetrade assoziiert (FINNEY u. FINCHUM 1972; MORGAN 1972); bei dieser Assoziation findet sich ein rechter Aortenbogen in etwa der Hälfte der Fälle (s. auch EMANUEL u. PATTINSON 1956). 3. Bei den linksseitigen Anomalien ohne eine Fallotsche Tetrade gilt ein rechtsläufiger Aortenbogen als eine Seltenheit (FINNEY u. FINCHUM 1972). 4. Bei den rechtsseitigen Anomalien kommt die Fallotsche Tetrade selten vor (s. MORGAN 1972; dabei ein Fall bei einer Ektopie). Ventrikelseptumdefekte und weitere Begleitmißbildungen außer der Fallotschen Tetrade und einem persistierenden Ductus Botalli sind bei den rechts- bzw. linksseitigen Anomalien etwa gleichmäßig verteilt (POOL et al. 1962). Ein pulmonaler Hypertonus tritt bei den isolierten Formen in etwa einem Fünftel der Fälle, bei denen mit einem Septaldefekt in fast 90% der Fälle auf.

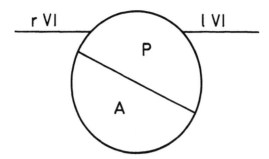

Abb. 80. Schema zur Erklärung der Ektopie der rechten Pulmonalarterie aus der Aorta ascendens (*A*) (Ansicht von kranial, unten: ventral). *P* Truncus pulmonalis, *rVI* und *lVI*: ventrale Segmente der rechten bzw. linken VI. Kiemenbogenarterie. (Nach Cucci et al. 1964, verändert. Näheres s. Text).

α) *Ektopie eines Hauptastes aus der Aorta.* Während der Fehlursprung des linken Hauptastes aus der aufsteigenden Aorta eine Seltenheit ist (s. Herbert et al. 1973), kommt die Ektopie des rechten Hauptastes aus der Aorta ascendens, erstmals von Fraentzel (1898) bei einer 25jährigen Frau beschrieben, relativ häufig vor (Cumming et al. 1972; Griffiths et al. 1962; Keutel et al. 1973; Kleinschmidt u. Lignitz 1972; Pool et al. 1962). Dieser Sachverhalt wird von Cucci et al. (1964) aufgrund der engeren Beziehung des Gegenstromseptum zum ventralen Segment der rechten VI. Kiemenbogenarterie erklärt (Abb. 80). Eine geringe Verlagerung dieses Septum in dessen dorsaler Region könnte demnach die Zuteilung des rechten Hauptastes auf die Aorta bedingen. Weitere Darstellungen über den aortalen Ursprung eines Hauptastes der Lungenarterie finden sich bei Calazel u. Martinez (1975), Keane et al. (1974) und Neveux et al. (1975) (über Ektopie beider Hauptäste aus der Aorta s. Bricker et al. 1975).

β) *Ektopie eines Hauptastes aus dem persistierenden Ductus arteriosus.* Die Anomalie kommt in 2 Anordnungsformen in bezug auf die Lage des Aortenbogens, nämlich auf der gleichen bzw. gegenüberliegenden Körperseite vor. Bei der ersteren Form liegt der Ductus arteriosus an typischer Stelle. Bei der letzteren Form ist dagegen der Ductus zwischen die ektopische Lungenarterie und den persistierenden mittleren, zwischen der Subclavia und dem Ductus gelegenen Abschnitt des Aortenbogens eingeschaltet (Abb. 81). Diese Form wird verständlicherweise als Fehlursprung aus der Subclavia bezeichnet (s. McKim u. Wiglesworth 1954; Wagenvoort et al. 1961). Der Fehlursprung des linken Hauptastes findet sich in der Zusammenstellung von Pool et al. (1962) in beiden Anordnungsformen gleichmäßig verteilt, der des rechten Hauptastes nur in der zweiten Form.

γ) *Zur Klinik.* Die Agenesie eines Hauptastes der Lungenarterie ist klinisch asymptomatisch und wird meist zufällig bei einer Röntgenuntersuchung entdeckt. Röntgenologisch findet sich auf der entsprechenden Seite ein unterentwickelter Lungenflügel mit Zeichen von Minderdurchblutung, der kontralaterale Lungenflügel ist vergrößert. Die kardiologische Untersuchung und die EKG-Befunde sind ohne Besonderheiten. Zur Bestätigung der Diagnose ist eine Pulmonalarteriographie nötig. Die Prognose ist gut, nur ausnahmsweise treten Komplikationen ein. Eine chirurgische Korrektur besteht zur Zeit nicht.

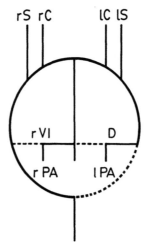

Abb. 81. Schema zur Erläuterung der Ektopie der linken Pulmonalarterie (*lPA*) aus der linken Subclavia (*lS*) bei rechtsläufigem Aortenbogen. *rS* Subclavia dextra, *rC* Carotis dextra, *lC* Carotis sinistra, *rVI* rechte VI. Kiemenbogenarterie, *rPA* rechte Pulmonalarterie, *D* Ductus arteriosus, punktiert: zurückgebildete Abschnitte. Ansicht von kranial, unten: ventral. (Näheres s. Text)

Bei der Ektopie eines Hauptastes aus der Aorta tritt das Krankheitsbild schon in den ersten Lebenswochen mit schwerer Herzinsuffizienz und Atemstörungen in Erscheinung. Peripher findet sich ein Pulsus saltans. Auskultatorisch besteht im 2. ICR links ein lautes systolisches Geräusch mit stark akzentuiertem 2. Ton. Gelegentlich findet sich auch ein diastolisches Geräusch der Pulmonalinsuffizienz. Das Röntgenbild zeigt bedeutende Herzvergrößerung mit Zeichen von Mehrdurchblutung, nur selten ist die Lungengefäßzeichnung asymmetrisch vermehrt. Die echokardiographische Darstellung der Anomalie ist schwierig, Herzsondierung und Angiographie sind nötig. Der Spontanverlauf ist schlecht, die Anomalie führt wegen progressiver Herzinsuffizienz und pulmonalem Hypertonus in den ersten Lebensmonaten zum Tode. Daher ist die chirurgische Behandlung nach kurzer und intensiver medikamentöser Therapie vor dem 6. Lebensmonat durchzuführen. Die chirurgischen Kurz- und Langzeitergebnisse der Einpflanzung des ektopischen Astes in den Lungenarterienstamm sind gut, daher ist es von großer Bedeutung, die Diagnose rechtzeitig, nämlich vor der Entstehung einer irreversiblen Pulmonalhypertonie zu stellen.

c) Fehlverbindung einer Lungenarterie

Als eine Variante der pulmonalen arteriovenösen Fistel haben LUCAS et al. (1961 c) eine Fehlverbindung des rechten unteren Astes der Lungenschlagader mit dem linken Vorhof beschrieben. Es fehlte dabei der Unterlappen des rechten Lungenflügels. DE SOUZA et al. (1974) haben 13 Fälle dieser selten vorkommenden Anomalie zusammengestellt und dabei 3 Varianten je nach den Verhältnissen der Lungenvenen beschrieben: 1. Regelrechte Verbindung der Lungenvenen, 2. Fehlverbindung der Lungenvenen ebenfalls mit dem linken Vorhof, 3. Fehlverbindung des Lungenarterienastes mit der unteren rechten Pulmonalvene bei Fehleinmündung dieser Vene in den linken Vorhof (s. auch CHEATHAM et al. 1982; Zusammenstellung von 19 Fällen bei HIROSHI et al. 1979).

d) Verlaufsanomalien der Hauptäste

α) *Gefäßschlinge.* CONTRO et al. (1958) haben diese Bezeichnung für eine erstmal von GLAEVECKE u. DOEHLE (1897) bei einem 6 Monate alten Kind (Geschlecht nicht angegeben) beschriebene Anomalie vorgeschlagen, die durch einen abnormen linken Hauptast gebildeten Gefäßhalbring charakterisiert ist. Die abnorme Arterie entspringt aus dem Endabschnitt des rechten Hauptastes und zieht zwischen der Trachea und Speiseröhre zum linken Lungenflügel (Abb. 82a, b); Zusammenstellungen bei JUE et al. 1965 (19 Fälle), CLARKSON et al. 1967 (39 Fälle, noch 3 Fälle bei LINCOLN et al. 1969), SADE et al. 1975 (67 Fälle, noch 6 Fälle bei GUMBINER et al. 1980), GIKONYO et al. 1989 (130 Fälle). Das abnorme Gefäß wird von JUE et al. (1965) als ein Kollateralast der rechten Lungenarterie interpretiert, der infolge einer Rückbildung des eigentlichen linken Astes zur Entwicklung kommen soll. In ca. der Hälfte der Fälle liegen tracheobronchiale Anomalien vor (GIKONYO et al. 1989; GUMBINER et al. 1980; JUE et al. 1965), weitere Herzgefäßmißbildungen finden sich in der Mehrzahl der Fälle (58–83% nach GUMBINER et al. 1980), die häufigsten davon sind eine Cava superior sinistra persistens (20%), ein Vorhofseptumdefekt (20%), ein Ventrikelseptumdefekt (10%) und ein Ductus Botalli (25%). Die Gefäßschlinge ruft in der Regel Atemstörungen wegen einer Kompression des rechten Bronchus, weniger häufig der Trachea hervor (Fälle ohne Kompression bei GIKONYO et al. 1989 und STEINBERG 1964). Es besteht eine Bevorzugung des männlichen Geschlechts (3:2 nach GIKONYO et al. 1989).

β) *Gekreuzter Verlauf der Hauptäste.* Diese Anomalie wurde von JUE et al. (1966) bei einem 12 Tage alten Mädchen mit einem 18-Trisomie-Syndrom beschrieben. Die linke Lungenarterie entsprang rechts von der Abgangsstelle des rechten Astes, die Hauptäste kreuzten sich in ihrem Verlauf zu den Lungenflügeln. Es bestanden außerdem ein Ductus persistens, ein Vorhofseptumdefekt und eine Fehlverbindung der rechten Pulmonalvenen mit dem rechten Vorhof. Eine ähnliche Anordnung der Hauptäste findet sich gelegentlich beim Truncus arteriosus persistens (BECKER u. ANDERSON 1981). Die Anomalie kann auch isoliert vorkommen (WOLF et al. 1966).

e) Idiopathische Dilatation des Truncus pulmonalis

Die Fälle mit dieser Anomalie bilden anscheinend keine pathogenetisch einheitliche Gruppe (BEFELER et al. 1967; HEINTZEN 1968b). Relativ häufig liegen weitere kardiovaskuläre Anomalien vor, unter denen eine Aortenhypoplasie, Septaldefekte und eine Pulmonalstenose im Vordergrund stehen. Bei einigen Fällen findet sich eine Aortendilatation mit Wandveränderungen, die sich im Rahmen eines Marfan-Syndroms oder eines Ehlers-Danlos-Syndroms interpretieren lassen (s. DUPUIS et al. 1991, EDWARDS 1968). Die Hypothese eines verschoben angelegten Trunkusseptum zur Erklärung des Truncus pulmonalis latus (s. BAYER et al. 1957) kommt eigentlich allein bei den Fällen mit einer koexistierenden

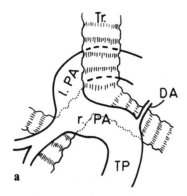

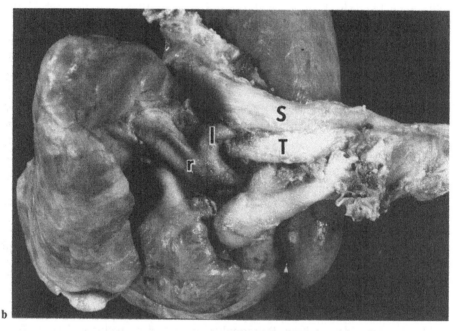

Abb. 82 a, b. Gefäßschlinge. **a** Die linke Pulmonalarterie (*l.PA*) entspringt rechts aus der rechten Pulmonalarterie (*r.PA*) und zieht nach links hinter der Trachea. **b** Ansicht von oben: linke Pulmonalarterie (*l*), die aus der rechten (*r*) entspringt und zwischen Speiseröhre (*S*) und Trachea (*T*) nach links verläuft

Aortenhypoplasie in Betracht. Bei den wenigen Fällen mit einer isolierten Dilatation der Pulmonalis ist die Anomalie nach den meisten Autoren auf eine angeborene Schwäche des Bindegewebes, insbesondere der elastischen Lamellen zurückzuführen, die Veränderung soll eine *forme frustre* des Marfan-Syndroms (McKusick 1955) oder aber eine besondere Dystrophie der Lungenschlagader darstellen (s. Bayer et al. 1957; Dupuis et al. 1991). Das Krankheitsbild ist dem der Pulmonalinsuffizienz ähnlich (s. dort).

2. Anomalien der Aorta

a) Supravalvuläre Stenosen

Hierzu gehören membranöse, annuläre und tubuläre Stenosen der aufsteigenden Aorta mit Ausschluß der Aortenhypoplasie beim Linkshypoplasiesyndrom (BLIEDEN u. EDWARDS 1973). Die supravalvulären Stenosen machen ungefähr 10% aller Stenosen des Aortentraktes aus (BEUREN 1968a; KEITH 1978d). Es besteht eine Bevorzugung des männlichen Geschlechts (FLEISCHER 1972).

Bei der annulären Form (Sanduhr-Typ) liegt an der oberen Grenze der Sinus Valsalvae eine kreisförmige, hauptsächlich durch eine Verdickung und Desorganisation der Media bedingte Einschnürung vor (EDWARDS 1965; MORROW et al. 1959; PEROU 1961). Die membranöse Form ist durch ein fibröses bzw. fibromuskuläres Diaphragma charakterisiert, während in der tubulären Form die Aortenwand meist eine diffuse fibroelastische Verdickung aufweist. Die isolierte rein hypoplastische Form ist äußerst selten (MALPARTIDA et al. 1971). Kombinierte bzw. transitionelle Formen kommen vor. Die häufigsten Begleitmißbildungen sind Stenosen der Pulmonalarterien bzw. der Aortenbogenäste, seltener findet sich eine Aortenisthmusstenose (KERBER et al. 1972) oder eine diaphragmatische Aortenkonusstenose (GOURGON et al. 1970).

Ein Teil der supravalvulären Aortenstenosen gehört zum Williams-Syndrom der debilen Dysplastiker mit koboldartigem Gesichtsausdruck (WILLIAMS et al. 1961). Eine idiopathische Hyperkalzämie liegt oft diesen Stenosen zugrunde (GARCIA et al. 1964; KOSTIS u. MOGHADAM 1970a; PANSEGRAU et al. 1973). Die supravalvulären Aortenstenosen weisen andererseits pathogenetische Beziehungen zu den postvalvulären Pulmonalstenosen auf. Eine kombinierte Aorten- und Pulmonalstenose gilt für einige Autoren als ein morphologisches Syndrom (BLIEDEN et al. 1974). Diese Assoziation kommt gelegentlich beim Williams-Syndrom auch bei Vorliegen einer Hyperkalzämie vor (BOCK et al. 1971). Auch eine Rubeoleninfektion *in utero*, die ätiologisch in der Entstehung einer postvalvulären Pulmonalstenose eine wichtige Rolle spielt, hat sich bei der erwähnten Kombination feststellen lassen (VINCE 1970). Die ringförmige supravalvuläre Aortenstenose ist auch beim Marfan-Syndrom (DENIE u. VERHEUGT 1958) und bei Zwillingen (PAGE et al. 1969) beschrieben worden.

Zur Klinik. Die Anomalie wird gut toleriert, die Patienten sind häufig beschwerdefrei. Auskultatorisch findet sich im 2. ICR links ein systolisches Ausstreibungsgeräusch, das dem der Aortenostiumstenose ähnlich ist. Ausstrahlungen in die Axillarhöhlen deuten auf das Vorliegen peripherer Stenosen der Lungenarterien hin. Die EKG-Befunde können innerhalb der Norm sein oder Zeichen einer linkskammerigen Hypertrophie unterschiedlichen Grades je nach Schweregrad der Obstruktion aufweisen. Das Röntgenbild trägt zur Diagnose wenig bei. Anhand der Doppler-Echokardiographie läßt sich die Anomalie darstellen und der Druckgradient bestimmen. Erst beim Verdacht auf eine hochgradige Stenose sind Herzsondierung und Angiokardiographie zur Messung des Druckgradienten und genauer Darstellung der Anomalie indiziert. Die Prognose ist für die meisten Fälle gut. Selten kommt Endarteriitiden oder eine Aortenruptur mit plötzlichem Tod vor. Die chirurgische Behandlung ist nur bei den schlecht tolerierten Formen angezeigt (Resektion des eingeengten Segments und End-zu-End-Anastomose, selten eine Arterienprothese bei den tubulären Formen). Die Mortalität liegt unter 5%.

b) Coarctatio aortae und Arcushypoplasie

An dem Arcus aortae lassen sich mit BONNET (1903), DOERR (1950) und EDWARDS (1968) zwei Formen konnataler Stenosen, die Coarctatio aortae (DOERRs obliterativer Typ) und die tubuläre Arcushypoplasie (DOERRs hypoplastischer Typ) unterscheiden. Die Aortenkoarktation liegt typisch in der unmittelbaren Nähe des Ductus bzw. Ligamentum Botalli, und zwar prä-, iuxta- oder postductal bzw. -ligamentär. Von außen betrachtet zeigt sie sich als eine zirkumskripte, asymmetrische, an der Außenkrümmung der Aorta ausgeprägtere Konstriktion, die sich innen in eine kreis- bis hufeisenförmige Einfaltung der Aortenwand fortsetzt und die Gefäßlichtung auf wenige Millimeter einengt (Abb. 83, 84a, b), seltener völlig verschließt (CLAGETT et al. 1954; GLANCY et al. 1983; EDWARDS et al. 1948a). Die Coarctatio aortae weist also die Form einer diaphragmatischen Stenose meist mit einem exzentrisch, gegen die Innenkrümmung des Aortenbogens zu gelegenen Ostium auf. Mikroskopisch besteht die Faltenbildung hauptsächlich aus der Aortenmedia mit polsterförmigen Intimaproliferaten (Abb. 84a, b). Die Intima ist in der Nähe der Stenose atheromatös verändert, der poststenotische Bezirk ist meist dilatiert. Weiter distal zeigt sich die Aortenwand unverändert (CLAGETT et al. 1954; HEATH u. EDWARDS 1959).

MOULAERT et al. (1976) unterscheiden am Arcus aortae ein proximales Segment (zwischen Truncus brachiocephalicus und Carotis sinistra, Durchmesser normalerweise nicht weniger als 60% von dem der aufsteigenden Aorta), ein distales Segment (zwischen Carotis und Subclavia sinistra, Durchmesser nicht weniger als 50% von dem der Aorta) und Isthmus (Durchmesser nicht weniger als 40% von dem der Aorta). Die Arcushypoplasie ist durch eine tubuläre Stenose charakterisiert, bei der ein einzelnes Segment (Abb. 85, 86) oder aber der ganze Aortenbogen befallen sein können. Am häufigsten handelt es sich um eine Isthmushypoplasie. Die Struktur der Aortenwand ist dabei nach BLIEDEN u. EDWARDS (1973) erhalten. Bei der proximalen Arcushypoplasie finden die Verfasser regelmäßig unmittelbar vor der Abgangsstelle der Subclavia sinistra eine innere, leicht in die Gefäßlichtung hineinragende Ringleiste, die aus fibroelastischen Gewebe besteht. Eine ähnliche Ringleiste beschreiben Ho u. ANDERSON (1979a) am Ostium aortoductale.

Kombinationen einer Aortenkoarktation und einer Arcushypoplasie kommen selten vor (BECKER et al. 1970b; BLIEDEN u. EDWARDS 1973; CHANG u. BURRINGTON 1972; SINHA et al. 1969). Zirkumskripte diaphragmatische Aortenstenosen an atypischen Stellen (besonders vor der Abgangsstelle der Subclavia sinistra) sind auch beschrieben worden. Nach CLAGETT et al. (1954) stellen sie etwa 3% aller Aortenkoarktationen dar.

BONNET (1903) hat in seinem grundlegenden Beitrag in einer Kasuistik aus 77 Fällen die erwähnten Formen ausführlich beschrieben und dabei die Coarctatio aortae als den „type ordinaire de l'adulte" (49 Fälle) und die Arcushypoplasie als den „type ordinaire du nouveau-né" (28 Fälle) bezeichnet. Er hat jedoch ausdrücklich darauf hingewiesen, daß die Arcushypoplasie auch beim Erwachse-

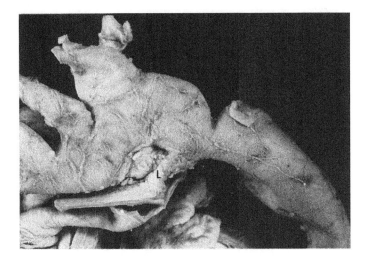

Abb. 83. Typische, postligamentöse Aortenkoarktation des Erwachsenentyps (26jähriger Mann) (*L* Ligamentum Botalli)

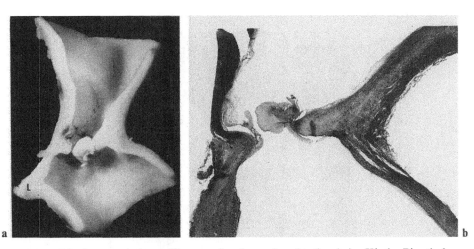

Abb. 84. Diaphragmatische, präligamentöse Aortenkoarktation beim Kinde. Bioptisches Präparat. **a** Längsschnitt (*L* Ligamentum Botalli). **b** Übersichtsschnitt. Verhoeff-van Gieson, ×3 (Nachvergr. ca. ×3)

nen (einmal in seiner Kasuistik) und die Aortenkoarktation auch beim Neugeborenen (4mal in seinem Untersuchungsgut) vorkommen kann. Den Neugeborenentyp führte er auf eine Hypoplasie zurück, den Erwachsenentyp – bei BONNETs Kasuistik auch meist postligamentär – sah er mit einem atypischen Verschlußvorgang des Ductus arteriosus verbunden. Er machte ferner darauf aufmerksam, daß beim Neugeborenentyp fast regelmäßig Begleitmißbildungen vorkommen, wodurch er die schlechtere Prognose dieser Form und deren häufigeres Vorkommen beim Kleinkind erklärte. Schließlich deutete er auf die Möglichkeit hin, daß sich

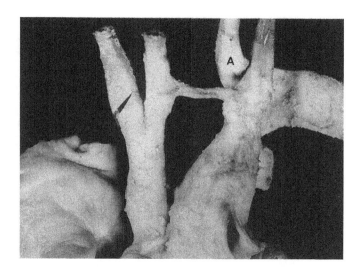

Abb. 85. Distale Arcushypoplasie. Aortenbogenäste von links nach rechts (im Bild): Carotis dextra, Carotis sinistra, Subclavia sinistra, dahinter die Subclavia dextra (*A* A. lusoria)

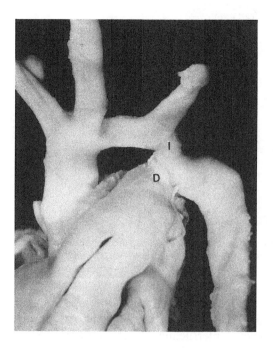

Abb. 86. Tubuläre Stenose des distalen Arcussegmentes und Isthmus aortae (*I*). Weit offener arterieller Gang (*D*)

diese Begleitmißbildungen als ein prädisponierender Faktor zur Entstehung der Isthmushypoplasie auswirken. Seine Ausführungen beinhalten also die wichtigsten Fragestellungen, die heute diskutiert werden, gegen seine Unterscheidung von einer beim Erwachsenen und einer beim Neugeborenen *üblichen* Grundform ist eigentlich nichts einzuwenden. Charakteristika des Neugeborenentyps sind: präductale Isthmusstenose in Form einer tubulären Hypoplasie, häufig Begleitmißbildungen, fehlendes oder wenig entwickeltes Kollateralsystem. Charakteristika des Erwachsenentyps sind: Ductus meist geschlossen, iuxta- oder postligamentäre Isthmusstenose in Form einer diaphragmatischen Stenose, meist fehlende Begleitmißbildungen, stark entwickeltes Kollateralsystem. Der Sitz der Stenose in Bezug auf den Ductus ist anscheinend für den Entwicklungsgrad des Kollateralsystems maßgebend: eine präductale Stenose bedeutet keine große Störung der Fötalzirkulation, die zum größten Teil über den Ductus erfolgt. Daher entwickelt sich keine Kollateralzirkulation beim infantilen Typ, was jedoch dazu führt, daß *post partum* die Stenose schlecht toleriert wird. Das Gegenteil gilt für die postduktale Stenose, wird nämlich die Anomalie *in utero* überstanden, so erfolgt dies dank der Entwicklung des Kollateralsystems, was den Organismus in die Lage bringt, die Anomalie auch postnatal zu ertragen (bei experimentell erzeugten Aortenkoarktationen an verschiedenen Stellen haben jedoch HALLER et al. (1973) keinen Unterschied im Entwicklungsgrad des Kollateralsystems nachgewiesen). Am linken Ventrikel bildet sich eine Druckhypertrophie aus, erst beim Herzversagen stellt sich zusätzlich eine myogene Myokarddilatation ein. Gelegentlich finden sich arteriosklerotische Veränderungen der Kranzgefäße (VLODAVER u. NEUFELD 1968). Das Kollateralsystem entwickelt sich prinzipiell über die Arteriae thoracicae (mammariae) internae, intercostales und subscapulares (Abb. 87, s. EDWARDS et al. 1948b). Bei der Coarctatio vor der Subclavia sinistra bildet sich das Kollateralsystem aus der Subclavia dextra aus.

In einer zahlreichen Kasuistik haben CHANG u. BURRINGTON (1972) den Sitz der Isthmusstenosen in Bezug auf den Ductus oder das Ligamentum Botalli beim Kinde und Erwachsenen untersucht (Tabelle 28). Bei Kindern unter 1 Jahr war die Isthmusstenose in über 80% präductal (nach GLASS et al. 1960 in 90%; nach TAWES et al. 1969 in 50%). ELZENGA u. GITTENBERGER-DE GROOT (1983) finden keine postductale Isthmusstenose bei Kindern unter 5 Jahren. Im Untersuchungsgut von CHANG u. BURRINGTON (1972) war die Isthmusstenose bei älteren Individuen fast in 80% iuxta- oder postligamentös.

Der Unterschied von beiden Grundformen in Bezug auf die Häufigkeit von Begleitmißbildungen ist ebenfalls wiederholt bestätigt worden. RUDOLPH et al. (1972) finden Begleitmißbildungen bei der Aortenkoarktation in 22%, bei der Arcushypoplasie in 100% der Fälle. Nach BECKER et al. (1970b) kommen Assoziationsanomalien bei der proximalen Arcushypoplasie ebenfalls in 100%, nach SINHA et al. (1969) in 80% der Fälle vor. Auch die Art der Begleitmißbildungen ist dabei meist anders. Bei der Aortenkoarktation kommen die Bikuspidalaortenklappe und der Ductus apertus am häufigsten, seltener ein Septaldefekt oder Mitralanomalien vor (s. CLAGETT et al. 1954; FONTANA u. EDWARDS 1962; GLANCY et al. 1983). Bei der tubulären Aortenstenose, besonders bei der proximalen Arcushypoplasie, finden sich hingegen oft schwere Begleitmißbildungen, darunter ein Ostium atrioventriculare commune, eine arterielle Transposi-

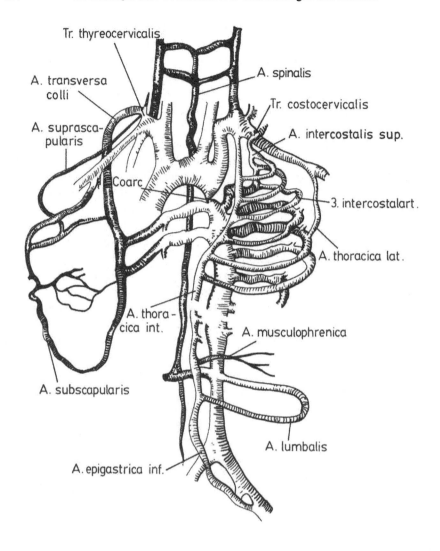

Abb. 87. Kollateralzirkulation bei der Coarctatio aortae. (Nach EDWARDS et al. 1948b, verändert)

tion, eine Einzelkammer, eine Aortenatresie oder ein Linkshypoplasiesyndrom (s. BECKER et al. 1970b; SINHA et al. 1969). Die Arcushypoplasie wird verständlicherweise überwiegend beim Säugling vorgefunden (BECKER et al. 1970b; BODARWE et al. 1971; CHANG u. BURRINGTON 1972; LE LOC'H u. KACHANER 1972; LOTH et al. 1972; SINHA et al. 1969). Während beim Säugling die Todesursache prinzipiell von den Begleitmißbildungen bestimmt wird und das Herzversagen in ca. 75% der Fälle eintritt (CHANG u. BURRINGTON 1972), ist die Todesursache bei älteren Kindern und beim Erwachsenen nur in ca. 20% auf eine Herzinsuffizienz, dagegen in ca. 20% jeweils auf eine Aortenruptur oder eine bakterielle Endokarditis bzw. Endarteritis, in ca. 10% auf eine Hirnblutung und in etwa 25% der Fälle auf andere interkurrierende Prozesse zurückzuführen (s. auch REIFSTEIN et al.

Tabelle 28. Verteilung der Isthmusstenosen je nach Sitz und Altersgruppe. (Nach CHANG u. BURRINGTON 1972)

Sitz	Altersgruppen		Anzahl
	Unter 1 Jahr	Älter	
Präduktal	78	4	82
Iuxtaduktal	6	13	19
Postduktal	6	13	19
Präligamentär	2	2	4
Iuxtaligamentär	1	57	58
Postligamentär	1	51	52
	94	140	234

1947; über dissezierendes Aneurysma bei der Aortenkoarktation s. MONROY et al. 1972).

Zahlenangaben über die Häufigkeit der Isthmusstenose schwanken gewöhnlich zwischen 5 und 10% aller Herzgefäßmißbildungen (FONTANA u. EDWARDS 1962; McNAMARA u. ROSENBERG 1968a). Sie kommt mit einer ausgeprägten Bevorzugung des männlichen Geschlechts im Verhältnis von ca. 2:1 nach CLAGETT et al. (1954) bis 5:1 nach REIFSTEIN et al. (1947) vor. Bei der Kombination mit einer Aorten- und Mitralatresie besteht anscheinend keine Androtropie (VON RUEDEN et al. 1975).

Die formale Genese der Coarctatio aortae ist immer noch unklar. Da typische Aortenkoarktationen mit einem Ductus apertus vorkommen, läßt sich die Entstehung der Anomalie einfach auf den Verschlußvorgang des arteriellen Ganges nicht zurückführen. Der Verschluß des Ductus arteriosus könnte jedoch eine schon vorhandene Faltenbildung der Aortenwand verstärken (RUDOLPH u. HEYMANN 1972, RUDOLPH et al. 1972). Die Annahme aber, daß dem Ductus entsprechende Anteile der VI. Kiemenbogenarterie irgendwie an der Bildung der Aortenplikatur beteiligt seien, zeigt sich heute durch den Befund veränderten Ductusgewebes an der Faltenbildung unterstützt (ELZENGA u. GITTENBERGER-DE GROOT 1983; OPPENHEIMER-DEKKER et al. 1981). Diese fehlerhafte Gewebekomposition läßt sich als akzidentelle Regression und proliferativ-kompensatorische Überschußbildung der verschiedenen geweblichen Bestandteile im Sinne einer *Nekrohamartose* auffassen (DOERR 1970). Derartige Gewebe werden jedoch bei den mit einem Linkshypoplasiesyndrom kombinierten Aortenkoarktationen vermißt (ELZENGA u. GITTENBERGER-DE GROOT 1985).

Die Arcushypoplasie ist wahrscheinlich hämodynamisch bedingt. Dafür spricht, daß die Isthmushypoplasie bei denjenigen Mißbildungen, die eine vermehrte Durchströmung des Isthmus bewirken, meist vermißt wird dagegen bei denjenigen, die mit einer verminderten Durchströmung verbunden sind, häufig vorkommt (RUDOLPH u. HEYMANN 1972; RUDOLPH et al. 1972; SHINEBOURNE u. EL SEED 1974). Zu den ersteren gehören die schwere Pulmonalstenose bzw. -atresie, die Fallotsche Tetrade und die Trikuspidalstenose bei regelrechter Stellung der großen Gefäße, zu den letzteren die Aortenatresie, der Canalis atrioventricularis, die Trikuspidalatresie mit arterieller Transposition, die Ventrikelseptumdefekte mit subaortaler Muskelstenose, obstruktive Architekturanomalien des linken Ventrikels und Anomalien der Mitralis (s. auch MOENE et al. 1981, 1982; MOULAERT et al. 1976; OPPENHEIMER-DEKKER et al. 1981).

Es stellt sich schließlich die Frage nach der möglichen pathogenetischen Beziehungen zwischen der Arcushypoplasie und der Coarctatio aortae, und zwar im Sinne, daß sich eine tubuläre Stenose mit der Zeit durch einen fortschreitenden Einfaltungsvorgang der Aortenwand in eine diaphragmatische Aortenstenose umwandeln könne. Der Sitz der Stenose verschiebe sich unter der Einwirkung hämodynamischer Faktoren, die präduktalen Stenosen würden mit der Zeit iuxtaductale und endlich postductale Stenosen (ELZENGA u. GITTENBERGER-DE GROOT 1983). Gegen diese Auffassung ist dreierlei einzuwenden. Kombinierte Stenosen, die als Transitionsformen aufgefaßt werden könnten, sollten demnach etwa ebenso häufig wie die rein tubuläre bzw. diaphragmatische Stenose vorkommen, was nicht der Fall ist. Am proximalen Arcussegment sollte die diaphragmatische Stenose etwa ebenso häufig wie die tubuläre Form sein, was ebenfalls nicht der Fall ist. Da die Isthmushypoplasie hämodynamisch als Folge bestimmter Herzmißbildungen entstehen soll, sollten diese letzteren auch bei der Aortenkoarktation vorliegen. Die typische Aortenkoarktation kommt aber meist als eine isolierte Anomalie vor.

Zur Klinik. Folgen der Aortenisthmusstenose sind eine Hypertonie an den prästenotischen Arteriengebieten, eine Hypotonie an den poststenotischen Gefäßprovinzen, eine linkskammerige Herzhypertrophie und eine fortschreitende Ausbildung von Kollateralen, was zur besseren Durchblutung der distalen Versorgungsgebiete und wahrscheinlich auch zur Senkung der hohen beim Neugeborenen und Säugling feststellbaren Blutdruckwerte beiträgt. Liegt beim Neugeborenen, bei dem noch hohe Blutdruckwerte im kleinen Kreislauf herrschen, ein offener Ductus Botalli prästenotisch vor, so entsteht dadurch ein Linksrechts-Shunt oder aber ein ausgeglichener Kurzschluß. Bei offenem poststenotisch gelegenem Ductus arteriosus entsteht dagegen ein Rechts-links-Shunt. In diesem Falle können die Pulse an den Femoralarterien fühlbar sein. An den unteren Extremitäten kann eine Zyanose vorliegen. Das Krankheitsbild ist je nach Vorliegen der schlecht tolerierten Form des Säuglings bzw. der des älteren Kindes unterschiedlich.

Die *Form des Säuglingsalters.* Die Beschwerden treten früh im Leben, schon im 1. oder 2. Lebensmonat ein, das sind schwere, relativ schnell einsetzende Herzinsuffizienz und Hypertonie, die Pulse an den Femoralarterien fehlen. In ca. 75% der Fälle ist dabei die Isthmusstenose mit weiteren kardiovaskulären Anomalien assoziiert. Bei der isolierten Form bestehen die Auskultationsbefunde nur in einem leisen systolischen Geräusch mit *Pct. max.* im 2. und 3. ICR links und am Rücken. Das Röntgenbild zeigt eine linkskammerige Herzvergrößerung und regelrechte Verhältnisse der Lungengefäßzeichnung. Am EKG finden sich in den ersten Lebensmonaten eine Rechtsstellung der elektrischen Achse und Zeichen einer Belastung der rechten Herzhöhlen, später treten die der linksventrikulären Belastung auf. Die Begleitmißbildungen erschweren die Diagnosestellung, schwache bzw. fehlende Pulse an den Femoralarterien und eine Blutdruckdifferenz von mindestens 20 mm Hg der systolischen Werte an den oberen und unteren Gliedmaßen lassen aber die Verdachtsdiagnose stellen.

Die *Form des älteren Kindes*. Die Isthmusstenose ist meist gut toleriert und wird nicht selten erst bei einer Routineuntersuchung wegen fehlender Pulse an den unteren Extremitäten oder einer Hypertonie entdeckt. Der Hypertonus ist in der Regel nur mäßig stark. Gelegentlich besteht eine Claudicatio intermittens. Auskultatorisch findet sich im 2. ICR links und am Rücken ein mittellautes systolisches Geräusch mit akzentuiertem 2. Ton. Am Röntgenbild läßt sich meist eine normale Herzsilhouette oder eine leichte Vergrößerung der linken Kammer feststellen. Die prä- und poststenotische Aortendilatation ruft eine charakteristische Ösophagusimpression am Ösophagogramm mit Bariumbrei (sog. ε-Zeichen) hervor. Die Usuren an den unteren Rändern der Rippen sind in diesem Alter häufig. Am EKG sind keine Veränderungen oder aber Zeichen einer linksventrikulären Herzhypertrophie festellbar. Die Isthmusstenose kommt in diesem Alter meist isoliert vor.

Anhand der Doppler-Echokardiographie läßt sich beim Säugling und älteren Kind die Diagnose der Isthmusstenose und der eventuellen Begleitmißbildungen stellen. Die Herzsondierung ist beim Säugling vor allem zur genauer Diagnosestellung der Begleitmißbildungen unentbehrlich, da diese in großem Maße die Art der chirurgischen Behandlung bestimmen. Bei der schlecht tolerierten Form ist zunächst eine intensive und lang dauernde medikamentöse Behandlung indiziert, bei fehlender Ansprechbarkeit ist die Operation angezeigt. Statt der Resektion wird heute der sog. „Subclavia-Lappen" als ein Flicken zur Erweiterung des eingeengten Abschnitts benutzt. Weitere operative Verfahren sind den vorliegenden Begleitmißbildungen entsprechend durchzuführen. Bei der isolierten Form sind die chirurgischen Kurz- und Langzeitergebnisse ausgezeichnet. Bei den restlichen Formen hängen sie mit der Art der Begleitmißbildungen zusammen, dabei ist oft nach einiger Zeit eine zweite Operation nötig. Bei der isolierten Form des älteren Kindes wird die Indikation zum chirurgischen Eingriff bei Druckdifferenzen über 40 mm Hg gestellt. Elektiv ist die Operation im Alter von 3–5 Jahren vorzunehmen, um eine residuale Hypertonie zu vermeiden. Der Spontanverlauf ohne Operation ist langfristig schlecht. Die Hauptkomplikationen beim Erwachsenen sind eine fortschreitende Hypertonie und Hirnblutungen. Der Tod vor dem 40. Lebensjahr ist dabei häufig.

Das Krankheitsbild der proximalen bzw. distalen Arcushypoplasie ist dem der Isthmusstenose ähnlich. Die operativen Verfahren sind jedoch anders, die chirurgischen Ergebnisse zeigen sich dabei nicht so gut wie die der Isthmusstenose. Die Patienten mit einer Koarktation an atypischer Stelle sind in der Regel beschwerdefrei und bedürfen nur selten einer chirurgischen Behandlung.

c) Pseudocoarctatio aortae

Diese Bezeichnung wurde 1952 von DOTTER u. STEINBERG für eine leichte Form der Aortenkoarktation eingeführt. Anatomisch zeigt sich die Anomalie als eine fibroelastische, bogenförmige Leistenbildung am inneren Umfang des Isthmus mit geringgradiger poststenotischer Dilatation und fehlender Entwicklung von Kollateralen (HAGSTROM u. STEINBERG 1962; STEINBERG u. HAGSTROM

1962). BAHABOZOURGUI et al. (1971) beschreiben jedoch eine aneurysmatische Dilatation des poststenotischen Aortenabschnitts. BRUWER u. BURCHELL (1956) haben die Anomalie röntgenologisch rein deskriptiv als eine Knick- oder Buckelbildung des Arcus aortae charakterisiert, eine Veränderung, die nach EDMUNS et al. (1962) eigentlich nicht der Pseudocoarctatio entspricht. SMYTH u. EDWARDS (1972) fassen jedoch die Knickbildung und die Pseudocoarctatio aortae als dieselbe Anomalie auf, die eine geringgradige Koarktation, eine „forme frustre" nach GOERTTLER (1968), darstellen soll.

d) Stenosen der Aortenbogenäste

Konnatale Stenosen der Aortenbogenäste kommen selten vor (s. MASSUMI 1963; SHAHER et al. 1972b). Eine umfassende Darstellung nach anatomisch-vergleichenden und embryologischen Gesichtspunkten findet sich bei GALGANO (1972). Von besonderer klinischer Bedeutung sind die Stenosen und Atresien (GERBER 1967) der Arteriae subclaviae vor der Abgangsstelle der Arteriae vertebrales, sie bewirken einen retrograden Blutstrom durch die zuletzt genannten Gefäße und damit eine zerebrale Ischämie und Claudicatio des Armes (sog. Subklavia-Stealsyndrom, umfassende Darstellung bei PIFARRÉ u. ROUSE 1974; s. auch ANTIA u. OTTESEN 1966). Eine proximale Stenose, seltener eine Atresie der Subclavia sinistra kommt gelegentlich bei der Aortenkoarktation vor (BRADLEY 1966; CLAGETT et al. 1954; McNAMARA u. ROSENBERG 1968a). In der Regel sind die Patienten beschwerdefrei, gelegentlich treten Schwindel auf. Die Anomalie wird meist zufällig wegen des Befundes eines Geräusches an den Halsgefäßen entdeckt. Selten bedarf sie einer chirurgischen Behandlung.

e) Konnatale Stenose der Aorta abdominalis

Eine angeborene Einengung der Bauchaorta kommt selten vor. Eine Literaturübersicht und Zusammenstellung von 110 Fällen finden sich bei BEN-SHOSHAN et al. (1973; s. auch JANICĚK u. HOLLMOTZ 1971; MÜLLER-WIEFEL et al. 1973; SPROUL u. PINTO 1972). Man unterscheidet eine tubuläre hypoplastische und eine zirkumskripte annuläre Form. Je nach Form und Lokalisation in Bezug auf die Nierenarterien verteilen sich 93 von BEN-SHOSHAN et al. (1973) zusammengestellte Fälle wie folgt: suprarenale tubuläre Form 15%, suprarenale annuläre Form 13%, interrenale (annuläre) Form 35%, infrarenale Lokalisation (beide Formen zusammen) 15% und diffuse (tubuläre) Form 21%. Das weibliche Geschlecht ist im Verhältnis von ca. 2:1 bevorzugt. Die Pathogenese ist unbekannt, die Rolle einer Rubeoleninfektion wird diskutiert.

Das Krankheitsbild ähnelt dem der Aortenisthmusstenose, eine Claudicatio intermittens ist jedoch häufiger. Herzgeräusche fehlen, es finden sich aber am Bauch systolische oder aber kontinuierliche Geräusche. Die Diagnose ist anhand einer Bauchaortographie zu bestätigen. Die Indikation zur Operation ist so gut wie unvermeidlich (Anlegung einer Umgehungsprothese zwischen prä- und poststenotischem Aortenabschnitt). Die chirurgischen Ergebnisse sind gut. Der Spontanverlauf ist schlecht.

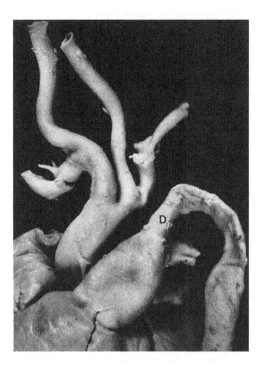

Abb. 88. Interruption des Arcus aortae, Typ A (*D* Ductus Botalli)

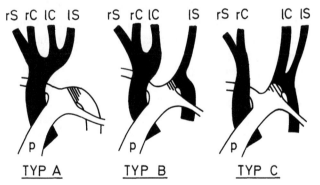

Abb. 89. Die drei Grundtypen der Interruption des Arcus aortae. (Nach KINSLEY et al. 1972, verändert). *rS* Subclavia dextra, *rC* Carotis dextra, *lC* Carotis sinistra, *lS* Subclavia sinistra, *P* Pulmonalis, *schraffiert:* Ductus Botalli

f) Interruption des Arcus aortae

Die Unterbrechungen des Aortenbogens sind formalgenetisch mit der Arcushypoplasie bzw. -atresie verwandt, sie kommen auch an den 3 Arcussegmenten vor: an dem Isthmus (Abb. 88), am distalen bzw. proximalen Segment. Diesen Lokalisationen der Unterbrechung entsprechen die Typen A, B bzw. C der Arcusinterruption nach CELORIA u. PATTON (1959, Abb. 89). Bei jeder dieser Hauptformen kann die Arteria subclavia dextra aus dem proximalen Segment der

Aorta descendens als die *Arteria lusoria* entspringen (BLAKE et al. 1962; CELORIA u. PATTON 1959; IMMAGOULOU et al. 1972; McNAMARA u. ROSENBERG 1968 b). Beim Typ B ergeben sich mehrere Varianten je nach der Ursprungsstelle der ektopischen rechten Subclavia: sie kann ferner aus dem rechten Pulmonalast bei einem persistierenden Ductus arteriosus dexter oder aber aus der Carotis communis als ein dritter Ast des Truncus brachiocephalicus entspringen. Letztere Variante erklärt sich durch die Persistenz des Ductus caroticus (Segment der Aorta dorsalis zwischen III. und IV. Kiemenbogenarterie) und Rückbildung des mittleren und distalen Segments des IV. Aortenbogens (näheres bei KUTSCHE u. VAN MIEROP 1984). Selten liegt auch beim Typ B ein rechter Aortenbogen vor (PIERPONT et al. 1982).

In der Mehrzahl der Fälle kommt die Arcusinterruption zusammen mit einem Ventrikelseptumdefekt und einem persistierenden Ductus Botalli als eine Triade vor (EVERTS-SUAREZ u. CARSON 1959), die auch als der Steidele-Komplex bekannt ist (LIE 1967; TAKASHINA et al. 1972). Ein Ventrikelseptumdefekt liegt in 93–95% der Fälle vor (CHIEMMONGKOLTIP et al. 1971; KINSLEY et al. 1972; LIE 1967; MOLLER u. EDWARDS 1965). Bei fehlendem Ventrikelseptumdefekt handelt es sich meist um den Typ A (TAKASHINA et al. 1972; VAN MIEROP u. KUTSCHE 1984). Fälle ohne einen Ductus apertus (mit Ausbildung eines Kollateralsystems) sind sehr selten (DISCHE et al. 1975; JAFFE 1976 b; MORGAN et al. 1970; PILLSBURY et al. 1964; SHARRAT et al. 1975). Statt eines Ventrikelseptumdefekts kann ein aortopulmonales Fenster vorliegen. Diese Kombination wird von BRAULIN et al. (1982) als ein weiterer Komplex aufgefaßt, er kommt vorwiegend beim Typ B vor. Am seltensten ist der Typ C (Zusammenstellungen bei BARRAT-BOYES et al. 1972; CHIEMMONGKOLTIP et al. 1971; IMMAGOULOU et al. 1972). Die Arcusatresien verhalten sich klinisch wie die Interruptionen und werden von einigen Autoren zu den Unterbrechungen des Aortenbogens gezählt. Nach BRAULIN et al. (1982) stellen die Arcusinterruptionen ca. 1% aller Herzgefäßmißbildungen dar. Bei 115 Fällen (McNAMARA u. ROSENBERG 1968 b) ergibt sich die folgende Häufigkeitsverteilung für die 3 Hauptformen: Typ A 40%, Typ B 56% und Typ C ca. 4% (ähnliche Prozentzahlen bei LIE 1967 und TAKASHINA et al. 1972). Die Geschlechtsverteilung zeigt sich bei einigen Kasuistiken ausgeglichen (LIE 1967), bei anderen besteht eine leichte Bevorzugung des weiblichen Geschlechts (TAKASHINA et al. 1972).

Als weitere Begleitmißbildungen sind der aortopulmonale Defekt (gelegentlich außer einem Ventrikelseptumdefekt, CHIEMMONGKOLTIP et al. 1971), ein Vorhofseptumdefekt (in 60% der Fälle bei LIE 1967), eine Aortenhypoplasie, Bikuspidalaortenklappe, Aortenstenose, arterielle Transposition, reitende Pulmonalis, der Atrioventrikularkanal, ein bilateraler Ductus, eine reitende Trikuspidalis, Trikuspidalatresie, Mitralanomalien, ein Truncus arteriosus persistens, eine Aortenkoarktation (s. auch MOORE u. HUTCHINS 1978; OPPENHEIMER-DEKKER et al. 1982; ROBERTS et al. 1962; TESTELLI 1972; THIENE et al. 1975; VAN MIEROP u. KUTSCHE 1984). TIKOFF u. BLOOM (1970) berichten über einen Fall mit dissezierendem Aneurysma der Pulmonalarterie.

Die Pathogenese der Unterbrechung des Aortenbogens ist nicht geklärt. Ob der fehlende Abschnitt auf einen involutiven Prozeß oder aber auf eine fehlende Anlage zurückzuführen sei, steht noch offen. Die Anordnung beim Typ A, dessen

Verwirklichung erst nach Abschluß des kranialwärtigen Wanderungsvorgangs der linken Subklavia entlang dem distalen Segment der IV. Kiemenbogenarterie, welches gerade bei diesem Typ fehlt, denkbar ist, spricht für einen Rückbildungsvorgang (VAN MIEROP u. KUTSCHE 1984). Nach einigen Autoren spielen in der Entstehung der Arcusinterruption hämodynamische Faktoren eine wichtige Rolle (s. MOORE u. HUTCHINS 1978). Nach VAN MIEROP u. KUTSCHE (1984) bestehen pathogenetische Beziehungen der Isthmusstenose zum Typ A, der Typ B sei dagegen früher determiniert und mit dem Di George-Syndrom pathogenetisch verwandt (s. auch DUNCAN et al. 1984).

Zur Klinik. Das Krankheitsbild kann das einer Aortenisthmusstenose vortäuschen, die operative Behandlung ist jedoch immer noch mit technischen Schwierigkeiten verbunden. Fast immer ist die Anomalie allein bei einem offenen Ductus Botalli mit dem Extrauterinleben vereinbar, so daß der Spontanverschluß des arteriellen Ganges bei ungenügender Wirksamkeit von Kollateralen zum Tode führt. Beim persistierenden Ductus Botalli entwickelt sich in kurzer Zeit eine Lungengefäßerkrankung. Das Krankheitsbild tritt schon beim Neugeborenen in Erscheinung, dabei steht die Herzinsuffizienz im Vordergrund. Die Feststellung einer Druckdifferenz zwischen den Druckwerten am rechten Arm und niedrigeren Druckwerten am linken Arm, die denen der unteren Extremitäten gleichen, und der Befund einer auf die unteren Gliedmaßen beschränkten Zyanose führen zur Verdachtsdiagnose. Die EKG-Befunde und das Röntgenbild sind denen der Aortenisthmusstenose ähnlich. Echokardiographisch kann die Anomalie mit einer Aortenkoarktation und der persistierende Ductus mit einer segmentären Aortenhypoplasie verwechselt werden, daher ist die angiokardiographische Untersuchung zur Bestätigung der Diagnose erforderlich. Der Spontanverlauf ist sehr schlecht. Die mittlere Überlebenszeit beträgt nur 1 Jahr. Die medikamentöse Therapie hat keinen Erfolg. Die chirurgische Behandlung ist möglichst schon beim Neugeborenen durchzuführen, sie wird meist in 2 Phasen vorgenommen, und zwar besteht die erstere in einer Rekonstruktionsoperation der Aorta und einer Palliativoperation der Begleitmißbildungen, die zweite in der Totalkorrektur der letzteren. Die Gesamtmortalität beträgt ca. 50%, es besteht also immer noch eine getrübte Prognose.

3. Persistenz des Ductus arteriosus

a) Zum normalen Wandbau und Verschlußvorgang

Der Ductus Botalli weist beim reifen Neugeborenen eine stark entwickelte, mit unregelmäßigen Verdickungen (sog. Intimapolster) versehene Intima auf, die gegen die Media von einer kräftigen, häufig unterbrochenen Elastica interna abgegrenzt ist. Die locker aufgebaute Media besteht prinzipiell aus spiralig verlaufenden Muskelbündeln, die unter der Elastica interna in Längszüge, neben der Adventikia in eine Ringschicht angeordnet sind. In der inneren Schicht der Media ist charakteristischerweise eine lakunäre Muskeldissoziation (präparatorische Angiomalazie MEYERS u. SIMONS 1960) nachweisbar. Eine Elastica externa fehlt (Abb. 90, näheres bei BENNINGHOFF 1930 und MEYER u. SIMON 1960; über die

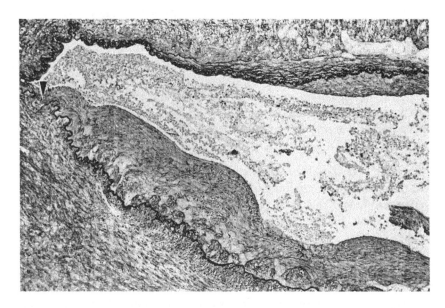

Abb. 90. Ductuswand bei einem reifen Neugeborenen. Ausgeprägte Intimapolster, starke Elastica interna (teilweise unterbrochen: *Pfeilkopf*), Grundsubstanzen in der Intima und Media. Verhoeff-van Gieson, ×80 (Nachvergr. ca. ×3)

Feinstruktur s. SILVER et al. 1981). Beim normalen Verschlußvorgang des arteriellen Ganges dürfen 3 Phasen unterschieden werden, und zwar die präparatorische Angiomalacie, der funktionelle und der anatomische Verschluß. Die präparatorische Angiomalacie beginnt im 7. Schwangerschaftsmonat, mit MEYER u. SIMON (1960) darf man sie als einen Reifungsvorgang betrachten, wodurch der Ductus die geeignete Plastizität für eine effiziente Kontraktion gewinnt. Die Ductuskontraktion beginnt am Ostium ductupulmonale und schreitet von dort zum aortalen Ostium fort (s. HEYMANN 1983); 10–15 h nach der Geburt ist der Gang funktionell geschlossen (RUDOLPH 1970). Die Kontraktion wird prinzipiell durch die Erhöhung der O_2-Blutspannung ausgelöst (KOCH 1972; MARQUIS 1968; McMURPHY et al. 1972; MOSS et al. 1964; RUDOLPH 1970). Der Mechanismus des Ductusverschlusses ist jedoch nicht genau bekannt. Nach der Hypothese von COCEANI u. OLLEY (1983) wirkt sich der Sauerstoff direkt auf die Ductusmuskulatur aus, dieser vasokonstriktorische Effekt soll ferner durch den nachgewiesenen steilen postnatalen Abfall von Prostaglandinen E verstärkt werden (über weitere Hypothesen s. COCEANI u. OLLEY 1983). Der vasodilatatorische Effekt von Prostaglandinen E wird therapeutisch durch intravenöse Infusion von Prostaglandin E1 zur Weitstellung des arteriellen Ganges bei den sog. ductusabhängigen Mißbildungen benutzt. Ob diese Behandlung Veränderungen an der Ductuswand, darunter Intimaeinrisse, Wandödem und -blutungen und Thrombenbildungen herbeiführt, ist umstritten (s. CALDER et al. 1984; GITTENBERGER-DE GROOT et al. 1978, 1980c, 1988; IN-SOOK et al. 1983). Eine effiziente, anhaltende Ductuskontraktion während der 1. Lebenswoche zeigt sich als Voraussetzung für den anatomischen Verschluß (kritische Phase nach DOERR 1960 und MITCHELL 1957). Sinkt die O_2-Blutspannung während der kritischen Phase ab, so kann sich der

Ductus wieder öffnen (KOCH 1970; RUDOLPH 1970). Schon zu Beginn dieser Phase können an der Ductuswand Intimaeinrisse, Blutungen, Nekrose, Fibrinbeläge und Thrombenbildungen auftreten (s. auch SILVER et al. 1981). Der Obliterationsprozeß geht meist vom Ostium ductupulmonale aus (GOERTTLER 1968). Die Obliteration erfolgt wegen Größenzunahme der Intimapolster und Organisation der evtl. vorliegenden Thrombenbildungen (JAGER u. WOLLENMAN 1942). Die Vergrößerung der Intimapolster ist durch Faltenbildungen der Intima wegen der Kontraktion des Gefäßes und durch eine Intimaproliferation bedingt. Nach Ho u. ANDERSON (1979b) sind prinzipiell Muskelzellen der Media daran beteiligt (eine ultrastrukturelle Untersuchung beim Hunde findet sich bei GITTENBERGER-DE GROOT et al. 1985). Der Ductus Botalli ist nach JAGER u. WOLLENMAN (1942) gegen Ende des 1. Lebensmonats, nach CHRISTIE (1930) nur in 80% der Fälle in der 6. Lebenswoche geschlossen (über die Ductusstruktur an den arteriellen Transitionszonen s. ELZENGA 1986).

b) Protrahierter bzw. frühzeitiger Verschluß

Ein protrahierter Verschluß des arteriellen Ganges meist jedoch binnen der ersten drei Lebensmonate ist oft mit einer Frühgeburt oder aber einem überstandenen Atemnotsyndrom des Neugeborenen verbunden (DANILOWICZ et al. 1966; HEYMANN 1983; KOCH 1970; RUDOLPH 1970). Der protrahierte Ductusverschluß bei Frühgeborenen läßt sich pathogenetisch auf eine inkomplette präparatorische Angiomalazie, einen unreifen Ductus (GITTENBERGER-DE GROOT et al. 1980b) beziehen. Dafür sprechen in vitro Versuche, bei denen die Ansprechbarkeit des Ductus auf die O_2-Spannung mit dem Schwangerschaftsalter zunimmt (McMURPHY et al. 1972). Umgekehrte Verhältnisse scheinen für die Ansprechbarkeit auf Prostaglandine E zu bestehen (s. COCEANI u. OLLEY 1983). Die pathogenetische Beziehung zum Atemnotsyndrom ist nicht restlos geklärt, dabei handelt es sich nicht nur um die mit diesem Syndrom verbundene Hypoxämie (s. FRIEDMAN 1983; OBLADEN 1983). Als ein weiterer pathogenetischer Faktor kommt theoretisch ein postnatal ausbleibender Abfall von Prostaglandinen E in Betracht (s. HEYMANN 1983).

Der frühzeitige Verschluß kommt äußerst selten vor. Dabei handelt es sich eigentlich um eine pränatal einsetzende, vom Ostium aortoductale ausgehende Ductuskontraktion, die zu einer akuten, tödlichen Herzinsuffizienz führt. Die Pathogenese ist nicht bekannt (s. BECKER u. ANDERSON 1981; BECKER et al. 1977).

c) Der Ductus arteriosus persistens

Nach GERHARDT (1897) lassen sich beim persistierenden Ductus Botalli 4 Formen unterscheiden, und zwar der Zylindertyp (häufigste Form, s. GERHARDT 1897), der Trichtertyp (beim geschlossenen Ostium ductupulmonale), der Fenstertyp (extrem kurzer Gang) und der aneurysmatische Typ. In BANKLs Kasuistik von 26 Fällen (1970) waren diese Formen jeweils 9-, 4-, 6- und 7mal vertreten. Länge und Durchmesser des persistierenden Ductus liegen meist unter 10 mm, der Durchmesser beträgt gewöhnlich 5–8 mm, einen im Durchmesser über 9 mm haltenden Gang findet MARQUIS (1968) in 10% der Fälle unter 12 Jahre, dagegen in einem Drittel der älteren Patienten. Nach OLDHAM et al. (1964) kommt der sog. arterielle Riesengang (von über 15 mm im Durchmesser) in ca. 4% der Fälle (bei GERHARDT ein Fall von SANDERS eines persistierenden Ductus fast mit der Weite der Aorta). Auch die Aneurysmata können mehrere Zentimeter betragen. Die meisten davon sind spindelförmig, tubuläre bzw. dissezierende Formen kommen auch vor (s. FALCONE et al. 1972). Gelegentlich handelt es sich um postoperativ entstandene Aneurysmen.

Das Aneurysma des Ductus arteriosus kommt am häufigsten beim Säugling vor und ist nach ELCHARDUS et al. (1972) beim Totgeborenen nicht beschrieben worden, was auf eine postnatale Entstehung hinweist. FALCONE et al. (1972) stellen 61 Fälle zusammen, von denen über 75% Säuglingen unter 2 Monate entsprechen. Bis 1980 sollen über 70 Fälle mitgeteilt worden sein (MENDEL et al. 1980; ein im Leben diagnostizierter Fall bei INGRISCH et al. 1974; bei FERLIC et al. 1975 ein Fall eines rupturierten Ductusaneurysma mit erfolgreicher chirurgischer Behandlung). Pathogenetisch kommen ein partieller Verschluß, Wandnekrosen, Entzündungen und eine akzentuierte Angiomalacie in Betracht (s. TUTASSAURA et al. 1969). Beim Säugling spielen Wandnekrosen und die Angiomalacie die wichtigste Rolle (BENJAMIN u. WIEGENSTEIN 1972; ELCHARDUS et al. 1972), beim Erwachsenen handelt es sich meist um ein mykotisches Aneurysma (s. ELCHARDUS et al. 1972; bei CRISFIELD 1971 ein Fall eines Ductusaneurysms beim Marfan-Syndrom und eine Zusammenstellung von 17 Fällen von Ductusaneurysmen beim Erwachsenen). Ruptur, Blutungen, Thrombose und Embolien gelten als die wichtigsten Komplikationen (s. HEIKKINEN u. SIMILÄ 1972).

Den älteren Autoren nach ist die Wand des persistierenden Ductus nach Art der Aorta aufgebaut (HERXHEIMER 1909). Der elastische Bautyp kommt in der Tat nur selten vor (Abb. 91; s. CHUAQUI et al. 1977; FISCHER 1971; GITTENBERGER-DE GROOT et al. 1980b). Nach GITTENBERGER-DE GROOT (1977) zeichnet sich histologisch der persistierende Ductus durch die Kontinuität der Elastica interna bei sonst weitgehend regelrechtem Wandbau aus. Beides, der elastische Bautyp und die kontinuierliche Elastica interna, wird von dem genannten Autor als eine Strukturanomalie aufgefaßt. Nach dieser Auffassung läßt sich mikroskopisch der persistierende Ductus von dem vorübergehend offenen Ductus bei protrahiertem Verschluß unterscheiden (s. GITTENBERGER-DE GROOT et al. 1980c). CHUAQUI et al. (1977) finden dagegen in bioptischen, bei der operativen Unterbindung und Durchtrennung des persistierenden Ductus gewonnenen Gewebsstücken Wandveränderungen, die sich formal in verschiedene Stadien eines Umbauvorgangs zu einem elastischen Bautyp einordnen lassen. Dabei sind eine subendothelial anscheinend neugebildete kontinuierliche Elastica interna und gegen die Media zu Fragmente der ursprünglichen Elastica interna nachweisbar (Abb. 92). Ob am persistierenden Ductus die adrenergischen Nervenendigungen unvollkommen entwickelt sind (s. CASSELS u. MOORE 1973), steht noch offen.

Die Persistenz des Ductus arteriosus Botalli bedingt eine linkskammerige, beim pulmonalen Hypertonus auch eine rechtskammerige Herzhypertrophie. Am linken Ventrikel handelt es sich um eine Volumenhypertrophie. Als lokale Komplikationen gelten Thrombenbildungen (gelegentlich Quellen von Embolien), Ruptur und Entzündungen (HEIKINNEN u. SIMILÄ 1972). Eine schwere Pulmonalhypertension tritt bei Kindern unter 15 Jahren nach ROWE (1978) in

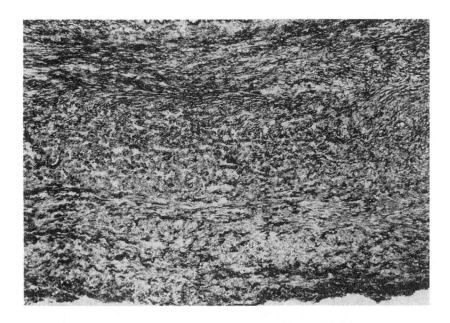

Abb. 91. Elastischer Bautyp eines persistierenden Ductus bei einem 28 Monate alten Mädchen. Bioptisches Material. *Oben in der Mitte* elastische Grenzlamelle erkennbar, Elastica interna nicht nachweisbar. Verhoeff-van Gieson, ×80, Nachvergr. ca. ×3. (Aus CHUAQUI et al. 1977)

Abb. 92. Persistierender Ductus arteriosus bei einem 4jährigen Mädchen. Bioptisches Material. Intima mit Elastose und subendothelialer Grenzlamelle. Ausgeprägte Unterbrechungen der Elastica interna. Kompakt aufgebaute Media. Verhoeff-van Gieson, ×80, Nachvergr. ca. ×3. (Aus CHUAQUI et al. 1977)

11% der Fälle auf. Die häufigsten Todesursachen sind die Endarteritis Botalliana (45%) und die Herzinsuffizienz (30%) (CAMPBELL 1968c).

Die Häufigkeit des isolierten Ductus persistens beträgt den meisten Statistiken nach ca. 10% aller Herzgefäßmißbildungen (CAMPBELL 1965; FONTANA u. EDWARDS 1962; KEITH 1978a; MARQUIS 1968). Die Häufigkeit bei frühgeborenen Kindern ist nicht genau bekannt (s. ROWE 1978). HEYMANN (1983) und RUDOLPH (1970) finden bei Frühgeborenen einen Häufigkeitswert von 8% bzw. 13%. Diese Zahlenangaben sind allerdings von der allgemein anerkannten Häufigkeit nicht wesentlich verschieden, so daß es naheliegt, daß in den ersten Lebensmonaten beim offenen Ductus des Frühgeborenen eigentlich meist um einen arteriellen Gang mit protrahiertem Verschluß handelt. Zahlenangaben über das Verhältnis, in dem der Ductus Botalli isoliert bzw. kombiniert vorkommt, sind jedoch sehr unterschiedlich (von 2:1 bei GOERTTLER 1963 bis 1:9 bei BANKL 1970). Bei mehreren Mißbildungen hängt die Lebensfähigkeit der Patienten von der Persistenz des Ductus ab. Unter den ductusabhängigen Mißbildungen sind vor allem die Atresien der arteriellen Ostien, die Interruption bzw. Atresie des Aortenbogens, die arterielle Transposition bei dichten Herzscheidewänden zu nennen (s. ABRAMS 1958; FONTANA u. EDWARDS 1962). Bei den weiteren häufigsten Assoziationen handelt es sich um einen Vorhof- bzw. Ventrikelseptumdefekt oder eine Isthmusstenose (näheres über die Kombination mit einem Ventrikelseptumdefekt s. bei PÉREZ SAAVEDRA et al. 1972). Relativ häufig kommt die Assoziation mit einer Lungenhypoplasie vor (RAO et al. 1976). Der bilateral persistierende Ductus kommt als eine isolierte Anomalie oder aber in Kombination mit Anomalien der Lungenarterie bzw. der Hauptäste oder des Aortenbogens und dessen Ästen vor (s. FREEDOM et al. 1984; KEAGY et al. 1982; bei KELSEY et al. (1953) ein Fall mit Dextrokardie, persistierendem Ductus rechts und Ligamentum Botalli links).

Ätiologisch spielen in der Entstehung der Ductuspersistenz genetische und peristatische Faktoren eine Rolle. Erstere drücken sich einmal in der ausgeprägten Bevorzugung des weiblichen Geschlechts (im Verhältnis von 2–3:1, FONTANA u. EDWARDS 1962; GOERTTLER 1968; HUDSON 1965; KOSTIS u. MOGHADAM 1970b), zum anderen in dem relativ häufigen Vorkommen bei Geschwistern aus (HEYMANN 1983; POLANI u. CAMPBELL 1960; RECORD u. MCKEOWN 1953). Die Bedeutung einer chronischen Hypoxämie kommt bei Bewohnern in Hochgebirgen zum Ausdruck, bei denen die Häufigkeit des persistierenden Ductus 18–30mal höher als sonst ist (PEÑALOZA et al. 1964). Wie sich die Rubeoleninfektion auf die Ductuswand auswirkt, ist nicht genau bekannt. GITTENBERGER-DE GROOT et al. (1980a) finden dabei den Bautyp des unreifen Ductus (fehlende Intimapolster und ausbleibende Angiomalacie). Pathogenetisch kommt auch eine Strukturanomalie in Betracht, und zwar im Sinne eines elastischen Bautyps (s. FISCHER 1971; GITTENBERGER-DE GROOT et al. 1980b) oder, wie GITTENBERGER-DE GROOT (1977) meint, einer abnormen kontinuierlichen Elastica interna.

Zur Klinik. Hämodynamisch wirkt sich der persistierende Ductus Botalli ähnlich wie ein Ventrikelseptumdefekt aus, beim offenen Ductus gelangt aber der Blutstrom direkt in die Lungenarterie. Das Krankheitsbild hängt dabei im wesentlichen vom Kaliber des Ductus ab. Ein Ductus kleiner Lichtungsweite bedingt einen mäßig großen Links-rechts-Shunt, wobei die Druckverhältnisse im Lungengefäßbett innerhalb der Norm bleiben. Bei einem großkalibrigen Ductus entsteht dagegen ein großer Shunt und damit ein pulmonaler Hochdruck.

Die Patienten mit einem kleinen bis mäßig großen Ductus sind beschwerdefrei oder zeigen eine leichte Anstrengungsdyspnoe und eine geringgradige Gedeihstörung. Peripher stellt man einen Pulsus saltans und eine große Blutdruckamplitude fest. Auskultatorisch findet sich in der Subklavikularregion und im 2. ICR links ein lautes, in das ganze Präkordium fortgeleitetes, typisch kontinuierliches systolisch-diastolisches Geräusch (sog. Maschinengeräusch) mit einem akzentuierten 3. Ton am Apex oder aber einem kurzen Mitralströmungsgeräusch. Das Ductusgeräusch kann von einem Schwirren begleitet sein. Beim Neugeborenen, bei dem die hohen diastolischen Druckwerte in der Pulmonalis den Blutkurzschluß in der Diastole verhindern, entsteht das Geräusch nur in der Systole. Das EKG kann keine Veränderungen oder aber Zeichen einer leichten bis mäßig starken linkskammerigen Belastung aufweisen. Am Röntgenbild stellt man eine mäßig starke Lungenmehrdurchblutung, eine prominente Pulmonalis, eine linksventrikuläre Herzvergrößerung und eine gut entwickelte Aorta fest. Bei Patienten mit einem großen Ductus Botalli tritt das Krankheitsbild schon in den ersten Lebensmonaten in Erscheinung. Das Krankheitsbild entspricht dem eines großen Links-rechts-Shunts. Auskultatorisch ist in diesen Fällen das Mitralströmungsgeräusch laut, der 2. Ton akzentuiert. Am EKG finden sich Zeichen einer Belastung beider Kammern und des linken Vorhofs. Das Röntgenbild zeigt eine starke Lungenmehrdurchblutung, bedeutende Herzvergrößerung bei einer Größenzunahme beider Ventrikel und des linken Vorhofs und prominente und pulsierende große Gefäße. Die Diagnose läßt sich klinisch leicht stellen und echokardiographisch bestätigen. Eine Herzsondierung ist nicht nötig. Die Behandlung ist operativ (Durchtrennung und Naht). Unabhängig vom Kaliber ist jeder persistierende Ductus Botalli chirurgisch zu behandeln, denn das chirurgische Risiko ist so gut wie Null, die Operation bedeutet die Totalkorrektur des Vitium und damit werden dessen Komplikationen, insbesondere Endarteriitiden und pulmonaler Hochdruck, verhütet. Allein bei der dabei selten vorkommenden Eisenmenger-Reaktion ist die Operation kontraindiziert. Bei einem großen Ductus Botalli ist die Operation sofort nach der Diagnosestellung vorzunehmen, bei einem kleinen bis mäßig großen arteriellen Gang wird sie elektiv im Alter von 1–2 Jahren durchgeführt.

Die Persistenz des Ductus arteriosus beim Frühgeborenen stellt einen Sonderfall dar. Ihre Häufigkeit ist um so höher je unreifer das Kind ist und beträgt 80% bei Frühgeborenen unter 28–30 Schwangerschaftswochen. Ein großer Ductus Botalli führt zum Atemnotsyndrom, das zunächst mit einer Einschränkung der Flüssigkeitseinnahme und je nach Schweregrad der Atemstörungen mit Diuretica und Digoxin in kleinen Dosen behandelt wird. Bei fehlender Ansprechbarkeit wird Indometacin (ein Hemmstoff der Prostaglandin E-Synthese) benutzt, das in 80–90% der Fälle innerhalb von 24 h zur Kontraktion des Ductus führt. In den restlichen Fällen ist die Operation (Unterbindung) angezeigt. Die chirurgischen Ergebnisse sind gut.

4. Aberrierende Organisationstypen des herznahen Arteriensystems

a) Gefäßringe

Diese Anomalien bestehen im wesentlichen in der abnormen Persistenz von Segmenten der IV., selten nur der VI. Kiemenbogenarterie manchmal bei Rückbildung normalerweise persistierender Gefäßabschnitte. Es bilden sich dabei um die Trachea und den Ösophagus herum komplette bzw. inkomplette Gefäßringe, die oft eine Dyspnoe oder Dysphagia lusoria verursachen. EDWARDS (1953c, 1968; s. auch KIRKLIN u. CLAGETT 1950) hat eine umfassende Systematik aufgebaut und die Lage des Ductus bzw. Ligamentum Botalli und die der absteigenden Aorta als Bezugspunkt zur Unterscheidung von vier Hauptgruppen (beide Gefäße rechts bzw. links, eines davon rechts, das andere links) benutzt. Dabei kommen jedoch 5 Anordnungen, die eigentlich keine Ringbildungen darstellen, als Varianten der Gefäßringe vor. Es sind dies der Normtyp, die dazu spiegelbildliche Form, der rechte Aortenbogen mit rechtem Ductus bzw. Ligamentum bei rechts bzw. links absteigender Aorta und schließlich der rechtsläufige Aortenbogen bei linkem, mit der linken Subklavia zusammenhängendem Ductus bzw. Ligamentum. Mehrere Varianten erweisen sich dabei als rein theoretische, anatomisch nicht belegte Formen. Grundsätzlich lassen sich 2 Formen, nämlich die komplette und die inkomplette Ringbildung unterscheiden.

α) *Komplette Ringbildungen (Doppelaortenbogen).* Beim Doppelaortenbogen sind Trachea und Ösophagus von einem Gefäßring umzingelt, dessen ventraler Bogen bei der häufigeren Form (bei linksseitiger absteigender Aorta) der linken IV. Kiemenbogenarterie und dessen dorsaler Bogen der persistierenden rechten IV. Kiemenbogenarterien entsprechen (Abb. 93, 94). Umgekehrte Verhältnisse, also rechter Bogen vorn, linker Bogen hinten, liegen bei der seltener vorkommenden Form mit rechtsseitiger Aorta descendens vor. Die Häufigkeitsverteilung dieser Varianten beträgt 70–75% bzw. 20–25% (s. MÖS 1978, bei diesem Autor eine Kasuistik mit leichtem Überwiegen der Variante mit rechts absteigender Aorta). Die Carotides und die Subclaviae entspringen jeweils direkt aus dem entsprechenden Aortenbogen. Der Ductus arteriosus liegt links vor. Nach MOËS (1978) sind die theoretisch möglichen Varianten mit rechtem bzw. bilateralem Ductus anatomisch nicht belegt worden (s. auch EDWARDS 1968). Weitere Abarten ergeben sich je nach dem Entwicklungsgrad der Aortenbögen. In ca. 85% der Fälle sind beide durchgängig. In beiden Varianten besteht eine Dominanz des rechten Aortenbogens: der linke (vorn bzw. hinten) gelegene Aortenbogen ist hypoplastisch in 70 bzw. 80% der Fälle, der rechte dagegen in 25 bzw. 10%. Gleichmäßig gut entwickelte Aortenbögen liegen in etwa 5% bzw. 10% der Fälle vor. Noch weitere Abarten lassen sich bei Vorliegen einer Atresie je nach deren Sitz unterscheiden. Dabei kann das proximale bzw. distale Arcussegment, der Isthmus oder aber der unmittelbar distal zum Ductus gelegene Abschnitt befallen sein. Am häufigsten kommt die Atresie am Isthmus vor. In der Regel ist dabei der linke Bogen befallen, bis 1986 sollen nur 2 Fälle mit einem atretischen Segment des rechten Aortenbogens mitgeteilt worden sein (s. BURROWS et al. 1986).

Der Doppelaortenbogen kommt selten und meist als eine isolierte Anomalie vor. MOËS (1978) findet Begleitmißbildungen in etwa 20% der Fälle. Dabei

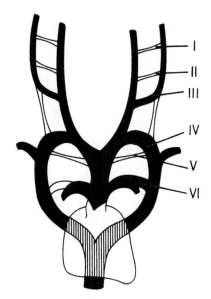

Abb. 93. Schema zur Erläuterung des persistierenden Doppelaortenbogens. *I, II, III, IV, V* und *VI* linke Kiemenbogengefäße (*weiß* zurückgebildete Abschnitte, nach BARTHEL 1960, verändert)

handelt es sich am häufigsten um eine Fallotsche Tetrade oder aber einen Ventrikelseptumdefekt (s. auch MERIN et al. 1972). Weitere beschriebene Begleitmißbildungen sind arterielle Transposition, Pulmonalstenose, Truncus arteriosus persistens, Aortenkoarktation, Persistenz der Cava superior sinistra (s. HAWKER et al. 1972a). Nach FONTANA u. EDWARDS (1962) besteht eine leichte Bevorzugung des männlichen Geschlechts. Der Doppelaortenbogen ist in 25% der Fälle asymptomatisch (MOËS 1978), die Anomalie wird relativ nicht selten erst beim Erwachsenen entdeckt.

β) Inkomplette Ringbildungen (Gefäßhalbringe). Prinzipiell kommen hierzu 2 Formen in Betracht: die kontralaterale Position des Arcus aortae und des Ductus bzw. Ligamentum Botalli und die Arteria lusoria. Beide Anomalien sind am häufigsten asymptomatisch.

Lateral konträre Position des Aortenbogens und des Ductus bzw. Ligamentum. Am häufigsten handelt es sich um einen rechtsläufigen Aortenbogen mit einem linksseitigen Ductus bzw. Ligamentum (Abb. 95). Zwei Varianten, die sich jeweils rein formal aus dem Doppelaortenbogen durch das Fehlen eines bestimmten Segments des Arcus aortae sinister herleiten lassen, können unterschieden werden. Ist der Arcus nämlich am distalen Segment unterbrochen, so liegt ein Truncus brachiocephalicus sinister vor. Bei dieser allerdings seltenen Abart kann die Aorta rechts absteigen, dabei ist der Ductus bzw. das Ligamentum besonders lang. Fehlt dagegen das proximale Segment (zwischen Carotis und Subclavia sinistra), so entspringt die linke Subklavia aus einem am Endabschnitt des Arcus dexter gelegenen Diverticulum, mit dem auch der Ductus bzw. das Ligamentum zusammenhängen (Abb. 96). FONTANA u. EDWARDS (1962) stellten 44 Fälle dieser

Abb. 94. Doppelaortenbogen (bei einer Fallotschen Tetrade). Ansicht von oben und vorn. Etwa gleichmäßige Entwicklung des ventralen (linken) und dorsalen (rechten) Aortenbogens

Variante zusammen, äußerst selten kommt die zu dieser Variante spiegelbilde Anordnung vor. Die Assoziation mit einer Gefäßschlinge ist selten (AHLSTRÖM et al. 1973).

Arteria lusoria. Die Ausbildung des Truncus brachiocephalicus (dexter) erklärt sich durch die Involution des distalen Segmentes des rechten Aortenbogens (jenseits der Ursprungsstelle der rechten Subklavia) bei Persistenz von dessen restlichen Abschnitten. Bildet sich stattdessen der mittlere, zwischen Karotis und Subklavia gelegene Abschnitt zurück, so wird die Subklavia an dem Anfangsabschnitt der absteigenden Aorta ihren Ursprung nehmen, und zwar an der Stelle, die dem Vereinigungspunkt beider IV. Kiemenbogenarterien entspricht (Abb. 97). Häufigkeitsangaben liegen meist zwischen 0,5 und 1% aller Sektionen (GOERTTLER 1968; Schwankungsbreite 0,4–2% nach FONTANA u. EDWARDS 1962). Die Arteria lusoria ruft meist keine Beschwerden hervor, sie kann jedoch eine Dysphagie (FELSON et al. 1950; MOËS 1978; NORA u. MCNAMARA (1968), noch

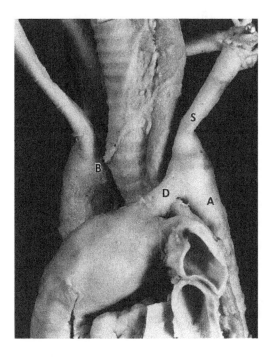

Abb. 95. Halbring von links betrachtet: rechtsläufiger Aortenbogen (*B*), links absteigende Aorta (*A*), linker Ductus (*D*). *S* Subclavia sinistra

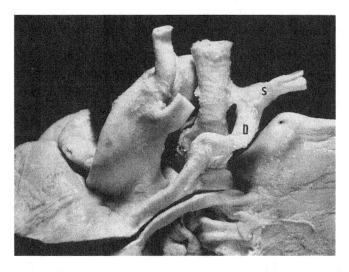

Abb. 96. Halbring bei rechtsläufigem Aortenbogen, rechts absteigende Aorta (im Bild nicht sichtbar) und langem, links gelegenem Ductus (*D*), der mit der Abgangsstelle der Subclavia sinistra (*S*) zusammenhängt. Ansicht von vorn

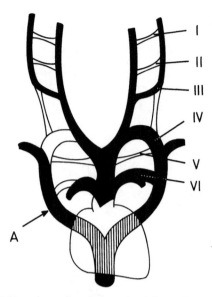

Abb. 97. Schema zur Erläuterung der A. lusoria (*A*). *I, II, III, IV, V* und *VI* linke Kiemenbogengefäße (*weiß* zurückgebildete Abschnitte, nach BARTHEL 1960, verändert)

seltener eine Druckatrophie der Speiseröhre und Verblutung in den Ösophagus verursachen (DOERR 1949; GOERTTLER 1968; DIKMAN et al. 1974). Nach HOLZAPFEL (1899) verläuft die Arteria lusoria bei insgesamt 133 Fällen in 80% der Fälle hinter dem Ösophagus, in 15% zwischen ihm und der Trachea und in 5% vor der Trachea. Das Vorkommen der zwei zuletzt angeführten Anordnungen wird von modernen Autoren bezweifelt (s. EDWARDS 1968; FELSON et al. 1950). Die spiegelbildliche Form zur Arteria lusoria dextra, d. i. rechter Aortenbogen und linke Subklavia als letzter Ast des Arcus, kommt sehr selten vor (FONTANA u. EDWARDS 1962). In dieser Variante weist der Aortenbogen bei links absteigender Aorta ein retroösophagisches Segment auf (s. KNIGHT u. EDWARDS 1974; SCHNEEWEISS et al. 1984).

γ) *Zur Klinik.* Die Gefäßringe äußern sich klinisch wegen der Kompression der Trachea und Speiseröhre in Atemstörungen und Dysphagie, einer Symptomatik, die andere Krankheitsbilder des Kindesalters vortäuschen kann. Die kardiologische Untersuchung deckt meist keine Besonderheiten auf, da nur gelegentlich Begleitmißbildungen vorliegen. Das Symptombild hängt mit der anatomischen Form und letztendlich mit dem Schweregrad der Kompression zusammen. Häufig stehen jedoch beim Säugling die Zeichen der Trachealkompression im Vordergrund, wobei die Dysphagie von den lärmenden Atembeschwerden oft verdeckt bleibt. Ein indirektes Zeichen einer Ösophaguskompression ist die Verstärkung der Atembeschwerden während des Trinkens und Essens. Die Atemstörungen treten früh im Leben ein, ein beständiger Stridor wird praktisch nie vermißt, die Dysphagie wird oft erst bei der Aufnahme breiiger oder fester Nahrungsmittel deutlich. Ein Atemweginfekt ist häufig, die Aspirationsbronchopneumonie stellt eine schwere, nicht selten tödliche Komplikation dar. Die anatomischen Formen, die die beschriebenen Beschwerden am häufigsten verursachen, sind der Doppelaortenbogen und der rechte Aortenbogen mit linkem Ductus bzw. Ligamentum Botalli, welche zusammen etwa 85% der Fälle ausmachen. Seltener handelt es sich um einen linken Aortenbogen mit rechtem Ductus bzw. Ligamentum oder aber eine Ursprungsanomalie der Carotis sinistra oder des Truncus brachiocephalicus (s. unten) oder aber eine Gefäßschlinge. Meist asymptomatisch sind die Arteria lusoria und der rechte Aortenbogen. Die Diagnose läßt sich meist anhand eines Ösophagogrammes bestätigen, selten ist eine Aortographie nötig. Je nach Sitz der Ösophagusimpression läßt sich die anatomische Form des Gefäßringes vermuten: hintere und bilaterale Impression in Höhe von D3–D4 beim Doppelaortenbogen, hintere und rechtsseitige Impression beim rechten Aortenbogen mit linkem Ductus, hintere und linksseitige Impression beim linken Aortenbogen mit rechtem Ductus, schräg von unten links nach oben rechts verlaufende Impression (Frontalaufnahme) bzw. hintere Impression (Seitenaufnahme) bei der Arteria lusoria dextra, dazu spiegelbildlich schräge Impression bei der Arteria lusoria sinistra. Die Behandlung der klinisch wichtigen Formen ist operativ und schon im 1. Lebensjahr indiziert. Die chirurgischen Ergebnisse sind sehr gut, die chirurgische Mortalität ist so gut wie Null. Die Art der Operation hängt von der anatomischen Form ab: Durchtrennung und Naht des vorderen Aortenbogens beim Doppelaortenbogen bzw. des Ductus oder des Ligamentum Botalli bei den Formen mit kontralateralem Aortenbogen.

b) Rechter Aortenbogen

Der rechtsläufige Aortenbogen kommt als isolierte Anomalie selten vor. In über 95% der Fälle liegen weitere Mißbildungen des Herzens oder der großen Gefäße vor (MOËS 1978). Hierzu gehören vor allem der Truncus arteriosus persistens (in 15 bis ca. 50% der Fälle), die Fallotsche Tetrade (durchschnittlich in 30%), der Doppelausgang aus dem rechten Ventrikel (in 20%), die Trikuspidalatresie, arterielle Transposition und Ventrikelseptumdefekte (jeweils in ca. 5%) (s. KNIGHT u. EDWARDS 1974; MOËS 1978). Liegt dagegen zusätzlich eine aberrierende Subclavia sinistra in Form einer Arteria lusoria vor, was seltener der Fall ist, so kommen nach den meisten Autoren weitere Herzgefäßmißbildungen weniger häufig vor (s. MOËS 1978). In etwa 10% der Fälle weist andererseits der rechte Aortenbogen bei links absteigender Aorta ein retroösophagisches Segment auf (KNIGHT u. EDWARDS 1974; SCHNEEWEISS et al. 1984).

c) Zervikaler Aortenbogen

Diese sehr selten vorkommende Anomalie zeichnet sich durch einen hochliegenden, bis zum Schlüsselbein reichenden Aortenbogen aus, der bald rechts (s. RICHIE et al. 1972; SCHLEMAN et al. 1975), bald links (s. EKTEISH et al. 1986; DE JONG u. KLINKHAMER 1969) sitzt. Die Anomalie kommt etwas häufiger rechts vor (MOËS 1978; SCHLEMAN et al. 1975). Je nach den anatomischen Verhältnissen der Carotides, der Lage des Aortenbogens und der der absteigenden Aorta lassen sich verschiedene Varianten unterscheiden (s. HAUGHTON et al. 1975). Eine Anordnung, nämlich eine fehlende Carotis communis bei direktem Ursprung der Carotis interna et externa aus dem Aortenbogen, deutet formal genetisch auf eine Persistenz der III. Kiemenbogenarterie bei Rückbildung der IV. Kiemenbogenarterie hin (MULLIS et al. 1973), andere Anordnungen sprechen für eine Migrationshemmung bzw. -störung der IV. Kiemenbogenarterie von der zervikalen zur thorakalen Region. Begleitmißbildungen kommen dabei selten vor. Klinischer Hauptbefund ist eine pulsierende Masse in der betreffenden Subklavikulargrube, welche gelegentlich eine Kompression der Trachea hervorruft (näheres bei MOËS 1978).

d) Akzessorischer Kanal des Aortenbogens

VAN PRAAGH u. VAN PRAAGH (1969) haben erstmals eine äußerst selten vorkommende Anomalie beschrieben, die sich in Form eines kurzen Nebenaortenbogens auszeichnet. Der abnorme Kanal erstreckt sich an der Innenkrümmung der Aorta entlang vom Truncus brachiocephalicus bis zur Subclavia sinistra (weitere Fallberichte bei CABRERA et al. 1985; IZUKAWA et al. 1973; LAWRENCE u. STILES 1975; MOËS u. IZUKAWA 1974). Regelmäßig kommen dabei Begleitmißbildungen vor, die das Krankheitsbild bestimmen. Die Anomalie selbst verursacht keine Beschwerden. Formalgenetisch wird sie auf die Persistenz der V. Kiemenbogenarterie zurückgeführt. Ob diese Brachialarterie beim Menschen tatsächlich erscheint, ist fraglich (s. CONGDON 1922; POOL et al. 1962).

e) Ursprungsanomalien des Truncus brachiocephalicus und der Carotis sinistra

Der Fehlursprung der Carotis sinistra aus dem Truncus brachiocephalicus ist eigentlich eine anatomische Varietät ohne klinische Bedeutung. Gelegentlich weist der Truncus brachiocephalicus oder die Carotis sinistra einen gegen die Mittellinie zu verschobenen Ursprung auf, der jeweils eine stärkere Schrägstellung des betreffenden Gefäßes vor der dahinter liegenden Fläche der Trachea und evtl. deren Kompression bedingt (s. MOËS 1978).

5. Anomalien der Koronararterien

Hierzu gehören einmal geringgradige Entwicklungsstörungen, die primär meist keine wesentliche Funktionsstörung bedingen, zum anderen die echten Mißbildungen der Kranzgefäße. Erstere entsprechen den *leichten Anomalien* („minor anomalies") der angloamerikanischen Autoren. Mehrere davon lassen sich als anatomische Varianten auffassen (s. SCHOENMACKERS 1969), sie kommen häufig vor und bleiben bei den Statistiken der Herzgefäßmißbildungen unberücksichtigt. Anatomisch zeichnen sie sich dadurch aus, daß das ganze Koronararteriensystem aus der Aorta entspringt, ihre Kenntnis ist jedoch bei der radiologischen Diagnose und Herzchirurgie von Bedeutung. Eine umfassende Darstellung der Koronararterienanomalien beim Kinde findet sich bei NEUFELD u. SCHNEEWEISS (1983), beim Erwachsenen bei ROBERTS (1986).

a) Einzelkranzgefäß

Die Anomalie kommt selten vor. SMITH (1950) hat 44 Fälle zusammengestellt und dabei 3 Versorgungstypen unterschieden: 1. Verteilung nach Art der zwei normalen Kranzgefäße (in ca. 40%), 2. Verteilung nach Art eines extremen Rechts- bzw. Linksversorgungstyps (in ca. 25%), 3. Atypische Verteilung (in ca. 35%). Das Einzelkranzgefäß ist am häufigsten mit einer arteriellen Transposition, einer Fallotschen Tetrade, einer Bikuspidalaortenklappe oder aber einer Koronararterienfistel assoziiert (s. CULHAM 1978; SMITH 1950). OGDEN (1970) findet in ca. 10% der Fälle eine trichterförmige Ausbuchtung an der Stelle des sonstigen Ostium, seltener liegt zwischen dem genannten Aortentrichter und dem distalen Gefäßabschnitt ein Gewebsstrang vor (s. CULHAM 1978; NEUFELD u. SCHNEEWEISS 1983). Diese Verhältnisse sprechen nach einigen Autoren für eine Agenesie des proximalen Segments oder aber dessen Rückbildung bei fehlendem Anschluß an die distalen Äste (s. auch BREDT 1935; über weitere Theorien zur formalen Genese des Einzelkranzgefäßes s. SMITH 1950).

b) Überzähliges Kranzgefäß

Diese Variante kommt sehr häufig vor. Meist handelt es sich um eine Arteria coni pulmonalis, die aus einem akzessorischen Ostium des rechten Sinus entspringt. Häufigkeitsangaben schwanken zwischen 23 und 50% aller Sektionen (BLAKE et al. 1964; GOERTTLER 1968; HACKENSELLNER 1954/55; SCHOENMACKERS 1969). Überzählige Kranzgefäße in größerer Anzahl sind sehr selten, nach BLAKE et al. (1964) sind bis zu 6 Ostia accessoria mit jeweiligen kurzen Rami beschrieben.

c) Verzweigungsabarten

Hierzu sind folgende Varianten zu nennen: 1. Abgang des Ramus descendens anterior aus dem rechten Kranzgefäß (s. GOERTTLER 1968; LARDANI u. SHELDON 1974), 2. Vorliegen einer Arteria coni pulmonalis als ein Ast des Ramus descendens anterior (BARGMANN 1963) oder des Stammes der linken Kranzarterie (SCHOENMACKERS 1969), 3. Ursprung des Ramus circumflexus aus der rechten Koronararterie (LIBERTHSON et al. 1974; OGDEN 1970). Die zwei zuerst genannten Varianten finden sich nicht selten bei der Fallotschen Tetrade und arteriellen Transposition (HALLMAN et al. 1966; REEMTSMA et al. 1961).

d) Hoch- bzw. tiefsitzende Ostia coronaria

Zahlenangaben über die Häufigkeit dieser anatomischen Varianten sind sehr spärlich. Ein hoch- bzw. tiefsitzendes Ostium dextrum soll in 19% bzw. 10% der Fälle vorkommen, in 71% sitzt es an typischer Stelle. Ein hoch- bzw. tiefsitzendes Ostium sinistrum findet sich in 34% bzw. 18%, nur in 48% der Fälle soll es an typischer Stelle vorliegen (Zahlenangaben nach BANCHI 1904, zit. nach BAROLDI 1981).

e) Anomaler Ursprung aus dem Aortensystem

Die hierzu gehörenden Anomalien werden oft als anatomische Varianten angesehen, im ganzen betrachtet finden sie sich am häufigsten mit Herzgefäßmißbildungen, vor allem mit Fehlstellungen der großen Gefäße assoziiert (ausführliche Darstellung bei NEUFELD u. SCHNEEWEISS 1983). Einige davon spielen in der Entstehung einer Myokardischämie eine Rolle (s. unten). Am Fehlursprung eines Kranzgefäßes aus der Aorta ist der hintere Sinus fast nie beteiligt, der Ursprung beider Kranzgefäße aus dem hinteren Sinus ist nach ROBERTS (1986) anatomisch nicht belegt. So kommen der Ursprung eines Kranzgefäßes aus dem kontralateralen Sinus und der getrennte Ursprung eines Hauptastes der linken Koronararterie aus dem rechten oder aber dem linken Sinus in Betracht. Einen aberrierenden Ursprung eines Kranzgefäßes aus der Aorta finden LIBERTHSON et al. (1974) in 0,6% von herzkatheterisierten Patienten. In ähnlichem Prozentsatz ebenfalls bei herzkatheterisierten Patienten stellen PAGE et al. (1974) einen getrennten Ursprung des Ramus circumflexus aus dem rechten Sinus fest. Diese Variante soll in 0,5% aller Herzen vorkommen (NEUFELD u. SCHNEEWEISS 1983). Nach SILVERMAN et al. (1978) kann ein solcher ektopisch entspringender Ramus circumflexus in der Entstehung einer Myokardischämie von Bedeutung sein. Beim Ursprung der linken Koronararterien aus dem rechten Sinus bestehen 2 Varianten: die ektopisch entspringende Arterie kann an der Vorderfläche der Pulmonalis vorbei oder aber zwischen dieser Schlagader und der Aorta ziehen. Letztere Anordnung ist nach LIBERTHSON et al. (1974) ebenfalls mit der Gefahr der Entstehung einer Myokardischämie verbunden (s. auch NEUFELD u. SCHNEEWEISS 1983; ROBERTS 1986). Formalgenetisch ungeklärt sind die äußerst selten vorkommenden Fälle, bei denen eine Herzschlagader ihren Ursprung aus einem Aortenast nimmt (4 Fallberichte, s. NEUFELD u. SCHNEEWEISS 1983). Bei dem von ZACHARIAH u. REIF (1974) mitgeteilten Fall mit einer Einzelkammer, Mitralatresie, einem Truncus arteriosus und einem aus dem Truncus brachiocephalicus entspringenden Einzelkranzgefäß handelt es sich nach NEUFELD u. SCHNEEWEISS (1983) eigentlich um eine stark hypoplastische Aorta ascendens bei einem Linkshypoplasiesyndrom.

Von chirurgischer Bedeutung ist der intramurale Verlauf in der Aortenwand des Anfangsabschnitts eines Kranzgefäßes. Die Abgangsstelle ist dabei von außen betrachtet nur die scheinbare Ursprungsstelle des Gefäßes. Die Anomalie ist beim hochsitzenden bzw. ektopischen Ostium auch bei der arteriellen Transposition beschrieben worden (GITTENBERGER-DE GROOT u. SAUER 1986; NEUFELD u. SCHNEEWEISS 1983).

f) Fehlursprung aus der Pulmonalarterie

Nach HACKENSELLNER (1955, 1956) ist diese Mißbildung als die Realisation der dem pulmonalen Truncussegment innewohnenden Potenz zur Ausbildung koronarieller Gefäße und nicht etwa als die Zuteilung aortaler Gefäßknospen zur Lungenarterie infolge einer aberrierenden Truncusseptation aufzufassen (s. BREDT 1935). Dafür sprechen sich unter den modernen Autoren HEIFETZ et al. (1986) aus. Nach den Untersuchungen von BOGERS et al. (1988) geht zwar die Truncusseptation dem Auftreten der koronariellen Ostien voraus, die Ausbildung der Kranzgefäße erfolge jedoch aus zwei zunächst getrennten Anlagen, nämlich der der Koronarostien und der der proximalen Segmente der Koronararterien, wobei die Ostien, die an einigen embryonalen Herzen mit schon angelegten Subepikardialarterien nicht nachweisbar waren, unter einer induktiven Einwirkung der proximalen Gefäßabschnitte zur Entwicklung kämen. Dieser Auffassung nach ist der Fehlursprung der Kranzgefäße aus der Lungenschlagader primär in einer Ektopie der subepikardialen Gefäßanlagen zu sehen.

Die Mißbildung kommt in 7 Formen je nach Art der ektopischen Arterie vor:
1. Fehlursprung einer akzessorischen Koronararterie (in rund 0,5% aller Sek-

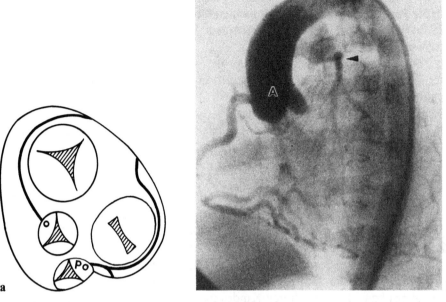

Abb. 98. Fehlursprung der linken Koronararterie aus der Pulmonalis. **a** *P* Pulmonalis. (Nach GOERTTLER 1963, verändert). **b** angiographische Darstellung (*Pfeil*). *A* Aorta

tionen, HACKENSELLNER 1955), 2. Fehlursprung eines Einzelkranzgefäßes (sehr selten; s. FELDT et al. 1965; SMITH 1950; noch seltener der Fehlursprung eines Einzelkranzgefäßes aus einem Hauptast der Lungenarterie, s. KORY et al. 1984), 3. Fehlursprung beider Koronararterien (ebenfalls sehr selten; s. ALEXANDER u. GRIFFITH 1956; KEETON et al. 1983; TEDESCHI u. HELPERN 1954; Zusammenstellung von 25 Fällen bei HEIFETZ et al. 1986), 4. Fehlursprung der rechten Koronararterie (auch selten; Zusammenstellung von 14 Fällen bei EUGSTER u. OLIVA 1973; 16 Fällen bei TINGELSTAD et al. 1972; 10 Fällen bei WALD et al. 1971; nach HEIFETZ et al. 1988 etwa 24 Fallberichte bis 1986), 5. Fehlursprung des Ramus descendens anterior (sehr selten, s. NEUFELD u. SCHNEEWEISS 1983; ROBERTS 1986), 6. Fehlursprung des Ramus circumflexus (äußerst selten, s. ROBERTS 1986), 7. Fehlursprung der linken Koronararterie (meist aus dem linken Sinus der Pulmonalis, PERRY u. SCOTT 1970) (Abb. 98). Diese Form kommt relativ häufig vor, sie findet sich in 0,25–0,50% aller Herzgefäßmißbildungen (KEITH 1978 b; NEUFELD u. SCHNEEWEISS 1983), nach HEIFETZ et al. (1986) sollen über 460 Fälle mitgeteilt worden sein. Nach einigen Autoren besteht eine Bevorzugung des weiblichen Geschlechts (ENRIQUEZ DE SALAMANCA et al. 1973; NEUFELD u. SCHNEEWEISS 1983), nach anderen Autoren ist die Geschlechtsverteilung ausgeglichen (FONTANA u. EDWARDS 1962; KEITH 1978 d). Weitere Herzgefäßmißbildungen finden ALEXANDER u. GRIFFITH (1956) in 17% der Fälle, die Begleitmißbildungen sind viel häufiger beim Fehlursprung beider Kranzgefäße aus der Pulmonalis (68% nach HEIFETZ et al. 1986).

Zur Klinik. Der Fehlursprung des ganzen Koronararteriensystems aus der Pulmonalis führt meist in den ersten Lebenswochen zum Tode (s. KEETON et al. 1983). Wahrscheinlich wegen des geringen Blutbedarfs der rechten Kammer wird in der Regel der Fehlursprung der rechten Koronararterie gut toleriert (s. ROBERTS 1986). Die Ektopie einer akzessorischen Koronararterie hat keine klinische Bedeutung.

Beim Fehlursprung der linken Koronararterie erreicht etwa 15 % der Patienten das Erwachsenenalter (VESTERLUND et al. 1985), fast 90 % der Patienten sterben im 1. Lebensjahr (WESSELHOEFT et al. 1968). Die Anomalie ist mit ischämischen Myokardveränderungen verbunden, Myokardinfarkte finden sich in 80 % der Fälle (WESSELHOEFT et al. 1968). Da bei Geburt die Druckwerte in der Pulmonalis denen des großen Kreislaufs praktisch gleich sind, wird die ektopische Koronararterie gut durchströmt. Das Krankheitsbild tritt daher erst nach einigen Tagen oder Wochen in Erscheinung, und zwar im Zusammenhang mit dem Absinken der Druckwerte in der Pulmonalis. Die Perfusion der ektopischen Arterie erfolgt dann durch Anastomosen aus der rechten Koronararterie. Je nach Wirksamkeit der Anastomosen kann am betreffenden Versorgungsgebiet eine Myokardischämie oder aber bei regelrechter Durchströmung ein Links-rechts-Shunt, nämlich von der retrograd perfundierten Kranzarterie in die Lungenarterie entstehen. So kann sich die Anomalie in 2 Krankheitsbildern, in dem des Säuglings bzw. dem des älteren Kindes manifestieren.

Das Krankheitsbild des Säuglingsalters tritt meist um den 2.–3. Lebensmonat auf. Die Erscheinungen treten akut bei einem bis dahin scheinbar gesunden Kind ein. Das Symptomenbild besteht in Atemnot, Husten, Erbrechen, Blässe, Schwitzen, Unruhe und Schreien wie „aus Schmerzen". Diese Erscheinung stellen eigentlich Anfälle von Angina pectoris dar, die wiederholt auftreten, und zwar mit der Gefahr des plötzlichen Todes. Gelegentlich tritt die Erkrankung als eine akute Herzinsuffizienz auf. Auskultatorisch findet sich in einem Drittel der Fälle ein leises systolisches Geräusch am Apex, sonst besteht ein lautes holosystolisches Geräusch der Mitralinsuffizienz. Das Röntgenbild zeigt eine bedeutende Herzvergrößerung bei Lungenmehrdurchblutung. Diagnostisch wichtig sind die EKG-Befunde mit den Zeichen eines Seiten- und Vorderwandinfarktes (tiefe Q-Zacken in D1, aVL, V3, V4, V5 und V6). Dabei finden sich auch Zeichen einer Belastung der linken Herzhöhlen. Die Serumtransaminasen sind in der Regel nicht erhöht. Anhand der Doppler-Echokardiographie läßt sich die einzige aus der Aorta entspringende Kranzarterie darstellen und damit die Verdachtsdiagnose unterstützen. Herzsondierung und Aortographie sind jedoch erforderlich, Untersuchungen, die aber bei dieser Anomalie mit der Gefahr eines Kammerflimmerns verbunden sind. Die Aortographie gestattet auch, den Wirksamkeitsgrad der Anastomosen zu bestimmen, womit die Prognose zusammenhängt.

Beim älteren Kind kann sich die Anomalie in dem Symptomenbild eines Links-rechts-Shunts bei funktionsfähigen Anastomosen sonst in dem der Angina pectoris oder aber mit dem Eintritt eines plötzlichen Todes manifestieren. Im ersten Fall können Herzklopfen und Anstrengungsdyspnoe bestehen. Auskultatorisch findet sich am Erbschen Punkt ein systolisch-diastolisches Geräusch unterschiedlicher Lautstärke. Das Röntgenbild zeigt eine geringgradige linksventrikuläre Herzvergrößerung und eine leichte Lungenmehrdurchblutung. Am

EKG finden sich Zeichen einer linkskammerigen Belastung und die einer Myokardischämie. Die Diagnose ist durch Herzsondierung und Aortographie zu bestätigen. Der Krankheitsverlauf ist sehr unterschiedlich, beim älteren Kind kann die Anomalie lange Zeit gut toleriert werden. Vor dem 1. Lebensjahr ist nur die medikamentöse Behandlung angezeigt, und zwar die der Herzinsuffizienz zusammen mit Vasodilatatoren zur Anregung der Ausbildung von Anastomosen und zur Verbesserung der Durchströmungsverhältnisse des Myokard. Nach dem 3. Lebensjahr ist die chirurgische Korrektur bei extrakorporalem Kreislauf indiziert: Einpflanzung der ektopischen Kranzarterie in die Aorta. Das Operationsrisiko ist gering, die Ergebnisse sind gut. Zwischen dem 1. und 3. Lebensjahr hängt die Indikation zum chirurgischen Eingriff vom Schweregrad des Krankheitsbilds und auch von der Erfahrung der Herzchirurgen ab, denn in diesem Alter ist die Operation mit einem höheren Risiko als dem beim älteren Kind belastet.

g) Konnatale Koronararterienfistel

Die angeborenen Fehldifferenzierungen der koronariellen Endstrecke zeichnen sich durch eine weite Einmündungsöffnung aus, die an einem Vorhof, einer Herzkammer oder aber einem Herzgefäß liegen kann. Bis 1979 sollen nach NEUFELD u. SCHNEEWEISS (1983) etwa 400 Fälle mitgeteilt worden sein. Die Geschlechtsverteilung ist ausgeglichen. Die Fisteln kommen meist bei regelrecht entspringenden Kranzgefäßen an der rechten Koronararterie und am rechten Ventrikel vor (DE NEF et al. 1971; EDIS et al. 1971; HALLMAN et al. 1966; KIMBRIS et al. 1970; NEUFELD et al. 1961c; SABBAGH et al. 1973; SAKAKIBARA et al. 1966). Selten sind die Fisteln an einem Einzelkranzgefäß (HALLMAN et al. 1966; KREUTZER et al. 1953; MORGAN et al. 1972; MURRAY 1963), an einer akzessorischen (PARKER et al. 1973) oder aber einer ektopischen Koronararterie (EFFLER et al. 1967). In ca. 60% der Fälle ist die rechte Koronararterie, in ca. 90% der Fälle die rechte Kammer beteiligt. SAKAKIBARA et al. (1966) haben anhand von 9 eigenen und 114 zusammengestellten Fällen die konnatalen Fisteln in 5 Formen eingeteilt (Tabelle 29). Außer diesen Formen sind Fisteln in die Cava superior (GENSINI et al. 1966), den Sinus coronarius (SABBAGH et al. 1973) und in einen Ast der Pulmonalis (MACCHI et al. 1976) zu nennen. Am häufigsten handelt es sich um isolierte Anomalien (SABBAGH et al. 1973). GUIDICI u. BECU (1960) beschreiben angiomähnliche Dilatationen einer fistulös endenden Koronararterie. Bei der Aorten- bzw. Pulmonalostiumatresie mit dichtem Ventrikelseptum handelt es sich um weite sinusoidale Kommunikationen (s. BLAKE et al. 1964; NEUFELD et al. 1961c). Solche Fisteln stellen nach GITTENBERGER-DE GROOT et al. (1988) persistierende Kommunikationen infolge von segmentären Hypoplasien oder aber Agenesien der Kranzgefäße dar. Selten kommt der Spontanverschluß einer Koronararterienfistel vor (s. HACKETT u. HALLIDIE-SMITH 1984; MAHONEY et al. 1982).

Zur Klinik. Diese Anomalien sind meist asymptomatisch, nur selten rufen sie beim Säugling eine Herzinsuffizienz hervor. Insgesamt in einem Drittel der Fälle mit großen Fisteln besteht eine Belastungsdyspnoe. Eine Angina pectoris kommt bei Kindern unter 15 Jahren nicht vor. Charakteristischer Befund ist ein lautes kontinuierliches Geräusch am Erbschen Punkt. In der Hälfte der Fälle bestehen

Tabelle 29. Einteilung der Koronararterienfisteln. (Nach SAKAKIBARA et al. 1966, 123 Fälle)

Typ	Einmündungsstelle	Koronararterie	Anzahl	Gesamtzahl	%
I	Rechter Vorhof			44	36
		rechte	30		
		linke	12		
		beide	2		
II	Rechte Kammer			54	44
		rechte	33		
		linke	17		
		beide	4		
III	Pulmonalis			20	16
		rechte	9		
		linke	8		
		beide	3		
IV	Linker Vorhof			4	3,2
		linke	4		
V	Linke Kammer			1	0,8
		linke	1		

keine EKG-Veränderungen, bei den großen Fisteln in den rechten Vorhof können am EKG Zeichen einer Belastung dieser Vorkammer vorliegen. Zeichen einer Myokardischämie werden immer vermißt. Das Röntgenbild zeigt meist normale Verhältnisse der Herzsilhouette, nur bei den großen Fisteln finden sich eine Herzvergrößerung und Zeichen von Lungenmehrdurchblutung. Die Diagnose ist durch Herzsondierung und Aortographie zu stellen. Die Prognose ist gut. Als Komplikationen gelten jedoch Herzinsuffizienz, Endarteriitiden und beim Erwachsenen Koronarinsuffizienz. Die Behandlung ist operativ, das Operationsrisiko ist gering. Elektiv wird der chirurgische Eingriff (Fistelverschluß bei extrakorporalem Kreislauf) nach dem 4. Lebensjahr durchgeführt. Die Ergebnisse sind ausgezeichnet.

h) Konnatale Aneurysmen der Koronararterien

Es sind dies äußerst seltene Anomalien, die meist am rechten Kranzgefäß vorkommen (FRITHZ et al. 1968). Sie können sackförmig oder aber spindelförmig sein. SCOTT (1948) zählt dazu auch diffuse Dilatationen. Zusammenstellungen finden sich bei CROCKER et al. (1957), DAOUD et al. (1963a), GORE et al. (1959), SCOTT (1948), weitere Fallberichte bei DAWSON u. ELLISON (1972), GHAHRAMANI et al. (1972), MATTERN et al. (1972) und SEABRA-GOMES et al. (1974). Die konnatalen Aneurysmen der Kranzgefäße stellen nach DAOUD et al. (1963a) ca. 15% der gesamten Aneurysmen dieser Arterien dar und kommen oft an fistulös endenden Gefäßen vor. Es besteht eine ausgeprägte Bevorzugung des männlichen Geschlechts im Verhältnis von rund 4:1 (GORE et al. 1959). Als Komplikationen gelten Ruptur, Thrombose und Herzinfarkt.

i) Konnatale obstruktive Anomalien

Echte Hypoplasien außerhalb der anerkannten Variationsbreite der Versorgungstypen kommen selten vor. Meist ist dabei der Ramus circumflexus oder der Ramus descendens anterior befallen. Nach einigen Fallberichten kann die Anomalie die Ursache eines plötzlichen Todes sein (s. NEUFELD u. SCHNEEWEISS 1983). Die histologischen Befunde bei 3 Erwachsenen, bei denen die linke Koronararterie bei fehlenden arteriosklerotischen Veränderungen atretisch war, sprechen für das Vorkommen, wenn auch äußerst selten, einer Koronararterienatresie konnataler Natur (s. NEUFELD u. SCHNEEWEISS 1983). In den letzten Jahren hat man eine isolierte, membranöse Ostiumstenose des linken Kranzgefäßes beschrieben (JOSA et al. 1981; MALCOLM u. SALERNO 1983), die wahrscheinlich konnataler Natur ist. Bei JOSA et al. (1981) finden sich 2 Fallberichte bei Kindern, die Stenose zeigte sich dabei durch eine fibromuskuläre Membranbildung bedingt. Noch seltener kommt die Atresie des linken Ostium vor (MULLINS et al. 1972).

Literatur

Aaron BJ, Mills M, Lower RR (1976) Congenital tricuspid insufficiency. Definition and review. Chest 69:637–641
Abbott ME (1936) Atlas of congenital cardiac disease. Am Heart Assoc, New York
Abel EL (1981) Fetal alcohol syndrome, vol 1. CRC Press, Boca Raton Florida
Abrams HL (1958) Persistence of fetal ductus function after birth. The ductus arteriosus as an avenue of escape. Circulation 18:206–226
Adams JCL, Hudson RA (1956) A case of Ebstein's anomaly surviving to the age of 79. Br Heart J 18:129–132
Ahlström H, Lundström N-R, Mortensson W (1973) The occurrence of two vascular rings in the same infant. Acta Paedtr Scand 62:201–204
Ahn C, Hosier DM, Sirak HD (1968) Cor triatriatum. J Thorac Cardiovasc Surg 56: 177–183
Ainger LE (1965) Double-outlet right ventricle: intact ventricular septum, mitral stenosis, and blind left ventricle. Am Heart J 70:521–525
Alcaide A, Zilleruelo R, Eimbcke F, Urzúa M, Moreno L (1965) Incidencia de las cardiopatías congénitas en las autopsias de los últimos diez años (1955–1964). Rev Chil Pediatr 36:698–706
Aldridge HE, Wigle D (1965) Partial anomalous pulmonary venous drainage with intact interatrial septum associated with congenital mitral stenosis. Circulation 31:579–584
Alexander RW, Griffith GC (1956) Anomalies of the coronary arteries and their clinical significance. Circulation 14:800–805
Allan FD (1963) Observations on the establishment of the cardiac primordium in the human presomite embryo. Anat Rec 145:307
Allwork SP, Bentall HH, Becker AE, Cameron H, Gerlis LM, Wilkinson JL, Anderson RH (1976) Congenitally corrected transposition of the great arteries: morphologic study of 32 cases. Am J Cardiol 38:910–923
Alpert BS, Moore VH (1985) Absent pulmonary valve with atrial septal defect and patent ductus arteriosus. Pediatr Cardiol 6:107–112
Alpert JS, Dexter L, Vieweg WVR, Haynes FW, Dalen JE (1977) Anomalous pulmonary venous return with intact atrial septum. Circulation 56:870–875
Altrogde HC, Hirth L, Goede HW (1971) Defizienz der kurzen Arme der Chromosomen der B-Gruppe (4p-; 5p-). Untersuchungen an 6 Patienten. Z Kinderheilkd 110:218–247
Alvarez, L, Aranega A (1972) Aplasia congénita del miocardio de ambas cámaras ventriculares. Rev Esp Cardiol 25:469–480

Alzamora V, Rotta A, Batillana G, Abugattas R, Rubio C, Bouroncle J, Zapata C, Santa-María E, Binder T, Subiria R, Paredes D, Pando B, Graham G (1953) On the possible influence of great altitudes on the determination of certain cardiovascular anomalies. Pediatrics 12:259–262

Amato JJ, Sewell DH, Rheinlander HF, Cleveland RJ (1975) Congenital aneurysm of the left atrium with associated defects in the fibrous skeleton of the heart. J Thorac Cardiovasc Surg 69:639–643

Anabtawi IN, Ellison RG (1965) Congenital stenosing ring of the left atrio-ventricular canal (supravalvular mitral stenosis). J Thorac Cardiovasc Surg 49:994–1005

Andersen HK, Lomholt P (1972) Ventricular septal defect and aortic insufficiency. Scand J Thorac Cardiovasc Surg 6:57–67

Anderson KR, Lie JT (1978) Pathologic anatomy of Ebstein's anomaly revisited. Am J Cardiol 41:739–745

Anderson LM, Coles HMT (1961) Endocardial cushion defects. Br Med J 1:696–705

Anderson RC (1977) Congenital heart malformations in north american indian children. Pediatrics 59:121–123

Anderson RC, Adams P jr, Burke B (1961) Anomalous inferior vena cava with azygos continuation (infrahepatic interruption of the inferior vena cava). J Pediatr 59:370–383

Anderson RH (1975) Morphogenesis and nomenclature of univentricular hearts. Br Heart J 37:781–782

Anderson RH, Ho SY (1981) Straddling and overriding valves – segmental morphology. In: Wennink ACG, Oppenheimer-Dekker A, Moulaert AJ (eds) The ventricular septum of the heart. Leiden Univ Press, The Hague Boston London, p 157

Anderson RH, Shinbourne EA, Gerlis LM (1974a) Criss-cross atrioventricular relationships producing paradoxical atrioventricular concordance or discordance: Their significance to nomenclature of congenital heart disease. Circulation 50:176–181

Anderson RH, Wilkinson JL, Arnold R, Becker AE, Lubkiewicz K (1974b) Morphogenesis of bulboventricular malformations. II. Observations on malformed hearts. Br Heart J 36:948–970

Anderson RH, Wilkinson JL, Arnold R, Lubkiewicz K (1974c) Morphogenesis of bulboventricular malformations. I. Consideration of embryogenesis in the normal heart. Br Heart J 36:242–255

Anderson RH, Becker AE, Gerlis LM (1975a) The pulmonary outflow tract in classically corrected transposition. J Thorac Cardiovasc Surg 69:747–757

Anderson RH, Becker AE, Losekoot TG, Gerlis LM (1975b) Anatomically corrected malposition of great arteries. Br Heart J 37:993–1013

Anderson RH, Becker AE, Wilkinson JL, Gerlis LM (1976) Morphogenesis of univentricular hearts. Br Heart J 38:558–572

Anderson RH, Becker AE, Freedom RM, Quero-Jiménez M, Macartney FJ, Shinebourne EA, Wilkinson JL, Tynan M (1979a) Problems in the nomenclature of the univentricular heart. Herz 4:97–106

Anderson RH, Becker AE, Macartney FJ, Shinebourne EA, Wilkinson JL, Tynan MJ (1979b) Is 'tricuspid atresia' a univentricular heart? Pediatr Cardiol 1:51–56

Anderson RH, Shinebourne EA, Becker AE, Macartney FJ, Wilkinson JL, Tynan MJ (1979c) Tricuspid atresia and univentricular heart. Pediatr Cardiol 1:165

Anderson RH, Tynan M, Freedom RM, Quero-Kiménez M, Macartney FJ, Shinebourne EA, Wilkinson JL, Becker AE (1979d) Ventricular morphology in the univentricular heart. Herz 4:184–197

Anderson RH, Ho SY, Becker AE (1981) The morphology of septal structures in univentricular hearts. In: Wenink ACG, Oppenheimer-Dekker A, Moulaert AJ (eds) The ventricular septum of the heart. Leiden Univ Press, The Hague Boston London, p 203

Anderson RH, Lenox CC, Zuberbuhler JR (1983a) Mechanisms of closure of perimembranous ventricular septal defects. Am J Cardiol 52:341–345

Anderson RH, Lenox CC, Zuberbuhler JR (1983b) Morphology of ventricular septal defect associated with coarctation of the aorta. Br Heart J 50:176–181

Anderson RH, Lenox CC, Zuberbuhler JR, Ho SY, Smith A, Wilkinson JL (1983c) Double-inlet left ventricle, rudimentary right ventricle and ventriculoarterial concordance. Am J Cardiol 52:573–577

Anderson RH, Macartney FJ, Tynan M, Becker AE, Freedom RM, Godman MJ, Hunter S, Quero-Jiménez M, Rigby ML, Shinebourne EA, Sutherland G, Smallhorn JG, Soto B, Thieme G, Wilkinson JL, Wilcox BR, Zuberbuhler JR (1983d) Univentricular atrioventricular connection: the single ventricle trap, Pediatr. Cardiol 4:273–280

Anderson RH, Becker AE, Tynan M, Macartney FJ, Rigby ML, Wilkinson JL (1984) The univentricular atrioventricular connection: getting to the roof of a thorny problem. Am J Cardiol 54:822–828

Anderson RH, Penkoske PA, Zuberbuhler JR (1985) Variable morphology of ventricular septal defect in double inlet left ventricle. Am J Cardiol 55:1560–1565

Angelini P, Ferro Gonzalez L, Fishleder B, Espino-Vela J (1970) El sindrome de la estenosis mitral congénita. Arch Inst Cardiol Mex 40:697–729

Angelino PF, Garbagni R, Tartara D (1961) Le syndrome de Lutembacher: observations cliniques et hémodynamiques avant et après interventrion. Arch Mal Coeur 54:511–524

Anselmi G, Muñoz S, Machado I, Blanco P, Espine-Vela J (1963) Complex cardiovascular malformations associated with the corrected type of transposition of the great vessels. Am Heart J 66:614–626

Anselmi G, Muñoz Armas S, De la Cruz MV, Pisani F, Blanco P (1968) Diagnosis and classification of single ventricle. Report of seventeen cases with an anatomoembryologic discussion. Am J Cardiol 21:813–828

Anselmi G, Muñoz S, Blanco P, Machado I, De la Cruz MV (1972) Systematization and clinical study of dextroversion, mirror image dextrocardia and laevoversion. Br Heart J 34:1085–1098

Antia AU, Ottesen OE (1966) Collateral circulation in subclavian stenosis or atresia. Angiographic demonstration of retrograde vertebral-subclavian flow in two cases with right aortic arch. Am J Cardiol 18:599–604

Apitz J (1968) Truncus arteriosus communis persistens y pseudotruncus arteriosus. In: Opitz H, Schmid F (eds) Enciclopedia pediátrica. Ediciones Morata, Madrid (Tomo VII, p 662)

Apitz J, Schröter HJ, Schmaltz AA, Gaissmaier U (1971) Stenosen und Atresien der Aortenklappe und der thorakalen Aorta im Säuglingsalter. Thoraxchirurgie 19:402–407

Arcilla RA, Gasul BM (1961) Congenital dextrocardia. J Pediatr 58:39–58, 251–262

Argüero R, Quiñones R, Lopez Cuellar MR, Perez Alvarez JS (1970) Defecto septal ventricular múltiple. Arch Inst Cardiol Mex 40:135–144

Asami I (1969) Beitrag zur Entwicklung des Kammerseptums im menschlichen Herzen mit besonderer Berücksichtigung der sog. Bulbusdrehung. Z Anat Entwickl-Gesch 128:1–17

Asami I (1972) Beitrag zur Entwicklungsgeschichte des Vorhofseptum im menschlichen Herzen. Eine lupenphotographische Darstellung. Z Anat Entwickl-Gesch 139:55–70

Auzépy Ph, Papa F, Paillas J, Manigand G, Deparis M (1975) Ventricule droit papyracé de l'adulte. A propos d'un cas anatomo-clinique observé chez un homme atteint de dysplasie spondylo-épiphysaire. Arch Mal Coeur 68:657–661

Averback P, Wiglesworth FW (1978) Congenital absence of the heart: observation of human funiculopagus twinning with insertio funiculi furcata, fusion, forking, and interpositio velamentosa. Teratology 17:143–150

Awan IH, Rice R, Moodie DS (1982) Spontaneous closure of atrial septal defect with interatrial aneurysm formation. Pediatr Cardiol 3:143–145

Ayres SM, Steinberg I (1963) Dextrorotation of the heart. An angiocardiographic study of 41 cases. Circulation 27:268–274

Aziz KU, Paul MH, Muster AJ, Idriss FS (1979) Positional abnormalities of atrioventricular valves in transposition of the great arteries including double outlet right ventricle, atrioventricular valve straddling and malattachment. Am J Cardiol 44:1135–1145

Azpitarte J, Castrillo JM, Sokolowski M (1971a) Válvula mitral en paracaídas. Rev Esp Cardiol 24:499–505

Azpitarte J, Sánchez Cascos A, López Bescos L, González de la Vega N (1971b) Agenesia de músculos papilares. Rev Esp Cardiol 24:555–559

Bachet J, Cabrol C (1974) Un cas de retour veineux anormal de tout le poumon gauche, dans le tronc veineux innominé gauche. Arch Mal Coeur 67:1227–1232

Bahabozorgui S, Berstein RG, Frater RWM (1971) Pseudocoarctation of aorta associated with aneurysm formation. Chest 60:616–617
Bain CWC, Parkinson J (1943) Common aorto-pulmonary trunk: a rare congenital defect. Br Heart J 5:97–100
Balzing P, Breffeilh J-L, Girier A, Roux J, Heurtematte A (1970) Ectopie cardiaque. Pediatrie 25:793–794
Bandy GE, Vogel JHK (1971) Progressive congenital valvular aortic stenosis. Chest 60:189–191
Bankl H (1970) Das konnatale Herzvitium in der Sektionsstatistik. Häufigkeit, Mißbildungskorrelation, Überlebenszeit und Todesursachen. Arch Kreislaufforsch 62:118–151
Bankl H (1971a) Mißbildungen des arteriellen Herzendes. Morphologie und Morphogenese. Urban & Schwarzenberg, München Berlin Wien
Bankl H (1971b) Zur Morphologie des Eisenmenger-Komplexes. Beitr Pathol 142:410–415
Bankl H (1972) Das Phänomen der überreitenden Aorta (Antwort auf kritische Einwände von B. Chuaqui). Beitr Pathol 146:375–380
Bankl H (1977) Congenital malformations of the heart and great vessels. Urban & Schwarzenberg, Baltimore Munich
Bankl H, Wimmer M (1971) Primitivmißbildung des Herzens: Einmündung beider Atrioventrikularostien in den linken Ventrikel. Ursprung beider großen Arterien aus dem rechten Ventrikel. Beitr Pathol 144:290–298
Barcia A, Titus JL (1962) Congenital mitral stenosis: a case studied by selective angiocardiography and necropsy. Proc Staff Meet Mayo Clin 37:632–639
Bargmann W (1963) Bau des Herzens. In: Bargmann W, Doerr W (Hrsg) Das Herz des Menschen, Bd 1. Thieme, Stuttgart, S 88
Barillon A, Blondeau P, Cachin J, Ourback P, Lenegre J (1968) Le coeur triatrial de l'adulte. Arch Mal Coeur 61:1306–1320
Barnard CN (1961) Abnormal restraints of cleft anteromedial leaflet of mitral valve in endocardial cushion defects. Br Med J 1:719
Barnard PJ, Brink AJ (1956) Supernumerary chambers to the left heart. Br Heart J 18:309–319
Baroldi G (1981) The coronary circulation in man. In: Schwartz CJ, Werthessen NT, Wolf S (eds) Structure and function of the circulation, vol 2. Plenum Press, New York London
Barrat-Boyes BG, Nicholls TT, Brandt PWT, Neutze JM (1972) Aortic arch interruption associated with patent ductus arteriosus, ventricular septal defect, and total anomalous pulmonary venous connection. Total correction in a 8-day-old infant by means of profound hypothermia and limited cardiopulmonary bypass. J Thorac Cardiovasc Surg 63:367–373
Barrit DW, Urich H (1956) Congenital tricuspid incompetence. Br Heart J 18:133–136
Barrow MV (1972) Ectopia cordis (ectocardia) and gastroschisis induced in rats by maternal administration of the lathyrogen, beta-aminopropionitrile (BAPN). Am Heart J 83:518–526
Bartel J (1971) Atresie der Pulmonalklappe bei intaktem Ventrikelseptum. Zur Differentialdiagnose der kardial bedingten Zyanose des Neugeborenen. Kinderärztl Praxis 39:246–253
Barthel H (1960) Mißbildungen des menschlichen Herzens. Thieme, Stuttgart
Bayer HP, Ostermeyer J (1974) A case of congenital subtotal myocardium reduction in the region of both heart auricles (Uhl's disease realting to the heart auricle). Virchows Arch [A] 363:63–72
Bayer O, Brix J, Athmann A (1957) Zur Frage der idiopathischen Pulmonalektasie. Arch Kreislaufforsch 27:1–19
Beck F (1976) Model systems in teratology. Br Med Bull 32:53–58
Beck W, Schrire V (1969) Idiopathic mitral subanular left ventricular aneurysm in the Bantu. Am Heart J 78:28–33
Becker AE, Anderson RH (1981) Pathology of congenital heart disease. Butterworths. London Boston Sydney Wellington Durban Toronto

Becker AE, Anderson RH (1982) Atrioventricular septal defects: waht's in a name. J Thorac Cardiovasc Surg 83:461–469

Becker AE, Becker MJ (1970) Juxtaposition of atrial appendages associated with normally oriented ventricles and great arteries. Circulation 41:685–688

Becker AE, Becker MJ, Edwards JE (1970a) Occlusion of pulmonary veins, "mitral" insufficiency, and ventricular septal defect. Functional resemblance to ventricular aneurysm. Am J Dis Child 120:557–559

Becker AE, Becker MJ, Edwards JE (1970b) Anomalies associated with coarctation of the aorta. Circulation 41:1067–1075

Becker AE, Becker MJ, Edwards JE (1971a) Pathologic spectrum of dysplasia of the tricuspid valve. Features in common with Ebstein's malformation. Arch Pathol 91:167–178

Becker AE, Becker MJ, Edwards JE (1971b) Pathology of the semilunar valve in persistent truncus arteriosus. J Thorac Cardiovasc Surg 62:16–26

Becker AE, Becker MJ, Moller JH, Edwards JE (1971c) Hypoplasia of the right ventricle and tricuspid valve in three siblings. Chest 60:273–277

Becker AE, Becker MJ, Edwards JE (1972) Mitral valvular abnormalities associated with supravalvular aortic stenosis. Am J Cardiol 29:90–94

Becker AE, Becker MJ, Wagenvoort CA (1977) Premature contraction of the ductus arteriosus: a cause of foetal death. J Pathol 121:187–191

Becker AE, Connor M, Anderson RH (1975) Tetralogy of Fallot: a morphometric and geometric study. Am J Cardiol 35:402–412

Becker FF (1962) A singular left sided inferior vena cava. Anat Rec 143:117–120

Becker MH, Genieser NB, Finegold M, Miranda D, Spackmann T (1975) Chondrodysplasia punctata. Is maternal Warfarin therapy a factor? Am J Dis Child 129:35–37

Becker V, Hardt H (1967) Formvariante der Sehnenfäden als pathologischer Faktor in der linken Kammer. Verh Dtsch Ges Pathol 51:215–216

Becu L, Swan HJC, Dushane JW, Edwards JE (1955a) Ebstein malformation of the left atrioventricular valve in corrected transposition of the great vessels with ventricular septal defect. Proc Staff Meet Mayo Clin 30:483–490

Becu L, Tauxe WN, Dushane JW (1955b) Anomalous connection of pulmonary veins with normal pulmonary drainage. Arch Pathol 59:463–470

Becu L, Tauxe WN, Dushane JW, Edwards JE (1955c) A complex of congenital cardiac anomalies: ventricular septal defect, biventricular origin of the pulmonary trunk, and subaortic stenosis. Am Heart J 50:901–911

Becu L, Fontana RS, Dushane JW, Kirklin JW, Burchell HB, Edwards JE (1956) Anatomic and pathological studies in ventricular septal defect. Circulation 24:349–364

Becu L, Ikkos D, Ljungqvist A, Rudhe U (1961) Evolution of ventricular septal defect and pulmonary stenosis with left to right shunt into classic tetralogy of Fallot. Am J Cardiol 7:598–607

Becu L, Somerville J, Gallo A (1976) Isolated pulmonary valve stenosis as part of more widespread cardiovascular disease. Br Heart J 38:472–482

Beder SD, Nihill M, McNamara DG (1982) Idiopathic dilatation of the right atrium in a child. Am Heart J 103:134–137

Bedford DE (1960) The anatomical types of atrial septal defect. Their incidence and clinical diagnosis. Am J Cardiol 6:568–574

Beerman LB, Oh KS, Park SC, Freed MD, Sondheimer HM, Fricker FJ, Mathews RA, Fischer DR (1983) Unilateral pulmonary vein atresia: clinical and radiographic spectrum. Pediatr Cardiol 4:105–112

Befeler B, Macleod CA, Schwartz H (1967) Idiopathic dilatation of the pulmonary trunk. Am J Med Sci 254:667–674

Bell WE, Ehmke DA (1971) Diverticulum of the left ventricle in a child with fatal cerebral embolisation. South Med J 64:537–540

Beller B, Childers R, Eckner F, Duchelle R, Ranniger K, Rabinowitz M (1967) Cor triatriatum in the adult. Complicated by mitral insufficiency and aortic dissection. Am J Cardiol 19:749–754

Benchimol A, Tio S, Sundararajan V (1971) Congenital corrected transposition of the great vessels in a 58-year-old man. Chest 59:634–638

Benjamin DR, Wiegenstein L (1972) Necrosis of the ductus arteriosus in premature infants. Arch Pathol 94:340–342
Benninghoff A (1930) Die Arterien. In: Möllendorff von W (Hrsg) Handbuch der mikroskopischen Anatomie des Menschen, Bd VI/1, Springer, Berlin, S 49
Benrey J, Leachman RD, Cooley DA, Klima T, Lufschanowski R (1976) Supravalvular mitral stenosis associated with tetralogy of Fallot. Am J Cardiol 37:111–114
Ben-Shoshan M, Rossi NP, Korns ME (1973) Coarctation of the abdominal aorta. Arch Pathol 95:221–225
Bergsma D (1979) Birth defects compendium, 2nd edn. Macmillan Press, London Basingstoke
Berman W jr, Yabek SM, Burstein J, Dillon T (1982) Asplenia syndrome with atypical cardiac anomalies. Pediatr Cardiol 3:35–38
Berry CL (1981) Congenital malformations. In: Berry CL (ed) Paediatric pathology. Springer, Berlin Heidelberg New York, p 67
Berry CL, Barlow S (1976) Some remaining problems in the reproductive toxicity testing of drugs. Br Med Bull 32:34–38
Berry TE, Bharati S, Muster AJ, Idriss FS, Santucci B, Lev M, Paul MH (1982) Distal aortopulmonary septal defect, aortic origin of the right pulmonary artery, intact ventricular septum, patent ductus arteriosus and hypoplasia of the aortic isthmus: a newly recognized syndrome. Am J Cardiol 49:108–116
Berry WB, Roberts WC, Morrow AG, Braunwald E (1964) Corrected transposition of the aorta and pulmonary trunk. Clinical, hemodynamic and pathologic findings. Am J Med 36:35–53
Bersch W (1971) On the importance of the bulboauricular flange for the formal genesis of congenital heart defects. Virchows Arch [A] 354:252–267
Bersch W (1973) Über das Moderatorband der linken Kammer. Basic Res Cardiol 68:225–238
Bersch W, Chuaqui B (1972) On the formal genesis of the Eisenmenger complex. Virchows Arch [A] 356:307–314
Bersch W, Chuaqui B, Heilmann K (1975) Persistenz des primitiven Aortenconus bei regelrechter Stellung der großen Gefäße des Herzens. Ein Beitrag zur formalen Eigenständigkeit der Bulbusschrumpfungshemmung. Virchows Arch [A] 368:299–307
Bersch W, Doerr W (1976) Reitende Gefäße des Herzens. Homologiebegriff und Reihenbildung. Springer, Berlin Heidelberg New York
Besterman E (1961) Atrial septal defect with pulmonary hypertension. Br Heart J 23:587–598
Beuren AJ (1960) Differential diagnosis of the Taussig-Bing heart from a complete transposition of the great vessels with a posteriorly overriding pulmonary artery. Circulation 21:1071–1087
Beuren AJ (1968a) Malformaciones de la aorta y del tracto eyector del ventrículo izquierdo. In: Opitz H, Schmid F (eds) Enciclopedia pediátrica. Ediciones Morata, Madrid. Tomo X, p 680
Beuren AJ (1968b) Tetralogía de Fallot. In: Opitz H, Schmid F (eds) Enciclopedia pediátrica. Ediciones Morata, Madrid. Tomo VII, p 637
Bharati S, Lev M (1973) The spectrum of common atrioventricular orifice (canal). Am Heart J 86:553–561
Bharati S, Lev M (1979a) The concept of tricuspid atresia complex as distinct from that of the single ventricle complex. Pediatr Cardiol 1:57–62
Bharati S, Lev M (1979b) The relationship between single ventricle and small outlet chamber and straddling and displaced tricuspid orifice and valve. Herz 4:176–183
Bharati S, Lev M (1979c) Reply (Letters to the editor). Pediatr Cardiol 1:165–166
Bharati S, Lev M, Cassels DE (1973) Aortico-right ventricular tunnel. Chest 63:198–202
Bharati S, McAllister HA, Chiemmongkoltip P, Lev M (1977) Congenital pulmonary atresia with tricuspid insufficiency: morphologic study. Am J Cardiol 40:70–75
Bharati S, McAllister HA jr, Rosenquist JC, Miller RA, Tatooles CJ, Lev M (1974) The surgical anatomy of truncus arteriosus communis. J Thorac Cardiovasc Surg 67:501–510

Bharati S, Nordenberg A, Brock RR, Lev M (1984) Hypoplastic left heart syndrome with dysplastic pulmonary stenosis. Pediatr Cardiol 5:127–130

Bhatt DR, Jue KL (1979) Prenatal closure of the foramen ovale in complete transposition of great vessels. Am J Cardiol 44:563–565

Bialostozky D, Horwitz S, Espino-Vela (1972) Ebstein's malformation of the tricuspid valve. A review of 65 cases. Am J Cardiol 29:826–836

Binet JP, Bouchard F, Langlois J, Chetochine F, Conso JF, Pottemain M (1972) Unilateral congenital stenosis of the pulmonary veins. J Thorac Cardiovasc Surg 163:397–402

Binet JP, Planché CL, Langlois J, Conso JF (1975) Le canal atrio-ventriculaire. A propos de 47 cas operés. Arch Mal Coeur 68:45–53

Bini RM, Cleveland DC, Ceballos R, Bargeron LM jr, Pacifico AD, Kirklin JW (1984) Congenital pulmonary vein stenosis. Am J Cardiol 54:369–375

Bircks W, Gebhardt Ch, Höhmann H (1971) Ursprung beider großen Arterien aus dem rechten Ventrikel (double-outlet-right-ventricle) mit Infundibulumstenose und Stenose im Ausflußtrakt des linken Ventrikels (Bericht über einen erfolgreich operierten Fall). Thoraxchirurgie 19:1–9

Bizouati G, Levy MJ (1975) A propos d'un cas de tunnel aorto-ventriculaire gauche accompagné de modifications électrocardiographiques. Arch Mal Coeur 68:775–784

Blake HA, Manion WC, Spencer FC (1962) Atresia or absence of the aortic isthmus. J Thorac Cardiovasc Surg 43:607–614

Blake HA, Manion WC, Mattingly TW, Baroldi G (1964) Coronary artery anomalies. Circulation 30:927–940

Blake HA, Hall RL, Manion WC (1965) Anomalous pulmonary venous return. Circulation 32:406–414

Blatt ML, Zeldes M (1942) Ectopia cordis: report of a case and review of the literature. Am J Dis Child 63:515–529

Blieden LC, Edwards JE (1973) Anomalies of the thoracic aorta: pathologic considerations. Prog Cardiovasc Dis 16:25–41

Blieden LC, Moller JH (1974) Aortopulmonary septal defect: an experience with 17 patients. Br Heart J 36:630–635

Blieden LC, Lucas RV jr, Carter JB, Miller K, Edwards JE (1974) A developmental complex including supravalvular stenosis of the aorta and pulmonary trunk. Circulation 49:585–590

Bondeau P, D'Allines A, Piwnica A, Guilmet D, Marvelle J, Dubost C (1969) Problèmes chirurgicaux posés par les anomalies du retour veineux cave au coeur: I. Territoire cave supérieur. Ann Chir Thorac Cardiovasc 8:73–89

Bloomfield DK (1964) The natural history of ventricular septal defect in patients surviving infancy. Circulation 29:914–955

Blount SG jr, Balchum OJ, Gensin J (1956) The persistent ostium primum atrial septal defect. Circulation 13:499–509

Blount SG jr, Vigoda PS, Swan H (1959) Isolated infundibular stenosis. Am Heart J 57:684–700

Bock K, Richter H, Zerres M, Meister E-M, Schmeider P (1971) Supravalvuläre Aortenstenose und Pulmonalarterienstenosen. Kinderärztl Praxis 43:437–443

Bodarwe L, Kremer R, Lavenne F, Chalant Ch-H (1971) Evolution des anomalies de l'orifice aortique associées à la coarctation. Arch Mal Coeur 65:701–712

Bogers AJJC, Gittenberger-De Groot AC, Dubbeldam JA, Huysmans HA (1988) The inadequancy of existing theories on development of the proximal coronary arteries and their connexions with the arterial trunk. Int J Cardiol 20:117–123

Bogren H, Carlsson E (1972) Supracristal ventricular septal defects in congenitally corrected transposition of the great vessels. Acta Radiol 12:154–160

Bonchek LI, Starr A, Sunderland CO, Menashe V (1973) Natural history of tetralogy of Fallot in infancy: clinical classification and therapeutic implications. Circulation 48:392–397

Bonnet LM (1903) Sur la lésion dite sténose congénitale de l'aorte dans la région de l'isthme. Rev Med (Paris) 23:108–126, 255–265, 335–353, 418–438, 481–502

Bound JP, Logan WFW (1977) Incidence of congenital heart disease in Blackpool 1957–1971. Br Heart J 39:445–450
Bourassa MG, Campeau L (1963) Combined supravalvular aortic and pulmonic stenosis. Circulation 28:572–581
Bove KE, Schwartz DC (1967) Aortico-left ventricular tunnel. A new concept. Am J Cardiol 19:696–709
Bowman FO jr, Malm JR, Hayes CJ, Gersony WM, Ellis K (1971) Pulmonary atresia with intact ventricular septum. J Thorac Cardiovasc Surg 61:85–95
Bradley WG (1966) Congenital aortic arch abnormalities with the "subclavian-steal" pattern of blood flow. Br Heart J 28:718–720
Brais MP, Texeira OHP (1984) Partial anomalous pulmonary venous connection of right lung with inferior sinus venosus atrial septal defect. Pediatr Cardiol 5:156–157
Brandt PW, Calder AL, Barrat-Boyes BG, Neutze JM (1976) Double outlet left ventricle. Morphology, cineangiographic diagnosis and surgical treatment. Am J Cardiol 38:897–909
Braulin E, Peoples WM, Freedom RM, Fyler DC, Goldblatt A, Edwards JE (1982) Interruption of the aortic arch with aorticopulmonary defect. An anatomic review. Pediatr Cardiol 3:329–335
Braun K, Vries A de, Feingold DS, Ehrenfeld NE, Feldman J, Schorr R (1952) Complete dextroposition of the aorta, pulmonary stenosis, interventricular septal defect and patent foramen ovale. Am Heart J 43:773–780
Braunwald E, Friedman WF (1968) Aortic stenosis. In: Watson H (ed) Paediatric cardiology. CV Mosby Co, Saint Louis, p 324
Braunwald E, Goldblatt A, Aygen MM, Rockoff SD, Morrow AG (1963) Congenital aortic stenosis. I. Clinical and hemodynamic findings in 100 patients. II. Surgical treatment and the results of operation. Circulation 27:426–462
Bredt H (1935) Formdeutung und Entstehung des mißgebildeten menschlichen Herzens. Virchows Arch 296:114–157
Bredt H (1936) Die Mißbildungen des menschlichen Herzens. Ergebn Allg Pathol Anat 30:77–182
Bremer JL (1928) Part I. An interpretation of the development of the heart. Part II. The left aorta of the reptiles. Am J Anat 42:307–369
Bremer JL (1942) Transposition of the aorta and pulmonary artery. Arch Pathol 34:1016–1030
Bret T, Torner-Soler M (1957) Complete transposition of the aorta. Levoposition of the pulmonary artery with pulmonary stenosis. Am Heart J 54:385–395
Bricker DL, King SM, Edwards JE (1975) Anomalous aortic origin of the right and left pulmonary arteries in a normally septated truncus arteriosus. Chest 68:591–594
Brockman HL (1950) Congenital mitral atresia, transposition of the great vessels, and congenital aortic coarctation. Am Heart J 40:301–311
Brody H (1942) Drainage of the pulmonary veins into the right side of the heart. Arch Pathol 33:221–240
Brody H (1953) Antenatal occlusion of foramen ovale. Report of two cases. Am J Clin Pathol 23:37–40
Bruwer AJ, Burchell HB (1956) Kinking of aortic arch (pseudocoarctation, subclinical coarctation). JAMA 162:1445–1447
Buchs S, Goerttler Kl (1966) Ungewöhnliche Positionsanomalie der beiden großen Schlagadern durch Inversion der Bulbusdrehung. Z Kreislaufforsch 55:869–883
Bullaboy CA, Johnson DH, Azar H, Jennings RB jr (1984) Total anomalous pulmonary venous connection to portal system: a new therapeutic role for Prostaglandin E1? Pediatr Cardiol 5:115–116
Burch GE, Giles TD, Shewey LL, Cook GW (1972) Idiopathic enlargement of the right atrium of adult onset. Am J Cardiol 30:87–90
Burchell HB, Pugh DG (1952) Uncomplicated isolated dextrocardia ("dextroversio cordis type"). Am Heart J 44:196–206
Burroughs JT, Edwards JE (1960) Total anomalous pulmonary venous connection. Review. Am Heart J 59:913–931

Burrows PE, Moes CAF, Freedom RM (1986) Double aortic arch with atretic right dorsal segment. Pediatr Cardiol 6:331–334
Butler H (1952a) Some derivatives of the foregut venous plexus of the albino rat, with reference to man. J Anat 86:95–109
Butler H (1952b) Abnormal disposition of the pulmonary veins. Thorax 7:249–254
Butto F, Lucas RV jr, Edwards JE (1986) Persistent truncus arteriosus: pathologic anatomy in 54 cases. Pediatr Cardiol 7:95–101
Byron F, Arbor A (1948) Ectopia cordis. Report of a case with attempted operative correction. J Thorac Surg 17:717–722
Cabrera A, Galdeano J, Leukona I (1985) Persistent left sided fifth aortic arch in a neonate. Br Heart J 54:105–106
Cabrol C, Merlier M, Morel P (1969) Etude anatomopathologique d'un cas de "syndrome du cimeterre". Arch Mal Coeur 62:1639–1653
Calabrò R, Marino B, Marsico F (1982) A case of isolated atrioventricular discordance. Br Heart J 47:400–403
Calazel P, Martinez J (1975) Naissance anormale à partir de l'aorte ascendante de l'une des deux artères pulmonaires. Arch Mal Coeur 68:397–403
Calder AL, Brandt PWT, Barrat-Boyes BG, Neutze JM (1980) Variant of tetralogy of Fallot with absent pulmonary valve leaflets and origin of one pulmonary artery from the ascending aorta. Am J Cardiol 46:106–116
Calder AL, Kirker JA, Neutze JM, Starling MB (1984) Pathology of the ductus arteriosus treated with prostaglandins: comparisons with untreated cases. Pediatr Cardiol 5: 85–92
Calder L, Praagh R van, Praagh S van, Sears WP, Corwin R, Levy A, Keith JD, Paul MH (1976) Truncus arteriosus communis. Am Heart J 92:23–38
Campbell M (1963) The mode of inheritance in isolated laevocardia and dextrocardia and situs inversus. Br Heart J 25:803–813
Campbell M (1965) Causes of malformations of the heart. Br Med J 2:895–904
Campbell M (1968a) The incidence and later distribution of malformations of the heart. In: Watson H (ed) Paediatric cardiology. Mosby, Saint Louis, p 71
Campbell M (1968b) Natural history of congenital aortic stenosis. Br Heart J 30:514–524
Campbell M (1968c) Natural history of persistent ductus arteriosus. Br Heart J 30:4–13
Campbell M (1969) The natural history of congenital pulmonary stenosis. Br Heart J 31:394
Campbell M (1970) Natural history of atrial septal defect. Br Heart J 32:820–826
Campbell M (1971) Natural history of ventricular septal defect. Br Heart J 33:246–257
Campbell M (1972) Natural history of cyanotic malformations and comparison of all common cardiac malformations. Br Heart J 34:3–8
Campbell M, Deuchar DC (1954) The left-sided superior vena cava. Br Heart J 16:423–439
Campbell M, Deuchar DC (1966) Dextrocardia and isolated laevocardia. II. Situs inversus and isolated dextrocardia. Br Heart J 28:472–487
Campbell M, Deuchar DC (1967) Absent inferior vena cava, symmetrical liver, splenic agenesis and situs inversus, and their embryology. Br Heart J 29:268–275
Campbell M, Missen GAK (1957) Endocardial cushion defects. Common atrio-ventricular canal and ostium primum. Br Heart J 19:403–418
Campbell RW, Steinmetz EF, Helmen CH (1964) Congenital aneurysm of the membranous portion of the ventricular septum. A cause for holosystolic murmurs. Circulation 30:223–226
Cantrell JR, Haller JA, Ravitch MM (1958) A syndrome of congenital defects involving the abdominal wall, sternum, diaphragm, pericardium, and heart. Surg Gynecol Obstet 107:602–614
Cardell BS, (1956) Corrected transposition of great vessels. Br Heart J 18:186–192
Carlgren L-E (1959) Incidence of congenital heart disease in children born in Gothenburg 1941–1950. Br Heart J 21:40–50
Carr I, Bharati S, Kusnoor VS, Lev M (1979) Truncus arteriosus communis with intact ventricular septum. Br Heart J 42:97–102
Carter CO (1976) Genetics of common single malformations. Br Med Bull 32:21–26

Carter JB, Tassel RA van, Moller JH, Amplatz K, Edwards JE (1971 a) Congenital diverticulum of the right ventricle. Association with pulmonary stenosis and ventricular septal defect. Am J Cardiol 28:478–482

Carter JB, Sethi S, Lee GB, Edwards JE (1971 b) Prolapse of semilunar cusps as causes of aortic insufficieny. Circulation 43:922–932

Carter REB, Capriles M, Noe Y (1969) Total anomalous pulmonary venous drainage. A clinical and anatomical study in 75 children. Br Heart J 31:45–51

Caruso G, Losekoot TG, Becker AE (1978) Ebstein's anomaly in persistent atrioventricular canal. Br Heart J 40:1275–1279

Cassano GB (1964) Congenital annular stenosis of the left atrioventricular canal. So-called supravalvular mitral stenosis. Am J Cardiol 13:708–713

Cassels DE, Moore RY (1973) Sympathetic innervation of the ductus arteriosus in relation to patency. Chest 63:727–731

Casta A, Casta D, Sapire D, Swischuk L (1983) True congenital aneurysm of the septum primum not associated with obstructive right- or left-sided lesions: identified by two-dimensional echocardiography and angiocardiography in a newborn. Pediatr Cardiol 4:159–162

Castaneda AR, Anderson RC, Edwards JE (1969) Congenital mitral stenosis resulting from anomalous arcade and obstructing papillary muscles. Report of correction by use of ball valve prothesis. Am J Cardiol 24:237–240

Castleman B, Towne VG (1952) Case records of the Massachusetts General Hospital. Case 38201. New Engl J Med 246:785–790

Celoria GC, Patton RB (1959) Congenital absence of the aortic arch. Am Heart J 58:407–413

Chang JHT, Burrington JD (1972) Coarctation of the aorta in infants and children. J Pediatr Surg 7:127–135

Charuzi Y, Spanos PK, Amplatz K, Edwards JE (1973) Juxtaposition of the atrial appendages. Circulation 47:620–627

Cheatam JP, Barnhardt DA, Gutgesell HP (1982) Right pulmonary artery to left atrium communication. Pediatr Cardiol 2:149–152

Cheitlin MD, Fenoglio JJ jr, McAllister HA, Davia JE, DeCastro CM (1978) Congenital aortic stenosis secondary to dysplasia of congenital bicuspid aortic valves without commissural fusion. Am J Cardiol 42:102–107

Chesler E, Korns ME, Edwards JE (1968) Anomalies of the tricuspid valve, including pouches, resembling aneurysms of the membranous ventricular septum. Am J Cardiol 21:661–668

Chesler E, Beck W, Barnard CN, Schrire V (1973) Supravalvular stenosing ring of the left atrium associated with corrected transposition of the great vessels. Am J Cardiol 31: 84–88

Chesler MB, Tucker RBK, Barlow JB (1967) Subvalvular and apical left ventricular aneurysms in the Bantu as a source of systemic emboli. Circulation 35:1156–1162

Chiari H (1897) Über Netzbildungen im rechten Vorhofe des Herzens. Beitr Pathol Anat 22:1–10

Chiemmongkoltip P, Moulder PV, Cassels de (1971) Interruption of the aortic arch with aortico-pulmonary septal defect and intact ventricular septum in a teenage girl. Chest 60:324–327

Chiu I, Anderson RH, Macartney FJ, Leval M de, Stark J (1984) Morphologic features of an intact ventricular septum susceptible to subpulmonary obstruction in complete transposition. Am J Cardiol 53:1633–1638

Christie A (1930) Normal closing time of the foramen ovale and the ductus arteriosus (An anatomical and statistical study). Am J Dis Child 40:323–326

Chuaqui B (1969) Zur Terminologie einiger Herzheterotopien. Virchows Arch [A] 347:260–276

Chuaqui B (1971) Über die Dextropositio aortae (Bemerkungen zur Auffassung von H Bankl). Beitr Pathol 144:394–399

Chuaqui B (1979) Doerr's theory of morphogenesis of arterial transposition in light of recent research. Br Heart J 41:481–485

Chuaqui B, Bersch W (1972) The periods of determination of cardiac malformations. Virchows Arch [A] 356:95–110

Chuaqui B, Bersch W (1973) The formal genesis of the transposition of the great arteries. Virchows Arch [A] 358:11–34

Chuaqui B, Bennewitz R von, Parraguez J (1966) Frecuencia de las malformaciones cardíacas en tres hospitales de Chile. Pediatría (Santiago) 9:250–259

Chuaqui B, Piwonka G, Farrú O (1977) Über den Wandbau des persistierenden Ductus arteriosus. Virchows Arch [A] 372:315–324

Clagett OT, Kirklin JW, Edwards JE (1954) Anatomic variations and pathologic changes in coarctation of the aorta. Surg Gynecol Obstet 98:103–114.

Clara M (1967) Entwicklungsgeschichte des Menschen, 6. Aufl. Quelle & Meyer, Heidelberg

Clark RJ, White PD (1952) Congenital aneurysmal defect of the membranous portion of the ventricular septum. Associated with heart block, ventricular flutter, Adams-Stokes syndrome and death. Circulation 5:725–729

Clarke DR, Stark J, Leval M de, Pincott JR, Taylor JFN (1977) Total anomalous pulmonary venous drainage in infancy. Br Heart J 39:436–444

Clarkson PM, Ritter DG, Rahimtoola SH, Hallermann FJ, McGoon DC (1967) Aberrant left pulmonary artery. Am J Dis Child 113:373–377

Coates JR, McClenathan JE, Scott LP (1964) The double-chambered right ventricle. A diagnostic and operative pitfall. Am J Cardiol 14:561–567

Coceani F, Olley PM (1983) Prostaglandins and the ductus arteriosus. Pediatr Cardiol (Suppl II) 4:33–37

Cockayne EA (1938) The genetics of transposition of viscera. Q J Med 31:479–493

Cockerham JT, Martin TC, Gutierrez FR, Hartmann AF jr, Goldring D, Strauss AW (1983) Spontaneous closure of secundum atrial septal defect in infants and young children. Am J Cardiol 52:1267–1271

Cohen LS, Friedman WF, Braunwald E (1972) Natural history of mild congenital aortic stenosis. Stenosis elucidated by serial hemodynamic studies. Am J Cardiol 30:1–5

Cole RB, Muster AJ, Lev M, Paul MH (1968) Pulmonary atresia with intact ventricular septum. Am J Cardiol 21:23–31

Collet RW, Edwards JE (1949) Classification of the truncus arteriosus communis persistens. Surg Clin North Am 29:1245–1269

Collins-Nakai RL, Rosenthal A, Castaneda AR, Bernhard WF, Nadas AS (1977) Congenital mitral stenosis. A review of 20 years' experience. Circulation 56:1039–1047

Commander BE, Konwaler MC, Island M (1944) Cor triventriculare. Am Heart J 27:259–265

Congdon ED (1922) Transformation of the aortic-arch system during the development of the human embryo. Contr Embryol Carneg Inst 14:47–110

Conte G, Giannessi F, Cornali M (1990) Hemodynamics and the development of certain malformations of the great arteries. (B Chuaqui: Comments). Sitzungsber Heidelberger Akad Wiss. Springer, Berlin Heidelberg New York Tokyo

Contro S, Miller RA, White H, Potts WJ (1958) Bronchial obstruction due to pulmonary artery anomalies: I. Vascular sling. Circulation 17:418–423

Cooley DA, Hallman GL, Leachman RD (1966) Total anomalous pulmonary venous drainage. J Thorac Surg 51:88–102

Cooley RN, Harris RC, Rodin AE (1965) Abnormal communication between the aorta and left ventricle. Aortico-left ventricular tunnel. Circulation 31:564–571

Coquillaud J-P, Jager P, Milhiet H (1972) Les agénésies péricardiaques, Revue générale de la littérature et exposé d'introduction. Ann Chir Thorac Cardiovasc 11:119–126

Cosby RS, Grifftih GC (1949) Interatrial septal defect. Am Heart J 38:80–89

Côtè M, Davignon A, Fouron J-C (1973) Congenital hypoplasia of right ventricular myocardium (Uhl's anomaly) associated with pulmonary atresia in a newborn. Am J Cardiol 31:658–661

Cox JN, Bopp P, Hauf E (1980) Double inlet right ventricle. Report of a case and review of the literature. Virchows Arch [A] 388:39–49

Craig RJ, Selzer A (1968) Natural history and prognosis of atrial septal defect. Circulation 37:805–815
Creech O jr, Ledbetter MK, Reemtsma K (1962) Congenital mitral insufficiency with cleft posterior leaflet. Circulation 25:390–394
Cremer H, Bechtelscheimer H, Helpap B (1972) Formen und Genese der subvalvulären Aortenstenose. Virchows Arch [A] 355:123–134
Crisfield RJ (1971) Spontaneous aneurysm of the ductus arteriosus in a patient with Marfan's syndrome. J Thorac Cardiovasc Surg 62:243–247
Crocker DW, Sobin S, Thomas WC (1957) Aneurysms of the coronary arteries. Report of three cases in infants and review of the literature. Am J Pathol 33:819–843
Crupi G, Macartney FJ, Anderson RH (1977) Persistent truncus arteriosus. A study of 66 autopsy cases with special reference to definition and morphogenesis. Am J Cardiol 40:569–578
Cucci CE, Doyle EF, Lewis EW jr (1964) Absence of a primary division of the pulmonary trunk. An ontogenetic theory. Circulation 29:124–131
Culham JAG (1978) Congenital anomalies of the coronary arteries. In: Keith JD, Rowe RD, Vlad P (eds) Heart disease in infancy and childhood. Macmillan, New York; Collier Macmillan, Toronto, Ballière Tindall, London, p 882
Cumming GR (1969) Congenital diverticulum of the right ventricle. Am J Cardiol 23:294–297
Cumming GR, Bowman JM, Whytehead L (1965) Congenital aplasia of the myocardium of the right ventricle (Uhl's anomaly). Am Heart J 70:671–676
Cumming GR, Ferguson CC, Sanchez J (1972) Aortic origin of the right pulmonary artery. Am J Cardiol 30:674–679
Czihak G, Langer H, Ziegler H (1981) Biologie, 3 Aufl. Springer, Berlin Heidelberg New York
Danilowicz D, Rudolph AM, Hoffman JIE (1966) Delayed closure of the ductus arteriosus in premature infants. Pediatrics 37:74–78
Dankmeijer J (1957) La valeur de l'étude des malformations congénitales pour l'embryologie normale du coeur. C R Assoc Anat (Leiden) 44:45–72
Dankmeijer J (1964) Cardiac malformations and the stages of their origin during embryonic development. Arch Biol (Liège) (Suppl) 75:1133–1156
Daoud AS, Pankin D, Tulgan H, Florentin RA (1963a) Aneurysms of the coronary artery. Report of ten cases and review of the literature. Am J Cardiol 11:228–237
Daoud G, Kaplan S, Perrin EV, Dorst JP, Edwards FK (1963b) Congenital mitral stenosis. Circulation 27:185–196
Darling RC, Rothney WB, Craig JM (1957) Total pulmonary venous drainage into the right side of the heart. Report of 17 autopsied cases not associated with other major cardiovascular anomalies. Lab Invest 6:44–64
Das SK, Jahnke EJ, Walker WJ (1964) Aneurysm of the membranous septum with interventricular septal defect producing right ventricular outflow obstruction. Circulation 30:429–433
Davachi F, Moller JH, Edwards JE (1968) Origin of both great vessels from the right ventricle with intact ventricular septum. Am Heart J 75:790–794
Davachi F, Moller JH, Edwards JE (1971) Diseases of the mitral valve in infancy: an anatomic analysis of 55 cases. Circulation 43:565–579
Davis GL, McAlister WH, Friedenberg MJ (1965) Congenital aortic stenosis due to failure of histogenesis of the aortic valve (myxoid dysplasia). Am J Roentgenol 95:621–628
Dawson JE jr, Ellison RG (1972) Isolated aneurysm of the anterior descending coronary artery. Am J Cardiol 29:868–871
D'Cruz IA, Lendrum BL, Novak G (1964) Congenital absence of the pulmonary valve. Am Heart J 68:728–740
Deal CP, jr, Trummer MJ, Bellamy JC, Timmes JJ (1963) A new disease entity: leaflet redundancy of the mitral valve. Am Heart J 65:441–445
DeHaan RL (1964) Cell interactions and oriented movements during development. J Exp Zool 157:127–138
DeHaan RL (1965) Morphogenesis of the vertebrate heart. In: DeHaan RL, Ursprung H (eds) Organogenesis. Holt, New York, p 377

DeHaan RL (1967) Development of form in the embryonic heart. An experimental approach. Circulation 35:821–833

DeHaan RL (1970) The cellular basis of the morphogenesis in the embryonic heart. UCLA Forum Med Sci 10:7–15

Dekaban AS (1968) Abnormalities in children exposed to X-radiation during various stages of gestation: tentative timetable to radiation injury to the human fetus. Part I. J Nucl Med 9:471–477

Dekker A (1962–1963) An abnormal heart in a 6.6-mm human embryo. Relation to the corrected transposition of the great vessels. Ann Rep Dir Depart Embryol 466–467

Dekker A, Mehrizi A, Vengsarkar AS (1965) Corrected transposition of the great vessels with Ebstein malformation of the left atrioventricular valve. An embryologic analysis and two case reports. Circulation 31:119–126

De la Cruz MV (1979) Different concepts of univentricular heart. Experimental embryological approach. Herz 4:67–72

De la Cruz MV, Da Rocha JP (1956) An ontogenic theory for the explanation of congenital malformations involving the truncus and conus. Am Heart J 51:782–805

De la Cruz MV, Miller L (1968) Double-inlet left ventricle. The pathological specimens with comments on the embryology and on its relation to the single ventricle. Circulation 37:249–260

De la Cruz MV, Anselmi G, Cisneros F, Reinhold M, Portillo B, Espino-Vela J (1959a) An embryologic explanation for the corrected transposition of the great vessels: additional features of this malformation and its varities. Am Heart J 57:104–117

De la Cruz MV, Christie F, Perez-Olea J, Anselmi G, Reinhold M (1959b) Clasificación anátomo-embriológica de las comunicaciones interventriculares aisladas. Arch Inst Cardiol Mex 29:195–214

De la Cruz MV, Polansky BJ, Navarro-Lopez F (1962) The diagnosis of corrected transposition of the great vessels. Br Heart J 24:483–497

De la Cruz MV, Espino-Vela J, Attie F, Muñoz L (1967) An embryological theory for the ventricular inversions and their classification. Am Heart J 73:777–793

De la Cruz MV, Anselmi G, Muñoz-Castellanos L, Nadal-Ginard B, Muñoz-Armas S (1971a) Systematization and embryological and anatomical study of mirror-image dextrocardias, dextroversions, and laevoversions. Br Heart J 33:841–853

De la Cruz MV, Muñoz-Castellanos L, Nadal-Ginard B (1971b) Extrinsic factors in the genesis of congenital heart disease. Br Heart J 33:203–213

D la Cruz MV, Berrazueta JR, Arteaga M, Attie F, Soni J (1976) Rules for diagnosis of atrioventricular discordance and spacial identification of the ventricles. Crossed great arteries and transposition of the great arteries. Br Heart J 38:341–354

Delebarre A (1974) Le coeur triatrial. Thèse pourle doctorat en médicine. Lille

Del Fante MF, Fossati F, Grande A, Ottino GM, Santarelli P (1972) Le stenosi aortiche sopravalvolari. A proposito di quattro casi operati. G Ital Cardiol 2:507–518

Delisle G, Ando M, Calder AL, Zuberbuhler JR, Rochenmacher S, Alday LE, Mangini O, Praagh S van, Praagh R van (1976) Total anomalous pulmonary venous connection: report of 93 autopsied cases with emphasis on diagnosis and surgical considerations. Am Heart J 91:99–122

Denie JJ, Verheugt AP (1958) Supravalvular aortic stenosis. Circulation 18:902–908

Dennis NR (1981) Genetic aspects of congenital heart disease. In: Godman MJ (ed) Paediatric cardiology, vol 4. Churchill Livingston, Edinburgh London Melbourne New York, p 14

Devloo-Blancquaert A, Ritter DG (1978) Muscle ridge between atrioventricular valves and malalignment of junction of these valves with ventricular septum. Br Heart J 40:1267–1274

Dexter L (1958) Atrial septal defect. Br Heart J 18:209–225

Dhanavaravibul S, Nora JJ, McNamara DG (1970) Pulmonary valvular atresia with intact ventricular septum: problems in diagnosis and results of treatment. J Pediatr 77:1010–1016

Díaz-Góngora G, Quero-Jiménez M, Espino-Vela A, Arteaga M, Bargeron L (1982) A heart with three arterial trunks (tritruncal heart). Report of a case. Pediatr Cardiol 3:293–299

Dickinson DF, Arnold R, Wilkinson JL (1981) Ventricular septal defect in children born in Liverpool 1960 to 1969. Br Heart J 46:47–54

Dickinson DF, Wilkinson JL, Smith A, Anderson RH (1979) Atresia of the right atrioventricular orifice with atrioventricular concordance. Br Heart J 42:9–14

Dikman SH, Baron M, Gordon AJ (1974) Right aortic arch with ruptured aneurysm of anomalous left subclavian artery. Am J Cardiol 34:245–249

Dilg J (1883) Ein Beitrag zur Kenntnis seltener Herzanomalien in Anschluß an einen Fall von angeborener linksseitiger Conusstenose. Virchows Arch Pathol Anat 91:193–259

Dimich I, Steinfeld L, Baron M, Goldschlager A (1969) Calcified left ventricular aneurysm in children. Am J Cardiol 23:739–743

Dimich I, Goldfinger P, Steinfeld L, Lukban SB (1973) Congenital tricuspid stenosis. Case treated by heterograft replacement of the tricuspid valve. Am J Cardiol 31:89–92

Dimond EG, Kittle CF, Voth DW (1960) Extreme hypertrophy of the left atrial appendage. The case of the giant dog ear. Am J Cardiol 5:122–125

Dische MR, Tsai M, Baltaxe HA (1975) Solitary interruption of the arch of the aorta. Clinicopathologic review of eight cases. Am J Cardiol 35:271–277

Di Segni E, Lew S, Shapira H, Kaplinsky E (1986) Double mitral valve orifice. Pediatr Cardiol 6:215–217

Disenhouse RB, Anderson RC, Adams P jr, Novick R, Jorgens J, Levin B (1954) Atrial septal defect in infants and children. J Pediatr 44:269–289

Dixon ASJ (1954) Juxtaposition of the atrial appendages: two cases of an anusual congenital cardiac deformity. Br Heart J 16:153–164

Doerr W (1938a) Zur Transposition der Herzschlagadern. Ein kritischer Beitrag zur Lehre der Transpositionen. Virchows Arch Pathol Anat 303:168–205

Doerr W (1938b) Zwei weitere Fälle von Herzmißbildungen. Ein Beitrag zu Spitzers phylogenetischer Theorie. Virchows Arch Pathol Anat 301:668–685

Doerr W (1943) Über Mißbildungen des menschlichen Herzens mit besonderer Berücksichtigung von Bulbus und Truncus. Virchows Arch Pathol Anat 310:304–368

Doerr W (1947) Über den Situs inversus im Gebiete des Herzens. Dtsch Med Wochenschr 72:570–573

Doerr W (1949) Pathologische Anatomie des congenitalen Herzfehlers. Fortschr Roentgenstr 71:754–768

Doerr W (1950) Morphogenese und Korrelation chirurgisch wichtiger angeborener Herzfehler. Ergebn Chir Orthop 36:1–92

Doerr W (1951) Pathologische Anatomie typischer Grundformen angeborener Herzfehler. Monatsschr Kinderheilkd 100:107–117

Doerr W (1952) Über ein formales Prinzip der Koppelung von Entwicklungsstörungen der venösen und arteriellen Kammerostien. Z Kreislaufforsch 41:269–284

Doerr W (1955) Die formale Entstehung der wichtigsten Mißbildungen des arteriellen Herzendes. Beitr Pathol Anat 115:1–32

Doerr W (1959) Über die Ringleistenstenose des Aortenconus. Virchows Arch Pathol Anat 332:101–121

Doerr W (1960a) Pathologische Anatomie der angeborenen Herzfehler. In: Mohr L, Staehlin S (Hrsg) Handbuch der inneren Medizin, 4. Aufl., Bd IX/3: Bergmann v G, Frey-Bern W, Schwieck H (eds.) Springer, Berlin Göttingen Heidelberg, S 1

Doerr W (1960b) Experimenteller Lathyrismus. Verh Dtsch Ges Pathol 44:145–150

Doerr W (1967) Die Defekte der Scheidewände des Herzens. Pathologische Anatomie. Thoraxchirurgie 15:530–546

Doerr W (1970) Allgemeine Pathologie der Organe des Kreislaufs. In: Meessen H, Roulet F (Hrsg) Handbuch der Allgemeinen Pathologie, Bd III/4. Springer, Berlin Heidelberg New York, S 205

Doerr W (1987) Ordnungsstrukturen bei angeborenen Herzfehlern. In: Doerr W, Gruber GB (Hrsg) Problemgeschichte kritischer Fragen. Springer, Berlin Heidelberg New York London Paris Tokyo, S 3

Doerr W, Rossner AJ, Schrell W (1960) Experimentelle Mesenchymschäden durch Lathyrus odoratus. Langenbecks Arch Klin Chir 294:426–449

Doerr W, Goerttler Kl, Neuhaus G, Linder F, Trede M (1965) Pathologische Anatomie, Klinik und operative Therapie der konnatalen Stenose. Ergebn Chir Orthop 47:1–50

Donatelli R, Merigi A, Santoli C, Mombelloni G (1969a) Il "cor triatriatum". Minerva Cardioangiol 17:651–664

Donatelli R, Santoli C, Mezzacapo B, Mombelloni G (1969b) Tetralogie di Fallot atipiche. L'ostacolo infundibolare da fasci anomali. Minerva Cardioangiol 17:498–511

Donegan CC, Moore MM, Wiley TM jr, Hernandez FA, Green JR jr, Schiebler GL (1968) Familial Ebstein's anomaly of the tricuspid valve. Am Heart J 75:375–379

Dor X, Corone P (1979) Experimental creation of univentricular heart in the chick embryo. Nosological deductions. Herz 4:91–96

Dor X, Corone P (1981a) Embryologie normale et genèse des cardiopathies congénitales. Encyclopédie médico-chirurgicale 11001 C10 1–12, 11001 C20 1–16, 11001 C30 1–6. Paris

Dor X, Corone P (1981b) Cono-truncal torsions and transposition of the great vessels in the chick embryo. In: Pexieder T (ed) Perspectives in cardiovascular research, vol 5. Raven Press, New York, pp 453–472

Dor X, Corone P (1985a) Migration and torsions of the conotruncus in the chick embryo heart: observational evidence and conclusions drawn from experimental intervention. Heart Vessels 1:195–211

Dor X, Corone O (1985b) Ventricule unique et malposition de la partie dorsale du septum interampullaire. Arch Mal Coeur 78:715–724

Dor X, Corone P, Johnson E (1987) Origine de la veine pulmonaire commune, cloisonnement du sinus veineux primitiv, situs des oreillettes et théorie du "bonhomme sinusal". Arch Mel Coeur 80:483–498

Dotter CT, Steinberg I (1952) Angiocardiography in congenital heart disease. Am J Med 12:219–237

Dotter CT, Hardisty NM, Steinberg I (1949) Anomalous right pulmonary vein entering the inferior vena cava; two cases diagnosed during life by angiocardiography and cardiac catheterization. Am J Med Sci 218:31–36

Doucette J, Knoblich R (1963) Persistent right valve of the sinus venosus. Arch Pathol 75:105–112

Downing DF, Maranhão V (1970) Congenital aortic stenosis. Cardiovasc Clin 2:185–193

Doyle EF, Rutkowki M (1970) Etiology of congenital heart disease. Cardiovasc Clin 2:1–26

Dudgeon JA (1976) Infective causes of human malformations. Br Med Bull 32:77–83

Duffau G (1972) Cardiopatías congénitas. In: Meneghello J (ed) Pediatría. Editorial Intermédica, Buenos Aires, Tomo II, p 122

Duncan WJ, Tyrell MJ, Bharadwaj B, Rosenberg AM, Schroeder M-L, Bingham WT (1984) Complex transposition with interrupted aortic arch and partial Di George syndrome: successful palliation with combined medical and surgical therapy. Pediatr Cardiol 5:217–220

Dunkman WB, Perloff JK, Roberts WC (1977) Ventricular inversion without transposition of the great arteries. A rarity found in association with atresia of the left-sided (tricuspid) atrioventricular valve. Am J Cardiol 39:226–231

Dunnigan A, Oldham HN, Benson DW (1981) Absent pulmonary valve syndrome in infancy: surgery reconsidered. Am J Cardiol 48:117–122

Dupuis C, Kachaner J, Freedom RM, Payot M, Davignon A (1991) Cardiologie pédiatrique, 2e éd. Médicine-Sciences Flamarion, Paris

Dushane JW (1956) Total anomalous pulmonary venous connection: clinical aspects. Proc Staff Meet Mayo Clin 31:167–170

Easthope RN, Tawes RL jr, Bonham-Carter RE, Aberdeen E, Waterston DJ (1969) Congenital mitral valve disease associated with coarctation of the aorta. A report of 39 cases. Am Heart J 77:743–754

Ebstein W (1866) Über einen sehr seltenen Fall von Insuffizienz der Valvula tricuspidalis, bedingt durch eine angeborene hochgradige Mißbildung derselben. Arch Anat Physiol Wiss Med 33:238–254

Edgett JW jr, Nelson WP, Hall RJ, Fishback ME, Jahnke EJ (1969) Diverticulum of the heart. Part of the syndrome of congenital cardiac and midline thoracic and abdominal defects. Am J Cardiol 24:580–583

Edis AJ, Schattenberg TT, Feldt RH, Danielson GK (1971) Congenital coronary artery fistula: surgical considerations and results of operation. Circulation (Suppl II) 44:161 (abstract)

Edmunds LH jr, McClenathan JE, Hufnagel CA (1962) Subclinical coarctation of the aorta. Ann Surg 156:180–184

Edwards JE (1953a) Pathological and developmental considerations in anomalous venous connection. Proc Staff Meet Mayo Clin 28:441–452

Edwards JE (1953b) Pathologic features of Ebstein's malformation of the tricuspid valve. Proc Staff Meet Mayo Clin 28:89–94

Edwards JE (1953c) Malformation of the aortic arch system manifested as "vascular rings". Lab Invest 2:56–75

Edwards JE (1954) Differential diagnosis of mitral stenosis. A clinicopathologic review of simulating conditions. Lab Invest 3:89–115

Edwards JE (1960a) Congenital stenosis of pulmonary veins. Pathologic and developmental considerations. Lab Invest 9:46–66

Edwards JE (1960b) The problem of mitral insufficiency caused by accessory chordae tendineae in persistent common atrioventricular canal. Proc Staff Meet Mayo Clin 35:299–305

Edwards JE (1965) Pathology of the left ventricular outflow tract obstruction. Circulation 31:586–611

Edwards JE (1967) Ventricular septal defects. Unresolved problems. Am J Cardiol 19:832–849

Edwards JE (1968) Congenital malformations of the heart and great vessels. In: Gould SE (ed) Pathology of the heart and blood vessels, 3rd edn. C Thomas, Springfield, Illinois, p 262

Edwards JE, Burchell HB (1949) Congenital tricuspid atresia: a classification. Med Clin North Am 33:1177–1196

Edwards JE, Burchell HB (1958a) Endocardial and intimal lesions (jet impact) as possible sites of origin of murmurs. Circulation 28:946–960

Edwards JE, Burchell HB (1958b) Pathologic anatomy of mitral insufficiency. Proc Mayo Clin 33:497–509

Edwards JE, Dushane JW (1950) Thoracic venous anomalies. I. Vascular connection of left atrium and left innominate vein (levoatriocardinal vein) associated mith mitral atresia and premature closure of foramen ovale (case 1). II. Pulmonary veins draining wholly into ductus venosus (case 2). Arch Pathol 49:517–537

Edwards JE, Helmholtz HF (1956) A classification of total anomalous pulmonary venous connection based on developmental considerations. Proc Staff Meet Mayo Clin 31:151–160

Edwards JE, Christensen NA, Clagett OT, McDonald JR (1948a) Pathologic considerations in coarctation of the aorta. Proc Staff Meet Mayo Clin 23:324–332

Edwards JE, Clagett OT, Drake RL, Christensen HA (1948b) The collateral circulation in coarctation of the aorta. Proc Staff Meet Mayo Clin 23:333–339

Edwards JE, Dushane JW, Alcott DL, Burchell HB (1951) Thoracic venous anomalies. III. Atresia of the common pulmonary vein, the pulmonary veins draining wholly into the superior vena cava (case 3). IV. Stenosis of the common pulmonary vein (cor triatriatum) (case 4). Arch Pathol 51:446–460

Edwards JE, Carey LS, Neufeld HN, Lester RC (1965) Congenital heart disease. Correlation of pathologic anatomy and angiocardiography. Saunders, Philadelphia London

Edwards JH (1960) The simulation of mendelism, Acta Genet 10:63–70

Effler DB, Sheldon WC, Turner JJ, Groves LK (1967) Coronary arteriovenous fistulas: diagnosis and surgical management. Report of fifteen cases. Surgery 41–50

Eisenmeneger V (1897) Die angeborenen Defecte der Kammerscheidewand des Herzens. Z Klin Med (Suppl) 32:1–28

Eisenmenger V (1898) Ursprung der Aorta aus beiden Ventrikeln beim Defect des Septum ventriculorum. Wien Klin Wochenschr 11:26–27

Ekteish FMSA, Hajar R, Folger GM jr (1986) Persistence of third aortic arch with fourth aortic arch agenesis. Br Heart J 55:607–609

Elchardus J-F, Cloup M, Neveux J-Y, Watchi J, Ribierre M (1972) Canal artériel anévrysmal du nouveau-né. Ann Med Intern (Paris) 123:15–22

Eliot RS, Wang Y, Elliot LP, Varco RL, Edwards JE (1963a) Clinical pathologic conference. Am Heart J 66:542–551

Eliot RS, Wolbrink A, Edwards JE (1963b) Congenital aneurysm of the left aortic sinus. A rare lesion and a rare cause of coronary insufficiency. Circulation 28:951–954

Eliot RS, Shone JD, Kanjuh VJ, Ruttenberg HD, Carey LS, Edwards JE (1965) Mitral atresia. A study of 32 cases. Am Heart J 70:6–22

Elliot LP, Adams P, Edwards JE (1963a) Pulmonary atresia with intact ventricular septum. Br Heart J 25:489–501

Elliot LP, Amplatz K, Anderson RC, Edwards JE (1963b) Cor triloculare biatriatum with pulmonary stenosis and normally related great vessels. Am J Cardiol 11:469–476

Elliot LP, Carey LS, Adams P, Edwards JE (1963c) Left ventricular-right atrial communication in complete transposition of the great vessels. Am Heart J 66:29–53

Elliot LP, Neufeld HN, Anderson RC, Adams P, Edwards JE (1963d) Complete transposition of the great vessels. I. Anatomic study of sixty cases. Circulation 27:1105–1117

Elliot LP, Anderson RC, Edwards JE (1964) The common ventricle with transposition of the great vessels. Br Heart J 26:289–301

Elliot LP, Amplatz K, Edwards JE (1966) Coronary arterial patterns in transposition complexes. Am J Cardiol 17:362–378

Ellis FH jr, Callahan JA, Dishane JW, Edwards JE, Wood EH (1958) Partial anomalous pulmonary venous connections involving both lungs with interatrial communication; a report of two cases treated surgically. Proc Staff Meet Mayo Clin 33:65–74

Ellis H, Ongley PA, Kirklin JW (1963) Ventricular septal defect with aortic incompetence. Surgical considerations. Circulation 27:789–795

Ellison RC (1981) Epidemiologic contributions to the aetiology and prevention of congenital heart diseases. In: Godman MJ (ed) Paediatric cardiology, vol 4. Churchill Livingston, Edinburgh London Melbourne New York, p 6

El-Maraghi NRH (1983) Disease of the pericardium. In: Silver MD (ed) Cardiovascular pathology, vol 1. Churchill Livingston, New York Edingburgh London Melbourne, p 125

El-Said G, Galioto FM jr, Mullins CE, McNamara DG (1972) Natural hemodynamic history of congenital aortic stenosis in childhood. Am J Cardiol 30:6–12

El-Said G, Galioto FM jr, Williams RL, McNamara DG (1971) Spontaneous functional closure of isolated atrial septal defect. Am J Dis Child 122:353–355

El Sayed H, Cleland WP, Bentall HH, Melrose DG, Bishop MB, Morgan J (1962) Corrected transposition of the great arterial trunks: surgical treatment of the associated defects. J Thorac Cardiovasc Surg 44:443–458

Elzenga NJ (1986) The ductus arteriosus and stenosis of the adjacent great arteries. Graphische Verzorging. Decor Davids, Alblasserdam

Elzenga NJ, Gittenberger-De Groot AC (1983) Localised coarctation of the aorta. An age dependent spectrum. Br Heart J 49:317–323

Elzenga NJ, Gittenberger-De Groot AC (1985) Coarctation and related aortic arch anomalies in hypoplastic left heart syndrome. Int J Cardiol 8:379–389

Emanuel R, O'Brien K, Ng R (1976) Ebstein's anomaly. Genetic study of 26 families. Br Heart J 38:5–7

Emanuel RW, Pattinson JN (1956) Absence of the left pulmonary artery in Fallot's tetralogy. Br Heart J 18:289–295

Emmanouilides GC, Linde LM, Crittenden IH (1964) Pulmonary artery stenosis associated with ductus arteriosus following maternal rubella. Circulation 29:514–522

Emmanouilides GC, Thanopoulos B, Siassi B, Fishbein M (1976) "Agenesis" of ductus arteriosus associated with the syndrome of tetralogy of Fallot and absent pulmonary valve. Am J Cardiol 37:403–409

Emslie-Smith D, Hill IGW, Lowe KG (1955) Unilateral membranous pulmonary venous occlusion, pulmonary hypertension, and patent ductus arteriosus. Br Heart J 17:79–84

Engle MA (1954) Ventricular septal defect in infancy. Pediatrics 14:16–27

Engle MA, Steinberg I, Lukas DS, Goldberg HP (1963) Acyanotic ventricular septal defect with both great vessels from the right ventricle. Am Heart J 66:755–766

Enriquez de Salamanca F, Quero-Jiménez M, Moreno Granados F (1973) Arteria coronaria izquierda anómala. Cita de dos casos y revisión de la literatura. Rev Esp Cardiol 26:193–200

Eshaghpour E, Olley PM, Collins GFN (1969) Idiopathic right atrial enlargement in childhood. Am Heart J 78:373–378

Espino-Vela J (1959) Rheumatic heart disease associated with atrial septal defect: clinical and pathologic study of 12 Lutembacher's syndrome. Am Heart J 57:185–202

Espino-Vela J, Castro Abreu D de (1955) La tetralogía de Fallot. I. Estudio anatomoclínico en 40 casos, con valoración de los datos de laboratorio. Arch Inst Cardiol Mex 25:231–261

Espino-Vela J, Portillo B, Anselmi G, De la Cruz MV, Reinhold M (1969) On a variety of "corrected" type of transposition of the great vessels associated with dextrocardia. A study of two cases with autopsy report. Am Heart J 58:250–261

Espino-Vela J, De la Cruz MV, Muñoz-Castellanos L, Plaza L, Attie F (1970) Ventricular inversion without transposition of the great vessels in situs inversus. Br Heart J 32:292–303

Esterly JR, Oppenheimer EH (1967) Vascular lesions in infants with congenital rubella. Circulation 36:544–554

Eugster GS, Oliva PB (1973) Anomalous origin of the right coronary artery from the pulmonary artery. Chest 63:294–296

Everts-Suarez EA, Carson AP (1959) The triad of congenital absence of aortic arch (isthmus aortae), patent ductus arteriosus and interventricular septal defect — a trilogy. Ann Surg 150:153–159

Ezekowitz MD, Alderson PO, Bulkley BH, Dwyer PN, Watkins L, Lappe DL, Greene HL, Becker LC (1978) Isolated drainage of the superior vena cava into the left atrium in a 52-year-old man. Circulation 58:751–756

Faggian G, Frescura C, Thiene G, Bortolotti U, Mazzucco A, Anderson RH (1983) Accessory tricuspid valve tissue causing obstruction of the ventricular septal defect in tetralogy of Fallot. Br Heart J 49:324–327

Falcone MW, Roberts WC (1972) Atresia of the right atrial ostium of the coronary sinus unassociated with persistence of the left superior vena cava: a clinicopathologic study of four adult patients. Am Heart J 83:604–611

Falcone MW, Perloff JK, Roberts WC (1972) Aneurysm of the nonpatent ductus arteriosus. Am J Cardiol 29:422–426

Falcone MW, Roberts WC, Morrow AG, Perloff JK (1971) Congenital aortic stenosis resulting from a unicommissural valve: clinical and anatomic features of twenty-one adult patients. Circulation 44:272–280

Fales DE (1946) A study of double hearts produced experimentally in embryos of amblyostoma panctatum. J Exp Zool 101:281–298

Falicov RE, O'Donoghue JK, Cassels DE (1972) Anomalous right ventricular muscle bundles and ventricular septal defect complicated by subacute endocarditis. Arch Intern Med 130:404–407

Fallot A (1888) Contribution à l'anatomie pathologique de la maladie bleue (cyanose cardiaque). Marseille Med 25:77–93, 138–158, 207–223, 270–286, 341–354, 403–420

Farrú O, Rodriguez R (1974) Dilatación idiopática de la aurícula derecha. Rev Chil Pediatr 45:351–354

Farrú O, Duffau G, Rodriguez R (1971) Auscultatory and phonocardiographic characteristics of supracristal ventricular defects. Br Heart J 33:238–245

Farrú O, Chuaqui B, Chuaqui R (1986) Dilatación idiopática de la aurícula derecha. Pediatría (Santiago) 29:157–162

Féaux de Lacroix W, Mennicken U, Hering I, Fischer R (1971) Ivemark-Syndrom. Milzagenesie-Syndrom. Med Welt 27:1109–1112

Feigl A, Feigl D, Lucas RV jr, Edwards JE (1984) Involvement of the aortic valve cusps in discrete subaortic stenosis. Pediatr Cardiol 5:185–190

Feldt RH, Ongley PA, Titus JL (1965) Total coronary arterial circulation from pulmonary artery with survival to age seven: report of a case. Proc Mayo Clin 40:539–542

Feldt RH, Avasthey P, Yoshimasu F, Kurland LT, Titus JL (1971) Incidence of congenital heart disease in children born to residents of Olmsted County, Minnesota, 1950–1969. Mayo Clin Proc 46:795–799

Felson B, Cohen S, Courter SR, McGuire J (1950) Anomalous right subclavian artery. Radiology 54:340–349

Fenoglio JJ jr, McAllister HA, DeCastro CM, Davia JE, Cheitlin MD (1977) Congenital bicuspid aortic valve after age 20. Am J Cardiol 39:164–169

Ferbers E (1970) Fehlbildungen der Mitral- und Trikuspidalklappe bei persistierendem AV-Kanal. Thoraxchirurgie 18:380–381

Ferencz C, Johnson AL, Wiglesworth FW (1954) Congenital mitral stenosis. Circulation 9:161–179

Ferlic RM, Hofschire PJ, Mooring PK (1975) Ruptured ductus arteriosus aneurysm in an infant. Ann Thorac Surg 20:456–460

Finney JO jr, Finchum RN (1972) Congenital unilateral absence of the left pulmonary artery with right aortic arch and normal conus. South Med J 65:1079–1082

Fischer F (1971) Über einen Ductus arteriosus Botalli mit atypischem Wandbau. Anat Anz 129:65–69

Fisher DJ, Snider R, Silverman NH, Stanger P (1982) Ventricular septal defect with silent discrete subaortic stenosis. Pediatr Cardiol 2:265–269

Fleischer E-M (1972) Zur supravalvulären Aortenstenose. Zentralbl Allg Pathol 115:506–510

Flugestad SJ, Puga FJ, Danielson GK, Edwards WD (1988) Surgical pathology of the truncal valve: a study of 12 cases. Am J Cardiovasc Pathol 2:39–47

Fontana R, Edwards JE (1962) Congenital cardiac disease: a review of 357 cases studied pathologically. Saunders, Philadelphia London

Ford AB, Hellerstein HK, Wood C, Kelly HB (1956) Isolated congenital bicuspid pulmonary valve. Clinical and pathologic study. Am J Med 20:474–486

Forster JW, Humphries JO (1971) Right ventricular anomalous muscle bundles. Clinical and laboratory presentation and natural history. Circulation 43:115–127

Fraentzel O (1868) Ein Fall von abnormer Communication der Aorta mit der Arteria pulmonalis. Virchows Arch Pathol Anat 43:420–426

Fragoyannis S, Kardalinos A (1962) Transposition of the great vessels, both arising from the left ventricle (juxtaposition of pulmonary artery), tricuspid atresia, atrial septal defect and ventricular septal defect. Am J Cardiol 10:601–604

Fragoyannis SG, Nickerson D (1960) An unusual congenital heart anomaly. Tricuspid atresia, aortic atresia and juxtaposition of atrial appendages. Am J Cardiol 6:678–681

Franch RH, Gay BB jr (1963) Congenital stenosis of the pulmonary artery branches. Am J Med 35:512–524

Franco-Vasquez JS, Hernandez-Fraco E (1972) Caso anatomoclínico de doble cámara de entrada y salida del ventrículo derecho; su relación con el ventrículo único. Arch Invest Med (México) 3:135–148

Franco-Vasquez JS, Ramos-Corrales MA (1974) Desembocadura venosa pulmonar anómala total: estudio morfológico y cuantitativo de 24 casos con implicaciones quirúrgicas. Arch Invest Med (México) 5:35–50

Franco-Vasquez JS, Riojas Dávila U, Angulo Hernandez O, Perez Treviño C (1969) Ausencia congénita de la válvula pulmonar con hipoplasia del ventrículo derecho. Arch Inst Cardiol Mex 39:865–873

Fraser RS, Dvorkin J, Rossall RE, Eidem M (1961) Left superior vena cava. A review of associated congenital lesions, chateterization data and roentgenologic findings. Am J Med 31:711–716

Freedom RM (1983) The morphologic variations of pulmonary atresia with intact ventricular septum: guidelines for surgical intervention. Pediatr Cardiol 4:183–188

Freedom RM, White RD, Pieroni DR, Varghese PJ, Krovetz LJ, Rowe RD (1974) The natural history of the so-called aneurysm of the membranous ventricular septum in childhood. Circulation 49:375–384

Freedom RW, Bain HH, Esplugas E, Dische R, Roew RD (1977a) Ventricular septal defect in interruption of aortic arch. Am J Cardiol 39:572–582

Freedom RM, Dische MR, Rowe RD (1977b) Pathologic anatomy of subaortic stenosis and atresia in the first year of life. Am J Cardiol 39:1035–1044

Freedom RM, Culham G, Roew RD (1978) The criss-cross and superoinferior ventricular heart: an angiocardiographic study. Am J Cardiol 42:620–628

Freedom RM, Moes CAF, Pelech A, Smallhorn J, Rabinovitch M, Olley PM, Williams WG, Trusler GA, Rowe RD (1984) Bilateral ductus arteriosus (or remnant): an analysis of 27 patients. Am J Cardiol 53:884–891

Friedman WF (1983) Patent ductus arteriosus in respiratory distress syndrome. Introduction: historical review. Pediatr Cardiol (Suppl II) 4:3–9

Friedman WF, Mehrizi A, Pusch AL (1965) Multiple muscular ventricular septal defects. Circulation 32:35–42

Friedman W, Higgins CB (1983) Symposium on pediatric cardiac imaging. Cardiology clinics, vol 1. Saunders, Philadelphia London Toronto Mexico City Rio de Janeiro Sydney Tokyo, p 359

Frithz G, Cullhed I, Björk L (1968) Congenital localized coronary artery aneurysm without fistula. Report of a preoperatively diagnosed case. Am Heart J 76:674–679

Fritzsche F, Möbius M (1958) Zur besonderen Morphologie der Thorakopagenherzen. Zentralbl Allg Pathol Pathol Anat 98:82–89

Froment R, Perrin A, Loire R, Dalloz C (1968) Ventricule droit papyracé du jeune adulte par dystrophie congénitale. Arch Mal Coeur 61:477–503

Frutiger P (1969) Das Problem der Akardie. Acta Anat 74:505–531

Frye RL, Krebs M, Rahimtoola S, Onlgey PA, Hallermann FJ, Wallace RB (1968) Partial anomalous pulmonary venous connection without atrial septal defect. Am J Cardiol 22:242–250

Fuhrmann W (1975) Malformaciones del corazón y de los grandes vasos. In: Becker (Dir) Genética humana. Ediciones Toray, Barcelona. Tomo III/2, p 275

Fullilove SL (1970) Heart induction: distribution of active factors in newt endoderm. J Exp Zool 175:323–326

Gahl K (1984) Infektiöse Endokarditis: Terminologie und Epidemiologie. In: Gahl K (Hrsg) Infektiöse Endokarditis. Steinkopf, Darmstadt, S 1

Gaissmaier U, Apitz J (1972) Klinik und Pathologie des hypoplastischen Linksherzsyndroms. Z Kreislaufforsch 61:1003–1018

Gale GE, Heilmann KW, Barlow JB (1969) Double-chambered right ventricle. Br Heart J 31:291–298

Galgano E (1972) Rapporti fra embryologia e patologia dei tronchi sopraaortici. Minerva Med 63:264–271

Gall F, Cooley DA (1961) Die isolierten Kammerseptumdefekte. Anatomie, Pathophysiologie, Klinik und chirurgische Behandlung. Langenbecks Arch Klin Chir 297:259–324

Gallaher ME, Sperling DR, Gwinn JL, Meyer BW, Fyler DC (1963) Functional drainage of the inferior vena cava into the left atrium-three cases. Am J Cardiol 12:561–566

Garcia L, Levine RS, Kossowsky W, Lyon AF (1972) Persistent left superior vena cava complicating catheter insertion. Chest 61:396–397

Garcia R, Cargill JW, Drake EH (1969) Pseudotruncus arteriosus. Report of the oldest surviving patient. Am Heart J 78:537–540

Garcia RE, Friedman WF, Kaback MM, Rowe RD (1964) Idiopathic hypercalcemia and supravalvular aortic stenosis. Documentation of a new syndrome. New Engl J Med 271:117–120

Gasul BM, Dillon RF, Vrla V (1957a) The natural transformation of the ventricular septal defects into ventricular septal defects with pulmonary stenosis and/or into tetralogy of Fallot: clinical and physiological findings. Am J Dis Child 94:424–427

Gasul BM, Dillon RF, Vrla V, Halt G (1957b) Ventricular septal defects. Their natural transformation into those with infundibular stenosis or into the cyanotic type of tetralogy of Fallot. JAMA 164:847–853

Gasul BM, Arcilla RA, Lev M (1966) Heart disease in children. JB Lippincott, Philadelphia Montreal

Gautam HP (1968) Left atrial inferior vena cava with atrial septal defect. J Thorac Cardiovasc Surg 55:827–829

Geipel P (1903) Weitere Beiträge zum Situs transversus und zur Lehre der Transpositionen der großen Gefäße des Herzens. Arch Kinderheilkd 35:112–145

Gelfman R, Levine SA (1942) The incidence of acute and subacute bacterial endocarditis in congenital heart disease. Am J Med Sci 204:324–333

Gensini GG, Palacio A, Buonanno C (1966) Fistula from circumflex coronary artery to superior vena cava. Circulation 33:297–301

Genton E, Blount Sg jr (1967) The spectrum of Ebstein's anomaly. Am Heart J 73:395–425

Gerber N (1967) Congenital atresia of the subclavian artery. Producing the "subclavian steal syndrome". Am J Dis Child 113:709–713

Gerbode F, Ross JK, Harkins GA, Osborn JJ (1960) Surgical treatment of pulmonic stenosis using extracorporeal circulation. Surgery 48:58–64

Gerhardt C (1867) Persistenz des Ductus arteriosus Botalli. Jenaische Zschr Med Naturkd 3:105–117

Gerlis LM, Anderson RH (1976) Cor triatriatum dextrum with imperforate Ebstein's anomaly. Br Heart J 38:108–111

Gerlis LM, Partridge JB, Fiddler GI, Williams G, Scott O (1981) Two chambered left ventricle. Three new varieties. Br Heart J 46:278–284

Gerlis LM, Fiddler GI, Pearse RG (1983) Total anomalous pulmonary venous drainage associated with tetralogy of Fallot: report of a case. Pediatr Cardiol 4:297–300

Gerlis LM, Wilson N, Dickinson DF, Scott O (1984) Valvar stenosis in truncus arteriosus. Br Heart J 52:440–445

Gerlis LM, Wilson N, Dickinson DF (1986) Abnormalities of the mitral valve in congenitally corrected transposition (discordant atrioventricular and ventriculoarterial connections). Br Heart J 55:475–479

Gessner IH, Mierop LHS van (1970) Experimental production of cardiac defects: the spectrum of dextroposition of the aorta. Am J Cardiol 25:272–278

Gharamani A, Iyengar R, Cunha D, Jude J, Sommer L (1972) Myocardial infarction due to congenital coronary arterial aneurysm (with successful saphenous vein bypass graft). Am J Cardiol 29:863–867

Gikonyo BM, Jue KL, Edwards JE (1989) Pulmonary vascular sling: report of seven cases and review of the literature. Pediatr Cardiol 10:81–89

Gikonyo BM, Lucas RV jr, Edwards JE (1987) Anatomic features of congenital pulmonary valvar stenosis. Pediatr Cardiol 8:109–115

Gikonyo DK, Tandon R, Lucas RV jr, Edwards JE (1986) Scimitar syndrome in neonates: report of four cases and review of the literature. Pediatr Cardiol 6:193–197

Gils FAW van (1981) The fibrous skeleton in the human heart: embryological and pathogenetic considerations. Virchows Arch [A] 393:61–73

Gils FAW van, Moulaert AJ, Oppenheimer-Dekker A, Wenink ACG (1978) Transposition of the great arteries with ventricular septal defect and pulmonary stenosis. Br Heart J 40:494–499

Giraud G, Latour H, Puech P, Roujon J (1957) Les formes anatomiques et les bases du diagnostique de la persistance du canal auriculo-ventriculaire commun. Arch Mal Coeur 50:909–942

Girod DA, Raghib G, Adams P jr, Anderson RC, Wang Y, Edwards JE (1966) Cardiac malformations associated with ventricular septal defects. Am J Cardiol 17:73–82

Gittenberger-De Groot AC (1977) Persistent ductus arteriosus: most probably a primary congenital malformation. Br Heart J 34:610–618

Gittenberger-De Groot AC, Sauer U (1986) Aortic intramural coronary artery in three hearts with transposition of the great arteries. J Thorac Cardiovasc Surg 91:566–571

Gittenberger-De Groot AC, Strengers JLM (1988) Histopathology of the arterial duct (ductus arteriosus) with and wihtout treatment with prostaglandin E1. Review. Int J Cardiol 19:153–166

Gittenberger-De Groot AC, Wenink ACG (1981a) The ventricular septum in hearts with straddling tricuspid valve. In: Wenink ACG, Oppenheimer-Dekker A, Moulaert AJ (eds) The ventricular septum of the heart. Leiden Univ Press, The Hague Boston London, p 175

Gittenberger-De Groot AC, Wening ACG (1981b) Classification versus anatomy. In: Wenink ACG, Oppenheimer-Dekker A, Moulaert AJ (eds) The ventricular septum of the heart. Leiden Univ Press, The Hague Boston London, p 197

Gittenberger-De Groot AC, Wenink ACG (1984) Mitral atresia. Morphological details. Br Heart J 51:252–258

Gittenberger-De Groot AC, Moulaert AJM, Harinck E, Becker AE (1978) Histopathology of the ductus arteriosus after prostaglandin E1 administration in ductus dependent cardiac anomalies. Br Heart J 40:215–220

Gittenberger-De Groot AC, Moulaert AJM, Hitchcock JF (1980a) Histology of the persistent ductus arteriosus in cases of congenital rubella. Circulation 62:183–186

Gittenberger-De Groot AC, Sutherland K, Sauer U, Kellner M, Schöber JG, Bühlmeyer K (1980b) Normal and persistent ductus arteriosus influenced by protaglandin E1. Herz 5:361–368

Gittenberger-De Groot AC, Ertbruggen I van, Moulaert AJMG, Harinck E (1980c) The ductus arteriosus in the preterm infant: histologic and clinical observations. J Pediatr 96:88–93

Gittenberger-De Groot AC, Sauer U, Oppenheimer-Dekker A, Quaegeur J (1983) Coronary arterial anatomy in transposition of the great arteries: a morphologic study. Pediatr Cardiol (Suppl) 4:15–24

Gittenberger-De Groot AC, Strengers JLM, Mentink M, Poelmann RE, Patterson DF (1985) Histologic studies on normal and persistent ductus arteriosus. J Am Coll Cardiol 6:394–404

Gittenberger-De Groot AC, Sauer U, Bndl L, Babic R, Essed CE, Buhlmeyer K (1988) Competition of coronary arteries and ventriculo-coronary arterial communications in pulmonary atresia with intact ventricular septum. Int J Cardiol 18:243–258

Glaevecke H, Doehle H (1897) Über eine seltene angeborene Anomalie der Pulmonalarterie. Münch Med Wochenschr 44:950

Glancy DL, Chang MY, Dorney ER, Roberts WC (1971) Parachute mitral valve. Further observations and associated lesions. Am J Cardiol 27:309–313

Glancy DL, Morrow AG, Simon AL, Roberts WC (1983) Juxtaductal aortic coarctation. Analysis of 84 patients studied hemodynamically, angiocardiographically, and morphologically after age 1 year. Am J Cardiol 51:537–551

Glass IH, Mustard WT, Keith JD (1960) Coarctation of the aorta in infants. A review of twelve years' experience. Pediatrics 26:109–121

Godwin TF, Auger P, Key JA, Wigle ED (1968) Intrapericardial aneurysmal dilatation of the left atrial appendage. Circulation 37:397–401

Goerttler Kl (1955) Über Blutstromwirkung als Gestaltungsfaktor für die Entwicklung des Herzens. Beitr Pathol Anat Allg Pathol 115:33–56

Goerttler Kl (1956a) Die Stoffwechseltopographie des embryonalen Hühnerherzens und ihre Bedeutung für die Entstehung angeborener Herzfehler. Verh Dtsch Ges Pathol 40:181–185

Goerttler Kl (1956b) Hämodynamische Untersuchungen über die Entstehung der Mißbildungen des arteriellen Herzendes. Virchows Arch Pathol Anat 328:391–420

Goerttler Kl (1958) Normale und pathologische Entwicklung des menschlichen Herzens. Ursachen und Mechanismen typischer und atypischer Herzformbildungen, dargestellt auf Grund neuer Befunde. Zwanglose Abhlg a d Geb d norm u pathol Anat. H 4. Thieme, Stuttgart

Goerttler Kl (1960) Normale und pathologische Entwicklung des Herzens, einschließlich des Reizleitungssystems. Thoraxchirurgie 7:469–477

Goerttler Kl (1963) Die Mißbildungen des Herzens und der großen Gefäße. In: Bargmann W, Doerr W (Hrsg) Das Herz des Menschen, Bd I. Thieme, Stuttgart, S 422

Goerttler Kl (1966) Germopatías. In: Becker PE (Dir) Genética humana. Ediciones Toray, Barcelona, Tomo II, p 1

Goerttler Kl (1968) Die Mißbildungen des Herzens und der großen Gefäße. In: Kaufmann E, hrsg von Staemmler M. Lehrbuch der speziellen pathologischen Anatomie. 11 u 12 Aufl, Erg-Bd I/2, de Gruyter, Berlin, S 301

Goerttler Kl (1971) Über die normale und pathologische Entwicklung des menschlichen Herzens. Ergebn Exp Med 4:239–264

Goerttler Kl, Fritsch H (1963) Beitrag zur infradiaphragmatischen Fehlmündung der Lungenvenen. Fallbericht und Literaturübersicht. Z Kreislaufforsch 52:900–914

Goldring D, Hernández A, Hartmann AF jr (1971) The critically ill child: care of the infant in cardiac failure. Pediatrics 47:1056–1063

Goldsmith M, Farina MA, Shaher RM (1975) Tetralogy of Fallot with atresia of the left pulmonary artery. Surgical repair using a homograft aortic valve. J Thorac Cardiovasc Surg 69:458–466

Goldstein RE, Beller BM, Maeir D (1968) Corrected transposition of the great vessels associated with bicuspid semilunar valves. Am J Med 45:954–958

Gonvers M (1970) Ventricule droit à double issue, survive de 59 ans. Schweiz Med Wochenschr 100:1380–1385

Goor DA, Edwards JE (1972) The conotruncus. II. Report of a case showing persistent aortic conus and lack of inversion of the truncus (a bulboventricular heart). Circulation 46:385–389

Goor DA, Edwards JE (1973) The spectrum of transposition of the great arteries. With specific reference to developmental anatomy of the conus. Circulation 48:406–415

Goor DA, Ebert PA (1975) Left ventricular outflow obstruction in Taussig-Bing malformation. Anatomic and surgical implications. J Thorac Cardiovasc Surg 70:69–75

Goor DA, Lillehei CW (1975) Congenital malformations of the heart. Grune & Stratton, New York San Francisco London

Goor DA, Lillehei CW, Edwards JE (1968) Further observations on the pathology of the atrioventricular canal malformation. Arch Surg 97:954–962

Goor DA, Lillehei CW, Edwards JE (1969) The "sigmoid septum". Variation in the contour of the left ventricular outlet. Am J Roentgenol 107:366–376

Goor DA, Edwards JE, Lillehei CW (1970a) The development of the interventricular septum of the human heart; correlative morphogenetic study. Chest 58:453–467

Good DA, Lillehei CW, Rees R, Edwards JE (1970b) Isolated ventricular septal defect. Development basis for various types and presentation of classification. Chest 58:468–482

Goor DA, Lillehei CW, Edwards JE (1971) Ventricular septal defects and pulmonic stenosis with and without dextroposition. Anatomic features and embryologic implications. Chest 60:117–128

Goor DA, Dische R, Lillehei CW (1972) The conotruncus. I. Its normal inversion and conus absorption. Circulation 46:375–384

Gore I, Smith J, Clancy R (1959) Congenital aneurysm of the coronary arteries with report of a case. Circulation 19:221–227

Grouchy J de (1969) The 18p-, 18q- and 18r-syndromes. Birth Defects 5:74–87

Gourgon R, Waynberber M, Bourthoumieux A, Brussert, Legrand M, Langlois J (1970) Double sténose aortique congénitale supra-valvulaire en bourrelet et sous-valvulaire en diaphragme. Arch Mal Coeur 63:1773–1783

Grant RP (1958) The syndrome of dextroversion of the heart. Circulation 18:25–36

Grant RP (1962a) The embryology of the ventricular flow pathways in man. Circulation 25:756–779

Grant RP (1962b) Morphogenesis of transposition of the great vessels. Circulation 26:819–840

Grant RP (1964) The morphogenesis of corrected transposition and other anomalies of cardiac polarity. Circulation 29:71–83

Gresham GA (1956) Premature obliteration of the foramen ovale. Br Heart J 18:296–300

Gresham GA (1957) Networks in the right side of the heart. Br Heart J 19:381–386

Griesser G (1956) II. Der Vorhofseptum-Defekt und das Lutembacher-Syndrom des Herzens. Ergebn der Chir u Orthop 40:25–89

Griffiths SP (1961) Bacterial endocarditis associated with atrial septum defect of the ostium secundum. Am Heart J 61:543–547

Griffiths SP, Levine OB, Andersen DH (1962) Aortic origin of the right pulmonary artery. Circulation 25:73–84

Grohmann D (1961) Mitotische Wachstumsintensität des embryonalen und fetalen Hühnchenherzens und ihre Bedeutung für die Entstehung von Herzmißbildungen. Z Zellforsch 55:104–122

Grosgogeat I, Lhermitte F, Carpentier A, Facquet J, Alhomme P, Tran T (1973) Aneuvrysme de la cloison interauriculaire révélé par une embolie cérébrale. Arch Mal Coeur 66:169–177
Gross RE (1962) Atrial septal defects of the secundum type. Prog Cardiovasc Dis 4:301–311
Grosse-Brockhoff F, Loogen F (1968) Ventricular septal defect. Circulation (Suppl 5) 38:13–20
Grünwald P (1938) Die Entwicklung der Vena cava caudalis beim Menschen. Z Mikrosk Anat Forsch 43:275–331
Guidici C, Becu L (1960) Cardio-aortic fistula through anomalous coronary arteries. Case report. Br Heart J 22:729–733
Guller B, Dushane JW, Titus JL (1968) The atrioventricular conducting system in two cases of tricuspid atresia. Circulation 40:217–226
Guller B, Ritter DG, Kincaid OW (1972) Tricuspid atresia with pulmonary atresia and total anomalous pulmonary venous connection to the right superior vena cava. Mayo Clin Proc 47:105–109
Gumbiner CH, Millins CE, McNamara DG (1980) Pulmonary artery sling. Am J Cardiol 45:311–315
Guntheroth WG, Nadas AS, Gross RE (1958) Transposition of pulmonary veins. Circulation 18:117–137
Gussenhoven EJ, Stewart PA, Becker AE, Essed CE, Ligtvoet KM, De Villeneuve VH (1984) "Offsetting" of the septal tricuspid leaflet in normal hearts and in hearts with Ebstein's anomaly. Am J Cardiol 53:172–176
Gussenhoven EJ, Essed CE, Bos E (1986) Unguarded tricuspid orifice with two-chambered right ventricle. Pediatr Cardiol 7:175–177
Gutiérrez J, Pérez de León J, De Marco E, Gómez R, Cazzaniga M, Vellibre D, Quero-Jiménez M, Brito JM (1983) Tetralogy of Fallot associated with total anomalous pulmonary venous drainage. Pediatr Cardiol 4:293–296
Gyllensward Å, Lodin H, Lundberg Å, Mpoller T (1957) Congenital, multiple peripheral stenoses of the pulmonary artery. Pediatrics 19:399–410
Hackensellner HA (1954/55) Koronaranomalien unter 1000 auslesefrei untersuchten Herzen. Anat Anz 101:123–130
Hackensellner HA (1955) Über akzessorische, von der Arteria pulmonalis abgehende Herzgefäße und ihre Bedeutung für das Verständnis der formalen Genese des Ursprungs einer oder beider Coronararterien von der Lungenschlagader. Frankfurt Z Pathol 66:463–470
Hackensellner HA (1956) Akzessorische Koronargefäßanlagen der Arteria pulmonalis unter 63 menschlichen Embryonenserien mit einer größten Länge von 12 bis 36 mm. Z Mikrosk Anat Forsch 62:153–164
Hackett D, Hallidie-Smith KA (1984) Spontaneous closure of coronary artery fistula. Br Heart J 52:477–479
Hager W, Wink K (1969) Kongenitale idiopathische Vergrößerung des rechten Vorhofes des Herzens. Z Kreislaufforsch 58:1045–1053
Hagstrom NWC, Steinberg I (1962) Pathologic lesion in pseudocoarctation of the arch of the aorta. Circulation 26:726–730
Halasz NA, Halloran KH, Liebow AV (1956) Bronchial and arterial anomalies with drainage of the right lung into the inferior vena cava. Circulation 14:826–846
Haller JA jr, Shaker IJ, Gingell R, Ho C (1973) Intrauterine production of coarctation of the aorta. Studies of hemodynamics and collateral aortic circulation in newborn animals. J Thorac Cardiovasc Surg 66:343–349
Hallman GL, Cooley DA, Singer DB (1966) Congenital anomalies of the coronary arteries: anatomy, pathology, and surgical treatment. Surgery 59:133–144
Hamaoka K, Onaka M, Tanaka T, Onouchi Z (1987) Congenital ventricular aneurysm and diverticulum in children. Pediatr Cardiol 8:169–175
Hamilton WJ, Boyd JD, Mossman HW (1962) Human embryology (prenatal development of form and function). Heffer & Sons, Cambridge
Hansing CE, Young WP, Rowe GG (1972) Cor triatriatum dextrum. Persistent right sinus venosus valve. Am J Cardiol 30:559–564

Hardy WE, Gnōj J, Ayres SM, Gianelli S jr, Christianson LC (1969) Pulmonic stenosis and associated atrial septal defects in older patients. Report of three cases, including one with calcific pulmonic stenosis. Am J Cardiol 24:130–134

Harley HRS (1958) The embryology of cor triloculare biatriatum with bulbar (rudimentary) cavity. Guy's Hosp Rep 107:116–143

Haroutunian LH, Neill CA (1961) Dextrocardia: analysis of 100 cases and family study of fourty cases. Circulation 24:951–952

Harris J, Farber S (1939) Transposition of the great cardiac vessels with special reference to the phylogenetic theory of Spitzer. Arch Pathol 28:427–456

Hartmann AF jr, Goldring D, Carlsson E (1964) Development of right ventricular obstruction by aberrant muscular bands. Circulation 30:679–685

Hartmann AF jr, Tsifutis AA, Arvidsson H, Goldring D (1962) The two-chambered right ventricle. Report of nine cases. Circulation 26:279–287

Hastreiter AR, Paul MH, Molthan ME, Miller RA (1962a) Total anomalous pulmonary venous connection, with severe pulmonary venous obstruction: a clinical entity. Circulation 25:916–928

Hastreiter AR, Wennemark JR, Miller RA, Paul MH (1962b) Secundum atrial septal defects with congestive heart failure during infancy and early childhood. Am Heart J 64:467–672

Haughton VM, Fellows KE, Rosenbaum AE (1975) The cervical aortic arches. Radiology 114:675–681

Hawker RE, Celermajer JM, Cartmill TB, Bowdler JD (1972a) Double aortic arch and complex cardiac malformations. Br Heart J 34:1311–1313

Hawker RE, Celermajer JM, Gengos DC, Cartmill TB, Bowdler JD (1972b) Common pulmonary vein atresia. Premortem diagnosis in two infants. Circulation 46:368–374

Hawkins JA, Doty DB (1984) Aortic atresia: morphologic characteristics affecting survival and operative palliation. J Thorac Cardiovasc Surg 88:620–626

Haworth S (1980) Collateral arteries in pulmonary atresia with ventricular septal defect. A precarious blood supply. Br Heart J 44:5–13

Haworth S, Macartney FJ (1980) Growth and development of pulmonary circulation in pulmonary atresia with ventricular septal defect and major aortopulmonary collateral arteries. Br Heart J 44:14–24

Healey JE jr (1952) An anatomic survey of anomalous pulmonary veins: their clinical and significance. J Thorac Surg 23:433–444

Healey JE jr, Gibbon J jr (1950) Intrapericaldial anatomy in relation to pneumonectomy for pulmonary carcinoma. J Thorac Surg 19:864–874

Heath D, Edwards JE (1959) Configuration of elastic tissue of aorta media in aortic coarctation. Am Heart J 57:29–35

Hebert WH, Arismendi L, Ruhstaller FD, Petersen HC (1965) Aneurysm of the left atrium associated with sincope and cyanosis. J Thorac Cardiovasc Surg 49:535–539

Heck W (1968) Fenestración aortopulmonar. In: Opitz H, Schmid F (eds) Enciclopedia pediátrica. Ediciones Morata, Madrid. Tomo VII, p 782

Heifetz SA, Robinowitz M, Mueller KH, Virmani R (1986) Total anomalous origin of coronary arteries from the pulmonary artery. Pediatr Cardiol 7:11–18

Heikkinen ES, Similä S (1972) Aneurysm of ductus arteriosus in infancy: report of two surgically treated cases. J Pediatr Surg 7:392–397

Heilmann K (1971) Aortopulmonary septal defect. Case report. Virchows Arch [A] 354:99–104

Heintzen P (1968a) Malformaciones de la arteria pulmonar y del tracto eyector del ventrículo derecho. In: Opitz H, Schmid F (eds) Enciclopedia pediátrica. Ediciones Morata, Madrid. Tomo VII, p 563

Heintzen P (1968b) Dilatación idiopática de la arteria pulmonar. In: Opitz H, Schmid F (eds) Enciclopedia pediátrica. Ediciones Morata, Madrid. Tomo VII, p 606

Hellerstein HK, Orbison JL (1951) Anatomic variations of the orifice of the human coronary sinus. Circulation 3:514–523

Herbert WH, Rohman M, Farnsworth P, Swamy S (1973) Anomalous origin of the left pulmonary artery from ascending aorta, right aortic arch and right patent ductus arteriosus. Chest 63:459–461

Hertel EU, Baghirzade MF (1971) Totale Fehleinmündung der Lungenvenen in die Pfortader. Zentralbl Pathol 114:480–492
Herxheimer G (1909) Mißbildungen des Herzens und der großen Gefäße. In: Schwalbe E (Hrsg) Morphologie der Mißbildungen des Menschen und der Tiere, Bd III/1. Fischer, Jena, S 339
Heymann MA (1983) Patent ductus arteriosus. In: Adams FH, Emmanouilides GC (eds) Moss' heart disease in infants, children, and adolescents, 3rd edn. Williams & Wilkins, Baltimore London, p 159
Hickie JB, Gimlette TH, Bacon AP (1956) Anomalous pulmonary venous drainage. Br Heart J 18:365–377
Higashino SM, Shaw GG, May IA, Ecker RR (1974) Total anomalous pulmonary venous drainage below the diaphragm. J Thorac Cardiovasc Surg 68:711–718
Higgins CB, Mulder DG (1972) Tetralogy of Fallot in the adult. Am J Cardiol 29:837–846
Himbert J, Renais J, Carcia-Moll M, Scebat L, Lenegre J (1964) Histoire naturelle des communications interauriculaires. Arch Mal Coeur 58:690–710
Himbert J, Cachin J-C, Lenegre J (1967) Une cardiopathie méconnue: la communication interauriculaire (ostium secundum) avec insuffisance mitrale. Presse Med 75:2507–2512
Hipona FA, Arthachinta S (1965) Ebstein's anomaly of the tricuspid valve. A report of 16 cases and review of the literature. Prog Cardiovasc Dis 7:434–448
Hipona FA, Crummy AB jr (1964) Congenital pericardial defect associated with tetralogy of Fallot. Herniation of normal lung into the pericardial cavity. Circulation 29:132–135
Hirose T, Mead JJ, Bishop LF (1970) Pentalogy of Fallot. Situs inversus and first degree heart block. Case report. Vasc Surg 4:87–94
Hiroshi O, Kenji I, Naoaki K, Yanusori O, Tadayoshi A, Masashi T, Hiroyuki A, Minoru O, Makoto N, Osamu F, Kazuo M, Yoshiro S (1979) Direct communication between the right pulmonary artery and left atrium. J Thorac Cardiovasc Surg 77:742–747
Ho SY, Anderson RH (1979a) Coarctation, tubular hypoplasia, and ductus arteriosus. Histological study of 35 specimens. Br Heart J 41:268–274
Ho SY, Anderson RH (1979b) Anatomical closure of the ductus arteriosus. J Anat 128:829–836
Ho SY, Milo S, Anderson RH, Macartney FJ, Goodwin A, Becker AE, Wening ACG, Gerlis LM, Wilkinson JL (1982) Straddling atrioventricular valve with absent atrioventricular connection. Report of 10 cases. Br Heart J 47:344–352
Hoffman JIE (1968) Natural history of congenital heart disease: problems in its assessment with special reference to the ventricular septal defects. Circulation 37:97–125
Hoffman JIE (1971) Ventricular septal defect. Indication for therapy in infants. Pediatr Clin North Am 18:1091–1107
Hoffman JIE, Christianson R (1978) Congenital heart disease in a cohort of 19,502 births with long-term follow-up. Am J Cardiol 42:641–647
Hoffman JIE, Rudolph AM (1965) The natural history of ventricular septal defects in infants. Am J Cardiol 16:634–653
Hofmann W (1969) Eine Herzmißbildung beim Kalb; gleichzeitig ein Beitrag zur Kasuistik des Taussig-Bing-Komplexes. Berl Münch Tieräztl Wochenschr 82:187–190
Hohn AR, Praagh S van, Moore AAD, Vlad P, Lambert EC (1965) Aortic stenosis. Circulation (Suppl 3) 31–32:4–12
Hohn AR, Jain KK, Tamer DM (1968) Supravalvular mitral stenosis in a patient with tetralogy of Fallot. Am J Cardiol 22:733–737
Holzapfel G (1899) Ungewöhnlicher Ursprung und Verlauf der Arteria subclavia dextra. Anat Hefte 12:369–523
Honey M (1962) The anatomical and physiological features of corrected transposition of the great vessels. Guy's Hosp Rep 111:250–275
Hougen TJ, Mulder DG, Gyepes MT, Moss AJ (1974) Aneurysm of the left atrium. Am J Cardiol 33:557–561
Hudson REB (1955) The normal and abnormal inter-atrial septum. Br Heart J 17:489–495
Hudson REB (1965) Cardiovascular pathology. Arnold, London
Hudson REB (1970) Cardiovascular pathology (Suppl to vol 1 & 2). Arnold, London

Hughes CW, Rumore PC (1944) Anomalous pulmonary veins. Arch Pathol 37:364–366

Humblet L, Stainer L, Joris H, Collignon P, Kulbertus H, Delvigne J (1971) La sténose mitrale congénitale. Acta Cardiol 26:500–525

Humphreys EM (1932) Truncus arteriosus communis persistens. Criteria for identification of the common arterial trunk with report of a case with four semilunar cusps. Arch Pathol 14:671–693

Hunter DT, Nichols MM (1968) Mitral and aortic atresia with a blind ventricle. Vasc Surg 2:194–204

Hurtado del Río D, Hernández Ortega H, Hernańdez Brito Y, Ramos Ladrón de GH, Guerra Beltrán S (1971) Anesplenia y cardiopatía congénita. Arch Inst Cardiol Mex 41:424–431

Hyams VJ, Manion WC (1968) Incomplete differentiation of the cardiac valves. Report of 197 cases. Am Heart J 76:173–182

Hynes KM, Gau GT, Titus JL (1973) Coronary heart disease in situs inversus totalis. Am J Cardiol 31:666–669

Idriss FS, Aubert J, Paul M, Nikaidoh H, Lev M, Newfeld EA (1974) Transposition of the great vessels with ventricular septal defect. J Thorac Cardiovasc Surg 68:732–741

Immagoulou A, Anderson RC, Moller JH (1972) Interruption of the aortic arch: clinical features in 20 patients. Chest 61:276–282

Ingrisch U, Bühlmeyer K, Remberger R (1974) Aneurysma des Ductus arteriosus Botalli bei einem 4 Wochen alten Säugling: Diagnose in vivo. Z Kardiol 63:480–488

In-Sook P, Nihill MR, Titus JL (1983) Morphologic features of the ductus arteriosus after prostaglandin E1 administration for ductus-dependent congenital heart disease. J Am Coll Cardiol 1:471–475

Ivemark I (1955) Implications of agenesis of the spleen on the pathogenesis of cono-truncus anomalies in childhood. I Haeggströms Boktryckeri, Stockholm

Izukawa T, Scott ME, Durrani F, Moss CAF (1973) Persistent left fifth aortic arch. Br Heart J 35:1190–1195

Jaffe RB (1976a) Systemic atrioventricular valve regurgitation in corrected transposition of the great vessels. Angiographic differentiation of operable and nonoperable deformities. Am J Cardiol 37:395–402

Jaffe RB (1976b) Complete interruption of the aortic arch. Characteristic angiographic features with emphasis on collateral circulation to the descending aorta. Circulation 53:161–168

Jaffee OC (1965) Hemodynamic factors in the development of the chick embryo heart. Anat Rec 151:69–76

Jager BV, Wollenman OJ jr (1942) An anatomical study of the closure of the ductus arteriosus. Am J Pathol 18:595–613

James WH (1977) A note on the epidemiology of acardic monsters. Teratology 16:211–216

Janíček M, Hollmotz O (1971) Interrenal type of abdominal aortic coarctation with unusual complications. Br Heart J 33:806–808

Jegier W, Gibbons JE, Wiglesworth FW (1963) Cor triatriatum: clinical, hemodynamic and pathological studies: surgical correction in early life. Pediatrics 255–267

Jennings JG, Serwer GA (1986) Partial anomalous pulmonary venous connection to the azygos vein with intact atrial septum. Pediatr Cardiol 7:115–117

Jensen JB, Blount G jr (1971) Total anomalous pulmonary venous return. A review and report of the oldest surviving patient. Am Heart J 82:387–407

Joffe HS, O'Donovan TG, Glaun BP, Chesler E, Schrire V (1971) Subdiaphragmatic total anomalous pulmonary venous drainage: report of a successful surgical correction. Am Heart J 81:250–254

Johnson AL, Wiglesworth FW, Dunbar JS, Siddoo S, Grajo M (1958) Infradiaphragmatic total anomalous pulmonary venous connection. Circulation 17:340–347

Johnson FR (1952) Anoxia as a cause of endocardial fibroelastosis in infancy. Arch Pathol 54:237–247

Johnson NJ, Dodd K (1957) Obstruction to left atrial outflow by a supravalvular stenosing ring. J Pediatr 51:190–193

Jones KL, Smith DW (1973) Recognition of the fetal alcohol syndrome in early infancy. Lancet 2:999–1001

Jones KL, Smith DW, Ulleland CN, Streissguth AP (1973) Pattern of malformation in offspring of chronic alcoholic mothers. Lancet 1:1267–1271

Jong IH de, Klinkhamer AC (1969) Left-sided cervical aortic arch. Am J Cardiol 23:285–287

Josa M, Danielson GK, Weidman WH, Edwards WD (1981) Congenital ostial membrane of the left main coronary artery. J Thorac Cardiovasc Surg 81:338–346

Jue KL, Lockman LA, Edwards JE (1966) Anomalous origins of pulmonary arteries from pulmonary trunk ("crossed pulmonary arteries"). Am Heart J 71:807–812

Jue KL, Raghib G, Amplatz K, Adams P jr (1965) Anomalous origin of the left pulmonary artery from the right pulmonary artery. Report of 2 cases and review of the literature. Am J Roentgenol 95:598–610

Jullian M, Farrú O (1986) Defectos congénitos extracardíacos asociados a malformaciones cardíacas. Revisión de 208 casos. Rev Chil Pediatr 57:430–433

Kafkas P, Miller GAH (1971) Unusual left ventricular aneurysm in a patient with anomalous origin of the left coronary artery from the pulmonary artery. Br Heart J 33:409–411

Kahn DR, Vathayanon S, Stern AM, Ferguson PW, Sloan H (1967) Location of ventricular septal defects. Circulation (Suppl II) 35–36:153

Kanjuh VI, Stevenson JE, Amplatz K, Edwards JE (1964) Congenitally unguarded tricuspid orifice with coexisting pulmonary atresia. Circulation 30:911–917

Karnegis JN, Wang I, Winchell P, Edwards JE (1964) Persistent left superior vena cava, fibrous remnant of the right superior vena cava and ventricular septal defect. Am J Cardiol 14:573–579

Kartagener M (1933) Zur Pathogenese der Bronchiectasien bei Situs viscerum inversus. Beitr Klin Tuberk 83:489–501

Katz NM, Buckley JM, Liberthson RR (1977) Discrete membranous subaortic stenosis. Report of 31 patients, review of the literature, and delineation of management. Circulation 56:1034–1038

Kauffman SL, Ores CN, Anderson DH (1962) Two cases of total anomalous infradiaphragmatic drainage. Circulation 25:376–382

Kavanagh-Gray D (1971) Right ventricular diverticulum. Can Med Assoc J 105:1055–1056

Kawashima Y, Danno M, Shimizu Y, Matsuda H, Miyamoto T, Fujita T, Kozuka T, Manabe I (1973) Ventricular septal defect associated with aortic insufficiency: anatomic classification and method of operation. Circulation 47:1057–1064

Keagy KS, Schall SA, Herrington RT (1982) Selective cyanosis of the right arm. Isolation of right subclavian artery from aorta with bilateral ductus arteriosus and pulmonary hypertension. Pediatr Cardiol 3:301–303

Keane JF, Maltz D, Bernhard W, Corwin RD, Nadas AS (1974) Anomalous origin of one pulmonary artery from the ascending aorta. Circulation 50:588–594

Keats TE, Martt JM (1964) Selective dilatation of the right atrium in pregnancy. Am J Roentgenol 91:307–310

Keeton BR, Macartney FJ, Hunter S, Mortera C, Rees P, Shinebourne EA, Tynan M, Anderson RH (1979a) Univentricular heart of right ventricular type with double or common inlet. Circulation 59:403–411

Keeton BR, McGoon DC, Danielson GK, Ritter DG, Wallace RB (1979b) Anatomy of coronary arteries in univentricular hearts and its surgical implications. Am J Cardiol 43:569–580

Keeton BR, Keeman DJM, Monro JL (1983) Anomalous origin of both coronary arteries from the pulmonary trunk. Br Heart J 49:397–399

Keith A (1909a) The Hunterian lectures on malformations of the heart. Lecture I. Lancet 2:359–363

Keith A (1909b) The Hunterian lectures on malformation of the heart. Lecture II. Lancet 2:433–435

Keith A (1909c) The Hunterian lectures on malformations of the heart. Lecture III. Lancet 2:519–523

Keith A (1924) Schornstein lecture of the fate of the bulbus cordis in the human heart. Lancet 2:1267–1273

Keith JD (1978a) Prevalence, incidence, and epidemiology. In: Keith JD, Rowe RD, Vlad P (eds) Heart disease in infancy and childhood, 3rd edn. Macmillan, New York, Collier Macmillan Can Ltd., Toronto, Baillière Tindall, London, p 3

Keith JD (1978b) Ventricular septal defect. In: Keith JD, Rowe RD, Vlad P (eds) Heart disease in infancy and childhood, 3rd edn. Macmillan, New York; Collier Macmillan, Toronto, Baillière Tindall, London, p 320

Keith JD (1978c) Bicuspid aortic valve. In: Keith JD, Rowe RD, Vlad P (eds) Heart disease in infancy and childhood, 3rd edn. Macmillan, New York, Collier Macmillan, Toronto, Baillière Tindall, London, p 728

Keith JD (1978d) Disease of coronary arteries and aorta. In: Keith JD, Rowe RD, Vlad P (eds) Heart disease in infancy and childhood, 3rd edn. Macmillan, New York; Collier Macmillan, Toronto, Baillière Tindall, London, p 1013

Keith JD, Rowe RD, Vlad P, O'Hanley JH (1954) Complete anomalous pulmonary venous drainage. Am J Med 16:23–38

Keith JD, Rowe RD, Vlad P (1967) Heart disease in infancy and childhood, 2nd ed. Macmillan, New York, Collier-Macmillan Ltd, London

Keith JD, Rose V, Collins G, Kidd RSL (1971) Ventricular septal defect. Incidence, morbidity, and mortality in various age groups. Br Heart J (Suppl) 33:81–87

Kelly JJ jr, Lyons HA (1958) Atrial septal defect in the aged. Ann Intern Med 48:267–283

Kelsey JR jr, Gilmore CE, Edwards JE (1953) Bilateral ductus arteriosus representing persistence of each sixth aortic arch. Report of a case in which there were associated isolated dextrocardia and ventricular septal defects. Arch Pathol 55:154–161

Kenna AP, Smithells RW, Fielding DW (1975) Congenital heart disease in Liverpool: 1960–1969. Q J Med 44:17–44

Kerber RE, Green RA, Cohn LH, Wexler L, Kriss JP, Harrison DC (1972) Multiple left ventricular outflow obstructions. Aortic valvular and supravalvular stenosis and coarctation of the aorta. J Thorac Cardiovasc Surg 63:374–379

Keutel J, Kampmann A, Kyrieleis Ch (1973) Abnormer Ursprung der rechten Lungenarterie aus der aszendierenden Aorta. Bericht über vier Fälle, davon über einen mit zusätzlicher Mitral- und Aortenatresie. Z Kardiol 62:567–585

Khalil KG, Shapiro I, Kilman J (1975) Congenital mitral stenosis. J Thorac Cardiovasc Surg 70:40–45

Khoury GH, Gilbert EF, Chang CHJ, Schmidt R (1969) The hypoplastic right complex. Clinical, hemodynamic, pathologic and surgical considerations. Am J Cardiol 23:792–800

Kiely B, Adams P jr, Anderson RC, Lester RG (1958) The ostium primum syndrome. Am J Dis Child 96:381–403

Kiely B, Filler J, Stone S, Doyle EF (1967) Syndrome of anomalous venous drainage of the right lung to the inferior vena cava: a review of 67 reported cases and three new cases in children. Am J Cardiol 20:102–116

Kilman JW, Williams TE jr, Kakos GS, Molnar W, Ryan C (1971) Budd-Chiari syndrome due to congenital obstruction of the Eustachian valve of the inferior vena cava. J Thorac Cardiovasc Surg 62:226–230

Kim YS, Serrato M, Long DM, Hastreiter AR (1971) Left atrial inferior vena cava with atrial septal defect. Ann Thorac Surg 11:165–170

Kimbris D, Kasparian H, Knibbe P, Brest AN (1970) Coronary artery-coronary sinus fistule. Am J Cardiol 26:532–539

Kinare SG, Panday SR, Deshmukh SM (1969) Congenital aplasia of the right ventricular myocardium (Uhl's anomaly). Dis Chest 55:429–431

Kincaid OW, Swan HJC, Onlgey PA, Titus JL (1962) Congenital tricuspid insufficiency: report of two cases. Proc Staff Meet Mayo Clin 37:640–650

Kinsley RH, Utian HL, Fuller DN, Marchand PE (1972) Interruption of the aortic arch. Thorax 27:93–99

Kirklin JW, Clagett OT (1950) Vascular "rings" producing respiratory obstruction in infants. Proc Staff Meet Mayo Clin 25:360–367

Kissin P (1936) Pulmonary insufficiency with a supernumerary cusp in the pulmonary valve; report of a case with review of the literature. Am Heart J 12:206–227
Kleinschmidt H-J, Lignitz E (1972) Ursprung der rechten Arteria pulmonalis aus der Aorta ascendens. Ein Beitrag zur anomalen Lungengefäßversorgung. Zentralbl Allg Pathol 155:547–554
Klinge T, Laursen HB (1975) Familial pulmonary stenosis with underdeveloped or normal right ventricle. Br Heart J 37:60–64
Knight L, Edwards JE (1974) Right aortic arch. Types and associated cardiac anomalies. Circulation 50:1047–1051
Koch G (1972) La circulation foetale et les changements circulatoires qui surviennent à la naissance. XXIII Congr Assoc Pédiatr Langue Fr Allier, Grenoble, p 13
Koletsky S (1941) Congenital bicuspid pulmonary valves. Arch Pathol 31:338–353
Koretzky ED, Moller JH, Korns ME, Schwartz CJ, Edwards JE (1969) Congenital pulmonary stenosis resulting from dysplasia of valve. Circulation 40:43–53
Korth C, Schmidt J (1953) Dextroversio cordis. Arch Kreislaufforsch 20:167–192
Kory WP, Buck BE, Pickoff AS, Holzman B, Garcia OL (1984) Single coronary artery originating from the right pulmonary artery. Pediatr Cardiol 5:301–306
Kostis JB, Moghadam AN (1970a) The syndrome of supravalvular aortic stenosis. Report of two unusual cases with comments on the etiology. Chest 57:253–258
Kostis JB, Moghadam AN (1970b) Patent ductus arteriosus in early infancy. Cardiovasc Clin 2:231–255
Köthe W (1966) Ein Beitrag zur Genese der Ringleistenstenose des Aortenconus. Inaug Diss, Heidelberg
Kramer TC (1942) The partitioning of the truncus and conus and the formation of the membranous portion of the interventricular septum in the human heart. Am J Anat 71:343–370
Kreinsen U, Bersch W (1972) Applying a classification principle of ventricular septal defects to a case with several defects of the interventricular septum. Virchows Arch [A] 355:290–295
Kreinsen U, Bersch W (1973) Beitrag zur Kenntnis der Juxtapositio auricularum cordis. Z Kardiol 62:851–856
Kreutzer R, Becu L, Mosquera JE, Caprile JA (1953) Una rara anomalía coronaria. Arch Argent Pediatr 40:3–11
Kreuzer H (1971) Das Schicksal der Aortenklappen bei supravalvulären Aortenstenosen (prä- und postoperative Beobachtung). Thoraxchirurgie 19:399–402
Kuaity J, Sethi S, Grismer JT (1970) Anomalies of the superior vena cava and pulmonary drainage. Chest 57:388–390
Kukral JC (1971) Transvenous pacemaker failure due to anomalous venous return to the heart. Chest 59:458–461
Kumar AE, Fyler DC, Miettinen OS, Nadas A (1971) Ebstein's anomaly. Clinical profile and natural history. Am J Cardiol 28:84–95
Kutsche LM, Mierop LHS van (1984) Cervical origin of the right subclavian artery in aortic arch interruption: pathogenesis and significance. Am J Cardiol 53:892–895
Lababidi Z, Stoeckle H, Hopeman A, Almond C (1972) Congenital asplenia with bilateral right-sideness and normally related great arteries. Missouri Med 69:742–745
Laboux L, Michaud JL, Cornet E (1975) Lévocardie avec inversion ventriculaire et oreillette unique en position normale. Arch Mal Coeur 68:663–669
Lam CR, Knights EM, Ziegler RF (1953) Combined mitral and pulmonary atresia. Am Heart J 46:314–319
Lancelin B, Pauly-Laubry C, Guerinon J, Tricot J-L, Bouchard F, Maurice P (1975) Transposition des gros vaisseaux avec sténose pulmonaire et communication interventriculaire. Aspect anatomique et chirurgical. A propos de 10 observations. Arch Mal Coeur 68:339–351
Lange J, Mundt E (1954) Die Sepsis lenta der kongenital mißgebildeten Herzen. Z Kreislaufforsch 43:448–456
Lantos P (1969) Total abnorme Einmündung der Lungenvenen in die Vena portae. Zentralbl Allg Pathol 112:286–290

Lardani H, Sheldon WC (1976) Ectopic origin of the left anterior descending coronary artery from the right coronary sinus. Chest 69:548–549

Lasser RP, Doctor U (1972) Persistent left superior vena cava as a complicating feature of transvenous cardiac pacing. Mt Sinai J Med 39:470–473

Latham RA, Anderson RH (1972) Anatomical variations in atrioventricular conduction system with reference to ventricular septal defects. Br Heart J 34:185–190

Laursen HB (1980) Epidemiological aspects of congenital heart disease in Denmark. Acta Paedtr Scand 69:619–624

Lawrence TK, Stiles QR (1975) Persistent fifth aortic arch in man. Am J Dis Child 129:1229–1231

Layman TE, Edwards JE (1967) Anomalous mitral archade. A type of congenital mitral insufficiency. Circulation 35:389–395

Leach RD, Harris A, Braimbridge MV (1974) Right ventricular aberrant muscle bundle. Review of reported cases and recent case report. Ann Thorac Surg 18:615–621

Leachman RD, Slovis AJ (1964) Relationship of the azygos venous system to the normal atrial situs in levocardia. Circulation 29:901–904

Le Loc'h H, Kachaner J (1972) Traitment chirurgical des cardiopathies congénitales du nourrisson. Bilan actuel et perspectives d'avenir. XXIII Congr Assoc Pédiatr Langue Fr Allier, Grenoble, p 335

Lemoine P, Harrousseau H, Borteru J-P, Menuet JC (1968) Les enfants des parents alcooliques: anomalies observées à propos de 127 cas. Ouest Med 25:477–482

Lemole GM, Tesler UF, Colombi M, Elredge WJ (1976) Subaortic stenosis caused by two discrete membranes. Chest 69:104–106

Lenox CC, Zuberbuhler JR, Park SC, Neches WH, Mathews RA, Fricker FJ, Bahnson HT, Siewers RD (1980) Absent right superior vena cava with persistent left superior vena cava: implications and management. Am J Cardiol 45:117–122

Lenz W (1983) Medizinische Genetik. Thieme, Stuttgart

Lenz W, Knapp K (1962) Die Thalidomid-Embryopathie. Dtsch Med Wochenschr 87:1232–1242

Lepere RH, Kohler CM, Klinger P, Lowry JK (1965) Intrathoracic venous anomalies. J Thorac Cardiovasc Surg 49:599–614

Lev M (1952) The pathologic anatomy and interrelationship of hypoplasia of the aortic tract complexes. Lab Invest 1:61–70

Lev M (1953a) Autopsy diagnosis of congenitally malformed hearts. Thomas, Springfield, Illinois

Lev M (1953b) The pathologic anatomy of cardiac complexes associated with transposition of arterial trunks. Lab Invest 2:296–331

Lev M (1954) Pathologic diagnosis of positional variations in cardiac chambers in congenital heart disease. Lab Invest 3:71–82

Lev M (1959) The pathologic anatomy of ventricular septal defects. Dis Chest 35:533–545

Lev M, Eckner FAO (1964) The pathologic anatomy of tetralogy of Fallot and its variations. Dis Chest 45:251–261

Lev M, Rowlatt UF (1961) The pathologic anatomy of mixed levocardia. A review of thirteen cases of atrial or ventricular inversion with or without corrected transposition. Am J Cardiol 8:216–263

Lev M, Saphir O (1942) Truncus arteriosus communis persistens. J Pediatr 20:74–86

Lev M, Saphir O (1945) A theory of transposition of the arterial trunks based on the phylogenetic and ontogenetic development of the heart. Arch Pathol 39:172–183

Lev M, Arcilla R, Rimoldi HJA, Licata RH, Gasul BM (1963) Premature narrowing or closure of the foramen ovale. Am Heart J 65:638–647

Lev M, Rimoldi HJA, Eckner FAO, Melhuish B, Meng L, Paul M (1966) The Taussig-Bing heart. Qualitative and quantitative anatomy. Arch Pathol 81:24–35

Lev M, Liberthson RR, Kirkpatrick JR, Eckner FAO, Arcilla RA (1969) Single (primitive) ventricle. Circulation 39:577–591

Lev M, Liberthson RR, Joseph RH, Seten CE, Kunske RD, Eckner FAO, Miller RA (1970) The pathologic anatomy of Ebstein's disease. Arch Pathol 90:334–343

Lev M, Joseph RH, Rimoldi HJA, Paiva R, Arcilla RA (1971a) The quantitative anatomy of isolated ventricular septal defect. Am Heart J 81:315–320

Lev M, Liberthson RR, Golden JG, Eckner FAO, Arcilla RA (1971b) The pathologic anatomy of mesocardia. Am J Cardiol 28:428–435

Lev M, Bharati S, Meng L, Liberthson RR, Paul MH, Idriss F (1972) A concept of double-outlet right ventricle. J Thorac Cardiovasc Surg 64:271–281

Levine AJ, Reeve R (1963) Premature closure of the foramen ovale. Am J Dis Child 106:310–314

Levine OR, Blumenthal S (1965) Pulmonic stenosis. Circulation (Suppl III) 31–32:33–41

Levy MJ, Lillehei CW, Anderson RC, Amplatz K, Edwards JE (1963a) Aortic-left ventricular tunnel. Circulation 27:841–853

Levy MJ, Lillehei CW, Elliot LP, Carey LS, Adams P jr, Edwards JE (1963b) Accessory valvular tissue causing subpulmonary stenosis in corrected transposition of great vessels. Circulation 27:494–502

Levy ML, Salomon J, Vidne BA (1974) Correction of single and common atrium, with reference to simplified terminology. Chest 66:444–446

Lewis FT, Abbott ME (1915) Reversed torsion of the human heart. Anat Rec 9:103–105

Liberthson RR, Paul MH, Muster AJ, Arcilla RA, Eckner FAO, Lev M (1971) Straddling and displaced atrioventricular orifices and valves with primitive ventricles. Circulation 43:213–226

Liberthson RR, Hastreiter AR, Sinha SN, Bharati S, Novak GM, Lev M (1973) Levocardia with visceral heterotaxy. Isolated levocardia: pathologic anatomy and its clinical implication. Am Heart J 85:40–54

Liberthson RR, Dinsmore RE, Bharati S, Rubenstein JJ, Caulfield J, Wheeler EO, Harthorne JW, Lev M (1974) Aberrant coronary artery origin from the aorta. Diagnosis and clinical significance. Circulation 50:774–779

Lie JT (1967) The malformation complex of the absence of the arch of the aorta. Steidele's complex. Am Heart J 73:615–625

Lieberson AD, Schumacher RR, Childress RH, Genovese PD (1969) Corrected transposition of the great vessels in a 73-old man. Circulation 39:96–100

Liebman J, Cullum M, Belloc NB (1969) Natural history of transposition of the great arteries: anatomy and birth and death characteristics. Circulation 40:237–262

Lincoln JCR, Deverall PB, Stark J, Aberdeen E, Waterston DJ (1969) Vascular anomalies compressing the oesophagus and trachea. Thorax 24:295–306

Lintermans J, Baum D, Guntheroth WG (1964) Double outlet right ventricle with pulmonic stenosis. Am J Dis Child 107:632–635

Little WC, Coghlan HC, Geer JC (1979) Biventricular hypoplasia with myocardial fiber hypertrophy and disarray. Am J Cardiol 46:892–895

Lochte (1894) Beitrag zur Kenntnis des Situs transversus partialis und der angeborenen Dextrokardie. Beitr Pathol Anat 16:189–217

Lochte (1898) Ein Fall von Situs viscerum irregularis, nebst einem Beitrag zur Lehre der Transpositionen der arteriellen großen Gefäßstämme des Herzens. Beitr Pathol Anat 24:187–221

Lonyai T, Sarközy K (1970) Left ventricular-right atrial communication. Acta Paeditr Acad Sci Hung 11:257–261

Los JA (1966) Le cloisonnement du tronc artériel chez l'embryon humain. C R Assoc Anat (Nancy) 50:682–686

Los JA (1968) Embryology. In: Watson H (ed) Pediatric cardiology. Mosby, St Louis, p 1

Los JA (1970) A case of heart septum defect in a human embryo of 27 mm CR length, as a helpful record in studying the components participating in heart septation. Acta Morphol Neerl Scand 8:161–182

Loth P, Casasoprana A, Thibert M (1972) La coarctation aortique du nourrisson à propos de 157 cas. XXIII Congr Assoc Pédiatr Langue Fr Allier, Grenoble, p 174

Lucas RV jr (1983) Anomalous venous connections, pulmonary and systemic. In: Adams FH, Emmanouillides GC (eds) Moss' Heart disease in infants, children, adolescents, 3rd edn. Williams & Wilkins, Baltimore London, p 458

Lucas RV jr, Moller JH (1970) Pulmonary valvular stenosis. Cardiovasc Clin 2:155–184

Lucas RV jr, Adams P jr, Anderson RC, Meyne NG, Lillehei CW, Varco RL (1961 a) The natural history of isolated ventricular septal defect. A serial physiological study. Circulation 24:1372–1387

Lucas RV jr, Adams P jr, Anderson RC, Varco RL, Edwards JE, Lester RG (1961 b) Total anomalous pulmonary venous connection to the portal venous system: a cause of pulmonary venous obsstruction. Am J Roentgenol 86:561–575

Lucas RV jr, Lund GW, Edwards JE (1961 c) Direct communication of a pulmonary artery with the left atrium. An unusual variant of pulmonary arterio-venous fistula. Circulation 24:1409–1414

Lucas RV jr, Lester RG, Lillehei CW, Edwards JE (1962a) Mitral atresia with levoatriocardinal vein. A form of congenital pulmonary venous obstruction. Am J Cardiol 9: 607–613

Lucas RV jr, Varco RL, Lillehei CW, Adams P jr, Anderson RC (1962b) Anomalous muscle bundle in the right ventricle. Hemodynamic consequences and surgical considerations. Circulation 25:443–455

Lüders H, Lüders P (1988) Beitrag zur Uhlschen Anomalie. Zentralbl Allg Pathol 134: 727–730

Ludwig W (1949) Symmetrie Forschung im Tierbereich. Studium Generale 2:232–239

Lumb G, Dawkins WA (1960) Congenital atresia of mitral and aortic valves with vestigial left ventricle (three cases). Am Heart J 60:378–387

Luna RL, Santos GM, Sznejder A (1963) Aortic atresia. Br Heart J 25:405–411

Lutembacher R (1916) De la sténose mitrale avec communication interauriculaire. Arch Mal Coeur 9:235–260

Macartney FJ, Shinebourne EA, Anderson RH (1976) Connexions, relations, discordance, and distorsions. Br Heart J 38:323–326

Macchi RJ, Fabregas RA, Chianelli HO, Bourdet JCB, Lhez O, Stagnaro R (1976) Anomalous communication of the left coronary artery with a peripheral branch of the right pulmonary artery. Chest 69:565–568

Mackrell JS, Ibanez A (1958) Atrial septal defects. A clinicopathologic appraisal. Am J Cardiol 2:665–680

Maclean LD, Culligan JA, Kane DJ (1963) Subaortic stenosis due to accessory tissue on the mitral valve. J Thorac Cardiovasc Surg 45:382–388

MacMahon B, McKeown T, Record RG (1953) Incidence and life expectation of children with congenital heart disease. Br Heart J 15:121–129

MacMahon E, Lipa M (1964) Double-outlet right ventricle with intact interventricular septum. Circulation 30:745–748

MacMahon HE (1963) Communication of the coronary sinus with the left atrium. Circulation 28:947–948

Mahoney LT, Schieken RM, Lauer RM (1982) Spontaneous closure of a coronary artery fistula in childhood. Pediatr Cardiol 2:311–312

Mahowald JM, Lucas RV jr, Edwards JE (1982) Aortic valvular atresia. Associated cardiovascular anomalies. Pediatr Cardiol 2:99–105

Mainland D (1953) The risk of fallacious conclusions from autopsy data on the incidence of diseases with applications to heart disease. Am Heart J 45:644–654

Malara D, Catania G, Botter G (1970) La sindrome della "scimitarra". Ipoplasia del polmone destro con ritorno venoso nella vena cava inferiore e destroposizione del cuore. Minerva Med 61–62:1762–1770

Malcolm I, Salerno T (1983) Coronary ostial stenosis. Can Med Assoc J 128:371–372

Malpartida F, Espino-Vela J, Ramirez Insunza JM, Arriaga J (1971) Hipoplasia de la aorta ascendente. Arch Inst Cardiol Mex 41:514–524

Mangiardi JL, Sullivan JJ jr, Bifulco E, Lukash L (1963) Congenital tricuspid stenosis with pulmonary atresia. Report of six cases. Am J Cardiol 11:726–733

Manhoff LJ jr, Howe JS (1949) Absence of the pulmonary artery: a new classification for pulmonary arteries of anomalous origin. Report of a case of absence of the pulmonary artery with hypertrophied bronchial arteries. Arch Pathol 48:155–170

Mantini E, Grondin CM, Lillehei CW, Edwards JE (1966) Congenital anomalies involving the coronary sinus. Circulation 33:317–327

Manubens R, Krovetz LJ, Adams P jr (1960) Supravalvular stenosing ring of the left atrium. Am Heart J 60:286–295
Marín-García J (1981) Idiopathic dilatation of the right atrium. Chest 79:378–379
Marín-García J, Edwards JE (1980) Atypical d-transposition of the great arteries: anterior pulmonary trunk. Am J Cardiol 46:507–510
Marín-García J, Tandon R, Moller JH, Edwards JE (1974) Common (single) ventricle with normally related great vessels. Circulation 49:565–573
Marín-García J, Tandon R, Lucas RV jr, Edwards JE (1975) Cor triatriatum: study of 20 cases. Am J Cardiol 35:59–66
Marino B, Loperfido F, Sardi CS (1983) Spontaneous closure of ventricular septal defect in a case of double outlet right ventricle. Br Heart J 49:608–611
Markman P, Howitt G, Wade EG (1965) Atrial septal defect in the middle-aged and elderly. Q J Med 34:409–426
Maron BJ, Ferrans VJ, White RI jr (1973) Unusual evolution of acquired infundibular stenosis with ventricular septal defect: clinical and morphologic observations. Circulation 48:1092–1103
Marquis RM (1968) Persistence of the ductus arteriosus. In: Watson H (ed) Paediatric cardiology. Mosby, St Louis, p 242
Marshall RJ, Warden HE (1964) Mitral valve disease complicated by left-to-right shunt at atrial level. Circulation 29:432–439
Mason DT, Morrow AG, Elkins RC, Friedman WF (1969) Origin of both great vessels from the right ventricle associated with severe obstruction to the left ventricular outflow. Am J Cardiol 24:118–124
Massumi RA (1963) The congenital variety of the "subclavian steal" syndrome. Circulation 28:1149–1152
Mata LA, Anselmi G, Velasco JR, Monroy G, Vela JE (1960) Estenosis mitral congénita: estudio de dos nuevos casos y revisión de la literatura. Arch Inst Cardiol Mex 30:318–341
Mathew R, Replogle R, Thilenius OG, Arcilla RA (1975) Right juxtaposition of the atrial appendages. Chest 67:483–486
Mattern AL, Baker WP, McHale JJ, Lee D (1972) Congenital coronary aneurysms with angina pectoris and myocardial infarction treated with saphenous vein bypass graft. Am J Cardiol 30:906–909
McArthur JD, Munsi SC, Sukumar IP, Cherian G (1971) Pulmonary valve atresia with intact ventricular septum. Report of a case with long survival and pulmonary blood supply from an anomalous coronary artery. Circulation 44:740–745
McCarron WE, Perloff JK (1974) Familial congenital valvular pulmonic stenosis. Am Heart J 88:357–359
McCue CM, Robertson LW, Lester RG, Mauck HP jr (1965) Pulmonary artery coarctations. A report of 20 cases with review of 319 cases from the literature. J Pediatr 67:222–238
McGuire LB, Nolan TB, Reeve R, Dammann JF (1965) Cor triatriatum as a problem of adult heart disease. Circulation 31:263–272
McIntosh R, Merrit KK, Richards MR, Samuels MH, Bellons AT (1954) The incidence of congenital malformations: a study of 5,964 pregnancies. Pediatrics 14:505–522
McKeown T, Record RG (1960) Malformations in a population observed for five years after birth. In: Wolstenholme GEW, O'Connoer CM (eds) Congenital malformations. Ciba Foundation Symposium. Little, Brown & Co, London, p 2
McKim JS, Wiglesworth FW (1954) Absence of the left pulmonary artery. Am Heart J 47:845–859
McKusick VA (1955) The cardiovascular aspects of Marfan's syndrome: a heritable disorder of connective tissue. Circulation 11:321–342
McKusick VA (1964) A genetical view of cardiovascular disease. The Lewis A Conner Memorial Lecture. Circulation 30:326–357
McKusick VA, Cooley RN (1955) Drainage of right pulmonary vein into the inferior vena cava; report of a case, with radiologic analysis of principal types of anomalous venous return from lung. New Engl J Med 252:291–301

McMurphy DM, Heymann MA, Rudolph AM, Melmon KN (1972) Developmental changes in constriction of the ductus arteriosus: responses to oxygen and vasoactive agents in the isolated ductus arteriosus of the fetal lamb. Pediatr Res 6:231–238

McNamara DG, Rosenberg HS (1968a) Coarctation of the aorta. In: Watson H (ed) Paediatric cardiology. Mosby, St Louis, p 175

McNamara DG, Rosenberg HS (1968b) Interruption of the aortic arch. In: Watson H (ed) Paediatric cardiology. Mosby, St Louis, p 224

Meadows WR, Bergstrand I, Sharp JT (1961) Isolated anomalous connection of a great vein to the left atrium. The syndrome of cyanosis and clubbing, "normal" heart, and left ventricular hypertrophy on electrocardiogram. Circulation 24:669–676

Medd WE, Neufeld HN, Weidman W, Edwards JE (1961) Isolated hypoplasia of the right ventricle and tricuspid valve in siblings. Br Heart J 23:25–30

Meessen H (1957) Zur Pathogenese, Progredienz und Adaptation der angeborenen Herz- und Gefäßfehler. Verh Dtsch Ges Kreislaufforsch 23:188–201

Meessen H (1959) Die Morphologie der Pulmonalstenose. Thoraxchirurgie 7:190–201

Mehrizi A (1965) The origin of both great vessels from the right ventricle. Bull Johns Hopk Hosp 117:75–90, 91–107

Mehrizi A, Taussig HB (1961) Congenital malformation of the heart associated with congenital anomalies of the urinary tract. Circulation 24:997

Melhuish BPP, Praag R van (1968) Juxtaposition of the atrial appendages. Br Heart J 30:269–284

Mendel V, Luhmer I, Oelert H (1980) Aneurysma des Ductus arteriosus bei einem Neugeborenen. Herz 5:320–323

Merin G, Borman JB, Aviad I, Maddock CR, Stern S (1972) Double aortic arch associated with coarctation, ventricular septal defect and right ventricular outflow tract obstruction. Am J Cardiol 29:564–567

Messmer BJ, Hallman JL, Cooley DA (1970) Congenital mitral insufficiency. Results in unusual lesions. Ann Thorac Surg 10:450–461

Meyer J, Chiariello L, Hallman GL, Cooley DA (1975) Coronary artery anomalies in patients with tetralogy of Fallot. J Thorac Cardiovasc Surg 69:373–376

Meyer WW, Simon E (1960) Die präparatorische Angiomalacie des Ductus arteriosus Botalli als Voraussetzung seiner Engstellung und als Vorbild krankhafter Arterienveränderungen. Virchows Arch Pathol Anat 333:119–136

Michaels RH, Mellin GW (1960) Prospective experience with maternal rubella and the associated congenital malformations. Pediatrics 26:20–29

Middelhoff CJFM, Becker AE (1981) Ventricular septal geometry. In: Wenink ACG, Oppenheimer-Dekker A, Moulaert AJ (eds) The ventricular septum of the heart. Leiden Univ Press, The Hague Boston London, p 9

Mierop LHS van (1971) Transposition of the great arteries. I. Clarification or further confusion (Editorial). Am J Cardiol 28:735–738

Mierop LHS van (1979) Embryology of the univentricular heart. Herz 4:78–85

Mierop LHS van, Gessner I (1972) Pathogenetic mechanisms in congenital cardiovascular malformations. Prog Cardiovasc Dis 15:67–85

Mierop LHS van, Kutsche LM (1984) Interruption of the aortic arch and coarctation of the aorta: pathogenetic relations. Am J Cardiol 54:829–834

Mierop LHS van, Wiglesworth FW (1962) Isomerism of the cardiac atria in the asplenia syndrome. Lab Invest 11:1303–1315

Mierop LHS van, Wiglesworth FW (1963a) Pathogenesis of transposition complexes. II. Anomalies due to faulty transfer of the posterior great artery. Am J Cardiol 12:226–232

Mierop LHS van, Wiglesworth FW (1963b) Pathogenesis of transposition complexes. III. True transposition of the great vessels. Am J Cardiol 12:233–239

Mierop LHS van, Alley RD, Kausel HW, Stranahan A (1961) Ebstein's malformation of the left atrioventricular valve in corrected transposition, with subpulmonary stenosis and ventricular septal defect. Am J Cardiol 8:270–274

Mierop LHS van, Alley RD, Kausel HW, Stranahan A (1962) The anatomy and embryology of the endocardial cushion defects. J Thorac Cardiovasc Surg 43:71–83

Mierop LHS van, Patterson PR, Reynolds RW (1964) Two cases of congenital asplenia with isomerism of the cardiac atria and the sinoatrial nodes. Am J Cardiol 13:407–414

Mierop LHS van, Patterson DF, Schnarr WR (1978) Pathogenesis of persistent truncus arteriosus in light of observations made in a dog embryo with the anomaly. Am J Cardiol 41:755–762

Miller RA, White H, Lev M (1958) Congenital absence of the pulmonary valve: clinical and pathological syndrome. Circulation 18:759

Millhouse RF, Joos HA (1959) Extrathoracic ectopia cordis: report of cases and review of literature. Am Heart J 57:470–476

Milloy FJ, Anson BJE, Cauldwell EW (1962) Variations in the inferior caval veins and in their renal and lumbar communications. Surg Gynecol Obstet 115:131–142

Mills P, Leech G, Davies M, Leatham A (1978) The natural history of a non-stenotic bicuspid aortic valve. Br Heart J 40:951–957

Milo S, Ho SY, Macartney FC, Wilkinson JL, Becker AE, Wenink ACG, Gittenberger-De Groot AC, Anderson RH (1979) Straddling and overriding atrioventricular valves: morphology and classification. Am J Cardiol 44:1122–1134

Misra KP, Cohen LS (1971) Double-outlet right ventricle with origin of right artery from a right-sided ductus arteriosus. Am Heart J 82:228–231

Mitchell SC (1957) The ductus arteriosus in the neonatal period. J Pediatr 51:12–17

Mitchell SC, Korones SB, Berendes HW (1971) Congenital heart disease in 56 109 births. Incidence and natural history. Circulation 43:323–332

Mody MR (1973) Serial hemodynamic observations in secundum atrial septal defect with special reference to spontaneous closure. Am J Cardiol 32:978–981

Mody MR (1975) The natural history of uncomplicated valvular pulmonic stenosis. Am Heart J 90:315–321

Moene RJ, Oppenheimer-Dekker A (1982) Congenital mitral valve anomalies in transposition of the great arteries. Am J Cardiol 49:1972–1978

Moene RJ, Dekker A, van der Harten H (1973) Congenital right-sided pericardial defect with herniation of part of the lung into the pericardial cavity. Am J Cardiol 31:519–522

Moene RJ, Oppenheimer-Dekker A, Wenink ACG (1981) Relation between aortic arch hypoplasia of variable severity and central muscular ventricular septal defects: emphasis on associated left ventricular abnormalities. Am J Cardiol 48:111–116

Moene RJ, Oppenheimer-Dekker A, Moulaert AJ, Wenink ACG, Gittenberger-De Groot AC, Roozendal H (1982) The concurrence of dimensional aortic arch anomalies and abnormal left ventricular muscle bundles. Pediatr Cardiol 2:107–114

Moene RJ, Oppenheimer-Dekker A, Bartelings MM (1983) Anatomic obstruction of the right ventricular outflow tract in transposition of the great vessels. Am J Cardiol 51:1701–1704

Moës CAF (1978) Vascular rings and anomalies of the aortic arch. In: Keith JD, Rowe RD, Vlad P (eds) Heart disease in infancy and childhood, 3rd edn. Macmillan, New York; Collier Macmillan, Toronto, Baillièr Tindall, London, p 856

Moës CAF, Izukawa T (1974) Persistent fifth arterial arch. Diagnosis during life, with postmortem confirmation. Radiology 111:175–176

Moller JH, Edwards JE (1965) Interruption of aortic arch. Anatomic patterns and associated cardiac malformations. Am J Roentgenol 95:557–572

Moller JH, Nakib A, Elliot RS, Edwards JE (1966) Symptomatic congenital aortic stenosis in the first year of life. J Pediatr 69:728–734

Moller JH, Nakib A, Anderson RC, Edwards JE (1967) Congenital cardiac disease associated with polysplenia. A developmental complex of bilateral "left-sidness". Circulation 36:789–799

Molz G (1966) Patho-morphologische Untersuchungen bei vollständiger Lungenvenenfehleinmündungen in den Ductus venosus Arantii. Z Kreislaufforsch 55:1143–1156

Molz G (1968) Agenesie des Ductus arteriosus Botalli bei Neugeborenen mit Fallotscher Tetralogie. Z Kreislaufforsch 57:748–757

Mönckeberg JG (1924) Die Mißbildungen des Herzens. In: Henke F, Lubarsch O (Hrsg) Handbuch der speziellen pathologischen Anatomie, Bd II. Springer, Berlin, S 1

Monroy JR, Lupi Herrera E, Martínez Ríos MA (1972) Coartación aórtica y aneurisma disecante. Presentación de un caso. Arch Inst Cardiol Mex 42:279–284

Montella S, Soresi V, Calo S (1969) Absence partielle congénitale du myocarde ventriculaire droit chez le nourrisson (un cadre anatomo-clinique de l'anomalie d'Uhl). Arch Mal Coeur 62:1183–1195

Moore GW, Hutchins GM (1978) Association of interrupted aortic arch with malformations producing reduced blood flow to the fourth aortic arches. Am J Cardiol 42:467–472

Moreno F, Quero M, Perez Diaz L (1976) Mitral atresia with normal aortic valve. A study of eighteen cases and review of the literature. Circulation 53:1004–1010

Morgan BC (1978) Incidence, etiology, and classification of congenital heart disease. Pediatr Clin North Am 25:721–723

Morgan JR (1972) Left pulmonary artery from ascending aorta in tetralogy of Fallot. Circulation 45:653–657

Morgan JR, Forker AD, Fosburg RG, Neugebauer MK, Rogers AK, Bemiller CR (1970) Interruption of the aortic arch without a patent ductus arteriosus. Circulation 42:961–965

Morgan JR, Forker AD, O'Sullivan MJ, Fosburg RG (1972) Coronary fistulas. Seven cases with unusual features. Am J Cardiol 30:432–436

Morgan RI, Mazur JH (1963) Congenital aneurysm of aortic root with fistula to the left ventricle. Circulation 28:589–594

Mori K, Ando M, Takao A, Ishikawa S, Imai Y (1978) Distal type of aortopulmonary window. Br Heart J 40:681–689

Morrow AG, Awe WC, Aygen MM (1962) Total unilateral anomalous pulmonary venous connection with intact atrial septum. Am J Cardiol 9:933–937

Morrow AG, Behrendt DM (1968) Congenital aneurysm (diverticulum) of the right atrium. Clinical manifestations and results of operative treatment. Circulation 37:124–128

Morrow AG, Waldhausen JA, Peters RL, Bloodwell RD, Braunwald E (1959) Supravalvular aortic stenosis. Clinical, hemodynamic and pathologic observations. Circulation 20:1003–1010

Morrow AG, Fort L, Roberts WC, Braunwald E (1965) Discrete subaortic stenosis complicated by aortic valvular regurgitation. Clinical, hemodynamic, and pathologic studies and the results of operative treatment. Circulation 31:163–171

Mortera C, Tynan M, Goodwin AW, Hunter S (1977) Infradiaphragmatic total anomalous pulmonary venous connection to portal vein: diagnostic implications of echocardiography. Br Heart J 39:685–687

Moss AJ, Siassi B (1970) Natural history of ventricular septal defect. Cardiovasc Clin 2:139–154

Moss AJ, Emmanouilides GC, Adams FH, Chuang K (1964) Response of ductus arteriosus and pulmonary and systemic arterial pressure to changes in oxygen environment in newborn infants. Pediatrics 33:937–944

Moulaert AJ, Bruins CC, Oppenheimer-Dekker A (1976) Anomalies of the aortic arch and ventricular septal defects. Circulation 53:1011–1015

Muecke EC, Cook GT, Marshall V (1972) Duplication of the abdominal vena cava associated with cloacal exstrophy. J Urol 107:490–497

Muelheims GH, Mudd JG (1962) Anomalous inferior vena cava. Am J Cardiol 9:945–952

Müller-Wiefel H, Brieler HS, Müller W (1973) Coarctatio aortae abdominalis mit Beteiligung der Nierenarterien. Thoraxchirurgie 21:81–86

Mullins CE, El-Said G, McNamara DG, Cooley DA, Treistman B, García E (1972) Atresia of the left coronary artery ostium. Repair by saphenous vein graft. Circulation 46:989–993

Mullins CE, Gillette PC, McNamara DG (1973) The complex of cervical aortic arch. Pediatrics 51:210–215

Muñoz-Castellanos L, Rodríguez Llorian AR, Martínez-Ríos RMA, Espino-Vela J (1969) Doble cámara de salida y de entrada del ventrículo derecho. Arch Inst Cardiol Mex 39:114–123

Muñoz-Castellanos L, De la Cruz MV, Cieśliński A (1973) Double inlet right ventricle. Two pathological specimens with comments on embryology. Br Heart J 35:292–297

Murray RH (1963) Single coronary artery with fistulous communication. Report of two cases. Circulation 28:437–443

Mustacchi P, Sherins RS, Miller MJ (1963) Congenital malformations of the heart and the great vessels. Prevalence, incidence and life expectancy in San Francisco. JAMA 183:241–244
Nadal-Ginard B, Mata LA, Attie F, Fishleder B (1970) Inversión ventricular con transposición de grandes vasos. Presentación de un case con malformación aurículo-ventricular izquierda tratada quirúrgicamente. Arch Inst Cardiol Mex 40:797–809
Nadal-Ginard B, Malpartida F, Espino-Vela J (1972) Inversión ventricular con tronco común. Arch Inst Cardiol Mex 42:181–192
Nadas AS (1963) Pediatric cardiology, 2nd edn. Saunders, Philadelphia
Nadas AS, van der Hauwaert L, Hauck AJ, Gross RE (1962) Combined aortic and pulmonic stenosis. Circulation 25:346–355
Nadas AS, Thilenius OG, Lafarge CG, Hauck AJ (1964) Ventricular septal defect with aortic regurgitation. Medical and pathologic aspects. Circulation 29:862–873
Nagel E (1961) The structure of science. Problems in logic of scientific explanation. Harcourt, Brace & World Inc, New York Chicago San Francisco Atlanta
Nasser WK (1970) Congenital absence of the left pericardium. Am J Cardiol 26:466–469
Neel JV (1958) Study of major congenital defects in Japanese infants. Am J Hum Genet 10:398–445
Nef JJE de, Varghese PJ, Losekoot G (1971) Congenital coronary artery fistula. Analysis of 17 cases. Br Heart J 33:857–862
Neff U (1970) Zwei Beobachtungen eines „linken Herzkammer-Aortennebenkanales" (aortico-left ventricular tunnel). Arch Kreislaufforsch 63:266–287
Neill CA (1956) Development of the pulmonary veins. With reference to the embryology of anomalies of the pulmonary venous return. Pediatrics 18:880–887
Neill CA, Tuerk J (1968) Aortic atresia, hypoplasia of the ascending aorta and underdevelopment of the left ventricle. In: Watson H (ed) Pediatric cardiology. Mosby, St Louis, p 351
Neill CA, Ferencz C, Sabiston DC, Sheldon H (1960) The familial occurrence of hypoplastic right lung with systemic arterial supply and venous drainage "scimitar syndrome". Bull Johns Hopk Hosp 107:1–21
Neimann N, Pernot C, Rauber G (1965) Aplasie du myocarde du ventricule droit (ventricule droit papyracé congénital). Arch Mal Coeur 58:421–430
Nelson MM, Forfar JO (1969) Congenital abnormalities at birth: their association in the same patient. Dev Med Child Neurol 11:3–16
Neufeld HN, Schneeweiss A (1983) Coronary artery disease in infants and children. Lea & Febiger, Philadelphia
Neufeld HN, DuShane JW, Edwards JE (1961 a) Origin of both great vessels from the right rentricle. II. With pulmonary stenosis. Circulation 23:603–612
Neufeld HN, DuShane JW, Wood EH, Kirklin JW, Edwards JE (1961 b) Origin of both great vessels from the right ventricle. I. Without pulmonary stenosis. Circulation 23:399–412
Neufeld HN, Lester RG, Adams P jr, Anderson RC, Lillehei CW, Edwards JE (1961 c) Congenital communication of a coronary artery with a cardiac chamber of the pulmonary trunk ("coronary artery fistula"). Circulation 24:171–179
Neufeld HN, Ongley PA, Swan HJC, Burgert EO jr, Edwards JE (1961 d) Biventricular origin of the pulmonary trunk with subaortic stenosis above the ventricular septal defect. Am Heart J 61:189–198
Neufeld HN, Titus JL, DuShane JW, Burchell HB, Edwards JE (1961 e) Ioslated ventricular septal defect of the persistent common atrioventricular canal type. Circulation 23:685–696
Neufeld HN, Lester RG, Adamps P jr, Anderson RC, Lillehei CW, Edwards JE (1962 a) Aorticopulmonary septal defect. Am J Cardiol 9:12–25
Neufeld HN, Lucas RV jr, Lester RG, Adams P jr, Anderson RC, Edwards JE (1962 b) Origin of both great vessels from the right ventricle without pulmonary stenosis. Br Heart J 24:393–408
Neveux JY, Rioux C, Pernot C, Worms AM, Picchio F, Arpesella G (1975) Naissance de l'une des deux artères pulmonaires de l'aorte ascendante. A propos de deux cas opérés, dont l'un associé à une tétralogie de Fallot. Arch Mal Coeur 68:405–414

Newfeld EA, Muster AJ, Paul MH, Idriss FS, Riker WL (1976) Discrete subvalvular aortic stenosis in childhood. Study of 51 patients. Am J Cardiol 38:53–61
Niwayama G (1960) Cor triatriatum. Am Heart J 59:291–317
Noonan JA (1978) Association of congenital heart disease with syndromes or other defects. Pediatr Clin North Am 25:797–816
Noonan JA, Nadas AS (1958) The hypoplastic left heart syndrome. Pediatr Clin North Am 5:1029–1056
Nora JJ (1968) Multifactorial inheritance hypothesis for the etiology of congenital heart disease. The genetic-environmental interaction. Circulation 38:604–617
Nora JJ (1971) Etiologic factors in congenital heart diseases. Pediatr Clin North Am 18:1059–1074
Nora JJ (1983) Etiologic aspects of heart diseases. In: Adams FH, Emmanouilides GC (eds) Moss' heart disease in infants, children, and adolescents. Williams & Wilkins, Baltimore London, p 2
Nora JJ, McNamara DG (1968) Vascular rings and related anomalies. In: Watson H (ed) Paediatric cardiology. Mosby, St Louis, p 233
Nora JJ, Nora AH (1978) The evolution of specific genetic and environmental counseling in congenital heart diseases. Circulation 57:205–213
Nora JJ, Dodd PF, McNamara DG, Hattwick NAW, Leachman RD, Cooley DA (1969) Risk to offspring of parents with congenital heart defects. JAMA 209:2052–2053
Nora JJ, Nora AH, Toews WH (1974) Lithium, Ebstein's anomaly, and other congenital heart defects. Lancet 2:594–595
Obladen M (1983) Recent concepts in respiratory distress syndrome. Pediatr Clin North Am (Suppl II) 4:11–15
Odgers PNB (1938/39) The development of the atrio-ventricular valves in man. J Anat 73:653–657
Ogden JA (1970) Congenital anomalies of the coronary arteries. Am J Cardiol 25:474–479
Okada R, Glagov S, Lev M (1969) Relation of shunt flow and right ventricular pressure to heart valve structure in atrial septal defect. Am Heart J 78:781–795
Okamura K, Konno S (1973) Two types of ventricular septal defect in corrected transposition of the great arteries: reference to surgical approaches. Am Heart J 85:483–489
Okin JT, Vogel JHK, Pryor R, Blount SG (1969) Isolated ventricular hypoplasia. Am J Cardiol 24:135–140
Okoroma EO, Perry LW, Scott LP, McClenathan JE (1976) Aortico-left ventricular tunnel. Clinical profile, diagnostic features, and surgical considerations. J Thorac Cardiovasc Surg 71:238–244
Oldham HN jr, Collins NP, Pierce GE, Sabiston DC jr, Blalock A (1964) Giant patent ductus arteriosus. J Thorac Cardiovasc Surg 47:331–336
Oppenheimer-Dekker A (1981a) Myocardial architecture of the ventricular septum. In: Wenink ACG, Oppenheimer-Dekker A, Moulaert AJ (eds) The ventricular septum of the heart. Leiden Univ Press, The Hague Boston London, p 1
Oppenheimer-Dekker A (1981b) Septal architecture in hearts with ventricular septal defects. In: Wenink ACG, Oppenheimer-Dekker A, Moulaert AJ (eds) The ventricular septum of the heart. Leiden Univ Press, The Hague Boston London, p 47
Oppenheimer-Dekker A, Gittenberger-De Groot AC (1971) Double-outlet right ventricle without ventricular septal defect. A challenge to the embryologist? Z Anat Entwickl-Gesch 134:243–254
Oppenheimer-Dekker A, Moene RJ, Moulaert AJ, Gittenberger-De Groot AC (1981) Teratogenetic considerations regarding aortic arch anomalies associated with cardiovascular malformations. In: Pexieder (ed) Perspectives in cardiovascular research, vol 5. Raven Press, New York, pp 485–500
Oppenheimer-Dekker A, Gittenberger-De Groot AC, Roozendaal H (1982) The ductus arteriosus and associated cardiac anomalies in interruption of the aortic arch. Pediatr Cardiol 2:185–193
O'Rahilly R (1971) The timing and sequence of events in human cardiogenesis. Acta Anat 79:70–75
O'Rahilly R (1973) Developmental stages in human embryos. Carnegie Inst Washington Pub, Pub 631

Orsmond GS, Joffe HS, Chesler E (1973) Congenital diverticulum of the left ventricle associated with hypoplastic right ventricle and ventricular septal defect. Circulation 48:1135–1139

Orts-Llorca F (1970) Curvature of the heart: its first appearance and determination. Acta Anat 77:454–468

Orts-Llorca F, Jiménez Collado J, Ruano Gil D (1960) La fase plexiforme del desarrollo cardíaco en el hombre. Embriones de 21±1 día. An Des 8:79–98

Ostermeyer J (1974) Uhl's disease: partial parchment right ventricle. Virchows Arch [A] 362:185–194

Otero Coto E, Quero Jiménez M, Castaneda AR, Rufilanchas JJ, Deverall PB (1979) Double outlet from chambers of left ventricular morphology. Br Heart J 42:15–21

Ottenkamp J (1984) Tricuspid atresia: anatomy, therapy and (long-term) results. Drukkerij JH Pasmans BV, 's-Gravenhage

Ottenkamp J, Wenink ACG, Rohmer J, Gittenberger-De Groot A (1984) Tricuspid atresia with overriding imperforate tricuspid membrane: an anatomic variant. Int J Cardiol 6:599–609

Pachaly L, Schultz H (1962) Zur formalen Genese der angeborenen Lückenbildungen der Atrioventrikularklappen des Herzens. Frankfurter Z Pathol 71:531–540

Page DL, Williams GM (1969) Congenital aneurysm of the pulmonary sinus of Valsalva. Circulation 39:841–847

Page HL jr, Vogel JHK, Pryor R, Blount SG jr (1969) Supravalvular aortic stenosis. Unusual observations in three patients. Am J Cardiol 23:270–277

Page HL jr, Engel J, Campbell WB, Thomas CS jr (1974) Anomalous origin of the left circumflex coronary artery. Recognition, angiographic demonstration and clinical significance. Circulation 50:768–773

Pallwork S (1982) Anatomical-embryological correlates in atrioventricular septal defect. Br Heart J 47:419–429

Pansegrau DG, Kioshos JM, Durnin RE, Kroetz FW (1973) Supravalvular aortic stenosis in adults. Am J Cardiol 31:635–641

Paredes S, Berger RL, Gardner T, Hipona FA (1971) A six chambered heart: biventricular outlet obstruction in association with interventricular septal defect. Am J Roentgenol 111:771–775

Park MK, Chang CHJ, Vaseenon T (1976) Congenital levojuxtaposition of the right atrial appendage. Association with persistent truncus arteriosus, type 4. Chest 69:550–552

Parker FB, Neville JF jr, Johnson LW, Scrivani JV, Webb WR (1973) Congenital coronary artery fistula from supernumerary coronary artery. Case report and review of the literature. J Thorac Cardiovasc Surg 65:569–573

Parker JO, Connell WF (1965) Aneurysmal dilatation of the left atrial appendage. Am J Cardiol 16:438–441

Parker JO, Connell WF, Lynn RB (1967) Left atrial aneurysm. Am J Cardiol 20:579–582

Parmley LF (1962) Congenital atriomegaly. Circulation 25:553–558

Paronetto F, Strauss L (1963) Aneurysm of the left ventricle due to congenital muscle defect in an infant. Report of a case with discussion of pathogenesis of associated endocardial fibroelastosis. Am J Cardiol 12:721–729

Pastor BH, Forte AL (1961) Idiopathic enlargement of the right atrium. Am J Cardiol 8:513–518

Patel RG, Freedom RM, Bloom KR, Rowe RD (1978) Truncal or aortic valve stenosis in functionally single arterial trunk. Am J Cardiol 42:800–809

Paul MH, Lev M (1960) Tricuspid stenosis with pulmonary atresia. A cineangiographic pathologic correlation. Circulation 22:198–203

Paul MH, Praagh R van, Praag S van (1968) Corrected transposition of the great arteries. In: Watson H (ed) Pediatric cardiology. Mosby, St Louis, p 612

Paul MH, Muster AJ, Sinha SN, Cole RB, Praag R van (1970) Double outlet left ventricle with intact ventricular septum. Circulation 41:129–139

Pauly-Laubry Ch, Caramanian F, Espinal M (1971) Communication ventricule gauche-oreillette droite. A propos de 14 observations. Arch Mal Coeur 64:612–614

Pauly-Laubry Ch, Nguyen-Van Tuyen G, Perrotin M, Guérinon J, Cavelle P, Maurice P (1976) Communications interauriculaires de type ostium secundum avec insuffisance mitrale. A propos de 31 observations. Arch Mal Coer 69:605–614

Pechstein J (1957) Beitrag zur Ebsteinschen Anomalie der Valvula tricuspidalis. Arch Kreislaufforsch 26:282–337

Péntek E (1969) Spontaner Verschluß des Kammerseptumdefektes im Säuglings- und Kindesalter. Kinderärztl Praxis 37:145–151

Peñaloza D, Arias-Stella J, Sime F, Recavarren S, Marticorena E (1964) The heart and pulmonary circulation in children at high altitudes. Pediatrics 34:568–582

Peoples WM, Moller JH, Edwards JE (1983) Polysplenia: a review of 146 cases. Pediatr Cardiol 4:129–137

Peräsalo O, Halonen PI, Pyörälä K, Telivuo L (1961) Aneurysm of the membranous ventricular septum causing obstruction of the right ventricular outflow tract in a case of ventricular septal defect. Acta Chir Scand (Suppl 283) 124:123–128

Peretz DI, Changfoot GH, Gourlay RH (1969) Four-cusped aortic valve with significant hemodynamic abnormality. Am J Cardiol 23:291–293

Pérez Martínez VM, Quero Jiménez M, Moreno Granado F (1971) Hipoplasia primitiva del ventrículo derecho. Estudio de un caso y revisión de la literatura. Arch Inst Cardiol Mex 41:568–574

Pérez Martínez VM, Castro Gussoni C, Quero Jiménez M, Merino Batres G, Cordovilla G, Aguado J (1973) Hipoplasia del tabique interventricular. Una forma rara de ventrículo único. Rev Esp Cardiol 26:275–284

Pérez Saavedra R, Espino Vela J, Naranjo J (1972) Asociación del conducto arterioso y la comunicación interventricular. Estudio de 50 casos. Arch Inst Cardiol Mex 42:504–511

Pérez Treviño C, Villa Fernández V (1970) Válvula mitral en paracaídas. Estudio de 4 casos. Arch Inst Cardiol Mex 40:611–620

Pérez Treviño C, Wabi Dogre C (1972) Agenesia de las válvulas pulmonares. Presentación de once casos y revisión de la literatura. Arch Inst Cardiol Mex 42:33–45

Perloff JK (1970) The clinical recognition of congenital heart disease. Saunders, Philadelphia London Toronto

Perloff JK (1978) The clinical recognition of congenital heart disease, 2nd edn. Saunders, Philadelphia London Toronto

Perloff JK (1979) Postpediatric congenital heart disease: natural survival patterns. In: Roberts WC (ed) Congenital heart disease in adults. Davis, Philadelphia, p 27

Perloff JK, Ronan JA jr, Leon AC de (1965) Ventricular septal defect with the "two-chambered right ventricle". Am J Cardiol 16:894–900

Pernkopf E (1926) Der partielle Situs inversus der Eingeweide beim Menschen. Gedanken zum Problem der Asymmetrie und zum Phänomen der Inversion. Z Anat Entwickl-Gesch 79:577–752

Pernkopf E (1937) Asymmetrie, Inversion und Vererbung. Z Mensch Vererb Konstit Lehre 20:606–656

Pernkopf E, Wirtinger W (1933) Die Transposition der Ostien. Ein Versuch der Erklärung dieser Erscheinung. Die Phoronomie der Herzentwicklung als morphologische Grundlage der Erklärung. Z Anat Entwickl-Gesch 100:563–711

Pernkopf E, Wirtinger W (1935) Das Wesen der Transposition im Gebiet des Herzens, ein Versuch der Erklärung auf entwicklungsgeschichtlicher Grundlage. Virchows Arch Pathol Anat 295:143–174

Perou ML (1961) Congenital supravalvular aortic stenosis. Arch Pathol 71:453–466

Perrin A, Manchet G, Froment R (1964) Les lésions de jet («jet-lesions») dans les cardiopathies valvulaires acquises. Arch Mal Coer 58:182–197

Perry LV, Scott L (1967) Cor triatriatum: clinical and pathophysiological features. Clin Proc Chil Hosp DC 23:294–304

Perry LV, Scott L (1970) Anomalous left coronary artery from pulmonary artery. Circulation 41:1043–1052

Peterson CR, Bramwit DN, Craig DE, Jones RC (1969) Aortic valvular atresia and premature closure of the foramen ovale. Case report with clinical, angiocardiographic, and autopsy findings. J Thorac Cardiovasc Surg 58:79–83

Pexieder T (1981a) Genetic aspects of congenital heart disease. In: Pexieder T (ed) Perspectives in cardiovascular research, vol 5. Raven Press, New York, pp 383–387

Pexieder T (1981b) Cellular abnormalities leading to congenital heart disease. In: Godman MJ (ed) Paediatric cardiology, vol 4. Churchill Livingston, Edinburgh London Melbourne New York, p 24

Pexieder T, Pfinzenmaier Rousseil M, Prados-Frutos JC (1992) Prenatal pathogenesis of the transposition of great vessels. In: Bühlmeyer VK (ed) Transposition of the great arteries 25 years after Rashkind balloon septostomy. Steinkopf, Darmstadt, p 11

Philippi O, Rencoret G, Pinto A, Alvarez ML, Arriza M, Espinoza M, Philippi MA, Valenzuela C (1986) Incidencia de cardiopatías congénitas en nacidos vivos. Rev Chil Pediatr 57:447–451

Phillips SJ, Okies JE, Henken D, Sunderland CO, Starr A (1975) Complex of secundum atrial septal defect and congestive heart failure in infants. J Thorac Cardiovasc Surg 70:696–700

Piccoli GP, Gerlis LM, Wilkinson JL, Lozsadi K, Macartney FJ, Anderson RH (1979a) Morphology and classification of atrioventricular defects. Br Heart J 42:621–632

Piccoli GP, Wilkinson JL, Macartney FJ, Gerlis LM, Anderson RH (1979b) Morphology and classification of complete atrioventricular defects. Br Heart J 42:633–639

Pierpont MEM, Zollikofer CL, Moller JH, Edwards JE (1982) Interruption of the aortic arch with right descending aorta. A rare condition and a cause of bronchial compression. Pediatr Cardiol 2:153–159

Pifarré R, Rouse RG (1974) Congenital subclavian steal syndrome: anatomy, physiology, pathology and surgical correction. Chest 66:299–302

Pillsbury RC, Lower RR, Shumway NE (1964) Atresia of the aortic arch. Circulation 30:749–754

Piwnica A, Virag R, Lenegre J, Dubost C (1968) Valves et membranes anormales de la veine cave inférieure terminale. J Chir (Paris) 96:45–58

Plauth WH jr, Braunwald E, Rockoff SD, Mason DT, Morrow AG (1965) Ventricular septal defect and aortic regurgitation. Clinical, hemodynamic and surgical considerations. Am J Med 39:552–567

Plauth WH jr, Nadas AS, Bernhard WF, Fyler DC (1970) Changing hemodynamics in patients with transposition of the great arteries. Circulation 42:131–142

Plummer G (1952) Anomalies occurring in children exposed in utero to the atomic bomb in Hiroshima. Pediatrics 10:687–693

Polani PE, Campbell M (1960) Factors in the causation of persistent ductus arteriosus. Ann Hum Genet 24:343–357

Pool PE, Vogel JHK, Blount SG jr (1962) Congenital unilateral absence of a pulmonary artery. The importance of flow in pulmonary hypertension. Am J Cardiol 10:706–732

Popjak G (1942) Two cases of congenital cardiac disease: (I) cor biloculare with solitary aortic trunk, (II) atresia of the aorta with hypoplasia of the left ventricle. J Pathol Bacteriol 54:67–73

Porta E, Chef M, Gaetani B, Blasi P (1968) Aspetti anatomo-embriologici e angiocardiografici delle anomalie congenite del sistema cavale. G Ital Chir 24:177–229

Poswillo DA (1976) Mechanism and pathogenesis of malformation. Br Med Bull 32:59–64

Powell EDU, Mullaney JM (1960) The Chiari network and the valve of the inferior vena cava. Br Heart J 22:579–584

Praagh R van (1968) What is the Taussig-Bing malformation? (Editorial). Circulation 38:445–449

Praagh R van (1971) Transposition of the great arteries. II. Transposition clarified (Editorial). Am J Cardiol 28:739–741

Praag R van (1976) The story of anatomically corrected malposition of the great arteries. Chest 69:2–4

Praag R van, Corsini I (1969) Cor triatriatum: pathologic anatomy and a consideration of morphogenesis based on 13 post mortem cases and a study of normal development of the pulmonary vein and atrial septum in 83 human embryos. Am Heart J 78:379–405

Praag R van, DeHaan RL (1967) Morphogenesis of the heart: mechanism of curvature. Annual Rep Dir Dept Embryol Carneg Inst Washington Yearbook 65:536–537

Praag R van, McNamara JJ (1968) Anatomic types of ventricular septal defect with aortic insufficiency. Diagnostic and surgical considerations. Am Heart J 75:604–619

Praagh R van, Praagh S van (1965) The anatomy of common aortico-pulmonary trunk. Am J Cardiol 16:406–425

Praagh R van, Praagh S van (1966) Isolated ventricular inversion. A consideration of morphogenesis, definition and diagnosis of nontransposed and transposed great arteries. Am J Cardiol 17:395–406

Praagh R van, Praagh S van (1967) Anatomically corrected transposition of the great arteries. Br Heart J 29:112–119

Praagh R van, Praagh S van (1969) Persistent fifth arterial arch in man. Am J Cardiol 24:279–282

Praagh R van, Ongley PA, Swan HJC (1964a) Anatomic types of single or common ventricle in man. Morphologic and geometric aspects of 60 necropsied cases. Am J Cardiol 13:367–386

Praagh R van, Praagh S van, Vlad P, Keith JD (1964b) Anatomic types of congenital dextrocardias. Diagnostic and embryologic implications. Am J Cardiol 13:510–531

Praagh R van, Vlad P, Keith JD (1967) Complete transposition of the great arteries. In: Keith JD, Rowe RD, Vlad P (eds) Heart disease in infancy and childhood, 2nd edn. MacMillan, New York, p 682

Praagh R van, Corwin RD, Dahlquist EH jr, Freedom RW, Mattioli L, Nebesar RA (1970a) Tetralogy of Fallot with severe left ventricular outflow tract obstruction due to anomalous attachment of the mitral valve to the ventricular septum. Am J Cardiol 26:93–101

Praagh R van, Praagh S van, Nebesar RA, Muster AJ, Sinha SN, Paul MH (1970b) Tetralogy of Fallot: underdevelopment of the pulmonary infundibulum and its sequelae. Am J Cardiol 25:33

Praagh R van, Ando M, Dungan WT (1971) Anatomic types of tricuspid atresia: clinical and developmental implications. Circulation (Suppl 2) 43–44:115 (abstract)

Praagh R van, Pérez-Treviño C, López-Cuellar M, Baker FW, Zuberbuhler JR, Quero M, Pérez VM, Moreno F, Praagh S van (1971) Transposition of the great arteries with posterior aorta, anterior pulmonary artery, subpulmonary conus and fibrous continuity between aortic and atrioventricular valves. Am J Cardiol 28:621–631

Praagh R van, Harken AH, Delisle G, Ando M, Gross RE (1972) Total anomalous pulmonary venous drainage to coronary sinus. Revised procedure for its correction. J Thorac Cardiovasc Surg 64:132–135

Praagh R van, Durnin RE, Jockin H, Wagner HR, Korns M, Garabedian H, Ando M, Calder L (1975) Anatomically corrected malposition of the great arteries (S, D, L). Circulation 51:20–31

Praagh R van, Pérez-Treviño C, Reynolds JL, Moes CAF, Keith JD, Roy DL, Belcourt C, Weinberg PM, Parisi LF (1976) Double outlet right ventricle (S, D, U) with subaortic ventricular septal defect and pulmonary stenosis. Am J Cardiol 35:42–53

Praagh R van, Plett JA, Praagh S van (1979) Single ventricle. Pathology, embryology, terminology and classification. Herz 4:113–150

Praagh R van, David I, Praagh S van (1982) What is a ventricle? The single-ventricle trap. Pediatr Cardiol 2:79–84

Ptashkin D, Stein E, Warbasse JR (1967) Congenital dextrocardia with anterior wall myocardial infarction. Am Heart J 74:263–267

Quero M (1970) Atresia of the left atrioventricular orifice associated with a Holmes heart. Circulation 42:739–744

Quero-Jiménez M, Pérez-Martínez V (1974) Uncommon conal pathology in complete dextrotransposition of the great arteries with ventricular septal defect. Chest 66:511–417

Quero-Jiménez M, Raposo-Sonenfeld L (1975) Isolated ventricular inversion with situs solitus. Br Heart J 37:293–304

Quero-Jiménez M, Pérez-Martínez V, Moreno-Granados F, Merino Patres G (1972) Atresia aórtica (hallazgos en 25 casos comprobados anatómicamente). Rev Esp Cardiol 25:16–23

Quero-Jiménez M, Pérez Díaz L, Moro Serrano C, Pérez-Martínez V, Merino Batres G (1973a) Ventrículo derecho de doble salida con buena implantación del septo conal. Estudio de un caso. Revisión de la literatura. Rev Esp Cardiol 26:299–306

Quero-Jiménez M, Pérez-Martínez V, Maitre Azcarte MJ, Merino-Batres G, Moreno-Granados F (1973b) Exaggerated displacement of the atrioventricular canal towards the bulbus cordis (rightward displacement of the mitral valve). Br Heart J 35:65–74

Quero-Jiménez M, Cameron AH, Acerete F, Quero-Jiménez C (1979) Univentricular hearts: pathology of the atrioventricular valves. Herz 4:161–165

Raghib G, Amplatz K, Moller JH, Jue KL, Edwards JE (1965a) Clinical pathologic conference. Am Heart J 70:806–812

Raghib G, Bloemendaal RD, Kanjuh VI, Edwards JE (1965b) Aortic atresia and premature closure of the foramen ovale. Myocardial sinusoids and coronary arteriovenous fistula serving as an outflow channel. Am Heart J 70:476–480

Raghib G, Ruttenberg HD, Anderson RC, Amplatz K, Adams P jr, Edwards JE (1965c) Termination of left superior vena cava in left atrium, atrial septal defect, and absence of coronary sinus. A developmental complex. Circulation 31:906–918

Rao BNS, Edwards JE (1974) Conditions simulating the tetralogy of Fallot. Circulation 49:173–178

Rao BNS, Anderson RC, Edwards JE (1971) Anatomic variation in the tetralogy of Fallot. Am Heart J 81:361–371

Rao BNS, Gootman N, Silbert D, Wisoff BG (1976) Patent ductus arteriosus with hypoplastic lung. Chest 59:784–786

Rao PS (1980) A unified classification for tricuspid atresia. Am Heart J 99:799–804

Rao PS, Sissman NJ (1971) Spontaneous closure of physiologically advantageous septal defects. Circulation 43:83–90

Rao PS, Jue KL, Isabel-Jones J, Ruttenberg HD (1973) Ebstein's malformation of the tricuspid valve with atresia. Am J Cardiol 32:1004–1009

Rashkind WJ (1971) Transposition of the great arteries. Pediatr Clin North Am 18:1075–1090

Rashkind WJ (1982) Tricuspidal atresia: a historical review. Pediatr Cardiol 2:85–88

Rastelli GC, Kirklin JW, Titus JL (1966) Anatomic observations on complete form of persistent atrioventricular canal with special reference to atrioventricular valves. Mayo Clin Proc 41:296–306

Rastelli GC, Rahimtoola SH, Ongley PA, McGoon DC (1968) Common atrium: anatomy, hemodynamics, and surgery. L Cardiovasc Surg 55:834–841

Record RG, McKeown T (1953) Observations relating to the etiology of patent ductus arteriosus. Br Heart J 15:376–386

Reemtsma K, Longenecker CG, Creech O jr (1961) Surgical anatomy of the coronary artery distribution in congenital heart disease. Circulation 24:782–787

Rees AH, Farrú O, Rodríguez R (1972) Phonocardiographic, radiological and hemodynamic correlation in atrial septal defect. Br Heart J 34:781–786

Rehder H (1971) Anomalien der portalen und umbilicalen Venen. Virchows Arch [A]:50–60

Reifenstein GH, Levine SA, Gross RE (1947) Coarctation of the aorta. A review of 104 autopsied cases of the "adult type", 2 years of age or older. Am Heart J 33:146–168

Reinhold-Richter L, Fischer A, Schneider-Obermeyer J (1987) Angeborene Herzfehler. Häufigkeit im Obduktionsgut. Zentralbl Allg Pathol 133:253–261

Reis RL, Peterson LM, Mason DT, Simon AL, Morrow AG (1971) Congenital fixed subvalvular aortic stenosis. An anatomical classification and correlations with operative results. Circulation (Suppl 1) 43–44:11–18

Restivo A, Ho SY, Anderson RH, Cameron H, Wilkinson JL (1982) Absent left atrioventricular connection with right atrium connected to morphologically left ventricular chamber, and ventriculoarterial discordance. Problem of mitral versus tricuspid atresia. Br Heart J 48:240–248

Restivo A, Cameron AH, Anderson RH, Allwork SP (1984) Divided right ventricle: a review of its anatomical variants. Pediatr Cardiol 5:197–204

Richardson JV, Doty DV, Rossi NP, Ehrenhaft JL (1979) The spectrum of anomalies of aortopulmonary septation. J Thorac Cardiovasc Surg 78:21–27

Richie R, Del Rio C, Mullins C, Hall RJ (1972) Right-sided cervical aortic arch. Am Heart J 84:531–536

Riemenschneider TA, Moss AJ (1967) Left ventricular-right atrial communication. Am J Cardiol 19:710–718

Riemenschneider TA, Vincent WR, Ruttenberg HD, Desilets DT (1968) Transposition of the great vessels with hypoplasia of the right ventricle. Circulation 38:386–402

Riemenschneider TA, Goldberg SJ, Ruttenberg HD, Gyepes MT (1969) Subpulmonic obstruction in complete (d) transposition produced by redundant tricuspid tissue. Circulation 39:603–609

Riker WL, Potts WJ, Grana L, Miller RA, Lev M (1963) Tricuspid stenosis or atresia complexes. A surgical and pathologic analysis. J Thorac Cardiovasc Surg 45:423–433

Risel W (1909) Die Literatur des partiellen Situs inversus der Bauchorgane. Zentralbl Allg Pathol 20:673–731

Ritter DG, Feldt RH, Weidman WH, DuShane JW (1965) Ventricular septal defect. Circulation (Suppl III) 31–32:42–52

Roberts WC (1969) Anomalous left ventricular band. An unemphasized cause of a precordial musical murmur. Am J Cardiol 23:735–738

Roberts WC (1970a) The structure of the aortic valve in clinically isolated aortic stenosis. An autopsy study of 162 patients over 15 years of age. Circulation 42:91–97

Roberts WC (1970b) Anatomically isolated aortic valvular disease: the case against its being of rheumatic etiology. Am J Med 49:151–159

Roberts WC (1970c) The congenitally bicuspid aortic valve. A study of 85 autopsy cases. Am J Cardiol 26:72–83

Roberts WC (1978) Characteristics and consequences of infective endocarditis (active or healed or both) learned from morphologic studies. In: Rahimtoola SH (ed) Infective endocarditis. Grune & Stratton, New York San Francisco London, p 55

Roberts WC (1981) Aortic dissection: anatomy, consequences, and causes. Am Heart J 101:195–214

Roberts WC (1986) Major anomalies of coronary arterial origin seen in adulthood. Am Heart J 111:941–963

Roberts WC, Morrow AG (1965) Aortic-left ventricular tunnel. A cause of massive aortic regurgitation and of intracardiac aneurysm. Am J Med 39:662–667

Roberts WC, Morrow AG, Braunwald E (1962) Complete interruption of aortic arch. Circulation 26:39–59

Roberts WC, Morrow AG, Mason DT, Braunwald E (1963) Spontaneous closure of ventricular septal defect. Anatomic proof in an adult with tricuspid atresia. Circulation 27:90–94

Roberts WC, Perry LW, Chandra RS, Myers GE, Shapiro SR, Scott LP (1976) Aortic valve atresia: a new classification based on necropsy study of 73 cases. Am J Cardiol 37:753–756

Robertson JI (1913/14) The comparative anatomy of the bulbus cordis, with special reference to abnormal positions of the great vessels in the human heart. J Pathol Bacteriol 18:191–210

Robicsek F, Sanger PW, Daugherty HK, Montgomery CC (1969) Congenital quadricuspid aortic valve with displacement of the left coronary orifice. Am J Cardiol 23:288–290

Rodstein M, Zeman FD, Gerber IE (1961) Atrial septal defect in the aged. Circulation 23:665–674

Roesler H (1930) Beiträge zur Lehre von den angeborenen Herzfehlern. VI. Über die angeborene isolierte Rechtslage des Herzens. Wien Arch Inn Med 19:505–610

Rogers HM, Edwards JE (1948) Incomplete division of the atrioventricular canal with patent interatrial foramen primum (persistent atrioventricular ostium). Report of five cases and review of the literature. Am Heart J 36:28–54

Rogers HM, Evans IC, Domeier LH (1952) Congenital aneurysm of the membranous portion of the ventricular septum: report of two cases. Am Heart J 43:781–790

Rogers HM, Waldron BR, Murphy DFH, Edwards JE (1955) Supravalvular stenosing ring of the left atrium in association with endocardial sclerosis (endocardial fibroelastosis) and mitral insufficiency. Am Heart J 50:777–781

Rokitansky C v (1875) Die Defecte der Scheidewand des Herzens. Braunmuller, Wien

Romhányi G (1952) Über die Rolle hämodynamischer Faktoren im normalen und pathologischen Entwicklungsvorgang des Herzens. Acta Morphol (Budapest) 2:297–312

Rook GD, Gootman N (1971) Pulmonary atresia with intact interventricular septum and operative treatment with survival. Am Heart J 81:476–481

Rose ME, Gross L, Protos A (1971) Transvenous pacemaker implantation by way of an anomalous left superior vena cava. J Thorac Cardiovasc Surg 62:965–966

Rose V, Izukawa T, Moes CAF (1975) Syndromes of asplenia and polysplenia. A review of cardiac and non-cardiac malformations in 60 cases with special reference to diagnosis and prognosis. Br Heart J 37:840–852

Rosenberg HS, Oppenheimer EH, Esterly JR (1981) Congenital rubella syndrome: the late effects and their relation to early lesions. In: Rosenberg HS, Bernstein J (eds) Perspectives in pediatric pathology, vol 6. Masson, New York Paris Barcelona Milan Mexico City Rio de Janeiro, pp 183–202

Rosenquist GC, Sweeney LJ (1975) Normal variations in tricuspid valve attachments to the membranous ventricular septum: a clue to etiology of left-to-right atrial communication. Am Heart J 89:186–188

Rosenquist GC, Sweeney LJ (1982) Anomalous semilunar valve relationships in transposition of the great arteries. Pediatr Cardiol 2:195–202

Rosenquist GC, Levy RJ, Rowe RD (1970) Right atrial-left ventricular relationships in tricuspid atresia: position of the presumed site of the atretic valve as determined by transillumination. Am Heart J 80:493–497

Rosenquist GC, Sweeney LJ, Stemple DR, Christianson SD, Rowe RD (1973) Ventricular septal defect in tetralogy of Fallot. Am J Cardiol 31:749–754

Rosenquist GC, Sweeney LJ, Amsel J, McAllister HA (1974a) Enlargement of the membranous septum: an internal stigma of Down's syndrome. J Pediatr 85:490–493

Rosenquist GC, Taylor JFN, Stark J (1974b) Aortopulmonary fenestration and aortic atresia. Report of an infant with ventricular septal defect, persistent ductus arteriosus, and interrupted aortic arch. Br Heart J 36:1146–1148

Rosenquist GC, Bharati S, McAllister HA, Lev M (1976) Truncus arteriosus communis: truncal valve anomalies associated with small conal or truncal septal defects. Am J Cardiol 37:410–412

Rosenquist GC, Clark EB, McAllister HA, Bharati S, Edwards JE (1979) Increased mitral-aortic separation in discrete subaortic stenosis. Circulation 60:70–74

Rosenthal A, Nadas AS (1978) Infective endocarditis in infancy and childhood. In: Rahimtoola SH (ed) Infective endocarditis. Grune & Stratton, New York San Francisco London, p 149

Ross DN (1956) Sinus venosus type of atrial septal defect. Guy's Hosp Rep 105:376–381

Rossal AE, Cadwell RA (1957) Obstruction of inferior vena cava by a persistent Eustachian valve in a young adult. J Clin Pathol 10:40–45

Rothmaler G, Gnadetz K, Peschel HG (1968) Das Ivemark-Syndrom. 7 eigene Fälle und Literaturübersicht. Arch Kinderheilkd 177:74–97

Rowe RD (1963) Maternal rubella and pulmonary artery stenosis. Pediatrics 32:180–185

Rowe RD (1978) Patent ductus arteriosus. In: Keith JD, Rowe RD, Vlad P (eds) Heart disease in infancy and childhood, 3rd edn. Macmillan, New York, Collier Macmillan, Toronto, Baillière Tindall, London, p 418

Rowe RD, Freedom RM, Mehrizi A, Bloom KR (1981) The neonate with congenital heart disease, 2nd edn, vol 5: Major problems in clinical pediatrics. Saunders, Philadelphia London Toronto Sydney

Rowland TW, Rosenthal A, Castaneda AR (1975) Double-chamber right ventricle: experience with 17 cases. Am Heart J 89:455–462

Rowlatt UF (1962) Coronary artery distribution in complete transposition. JAMA 179:269–278

Ruckman RN, Praagh R van (1978) Anatomic types of congenital mitral stenosis: report of 49 autopsy cases with consideration of diagnosis and surgical implications. Am J Cardiol 42:592–601

Rudolph AM (1970) The changes in the circulation after birth. Their importance in congenital heart disease. Circulation 41:343–359

Rudolph AM, Heymann MA (1972) Coarctation of the aorta in the fetal and neonatal periods. In: Bergsma D (ed) Birth defects: original article series, vol 8. Williams & Wilkins, Baltimore, pp 19–21

Rudolph AM, Heymann MA, Spiznas U (1972) Hemodynamic considerations in the development of narrowing of the aorta. Am J Cardiol 30:514–525

Rueden TJ von, Knight L, Moller JH, Edwards JE (1975) Coarctation of the aorta associated with aortic valvular atresia. Circulation 52:951–954

Runcie J (1968) A complicated case of cor triatriatum dextrum. Br Heart J 30:729–731

Ruschhaupt DG, Bharati S, Lev M (1976) Mitral valve malformation of Ebstein type in absence of corrected transposition. Am J Cardiol 38:109–112

Ruser HR (1971) Zum Spontanverschluß des Ventrikelseptumdefektes. Z Kreislaufforsch 60:567–578

Ruttenberg HD, Neufeld HN, Lucas RV jr, Carey LS, Adams P jr, Anderson RC, Edwards JE (1964) Syndrome of congenital cardiac disease with asplenia. Am J Cardiol 13:387–406

Rychter Z, Lemez L (1958) Experimenteller Beitrag zur Entstehung der Transposition von Aorta in die rechte Herzkammer der Hühnerembryonen. Anat Anz [Erg Heft zu 105]:310–315

Rychter Z, Rychterová V, Lemez L (1979) Formation of the heart loop and proliferation structure of its wall as a base for ventricular septation. Herz 4:86–90

Saab NG, Burchell HB, DuShane JW, Titus JC (1966) Muscular ventricular septal defects. Am J Cardiol 18:713–723

Saalouke MG, Shapiro SR, Perry LW, Scott LP (1977) Isolated partial anomalous pulmonary venous drainage associated with pulmonary vascular obstructive disease. Am J. Cardiol 39:439–444

Sabbagh AH, Schocket LI, Griffin T, Anderson RM, Goldberg S, Fritz JM, O'Hare J (1973) Congenital coronary fistula. J Thorac Cardiovasc Surg 66:794–798

Sackner MA, Robinson MJ, Jamison WL, Lewis DH (1961) Isolated right ventricular hpyoplasia with atrial septal defect or patent foramen ovale. Circulation 24:1388–1402

Sade RM, Rosenthal A, Fellows K, Castaneda AR (1975) Pulmonary artery sling. J Thorac Cardiovasc Surg 69:333–346

Sahn DJ, Allen HD, Lange LW, Goldberg SJ (1979) Cross-sectional echocardiographic diagnosis of the sites of total anomalous pulmonary venous drainage. Circulation 60:1317–1325

Saied A, Folger GM jr (1972) Hypoplastic left heart syndrome. Clinopathologic and hemodynamic correlation. Am J Cardiol 29:190–198

Saigusa M, Morimoto K, Koike T, Hori T, Sato T (1962) Idiopathic enlargement of the right atrium. Jpn Heart J 3:373–379

Sakakibara S, Konno S (1962) Congenital aneurysm of the sinus of Valsalva. Anatomy and classification. Am Heart J 63:405–424

Sakakibara S, Konno S (1968) Congenital aneurysm of the sinus Valsalva associated with ventricular septal defect. Anatomical aspects. Am Heart J 75:595–603

Sakakibara S, Yokoyama M, Takao A, Nogi M, Gomi H (1966) Coronary arteriovenous fistula. Nine operated cases. Am Heart J 72:307–314

Salazar J, Alonso-Lej F, Plaza L, Gutierrez A, Garcia MD, Ibarra F, Felipe J (1986) Almost total absence of the left ventricular myocardium with dextrotransposition of the great arteries. Pediatr Cardiol 6:283–285

Salomen J, Aygen M, Levy MJ (1970) Secundum type atrial septal defect with cleft mitral valve. Chest 58:540–542

Salonikides N, Tsakonas P, Gazetopoulos N, Katsonis S, Manes M (1970) Dilatation anévrismale congénitale de l'auricule gauche. Acta Cardiol 25:188–196

Salzer GM (1959a) Der Verschluß der pleuroperikardialen Verbindung bei menschlichen Embryonen. Z Anat Entwickl-Gesch 121:54–70

Salzer GM (1959b) Das Verhalten der Rudimente der linken oberen Hohlvene bei einem Fall von congenitalem Pericarddefekt. Virchows Arch Pathol Anat 332:358–363

Sambhi MP, Zimmerman HA (1958) Pathologic physiology of Lutembacher syndrome. Am J Cardiol 2:681–686

Sancetta S, Zimmerman HA (1950) Congenital heart disease with septal defects in which paradoxical brain abscess causes death. A review of the literature and report of two cases. Circulation 1:593–601

Sanchez HE, Human DG (1986) Drainage of the inferior vena cava to the left atrium. Pediatr Cardiol 6:207–209

Sanders JM (1946) Bilateral superior vena cava. Anat Rec 94:657–662

Sanders WJ, Poorman DH (1968) Complete situs inversus with anomalous right common carotid artery. Arch Surg 96:86–90

Santoli C (1971) Un caso di ventricolo unico con stenosi pulmonare e discordanza tra anza ventricolare e posizione dei grosse vasi. G Ital Cardiol 2:164–167

Saphir O, Lev M (1941) The tetralogy of Eisenmenger. Am Heart J 21:31–46

Sargent ME, Harned HS jr (1983) Sinus venosus septal defect in neonatal cyanosis. Letters to the editor. Pediatr Cardiol 4:167–171

Sato S (1914) Über die Entwicklung der Atrioventricularklappen und der Pars membranacea unter Berücksichtigung zugehöriger Herzmißbildungen. Anat Hefte 50:193–251

Sauer U, Hall D (1981) Spontaneous closure or critical decrease in size of the ventricular septal defect in tricuspid atresia with normally connected great arteries: surgical implications. In: Wenink ACG, Oppenheimer-Dekker A, Moulaert AJ (eds) The ventricular septum of the heart. Leiden Univ Press, The Hague Boston London, p 105

Sauer U, Gittenberger-De Groot AC, Peters DR, Bühlmeyer K (1983) Cineangiography of the coronary arteries in transposition of the great arteries. Pediatr Cardiol (Suppl 1) 4:25–42

Savary M (1964) Beitrag zur Kenntnis des Septum membranaceum cordis. Acta Anat 59:333–360

Saylam A, Tuncali T, Ikizler C, Aytac A (1974) Aorto-right ventricular tunnel. A new concept in congenital cardiac malformations. Ann Thorac Surg 18:634–637

Saxén L (1970) Defective regulatory mechanisms in teratogenesis. Int J Gynecol Obstet 8:798–804

Schad N, Künzler R, Onat T (1965) Diagnóstico diferencial de las cardiopatías congénitas. Ed Labor, Barcelona Madrid Buenos Aires Río de Janeiro México Montevideo

Schiebler L, Edwards JE, Burchell HB, DuShane JW, Ongley PA, Wood EH (1961) Congenital corrected transposition of the great vessels: a study of 33 cases. Pediatrics 27:851–888

Schieken RM, Firedman S, Waldhausen J, Johnson J (1971) Isolated congenital mitral insufficiency: pathologic and surgical variations in five children. J Pediatr Surg 6:49–55

Schleman MM, Kory LA, Gootman N, Silbert D (1975) Right cervical aortic arch associated with a ventricular septal defect. Chest 68:601–603

Schmidt J, Korth C (1954a) Die Klinik der Dextrokardien. Arch Kreislaufforsch 21:188–244

Schmidt J, Korth C (1954b) Die Klinik der Laevokardien. Dtsch Arch Klin Med 201:454–475

Schmincke A, Doerr W (1939) Zur Lehre der korrigierten Transposition der großen Gefäße, mit einem eigenen neuen Fall. Beitr Pathol Anat 103:416–430

Schneeweiss A, Blieden L, Shem-Tov A, Deutsch V, Neufeld HN (1984) Retroesophageal right aortic arch. Pediatr Cardiol 5:191–196

Schoenmackers J (1969) Die Blutversorgung des Herzmuskels und ihre Störungen. In: Kaufmann E, Staemmler M (Hrsg) Lehrbuch der speziellen pathologischen Anatomie, Ergänzungsbd I/1. de Gruyter, Berlin, S 59

Schraft WC, Lisa JR (1950) Duplication of the mitral valve. Case report and review of the literature. Am Heart J 39:130–140

Schwalbe E (1906) Allgemeine Mißbildungslehre (Teratologie). Die Morphologie der Mißbildungen des Menschen und der Tiere. I T, Fischer, Jena

Schwalbe E (1907) Die Doppelbildungen. Die Morphologie der Mißbildungen des Menschen und der Tiere, II T. Fischer, Jena

Schwalbe E, Kermauner F (1909) Mißbildungen der äußeren Form. Die Morphologie der Mißbildungen des Menschen und der Tiere, III T. Fischer, Jena

Scott DH (1948) Aneurysm of the coronary arteries. Am Heart J 36:403–421

Scott LP, Hauck AJ, Nadas AS (1962) Endocardial cushion defect with pulmonic stenosis. Circulation 25:653–662

Seabra-Gomes R, Somerville J, Ross DN, Emanuel R, Parker DJ, Wong M (1974) Congenital coronary artery aneurysms. Br Heart J 36:329–335

Seeliger H (1968) Über Aneurysmen des Pars membranacea des Herzseptum. Virchows Arch [A] 345:338–351

Segall NN (1950) Parchment heart (Osler). Am Heart J 40:948–950

Sellers RD, Lillehei CW, Edwards JE (1964) Subaortic stenosis caused by anomalies of the atrioventricular valves. J Thorac Cardiovasc Surg 48:289–302

Sellers RD, Ferlic RM, Sterns LP, Lillehei CW (1966) Secundum type atrial septal defects: early and late results of surgical repair using extracorporeal circulation in 275 patients. Surgery 59:155–164

Selzer A (1949) Defect of ventricular septum: summary of twelve cases and review of the literature. Arch Intern Med 84:798–823

Selzer A, Laqueur GL (1951) The Eisenmenger complex and its relation to the uncomplicated defect of the ventricular septum: review of thirty-five autopsied cases of Eisenmenger's complex, including two new cases. Arch Intern Med 87:218–241

Sethia B, Jamieson MPG, Houston AB (1986) "Absent" pulmonary valve with ASD and PDA. Letter to the editor. Pediatr Cardiol 7:119–120

Shabetai R (1981) The pericardium. Grune & Stratton, New York London Paris San Diego San Francisco São Paulo Sydney Tokyo Toronto

Shadravan I, Baucum R, Fowler RL, Villadiego R, Puyau FA (1971) Obstructed anomalous pulmonary venous return. Am Heart J 82:232–235

Shaffer AB, Lopez JF, Kline IK, Lev M (1967) Truncal inversion with biventricular pulmonary trunk and aorta from right ventricle (variant of Taussig-Bing complex). Circulation 36:783–788

Shah P, Singh WSA, Rose V, Keith JD (1966) Incidence of bacterial endocarditis in ventricular septal defects. Circulation 34:127–131

Shaher RM (1963) The syndromes of corrected transposition of the great vessels. Br Heart J 25:431–440

Shaher RM (1964) Complete and inverted transposition of the great vessels. Br Heart J 26:51–66

Shaher RM, Duckworth JW, Khoury GH, Moës CAF (1967a) The significance of atrial situs on the diagnosis of positional anomalies of the heart. Am Heart J 73:32–40

Shaher RM, Puddu GC, Khoury G, Moës CAF, Mustard WT (1967b) Complete transposition of the great vessels with anatomic obstruction of the outflow tract of the left ventricle. Am J Cardiol 19:658–670

Shaher RM, Anis W, Alley R, Mintzer J (1972a) Congenital enlargement of the left atrium. J Thorac Cardiovasc Surg 63:292–299

Shaher RM, Patterson P, Stranahan A, Older T, Farina M, Bishop M (1972b) Congenital pulmonary and subclavian arteries steal syndrome. Am Heart J 84:103–109

Shams A, Fowler RS, Trusler GA, Keith JD, Mustard WT (1971) Pulmonary atresia with intact ventricular septum: report of 50 cases. Pediatrics 47:370–377

Shaner RF (1949) Malformation of the atrioventricular endocardial cushions of the embryo pig, and its relation to defects of the conus and truncus arteriosus. Am J Anat 84:431–455

Shaner RF (1951) Complete and corrected transposition of the aorta, pulmonary artery and the ventricles in pig embryos, and a case of corrected transposition in a child. Am J Anat 88:35–62

Shaner RF (1961) The development of the bronchial veins with special reference to anomalies of the pulmonary veins. Anat Rec 140:159–165

Sharratt GP, Carson P, Sanderson JM (1975) Complete interruption of aortic arch, without persistent ductus arteriosus, in an adult. Br Heart J 37:221–224

Sheldon WC, Johnson CD, Favaloro RG (1969) Idiopathic enlargement of the right atrium. Report of four cases. Am J Cardiol 23:278–284

Shemin RJ, Kent KM, Roberts WC (1979) Syndrome of valvular pulmonary stenosis and valvular aortic stenosis with atrial septal defect. Br Heart J 42:442–446

Sherman FE, Bauersfeld SR (1960) Total, uncomplicated anomalous pulmonary venous connection. Pediatrics 25:656–668
Shinebourne EA, El Seed AM (1974) Relation between fetal flow pathways, coarctation of the aorta, and pulmonary flow. Br Heart J 36:492–498
Shone JD, Edwards JE (1964) Mitral atresia associated with pulmonary venous anomalies. Br Heart J 26:241–249
Shone JD, Amplatz K, Anderson RC, Adams P jr, Edwards JE (1962) Congenital stenosis of individuals pulmonary veins. Circulation 26:574–581
Shone JD, Anderson RC, Amplatz K, Varco RL, Leonard AS, Edwards JE (1963a) Pulmonary venous obstruction from two separate coexistent anomalies. Subtotal pulmonary venous connection to cor triatriatum and subtotal pulmonary venous connection to left innominate vein. Am J Cardiol 11:525–531
Shone JD, Sellers RD, Anderson RC, Adams P jr, Lillehei CW, Edwards JE (1963b) The developmental complex of "parachute mitral valve", supravalvular ring of left atrium, subaortic stenosis, and coarctation of aorta. Am J Cardiol 11:714–725
Shrivastava S, Moller JH, Edwards JE (1986) Congenital unilateral pulmonary venous atresia with pulmonary veno-occlusive disease in contralateral lung: an unusual association. Pediatr Cardiol 7:213–219
Silberstein EB, Goodsitt AM (1971) Pulmonary and aortic valve stenosis. Arch Pathol 92:289–293
Silver MD, Dorsey JS (1978) Aneurysms of the septum primum in adults. Arch Pathol Lab Med 102:62–65
Silver MM, Freedom RM, Silver MD, Olley PM (1981) The morphology of the human newborn ductus arteriosus. Hum Pathol 12:1123–1136
Silverman KJ, Bulkley BH, Hutchins GM (1978) Anomalous left circumflex coronary artery: "normal" variant of uncertain clinical and pathologic significance. Am J Cardiol 41:1311–1314
Simmons RL, Moller JH, Edwards JE (1966) Anatomic evidence for spontaneous closure of ventricular septal defect. Circulation 34:38–45
Sinha SN, Rusnak SL, Sommers HM, Cole RB, Muster AJ, Paul MH (1968) Hypoplastic left ventricle syndrome. Am J Cardiol 21:166–173
Sinha SN, Kardatzke ML, Cole RB, Muster AJ, Wessel HU, Paul MH (1969) Coarctation of the aorta in infancy. Circulation 40:385–398
Skapinker S (1951) Diverticulum of the left ventricle of the heart. Review of the literature and report of a successful removal of the diverticulum. Arch Surg 63:629–634
Slade PR (1963) Isolated infundibular stenosis. J Thorac Cardiovasc Surg 45:775–788
Smith A, Wilkinson JL, Anderson RH, Arnold R, Dickinson DF (1986a) Architecture of the ventricular mass and atrioventricular valves in complete transposition with intact septum compared with the normal: I. The left ventricle, mitral valve, and interventricular septum. Pediatr Cardiol 6:253–257
Smith A, Wilkinson JL, Anderson RH, Arnold R, Dickinson DF (1986b) Architecture of the ventricular mass and atrioventricular valves in complete transposition with intact septum compared with the normal: II. The right ventricle and tricuspid valve. Pediatr Cardiol 6:299–305
Smith BT, Freye TR, Newton WA (1961) Total anomalous pulmonary venous return. Am J Dis Child 101:41–51
Smith DW (1972) Atlas de malformaciones somáticas en el niño. Ed Pediátrica, Barcelona
Smith JC (1950) Review of single coronary artery with report of 2 cases. Circulation 1:1168–1175
Smithells RW (1976) Environmental teratogens of man. Br Med Bull 32:27–33
Smyth PT, Edwards JE (1972) Pseudocoarctation, kinking or buckling of the aorta. Circulation 46:1027–1032
Snellen HA, Ingen HC van, Hoefsmitech M (1968) Patterns of anomalous pulmonary drainage. Circulation 38:45–63
Snider AR, Enderlein MA, Teitel DF, Hirji M, Heymann MA (1984) Isolated ventricular inversion: two-dimensional echocardiographic findings and a review of literature. Pediatr Cardiol 5:27–33

Sødergaard T (1954) Coarctation of the pulmonary artery. Dan Med Bull 1:46–48
Solomon MH, Winn KJ, White RD, Bulkley BH, Kelly DT, Gott VL, Hutchins GM (1976) Kartagener's syndrome with corrected transposition. Conducting system studies and coronary arterial occlusion complicating valvular replacement. Chest 69:677–680
Somerville J (1965) Ostium primum defect: factors causing deterioration in the natural history. Br Heart J 27:413–419
Somerville J (1972) Difetti atrioventricolari. G Ital Cardiol 2:328–338
Somerville J, Ross DN, Ross JK (1972) Single atrium – a diagnostic and correctable entity. Br Heart J 34:962–963
Son RS, Maranhao V, Ablaza SG, Goldberg H (1966) Coarctation of the pulmonary artery. Dis Chest 49:289–297
Soto B, Becker AE, Moulaert AJ, Lie JT, Anderson RH (1980) Classification of ventricular septal defects. Br Heart J 43:332–343
Soulié P, Acar J, Plainfosse MC (1964) Le syndrome de Lutembacher. A propos de 15 cas. Arch Mal Coeur 57:158–175
Soulié P, Caramanian M, Pauly-Laubry A (1970a) Communication ventricule gauche-oreillette droite avec orifice mitral double. Arch Mal Coeur 63:1137–1153
Soulié P, Caramanian M, Soulié J, Chartier M, Guerinon J, Sauvaget J (1970b) Agénésie des valves pulmonaires et communication interventriculaire. Etude anatomo-clinique. Arch Mal Coeur 63:909–934
Soulié P, Heulin A, Pauly-Laubry C, Degeorges M (1970c) Maladie d'Ebstein. Etude clinique et evolution (à propos de 40 observations, dont 9 chirurgicales). Arch Mal Coeur 63:615–637
Soulié P, Caramanian M, Pauly-Laubry C, Guerinon J (1971) Anomalies du carrefour auriculo-ventriculaire (C.I.V.) non comprise. Coeur Med Intern 10:339–360
Souza E de, Silva NA, Giuliani ER, Ritter DG, Davis GD, Pluth JR (1974) Communication between right pulmonary artery and left atrium. Am J Cardiol 34:857–863
Spemann H, Falkenberg H (1919) Über asymmetrische Entwicklung und Situs inversus viscerum bei Zwillingen und Doppelbildungen. Roux' Arch Entwickl-Mech 45:371–422
Spitzer A (1923a) Über den Bauplan des mißgebildeten Herzens. Virchows Arch Pathol Anat 243:81–272
Spitzer A (1923b) Sitzung der Vereinigung der pathologischen Anatomen Wiens vom 28. 5.1923. Wien Klin Wochenschr 36:666–667
Spitzer A (1924) Brief an JA Mönckeberg. In: Mönckeberg JA (Hrsg) Die Mißbildungen des Herzens, Springer, Berlin (Handbuch der speziellen pathologischen Anatomie und Histologie, Henke F, Lubarsch O (Hrsg) Bd 2, S 1095–1096)
Spitzer A (1927) Zur Kritik der phylogenetischen Theorie der normalen und mißgebildeten Herzarchitektur. Z Anat Entwickl-Gesch 84:30–130
Spitzer A (1928) Eine abnorme Wulstbildung in der linken Herzkammer; Brings L. Virchows Arch Pathol Anat 267:9–16
Spitzer A (1929) Über Dextroversion, Transposition und Inversion des Herzens und die gegenseitige Larvierung der beiden letzteren Anomalien. Virchows Arch Pathol Anat 271:226–303
Spitzer A (1933) Bemerkungen zu Aschoff's und Kung's Kritik der stammesgeschichtlichen Theorie der Transpositionsmißbildung des Herzens. Virchows Arch Pathol Anat 289:247–263
Sproul G, Pinto J (1972) Coarctation of the abdominal aorta. Arch Surg 105:571–573
Sridaromont S, Feldt RH, Ritter DG, Davis GD, Edwards JE (1976) Double outlet right ventricle: hemodynamic and anatomic correlations. Am J Cardiol 38:85–94
Staemmler M (1955) Die Kreislauforgane. In: Kaufmann E, Staemmler M (Hrsg) Lehrbuch der speziellen pathologischen Anatomie, Bd I/1. de Gruyter, Berlin, S 21
Stanger P, Rudolph AM, Edwards JE (1977) Cardiac malpositions. An overview based on study of sixty-five necropsy specimens. Circulation 56:159–172
Starck D (1955) Embryologie. Thieme, Stuttgart
Stecken A, Beyer A (1963) Röntgendiagnostik der Fehlmündung von Lungenvenen in die V. azygos. Fortschr Roentgenstr 98:1–15

Steding G, Seidl W (1980) Contribution to the development of the heart. Part I: normal development. Thorac Cardiovasc Surgeon 28:386–410

Steding G, Seidl W (1981) Contribution to the development of the heart. Part II: morphogenesis of congenital heart disease. Thorac Cardiovasc Surgeon 29:1–16

Steding G, Seidl W, mit einem Beitrag von B Christ (1990) Cardio-vaskuläres System. In: Hinrichsen KV (Hrsg) Humanembryologie. Springer, Berlin Heidelberg New York Tokyo, S 205

Steeg CN, Ellis K, Bransilver B, Gersony WM (1971) Pulmonary atresia and intact ventricular septum complicating corrected transposition of the great vessels. Am Heart J 82:382–386

Steinberg I (1964) Anomalous (nonconstricting) left pulmonary artery. Report of two cases. Circulation 29:897–900

Steinberg I, Hagstrom WC (1962) Congenital aortic valvular stenosis and pseudocoarctation ("kinking, buckling") of the arch of the aorta. Report of four cases including an autopsy study on one case with parietal endocardial fibrosis and fibroelastosis. Circulation 25:545–552

Steinberg I, Dubillier W jr, Lukas DS (1953) Persistence of left superior vena cava. Dis Chest 24:479–488

Steinbrunn W, Cohn KE, Selzer A (1970) Atrial septal defect associated with mitral stenosis. The Lutembacher syndrome revisited. Am J Med 48:295–302

Stephan E, Heintzen P (1970) Aneurysma des membranösen Ventrikelseptums. Kasuistischer Beitrag und Literaturübersicht. Z Kreislaufforsch 59:468–473

Stevenson AC (1961) Frequency of congenital and hereditary disease. Br Med Bull 17:254–259

Stewart S (1976) Double-outlet right ventricle. A collective review with a surgical viewpoint. J Thorac Cardiovasc Surg 71:355–365

Strong WB, Liebman J, Perrin E (1970) Hypoplastic left ventricle syndrome. Electrocardiographic evidence of left ventricular hypertrophy. Am J Dis Child 120:511–514

Sugiura M, Hayashi T, Ueno K (1970) Partial absence of right ventricular muscle in an aged. Jpn Heart J 11:582–585

Swan H, Trapnell JM, Denst J (1949) Congenital mitral stenosis and systemic right ventricle with associated pulmonary vascular changes frustrating surgical repair of patent ductus arteriosus and coarctation of the aorta. Am Heart J 38:914–923

Swan HJC, Kirklin JW, Becu LM, Wood EH (1957) Anomalous connection of the right pulmonary veins to superior vena cava with interatrial communications. Circulation 26:54–66

Taguchi K, Matsuura Y, Yoshizaki E, Tamura M (1968) Surgery of atrioventricular septal defects with left ventricular right atrial shunt. J Thorac Surg 56:265–278

Taiana JA, Villegas AH, Schieppati E (1955) Kartagener's syndrome. Report of a case treated by pulmonary resection. Review of the literature. J Thorac Surg 30:34–43

Takashina T, Ishikura Y, Yamane K, Yorifuji S, Iwasaki T, Yoshida Y, Takeshita I, Oka K (1972) The congenital cardiovascular anomalies of the interruption of the aorta – Steidele's complex. Am Heart J 83:93–99

Tandon R, Edwards JE (1973) Aneurysm-like formations in relation to membranous ventricular septum. Circulation 47:1089–1098

Tandon R, Edwards JE (1974) Tricuspid atresia. A re-evaluation and classification. J Thorac Cardiovasc Surg 67:530–542

Tandon R, Rao IM, Bhargava S (1972) Tetraology of Fallot in dextrocardia. Indian Pediatr 9:155–158

Tandon R, Moller JH, Edwards JE (1973) Communication of mitral valve with both ventricles associated with double outlet right ventricle. Circulation 48:904–908

Tandon R, Marin-Garcia J, Moller JH, Edwards JE (1974a) Tricuspid atresia with l-transposition. Am Heart J 88:417–424

Tandon R, Moller JH, Edwards JE (1974b) Tetralogy of Fallot associated with persistent common atrioventricular canal (endocardial cushion defect). Br Heart J 36:197–206

Tandon R, Moller JH, Edwards JE (1975) Ventricular inversion associated with normally related great vessels. Chest 67:98–100

Tandon R, Heineman RP, Edwards JE (1986a) Ventricular inversion with normally connected great vessels in Situs solitus (atrioventricular discordance with ventriculoarterial concordance). Pediatr Cardiol 7:107–109

Tandon R, Moller JH, Edwards JE (1986b) Single papillary muscle of the left ventricle associated with persistent atrioventricular canal: variant of parachute mitral valve. Pediatr Cardiol 7:111–114

Tang JS, Kauffman SL, Lynfield J (1971) Hypoplasia of the pulmonary arteries in infants with congenital rubella. Am J Cardiol 27:491–496

Taussig HB, Bing RJ (1949) Complete transposition of the aorta and a levoposition of the pulmonary artery. Am Heart J 37:551–559

Tawes RL jr, Aberdeen E, Waterston DJ, Bonham Carter RE (1969) Coarctation of the aorta in infants and children. A review of 333 operative cases, including 179 infants. Circulation (Suppl I) 39:173–184

Taybi H, Kurlander GL, Lurie PR, Campbell JA (1965) Anomalous systemic venous connection to the left atrium or to a pulmonary vein. Am J Roentgenol 94:62–77

Tazelaar HD, Moore GW, Hutchins GM (1986) Ventricular inversion and tricuspid atresia (VITA complex): long survival without surgical treatment. Pediatr Cardiol 6:187–191

Tedeschi CG, Helpern MM (1954) Heterotopic origin of both coronary arteries from the pulmonary artery. Review of the literature and report of a case not complicated by associated defects. Pediatrics 14:53–58

Temple WW, Bloor CM (1981) Cor biloculare and associated malformations. Virchows Arch [A] 391:345–356

Tenckhoff L, Stamm SJ (1973) An analysis of 35 cases of the complete form of persistent common atrioventricular canal. Circulation 48:416–427

Tenckhoff L, Stamm SJ, Beckwith JB (1969) Sudden death in idiopathic (congenital) right atrial enlargement. Circulation 40:227–235

Terzaki AK, Leachman RD, Ali MK (1968) Successful surgical treatment for „parachute mitral valve" complex. Report of 2 cases. J Thorac Cardiovasc Surg 56:1–10

Testelli MR (1972) Tronco arterioso común con interrupción del arco aórtico. Arch Inst Cardiol Mex 42:122–130

Testut L (1922) Tratado de anatomía humana, 7a ed. Salvat, Barcelona, Tomo II/1

Thanopulos BD, Fisher EA, Haastreiter AR (1986) Large ductus arteriosus and intact ventricular septum associated with congenital absence of the pulmonary valve. Br Heart J 55:602–604

Thibert M, Jeune M, Simon G, Camus L, Nouaille J (1969) La transposition artérielle corrigée à propos de 41 observations. Arch Mal Coeur 62:1424–1448

Thibert M, Casasoprana A, Loth P (1975) Résultats éloignés de la chirurgie du retour veineux pulmonaire anormal total chez le nourisson. A propos de 35 cas. Arch Mal Coeur 68:381–385

Thiene G, Cucchini F, Pellegrino PA (1975) Truncus arteriosus communis associated with underdevelopment of the aortic arch. Br Heart J 37:1268–1272

Thiene G, Bortolotti U, Gallucci V, Terribile V, Pellegrino PA (1976) Anatomical study of truncus arteriosus communis with embryological and surgical considerations. Br Heart J 38:1109–1123

Thilenius O, Bharati S, Lev M (1976) Sub-divided left atrium: an expanded concept of cor triatriatum sinistrum. Am J Cardiol 37:743–752

Thilenius O, Vitulo D, Bharati S, Luken J, Lamberti JJ, Tatooles C, Lev M, Carr I, Arcilla RA (1979) Endocardial cushion defect associated with cor triatriatum sinistrum or supravalve mitral ring. Am J Cardiol 44:1339–1343

Thilenius O, Ruschhaupt DG, Replogle RL, Bharati S, Herman T, Arcilla RA (1983) Spectrum of pulmonary sequestration: association with anomalous venous drainage in infants. Pediatr Cardiol 4:97–103

Thurner J (1970) Iatrogene Pathologie. Pathologische Anatomie der Nebeneffekte ärztlicher Maßnahmen. Urban & Schwarzenberg, München Berlin Wien

Tikoff G, Bloom S (1970) Complete interruption of the aortic arch in an adult associated with a dissecting aneurysm of the pulmonary artery. Am J Med 48:782–786

Tingelstad JB, Lower RR, Eldredge WJ (1972) Anomalous origin of the right coronary artery from the main pulmonary artery. Am J Cardiol 30:670–673

Titus JL (1969) Congenital malformations of the mitral and aortic valves and related structures. Dis Chest 55:358–367

Todd DB, Anderson RC, Edwards JE (1965) Inverted malformations in corrected transposition of the great vessels. Circulation 32:298–300

Toews WH, Lortscher RH, Kelminson LL (1975) Double outlet right ventricle with absent aortic valve. Chest 68:381–382

Tokoyama M, Takao A, Sakakibara A (1970) Natural history and surgical considerations of ventricular septal defect. Am Heart J 80:597–605

Töndury G (1962) Embryopathien. Über die Wirkungsweise (Infektionsweg und Pathogenese) von Viren auf den menschlichen Keimling. Pathologie und Klinik in Einzeldarstellungen, Bd IX. Springer, Berlin Göttingen Heidelberg

Topaz O, Feigl A, Edwards JE (1985) Aneurysm of the fossa ovalis in infants: a pathologic study. Pediatr Cardiol 6:65–68

Torgersen J (1949) Genetic factors in visceral asymmetry and the development and pathologic changes of the lungs, heart, and abdominal organs. Arch Pathol 47:566–593

Torgersen J (1950) Situs inversus, asymmetry and twinning. Am J Hum Genet 2:361–370

Tourian AY, Sidbury JB (1978) Phenylketonuria. In: Stanbury JB, Wyngaarden JB, Fredickson DS (eds) The metabolic basis of inherited disease. McGraw-Hill New York St. Louis San Francisco Auckland Bogotá Düsseldorf Johannesburg London

Towers B, Middleton H (1956) Congenital absence of the spleen with associated malformations of the heart and transposition of the viscera. J Pathol Bateriol 72:553–560

Toyama WM (1972) Thoraco-abdominal ectopia cordis. Review of the syndrome. Pediatrics 50:778–792

Treistman B, Cooley DA, Lufschanowski R, Leachman RD (1973) Diverticulum or aneurysm of the left ventricle. Am J Cardiol 32:119–123

Trell E, Johansson BW, Andren L, Ohlsson N-M (1971) The scimitar syndrome. Z Kreislaufforsch 60:880–890

Turley K, Tucker WY, Ullyot DJ, Ebert PA (1980) Total anomalous pulmonary venous connection in infancy: influence of age and type of lesion. Am J Cardiol 45:92–97

Tutassaura H, Goldman B, Moes CAF, Mustard WT (1969) Spontaneous aneurysm of the ductus arteriosus in childhood. J Thorac Cardiovasc Surg 57:180–184

Tuuteri L, Landtman B (1970) Natural history of congenital aortic stenosis. Acta Paedtr Scand (Suppl) 206:51–52

Ugarte M, Enriquez de Salamanca F, Quero M (1976) Endocardial cushion defects. An anatomical study of 54 specimens. Br Heart J 38:674–682

Uhl HSM (1952) A previously undescribed congenital malformation of the heart: almost total absence of the myocardium of the right ventricle. Bull Johns Hopk Hosp 91:197–209

Vacca JB, Bussmann DW, Mudd JG (1958) Ebstein's anomaly. Complete review of 108 cases. Am J Cardiol 11:210–226

Van der Hauwaert JG (1971) Isolated right ventricular hypoplasia. Circulation 44:466–474

Van der Horst RL, Hastreiter AR (1967) Congenital mitral stenosis. Am J Cardiol 20:773–783

Varghese PJ, Izukawa T, Cellermeyer J, Simon A, Rowe RD (1969) Aneurysm of membranous ventricular septum. A method of spontaneous closure of small ventricular septal defect. Am J Cardiol 24:531–536

Velasquez G, Nath PH, Castaneda-Zuniga WR, Amplatz K, Formanek A (1980) Aberrant left subclavian artery in tetralogy of Fallot. Am J Cardiol 45:811–818

Venables AW (1965) The syndrome of pulmonary stenosis complicating maternal rubella. Br Heart J 27:49–55

Venables AW, Campbell PE (1966) Double outlet right ventricle. A review of 16 cases with 10 necropsy specimens. Br Heart J 28:461–471

Verel D, Chandrasekhar KP, Taylor DG (1971) Spontaneous closure of ventricular septal defect after banding of pulmonary artery. Br Heart J 33:854–856

Vesterlund T, Thomsen PEB, Hansen OK (1985) Anomalous origin of the left coronary artery from the pulmonary artery in an adult. Br Heart J 54:110–112

Vidne BA, Chiarello L, Wagner H, Subramanian S (1976) Aneurysm of the membranous ventricular septum. Surgical consideration and experience in 29 cases. J Thorac Cardiovasc Surg 71:402–409

Vince DJ (1970) The role of rubella in the etiology of supravalvular aortic stenosis. Can Med Ass J 103:1157–1160

Vlad P (1978) Tricuspid atresia. In: Keith JD, Rowe RD, Vlad P (eds) Heart disease in infancy and childhood, 3erd edn. Macmillan, New York, Collier Macmillan, Toronto, Baillière Tindall, London, p 518

Vlodaver Z, Neufeld HN (1968) The coronary arteries in coarctation of the aorta. Circulation 37:449–454

Wagenvoort CA, Neufeld HN, Birge RF, Caffrey JA, Edwards JE (1961) Origin of right pulmonary artery from ascending aorta. Circulation 23:84–90

Wagenvoort CA, Heath D, Edwards JE (1964) The pathology of the pulmonary vasculature. Thomas, Springfield, Ill

Wagner H-J, Grieße H (1970) Transpositionskomplex der großen Arterien vom Typ Buchs-Goerttler. Mitteilung eines Falles. Arch Kinderheilkd 181:168–174

Wagner HR, Alday LE, Vlad P (1970) Juxtaposition of the atrial appendages. A report of six necropsied cases. Circulation 42:157–163

Wakai CS, Edwards JE (1956) Developmental and pathologic considerations in persistent common atrioventricular canal. Proc Staff Meet Mayo Clin 31:487–500

Wakai CS, Edwards JE (1958) Pathologic study of persistent common atrioventricular canal. Am Heart J 56:779–794

Wald S, Stonecepher K, Baldwin BJ, Nutter DO (1971) Anomalous origin of the right coronary artery from the pulmonary artery. Am J Cardiol 27:677–681

Waldman JD, Paul MH, Newfeld EA, Muster AJ, Idriss FS (1977) Transposition of the great arteries with intact ventricular septum and patent ductus arteriosus. Am J Cardiol 39:232–238

Walker R, Klinck GH Jr (1942) Congenital aortic and mitral atresia; report of a case and review of the literature. Am Heart J 24:752–762

Waller BF, Smith ER, Blackbourne BD, Arce FP, Sarkar NN, Roberts WC (1980) Congenital hypoplasia of portion of both right and left ventricular myocardial walls. Clinical and necropsy observations in two patients with parchment heart syndrome. Am J Cardiol 46:885–891

Walmsley T (1930/31) Transposition of the ventricles and the arterial stems. J Anat 65:528–540

Wanderman KL, Hirsch M, Ovsyshcher I, Gueron M (1975) Isolated anomalous right ventricular muscle bundle in the asymptomatic adult. Chest 67:692–695

Wang K, Amplatz K, Gobel FL (1972) Isolated calcification in a dilated left atrial appendage in absence of mitral stenosis. Am J Cardiol 28:882–885

Warden HE, Dewall RA, Cohen M, Varco RL, Lillehei CW (1957) A surgical-pathologic classification for isolated ventricular septal defects and for those in Fallot's tetralogy based on observations made on 120 patients during repair under direct vision. J Thorac Surg 33:21–44

Warenbourg H, Niquet G, Lekieffre J, Théry C, Ketelers JY (1971) Insuffisance mitrale congénitale isolée. A propos d'un cas. Lille Med 16:1076–1080

Warenbourg H, Bertrand ME, Dupuis C, Théry C, Ginestet A, Ketelers JY, Carré A, Lefebvre JM, Filleul P (1975) Les anévrismes de septum membraneux. A propos de quatre observations. Arch Mal Coeur 68:1051–1060

Warkany J (1975a) Congenital malformations. Year Book, Chicago

Warkany J (1975b) A Warfarin embryopathy? Am Dis Child 129:287–288

Watkins E jr, Gross RE (1955) Experiences with surgical repair of atrial septal defects. J Thorac Surg 30:469–491

Watler DC, Wynter L (1961) Cor triventriculare: infundibular stenosis with subdivision of the right ventricle. Br Heart J 23:599–602

Watson H (1974) Natural history of Ebstein's anomaly of the tricuspid valve in childhood and adolescence: an international co-operative study of 505 cases. Br Heart J 36:417–427

Wedemeyer AL, Lucas RV jr, Castaneda AR (1970) Taussig-Bing malformation, coarctation of the aorta, and reversed patent ductus arteriosus. Operative corrrection in an infant. Circulation 42:1021–1027

Wegener K (1961) Über die experimentelle Erzeugung von Herzmißbildungen durch Trypanblau. Arch Kreislaufforsch 34:99–144

Weinberg PM (1980) Anatomy of the tricuspid atresia and its relevance to current forms of surgical therapy. Ann Thorac Surg 29:306–311

Wenger R, Mösslaucher H, Bankl H, Kucsko L (1966) Das „Holmes heart" und seine Abgrenzung gegenüber dem Cor triloculare biatriatum. Wiener Klin Wochenschr 78:795–805

Wenink ACG (1981a) Embryology of the ventricular septum. Separate origin of its components. Virchows Arch [A] 390:71–79

Wenink ACG (1981b) Development of the ventricular septum. In: Wenink ACG, Oppenheimer-Dekker A, Moulaert AJ (eds) The ventricular septum of the heart. Leiden Univ Press, The Hage Boston London, p 23

Wenink ACG (1981c) The ventricular septum in hearts with an atrioventricular defect. In: Wenink ACG, Oppenheimer-Dekker A, Moulaert AJ (eds) The ventricular septum of the heart. Leiden Univ ress, The Hage Boston London, p 131

Wenink ACG (1981d) The ventricular septum in heart with a straddling mitral valve. In: Wenink ACG, Oppenheimer-Dekker A, Moulaert AJ (eds) The ventricular septum of the heart. Leiden Univ Press, The Hage Boston London, p 185

Wenink ACG, Gittenberger-De Groot AC (1982a) Cloisennement ventriculaire. Terminologie proposée. Coeur 13:467–478

Wenink ACG, Gittenberger-De Groot AC (1982b) Straddling mitral and tricuspid valves: morphologic differences and developmental backgrounds. Am J Cardiol 49:1959–1971

Wenink ACG, Gittenberger-De Groot AC (1982c) Left and right ventricular trabecular patterns. Consequence of ventricular septation and valve development. Br Heart J 48:462–468

Wenink ACG, Gittenberger-De Groot AC (1985) The role of atrioventricular endocardial cushions in the septation of the heart. Int J Cardiol 8:25–44

Wenink ACG, Oppenheimer-Dekker A, Moulaert AJ (1979) Muscular ventricular septal defects: a reappraisal of the anatomy. Am J Cardiol 43:259–264

Wenink ACG, Gittenberger-De Groot AC, Oppenheimer-Dekker A, Gils FAW van, Bartelings MM, Draulans-Noe HAY, Moene R (1984) Septation and valve formation: similar processes dictated by segmentation. In: Nora JJ, Takao A (eds) Congenital heart disease. Causes and processes. Futura, Mount Kisko, New York, p 513

Wesselhoeft H, Fawcett JS, Johnson AL (1968) Anomalous origin of the left coronary artery from the pulmonary trunk. Its clinical spectrum, pathology, and pathophysiology, based on a review of 140 cases with seven further cases. Circulation 38:403–425

Weyn AS, Bartle SH, Nolan TB, Dammann JF (1965) Atrial septal defect-Primum type. Circulation (Suppl III) 31–32:13–23

Wigle ED (1957) Duplication of the mitral valve. Br Heart J 19:296–300

Wilkinson JL, Acerete F (1977) Terminological pitfalls in congenital heart disease. Reappraisal of some confusing terms, with an account of a simplified system of basic nomenclature. Br Heart J 35:1166–1177

Wilkinson JL, Becker AE, Tynan M, Freedom R, Macartney FJ, Shinebourne EA, Quero-Jiménez M, Anderson RH (1979) Nomenclature of the univentricular heart. Herz 4:107–112

Williams HJ jr, Tandon R, Edwards JE (1974) Persistent ostium primum coexisting with mitral or tricuspid atresia. Chest 39–43

Williams JCP, Barrat-Boyes BG, Lowe JB (1961) Supravalvular aortic stenosis. Circulation 24:1311–1318

Williams WG (1963) Dilatation of the left atrial appendage. Br Heart J 25:637–643

Willis RA (1962) The borderland of embryology and pathology, 2nd, edn. Butterworths, London

Wilson JG, Lyon RA, Terry R (1953) Prenatal closure of the interatrial foramen. Am J Dis Child 85:285–294

Winn KJ, Hutchins GM (1973) The pathogenesis of tetralogy of Fallot. Am J Pathol 73:157–172

Winter FS (1954) Persistent left superior vena cava. Survey of the world literature and report of thirty additional cases. Angiology 5:90–132

Wirtinger W (1937) Die Analyse der Wachstumsbewegungen der Septierung des Herzschlauches. Anat Anz 84:33–79

Witham AC (1957) Double outlet right ventricle. A partial transposition complex Am Heart J 53:928–939

Woellwarth C v (1950) Experimentelle Untersuchungen über den Situs inversus der Eingeweide und der Habenula des Zwischenhirns bei Amphibien. Roux' Arch Entwickl-Mech 144:178–253

Wolf WJ, Casta A, Nichols M (1986) Anomalous origin and malposition of the pulmonary arteries (crisscross pulmonary arteries) associated with complex congenital heart disease. Pediatr Cardiol 6:287–291

Wolfe WG, Ebert PA (1970) Total anomalous pulmonary venous return with intact atrial Septum and associated mitral stenosis. Thorax 25:769–772

Wood P (1956) Diseases of the heart and circulation. Lippincott, Philadelphia

Yamazaki JN, Wright SW, Wright PM (1954) Outcome of pregnancy in women exposed to atomic bomb in Nagasaki. Am J Dis Child 87:448–463

Yater WM (1929) Variations and anomalies of the venous valves of the right atrium of the human heart. Arch Pathol 7:418–441

Yu LC, Bharati S, Thilenius O, Lamberti J, Lev M, Arcilla A (1979/80) Congenital aortico-left atrial tunnel. Pediatr Cardiol 1:153–158

Zachariah S, Reif R (1974) Anomalous origin of single coronary artery with multiple heart malformations. Br Heart J 36:1144–1145

Zahn W (1895) Über einige anatomische Kennzeichen der Herzklappeninsuffizienzen. Verh Kongr Inn Med 13:351–369

Zakheim R, Mattioli L, Vassenon T, Edwards W (1976) Anatomically corrected malposition of the great arteries (S, L, D). Chest 69:101–104

Zamora R, Moller JH, Edwards JE (1975) Double-outlet right ventricle. Anatomic types and associated anomalies. Chest 68:672–677

Zaver AC, Nadas AS (1965) Atrial septal defect-Secundum type. Circulation 31–32 (Suppl III) 24–32

Zuberbuhler JR, Anderson RH (1979) Morphological variations in pulmonary atresia with intact ventricular septum. Br Heart J 41:281–288

Zuberbuhler JR, Blank E (1970) Hypoplasia of right ventricular myocardium (Uhl's disease). Am J Roentgenol 110:491–496

Zuberbuhler JR, Becker AE, Anderson RH, Lenox CC (1984) Ebstein's malformation and the embryological development of the tricuspid valve. Pediatr Cardiol 5:289–296

7. Kapitel
Humangenetische Aspekte der angeborenen Fehlbildungen des Herzens und der großen Gefäße

W. Fuhrmann

A. Vorbemerkung

Der enge anatomische und entwicklungsgeschichtliche Zusammenhang der Fehlbildungen des Herzens und der herznahen Abschnitte der großen Gefäße macht es sinnvoll, diese gemeinsam zu behandeln. Sie begegnen dem Humangenetiker vor allem unter dem Aspekt der genetischen Beratung der Eltern oder der Patienten selbst. Die wichtigsten Fragen betreffen das Risiko der Wiederholung bei weiteren Nachkommen der Eltern eines Kindes mit einem angeborenen Herzfehler oder bei den Nachkommen eines Patienten mit einer solchen Fehlbildung. Die Beratung kann sich für die grobe Orientierung auf empirische Zahlen stützen, dieser Ansatz bleibt aber unbefriedigend, solange die Grundlagen der Entstehung solcher Fehlbildungen nicht aufgeklärt und verstanden werden. Das Verstehen der genetischen Grundlagen und eventueller exogener auslösender Faktoren ist auch die Voraussetzung für jeden Versuch, vorbeugend zu wirken.

Zum Verständnis der Ätiologie benötigen wir die sorgfältige Einzelfallanalyse ebenso wie die Untersuchung größerer Sammelgruppen mit eindeutig definierten Erfassungskriterien. Ältere Serien sind großenteils diagnostisch ungenügend, aber auch neuere Serien unterliegen vielfältigen und schwer überschaubaren Auslesefaktoren. Klinisch und selbst pathologisch-anatomisch nicht unterscheidbare Fehlbildungen können durchaus verschiedene Grundlagen haben. Für Verwandte steht oft keine detaillierte kardiologische Diagnose zur Verfügung. Das galt vor allem für ältere Untersuchungen vor der Entwicklung der modernen diagnostischen Techniken. Besonderes Interesse beanspruchten daher frühe Beobachtungen von familiärem Auftreten gleicher morphologischer Varianten des Herzens bei mehreren pathologisch-anatomisch untersuchten nahen Verwandten, wie sie Rössle 1940 in seinem Werk „Die pathologische Anatomie der Familie" publizierte, auch wenn es sich hier um ausgelesene Einzelbeobachtungen handelt.

Die Erforschung der Ätiologie der angeborenen Herzfehlbildungen erhielt um die Mitte unseres Jahrhunderts nachhaltige Anstöße:

1. Durch die von Gregg 1941 publizierte Beobachtung, daß das Rötelnvirus in der Frühschwangerschaft neben anderen Entwicklungsstörungen vor allem Herzfehlbildungen verursacht. Das war gleichzeitig der erste Nachweis einer exogenen Entstehung einer Herzfehlbildung beim Menschen.
2. Durch erste systematische Familienuntersuchungen, z.B. von Polani u. Campbell (1955), Lamy et al. (1957), Fuhrmann (1961), Campbell (1965), Nora (1968), die die erhöhte Wiederholungswahrscheinlichkeit für ange-

borene Herz- und Gefäßfehlbildungen in der Familie aufdeckten und quantifizierten.
3. Durch systematische Zwillingsuntersuchungen.
4. Durch die Entwicklung der Zytogenetik ab 1956, die deutlich machte, daß angeborene Herzfehler durch die verschiedensten Chromosomenanomalien verursacht werden können und zu deren charakteristischem Symptomenspektrum gehören.

Gleichzeitig entwickelte sich die invasive klinische Diagnostik der Angiokardiopathien, und die Herzchirurgie feierte erste Erfolge. Damit vergrößerte sich die Zahl der exakt diagnostizierten Patienten.

Viele der damals erarbeiteten Ergebnisse gelten auch heute noch (FUHRMANN 1962a, 1972b; NORA 1968; NORA u. NORA 1978 u.a.), jedoch konnten sie in Einzelheiten wesentlich ergänzt und erweitert werden.

B. Definition und Abgrenzung

In diesem Kapitel werden nur die angeborenen Fehlbildungen des Herzens und der herznahen Abschnitte der Gefäße im engeren Sinne behandelt. Auf morphologische Varianten der Norm und Varianten der Erregungsleitung wird nicht eingegangen, auch die Endokardfibrose wird nicht als primäre angeborene Fehlbildung gewertet.

I. Häufigkeit angeborener Angiokardiopathien

Angeborene Angiokardiopathien gehören zu den häufigsten schwerwiegenden Fehlbildungen. Nach verschiedenen Erhebungen und Schätzungen machen sie 10–25% aller angeborenen Fehlbildungen aus. Die Angaben über die Häufigkeit angeborener Angiokardiopathien divergieren erheblich. Zuverlässige Daten über die Inzidenz sind nicht zu erhalten. Alle in der Literatur auffindbaren Angaben sind Prävalenzdaten. Da das Herz schon in der Embryonal- und Fetalperiode mechanische Leistung und funktionelle Aufgaben zu erfüllen hat, stellen mit einem Herzfehler lebend geborene Kinder bereits eine Auslese solcher Individuen dar, bei denen eine ausreichende Anpassung möglich war. Ein weiterer beträchtlicher Anteil stirbt in der Perinatalperiode und im frühen Säuglingsalter. Die Prävalenz ist daher unter anderem abhängig von der Art der Erfassung und vom Alter des untersuchten Kollektivs. Die unterschiedliche Mortalität der Patienten mit speziellen Herzfehlbildungen führt darüber hinaus zu einem sehr unterschiedlichen Spektrum in verschiedenen Altersgruppen und in verschiedener Weise erfaßten Kollektiven.

Auf der Basis mehrerer, vorwiegend älterer Studien ergibt sich eine heute meist zitierte Häufigkeit angeborener Herzfehler bei Lebendgeborenen von 5–8/1000 (BRUYÈRE et al. 1987). FERENCZ et al. (1985) kamen zu einem Schätzwert bestätigter Herzfehlbildungen von 5–10/1000. Dieser Wert wird von BRUYÈRE et al. als wahrscheinlich zu hoch angesehen, da auch Fehler eingeschlossen waren, die nicht als Fehlbildungen im engeren Sinne zu betrachten sind, wie z.B. die Endokardfibrose. Mehrere Studien belegen die größere Häufigkeit bei Totgeborenen und

Tabelle 1. Relative Häufigkeit spezieller angeborener Angiokardiopathien. Vergleich dreier Serien aus Europa und den USA. (Nach Bruyere et al. 1987, gekürzt)

Anomalie	Weatherall (1983a, b) %	Zierler u. Rothman (1985) %	BWIS (1987) %
Ventrikelseptumdefekt	36	21	25,6
Endokardkissendefekt			8,5
Vorhofseptumdefekt	13	9	8,4
Fallotsche Tetralogie	3	5	7,5
Pulmonalstenose		9	7,3
Aortenisthmusstenose	8	7	6,9
Transposition der großen Gefäße	7	9	4,6
Hypoplastisches Linksherzsyndrom		5	4,2
Andere Konus-Truncus-Anomalien			4,0
Aortenstenose		3	3,1
Offener Ductus art. Botalli	24	15	2,6[a]
Ectopia cordis u.a. Heterotopien			1,8
Cor univentriculare	3	3	
Pulmonalatresie			1,6
Ebstein-Anomalie			1,6
Trikuspidalatresie			1,6
„Double outlet right ventricle"		3	
Andere	6	11	10,6

[a] Nach Ausschluß von PDA bei Frühgeborenen vor der 38. Schwangerschaftswoche.

spontan abortierten Embryonen und Feten (Hoffman 1968; Hoffman u. Christiansen 1978; Mitchell et al. 1973; Polani 1968; Gerlis 1985; Ursell et al. 1985). Für die USA wird grob geschätzt, daß pro Jahr etwa 25 000 Kinder mit angeborenen Herzfehlern zur Welt kommen. Es gibt Hinweise auf mögliche unterschiedliche Häufigkeit in verschiedenen Populationen und geographischen Regionen (Taussig 1982; Anderson et al. 1978; Brent 1985; Layde et al. 1980). Ob die berichtete unterschiedliche Häufigkeit *spezieller* Fehlbildungstypen in verschiedenen Populationen oder geographischen Bezirken real ist, erscheint fraglich. Zum Vergleich sind in Tabelle 1 die Daten aus 3 Serien aus Europa und Nordamerika gegenübergestellt.

Die relative Häufigkeit spezieller Herz- und Gefäßfehler in einem Kollektiv wird naturgemäß von zahlreichen Faktoren, darunter auch von der Auswahl betroffener Kinder für die Einweisung in bestimmte Kliniken beeinflußt. Ein Beispiel kann das erläutern: Allan et al. (1991) berichteten über eine deutliche Zunahme der Häufigkeit des Hypoplastischen Linksherzsyndroms im Patientengut der kardiologischen Abteilung von Guys Hospital London seit der Mitte der 80er Jahre als Folge verbesserter Versorgung und dadurch besserer Überlebenschance der Neugeborenen. Dieser Anstieg war gefolgt von einem drastischen Rückgang der Häufigkeit solcher Kinder in der Klinik in den Jahren 1988–1990, nachdem eine verbesserte pränatale Ultraschalluntersuchung zur Verfügung stand und sich Eltern bei frühzeitiger Diagnose und Information häufiger für den Abbruch der Schwangerschaft entschieden. Ebenso könnte es z. B. durch bessere Diagnostik, unterschiedliche Alterszusammensetzung oder Änderung in der

Dokumentationspraxis vorgetäuscht sein, daß, wie behauptet, der offene Ductus Botalli und der Ventrikelseptumdefekt häufiger geworden sind (ANDERSON 1978; GRABITZ et al. 1988; MARTIN et al. 1989).

Die Schwierigkeiten werden sehr deutlich, wenn man die Zahlen des Eurocat-Reports 4 (LECHAT 1991), von 18 europäischen Zentren vergleicht. Die Serie umfaßt 1832857 Geburten, darunter 0,7% Totgeborene und 8748 Kinder mit angeborenen Angiokardiopathien einschließlich der Endokardfibroelastose. Ausgeschlossen wurde der offene Ductus Botalli bei Frühgeborenen und bei Kindern mit einem Geburtsgewicht unter 2500 g. Die Häufigkeit der angeborenen Angiokardiopathien in der Gesamtserie (Lebend- und Totgeborene, einschließlich induzierter Aborte) betrug 47,7 pro 10000, ohne induzierte Aborte 46,4 und bei Lebendgeborenen allein 44,8. Die niedrigste Rate wurde mit 17,7 pro 10000 in Westflandern und die höchste mit 97 pro 10000 in Straßburg gemeldet. Interessanterweise ist auch die Häufigkeitsverteilung für drei ausgewählte Fehler, deren Erfassung besonders verläßlich sein sollte, da sie nicht mit längerem Überleben vereinbar sind und stets schon in der Neugeborenenperiode deutliche Symptome zeigen, durchaus unterschiedlich. Bei der Gegenüberstellung der Daten für das hypoplastische Linksherzsyndrom, den Truncus arteriosus communis und die unkorrigierte Transposition finden sich starke Abweichungen zwischen den Zentren. In der Berichtsperiode wurden auch einige kleine kurzfristige Fallhäufungen in einzelnen Zentren beobachtet, die aber statistisch nicht gesichert waren und im einzelnen unerklärt blieben. Solche Schwankungen können sich in kleineren Serien besonders stark auswirken und erklären sicher mindestens einen Teil der in der Literatur berichteten Abweichungen.

II. Ursachen

1. Exogene Faktoren

Für die kausale und vor allem genetische Analyse ist es nötig, möglichst homogene Gruppen zu untersuchen. Bei der Untersuchung exogener Ursachen von Fehlbildungen kann man zur Gruppierung den Zeitpunkt der Schädigung oder den vermuteten Schädigungsmechanismus wählen. Beide sind für die Herz- und Gefäßfehlbildungen meist ungenügend bekannt oder nicht exakt festlegbar.

Als kritische Periode der Herzentwicklung wird von GOERTTLER (1963) der 20.–50. Tag p.c. angegeben und für die einzelnen Fehlbildungen weiter aufgeschlüsselt. NORA u. NORA (1984) nennen als kritische Zeit den 14.–60. Tag. Auf die generelle Schwierigkeit der Festlegung einer *kritischen Phase* in der Teratologie sind bereits LANDAUER (1954) und in neuerer Zeit MERKER (1988) näher eingegangen. Sie wird bestimmt durch den Wandel des Keims und der Empfindlichkeit seiner einzelnen Teile und Organanlagen. Dabei kann die kritische Phase schon sehr früh beginnen, weit eher als die ersten Zeichen der Entwicklung einer bestimmten Struktur zu erkennen sind. Auch kann es mehrere kritische Phasen geben, so daß von einer bestimmten Fehlbildung nicht immer auf eine einzige und bestimmte kritische Phase geschlossen werden kann. In der Praxis kommt dazu die beschränkte Zahl auswertbarer Fälle und die Unsicherheit der Berichte. Häufig hat eine Noxe längere Zeit eingewirkt, die Einnahme- und Dosisdaten eines

Medikaments sind unsicher, und auch der Beginn einer Krankheit ist oft nicht exakt zu datieren. Bei einer Viruskrankheit kann zwischen Infektion und sichtbarem Ausbruch (Exanthem) eine unterschiedlich lange, nicht immer bekannte Inkubationszeit liegen. Abhängig vom Wirkungsmechanismus kann sich eine Zuordnung eines beobachteten Fehlers zu zeitlich unterschiedlichen kritischen Phasen ergeben.

2. Viruserkrankungen

Mit am besten untersucht und definiert ist die *Rubeolenembryofetopathie*. Die Häufigkeit von Fehlbildungen insgesamt und von Herzfehlern insbesondere nach Erkrankung der Mutter in der frühen Schwangerschaft zeigte sich in verschiedenen Epidemien unterschiedlich. Das könnte am jeweiligen Virusstamm gelegen haben, könnte aber durchaus auch durch die Art der Erfassung beeinflußt worden sein, durch Unsicherheiten der Diagnose oder der Gestationsaltersbestimmung und vielleicht auch die Immunitätslage der betroffenen Mütter.

TÖNDURY u. SMITH (1966) fanden in einer frühen Untersuchung in der Schweiz bei Erkrankung der Mütter in den ersten 4 Wochen der Gravidität nach induziertem Abort bei 65% der Feten Herz- oder Gefäßanomalien, bei Erkrankung in der 4.–8. Woche bei 45% und in der 8.–11. Woche bei 3 von 6 Feten. Als häufigster Typ der Fehlbildung bei Rötelnembryopathie wird in einer Zusammenstellung von 12 Serien von PEXIEDER (1986) der offene Ductus Botalli genannt vor der Pulmonalstenose und der valvulären Pulmonalstenose. CAMPBELL (1961 b) vermerkt an erster Stelle den persistierenden Ductus Botalli, vielfach in Kombination mit dem Ventrikelseptumdefekt, und an zweiter Stelle den Ventrikelseptumdefekt. Wie hoch der Anteil der durch Rubeolen in der Frühschwangerschaft verursachten Herz- und Gefäßfehler an allen angeborenen Angiokardiopathien ist, ist nicht genau bekannt. Ältere Schätzungen liegen zwischen 1,2 und 8%. Der letztgenannte Wert war auch damals wahrscheinlich zu hoch, besser fundiert erschienen Angaben von 2–3% (CAMPBELL 1961 b). Die Zahlen mußten auch in den verschiedenen Kollektiven abhängig von der epidemiologischen und der Immunitätssituation stark schwanken (EMERIT et al. 1967). Mit der Verbreitung der Rötelnschutzimpfung einerseits und dem bei Nachweis von Röteln in der frühen Schwangerschaft oft durchgeführten Schwangerschaftsabbruch andererseits ist dieser Anteil weiter stark zurückgegangen.

Die Bedeutung anderer Viruserkrankungen in der Schwangerschaft für angeborene Angiokardiopathien ist nicht bewiesen und wahrscheinlich zumindest sehr gering. Das gleiche gilt für bakterielle Infekte. Eine in einigen Serien beobachtete saisonal unterschiedliche Häufigkeit angeborener Herzfehler wurde als indirekter Hinweis auf die Bedeutung von Infektionskrankheiten in deren Ätiologie betrachtet (RUTSTEIN et al. 1952; LANDTMAN 1965), war aber statistisch nicht gesichert und fand auch später keine unabhängige Bestätigung.

3. Medikamente und andere Noxen

Nach experimentellen Beobachtungen war es wahrscheinlich, daß auch Medikamente in der Frühschwangerschaft Herzfehlbildungen verursachen könnten. Eine der Substanzen mit gesicherter starker teratogener Wirkung ist das

Tabelle 2. Einzelbeobachtungen von Herz- und Gefäßfehlbildungen nach Thalidomideinnahme der Mutter zu bekannter Zeit in der Gravidität. (Nach KREIPE 1967; gekürzt aus FUHRMANN 1972b)

Herz- und Gefäßmißbildung	Zeitraum der Thalidomideinnahme
Offener Ductus art. Botalli	26., 29., 30., 31., 33., 35., 36., 37. Tag p.m. je 1 Tabl. Contergan forte
Cor biloculare. Hypoplasie der Aorta	Contergan forte am 35. Tag, am 40. Tag 4 Tabl., weiter gelegentlich
Offener Ductus art. Botalli. Herzvergrößerung. Knotige Fibrose der Pulmonalklappen. Geringgradige Aortenisthmusstenose	Contergan forte ab 38. Tag p.m.
Hochsitzender VSD und Truncus communis	Conterganverordnung vom 41. Tag p.m.
Zwilling I Fallotsche Tetralogie. Agenesie des Ductus art. Botalli Zwilling II ohne Herz- und Gefäßfehlbildung	Verordnung von Contergansaft ab 41. Tag p.m.
Vorhofseptumdefekt	Contergan am 41., 43., 44. Tag
Fallotsche Tetralogie. Agenesie des Ductus art. Botalli	ab 43. Tag p.m. tägl. 1 Tabl. Contergan forte
Vorhofseptumdefekt	Conterganverordnung am 44. Tag p.m.
Transposition der großen Gefäße. Ventrikelseptumdefekt. Weit offener Ductus art. Botalli	am 45., 46., 47. Tag p.m. je eine Tabl. Contergan
Ventrikelseptumdefekt	zwischen 35. und 54. Tag p.m. dreimal je 50 mg Thalidomid
Vorhof- und Ventrikelseptumdefekt. Reitende Aorta	am 44. Tag p.m. 250 mg Thalidomid

Thalidomid. Bei ⅔ alle sezierten Kinder mit den charakteristischen Extremitätenmißbildungen fanden sich auch kardiovaskuläre Fehlbildungen. Die Tabelle 2 faßt Einzelbeobachtungen von Herz- und Gefäßfehlbildungen nach Thalidomideinnahme der Mutter zu bekannten Zeiten in der Gravidität zusammen (nach Angabe von KREIPE 1967, gekürzt aus FUHRMANN 1972b). Das Gestationsalter ist hier nach dem ersten Tag der letzten Periode angegeben.

Die Tabelle 3 führt die wichtigsten bekannten exogenen Faktoren bei der Entstehung angeborener Angiokardiopathien auf. Dabei muß betont werden, daß die Liste unvollständig ist und keiner der genannten Faktoren für sich allein regelmäßig zu Herzfehlbildungen führt oder einen bestimmten Fehlbildungstyp induziert. Am ehesten wäre hier noch bezüglich der Regelmäßigkeit bei zeitgerechter Einwirkung auf die Rötelnembryofetopathie und das Thalidomid zu verweisen. Hinsichtlich des bevorzugten Auftretens eines speziellen Fehlbildungstyps ist der (ungesicherte) Zusammenhang zwischen überhöhten Dosen von Vitamin D und der supravalvulären Aortenstenose sowie der von mehreren Autoren gefundene Zusammenhang eines mütterlichen Diabetes mit Fehlbildungen des

Tabelle 3. Exogene Faktoren in der Entstehung von angeborenen Angiokardiopathien; (Nach Daten von PEXIEDER 1986; SHEPARD 1986; BRUYERE et al. 1987, gekürzt und ergänzt)

Gesichert:	Häufiger beobachteter Fehlertyp
Alkohol in höherer Dosis	VSD, ASD, FT
Antikonvulsiva (Valproinsäure)	VSD, ASD, FT
Diabetes	VSD, Coarc., TGA, DORV, Konus-Truncus-Fehlbildung
Lithium	?
Röteln	PDA, VSD, PS, PVS
Thalidomid	VSD, ASD, PDA, FT, TA, TGA
Wahrscheinlich/möglich:	
Kokain	?
Hyperphenylalaninämie der Mutter	PDA, VSD, FT
Retinoide	Konus-Truncus-, Aortenbogen-Fehlbildung
Toxoplasmose	VSD
Vitmin D, ? in höherer Dosis	supravalv. Aortenstenose

ASD Vorhofseptumdefekt, *VSD* Ventrikelseptumdefekt, *FT* Fallotsche Tetralogie, *PS* Pulmonalstenose, *PVS* Pulmonalklappenstenose, *PDA* Persistierender Ductus art. Botalli, *TGA* Transposition der großen Gefäße, *TA* Trikuspidalatresie, *Coarc.* Aortenisthmusstenose, *DORV* Double outlet right ventricle.

Konus-Truncus-Typs zu erwähnen (FERENCZ et al. 1990). In den meisten Fällen ist die Beziehung aber locker und den exogenen Faktoren eher eine Funktion als Teilursache oder auslösender Faktor zuzuweisen. Bei schlecht eingestelltem Diabetes einer Schwangeren sind auch andere Fehlbildungen häufiger. Neben den in den Tabellen aufgeführten Noxen wurden zahlreiche andere Medikamente und sonstige Faktoren verdächtigt, ohne daß deren ursächliche Bedeutung bestätigt oder auch nur wahrscheinlich gemacht werden konnte (s. u. a. TIKKANEN u. HEINONEN 1991). Nicht bestätigt wurde insbesondere auch der Verdacht, daß nach Behandlung mit Steroidhormonen vor oder in der Frühschwangerschaft Herz- und Gefäßfehlbildungen beim Kind vermehrt aufträten (JANERICH 1977; FERENCZ et al. 1980). Insgesamt haben erkennbare exogene Faktoren einen nur geringen Anteil an der Entstehung angeborener Angiokardiopathien, über deren möglicherweise stärkere Wirkung bei kombinierter Exposition wissen wir aber sehr wenig.

Die Häufigkeit von angeborenen Angiokardiopathien ist unabhängig vom Alter der Mütter. Eine Zunahme mit steigendem mütterlichen Alter ist allein in der Gruppe der Kinder mit Chromosomenanomalien, speziell mit Trisomien, zu beobachten und ist hier ein sekundäres Phänomen.

4. Angeborene Angiokardiopathien bei Chromosomenanomalien

40–50% aller Kinder mit einem Down-Syndrom haben einen angeborenen Herzfehler, Mädchen häufiger als Jungen. TUBMAN et al. (1991) untersuchten alle in Nordirland in den Jahren 1987–1989 lebend geborenen Kinder mit Down-Syndrom gezielt kardiologisch, einschließlich Röntgenaufnahme des Thorax,

Tabelle 4. Mit einigen Chromosomenanomalien häufiger assoziierte kongenitale Angiokardiopathien. (Nach BRUYERE et al. 1987, gekürzt und geändert)

Chromosomenanomalien	Kongenitale Angiokardiopathie	
	Häufigkeit %	Häufiger Typ
Trisomie 21	40–50	Endokardkissendefekt AV-Kanal, VSD, ASD, PDA
Trisomie 18	99	VSD, PDA, PS
Trisomie 13	80–90	VSD, ASD, PDA, Double outlet right ventricle
Trisomie 9	>50	VSD. Coarc., Double outlet right ventricle
Trisomie 22	60–70	ASD, VSD, PDA
part. Trisomie 22	30–40	komplexe Fehlbildungen
del (4p)	40–50	ASD, VSD, PDA
del (5p)	20–25	VSD, PDA
del (13q)	10–25	VSD
del (14q)	>50	PDA, ASD, FT
del (18q)	<50	VSD
45, X	30–35	AS, PS, Coarc., ASD
49, XXXXY	15	PDA

Abkürzungen s. Tabelle 3.

EKG und Echokardiographie. Sie fanden unter 81 so erfaßten Säuglingen, 34 (42%) mit angeborenen Herz- oder Gefäßfehlern. In Übereinstimmung mit anderen Serien war der häufigste Fehler der Canalis atrioventricularis communis (38%), gefolgt vom Vorhofdefekt vom Secundumtyp (20%), dem isolierten persistierenden Ductus Botalli (18%) und dem isolierten Ventrikelseptumdefekt (15%). Der Rest (9%) betraf komplexere Fehler. Auch FERENCZ et al. (1991) fanden beim Down-Syndrom weit überwiegend Fehler vom Typ des Endokardkissendefekts und keine der Drehungsphase zuzuordnenden Defekte (z. B. Transposition).

Noch häufiger als bei der Trisomie 21 finden sich angeborene Herzfehler bei Trisomie 13, 18 und 22 mit einem ähnlichen Spektrum. Die Tabelle 4 gibt eine Übersicht über angeborene Angiokardiopathien bei einigen häufiger beobachteten Chromosomenanomalien. Auch die Analyse von assoziierten Angiokardiopathien bei begrenzten strukturellen Chromosomenanomalien ergab bisher keine Hinweise auf die spezielle Lokalisation einzelner, für den Herzfehler maßgebender Gene (TILLER et al. 1988; ROSKES et al. 1990).

Untersucht man andererseits ein größeres Kollektiv von Patienten mit angeborenen Angiokardiopathien, so findet sich nur bei einem kleinen Teil der Fälle eine Chromosomenanomalie. Wiederum hängen die Zahlen entscheidend von der Zusammensetzung des jeweiligen Ausgangskollektivs ab. Während allgemein etwa 5% geschätzt werden, ergab sich in der BWIS (Baltimore Washington Infant Study) bei Lebendgeborenen ein Anteil von 12% (FERENCZ et al. 1991). Die Beobachtung der Herzfehlbildungen bei Chromosomenanomalien kann uns einige allgemein wichtige Hinweise geben:

Zusätzlich vorhandenes normales Chromosomenmaterial kann, neben anderen Dysmorphien, zu Störungen der Herz- und Gefäßentwicklung führen. Dieser Effekt kann aber bei gleichem Chromosomenbild auch ausbleiben. Es ist unbekannt, welche Faktoren des genetisches Hintergrundes, der Umwelt im weitesten Sinne (maternales Umfeld?) oder des Zufalls darüber entscheiden.

Zusätzliches Chromosomenmaterial von sehr unterschiedlichen Chromosomen kann zu gleichen Herzfehlbildungen führen und Überschuß von strukturell gleich erscheinendem Chromosomenmaterial bzw. gleichen Chromosomen kann sehr unterschiedliche Herzfehler verursachen.

Prinzipiell gleiche Störungen können auch mit dem Verlust von Chromosomen oder deren Teilen verbunden sein.

Wie für die meisten anderen mit Chromosomenanomalien assoziierten Dysmorphien ist der Entstehungsmechanismus ungeklärt. Angebotene Erklärungen sind Störungen der genetischen Balance oder Regulationsstörungen, sie sind aber sicher zu allgemein und im einzelnen nicht belegbar oder nachprüfbar.

5. Angeborene Herzfehler im Rahmen von Syndromen und monogen bedingten Krankheiten

Eine größere Zahl von Syndromen unklarer genetischer oder exogener Ätiologie sind häufig mit Herz- und Gefäßmißbildungen vergesellschaftet. Mitunter ist auch die Herzmißbildung charakteristischer Bestandteile des Symptomenspektrums eines Syndroms und kann als Ausdruck der pleiotropen Wirkung eines Gens aufgefaßt werden. Eine Auswahl häufigerer Assoziationen ist in der Tabelle 5 aufgeführt. Die Zahl könnte wesentlich vergrößert werden, wollte man auch Syndrome mit nur gelegentlicher Assoziation mit angeborenen Angiokardiopathien aufnehmen. Nicht eingeschlossen sind hier Herz- und Gefäßveränderungen, die nicht als angeborene Fehlbildung zu klassifizieren sind, oder Anomalien, die eine erkennbare Folge einer das Syndrom charakterisierenden anderen Grundstörung sind, wie z. B. Klappenfehler bei der Mukopolysaccharidose als Folge der Mukopolysaccharidspeicherung in den Geweben oder Klappenfehler und Aneurysma beim Marfan-Syndrom und Ehlers-Danlos-Syndrom als Ausdruck der erblichen Bindegewebsanomalie.

Auch diese Auflistung zeigt, daß ganz verschiedene Gene neben anderen Auswirkungen auch zu Herz- und Gefäßfehlbildungen führen können, daß deren Expressivität variabel und daß deren Manifestation von weiteren Faktoren abhängig ist. Auch bei Syndromen mit unbekannter, möglicherweise nicht-genetischer Grundlage findet sich kein Anhalt für die Annahme, daß die extrakardialen Anomalien und der assoziierte Herzfehler etwa nur aufgrund einer gleichen oder überschneidenden „kritischen Phase" entstehen. In der BWIS zeigten 7% der Kinder mit angeborenen Angiokardiopathien weitere syndromhafte Fehlbildungen.

6. Mechanistische Grundvorstellungen zur Entstehung von angeborenen Herz- und Gefäßfehlbildungen

Während zunehmend Hinweise auf bestimmte genetische oder exogene Faktoren identifiziert wurden, die an der Entstehung angeborener Herzfehler

Tabelle 5. Assoziation von angeborenen Angiokardiopathien mit definierten Syndromen

Syndrom	Häufigere Herz- oder Gefäßfehlbildungen	Ätiologie Erbgang
Aase-Syndrom	VSD	?
Arteriohepatische Dysplasie, Alagille-Syndrom	Periphere PST, VSD, ASD, FT	a.d.?
Carpenter-Syndrom	PDA, VSD, PS, TGA	a.r.
Charge-Assoziation	TF, PDA, Double outlet right ventricle, AV-Kanal, VSD, ASD, rechtsläufige Aorta	?
Child-Syndrom	Septumdefekte, Single ventricle	?
Chondroektodermale Dysplasie	ASD	a.r.
DiGeorge-Sequenz	Aortenbogenanomalie, VSD, PDA, FT	?
Ellis van Creveld-Syndrom	ASD	a.r.
Holt-Oram-Syndrom	ASD, VSD	a.d.
Kartagener-Syndrom	Situs inversus, Septumdefekte	a.r.
Multiple Lentigenes-Syndrom	PST, hypotroph. obstrukt. Kardiomyopathie	a.d.
Noonan-Syndrom	PVS, periphere PS, Septumdefekte, PDA	a.d.?
Pallister-Hall-Syndrom	Endokardkissendefekt	?
Radiusaplasie/Thrombozytopenie-(TAR)-Syndrom	verschiedene	a.r.
Rubinstein-Taybi-Syndrom	VSD, PDA	?
Kurzrippen-Polydaktylie-Syndrom non-Majewski-Typ	verschiedene	a.r.
Shprintzen-Syndrom	VSD, FT, rechtsl. Aortenbogen	a.d.
Vater Assoziation	VSD u.a.	?
Williams-Syndrom	supravalv. AS, periph. PS, PVS, VSD ASD u.a.	?

a.r. autosomal-rezessiv, *a.d.* autosomal-dominant.

beteiligt sind, ist die Aufklärung der entwicklungsmechanischen Grundlagen nur langsam vorangekommen.

Der komplizierte Ablauf der Entwicklung des Herzens, das schon sehr früh, etwa vom 22. Tag der Embryonalentwicklung an, mechanische Arbeit leistet, legt es nahe, viele angeborene Herzfehler und evtl. auch Begleitfehlbildungen als Teil einer *Fehlbildungssequenz* zu deuten. Von einer Fehlbildungssequenz spricht man, wenn alle Anomalien eines Patienten auf eine einzige frühe Störung der Morphogenese, z.B. einen umschriebenen Gewebsdefekt, zurückzuführen sind, die eine Kaskade von sekundären Defekten auslöst. Im Rahmen solcher Fehlbildungssequenzen können unterschiedlich schwere Anomalien auftreten. Auf den sequentiellen Ablauf der normalen Entwicklung des Herzens und der großen Gefäße und die daraus folgenden Vorstellungen über die Entstehung von Anomalien wird an anderer Stelle dieses Werkes näher eingegangen (s. 6. Kap.).

In diesem Zusammenhang ist auch das *Konzept des Entwicklungsfelddefektes* zu diskutieren. Zurückgehend auf die klassischen, von SPEMANN et al. (1924) und SPEMANN (1936) begründeten Experimente definierten OPITZ (1979, 1982) und OPITZ et al. (1979), OPITZ u. GILBERT (1982) ein Entwicklungsfeld als einen Teil oder Bezirk eines Embryos, in dem die Entwicklungsprozesse komplizierter Strukturen kontrolliert, räumlich geordnet und zeitlich synchronisiert werden. Die Entwicklung innerhalb eines Entwicklungsfeldes verläuft „epimorphisch" hierarchisch, d. h. sequentiell von weniger zu stärker komplizierten Stadien der Organentwicklung. OPITZ unterscheidet eng zusammenhängende „monotope" Felder von anderen, deren beteiligte Strukturen weiter auseinander gelegen sein können, „polytope" Felder. Als Hinweise für das Vorliegen eines Entwicklungsfelddefekts betrachtet er das Auftreten anatomisch gleicher Fehlbildungen bei zwei oder mehr Fehlbildungskomplexen verschiedener Ursache oder auch die Verursachung der gleichen Fehlbildung durch das gleiche Teratogen bei zwei oder mehr verschiedenen Spezies. Weitere Hinweise werden abgeleitet vom Entstehen einer gleichen Fehlbildung in mehreren Spezies durch Mutation und aus der vergleichenden Anatomie und Embryologie.

Das Herz wurde von OPITZ und später anderen Autoren einem eher vage abgegrenzten Mittellinienfeld zugeordnet, dem neben angeborenen Herzfehlbildungen u. a. auch verschiedene Fehlbildungen des Zentralnervensystems, die Lippen-, Kiefer-, Gaumen- und Gesichtsspalten, die Omphalozele, Ektopien und der imperforierte Anus zugerechnet werden. Gut in dieses Konzept paßt auch das häufigere gemeinsame Auftreten von aberrierenden Bronchi und kardiovaskulären Fehlbildungen (EVANS 1990).

Besonders einleuchtend als Erklärungsprinzip erscheint das gestörte Mittellinienfeld für die Kombination von Dextrokardie mit und ohne weitere Herzfehlbildungen, Situs inversus, Asplenie oder Polysplenie (ZLOTOGORA et al. 1987; DISTEFANO et al. 1987; MATHIAS et al. 1987). Als Grunddefekt wird hier die gestörte Lateralisation angesehen. MATHIAS et al. sprechen von einer Lateralisationssequenz. Diese Anomalie wurde sporadisch, aber auch mit autosomal rezessivem, autosomal dominantem und schließlich x-chromosomal rezessivem Erbgang beschrieben. Eine entsprechende Beobachtung bei der Maus publizierte LAYTON (1978).

7. Isolierte angeborene Herz- und Gefäßfehlbildungen

Herzfehler als Folge exogener Noxen, als Teil eines Syndroms oder im Symptomenspektrum von Chromosomenanomalien machen nur einen kleineren Teil dieser heterogenen Gruppe von Fehlbildungen aus, je nach Art und Alter des Ausgangskollektivs wahrscheinlich weniger als 10%. Auch die verbleibende große Gruppe der isolierten Herzfehlbildungen ist heterogen.

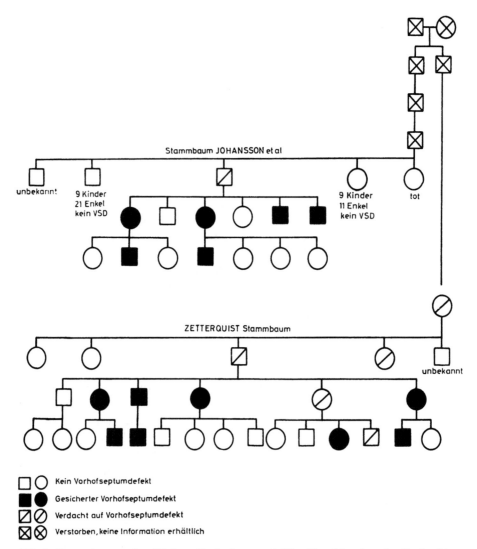

Abb. 1. Stammbaum mit erblichem Vorhofseptumdefekt, Kombination der Beobachtungen von ZETTERQVIST 1960 und JOHANSSON u. SIEVERS 1967. (Nach JOHANSSON u. SIEVERS 1967)

Einige große Stammbäume und Familienbeobachtungen deuten für den Einzelfall auf *Mendelschen Erbgang* hin. Die Abb. 1–5 geben einzelne Beispiele bemerkenswerter Beobachtungen wieder. Mehrere große Stammbäume (Abb. 1, 2) geben überzeugende Hinweise auf autosomal dominante Vererbung eines Vorhofseptumdefekts vom Secundumtyp. Weitere ähnliche Stammbäume wurden u. a. von LI VOLTI et al. (1991) publiziert. Auch für diesen Fehlbildungstyp ist monogener Erbgang aber die Ausnahme und trifft für wahrscheinlich höchstens 2% der Betroffenen zu (BOROW u. KARP 1990). Die in den Abb. 3–5 wiedergegebenen Beobachtungen mit betroffenen Geschwistern, aber keinem Auftreten des Merkmals in auf- oder absteigender Linie, sprechen eher für autosomal-rezessiven

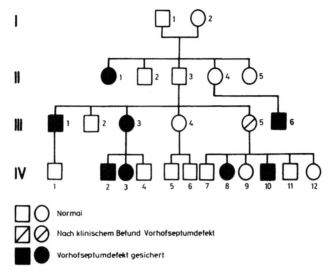

Abb. 2. Vorhofseptumdefekt in mehreren Generationen. (Nach ZUCKERMAN et al. 1962)

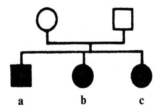

Abb. 3. Beobachtungen von SPAHN (1964). **a** Hochsitzender Ventrikelseptumdefekt, Aortenisthmusstenose und offener Ductus Botalli. **b** Hochsitzender Ventrikelseptumdefekt, Vorhofseptumdefekt, Dextroposition der Aorta und offener Ductus Botalli. **c** Hochsitzender Ventrikelseptumdefekt, Vorhofseptumdefekt, und offener Ductus Botalli. Bei allen drei Geschwistern wurde die Diagnose durch Obduktion gesichert

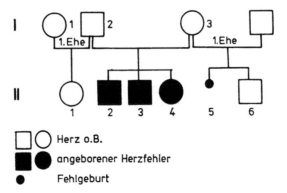

Abb. 4. Familienbeobachtung von M. H. PAUL, Chicago (pers. Mittlg.):
II,2 angeborener Herzfehler, Typ unbekannt. Im Alter von 1 Jahr verstorben.
II,3 Transposition der großen Gefäße. Ventrikelseptumdefekt (Autopsie).
II,4 Transposition der großen Gefäße, Ventrikelseptumdefekt, reitende Aorta (Autopsie)

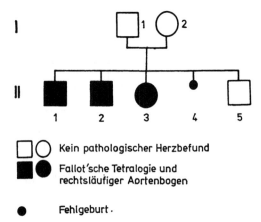

Abb. 5. Gehäuftes Auftreten von Fallotscher Tetralogie und rechtsläufigem Aortenbogen in einer Familie. (M. H. PAUL, Chicago, pers. Mittlg; FUHRMANN 1968a)

Erbgang. Hervorstechend ist hier die besondere Ähnlichkeit der Merkmalskombination und Ausprägung innerhalb der jeweiligen Geschwisterschaft.

Eine der Abb. 4 entsprechende Situation beschrieben auch PANKAU et al. (1990b). Drei Geschwister, ein Mädchen und zwei Jungen, hatten eine Fallotsche Tetralogie, beide Jungen zusammen mit einem rechtsläufigen Aortenbogen. FRIEDBERG (1974) beschrieb eine Familie mit Fallotscher Tetralogie und rechtsläufiger Aorta in drei aufeinanderfolgenden Generationen. Dem rechtsläufigen Aortenbogen ist aber wohl keine besondere Bedeutung zuzumessen, da er bei 25 % der Patienten mit Fallotscher Tetralogie gefunden wird (RAO et al. 1971; REES u. SOMMERVILLE 1969).

Eine in diesem Zusammenhang interessante Beobachtung wurde mir von TER HAAR (1976) und BEEMER (1979) mitgeteilt. Ein wegen einer Fallotschen Tetralogie erfolgreich operierter Mann heiratete eine wegen eines gleichen Fehlers operierte Frau. Ihr erstes Kind, ein Mädchen, hatte eine Pulmonalatresie und einen Ventrikelseptumdefekt. Ein solches Ereignis könnte monogen, sowohl autosomalrezessiv wie dominant, erklärt werden, entspräche aber auch der Voraussage beim multifaktoriellen Modell, wobei die Ähnlichkeit des resultierenden Fehlers mit der Annahme der Beteiligung einzelner spezifisch wirkender Gene zu erklären wäre. Solange keine ausreichende Erfahrung mit ähnlich gelagerten Fällen verfügbar ist, ist keine zuverlässige Einschätzung der Risiken möglich.

Es fällt auf, daß gerade die Fallotsche Tetralogie allein oder in Kombination mit anderen, auch nicht-kardialen Fehlbildungen familiär gehäuft, dann meist mit einer formal dem autosomal-rezessiven Erbgang entsprechenden Verteilung beschrieben wird. So publizierten CHEN u. D'SOUZA (1990) den Fall einer Mutter mit Glaukom, deren drei Töchter alle ein Glaukom und eine Fallotsche Tetralogie aufwiesen, wobei das Zusammentreffen mit dem Glaukom zufällig sein könnte. Der KALOUSTIAN et al. (1985) berichteten über 2 Schwestern aus einer Vetternehe ersten Grades mit anatomisch identischer Fallotscher Tetralogie und Pulmonalklappenatresie. FARAG u. TEEBI (1990) beschrieben 3 Brüder aus einer konsanguinen Ehe mit Fallotscher Tetralogie in Kombination mit Hypertelorismus und Hypospadie. Der Vater hatte ebenfalls Hypertelorismus und eine weitere weibliche Verwandte aus ebenfalls konsanguiner Ehe hatte die Kombination von Hypertelorismus und Fallotscher Tetralogie. Hier wäre an ein Zusammentreffen der Herzfehlbildung mit dem Hypertelorismus-Hypospadie-Syndrom von OPITZ zu denken. JONES u. WALDMAN (1985) beschrieben eine Familie, in der 9 Individuen in drei Generationen ein auffallendes Gesicht, präaurikuläre „pits", Klinodaktylie und drei zusätzlich eine Fallotsche Tetralogie aufwiesen.

Wieweit solche Beobachtungen als Hinweis auf spezielle Gene aufzufassen oder richtiger als zufälliges Zusammentreffen verschiedener Anlagen oder als Sondersituationen im größeren Rahmen einer multifaktoriellen Bedingtheit zu erklären sind, bleibt offen. Berücksichtigt man die Häufigkeit von angeborenen Herzfehlern insgesamt und die wirksame Interessantheitsauslese, so könnten entsprechende Einzelbeobachtungen sowohl bei Annahme eines multifaktoriellen Systems wie auch bei monogenem Hintergrund zustande kommen. Ihr Wert liegt darin, daß sie auf mögliche spezielle Zusammenhänge hinweisen, die an größeren, systematisch erfaßten Serien überprüft werden müssen.

In dem Bestreben, entwicklungsmechanisch zusammengehörige Fehler in einer größeren Gruppe zusammenzuführen, faßten VAN PRAAGH u. VAN PRAAGH (1965) und PIERPONT et al. (1988) den Truncus arteriosus communis, die Transposition der großen Gefäße, den „Double outlet right ventricle" und die Fallotsche Tetralogie als Konus-Truncus-Fehlbildungen zusammen. Beobachtungen beim Tier an Zuchtlinien stützten diese Auffassung. REIN et al. (1990) publizierten eine größere Sippe, in der Fehlbildungen aus diesem Spektrum bei Geschwistern und zwei entfernteren Verwandten, jeweils aus Verwandtenehen, auftraten. Ein autosomal rezessiver Erbgang wird diskutiert und die Angabe höherer Wiederholungsrisiken bei der Beratung von Patienten aus dieser Gruppe empfohlen.

Größere ältere Untersuchungen behandelten meist die *Gesamtgruppe der isolierten Angiokardiopathien* gemeinsam, allenfalls unter Ausschluß offenbarer Sondersituationen. Dadurch war das Kollektiv für die Auswertung größer. Das Vorgehen wurde auch dadurch gerechtfertigt, daß bei Geschwistern und anderen nahen Verwandten (Eltern, Kinder) bevorzugt gleiche oder in der Entstehung ähnliche Fehler angetroffen wurden (u.a. FUHRMANN 1962b, 1972a). Die Wertung als morphogenetisch und pathogenetisch ähnlich war bei nicht anatomisch gleichem Fehler allerdings in gewissem Umfang von der jeweiligen Vorstellung der Entstehungsgeschichte der betreffenden Fehler abhängig.

Immerhin stimmten die meisten Serien, die auch die körperliche Untersuchung der betreffenden Verwandten einschlossen, in den Angaben über das Wiederholungsrisiko für angeborene Herz- und Gefäßfehlbildungen bei Verwandten überein. Nach der Geburt eines Kindes mit angeborener Angiokardiopathie ergab sich für jedes weitere Kind der Eltern ein mittleres Risiko von 1,5–4,0%, nach zwei betroffenen Kindern wurde das Risiko mit 5,5–8% ermittelt (FUHRMANN 1962a, b; 1968a).

Mit verbesserter Therapiemöglichkeit kamen auch zunehmend Kinder von Patienten mit einer Herzfehlbildung zur Beobachtung, wobei diese Gruppe allerdings besonderen Auslesebedingungen unterliegt. Hier ergab sich in mehreren Serien ein mäßig bis deutlich höheres Risiko als für Geschwister. ROSE et al. (1985) fanden bei 8,8% der Kinder von 219 Probanden mit ausgewählten angeborenen Herzfehlern wiederum klinisch relevante Fehler. Dieser auffallend hohe Wert könnte mindestens z. T. durch den Einschluß von Probanden mit Vorhofseptumdefekt oder Dextrokardie beeinflußt sein. WHITTEMORE (1986) ermittelte prospektiv bei den Kindern von Patientinnen mit angeborenen Herzfehlern (nach Ausschluß von bekannten Syndromen) eine Wiederholungswahrscheinlichkeit von 13%. Die Zahlen für bestimmte Herzfehlertypen variieren stark. Sie verdreifachen sich, wenn nicht nur ein Elternteil betroffen ist sondern beide oder wenn ein Elternteil und ein Kind bereits einen angeborenen Herzfehler aufweisen (LIN u. GARVER 1988).

Auffallend ist die von mehreren Autoren gemachte Beobachtung, daß Kinder von Müttern mit angeborenen Herzfehlern häufiger selbst einen derartigen Fehler hatten, als Kinder von betroffenen Vätern (WHITTEMORE 1986; WHITTEMORE et al. 1982; NORA u. NORA 1984, 1987, 1988; CZEIZEL 1984; BOUGHMAN et al. 1987). Wenn sich das an größeren Serien bestätigte, wäre zu prüfen, ob dieser Effekt auf mütterliche Faktoren im Sinne des intrauterinen Umfelds oder auf spezielle genetische Mechanismen zu beziehen ist. NORA u. NORA (1987) diskutierten auf dieser Basis die mögliche Bedeutung cytoplasmatischer Vererbung. Eine größere Untersuchung von WHITTEMORE et al. (1988) ergab jedoch keinen signifikanten Unterschied zwischen der Häufigkeit angeborener Angiokardiopathien bei Kindern selbst betroffener Männer oder Frauen.

Da Kinder von Eltern, die selbst einen angeborenen Herzfehler haben, häufiger ebenfalls wieder eine solche Fehlbildung zeigen und da durch die Erfolge der Herzchirurgie zunehmend mehr Patienten Eltern werden können, muß das auf längere Sicht zu einer Zunahme der Häufigkeit solcher Fehlbildungen in der Bevölkerung führen. Dieser Anstieg wird aber relativ gering sein. Solange trotz aller Therapie die durchschnittliche Lebenserwartung und Fortpflanzungsrate der Träger einer solchen Anomalie vermindert ist, wird sich ein neues Gleichgewicht auf etwas höherer Ebene einstellen (FUHRMANN 1975).

Da die Gruppe der Kinder mit Herzfehlern offenbar heterogen ist, versuchte man zunächst, sie in größeren Serien für die häufigeren Fehlertypen *nach der anatomischen Diagnose* zu differenzieren. Die Tabellen 6 und 7 geben die Zahlen für einige größere Gruppen wieder, die heute auch der Beratung zugrundegelegt werden. Dabei wird oft nicht beachtet, daß die kleinen Einzelgruppen entsprechend große Vertrauensintervalle bedingen und deshalb die voneinander abweichenden Risikoziffern für unterschiedliche Fehler nicht überbewertet werden dürfen.

Ein deutliches Beispiel für die notwenige Kritik sind die unterschiedlichen publizierten Zahlen für das Risiko für Geschwister von Patienten mit einer hypoplastischen Linksherzfehlbildung zwischen 0,5% für den anatomisch entsprechenden Fehler und 2,0–13,0% für Herzfehler überhaupt (NORA u. NORA 1978; BOUGHMAN et al. 1987), in einzelnen Publikationen sogar 25% (SHOKEIR 1971). Diese Diskrepanz deutet eher auf Heterogenität innerhalb der unter dieser Bezeichnung zusammengefaßten Gruppe hin.

Eine neuere *Einteilung* und Gruppenbildung nach entwicklungsgeschichtlichen und „mechanistischen" Vorstellungen (VAN PRAAGH et al. 1980; CLARK 1986) wurde von BOUGHMAN et al. (1987) zugrunde gelegt. Die Autoren analysierten 1031 Probanden mit angeborenen Herzfehlern aus der BWIS mit vollständiger

Tabelle 6. Wiederholungsrisiko für Geschwister für angeborene Herzfehler allgemein. Kombinierte Daten in zwei Dekaden aus europäischen und nordamerikanischen Serien. (Nach NORA u. NORA 1988)

Fehler beim Probanden	1966–1975 Risiko %	1976–1985 Risiko %	Für die Beratung empfohlene Mittelwerte % nach 1 betroff. Geschwistern	nach 2 betroff. Geschwistern
Ventrikelseptumdefekt	2,9[a-c]	4,3[a]	3	10
offener Ductus art. Botalli	2,8[a-d]	3,2[a]	3	10
Vorhofseptumdefekt	2,9[a-c,e,f]	2,9[a]	2,5	8
Fallotsche Tetralogie	2,5[a-c]	2,8[a]	2,5	8
Pulmonalstenose	2,1[a-c]	2,0[a]	2	6
Aortenisthmusstenose	1,9[a-d]	1,8[a]	2	6
Aortenstenose	2,1[a-c,g]	2,0[a]	2	6
Transposition	1,4[a-c,h]	–	1,5	5
Endokardkissendefekt	2,9[a-c]	–	3	10
Fibroelastose	3,8[a,i]	–	4	12
Hypoplast. Linksherzsyndrom	2,2[a,j]	–	2	6
Trikuspidalatresie	1,0[a]	–	1	3
Ebstein-Anomalie	1,0[a]	–	1	3
Truncus	1,2[a]	–	1	3
Pulmonalatresie	1,3[a]	–	1	3

– bedeutet ungenügende Daten.
Autoren: [a] NORA 1968, 1978, 1983; [b] ANDERSEN 1976; [c] SANCHEZ-CASCOS 1978; [d] ZETTERQVIST 1972; [e] WILLIAMSON 1969; [f] JÖRGENSEN u. BEUREN 1971; [g] ZOETHOUT et al. 1964; [h] FUHRMANN 1968b; [i] CHEN et al. 1971; [j] HOLMES et al. 1972.

Tabelle 7. Wiederholungsrisiko für einen angeborenen Herzfehler, allgemein, für Kinder eines selbstbetroffenen Elternteils. (Nach NORA u. NORA 1988)

Fehler beim Probanden	Mutter Proband	Vater Proband
Aortenstenose	13–18	3
Vorhofseptumdefekt	4–4,5	1,5
Atrioventrikularkanal	14	1
Aortenisthmusstenose	4	2
offener Ductus art. Botalli	3,5–4	2,5
Pulmonalstenose	4–6,5	2
Fallotsche Tetralogie	2,5	1,5
Ventrikelseptumdefekt	6–10	2

Erfassung aller Lebendgeborenen mit angeborenen Herzfehlern. Tabelle 8 zeigt die Häufigkeit von angeborenen Herzfehlern bei Verwandten 1. Grades in dieser Studie. Bemerkenswert schien in dieser Serie eine größere Häufigkeit betroffener Verwandter 1. Grades in der Gruppe der als blutstromassoziiert eingestuften Fehler, „flow lesions", sowohl hinsichtlich der Häufigkeit betroffener Geschwister wie auch Eltern. Mütter zeigten häufiger ebenfalls einen angeborenen Herzfehler als Väter. In den Gruppen I und III–IV fanden sich keine betroffenen Verwandten. Einschränkend muß auf die erfassungsbedingte geringe Größe der einzelnen Klassen in dieser Studie verwiesen werden.

Tabelle 8. Häufigkeit von Herz- und Gefäßmißbildungen bei Verwandten ersten Grades von Probanden mit isolierten angeborenen Angiokardiopathien in der BWIS. (Nach BOUGHMAN et al. 1987)

Diagnosegruppe	Probanden N	Mütter (%)	Väter (%)	Geschwister (%)
I. Anomale Zellwanderung				
Truncus arteriosus	4	0/4	0/4	0/1
TGA	44	0/44	0/44	0/24
DORV	7	0/7	0/7	0/2
DORV mit PS	5	0/5	0/5	0/6
Fallotsche Tetralogie	42	0/42	0/42	0/22
A-P-Fenster	2	0/2	0/2	0
Typ B IAA	3	0/3	0/3	0/1
VSD (Typ I, subarteriell)	2	0/2	0/2	0/2
II. Blutstromassoziiert				
Hypoplast. Linksherz	50	0/50	0/50	5/38(13,5)
Aortenisthmusstenose	54	2/54(3,7)	1/54(1,9)	3/37(8,1)
Aortenklappenstenose	15	1/15(6,7)	0/15	0/12
Bicusp. Aortenklappe	16	1/16(6,2)	0/16	1/9(11,1)
Off. Ductus art. Botalli	22	0/22	0/22	1/13(7,7)
ASD, sek. Typ	61	2/61(3,3)	0/61	1/31(3,2)
Pulmonalklappenstenose	58	0/58	2/58(3,4)	3/33(9,1)
Pulmonalatresie	16	0/16	0/16	0/8
VSD (Typ II)	179	3/179(1,7)	1/179(0,6)	5/86(5,8)
III. Zelltod				
Ebstein-Anomalie	12	0/12	0/12	0/10
VSD (Typ IV, musk.)	24	0/24	0/24	0/9
IV. Extrazell. Matrixanomalie				
ECD	19	0/19	0/19	0/10
VSD (Typ III)	0			
V. Lokal. Wachstumsstörung				
TAPVR	15	0/15	0/15	0/12
PAPVR	2	0/2	0/2	0/1
Singulärer Vorhof	1	0/1	0/1	0/1
VI. Andere	63	0/63	1/63(1,6)	1037(2,8)

TGA Transposition der großen Gefäße, *DORV* Double outlet right ventricle, *PS* Pulmonalstenose. *A-P*-Fenster = Aortopulmonales Fenster, *IAA* unterbrochener Aortenbogen, *VSD* Ventrikelseptumdefekt, *ASD* Vorhofseptumdefekt, *ECD* Endokardkissendefekt, *TAPVR* komplette Lungenvenentransposition, *PAPVR* inkomplette Lungenvenentransposition.

Konkordanz der bei Verwandten gefundenen Fehler ist ein Hinweis auf gleiche Ursachen, in diesem Fall genetische Faktoren. In Übereinstimmung mit älteren Arbeiten (s. FUHRMANN 1962a, b; 1972) fand sich auch in der BWIS ganz überwiegend Konkordanz. Bei Gliederung nach anatomischer Diagnose bestand Konkordanz in 25–57%, bei Gliederung nach „mechanistischen" Kriterien betrug die Konkordanzrate für Mütter, Väter und Geschwister 88%, 50% und

94%. Nicht überraschend fanden die Autoren keine Konkordanz hinsichtlich des Schweregrades der Fehlbildung.

Zu beachten ist, daß die von BOUGHMAN et al. zugrunde gelegten Daten der BWIS auf Beobachtungen bei vorangegangenen Geschwistern beruhen, d.h. „precurrence rates" darstellen und nicht an Nachgeborenen gewonnen wurden („recurrence rates"). Wahrscheinlich gilt dies aber auch für die meisten anderen Serien, die darüber nicht ausdrücklich Auskunft geben. Im Vergleich finden sich bei betroffenen Eltern in der Regel weniger gravierende Fehler als bei betroffenen Kindern, was allein auslesebedingt zu erwarten ist.

8. Zwillingsstudien

Die Zwillingsmethode gestattet eine allgemeine Aussage über die Erblichkeit eines Merkmals ohne die Voraussetzung der Annahme eines bestimmten Erbgangs. Unter der (vereinfachenden) Grundannahme, daß eineiige Zwillinge (EZ) immer eine vollständig gleiche Genausstattung haben, können Unterschiede (Diskordanz) zwischen EZ nur auf unterschiedlichen Umweltfaktoren beruhen, während die Unterschiede bei zweieiigen Zwillingen (ZZ), mit durchschnittlich 50% gemeinsamer Gene, z.T. auf Umweltfaktoren und z.T. auf genetischen Faktoren beruhen. Unterschiede im Grad bzw. der Häufigkeit des Übereinstimmens (Konkordanz) bei EZ und ZZ können ein Urteil über den Anteil erlauben, den Erbanlagen und Umwelt an der Ausprägung eines Merkmals haben.

Die Zwillingsmethode ist in ihrer Aussagekraft oft überschätzt worden (FUHRMANN 1974a; BURN u. CORNEY 1984). Die Voraussetzung einer hinreichend großen, in bezug auf das untersuchte Merkmal auslesefrei erfaßten Serie mit gesicherter Einordnung der Paare als ein- oder zweieiig ist schwer zu erfüllen. Auch lassen sich nach neueren Erkenntnissen an den sonstigen Voraussetzungen gewisse Zweifel anmelden. Im Falle der angeborenen Herzfehler kommt hinzu, daß in manchen Zwillingsserien die Diagnose bei den Probanden und noch häufiger bei den Partnern nicht objektiv gesichert war. Diese Einwände gelten praktisch für alle publizierten Serien in der einen oder anderen Weise. Darüber hinaus gibt es grundsätzliche Einwände gegen die Verwendung der Zwillingsmethode bei Fehlbildungen allgemein, auf die PRICE bereits 1950 hinwies und die speziell für angeborene Herzfehler die Aussagekraft der Methode einschränken. Es wird vermutet, daß die Zwillingsbildung selbst auf verschiedenen Wegen die Entstehung von Fehlbildungen begünstigt und daß das bei EZ häufiger der Fall ist als bei ZZ. Damit ist zu erwarten, daß die Zwillingsmethode die Bedeutung genetischer Faktoren für angeborene Herzfehler systematisch unterschätzt. Hinweise für die Richtigkeit dieser Annahme sind das häufigere Auftreten von angeborenen Herzfehlern bei Zwillingen als bei Einlingen und deren größere Häufigkeit bei EZ als bei ZZ (BURN u. CORNEY 1984; LITTLE u. NEVIN 1989). Hier können die Transfusion über Gefäßanastomosen, die sich allerdings meist erst später ausbilden, oder andere Faktoren, z.B. auch die Lateralisation bzw. Spiegelbilddefekte, eine Rolle spielen. Auch mit diesen Einschränkungen bleibt aber eine häufigere Konkordanz bei EZ als bei ZZ als Hinweis auf Erbgrundlagen bestehen. Nach Daten aus 5 auslesefreien älteren Serien war die Konkordanzrate, bezogen auf das Vorliegen oder Fehlen eines angeborenen Herzfehlers, bei EZ mit

15,2 ± 4,4% etwa 4mal höher als für ZZ mit 4,1 ± 2,3% (JÖRGENSEN 1970; FUHRMANN 1972a). Eine 4mal oder noch stärker erhöhte Konkordanzrate eines Merkmals bei eineiigen Zwillingen im Vergleich zu zweieiigen Zwillingen spricht eher für einen multifaktoriellen Erbgang (Für eine nähere Begründung s. FUHRMANN 1974a).

9. Erbbedingte kongenitale Angiokardiopathien beim Tier

Weitere Hinweise auf die Erbbedingtheit von Herz- und Gefäßfehlbildungen lassen sich aus Beobachtungen beim Tier ableiten. Teratologische Experimente haben wesentliche Einsichten in die Wirkung und den Zeitplan exogener Faktoren bei der Entstehung solcher Fehlbildungen erbracht. Darüber hinaus zeigte sich aber eine unterschiedliche Empfindlichkeit verschiedener Inzuchtstämme und eine unterschiedliche Neigung solcher Stämme, auf gleiche Noxen mit Entwicklungsstörungen an Herz- und Gefäßen zu reagieren (WEGENER 1961; MONIE et al. 1966; NORA 1968). Spontanes Auftreten von Herz- und Gefäßfehlbildungen ist von mehreren Spezies und Zuchtrassen bekannt. Am bekanntesten ist die von PATTERSON (1968) und PATTERSON et al. (1974) beschriebene Zucht von „Keeshonden", einer Niederländischen Hunderasse. Auch wenn in solchen Zuchtlinien Fehler mit einer Verteilung auftreten, die an Mendelschen Erbgang denken läßt, kann ein solcher Erbgang durch die unklaren Verwandtschaftsverhältnisse leicht vorgetäuscht sein. Bevorzugtes Auftreten von speziellen Herzfehlern wurde auch von anderen Hunderassen beschrieben (PATTERSON 1968, 1978; PATTERSON et al. 1981).

10. Eine genetische Deutung der Entstehung (isolierter) Angiokardiopathien

Zahlreiche publizierte Einzelbeobachtungen demonstrierten die Bedeutung genetischer Faktoren für die Entstehung angeborener Angiokardiopathien oder, in anderen Fällen, deren rein exogene Bedingtheit. Daran schlossen sich zunächst Überlegungen über den Anteil der einen oder anderen Gruppe. Erst LAMY et al. (1957) diskutierten das mögliche Zusammenwirken exogener und endogener Faktoren und versuchten die relative Bedeutung genetischer Faktoren für verschiedene Untergruppen von angeborenen Herzfehlern abzuschätzen. So hielten sie den genetischen Anteil bei der Fallotschen Tetralogie, dem offenen Ductus Botalli und dem Ventrikelseptumdefekt für sehr gering, dagegen schätzten sie die Bedeutung genetischer Faktoren für die Pulmonalstenose sehr hoch ein.

In Anlehnung an eine von LERNER (1954) für andere Fehlbildungen beim Tier allgemeiner formulierte Hypothese einer genetischen Homoiostase bzw. eines balancierten Polymorphismus vertrat FUHRMANN (1961, 1962a, b) die Auffassung, die beste Erklärung der verfügbaren Daten böte die Annahme, daß die Herzentwicklung von einem multifaktoriellen System gesteuert wird, bei dem mehrere oder viele Gene an verschiedenen Loci im Gleichgewicht stehen, zusammenwirken oder miteinander interferieren. Durch Änderungen dieses Gleichgewichts, unter anderem z.B. durch erhöhte Homozygotie, könne es zu einer Labilisierung dieses Systems kommen, so daß exogene Noxen, die im optimalen Fall durch die selbstregulierende Pufferung des Systems wirkungslos bleiben, zu phänotypischen Abweichungen von der normalen Entwicklung führen. Diese Hypothese gestattet den Einschluß der Extremfälle, in denen eine zeitgerecht einwirkende Schädlichkeit so stark ist, daß auch die Toleranzgrenze eines sehr stabilen Systems überschritten wird. Sie umfaßt auch das andere Extrem, daß nämlich das Auftreten einer angeborenen Angiokardiopathie durch ein Einzelgen im Sinne einer autosomal rezessiven oder dominanten Vererbung bestimmt wird und keines weiteren Anstoßes bedarf.

Auf die Bedeutung vermehrter Homozygotie weist auch der in mehreren Serien bestätigte höhere Anteil von Verwandtenehen unter den Eltern von Kindern mit angeborenen Angiokardiopathien hin (LAMY et al. 1957; FUHRMANN 1961, 1962a, b, 1974b; SANCHEZ-CASCOS 1964; CAMPBELL 1965). Allerdings sind die Angaben über die Häufigkeit von Verwandtenehen bei Eltern von Probanden wegen des geringen Umfangs der Serien und der vielfach nur durch Fragebogen gewonnenen Daten mit Vorbehalt zu betrachten. Besonders schwer zu beurteilen sind die zum Vergleich herangezogenen Angaben über Häufigkeit von Verwandtenehen in der Allgemeinbevölkerung und die Vergleichbarkeit hinsichtlich der Herkunft und Schichtung von Probanden und Kontrollen. Die älteren Daten werden aber auch gestützt durch eine Studie von GEV et al. (1986) die in Israel, Westteil von Galilea, die Häufigkeit angeborener Herzfehler bei Kindern aus konsanguinen und nicht-konsanguinen arabischen Ehen untersuchten.

Die Häufigkeit angeborener Herzfehler bei den verschiedensten Chromosomenanomalien wurde als weitere Stütze für die Bedeutung eines genetischen Gleichgewichts und die Mitwirkung von Genen an verschiedenen Genorten gewertet.

Multifaktorielle Vererbung im Sinne eines einfachen additiven Zusammenwirkens von Genen an verschiedenen loci und evtl. Beteiligung von Umweltfaktoren ist vor allem geeignet, die Grundlagen normal verteilter quantitativer Merkmale zu erklären, wie z. B. die Verteilung der Körperhöhen in einer Population. Bei Fehlbildungen haben wir dagegen eine alternative Verteilung vor uns. Einer solchen alternativen Verteilung eines manifesten Merkmals kann aber eine genetisch bestimmte quantitativ verteilte Variable zugrunde liegen, die die „Prädisposition" bestimmt. Von einer bestimmten Gendosis an, einer „Schwelle", kommt es dann zur Manifestation des Merkmals. Sewall WRIGHT (1934) hat das am Meerschweinchen demonstriert und GRÜNEBERG (1951, 1952) hat dafür auf der Basis von Kreuzungsversuchen bei der Maus den Begriff einer quasikontinuierlichen Variation geprägt. EDWARDS (1960, 1963) und CARTER (1965) haben dann das Konzept einer multifaktoriellen Vererbung mit Schwellenwerteffekt als Ursache vor allem häufiger Krankheiten und Fehlbildungen beim Menschen weiter ausgearbeitet und die formalen Konsequenzen untersucht. Die „Schwelle" kann scharf sein oder eher einen breiteren Schwellenbereich umfassen, innerhalb dessen Umweltfaktoren die Manifestation beeinflussen. 1968 hat auch NORA das Konzept der multifaktoriellen Grundlage zur Erklärung der Entstehung angeborener Angiokardiopathien herangezogen.

Das Modell der multifaktoriellen Vererbung mit Schwellenwerteffekt gestattet einige Voraussagen, die zur Prüfung und Abgrenzung gegenüber monogener Vererbung herangezogen werden können:

Eine Forderung des Modells ist es z. B., daß die Wiederholungswahrscheinlichkeit für Verwandte 1. Grades der Quadratwurzel der Häufigkeit der betreffenden Anomalie in der Bevölkerung entspricht, bei einem monogenen Erbgang wäre dagegen das Risiko für Geschwister unabhängig von der Häufigkeit des Merkmals in der Bevölkerung. Prüft man einige der häufigeren Herzfehler nach anatomischer Gruppierung, so entsprechen die Zahlen einigermaßen der Erwartung bei multifaktorieller Vererbung (EDWARDS 1960; CARTER 1965; FALCONER 1965, 1967; FUHRMANN 1974a, b; NORA u. NORA 1978).

Unterschiedliche Häufigkeit der Manifestation in beiden Geschlechtern ist ein bei multifaktoriell bestimmten Merkmalen nicht selten beobachtetes Phänomen. Sie findet sich auch bei einigen Untergruppen der angeborenen Angiokardiopathien.

Ein weiterer Hinweis auf multifaktorielle Vererbung, der sich aus Untersuchungen an Zwillingsserien ergibt, wurde weiter vorn bereits erwähnt: Eine um den Faktor 4 oder mehr bei eineiigen Zwillingen höhere Konkordanzrate als bei zweieiigen Zwillingen spricht generell eher für multifaktorielle Vererbung. Dieser Wert wurde in den umfangreicheren Serien für angeborene Angiokardiopathien erreicht oder überschritten.

BOUGHMAN et al. (1987) verglichen die Befunde aus der BWIS mit den formalen Voraussagen eines einfachen additiven multifaktoriellen (polygenen) Systems und fanden sie größtenteils nicht erfüllt. Die Studie ist noch nicht abgeschlossen und die Zahlen sind durch die Anlage der Studie bedingt für einzelne Fragestellungen zu klein. Die Autoren vertreten die Auffassung, daß die Annahme einer einfachen additiven multifaktoriellen Vererbung (additive Polygenie) jedenfalls nicht zur Erklärung aller angeborenen Angiokardiopathien ausreicht. Dem ist sicher zuzustimmen, zumal eine solche Erklärung zu stark vereinfachend ist und keinen Raum für die unterschiedliche Wirkung einzelner (Haupt-)Gene läßt, wie sie z. B. die Beobachtung von überwiegender Konkordanz nach Fehlertyp bei betroffenen Verwandten 1. Grades nahelegt.

Die auch heute noch beste *zusammenfassende* Erklärung bietet die Annahme einer multifaktoriellen Vererbung mit Schwellenwerteffekt. Grundlage ist ein additives Zusammenwirken mehrerer oder vieler Gene als bestimmender Faktor für eine Prädisposition und eine Schwelle, bei deren Überschreiten es zur Manifestation der phänotypischen Anomalie kommt. Diese Schwelle bestimmt die Empfindlichkeit der betreffenden Organentwicklung für exogene Störfaktoren. Den beteiligten Einzelgenen muß nicht eine für alle gleiche, additive Wirkung zugeschrieben werden. Einzelne stärker wirksame „Hauptgene" könnten sehr wohl in einer Familie sowohl Konkordanz von Herzfehlern bei Verwandten begründen, wie auch in Einzelfällen zu einer dem Mendelschen Erbgang entsprechenden Merkmalsverteilung in einem Stammbaum führen.

Während manche der publizierten Stammbäume mit wiederholtem Auftreten gleicher oder ähnlicher Herzfehlbildungen durch die Wirkung einzelner Mutanten und Mendelschen Erbgang erklärbar sind, kann monogene Vererbung zumal in kleineren Stammbäumen auch durch zufällige Häufung bei multifaktorieller Vererbung oder theoretisch sogar bei Fortwirken exogener Faktoren vorgetäuscht sein. Dies kann vor allem vermutet werden, wenn keine pathogenetische Ähnlichkeit zwischen den in einer Familie beobachteten Fehlern besteht.

Ein offensichtlicher Mangel der obigen Formulierung ist es, daß sie relativ weich ist und daß das Modell einer multifaktoriellen Bedingtheit ohne das Erfordernis einfacher additiver Polygenie kaum formal geprüft werden kann. Wenn man bei der Annahme multifaktorieller Vererbung unterschiedliche Wirkung der einzelnen beteiligten Gene zuläßt, so ist die erwartete Merkmalsverteilung nicht wesentlich anders, als man sie bei monogenem Erbgang erwartet, wenn man dort die notwendige Zusatzannahme der unvollständigen Penetranz und der Mitwirkung exogener Faktoren macht. Beide Hypothesen schließen daher das Eingeständnis unserer mangelnden Kenntnis der Einzelfaktoren ein. Für die Beratungspraxis bleiben wir auf die empirischen Risikoziffern angewiesen.

Das Fernziel bleibt die Identifizierung einzelner Gene, die an der Ausprägung jeweils spezifischer Strukturen oder Störungen beteiligt sind. Generell ist unser Verständnis der genetischen Faktoren gerade der Ausbildung morphologischer Merkmale bei weitem nicht so weit fortgeschritten, wie z. B. bei der Lokalisation und Analyse von Erbanlagen, die bestimmte Enzyme oder Proteine bestimmen. Der erste Schritt in dieser Richtung wird wohl die Lokalisation einzelner gekoppelter Gene in einigen großen Stammbäumen sein. Ein größerer Fortschritt ist erst dann zu erwarten, wenn wir ganz allgemein die Wirkungsweise der an der Steuerung der morphologischen Entwicklung beteiligten Gene genauer verstehen.

Die angeborenen Angiokardiopathien stellen eine heterogene Gruppe dar. Die beschränkten Reaktionsmöglichkeiten der Herzentwicklung bedingen, daß auch anatomisch gleiche oder ähnliche Fehler nicht unbedingt auf gleiche Ursachen schließen lassen. Nach den Ursachen gegliedert lassen sich die folgenden Gruppen unterscheiden:

Angiokardiopathien:
a) als Ergebnis einer zufallsbedingten Entgleisung der frühen Herzentwicklung,
b) mit rein exogener Bedingtheit,
c) als Folge von Chromosomenaberrationen,
d) sekundär bei anderen genetisch bedingten Krankheiten,
e) als Teil definierter Syndrome mit unbekanntem (genetischen?) Grunddefekt,
f) als Folge eines Einzelgendefekts,
g) auf multifaktorieller Grundlage mit Schwellenwert.

Die weitaus meisten angeborenen Angiokardiopathien sind der Gruppe g zuzuordnen.

Die verbleibenden Unklarheiten zeigen die Notwendigkeit weiterer umfangreicher auslesefreier Studien, die auch für die getrennte Analyse einzelner abgrenzbarer Untergruppen ausreichen.

III. Praktische Konsequenzen

1. Genetische Beratung

In der Praxis dient heute die genetische Beratung von betroffenen Eltern vorwiegend der Beseitigung übertriebener Befürchtungen. Die bestehenden Unklarheiten und das meist geringe Risiko sollten aber nicht dazu verführen, eine genetische Beratung bei angeborenem Herzfehler leichtfertig auf der Basis der allgemeinen Zahlen für ein Wiederholungsrisiko durchzuführen. In jedem Einzelfall ist zunächst sorgfältig zu prüfen, ob einer der oben diskutierten Sonderfälle vorliegen kann. Dazu ist die Familienanamnese wichtig. Ein Stammbaum mindestens bis zu Verwandten 3. Grades (Vettern und Basen 1. Grades) sollte erstellt werden. Besonders bei Kombination mit anderen Fehlbildungen ist die Zugehörigkeit zu einem Syndrom mit vielleicht bekanntem einfachen Erbgang zu prüfen. Gegebenenfalls ist eine Chromosomenanalyse zu veranlassen.

Erst nach Ausschluß einer Sondersituation dürfen die allgemeinen empirischen Risikoziffern der Beratung zugrunde gelegt werden. Dabei sollte man die für einzelne Fehlergruppen verfügbaren Ziffern der Tabellen 6 und 7 benutzen, die Ratsuchenden aber auf die verbleibenden Einschränkungen hinweisen. Solche Einschränkungen sind für einige Fehlertypen größer als für andere. Das kann einerseits an der geringeren Zahl der Beobachtungen bei selteneren Fehlern liegen, andererseits aber auch auf tatsächlicher Heterogenie der speziellen Gruppe beruhen, wie vielleicht beim hypoplastischen Linksherzsyndrom.

Wenn im Rahmen der genetischen Beratung bei Kinderwunsch oder bei einer Schwangeren ein höheres Risiko für einen angeborenen Herzfehler aufgedeckt wird, so sollte das Anlaß für eine enge Überwachung der Schwangerschaft sein. Viele Herzfehler können heute bereits pränatal durch eine gezielte Ultraschalluntersuchung erkannt werden. Bei einem schweren Fehler kann das für die perinatale Betreuung z. B. die Wahl der Entbindungsklinik und Sicherung der sofortigen pädiatrisch-kardiologischen Versorgung wichtig sein.

2. Prävention

Über die genetische Beratung hinaus, die selten dazu führen wird – und sollte –, daß Eltern aus Befürchtung eines erneuten Auftretens eines Herzfehlers auf weitere Kinder verzichten, bleibt das Fernziel aller Bemühungen um die Aufklärung der Ursachen angeborener Herz- und Gefäßfehlbildungen die Vorbeugung und Verhütung solcher Fehler. Der bisher wirksamste und leider wohl auch einzige größere Erfolg in dieser Richtung ist die Einführung der Rötelnschutzimpfung für alle jungen Frauen, die keinen ausreichenden Immunschutz durch eine durchgemachte natürliche Infektion besitzen. Da auf diese Weise aber nicht alle Frauen rechtzeitig vor einer Schwangerschaft erreicht werden, sollte die Impfung aller Mädchen vor der Pubertät konsequent durchgeführt werden.

Solange wir das Zusammenspiel einer genetischen Disposition mit eventuellen, vielleicht wenig spektakulären exogenen Faktoren noch nicht kennen, gibt es wenige Ansätze für eine sinnvolle gezielte Prophylaxe.

Als allgemeines Modell für eine erfolgreiche Prävention multifaktoriell bestimmter Fehlbildungen könnte die deutliche Verminderung der Häufigkeit von Neuralrohrdefekten (Spina bifida, Anenzephalus) bei Kindern in Risikogruppen in Großbritannien gelten (WALD 1991; Editorial Lancet 1991). Frauen, die schon ein Kind mit einem solchen Defekt geboren hatten, erhielten im Rahmen einer großen kollaborativen Studie vor einer geplanten weiteren Schwangerschaft und in den ersten Schwangerschaftswochen eine Multivitaminsubstitution. Diese begann etwa 4 Wochen vor der geplanten Konzeption und wurde bis zum Ende des zweiten Monats fortgesetzt. Entscheidend war auf Grund der genaueren Analyse der Folsäureanteil. Im Falle der Neuralrohrdefekte gab es aber epidemiologische Hinweise auf die Bedeutung von Ernährungsfaktoren der Schwangeren für die besondere Häufigkeit dieser Fehlbildungen in bestimmten geographischen Gebieten. Es ist nicht erwiesen und durchaus zweifelhaft, daß eine entsprechende Substitution auch in anderen Gebieten, bei anderen Populationen und für andere Fehlbildungen zum Erfolg führt. Speziell für die angeborenen Angiokardiopathien gibt es keine Hinweise, die das erwarten ließen.

Vernünftig ist es natürlich, alle Noxen zu meiden, für deren mögliche Beteiligung Hinweise bestehen. Bei Medikamenten wird das nicht immer möglich sein, wenn man z. B. an die Antikonvulsiva oder das Lithium denkt. Mitunter wird aber eine Verschiebung einer geplanten Schwangerschaft möglich sein, bis auf das Medikament verzichtet werden kann oder im Falle eines Diabetes mellitus einer Frau eine bessere Einstellung erreicht ist.

Unser sehr begrenztes Wissen über die Grundlagen der zu den häufigsten und wichtigsten Fehlbildungen gehörenden Angiokardiopathien ist eine Herausforderung für intensivere Forschung mit Einsatz neuerer Methoden.

Literatur

Allan LD, Crawford DC, Chita SK, Anderson RH, Tynan MJ (1986) Familial recurrence of congenital heart disease in a prospective series of mothers referred for fetal echocardiography. Am J Cardiol 86:334–337

Allen LD, Cook A, Sullivan I, Sharland GK (1991) Hypoplastic left heart syndrome – effects of fetal echocardiography on birth prevalence. Lancet 337:959–961

Anderson RC (1976) Fetal and infant death, twinning and cardiac malformation in families of 2000 children with and without congenital heart disease. Am J Cardiol 38:218–224

Anderson CE, Edmonds LD, Erickson JD (1978) Patent ductus arteriosus and ventricular septal defect. Trends in reported frequency. Am J Epidemiol 107:281–289

Beemer FA (1979) pers Mitt

Borow KM, Karp R (1990) Atrial septal defect Lessons from the past, directions for the future. New Eng J Med 323:1698–1700

Boughman JA, Berg KA, Astemborski JA, Clark EB, McCarter RJ, Rubin JD, Ferencz C (1987) Familial risks of congenital heart defect assessed in a population-based epidemiologic study. Am J Med Genet 26:839–849

Brendt RL (1985) Editorial: Bendectin and interventricular septal defects. Teratology 32:317–318

Bruyère HJ, Kargas SA, Levy JM (1987) The causes and underlying developmental mechanisms of congenital cardiovascular malformations. Am J Med Genet (Suppl) 3:411–431

Burn J, Corney G (1984) Congenital heart defects and twinning. Acta Genet Med Gemellol 33:61–69

Campbell M (1961 a) Twins and congenital heart disease. Acta Genet Med (Roma) 10:443

Campbell M (1961 b) Place of maternal rubella in the aetiology of congenital heart disease. Br Med J I:691

Campbell M (1965) Causes of malformations of the heart. Br Med J 2:895–904

Carter CO (1965) The inheritance of common congenital malformations. In: Steinberg AG, Bearn AG (eds) Progress in medical genetics. Grune & Stratton, New York, pp 4–59

Chen S, D'Souza N (1990) Familial tetralogy of Fallot and Glaucoma. Am J Med Genet 37:40–41

Chen S, Thompson MW, Rose V (1971) Endocardial fibroelastion: Family studies with special reference to counseling. J Pediatr 79:385–392

Clark EB (1986) Mechanisms in the pathogenesis of congenital heart defects. In: Pierpont ME, Moller JM (eds) The genetics of cardiovascular disease. Martinus-Nijoff, Boston, pp 3–11

Czeizel A, Tusnady G (1984) Aetiological studies of isolated common congenital abnormalities in Hungary. Akademiai Kiado, Budapest, pp 121–145

Der Kaloustian VM, Ratl H, Malouf J, Hatem J, Slim M, Tomeh A, Khouri J, Kutayli F (1985) Tetralogy of Fallot with pulmonary atresia in siblings. Am J Med Genet 21: 119–122

Distefano G, Romeo MG, Grasso S, Mazzone D, Sciacca P, Mollica F (1987) Dextrocardia with and without situs viscerum inversus in two sibs. Am J Med Genet 27:929–934

Editorial (1991) Folic acid and neural tube defects. Lancet 338:153–154

Edwards JH (1960) The simulation of mendelism. Acta Genet (Basel) 10:63

Edwards JH (1963) The genetic basis of common disease. Am J Med 34:627

Emerit I, Vernant P, Corone P, Grouchy J de (1967) Malformations extracardiaques associees à des cardiopathies congenitales. Acta Genet Med (Roma) 17:523

Evans JA (1990) Aberrant bronchi and cardiovascular anomalies. Am J Med Genet 35: 46–54

Falconer DS (1965) The inheritance of liability to certain diseases, estimated from the incidence among relatives. Ann Hum Genet Lond 29:51

Falconer DS (1967) The inheritance of liability to diseases with variable age of onset, with particular reference to diabetes mellitus. Ann Hum Genet (Lond) 31:1–20

Farag TI, Teebi AS (1990) Autosomal recessive inheritance of a syndrome of hypertelorism, hypospadias, and tetralogy of Fallot. Am J Med Genet 35:516–518

Ferencz C (1986) Offspring of fathers with cardiovascular malformations. Am Heart J 111:1212–1213

Ferencz C, Matanoski GM, Wilson PD, Rubin JD, Neill CA, Gutberlet R (1980) Maternal hormone therapy and congenital heart disease. Teratology 21:225–239

Ferencz C, Rubin JD, McCarter RJ, Brenner JI, Neill CA, Perry LW, Hepner SI, Downing JW (1985) Congenital heart disease. Prevalence at livebirth. Am J Epidemiol 121:31–36

Ferencz C, Boughman JA, Neill CA, Brenner JI, Perry LW (1989) Congenital cardiovascular malformations: questions on inheritance, Baltimore-Washington Infant Study Group. J Am Coll Cardiol 14:756–763

Ferencz C, Rubin JD, McCarter RJ, Clark EB (1990) Maternal diabetes and cardiovascular malformations – predominance of double outlet right ventricle and truncus arteriosus. Teratology 41:319–326

Ferencz C, Boughman JA, Rubin JD, Loffredo C (1991) Genetics of cardiovascular malformations: New ideas from a population-based study (Abstract). Proc 8th Intern Congr Hum Genet 49:No 2668

Friedberg DZ (1974) Tetralogy of Fallot with right aortic arch in three successive generations. Am J Dis Child 127:877–878

Fuhrmann W (1961) Genetische und exogene Faktoren in der Ätiologie der angeborenen Angiokardiopathien. Habilitationsschrift, Freie Universität Berlin

Fuhrmann W (1962a) Genetische und exogene Faktoren in der Ätiologie der angeborenen Angiokardiopathien. Fortschr Med 80:118–120

Fuhrmann W (1962b) Genetische und peristatische Ursachen angeborener Angiokardiopathien. Ergeb Inn Med Kinderheilkd 18:47–115

Fuhrmann W (1968a) Congenital Heart Disease in Sibships ascertained by affected Siblings. Humangenetik 6:1–12

Fuhrmann W (1968b) A family study in transposition of the great vessels and in tricuspid atresia. Humangenetik 6:148–157

Fuhrmann W (1972a) Fehlbildungen des Herzens und der großen Gefäße. In: Becker PE (Hrsg) Humangenetik. Thieme, Stuttgart, S 257–327

Fuhrmann W (1972b) Befunde bei speziellen angeborenen Angiokardiopathien. In: Becker PE (Hrsg) Humangenetik. Thieme, Stuttgart, S 328–343

Fuhrmann W (1974a) Die formale Genetik des Menschen. In: Vogel F (red von) Erbgefüge. Springer, Berlin Heidelberg New York (Handbuch der allgemeinen Pathologie, Bd IX, S 147-259)

Fuhrmann W (1974b) Genetische Aspekte des Mißbildungsproblems. In: Vogel F (red von) Erbgefüge. Springer, Berlin Heidelberg New York (Handbuch der allgemeinen Pathologie, Bd IX, S 524-580)

Fuhrmann W (1975) Führt die erfolgreiche operative Behandlung angeborener Herzfehler zu einer Zunahme solcher Fehlbildungen in kommenden Generationen? Mschr Kinderheilkd 123:368-371

Gerlis LM (1985) Cardiac malformations in spontaneous abortions. Int J Cardiol 7:29-43

Gev D, Roguin N, Freundlich E (1986) Consanguinity and congenital heart disease in the rural arab population in Northern Israel. Hum Hered 36:213-217

Goerttler K (1963) Entwicklungsgeschichte des Herzens. In: Bargmann W, Doerr W (Hrsg) Das Herz des Menschen. Thieme, Stuttgart

Grabitz RG, Joffres MR, Collins-Nakai RL (1988) Congenital heart disease; incidence in the first year of life. Am J Epidemiol 128:381-388

Gregg M (1941) Congenital cataracts following german measles in the mother. Trans Ophthal Soc Aust 3:35

Grüneberg H (1951) The genetics of a tooth defect in the mouse. Proc Roy Soc B 138:437-451

Grüneberg H (1952) Genetical studies on the skeleton of the mouse. J Genet 51:95

Hoffman JI (1990) Congenital heart disease: incidence and inheritance. Pediatr Clin North Am 37:25-43

Hoffman JIE (1968) Natural history of congenital heart disease. Problems in its assessment with special reference to ventricular septal defects. Circulation 37:97-125

Hoffman JIE, Christianson R (1978) Congenital heart disease in a cohort of 19 502 births with long-term followup. Am J Cardiol 42:641-647

Holmes LB, Rose V, Child AH (1972) Comment on hypoplastic left heart syndrome. In: Clinical delineation of birth defects XVI. Williams & Wilkins, Baltimore, pp 228-230

Janerich DT, Dugan JM, Standfast SJ, Strite L (1977) Congenital heart diesease and prenatal exposure to exogenous sex hormones. Br Med J 1:1058-1060

Jörgensen G (1970) Twin studies in congenital heart diseases. Acta Genet Med Gemellol 19:251-256

Jörgensen G, Beuren AJ (1971) Genetische Untersuchungen bei verschiedenen Typen angeborener Herzfehler. Monatsschr Kinderheilkd 119:417-427

Johansson DW, Sievers J (1967) Inheritance of atrial septal defect. Lancet I:1224

Jones MC, Waldman JD (1985) An autosomal dominant syndrome of characteristic facial appearance, preauricular pits, fifth finger clinodactyly, and tetralogy of Fallot. Am J Med Genet 22:135-141

Kreipe U (1967) Mißbildungen innerer Organe bei Thalidomidembryopathie. Arch Kinderheilkd 176:33

Lamy M, Grouchy J de, Schweisguth O (1957) Genetic and nongenetic factors in the etiology of CHD: a study of 1188 cases. Am J Hum Genet 9:17

Landauer W (1953) Genetic and environmental factors in the teratogenic effects of boric acid on chicken embryos. Genetics 38:216

Landauer W (1954) On the chemical production of developmental abnormalities and of phenocopies in chicken embryos. J Cell Comp Physiol 43:261

Landtman B (1965) Epidemiological aspects of congenital heart disease. Acta Paed Scand 54:467

Lang MJ, Aughton DJ, Riggs TW, Milad MP, Biesecker LG (1991) Dizygotic twins concordant for truncus arteriosus. Clin Genet 39:75-79

Layde PM, Erickson JD, Dooley K, Edmonds LD (1980) Is there an epidemic of ventricular septal defects in the U.S.A.? Lancet I:407-408

Layton WM (1978) Heart malformations in mice homozygous for a gene causing situs inversus. Birth Defects: Original Article Series XIV 7:277-293

Lechat MF (ed) 1991) Eurocat Report 4: Surveillance of congenital anomalies 1980-1988. Eurocat Central Registry, Dept of Epidemiology, Catholic Univ, Brussels 80-94

Lerner IM (1954) Genetic homeostasis. Oliver & Boyd, Edinburgh London
Lin AE, Garver KL (1988) Genetic counseling for congenital heart defects. J Pediatr 113:1105–1109
Lipshultz SE, Frassica JJ, Orav EJ (1991) Cardiovascular abnormalities in infants prenatally exposed to cocaine. J Pediatr 118:44–51
Little J, Nevin NC (1989) Congenital anomalies in twins in Northern Ireland. III. Anomalies of the cardiovascular system, 1974–1978. Acta Genet Med Gemellol 38:27–35
Li Volti A, Distefano G, Garozzo R, Romeo MG, Sciacca P, Mollica F (1991) Autosomal dominant atrial septal defect of ostium secundum type. Annales de Genetique 34:14–18
Lubinsky MS (1987) Midline developmental "weakness" as a consequence of determinative field properties. Am J Med Genet (Suppl) 3:23–28
Martin GR, Perry LW, Ferencz C (1989) Increased prevalence of ventricular septal defect: epidemic or improved diagnosis. Pediatrics 83:200–203
Mathias RS, Lacro RV, Jones KL (1987) X-linked laterality sequence: Situs inversus, complex cardiac defects, splenic defects. Am J Med Genet 28:111–116
Menahem S (1990) Familial aggregation of defects of the left-sided structures of the heart. Int J Cardiol 29:239–240
Merker HJ (1988) Überlegungen zum Problem der „kritischen Phase" in der Teratologie. Internist 29:170–178
Mitchell SC, Korones SB, Berendes HW (1973) Congenital heart disease in 56109 births. Circulation 43:323–332
Monie IW, Takacs E, Warkany J (1966) Transposition of the great vessels and other cardiovascular abnormalities in rat fetuses induced by Trypan blue. Anat Rec 156:175
Nora JJ (1968) Multifactorial inheritance hypothesis for the etiology of congenital heart diseases (The genetisch-environmental interaction). Circulation 38:604
Nora JJ, Nora AH (1978) Genetics and counseling in cardiovascular diseases. Thomas, Springfield/Ill
Nora JJ, Nora AH (1983) Genetic epidemiology of congenital heart diseases. Prog Med Genet 5:91–137
Nora JJ, Nora AH (1984) The environmental contribution to congenital heart diseases. In: Nora JJ, Takao A (eds) Congenital heart disease causes and processes. Futura Publ Co, MT Kisco, NY, pp 15–27
Nora JJ, Nora AH (1987) Maternal transmission of congenital heart diseases: new recurrence risk figures and the questions of cytoplasmic inheritance and vulnerability to teratogens. Am J Cardiol 59:459–463
Nora JJ, Nora AH (1988) Update on counseling the family with a first-degree relative with a congenital heart defect. Am J Med Genet 29:137–142
Ohdo S, Makokoro H, Sonoda T, Hayakawa K (1986) Mental retardation associated with congenital heart disease, blepharophimosis, blepharoptosis, and hypoplastic teeth. J Med Genet 23:242–244
Opitz JM (1979) The developmental field concept in clinical genetics. Birth Defects: Original Article Series XV 8:107–111
Opitz JM (1982) The developmental field concept in clinical genetics. J Pediatr 101:805–809
Opitz JM, Gilbert EF (1982) Editorial Comment: CNS anomalies and the midline as a "developmental field". Am J Med Genet 12:443–455
Opitz JM, Herrmann J, Pettersen JC, Bersu ET, Colacino SC (1979) Terminological, diagnostic, nosological, and anatomical-developmental aspects of developmental defects in man. Adv Hum Genet 9:71–164
Pankau R, Funda J, Wessel A (1990a) Interrupted aortic arch typ B1 in a brother and Sister: suggestion of a recessive gene. Am J Med Genet 36:175–177
Pankau R, Siekmeyer W, Stoffregen R (1990b) Tetralogy of Fallot in three sibs. Am J Med Genet 37:532–533
Patterson DF (1968) Epidemiologic and genetic studies of congenital heart disease in the dog. Circulation 23:171
Patterson DF (1978) Lesion-specific genetic factors in canine congenital heart disease: Patent ductus arteriosus in poodles, defects of the conotruncal septum in the Keeshond. Birth Defects: Original Article Series XIV 7:315–347

Patterson DF, Detweiler DK (1967) Hereditary transmission of patent ductus arteriosus in the dog. Am Heart J 74:289

Patterson DF, Pyle RL, Mierop L van, Melbin J, Olson M (1974) Hereditary defects of the conotruncal septum in keeshond dogs: pathologic and genetic studies. Am J Cardiol 34:187

Patterson DF, Haskins ME, Schnorr MA (1981) Hereditary dysplasia of the pulmonic valve in beagle dogs. Am J Cardiol 34:187

Pexieder T (1986) Teratogens. In: Pierpont ME, Moller JH (eds) Genetics of cardiovascular disease. Martinus Nijhoff, Amsterdam, pp 25–68

Pierpont ME, Gobel JW, Moller JH, Edwards JE (1988) Cardiac malformations in relatives of children with truncus arteriosus or interruption of the aortic arch. Am J Cardiol 61:423–427

Polani PE (1968) Chromosomal abnormalities and congenital heart disease. Guys Hosp Report 117:323–337

Polani PE, Campbell M (1955) An aetiological study of congenital heart disease. Ann Hum Genet 19:209

Price B (1950) Primary biasses in twin studies. A review of prenatal and natal difference producing factors in monozygotic pairs. Am J Hum Genet 2:293–352

Rao BNS, Anderson RC, Edwards JE (1971) Anatomic variation in tetralogy of Fallot. Am Heart J 81:361–371

Rees S, Sommerville J (1969) Aortography in Fallot's tetralogy and variance. Br Heart J 31:146–153

Rein AJJT, Dollberg S, Gale R (1990) Genetics of conotruncal malformations: review of the literature and report of a consanguineous kindred with various conotruncal malformations. Am J Med Genet 36:353–355

Roessle R (1940) Die pathologische Anatomie der Familie. Springer, Berlin

Rose V, Gold RJ, Lindsay G, Allen M (1985) A possible increase in the incidence of congenital heart defects among the offspring of affected parents. J Am Coll Cardiol 6:376–382

Roskes EJ, Boughman JA, Schwartz S, Cohen MM (1990) Congenital cardiovascular malformations (CCVM) and structural chromosome abnormalities: a report of 9 cases and literature review. Clin Genet 38:198–210

Rutstein DD, Nickerson RJ, Heald FP (1952) Seasonal incidence of patent ductus arteriosus and maternal rubella. Am J Dis Child 84:199

Sanchez-Cascos A (1978) The recurrence risk in congenital heart disease. Eur J Cardiol 7:197–210

Schinzel AA (1983) Cardiovascular defects associated with chromosomal aberrations and malformation syndromes. Prog Med Genet 5:309–379

Shepard TH (1982) Detection of human teratogenic agents. J Pediatr 101:810–815

Shepard TH (1986) Catalog of teratogenic agens, 5th edn. Johns Hopkins University Press, Baltimore

Sherman J, Angulo M, Boxer RA, Gluck R (1985) Possible mitochondrial inheritance of congenital cardiac septal defects. J Engl J Med 313:186–187

Shokeir MH (1971) Hypoplastic left heart syndrome: an autosomal recessive disorder. Clin Genet 2:7

Spahn U (1964) Familiäre Häufung angeborener Herzfehler. Z Kinderheilkd 90:167

Spemann H (1936) Experimentelle Beiträge zu einer Theorie der Entwicklung. Julius Springer, Berlin

Spemann H, Mangold H (1924) Über Induktion von Embryonalanlagen durch Implantation artfremder Organisatoren. Arch Mikrosk Anat 100:599–638

Strisciuglio P, Sebastio G, Andria G, Maione S, Raia V (1983) Severe cardiac anomalies in sibs with Larsen syndrome. J Med Genet 20:422–424

Taussig HB (1982) World survey of the common cardiac malformations. Developmental error or genetic variant? Am J Cardiol 50:544–559

ter Haar B (1976) Pers Mitt

Tikkanen J, Heinonen OP (1991) Maternal exposure to chemical and physical factors during pregnancy and cardiovascular malformations in the offspring. Teratology 43:591–600

Tikkanen J, Heinonen OP (1992) Congenital heart disease in the offspring and maternal habits and home exposures during pregnancy. Teratology 46:447–454

Tiller GE, Watson MS, Duncan LM, Dowton SB (1988) Congenital heart defect in a patient with deletion of chromosome 7q. Am J Med Genet 29:283–287

Töndury G, Smith DW (1966) Fetal rubella pathology. J Pediatr 68:876

Tubman TRJ, Shields MD, Craig BG (1991) Congenital heart disease in Down's syndrome: Two year prospective early screening study. Br Med J 302:1425–1427

Ursell PC, Byrne JM, Strobine BA (1985) Significance of cardiac defects in the developing fetus. A study of spontaneous abortuses. Circulation 72:1232–1236

Praagh R van, Takao A (1980) Etiology and morphogenesis of congenital heart disease. MT Kisco, NY: Futura

Praagh R van, Praagh S van (1965) The anatomy of common aorticopulmonary trunk (Truncus arteriosus communis) and its embryologic implications. Am J Cardiol 16: 406–425

Verkerk PH, Vanspronsen FJ, Smith GPA, Cornel MC, Kuipers JRG, Verloovevanhorick SP (1991) Prevalence of congenital heart disease in patients with phenylketonuria. J Pediatr 119:282–283

Wald N (1991) Prevention of neural tube defects: Results of the Medical Research Council Vitamin Study. Lancet 338:131–137

Weatherall JAC (1983a) Registration of congenital abnormalities and multiple births. Eurocat Report 1979 – 80–81, 5

Weatherall JAC (1983b) Registration of congenital abnormalities and multiple births. Eurocat Report 1982, 5

Wegener K (1961) Über die experimentelle Erzeugung von Herzfehlmißbildungen durch Trypanblau. Arch Kreislaufforsch 34:99

Whittemore R (1986) Genetic counseling for young adults who have a congenital heart defect. Pediatrician 13:220–227

Whittemore R, Hobbins JC, Engle MA (1982) Pregnancy and its outcome in women with and without surgical treatment of congenital heart disease. Am J Cardiol 50:641

Whittemore R, Wells JA, Castellsaue-Piquet X, Holabird NB (1988) Congenital heart defects in the progency of affected mothers versus fathers. Circulation 78:396

Williamson EM (1969) A family study of atrial septal defect. J Med Genet 6:255–265

Wright S (1934) The results of crosses between inbred strains of guinea pigs differing in number of digits. Genetics 19:537–551

Zellers TM, Driscoll DJ, Michels VV (1990) Prevalence of significant congenital heart defects in children of parents with Fallot's tetralogy. Am J Cardiol 65:523–526

Zetterqvist P (1960) Multiple occurrence of atrial septal defect in a family. Acta Paediat (Uppsala) 49:741

Zetterqvist P (1972) A clinical and genetic study of congenital heart defects. Institute of Medical Genetics Publications Uppsala, pp 1–80

Zetterqvist P, Turesson I, Johansson BW, Laurell S, Ohlsson NM (1971) Dominant mode of inheritance in atrial septal defect. Clin Genet II:78

Zierler S, Rothman KS (1985) Congenital heart disease in relation to maternal use of bendectin and other drugs in early pregnancy. New Engl J Med 313:347–352

Zlotogora J, Schimmel MS, Glaser Y (1987) Familial situs inversus and congenital heart defects. Am J Med Genet 26:181–184

Zoethout HE, Bonham-Carter RE, Carter CO (1964) A family study of aortic stenosis. J Med Genet 1:2–9

Zuckerman HS, Zuckerman GH, Mammen RE, Wassermil M (1962) Atrial septal defect, familial occurrence in four generations of one family. Am J Cardiol 9:515

8. Kapitel
Heterochronie des Herzens als pathogenetische Prämisse

W. DOERR

Auf VIRCHOW[1] geht die Überzeugung zurück, daß drei Prinzipien die Pathogenese schlechthin bestimmen: Heterometrie, Heterotopie und Heterochronie. Auf die besondere Bedeutung der Heterochronie hatte DOERR mehrfach hingewiesen (zuletzt 1991). Die Kenntnis stammesgeschichtlich vorbezeichneter Entwicklungswege war für die Pathoklise des menschlichen Gehirnes schon lange in Anspruch genommen worden. Wer sich die Mühe macht, die nicht leicht lesbaren Arbeiten von C. und O. VOGT „Zur Kenntnis der pathologischen Veränderungen des Striatum und des Pallidum und zur Pathophysiologie der dabei auftretenden Krankheitserscheinungen" (1919) durchzuarbeiten, dem geht ein Licht auf: Cécile und Oscar VOGT schreiben wörtlich: „Striatum und Pallidum beim Menschen tragen Cercopithecinencharakter." Das bedeutet, daß der Streifenhügel als Ganzes im Sinne eines Apparates nach der Definition von REMANE (1975) vor mehr als 60 Millionen Jahren fertig gewesen sein muß. Man lernt auch, daß Globus pallidus und Nucleus caudatus verschieden gebaut und unterschiedlich alt sind. Von hier aus ist es nur ein kleiner Schritt zu Max BIELSCHOWSKY (1918, 1920 a, b; 1922). Man begreift seine Systematisierung der heredodegenerativen Erkrankungen. Die Pathibilität des Prisco- und Neostriatum für Morbus Wilson und Chorea Huntington wird plausibel. Natürlich lernt man nichts über die Biotechnik der Krankwerdung, d. h. nichts von dem und über den zellularen Chemismus, der das eigentliche Angehen der pathischen Veränderungen bewirken kann. Es geht mir um die von MEESSEN (1949) angesprochenen topistischen Probleme. Gerade diese werden durch die Heterochronie dem Verständnis nähergebracht. G. ULE hat mich gelehrt[2], daß die Picksche Atrophie mit Desintegration der phylogenetisch jungen telenzephalischen Windungen und die Kleinhirnrindenatropie vom Körnerzelltypus als Belege sog. Heterochronie verstanden werden dürfen.

Die Pathologie des Herzens hat aus diesen großartigen Beispielen zu lernen. Wir hatten dargestellt (s. S. 3; 76), welche entscheidenden Veränderungen mit dem Wirbeltierherzen im Devon und später vor sich gegangen sein dürften. HEINE (s. S. 54) hat die vergleichende Morphologie der Koronararterien in erdgeschichtlichen Zeiten demonstriert. DOERR u. HOFMANN (1981) konnten wahrscheinlich machen, daß im Gang der Differenzierung der Herzanlage, und zwar im Sinne BENNINGHOFFS („Lungenherz mit voller Atmungskapazität"), zwei ursprünglich vorhanden gewesene zusätzliche Koronararterien, und zwar die eine

---
[1] 3. Vorlesung, Cellularpathologie, am 20. Februar 1858.
[2] mündliche Erörterung.

aus der Mammaria interna über das Herzspitzenband, die andere über das Mesocardium dorsale auf dem Weg über die nachmalige Haas'sche Arterie, aus Gründen, die wir nicht erkennen können, verlorengegangen seien.

Das menschliche Herz und das seiner systemisch verwandten Ahnen bis hin zu Tupeia würde, wäre es nicht zu einer grundsätzlichen Veränderung seines „gedrungenen Muskelkörpers" gekommen, im Besitze von vier Kranzarterien und damit gegen alle hypoxischen Schäden gefeit gewesen sein.

Es ist danach kein Zufall, daß die Prädilektionsorte der Herzinfarkte an den Stellen liegen (ventroapikal; dorsobasal), an denen einst die verlorengegangenen Zubringer eingemündet hatten (DOERR 1991).

Die eigentümliche Entwicklung der Herzkammern aus primär hintereinander gelegenen Anlagen in zwei nebeneinander etablierte Ventrikel, das „shifting" der Aortenanlage von rechts nach links, die unterschiedliche funktionelle Belastung der Kammern, – die rechte arbeitet wie immer als Saug- und Druckpumpe, die

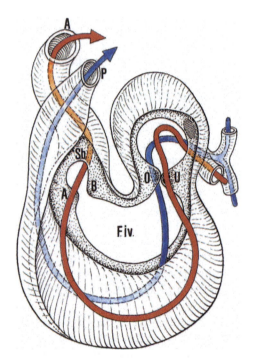

Abb. 1. Ontogenetische Rekapitulation der historischen Prinzipien. Die gleichsam „temperamentvolle" Umschlingung der Hauptstromfäden wird innerhalb weniger Wochen des Embryonallebens nachgebaut. Was als Torquierung erscheint, wird technisch durch architektonische Maßnahmen, nämlich durch An- und Abbau des myoepikardialen Mantels, garantiert. *A* Aorta; *A* u. *B* proximale Bulbuswülste; *F.iv* foramen interventriculare; *O* u. *U* Hauptendokardkissen am Ostium atrioventriculare commune; *Sb* Septum bulbi. – Die durch den *roten Stromfaden* markierte spätere Aorta wird durch einen interessanten Umbau des embryonalen Herzens von rechts nach links im ganzen versetzt. „Shifting" der Aortenanlage von rechts nach links! Rekapitulation der im Devon eingeleiteten komplizierten Gestaltungsvorgänge, charakterisiert durch Abb. 1, S. 76

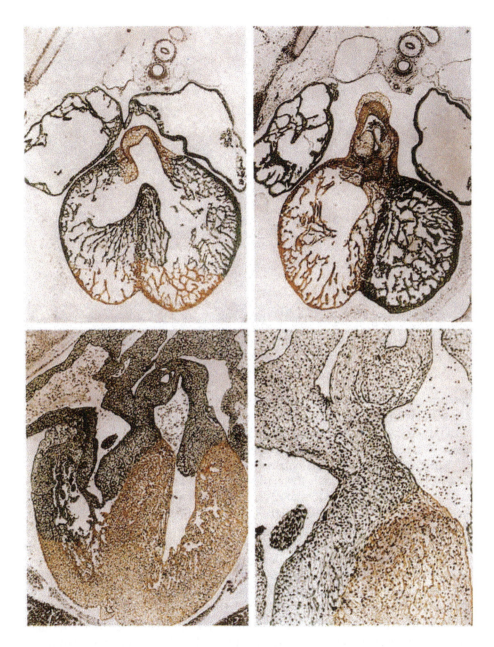

Abb. 2. Zusammenstellung des Entwicklungsablaufes embryonaler menschlicher Herzen. *Grün* bezeichnet ist die Proampulle im Sinne von PERNKOPF u. WIRTINGER (1933, 1935), *rot* die Metaampulle, d.h. „grün" ist das Priscomyokard, „rot" das Neomyokard. Mit anderen Worten: Die Anlage des rechten Ventrikels entspricht den phylogenetisch originären Verhältnissen, die des linken Ventrikels phylogenetisch später an Ort und Stelle gebrachten Strukturelementen. Im *rechten* und *unteren* Teilbild ist die „Nahtlinie" zwischen „alt" und „neu" zur Darstellung gekommen. Ebendort, nämlich auf der „grünen" Seite des „rot" markierten Firstes der Kammerscheidewand, würde das Hissche Bündel in Szene gehen

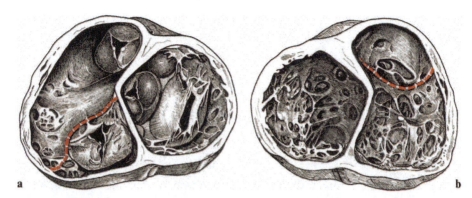

Abb. 3a, b. Territoriale Abgrenzung der definitiven Ventrikeleinrichtungen nach ihrer „Herkunft". Schema nach PERNKOPF u. WIRTINGER (1933, loco citato S. 688 und 689), verändert. **a** Ansicht von der Herzspitze aus in beide Kammern (die rechte Kammer liegt links, die linke Kammer rechts); **b** Ansicht von der Atrioventrikularebene in Richtung Herzspitze (die rechte Kammer liegt rechts, die linke Kammer links). Im Bilde *oben* ist ventral, im Bilde *unten* ist dorsal. *Cave:* Alles, was dorsal der *roten* Markierung liegt, ist Proampulle = Paläomyokard; alles, was ventral liegt, ist Neomyokard (das ist vor allem der linke Ventrikel). Die Grenze zwischen Priscomyokard und Neomyokard im rechten Ventrikel liegt etwa in der durch Crista supraventricularis und Trabecula septo marginalis charakterisierten Ebene; die Grenze zwischen historisch altem und später erworbenem Myokard im linken Ventrikel wird durch die sog. „Mitralisleiste" (SPITZER 1923) charakterisiert!

linke aber nach dem Verwringungsgesetz (GERBIS 1955) –, dies alles war die Ursache dafür, daß die Textur der rezenten Kammern wirklich verschieden ist (Abb. 1–3). Dadurch mußte eine seitendifferente Pathoklise für Sauerstoffmangel einerseits, für metabolische Belastungen andererseits entstehen.

Die dritte Folge der Heterochronie unseres Herzens besteht in der Lokalisation und Organisation der Elemente der spezifischen Muskulatur. Auf den unerhört interessanten Tatbestand, daß lange vor unseren Beobachtungen und Schlüssen Sir Arthur KEITH erkannt hatte, daß die spezifische Muskulatur der AV-Knotenregion phylogenetisch „alt" sei und im Bereich einer stammesgeschichtlich „jungen" Region des rezenten Menschenherzens liege, hatte ich auf S. 79 hingewiesen. Elemente der spezifischen Muskulatur, besonders auf sog. Nebenverbindungen, finden sich *nur* im Paläomyokard. Seltene Geschwülste sog. Choristoblastome, etwa im Sinne des Coelothéliome tawarien, finden sich *nur* im Gebiet des Aschoff-Tawara-Knotens.

Wer die Wege der Stammesgeschichte kennt und bei seinen Betrachtungen quoad pathogenesin *auch* in Rechnung stellt, wird reich belohnt. *Diese* Pathologie kennt die *Bedeutungszusammenhänge*, sie ist daher wahre Biologie. Es ist, als ob die aus der Akademie von GONDISCHAPUR hervorgegangene aristotelische Lehre „tempus est causa corruptionis" unsterblich sei. Sie kann jedenfalls noch heute dem Krankheitsforscher einiges bieten.

Literatur

Bielschowsky M (1918) Entwurf eines Systems der Heterodegeneration des Zentralnervensystems. J Pschol Neurol 24:48

Bielschowsky M (1920a) Einige Bemerkungen zur normalen und pathologischen Histologie des Schweif- und Linsenkernes. J Psychol Neurol 25:1

Bielschowsky M (1920b) Über Markfleckenbildung und spongiösen Schichtenschwund in der Hirnrinde der Paralytiker. J Psychol Neurol 25:72

Bielschowsky M (1922) Weitere Bemerkungen zur normalen und pathologischen Histologie des striären Systems. J Psychol Neurol 27:233

Doerr W (1989) Phylogenese der Herzkranzarterien und deren Beziehungen zur Arteria mammaria interna. Thorac Cardiovasc Surg 37:37

Doerr W (1991) Grundgesetze der Pathogenese (Heterochronie, Heterotopie, Heterometrie). Nova Acta Leopoldina NF 65 (277):247–263

Doerr W, Hofmann W (1981) Heterochronie des menschlichen Herzens als Gestaltungsfaktor bestimmter Todeskrankheiten. In: Schipperges H (Hrsg) Neue Beiträge zur Theoretischen Pathologie. Springer, Berlin Heidelberg New York, S 31–42

Gerbis H (1955) Funktionen und Koordinationen des menschlichen Herzens in der Schau des August Weinertschen Verwringungsgesetzes. Ärzt Forsch 9: I:503–515

Meessen H (1947) Über die Anwendung der Pathoklisenlehre C. und O. Vogts in der Pathologischen Anatomie. Ärztl Forschung 1:109

Meessen H (1949) Wege und Ziele der topistischen Hirnforschung. Ärztl Forschung 3:261

Pernkopf E, Wirtinger W (1933) Die Transposition der Ostien. Ein Versuch der Erklärung dieser Erscheinung. Die Phoronomie der Herzentwicklung als morphologische Grundlage der Erklärung. Z Anat Entwickl-Gesch 100:563–711

Pernkopf E, Wirtinger W (1935) Das Wesen der Transposition im Gebiet des Herzens, ein Versuch der Erklärung auf entwicklungsgeschichtlicher Grundlage. Virchows Arch Pathol Anat 295:143–174

Remane A (1975) Offene Probleme der Evolution. Nova Acta Leopoldina NF 42(218):165–170

Spitzer A (1923) Über den Bauplan des normalen und mißbildeten Herzens. Virchows Arch 243:81

Virchow R (1859) Cellularpathologie. 3. Vorlesung, 2. Aufl. A. Hirschwald, Berlin, S 45

Vogt C, Vogt O (1919a) Zur Kenntnis der pathologischen Veränderungen des Striatum und des Pallidum und zur Pathophysiologie der dabei auftretenden Krankheitserscheinungen. Sitzungsberichte Heidelberger Akademie der Wissenschaften, mathematisch-naturwissenschaftliche Klasse, A.H.B, *1919*, 14. Abhandlung. Winter, Heidelberg

Vogt C, Vogt O (1919b) Erster Versuch einer pathologisch-anatomischen Einteilung striärer Motilitätsstörungen nebst Bemerkungen über seine allgemeine wissenschaftliche Bedeutung. J Psychol Neurol 24:1

Sachverzeichnis

Anatomie
A. carotis communis
  Ursprung aus doppeltem Aortenbogen 448
A. carotis sinistra
  Ursprungsanomalien 454
A. coronaria
  Agenesie 455
  Verschluß, AV-Knoten, Ischämie 145
A. coronaria dextra
  Ableitung von einem hypothetischen Rechtskoronartyp 57
  Beteiligung am Branchialkreislauf 56, 57
  Myokard, Blutversorgung 144, 145
  Phylogenese 59
  Ramus septi superior („Hanssche Arterie"), AV-Knoten, Blutversorgung 57, 145, 146
A. coronaria sinistra
  Myokardversorgung 55, 144, 145
  phylogenetischer Neuerwerb 56, 57, 59
Aa. coronariae
  abnormer Ursprung aus dem Aortensystem 455, 456
  Aneurysmen 460
  Anomalien 454–461
  Ansicht von dorsal, ventral 145, 146
  Atresie 461
  Einzelkranzgefäß 454, 455
  Ektopie 456
  Embryologie 54, 59, 99
  Anpassung des Säugetierherzens 54
  Fehlursprung, anatomische Formen 456, 457, 458
  Fehlursprung aus der A. pulmonalis 456–459
  Fistelbildung 455, 459, 460
  funktionelle Endarterien 55
  Gefäßtypen, Phylogenese 59
  Herzabschnittsgrenzen, phylogenetische Bindung 59, 60

obstruktive Anomalien 461
Ontogenese 60
Ostia, hoch-, tiefsitzende 455
Quellgebiete 55
Rechtskoronartyp, Linkskoronartyp, Kennzeichen 58
Stamm, Ursprung aus der Aorta 58
Stammesgeschichte 54–63
Typen, Phylogenese 59
überzählige 455
Verzweigungen, Abarten 455
  Myokard, rasterelektronische Aufnahme 188
Vv. coronariae, Kurzschlüsse: Vv. minimae Thebesii 63
A. lienalis
  Arteriographie, Ivemark-Syndrom 284
A. lusoria
  Aortenbogen, Hypoplasie 432
    Interruption 440
    rechtsseitiger 453
  Embryologie 452
  Häufigkeit 450, 452
  Topographie 452
A. pulmonalis
  A. subclavia, Ursprung, Interruption des Aortenbogens 440
  Agenesie, Hauptast 424
  Aneurysma, Aortenbogen, Interruption 440
  Aorta, gemeinsamer Ursprung aus der re. Kammer 94
    Überkreuzung 3, 4, 73, 413–417
  Arteriosklerose, Ventrikelseptumdefekt, Präparat 372
  Atresie, Stenose, Ivemark-Syndrom 283
    Wiederholungsrisiko 535
  „Banding", multiple Ventrikelseptumdefekte, Behandlung 371
  Beteiligung am Branchialkreislauf 56, 57
  Bikuspidalostium, Fallotsche Tetrade 499

A. pulmonalis
    fehlende, Truncus arteriosus
        persistens 391
    Fehlursprung, Doppelausgang, rechter
        Ventrikel 419, 420
    Herzkranzarterien 456–459
    Gefäßschlinge 427, 428
    Hauptäste, gekreuzter Verlauf 427
    Klappe, Insuffizienz, angeborene
        383–385
        Topographie 117
    Konusstenose, Fallot-Syndrom 359,
        373, 384
    lävoponierte, Taussig-Bing-Anomalie
        413
    Ostium, Atresie, Ventrikelseptum-
        defekt 373, 374
        Stenose 423
    pulsierende, offener Ventrikel-
        septumdefekt 371
    Reptilien 58
    Stenose, Ebstein-Anomalie 342
        Mitralatresie 332, 333
        subinfundibuläre 351, 378
        supravalvuläre 423
        valvuläre, Rubeolen-
            embryopathie 523
        valvuläre, supra-, intra-
            valvuläre 376–379
        Wiederholungsrisiko 535
    Stenosen, Atrioventrikularkanal 326
        periphere 424
        periphere, Williams-Syndrom 429,
            528
    Taschenklappen, Agenesie 383, 384
    Truncus pulmonalis, idiopathische
        Dilatation 427
    tubuläre Konusstenose, Fallotsche
        Tetrade 410
    über Ventrikelseptumdefekt reitende
        Beurensche Transposition 416, 417,
        418
    Vögel, Säugetiere, Entwicklung 41, 42
A. subclavia
    Ektopie, Aortenbogen, Interruption
        440
    Ursprung aus doppeltem Aorten-
        bogen 448, 450
    Ursprung aus rechtsseitigem Aorten-
        bogen 449
Aase-Syndrom
    Embryopathie, Ventrikelseptum-
        defekt 528
Ätiologie
    angeborene Angiokardiopathien 528
    Aorta, Isthmus, Hypoplasie,
        Stenose 433, 435

Aorten-, Pulmonalstenose,
    supravalvuläre 429
Ductus arteriosus persistens 446
Herz-, Gefäßmißbildungen, angeborene
    humangenetische Forschung
    248–258, 519, 522, 529, 530
    Medikamente 523–525
supravalvuläre Pulmonalstenose,
    Rubeolen 423
Agenesie
    A. coronaria 455
    Ductus arteriosus 424
    Lunge, Arterie, Hauptast 424, 425, 426
    Lunge, Arterie, Taschen-
        klappen 383–385
Akardie
    teratogene Determinationsperiode 269
Alagille-Syndrom
    Embryopathie, Vorhof-, Ventrikel-
        defekt 528
Alkohol
    Embryopathie 525
    Kardiomyopathie 182
    teratogene Wirkung 253, 254
Amphibien
    gemischt durchströmtes Herz 12
    Myokardleisten, Konzentrations-
        vorgänge 43
    Übergang zum Landleben, Herz-
        entwicklung 40
Amphioxus lanceolatus
    Chordatiere, offener Blutkreislauf 16
Anastomose
    Behandlung, Lungenvenen, Fehldränage
        300
    Blalock-Taussig, Doppelausgang,
        rechter Ventrikel 420
    Fallotsche Tetrade 412
    Trikuspidalatresie 331
Anastomosen
    Blutkreislauf des Akardius 269
    embryonales Herz 62, 63
    Felder, Ausprägung, Rechts-, Links-
        versorgungstyp 145
    Subkardinalsysteme 99
Anatomie
    A. lusoria 452
    Aorta, Lungenarterie, Über-
        kreuzung 3, 4
    „Der Anatom, Zeigestab in der Hand
        Gottes" (Nikolaus Steno,
        1686–1738) 1
    entwicklungsgeschichtliche, Koronar-
        gefäßsystem 54–60
    Herz, Bindegewebe, Rasterelektronen-
        mikroskopie 218, 219
    Bindegewebe, Struktur 217

Muskelfaserschichten, Anordnung 201, 202, 203, 211
Muskelfaserverlauf 201–205
Venen 147
Ventrikelausflußbahn, Säugetiere 43
normale, Herz, Prinzipien 117–159
  Schluß von der Form auf die Funktion 141
  siehe Topographie
  Teststellen bei der Obduktion 154
vergleichende, Entwicklung der Schwimmblase aus der Lunge 30
  Herzvenen, phylogenetische Gefäßstempel 61
  Organe des Stoffverkehrs 9–13
  Wirbeltierherz 19–72
Aneurysma
  A. pulmonalis, Aortenbogen, Interruption 440
  Ductus arteriosus, Ruptur 444
  Koronararterien 460
  Pars membranacea 353–355, 422
  Sinus Valsalvae, Ruptur 387, 388
  ventrikuläres 350
Angina pectoris
  Fehlursprung der Kranzarterien 458
angiogenetisches Parenchym
  Induktion durch Primitivstreifen 24
Angiokardiographie
  abnorme Muskelmassen der Herzkammern 352
  Aneurysma, Sinus Valsalvae, Ruptur 388
  Aortenbogen, Interruption 441
  Cor triatriatum sinistrum 303
  Herz-, Gefäßmißbildungen 266
  Lungenvenen, Fehlverbindungen 300
  Pulmonalstenose, supravalvuläre 424
  Trikuspidalatresie 329
Angiokardiopathien
  angeborene, siehe Herz, große Gefäße, Mißbildungen
  Ursachen 541
Aorta
  A. pulmonalis, gemeinsamer Ursprung aus der rechten Kammer 94
  A. pulmonalis, siehe teratologische Transpositionsreihe
  abdominalis, Stenose 438, 439
  ascendens, Ektopie des rechten Pulmonalarterienhauptastes 425
  Atresie, Ventrikelhypoplasie 337
  Bogen, akzessorischer Kanal 454
    Atresie, duktusabhängige Mißbildung 446
    doppelter 448, 449

    doppelter, Fallotsche Tetrade, Präparat 450
    Hypoplasie 430, 432, 433
    Hypoplasie, korrigierte Transposition 422
    Hypoplasie, Thalidomid-Embryopathie 524
    Interruption, duktusabhängige Mißbildung 446
    Grundtypen 439
    Klinik 441
    Pathogenese 440, 441
    Typ A, B, C 439, 440
      rechtsseitiger 449, 451, 453
    Agenesie, Lungenarterie 424
    Fallotsche Tetrade 453
    Familienstammbaum 532
    Gefäßhalbring 451
    Shprintzen-Syndrom 528
    Stenosen, Uhlsche Anomalie 349
    zervikaler 453, 454
Coarctatio aortae, Aortenstenose 379
  Diagnostik, Klinik 263, 436
  Erwachsenentyp 431
  Kindesalter 431
  Klinik 436
  Kollateralkreislauf 434
  Lokalisation 435
  pathol.-anatomisches Präparat 336, 431
  Polysplenie-Syndrom 283
  Prognose 267
Conus aorticus, Stenose 324, 379
  Trennung vom Vorhofseptum 355
Dextroposition, Fallotsche Tetrade 404, 405, 406
  Pulmonalkonusstenose 384, 399
  Taussig-Bing-Anomalie 412
  teratologische Transformationsreihe 399, 404, 405
Dissektion, bikuspidale Aortenklappe 386, 387
Embryologie 99
Gewicht 4
Hypoplasie 346, 433
  Dilatation des Truncus pulmonalis 427, 428
Isthmus, Atresie 448
  Stenose, Interruption, Beziehungen 441
  Stenose, siehe Coarctatio aortae
Klappe, Atresie, valvuläre Mitralstenose 337
  bikuspidale 386, 387
  Ersatz, Rückbildung der interstitiellen Myokardfibrose 186
  Fehler, Mitochondrien, Schädigungsmuster 179

Aorta
    Insuffizienz, angeborene 385, 386
    Insuffizienz, Ventrikelseptum-
        defekt 358, 361, 373
    Stenose 379–383
    Stenose, Kalkspangen 129
    Topographie 117
    Vitium, interstitielle Myokard-
        fibrose, Reversibilität 186
    Koarktation, Aortenstenose 379
        Diagnostik 263, 436
        Erwachsenentyp 431, 433
        Kindesalter 431, 433
        Klinik 436
        Kollateralkreislauf 434
        Lokalisation 435
        pathol.-anatomisches Präparat 431
        Polysplenie-Syndrom 283
    Komplexe, hypoplastische 346, 375, 432
    Konus, re. Kammer, Beziehungen 363
        Stenose 324, 379
    Lungenarterie, Überkreuzung, Topo-
        graphie 3, 4, 73
    obstruktive Anomalien, valvuläre
        Mitralstenose 337
    Ostium, Atresie 375
        Stenose, Klappenersatz 381
        Stenose, kritischer, innerer
            Umfang 379
        zweiklappiges, intravalvuläre
            Mitralstenose 337
    primitiver Konus, persistierender
        401, 402
    Pseudokoarktation 437, 438
    Regurgitation, Ostienstenose 379
    Ringbildungen, angeborene 242
    Ruptur, Isthmusstenose 434
    Säugetiere, Vögel, Lage der Ostien
        des Kammerein- und Ausstroms 41
    Semilunarklappen, Lamblsche
        Exkreszenzen 130
        Noduli Albini, Noduli Arrantii
            130
    siehe teratologische Transpositionsreihe
    Sinus, Aneurysmen, Klassifikation
        388
    Stenose, anuläre Form („Sanduhrtyp")
        429
        Doppelausgang aus dem rechten
            Ventrikel 419
        Kammerhypertrophie, Faserverlauf
            205
        Polysplenie-Syndrom 283
        subaortale Muskelleistenstenose 383
        subaortale, tubuläre 383, 432
        subvalvuläre, Ostium atrioventri-
            culare commune 323

    subvalvuläre, „Schwanenhals"-
        Stenose, Präparat 323, 324
    supravalvuläre 429
    supravalvuläre, Vitamin-D-Embryo-
        pathie 524
    tubuläre 383, 429
    valvuläre, supra-, infravalvuläre
        379, 301, 302
    velamentöse, infravalvuläre 383
    Wiederholungsrisiko 535
    System, abnormer Ursprung, Herzkranz-
        gefäße 455, 456
    Taschenklappe, Leistenbildung 381
Aortae
    Verschmelzung, menschlicher Embryo
        100, 101
Aortensystem
    proximales, Schema 102
Aortographie
    Aorta abdominalis, Stenose 438
    A. coronaria, Fehlursprung aus der
        A. pulmonalis 457, 458
    Aortenbogen, Interruption 441
aortopulmonales Fenster
    Aortenbogen, Interruption 440
    Pathologie, Klinik 395–397
Arterien
    große, aberrierende, Organisations-
        typen 448
    Beurensche Transposition 240, 399,
        416, 417, 418
    Dextropositio aortae 399, 404, 405,
        409, 411, 412
    Doppelausgang aus dem rechten
        Ventrikel 417–420
    Eisenmenger-Komplex 228, 240, 356,
        366, 370, 372, 405–407
    Fallotsche Tetrade 238, 240, 326,
        342, 356, 373, 383, 384, 407–412
    Fassungsvermögen 4
    Gefäßringe, komplette, inkomplette,
        Varianten 448, 449
    gekreuzte Transposition (Beuren)
        238, 240, 416, 417
    herznahe, Mißbildungen 423–461
    herznahe, siehe Transposition
    Koronararterien, siehe Aa. coro-
        nariae, Koronararterien
    Lungenarterie, siehe Pulmonal-
        arterie
    Taussig-Bing-Anomalie 238, 240,
        368, 412, 413
    teratologische Transpositionsreihe
        397–422
    Transposition, arterielle 306, 307,
        320, 329, 342, 349, 353, 356,
        413, 416

Transposition, Beurensche 240, 416, 417
Transposition, korrigierte 280, 329, 337, 383, 420–422
Haassche, Phylogenese 57
Epikard, rasterelektronische Aufnahme 188
Kiemenbogen-, Aortenentwicklung 99
Koronar-, Entwicklung 64–62, 99
Stammesgeschichte 54–60
Produkt von Systolendauer und Pulswellengeschwindigkeit, gleiches Verhältnis bei allen Tierklassen 74
Arteriographie
A. lienalis, Ivemark-Syndrom 284
arteriohepatische Dysplasie
Embryopathie, periphere Pulmonalstenosen 528
arteriovenöse Fistel
pulmonale 426
Aschow-Tawara-Knoten
Choristoblastome 552
embryonales Herz 39, 49, 51, 79
Herzautopsie, Darstellung 124
Ischämie, Verschluß der Kranzarterie 145
Asplenie-Syndrom (Ivemark-Syndrom)
Mesokardie, Cor biloculare 281, 282
ATP
Kontraktion der Myofibrillen 176
Produktion, Mitochondrien 179
Atresie
A. pulmonalis, Ivemark-Syndrom 283
Ostium 373, 374
Wiederholungsrisiko 535
Aa. coronariae 461
Trikuspidalklappe 331
Atrioventrikularkanal
Defekt, angeborener 361
Embryologie 366
Ebstein-Anomalie 342
konnatale Kommunikationen 355, 356
Wiederholungsrisiko 535
Atrioventrikularklappen
Atresien 328–333
Insuffizienz, konnatale 338–344
Atrioventrikularostien
Stenosen, angeborene 333–338
Autopsie
Herz, anatomische Teststellen 154
Technik, eigene (Doerr) 117
Technik, Historisches 117
Statistiken, Häufigkeit angeborener Herzfehler 243, 244
AV-Block
korrigierte Transposition 422

AV-Knoten
Blutversorgung 144, 145
Lagekonstanz 48
Sinusknoten, holoptes Schnittpräparat 6

Bachmann-Bündel
Reizleitungssystem, embryonales 52
Behandlung
A. pulmonalis, Klappeninsuffizienz 385
Ostiumatresie 375
supravalvuläre Stenose 424
abnorme Muskelmassen der Herzkammern 352
Agenesie, Lungenarterienhauptast 426
Aneurysma, Sinus Valsalvae, Ruptur 388
Aorta abdominalis, Stenose 438
Aorta, Bogen, Interruption 441
Isthmusstenose 437
Klappeninsuffizienz 385, 386
Stenose 381, 382
Stenose, supravalvuläre 429, 430
pulmonales Fenster 397
arterielle Transposition 416
atriolinksventrikulärer Tunnel 389
Atrioventrikularkanal, persistierender 327, 356
Cor triatriatum sinistrum 303
Doppelausgang, rechter Ventrikel 420
Ductus arteriosus persistens 447
Ebstein-Anomalie 343
Einzelkammer (Ventriculus communis) 321
Einzelkranzarterie 456
Fallotsche Tetrade 412
Fehlursprung der Kranzarterien 459
korrigierte Transposition 422
Mitralatresie 333
Mitralinsuffizienz 344
Ostium secundum, Defekte 315
Scimitari-Syndrom, Lungenvenen, Fehleinmündung 300
Trikuspidalklappe, Atresie 331
Insuffizienz 339
Truncus arteriosus persistens 395
Uhlsche Anomalie 349
Ventrikel, Hypoplasie 348
Septumdefekt 371
Vorhof, Septum, Defekt, partieller 313, 314
Septum, Defekt, totaler 310
Beurensche Transposition
teratologische Transpositionsreihe 240, 399, 416, 417, 418
Bilateralsymmetrie
teratologische Syndrome, Morphologie 283

Bindegewebe
  Myokard, Epi-, Peri- Endomysium 224
  Myokard, Struktur, Funktion 217, 219, 221
biogenetische Grundregel (Haeckel)
  Ontogenese, Phylogenese 19, 20, 63, 64
Biokybernetik
  synergetische Ordnungsphänomene 10
Biologie
  Regelungsprozesse, kybernetische 10
  theoretische, „dissipatives" bzw. „synergetisches System" 10, 11
    Grundsätzliches 9–13
    Heterochronie des Herzens 549–553
    „Ordnung durch Fluktuation" 10
biologische Halbwertzeit
  Verlängerung, Proteine, Herzmuskelzellen 180
Biopsie
  Ductus arteriosus, Wandbau 444, 445
  Endomyokard, Mitochondrien 179
    pathologische Ultrastruktur 180
  linker Ventrikel, Myozyten 163
Blalock-Taussig-Anastomose
  Doppelausgang, rechter Ventrikel 420
  Fallotsche Tetrade 412
  Trikuspidalatresie 331
Blut
  Kreislauf, Akardius 269
  Versorgung, Herz 143, 144, 145
  Volumen/kg Körpergewicht 4
Blutbildung
  Embryologie 15
Blutkreislauf
  allgemeine Stammesgeschichte 15–18
  Embryologie 15–18
  offener, Chordatiere 16
Bronchialarterien
  Lunge, Blutversorgung 390
Buchs-Goertler-Komplex
  große Gefäße, teratologische Transformationsreihe 398, 399
Bulboaurikularsporn
  Embryo, Frontalschnitt 97, 98
Bulbus cordis
  Defekt, arterielle, komplette Transposition 414
    Eisenmenger-Syndrom 407
  Drehung, Wanderung, teratologische Transpositionsreihe 399
  Linksverschiebung, unvollendete, Taussig-Bing-Anomalie 238, 240
  Resorption, Theorie von Keath 401
  Septatio aberrans transponans 401
  Septumdefekte 241
  teratologische Transpositionsreihe 398, 399, 400

Truncusseptation, abnorme 400
vektorielle Drehung, Arrest: Arterielle Heteropien 240
  Arrest: Fallotsche Tetrade 410
  formales Prinzip nach Doerr 45, 92–97, 104, 398, 399
  Störung: Juxtaposition der Herzohren 307
  Ursachen 104
Wanderung, Arretierung: Doppelausgang, rechter Ventrikel 419
Bulbus-, Truncustorsion
  embryonales Herz 93, 94

Canalis atrioventricularis
  Defekt, angeborener 361
    Embryologie 366
  Ebstein-Anomalie 342
  Embryologie, Häufigkeit, Klinik 322–327
  Embryopathie, Chromosomenanomalie 526
  konnatale Kommunikationen 355, 356
  pathol.-anatomisches Präparat 309
  Transitionsform, Präparat 324
  Wiederholungsrisiko 535
Canalis atrioventricularis sinister
  primitive Lävokardie 270, 271
Carpenter-Syndrom
  Ventrikelseptumdefekt, Pulmonalstenose, Erbgang 528
Caveolae
  Sarkolemm, Herzmuskel, Funktion 165
„Chaos
  determiniertes", Organismen als genetisch offene Systeme 20
Chemotherapie
  teratogene Wirkung 254
Chorda dorsalis
  Rana temporaria, Querschnitt im frühen Schwanzknospenstadium 22
Chorda muscularis
  Mitralklappe 138, 139
  Persistenz 242
Chromosomen
  Aberrationen, Herz-Gefäßmißbildungen, Syndrome 249, 250
  Humangenetik 525–527
Coarctatio aortae
  Aortenstenose 379
  Diagnostik 263
  Erwachsenentyp 433
  Kindesalter 431, 433
  pathol.-anatomisches Präparat 336
  Polysplenie-Syndrom 283
Contergan
  Schädigung, Embryopathie des Kindes 524

Conus aorticus
  rechter Ventrikel, Beziehungen 363
Conus pulmonalis
  Stenose, Ventrikelseptumdefekt
    359, 373
Cor biloculare
  Embryologie 237, 238
  Ivemark-Syndrom 282
  Thalidomid-Embryopathie 524
Cor bulboventriculare
  Doppelausgang, rechter Ventrikel 419
Cor humanum
  Stammesgeschichte 19-72
Cor triatriatum dextrum
  Embryologie, Klinik 290
Cor triatriatum sinistrum
  Atrioventrikularkanal 326
  Einteilung 301
  Embryologie 300-303
  Lungenvenen, Fehlverbindung 292, 301
  pathologisch-anatomisches Präparat
    302
Cor triloculare biatriatum
  Entwicklung 316-321
Cor triventriculare
  Fallotsche Tetrade 409
Cor univentricular
  Metampulle, Proampulle 316-321
Corvisart-Syndrom
  Fallotsche Tetrade 409
Crista supraventricularis
  Architekturanomalien, Ebstein-
    Anomalie 343
  korrigierte Transposition 421

Darmanlage
  Rana temporaria, frühes Schwanz-
    knospenstadium 22
Definition
  aortopulmonales Fenster 395, 396
  Dextrokardie, Dextroversio cordis
    274, 275
  dissipatives bzw. synergetisches
    System 10, 11
  Entoderm, Mesoderm 21
  freies sarkoplasmatisches Retikulum
    170
  Herzdilatation
    Hypertrophie 134
  Homöostase 10
  Kreuzherz 353
  kybernetische Regelungsprozesse in
    der Biologie 10, 11
  Lävoversio cordis 274, 275
  Morphologie 9, 11
  „Ordnung durch Fluktuation" 10
  Pseudotruncus arteriosus 395

Sportherz 151
  Taussig-Bing-Anomalie 412
  Ventrikelinversion 352
Desmosomen
  Sarkolemm, Disci intercalares 169
Determinationsperioden
  monamniote, diamniote Monochorie
    269
  teratogenetische, Herz-Gefäßmiß-
    bildungen 237, 238
Dextrokardie
  Diagnose 263-267, 278
  Definition, Embryologie 274, 275, 276
  Herzschleifenbildung, Inversion
    239, 274, 275, 276
  Störung des Mittellinienfeldes 529
Dextropositio aortae
  Pulmonalkonusstenose 384
Dextroversio cordis
  Definition, Embryologie 274, 275,
    278, 279
  Transposition, korrigierte, Präparat
    280
Diabetes mellitus
  Beta-Glykogen-Granula, Herzmuskel-
    zelle, Elektronenmikroskopie 181
  Myokardfibrose, interstitielle 186
  Mutter, Embryopathie des Kindes
    524, 525
  teratogene Wirkung 254
Diagnostik
  Aa. coronariae, Fehlursprung 458, 459
    Fisteln 460
  Agenesie, Lungenarterienhauptast
    425, 426
  Aneurysma, Sinus Valsalvae 388
  Aorta abdominalis, Stenose 438
  Aorta, pulmonales Fenster 397
    Stenose, Isthmus 436, 437
    Stenose, supravalvuläre 429
  arterielle Transposition 415
  atriolinksventrikulärer Tunnel 389
  Atrioventrikularkanal 355, 356
  Cor triatriatum sinistrum 303
  Doppelausgang, rechter Ventrikel
    420
  Ductus arteriosus persistens 447
  Einzelkammer (Ventriculus unicus)
    320, 321
  Herz, Divertikel 350
  Herz-Gefäßmißbildungen 263-267, 281
  korrigierte Transposition 422
  Mitralatresie 333
  Mitralinsuffizienz 344
  pulmonaler Hypertonus 263
  Pulmonalklappeninsuffizienz 385
  Pulmonalstenose, supravalvuläre 424

Diagnostik
  Scimitar-Syndrom 300
  Trikuspidalatresie 329
  Truncus arteriosus persistens 395
  Uhlsche Anomalie 349
  Ultraschalluntersuchung, angeborene Angiokardiopathien 542
  Ventrikel, Hypoplasie 348
  Ventrikel, Septum, Defekt 370
    Septum, Defekt, Spontanverschluß 357, 358, 370, 371
Differentialwachstum
  Myokard, Herzmißbildungen 259
Divertikel
  Aortenbogen, rechtsseitiger 449
  ventrikuläres 350, 351
Doerr
  Konzept, teratologische Transpositionsreihe, große Gefäße 397, 403
Down-Syndrom
  Chromosomenanomalien 525, 526
  Ostium atrioventriculare commune 323
Ductus arteriosus Botalli
  Agenesie 424
  Aneurysma, Ruptur 444
  Aorta, rechtsseitiger Bogen, Gefäßhalbierung 451
    Stenose 379
  Arterienäste, Lunge 390, 392, 393
  Aufrechterhaltung, E 1-Prostaglandinzufuhr (Indomethacin) 348, 442, 443, 447
  doppelseitiger, Aortenbogen, Interruption 440
  Begleitmißbildungen 446, 451
  Ektopie, Lungenarterienhauptast 425 426
  Entstehung aus der 6. Kiemenbogenarterie 61
  Histologie 441, 442, 445
  offener, Aorta, Bogen, Interruption 440
    Aorta, Isthmusstenose 433
    Atrioventrikularkanal 325
    Familienstammbaum 531
    Häufigkeit 245
    Rubeolenembryopathie 523
    Thalidomid-Embryopathie 524
    Transposition, arterielle, komplette 413
    Transposition, korrigierte 422
    Uhlsche Anomalie 349
    Verschlußvorgang 442
    Wiederholungsrisiko 535
  persistens 443–447
    Ebstein-Anomalie 342
    Histologie 441, 442, 445

Pulmonaltaschenklappen, Aplasie 384
    Prognose 267
    Wandbau, Histologie 441, 442, 445
    Wiedereröffnung, Absinken der O_2-Blutspannung 442, 443
Ductus thoracicus
  „Köster'scher Handgriff", Autopsie 119
Dysphagie
  A. lusoria 450, 452
Dysplasie
  arteriohepatische 528
  chondroektodermale, Vorhofseptumdefekt 528
  Trikuspidalis 335, 336

Ebstein-Anomalie
  korrigierte Transposition 420
  Morphologie, Pathologie, Klinik 339–343
  pathol.-anatomisches Präparat 335
  Trikuspidalatresie, Kombination 328, 335, 339
  Uhlsche Anomalie 349
  Ventrikelinversion 353
  Wiederholungsrisiko 535
Echokardiographie
  Aa. coronariae, Fehlursprung 458
  Aneurysma, Sinus Valsalvae, Ruptur 388
  Aorta, Bogen, Interruption 441
    Isthmusstenose 437
    Klappeninsuffizienz 385
    pulmonales Fenster 397
    Stenose 382
    Stenose, valvulärer Druckgradient 429
  arterielle Transposition 415
  atriolinksventrikulärer Tunnel 389
  Atrioventrikularkanal 326, 327
  Cor triatriatum sinistrum 303
  Doppelausgang, rechter Ventrikel 420
  Ductus arteriosus persistens 447
  Ebstein-Anomalie 343
  Fallotsche Tetrade 412
  korrigierte Transposition 422
  Mitralatresie 333
  Pulmonalklappeninsuffizienz 385
  Pulmonalstenose 377, 378
  Shuntquantifizierung 266
  Truncus arteriosus persistens 395
  Uhlsche Anomalie 349
  Ventrikel, Hypoplasie 348
    Septum, Defekt, Größenbestimmung, Lokalisation 370
  Vorhof, Septum, Defekt 314

Ectopia cordis
  Perikarddefekt 272, 273
Ehlers-Danlos-Syndrom
  Dilatation, Truncus pulmonalis 427
Eisenmenger-Syndrom
  aortopulmonales Fenster 397
  Atrioventrikularkanal 356
  bulboventrikulärer Defekt, Aorten-
    dextroposition, Präparat 407
  Determinationsperiode 238, 240
  Embryologie 366
  Klinik 406
  mit/ohne Pulmonalstenose 419
  teratologische Transpositions-
    reihe 399, 405–407
  Ventrikelseptumdefekt, partieller 356
  Ventrikelseptumdefekt, totaler 370, 372
Ektopie
  Herz, Kranzarterien 456
    Perikarddefekt 272
  Lungenarterie, linker Hauptast
    424, 425, 426
    rechter Hauptast 425
Elektronenmikroskopie
  Endomyokardbiopsie, pathologische
    Struktur 180
  Herzmuskelfasern, kollagenes Binde-
    gewebe 218
  Herzmuskelzelle, Dauer des
    Aktionspotentials 170
    Diabetes mellitus, Beta-Glykogen-
      Granula 181
    interzelluläre Verbindungen 168
  Mitochondrien 178, 181
  Myofibrillen 181
  Myokard 161–200
    kollagenes Netzwerk 185
    Myofibrillen, Mitochondrien 164
  Sarkolemm, Herzmuskelzellen 227
  Sarkomeren, Längenmessung 209
Elementarphänomene
  Organogenese, Kardiogenese 104
Ellis-van Creveld-Syndrom
  Vorhofseptumdefekt 528
Elternberatung
  humangenetische 519, 541, 542
Embryo
  Anschluß des „modernen" Koronar-
    kreislaufs über das myokardiale
    Spaltlückensystem 62
  menschlicher, Herz, Frontalschnitt 78
    Herz, Frontalschnitt 88, 89
    Herz, Modelle 42
    Querschnitt, Präsomitenstadium 16
  Plazenta, Gefäßverbindungen 21
Embryofetopathie
  Rubeoleninfektion 523

Embryologie
  A. lusoria 452
  A. pulmonalis 41, 42
  Aorta 41, 42, 99
    Ringbildungen 242
  Aortae, Verschmelzung 100, 101
  Arterien 54–62, 99
  Atrialdefekte 310, 311
  Atrioventrikularkanal, Defekt 366
  Atrioventrikularklappen, Stenosen 242
  Blutbildung 15
  Blutgefäße, Herz, teleologische
    Prinzipien: Zielstrebigkeit, Zweck-
    mäßigkeit 18
  Blutkreislauf 15–18
  Bulboventrikular-Septum, -Falte 365
  Bulboventrikular-Sporn 366, 367
  Conus aorticus, rechter Ventrikel,
    Beziehungen 363
  Conus pulmonalis 359, 366
  Cor biloculare 237, 238
  Cor bulboventriculare 419
  Cor triatriatum dextrum 290
  Cor triatriatum sinistrum 292,
    300–303, 326
  Cor triloculare biatriatum 316–321
  Cor triventriculare 409
  Cor univentriculare 316–321
  Dextrokardie, Dextroversio cordis 274, 275
  Doppelausgang, rechter Ventrikel 417, 419
  Ductus arteriosus 61
  Einteilungen, Ventrikelseptum-
    defekte 364, 365
  Eisenmenger-Syndrom 366
  Endokardkissen, Ostium atrio-
    ventriculare 38, 367
  Fallotsche Tetrade 407, 408, 410
  Foramen ovale, Verschluß 38
  Foramen primum, Verschluß, Endo-
    kardkissen 38
  Foramen secundum 32, 38, 39
  Foramen ventriculare, Verschluß 367
  große Gefäße, angiogenetisches
    Parenchym, Induktion durch
    Primitivstreifen 24
  große Gefäße, Fehlstellungen 397–422
  Herz, Beziehungen zur Stammes-
    geschichte 27–30
    Cor biloculare 237, 238
    Cor bulboventriculare 419
    Cor triatriatum dextrum 290
    Cor triatriatum sinistrum 292,
      300–302, 326
    Cor triventriculare 409
    Cor univentriculare 316–321
  Crista saliens, Erregungsleitung 54

Embryologie
  Dextrokardie 239, 274, 275, 276
  Eisenmenger-Syndrom 366
  Endothelröhren, Endokardschlauch 24
  Entwicklung 81–115, 551
  Entwicklung, kritische Periode 522
  Entwicklung, Prinzipien 21–27
  „Entwicklungsfelddefekt" 529
  Fallotsche Tetrade 407, 408, 410
  Foramen ovale, Verschluß 367
  Foramen primum, secundum 32, 38, 39
  große Gefäße 1
  Grundsätzliches 9
  hämodynamische Kräfte 400
  Histologie 77, 88, 89, 90, 95, 97, 98, 101, 551
  Kammern 316, 317
  Konturfasersystem 5
  Laevoversio cordis 274, 275
  „mixed dextrocardia" 276
  Rekonstruktion 36, 37
  Sinuatrialdefekte 310, 311
  theoretische Biologie, Pathologie 1, 9
  Ventrikel 316, 317
  Ventrikel, Inversion 352
  Zellen, Bewegung, Induktion durch spezialisiertes Entoderm 23, 24
Kardinalvenensystem 61
Kaudalherz, Portalherz, Cyclostomata 17
Körpervenen 102
Koronargefäßsystem 54–62, 99
Lävoatrial-Kardinalvene 303–305
Laevoversio cordis 274, 275
Lungenarterie 424
Lungenvenenstamm 26
„mixed dextrocardia" 276
Myokard 26
Perikard, Ductus pericardiacopleuroperitonealis 46, 47
Präsomitenstadium 16
Reizleitungssystem, intraatriales, intraventrikuläres 52
Septalmuskulatur, subaortale 365
Septum interventriculare 40
Septum primum 34, 40
Septum secundum 32, 38, 39
Sinuatrialdefekte 310, 311
Sinus coronarius 61
Sinus venosus 26, 60, 61
Suprakardinalvenen 276
Taussig-Bing-Anomalie 412
Transposition, große Gefäße 397–405
Truncus arteriosus 26
V. azyos 99, 276
V. cava caudalis, Leberabschnitt 64, 276
Vv. cavae inferior, superior 60, 61, 99–103
Ventrikel, Inversion 352
  Septum, Defekt, isolierter 367, 368, 538
  Septum, Defekt, Komponenten 241 365, 366
  Septum, Defekte, Haupttypen 367
vergleichende, atrioventrikuläre Verbindungen 5
„phylogenetische Gefäßstempel" 61
Embryopathien
  Rubeolen, Thalidomid 523, 524, 525
Endoderm
  Herzzellen, Induktion 23, 24
  mesenchymale, Kopfdarm 21, 22
Endokard
  Fibroelastose, dysplastische Trikuspidalis 335
  Herzentwicklung, Induktion 23
  Kissen, Defekte 238, 240
    Defekte, Canalis atrioventricularis 325
    Defekte, Down-Syndrom 323, 525, 526
    Defekte, Pallister-Hall-Syndrom 528
    Defekte, Wiederholungsrisiko 535
  Herzabschnittsgrenzen 28
  Ohrkanal 36, 37
  Ostium atrioventriculare, Entwicklungsphysiologie 38
  Verschmelzungsstörungen, Atrioventrikularkanal 326, 367
  Verschmelzungsstörungen, Ostium primum, persistierendes 312, 313
  kollagenes Fasergerüst, Struktur, Funktion 217
  Leisten, embryonales Herz 36, 37
  paarige Endokardschläuche, Titurus vulgaris 23
  parietales, Herzhöhlen 132
  Proliferation, Sekundumdefekt, Spontanverschluß 315
  Schlauch, Herzanlage 24
  valvuläres, Schema 132
Endokarditis
  Aorta, Klappe, bikuspidale 386
    Klappe, Insuffizienz 385
  Aorta, Stenose 379, 381
    Stenose, Isthmus 434
  Ductus arteriosus persistens 447
  Fallotsche Tetrade 410
  Ventrikelseptumdefekt 358, 370

Endomyokard
  Biopsie, Mitochondrien, Oberflächen-Volumen-Relation 177, 179
  pathologische Ultrastruktur 180
Epikard
  Arterien, Verzweigungen, rasterelektronenmikroskopische Aufnahme 188
  Bindegewebe, Struktur, Funktion 217
  Intertrabekulärspalten des Myokard 44
  Triturus vulgaris, Querschnitt, spätes Schwanzknospenstadium 24
Erbgang
  angeborene Angiokardiopathien 528
Erwachsene
  Aneurysma, Ductus arteriosus, Ruptur 444
  Herzfehler, angeborene, Häufigkeit 246
Eurocat-Report
  angeborene Herz-, Gefäßmißbildungen 522
Evolution
  Herz, Mechanismen 63, 64
  Wirbeltiere 19
  Ontogenese, Phylogenese, Beziehungen 9, 11
exogene Faktoren
  angeborene Herz-, Gefäßmißbildungen 253, 254, 522, 523

Fallotsche Tetrade
  Agenesie, Lungenarterie 424
  Aorta, Bogen, doppelter, Präparat 448–450
    Bogen, rechtsseitiger 453
  Architekturanomalien, rechte Kammer, Dextropositio aortae 404, 405, 406
  Atrioventricularkanal 326
  Contergan-Embryopathie 524
  Conus pulmonalis, Hypoplasie, Aortendextroposition 408, 410
  Corvisart-Syndrom 409
  dextroponiertes Aortenostium, Ventrikelseptumdefekt 404, 405, 406
  Doppelausgang, rechter Ventrikel 419
  Ebstein-Anomalie 342
  Einzelherzkranzarterie 455
  Embryologie 407, 408, 410
  familiäre Häufung, Stammbaum 532
  Klinik 411, 412
  Konus-Truncus-Fehlbildung 533
  korrigierte Transposition, Differentialdiagnose 422
  Ostium-, Konusstenose 409
  pathol.-anatomische Präparate 408, 409, 410
  Pulmonaltaschenklappen, Aplasie 383, 384
  teratogenetische Determinationsperiode 238, 240
  teratologische Transpositionsreihe 399, 404, 407–412
  Thalidomid-Embryopathie 524
  Varianten, Begleitmißbildungen 409
  Ventrikelseptum, Defekt, partieller 356
    Defekt, totaler 373
    Defekte, multiple 403, 404, 405
  Wiederholungsrisiko 535
Fallotsche Trilogie
  Klinik 377
Familienforschung
  Humangenetik, Herz-, Gefäßanomalien 530–533
Fascia adhaerens
  Disci intercalares, sarkolemmale Membranen 169, 170, 171
Fibroelastose
  Wiederholungsrisiko 535
Fische
  Branchialzirkulation, Schema 56
Fisteln
  Herzkranzarterien 459, 460
Fledermäuse
  Flughautvenen 17
Fontan-Operation
  Prinzip, Einzelkammer (Ventriculus communis) 321, 331
  Trikuspidalatresie 331
  Ventrikelhypoplasie 348
Foramen intervertebrale
  Determinationsperiode 241
Foramen interventriculare
  Verschluß, Defekte 241, 367
  Verschluß, Embryologie 367
  Voraussetzungen 43, 44, 45
Foramen ovale
  Verschluß, Embryologie 38
  frühzeitiger 307, 308
Foramen primum
  Verschluß, Ohrkanalendokardkissen, Placentalia 38
Foramen secundum
  Entwicklung 32, 38, 39
Fossa ovalis
  Aneurysma 308
Frühgeborene
  angeborene Herzfehler, Häufigkeit 245
  Atemnot-Syndrom, Ductus arteriosus, protrahierter Verschluß 443, 447
  Ductus arteriosus, Häufigkeit 446

Gefäßringe
  komplette, inkomplette, Varianten
    448, 449
Gefäßschlinge
  Pulmonalarterie 427, 428
Gefäßsystem
  Abstimmung zwischen physiologischen
    Konstanten und Herztätigkeit 74
Gene
  genetische Faktoren, Herz-Gefäß-
    mißbildungen 249–253
  Steuerung der Antikörpersynthese
    der B-Lymphozyten 19, 20
Genetik
  siehe Humangenetik
genetisch offene Systeme
  Organismen, „determiniertes Chaos" 20
genetische Deutung
  Herz-, Gefäßanomalien 538–541
genetische Prädisposition
  Herz-, Gefäßmißbildungen 248, 249
Genotyp
  potentielle Unsterblichkeit 11
  „Pufferung", Entwicklungsstabilität
    20
Geschichtliches
  Aristotelische Regel 1
  Autopsie, Technik 117
  Herzsilhouette von Cruvelhier,
    Rekonstruktion durch Heinrich 126,
    127
Geschlechtsverteilung
  Herz-Gefäßmißbildungen 247
Gliederfüßler (Arthropoden)
  offener Blutkreislauf 17
Glossarium
  Herz, Phylogenese, Ontogenese
    65–67
Golgi-Komplex
  Herzmuskelzellen, Ultrastruktur 161
Grants Theorie
  Transposition, große Gefäße 402, 403
große Gefäße
  Anomalien, Aorta 429–441
    Lungenarterie 423–428
    siehe Transposition
  Beurensche Transposition 240, 399,
    416, 417, 418
  Fehlstellung: Doppelausgang des
    rechten Ventrikels 419
  Fehlstellungen 397–422
  Gefäßringe, komplette, inkomplette,
    Varianten 448, 449
  Halbring, rechtsläufiger Aorten-
    bogen 451
  Mißbildungen, Auslösung durch
    Medikamente 523–525

  duktusabhängige 446
  Eurocat-Reports 522
  Humangenetik 519–548
  Prävention 542, 543
  Risiko der Wiederholung 519, 535
  siehe A. pulmonalis, Aorta,
    Transposition
  teratologische Transpositionslehre
    397–405
  Transposition, Thalidomid-Embryo-
    pathie 524
  Ursprung aus dem falschen Ventrikel
    403
Grundregel
  biogenetische (Haeckel), Ontogenese,
    Phylogenese 19, 20, 63, 64
Grundvorstellungen
  humangenetische, Herz-, Gefäß-
    mißbildungen 527–529

Haassche Arterie
  Blutversorgung des Atrioventrikular-
    knotens, Kochsches Dreieck 57, 145,
    146
Haeckel
  biogenetische Grundregel, Onto-
    genese, Phylogenese 19, 20, 63, 64
Hämatopoëse
  Embryologie 15, 16
Hämodynamik
  Aortenbogen, Interruption 441
  Atrioventrikularkanal 355
  Doppelausgang, rechter Ventrikel 419
  Ductus areriosus persistens 446, 447
  Herz, Entwicklung 400
    Mißbildungen, Bedeutung 259, 260
    Mißbildungen, Fehler im Zusam-
      menspiel Ontogenese, Phylogenese
      64
  Kontrolle des kardialen Inter-
    stitium 186
  Lungenvenen, Fehldränage 300
  Trikuspidalinsuffizienz 339
  Ventrikel, Hypoplasie 345, 346
  Uhlsche Anomalie 349
Häufigkeit
  A. lusoria 450, 452
  Aa. coronariae, überzählige 455
  Aneurysma, Pars membranacea 354
  angeborene Angiokardiopathien
    520–522
  Aorta abdominalis, Stenose 438
  Aorta, bikuspidale Klappe 386
    Bogen, doppelter 450
    Bogen, Isthmusstenose 440, 521
    Stenose 379, 381, 521
  arterielle Transposition 415, 521

Sachverzeichnis

Canalis atrioventricularis 325
Cor univentriculare 521
Ductus arteriosus persistens 446, 521
Ebstein-Anomalie 342, 521
Ectopia cordis 521
Endokarditis, Ventrikelseptumdefekt 358
Endokardkissendefekt 521
hypoplastisches Linksherzsyndrom 521
Ivemark-Syndrom 282
korrigierte Transposition 420
Mißbildungen, Herz, große Gefäße 520–522
　Anteil and den Gefäßmißbildungen 244, 245, 521
　humangenetische Studien 520–522
　Kinder 243
　klinisch-pathologische Studien 243, 244
　Sektionsstatistiken 243, 244
　Verwandte i. Grades 536
Lungenarterie, Stenosen 376, 521
Lungenarterie, supravalvuläre Stenose 423
Lungenvenen, Fehlverbindungen 292, 298
Mitralatresie 332, 333
Stenose, Mitralis 334, 335
Stenose, Pulmonalis 376
Trikuspidalatresie 329, 331, 521
Truncus arteriosus persistens 393
V. cava cranialis sinistra 285
Ventriculus unicus 319, 320
Ventrikel, Hypoplasie 346, 347
Ventrikel, Septumdefekt, Haupttypen 366, 521
Ventrikel, Septumdefekt, isolierter 367
Ventrikel, Septumdefekt, Spontanverschluß 357
Vorhofseptumdefekte, partielle 310, 314, 521

Halbring
　Aortenbogen, rechtsseitiger, Ductus arteriosus 451
Halbwertzeit
　biologische, Proteine, Herzmuskelzellen 180
Heparin
　Physiologie 17
Herz
　Abschnittsgrenzen, phylogenetische Bindung der Koronararterien 59, 60

Anatomie, normale, Prinzipien 117–159
　siehe Anatomie; Präparat, anatomisches
Angioarchitektur, Fasernverlauf 206
Anlage, Aschoff-Tawaraknoten 39, 49, 51, 79
　Endothelröhren, Endokardschlauch 24
　mesenchymale Herzzellen 21–24
　paarige Endokardschläuche 23
　Querschnitt, Triturus vulgaris, spätes Schwanzknospenstadium 24
Apex cordis bifidus 124
arterielles Ende, Mißbildungen 373–383
Asymmetrie, Entstehung 105–107
　Mitral-Trikuspidalebenen, Niveauhöhen 136, 137
Autopsie, anatomische Teststellen 154
　Fremdkörper, Gasembolie, Geschoßembolie 119
　frontale Schnittreihe 120, 121
　holoptisches Organpaket 119
　Technik, eigene (Doerr) 117–159
　Technik, Historisches 117
Bilateralsymmetrie, teratologische Syndrome, Morphologie 283
Bindegewebe, Perimysium internum 141
　Strukturdynamik 217–226
Bulbus cordis, Aufnahme in den rechten Kammerabschnitt 40
　vektorielle Drehung, Ursachen 45, 92–97, 104
Chordae tendineae, Aberrantinsertionen, Ebstein-Anomalie 339
chronische Erkrankungen, Mitochondrien, Schädigungsmuster 179
Circulus arteriosus sinuauricularis 145
Dextroisomerismus, Ivemark-Syndrom 283
Dextrokardie, Definition, Embryologie 274, 275, 276
　Dextropositio, Dextroversio cordis 118
　Diagnose 278
　Herzschleifenbildung, Inversion 239
Dextroversio cordis, Definition, Embryologie 274, 275, 278, 279
Diastole, aktive, diastolische Saugwirkung 231
　Faserverlauf 206
　Systole, Amplitude, Muskelfaserbewegungen 141, 142
Differentialwachstum, Mitoserate 106, 107

Herz
  Dilatation, Ebstein-Anomalie 343
  Endomyokardbiopsie, pathologische Ultrastruktur 180
  Energetik, Pathophysiologie 151
  Hypertrophie, Definitionen 134
  Mitochondrien, Schädigungsmuster 179
  Mitralinsuffizienz, angeborene 344
  Sarkomerenlänge 210
  Ectopia cordis, Perikarddefekt 272, 273
  Einzelkammer 321
  Einzelkranzarterie 455
  Elementarkonstruktion, Überkreuzung von Aorta und Pulmonalis, Präparat 3, 4, 73
  embryonales, 13. und 14. Entwicklungsstadium 87
  arterioarterielle, venovenöse Kollateralen 62
  Aschaff-Tawara-Knoten 49, 51
  Aschaff-Tawara-Knoten, generalisierte, räumliche Darstellung 39
  AV-Knoten, Lagekonstanz 48
  Befundkonstellationen, Grad der Wirklichkeit 73
  Endokard, Kissen, Ostium atrioventriculare 38
  Endokard, Polster, Defekte 206
  Endothelröhren, Endokardschlauch 24
  Entwicklung, Korrelation mit dem Thebesischen Venensystem 62
  Entwicklung, Kräfte 1, 2
  Frontalschnitte im 15. und 18. Entwicklungsstadium 89, 90
  Foramen ovale, Verschluß 38
  Foramen primum, secundum 32, 38, 39
  Kammerseptum 43
  Kaudalherz, Lymphherz, Portalherz 17
  Konturfasern, Myokardleisten 43
  Koronargefäßsystem, Stammesgeschichte 54–63
  Kuspidalklappen, Insertion am „Herzskelett" 128, 130
  Lymphgefäße, Stammesgeschichte 62, 63
  Ostium atrioventriculare, Endokardkissen 38
  Ostium ventriculobulbare 36, 37
  paarige Endokardschläuche 23
  Pro- und Metaampulle, Ineinanderschachtelung 78
  Reizleitungssystem, Stammesgeschichte 48–54
  Rekonstruktion 36, 37
  Schleifenbildung 85, 86
  Säugetiere, generalisierte, räumliche Darstellung 39
  Septierung, Strukturen, generalisierte räumliche Darstellung 39
  Septierung, Truncus arteriosus 92
  Septum atrioventriculare 38
  Septum interventriculare 36, 37, 86
  Septum primum 34, 40, 91
  Septum secundum 32, 38, 39, 91
  Septum, Valvula Eustachii 86
  Sinus venosus 26
  Sinus venosus, Einbeziehung in den rechten Vorhof 86
  theoretische Biologie, Pathologie 1, 9
  Uferzellen, primitive 1
  ursprünglich strukturiertes Säugetierherz 49
  vektorielle Bulbusdrehung 45, 92–97
  vektorielle Ohrkanaldrehung 88, 89
  Ventrikelseptierung 97, 98
  Vorhofseptierung 91, 92
Endokard, Fibroelastose, Dysplasie, Trikuspidalis 335
  Herzentwicklung, Induktion 23
  Kissen, Defekte 238, 240
    Defekte, Canalis atrioventricularis 325
    Herzabschnittsgrenzen 28
    Ohrkanal, embryonales Herz 36, 37
    Ostium atrioventriculare, Entwickungsphysiologie 38
    Verschmelzungsstörungen, Atrioventrikularkanal 326, 327
    Verschmelzungsstörungen, persistierendes Ostium primum 312, 313
  kollagenes Fasergerüst, Struktur, Funktion 217
  Leisten, embryonales Herz 36, 37
  paarige Endokardschläuche, Titurus vulgaris 23
  parietales, Herzhöhlen 132
  Proliferation, Sekundumdefekt, Spontanverschluß 315
  Schlauch, Herzanlage 24
  valvuläres, Schema 132
Endokarditis, Aortenstenose 379, 381
  Ventrikelseptumdefekt 358, 370
Endomyokard, Biopsie, pathologische Grundstruktur 180

Energetik 150, 151
Entwicklung, Ablauf, Histologie 551
  hämodynamische Kräfte 400
  Induktion durch Endokardbildung 23
  kritische Periode 522
Erbscher Punkt, Auskultation 329
Erfolgsorgane 4
fetales, Massenverhältnis 152
  siehe Embryologie
Formasymmetrie, Situsasymmetrie, Differenzierung 274, 275
Frank-Starlingsches Gesetz 206
  Sarkomerlänge 209
Frontalschnitt, Elementarkonstruktion 4
Funktion als Pumpe und Triebwerk 2, 3
gemischt durchströmtes, Amphibien 12
Gewicht, kritisches (Linzbach) 152
  Körpergewicht, Quotient 153
„Gläsernes Herz", Sammlung Volhard 129
Herniation, Perikarddefekte 285
Heterochronie, pathogenetische Prämisse 549–553
Histologie, menschlicher Embryo, Ineinanderschachtelung von Pro- und Metaampulle 78
Höhlen, Volumina 152, 153
Hypertrophie, Aortenstenose 379
  Canalis atrioventricularis 324
  Ductus arteriosus persistens 444
  Faserverlaufsänderungen 205
  Größe der Mitochondrien 177
  Herzmuskelzellen, Proteine, Verlängerung der biologischen Halbwertzeit 180
  Sarkomerenlänge 210
  Sportherz 151
  Veränderungen des Bindegewebsgehaltes 225
  Volhardsches Wachsherz 128
hypoplastisches Linksherzsyndrom, Wiederholungsrisiko 535
Induktion, Entoderm 104, 105
Infarkt, Anfälligkeit des menschlichen Herzens 55
  bevorzugte Topologie 79
  Fehlursprung der Kranzarterien 458
Insuffizienz, Agenesie, Lungenarterienhauptast 426
  Aorta, Isthmusstenose 434, 436
  pulmonales Fenster 396
  Stenose 379
    Unterbrechung des Bogens 441

Ductus arteriosus, frühzeitiger Verschluß 443
Ebstein-Anomalie 343
Fisteln der Kranzarterien 459
Mitralinsuffizienz 344
Mitralstenose 337
Pulmonalostiumatresie 375
Truncus arteriosus persistens 395
Ventrikel, Hypoplasie 348
Ventrikel, Septumdefekt 371, 372
Kardiogenese, „Grunderscheinungen": Zellproliferation,
  – Differenzierung, – Bewegungen 104
  siehe Embryologie
Kardiomegalie, Ventrikelseptumdefekte 371
Kardiomyopathie, chronische Alkoholzufuhr 182
Katheterisierung, abnorme Muskelmassen der Herzkammern 352
  arterielle Transposition 416
  Atresien, Stenosen der Lungenvenen 303
  atriolinksventrikulärer Tunnel 389
  Cor triatriatum sinistrum 303
  Herzkranzgefäße, abnorme Ursprünge 456, 458
  Lungenvenen, Fehlverbindungen 296, 300
  Pulmonalstenose, supravalvuläre 424
  Shuntquantifizierung, partielle Vorhofseptumdefekte 314
  Trikuspidalatresie 329
Kaudalherz in der Schwanzspitze, Portalherz im Pfortaderkreislauf, Cyclostomata 17
Klappen, Ansatzrand, Schließungsrand, freier Rand 129
  Atrioventrikularklappen, Atresie 328–333
  Atrioventrikularklappen, Insuffizienz, konnatale 338–344
  Atrioventrikularostien, Stenosen 333–338
  Endokard, valvuläres 132
  Fissur, Ostium primum-Defekt 312
  Hämatome 130
  Klappenzahlanomalien 386, 387
  Mitralklappe, akzessorische Ostien, Atrioventrikularkanal 325, 326
    Atresie 332, 333
    Fissur, Vorhofseptumdefekt 309, 310
    Fissuren, Atrioventrikularkanal 324

Herz
  Insuffizienz 343, 344
  Lochbildungen 327
  reitende Segelklappe 321, 322
  Stenose 334–338
    anuläre, Ventrikelhypoplasie 346
    Ebstein-Anomalie 342
    Lutembacher-Syndrom 315, 316
    supravalvuläre 335
    valvuläre 337
  Spaltbildungen 327
  Trikuspidalklappe, Atresie 328–332
    Atresie, Fehleinmündung der Lungenvenen 310
    Dysplasie 335
    Fissuren, Antrioventrikularkanal 324
    Insuffizienz 338, 339
    reitende Segelklappen 321, 322
    Spaltung des Septalsegels 355
    Stenose 334
    Uhlsche Anomalie 349
    Verwachsungen, Ebstein-Anomalie 339
  Kochsches Dreieck, Sektion, Darstellung des Aschoff-Tawaraschen Knotens 124, 125
    Sektion, Markierung des Kochschen Punktes 139
    Versorgung durch Haassche Arterie 57, 145
  Konturfasersystem, Embryologie 5
  Koronararterie, siehe Aa. coronariae
  Lävoisomerismus, Polysplenie-Syndrom 283
  Lageanomalien 270, 271
  Lageveränderungen, Autopsie 119
  lineare Herzmessung nach Kirch 136
  Linksinsuffizienz, Sarkomerenlänge 210
  Lymphgefäße, Myokard, Stammesgeschichte 62
    Myokard, vitale Darstellung 148, 149, 150
  „Lymphherz", Fische, Amphibien, Reptilien 17
  menschliches, Blutversorgung, Organisation 143, 144, 145
    Blutversorgung, Rechts-, Linkstyp 145
    Embryologie 551
    Fehler im Zusammenspiel von Phylogenese, Ontogenese und Hämodynamik 64
  Infarktanfälligkeit 55
  Myofibrillen 171–175
  normale Entwicklung 81–101
  Stammesgeschichte 27–63
  „Vincula" der Gestaltung 73–80
Metamere, Antimere 3
Mißbildungen, Ätiologie 248–258
  Akardie 269
  Anteil an den gesamten Mißbildungen 244, 245
  arterielles Ende 373–383
  Asplenie-Syndrom, Cor biloculare 281, 282
  assoziierte, extrakardiale Anomalien 245
  aortopulmonales Fenster 241
  arterielle Heterotopien 238, 240
  Aplasien, Atresien der Klappen 241
  Atrioventrikularklappen, Stenosen 242
  Auslösung durch Medikamente 523–525
  Canalis atrioventricularis 322–327
  Chromosomenaberrationen, Syndrome 249, 250
  Cor biloculare 237, 238, 281
  Cor biloculare, Ivemark-Syndrom 281, 282
  Cor biloculare, Thalodomid-Embryopathie 524
  Cor bulboventriculare 317, 419
  Cor triatriatum dextrum 290
  Cor triatriatum sinistrum 300–303
  Cor triloculare biatriatum 316–321
  Cor triventriculare 409
  Defekte der Hauptendokardkissen 238, 240
  „Dextrocardia mixed" 276
  Dextrokardie 239
    Definition, Embryologie 274, 275, 276
    Dextroversio cordis 274, 275
    Diagnose 263–267, 278
  Dextroversio cordis 274, 275, 278, 279
  Dextroversio cordis, Präparat 280
  Doppelausgang, rechter Aortenbogen 453
  Doppelausgang, rechter Ventrikel 417, 419, 420
  Doppelherz, Thorakophage 270
  Druckstoßveränderungen („jet lesions") 260, 261
  duktusabhängige 446

Ebstein-Anomalie 328, 335, 339–342
Ectopia cordis 272, 273
Einteilung 265
Einzelkammer 321
Einzelkammer, Einzelkranzarterie 455, 456
Eisenmenger-Komplex 238, 240
Entstehung, mechanische Grundvorstellungen 527–529
„Entwicklungsfelddefekt" 529
Eurocat-Reports 522
exogene Faktoren 253, 254, 522, 523
Fallotsche Tetrade 238, 240, 342, 356, 373, 383, 384, 404, 406–412
Fallotsche Trilogie 377
Fehler im Zusammenspiel von Phylogenese, Ontogenese und Hämodynamik 64
Fehlverbindungen, Lungenvenen 291–300
Foramen interventriculare 241
Funktion primärer Blutstromformen 73
genetische Prädisposition 248, 249
hämodynamische Faktoren 259
Häufigkeit, Erwachsene 246
  Kinder 245, 246
  Neugeborene 245
  Verteilung, Geschlechtsunterschiede 243–248
Hemmungsmißbildungen 258, 259
Holmes-Herz, Ventriculus unicus 317
humangenetische Aspekte 519–548
Interlateralformen 281
Ivemark-Syndrom 281, 282
Klappensegel, Fissuren 240
Kreuzherz 353
Lävokardie, primitive 270, 399
Laevoversio cordis 274, 275, 280, 281
Lageanomalien 270
Lutembacher-Syndrom 315, 316
Mesokardie 281, 282
„mixed dextrocardia" 276
Mortalitätsrate 268
Multiplicitas cordis 269, 270
Pathogenese 258–260
Polysplenie-Syndrom 281
Prävention 542, 543
Prognose 268
Pseudotruncus pulmonalis 375
rechter Ventrikel, Doppelausgang 238, 240
Shone-Komplex 336

Shuntquantifizierung, Echokardiographie 266, 314
sinuatriale Defekte 238, 239, 314
Situs inversus 118, 276, 277
Symmetrieanomalien 273–284
Syndrome 249, 528
Taschenklappenstenosen 241
teratogen wirkende Faktoren 253, 254
teratogenetische Determinationsperioden 237
teratologische Reihen 258
Uhlsche Anomalie 349
Ventriculus communis (unicus), teratologische Transpositionsreihe 318, 319, 399
Ventrikel, Hypoplasie 238, 242
  Inversion 238, 239
  Septumdefekt 358, 359, 360, 363, 364, 367
    Holt-Oram-Syndrom 528
    Kartagener-Syndrom 528
Vorhofseptumdefekte, partielle 310–315
  totale 308–310
Wiederholungsrisiko 519, 533, 535
Zellbereich, Störungen 260
Mitralklappe, Chorda muscularis 138
  Trikuspidalklappe, unterschiedliche Niveauhöhen 136, 137
Modelle, menschlicher Embryo 42
Morphologie, „Vincula der menschlichen Herzgestaltung" 73–80
Muskelfaserschichten, anastomosenfreie Zonen 216
  Anatomie 143, 202, 203, 211
  Bindegewebsumhüllung 221
  geodätische Anordnung, mathematische Berechnung 211
  „geordnete" 143
  Kapillarverbindungen 221
  kollagene Faserverbindungen 221
  Koppelung der Kapillaren 232
  Mechanismus des „auf Lücke Tretens" 216
  Totenstarre 207
  unterschiedliche Sarkomerlängen 228
  unterschiedliche Ventrikelfüllung 210, 211
  Ventrikeldilatation, Beugungsspektren 208
  Verlauf, Anatomie 201–205
Muskelkerne, Aufbau 227, 228
  Mitochondrien 229
Muskelzellen, Aktin-aktivierte Myosin-ATPase-Aktivität 175

Herz
  Aktin-, Myosinfilamente, Verschiebungen 229
  alkoholische Kardiomyopathie 182
  ATP, Kontraktion der Myofibrillen 176, 177
  autophagische Vakuolen 180
  Beugungsgitter 207
  Diabetes mellitus, Beta-Glykogengranula 181
  elektronenmikroskopische Aufnahme 164, 181
  „gap-juntions" 169
  Gefüge 210–217
  Intermediärfilamente, Immunhistologie 176
  interzelluläre Verbindungen, anatomische Typen 167–170
  kontraktiler Apparat 171, 201, 229, 230
  Länge, Breite, mittlere Querschnittsfläche 161
  Lipofuszingranula 179, 180, 181
  Lysosomen 179, 180, 181
  Mitochondrien, Funktion 176–179
  Myofibrillen, kontraktile Proteine 171, 172
  Myofibrillen Kontraktion, ATP 176, 177
  Myosin-ATPase-Aktivität, Umwandlung von chemischer in mechanische Energie 175
  Organellen 164–191
    Caveolae 165
    Desmosomen 169
    interzelluläre Verbindungen 167
    Lipofuszingranula, Lysosomen 179–182
    Myofibrillen 171–175
    Sarkolem 164, 226
    sarkoplasmatisches Retikulum, Funktion 166, 170, 171
    T-System 165–167
    Zytoskelett 175
    siehe Myozyten
  Strukturdynamik 226–232
  Ultrastruktur 161–164
  Zytoplasmamembran 226
  Zytoskelett 175, 176
  Muskulatur, siehe Myokard
  „Vortex" an der Herzspitze 121, 122
  Myofibrillen elektronenmikroskopische Aufnahme 164
    Sarkomerenlänge 223
    Volumen bei Dehnung, Kontraktion 230, 231
  Zytoskelett, intermediäre Filamente, Durchmesser 231
  Nervenversorgung 150
  Nutzeffekt der Herzarbeit 6
  Obduktion, anatomische Teststellen 154
  Ohr, durch Perikarddefekt prolabiertes 306
    Juxtaposition 306, 307
  Ohren, atriale Granula 182
    Juxtapositio, primitive Lävokardie 271
    hämodynamische Bedeutung 121
  Ostium, Ebenen, stratigraphische Bestimmung 135
    Lage des Kammerein- und ausstroms 41
    Positionswechsel, Ontogenese Phylogenese 40
    Weite 152, 153
  Ostium atrioventriculare 28, 29
    atrioventriculare, Endokardkissen, Entwicklungsphysiologie 38
  Papillarmuskel, Aktin-, Myosinfilamente 174
    Lancisischer 363
    Luschka, Ventrikelseptumdefekt 362, 364
    Myozyten, Mitochondrien, Myofibrillen 162, 163
    Querschnitt, elektronenmikroskopische Aufnahme 184
    Querschnitt, lichtmikroskopische Aufnahme 162, 163
    Sarkolem, Kapillaren 184
  Papillarmuskeln, Agenesie, Mitralklappeninsuffizienz, angeborene 344
    Faserverlauf 206, 207
    rechte und linke Kammer 136
    sarkoplasmatisches Retikulum 166
    Verwachsungen, supravalvuläre Mitralstenose 337
  Pathologie, Standortbestimmung 1
  „Pergament-", Uhlsche Anomalie 349
  Pathogenese, Ontogenese, Glossarium 65–67
  Physiologie, Amplitude, „Preload" (venöses Angebot), „Afterload" (peripherer Widerstand) 142
  postmortale Formveränderungen 121
  Präparation bei der Autopsie 120
  „Région mitroaortique", anatomisches Präparat 135
  Reizleitungssystem, Embryologie 3, 5, 20, 43, 46–54, 97, 98

Sachverzeichnis

Hissches Bündel 97, 98
Lagekonstanz bei Säugern 11, 46, 47
Pacemakerzellen 79
Stammesgeschichte 48–54
Säugetiere, Septierung, generalisierte räumliche Darstellung 39
Sarkomere, Länge, mittlere 207, 209
  Länge, „Umlagerungsmechanismus" 213
Saug- und Druckpumpe 141
„Schlauch", Asymmetrierung, Entwicklung des Leberabschnittes der unteren Hohlvene 64
Segmentbildung: Sinus venosus, Vorhof, Proampulle, Metampulle, Truncus arteriosus 86
Sehnenfäden, anatomische Varianten 137
Sektion, Technik, eigene (Doerr) 117–155
  Technik, Historisches 117
Septierung, Blutstrom als Gestaltungsfaktor 107, 108
  Entwicklungsgeschichte 26, 27
  Lungenatmung 33–40
  Stammesgeschichte 30, 31
Septum interventriculare, Defekt, antipapillärer 362, 364
  Defekt, Aorta, intravalvuläre Stenose 383
    Aorta, rechtsseitiger Bogen 453
    Ductus arteriosus persistens 446
    intra-, suprakristaler 362, 365, 368
    isolierter, Taussig-Bing-Anomalie 368
    partieller 356–373
    Präparat 358, 359, 360, 363, 364
    Pseudotruncus pulmonalis 375
    Rubeolenembryopathie 523
    Spontanverschluß, Mechanismen 357, 360
    suprakustaler, Präparat 365
    Thalidomid-Embryopathie 524
  Defekte, basisnahe, Schema 362
    Einteilungen, Morphologie 360–367
    isolierte, Nomenklatur 369
    kleine, mittelgroße, große 356, 370, 371, 372
    multiple 370
  Embryologie, interampullärer Ring 36, 37, 86, 87
    Haupttypen 366, 367
  Embryo, Frontalschnitt 97, 98
  Septum primum 34, 40, 46, 47, 91

Septum secundum 32, 38, 39, 91
Septum spurium His, Herzmodell 42
siehe Embryo, Embryologie
siehe Histologie
siehe Myokard
siehe Präparat
Silhouette von Cruvelhier, Rekonstruktion durch Heinrich 126, 127
Sinus-AV-Knoten, Beziehungen, holoptisches Schnittpräparat 6
Sinusknoten, generalisierte räumliche Darstellung 39
Sinus-Vorhofgrenze, Ramus sulci terminalis 57
Situs inversus 118, 276, 277
Skelett Doerr, holoptischer Schnitt 131
Skelett, Tandler 128, 130
Spitzenband, Arterie 58
Spitzenstoß, Lokalisation 263
Strukturdynamik 201–232
Systole, Diastole, Amplitude, Muskelfaserbewegungen 141, 142
Systole, Faserverlauf 206
Totenstarre, Faserverlauf 206
  Sektion 121
Trabekelwerk, Faserverlauf 206, 207
Transplantation 267
Truncus cordis, wendelartige Septierung 40
Venen, Anatomie 147
  Strukturdynamik 226
venös durchströmtes, Fische 12
Ventrikel, Inversion, Ebstein-Anomalie 353
  Septum, Defekt, infra-, suprakristaler 362, 365
  Septum, siehe Septum interventriculare
  siehe Ventrikel
Vergrößerung, totaler Ventrikelseptumdefekt 371
Volhardsches „Wachsherz" 126, 128
Vorhof, siehe Vorhof
Wirbeltiere, Lage der Ostien des Kammerein- und Ausstroms 41
  vergleichende Anatomie 19–72
Zellen, Bewegung, Induktion durch spezialisierte Entodermzellen 23, 24
  paarige Endothelröhren, Endokardschlauch 24
Zelltod, programmierter 107
Zweiteilung, Theriodontier, Kreidezeit 76
Zyklus, Bindegewebsgerüst, Verformung 225
  Muskelfaserverschiebung 212

Herzbeutel
  Agenesie 284
  Defekt, prolabiertes Herzohr 306
  Defekte, angeborene 284, 285
    Ectopia cordis 272
    Herniation von Herzteilen 285
  Entwicklung, Ductus pericardiaco-
    pleuro-peritonealis 46, 47
  Inspektion, Autopsie 118
Heterochronie
  Herz, pathogenetische Prämisse
    549–553
Heterotopien
  arterielle, Arrest der vektoriellen
    Bulbusdrehung 240
„Hilustanzen"
  offener Ventrikelseptumdefekt 371
Hissches Bündel
  Lokalisation, Autopsie (Koch) 138,
    139, 140
  menschlicher Embryo, Frontalschnitt
    97, 98
Histologie
  A. pulmonalis, Arteriosklerose,
    Ventrikelseptumdefekt 372
  Aortenklappe, bikuspidale 387
  Biopsie, linke Kammerwand, Myozyten
    163
  Bulboaurikularsporn, Embryo, Frontal-
    schnitt 97, 98
  Bulbuslamellen und Muskelleiste,
    Lacerta sicula 44
  Ductus arteriosus, Wandbau 441, 442
    445
  Ductus pericardiaco-pleuro-peri-
    tonealis 46, 47
  Herz, Entwicklung, Ablauf 551
    Entwicklung, Lacerta sicula 44
    menschlicher Embryo 78, 88, 89, 90,
      95, 96, 97, 101, 551
  kollagenes Bindegewebe, Ventrikel-
    wand, Totenstarre 219, 221
  Koronararterien, Atresie 461
  Lungenvenenstamm, Anlage 35
  Muskelfasern, geodätische Anordnung
    211
  Papillarmuskel, Aktin-, Myosin-
    filamente 174
    Kortikoidbehandlung, sarkoplasma-
      tisches Retikulum 166
    Querschnitt: Myozyten, Mito-
      chondrien, Myofibrillen 162
  Sarkomerenlänge, Kammerfüllung 206,
    207
  siehe Präparat, histologisches
Hohlvene
  Entwicklung 99–103

Holt-Oram-Syndrom
  Vorhofseptumdefekt 528
Homöostase
  Definition 10
Humangenetik
  angeborene Fehlbildungen, Herz,
    große Gefäße 519–548
  Herz, große Gefäße, Beratung
    von Eltern 519, 541, 542
  Chromosomenanomalien
    520, 525–527
  Definition 520
  Entstehung, mechanistische
    Grundvorstellungen 527–529
  exogene Faktoren 522, 523
  Familienforschung 530–533
  genetische Deutung 538–541
  Häufigkeit 520–522
  isolierte Mißbildungen 529–537
  Medikamente 523–525
  Prävention 542, 543
  Ursachen 522–540
  Viruserkrankungen 523
  Zwillingsuntersuchungen
    520, 537, 538
  Risiko der Wiederholung 519, 535
Hyperkalzämie
  idiopathische, Aortenstenose 429
Hypertonus
  arterieller, Aortenisthmusstenose
    436
  arterieller, intestitielle Myokard-
    fibrose 186
  pulmonaler, Agenesie, Lungenarterien-
    hauptast 424, 426
    Atresien, Stenosen der Lungenvenen
      303
  pulmonaler, Cor triatriatum sinistrum
    303
  Diagnostik 263
  Ductus arteriosus persistens 444,
    447
  Einzelkammer (Ventriculus com-
    munis) 321
  Faserhypertrophie 205
  Fehldränage der Lungenvenen 297,
    300
  Mitralis, Insuffizienz 344
  Sarkomerenlänge 210
  Scimitar-Syndrom, Neugeborene
    300
  Ventrikelseptumdefekt 371, 372
  Vorhofseptumdefekte, partielle 315
  Vorhofseptumdefekte, totale 310
Hypoplasie
  Aortenbogen 430, 432
  Ventrikel 344–349

linker, Aortenatresie 337
linker, Präparat 347
rechter, Uhlsche Anomalie 349
Syndrom, Grundformen 346
Terminationspunkt 238, 242
hypoplastisches Linksherz-Syndrom
Häufigkeitsverteilung 521, 522

Immunhistologie
Intermediärfilamente, Herzmuskel 176
Infarkt
Anfälligkeit des menschlichen Herzens 55
bevorzugte Topologie 79
Interstitium
Myokard, nichtvaskuläres 183
Myokard, Arterien 190
Kapillaren 183, 187
interzelluläre Verbindungen
Herzmuskelzellen, anatomische Typen 167–170
ionisierende Strahlen
teratogene Wirkung 255
Isthmus aortae
Stenose, siehe Aorta, Koartation
Ivemark-Syndrom (Asplenie-Syndrom)
Cor biloculare 281, 282

Kalziumionen
Aktivierung, Myosin-ATPase-Aktivität 175
Kammerseptierung
Stammesgeschichte 40–45
Kapillaren
Myokard, Physiologie 187
Kardinalvenensystem
Lävoatrial-Kardinalvene 304
Kardiogenese
„Grunderscheinungen": Zellproliferation, Zelldifferenzierung, Zellbewegungen 104
Kardiogenese
kausale 103–108
siehe Embryologie – Herz, Herz – Embryologie
Kardiologie
Sektionstechnik, eigene (Doerr) 117–155
Historisches 117
Kardiomyopathie
alkoholische, chronische Alkoholzufuhr 182
Kartagener-Syndrom
Situs inversus, Septumdefekte 528
Keaths Theorie
teratologische Transpositionsreihe, große Gefäße 399, 401

Kerleysche Linien
Röntgenbild, Cor triatriatum 303
Kernspintomographie
Herz-Gefäßmißbildungen, Diagnostik 267
Kindesalter
Aa. coronariae, obstruktive Anomalien 461
Aortenkoarktation 431, 437
Cor triatriatum 301–303
Ductus arteriosus, Biopsie 445
Endokarditis, Ventrikelseptumdefekt, Risiko 358
Fehldränage der Lungenvenen 297
Gefäßringe 452
Herz-Gefäßmißbildungen, Diagnostik 263, 264
Häufigkeit 245, 521
Hypertonus, pulmonaler, Ductus arteriosus persistens 444
Lävoatrial-Kardinalvene 304
Mitralstenose, Klappenersatz 337, 338
Pulmonalklappeninsuffizienz 384
Trikuspidalatresie, Fontan-Operation 331
Ventrikelseptumdefekt, partieller 356
totaler 372
Klassifizierung
Aa. coronariae, Fisteln 460
Aneurysmen, Aortensinus 388
Atrialdefekte 310, 311
Cor triatriatum sinistrum 301
Familien, Ordnungen, Klassen, Stämme 12
Herzmißbildungen 265, 521
Ventrikelseptumdefekte, Embryologie, Morphologie 360, 361, 362, 364, 365
Ventrikelseptumdefekte, kleine, mittelgroße, große 356, 370, 371, 372
Klinik
Aa. coronariae, Fehlursprung 458
Fistelbildungen 459, 460
abnorme Muskelmassen, Herzkammern 352
Aneurysma, Pars membranacea 355
Sinus Valsalvae 388
Aorta, Bogen, Interruption 441
pulmonales Fenster 396
Stenose 382, 383
supravalvuläre 429
atriolinksventrikulärer Tunnel 389
Atrioventrikularkanal, Kommunikationen 355, 356
transitionelle, komplette Form 326, 327
Cor triatriatum sinistrum 302, 303

Klinik
  Doppelausgang, rechter Ventrikel 419
  Ductus arteriosus persistens 446, 447
  Ebstein-Anomalie 343
  Einzelkammer 320, 321
  Fallotsche Tetrade 411, 412
  Fallotsche Trilogie 377
  Gefäßringe 452
  Herzdivertikel 350
  Lungenarterie, Agenesie eines
      Hauptastes 425, 426
    Stenosen 377, 378
  Lungenvenen, Atresien, Stenosen 303
    Fehldrainage, komplette 297
      linker Vorhof 426
      partielle 300
  Mitralis, Atresie 332, 333
    Insuffizienz 344
    Stenose 337
  Pulmonalklappen, Insuffizienz 384
  Pulmonalostiumatresie 374, 375
  Pulmonalstenose, supravalvuläre 423
    valvuläre 377
  reitende Segelklappen 322
  Transposition, korrigierte 422
  Trikuspidalis, Insuffizienz 339
  Truncus arteriosus persistens 395
  V. cava cranialis sinistra,
      Persistenz 286
  Ventrikelhypoplasie 348
  Vorhofseptumdefekte, partielle 313,
      314
    totale 309
Klippel-Feil-Syndrom
  Herz-Gefäßmißbildungen 253
Kochsches Dreieck
  Herzsektion, Darstellung des Aschoff-
      Tawaraschen Knotens 124, 125
    Markierung des Kochschen Punktes
      139
  Versorgung durch Haassche Arterie
      57, 145, 146
Kollateralen
  Aorta, Bogen, Interruption 440
  Aorta, Isthmusstenose 433, 434
  arterioarterielle, venovenöse, embryo-
      nales Herz 62
Komplikationen
  A. lusoria 452
  Aneurysmen, Koronararterien 460
  Aortenstenose 379, 381
  Ductus arteriosus persistens 444
  Fallotsche Tetrade 410
  Herzbeuteldefekt, Herniation von
      Herzteilen 285
  Ventrikelseptumdefekt 358, 373

Koronararterien
  Ansicht von dorsal, ventral 145, 146
  Embryonalanpassung des Säugetier-
      herzens 54
  Embryologie 99
  Entwicklung aus strauchartigem,
      Koronararterienstamm 54, 59
  funktionelle Endarterien 55
  Gefäßtypen, Phylogenese 59
  Herzabschnittsgrenzen, phylogene-
      tische Bindung 59, 60
  Koronarvenen, Kurzschlüsse:
      Vv. minimae Thebesii 63
  Ontogenese 60
  Quellgebiete 55
  Rechtskoronartyp, Linkskoronartyp,
      Kennzeichen 58
  siehe Aa. coronariae
  Stamm, Ursprung aus der Aorta
      58
  Verzweigungen, Myokard, Raster-
      elektronenmikroskopie 188
Koronargefäße
  Stammesgeschichte 54–63
  Typen, Phylogenese 59
Koronarvenen
  Grundmuster 60, 61
  Stammesgeschichte 60–62
Kranzarterien
  siehe Aa. coronariae, Koronar-
      arterien
Kreislauf
  Akardius 269
  Körper-, Lungen-, Trennung, phylo-
      genetische Theorie von Spitzer 400
  Organe, teratogen wirkende Faktoren
      254
Kreuzherz
  Definition 353

Lävoatrial-Kardinalvene
  Embryologie 303–305
Lävokardie
  primitive (Canalis atrioventricularis)
      270, 271
Laevoversio cordis
  Definition, Embryologie 274, 275
  Diagnose 280, 281
Lageanomalien
  Herz, Störung des Descensus cordis
      270, 272
Lamblsche Exkreszenzen
  Aorta, Semilunarklappen 130
Lanzettfischchen
  offener Blutkreislauf

Leber
  Anlage, rechte Lungenanlage, V. cava caudalis, Beziehungen 31
  arteriohepatische Dysplasie 528
  fetale, Thrombozyten, Abschnürung von Megakaryozyten 15
  inverse Formasymmetrie 274
  Venenstamm, Zusammenfluß mit dem linken und rechten Sinushorn 28, 29
Limax-Schnecke
  Beispiel nomothetischer Differenzierung 74
Linkskoronartyp
  Entwicklung aus primitivem Rechtskoronartyp 55
Lipofuszingranula
  Herzmuskelzellen, Verteilungsmuster 179, 180, 181
  Ultrastruktur 161
Lithium
  ätiologischer Faktor, Ebstein-Anomalie 343
  teratogene Wirkung 254, 525
Lokalisation
  Aortenisthmusstenose 435
Lunge
  Anlage, Leberanlage, V. cava caudalis, Beziehungen 31
  Arterie, Agenesie, Hauptast 424
    Aneurysma, Aortenbogen, Interruption 440
    arteriovenöse Fistel 426
    Bikuspidalostium, Fallotsche Tetrade 409
    Ektopie des linken Hauptastes 426
    Ektopie des rechten Hauptastes 425
    Embryologie 424
    Fehlursprung, Kranzarterien 456–459
    Fehlverbindungen 426, 427
    Gefäßringe 448, 449
    Hauptast, Ektopie 424, 425
    Hauptast, Gefäßschlinge 427, 428
    Hauptäste, gekreuzter Verlauf 427
    Klappeninsuffizienz, angeborene 383, 384
    lävoponierte, Taussig-Bing-Anomalie 413
    Mißbildungen, Wiederholungsrisiko 535
    Ostiumatresie 373, 374
    siehe teratogenetische Transpositionsreihe
    Stenose, doppelter Aortenbogen 449
      Ebstein-Anomalie 342
      Mitralatresie 332, 333
      subinfundibuläre 351

    supravalvuläre 423, 429
    supravalvuläre Aortenstenose 429
    valvuläre, Rubeolenembryopathie 523
    Wiederholungsrisiko 535
  Stenosen, periphere 424
    periphere, Williams-Syndrom 429, 528
    valvuläre, infra-, supravalvuläre 376–379
  Taschenklappen, Aplasie 383, 384
  Truncus pulmonalis, idiopathische Dilatation 427
  tubuläre Konusstenose, Fallotsche Tetrade 410
  Atmung, Herzseptierung 33–40
  Blutversorgung, Truncus arteriosus 390
  Entnahme bei der Sektion 119
  Pseudotruncus pulmonalis 375
  Vene, Anlage, normale Herzentwicklung 87
  Venen, Atresie, Stenosen 303
    Fehlverbindung, Ivemark-Syndrom 282
    Körpervenen 293, 294
    linker Vorhof 426
    Pfortader 296
    Scimitari-Syndrom 298–300
    Truncus brachiocephalicus, „Schneemannfigur" 295
    V. brachiocephalica 295
    Lebervenen, Beziehungen 33
    Mißbildungen 291–303
    Stamm, Anlage, Histologie 35
    Stamm, Embryologie 26
Lutembacher-Syndrom
  Vorhofseptumdefekt, Mitralstenose, Kombination 315, 316
Lymphgefäße
  Herz, Stammesgeschichte 62, 63
  vitale Darstellung 148, 149, 150
„Lymphherz"
  Fische, Amphibien, Reptilien 17
Lysosomen
  Herzmuskelzellen, Kernpolregion 179, 181
  Ultrastruktur 161

Marfan-Syndrom
  Aneurysma, Ductus arteriosus, Ruptur 444
  Aortenstenose, supravalvuläre 429
  „Forme fruste" 427, 428
Medikamente
  Auslöser angeborener Herz-, Gefäßmißbildungen 523–525

Mesenchym
　Herzzellen unter dem Entoderm des
　　Kopfdarmes 21–24
　Zellen, hämotopoëtische Aktivität
　　15, 16
Mesocardium dorsale
　Herzschleifenbildung 85
Mesoderm
　Definition 21
Mesokardie
　Ivemark-Syndrom, pathol.-anatomisches Präparat 282
　Ivemark-Syndrom, Polysplenie-Syndrom 281
Metampulle
　Herzentwicklung 86
Mikrokinematographie
　Herzzellenbewegung 23, 24
Milz
　Agenesie, Mesokardie, Cor biloculare 281, 282
　Entwicklung, Howel-Jolly-,
　　Heinz-Körperchen, Erythrozyten 284
　Polysplenie-Syndrom 281, 282, 283
Mitochondrien
　ATP-Produktion 176, 179
　elektronenmikroskopische Aufnahme 164, 178
　Endomyokard, Biopsie 179
　Herzmuskel, Zellen, ATP-Produktion 176, 177
　　Zellen, Kerne, Aufbau, Funktion 201, 229
　　Zellen, Ultrastruktur 161
　Kalziumspeicher 179
　kleine, Endomyokardbiopsie, Herzdilatation 180
　lichtmikroskopische Aufnahme 162
　Schädigungsmuster, chronische Herzerkrankungen 179
Mitralklappe
　akzessorische Ostien, Atrioventrikularkanal 325, 326
　Atresie, Einzelkranzarterie 456
　　Morphologie, Pathophysiologie, Behandlung 332, 333
　Endokard, valvuläres 132
　Fissur, Ostium primum-Defekt 312
　　totaler Vorhofseptumdefekt 309, 310
　Fissuren, Atrioventrikularkanal 324
　Hypoplasie, Aortenostiumatresie 375
　Insuffizienz 343
　Lochbildungen 327
　reitende Segelklappen 321, 322
　Stenose, angeborene 334–338
　　annuläre, Ventrikelhypoplasie 346

　Doppelausgang aus dem rechten
　　Ventrikel 419
　Ebstein-Anomalie 342
　infravalvuläre 337
　Lutembacher-Syndrom 315, 316
　supravalvuläre, Nebenring 335, 336
　valvuläre 337
Monochorie
　monamniote, diamniote, Determinationsperioden 269
„morphogenetische Felder"
　Steuerung der Organanlage 20
Morphologie
　Definition 9, 11, 21
　große Gefäße, Fehlstellungen 397–422
　idealisierende von Goethe,
　　Schellings Naturphilosophie 12
　Herz, anthropomorphe Charakterisierung, „Vincula" der menschlichen Herzgestaltung 73–80
　Bilateralsymmetrie, teratologische Syndrome 283
　Ebstein-Syndrom 339
　primitives 12
　morphologische Erkennungszeichen: komplette (gekreuzte) Transposition 413
　morphologische Hauptsymptome, arterielle Transposition 402
　Ventrikelseptumdefekt 360–367
　vergleichende Beobachtung 12
Mortalität
　Aortenbogen, Interruption 441
　Aortenstenose, supravalvuläre 430
　arterielle Transposition 416
　Atrioventrikularkanal 327
　Ebstein-Anomalie 343
　Fallotsche Tetrade 412
　Ivemark-, Polysplenie-Syndrom 284
　Lungenvenen, komplette Fehldränage 298
　Mitralinsuffizienz 344
　Pulmonalklappeninsuffizienz 385
　Trikuspidalatresie 331
　Truncus arteriosus persistens 395
　Ventrikel, Hypoplasie 348
　　Septumdefekt 371
　Vorhofseptumdefekt 315
Multiple Lentigenes-Syndrom
　hypotrophisch-obstruktive Kardiomyopathie 528
Multiplicitas cordis
　Doppelherzen, Thorakophagen 269, 270
Multivitaminsubstitution
　Prävention, angeborene Angiokardiopathien 542

Mutationen
  Auslöser von Herz-Gefäßmißbildungen, Syndrome 249-252
  Wirkungen auf den Phänotyp 21
Myofibrillen
  elektronenmirkoskopische Aufnahme, Myozyten, Mitochondrien 164
  kontraktile Proteine, Herzmuskelzelle 170, 171, 172
  lichtmikroskopische Aufnahme, Papillarmuskelquerschnitt 162
  Myofilamente 172-175
  Rarefizierung, Herzdilatation, Endomyokardbiopsie 180
Myofilamente
  I-Zone (isotype Zone), M-Bande 172
Myocard
  anastomosenarme Zone 216
  Bauplan 201, 202, 204, 210, 211
  Bindegewebe, Perimysium internum 141, 143
    Strukturdynamik 217-226
  Biopsie, Myozyten 163
  Blutversorgung, Organisation 143, 144
    rechte, linke Kranzarterie 144, 145
  Diastole, aktive, diastolische Saugwirkung 231
  Differentialwachstum, Herzmißbildungen 259
  Dilatation, Kontraktion, Muskelfasergefüge, „Umlagerungsmechanismus" 213
  Elektronenmikroskopie, Myofibrillen, Mitochondrien 161, 164
  Embryologie 26
  „Fiederung" 121
  Gefügeveränderungen, Herzzyklus 213-215
  Geschichte der Erforschung des Baues 141
  Infarkt, Anfälligkeit des menschlichen Herzens 55
  Infarkt, bevorzugte Topologie 79
    Fehlursprung der Kranzarterien 458
  interstitielle Fibrose 186
  interstitielle Zellen, elektronenmikroskopische Aufnahme 164
  Interstitium, Arterien 187, 190
    Kapillaren 183, 187
  Intertrabekularspalten 44, 60
  Ischämie, Herzkranzarterien, abnorme Ursprünge 456
  Kapillardichte, mittlerer Kapillardurchmesser 187
  Kochsches Dreieck, Versorgung durch Haassche Arterie 57, 145, 146
  kollagenes Netzwerk, elektronenmikroskopische Aufnahme 185
  Leisten, Amphibien 43
  Lymphgefäße, Fehldeutung als Thebesische Venen 63
    Stammesgeschichte 62, 63
  Mantel, Wachstumsunterschiede, vektorielle Bulbusdrehung 104
  Muskelfasern, Bewegungen, Amplitude, Systole, Diastole 141, 142
    Bindegewebsumhüllung 221
    geodätische Anordnung 211
    „geordnete" 143
    Kapillarverbindungen 221
    kontraktiler Apparat 201, 229, 230
    Mechanismus des „auf Lücke Tretens" 216, 225
    „Umlagerungsmechanismus", Herzzyklus 213-215
  Muskelzellen, Strukturdynamik 226-232
  Myofibrillen 171-175
  Papillarmuskeln, Längsspannung der Koronararterien 146
  Perimysinum internum, Fiederung 143, 144
  Peroxysomen, Pathogenese, alkoholische Kardiomyopathie 182
  „Replacement"-Fibrose 225
  rechter Ventrikel, angeborenes Fehlen: Uhlsche Anomalie 349
  Sarkomerenlänge, enddiastolische 210
  Sauerstoffversorgung, interkapilläre Distanz 187, 188
  Spaltlückensystem (Sinusoide, Thebesische Venen) 62, 63
  Stammesgeschichte 28, 29
  Strukturdynamik 201-226
  subendokardiales, Verkalkungen, Ventrikelhypoplasie 346
  Totenstarre, Gefügeveränderungen 215
    kollagenes Fasergerüst 220
    Strukturdynamik des Bindegewebes 217, 218
  überwiegende Versorgung durch die A. coronaria sinistra 55
  Uhlsche Anomalie 349
  Ultrastruktur 161-200
  Urämie, Endomysium internum, Vermehrung des Kollagengeflechtes 185
  Vv. minimae Thebesii, Kurzschlüsse zwischen Zweigen der Koronararterien und -Venen 63
  Venen, Strukturdynamik 226
  Ventrikelfüllung, unterschiedliche, Muskelzellgefüge 210-217

Myokard
 Zellen, Proteine, biologische Halbwertzeit 180
Myosin
 ATPase, Umwandlung von chemischer in mechanische Aktivität 175
 Filamente, Aktinfilamente, Papillarmuskel 174
 Isoenzyme, Herzmuskelzelle 175
Myozyten
 Kontrolle durch hämodynamische Faktoren 186
 Querschnitt, A-Band, regulär angeordnete Filamente 172, 173
 Ultrastruktur 161
 Volumen 184

Neugeborene
 Agenesie, Lungenarterienhauptast 426
 angeborene Herzfehler, Häufigkeit 245
 Aorta, Bogenunterbrechung 441
  Isthmushypoplasie 433
  Koarktation 431
 arterielle Transposition 315
 Ductus arteriosus, Auskultationsbefund 447
  protrahierter Verschluß, Atemnot-Syndrom 443
  Wandbau, Histologie 442
 Ebstein-Anomalie, pathol.-anatomisches Präparat 340
 Herz-, Gefäßmißbildungen, Häufigkeitsverteilung 522
 Lungenarterie, Hauptäste, gekreuzter Verlauf 427
  Ostiumatresie 375
 Pulmonalstenose, valvuläre 377
 Scimitar-Syndrom, pulmonaler Hochdruck 300
 18-Trisomie-Syndrom, Lungenarterie, gekreuzter Verlauf der Hauptäste 427
 Truncus arteriosus persistens 395
 Uhlsche Anomalie 349
 Ventrikel, Hypoplasie 348
Nomenklatur
 Ventrikelseptumdefekt, isolierter 369
Noonan-Syndrom
 Pulmonalstenosen, periphere, Septumdefekte 528
Notfälle
 Pulmonalostiumatresie 375

Obduktion
 Herz, anatomische Teststellen 154
 Statistiken, Häufigkeit, angeborene Herzfehler 243, 244

Technik, eigene (Doerr) 117–155
Technik, geschichtliches 117
Ohrkanal
 Drehung, Arrest: Juxtaposition der Herzohren 307
 Drehung, Arrest: Trikuspidalis, Verlagerung 321, 322
 Kippung, 11. Entwicklungsstadium 85
 normale Herzentwicklung 87
 topographische Beziehungen zu Pro- und Metampulle 91
 Trennung in 2 Ostien, Endokardkissen 326
 vektorielle Drehung 89, 90
Ontogenese
 Bulbusdrehung, „vektorielle" 36, 37, 45
 Herz, Glossarium 65–67
 Mißbildungen 64
 Koronararterien 60
 Phylogenese, Evolution, Definitionen 9, 11
 Positionswechsel der Herzostien 40
 Schlüsse auf die Phylogenese 19–21
 Theorie, teratologische Transpositionsreihe, große Gefäße 401
 V. cordis media, V. cordis marginalis 62
Ostium atrioventriculare
 dextrum, nudum 338
 Endokardkissen, Entwicklungsphysiologie 38
 Herzmißbildungen 238, 240
 pathol.-anatomisches Präparat 322, 323
 Vorhofseptumdefekt, totaler 309
Ostium infundibuli
 Crista supraventricularis, Ventrikelseptumdefekt 363
Ostium primum
 Defekt, Canalis atrioventricularis 322
  Determinationsperiode 238, 239
  Mitralstenose, Lutembacher-Syndrom 315, 316
  partieller 310, 312
Ostium secundum
 Defekt, Determinationsperiode 238, 239, 240
  Ebstein-Anomalie 342
  Fallotsche Tetrade 409
  Mitralstenose, Lutembacher-Syndrom 315, 316
  Trikuspidalatresie 329, 330
 Lungenvenen, Fehlverbindungen 291
 partieller Atrialdefekt 310, 311
Ostium sinus coronarii
 Atresie, Hypoplasie 287, 288
Ostium ventriculobulbare
 embryonales Herz 36, 37

Pallister-Hall-Syndrom
  Endokardkissendefekt 528
Papillarmuskel
  Lancischer, Achsenrichtung 363
  Luschka, Ventrikelseptumdefekt 362, 364
Papillarmuskeln
  Agenesie, Mitralinsuffizienz, angeborene 344
  Aktin-, Myosinfilamente 174
  Faserverlauf 206, 207
  Myozyten, Mitochondrien, Myofibrillen 162, 163
  Querschnitt, elektronenmikroskopische Aufnahme 184
    lichtmikroskopische Aufnahme 162, 163
  Sarkolemm, Kapillaren 184
  sarkoplasmatisches Retikulum 166
  Ventrikel, rechter, linker 136
  Verwachsungen, supravalvuläre Mitralstenose 337
Pars membranacea
  Aneurysma 353–355, 422
    korrigierte Transposition 422
Pathogenese
  alkoholische Kardiomyopathie 182
  Aorta, Bogenunterbrechung 440
    Isthmus, Hypoplasie 433
    Isthmus, Stenose 436
  Ductus arteriosus, Aneurysma, Ruptur 444
    Verschluß 443
  Ebstein-Anomalie 342
  Fallotsche Tetrade 410
  Herz-Gefäß-Mißbildungen 258–260
  Geschichtliches 1
  Hypoplasie, Ventrikel 345
  Juxtaposition, Herzohren 307
  Prinzipien (Virchow) 549
Pathologie
  Aorta, Arcus, Hypoplasie 432
    Arcus, Interruption 439
    Isthmusstenose 336, 431
    Klappe, bikuspidale 387
    Klappe, resezierte, Ventrikelseptumdefekt 361
    Ostiumstenose 380
    primitiver Konus, Persistenz 401, 402
    pulmonales Fenster 396
    Stenose, intravalvuläre, diaphragmatische 382
    Stenose, subvalvuläre 323, 324
  arterielle Transposition 413, 414
  Atrioventrikularostien, Stenosen 334
  Atrium commune 309
  Beurensche Transposition 417, 418

Canalis atrioventricularis persistens 309, 324
  Transitionsform 324
Conus aorticus, Stenose 324
Cor biloculare, Ivemark-Syndrom 282
Cor triatriatum 302
Dextrokardie 277
Dextroversio cordis 279
  korrigierte Transposition 280
„Die pathologische Anatomie der Familie" (Rössle, 1940) 519
Doppelaortenbogen, Fallotsche Tetrade 450
Ductus arteriosus persistens 441–447
Ebstein-Anomalie 335, 340, 341
Fallotsche Tetrade 407–412
große Gefäße, Fehlstellungen 397–422
  Mißbildungen 413–461
Gefäßhalbring, rechtsläufiger Aortenbogen 451
Herz, anthropomorphe Merkmale 73
  Ectopia cordis 273
  Einzelkammer 318
  Kammern, abnorme Muskelmassen 351
  Standortbestimmung 1
Hypoplasie, linker Ventrikel, Präparat 347
  rechter Ventrikel 345, 346
Kardiologie, Kooperation 1
korrigierte Transposition 420, 421
Lävoatrial-Kardinalvene 304
Lungenvenen, Fehlverbindung, re. Vorhof 294
Lungenvenen, Fehlverbindung, V. brachiocephalica 295, 298, 299
  Fehlverbindung, V. portae 296
Mesokardie, Ivemark-Syndrom 282
Ostium atrioventriculare commune 323
Ostium primum-Defekt 312
Ostium secundum-Defekt 311
Pars membranacea, Aneurysma 353–355
Pulmonalarterie, Gefäßschlinge 428
Pulmonaltaschenklappen, Aplasie 384
Rete Chiari 291
Sinuatrialdefekt, Cava superior-Typ 314
Transposition, arterielle, komplette 413, 414
  korrigierte 420, 421
Trikuspidalis, angeborene Insuffizienz 339
  Atresie 330
  Dysplasie, Ebstein-Anomalie 335, 336, 340, 341

Pathologie
  Truncus arteriosus persistens 279,
    391, 392, 394
  Ventriculus communis 318, 319
  Ventrikelseptumdefekt 363, 364, 365
    Spontanverschluß 358, 359, 360
Pathophysiologie
  Mitralatresie 332
  Trikuspidalatresie 328, 329
„Pergamentherz"
  Uhlsche Anomalie 349
Perikard
  Agenesie 284
  Defekt, prolabiertes Herzohr 306
  Defekte, angeborene 284, 285
    Ectopia cordis 272
    Herniation von Herzteilen 285
  Entwicklung, Ductus pericardiaco-
    pleuro-peritonealis 46, 47
Perimysium internum
  linker Ventrikel, holoptischer Längs-
    schnitt 144
Peroxisomen
  Herzmuskel, Pathogenese, alkoholische
    Kardiomyopathie 182
Pfortader
  Lungenvenen, Fehlverbindung 296
Pfortaderkreislauf
  Portalherz, Cyclostomata 17
Phänotyp
  Mutationen, Zusammenhänge 21
Phasenkontrastmikroskopie
  Sarkomerenlänge, Z-Streifen 207
Phylogenese
  A. coronaria sinistra 56
  „Bulbustor", Bildung durch Muskel-
    leiste und Bulboaurikularsporn 43
  Folge von Ontogenesen 19–21
  Haassche Arterie 57
  Herz, Glossarium 65–67
    Lage der Ostien des Kammerein-
      und Ausstroms 41
    Mißbildungen, Fehler im Zusammen-
      spiel von Ontogenese und Phylo-
      genese 64
    Schlauch 28
    Venen, „phylogenetische Gefäß-
      stempel" 61
  Koronararterientypen 59
  Ontogenese, Evolution, Defini-
    tionen, Beziehungen 9, 11
  Reizleitungssystem 51
  Theorie, teratologische Transposi-
    tionsreihe, große Gefäße 400
  V. cordis media, V. cordis margi-
    nalis 62
  Ventrikel 551

  Zahnscher Knoten (älter), Aschoff-
    Tawara-Knoten (jünger) 57
Physiologie
  Entwicklungs-, Endokardkissen, Ostium
    atrioventriculare 38
  Heparin 17
  Herz, Energetik 150, 151
    Kammerweite, zwischen „Preload"
      (venösem Angebot) und „After-
      load" (peripherem Widerstand) 142
  Myokard, Kapillaren 187–190
    Muskelfaserbewegung, Systole,
      Diastole 142
Plazenta
  Embryo, früzeitige Gefäßverbindungen
    21
Polysplenie-Syndrom
  Mesokardie 281
  Störung des Mittellinienfeldes 529
Präparat
  anatomisches, Brusteingeweide, holopti-
    scher Schnitt 6
  Herz, Annulus fibrosus, Pars membra-
    nacea 141
    Elementarkonstruktion 4
    embryonales 551
    Entwicklungsablauf 551
    Entwicklungsablauf, Lacuta
      sicula 44
    holoptischer Längsschnitt 144
    holoptischer Querschnitt 143
    Kochsches Dreieck, Tendo
      Todaro 124, 125
    „Région mitroaortique" 135
    Skelett nach Doerr, Tandler
      128, 129
  Herzanlage, Querschnitt, Triturus
    vulgaris 24
  Lävokardie 271
  Lokalisation des Hisschen Bündels
    (Koch) 138, 139, 140
  Rana temporaria, frühes Schwanz-
    knospenstadium 22
  Topographie des rechten Herzens
    134
  Truncus arteriosus persistens 279
  unterschiedliche Niveauhöhen der
    Mitral- und Trikuspidalebene 137
  histologisches, A. pulmonalis,
    Arteriosklerose, Ventrikelseptum-
    defekt 372
  bikuspidale Aortenklappe 387
  15. Entwicklungsstadium, Ohr-
    kanal, Septum ventriculare 89, 90
  15. und 18. Entwicklungsstadium,
    Bulbus cordis 95

Sachverzeichnis

18. Entwicklungsstadium, Hissches Bündel, Septum interventriculare 97, 98
18. Entwicklungsstadium, Verschmelzung beider Aortae 100, 101
18. Entwicklungsstadium, Sinusseptum, Valvula venosa dextra, sinistra 88, 89
Ductus arteriosus, Wandbau 441, 442, 445
Ductus pericardiaco-pleuro-peritonealis 46, 47
Lungenvenenstamm, Anlage 35
Pulmonaltaschenklappe, hamartomatös dysplastische 378
pathologisch-anatomisches, abnorme Muskelmassen der rechten Kammern 351
  Aneurysma, Pars membranacea 353–355
  Aorta, Bogenunterbrechung 439
    doppelter Bogen, Fallotsche Tetrade 450
    Klappe, resezierte, Ventrikelseptumdefekt 361
    Koarktation 336, 431
    primitiver Konus, Persistenz
    Stenose, infravalvuläre, diaphragmatische 382
    Stenose, Ostium 380
    subvalvuläre „Schwanenhals"-Stenose 323, 324
  aortopulmonales Fenster 396
  Atrium commune, Canalis atrioventricularis persistens 309
  Beurensche Transposition 417, 418
  Canalis atrioventricularis, Transitionsform 324
  Conus aorticus, Stenose 324
  Cor biloculare, Ivemark-Syndrom 282
  Cor triatriatum 302
  Dextrokardie 277
  Dextroversio cordis 279
  Dextroversio cordis, korrigierte Transposition 280
  Ebstein-Anomalie 335, 340, 341
  Ectopia cordis 273
  Einzelkammer 318
  Fallotsche Tetrade 408, 409, 410
  Gefäßhalbring, rechtsläufiger Aortenbogen 451
  Hypoplasie, linker Ventrikel 347
  Hypoplasie, rechter Ventrikel 345
  korrigierte Transposition 421
  Lävoatrial-Kardinalvene 304
  Ostium atrioventriculare commune 323
  Primumdefekt 312
  Pulmonalarterie, Gefäßschlinge 428
  Pulmonalostiumatresie 374
  Pulmonalostiumstenose 377
  Pulmonaltaschenklappen, Aplasie 384
  Pulmonalvenen, Fehlverbindung mit dem rechten Vorhof 294
    Fehlverbindung mit der V. brachiocephalica sinistra 295, 298, 299
    Fehlverbindung mit der V. portae 296
  Mesokardie, Ivemark-Syndrom 282
  Rete Chiari 291
  Sekundumdefekt 311
  Sinuatrialdefekt, Cava superior-Typ 314
  Transposition, arterielle, komplette 413, 414
  Transposition, korrigierte 421
  Trikuspidalis, Atresie 330
  Trikuspidalis, Dysplasie, Ebstein-Anomalie 335, 336, 340, 341
  Truncus arteriosus persistens 279, 391, 392, 394
  Ventriculus communis 318, 319
  Ventrikelseptumdefekt 363, 365
  Ventrikelseptumdefekt, Spontanverschluß 358, 359, 360
Prävention
  angeborene Fehlbildungen, Herz, große Gefäße 542, 543
Primumdefekt
  partieller Atrialdefekt, Präparat 310, 312
Prinzipien
  Anatomie, normale, Herz 117–159
Proampulle
  Herzentwicklung, Segmentbildung 86, 551, 552
Prognose
  Aa. coronariae, Fehlursprung 458
    Fisteln 460
  Aorta, Klappeninsuffizienz 385
    Stenose 381
    Atrioventrikularkanal 327
  Atrioventrikularkanal, konnatale Kommunikation 356
  Einzelkammer 321
  Ebstein-Anomalie 343
  Fallotsche Tetrade 412
  Ivemark-Syndrom 284

Prognose
  Lunge, Arterie, Agenesie, Hauptast 425
    Venen, Atresie, Stenosen 303
  korrigierte Transposition 422
  Mitralis, Atresie 333
  Mitralis, Stenose 338
  Polysplenie-Syndrom 284
  Primum-, Sinuatrialdefekte 315
  Pulmonalklappeninsuffizienz 385
  Pulmonalostiumatresie 374, 375
  Pulmonalstenose, supravalvuläre 424
  Spontanverschluß, Ventrikelseptumdefekt 358, 370
  Trikuspidalatresie 331, 332
  Uhlsche Anomalie 349
  Ventrikel, Hypoplasie 348
    Septumdefekt 370
  Vorhofseptumdefekt, partieller 313, 314
Pseudotruncus arteriosus
  Definition 395
Pseudotruncus pulmonalis
  Aortenostiumatresie, Ventrikelseptumdefekt
Pulmonalarterie
  Agenesie, Hauptast 424
  Aneurysma, Aortenbogen, Interruption 440
  Aorta, gemeinsamer Ursprung aus der rechten Kammer 94
    Überkreuzung 3, 4, 73
  Arteriosklerose, Ventrikelseptumdefekt, Präparat 372
  arteriovenöse Fistel 426
  Atresie, Stenose, Ivemark-Syndrom 283
    Wiederholungsrisiko 535
  „Banding", multiple Septumdefekte, Behandlung 371
  Beteiligung am Branchialkreislauf 56, 57
  Bikuspidalostium, Fallotsche Tetrade 409
  Ektopie des linken Hauptastes 426
  Ektopie des rechten Hauptastes 425
  Embryologie 424
  Fehlursprung, Doppelausgang, rechter Ventrikel 419, 420
    Herzkranzarterien 456–459
  Fehlverbindungen 426, 427
  Hauptast, Ektopie 424, 425
    Gefäßschlinge 427, 428
  Hauptäste, gekreuzter Verlauf 427
  Klappe, Topographie 117
  Konusstenose, Fallot-Syndrom 359, 373, 410

  lävoponierte, Taussig-Bing-Anomalie 413
  Ostiumatresie, Ventrikelseptumdefekt 373, 374
  pulsierende, offener Ventrikelseptumdefekt 371
  siehe Transposition
  Stenose, Aorta, Stenose 429
    Aorta, doppelter Bogen 449
    Ebstein-Anomalie 342
    Mitralatresie 332, 333
    subinfundibuläre 351, 378
    supravalvuläre 423
    valvuläre, Rubeolenembryopathie 523
    valvuläre, supra-, infravalvuläre 376–379
    Wiederholungsrisiko 535
  Stenosen, Atrioventrikularkanal 326
    periphere 424
    periphere, Williams-Syndrom 429, 528
  Transposition, siehe teratologische Transpositionsreihe, Transposition
  Truncus pulmonalis, idiopathische Dilatation 427
  über Ventrikelseptumdefekt reitende, Beurensche Transposition 416, 417, 418
Pulmonalklappe
  bikuspidale 386
  Insuffizienz 383–385
Pulmonalkonus
  Hypoplasie 378
Pulmonalkreislauf
  Trennung vom großen Kreislauf 83
Pulmonalstenose
  arterielle Transposition 414
  Dilatation des Truncus pulmonalis 427
  infravalvuläre 378, 379
  subinfundibuläre 378
  supravalvuläre 376
  valvuläre 376, 377
Pulmonaltaschenklappen
  Aplasie 384
  hamartomatös dysplastische, Präparat 378
Pulmonalvenen
  Fehlverbindung, Ivemark-Syndrom 283
    Körpervenen 293, 294
    komplette 292–298
    partielle 298–300
    rechter Vorhof 293, 294, 427
  Scimitar-Syndrom 300
  Truncus brachiocephalicus, „Schneemannfigur" 295
  V. brachiocephalica 295

normale Herzentwicklung 87, 103
Stenosen, Atrioventrikularkanal 326
Vorhof, linker, Fehlverbindung 426

Rasterelektronenmikroskopie
  Herzmuskel, Fasern 218, 221
  Mitochondrien 177
  Koronarverzweigungen im Myokard 188
  retikuläres Bindegewebe, Kollagen-Typ III 223
  Ventrikel, kapilläres Netzwerk 183
Reizleitungsbündel
  intraatriales, Stammesgeschichte 52
Reizleitungssystem
  Embryologie 3, 5, 48–54, 97, 98
  Hissches Bündel, Lokalisation, Autopsie (Koch) 138, 139, 140
  Embryo 97, 98
  Lagekonstanz, Säugetierherz 11, 46, 47
  Ontogenese 552
  Sitz der Automation 48, 49
  Stammgesgeschichte 48–54
  „Synergetik", Wachstum, Entwicklung 20
  Trabecula septomarginalia (Moderatorband, Leonardo da Vincischer Balken) 43
  ventrikuläres, Embryologie 52, 53
Reptilien
  Herzentwicklung, Bulboaurikularsporn, Muskelleisten 43, 44
Rete Chiari
  Formvarianten 290, 291
  V. cava caudalis, Defekt 313
retikuloendotheliales System
  Hämotopoëse 15, 16
Rokitanskis Theorie
  teratologische Transpositionsreihe, große Gefäße 400
Rubeolen
  Aorta abdominalis, Stenose 438
  supravalvuläre Stenose 429
  Embryofetopathie 523, 525
  Frühschwangerschaft, Herzfehlbildungen 519
  Impfung, Empfehlungen 542
  supravalvuläre Pulmonalstenose, Ätiologie 423
  Virus, teratogene Wirkung 253, 255
Rubinstein-Taybi-Syndrom
  Ventrikelseptumdefekt 528
Ruptur
  Aneurysmen, Koronararterien 460

Säugetiere
  Herz, Ostium, atrioventriculare, Entwicklung 38
  Thebesianisches Venensystem 62
  ursprüngliche Struktur 49
  Lungenarterie, Entwicklung 41, 42
  Primitivstreifen, Potenz zur Entwicklung von angiogenetischem Parenchym 24
Säuglinge
  Aa. coronariae, Fisteln 459
  Aorta, Isthmusstenose, Todesursache 434, 436
    Klappeninsuffizienz, Ventrikelseptumdefekt, Spontanverschluß 359
  aortopulmonales Fenster 396
  atriolinksventrikulärer Tunnel 389
  Doppelausgang, rechter Ventrikel 420
  Ductus arteriosus 447
    Aneurysma, Ruptur 444
  Ebstein-Anomalie 343
  Embryopathien, Chromosomenanomalien 526
  Fehldränage der Lungenvenen, „Schneemannfigur" 297, 298
  Lävoatrial-Kardinalvene 304
  Mitralarkade, anomale 344
  Pulmonalklappen, Insuffizienz 384
  Pulmonalstenose, valvuläre 377
  Scimitar-Syndrom 300
  Trikuspidalinsuffizienz 339
  Uhlsche Anoamlie 349
  Vorhofseptumdefekte, partielle 314
Sarkolemm
  Herzmuskel, Disci intercalares, Desmosomen 169
    Struktur 164, 165
    Z-Streifen 170, 171
  Papillarmuskel, Abstand benachbarter Muskelzellen 184
Sarkomere
  inferometrische Messungen 207, 208
  Länge, arteriovenöse Shunts 210
    mittlere 207, 209
  Totenstarre 207
  Ventrikel, Kontraktionen 228
  Ventrikel, Kontraktionskraft 206, 207, 209, 210
sarkoplasmatisches Retikulum
  „extended junctional", Vorhofzellen 171
  Funktion 171
  Herzmuskelzellen 170, 171
  quantitative, strukturelle Parameter 171

Schwangerschaft
  Abbruch, humangenetische Beratung 521
  Rubeoleninfektion, Embryofetopathie 523
  Thalidomid, Embryopathie 524
Scimitarsyndrom
  Neugeborene, pulmonaler Hochdruck 300
Segelklappen
  reitende 321, 322
  Spaltbildungen 327
Sektion
  Herz, anatomische Teststellen 154
    Technik, eigene (Doerr) 117–155
    Technik, Historisches 117
  Statistiken, angeborene Herzfehler, Häufigkeit 243, 244
Selektion
  s. Evolution
  Wandlungen eines konstruktiven Systems durch Koadaptionen 20
Semilunarklappe
  valvuläres Endokard 132
Sekundumdefekt
  partieller Atrialdefekt, Präparat 310, 311
  Spontanverschluß 315
Senning-Operation
  Doppelausgang, rechter Ventrikel 420
Septum
  Anlage, Bulboaurikularlamelle als Vorläufer 43
  atrioventriculare, Defekte 355
    Embryologie 38, 48
  Bulbus cordis, Anlage 97
    Defekte 241
    Stammesgeschichte 45–48
    Truncus arteriosus, Verbindung mit Kammerseptum 27, 39, 43
  caroticoaorticum, Embryologie 44
  interaorticum, histologisches Präparat 44
  interseptovalvulare, plazentare Säugetiere 38
  interventriculare, Defekt, Agenesie eines Lungenarterienastes 424
    Defekt, Aneurysma, Sinus Valsalvae 388
    antipapillärer 362, 364
    Aorta, rechter Bogen 453
    Aorta, Stenose, infravalvuläre 383
    Aorta, Stenose, Isthmus 433
    Aorta, Unterbrechung des Bogens 440
    arterielle Transposition 414
    bikuspidale Pulmonalklappe 386
    Ductus arteriosus persistens 444
    Embryologie 364–373
    infra-, suprakristaler 362, 365, 368
    isolierter, Nomenklatur 369
    isolierter, Taussig-Bing-Anomalie 368
    Kartagener-Syndrom 528
    Komplikationen 358, 359
    korrigierte Transposition 420
    Lungenarterie, Verlaufsanomalien 427
    Noonan-Syndrom 528
    partieller 356–373
    Pseudotruncus pulmonalis 375
    reitendes Ostium, Truncus arteriosus 392
    Rubeolenembryopathie 523
    Spontanverschluß, Doppelausgang, re. Ventrikel 419
    Spontanverschluß, Mechanismen 357, 360
    Taussig-Bing-Anomalie 412
    Thalidomid-Embryopathie 524
    Wiederholungsrisiko 535
  Defekte, Determinationsperiode 241
    Einteilungen, Embryologie 368
    Einteilungen, Morphologie 360–367
    kleine, mittelgroße, große 356, 370, 371, 372
    multiple 370
    multiple, primitiver Aortenkonus 402
  Embryologie 36, 37, 38, 40, 43, 97, 98, 367, 368, 370
    18. Entwicklungsstadium, histologischer Frontalschnitt 97, 98
  Embryologie, Haupttypen 366
  Entwicklung aus dem interampullären Ring 86
  Pars membranacea, Aneurysmen 353–355
  primum, Dach des Vorhofabschnittes, Embryo 46, 47
  primum, Lungenvenenstamm, Sinusklappe, Beziehungen 34
  Vorhof, Entstehung 40
  secundum, Defekt, Spontanverschluß 315
    Entwicklung 32, 38, 39
  Sinus-, Todarosche Sehne 33
  spurium His, Herzmodell 42, 51
  Truncus, Stammesgeschichte 45–48
Shone-Komplex
  Mitralstenose, supravalvuläre 336

Shprintzen-Syndrom
  Vorhofseptumdefekt, rechtsliegender
    Aortenbogen 528
Shunt
  Aneurysma, Sinus Valsalvae, Ruptur
    388
  arterielle Transposition 414
  Atrioventrikularkanal, kongenitale
    Kommunikation 355
  bidirektionaler, Mitralatresie 333
  Doppelausgang, rechter Ventrikel 419
  Ductus arteriosus persistens 447
  Fallot-Syndrom 373
  Links-Rechts-, Vorhofebene 309, 313
  Lungenvenen, komplette Fehldränage
    297, 298
  Quantifizierung, Echokardiographie
    266
Sinuatrialdefekte
  Embryologie, Einteilung 310, 311
Sinus coronarius
  Agenesie, Mesokardie 282, 286
  Anomalien, Einteilung 286, 287, 288
  Defekt 313
  Embryologie 61
  Fisteln, Herzkranzarterien 459
Sinus-Knoten
  AV-Knoten, Topographie 6
  Blutversorgung 145
  Säugetierherz, generalisierte Darstellung 39
  Stammesgeschichte 48–52
Sinus-Septum
  Todarosche Sehne 33, 36, 37, 49
Sinus Valsalvae
  Aneurysma, angeborenes 387, 388
Sinus venosus
  Einbeziehung in den rechten Vorhof
    86, 87
  Embryologie 64
  Endothelsprossen, Koronarvenen 60,
    61
  Rechtsverschiebung, 13. Entwicklungsstadium 85
  Septum, normale Herzentwicklung 87
  Stammesgeschichte 31, 32
  Zusammenfluß des linken und rechten
    Sinushorns mit dem Lebervenenstamm 28
Sinus-Vorhofgrenze
  histologisches Präparat 35
Situs inversus
  Kartagener-Syndrom 528
  partialis, Herz 276
  Störung des Mittellinienfeldes 529
  totalis, Dextrokardie 277
  Ventrikelinversion 353

Sportherz
  Definition 151
Stammbaum
  Fallotsche Tetrade 532
  Vorhofseptumdefekt 530, 531
Stammesgeschichte
  Ablauf, Änderungen während der
    Ontogenese 19
  Bulboaurikularlamelle, Vorläufer
    der Septumanlage 43
  Bulbusseptum 45–48
  Embryologie, Beziehungen 27–30
  Herz, Koronargefäßsystem 54–60
    Lymphgefäße 62, 63
    menschliches 19–72
    Myokard 28, 29
    Septierung 30, 31
    Vv. minimae Thebesii 62, 63
  Kammerseptierung 40–45
  Konturfasersystem 5
  Koronararterien 54–60
  Koronarvenen 60–62
  Reizleitungssystem 48–54
  Sinus coronarius 61
  Sinus venosus 31, 32
  Sinus, Knoten 48–52
  Truncusseptum 45–48
  Vv. minimae Thebesii 62, 63
  Vorhofseptierung 31, 32
Strukturdynamik
  Herzmuskelzellen, kontraktiler Apparat 229
  Herzvenen 226
  Myokardzellen 201–232
Sturge-Weber-Syndrom
  Herz-Gefäßmißbildungen 253
Subtraktionsangiographie
  Herz-Gefäßmißbildungen 266
Suprakardinalvenen
  Embryologie 276
Symmetrieanomalien
  Herzmißbildungen 273–284
„Synergetik"
  Wachstum, Entwicklung 20
Systeme
  abgeschlossene (Newtonsche) 20

Taussig-Bing-Anomalie
  Beurensche Transposition 416, 417
  Doppelausgang, rechter Ventrikel 419
  Embryologie 412
  isolierter Ventrikelseptumdefekt
    368
  pathol.-anatomisches Präparat 412
  teratogenetische Determinationsperiode 238, 240

Taussig-Bing-Anomalie
  teratologische Transpositionsreihe
    399, 412, 413
    Varianten 413
Technik
  Autopsie, Herz 117–155
Tendo Todaro
  Herzsektion, Darstellung des Aschoff-Tawaraschen Knotens 124
teratogenetische Determinationsperioden
  Herz-Gefäßmißbildungen 238
  monamniote, diamniote Monochorie 269
Teratologie
  kritische Phasen 522
teratologische Transformationsreihe
  große Gefäße, Beurensche Transposition 240, 399, 416
    Buchs-Goertler-Komplex 398, 399
    Dextropositio aortae 399, 404, 405
    Doerrs Konzept 397, 403
    Doerrs Konzept, Theorie von Pernkopf und Wirtinger, Unterschiede 401
    Doppelausgang aus dem rechten Ventrikel 399, 417–420
    Eisenmenger-Komplex 228, 240, 356, 366, 370, 472, 399, 405–407
    Fallotsche Tetrade 238, 240, 326, 342, 356, 373, 383, 384, 399, 407–412
    Grants Theorie 402
    Keaths Theorie 401
    ontogenetische Theorie von Pernkopf und Wirtinger 400, 401
    phylogenetische Theorie, Spitzer 400
    primitive Lävokardie 270, 399
    Prototypen 405–417
    rechter Ventrikel, Doppelausgang 398, 399, 417–420
    Rokitanskis Theorie 400
    Spitzers phylogenetische Theorie 400
    Taussig-Bing-Anomalie 238, 240, 368, 399, 412, 413
    Transposition, arterielle 306, 307, 320, 329, 342, 349, 353, 356, 399
      Beurensche Theorie 240, 399, 416, 417
      komplette (gekreuzte) 399, 413
      korrigierte 280, 329, 337, 383, 399, 420–422
    Ventriculus unicus 318, 319, 399
Thalidomid
  Embryopathie 524, 525
Thebesianische Venen
  Intertrabekulärspalten, Myokard 44, 63
Therapie
  siehe Behandlung
Thorakophage
  Doppelherz 270
Tod
  plötzlicher, A. lusoria 452
    Aa. coronariae, Fehlursprung 458
    Aa. coronariae, obstruktive Anomalien 461
    Agenesie, Lungenarterienhauptast 426
    Aneurysma, Ruptur, Ductus arteriosus 444
    Aneurysma, Ruptur, Sinus Valsalvae 388
    Aorta, Bogenunterbrechung 441
      Isthmusstenose 434
      pulmonales Fenster 397
      Stenose 379, 380, 429
    Ductus arteriosus, frühzeitiger Verschluß 443
    pulmonaler Hochdruck, Ventrikelseptumdefekt 372
    Pulmonalklappeninsuffizienz 385
    supravalvuläre Pulmonalstenose 424
Topographie
  A. lusoria 452
  A. pulmonalis, Aorta, Überkreuzung 3, 4, 73
  Klappe 117
  atriolinksventrikulärer Tunnel 389
  Herz, holoptischer Schnitt 6
    Lage, Kammern, Klappen 117
    rechtes 134
    Venen 147
  Ohrkanal, Pro- und Metampulle 91
  siehe Anatomie
  Sinus-, AV-Knoten, holoptischer Schnitt 6
  Ventrikelseptumdefekte, Klassifizierung 360, 361, 362
Topologie
  Herzinfarkt 79
Totenstarre
  Herz, menschliches, Autopsie 121
    Muskelfasern, Gitterfasernetze 219, 222
    Muskelfasern, Verlauf 206, 207
    Myokard, kollagenes Fasergerüst 220
Transposition
  arterielle, Aortenbogen, doppelter 449
    Aortenbogen, Interruption 440

Diagnostik, Klinik 415
doppelter Aortenbogen 449
doppelter Ausgang, rechter
  Ventrikel 419, 420
duktusabhängige Mißbildung 446
Einzelkammer 320
Ebstein-Anomalie 342
Einzelherzkranzarterie 455
Familienstammbaum 531
formale Genese 400
Juxtaposition der Herzohren 306, 307
komplette, pathol.-anatomisches
  Präparat 413
Konus-Truncus-Fehlbildung 533
Kreuzherz 353
morphologische Hauptsymptome 403
pathol.-anatomisches Präparat 336
teratologische Transpositionsreihe
  399, 400
Thalidomid-Embryopathie 524
Trikuspidalatresie 329
über Ventrikelseptumdefekt reitende
  Pulmonalis 416, 417
Uhlsche Anomalie 349
Ventrikel, Inversion 353
Ventrikel, Septumdefekt 414
gekreuzte, große Arterien (Beuren)
  240, 399, 413, 416, 417, 418
korrigierte 420–422
  Aortenstenose, infravalvuläre 383
  Dextroversio cordis, Präparat 280
  morphologische Hauptsymptome 403
  supravalvuläre Mitralstenose 337
  teratologische Transpositionsreihe
    383, 399, 420–422
  Trikuspidalatresie 329
Lehre, große Gefäße 397–422
siehe teratologische Transpositions
  reihe
Trikuspidalklappe
  Anomalien, Uhlsche Anomalie 349
  Atresie 328–332
    Behandlung, Fontan-Operation 331
    Diagnostik 329
    Einteilung 329, 331
    Fehleinmündung der Lungen
      venen 310
  Dysplasie, Präparat 335
  Endokard, valvuläres 132
  Fissuren, Atrioventrikularkanal 324
  Insuffizienz 338, 339
  reitende Segelklappen 321, 322
  Septalsegel, Spaltbildung 355
    Ventralsegel 363
  Stenose 334
  „ungarded tricuspid orifice" 338
  Herz-, Gefäßanomalien 526

Truncus arteriosus
  Embryologie 26, 87, 92
  Embryologie, Segmentbildung 86
  Septierung 92
  persistens, Aortenbogen, doppelter
    449
    Aortenbogen, rechtsseitiger 453
    Einzelkranzarterie 456
    Formen 390–395
    Ivemark-Syndrom 283
    Konus-Truncus-Fehlbildung 533
    Präparat 279
    Septumdefekt, totaler 397
    Ventrikel, Inversion 353
    Ventrikel, Septumdefekt 356, 368
Truncus brachiocephalicus
  A. subclavia, Ursprung, Inter-
    ruption des Aortenbogens 440
  Einzelkranzarterie 456
  Ursprungsanomalien 454
Truncus pulmonalis
  Dilatation, idiopathische 427
  fehlender, Präparat 393
T-System
  tubuläre Einstülpungen des Sarko-
    lemms 165, 166, 167
Tunnel
  atriolinksventrikulärer 388, 389

Uferzellen
  primitive, Bewegungen bei noch nicht
    bestehendem Kreislauf 1
Uhlsche Anomalie
  Definition, Diagnose, Verlauf 349
Ultraschalluntersuchung
  pränatale Diagnostik, angeborene
    Angiokardiopathien 542
Ultrastruktur
  Herzmuskelzellen 161–164
  Myokard 161–200
  siehe Elektronenmikroskopie, Raster-
    elektronenmikroskopie
„Umlagerungsmechanismus"
  Muskelfasern, Sarkomerenlänge, Herz-
    zyklus 213, 214, 215
Urämie
  chronische, interstitielle Myokard-
    fibrose 186, 187
Urdarm
  Boden, Entwicklungs- und Orientie-
    rungsabhängigkeit der Herzzellen 24
Urmund
  dorsaler, ventraler, Primitivknoten
    (Hensenscher Knoten) 21, 22, 23
Ursachen
  angeborene Angiokardiopathien
    522–541

Urwirbel
  Blutzellstrang, angiogenetisches Material 23

V. azygos
  Einmündung in die V. cava cranialis 290
  Embryologie 276
  Entwicklung aus dem Suprakardinalsystem 99, 276
V. brachiocephalica sinistra
  Fehlverbindung der linken Lungenvenen 298, 299
V. cava
  Embryologie 99–103
V. cava caudalis
  Agenesie 285
  Anomalien 242
  Defekt, Rete Chiari 313
  Embryologie 61, 99, 124
  Entwicklung des Leberabschnittes 64
  Fehleinmündung der rechten Lungenvenen 298
  Leber-, Lungenanlage, Beziehungen 31
  Segmentum hepatis 276
  Valvula Eustachii, fetale Blutstromleitung 124
V. cava cranialis
  Defekt, Sinus venosus-Defekt 313
  Einmündung in den linken Vorhof 286, 287
  Fisteln, Herzkranzarterien 459
  „reitende", Sinuatrialdefekt 314
  V. obliqua Marshalli, Embryologie 61
V. cava cranialis sinistra
  Atrioventrikularkanal 325
  Diagnose, Klinik 286
  doppelter Aortenbogen 449
  Einteilung 286
  Kardinalvenensysteme, Embryologie 61
  Lungenarterie, Verlaufsanomalien 427
  Obstruktionen, angeborene 289
  Persistenz, Mesokardie 282, 283, 285
V. obliqua Marshalli
  Kardinalvenensystem, Embryologie 61
V. omphalomesenterica (vitellina)
  Herzmodell, menschlicher Embryo 42
V. portae
  Lungenvenen, Fehlverbindung 296
V. pulmonalis communis
  Atresie 303
V. umbilicalis dextra, sinistra
  Herzmodell, menschliches Embryo 42

V. venosa dextra, sinistra
  normale Herzentwicklung 87
Vv. cordis magna, media, parva
  Embryologie 61
  Topographie 147
Vv. coronariae
  Grundmuster 60, 61
  Stammesgeschichte 60–62
Vv. minimae Thebesii
  Fehldeutung als myokardiale Lymphgefäße 63
  Kurzschlüsse zwischen myokardialen Zweigen der Koronararterien und -Venen 63
  Stammesgeschichte 62, 63
Vv. pulmonales
  anomale Verbindungen 242, 292–298, 298–300, 310, 427
  Atresien, Stenosen 303
  Fehleinmündung in den rechten Vorhof 293, 294, 310, 427
  Fehleinmündung in die V. portae 296
  partielle, Scimitar-Syndron 300
  totale, Ivemark-Syndrom 283
  Fehlverbindung mit dem Truncus brachiocephalicus sinister, „Schneemann-Figur" 295
  Fehlverbindung mit der V. brachiocephalica sinistra 295
  Fehlverbindungen mit den Körpervenen 294
  partielle 298–300
  totale 292–298
  Mißbildungen 291–303
  Stenosen, Atrioventrikularkanal
Vv. supracardinales
  Embryologie 276
Vakuolen
  autophagische, interfibrilläre Räume zwischen Mitochondrien 180
Vater Assoziation
  Ventrikelseptumdefekt 528
Venen
  Fehldränage, Klinik 290
  große, zuführende, Mißbildungen 285–305
  Herz, Anatomie, Topographie 147
  Kardinalvenensystem, Adaptionskollateralen 304
  Körpervenen, Entwicklung 102
  Koronar-, Stammesgeschichte 60–62
  Lävoatrial-Kardinalvene 303–305
  li. kraniale Kardialvene 46, 47
  Mißbildungen 285–305
  Venae minimae Thebesii, Intertrabekulärspalten, Myokard 44, 63
  Stammesgeschichte 62

Ventriculus unicus
  teratologische Transpositionsreihe 399
Ventrikel
  abnorme Muskelmassen 351, 352
  Aneurysma 350
  Anlage, Gliederung in Pro- und Meta-ampulle 77
    Vorhofanlage, Kontraktionswülste als „Herz", Avertebraten 74
  Architekturanomalien 350–353
  Ausflußbahn, Bulbuslamellen, Embryologie 44
    Faserverlauf 206
  definitive Einrichtungen, territoriale Abgrenzung 552
  Dilatation, kollagenes Bindegewebe 219
    Kontraktion, Muskelfasergefüge, Sarkomerenlänge 213
    Muskelfasern, Beugungsspektren 208
    tonogene 135
  Divertikel 350, 351
  Doppelausgang 417, 419, 420
    rechter Aortenbogen 453
  Ein-, Ausstromöffnung, „Amphibienstadium" 42
  Einstrombahn, Defekte, Septum interventriculare 368
  Embryologie 316, 317
  Endomyokardbiopsie, pathologische Ultrastruktur 180
  exzentrische Hypertrophie, Faserverlauf, Neigungswinkel 205
  Faserverlauf, „Ausreisser" 206
  Füllung, Sarkomerenlänge 206, 207
    unterschiedliche, Muskelzellgefüge 210, 211
  Hypertrophie, Veränderungen des Bindegewebsgehaltes 225
  Hypoplasie, Pathologie, Klinik 344–349
    Terminationspunkt 238, 242
  Inversion, anomale Formasymmetrie 274
    Determinationsperiode 238, 239
    Doppelausgang aus dem rechten Ventrikel 419
    Ebstein-Anomalie 352, 353
  Kapillardichte 187
  Kontraktionskraft, Sarkomerenlänge 209
  Kreuzherz 353
  Lage der Ostien des Kammerein- und Ausstroms 41
  linker, Doppeleingang 238, 239
    Embryologie 316, 317
    holoptischer Längsschnitt 144
    Hypertrophie, supravalvuläre Aortenstenose 429
    Hypertrophie, Trikuspidalatresie 330
    Hypoplasie, Aortenatresie 337
    Hypoplasie, Syndrom 344, 346, 375
    kapilläres Netzwerk, Rasterelektronenmikroskopie 183
    Maße und Gewicht 149, 153
    Muskelzelle, Diabetes mellitus, Beta-Glykogengranula 181
    Neomyokard 77
    Papillarmuskeln 136
    Reizleitungssystem 53, 54
  Mißbildungen 316–373
  Muskelfaserschichten, geodätische Anordnung 211
    Mechanismus des „auf Lücke Tretens" 216
    Verlauf, Anatomie 202, 204, 205
  Raum, Konturfasern, Crista supraventricularis 39, 43
  rechter, Aortenkonus, Beziehungen 363
    Ausflußbahn, Säugetiere, Vögel 43
    Beispiel eines ursprünglich strukturierten Säugetierherzens 49
    Doppelausgang 238, 240
    Doppelausgang, Arretierung der Bulbuswanderung 419
    Doppelausgang, Fehlursprung der Lungenarterie 419, 420
    Doppelausgang, Konus-Truncus-Fehlbildung 533
    Doppelausgang, Polysplenie-Syndrom 283
    Doppelausgang, teratologische Transpositionsreihe 398, 399, 417–420
    Ein-, Ausstrombahn 363
    Embryologie 316, 317
    Fisteln der Kranzarterien 459
    Hypertrophie, dysplastische Trikuspidalis
    Hypoplasiesyndrom 344, 345
    Hypoplasiesyndrom, Pulmonalostiumatresie 374, 375
    Hypoplasiesyndrom, Uhlsche Anomalie 349
  rechter, linker, Anzahl der Muskelfasern 79
    Reizleitungssystem 54
    Maße und Gewicht 149, 153
    Paläomyokard 77
    Papillarmuskeln 136

Ventrikel
  Uhlsche Anomalie 349
  Septierung, Embryologie 97, 98
  Stammesgeschichte 40–45
  Septum, Defekt, abnorme Muskelmassen 351
    Agenesie eines Lungenarterienastes 424
    Aneurysma, Sinus Valsalvae 388
    antipapillärer 362, 364
    Aorta, Bogen, rechtsseitiger 453
    Bogen, Unterbrechung 440
    Hypoplasie 346
    Insuffizienz 358, 361, 373
    Stenose, infravalvuläre 383
    Stenose, Isthmus 433
    arterielle Transposition 414
    bikuspidale Pulmonalklappe 386
    Cor triloculare biatriatum 317
    Crista supraventricularis 363, 365
    Determinationsperiode 238, 241
    Doppelausgang, rechter Ventrikel 419
    Ductus arteriosus persistens 446
    Einteilung, embryologische 365
    Einteilung, morphologische 360–367
    Familienstammbaum 531
    Holt-Oram-Syndrom 528
    isolierter, Nomenklatur 369
    isolierter, Taussig-Bing-Anomalie 368
    Kartagener-Syndrom 528
    Komplikationen 358, 359
    korrigierte Transposition 420
    Lungenarterie, Gefäßschlinge 427
    Ostium atrioventriculare commune 322, 323
    partieller 356–373
    pathol.-anatomisches Präparat 336, 365
    Prognose 267
    Pseudotruncus pulmonalis 375
    reitende Segelklappen 321, 322
    reitendes Ostium, Truncus arteriosus 392
    Rubeolenembryopathie 523
    Rubinstein-Taybi-Syndrom 528
    Spontanverschluß, Doppelausgang, rechter Ventrikel 419, 420
    Mechanismen 357, 360
    Präparat 360
    Trikuspidalatresie 330
    suprakristaler 365
    Taussig-Bing-Anomalie 412
    Thalidomid-Embryopathie 524
    Wiederholungsrisiko 535
  Defekte, basisnahe, Schema, Topographie 362
    kleine, mittelgroße, große 356, 370, 371, 372
    multiple 370, 402
    primitiver Aortenkonus, Persistenz 402
  Embryo, 18. Entwicklungsstadium, Frontalschnitt 97, 98
  Embryo, Herz 36, 37, 40
  Embryologie 365, 366
  Pars membranacea, Aneurysma 353–355, 422
Ventriculus unicus, Aortenisthmusstenose 434
  teratologische Transpositionsreihe 399
Wand, anastomosenarme Zonen 216
  Bindegewebe, Rasterelektronenmikroskopie 218
  Bindegewebe, Strukturdynamik 217–226
  Biopsie, Myozyten 163
  Muskelfaserverlauf, graphische Darstellung 205
  Sarkomerenlänge, mittlere 230
  seitendifferenter Bau 149, 150
  Weite, Herzaktion, kontrahierende, dilatierende Kräfte 141, 142
Vererbung
  multifaktorielle, Schwellenwerteffekt 539, 540
Verkalkungen
  Aortenstenose 380, 381
  bikuspidale Aortenklappe 386
  Herz, Uhlsche Anomalie 349
  Myokard, subendokardiales, Ventrikelhypoplasie 345
Vertebraten
  Herzentwicklung, Grundzüge 21
Viruserkrankungen
  Auslösung angeborener Herz-, Gefäßmißbildungen 523
Vitamin-D
  Aortenstenose, supravalvuläre, Embryopathie 524
Vögel
  Lungenarterie, Entwicklung 41, 42
Vorhöfe
  Atrium cummune 308–310
  muskuläre Querverbindungen 123
Vorhof
  akzessorischer, Cor triatriatum sinistrum 302
  Anlage, Kammeranlage, Kontraktionswülste als „Herz", Avertebraten 74

atriale Granula 182
Atrium commune, Canalis atrioventricularis 322
Dach, Vaskularisation 145
Dilatation, Ebstein-Anomalie 339
Herzentwicklung, Segmentbildung 86
Inversion, isolierte 276
linker, aneurysmatische Aussackung 306
  Einengung, supravalvuläre Mitralstenose 335
  Einmündung der V. cava cranialis 286, 287
  Fehlverbindung, Lungenvenen 426
  Maße und Gewicht 153
  zirkumskripte Dilatation 306
rechter, Conus aorticus, Trennung 355
  Dilatation, idiopathische 349
  Dilatation, Trikuspidalatresie 329, 330
  Einbeziehung des Sinus venosus 86, 87
  Hypertrophie, Atrioventrikularkanal, konnatale Kommunikation 355
  idiopathische Dilatation 304
  Maße und Gewicht 153
Säugetierherz, generalisierte räumliche Darstellung 39
Sekundumdefekt, Pulmonalostienatresie 374
Septierung 91, 92
  embryonale, Reptilien, Vögel, Säugetiere 38
  Stammesgeschichte 31, 32
Septum, Defekt, chondroektodermale Dysplasie 528
  Cor triatriatum 301
  Ductus arteriosus persistens 446
  Ellis-van Creveld-Syndrom 528
  Familienstammbaum 530, 531
  Holt-Oram-Syndrom 528
  korrigierte Transposition 422
  Lungenarterie, Gefäßschlinge 427
  Lungenarterie, gekreuzter Verlauf der Hauptäste 427
  Mitralstenose, Lutembacher-Syndrom 315, 316
  Noonan-Syndrom 528
  Ostium primum, secundum, Präparat 330
  Pulmonaltaschenklappen, Aplasie 383, 384
  Thalidomid-Embryopathie 524
  Uhlsche Anomalie 349
  Wiederholungsrisiko 535

Defekte, partielle, Einteilung 310–315
Defekte, totale 308
Foramen ovale, frühzeitiger Verschluß 307, 308
Fossa ovalis, Aneurysma 308
primum 40
sinuatriale Defekte, Determinationsperiode 238, 239
Zellen, „extended junctional", sarkoplasmatisches Retikulum 171

„Wachsherz"
  Volhard-Eisler 126, 128
Wiederholungsrisiko
  angeborene Fehlbildungen, Herz, große Gefäße 519, 533, 535
Williams-Syndrom
  Aortenstenose, supravalvuläre, Pulmonalstenose 429, 528
Wirbeltiere
  Herz, Septierung, Pathogenese 73
  vergleichende Anatomie 19–72
  Zweiteilung, Ursachen, Mechanismus 73
  Kreislauf, phylogenetisches Prinzip der Stromführung der beiden Hauptblutbahnen 76
  landlebende, Entwicklung aus paläozoischen Knochenfischen 28
  lungenatmende, Lage der Herzostien des Kammerein- und Ausstroms 41
Wolff-Parkinson-White-Syndrom
  korrigierte Transposition 422

Z-Streifen
  irreguläre Anordnung, Herzdilatation 180
  Sarkomerenlänge, Phasenkontrastmikroskopie 207
  Verknüpfung durch Intermediärfilamente 175
Z-Tubuli, Anlagerung an Myofibrillen 171
Zahnscher Knoten
  embryonales Herz 49, 51
Zwillinge
  eineiige, diamniote Monochorie 269
Zwillingsuntersuchungen
  humangenetische, Herz-, Gefäßmißbildungen 520, 537, 538
Zyanose
  Aortenbogen, Interruption 441
  aortopulmonales Fenster 396
  arterielle Transposition 415, 416
  Atresie, Stenose, Lungenvenen 303
  Doppelausgang, rechter Ventrikel 420

Zyanose
  Ebstein-Anomalie 343
  Einzelkammer 320
  Fallotsche Tetrade 408
  Fallotsche Trilogie 377
  Fehldränage der Lungenvenen 297
  Herz-Gefäßmißbildungen, Diagnostik 264, 265
  Pulmonalklappeninsuffizienz 385
  Pulmonalostiumatresie 375
  Pulmonalstenose, supravalvuläre 423
  Trikuspidalatresie 329
  Truncus arteriosus persistens 395
  Uhlsche Anomalie 349
  Ventrikel, Hypoplasie 348
    Septumdefekt 372
Zytoplasmamembran
  Myokardzellen, Aufbau aus Lipiden und Proteinen 226
Zytoskelett
  Herzmuskelzelle 175, 176
  Komponenten: Interfilamente, Mikrotubuli, Leptofibrillen 176

Printed by Books on Demand, Germany